建筑施工手册

（第六版）

3

《建筑施工手册》（第六版）编委会

中国建筑工业出版社

图书在版编目（CIP）数据

建筑施工手册. 3 /《建筑施工手册》（第六版）编委会编著. -- 北京：中国建筑工业出版社，2024. 10.
ISBN 978-7-112-30303-8

Ⅰ. TU7-62

中国国家版本馆 CIP 数据核字第 202495GK17 号

《建筑施工手册》（第六版）在第五版的基础上进行了全面革新，遵循最新的标准规范，广泛吸纳建筑施工领域最新成果，重点展示行业广泛推广的新技术、新工艺、新材料及新设备。《建筑施工手册》（第六版）共 6 个分册，本册为第 3 分册。本册共分 7 章，主要内容包括：吊装工程；模板工程；钢筋工程；现浇混凝土工程；装配式混凝土工程；预应力工程；钢结构工程。

本手册内容全面系统、条理清晰、信息丰富且新颖独特，充分彰显了其权威性、科学性、前沿性、实用性和便捷性，是建筑施工技术人员和管理人员不可或缺的得力助手，也可作为相关专业师生的学习参考资料。

责任编辑：高　悦　王华月　王砾瑶　万　李
责任校对：赵　力

建筑施工手册
（第六版）
3
《建筑施工手册》（第六版）编委会
*
中国建筑工业出版社出版、发行（北京海淀三里河路 9 号）
各地新华书店、建筑书店经销
北京红光制版公司制版
河北京平诚乾印刷有限公司印刷
*

开本：787 毫米×1092 毫米　1/16　印张：73　字数：1816 千字
2025 年 5 月第一版　　2025 年 5 月第一次印刷
定价：**198.00** 元
ISBN 978-7-112-30303-8
（43513）

版权所有　翻印必究
如有内容及印装质量问题，请与本社读者服务中心联系
电话：（010）58337283　QQ：2885381756
（地址：北京海淀三里河路 9 号中国建筑工业出版社 604 室　邮政编码：100037）

第六版出版说明

《建筑施工手册》自 1980 年问世，1988 年出版了第二版，1997 年出版了第三版，2003 年出版了第四版，2012 年出版了第五版，作为建筑施工人员的常备工具书，长期以来在工程技术人员心中有着较高的地位，为促进工程技术进步和工程建设发展作出了重要的贡献。

近年来，建筑工程领域新技术、新工艺的应用和发展日新月异，数字建造、智能建造、绿色建造等理念深入人心，建筑施工行业的整体面貌正在发生深刻的变化。同时，我国加大了建筑标准领域的改革，多部全文强制性标准陆续发布实施。为使手册紧密结合现行规范，充分体现权威性、科学性、先进性、实用性、便捷性，内容更全面、更系统、更丰富、更新颖，我们对《建筑施工手册》（第五版）进行了全面修订。

第六版分为 6 册，全书共 41 章，与第五版相比在结构和内容上有较大变化，主要为：

（1）根据行业发展需要，在编写过程中强化了信息化建造、绿色建造、工业化建造的内容，新增了 3 个章节："3 数字化施工""4 绿色建造""19 装配式混凝土工程"。

（2）根据广大人民群众对于美好生活环境的需求，增加"园林工程"内容，与原来的"31 古建筑工程"放在一起，组成新的"35 古建筑与园林工程"。

为发扬中华传统建筑文化，满足低碳、环保的行业需求，增加"25 木结构工程"一章。

同时，为切实满足一线工程技术人员需求，充分体现作者的权威性和广泛性，本次修订工作在组织模式等方面相比第五版有了进一步创新，主要表现在以下几个方面：

（1）在第五版编写单位的基础上，本次修订增加了山西建设投资集团有限公司、浙江省建设投资集团股份有限公司、湖南建设投资集团有限责任公司、广西建工集团有限责任公司、河北建设集团股份有限公司等多家参编单位，使手册内容更能覆盖全国，更加具有广泛性。

（2）相比过去五版手册，本次修订大大增加了审查专家的数量，每一章都由多位相关专业的顶尖专家进行审核，参与审核的专家接近两百人。

手册本轮修订自 2017 年启动以来经过全国数百位专家近 10 年不断打磨，终于定稿出版。本手册在修订、审稿过程中，得到了各编写单位及专家的大力支持和帮助，在此我们表示衷心的感谢；同时感谢第一版至第五版所有参与编写工作的专家对我们的支持，希望手册第六版能继续成为建筑施工技术人员的好参谋、好助手。

中国建筑工业出版社
2025 年 4 月

《建筑施工手册》(第六版) 编委会

主　　　任：肖绪文　刘新锋
委　　　员：(按姓氏笔画排序)
　　　　　　马　记　亓立刚　叶浩文　刘明生　刘福建
　　　　　　苏群山　李　凯　李云贵　李景芳　杨双田
　　　　　　杨会峰　肖玉明　何静姿　张　琨　张晋勋
　　　　　　张峰亮　陈　浩　陈振明　陈硕晖　陈跃熙
　　　　　　范业庶　金　睿　贾　滨　高秋利　郭海山
　　　　　　黄延铮　黄克起　黄晨光　龚　剑　焦　莹
　　　　　　甄志禄　谭立新　翟　雷
主编单位：中国建筑股份有限公司
　　　　　中国建筑出版传媒有限公司（中国建筑工业出版社）
副主编单位：上海建工集团股份有限公司
　　　　　　北京城建集团有限责任公司
　　　　　　中国建筑股份有限公司技术中心
　　　　　　北京建工集团有限责任公司
　　　　　　中国建筑第五工程局有限公司
　　　　　　中建三局集团有限公司
　　　　　　中国建筑第八工程局有限公司
　　　　　　中国建筑一局（集团）有限公司
　　　　　　中建安装集团有限公司
　　　　　　中国建筑装饰集团有限公司
　　　　　　中国建筑第四工程局有限公司
　　　　　　中国建筑业协会绿色建造与智能建筑分会
　　　　　　浙江省建设投资集团股份有限公司
　　　　　　湖南建设投资集团有限责任公司

河北建设集团股份有限公司
广西建工集团有限责任公司
中国建筑第六工程局有限公司
中国建筑第七工程局有限公司
中建科技集团有限公司
中建钢构股份有限公司
中国建筑第二工程局有限公司
陕西建工集团股份有限公司
南京工业大学
浙江亚厦装饰股份有限公司
山西建设投资集团有限公司
四川华西集团有限公司
江苏省工业设备安装集团有限公司
上海市安装工程集团有限公司
河南省第二建设集团有限公司
北京市园林古建工程有限公司

编 写 分 工

1 **施工项目管理**
 主编单位：中国建筑第五工程局有限公司
 参编单位：中建三局集团有限公司
  上海建工二建集团有限公司
 执 笔 人：谭立新 王贵君 何昌杰 许 宁 钟 伟 邹友清 姚付猛 蒋运高
  刘湘兰 蒋 婧 赵新宇 刘鹏昆 邓 维 龙岳甫 孙金桥 王 辉
  叶 建 洪 健 王 伟 尤伟军 汪 浩 王 洁 刘 恒 许国伟
  付 国 席金虎 富秋实 曹美英 姜 涛 吴旭欢
 审稿专家：王要武 张守健 尤 完

2 **施工项目科技管理**
 主编单位：中建三局集团有限公司
 参编单位：中建三局工程总承包公司
  中建三局第一建设工程有限公司
  中建三局第二建设工程有限公司
 执 笔 人：黄晨光 周鹏华 余地华 刘 波 戴小松 文江涛 饶 亮 范 巍
  程 剑 陈 骏 饶 淇 叶 建 王树峰 叶亦盛
 审稿专家：景 万 张晶波

3 **数字化施工**
 主编单位：中国建筑股份有限公司技术中心
 参编单位：广州优比建筑咨询有限公司
  中国建筑科学研究院有限公司
  浙江省建工集团有限责任公司
  广联达信息技术有限公司
  杭州品茗安控信息技术股份有限公司
  中国建筑一局（集团）有限公司
  中国建筑第三工程局有限公司
  中国建筑第八工程局有限公司
  中建三局第一建设工程有限责任公司
 执 笔 人：邱奎宁 何关培 金 睿 刘 刚 楼跃清 王 静 陈津滨 赵 欣
  李自可 方海存 孙克平 姜月菊 赛 菡 汪小东
 审稿专家：李久林 杨晓毅 苏亚武

4 **绿色建造**
 主编单位：中国建筑业协会绿色建造与智能建筑分会
 参编单位：中国建筑服务有限公司技术中心
  湖南建设投资集团有限责任公司
  中国建筑第八工程局有限公司

　　　　　　　中亿丰建设集团股份有限公司
　　执 笔 人：肖绪文　于震平　黄　宁　陈　浩　王　磊　李国建　赵　静　刘　星
　　　　　　　彭琳娜　刘　鹏　宋　敏　卢海陆　阳　凡　胡　伟　楚洪亮　马　杰
　　审稿专家：汪道金　王爱勋
5　施工常用数据
　　主编单位：中国建筑股份有限公司技术中心
　　　　　　　中国建筑第四工程局有限公司
　　参编单位：哈尔滨工业大学
　　　　　　　中国建筑标准设计研究院有限公司
　　　　　　　浙江省建设投资集团股份有限公司
　　　　　　　湖南建设投资集团有限责任公司
　　　　　　　河北建设集团安装工程有限公司
　　执 笔 人：李景芳　于　光　王　军　黄晨光　陈　凯　董　艺　王要武　钱宏亮
　　　　　　　王化杰　高志强　武子斌　王　力　叶启军　曲　侃　李　亚　陈　浩
　　　　　　　张明亮　彭琳娜　汤明雷　李　青　汪　超
　　审稿专家：彭明祥　王玉岭
6　施工常用结构计算
　　主编单位：中国建筑股份有限公司技术中心
　　　　　　　中国建筑第四工程局有限公司
　　参编单位：哈尔滨工业大学
　　　　　　　中国建筑标准设计研究院有限公司
　　执 笔 人：李景芳　于　光　王　军　黄晨光　陈　凯　董　艺　王要武　钱宏亮
　　　　　　　王化杰　高志强　王　力　武子斌
　　审稿专家：高秋利
7　试验与检验
　　主编单位：北京城建集团有限责任公司
　　参编单位：北京城建二建设工程有限公司
　　　　　　　北京经纬建元建筑工程检测有限公司
　　　　　　　北京博大经开建设有限公司
　　执 笔 人：张晋勋　李鸿飞　钟生平　董　伟　邓有冠　孙殿文　孙　冰　王　浩
　　　　　　　崔颜伟　温美娟　沙雨亭　刘宏黎　秦小芳　王付亮　姜依茹
　　审稿专家：马洪晔　杨秀云　张先群　李　翀　刘继伟
8　施工机械与设备
　　主编单位：上海建工集团股份有限公司
　　参编单位：上海建工五建集团有限公司
　　　　　　　上海建工二建集团有限公司
　　　　　　　上海华东建筑机械厂有限公司
　　　　　　　中联重科股份有限公司
　　　　　　　抚顺永茂建筑机械有限公司
　　执 笔 人：陈晓明　王美华　吕　达　龙莉波　潘　峰　汪思满　徐大为　富秋实
　　　　　　　李增辉　陈　敏　黄大为　才　冰　雍有军　陈　泽　王宝强

审稿专家：吴学松　张　珂　周贤彪
9　建筑施工测量
　　主编单位：北京城建集团有限责任公司
　　参编单位：北京城建二建设工程有限公司
　　　　　　　北京城建安装工程有限公司
　　　　　　　北京城建勘测设计研究院有限责任公司
　　　　　　　北京城建中南土木工程集团有限公司
　　　　　　　北京城建深港装饰工程有限公司
　　　　　　　北京城建建设工程有限公司
　　执 笔 人：张晋勋　秦长利　陈大勇　李北超　刘　建　马全明　王荣权　任润德
　　　　　　　汤发树　耿长良　熊琦智　宋　超　余永明　侯进峰
　　审稿专家：杨伯钢　张胜良
10　季节性施工
　　主编单位：中国建筑第八工程局有限公司
　　参编单位：中国建筑第八工程局有限公司东北分公司
　　执 笔 人：白　羽　潘东旭　姜　尚　刘文斗　郑　洪
　　审稿专家：朱广祥　霍小妹
11　土石方及爆破工程
　　主编单位：湖南建设投资集团有限责任公司
　　参编单位：湖南省第四工程有限公司
　　　　　　　湖南建工集团有限公司
　　　　　　　湖南省第三工程有限公司
　　　　　　　湖南省第五工程有限公司
　　　　　　　湖南省第六工程有限公司
　　　　　　　湖南省第一工程有限公司
　　　　　　　中南大学
　　　　　　　国防科技大学
　　执 笔 人：陈　浩　陈维超　张明亮　孙志勇　龙新乐　王江营　李　杰　张可能
　　　　　　　李必红　李　芳　易　谦　刘令良　朱文峰　曾庆国　李　晓
　　审稿专家：康景文　张继春
12　基坑工程
　　主编单位：上海建工集团股份有限公司
　　参编单位：上海建工一建集团有限公司
　　　　　　　上海市基础工程集团有限公司
　　　　　　　同济大学
　　　　　　　上海交通大学
　　执 笔 人：龚　剑　王美华　朱毅敏　周　涛　李耀良　罗云峰　李伟强　黄泽涛
　　　　　　　李增辉　袁　勇　周生华　沈水龙　李明广
　　审稿专家：侯伟生　王卫东　陈云彬
13　地基与桩基工程
　　主编单位：北京城建集团有限责任公司

参编单位：北京城建勘测设计研究院有限责任公司
中国建筑科学研究院有限公司
北京市轨道交通设计研究院有限公司
北京城建中南土木工程集团有限公司
中建一局集团建设发展有限公司
天津市勘察设计院集团有限公司
天津市建筑科学研究院有限公司
天津大学
天津建城基业集团有限公司
执 笔 人：张晋勋　高文新　金　淮　刘金波　郑　刚　周玉明　杨浩军　刘卫未
于海亮　徐　燕　娄志会　刘朋辉　刘永超　李克鹏
审稿专家：李耀良　高文生

14　脚手架及支撑架工程
主编单位：上海建工集团股份有限公司
参编单位：上海建工七建集团有限公司
中国建筑科学研究院有限公司
上海建工四建集团有限公司
北京卓良模板有限公司
执 笔 人：龚　剑　王美华　汪思满　尤雪春　李增辉　刘　群　曹文根　陈洪帅
吴炜程　吴仍辉
审稿专家：姜传库　张有闻

15　吊装工程
主编单位：河北建设集团股份有限公司
参编单位：河北大学建筑工程学院
河北省安装工程有限公司
中建钢构股份有限公司
河北建设集团安装工程有限公司
河北冶平建筑设备租赁有限公司
执 笔 人：史东库　李战体　陈宗学　高瑞国　陈振明　郭红星　杨三强　宋喜艳
审稿专家：刘洪亮　陈晓明

16　模板工程
主编单位：广西建工集团有限责任公司
参编单位：中国建筑第六工程局有限公司
广西建工第一建筑工程集团有限公司
中建三局集团有限公司
广西建工第五建筑工程集团有限公司
海螺（安徽）节能环保新材料股份有限公司
执 笔 人：肖玉明　黄克起　焦　莹　谢鸿卫　唐长东　余　流　袁　波　谢江美
张绮雯　刘晓敏　张　倩　徐　皓　杨　渊　刘　威　李福昆　李书文
刘正江
审稿专家：胡铁毅　姜传库

17 钢筋工程
   主编单位：中国建筑第七工程局有限公司
   参编单位：重庆大学 中建七局第四建筑有限公司
           天津市银丰机械系统工程有限公司
           哈尔滨工业大学
           南通四建集团有限公司
   执 笔 人：黄延铮　张中善　冯大阔　闫亚召　叶雨山　刘红军　魏金桥　梅晓彬
           严佳川　季　豪
   审稿专家：赵正嘉　徐瑞榕　钱冠龙
18 现浇混凝土工程
   主编单位：上海建工集团股份有限公司
   参编单位：上海建工建材科技集团股份有限公司
           上海建工一建集团有限公司
           大连理工大学
   执 笔 人：龚　剑　王美华　吴　杰　朱敏涛　陈逸群　瞿　威　吕计委　徐　磊
           张忆州　李增辉　贾金青　张丽华　金自清　张小雪
   审稿专家：王巧莉　胡德均
19 装配式混凝土工程
   主编单位：中建科技集团有限公司
   参编单位：北京住总集团有限责任公司
           北京住总第三开发建设有限公司
   执 笔 人：叶浩文　刘若南　杨健康　胡延红　张海波　田春雨　刘治国　郑　义
           陈　杭　白　松　刘　兮　苏衍江
   审稿专家：李晨光　彭其兵　孙岩波
20 预应力工程
   主编单位：北京市建筑工程研究院有限责任公司
   参编单位：北京中建建筑科学研究院有限公司
           天津大学
   执 笔 人：李晨光　王泽强　张开臣　尤德清　张　喆　刘　航　司　波　胡　洋
           王长军　芦　燕　李　铭　高晋栋　孙岩波
   审稿专家：曾　滨　郭正兴　李东彬
21 钢结构工程
   主编单位：中建钢构股份有限公司
   参编单位：同济大学
           华中科技大学
           中建科工集团有限公司
   执 笔 人：陈振明　周军红　赖永强　罗永峰　高　飞　霍宗诚　黄世涛　费新华
           黎　健　李龙海　冉旭勇　宋利鹏　刘传印　周创佳　姚　钊　国贤慧
   审稿专家：侯兆新　尹卫泽
22 索膜结构工程
   主编单位：浙江省建工集团有限责任公司

参编单位：浙江大学
　　　　　　　天津大学
　　　　　　　绍兴文理学院
　　　　　　　浙江科技大学
　　　　　　　浙江省建设投资集团股份有限公司
　　执 笔 人：金　睿　赵　阳　刘红波　程　骥　肖　锋　胡雪雅　冷新中　戚珈峰
　　　　　　　徐能彬
　　审稿专家：张其林　张毅刚

23 钢-混凝土组合结构工程
　　主编单位：中国建筑第二工程局有限公司
　　参编单位：中建二局安装工程有限公司
　　　　　　　中国建筑第二工程局有限公司华南分公司
　　　　　　　中国建筑第二工程局有限公司西南分公司
　　执 笔 人：翟　雷　张志明　孙顺利　石立国　范玉峰　王冬雁　张智勇　陈　峰
　　　　　　　郝海龙　刘　培　张　茅
　　审稿专家：李景芳　时　炜　李　峰

24 砌体工程
　　主编单位：陕西建工集团股份有限公司
　　参编单位：陕西省建筑科学研究院有限公司
　　　　　　　陕西建工第二建设集团有限公司
　　　　　　　陕西建工第三建设集团有限公司
　　　　　　　陕西建工第五建设集团有限公司
　　　　　　　中建八局西北建设有限公司
　　执 笔 人：刘明生　时　炜　张昌叙　吴　洁　宋瑞琨　郭钦涛　杨　斌　王奇维
　　　　　　　孙永民　刘建明　刘瑞牛　董红刚　王永红　夏　巍　梁保真　柏　海
　　　　　　　袁　博　李列娟　李　磊
　　审稿专家：林文修　吴　体

25 木结构工程
　　主编单位：南京工业大学
　　参编单位：哈尔滨工业大学（威海）
　　　　　　　中国建筑西南设计研究院有限公司
　　　　　　　中国林业科学研究院木材工业研究所
　　　　　　　同济大学
　　　　　　　加拿大木业协会
　　　　　　　北京林业大学
　　　　　　　苏州昆仑绿建木结构科技股份有限公司
　　　　　　　大连双华木结构建筑工程有限公司
　　执 笔 人：杨会峰　陆伟东　祝恩淳　杨学兵　任海青　宋晓滨　倪　竣　岳　孔
　　　　　　　朱亚鼎　高　颖　陈志坚　史本凯　陶昊天　欧加加　王　璐　牛　爽
　　　　　　　张聪聪
　　审稿专家：张　晋　何敏娟

26 幕墙工程
   主编单位：中建不二幕墙装饰有限公司
   参编单位：中国建筑第五工程局有限公司
   执 笔 人：李水生 郭 琳 刘国军 谭 卡 李基顺 贺雄英 谭 乐 蔡燕君
            涂战红 唐 安 陈 杰
   审稿专家：鲁开明 刘长龙
27 门窗工程
   主编单位：中国建筑装饰集团有限公司
   参编单位：中建深圳装饰有限公司
            中建装饰总承包工程有限公司
   执 笔 人：刘凌峰 郑 春 彭中要 周 昕
   审稿专家：刘清泉 胡本国 杲晓东
28 建筑装饰装修工程
   主编单位：浙江亚厦装饰股份有限公司
   参编单位：北京中铁装饰工程有限公司
            深圳广田集团股份有限公司
            中建东方装饰有限公司
            深圳海外装饰工程有限公司
   执 笔 人：何静姿 丁泽成 张长庆 余国潮 陈继云 王伟光 徐 立 安 峣
            彭中飞 陈汉成
   审稿专家：胡本国 武利平
29 建筑地面工程
   主编单位：中国建筑第八工程局有限公司
   参编单位：中建八局第二建设有限公司
   执 笔 人：潘玉珀 韩 璐 王 堃 郑 垒 邓程来 董福永 郑 洪 吕家玉
            杨 林 毕研超 李垭辉 张玉良 周 锋 汲 东 申庆赟 史 越
            金传东
   审稿专家：朱学农 邓学才 佟贵森
30 屋面工程
   主编单位：山西建设投资集团有限公司
   参编单位：山西三建集团有限公司
            北京建工集团有限责任公司
   执 笔 人：张太清 李卫俊 霍瑞琴 吴晓兵 郝永利 唐永讯 闫永茂 胡 俊
            徐 震 谢 群
   审稿专家：曹征富 张文华
31 防水工程
   主编单位：北京建工集团有限责任公司
   参编单位：北京市建筑工程研究院有限责任公司
            北京六建集团有限责任公司
            北京建工博海建设有限公司
            山西建设投资集团有限公司

执 笔 人：张显来　唐永讯　刘迎红　尹　硕　赵　武　延汝萍　李雁鸣　李玉屏
　　　　　　　王荣香　王　昕　王雪飞　岳晓东　刘玉彬　刘文凭
　　审稿专家：叶林标　曲　慧　张文华

32 建筑防腐蚀工程
　　主编单位：中建三局集团有限公司
　　参编单位：东方雨虹防水技术股份有限公司
　　　　　　　中建三局数字工程有限公司
　　　　　　　中建三局第三建设工程有限公司
　　　　　　　中建三局集团北京有限公司
　　执 笔 人：黄晨光　卢　松　丁红梅　裴以军　孙克平　丁伟祥　李庆达　伍荣刚
　　　　　　　王银斌　卢长林　邱成祥　单红波
　　审稿专家：陆士平　刘福云

33 建筑节能与保温隔热工程
　　主编单位：北京中建建筑科学研究院有限公司
　　参编单位：中国建筑一局（集团）有限公司
　　　　　　　中建一局集团第二建筑有限公司
　　　　　　　中建一局集团第三建筑有限公司
　　　　　　　中建一局集团建设发展有限公司
　　　　　　　中建一局集团安装工程有限公司
　　　　　　　北京市建设工程质量第六检测所有限公司
　　　　　　　北京住总集团有限责任公司
　　　　　　　北京科尔建筑节能技术有限公司
　　执 笔 人：王长军　唐一文　唐葆华　任　静　张金花　孟繁军　姚　丽　梅晓丽
　　　　　　　郭建军　詹必雄　董润萍　周大伟　蒋建云　鲍宇清　吴亚洲
　　审稿专家：金鸿祥　杨玉忠　宋　波

34 建筑工程鉴定、加固与改造
　　主编单位：四川华西集团有限公司
　　参编单位：四川省建筑科学研究院有限公司
　　　　　　　西南交通大学
　　　　　　　四川省第四建筑有限公司
　　　　　　　中建一局集团第五建筑有限公司
　　执 笔 人：陈跃熙　罗苓隆　徐　帅　黎红兵　刘汉昆　薛伶俐　潘　毅　黄喜兵
　　　　　　　唐忠茂　游锐涵　刘嘉茵　刘东超
　　审稿专家：张　鑫　雷宏刚　卜良桃

35 古建筑与园林工程
　　主编单位：北京市园林古建工程有限公司
　　参编单位：中外园林建设有限公司
　　执 笔 人：
　　古建筑工程编写人员：张峰亮　张莹雪　张宇鹏　李辉坚
　　　　　　　　　　　　刘大可　马炳坚　路化林　蒋广全
　　园林工程编写人员：温志平　刘忠坤　李　楠　吴　凡　张慧秀　郭剑楠　段成林

审稿专家：刘大可（古建） 向星政（园林）

36 机电工程施工通则
　　主编单位：江苏省工业设备安装集团有限公司
　　参编单位：中国建筑土木建设有限公司
　　　　　　　河海大学
　　　　　　　中建八局第一建设有限公司
　　　　　　　中国核工业华兴建设有限公司
　　　　　　　北京市设备安装工程集团有限公司
　　　　　　　中亿丰建设集团股份有限公司
　　执 笔 人：马　记　季华卫　马致远　刘益安　陈固定　王元祥　王　毅　王　鑫
　　　　　　　柏万林　刘　玮
　　审稿专家：徐义明　李本勇

37 建筑给水排水及供暖工程
　　主编单位：中建一局集团安装工程有限公司
　　参编单位：中国建筑一局（集团）有限公司
　　　　　　　北京中建建筑科学研究院有限公司
　　　　　　　北京市设备安装工程集团有限公司
　　　　　　　中建一局集团建设发展有限公司
　　　　　　　北京建工集团有限责任公司
　　　　　　　北京住总建设安装工程有限责任公司
　　　　　　　长安大学
　　　　　　　北京城建集团安装公司
　　　　　　　北京住总第三开发建设有限公司
　　执 笔 人：孟庆礼　赵　艳　周大伟　王　毅　张　军　王长军　吴　余　唐葆华
　　　　　　　张项宁　王志伟　高惠润　吕　莉　杨利伟　李志勇　田春城
　　审稿专家：徐义明　杜伟国

38 通风与空调工程
　　主编单位：上海市安装工程集团有限公司
　　参编单位：上海理工大学
　　　　　　　上海新晃空调设备股份有限公司
　　执 笔 人：张　勤　张宁波　陈晓文　潘　健　邹志军　许光明　卢佳华　汤　毅
　　　　　　　许　骏　王坚安　金　华　葛兰英　王晓波　王　非　姜慧娜　徐一堃
　　　　　　　陆丹丹
　　审稿专家：马　记　王　毅

39 建筑电气安装工程
　　主编单位：河南省第二建设集团有限公司
　　参编单位：南通安装集团股份有限公司
　　　　　　　河南省安装集团有限责任公司
　　执 笔 人：苏群山　刘利强　董新红　杨利剑　胡永光　李　明　白　克　谷永哲
　　　　　　　耿玉博　丁建华　唐仁明　陆桂龙　蔡春磊　黄克政　刘杰亮　廖红盈
　　　　　　　张　华　付永锋　王宝沣

审稿专家：王五奇　陈洪兴　史均社

40　智能建筑工程
主编单位：中建安装集团有限公司
参编单位：中建电子信息技术有限公司
执 笔 人：刘　森　毕　林　温　馨　王　婕　刘　迪　何连祥　胡江稳　汪远辰
审稿专家：洪劲飞　董玉安　吴悦明

41　电梯安装工程
主编单位：中建安装集团有限公司
参编单位：通力电梯有限公司
　　　　　江苏维阳机电工程科技有限公司
执 笔 人：刘长沙　项海巍　于济生　王　学　白咸学　唐春园　纪宝松　刘　杰
　　　　　魏晓斌　余　雷
审稿专家：陈凤旺　蔡金泉

出版社审编人员

岳建光　范业庶　张　磊　张伯熙　万　李　王砾瑶　杨　杰　王华月　曹丹丹
高　悦　沈文帅　徐仲莉　王　治　边　琨　张建文

第五版出版说明

《建筑施工手册》自 1980 年问世，1988 年出版了第二版，1997 年出版了第三版，2003 年出版了第四版，作为建筑施工人员的常备工具书，长期以来在工程技术人员心中有着较高的地位，对促进工程技术进步和工程建设发展作出了重要的贡献。

近年来，建筑工程领域新技术、新工艺、新材料的应用和发展日新月异，我国先后对建筑材料、建筑结构设计、建筑技术、建筑施工质量验收等标准、规范进行了全面的修订，并陆续颁布出版。为使手册紧密结合现行规范，符合新规范要求，充分体现权威性、科学性、先进性、实用性、便捷性，内容更全面、更系统、更丰富、更新颖，我们对《建筑施工手册》（第四版）进行了全面修订。

第五版分 5 册，全书共 37 章，与第四版相比在结构和内容上有很大变化，主要为：

（1）根据建筑施工技术人员的实际需要，取消建筑施工管理分册，将第四版中"31 施工项目管理"、"32 建筑工程造价"、"33 工程施工招标与投标"、"34 施工组织设计"、"35 建筑施工安全技术与管理"、"36 建设工程监理"共计 6 章内容改为"1 施工项目管理"、"2 施工项目技术管理"两章。

（2）将第四版中"6 土方与基坑工程"拆分为"8 土石方及爆破工程"、"9 基坑工程"两章；将第四版中"17 地下防水工程"扩充为"27 防水工程"；将第四版中"19 建筑装饰装修工程"拆分为"22 幕墙工程"、"23 门窗工程"、"24 建筑装饰装修工程"；将第四版中"22 冬期施工"扩充为"21 季节性施工"。

（3）取消第四版中"15 滑动模板施工"、"21 构筑物工程"、"25 设备安装常用数据与基本要求"。在本版中增加"6 通用施工机械与设备"、"18 索膜结构工程"、"19 钢—混凝土组合结构工程"、"30 既有建筑鉴定与加固"、"32 机电工程施工通则"。

同时，为了切实满足一线工程技术人员需要，充分体现作者的权威性和广泛性，本次修订工作在组织模式、表现形式等方面也进行了创新，主要有以下几个方面：

（1）本次修订采用由我社组织、单位参编的模式，以中国建筑工程总公司（中国建筑股份有限公司）为主编单位，以上海建工集团股份有限公司、北京城建集团有限责任公司、北京建工集团有限责任公司等单位为副主编单位，以同济大学等单位为参编单位。

（2）书后贴有网上增值服务标，凭 ID、SN 号可享受网络增值服务。增值服务内容由我社和编写单位提供，包括：标准规范更新信息以及手册中相应内容的更新；新工艺、新工法、新材料、新设备等内容的介绍；施工技术、质量、安全、管理等方面的案例；施工类相关图书的简介；读者反馈及问题解答等。

本手册修订、审稿过程中，得到了各编写单位及专家的大力支持和帮助，我们表示衷心地感谢；同时也感谢第一版至第四版所有参与编写工作的专家对我们出版工作的热情支持，希望手册第五版能继续成为建筑施工技术人员的好参谋、好助手。

中国建筑工业出版社
2012 年 12 月

《建筑施工手册》（第五版）编委会

主　　　任：王珮云　肖绪文
委　　　员：（按姓氏笔画排序）
　　　　　　马荣全　马福玲　王玉岭　王存贵　邓明胜
　　　　　　冉志伟　冯　跃　李景芳　杨健康　吴月华
　　　　　　张　琨　张志明　张学助　张晋勋　欧亚明
　　　　　　赵志缙　赵福明　胡永旭　侯君伟　龚　剑
　　　　　　蒋立红　焦安亮　谭立新　虢明跃
主 编 单 位：中国建筑股份有限公司
副主编单位：上海建工集团股份有限公司
　　　　　　北京城建集团有限责任公司
　　　　　　北京建工集团有限责任公司
　　　　　　北京住总集团有限责任公司
　　　　　　中国建筑一局（集团）有限公司
　　　　　　中国建筑第二工程局有限公司
　　　　　　中国建筑第三工程局有限公司
　　　　　　中国建筑第八工程局有限公司
　　　　　　中建国际建设有限公司
　　　　　　中国建筑发展有限公司

参 编 单 位

同济大学	中建二局土木工程有限公司
哈尔滨工业大学	中建钢构有限公司
东南大学	中国建筑第四工程局有限公司
华东理工大学	贵州中建建筑科研设计院有限公司
上海建工一建集团有限公司	中国建筑第五工程局有限公司
上海建工二建集团有限公司	中建五局装饰幕墙有限公司
上海建工四建集团有限公司	中建（长沙）不二幕墙装饰有限公司
上海建工五建集团有限公司	中国建筑第六工程局有限公司
上海建工七建集团有限公司	中国建筑第七工程局有限公司
上海市机械施工有限公司	中建八局第一建设有限公司
上海市基础工程有限公司	中建八局第二建设有限公司
上海建工材料工程有限公司	中建八局第三建设有限公司
上海市建筑构件制品有限公司	中建八局第四建设有限公司
上海华东建筑机械厂有限公司	上海中建八局装饰装修有限公司
北京城建二建设工程有限公司	中建八局工业设备安装有限责任公司
北京城建安装工程有限公司	中建土木工程有限公司
北京城建勘测设计研究院有限责任公司	中建城市建设发展有限公司
北京城建中南土木工程集团有限公司	中外园林建设有限公司
北京市第三建筑工程有限公司	中国建筑装饰工程有限公司
北京市建筑工程研究院有限责任公司	深圳海外装饰工程有限公司
北京建工集团有限责任公司总承包部	北京房地集团有限公司
北京建工博海建设有限公司	中建电子工程有限公司
北京中建建筑科学研究院有限公司	江苏扬安机电设备工程有限公司
全国化工施工标准化管理中心站	

第五版执笔人

1

1	施工项目管理	赵福明	田金信	刘 杨	周爱民	姜 旭
		张守健	李忠富	李晓东	尉家鑫	王 锋
2	施工项目技术管理	邓明胜	王建英	冯爱民	杨 峰	肖绪文
		黄会华	唐 晓	王立营	陈文刚	尹文斌
		李江涛				
3	施工常用数据	王要武	赵福明	彭明祥	刘 杨	关 柯
		宋福渊	刘长滨	罗兆烈		
4	施工常用结构计算	肖绪文	王要武	赵福明	刘 杨	原长庆
		耿冬青	张连一	赵志缙	赵 帆	
5	试验与检验	李鸿飞	宫远贵	宗兆民	秦国平	邓有冠
		付伟杰	曹旭明	温美娟	韩军旺	陈 洁
		孟凡辉	李海军	王志伟	张 青	
6	通用施工机械与设备	龚 剑	王正平	黄跃申	汪思满	姜向红
		龚满晔	章尚驰			

2

7	建筑施工测量	张晋勋	秦长利	李北超	刘 建	马全明
		王荣权	罗华丽	纪学文	张志刚	李 剑
		许彦特	任润德	吴来瑞	邓学才	陈云祥
8	土石方及爆破工程	李景芳	沙友德	张巧芬	黄兆利	江正荣
9	基坑工程	龚 剑	朱毅敏	李耀良	姜 峰	袁 芬
		袁 勇	葛兆源	赵志缙	赵 帆	
10	地基与桩基工程	张晋勋	金 淮	高文新	李 玲	刘金波
		庞 炜	马 健	高志刚	江正荣	
11	脚手架工程	龚 剑	王美华	邱锡宏	刘 群	尤雪春
		张 铭	徐 伟	葛兆源	杜荣军	姜传库
12	吊装工程	张 琨	周 明	高 杰	梁建智	叶映辉
13	模板工程	张显来	侯君伟	毛凤林	汪亚东	胡裕新
		王京生	安兰慧	崔桂兰	任海波	阎明伟
		邵 畅				

3

14	钢筋工程	秦家顺	沈兴东	赵海峰	王士群	刘广文
		程建军	杨宗放			

15	混凝土工程	龚 剑	吴德龙	吴 杰	冯为民	朱毅敏
		汤洪家	陈尧亮	王庆生		
16	预应力工程	李晨光	王 丰	仝为民	徐瑞龙	钱英欣
		刘 航	周黎光	宋慧杰	杨宗放	
17	钢结构工程	王 宏	黄 刚	戴立先	陈华周	刘 曙
		李 迪	郑伟盛	赵志缙	赵 帆	王 辉
18	索膜结构工程	龚 剑	朱 骏	张其林	吴明儿	郝晨均
19	钢-混凝土组合结构工程	陈成林	丁志强	肖绪文	马荣全	赵锡玉
		刘玉法				
20	砌体工程	谭 青	黄延铮	朱维益		
21	季节性施工	万利民	蔡庆军	刘桂新	赵亚军	王桂玲
		项蕃行				
22	幕墙工程	李水生	贺雄英	李群生	李基顺	张 权
		侯君伟				
23	门窗工程	张晓勇	戈祥林	葛乃剑	黄 贵	朱帷财
		唐际宇	王寿华			

4

24	建筑装饰装修工程	赵福明	高 岗	王 伟	谷晓峰	徐 立
		刘 杨	邓 力	王文胜	陈智坚	罗春雄
		曲彦斌	白 洁	宓文喆	李世伟	侯君伟
25	建筑地面工程	李忠卫	韩兴争	王 涛	金传东	赵 俭
		王 杰	熊杰民			
26	屋面工程	杨秉钧	朱文键	董 曦	谢 群	葛 磊
		杨 东	张文华	项桦太		
27	防水工程	李雁鸣	刘迎红	张 建	刘爱玲	杨玉苹
		谢 婧	薛振东	邹爱玲	吴 明	王 天
28	建筑防腐蚀工程	侯锐钢	王瑞堂	芦 天	修良军	
29	建筑节能与保温隔热工程	费慧慧	张 军	刘 强	肖文凤	孟庆礼
		梅晓丽	鲍宇清	金鸿祥	杨善勤	
30	既有建筑鉴定与加固改造	薛 刚	吴学军	邓美龙	陈 娣	李金元
		张立敏	王林枫			
31	古建筑工程	赵福明	马福玲	刘大可	马炳坚	路化林
		蒋广全	王金满	安大庆	刘 杨	林其浩
		谭 放	梁 军			

5

32	机电工程施工通则	刘 青	韦 薇	鞠 东	

33	建筑给水排水及采暖工程	纪宝松	张成林	曹丹桂	陈 静	孙 勇
		赵民生	王建鹏	邵 娜	刘 涛	苗冬梅
		赵培森	王树英	田会杰	王志伟	
34	通风与空调工程	孔祥建	向金梅	王 安	王 宇	李耀峰
		吕善志	鞠硕华	刘长庚	张学助	孟昭荣
35	建筑电气安装工程	王世强	谢刚奎	张希峰	陈国科	章小燕
		王建军	张玉年	李显煜	王文学	万金林
		高克送	陈御平			
36	智能建筑工程	苗 地	邓明胜	崔春明	薛居明	庞 晖
		刘 淼	郎云涛	陈文晖	刘亚红	霍冬伟
		张 伟	孙述璞	张青虎		
37	电梯安装工程	李爱武	刘长沙	李本勇	秦 宾	史美鹤
		纪学文				

手册第五版审编组成员（按姓氏笔画排列）

卜一德　马荣华　叶林标　任俊和　刘国琦　李清江　杨嗣信　汪仲琦　张学助
张金序　张婉娜　陆文华　陈秀中　赵志缙　侯君伟　施锦飞　唐九如　韩东林

出版社审编人员

胡永旭　余永祯　刘　江　郦锁林　周世明　曲汝铎　郭　栋　岳建光　范业庶
曾　威　张伯熙　赵晓菲　张　磊　万　李　王砾瑶

第四版出版说明

《建筑施工手册》自1980年出版问世，1988年出版了第二版，1997年出版了第三版。由于近年来我国建筑工程勘察设计、施工质量验收、材料等标准规范的全面修订，新技术、新工艺、新材料的应用和发展，以及为了适应我国加入WTO以后建筑业与国际接轨的形势，我们对《建筑施工手册》(第三版)进行了全面修订。此次修订遵循以下原则：

1. 继承发扬前三版的优点，充分体现出手册的权威性、科学性、先进性、实用性，同时反映我国加入WTO后，建筑施工管理与国际接轨，把国外先进的施工技术、管理方法吸收进来。精心修订，使手册成为名副其实的精品图书，畅销不衰。

2. 近年来，我国先后对建筑材料、建筑结构设计、建筑工程施工质量验收规范进行了全面修订并实施，手册修订内容紧密结合相应规范，符合新规范要求，既作为一本资料齐全、查找方便的工具书，也可作为规范实施的技术性工具书。

3. 根据国家施工质量验收规范要求，增加建筑安装技术内容，使建筑安装施工技术更完整、全面，进一步扩大了手册实用性，满足全国广大建筑安装施工技术人员的需要。

4. 增加补充建设部重点推广的新技术、新工艺、新材料，删除已经落后的、不常用的施工工艺和方法。

第四版仍分5册，全书共36章。与第三版相比，在结构和内容上有很大变化，第四版第1、2、3册主要介绍建筑施工技术，第4册主要介绍建筑安装技术，第5册主要介绍建筑施工管理。与第三版相比，构架不同点在于：(1)建筑施工管理部分内容集中单独成册；(2)根据国家新编建筑工程施工质量验收规范要求，增加建筑安装技术内容，使建筑施工技术更完整、全面；(3)将第三版其中22装配式大板与升板法施工、23滑动模板施工、24大模板施工精简压缩成滑动模板施工一章；15木结构工程、27门窗工程、28装饰工程合并为建筑装饰装修工程一章；根据需要，增加古建筑施工一章。

第四版由中国建筑工业出版社组织修订，来自全国各施工单位、科研院校、建筑工程施工质量验收规范编制组等专家、教授共61人组成手册编写组。同时成立了《建筑施工手册》(第四版)审编组，在中国建筑工业出版社主持下，负责各章的审稿和部分章节的修改工作。

本手册修订、审稿过程中，得到了很多单位及个人的大力支持和帮助，我们表示衷心地感谢。

第四版总目（主要执笔人）

1

1	施工常用数据	关 柯　刘长滨　罗兆烈
2	常用结构计算	赵志缙　赵 帆
3	材料试验与结构检验	张 青
4	施工测量	吴来瑞　邓学才　陈云祥
5	脚手架工程和垂直运输设施	杜荣军　姜传库
6	土方与基坑工程	江正荣　赵志缙　赵 帆
7	地基处理与桩基工程	江正荣

2

8	模板工程	侯君伟
9	钢筋工程	杨宗放
10	混凝土工程	王庆生
11	预应力工程	杨宗放
12	钢结构工程	赵志缙　赵 帆　王 辉
13	砌体工程	朱维益
14	起重设备与混凝土结构吊装工程	梁建智　叶映辉
15	滑动模板施工	毛凤林

3

16	屋面工程	张文华　项桦太
17	地下防水工程	薛振东　邹爱玲　吴 明　王 天
18	建筑地面工程	熊杰民
19	建筑装饰装修工程	侯君伟　王寿华
20	建筑防腐蚀工程	侯锐钢　芦 天
21	构筑物工程	王寿华　温 刚
22	冬期施工	项耆行
23	建筑节能与保温隔热工程	金鸿祥　杨善勤
24	古建筑施工	刘大可　马炳坚　路化林　蒋广全

4

25	设备安装常用数据与基本要求	陈御平　田会杰
26	建筑给水排水及采暖工程	赵培森　王树瑛　田会杰　王志伟
27	建筑电气安装工程	杨南方　尹 辉　陈御平
28	智能建筑工程	孙述璞　张青虎
29	通风与空调工程	张学助　孟昭荣
30	电梯安装工程	纪学文

5

31	施工项目管理	田金信　周爱民

32	建筑工程造价	丛培经
33	工程施工招标与投标	张 琰　郝小兵
34	施工组织设计	关 柯　王长林　董玉学　刘志才
35	建筑施工安全技术与管理	杜荣军
36	建设工程监理	张 莹　张稚麟

手册第四版审编组成员（按姓氏笔画排列）

王寿华　王家隽　朱维益　吴之昕　张学助　张 琰　张惠宗
林贤光　陈御平　杨嗣信　侯君伟　赵志缙　黄崇国　彭圣浩

出版社审编人员

胡永旭　余永祯　周世明　林婉华　刘 江　时咏梅　郦锁林

第三版出版说明

《建筑施工手册》自1980年出版问世，1988年出版了第二版。从手册出版、二版至今已16年，发行了200余万册，施工企业技术人员几乎人手一册，成为常备工具书。这套手册对于我国施工技术水平的提高，施工队伍素质的培养，起了巨大的推动作用。手册第一版荣获1971～1981年度全国优秀科技图书奖。第二版荣获1990年建设部首届全国优秀建筑科技图书部级奖一等奖。在1991年8月5日的新闻出版报上，这套手册被誉为"推动着我国科技进步的十部著作"之一。同时，在港、澳地区和日本、前苏联等国，这套手册也有相当的影响，享有一定的声誉。

近十年来，随着我国经济的振兴和改革的深入，建筑业的发展十分迅速，各地陆续兴建了一批对国计民生有重大影响的重点工程，高层和超高层建筑如雨后春笋，拔地而起。通过长期的工程实践和技术交流，我国建筑施工技术和管理经验有了长足的进步，积累了丰富的经验。与此同时，许多新的施工验收规范、技术规程、建筑工程质量验评标准及有关基础定额均已颁布执行。这一切为修订《建筑施工手册》第三版创造了条件。

现在，我们奉献给读者的是《建筑施工手册》（第三版）。第三版是跨世纪的版本，修订的宗旨是：要全面总结改革开放以来我国在建筑工程施工中的最新成果，最先进的建筑施工技术，以及在建筑业管理等软科学方面的改革成果，使我国在建筑业管理方面逐步与国际接轨，以适应跨世纪的要求。

新推出的手册第三版，在结构上作了调整，将手册第二版上、中、下3册分为5个分册，共32章。第1、2分册为施工准备阶段和建筑业管理等各项内容，分10章介绍；除保留第二版中的各章外，增加了建设监理和建筑施工安全技术两章。3～5为各分部工程的施工技术，分22章介绍；将第二版各章在顺序上作了调整，对工程中应用较少的技术，作了合并或简化，如将砌块工程并入砌体工程，预应力板柱并入预应力工程，装配式大板与升板工程合并；同时，根据工程技术的发展和国家的技术政策，补充了门窗工程和建筑节能两部分。各章中着重补充近十年采用的新结构、新技术、新材料、新设备、新工艺，对建设部颁发的建筑业"九五"期间重点推广的10项新技术，在有关各章中均作了重点补充。这次修订，还将前一版中存在的问题作了订正。各章内容均符合国家新颁规范、标准的要求，内容范围进一步扩大，突出了资料齐全、查找方便的特点。

我们衷心地感谢广大读者对我们的热情支持。我们希望手册第三版继续成为建筑施工技术人员工作中的好参谋、好帮手。

1997年4月

手册第三版主要执笔人

第1册

1　常用数据　　　　　　关　柯　刘长滨　罗兆烈

2	施工常用结构计算	赵志缙 赵帆
3	材料试验与结构检验	项蓍行
4	施工测量	吴来瑞 陈云祥
5	脚手架工程和垂直运输设施	杜荣军 姜传库
6	建筑施工安全技术和管理	杜荣军

第 2 册

7	施工组织设计和项目管理	关柯 王长林 田金信 刘志才 董玉学 周爱民
8	建筑工程造价	唐连珏
9	工程施工的招标与投标	张琰
10	建设监理	张稚麟

第 3 册

11	土方与爆破工程	江正荣 赵志缙 赵帆
12	地基与基础工程	江正荣
13	地下防水工程	薛振东
14	砌体工程	朱维益
15	木结构工程	王寿华
16	钢结构工程	赵志缙 赵帆 范懋达 王辉

第 4 册

17	模板工程	侯君伟 赵志缙
18	钢筋工程	杨宗放
19	混凝土工程	徐帆
20	预应力混凝土工程	杨宗放 杜荣军
21	混凝土结构吊装工程	梁建智 叶映辉 赵志缙
22	装配式大板与升板法施工	侯君伟 戎贤 朱维益 张晋元 孙克
23	滑动模板施工	毛凤林
24	大模板施工	侯君伟 赵志缙

第 5 册

25	屋面工程	杨扬 项桦太
26	建筑地面工程	熊杰民
27	门窗工程	王寿华
28	装饰工程	侯君伟
29	防腐蚀工程	芦天 侯锐钢 白月 陆士平
30	工程构筑物	王寿华
31	冬季施工	项蓍行
32	隔热保温工程与建筑节能	张竹荪

第二版出版说明

《建筑施工手册》(第一版)自 1980 年出版以来,先后重印七次,累计印数达 150 万册左右,受到广大读者的欢迎和社会的好评,曾荣获 1971～1981 年度全国优秀科技图书奖。不少读者还对第一版的内容提出了许多宝贵的意见和建议,在此我们向广大读者表示深深的谢意。

近几年,我国执行改革、开放政策,建筑业蓬勃发展,高层建筑日益增多,其平面布局、结构类型复杂、多样,各种新的建筑材料的应用,使得建筑施工技术有了很大的进步。同时,新的施工规范、标准、定额等已颁布执行,这就使得第一版的内容远远不能满足当前施工的需要。因此,我们对手册进行了全面的修订。

手册第二版仍分上、中、下三册,以量大面广的一般工业与民用建筑,包括相应的附属构筑物的施工技术为主。但是,内容范围较第一版略有扩大。第一版全书共 29 个项目,第二版扩大为 31 个项目,增加了"砌块工程施工"和"预应力板柱工程施工"两章。并将原第 3 章改名为"施工组织与管理"、原第 4 章改名为"建筑工程招标投标及工程概预算"、原第 9 章改名为"脚手架工程和垂直运输设施"、原第 17 章改名为"钢筋混凝土结构吊装"、原第 18 章改名为"装配式大板工程施工"。除第 17 章外,其他各章均增加了很多新内容,以更适应当前施工的需要。其余各章均作了全面修订,删去了陈旧的和不常用的资料,补充了不少新工艺、新技术、新材料,特别是施工常用结构计算、地基与基础工程、地下防水工程、装饰工程等章,修改补充后,内容更为丰富。

手册第二版根据新的国家规范、标准、定额进行修订,采用国家颁布的法定计量单位,单位均用符号表示。但是,对个别计算公式采用法定计量单位计算数值有困难时,仍用非法定单位计算,计算结果取近似值换算为法定单位。

对于手册第一版中存在的各种问题,这次修订时,我们均尽可能一一作了订正。

在手册第二版的修订、审稿过程中,得到了许多单位和个人的大力支持和帮助,我们衷心地表示感谢。

手册第二版主要执笔人

上 册

项 目 名 称	修 订 者
1. 常用数据	关 柯　刘长滨
2. 施工常用结构计算	赵志缙　应惠清　陈 杰
3. 施工组织与管理	关 柯　王长林　董五学　田金信
4. 建筑工程招标投标及工程概预算	侯君伟
5. 材料试验与结构检验	项蕴行
6. 施工测量	吴来瑞　陈云祥

7. 土方与爆破工程　　　　　　　　　　　　　　　　　　江正荣
8. 地基与基础工程　　　　　　　　　　　　　　江正荣　朱国梁
9. 脚手架工程和垂直运输设施　　　　　　　　　　　　　杜荣军

中　册

10. 砖石工程　　　　　　　　　　　　　　　　　　　　朱维益
11. 木结构工程　　　　　　　　　　　　　　　　　　　王寿华
12. 钢结构工程　　　　　　　　　　　赵志缙　范懋达　王　辉
13. 模板工程　　　　　　　　　　　　　　　　　　　　王壮飞
14. 钢筋工程　　　　　　　　　　　　　　　　　　　　杨宗放
15. 混凝土工程　　　　　　　　　　　　　　　　　　　徐　帆
16. 预应力混凝土工程　　　　　　　　　　　　　　　　杨宗放
17. 钢筋混凝土结构吊装　　　　　　　　　　　　　　　朱维益
18. 装配式大板工程施工　　　　　　　　　　　　　　　侯君伟

下　册

19. 砌块工程施工　　　　　　　　　　　　　　　　　　张稚麟
20. 预应力板柱工程施工　　　　　　　　　　　　　　　杜荣军
21. 滑升模板施工　　　　　　　　　　　　　　　　　　王壮飞
22. 大模板施工　　　　　　　　　　　　　　　　　　　侯君伟
23. 升板法施工　　　　　　　　　　　　　　　　　　　朱维益
24. 屋面工程　　　　　　　　　　　　　　　　　　　　项桦太
25. 地下防水工程　　　　　　　　　　　　　　　　　　薛振东
26. 隔热保温工程　　　　　　　　　　　　　　　　　　韦延年
27. 地面与楼面工程　　　　　　　　　　　　　　　　　熊杰民
28. 装饰工程　　　　　　　　　　　　　　　　侯君伟　徐小洪
29. 防腐蚀工程　　　　　　　　　　　　　　　　　　　侯君伟
30. 工程构筑物　　　　　　　　　　　　　　　　　　　王寿华
31. 冬期施工　　　　　　　　　　　　　　　　　　　　项蕴行

1988 年 12 月

第一版出版说明

《建筑施工手册》分上、中、下三册，全书共二十九个项目。内容以量大面广的一般工业与民用建筑，包括相应的附属构筑物的施工技术为主，同时适当介绍了各工种工程的常用材料和施工机具。

手册在总结我国建筑施工经验的基础上，系统地介绍了各工种工程传统的基本施工方法和施工要点，同时介绍了近年来应用日广的新技术和新工艺。目的是给广大施工人员，特别是基层施工技术人员提供一本资料齐全、查找方便的工具书。但是，就这个本子看来，有的项目新资料收入不多，有的项目写法上欠简练，名词术语也不尽统一；某些规范、定额，因为正在修订中，有的数据规定仍取用旧的。这些均有待再版时，改进提高。

本手册由国家建筑工程总局组织编写，共十三个单位组成手册编写组。北京市建筑工程局主持了编写过程的编辑审稿工作。

本手册编写和审查过程中，得到各省市基建单位的大力支持和帮助，我们表示衷心的感谢。

手册第一版主要执笔人

上 册

1. 常用数据	哈尔滨建筑工程学院	关 柯 陈德蔚
2. 施工常用结构计算	同济大学	赵志缙 周士富
		潘宝根
	上海市建筑工程局	黄进生
3. 施工组织设计	哈尔滨建筑工程学院	关 柯 陈德蔚
		王长林
4. 工程概预算	镇江市城建局	左鹏高
5. 材料试验与结构检验	国家建筑工程总局第一工程局	杜荣军
6. 施工测量	国家建筑工程总局第一工程局	严必达
7. 土方与爆破工程	四川省第一机械化施工公司	郭瑞田
	四川省土石方公司	杨洪福
8. 地基与基础工程	广东省第一建筑工程公司	梁 润
	广东省建筑工程局	郭汝铭
9. 脚手架工程	河南省第四建筑工程公司	张肇贤

中 册

10. 砌体工程	广州市建筑工程局	余福荫
	广东省第一建筑工程公司	伍于聪
	上海市第七建筑工程公司	方 枚

11. 木结构工程	山西省建筑工程局	王寿华	
12. 钢结构工程	同济大学	赵志缙	胡学仁
	上海市华东建筑机械厂	郑正国	
	北京市建筑机械厂	范懋达	
13. 模板工程	河南省第三建筑工程公司	王壮飞	
14. 钢筋工程	南京工学院	杨宗放	
15. 混凝土工程	江苏省建筑工程局	熊杰民	
16. 预应力混凝土工程	陕西省建筑科学研究院	徐汉康	濮小龙
	中国建筑科学研究院		
	建筑结构研究所	裴 骦	黄金城
17. 结构吊装	陕西省机械施工公司	梁建智	于近安
18. 墙板工程	北京市建筑工程研究所	侯君伟	
	北京市第二住宅建筑工程公司	方志刚	

下 册

19. 滑升模板施工	河南省第三建筑工程公司	王壮飞	
	山西省建筑工程局	赵全龙	
20. 大模板施工	北京市第一建筑工程公司	万嗣诠	戴振国
21. 升板法施工	陕西省机械施工公司	梁建智	
	陕西省建筑工程局	朱维益	
22. 屋面工程	四川省建筑工程局建筑工程学校	刘占黑	
23. 地下防水工程	天津市建筑工程局	叶祖涵	邹连华
24. 隔热保温工程	四川省建筑科学研究所	韦延年	
	四川省建筑勘测设计院	侯远贵	
25. 地面工程	北京市第五建筑工程公司	白金铭	阎崇贵
26. 装饰工程	北京市第一建筑工程公司	凌关荣	
	北京市建筑工程研究所	张兴大	徐晓洪
27. 防腐蚀工程	北京市第一建筑工程公司	王伯龙	
28. 工程构筑物	国家建筑工程总局第一工程局二公司	陆仁元	
	山西省建筑工程局	王寿华	赵全龙
29. 冬季施工	哈尔滨市第一建筑工程公司	吕元骐	
	哈尔滨建筑工程学院	刘宗仁	
	大庆建筑公司	黄可荣	

手册编写组组长单位	北京市建筑工程局（主持人：徐仁祥　梅 璋　张悦勤）
手册编写组副组长单位	国家建筑工程总局第一工程局（主持人：俞伿文）
	同济大学（主持人：赵志缙　黄进生）
手册审编组成员	王壮飞　王寿华　朱维益　张悦勤　项焘行　侯君伟　赵志缙
出版社审编人员	夏行时　包瑞麟　曲士蕴　李伯宁　陈淑英　周 谊　林婉华
	胡凤仪　徐竞达　徐焰珍　蔡秉乾

1980 年 12 月

目 录

15 吊装工程 ………………………… 1	15.3.1.1 钢丝绳的构造和种类………… 40
15.1 吊装工程特点及基本要求 ………… 1	15.3.1.2 钢丝绳的技术性能…………… 41
15.1.1 吊装工程特点 ………………… 1	15.3.1.3 钢丝绳的许用拉力计算……… 41
15.1.2 吊装基本要求 ………………… 1	15.3.1.4 钢丝绳的安全检查…………… 42
15.2 起重设备选择……………………… 3	15.3.1.5 钢丝绳的使用注意事项……… 42
15.2.1 塔式起重机 …………………… 3	15.3.2 绳夹 ………………………… 43
15.2.1.1 塔式起重机的选择原则……… 3	15.3.2.1 绳夹类型……………………… 43
15.2.1.2 塔式起重机相关计算 ………… 5	15.3.2.2 构造要求……………………… 43
15.2.1.3 外附塔式起重机的安装、	15.3.2.3 使用注意事项……………… 43
附着、拆除 ………………… 6	15.3.3 吊装带 ………………………… 44
15.2.1.4 内爬式塔式起重机的安装、	15.3.3.1 吊装带的特点…………………… 44
爬升、拆除 ………………… 11	15.3.3.2 吊装带的规格…………………… 44
15.2.1.5 塔式起重机使用智能化 ……… 16	15.3.3.3 吊装带的选用…………………… 45
15.2.2 履带起重机…………………… 17	15.3.4 捯链 ………………………… 45
15.2.2.1 履带起重机的特点…………… 17	15.3.4.1 捯链用途及分类………………… 45
15.2.2.2 履带起重机的选用…………… 18	15.3.4.2 捯链的安全使用与绿色施工
15.2.3 汽车起重机…………………… 23	原则………………………… 46
15.2.3.1 汽车起重机的分类与	15.3.5 卸扣 ………………………… 46
特点………………………… 23	15.3.5.1 卸扣用途、分类与规格……… 46
15.2.3.2 汽车起重机的选用…………… 24	15.3.5.2 卸扣的安全使用与绿色施工
15.2.4 液压油缸千斤顶……………… 29	原则………………………… 47
15.2.4.1 液压油缸千斤顶系统简介…… 29	15.3.6 吊钩 ………………………… 48
15.2.4.2 液压油缸系统在建筑施	15.3.6.1 吊钩用途及分类………………… 48
工中的应用………………… 30	15.3.6.2 吊钩规格……………………… 48
15.2.5 卷扬机………………………… 31	15.3.7 滑车和滑车组…………………… 49
15.2.5.1 卷扬机的分类与选用………… 31	15.3.7.1 滑车的规格及选用……………… 49
15.2.5.2 电动卷扬机的技术参数……… 32	15.3.7.2 滑车组的特性及使用范围…… 50
15.2.5.3 电动卷扬机的牵引计算……… 32	15.3.7.3 滑车（组）的安全使用与
15.2.5.4 卷扬机的固定和布置要求…… 33	绿色施工原则……………… 51
15.2.6 非标准起重装置……………… 35	15.3.8 千斤顶 ………………………… 51
15.2.6.1 独脚拔杆……………………… 35	15.3.8.1 概述………………………… 51
15.2.6.2 人字拔杆……………………… 36	15.3.8.2 分类………………………… 51
15.2.6.3 桅杆式起重机………………… 37	15.3.8.3 使用规定……………………… 52
15.3 吊装索具工具……………………… 40	15.3.8.4 使用注意事项………………… 52
15.3.1 钢丝绳………………………… 40	15.3.9 垫铁 ………………………… 53
	15.3.9.1 垫铁的类型、规格和尺寸

　　　　　要求 ………………………… 53
　　15.3.9.2　使用注意事项 …………… 53
　15.3.10　撬棍 ………………………… 54
　　15.3.10.1　常用撬棍规格 …………… 54
　　15.3.10.2　使用注意事项 …………… 54
15.4　吊装绑扎 …………………………… 55
　15.4.1　吊点设置 ……………………… 55
　　15.4.1.1　竖直构件吊点设置 ………… 55
　　15.4.1.2　水平构件吊点设置 ………… 55
　　15.4.1.3　复杂节点吊点设置 ………… 56
　　15.4.1.4　双机抬吊吊点设置 ………… 56
　15.4.2　钢丝绳绑扎 …………………… 57
　　15.4.2.1　概述 ………………………… 57
　　15.4.2.2　绑扎方法 …………………… 57
　15.4.3　卸扣绑扎 ……………………… 58
　　15.4.3.1　概述 ………………………… 58
　　15.4.3.2　卸扣的选用 ………………… 58
　　15.4.3.3　卸扣的使用 ………………… 58
　15.4.4　吊装带绑扎 …………………… 59
　　15.4.4.1　吊装带的选用原则 ………… 59
　　15.4.4.2　吊装带的安全使用方法 …… 59
15.5　主要构件吊装方法 ………………… 59
　15.5.1　一般柱的吊装方法 …………… 59
　15.5.2　一般梁的吊装方法 …………… 61
　　15.5.2.1　单机及双机抬吊 …………… 61
　　15.5.2.2　三层串吊 …………………… 61
　15.5.3　钢桁架结构构件吊装方法 …… 62
　　15.5.3.1　钢桁架分类 ………………… 62
　　15.5.3.2　钢桁架吊装步骤 …………… 62
　　15.5.3.3　钢桁架的吊装验算及加固 … 62
　　15.5.3.4　钢桁架的绑扎及吊装 ……… 63
　　15.5.3.5　钢桁架其他吊装方法 ……… 64
　15.5.4　网架与网壳结构构件吊装方法 … 66
　　15.5.4.1　网架及网壳结构的类型 …… 66
　　15.5.4.2　网格结构常用的安装方法 … 66
　　15.5.4.3　网格结构吊装验算 ………… 66
　　15.5.4.4　网格结构吊装 ……………… 67
　15.5.5　拱形构件吊装方法 …………… 68
　　15.5.5.1　拱形构件的分类 …………… 68
　　15.5.5.2　拱形构件的吊装验算及
　　　　　　加固 ………………………… 68
　　15.5.5.3　拱形构件的吊装方法 ……… 69
　　15.5.6　景观石雕塑制品移植方法 …… 69
　　15.5.7　移植树木吊装方法 …………… 70
　　　15.5.7.1　吊装 ……………………… 70
　　　15.5.7.2　装车 ……………………… 70
　　　15.5.7.3　运输 ……………………… 71
　　　15.5.7.4　栽植 ……………………… 71
　　15.5.8　大块幕墙玻璃移植方法 ……… 72
15.6　吊装质量与安全技术 ……………… 75
　15.6.1　吊装质量技术 …………………… 75
　　15.6.1.1　吊装前的质量预检 ………… 75
　　15.6.1.2　安装质量要求 ……………… 75
　15.6.2　吊装安全技术 …………………… 76
　15.6.3　有关绿色施工技术要求 ………… 78
15.7　起重吊装及安装拆卸工程方案
　　　的编制要求 ………………………… 79
　15.7.1　工程概况 ………………………… 79
　15.7.2　编制依据 ………………………… 79
　15.7.3　施工计划 ………………………… 79
　15.7.4　施工工艺技术 …………………… 80
　15.7.5　施工安全保证措施 ……………… 80
　15.7.6　施工管理及作业人员配备和
　　　　　分工 ………………………………… 80
　15.7.7　验收要求 ………………………… 80
　15.7.8　应急处置措施 …………………… 81
　15.7.9　计算书及相关施工图纸 ………… 81
参考文献 ……………………………………… 81

16　模板工程 ……………………………… 82

16.1　组合式模板 …………………………… 82
　16.1.1　钢模板 …………………………… 82
　　16.1.1.1　55型钢模板 ………………… 82
　　16.1.1.2　特点及用途 ………………… 84
　　16.1.1.3　组合钢模板的施工 ………… 92
　　16.1.1.4　中型组合钢模板 …………… 97
　16.1.2　钢框模板 ………………………… 99
　　16.1.2.1　75系列钢框胶合板模板 …… 99
　　16.1.2.2　55型和78型钢框胶合板
　　　　　　模板 ………………………… 101
　16.1.3　铝合金模板 …………………… 103
　　16.1.3.1　部件组成及特点 …………… 103
　　16.1.3.2　施工方法及注意事项 ……… 104
16.2　现场加工、拼装模板 ……………… 108

16.2.1 木模板 …… 108
 16.2.1.1 木模板适用范围 …… 108
 16.2.1.2 施工注意事项 …… 111
16.2.2 胶合模板 …… 111
 16.2.2.1 木胶合板模板 …… 111
 16.2.2.2 竹胶合板模板 …… 112
 16.2.2.3 施工方法及注意事项 …… 113
16.2.3 塑料模板 …… 114
 16.2.3.1 塑料模板的种类与构造 …… 115
 16.2.3.2 施工工艺 …… 116
 16.2.3.3 施工注意事项 …… 117
16.3 工具式模板 …… 117
 16.3.1 大模板 …… 117
  16.3.1.1 大模板构造 …… 117
  16.3.1.2 电梯井筒模 …… 124
  16.3.1.3 模板翻样 …… 128
 16.3.2 滑动模板 …… 130
  16.3.2.1 滑模工程的基本要求 …… 131
  16.3.2.2 滑模装置的组成 …… 132
  16.3.2.3 滑模装置的设计与制作 …… 148
  16.3.2.4 滑模装置的组装与拆除 …… 154
  16.3.2.5 滑升 …… 156
  16.3.2.6 滑模工艺 …… 158
 16.3.3 爬升模板 …… 164
  16.3.3.1 模板与爬架互爬技术 …… 165
  16.3.3.2 导轨式液压爬升模板 …… 166
 16.3.4 飞模 …… 170
  16.3.4.1 常用的几种飞模 …… 170
  16.3.4.2 升降、行走和吊运工具 …… 175
  16.3.4.3 施工工艺 …… 177
 16.3.5 模壳 …… 182
  16.3.5.1 模壳的种类 …… 182
  16.3.5.2 支撑系统 …… 183
  16.3.5.3 可拆除模壳施工工艺 …… 184
 16.3.6 柱模 …… 185
  16.3.6.1 玻璃钢圆柱模板 …… 185
  16.3.6.2 钢圆柱模 …… 187
  16.3.6.3 无柱箍可变截面钢柱模 …… 189
 16.3.7 低位顶升模板 …… 190
  16.3.7.1 结构组成及原理 …… 190
  16.3.7.2 技术特点 …… 191
  16.3.7.3 施工方法及注意事项 …… 192
16.4 永久性模板 …… 193

16.4.1 压型钢板 …… 194
 16.4.1.1 压型钢板概述 …… 194
 16.4.1.2 压型钢板施工 …… 198
16.4.2 钢筋桁架板 …… 199
 16.4.2.1 钢筋桁架板概述 …… 199
 16.4.2.2 钢筋桁架板施工 …… 202
16.4.3 叠合板用预应力混凝土底板 …… 203
 16.4.3.1 叠合板用预应力混凝土底板概述 …… 203
 16.4.3.2 叠合板用预应力混凝土底板制作 …… 205
 16.4.3.3 叠合板用预应力混凝土底板施工 …… 206
16.4.4 桁架钢筋混凝土叠合板预制板 …… 208
 16.4.4.1 桁架钢筋混凝土叠合板预制板概述 …… 208
 16.4.4.2 桁架钢筋混凝土叠合板预制板施工 …… 210
16.4.5 钢板组合剪力墙的外包钢板 …… 211
 16.4.5.1 钢板组合剪力墙的外包钢板概述 …… 211
 16.4.5.2 钢板组合剪力墙的外包钢板施工 …… 212
16.4.6 叠合剪力墙的预制板 …… 213
 16.4.6.1 叠合剪力墙预制板概述 …… 214
 16.4.6.2 叠合剪力墙预制板施工 …… 214
16.4.7 现浇混凝土复合保温一体化模板 …… 215
 16.4.7.1 现浇混凝土复合保温一体化模板概述 …… 216
 16.4.7.2 现浇混凝土复合保温一体化模板的施工 …… 216
16.5 特殊模板 …… 218
 16.5.1 三角桁架单面支模 …… 218
  16.5.1.1 三角桁架单面支模体系概述 …… 218
  16.5.1.2 三角桁架单面支模的施工 …… 219
  16.5.1.3 特殊部位单面支模 …… 222
 16.5.2 隧道模 …… 223
  16.5.2.1 双拼式隧道模概述 …… 223
  16.5.2.2 双拼式隧道模施工 …… 226
 16.5.3 楼梯模板 …… 228
  16.5.3.1 直跑板式楼梯模板施工 …… 228

16.5.3.2 旋转楼梯模架施工 …… 231
16.5.4 清水混凝土模板 …… 232
　16.5.4.1 清水混凝土模板的深化设计 …… 232
　16.5.4.2 清水混凝土模板的加工制作 …… 235
　16.5.4.3 清水混凝土模板的施工 …… 237
16.6 脱模剂和模板拆除 …… 238
　16.6.1 脱模剂 …… 238
　　16.6.1.1 技术要求 …… 239
　　16.6.1.2 模板脱模剂施工时注意事项 …… 239
　16.6.2 模板拆除 …… 240
　　16.6.2.1 常规拆模控制要求及顺序方法 …… 240
　　16.6.2.2 高大模板支撑体系的拆除 …… 243
　16.6.3 早拆模板体系技术要求 …… 244
　　16.6.3.1 基本构造及适用范围 …… 244
　　16.6.3.2 施工工艺 …… 245
16.7 现浇混凝土结构模板的设计计算 …… 246
　16.7.1 模板工程的设计内容和原则 …… 246
　　16.7.1.1 设计的内容 …… 246
　　16.7.1.2 设计的主要原则 …… 246
　16.7.2 模板结构设计的基本内容 …… 247
　　16.7.2.1 荷载及荷载组合 …… 247
　　16.7.2.2 模板结构的受力分析 …… 251
　16.7.3 设计静力计算公式 …… 252
　16.7.4 模板结构设计示例 …… 254
　　16.7.4.1 采用组合式钢模板组拼模板结构计算 …… 254
　　16.7.4.2 模板支架计算 …… 258
16.8 模板工程施工质量及验收要求 …… 287
　16.8.1 基本规定 …… 287
　16.8.2 模板安装 …… 287
　　16.8.2.1 主控项目 …… 287
　　16.8.2.2 一般项目 …… 288
16.9 模板工程绿色施工 …… 291
　16.9.1 水电、天然资源的节约和替代 …… 291
　　16.9.1.1 技术措施 …… 292
　　16.9.1.2 管理措施 …… 292
　16.9.2 可再生资源的循环利用 …… 293
　　16.9.2.1 使模板成为再生资源的可能性 …… 293
　　16.9.2.2 模板设计思路与理念 …… 293
　16.9.3 施工降噪与减少污染 …… 294
　　16.9.3.1 技术措施 …… 294
　　16.9.3.2 管理措施 …… 295
　16.9.4 改善施工作业条件 …… 295
　　16.9.4.1 提高机械化水平 …… 295
　　16.9.4.2 促进施工标准化 …… 295
参考文献 …… 296

17 钢筋工程 …… 297
17.1 材料 …… 297
　17.1.1 钢筋品种与规格 …… 297
　　17.1.1.1 热轧（光圆、带肋）钢筋 …… 297
　　17.1.1.2 余热处理钢筋 …… 301
　　17.1.1.3 冷轧带肋钢筋 …… 303
　　17.1.1.4 冷拔螺旋钢筋 …… 304
　　17.1.1.5 冷拔低碳钢丝 …… 305
　17.1.2 钢筋性能 …… 306
　　17.1.2.1 钢筋力学性能 …… 306
　　17.1.2.2 钢筋锚固性能 …… 308
　　17.1.2.3 钢筋冷弯性能 …… 309
　　17.1.2.4 钢筋焊接性能 …… 310
　17.1.3 钢筋质量控制 …… 310
　　17.1.3.1 检查项目和方法 …… 310
　　17.1.3.2 热轧钢筋检验 …… 311
　　17.1.3.3 冷轧带肋钢筋检验 …… 312
　　17.1.3.4 冷拔螺旋钢筋检验 …… 313
　　17.1.3.5 冷拔低碳钢丝检验 …… 314
　17.1.4 钢筋现场存放与保护 …… 315
17.2 配筋构造 …… 315
　17.2.1 一般规定 …… 315
　　17.2.1.1 混凝土保护层 …… 315
　　17.2.1.2 钢筋锚固 …… 317
　　17.2.1.3 钢筋连接 …… 318
　17.2.2 板 …… 320
　　17.2.2.1 受力钢筋 …… 320
　　17.2.2.2 分布钢筋 …… 321
　　17.2.2.3 构造钢筋 …… 322
　　17.2.2.4 板上开洞 …… 323
　　17.2.2.5 板柱节点 …… 323

- 17.2.3 梁 …… 324
  - 17.2.3.1 受力钢筋 …… 324
  - 17.2.3.2 弯起钢筋 …… 325
  - 17.2.3.3 箍筋 …… 326
  - 17.2.3.4 纵向构造钢筋 …… 327
  - 17.2.3.5 附加横向钢筋 …… 328
- 17.2.4 柱 …… 329
  - 17.2.4.1 纵向受力钢筋 …… 329
  - 17.2.4.2 箍筋 …… 330
- 17.2.5 剪力墙 …… 331
- 17.2.6 基础 …… 332
  - 17.2.6.1 条形基础 …… 332
  - 17.2.6.2 单独基础 …… 333
  - 17.2.6.3 筏形基础 …… 333
  - 17.2.6.4 箱形基础 …… 334
  - 17.2.6.5 桩基承台 …… 334
- 17.2.7 抗震配筋要求 …… 334
  - 17.2.7.1 一般规定 …… 334
  - 17.2.7.2 框架梁 …… 335
  - 17.2.7.3 框架柱与框支柱 …… 336
  - 17.2.7.4 框架梁柱节点 …… 337
  - 17.2.7.5 剪力墙 …… 338
- 17.2.8 钢筋焊接网 …… 339
  - 17.2.8.1 钢筋焊接网品种与规格 …… 339
  - 17.2.8.2 钢筋焊接网锚固与搭接 …… 339
  - 17.2.8.3 楼板中的应用 …… 341
  - 17.2.8.4 墙板中的应用 …… 341
  - 17.2.8.5 梁柱箍筋笼中的应用 …… 342
- 17.2.9 预埋件和吊环 …… 342
  - 17.2.9.1 预埋件 …… 342
  - 17.2.9.2 吊环 …… 343
- 17.2.10 结构配筋图 …… 345
  - 17.2.10.1 一般规定 …… 345
  - 17.2.10.2 梁平法施工图 …… 345
  - 17.2.10.3 柱平法施工图 …… 346
  - 17.2.10.4 剪力墙平法施工图 …… 347
- 17.3 钢筋配料 …… 347
  - 17.3.1 钢筋下料长度计算 …… 347
  - 17.3.2 钢筋长度计算中的特殊问题 …… 350
  - 17.3.3 配料计算的注意事项 …… 353
  - 17.3.4 配料单与料牌 …… 353
  - 17.3.5 钢与混凝土组合结构 …… 353
- 17.4 钢筋代换 …… 356
  - 17.4.1 代换原则 …… 356
  - 17.4.2 等强代换方法 …… 356
  - 17.4.3 构件截面的有效高度影响 …… 356
  - 17.4.4 代换注意事项 …… 357
- 17.5 钢筋加工 …… 358
  - 17.5.1 钢筋除锈 …… 358
  - 17.5.2 钢筋调直 …… 358
    - 17.5.2.1 机具设备 …… 358
    - 17.5.2.2 调直工艺 …… 359
  - 17.5.3 钢筋切断 …… 360
    - 17.5.3.1 机具设备 …… 360
    - 17.5.3.2 切断工艺 …… 362
  - 17.5.4 钢筋弯曲 …… 363
    - 17.5.4.1 机具设备 …… 363
    - 17.5.4.2 弯曲成型工艺 …… 365
  - 17.5.5 钢筋加工质量检验 …… 367
  - 17.5.6 钢筋集中加工与配送 …… 367
    - 17.5.6.1 基本规定 …… 367
    - 17.5.6.2 成型钢筋加工 …… 368
    - 17.5.6.3 成型钢筋配送 …… 371
- 17.6 钢筋焊接连接 …… 372
  - 17.6.1 一般规定 …… 372
  - 17.6.2 钢筋闪光对焊 …… 376
    - 17.6.2.1 对焊设备 …… 376
    - 17.6.2.2 对焊工艺 …… 377
    - 17.6.2.3 对焊参数 …… 379
    - 17.6.2.4 对焊接头质量检验 …… 381
    - 17.6.2.5 对焊缺陷及消除措施 …… 381
  - 17.6.3 钢筋电阻点焊 …… 382
    - 17.6.3.1 点焊设备 …… 382
    - 17.6.3.2 点焊工艺 …… 382
    - 17.6.3.3 点焊参数 …… 383
    - 17.6.3.4 钢筋焊接网质量检验 …… 383
    - 17.6.3.5 点焊缺陷及消除措施 …… 384
  - 17.6.4 钢筋电弧焊 …… 385
    - 17.6.4.1 电弧焊设备和焊条 …… 385
    - 17.6.4.2 帮条焊和搭接焊 …… 386
    - 17.6.4.3 预埋件电弧焊和钢筋与钢板搭接焊 …… 387
    - 17.6.4.4 坡口焊 …… 387
    - 17.6.4.5 熔槽帮条焊 …… 388
    - 17.6.4.6 窄间隙焊 …… 388
    - 17.6.4.7 电弧焊接头质量检验 …… 389

17.6.5 钢筋电渣压力焊 …………… 390	17.8.2.4 连接施工 ………………… 415
17.6.5.1 焊接设备与焊剂 …………… 390	17.8.3 环筋扣合锚接 ………………… 418
17.6.5.2 焊接工艺与参数 …………… 391	17.8.3.1 连接施工 ………………… 418
17.6.5.3 电渣压力焊、接头质量	17.8.3.2 工艺参数 ………………… 419
检验 …………………………… 392	17.8.4 浆锚搭接连接 ………………… 420
17.6.5.4 焊接缺陷及消除措施 ……… 392	17.8.4.1 浆锚搭接连接一般规定 …… 420
17.6.6 钢筋气压焊 …………………… 393	17.8.4.2 安装与连接 ………………… 421
17.6.6.1 焊接设备 ………………… 393	17.8.5 施工现场接头的检验与验收 …… 423
17.6.6.2 焊接工艺 ………………… 393	17.8.5.1 套筒灌浆连接接头的检验
17.6.6.3 气压焊接头质量检验 ……… 395	与验收 ………………………… 423
17.6.6.4 焊接缺陷及消除措施 ……… 395	17.8.5.2 环筋扣合锚接接头的检验
17.6.7 预埋件钢筋埋弧压力焊	与验收 ………………………… 426
与钢筋埋弧柱焊 ………………… 396	17.8.5.3 浆锚搭接连接接头的检验
17.6.7.1 焊接设备 ………………… 396	与验收 ………………………… 427
17.6.7.2 焊接工艺 ………………… 396	17.9 钢筋安装 …………………………… 428
17.6.7.3 焊接参数 ………………… 398	17.9.1 一般规定 ……………………… 428
17.6.7.4 预埋件钢筋 T 形接头	17.9.2 安装优化 ……………………… 428
质量检验 ……………………… 398	17.9.3 钢筋现场绑扎 ………………… 429
17.6.7.5 焊接缺陷及消除措施 ……… 398	17.9.3.1 准备工作 ………………… 429
17.7 钢筋机械连接 ……………………… 399	17.9.3.2 钢筋绑扎接头 ……………… 429
17.7.1 一般规定 ……………………… 399	17.9.3.3 基础钢筋绑扎 ……………… 429
17.7.2 钢筋套筒挤压连接 …………… 401	17.9.3.4 柱钢筋绑扎 ………………… 430
17.7.2.1 挤压套筒 ………………… 401	17.9.3.5 墙钢筋绑扎 ………………… 431
17.7.2.2 挤压连接设备 ……………… 402	17.9.3.6 梁板钢筋绑扎 ……………… 431
17.7.2.3 挤压连接工艺 ……………… 402	17.9.3.7 特殊节点钢筋绑扎 ………… 432
17.7.2.4 工艺参数 ………………… 403	17.9.3.8 装配式建筑后浇部位钢筋
17.7.2.5 异常现象及消除措施 ……… 404	绑扎 …………………………… 433
17.7.3 钢筋镦粗直螺纹连接 ………… 405	17.9.4 钢筋网与钢筋骨架安装 ……… 434
17.7.3.1 机具设备、工量具 ………… 405	17.9.4.1 绑扎钢筋网与钢筋骨架
17.7.3.2 镦粗直螺纹套筒 …………… 405	安装 …………………………… 434
17.7.3.3 钢筋加工与检验 …………… 406	17.9.4.2 钢筋焊接网安装 …………… 435
17.7.3.4 现场连接施工 ……………… 407	17.9.4.3 构件钢筋骨架安装 ………… 436
17.7.4 钢筋滚轧直螺纹连接 ………… 408	17.9.5 钢筋锚固板锚固 ……………… 436
17.7.4.1 滚轧直螺纹加工与检验 …… 409	17.9.5.1 钢筋锚固板 ………………… 436
17.7.4.2 滚轧直螺纹套筒 …………… 409	17.9.5.2 螺纹连接钢筋锚固板安装 … 438
17.7.4.3 现场连接施工 ……………… 410	17.9.5.3 焊接钢筋锚固板安装 ……… 438
17.7.5 施工现场接头的检验与验收 …… 411	17.9.6 植筋施工 ……………………… 438
17.8 预制混凝土构件钢筋连接 ………… 413	17.9.6.1 钢筋胶粘剂 ………………… 439
17.8.1 一般规定 ……………………… 413	17.9.6.2 植筋用孔与钢筋 …………… 439
17.8.2 套筒灌浆连接 ………………… 413	17.9.6.3 植筋施工方法 ……………… 440
17.8.2.1 灌浆套筒 ………………… 413	17.9.7 钢筋安装质量检验 …………… 441
17.8.2.2 灌浆料 …………………… 414	17.9.8 钢筋安装成品保护 …………… 444
17.8.2.3 灌浆设备 ………………… 415	17.10 绿色施工 …………………………… 445

18 现浇混凝土工程 …… 448

18.1 概述 …… 448
- 18.1.1 定义 …… 448
- 18.1.2 分类 …… 448

18.2 混凝土的原材料 …… 448
- 18.2.1 水泥 …… 448
  - 18.2.1.1 通用水泥的分类 …… 449
  - 18.2.1.2 通用水泥的技术要求 …… 449
- 18.2.2 石 …… 450
  - 18.2.2.1 石的分类 …… 450
  - 18.2.2.2 石的技术要求 …… 450
- 18.2.3 砂 …… 452
  - 18.2.3.1 砂的分类 …… 452
  - 18.2.3.2 砂的技术要求 …… 452
- 18.2.4 掺合料 …… 453
- 18.2.5 外加剂 …… 457
  - 18.2.5.1 外加剂的分类 …… 457
  - 18.2.5.2 外加剂的技术要求 …… 457
- 18.2.6 拌合用水 …… 459
  - 18.2.6.1 拌合用水的技术要求 …… 460
  - 18.2.6.2 拌合用水的质量控制 …… 460

18.3 混凝土的配合比设计 …… 460
- 18.3.1 普通混凝土配合比设计 …… 460
  - 18.3.1.1 普通混凝土配合比设计依据 …… 460
  - 18.3.1.2 普通混凝土配合比设计步骤 …… 461
- 18.3.2 有特殊要求的混凝土配合比设计 …… 468
  - 18.3.2.1 抗渗混凝土 …… 468
  - 18.3.2.2 抗冻混凝土 …… 468
  - 18.3.2.3 高强混凝土 …… 469
  - 18.3.2.4 泵送混凝土 …… 470
  - 18.3.2.5 大体积混凝土 …… 471

18.4 混凝土制备 …… 472
- 18.4.1 概述 …… 472
- 18.4.2 常用搅拌机的分类 …… 472
- 18.4.3 混凝土搅拌站制备混凝土 …… 472
- 18.4.4 现场搅拌机制备混凝土 …… 472
- 18.4.5 混凝土搅拌的技术要求 …… 472
- 18.4.6 混凝土搅拌的质量控制 …… 473

18.5 混凝土水平运输 …… 473
- 18.5.1 概述 …… 473
- 18.5.2 搅拌车混凝土运输 …… 474
- 18.5.3 翻斗车混凝土运输 …… 474
- 18.5.4 混凝土水平运输的质量控制 …… 474

18.6 混凝土垂直输送 …… 474
- 18.6.1 概述 …… 474
- 18.6.2 借助起重机械的混凝土垂直输送 …… 475
  - 18.6.2.1 吊斗混凝土垂直输送 …… 475
  - 18.6.2.2 推车混凝土垂直输送 …… 475
- 18.6.3 借助混凝土泵的混凝土垂直输送 …… 476
- 18.6.4 借助溜管溜槽的混凝土垂直输送 …… 476
- 18.6.5 混凝土垂直输送的质量控制 …… 477

18.7 混凝土泵送施工技术 …… 477
- 18.7.1 概述 …… 477
- 18.7.2 混凝土泵送机械的选型和布置 …… 477
  - 18.7.2.1 混凝土泵送机械的选型 …… 477
  - 18.7.2.2 混凝土泵送机械的布置 …… 479
- 18.7.3 混凝土泵送配管设计与布置 …… 480
  - 18.7.3.1 混凝土管路设计与配管选择 …… 480
  - 18.7.3.2 混凝土泵送配管布置 …… 481
- 18.7.4 混凝土泵送布料杆选型与布置 …… 483
  - 18.7.4.1 混凝土布料杆的选型 …… 483
  - 18.7.4.2 混凝土布料杆的布置 …… 483
  - 18.7.4.3 楼面式布料杆 …… 483
  - 18.7.4.4 井式布料杆 …… 483
  - 18.7.4.5 壁挂式布料杆 …… 484
  - 18.7.4.6 塔式布料杆 …… 484
- 18.7.5 混凝土泵送施工技术 …… 484
  - 18.7.5.1 泵送混凝土要求 …… 484
  - 18.7.5.2 泵送混凝土运输 …… 484
  - 18.7.5.3 泵送混凝土输送 …… 485
  - 18.7.5.4 泵送混凝土泵送 …… 485
  - 18.7.5.5 泵送混凝土浇筑 …… 486

18.8 混凝土浇筑 …… 486
- 18.8.1 混凝土浇筑的准备工作 …… 486
  - 18.8.1.1 制定施工方案 …… 486
  - 18.8.1.2 现场具备浇筑施工的实施

　　　　条件 …………………………… 487
　18.8.2　混凝土浇筑的基本要求 …… 488
　18.8.3　水下混凝土浇筑的技术要求 …… 489
　　18.8.3.1　水下混凝土浇筑方法的
　　　　　　　选择 …………………… 489
　　18.8.3.2　导管法浇筑水下混凝土时
　　　　　　　的技术要求 …………… 490
　　18.8.3.3　泵压法施工工艺 ……… 492
　　18.8.3.4　柔性管法施工工艺 …… 492
　18.8.4　泵送混凝土浇筑的技术要求 …… 492
　18.8.5　施工缝或后浇带处继续浇筑混凝土
　　　　　的技术要求 …………………… 494
　18.8.6　现浇结构叠合层上混凝土浇筑的
　　　　　技术要求 ……………………… 494
　18.8.7　超长结构混凝土浇筑的技术
　　　　　要求 …………………………… 494
　18.8.8　型钢混凝土结构浇筑的技术
　　　　　要求 …………………………… 494
　18.8.9　钢管混凝土结构浇筑的技术
　　　　　要求 …………………………… 495
　18.8.10　自密实混凝土浇筑的技术
　　　　　　要求 …………………………… 496
　18.8.11　清水混凝土结构的技术要求 …… 496
　18.8.12　预制装配结构现浇节点混凝土浇筑
　　　　　　的技术要求 …………………… 497
　18.8.13　大体积混凝土浇筑的技术
　　　　　　要求 …………………………… 497
18.9　混凝土振捣 ……………………… 499
　18.9.1　混凝土振捣设备的分类 ……… 499
　18.9.2　采用内部振动器捣实混凝土的
　　　　　技术要求 ……………………… 499
　18.9.3　采用表面振动器捣实混凝土的
　　　　　技术要求 ……………………… 500
　18.9.4　采用外部振动器振捣混凝土的
　　　　　技术要求 ……………………… 500
　18.9.5　混凝土分层振捣的最大厚度
　　　　　要求 …………………………… 500
　18.9.6　特殊部位的混凝土振捣 ……… 500
18.10　混凝土养护 ……………………… 501
　18.10.1　混凝土自然养护 ……………… 501
　　18.10.1.1　混凝土洒水养护 ……… 501
　　18.10.1.2　混凝土覆盖养护 ……… 501
　　18.10.1.3　混凝土喷涂养护 ……… 501

　18.10.2　混凝土蓄热养护 ……………… 502
　　18.10.2.1　蒸汽养护 ……………… 502
　　18.10.2.2　太阳能养护 …………… 502
　18.10.3　混凝土养护的质量控制 ……… 502
18.11　混凝土施工缝及后浇带 ………… 503
　18.11.1　概述 …………………………… 503
　　18.11.1.1　施工缝及后浇带的设置 …… 503
　　18.11.1.2　施工缝的类型 ………… 503
　　18.11.1.3　后浇带的类型 ………… 503
　18.11.2　施工缝的设置 ………………… 503
　　18.11.2.1　施工缝设置的一般规定 …… 503
　　18.11.2.2　施工缝设置的技术要求 …… 503
　　18.11.2.3　常用类型施工缝的处理
　　　　　　　　方法 …………………… 504
　　18.11.2.4　施工缝的渗漏水防止处理
　　　　　　　　措施 …………………… 505
　18.11.3　后浇带的设置 ………………… 505
　　18.11.3.1　后浇带设置的一般规定 …… 505
　　18.11.3.2　后浇带设置的技术要求 …… 505
　　18.11.3.3　常见类型的后浇带的处理
　　　　　　　　方法 …………………… 505
18.12　混凝土裂缝的形成与控制 ……… 506
　18.12.1　混凝土裂缝形成的主要原因 …… 506
　　18.12.1.1　混凝土裂缝的基本概念 …… 506
　　18.12.1.2　混凝土裂缝的形成原因与
　　　　　　　　分类 …………………… 506
　18.12.2　混凝土裂缝控制的方法 ……… 507
　　18.12.2.1　结构设计控制 …………… 507
　　18.12.2.2　混凝土材料控制 ………… 508
　　18.12.2.3　混凝土施工控制 ………… 509
18.13　高性能混凝土施工技术 ………… 512
　18.13.1　高性能混凝土工作性
　　　　　　控制技术 …………………… 512
　　18.13.1.1　高性能混凝土原材料 …… 512
　　18.13.1.2　高性能混凝土工作性能
　　　　　　　　要求 …………………… 514
　　18.13.1.3　高性能混凝土设计 ……… 515
　18.13.2　高性能混凝土施工 …………… 516
　　18.13.2.1　高性能混凝土拌合物
　　　　　　　　的浇筑 ………………… 516
　　18.13.2.2　高性能混凝土的养护 …… 517
18.14　超高泵送混凝土施工技术 …… 517

18.14.1 概述 ……………………… 517
18.14.2 超高泵送混凝土配合比…… 518
18.14.3 超高泵送混凝土工作性
的控制 ……………………… 518
　18.14.3.1 超高泵送混凝土原材料…… 518
　18.14.3.2 超高泵送混凝土连续性
控制 ……………………… 520
　18.14.3.3 超高泵送混凝土稳定性
控制 ……………………… 520
　18.14.3.4 超高泵送混凝土搅拌
控制 ……………………… 520
18.14.4 超高泵送混凝土的施工
工艺 ………………………… 520
　18.14.4.1 施工工艺流程 …………… 520
　18.14.4.2 施工方案编制 …………… 520
　18.14.4.3 混凝土制备 ……………… 520
　18.14.4.4 混凝土输送装备布置……… 521
　18.14.4.5 混凝土输送前检查与
准备 ……………………… 522
　18.14.4.6 混凝土输送 ……………… 522
　18.14.4.7 混凝土输送管道清洗 …… 523
　18.14.4.8 混凝土输送应急措施 …… 523
18.15 大体积混凝土施工 …………… 524
　18.15.1 概述 ……………………… 524
　18.15.2 大体积混凝土基本施工技术
要求 ………………………… 524
　18.15.3 大体积混凝土施工组织…… 525
　18.15.4 大体积混凝土裂缝控制…… 525
　　18.15.4.1 结构构造设计 …………… 525
　　18.15.4.2 施工技术措施 …………… 526
　　18.15.4.3 养护措施 ………………… 527
　18.15.5 超长大体积混凝土结构跳仓
法施工 ……………………… 528
　　18.15.5.1 一般规定 ………………… 528
　　18.15.5.2 施工技术准备 …………… 530
　　18.15.5.3 钢筋工程 ………………… 530
　　18.15.5.4 模板工程 ………………… 530
　　18.15.5.5 混凝土浇筑 ……………… 531
　　18.15.5.6 混凝土养护 ……………… 532
　　18.15.5.7 特殊气候条件下大体积
混凝土跳仓法施工 ……… 532
　18.15.6 超大面积混凝土地面的无缝
施工技术 …………………… 532

　　18.15.6.1 一般规定 ………………… 532
　　18.15.6.2 模板工程 ………………… 533
　　18.15.6.3 钢筋工程 ………………… 533
　　18.15.6.4 混凝土工程 ……………… 533
　18.15.7 大体积劲性混凝土施工技术 … 534
　　18.15.7.1 材料及构造处理 ………… 534
　　18.15.7.2 钢筋工程 ………………… 535
　　18.15.7.3 模板工程 ………………… 535
　　18.15.7.4 混凝土工程 ……………… 535
18.16 常用特种混凝土技术 ………… 536
　18.16.1 纤维混凝土 ……………… 536
　　18.16.1.1 概述 ……………………… 536
　　18.16.1.2 钢纤维混凝土 …………… 536
　　18.16.1.3 聚丙烯纤维混凝土 ……… 539
　　18.16.1.4 超高延性纤维混凝土…… 540
　18.16.2 聚合物水泥混凝土 ……… 542
　　18.16.2.1 概述 ……………………… 542
　　18.16.2.2 聚合物水泥混凝土的
原材料 …………………… 542
　　18.16.2.3 聚合物水泥混凝土的
配合比 …………………… 543
　　18.16.2.4 聚合物水泥混凝土的
生产工艺 ………………… 543
　18.16.3 轻质混凝土 ……………… 543
　　18.16.3.1 概述 ……………………… 543
　　18.16.3.2 轻质混凝土的分类 ……… 543
　　18.16.3.3 轻骨料混凝土的配合
比设计 …………………… 544
　　18.16.3.4 轻骨料混凝土的性能…… 545
　　18.16.3.5 轻骨料混凝土的施工…… 546
　　18.16.3.6 泡沫混凝土的配合比
设计 ……………………… 548
　　18.16.3.7 泡沫混凝土的性能 ……… 548
　　18.16.3.8 泡沫混凝土的施工 ……… 549
　18.16.4 耐火混凝土 ……………… 550
　　18.16.4.1 概述 ……………………… 550
　　18.16.4.2 耐火混凝土的分类及
性能 ……………………… 550
　　18.16.4.3 耐火混凝土的原材料
选择 ……………………… 550
　　18.16.4.4 耐火混凝土的配合比
设计 ……………………… 551
　　18.16.4.5 耐火混凝土的施工……… 553

18.16.5 耐腐蚀混凝土…………………… 554
　18.16.5.1 水玻璃耐酸混凝土………… 554
　18.16.5.2 硫磺耐酸混凝土…………… 556
　18.16.5.3 沥青耐酸混凝土…………… 557
18.16.6 补偿收缩混凝土………………… 559
　18.16.6.1 概述………………………… 559
　18.16.6.2 补偿收缩混凝土的技术
　　　　　　性能………………………… 559
　18.16.6.3 补偿收缩混凝土配合比
　　　　　　设计………………………… 559
　18.16.6.4 补偿收缩混凝土的施工…… 560
18.16.7 防辐射混凝土………………………… 561
　18.16.7.1 概述………………………… 561
　18.16.7.2 防辐射混凝土的技术
　　　　　　性能………………………… 561
　18.16.7.3 防辐射混凝土配合比
　　　　　　设计………………………… 561
　18.16.7.4 防辐射混凝土的施工……… 561
18.16.8 清水混凝土…………………………… 562
　18.16.8.1 概述………………………… 562
　18.16.8.2 清水混凝土的技术性能…… 562
　18.16.8.3 清水混凝土配合比设计…… 563
　18.16.8.4 清水混凝土的施工………… 564
18.17 现浇混凝土结构质量控制…………… 568
　18.17.1 现浇混凝土结构分项工程
　　　　　质量控制………………………… 568
　　18.17.1.1 概述………………………… 568
　　18.17.1.2 混凝土相关资料审查…… 568
　　18.17.1.3 和易性控制……………… 568
　　18.17.1.4 浇筑控制………………… 568
　　18.17.1.5 养护控制………………… 568
　　18.17.1.6 质量验收………………… 569
　18.17.2 混凝土强度检测………………… 570
　　18.17.2.1 试件制作和强度检测…… 570
　　18.17.2.2 混凝土结构同条件养护
　　　　　　　试件强度检验…………… 571
　　18.17.2.3 混凝土强度评定………… 571
　　18.17.2.4 混凝土强度实体检测…… 573
18.18 现浇混凝土缺陷修整………………… 573
　18.18.1 裂缝缺陷分类与修补方法…… 573
　　18.18.1.1 混凝土缺陷种类………… 573
　　18.18.1.2 混凝土结构外观缺陷
　　　　　　　的修整…………………… 573
　　18.18.1.3 混凝土结构尺寸偏差缺陷
　　　　　　　的修整…………………… 574
　　18.18.1.4 裂缝缺陷的修整………… 574
　18.18.2 修补质量控制…………………… 575
18.19 混凝土工程的绿色施工……………… 575
　18.19.1 混凝土工程绿色施工的
　　　　　施工管理………………………… 576
　　18.19.1.1 组织管理………………… 576
　　18.19.1.2 规划管理………………… 576
　　18.19.1.3 实施管理………………… 577
　　18.19.1.4 评价管理………………… 577
　　18.19.1.5 人员安全与健康管理…… 577
　18.19.2 混凝土工程绿色施工的
　　　　　环境保护………………………… 577
　　18.19.2.1 扬尘控制………………… 577
　　18.19.2.2 噪声与振动控制………… 577
　　18.19.2.3 光污染控制……………… 577
　　18.19.2.4 水污染控制……………… 578
　　18.19.2.5 土壤保护………………… 578
　　18.19.2.6 建筑垃圾控制…………… 578
　　18.19.2.7 资源保护………………… 578
　18.19.3 节材与材料资源利用
　　　　　技术要点………………………… 578
　18.19.4 节水与水资源利用技术要点… 579
　18.19.5 节能与能源利用技术要点…… 579
　18.19.6 节地与施工用地保护
　　　　　技术要点………………………… 579
　18.19.7 绿色施工在混凝土工程中
　　　　　的运用…………………………… 580
　　18.19.7.1 钢筋工程………………… 580
　　18.19.7.2 脚手架及模板工程……… 580
　　18.19.7.3 混凝土工程……………… 580

19 装配式混凝土工程……………………… 581

19.1 预制混凝土构件材料………………… 581
　19.1.1 混凝土……………………………… 581
　19.1.2 钢筋………………………………… 583
　19.1.3 保温材料…………………………… 583
　19.1.4 饰面材料…………………………… 584
　19.1.5 连接件……………………………… 584
　　19.1.5.1 连接套筒…………………… 584
　　19.1.5.2 三明治墙板拉结件………… 584
　19.1.6 预埋件……………………………… 585

19.2 深化设计 ... 585
19.2.1 深化设计基本原则 ... 585
19.2.2 深化设计主要内容 ... 586
19.2.2.1 图纸目录 ... 586
19.2.2.2 设计说明 ... 586
19.2.2.3 设计图纸 ... 586
19.2.2.4 计算书 ... 587
19.2.3 施工验算主要内容 ... 587
19.2.4 深化设计确认 ... 587
19.2.5 深化设计质量管控 ... 588
19.2.5.1 自检 ... 588
19.2.5.2 校对 ... 588
19.2.5.3 审核 ... 588
19.2.5.4 审定 ... 588

19.3 预制构件生产 ... 588
19.3.1 常用预制混凝土构件 ... 588
19.3.2 模具 ... 590
19.3.3 预制混凝土构件生产工艺流程 ... 591
19.3.4 预制混凝土构件生产主要工序 ... 592
19.3.4.1 模具清理与组装 ... 592
19.3.4.2 涂刷缓凝剂及脱模剂 ... 592
19.3.4.3 钢筋骨架组装 ... 593
19.3.4.4 预埋件安装 ... 593
19.3.4.5 隐蔽验收 ... 594
19.3.4.6 混凝土浇筑振捣 ... 595
19.3.4.7 混凝土表面处理 ... 595
19.3.4.8 混凝土养护 ... 595
19.3.4.9 预制构件脱模 ... 596
19.3.4.10 预制构件结合面处理 ... 596
19.3.5 钢筋桁架叠合板生产 ... 596
19.3.5.1 生产工艺流程 ... 596
19.3.5.2 生产操作要点 ... 596
19.3.5.3 生产控制要点 ... 598
19.3.6 预制夹心复合墙板 ... 598
19.3.6.1 生产工艺流程 ... 598
19.3.6.2 生产操作要点 ... 598
19.3.6.3 生产控制要点 ... 600
19.3.7 双面叠合墙板 ... 601
19.3.7.1 生产工艺流程 ... 601
19.3.7.2 生产操作要点 ... 601
19.3.7.3 生产控制要点 ... 603
19.3.8 预制装饰外墙板 ... 604
19.3.8.1 生产工艺流程 ... 604
19.3.8.2 生产操作要点 ... 604
19.3.8.3 生产过程质量控制要点 ... 606
19.3.9 成品检验 ... 607
19.3.10 预制构件入库 ... 609
19.3.11 预制构件存储 ... 609
19.3.12 预制构件出库 ... 610

19.4 预制构件检验 ... 610
19.4.1 预制构件过程质量检验 ... 610
19.4.1.1 主控项目 ... 610
19.4.1.2 一般项目 ... 610
19.4.2 预制构件出厂质量控制 ... 615
19.4.2.1 主控项目 ... 615
19.4.2.2 一般项目 ... 615

19.5 预制构件堆放与运输 ... 619
19.5.1 预制构件的堆放 ... 619
19.5.2 预制构件的运输 ... 622

19.6 预制构件的连接形式 ... 623
19.6.1 基本要求 ... 623
19.6.2 钢筋套筒灌浆连接 ... 624
19.6.3 浆锚搭接连接 ... 626
19.6.4 典型预制构件连接形式 ... 627

19.7 预制构件的施工安装工艺 ... 629
19.7.1 吊装前准备 ... 629
19.7.1.1 吊点和吊具 ... 629
19.7.1.2 吊装前准备 ... 630
19.7.1.3 机具及材料准备 ... 631
19.7.2 预制构件安装 ... 636
19.7.2.1 预制混凝土墙板（后简称预制墙板） ... 636
19.7.2.2 预制柱安装 ... 638
19.7.2.3 预制梁安装 ... 639
19.7.2.4 预制叠合楼板安装 ... 641
19.7.2.5 预制外挂板安装 ... 643
19.7.2.6 预制内隔墙板安装 ... 644
19.7.2.7 预制楼梯安装 ... 644
19.7.2.8 预制双T板安装 ... 645
19.7.2.9 预制阳台板、空调板安装 ... 646
19.7.2.10 预制SP板安装 ... 647

19.8 施工质量控制及验收 ... 648
19.8.1 现场安装质量控制 ... 648
19.8.1.1 预制构件进场质量控制 ... 648
19.8.1.2 预制构件安装质量控制 ... 649

19.8.2 装配式混凝土工程施工验收 …… 653
 19.8.2.1 一般规定 …… 653
 19.8.2.2 验收内容及标准 …… 654
 19.8.2.3 验收结果及处理方 …… 659
19.9 构件的成品保护 …… 660
19.10 装配式混凝土工程BIM信息化应用 …… 660
 19.10.1 设计阶段信息化 …… 660
 19.10.2 生产过程信息化 …… 660
  19.10.2.1 预制构件生产进度管理动态化 …… 660
  19.10.2.2 预制构件生产质量检验信息化 …… 661
  19.10.2.3 预制构件运输存储智能化 …… 661
 19.10.3 施工管理信息化 …… 661
19.11 安全防护措施 …… 661
 19.11.1 构件堆放及运输安全防护 …… 661
 19.11.2 构件吊装作业安全防护 …… 662
 19.11.3 临时支撑安全防护 …… 662
19.12 绿色施工 …… 663

20 预应力工程 …… 665

20.1 预应力材料 …… 665
 20.1.1 预应力筋品种与规格 …… 665
  20.1.1.1 预应力钢丝 …… 666
  20.1.1.2 预应力钢绞线 …… 669
  20.1.1.3 预应力螺纹钢筋 …… 675
 20.1.2 预应力筋性能 …… 675
  20.1.2.1 应力-应变曲线 …… 675
  20.1.2.2 应力松弛 …… 676
  20.1.2.3 应力腐蚀 …… 676
 20.1.3 二次加工预应力筋 …… 677
  20.1.3.1 镀锌钢丝和钢绞线 …… 677
  20.1.3.2 环氧涂层钢绞线 …… 678
  20.1.3.3 铝包钢绞线 …… 678
  20.1.3.4 无粘结钢绞线 …… 680
  20.1.3.5 缓粘结钢绞线 …… 681
 20.1.4 质量检验 …… 681
  20.1.4.1 钢丝检验 …… 681
  20.1.4.2 钢绞线检验 …… 681
  20.1.4.3 预应力螺纹钢筋检验 …… 682
  20.1.4.4 其他预应力钢材检验 …… 682
 20.1.5 预应力筋存放 …… 682
 20.1.6 其他材料 …… 683
  20.1.6.1 成孔用管材 …… 683
  20.1.6.2 灌浆材料 …… 688
  20.1.6.3 防护材料 …… 689
 20.1.7 预应力拉索材料 …… 689
  20.1.7.1 拉索类别与构造要求 …… 689
  20.1.7.2 钢丝绳拉索 …… 691
  20.1.7.3 平行钢丝束拉索 …… 692
  20.1.7.4 钢拉杆 …… 696
  20.1.7.5 锌-5%铝-混合稀土合金镀层钢绞线拉索（高钒拉索） …… 696
  20.1.7.6 不锈钢绞线 …… 701
20.2 预应力锚固体系 …… 702
 20.2.1 性能要求 …… 702
  20.2.1.1 锚具的基本性能 …… 703
  20.2.1.2 夹具的基本性能 …… 704
  20.2.1.3 连接器的基本性能 …… 704
 20.2.2 钢绞线锚固体系 …… 704
  20.2.2.1 单孔夹片锚固体系 …… 704
  20.2.2.2 多孔夹片锚固体系 …… 705
  20.2.2.3 扁形夹片锚固体系 …… 706
  20.2.2.4 固定端锚固体系 …… 707
  20.2.2.5 钢绞线连接器 …… 708
  20.2.2.6 环锚 …… 709
 20.2.3 钢丝束锚固体系 …… 710
  20.2.3.1 镦头锚固体系 …… 710
  20.2.3.2 单根钢丝夹具 …… 711
 20.2.4 预应力螺纹钢筋锚固体系 …… 712
  20.2.4.1 预应力精轧螺纹钢筋锚具 …… 712
  20.2.4.2 预应力精轧螺纹钢筋连接器 …… 712
 20.2.5 拉索锚固体系 …… 713
  20.2.5.1 钢绞线压接锚具 …… 713
  20.2.5.2 冷铸镦头锚具 …… 713
  20.2.5.3 热铸镦头锚具 …… 714
  20.2.5.4 钢绞线拉索锚具 …… 714
  20.2.5.5 钢拉杆 …… 716
 20.2.6 质量检验 …… 716
  20.2.6.1 检验项目与要求 …… 716
  20.2.6.2 锚固性能检验 …… 717
20.3 张拉设备及配套机具 …… 718

- 20.3.1 液压张拉设备 …… 718
  - 20.3.1.1 穿心式千斤顶 …… 719
  - 20.3.1.2 前置内卡式千斤顶 …… 722
  - 20.3.1.3 双缸千斤顶 …… 723
  - 20.3.1.4 拉杆式千斤顶 …… 723
  - 20.3.1.5 扁千斤顶 …… 723
  - 20.3.1.6 使用注意事项与维护 …… 724
- 20.3.2 油泵 …… 725
  - 20.3.2.1 通用电动油泵 …… 725
  - 20.3.2.2 超高压变量油泵 …… 726
  - 20.3.2.3 小型电动油泵 …… 726
  - 20.3.2.4 手动油泵 …… 727
  - 20.3.2.5 外接油管与接头 …… 727
  - 20.3.2.6 使用注意事项与维护 …… 728
- 20.3.3 张拉设备标定与张拉空间要求 …… 729
  - 20.3.3.1 张拉设备标定的基本要求 …… 729
  - 20.3.3.2 液压千斤顶标定 …… 729
  - 20.3.3.3 张拉空间要求 …… 730
- 20.3.4 配套机具 …… 731
  - 20.3.4.1 组装机具 …… 731
  - 20.3.4.2 穿束机 …… 733
  - 20.3.4.3 灌浆泵 …… 733
  - 20.3.4.4 其他机具 …… 734

20.4 预应力混凝土施工计算及构造 …… 735
- 20.4.1 预应力筋线形 …… 735
- 20.4.2 预应力筋下料长度 …… 736
  - 20.4.2.1 钢绞线下料长度 …… 736
  - 20.4.2.2 钢丝束下料长度 …… 737
  - 20.4.2.3 长线台座预应力筋下料长度 …… 737
- 20.4.3 预应力筋张拉力 …… 738
- 20.4.4 预应力损失 …… 739
  - 20.4.4.1 锚固损失 …… 739
  - 20.4.4.2 摩擦损失 …… 741
  - 20.4.4.3 弹性压缩损失 …… 742
  - 20.4.4.4 松弛损失 …… 743
- 20.4.5 预应力筋张拉伸长值 …… 743
- 20.4.6 计算示例 …… 744
- 20.4.7 预应力混凝土构造规定 …… 747
  - 20.4.7.1 先张法预应力混凝土构造 …… 747
  - 20.4.7.2 后张法预应力混凝土构造 …… 748
  - 20.4.7.3 典型节点预应力混凝土构造 …… 750
  - 20.4.7.4 其他构造措施 …… 750

20.5 预应力混凝土先张法施工 …… 751
- 20.5.1 台座 …… 751
  - 20.5.1.1 墩式台座 …… 751
  - 20.5.1.2 槽式台座 …… 753
  - 20.5.1.3 预应力混凝土台面 …… 754
- 20.5.2 一般先张法工艺 …… 755
  - 20.5.2.1 工艺流程 …… 755
  - 20.5.2.2 预应力筋的加工与铺设 …… 755
  - 20.5.2.3 预应力筋张拉 …… 755
  - 20.5.2.4 预应力筋放张 …… 757
  - 20.5.2.5 质量检验 …… 758
- 20.5.3 折线张拉工艺 …… 759
  - 20.5.3.1 垂直折线张拉 …… 759
  - 20.5.3.2 水平折线张拉 …… 760
- 20.5.4 先张预制构件 …… 761
  - 20.5.4.1 先张预制板 …… 761
  - 20.5.4.2 先张预制桩 …… 764

20.6 预应力混凝土后张法施工 …… 766
- 20.6.1 有粘结预应力施工 …… 766
  - 20.6.1.1 特点 …… 766
  - 20.6.1.2 施工工艺 …… 766
  - 20.6.1.3 施工要点 …… 766
  - 20.6.1.4 质量验收 …… 781
- 20.6.2 无粘结预应力施工 …… 785
  - 20.6.2.1 特点 …… 785
  - 20.6.2.2 施工工艺 …… 785
  - 20.6.2.3 施工要点 …… 785
  - 20.6.2.4 质量验收 …… 790
- 20.6.3 缓粘结预应力施工 …… 793
  - 20.6.3.1 特点 …… 793
  - 20.6.3.2 施工工艺 …… 793
  - 20.6.3.3 施工要点 …… 793
  - 20.6.3.4 质量验收 …… 793
- 20.6.4 体外预应力 …… 793
  - 20.6.4.1 概述 …… 793
  - 20.6.4.2 一般要求 …… 794
  - 20.6.4.3 施工工艺 …… 795
  - 20.6.4.4 施工要点 …… 795
  - 20.6.4.5 质量验收 …… 800

20.7 特种预应力混凝土结构施工 …… 801

- 20.7.1 预应力混凝土高耸结构 …… 801
  - 20.7.1.1 技术特点 …… 801
  - 20.7.1.2 施工要点 …… 801
  - 20.7.1.3 质量验收 …… 803
- 20.7.2 预应力混凝土储仓结构 …… 803
  - 20.7.2.1 技术特点 …… 803
  - 20.7.2.2 施工要点 …… 804
  - 20.7.2.3 质量验收 …… 806
- 20.7.3 预应力混凝土超长结构 …… 806
  - 20.7.3.1 技术特点 …… 806
  - 20.7.3.2 预应力混凝土超长结构的要求与构造 …… 807
  - 20.7.3.3 施工要点 …… 808
  - 20.7.3.4 质量验收 …… 808
- 20.7.4 预应力结构的开洞及加固 …… 808
  - 20.7.4.1 预应力结构开洞施工要点 … 808
  - 20.7.4.2 体外预应力加固施工要点 … 809
- 20.8 预应力钢结构施工 …… 810
  - 20.8.1 预应力钢结构分类 …… 810
  - 20.8.2 预应力索布置与施工仿真计算分析 …… 814
    - 20.8.2.1 预应力索的布置形式 …… 814
    - 20.8.2.2 施工仿真计算分析 …… 815
  - 20.8.3 预应力钢结构设计基本要求 …… 815
  - 20.8.4 预应力钢结构拉索与节点深化设计 …… 816
    - 20.8.4.1 深化设计内容 …… 816
    - 20.8.4.2 节点深化设计原则 …… 816
    - 20.8.4.3 预应力拉索下料方法 …… 818
    - 20.8.4.4 节点深化设计方法 …… 818
  - 20.8.5 预应力钢结构常用节点 …… 818
    - 20.8.5.1 一般规定 …… 818
    - 20.8.5.2 张拉节点 …… 819
    - 20.8.5.3 锚固节点 …… 819
    - 20.8.5.4 转折节点 …… 819
    - 20.8.5.5 拉索交叉节点 …… 820
  - 20.8.6 钢结构预应力施工 …… 822
    - 20.8.6.1 工艺流程 …… 822
    - 20.8.6.2 施工要点 …… 823
    - 20.8.6.3 安全措施 …… 826
  - 20.8.7 质量验收及监测 …… 827
    - 20.8.7.1 质量验收 …… 827
    - 20.8.7.2 预应力钢结构施工监测 …… 829
    - 20.8.7.3 预应力钢结构健康监测 …… 830
- 20.9 预应力工程施工组织管理 …… 831
  - 20.9.1 施工内容与管理 …… 831
    - 20.9.1.1 预应力专项施工内容 …… 831
    - 20.9.1.2 预应力专项施工管理组织机构 …… 831
  - 20.9.2 施工方案 …… 832
    - 20.9.2.1 工程概况 …… 832
    - 20.9.2.2 预应力专项施工准备 …… 832
    - 20.9.2.3 预应力专项施工工艺及流水施工方式 …… 832
    - 20.9.2.4 主要工序技术要点、质量要求 …… 833
    - 20.9.2.5 施工组织机构 …… 833
    - 20.9.2.6 安全、质量、进度目标及保证措施 …… 833
  - 20.9.3 施工质量控制 …… 835
    - 20.9.3.1 专项施工质量保证体系人员职责 …… 835
    - 20.9.3.2 专项施工质量计划 …… 835
    - 20.9.3.3 专项施工质量控制 …… 835
  - 20.9.4 安全管理 …… 835
    - 20.9.4.1 专项施工安全保证体系 …… 835
    - 20.9.4.2 专项施工安全保证计划及实施 …… 836
    - 20.9.4.3 专项施工安全控制措施 …… 836
  - 20.9.5 绿色施工 …… 836
  - 20.9.6 技术文件 …… 836
- 参考文献 …… 837

21 钢结构工程 …… 839

- 21.1 材料 …… 839
  - 21.1.1 钢结构材料 …… 839
    - 21.1.1.1 建筑钢材的牌号 …… 839
    - 21.1.1.2 建筑钢材的选择与代用 …… 841
    - 21.1.1.3 钢材的验收与堆放 …… 844
  - 21.1.2 焊接材料 …… 852
    - 21.1.2.1 焊条 …… 852
    - 21.1.2.2 焊丝 …… 854
    - 21.1.2.3 焊剂 …… 857
  - 21.1.3 连接紧固件 …… 860
    - 21.1.3.1 普通螺栓连接 …… 860
    - 21.1.3.2 高强度螺栓连接 …… 861

21.1.3.3 铆接 …… 863
21.1.3.4 销轴连接 …… 864
21.1.3.5 圆柱头栓钉 …… 864
21.1.3.6 其他连接 …… 865
21.1.4 压型金属板 …… 865
21.1.4.1 压型钢板材料 …… 865
21.1.4.2 压型铝合金板材料 …… 866
21.1.5 涂装材料 …… 868
21.1.5.1 防腐涂料的组成和作用 …… 868
21.1.5.2 防腐涂料的分类 …… 869
21.1.6 其他材料 …… 871
21.1.6.1 结构支座 …… 871
21.1.6.2 其他 …… 871
21.2 深化设计与工艺设计 …… 871
21.2.1 概述 …… 871
21.2.2 深化设计 …… 872
21.2.2.1 钢结构深化设计依据及流程 …… 872
21.2.2.2 深化设计管理流程 …… 873
21.2.2.3 深化设计的内容 …… 874
21.2.2.4 施工工艺考虑 …… 875
21.2.2.5 常用软件 …… 876
21.2.2.6 深化设计与信息化技术应用 …… 877
21.2.3 工艺设计 …… 877
21.2.3.1 工艺设计基本要求 …… 877
21.2.3.2 工艺设计管理流程 …… 877
21.2.3.3 工艺设计的内容 …… 878
21.2.3.4 常用软件 …… 880
21.2.3.5 工艺设计与信息化技术应用 …… 880
21.3 钢结构加工制作 …… 881
21.3.1 加工制作工艺流程 …… 881
21.3.2 零部件加工 …… 882
21.3.2.1 放样 …… 882
21.3.2.2 号料 …… 883
21.3.2.3 切割 …… 884
21.3.2.4 矫正 …… 885
21.3.2.5 边缘加工 …… 887
21.3.2.6 滚圆 …… 888
21.3.2.7 揻弯 …… 888
21.3.2.8 制孔 …… 888
21.3.2.9 组装 …… 889

21.3.3 典型钢结构构件加工 …… 890
21.3.3.1 H型钢结构加工 …… 890
21.3.3.2 十字结构加工 …… 892
21.3.3.3 箱形结构加工 …… 895
21.3.3.4 管结构加工 …… 900
21.3.3.5 钢板墙加工 …… 903
21.3.3.6 特殊构件加工 …… 904
21.3.4 钢结构预拼装 …… 909
21.3.4.1 工厂预拼装 …… 909
21.3.4.2 模拟预拼装 …… 911
21.3.4.3 现场拼装 …… 912
21.3.5 除锈 …… 914
21.3.5.1 钢材表面锈蚀和除锈等级 …… 914
21.3.5.2 常见钢结构除锈工艺 …… 915
21.3.5.3 除锈方法的选择 …… 916
21.3.6 工厂涂装 …… 917
21.3.6.1 防腐涂料施工工艺 …… 917
21.3.6.2 防腐涂装施工注意事项 …… 919
21.3.7 包装和标记 …… 920
21.3.7.1 钢结构包装和标记原则 …… 920
21.3.7.2 产品包装方法 …… 920
21.3.7.3 包装注意事项 …… 920
21.3.8 运输和堆放 …… 921
21.3.8.1 构件运输 …… 921
21.3.8.2 构件堆放 …… 923
21.4 钢结构连接 …… 925
21.4.1 一般规定 …… 925
21.4.1.1 钢结构主要连接方式 …… 925
21.4.1.2 焊接位置的一般规定 …… 926
21.4.1.3 钢结构焊接工程难易程度划分规定 …… 927
21.4.1.4 钢结构焊接相关人员资格与能力要求 …… 928
21.4.2 焊接工艺评定 …… 929
21.4.3 焊接工艺 …… 941
21.4.3.1 焊接接头准备 …… 941
21.4.3.2 焊接材料的保管与烘干 …… 944
21.4.3.3 垫板、引弧板和熄弧板 …… 944
21.4.3.4 定位焊 …… 945
21.4.3.5 焊接作业区域环境要求 …… 945
21.4.3.6 预热及层间温度控制 …… 945
21.4.3.7 焊后消除应力处理 …… 946
21.4.3.8 焊接工艺技术要求 …… 946

- 21.4.3.9 焊接变形控制 …………… 947
- 21.4.3.10 返修焊 …………………… 948
- 21.4.3.11 焊件矫正 ………………… 949
- 21.4.3.12 焊接质量检查要求 ……… 949
- 21.4.3.13 常见缺陷原因及其
  处理方法 ………………… 952
- 21.4.4 工厂焊接 ……………………… 954
  - 21.4.4.1 钢板对接 ………………… 954
  - 21.4.4.2 BH 构件焊接 …………… 956
  - 21.4.4.3 十字形构件的焊接 ……… 957
  - 21.4.4.4 箱形构件的焊接 ………… 958
  - 21.4.4.5 焊接变形的计算与预防 … 961
  - 21.4.4.6 焊接机器人在钢结构焊接
    中应用 …………………… 962
- 21.4.5 现场焊接 ……………………… 964
  - 21.4.5.1 常用建筑钢结构焊接方法
    和设备 …………………… 964
  - 21.4.5.2 焊接材料 ………………… 969
- 21.4.6 螺栓连接 ……………………… 973
  - 21.4.6.1 螺栓承载力与布置 ……… 973
  - 21.4.6.2 普通紧固件连接 ………… 975
  - 21.4.6.3 高强度螺栓连接 ………… 977
- 21.4.7 其他连接 ……………………… 982
- 21.5 钢结构安装 …………………………… 982
  - 21.5.1 单层钢结构安装 ……………… 982
    - 21.5.1.1 适用范围 ………………… 982
    - 21.5.1.2 结构安装特点 …………… 983
    - 21.5.1.3 钢结构安装准备 ………… 984
    - 21.5.1.4 施工工艺 ………………… 986
    - 21.5.1.5 测量校正 ………………… 992
  - 21.5.2 多高层钢结构安装 …………… 993
    - 21.5.2.1 适用范围 ………………… 993
    - 21.5.2.2 高层钢结构安装施工工艺 … 993
  - 21.5.3 大跨度结构安装 ……………… 1003
    - 21.5.3.1 一般安装方法及适用
      范围 ……………………… 1003
    - 21.5.3.2 高空拼装法 ……………… 1003
    - 21.5.3.3 滑移施工法 ……………… 1009
    - 21.5.3.4 单元或整体提升法 ……… 1013
    - 21.5.3.5 综合施工法 ……………… 1016
  - 21.5.4 高耸结构安装 ………………… 1021
    - 21.5.4.1 高耸结构安装的特点 …… 1021
    - 21.5.4.2 高耸结构安装与校正 …… 1021
    - 21.5.4.3 高耸结构安装的注意
      事项 ……………………… 1026
  - 21.5.5 模块化施工 …………………… 1026
    - 21.5.5.1 模块化钢结构的特点 …… 1026
    - 21.5.5.2 模块化钢结构部品介绍 … 1027
    - 21.5.5.3 模块化钢结构部品工厂
      制作 ……………………… 1028
    - 21.5.5.4 模块化钢结构安装 ……… 1030
    - 21.5.5.5 模块化钢结构安装优点 … 1030
  - 21.5.6 金属楼面板施工 ……………… 1031
    - 21.5.6.1 压型钢板与混凝土组
      合楼板 …………………… 1031
    - 21.5.6.2 钢筋桁架组合楼板 ……… 1034
  - 21.5.7 金属屋面施工 ………………… 1038
    - 21.5.7.1 压型金属板屋面 ………… 1038
    - 21.5.7.2 金属板材屋面施工 ……… 1042
    - 21.5.7.3 金属面绝热夹芯板屋面 … 1048
- 21.6 钢结构测量 …………………………… 1053
  - 21.6.1 一般规定 ……………………… 1053
  - 21.6.2 平面控制 ……………………… 1054
  - 21.6.3 高程控制 ……………………… 1056
  - 21.6.4 单层及大跨钢结构测量 ……… 1057
  - 21.6.5 多高层钢结构施工测量 ……… 1062
  - 21.6.6 高耸结构的施工测量 ………… 1068
- 21.7 钢结构涂装工程 ……………………… 1073
  - 21.7.1 防腐涂装工程 ………………… 1073
    - 21.7.1.1 一般规定 ………………… 1073
    - 21.7.1.2 油漆防腐施工工艺 ……… 1073
    - 21.7.1.3 金属热喷防腐施工工艺 … 1074
    - 21.7.1.4 热浸镀锌防腐施工工艺 … 1075
  - 21.7.2 防火涂装工程 ………………… 1075
    - 21.7.2.1 一般规定 ………………… 1075
    - 21.7.2.2 防火涂料的分类及选用 … 1076
    - 21.7.2.3 防火涂料施工工艺 ……… 1080
    - 21.7.2.4 防火涂料施工注意事项 … 1082
- 21.8 钢结构监测 …………………………… 1083
  - 21.8.1 一般规定 ……………………… 1083
  - 21.8.2 钢结构监测的类别 …………… 1084
  - 21.8.3 钢结构监测的方法 …………… 1085
- 21.9 钢结构工程质量控制 ………………… 1088
  - 21.9.1 钢结构检验批的划分 ………… 1088
  - 21.9.2 原材料及成品验收 …………… 1089

21.9.3　工厂加工质量控制 …………… 1093
　　21.9.3.1　加工制作质量控制流程 …… 1093
　　21.9.3.2　原材料采购过程质量
　　　　　　 控制 ………………… 1093
　　21.9.3.3　工厂加工质量的控制
　　　　　　 要求 ………………… 1094
21.9.4　现场安装质量控制 …………… 1095
　　21.9.4.1　现场安装质量管理 ……… 1095
　　21.9.4.2　现场安装质量控制 ……… 1095
　　21.9.4.3　钢结构安装质量保证
　　　　　　 措施 ………………… 1102
21.10　钢结构安全保障 ………………… 1103
　21.10.1　一般规定 …………………… 1103
　21.10.2　安全通道 …………………… 1104
　21.10.3　高处作业平台 ……………… 1107
　21.10.4　施工机械和设备 …………… 1107
　21.10.5　洞口和临边防护 …………… 1108
　21.10.6　个人安全防护 ……………… 1110
　21.10.7　结构安全防护 ……………… 1112
　21.10.8　施工临时用电安全 ………… 1112
　21.10.9　消防安全措施 ……………… 1113
　21.10.10　环境保护措施 …………… 1113
21.11　钢结构绿色施工 ………………… 1113
　21.11.1　绿色施工的施工管理 ……… 1113
　21.11.2　环境保护技术要点 ………… 1115
　21.11.3　绿色施工在钢结构工程
　　　　　 中的应用 ………………… 1116

参考文献 ……………………………………… 1117

15 吊装工程

15.1 吊装工程特点及基本要求

15.1.1 吊装工程特点

吊装作为物体移动的一种手段,是现代建筑施工的不可或缺的施工工序,它不仅存在于各种结构安装工程,还常常出现在大中型构件的转运工程、拆除工程、散件集中迁移(如钢筋、模板等)、大型活体树木移植、景观石摆放、现场施工机械设备安装与拆除、建筑机电设备安装、工艺管道构件安装等诸多工程。

随着科技的发展,吊装机械大型化、超高化,吊装工程作业内涵与外延都有了较大发展。

① 从空间分:地面吊装、空中吊装、(超)高空吊装、深基坑吊装及港口类建筑中的水上吊装。

② 从体量分:单机吊装、双机抬吊和多机群吊等。

③ 从起重量分:轻级吊装、重级吊装、超重级吊装。

④ 从吊装对象分:轻拿慢放型吊装,如设备构件翻身就位、幕墙玻璃就位、活体树木移植等;粗放快速型吊装,如高空钢筋吊运、模板架管周转工具倒运等。

目前,超高层、大跨钢结构的施工在我国比比皆是,吊装工程的突出特点可总结为:

为减少吊装次数,吊装构件朝大型化、重型化、单元化发展。

吊装构件受力复杂。在构件安放和起吊过程中,其受力的大小、性质不断改变,因而需对构件在施工全过程中的承载力和变形进行验算,并采取相应的措施。

构件预制及拼装质量要求严格。构件制作的外观尺寸及吊装单元的拼装精度是否达到设计要求,将直接影响安装的效率。

15.1.2 吊装基本要求

吊装作业前必须按《危险性较大的分部分项工程安全管理规定》(住房和城乡建设部令第37号)、《关于实施〈危险性较大的分部分项工程安全管理规定〉有关问题的通知》(建办质〔2018〕31号)编制危大工程专项施工方案,并进行方案审核审批与论证。按照《建筑与市政工程施工质量控制通用规范》GB 55032—2022第1.0.3条"创新性的技术方法和措施,应进行论证并符合本规范中的性能要求。"

(1) 按建办质〔2018〕31号文要求,必须编制专项施工方案的工程范围是:

① 采用非常规起重设备、方法且单件起吊重量在10kN及以上的起重吊装工程。
② 采用起重机械进行安装的工程。
③ 起重机械设备自身的安装、拆卸。
④ 建筑幕墙安装工程。
⑤ 钢结构、网架和索膜结构安装工程。
⑥ 用于钢结构安装等满堂支撑体系。
⑦ 采用新技术、新工艺、新材料、新设备可能影响工程施工安全，尚无国家、行业及地方技术标准的分部分项工程。

(2) 按建办质〔2018〕31号文要求，必须编制危大工程专项施工方案且进行专家论证的工程范围是：
① 采用非常规起重设备、方法，且单件起吊重量在100kN及以上的起重吊装工程。
② 起重量在300kN及以上的起重设备安装；高度200m及以上内爬起重设备的拆除工程。
③ 施工高度50m及以上的建筑幕墙安装工程。
④ 跨度36m及以上的钢结构安装工程，或跨度60m及以上的网架和索膜结构安装工程。
⑤ 重量1000kN及以上的大型结构整体顶升、平移、转体等施工工艺。
⑥ 用于钢结构安装等满堂支撑体系，承受单点集中荷载7kN及以上。
⑦ 采用新技术、新工艺、新材料、新设备可能影响工程施工安全，尚无国家、行业及地方技术标准的分部分项工程。

(3) 吊装前应充分考虑施工现场的环境、道路路基（包含地下探明或不明管道、人防通道、古墓井坑和站机位的地表承载能力等诸因素）、架空电线、市政工程的江河道跨越等情况。作业前应进行安全技术交底；作业中，未经总承包企业技术负责人批准，任何人员不得随意更改方案。当确因吊装工程内容变更时，必须重新编制方案，重新审批，重新论证。

(4) 起重吊装操作人员必须身体健康，持证上岗，作业时应穿防滑鞋、戴安全帽，高处作业应佩挂安全带，并系挂可靠和严格遵守高挂低用要求。

(5) 吊装作业区四周应设明显标志，严禁非操作人员入内，夜间施工须有足够照明。

(6) 绑扎所用的吊索、卸扣、绳扣等的规格应按计算确定。起吊前，应对起重机钢丝绳及连接部位和索具设备进行全面检查。

(7) 吊装大、重、新结构构件和采用新的吊装工艺时，应先进行试吊，确认无问题后，方可正式起吊。

高空吊装屋架、梁、斜柱、拱型构件等水平长向构件时，应于构件两端绑扎溜绳，由操作人员控制构件的平衡和稳定。

(8) 构件吊装和翻身扶直时的吊点必须符合设计规定和施工方案要求。异形构件或无设计规定时，应经计算确定，并保证使构件起吊平稳。

(9) 开始起吊时，应先将构件吊离地面200～300mm后停止起吊，并检查起重机的稳定性、制动装置的可靠性、构件的平衡性和绑扎的牢固性等，待确认无误后，方可继续起吊。已吊起的构件不得长久停滞在空中。

(10) 起吊时不得忽快忽慢和突然制动。回转时动作应平稳,当回转未停稳前不得做反向动作。起吊过程中,在起重机行走、回转、俯仰吊臂、起落吊钩等动作前,起重司机应鸣声示警。一次只得进行一个动作,待前一动作结束后,再进行下一动作。

(11) 因故(天气、停电等)对吊装中未形成空间稳定体系的部分,应采取有效的加固措施。

(12) 对起吊物进行移动、吊升、停止、安装时的全过程应用旗语或通用手势信号进行指挥,信号不明不得起动,上下相互协调、远距离联系、光线不通透时应采用对讲机。

15.2 起重设备选择

起重设备选择主要考虑以下几个因素:

① 场地环境:要根据现场的施工条件,包括道路、邻近建筑物、障碍物等来确定选择起重设备的类型。

② 安装对象:要根据待安装对象的高度、半径和重量来确定起重设备。

③ 起重性能:要根据起重机的主要技术参数确定起重设备的选型。

④ 资源情况:要根据自有设备和市场的实际情况来选择起重设备。

⑤ 经济效益:要根据工期、整体吊装方案等综合考虑经济效益来决定起重设备的类型和大小。

15.2.1 塔式起重机

15.2.1.1 塔式起重机的选择原则

1. 塔式起重机的分类和特点

按架设方式、变幅方式、回转方式、起重量大小,塔式起重机可分为多种类型,其分类和相应的特点见表15-1。

塔式起重机的分类和特点　　　　　　　　　表 15-1

分类方法	类型	特点
按架设方式	轨道行走式	底部设行走机构,可沿轨道两侧进行吊装,作业范围大,非生产时间,并可替代履带式和汽车式等起重机。 需铺设专用轨道,路基工作量大、占用施工场地大
	固定式	无行走机构,底座固定,能增加标准节,塔身可随施工进度逐渐向上提高。 缺点是不能行走,作业半径较小,覆盖范围很有限
	附着自升式	也是将起重机固定,每隔16~36m设置一道锚固装置与建筑结构连接,保证塔身稳定性。其特点是可自行升高,起重高度大,占地面积小。 需增设附墙支撑,对建筑结构会产生附加力,必须进行相关验算并采取相应的施工措施
	内爬式	特点是塔身长度不变,底座通过附墙架支承在建筑物内部(如电梯井等),借助爬升系统随着结构的升高而升高,一般每隔1~3层爬升一次。 优点是节约大量塔身,体积小,既不需要铺设轨道,又不占用施工场地;缺点是对建筑物产生较大的附加力,附着所需的支承架及相应的预埋件有一定的用钢量;工程完成后,拆机下楼需要辅助起重设备

续表

分类方法	类型	特点
按变幅方式	动臂式	当塔式起重机运转受周围环境的限制，如邻近的建筑物、高压电线的影响以及群塔作业条件下，塔式起重机运转空间比较狭窄时，应尽量采用动臂塔式起重机，起重灵活性增强。 吊臂设计采用"杆"结构，相对于平臂"梁"结构稳定性更好。因此，常规大型动臂式塔式起重机起重能力都能够达到 30~100t，有效解决了大起重能力的要求
	平臂式	小车变幅式的起重小车在臂架下弦杆上移动，变幅就位快，可同时进行变幅、起吊、旋转三个作业。 由于臂架平直，与变幅形式相比，起重高度的利用范围受到限制
回转方式	上回转式	回转机构位于塔身顶部，驾驶室位于回转台上部，司机视野广。 均采用液压顶升接高（自升）、平臂小车变幅装置。 通过更换辅助装置，可改成轧道行走式、固定式、附着自升式、内爬式等，实现一机多用
	下回转式	回转机构在塔身下部，塔身与起重臂同时旋转。 重心低，运转灵活，伸缩塔身可自行架设，采用整体搬运，转移方便
按起重量	轻型	起重量 0.5~3t
	中型	起重量 3~15t
	重型	起重量 15~40t
臂架支承形式方式	塔尖（帽）式	起重臂截面，整体重量轻。 起重性能曲线变化较小
	平头式	单元质量小，安装高度低，大大降低拆装塔式起重机对所需起重设备起重能力的要求。适合于群塔交叉作业。 适合对高度有特殊要求的场合施工。 适合于对幅度变化有要求的施工场合。 便于施工现场受限条件下的塔式起重机拆装。 吊臂钢结构寿命长、安全性高。 吊臂的适用性好、利用率高

2. 塔式起重机的选型

塔式起重机的选型见表 15-2。

塔式起重机的选择　　　　　　　　　　　　　　表 15-2

结构形式	常用塔式起重机类型	说明
普通建筑	固定式	因不能行走，作业半径较小，故用于高度及跨度都不大的普通建筑施工
大跨场馆	轨道行走式	因可行走，作业范围大，故常用于大跨度、体育场馆及长度较大的单层工业厂房的钢结构施工
高层建筑	附着自升式	因通过增加塔身标准节的方式可自行升高，故常用于高度在 100m 左右的高层建筑施工。 国内使用的附着自升式塔式起重机多采用平臂式设计

续表

结构形式	常用塔式起重机类型	说 明
超高层建筑	内爬式	常规的附着自升式塔式起重机，塔身最大高度只能达到200m左右。 内爬式因塔身高度固定，依赖爬升框固定于结构，与结构交替上升。特别适用于施工现场狭窄的200m以上的超高层施工。 与附着自升式相比，内爬式不占用建筑外立面空间，使得幕墙等围护结构的施工不受干扰。 国内内爬式起重机多采用平臂式设计，国外产品多为动臂式
群塔施工周围空间限制、高度限制	平头式	没有塔头，当群塔交叉作业时两台塔式起重机交叉的高度差通常可降到3m。 对幅度变化有要求的施工场合：没有塔头、拉杆，使其吊臂的逐节拆装非常简易、安全，施工过程中如需改变吊臂长度，在空中就可以完成臂节的加、减，而不需要拆下整个吊臂重新安装。比如在电厂的双曲线冷却塔施工中就非常适用。 空间利用率高，非常适合对高度有特殊要求的场合

3. 塔式起重机基础的处理方法

(1) 地基土承载力修正法；

(2) 改变基础尺寸法，基础不受限制时使用此法；

(3) 夯实处理法；

(4) 桩基础法，一般采用4根或5根桩基础；

(5) 换填垫层法，施工现场存在软弱地基，天然土层不能利用，且不具备桩基础施工条件时，可采用换填垫层法对塔式起重机基础进行处理；

(6) 组合式基础法。

15.2.1.2 塔式起重机相关计算

塔式起重机的基础是保证起重机正常工作的前提，随着起重机类型不同，基础形式主要有：轨道基础（行走式塔式起重机）、钢筋混凝土基础（固定式塔式起重机）、支撑架（自升式、内爬式塔式起重机）等。安装前，需根据塔式起重机的作用特点设计计算。

固定式塔式起重机一般采用钢筋混凝土基础，其常用的形式有整体式（如X形整体式、方块整体式等）、分离式（如双条块分离式、四条块分离式等）、桩承台式（如现浇混凝土桩承台式、预应力管桩承台式等）。表15-3为几种常用固定式钢筋混凝土基础特点及适用范围。

几种常用固定式钢筋混凝土基础特点及适用范围　　　　表15-3

名　称	构造特点	适用范围	图　例
X形整体式基础	形状及平面尺寸大致与塔式起重机X形底架相似，起重机底架通过预埋地脚螺栓固定	多用于轻型自升式塔式起重机	5.0m×5.0m，7.071m，1.4m

续表

名 称	构造特点	适用范围	图 例
方块整体式基础	通过塔身基础节、预埋塔身框架等将塔身固定在混凝土基础上，将上部荷载传递到地基上。对塔身嵌固作用好，可防整机倾覆	适用于无底架固定自升式塔式起重机	1—预埋塔身标准节；2—钢筋；3—架设钢筋
四条块分离式基础	由两条或四条并列平行的钢筋混凝土底架组成，支撑起重机底架的四个支腿	多用于直接安装在原有混凝土地面上的塔式起重机	
四条方块分离式基础	由四个独立的钢筋混凝土块体组成，支撑起重机底架的四个支腿，块体的构造尺寸视底架支反力及地耐力而定	构造简单，混凝土及钢筋用量少。适用于设置于建筑物外部的塔式起重机基础或装有行走底架但无台车的基础	

15.2.1.3 外附塔式起重机的安装、附着、拆除

外附塔式起重机一般采用附着自升式，可为平臂式或动臂式塔式起重机。本节以平臂式塔式起重机为例，阐述外附塔式起重机的安装、附着及拆除技术。

1. 塔式起重机的安装

（1）安装准备工作

1）在塔式起重机基础周围，清理出场地，要求平整、无障碍物；

2）留出塔式起重机进出场堆放场地及安拆吊车、运输汽车进出道路、吊车站位等，路基必须压实、平整；

3）塔式起重机安装范围内上空所有障碍物及临时施工电线必须拆除或改道；

4）塔式起重机基础旁准备独立配电箱一只，符合一机一闸一漏一箱一锁的规定；

5）按照审批的安装方案，做好员工进场前的三级安全教育，并做好书面记录。建立

和健全安全应急预案，制定安全应急措施，确保安全工作始终处于受控状态；

6）按照方案的要求，准备好手拉捯链、力矩扳手、气动扳手、起重用钢丝绳、吊环、电工工具、机修工具、经纬仪、铅垂仪、水准仪、水平管（尺）、对讲机、电焊机、楔铁、撬棍、麻绳、冲销等工具，对进场的安装起重设备和特殊工种人员进行报验。

（2）安装操作顺序

图 15-1 为某典型塔式起重机的组成示意图。对于外附式塔式起重机，初始安装高度一般较低，塔身只需安装到满足爬升套架工作需要的高度即可。

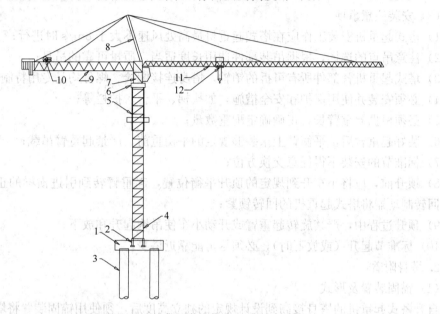

图 15-1 某典型塔式起重机组成示意图
1—承台基础；2—预埋基脚；3—桩基础；4—基础节和标准节；5—套架总成；6—回转支承总成；
7—驾驶室节总成；8—撑架组件；9—平衡臂总成；10—起升机构；11—起重臂；12—小车总成

在塔式起重机桩承台底筋绑扎完毕后，应及时预埋固定支脚并加校正框定位和埋设避雷接地镀锌角铁，在基础混凝土强度达到 70% 要求后，取下校正框，按照以下顺序进行安装。

1）安装基础节和标准节；

2）安装顶升套架，装好油缸、平台、顶升横梁及爬梯；

3）安装回转支承总成；

4）安装塔头总成附驾驶室；

5）安装平衡臂总成；

6）安装起重臂附变幅小车总成；

7）穿引变幅小车牵引钢丝绳、主卷扬机钢丝绳和吊钩；

8）安装平衡配重并锁牢；

9）安装电气系统通车试车，同时检查供电电源是否正常；

10）如果安装完毕就要使用塔式起重机工作，则必须按有关规定的要求调整好安全装置；

11) 根据施工需要顶升；

12) 调试各限位、限制器等安全保险装置；

13) 验收合格后挂牌使用；

14) 埋设附墙件埋件；

15) 埋件混凝土强度达到设计强度的80%后开始安装塔式起重机附着装置；

16) 塔式起重机一次顶升到自由高度；

17) 重复14)~16)步，塔式起重机逐步顶升。

(3) 安装注意事项

1) 塔式起重机安装工作应在塔式起重机最高处风速不大于8m/s时进行；

2) 注意吊点的选择，根据吊装部件选用长度适当、质量可靠的吊具；

3) 塔式起重机各部件所有可拆的销轴，塔身连接螺栓、螺母均是专用特制零件；

4) 必须安装并使用保护和安全措施，如扶梯、平台、护栏等；

5) 必须根据起重臂长，正确确定配重数量；

6) 装好起重臂后，平衡臂上未装够规定的平衡重前，严禁起重臂吊载；

7) 标准节的安装不得任意交换方位；

8) 顶升前，应将小车开到规定的顶升平衡位置，起重臂转到引进横梁的正前方，然后用回转制动器将塔式起重机的回转锁紧；

9) 顶升过程中，严禁旋转起重臂或开动小车使吊钩起升和放下；

10) 标准节起升（或放下时），必须尽可能靠近塔身。

2. 塔身附着

(1) 锚固装置及形式

自升塔式起重机的塔身接高到设计规定的独立高度后，须使用锚固装置将塔身与建筑物拉结（附着），以减少塔身的自由高度，改善塔式起重机的稳定性。同时，可将塔身上部传来的力矩，以水平力的形式通过附着装置传给已施工的结构。

锚固装置的多少与建筑物高度、塔身结构、塔身自由高度有关。一般地，设置2~4道锚固装置即可满足施工需要。进行超高层建筑施工时，不必设置过多的锚固装置。因为锚固装置受到塔身传来的水平力，自上而下衰减很快，所以随着建筑物的升高，在验算塔身稳定性的前提下，可将下部锚固装置周转到上部使用，以便节省锚固装置费用。

锚固装置由附着框架、附着杆和附着支座等组成，如图15-2所示。塔身中心线至建筑物外墙之间的水平距离称为附着距离，多为4.1~6m，有时大至10~15m。附着距离小于10m时，可用三杆式或四杆式附着形式，否则宜采用空间桁架附着形式，见表15-4。

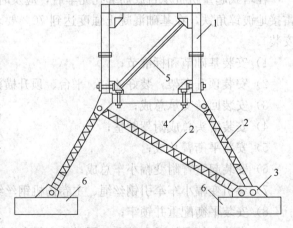

图15-2 锚固装置的构造
1—附着框架；2—附着杆；3—附着支座；
4—顶紧螺栓；5—加强撑；6—塔式起重机基础

塔式起重机附着形式示意 表 15-4

形式	示意图
三杆式附着	
四杆式附着	
空间桁架附着	

（2）锚固装置安拆注意事项

塔式起重机的附着装置（锚固装置）的安装与拆卸，应按使用说明书的规定进行，切实注意下列几点：

1）起重机附着的建筑物，其锚固点的受力强度应满足起重机的设计要求。附着杆系的布置方式、相互间距和附着距离等，应按出厂使用说明书规定执行。有变动时，应另行设计。

2）装设附着框和附着杆件，应采用经纬仪测量塔身垂直度，并应采用附着杆进行调整，在最高锚固点以下垂直度允许偏差为 2/1000；在附着框架和附着支座布设时，附着杆倾斜角不得超过 10°。

3）附着框架宜设置在塔身标准节连接处，箍紧塔身。塔架对角处在无斜撑时应加固；

4）塔身顶升接高到规定锚固间距时，应及时增设与建筑物的锚固装置。塔身高出锚固装置的自由端高度，应符合出厂规定。

5）起重机作业过程中，应经常检查锚固装置，发现松动或异常情况时，应立即停止作业，故障未排除，不得继续作业。

6）拆卸起重机时，应随着降落塔身的进程拆卸相应的锚固装置。严禁先拆锚固装置，再逐节拆卸塔身，避免突然刮大风造成塔身扭曲或倒塔事故。

7）遇有六级及以上大风时，严禁安装或拆卸锚固装置。

8）应对布设附着支座的建筑物构件进行强度验算（附着荷载的取值，一般塔式起重机使用说明书均有规定），如强度不足，须采取加固措施。构件在布设附着支座处应加配钢筋并适当提高混凝土的强度等级。

9) 附着支座须固定牢靠，其与建筑物构件之间的空隙应嵌塞紧密。

3. 顶升加节

(1) 顶升前的准备

1) 按液压泵站要求给油箱加油；

2) 清理好各个标准节，在标准节连接处涂上黄油，将待顶升加高用的标准节在顶升位置时的吊臂下排成一排，这样在整个顶升加节过程中不用回转机构，节省时间；

3) 放松电缆长度略大于总的顶升高度，并紧固好电缆；

4) 将吊臂旋转至顶升套架前方，平衡臂处于套架的后方（顶升油缸位于平衡臂下方）；

5) 在引进平台上准备好引进滚轮，套架平台上准备好塔身高强度螺栓（连接销轴）。

(2) 顶升前塔式起重机的配平

1) 塔式起重机配平前，必须先将小车运行到参考位置，并吊起一节标准节或其他重物，然后拆除下支座四个支脚与标准节的连接螺栓；

2) 将液压顶升系统操纵杆推至"顶升方向"，使套架顶升至下支座支脚刚刚脱离塔身的主弦杆的位置；

3) 通过检验下支座支脚与塔身主弦杆是否在一条垂直线上，并观察套架导轮与塔身主弦杆间隙是否基本相同，检查塔式起重机是否平衡，微调小车的配平位置，直至平衡，使得塔式起重机上部重心落在顶升油缸梁的位置上；

4) 操纵液压系统使套架下降，连接好下支座和塔身标准节间的连接螺栓。

(3) 顶升作业步骤

自升式塔式起重机的顶升接高系统由顶升套架、引进轨道及小车、液压顶升机组三部分组成。顶升接高的步骤如下（图15-3）：

1) 回转起重臂使其朝向与引进轨道一致并加以销定。吊运一个标准节到摆渡小车上，并将过渡节与塔身标准节相连的螺栓松开，准备顶升。

2) 开动液压千斤顶，将塔式起重机上部结构包括顶升套架约上升到超过一个标准节的高度；然后用定位销将套架固定，于是塔式起重机上部结构的重量就通过定位箱传递到塔身。

3) 液压千斤顶回缩，引成引进空间，此时将装有标准节的摆渡小车开到引进空间内。

4) 利用液压千斤顶稍微提起待接高的标准节，退出摆渡小车；然后将待接高的标准节平稳地落在下面的塔身上，并用螺栓连接。

5) 拔出定位销，下降过渡节，使之与已接高的塔身连成整体。

塔身降落与顶升方法相似，仅程序相反。

4. 外附塔式起重机拆除

与内爬式塔式起重机相比，附着自升式塔式起重机的拆除相对比较容易。通过自升的逆过程完成自降，至地面后由地面起重机拆除塔式起重机的其他部件，关键问题是塔式起重机附着的位置要避开建筑物，能进行自降。

(1) 塔式起重机拆除流程

将塔式起重机旋转至拆卸区域，保证该区域无障碍影响拆卸作业，严格执行说明书的规定，按程序操作，拆卸步骤与立塔组装的步骤相反。拆塔具体程序如下：

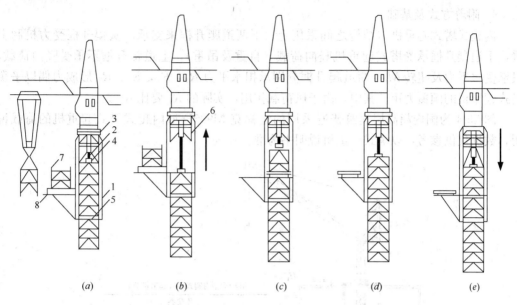

图 15-3 自升式塔式起重机的顶升接高过程

(a) 准备状态；(b) 顶升塔顶；(c) 推入塔身标准节；(d) 安装塔身标准节；(e) 塔顶与塔身连成整体
1—顶升套架；2—千斤顶；3—承座；4—顶升横梁；5—定位销；6—过渡节；7—标准节；8—摆渡小车

1) 降塔身标准节（如有附着装置，相应地拆卸）；2) 拆下平衡臂配重；3) 起重臂的拆卸；4) 平衡臂的拆卸；5) 拆卸塔顶；6) 拆卸回转塔身；7) 卸回转总成；8) 拆卸套架及塔身加强节；9) 拆除附墙机构。

(2) 拆卸注意事项

1) 塔式起重机拆出工地之前，顶升机构由于长期停止使用，应对顶升机构进行保养和试运转。

2) 在试运转过程中，应有目的地对限位器，回转机构的制动器等进行可靠性检查。

3) 在塔式起重机标准节已拆除，但下支座与塔身还没有用高强度螺栓连接好之前，严禁使用回转机构、变幅机构和起升机构。

4) 塔式起重机拆卸对顶升机构来说是重载连续作业，所以应对顶升机构的主要受力件经常检查。

5) 顶升机构工作时，所有操作人员应集中精力观察各种相对运动件的相对位置是否正常（如滚轮与主弦之间，套架与塔身之间），如果套架在上升时，套架与塔身之间发生偏斜，应停止上升，立即下降。

6) 拆卸时风速应低于 8m/s。由于拆卸塔式起重机时，建筑物已建完，工作场地受限制，应注意工件程序，吊装堆放位置。不可马虎大意，否则容易发生人身安全事故。

15.2.1.4 内爬式塔式起重机的安装、爬升、拆除

一般地，内爬式塔式起重机均附在核心筒结构上，当布置多台塔式起重机时，往往相距较近，为避免碰撞，常采用动臂式塔式起重机。下面以动臂式塔式起重机为例，介绍内爬式塔式起重机的相关技术。

1. 附着方式及基础

内爬式塔式起重机与结构之间采用上、下两道爬升框来支承。从爬升框受力机制上看,下道爬升框承受塔式起重机竖向荷载(自重及吊重),上道爬升框不承受竖向荷载,只承受水平力及扭转 M_t。两道爬升框分别承担水平力 R_1、R_2,R_1、R_2 形成力偶以平衡塔式起重机的倾覆力矩。其中,由于风荷载作用,实际的 R_1 要比 R_2 大。

图 15-4 为国内超高层建筑普遍采用的法福克 M900D 型内爬式塔式起重机的荷载说明,数据仅供参考,以塔式起重机说明书为准。

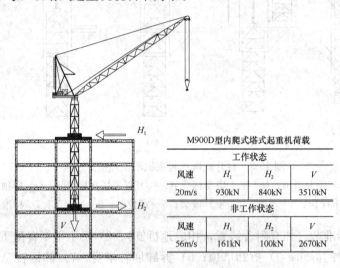

图 15-4 M900D 型内爬式塔式起重机荷载说明

内爬式塔式起重机的基础,与其附着形式密切相关。由于内爬式塔式起重机一般用在超高层建筑的施工,按附着方式的不同,大致可分为简支形式和悬挂形式。附着方式及基础形式参见表 15-5。

内爬式塔式起重机附着方式及基础形式　　　　　　表 15-5

附着方式	基础形式	说　明
简支形式	直接支承	直接支承即爬升梁直接搁置在结构上: 直接搁置于钢框架结构的梁面上,见图 15-5(a); 直接搁置在混凝土核心筒结构墙体上,但需开洞,见图 15-5(b)
	间接支承	间接支承是指通过设置临时牛腿等措施转换,通常在混凝土核心筒结构上爬升时多采用此法; 临时牛腿可采用钢耳板,并与爬升梁端头的耳板销接,钢耳板应与核心筒墙体同步施工,待施工完成后再割掉,见图 15-5(c); 临时牛腿也可采用钢牛腿形式,爬升梁搁置在牛腿上,此时应在墙体施工时预埋埋件,后焊钢牛腿,见图 15-5(d)
悬挂形式	间接支承	塔式起重机一般悬挂在混凝土核心筒墙体上,此时基础形式只能是采用牛腿转换,属间接支承; 悬挂形式有多种,可参见图 15-6

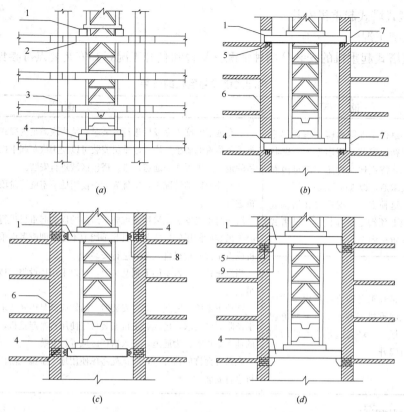

图 15-5 内爬式塔式起重机的附着方式及基础形式（简支形式）
(a) 搁置于钢框架上；(b) 搁置于核心筒墙体洞口中；
(c) 核心筒墙体上设置钢耳板；(d) 核心筒墙体上设置钢牛腿
1—上道爬升梁；2—钢梁；3—钢柱；4—下道爬升梁；5—预埋件；6—核心筒剪力墙；
7—剪力墙留洞；8—钢耳板（与爬升梁销接）；9—钢牛腿

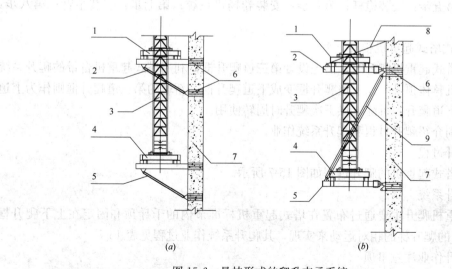

图 15-6 悬挂形式的爬升支承系统
1—上道爬升框；2—上支架；3—塔身；4—下道爬升框；5—下支架；
6—预埋件；7—核心筒墙体；8—稳定索；9—支架钢棒

2. 内爬式塔式起重机安装

(1) 安装工况

内爬式塔式起重机的安装分两种情况：悬臂和爬升工况，其安装要点可参见表15-6。

内爬式塔式起重机的安装 表 15-6

安装工况	说　明	安　装　考　虑
悬臂	悬臂工况即内爬式塔式起重机初次安装采用固定式悬臂状态，待主体结构施工满足内爬要求后，改为内爬式；这种安装工况需要在结构底板上预埋塔身连接件，供塔式起重机固定	在地下室施工完成后进行安装时，结构应满足内爬式塔式起重机支承及附着的要求，塔式起重机安装可以使用汽车起重机，利用加固后的地下室顶板作为通道，进入塔楼区域进行安装。 在条件允许的情况下，应优先考虑使用地下室施工阶段的塔式起重机进行安装。 塔式起重机安装宜采用基坑施工阶段的塔式起重机进行安装。如果因为吊装所使用的塔式起重机起重能力不足，则应考虑采用履带起重机或汽车式起重机进入基坑进行安装。 当汽车式起重机不能下到基坑时，可以采用搭设临时栈桥进入基坑吊装。
爬升	爬升工况即直接将内爬式塔式起重机安装在上、下两道爬升框上，塔式起重机安装后即可爬升	在地下室施工完成后进行安装时，结构应满足内爬式塔式起重机支承及附着的要求，塔式起重机安装可以使用汽车起重机，利用加固后的地下室顶板作为通道，进入塔楼区域进行安装。 在条件允许的情况下，应优先考虑使用地下室施工阶段的塔式起重机进行安装

(2) 安装顺序

以 M900D 型内爬式塔式起重机为例，当采用悬挂的附墙形式时，其安装顺序一般可分为八步：

第一步：安装悬挂支架；第二步：安装塔身；第三步：安装回转机构；第四步：安装机械平台；第五步：安装桅杆；第六步：安装卷扬机系统；第七步：安装主臂；第八步：安装配重。

3. 内爬式塔式起重机爬升

内爬式塔式起重机爬升时，需先设置第三道爬升框，利用塔式起重机自带的爬升系统将塔式起重机整体顶升，原上道爬升框变成下道爬升框，新增的第三道爬升框则作为上道爬升框，原下道爬升框拆除，供下次爬升时周转使用。

以下分别介绍爬升过程和爬升系统作业。

(1) 爬升过程

内爬式塔式起重机的爬升过程如图 15-7 所示。

(2) 爬升系统

塔式起重机爬升主要通过布置在塔式起重机标准节内的千斤顶和固定在上下爬升框（套架）之间的爬升梯的相对运动来实现，其爬升系统作业过程见表15-7。

(3) 爬升作业注意事项

1) 内爬升作业应在白天进行。风力在五级及以上时，应停止作业。

2) 内爬升时，应加强机上与机下之间的联系以及上部楼层与下部楼层之间的联系，遇有故障及异常情况，应立即停机检查，故障未排除，不得继续爬升。

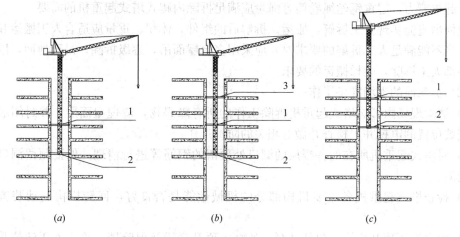

图 15-7 内爬式塔式起重机爬升过程
(a) 第一步：原始状态；(b) 第二步：安装第三道爬升框；(c) 第三步：爬升到位
1—上道爬升框；2—下道爬升框；3—第三道爬升框

3) 内爬升过程中，严禁进行起重机的起升、回转、变幅等各项动作。

4) 起重机爬升到指定楼层后，应立即拔出塔身底座的支承梁或支腿，通过内爬升框架固定在楼板上，并应顶紧导向装置或用楔块塞紧。

内爬式塔式起重机爬升系统作业过程 表 15-7

步骤	说　　明
第一步	安装第三道爬升框，千斤顶开始顶升
第二步	塔式起重机标准节固定在爬升梯孔内，千斤顶回缩
第三步	千斤顶重复步骤一、二，塔式起重机标准节向上移动
第四步	塔式起重机爬升到位，千斤顶缩回，爬升梯向上移动，完成一次爬升动作

5) 内爬式塔式起重机的固定间隔应符合设备制造商的要求。

6) 对固定内爬升框架的楼层楼板，在楼板下面应增设支柱做临时加固。搁置起重机底座支承梁的楼层下方两层楼板，也应设置支柱做临时加固。

7) 每次内爬升完毕后，楼板上遗留下来的开孔，应立即封闭。

8) 起重机完成内爬升作业后，应检查内爬升框架的固定、底座支承梁的紧固以及楼板临时支撑的稳固等，确认可靠后，方可进行吊装作业。

4. 内爬式塔式起重机拆除

(1) 拆除方法概述

由于内爬式塔式起重机无法实现自降节至地面，其拆除工序比较复杂且是高空作业。国内比较成熟的方法是先另设一台屋面吊，利用屋面吊拆除大型内爬式塔式起重机，然后用桅杆式起重机（或人字拔杆），逐步拆除屋面吊。拆除后的屋面吊组件通过电梯运至地面。

屋面吊也称为便携式塔式起重机，救援塔式起重机，其起重能力较小，组件重量和尺寸都比较小。使用时，一般安装于屋面开阔部位，利用主体结构作为基础，其安装高度，臂长，起重能力，起重钢丝绳卷筒容绳量应满足拆除内爬式塔式起重机的需要。

屋面吊应能实现人工拆解，搬运。拆解后的组件，体积、重量应适合人工搬运和电梯运输。当不能满足人工拆解的要求时，应采用多台屋面吊，逐级拆除，吊至地面，以实现最后一部人工拆除，电梯搬运的要求。

（2）拆除前的现场准备工作

1）清除现场内影响塔式起重机拆除工作的所有障碍物，清理屋面层，并封闭塔式起重机安装位置的电梯井，检查并做好相关的防护工作。

2）对塔式起重机所在的各楼层的洞口处预留的钢筋等进行清理，保证预留洞口的通畅通无阻。

3）检查塔式起重机各主要机构部分的机械性能是否良好，回转机构制动装置是否可靠。

4）检查液压顶升机构，包括油泵、油缸、顶升横梁及保险锁。检查液压油位是否符合规定要求，油液是否变质，并按规定要求加足或更换。

5）需要内爬式塔式起重机在拆除前降低高度，方便拆除时，应在塔式起重机降节前，检查液压系统的工作状况是否完好。

6）将屋面吊安装在预定位置，进行调试，检查验收；另外，需对屋面吊所在位置楼板下方进行加固。

7）拆除平台由脚手架搭设，上面铺设10mm厚钢板，主要承受塔式起重机起重臂在拆除过程中起产生的竖向压力。

8）准备好拆除所需工具，在屋面预定堆放构件的区域作标记，铺设枕木。

（3）内爬式塔式起重机拆除

拆卸步骤与立塔组装的步骤相反，即按以下顺序进行：配重→起重臂→桅杆→卷扬机系统→机械平台→回转机构→塔身标准节。

15.2.1.5 塔式起重机使用智能化

塔机黑匣子是全新智能化塔式起重机（简称塔机或塔吊）安全监测预警系统，能够全方位保证塔式起重机的安全运行，包括有塔式起重机碰撞以及塔式起重机超载提供实时预警，并进行制动控制，是现代建筑重型机械群的一种安全防护设备，是集精密测量、人工智能、自动控制等多种高技术于一体的电子系统产品。

1. 主要功能

（1）作业记录：起重机的每次作业起止时间、载重量、回转角度、幅度、高度以及计算出来的力矩。

（2）司机操作记录：通过摄像头对司机室的录像和录音，记录司机的所有操作行为及收到的指令，一般主机可以支持60d录像内容的存储。

（3）可视化操作：操作人员可以通过黑匣子的液晶屏，观察当前的重量及额重，也可以观察到后方平衡臂上卷轮的情况。

（4）远程管理：如有异常情况，黑匣子立刻将异常数据发送到管理中心的网站，或者以短信方式发送到管理人员手机。

（5）管理平台：所有数据通过GPRS发送到服务器，管理人员可以非常方便地通过管理平台观察每台塔式起重机的详细情况。

2. 使用塔式起重机安全监控管理装置的意义

(1) 使用塔式起重机安全监控管理装置,可即时获取塔式起重机各状态参数,提高设备监控能力。

(2) 使用塔式起重机安全监控管理装置,是加大监督管理力度,消除事故隐患的需要。

(3) 使用塔式起重机安全监控管理装置,是培养队伍、提高从业人员素质、提高监督管理技术水平的需要。

塔式起重机安全监控设备(防倾翻监控仪和塔式起重机黑匣子)的使用,一方面由于准确真实地记录了其运行情况,为监督部门提供了加大管理力度、严格执法的依据。进而督促操作和指挥人员提高安全意识减少或杜绝安全事故隐患。另一方面其及时报警功能要能及时提醒操作人员预防突发的安全隐患。

15.2.2 履带起重机

15.2.2.1 履带起重机的特点

1. 型号分类及表示

履带起重机是以履带及其支承驱动装置为运行部分的自行式起重机,履带接地面积大,通过性好,适应性强,可负载行走,起重能力大,适用于建筑施工的吊装作业。但履带起重机行走速度慢,对路面破坏性大,在进行长距离转移时,应用平板拖车或铁路平板车运输,进出场费用较高(表15-8)。

履带起重机的型号分类及表示方法　　　　表15-8

组		型	代号	代号含义	主参数代号		
名称	代号				名称	单位	表示法
履带式起重机	QU(起履)	机械式	QU	机械履带式起重机	最大额定起重量	t	主参数
		液压式 Y(液)	QUY	液压履带式起重机			
		电动式 D(电)	QUD	电动履带式起重机			

2. 构造特点

一般履带式起重机主要由行走装置、回转机构、机身及起重臂等部分组成(图15-8),构造特点见表15-9。

履带式起重机构造特点　　　　表15-9

组成部分	构造特点
吊钩	也称取物装置,取物装置一般为吊钩,仅在抓泥土、黄砂或石料时才使用抓斗
动臂	一般履带式起重机起重臂为多节组装桁架结构,也称桁架臂,桁架臂由只受轴向力的弦杆和腹杆组成。 由于变幅拉力作用于起重臂的前端,使臂架主要受轴向压力,自重引起的弯矩很小,因此有桁架臂自重较轻。 一套桁架臂可由多节臂架组成,作业时可根据需要组合,调整节数后可改变长度,其下端铰装于转台前部,顶端用变幅钢丝绳滑轮组悬挂支承,可改变其倾角。 也有在动臂顶端加装副臂的,副臂与动臂成一定夹角。起升机构有主、副两卷扬系统,主卷扬系统用于动臂吊重,副卷扬系统用于副臂吊重

续表

组成部分	构造特点
转台	也称上车回转部分，通过回转支承装在底盘上，其上装有动力装置、传动系统、卷扬机、操纵机构、平衡重和机棚等。 动力装置通过回转机构可使转台作360°回转。回转支承由上、下滚盘和其间的滚动件（滚球、滚柱）组成，可将转台上的全部重量传递给底盘，并保证转台的自由转动
底盘	包括行走机构和行走装置，前者使起重机作前后行走和左右转弯；后者由履带架、驱动轮、导向轮、支重轮、托链轮和履带轮等组成。 动力装置通过垂直轴、水平轴和链条传动使驱动轮旋转，从而带动导向轮和支重轮，使整机沿履带滚动而行走
平衡重	也称配重，配重是在起重机平台尾部挂有的适当重量的铁块，以保证起重机工作稳定。大型起重机行驶时，可卸下配重，另车装运。 中、小型起重机的配重包括在上车回转部分内。部分大型履带起重机还配有外挂配重，也称超级配重，以提高起重性能

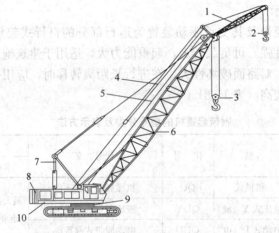

图15-8 一般履带式起重机构造简图
1—副臂；2—副吊钩；3—主吊钩；4—副臂固定索；5—起升钢丝绳；
6—动臂；7—门架；8—平衡重；9—回转支承；10—转台

15.2.2.2 履带起重机的选用

1. 履带式起重机的技术参数

选择履带式起重机进行起重吊装作业中，除考虑履带式起重机的优缺点外，还要从起重能力、工作半径、起吊高度、起重臂杆长度等条件进行综合分析，具体见表15-10。

履带式起重机技术参数选择　　　　表15-10

技术参数	说明
起重量	起重量必须大于所吊装构件的重量与索具重量之和。 起重量与吊装幅度相关，图15-9中虚线为履带式起重机的起重性能曲线，当原机起重能力不足时，可通过增加配重提高其起重能力，见图15-9实线
起重高度	起重高度必须满足所吊构件的吊装高度要求

续表

技术参数	说　　明
起重半径	当起重机可不受限制地开到所安装构件附近时，可不验算起重半径； 当起重机受限不能靠近吊装位置作业时，则应验算当起重半径为一定值时，其起重量与起重高度是否能满足吊装构件要求
起重臂杆长度	当起重臂须跨过已安装好的结构去吊装构件时，例如跨过屋架安装屋面板时，为不与屋架碰撞，需求出其最小起重臂长度

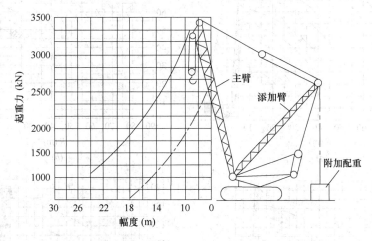

图 15-9　一般履带式起重机起重力与幅度关系曲线

2. 履带式起重机工况及工作范围

经过近年发展，履带式起重机衍生出多种不同工况如：主臂工况（SH）、固定副臂工况（LF）、塔式工况（SW）、带超级起重主臂工况（以下简称超起工况）（SSL）等多种工况形式。不同的工况，同型号起重机的起重量、工作半径和起吊高度均不相同。各工况的选用原则见表 15-11。

以国外 DEMAG CC-2800-1 型履带起重机为例，给出工作范围曲线（图 15-10），详细需参见厂家的专用设备手册。

履带式起重机的工况　　　　　　　　　　　　　　表 15-11

工况名称	选用说明
主臂工况（SH）	主臂工况为履带式起重机的最常用工况，即主臂工况即可满足吊装作业要求，包括起重量、起升高度、作业半径
固定副臂工况（LF）	当起重半径不足时，可采用固定副臂工况，增大工作范围
塔式工况（SW）	若采用固定副臂工况仍然不能幅度工作半径要求时，可采用塔式工况，进一步增大作业范围
超起工况（SSL）	超起工况主要针对的是原机起重量不足的情形，是在起重机尾部增加独立配重，以使起重机获得更大的起重量

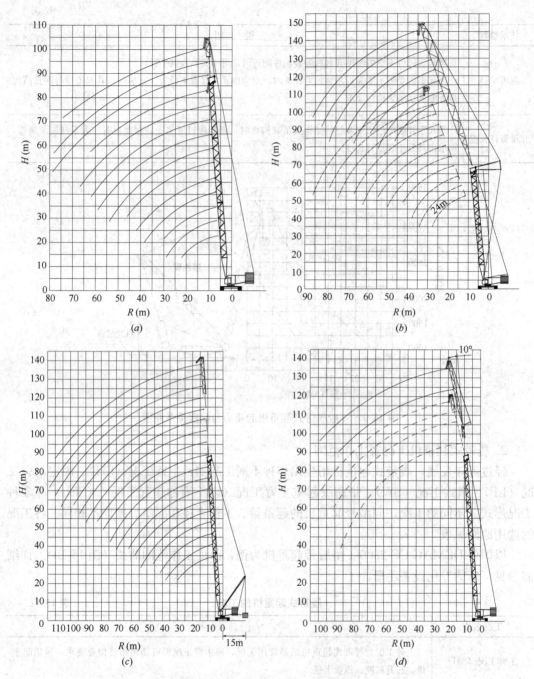

图 15-10 DEMAG CC-2800-1 履带式起重机各工况工作范围

(a) 主臂工况；(b) 塔式工况；(c) 超起工况；(d) 固定副臂工况

3. 履带式起重机的使用要点

1) 起重机应在平坦坚实的地面上作业、行走和停放。在正常作业时，坡度不得大于3°，并应与沟渠、基坑保持安全距离。

2) 起重机启动前重点检查各项目应符合下列要求：

① 各安全防护装置及各指示仪表齐全完好；
② 钢丝绳及连接部位符合规定；
③ 燃油、润滑油、液压油、冷却水等添加充足；
④ 各连接件无松动。

3) 起重机启动前应将主离合器分离，各操纵杆放在空挡位置，并应按照规定启动内燃机。

4) 内燃机启动后，应检查各仪表指示值，待运转正常再接合主离合器，进行空载运转，顺序检查各工作机构及其制动器，确认正常后，方可作业。

5) 作业时，起重臂的最大仰角不得超过出厂规定。当无资料可查时，不得超过78°。

6) 起重机变幅应缓慢平稳，严禁在起重臂未停稳前变换挡位；起重机载荷达到额定起重量的90%及以上时，严禁下降起重臂。

7) 在起吊载荷达到额定起重量的90%及以上时，升降动作应慢速进行，并严禁同时进行两种及以上动作。

8) 起吊重物时应先稍离地面试吊，当确认重物已挂牢，起重机的稳定性和制动器的可靠性均良好，再继续起吊。在重物升起过程中，操作人员应把脚放在制动踏板上，密切注意起升重物，防止吊钩冒顶。当起重机停止运转而重物仍悬在空中时，即使制动踏板被固定，仍应脚踩在制动踏板上。

9) 采用双机抬吊作业时，应选用起重性能相似的起重机进行。抬吊时应统一指挥，动作应配合协调，载荷应分配合理，单机的起吊载荷不得超过允许载荷的80%。在吊装过程中，两台起重机的吊钩滑轮组应保持垂直状态。

10) 当起重机如需带载行走时，载荷不得超过允许起重量的70%，行走道路应坚实平整，重物应在起重机正前方向，重物离地面不得大于500mm，并应拴好拉绳，缓慢行驶。严禁长距离带载行驶。

11) 起重机行走时，转弯不应过急；当转弯半径过小时，应分次转弯；当路面凹凸不平时，不得转弯。

12) 起重机上下坡道时应无载行走，上坡时应将起重臂仰角适当放小，下坡时应将起重臂仰角适当放大。严禁下坡空挡滑行。

13) 作业后，起重臂应转至顺风方向，并降至40°~60°之间，吊钩应提升到接近顶端的位置，应关停内燃机，将各操纵杆放在空挡位置，各制动器加保险固定，操纵室和机棚应关门加锁。

4. 履带式起重机的轨道处理

(1) 地基加固

由于履带式起重机行走时易啃路面，而且当采用大中型履带式起重机时，容易发生因地基处理不好而发生倾覆事故。尽管有履带将荷载进行扩散，但作业时对地基的荷载仍然较大（尤其是大中型起重机），所以常需对地基进行适当处理，以满足履带式起重机对路面的要求。其常见措施如下：

直接推平夯实。

铺设碎石或钢板。

铺设路基箱。经过匹配的路基箱进行荷载扩散后，300t履带式起重机作业时对地基最大压强小于 0.12MPa，600t 履带式起重机对地基最大压强小于 0.16MPa。

当铺设路基箱仍不能满足地基承载力，如上海等软土区域，尚应根据实际地质条件，对地基进行适当加固处理。以上海地区为例，典型地质条件下，300t 履带式起重机软土地基可按图 15-11 方法加固。

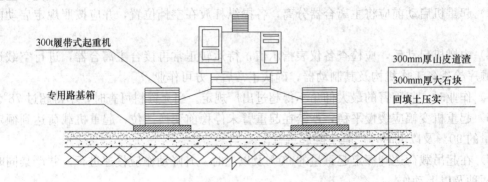

图 15-11　300t 履带式起重机软土地基加固示意

(2) 楼板加固

工程中常遇到大型履带式起重机上楼面情形，若楼板承受能力不满足要求，则需对楼板进行加固处理。

比如广州歌剧院结构吊装时，混凝土楼板强度等级 C30，厚度 200mm，200t 履带式起重机对楼板均布荷载约 40kN/m²，大于楼板的承载能力，加固方案如下（图 15-12）：

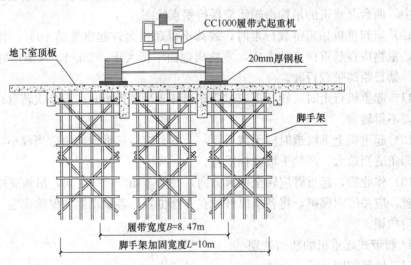

图 15-12　200t 履带式起重机上楼面加固示意

采用 500mm×500mm 的脚手架，通过可调托撑顶紧楼板，脚手架采用 $\phi 48 \times 3.5$ 的热轧无缝钢管；

大横杆最大间距 1000mm，斜撑在平面内连续布置，每四排脚手架架设一道斜撑，水平支撑每两个步距设一道；

吊车行走道区域首层楼面上铺 20mm 钢板。

此外，工程中也常在楼板下面设置"人字形"或"A 字形"型钢支撑（图 15-13），将主梁跨度减小，以保证设计配筋满足承载力要求；同时，主梁将竖向荷载又传给结构柱，利用结构柱强大的竖向承载能力来承受大型履带式起重机带来的楼面荷载。

这种加固方式传力路径很明确，计算简明，施工方便，且避免了采用满堂脚手架的作业量。

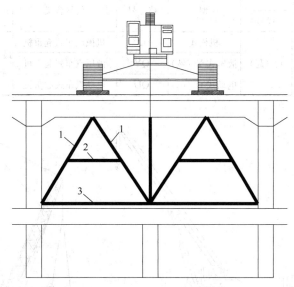

图 15-13　地下室楼板加固示意
1—斜撑；2—拉杆（增强斜撑稳定）；3—拉杆（承担斜撑水平推力）

15.2.3　汽车起重机

15.2.3.1　汽车起重机的分类与特点

汽车式起重机的种类很多，其分类方法也各不相同，主要有：

(1) 按起重量分类：

1) 轻型汽车式起重机（起重量在5t以下）；

2) 中型汽车式起重机（起重量在5～15t）；

3) 重型汽车式起重机（起重量在15～50t）；

4) 超重型汽车式起重机（起重量在50t以上）。

(2) 按支腿型式分类：

1) 蛙式支腿：跨距较小，仅适用于较小吨位的起重机；

2) x形支腿：x形支腿容易产生滑移，也很少采用；

3) h形支腿：h形支腿可实现较大跨距，对整机的稳定有明显的优越性，所以国内生产的液压汽车式起重机多采用h形支腿。

(3) 按传动装置的传动方式分类：机械传动，电力传动，液压传动。

(4) 按吊臂的结构形式分类：折叠式吊臂，伸缩式吊臂，桁架式吊臂汽车式起重机。如图15-14所示。现在普遍使用的多为液压式伸缩臂汽车式起重机，吊臂内装有液压伸缩机构控制其伸缩。

(5) 按起重装置在水平面可回转范围：全回转式汽车式起重机（转台可任意旋转

360°），非全回转汽车式起重机（转台回转角小于270°）。表15-12为汽车式起重机的型号分类及表示方法。

汽车式起重机的型号分类及表示方法　　　　　　　表 15-12

类	组		型	代号	代号含义	主参数代号		
	名称	代号				名称	单位	表示法
起重机械	汽车式起重机	Q（起）	机械式	Q	机械汽车式起重机	最大额定起重量	t	主参数
			液压式 Y（液）	QY	液压汽车式起重机			
			电动式 D（电）	QD	电动汽车式起重机			

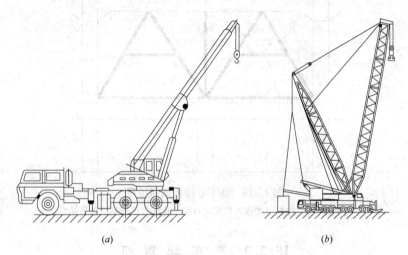

图 15-14　汽车式起重机
(a) 伸缩式；(b) 桁架式

15.2.3.2　汽车起重机的选用

1. 起重机的特性曲线表

反映汽车式起重机的起重能力随臂长、幅度的变化而变化的规律和反映汽车式起重机的最大起重高度随臂长、幅度的变化而变化的规律的曲线称为起重机的特性曲线。目前一些大型起重机，为了更方便，其特性曲线已被量化为表格形式，称为特性曲线表。它是选用汽车式起重机的重要依据。国内建筑工程常用的中小型起重机以 QY 系列为主。以某公司生产的 100t 汽车式起重机为例，列出该起重机的特性曲线表，如表 15-13 所示。

某 100t 汽车式起重机的特性曲线表　　　　　　　表 15-13

工作幅度	主臂臂长（M）（支腿全伸、后方、侧方作业）							主臂仰角	主臂+副臂			
									4+9.5m		45+16.0m	
									副臂安装角		副臂安装角	
	12m	16.2m	20.4m	27m	33m	39m	45m		5°	30°	5°	30°
3	100	70	—	—	—	—	—	80	6	2.5	4	1.3
3.5	92	70	58	—	—	—	—	78	5.5	2.4	3.6	1.2

续表

工作幅度	主臂臂长（M）（支腿全伸、后方、侧方作业）							主臂仰角	主臂+副臂			
									4+9.5m		45+16.0m	
									副臂安装角		副臂安装角	
	12m	16.2m	20.4m	27m	33m	39m	45m		5°	30°	5°	30°
4	85	70	54	—	—	—	—	76	5	2.3	3.2	1.15
4.5	76	64	51	35	—	—	—	74	4.5	2.2	3	1.1
5	70	58	49	35	—	—	—	72	4	2.1	2.7	1.05
5.5	63	51	45	35	26	—	—	70	3.7	2.05	2.5	1
6	57	46	43	34	26	—	—	68	3.4	1.95	2.4	0.95
6.5	48	43	41	33	26	20	—	66	3.2	1.9	2.2	0.9
7	44	40	39	32	26	20	—	64	2.9	1.85	2.1	0.85
7.5	37	37	35	30.5	25	20	15	62	2.4	1.8	1.8	0.8
8	34	34	32	29	24	19	15	60	2	1.75	1.5	0.75
9	27	27	27	25	22.5	17.5	15	58	1.6	1.5	1.2	0.7
10	—	21.9	21.9	22	20.5	16.5	15	56	1.4	1.35	—	—
11	—	18.4	19	19.5	18	15.5	14	—	—	—	—	—
12	—	15.7	16	16.5	16	15.5	13.6	—	—	—	—	—
14	—	—	11.6	12.8	13.5	13	12	—	—	—	—	—
16	—	—	8.4	9.8	10.5	11	10.5	—	—	—	—	—
18	—	—	6.3	7.8	8.2	8.5	9	—	—	—	—	—
20	—	—	—	6	6.6	7.2	7.5	—	—	—	—	—
22	—	—	—	5	5.2	5.8	6.2	—	—	—	—	—
24	—	—	—	4.2	4.8	5.2	—	—	—	—	—	—
26	—	—	—	—	3.8	4.3	—	—	—	—	—	—
28	—	—	—	—	3.1	3.6	—	—	—	—	—	—
30	—	—	—	—	—	2.9	—	—	—	—	—	—

2. 起重机的选择步骤

起重机的选用必须依据其特性曲线图、表进行，选择步骤如下：

（1）根据被吊构件或装备的就位位置、现场具体情况等确定起重机的站车位置，站车位置确定之后，其幅度也就确定了。

（2）根据被吊构件或装备的就位高度、设备尺寸、吊索高度等和站车位置（幅度），由起重机的起重特性曲线，确定其臂长。

（3）根据上述已确定的幅度和臂长，由起重机的起重性能表或起重特性曲线，确定起重机的额定起重量。

（4）如果起重机的额定起重量大于计算载荷，则起重机的选择合格，否则重新选择。

（5）计算吊臂与设备之间、吊钩与设备及吊臂之间的安全距离，若符合规范要求，则选择合格，否则重新选择。

3. 起重量计算及校核

(1) 单机吊装起重量按下列公式计算：

$$Q \geqslant Q_j = k_1(Q_1 + Q_2) \tag{15-1}$$

式中 Q ——起重机的起重量 (t)；

Q_j ——计算载荷 (t)；

Q_1 ——构件重量 (t)；

Q_2 ——索具重量 (t)；

k_1 ——为动载荷系数，通常 $k_1 = 1.1$。

k_2 ——不均衡载荷系数，通常 $k_2 = 1.1 \sim 1.2$。

(2) 双机或多机抬吊起重量按式 (15-2) 计算：

$$Q \geqslant Q_j = k_1 k_2 (Q_1 + Q_2) \tag{15-2}$$

(3) 起重高度计算（图 15-15）

起重机的起重高度按式 (15-3) 计算：

$$H \geqslant H_1 + H_2 + H_3 + H_4 \tag{15-3}$$

式中 H ——起重机的起重高度 (m)，停机面至吊钩的距离；

H_1 ——安装支座表面高度 (m)，停机面至安装支座表面的距离；

H_2 ——安装间隙，视具体情况而定，一般取 $0.3 \sim 0.5$ m；

H_3 ——绑扎点至构件起吊后底面的距离 (m)；

H_4 ——索具高度 (m)，绑扎点至吊钩的距离，视具体情况而定。

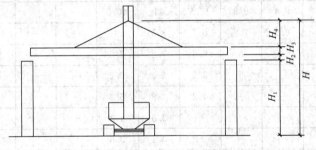

图 15-15 起重高度计算图

(4) 起重臂（吊杆）长度计算

1) 起重臂不跨越其他构件的长度计算

起重机吊装单层厂房的柱子和屋架时，起重臂一般不跨越其他构件，此时，起重臂长度按式 (15-4) 计算（图 15-16）。

$$L \geqslant \frac{H + h_0 - h}{\sin \alpha} \tag{15-4}$$

式中 L ——起重臂长度 (m)；

H ——起重高度 (m)；

h_0 ——起重臂顶至吊钩底面的距离 (m)；

h ——起重臂底铰至停机面距离 (m)；

α ——起重臂仰角，一般取 $70° \sim 77°$。

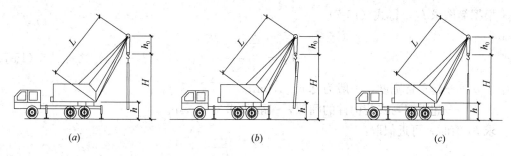

图 15-16 不跨越其他构件吊装时起重臂长度计算
(a) 垂直吊法吊柱；(b) 斜吊法吊柱；(c) 屋架吊装

2) 起重臂跨越其他构件的长度计算

起重机吊装屋面板、屋面支撑等构件时，起重臂需跨越已安装好的屋架或天窗架，此时，起重臂的长度按下列方法计算：对于吊装有天窗架的屋面时，按跨越天窗架吊装跨中屋面板计算；吊装平屋面时，需按跨越屋架吊装跨中屋面板和吊装跨边屋面板两种情况计算，取两者中之较大值。

按数解法求起重臂长度按式（15-5）和式（15-6）计算（图 15-17）。

$$L = L_1 + L_2 = \frac{h}{\sin\alpha} + \frac{a}{\cos\alpha} \tag{15-5}$$

$$\alpha = \operatorname{arctg}\sqrt[3]{\frac{h}{a}} \tag{15-6}$$

式中 L ——起重臂长度（m）；
  α ——起重臂仰角（°）；
  a ——吊钩伸距（m）；
  h ——起重臂 L_1 部分在垂直轴上的投影，$h = h_1 + h_2 - h_3$；
  h_1 ——构件安装高度（起重机停驻点地面至安装构件的顶面距离，单位：m）；
  h_2 ——起重臂中心线至安装构件顶面的垂直距离（图 15-18，单位：m）；
  h_3 ——起重臂下铰点离地高度（m）。

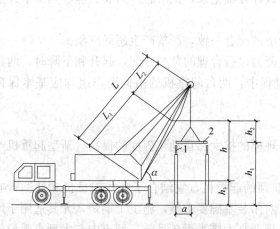

图 15-17 数解法求起重臂长度
1—已安装的构件；2—正安装的构件

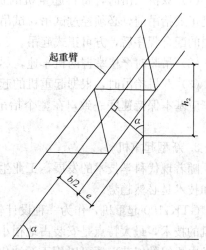

图 15-18 求起重臂中心线至安装构件顶面的垂直距离计算简图

根据简图求 h_2，得式 (15-7)。

$$h_2 = \frac{\frac{b}{2}+e}{\cos\alpha} \tag{15-7}$$

式中 b——起重臂宽度，一般为 $0.6\sim1.0\text{m}$；

　　　e——起重臂与安装构件的间隙，一般取 $0.3\sim0.5\text{m}$。

求 h_2 值时，可近似取：

$$a \approx \operatorname{arctg}^3\sqrt{\frac{h_1}{a}} \tag{15-8}$$

$$h_2 \approx \frac{\frac{b}{2}+e}{\cos\left(\operatorname{arctg}^3\sqrt{\frac{h_1}{a}}\right)} \tag{15-9}$$

(5) 工作幅度计算

起重机工作幅度按式 (15-10) 计算：

$$R = F + l\cos\alpha \tag{15-10}$$

式中 R——起重机的工作幅度；

　　　F——起重臂下铰点中心至起重机回转中心的水平距离，其数值由起重机技术参数表查得；

　　　$\cos\alpha$——起重臂仰角的余弦。

(6) 检查 Q、H，最后确定起重机型号

通过上述计算求出 R 后，按 R 及起重臂长度，查起重机的起重性能表或曲线，检查起重量 Q 及起重高度 H。如能满足构件的吊装要求，则起重臂长度的确定工作即告结束，初选的起重机型号即可确定。否则，可考虑增加臂长以减小 R。如还不能满足吊装要求，则需改选其他起重机的型号。

4. 双机抬吊的施工要求

(1) 双机抬吊时，每台起重机的负荷应不超过起重机吊装时的额定起重量的 80%。双机正式抬吊前，必须经过试吊，试吊要做好详细记录，试吊后，驾驶员能够熟练掌握抬吊中的配合程序后，方可正式起吊。

(2) 吊装时严格掌握两机车速，尽量协调配合一致，严禁产生超载现象。

(3) 双机抬吊时，根据起重机的起重能力进行合理的负荷分配，起升和下降时，两台吊车应基本保持速度一致，在整个抬吊过程中，两台起重机的吊钩滑车组均应基本保持垂直。

5. 新型起重机

随着现代科学技术的发展，工业生产规模的扩大和自动化程度的提高，新型起重机产品和技术是必然趋势。

GTK1100 起重机，作为一种设计较新颖的起重机，它结合了塔式起重机和伸缩臂起重机的技术，最大特点是安装占地很小，对吊装基础要求低，施工工期短，尤其适用于风力发电机组的安装。还可以用于石油化工行业高大塔类设备吊装；城市中心大型市政设施吊装；通信行业塔架安装。

采用GTK1100起重机作为风力发电机组吊装的主吊车，配合其余辅吊，能够克服施工空间小、周边限制条件较多等不利因素，能够较快地完成设备转场、组装，有效减少施工前的设备准备阶段的时间（图15-19）。

6. 汽车式起重机的数字化智能控制系统

近年来，起重机的远程监控技术发展迅速。通过工业网络技术，采集起重机的各种电控系统的信号或信息，实现起重机电控系统的全面计算机图形化监控、故障监控和跟踪，对起重机的运行状态、工作内容的监控和工作量的统计，有效提高生产管理水平；通过远程服务和远程监控手段，可以实现快速服务响应，极大提高设备故障排除时间，保障设备完好率。

图 15-19 GTK1100 起重机

随着起重机的发展，性能和功能的提升，国家对起重机等特种设备的安全性的要求越来越重视，使得控制线路逐渐增多、日益复杂，给制造、维护保养以及维修都提出更高的要求。

控制系统目前主要用于各种起重机上，其包含控制单元和执行单元（图15-20、图15-21）。

图 15-20 控制单元

图 15-21 执行单元

控制单元采用国内外先进的光电无接触式摇杆发动控制信号经过中央芯片处理由RS485总线通信或ZigBee无线通信传输给执行单元。执行单元接收控制单元传输的数据融合各传感器、限位等传输来的数据通过中央处理器运算协调给无触点式固态继电器发送指令完成整个控制回路。

汽车式起重机数字化智能控制系统的主要功能由以下四部分组成：起重机控制、视频监控、过载保护、报警控制。

15.2.4 液压油缸千斤顶

15.2.4.1 液压油缸千斤顶系统简介

液压系统广泛应用在各行业的各种机械设备中。作为一种传动技术，液压方式比传统的机械方式，具有以下优点：尺寸小出力大，力的输出简单准确，可远程控制；容易防止过载，安全性大，且安装位置可自由选择。

液压油缸是液压系统中的一种执行机构，其工作原理是液压传递过程中压强不变的原理，受力面积越大，压力越大；面积越小，压力越小。一般由缸体、缸杆（活塞杆）及密封件组成，缸体内部由活塞分成两个部分，分别通一个油孔。由于液体的压缩比很小，所以当其中一个油孔进油时，活塞将被推动使另一个油孔出油，活塞带动活塞杆做伸出（缩回）运动，反之亦然。

千斤顶其实就是个最简单的油缸。通过手动增压杆（液压手动泵）使液压油经过一个单项阀进入油缸，这时进入油缸的液压油因为单项阀的原因不能再倒退回来，迫使缸杆向上，然后再做功继续使液压油不断进入液压缸，就这样不断上升，要降的时候就打开液压阀，使液压油回到油箱。

15.2.4.2 液压油缸系统在建筑施工中的应用

1. 应用背景

随着建筑钢结构的快速发展，基于计算机控制的液压千斤顶集群作业的整体安装技术也得到进一步发展，应用范围日益拓宽，如表15-14所示。

液压千斤顶集群作业工程应用　　　　　　　　　　　表15-14

连接形式	应用形式	说明
柔性连接	垂直提升（或下降）	指利用穿心式千斤顶作为动力来源，通过柔性的钢绞线作为动力传输媒介，带动需安装的结构按既定方向运动，最终达到设计位置
	折叠展开提升	
	整体起扳	
	水平直线牵引	
刚性连接	水平直线顶推	与柔性连接的整体安装技术不同，刚性连接摒弃了了钢绞线，而改用刚性连杆直接与液压千斤顶及待滑移结构，或千斤顶直接作用在结构上的一种安装技术。 与柔性连接相比，在水平移位时，刚性技术可伸可退，对结构运动姿态的控制更容易，特别是应用在曲线滑移中

2. 选用原则

无论提升或滑移，整体安装采用的主要液压设备有：液压提升器、液压爬行器、液压千斤顶。目前，国内应用在建筑钢结构整体移位安装工程中的液压千斤顶有50t、100t、200t、250t和350t等能级。其选用原则可参见表15-15。

液压系统选用原则　　　　　　　　　　　表15-15

液压设备分类	主要应用范围	选用理由
液压提升系统	整体提升或牵引	提升安装也可采用卷扬机、手拉捯链或人工绞盘提供提升力，钢丝绳承重。但对于同步要求较高的结构，特别是大跨体育场馆的提升（顶升），宜采用计算机控制的液压千斤顶集群提供提升力，钢绞线承重。采用此技术时，各提升点的高差能得到控制。 除了同步性可控外，与卷扬机相比，计算机控制的液压千斤顶集群作业还可实时监控各点的提升（顶升）力。
液压千斤顶系统	整体顶升	总的来说，液压同步提升（顶升）系统采用计算机控制后，通过跳频扩频通信技术传递控制指令，能全自动完成同步动作、负载均衡、姿态矫正、应力控制、操作锁闭、过程显示以及故障报警等多种功能。是集机、电、液、传感器、计算机控制于一体的现代化设备

续表

液压设备分类	主要应用范围	选用理由
液压爬升系统	直线或曲线滑移	液压爬行系统由液压爬行器、液压泵站、传感器和计算机组成,它们之间通过液压油管和通信线连接。 　　与爬升器相比,提升器或牵引线通过钢绞线与随动结构相连,一般只能直线运行。爬行器则一般放置在轨道上,沿轨道运行;轨道可是直线或曲率半径较大的曲线。 　　同样,爬行器也可采用计算机控制,同步性较好,可在远离施工点进行力和位移的监控

15.2.5 卷 扬 机

15.2.5.1 卷扬机的分类与选用

卷扬机在起重工程中应用较为广泛,是主要的牵引设备之一,它具有牵引力大、速度快、结构紧凑、操作方便和安全可靠等特点。

(1) 卷扬机可按不同方式分类:

1) 按钢丝绳牵引速度可分为快速卷扬机、慢速卷扬机和调速卷扬机三种。快速卷扬机又分为单筒和双筒,如配以井架、龙门架、滑车等可做垂直和水平运输等用,通常采用单筒式;慢速卷扬机多为单筒式,如配以拔杆、人字架、滑车组等可作大型构件安装等用;变速卷扬机又分机械变速式卷扬机和电动机变速式卷扬机,在电动机变速式卷扬机中又可分为恒输出功率变速式卷扬机、恒扭矩变速式卷扬机和双电动机变速式卷扬机。

2) 按卷筒数量可分为单筒卷扬机、双筒卷扬机和三筒卷扬机三种。

3) 按机械传动形式可分为汽齿轮传动卷扬机、斜齿轮传动卷扬机、行星齿轮传动卷扬机、内胀离合器传动卷扬机、蜗轮蜗杆传动卷扬机等多种。

4) 按传动方式可分为手动卷扬机、电动卷扬机、液压卷扬机、气动卷扬机等多种。

5) 按使用行业可分为用于建筑、林业、矿山、船舶等多种行业的卷扬机。

6) 按动力可分为手动卷扬机、电动卷扬机和液压马达卷扬机,手动卷扬机在结构吊装中已很少使用。

(2) 在不同的工程实践中,卷扬机的选用依据有以下几个方面:

1) 速度选用

对于建筑安装工程,由于提升距离较短,而准确性要求较高,一般应选用慢速卷扬机;对于长距离的提升或牵引物体,为提高生产率,减少电能消耗,应选用快速卷扬机。

2) 动力选用

由于电动机械工作安全可靠,运行费用低,可以进行远距离控制,因此,凡是有电源的地方,应选用电动卷扬机;如果没有电源,则可根据情况选用手摇卷扬机或内燃卷扬机。

3) 筒数选用

一般建筑施工多采用单筒卷扬机,因其结构简单,操作和移动方便;如果在双线轨道上来回牵引斗车,宜选用双筒卷扬机,以简化安装工作,减少操作人员,提高生产率。

4) 传动形式选用

行星式和行星针轮减速器传动的卷扬机,由于机体较小,结构紧凑、重量轻、运转灵活、操作简便，很适合建筑施工使用，可以优先考虑。

5) 考虑防爆问题

JD型卷扬机用作矿山的调度绞车，有防爆型和非防爆型两种，建筑施工的环境一般不需考虑防爆。因此，可选用非防爆型卷扬机，JD型卷扬机特点是以装在卷筒内的行星减速器减速，其冷却条件较好，输出功率也较大，价格也比较便宜。

15.2.5.2 电动卷扬机的技术参数

电动卷扬机的基本参数有：

(1) 定牵引拉力，目前标准系列从3kN到1000kN共13种额定牵引拉力规格。

(2) 工作速度。

(3) 容绳量等。

电动卷扬机的主要技术参数是安全使用的重要依据。使用过程中，关心的主要技术参数包括额定静拉力、卷筒的直径、宽度和容绳量、电动机的功率、整机自重钢丝绳的直径和绳速。

15.2.5.3 电动卷扬机的牵引计算

电动卷扬机的牵引力是指卷筒上钢丝绳缠绕一定层数时，钢丝绳所具有的实际牵引力。实际牵引力与额定牵引力有时不一致，当钢丝绳缠绕层数较少时，实际牵引力比额定牵引力大，需要按实际情况进行计算。

电动卷扬机的传动简图如图15-22所示。其卷筒上钢丝绳的牵引力可按式（15-11）计算，卷筒效率可按式（15-12）计算。

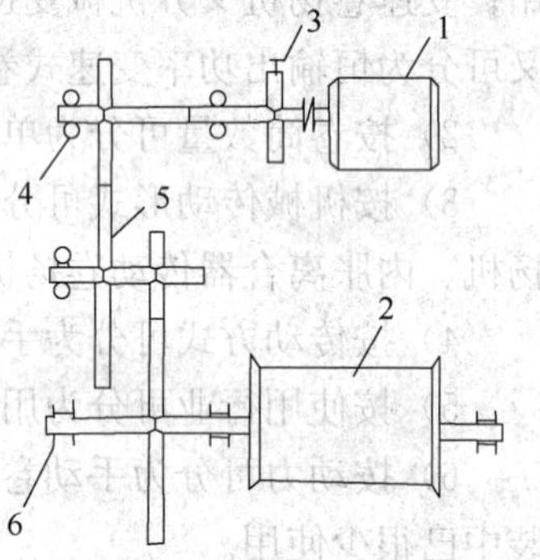

$$F = 1.02 \frac{N_H \eta}{V}$$

$$\text{或} \quad F = 0.75 \frac{N_P \eta}{V} \tag{15-11}$$

图15-22 电动卷扬机传动简图
1—电动机；2—卷筒；3—止动器；
4—滚动轴承；5—齿轮；6—滚动轴承

式中 F——作用于卷筒上钢丝绳的牵引力（kN）；
N_H——电动机的功率（kW）；
N_P——电动机的功率（马力）；
V——钢丝绳速度（m/s）；
η——卷扬机传动机构总效率，有：

$$\eta = \eta_0 \times \eta_1 \times \eta_2 \times \eta_3 \times \cdots \times \eta_n \tag{15-12}$$

式中 η_0——卷筒效率。

当卷筒装在滑动轴承上时，$\eta_0 = 0.94$；
当卷筒装在滚动轴承上时，$\eta_0 = 0.96$。

η_0、η_1、η_2、η_3、$\cdots$、η_n 分别为第1、2、3、$\cdots$、n组等传动机构的效率，可查表15-16。

钢丝绳速度计算：

$$V = \pi D \times n_n \tag{15-13}$$

$$n_n = \frac{n_H i}{60} \tag{15-14}$$

$$i = \frac{T_Z}{T_B} \tag{15-15}$$

式中 D——卷筒直径（m）；
　　 n_n——卷筒转速（r/s）；
　　 n_H——电动机转速（r/s）；
　　 i——传动比；
　　 T_Z——所有主动轮齿数的乘积；
　　 T_B——所有被动轮齿数的乘积。

各种传动机构的效率表 表 15-16

项次	传动机构名称			传动效率 η
1	平皮带传动三角皮带传动			0.92~0.97
2				0.90~0.94
3	卷筒		滑动轴承	0.93~0.95
4			滚动轴承	0.93~0.96
5	齿轮（圆柱）传动	开式传动	滑动轴承	0.93~0.95
6			滚动轴承	0.93~0.96
7		闭式传动（稀油润滑）	滑动轴承	0.95~0.97
8			滚动轴承	0.96~0.98
9	涡轮蜗杆传动		单头	0.70~0.75
10			双头	0.75~0.80
11			三头	0.80~0.85
12			四头	0.85~0.92

15.2.5.4 卷扬机的固定和布置要求

1. 卷扬机的固定

电动卷扬机的安装效果将直接影响到设备的安全运行。卷扬机与支撑面的安装定位应平整牢固。根据受力大小，卷扬机的固定方法有：螺栓锚固法、平衡配重法及地锚法三种。

（1）螺栓锚固法（图 15-23a）。将卷扬机安放在水泥基础上，用地脚螺栓将卷扬机底座固定，但码头、仓库、矿井等场所，短期使用的情况不适合此法。

（2）平衡配重法（图 15-23b）。将卷扬机固定在木垫板上，前端设置挡桩，后端加压重物，既防滑移，又防倾覆。

（3）地锚法（图 15-23c、d）。利用地锚将卷扬机固定，又可分为水平地锚和桩式地锚，这是建筑工地普遍使用的方法。

2. 卷扬机的布置

卷扬机的布置（即安装位置）应注意下列几点：

（1）卷扬机安装位置必须排水通畅并应搭设工作棚，防止电气部分发生故障。

（2）卷扬机的安装位置应能使操作人员看清指挥人员和起吊或拖动的物件。卷扬机至构件安装位置的水平距离应大于构件的安装高度，即当构件被吊到安装位置时，操作者视线仰角应小于 45°。

（3）钢丝绳绕入卷筒的方向应与卷筒轴线垂直，保证钢丝绳排列整齐，不致斜绕和相

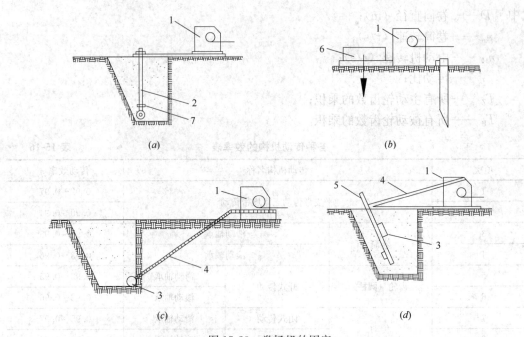

图 15-23 卷扬机的固定
(a) 螺栓锚固法;(b) 平衡配重固定法;(c) 水平地锚固定法;(d) 立桩固定法
1—卷扬机;2—地脚螺栓;3—横木;4—拉索;5—木桩;6—压重;7—压板

互错叠挤压。

(4) 在卷扬机正前方应设置导向滑车,导向滑车至卷筒轴线的距离应不小于卷筒长度的 15 倍,即倾斜角不大于 2°,以免钢丝绳与导向滑车槽缘产生摩擦,见图 15-24。

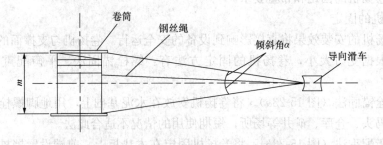

图 15-24 卷筒与导向滑轮间的安全间距

3. 卷扬机的数字化、智能化、集成化控制

随着现代工业的进步,卷扬机发展的技术特点和趋势是数字化、智能化和集成化。由于人工智能的突飞猛进,目前很多产品已经实现电脑实时监控和智能化控制。卷扬机采用变频调速、新型电机等新技术,实现优质、高效、低耗、清洁、灵活生产的目标,提高了产品对动态多变市场的适应能力和竞争力(图 15-25)。

图 15-25 卷扬机工程应用实例

15.2.6 非标准起重装置

非标准起重装置,主要指独脚拔杆、人字拔杆及桅杆式起重机。由于现代起重机械的快速发展和普及,非标准起重装置的应用相对较少。但作为一种传统实用的起重设备,非标准起重装置在现代建筑施工中仍有用武之地,比如:

(1)超高层结构的施工中,结构封顶后,大型内爬式塔式起重机最后需要利用非标准起重机协助,以进行高空拆除;

(2)在一些场地极为狭小的场合,也常利用非标准起重机进行吊装作业,弥补其他大型起重机无法进场的不足;

(3)在一些重型构件吊装时,经常利用具有大吨位起重特点的非标准起重装置辅助吊装。

15.2.6.1 独脚拔杆

1. 独脚拔杆构造及分类

独脚拔杆是由拔杆、起重滑轮组、卷扬机、缆风绳等组成(图15-26),其中拔杆可用木料或金属制成。使用时,拔杆顶部应保持一定的倾角($\beta \leqslant 10°$),以便吊装构件时不致撞击拔杆。

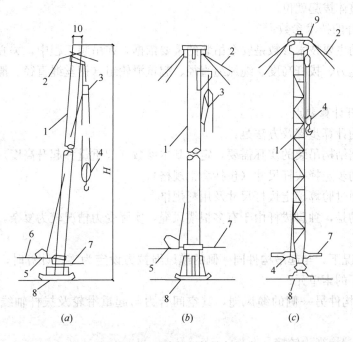

图 15-26 独脚拔杆构造与组成
(a)木独脚拔杆;(b)钢管独脚拔杆;(c)型钢格构式独脚拔杆
1—拔杆;2—缆风绳;3—定滑轮;4—动滑轮;5—导向滑车;
6—通向卷扬机;7—拉索;8—底座或拖子;9—活动顶板

拔杆的稳定主要依靠缆风绳,绳的一端固定在桅杆顶端,另一端固定在锚碇上。缆风绳在安装前需经过计算,且要用卷扬机或捯链施加初拉力进行试验,合格后方可安装。缆风绳一般采用钢丝绳，常设 4~8 根。与地面夹角 α 为 30°~45°。

根据制作材料的不同，独脚拔杆又可分为：木独脚拔杆、钢管独脚拔杆和格构式独脚拔杆。

（1）木独脚拔杆常用独根圆木做成，圆木梢径 20~32cm，起重高度一般为 8~15m，起重量为 30~100kN。

（2）钢管独脚拔杆常用钢管直径 200~400mm，壁厚 8~12mm，起重高度可达 30m，起重量可达 450kN。

（3）金属格构式独脚拔杆起重高度达 75m，起重量可达 1000kN 以上。格构式独脚拔杆一般用四个角钢作主肢，并由横向和斜向缀条联系而成，截面多成正方形，常用截面为 450mm×450mm~1200mm×1200mm 不等。格构式拔杆根据设计长度均匀制作成若干节，以方便运输。并且，在拔杆上焊接吊环，用卸扣把缆风绳、滑轮组、拔杆连接在一起。

2. 独脚拔杆适用范围

独脚桅杆的优点是设备的安装拆卸简单，操作简易，节省工期，施工安全等优点；缺点是侧向稳定性较差，需要拉设多根缆风绳。独脚拔杆在工程中主要用于吊装塔类结构构件，还可以用于整体吊装高度大的钢结构槽罐容器设备。吊装塔类构件时可将独脚拔杆系在塔类结构的根部，利用独脚拔杆作支柱，将拟竖立的塔体结构当作悬臂杆，用卷扬机通过滑轮组拉绳整体拔起就位。

3. 独脚拔杆的技术参数

独脚拔杆的主要技术参数是安全吊装的重要依据，在吊装工程中，关心的主要技术参数包括拔杆起重力、拔杆高度、缆风绳直径、起重滑轮组（钢丝绳直径、滑车门数）及卷扬机起重力。

4. 独脚拔杆计算要点

独脚拔杆的计算步骤及方法是：

（1）先根据结构吊装的实际需要，定出基本参数（起重量和起升高度）；

（2）然后初步选择拔杆尺寸（包括型钢规格）；

（3）最后通过验算确定拔杆尺寸及用料规格。

需要注意的是，独脚拔杆由于有多根缆风绳，实际受力情况较为复杂，分析时应作以下假定：

1）吊重情况下，与起吊构件同一侧的缆风绳拉力设定为零；计算时，则应将缆风绳定义为只拉不压的索单元；

2）与起吊构件另一侧的缆风绳，其空间合力与起重滑轮及拔杆轴线作用在同一平面内；

3）拔杆两端均视为铰接。

15.2.6.2 人字拔杆

1. 概述

人字拔杆一般是由两根圆木或钢管以钢丝绳绑扎或铁件铰接而成（图 15-27）。其底部设有拉杆或拉绳以平衡水平推力，两杆夹角以 30°为宜。上部应有缆风绳，且一般不少于 5 根。人字拔杆起重时拔杆向前倾斜，在后面有两根缆风绳。为保证起重时拔杆底部的稳固，在一根拔杆底部装一导向滑轮，起重索通过它连到卷扬机上，再用另一根钢丝绳连接到锚碇上。

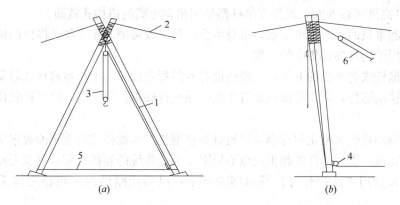

图 15-27 人字拔杆
1—圆木或钢管；2—缆风绳；3—起重滑车组；4—导向滑车；5—拉索；6—主缆风绳

人字拔杆的优点是侧向稳定性比独脚拔杆好，所用缆风绳数量少，但构件起吊后活动范围小。一般仅用于安装重型构件或作为辅助设备用于吊装厂房屋盖体系上的轻型构件。

人字拔杆的竖立可利用起重机械吊立，也可另立一副小的人字拔杆起扳。其移动方法与独脚拔杆基本相同。

2. 人字拔杆的特点及适用范围

人字拔杆的特点是：起升荷载大、稳定性好，但构件吊起后活动范围小，适用于吊装重型柱子等构件。在建筑施工中吊装环境受到限制时，大型起重设备无法进入，难以发挥机械效能，此时一般多采用在构件根部设置木或钢格构人字拔杆，借助卷扬机在地面旋转整体垂直起吊的方法吊装。

3. 人字拔杆技术参数

人字拔杆的主要技术参数包括：

圆木人字拔杆的木杆长度、直径及起重量；钢管人字拔杆的起重量及钢管规格。

4. 人字拔杆的计算要点

(1) 确定吊点位置和数量。

吊装时，构件的吊点位置，根据构件形式、高度、重心和吊装环境等的不同，可采用1~4点绑扎起吊。

(2) 计算构件的重心位置。

(3) 计算拔杆内力和斜拉绳内力。

15.2.6.3 桅杆式起重机

1. 桅杆式起重机构造

桅杆式起重机亦称牵缆式起重机，它是在独脚拔杆下端安装一根可以回转和起伏的吊杆拼装而成。如图15-28所示。桅杆式起重机的缆风至少6根，根据缆风最大的拉力选择钢丝绳和地锚，地锚必须安全可靠。

起重量在5t以下的桅杆式起重机，大多用圆木做成；起重量在

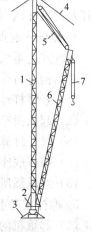

图 15-28 桅杆式起重机示意图
1—桅杆；2—转盘；
3—底座；4—缆风；
5—起伏吊杆滑车组；
6—吊杆；
7—起重滑车组

10t 左右的，大多用无缝钢管做成，桅杆高度可达 25m；大型桅杆式起重机，其起重量可达 60t，桅杆高度可达 80m，桅杆和吊杆都是用角钢组成的格构式截面。

桅杆式起重机的起重臂可变幅，机身可全回转，故可把起重半径范围内的构件吊到任意位置，适用于构件多且集中的工程。

在大型桅杆式起重机的下部，一般还设有专门行走装置，中小型桅杆式起重机则在下面设滚筒。移动桅杆，多用卷扬机加滑车组牵动桅杆底脚。移动时，将吊杆收拢，并随时调整缆风。

随着吊装构件的大型化和标准起重机械的重型化，对桅杆式起重机的起重量也提出了越来越高的要求。现代桅杆式起重机也不局限于利用传统的卷扬机配合钢丝绳作为起重动力，出现了大量用刚性撑杆替代缆风绳的例子，以形成刚性的三角稳定体系，提高安全性。

2. 桅杆式起重机的优缺点及使用范围

桅杆式起重机的优点是：构造简单、装拆方便、起重能力较大，它适合在以下几种情况中应用：

(1) 场地比较狭窄的工地；
(2) 缺少其他大型起重机械或不能安装其他起重机械的特殊工程；
(3) 没有其他相应起重设备的重大结构工程；
(4) 在无电源情况下，可使用人工绞磨起吊。

其不足之处是：作业半径小、移动较为困难、施工速度慢，且需要设置较多的缆风绳，因而它适用于安装工程量较集中的结构工程。

3. 常用桅杆式起重机的技术参数

常用桅杆式起重机的技术参数有：最大起重量、桅杆高度、吊杆长度、起重机自重、桅杆及其吊杆截面、起重滑轮组、吊杆起伏滑轮组及缆风绳根数、直径。

4. 桅杆式起重机的计算要点

桅杆式起重机受力为一个空间结构体系，分析时可按平面力系处理。主要从以下几个方面对结构进行受力计算：

(1) 悬臂杆计算；
(2) 起伏滑车组受力计算；
(3) 拔杆计算；
(4) 拔杆底座上的受力计算；
(5) 缆风绳所受的张力计算。

5. 桅杆式起重机安装注意事项

(1) 起重机的安装和拆卸应划出警戒区，清除周围的障碍物，在专人统一指挥下，按照出厂说明书或制定的拆装技术方案进行。

(2) 安装起重机的地基应平整夯实，底座与地面之间应垫两层枕木，并应采用木块楔紧缝隙，使起重机所承受的全部力量能均匀地传给地面，以防在吊装中发生沉陷和偏斜。

(3) 缆风绳的规格、数量及地锚的拉力、埋设深度等，按照起重机性能经过计算确定。桅杆式起重机缆风绳与地面的夹角关系到起重机的稳定性能，夹角小，缆风绳受力小，起重机稳定性好，但要增加缆风绳长度和占地面积。因此，缆风绳与地面的夹角应在30°～45°之间，缆绳与桅杆和地锚的连接应牢固。

（4）缆风绳的架设应避开架空电线。在靠近电线的附近，应装有绝缘材料制作的护线架。

（5）提升重物时，吊钩钢丝绳应垂直，操作应平稳，当重物吊起刚离开支承面时，应检查并确认各部无异常时，方可继续起吊。

（6）桅杆式起重机结构简单，起重能力大，完全是依靠各根缆风绳均匀地拉牢主杆使之保持垂直。只要有一个地锚稍有松动，就能造成主杆倾斜而发生重大事故。因此，在起吊满载重物前，应有专人检查各地锚的牢固程度。各缆风绳都应均匀受力，主杆应保持直立状态。

（7）作业时，起重机的回转钢丝绳应处于拉紧状态。回转装置应有安全制动控制器。

（8）起重作业在小范围移动时，可以采用调整缆绳长度的方法使主杆在直立情况下稳定移动。起重机移动时，其底座应垫以足够承重的枕木排和滚杠，并将起重臂收紧处于移动方向的前方。移动时，主杆不得倾斜，缆风绳的松紧应配合一致。如距离较远时，由于缆风绳的限制，只能采用拆卸转运后重新安装。

6. 现代桅杆式起重机的工程应用

昆明机场钢彩带基座的安装：

（1）应用背景

钢彩带基座重量达50t，小型吊车无法进行吊装，若选择大型吊机又受到现场施工情况限制。因为彩带基座的施工须在楼板上施工，由于混凝土达到100%强度时间长，工期紧，土建与钢结构交叉施工等条件的限制，无法使用大型机械设备进入现场吊装。经过反复研究、广泛的讨论后决定采用桅杆式起重机进行彩带基座吊装。

（2）桅杆式起重机的设计

为了方便桅杆式起重机的转运，增强支撑的整体稳定性，减小支撑长细比，故采用斜撑、双槽钢横向联系将吊装彩带基座的2台桅杆式起重机连成整体。考虑到现场楼板混凝土强度未达到要求强度，且为了保证桅杆式起重机的移动，将于楼板上架设工字钢梁作为行走轨道。图15-29为吊装示意图及现场施工情况。

图15-29 桅杆式起重机应用（一）
(a) 桅杆式起重机附着轨道；(b) 缆风绳固定

(c)　　　　　　　　　　　　　(d)

图 15-29　桅杆式起重机应用（二）
(c) 拔杆旋转轴；(d) 桅杆式起重机吊构件

15.3　吊装索具工具

15.3.1　钢　丝　绳

钢丝绳是由高强度钢丝搓捻而成的。它具有自重轻、强度高、耐磨损、弹性大、寿命长、在高速下运转平衡、没有噪声、安全可靠等优点。而且能承受冲击荷载，磨损后外部产生许多毛刺，容易检查，便于预防事故，是结构吊装作业中常用的绳索之一。

15.3.1.1　钢丝绳的构造和种类

结构吊装中常用的钢丝绳采用六股钢丝绳（图 15-30），每股由 19 根、37 根、61 根直径为 0.4～3.0mm 的高强钢丝组成。通常表示方法是：$6\times19+1$、$6\times37+1$、$6\times61+1$；前两种使用最多，6×19 钢丝绳多用作缆风绳和吊索；6×37 钢丝绳多用于穿滑车组和吊索。

按捻制方向或外形，可分为以下三类（图 15-31）：

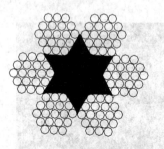
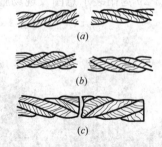

图 15-30　六股钢丝绳截面　　　图 15-31　钢丝绳按捻制方向或外形分类
(a) 顺绕钢丝绳；(b) 交绕钢丝绳；(c) 混绕钢丝绳

(1) 顺绕钢丝绳。其特征是钢绕成股与股捻成绳的方向相同，表面较平滑。它与滑轮或卷筒凹槽的接触面较大，磨损较轻，但容易松散和产生扭结卷曲，吊装重物时易打转，不宜吊装，一般用于缆风绳。

(2) 交绕钢丝绳。其特征是钢丝绳绕成股和捻成绳的方向相反，这种钢丝绳较硬，吊装时不易松散扭结,广泛应用于起重吊装中。

(3)混绕钢丝绳。其特征是相邻层股的挠捻方向相反,它同时具有前两种钢丝绳的优点。

15.3.1.2 钢丝绳的技术性能

国产钢丝绳早已标准化生产,常用钢丝绳的直径为 6.2~65mm,其抗拉强度分别为 1570N/mm², 1770N/mm², 1960N/mm² 和 2160N/mm² 四个等级。

制绳前用钢丝(包括中心钢丝、填充钢丝、绳芯钢丝)技术要求应符合《制绳用圆钢丝》YB/T 5343 中一般用途钢丝的规定。钢丝表面状态和公称抗拉强度应符合表 15-17 规定。

钢丝表面状态和公称抗拉强度 表 15-17

表面状态	公称抗拉强度(N/mm²)				
光面和 B 级镀层	1370、1470	1570、1670	1770、1870	1960	2160
AB 级镀层	1370、1470	1570、1670	1770、1870	1960	2160
A 级镀层	1370、1470	1570、1670	1770、1870	1960	—

钢丝绳级对应的制绳前用钢丝的公称抗拉强度级范围应符合表 15-18 的规定。但同一钢丝层中相同直径的所有钢丝应具有相同抗拉强度级和镀层级。

钢丝绳级对应的制绳前用钢丝的公称抗拉强度级范围 表 15-18

钢丝绳级	钢丝公称抗拉强度级范围/(N/mm²)
1570	1370~1770
1770	1570~1960
1960	1770~2160
2160	1960~2160

注:钢丝绳最小破断拉力值是根据钢丝绳级而不是单根钢丝的抗拉强度级计算的。

15.3.1.3 钢丝绳的许用拉力计算

静荷载:

钢丝绳的强度校核,主要是按钢丝绳的规格和使用条件所得出许用拉力来确定。许用拉力按下列公式计算:

$$[S] \leqslant \frac{\alpha P}{K} \tag{15-16}$$

式中 $[S]$——钢丝绳的许用拉力(kN);
  P——钢丝绳的钢丝破坏拉力总和(kN);
  α——破断拉力换算系数,按表 15-19 取用;
  K——钢丝绳的安全系数,按表 15-20 取用。

钢丝绳破断拉力换算系数 表 15-19

钢丝绳结构	换算系数
6×19	0.85
6×37	0.82
6×61	0.80

钢丝绳的安全系数 表 15-20

用途	安全系数	用途	安全系数
作缆风	3.5	作吊索、无弯曲时	6~7
用于手动起重设备	4.5	作捆绑吊索	8~10
用于手动起重设备	5~6	用于载人的升降机	14

【例】用一根全新的直径 20mm、公称抗拉强度为 1550N/m² 的 6×19 钢丝绳作吊索，求它的允许拉力。

【解】查表 15-17 得 $P = 234$ kN，查表 15-19 得 $\alpha = 0.85$，查表 15-20 得 $K = 6$。

许用拉力：

$$[S] \leqslant \frac{\alpha P}{K} = \frac{0.85 \times 1 \times 234}{6} = 33.15 \text{kN}$$

15.3.1.4 钢丝绳的安全检查

钢丝绳使用一段时间后，就会产生断丝、腐蚀和磨损现象，其承载力减低。一般规定钢丝绳在一个节距内断丝数量超过表 15-21 的数字时就应当报废，以免造成事故。

钢丝绳的报废标准（一个节距内的断丝数） 表 15-21

采用的安全系数	钢丝绳种类					
	6×19		6×37		6×61	
	交互捻	同向捻	交互捻	同向捻	交互捻	同向捻
6 以上	12	6	22	11	36	18
6~7	14	7	26	13	38	19
7 以上	16	8	30	15	40	20

当钢丝绳表面锈蚀或磨损使钢丝绳的直径显著减少时应将表 15-21 报废标准按表 15-22 折减并按折减后的断丝数报废。

钢丝绳锈蚀或磨损时报废标准的折减系数 表 15-22

钢丝绳表面锈蚀或磨损量（%）	10	15	20	25	30~40	大于 40
折减系数	85	75	70	60	50	报废

15.3.1.5 钢丝绳的使用注意事项

（1）钢丝绳解开使用时，应按正确的方法进行，以免钢丝绳产生扭结。钢丝绳切断前应在切口两侧用细铁丝绑扎，以防切断后绳头松散。

（2）钢丝绳穿过滑轮时，滑轮槽的直径应比绳的直径大 1~3.5mm。滑轮槽过大钢丝绳容易压扁；过小则容易磨损。滑轮的直径不得小于钢丝绳直径的 10~12 倍，以减小绳的弯曲应力。禁止使轮缘破损的滑轮。

（3）钢丝绳使用一段时间（4 个月左右）后应进行保养，保养用油膏配方可为干黄油 90%，牛油或石油沥青 10%。

（4）存放在仓库里的钢丝绳应成卷排列，避免重叠堆置，库中应保持干燥，以防钢丝锈蚀。

（5）绑扎边缘锐利的构件时，应使用半圆钢管或麻袋、木板等物予以保护。

(6) 使用中,如绳股间有大量的油挤出,表明钢丝绳的荷载已相当大,这时必须勤加检查,以防发生事故。

15.3.2 绳　　夹

15.3.2.1 绳夹类型

绳夹又称绳卡、卡头,是用来夹紧钢丝绳末端,或将两根钢丝绳固定在一起的一种索具,见图 15-32。用它来固定和夹紧钢丝绳不但牢固,而且装拆方便。绳夹通常用骑马式、压板式(U 形)、拳握式(L 形)三种类型,其中骑马式绳夹最为常见,见图 15-33。

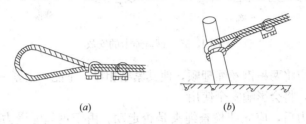

图 15-32　钢丝绳卡的使用

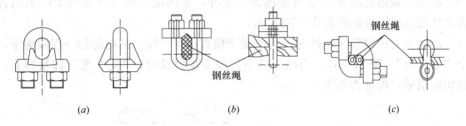

图 15-33　绳夹分类示意图
(a) 骑马式钢丝绳卡;(b) 压板式(U 形)钢丝绳卡;(c) 拳握式(L 形)钢丝绳卡

15.3.2.2 构造要求

吊装作业中,一定直径的钢丝绳须绳卡个数及间距相匹配,见图 15-34 及表 15-23。

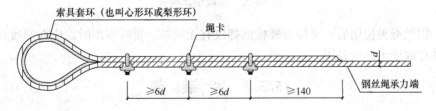

图 15-34　绳卡间距要求

绳卡数量与钢丝绳直径关系　　　　　　　　　　　　　　表 15-23

钢丝绳直径(mm)	$\phi \leqslant 19$	$19 < \phi \leqslant 32$	$32 < \phi \leqslant 38$	$38 < \phi \leqslant 44$
绳卡数量(个)	3	4	5	6

15.3.2.3 使用注意事项

(1) 钢丝绳夹必须有出厂合格证和质量证明书。螺母与螺栓的配合应符合要求,螺母应能用手拧入,但无松旷现象,螺纹部位应加润滑油。

(2) 作业时，应根据所卡夹钢丝绳的直径大小选择相应规格的钢丝绳夹，严禁代用（大代小或小代大）或采用在钢丝绳中加垫料的方法拧紧绳夹。

(3) 每个钢丝绳夹都要拧紧，以压扁钢丝绳直径 1/3 左右为宜。并应将压板式部分卡在绳头（即活头）的一边，见图 15-35。这是因为压板式环与钢丝绳的接触面小，容易使钢丝绳产生弯曲，如有松动或滑移，绳头也不会从压板式绳夹环中滑出，只是钢丝绳夹与主绳滑动，有利于安全。

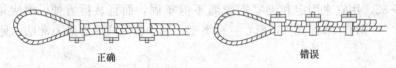

图 15-35　钢丝绳卡的安放

(4) 卡绳时，应将两根钢丝绳理顺，使其紧密相靠，不能一根紧一根松，否则钢丝绳夹不能同时起作用，将会影响安全使用。

(5) 钢丝绳受力后，应立即检查绳夹是否走动。由于钢丝绳受力后会产生变形，因此，绳夹在实际使用中受荷 1~2 次后，要对绳夹要进行二次拧紧。

(6) 离套环最近的绳夹应尽可能地紧靠套环，紧固绳夹时要考虑每个绳夹的合理受力，离套环最远的绳夹不得首先单独紧固。

(7) 吊装重要的设备或构件时，为了便于检查，可在绳头的尾部加一保险绳卡，并放出一个"安全弯"（图 15-36）。当接头的钢丝绳发生滑动时，"安全弯"即被拉直，可及时采取相应措施，保证作业安全。

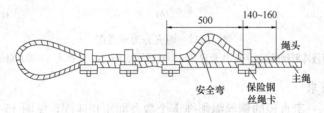

图 15-36　保险钢丝绳卡

(8) 钢丝绳夹使用后，要检查螺栓的螺纹有无损坏。暂时不用时，应在螺纹处涂上防锈油，并存放于干燥处备用。

15.3.3　吊　装　带

15.3.3.1　吊装带的特点

(1) 能很好地保护被吊物品，使其表面不被损坏；

(2) 使用过程中有减震、不腐蚀，不导电，在易燃易爆的环境下不产生火花；

(3) 重量只有金属吊具的 20%，便于携带及进行吊装准备工作；

(4) 弹性伸长率较小，能减少反弹伤人的危险。

15.3.3.2　吊装带的规格

吊装带为钢结构施工常用的吊装工具，一般在吊装外表圆滑的钢构件使用，严禁使用吊装带吊装有锋边的钢构件。

按照吊装带外形分为扁平吊装带和圆形吊装带两种（图 15-37）。

图 15-37　吊装带外形分类
(*a*) 扁平吊装带；(*b*) 圆形吊装带

15.3.3.3　吊装带的选用

1. 扁平吊装带选用

按照端头的连接构造连接形式分为 W01 型（环眼型）、W02 型（重型环眼型）、W03 型（环型）、W04 型（重型环型）、W05 型（宽体型）。

2. 圆形吊装带选用

圆形吊装带选用国际上最优质的合成纤维为原料，采用国际上最先进的织造设备与工艺加工而成，其主要由承载芯、吊装带保护套组成。承载芯无级环绕平行排列，保护套由特制耐磨套管对接成环形，以警示、保护承载芯安全使用。圆形吊装带具有重量轻、承载能力强、柔软、不导电等特点，是一种安全、轻便的吊装工具。

根据不同吊装环境要求，可分为：普通型、防火型、荧光型、光检型、高强型、组合型等系列。

按照端头的连接构造连接形式分为 R01 型（环形）、R02 型（防护型）、R03 型（环眼形）、R04 型（花瓣型）、RH01 型（高强环型）、RH02 型（高强环眼型）、RK01 型（防火环型）、RK02 型（防火环眼型）。

15.3.4　捯　链

15.3.4.1　捯链用途及分类

起重能力在 50t 以内，提升距离一般不超过 12m。捯链除可单独使用外，可与各型手拉单轨行车配套使用组成手拉起重运输小车，捯链实现左右行走提升重物的功能，适用于单轨架空运输、单梁桥式起重机和悬臂式起重机上。此外，还可做短距离水平或倾斜收紧牵引绳、缆风绳用。手拉捯链和手扳捯链如图 15-38、图 15-39 所示。

从构造来分，手拉捯链主要有蜗杆传动和齿轮传动两种。蜗杆传动手拉捯链省力又灵活稳定，但由于结构笨重，效率低，零件易磨损，吊重不宜超过 10t，应用逐渐减少。齿轮传动手拉捯链自重轻、体积小、搬运方便，广泛应用于小型设备和重物短距离起重安装及搬运工作。通常，使用捯链可以提起比我们外加力大 30~150 倍的重物。

图 15-38　手拉捯链　　　　图 15-39　手扳捯链

15.3.4.2　捯链的安全使用与绿色施工原则

（1）使用前应仔细检查吊钩、链条、轮轴及制动器等是否有损伤，传动部分是否灵活，如有锈蚀、裂纹、损伤、传动部分不灵活应严禁使用。挂上重物后，先慢慢拉动链条，等起重链条受力后再检查一次，看齿轮啮合是否妥当，链条自锁装置是否起作用，确认无误方可继续作业。

（2）起重前应弄清重物重量，严禁超负荷使用，在气温低于零下10℃的条件下工作时，不得超过其额定起重量的一半。

（3）捯链起重量不明或起吊物体的重量不详时，只要一人能拉动链条就可继续工作，如一人拉不动，应查明原因，严禁两人或多人一齐猛拉，以防发生事故。严禁用人力以外的其他动力操作。

（4）手拉动链条时，应均匀缓和，不得猛拉。不得在与链条不同平面内进行拽动，以免造成跳链、掉槽、卡环现象。

（5）捯链使用完毕应将机件上污垢擦净，存放在干燥场所，严防生锈和酸性腐蚀。

（6）每年应由熟练的工人对捯链进行拆洗，用汽油或煤油进行清洗。齿轮或轴承部分清洗后加注黄油润滑。装配后应进行空载或满载试验，确认机构运转正常，避免制动失灵使重物自坠，防止不懂捯链构造的人乱拆乱装。

（7）起吊前检查上下吊钩是否挂牢。严禁重物吊在尖端等错误操作。起重链条应垂直悬挂，不得有错扭的链环，双行链的下吊钩架不得翻转。

（8）在起吊重物时，严禁人员在重物下做任何工作或行走，以免发生人身事故。

（9）制动器的摩擦表面必须保持干净。制动器部分应经常检查，防止制动失灵，发生重物自坠现象。

（10）起吊点、起吊捆绑用具要牢固、可靠，较大物体起吊不要使用铁丝，应使用钢丝绳扣进行。

15.3.5　卸　　扣

15.3.5.1　卸扣用途、分类与规格

1. 卸扣用途

卸扣也称卸甲或卡环，由扣体和销轴两部分组成。当销轴插入卸体，把螺纹拧紧之

后，卸扣便成了可靠的封闭圆环，吊索或吊环都不能滑出，在起重作业中非常安全，是起重施工作业中广泛应用的连接工具之一。

2. 卸扣分类

市场上常见的有美标卸扣和国标卸扣、船用卸扣，起重吊装常用国标卸扣，国标卸扣极限工作载荷为 0.32~100t，按扣体形状分为 D 形卸扣、弓形卸扣；按强度级别分为 4 级、6 级、8 级；按销轴的形式分为以下几种：

(1) W 型：带孔和台肩的螺纹销轴；

(2) X 型：六角头螺栓，六角头螺母和开口销；

(3) Y 型：沉头或开槽螺钉；

(4) Z 型：其他形式（由制作商说明）。

卸扣型号表示方法见图 15-40。

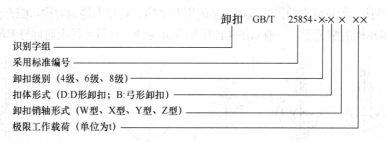

图 15-40 卸扣型号表示方法

例如，配 X 型销轴，极限工作载荷为 10t 的 8 级弓形卸扣应表示为：卸扣 GB/T 25854-8-BX10。

15.3.5.2 卸扣的安全使用与绿色施工原则

(1) 应使用正规厂家生产具有合格证明材料的卸扣，每个卸扣上应有清晰的永久性标志（制造商识别代号、级别代号、工作载荷、追溯标记），无制造标记或合格证明的卸扣，不得使用。

(2) 严格按照卸扣工作载荷使用，严禁超负荷使用，卸扣使用前应进行试吊。

(3) 卸扣表面应光洁，不能有毛刺、切纹、尖角、裂纹、夹层等缺陷。禁止利用焊接或补强法修补卸扣缺陷。

(4) 卸扣连接的两根绳索或吊环，应该一根套在横销上，另一根套在扣体上，而不能分别套在扣体的两个直段，使卸扣横向受力。

(5) 吊装完毕后，卸下卸扣，擦拭干净，要随时将横销插入卸体，上满螺纹。严禁将横销乱扔，以防碰坏丝扣，卸体和横销螺纹处要定时涂黄油润滑。卸扣存放时应放在干燥处，用木方、木板垫好，以防锈蚀。

(6) 除特别吊装外，不得使用自动卸扣。使用时，要有可靠的保障措施，防止横销滑出，如吊柱时应使横销带有耳孔的一端朝上。

(7) 使用时，应考虑轴销拆卸方便，以防拉出落下伤人。

(8) 不允许在高空将拆除的卸扣向下抛摔，以防伤人以及卸扣碰撞变形和内部产生不易发觉的损伤和裂纹。

(9) 当卸扣任何部位产生裂纹、塑性变形、螺纹脱扣、销轴和扣体断面磨损达原尺寸的3%～5%时,应报废处理。

15.3.6 吊　　钩

15.3.6.1 吊钩用途及分类

吊钩为结构吊装作业中钩挂绳索或构件吊环的必需工具,取物方便,工作安全可靠。一般用20号优质钢经锻造后退火制成,锻成后要进行淬火处理,以消除其残余应力,增加韧性,要求硬度达到95～135HB。

吊钩按其使用不同分双吊钩和单吊钩两种(图15-41)。前者主要用于起重设备上作为起重机的附件,吊装工程上应用最广泛的是带环圈单吊钩。

(1) 单吊钩。单吊钩构造简单、使用方便,因而被广泛使用,但其受力性能不如双吊钩好。单吊钩一般由20号优质碳素钢或16锰钢锻制而成。

(2) 双吊钩。起重量大的吊装机械大多配用双吊钩,它受力均匀对称,能充分利用钩体材料,在起重量相同的情况下,一般双吊钩比单钩自重要轻。双吊钩材质通常与单吊钩相同。

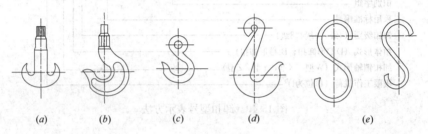

图15-41 吊钩的类别
(a) 双吊钩；(b) 直柄单吊钩；(c) 带环圈单吊钩；(d) 吊索用新型单吊钩；(e) S吊钩

15.3.6.2 吊钩规格

工程上应用最广泛的是带环圈单吊钩,其常用规格及起重量参见表15-24。

带环圈单吊钩规格及起重量 (mm)　　　　表15-24

简　图	起重量(t)	A	B	C	D	E	F	适用钢丝绳直径(mm)	每只自重(kg)
	0.5	7	114	73	19	19	19	6	0.34
	0.75	9	133	86	22	25	25	6	0.45
	1	10	146	98	25	29	27	8	0.79
	1.5	12	171	109	32	32	35	10	1.25
	2	13	191	121	35	35	37	11	1.54
	2.5	15	216	140	38	38	41	13	2.04
	3	16	232	152	41	41	48	14	2.90
	3.75	18	257	171	44	48	51	16	3.86
	4.5	19	282	193	51	51	54	18	5.00
	6	22	330	206	57	57	64	19	7.40
	7.5	24	356	227	64	64	70	22	9.76
	10	27	394	255	70	70	79	25	15.30
	12	33	419	279	76	76	89	29	15.20
	14	34	456	308	83	83	95	32	19.10

15.3.7 滑车和滑车组

在结构吊装作业中，滑车和滑车组得到了极为广泛的应用，是非常重要的起重吊装工具。滑车与卷扬机配合使用能起吊和搬运很重的物体。

起重滑车的型号表示方法见图15-42。

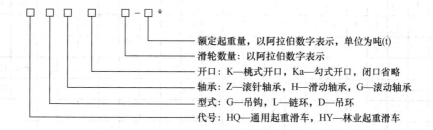

图15-42 起重滑车的型号表示方法

示例：吊钩型带滚针轴承桃式开口单轮式、额定起重量为2t的通用起重滑车，标记为：HQGZK 1-2。

15.3.7.1 滑车的规格及选用

滑车按用途一般分为定滑车、动滑车、滑轮车、导向滑车、平衡滑车等，如图15-43所示。定滑车用来改变用力的方向，亦可用作平衡滑车或转向滑车，但不省力。动滑车可省力，但不改变力的方向。

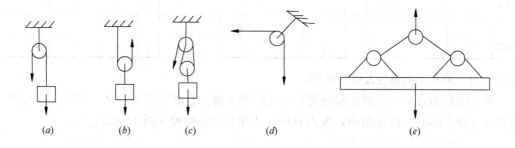

图15-43 滑车的类型
(a) 定滑车；(b) 动滑车；(c) 滑轮车；(d) 导向滑车；(e) 平衡滑车

按滑车的多少，又可分为单门、双门和多门等；按连接件的结构形式不同，可分为吊钩型、链环型、吊环型和吊梁型四种；按滑车的夹板是否可以打开来分，有开口滑车和闭口滑车两种。

滑车的允许荷载，根据滑轮和轴的直径确定，使用时应按其标定的数量选用，不能超载。起重滑车分为 HQ 系列滑车（通用滑车）和 HY 系列滑车（林业滑车）。建筑常用滑车以 HQ 系列滑车为主，其主参数应符合表 15-25 的规定。

HQ系列滑车（通用滑车）的主参数　　　　　　表 15-25

轮滑直径(mm)	额定起重量（t）																	适用钢丝直径(mm)
	0.32	0.5	1	2	3.2	5	8	10	16	20	32	50	80	100	160	200	250	320	500	750	1000	
	滑轮数量																					
63	1	—	—	—	—	—	—	—	—	—	—	—	—	—	—	—	—	—	—	—	—	6.2
71	—	1	2	—	—	—	—	—	—	—	—	—	—	—	—	—	—	—	—	—	—	6.2～7.7
85	—	—	1	2	3	—	—	—	—	—	—	—	—	—	—	—	—	—	—	—	—	7.7～11
112	—	—	—	1	2	3	4	—	—	—	—	—	—	—	—	—	—	—	—	—	—	11～14
132	—	—	—	—	1	2	3	4	—	—	—	—	—	—	—	—	—	—	—	—	—	12.5～15.5
160	—	—	—	—	—	1	2	3	4	5	—	—	—	—	—	—	—	—	—	—	—	15.5～18.5
180	—	—	—	—	—	—	2	3	4	5	—	—	—	—	—	—	—	—	—	—	—	17～20
210	—	—	—	—	—	—	1	—	3	5	—	—	—	—	—	—	—	—	—	—	—	20～23
240	—	—	—	—	—	—	—	1	2	—	4	6	—	—	—	—	—	—	—	—	—	23～24.5
280	—	—	—	—	—	—	—	—	2	3	5	8	—	—	—	—	—	—	—	—	—	26～28
315	—	—	—	—	—	—	—	—	1	—	4	6	8	—	—	—	—	—	—	—	—	28～31
355	—	—	—	—	—	—	—	—	—	1	2	3	5	6	8	10	—	—	—	—	—	31～35
400	—	—	—	—	—	—	—	—	—	—	—	—	6	8	10	—	—	—	—	—	—	34～38
450	—	—	—	—	—	—	—	—	—	—	—	—	—	8	10	—	—	—	—	—	—	40～43
500	—	—	—	—	—	—	—	—	—	—	—	—	—	—	8	10	—	—	—	—	—	47～50
>500～800	—	—	—	—	—	—	—	—	—	—	—	—	—	—	—	—	10	12	—	—	—	47～50
>800～1246	—	—	—	—	—	—	—	—	—	—	—	—	—	—	—	—	—	—	16	—	—	47～50

15.3.7.2 滑车组的特性及使用范围

滑车组是由若干个定滑车和动滑车以及绳索组成。它既可省力，又可根据需要改变用力方向（图15-44）。滑车组中，绳索有顺穿法和花穿法两种（图15-45）。

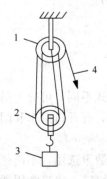

图 15-44　滑车组
1—定滑车；2—动滑车；
3—重物；4—绳索

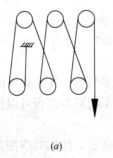

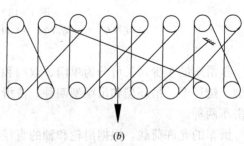

(a)　　　　　　　　　(b)

图 15-45　滑车组的穿法
(a) 顺穿法；(b) 花穿法

顺穿法是将绳索自一侧滑车开始，顺序地穿过中间滑车，最后从另一侧滑车引出。此方法视卷扬机的台数不同，可抽出单头，也可有一个不转动的平衡滑轮而抽出双头，单头顺穿法在工作时，由于两侧钢丝绳的拉力相差较大，滑车组在工作中不平稳，造成滑车歪斜，甚至会发生自锁现象（即重物不能靠自重下落）。双头顺穿法的优点是可以避免滑车歪斜，减少运动组立，加快吊装速度，缺点是要求牵引跑头绳索的两台卷扬机的线速度要相等。

花穿法的跑头从中间滑车引出，两侧钢丝绳的拉力相差较小，在用"三定三动"以上的滑车组时，宜用花穿法。

在实际施工过程中，由于现场的构件多，位置狭窄，导致无法使用其他起重机械时，往往用滑车组配合桅杆在条件差的现场操作，以解决现场施工作业面狭窄的问题，这是滑车组运用施工现场最大的优点之一。

15.3.7.3 滑车（组）的安全使用与绿色施工原则

（1）使用前，应检查滑轮的轮槽、轮轴、夹板、吊钩等各部件有无裂缝、损伤，滑轮转动是否灵活，润滑是否良好。

（2）滑轮应按其标定的允许荷载值使用，严禁超载使用。

（3）滑车在运输使用过程中严禁磕碰，避免滑轮受到损伤。

（4）对重要的吊装作业、较高处作业或在起重作业量较大时，不宜用钩型滑轮，应使用吊环、链环或吊梁型滑轮。

（5）滑轮组绳索宜采用顺穿法，滑轮组绳索宜采用顺穿法。滑轮组穿绕后，应开动卷扬机或驱动绞磨慢慢将钢丝绳收紧和试吊，检查有无卡绳、磨绳的地方，绳间摩擦及其他部分是否运转良好，如有问题，应立即修正。

（6）滑轮的吊钩或吊环应与所起吊构件的重心在同一垂直线上。如因溜绳歪拉构件，而使滑轮组歪斜，应在计算和选用滑轮组前予以考虑。

（7）滑轮使用前后都应刷洗干净，并擦油保养，轮轴应经常加油润滑，不得与酸性、碱性或其他腐蚀性物质接触，并防止雨、雪、水的侵袭和阳光下长期暴晒，严防锈蚀和磨损。

（8）滑轮组的上下定、动滑轮之间应保持1.5m的最小距离。

（9）暂时不用的滑轮，应清洗干净，存放在干燥少尘的库房中。

15.3.8 千 斤 顶

15.3.8.1 概述

千斤顶构造简单，重量小，便于搬运，使用方便，更易维护。在起重运输行业中得到普遍应用，利用它可校正构件的安装偏差及矫正构件的变形，在钢结构工程中，常用于顶升和提升大跨度桁架或屋盖等。

15.3.8.2 分类

常有千斤顶有液压式千斤顶、螺旋式千斤顶和齿条式千斤顶三种。三种千斤顶的特点见表15-26。

千斤顶的特点 表15-26

类型	最大起重量（t）	顶升高度（mm）	优点
液压式千斤顶	500	150～250	起重能力大
螺旋式千斤顶	100	100～500	起升高度较高
齿条式千斤顶	20	1000～400	升降速度快

15.3.8.3 使用规定

作为千斤顶的基础，要求其必须平整、坚固、可靠。千斤顶布置在普通地面上时，要求垫铺道木或其他适当材料，来扩大其受力面积。

千斤顶放置在相对松软的地面上时，必须在千斤顶下垫铺适当木块，以避免其受力后歪斜。在重物升高过程中，重物的下面要及时放置支撑垫木，注意手部避开危险区，其放置的方式如图15-46所示。

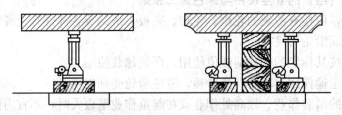

图15-46 千斤顶的放置方法

在千斤顶的放置过程中，保持荷载重心作用线与千斤顶轴线一致，预升过程中一定要避免由于千斤顶地基的不均匀沉降或荷载的水平位移导致的千斤顶歪斜，要防止千斤顶与重物的金属面或混凝土光滑面接触产生滑移，需要时要垫铺硬木块。

千重顶使用时顶升高度最大应不超过有效顶程。在顶升较大物体时（如梁），分开升降其两端，一端升降，另一端一定要铺垫牢固平稳。使用千斤顶时决不能超过其规定负荷。

使用千斤顶时不能图快，要有节奏的保持匀速上升。下降时速度要缓慢，在多台千斤顶共同工作时，要保持各台千斤顶同步。千斤顶使用后，要对其进行常规检查，检测油压，检查是否存在隐患情况。认真维护保养千斤顶，并将其妥善安放。

15.3.8.4 使用注意事项

（1）对齿条式千斤顶先要检查下面有无销子，否则于千斤顶支撑面不够稳定，对于螺旋式千斤顶预先要检查棘轮和齿条是否变形，动作是否灵活，丝母与丝杠的磨损是否超过允许范围。

（2）液压式千斤顶重点是要看油路连接是否可靠，阀门是否严密，以免承重时油发生泄漏。液压千斤顶时在使用时，保险塞对面禁止站人。

（3）千斤顶应放坚实平坦的地面上，若土质松软则应铺设垫板，以扩大承压面积。构件被顶部位应平整坚实，并加垫木板，载荷应与千斤顶轴线一致。

（4）要严格遵照千斤顶的规定起重量顶重，每次的顶升高度最大不能超过有效顶程。

（5）当千斤顶工作时，在将所顶构件略微顶起后临时暂停，此时需要检查千斤顶、枕木垛、地面和构件等状态是否良好，如若出现歪斜或枕木垛不稳定等状况，要妥善处理后才能进行后续工作。顶升时要设置保险垫,且要和顶升同步进行,边顶边垫。要将脱空距离保持在 50mm 以下,以确保防止千斤顶在工作时发生倾倒或突然回油而造成安全事故。

(6) 当使用两台及以上千斤顶共同顶升一个构件时,要求千斤顶操作统一指挥,保持同步。不可将不同型号的千斤顶用在顶升构件的同一侧。

15.3.9 垫 铁

垫铁分斜垫铁和平垫铁两种,主要用于钢结构的安装及设备安装的调整。斜垫铁的材料可采用普通碳素钢;平垫铁的材料可采用普通碳素钢或铸铁。

15.3.9.1 垫铁的类型、规格和尺寸要求

垫铁的主要规格和尺寸应符合表 15-27 的规定,主要截面尺寸符号参见图 15-47。

斜垫铁和平垫铁的规格和尺寸 表 15-27

斜垫铁									平垫铁		
A 型					B 型				C 型		
代号	L (mm)	B (mm)	C (mm)		代号	L (mm)	B (mm)	C 最小 (mm)	代号	L (mm)	B (mm)
			最小	最大							
斜 1A	100	50	3	4	斜 1B	90	50	3	平 1	90	50
斜 2A	140	70	4	8	斜 2B	120	70	4	平 2	120	70
斜 3A	180	90	6	12	斜 3B	160	90	6	平 3	160	90
斜 4A	220	110	8	16	斜 4B	200	110	8	平 4	200	110
斜 5A	300	150	10	20	斜 5B	280	150	10	平 5	280	150
斜 6A	400	200	12	24	斜 6B	380	200	12	平 6	380	200

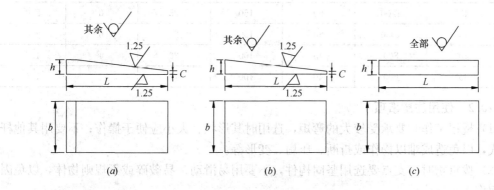

图 15-47 垫铁类型
(a) 斜垫铁 A 型;(b) 斜垫铁 B 型;(c) 平垫铁 C 型

15.3.9.2 使用注意事项

(1) 采用斜垫铁时,斜垫铁的代号宜与同代号的平垫铁配合使用。

(2) 斜垫铁应成对使用,成对的斜垫铁应采用同一斜度。

(3) 承受载荷的垫铁组,应使用成对斜垫铁,且在调平后灌浆前,取出垫铁。

(4) 每一垫铁组的块数不宜超过 5 块,且不宜采用薄垫铁;放置平垫铁时,厚的宜放在下面,薄的宜放在中间。

(5) 每一垫铁组应放置整齐平稳,接触良好。钢柱调平后,每组垫铁均应压紧,并应

用手锤逐组轻击听声检查。当采用 0.05mm 塞尺检查垫铁之间和垫铁与钢柱底座面之间的间隙时,在垫铁同一断面两侧塞入的总长度不应超过垫铁长度或宽度的 1/3。

(6) 调平后,垫铁端面应露出钢柱底面外缘;平垫铁宜露出 10～30mm;斜垫铁宜露出 10～50mm。垫铁组伸入底座底面的长度应超过地脚螺栓的中心。

(7) 当钢柱等构件的载荷由垫铁组承受时,垫铁组的位置和数量,应符合下列要求:
① 每个地脚螺栓旁边至少应有一组垫铁;
② 垫铁组在能放稳和不影响灌浆的情况下,应放在靠近地脚螺栓和底座主要受力部位下方;
③ 相邻两垫铁组间的距离宜为 500～1000mm。

15.3.10 撬棍

15.3.10.1 常用撬棍规格

撬棍是一种利用杠杆原理让重物从地面掀起并发生位移的工具,撬棍分为六棱棍、圆棍和扁撬、其规格选用见表 15-28。

常用撬棍规格表(mm) 表 15-28

编号	α	L	L_1	L_2	d	d_1	b
1	45°	1500	65	170	30	8	2.0
2	45°	1200	60	150	25	6	2.0
3	45°	1000	50	150	22	6	2.0
4	40°	800	45	100	20	4	1.5
5	35°	600	40	100	16	4	1.5

15.3.10.2 使用注意事项

(1) 撬棍工作时要承受较大的弯矩,选用时其形状、大小应便于操作;不要用其他杆件替代,以免造成难以操作或折断、压扁、变形等。

(2) 拨重物时,支点要选用坚固构件,不要用易滑动、易破碎或不规则物体,以免因打滑而伤人。

(3) 在使用撬棍作业时,其临边危险处禁止操作。防止撬棍滑脱,人体重心失控,造成人员坠落。

(4) 用撬棍时,不可随意加长和松手,防止滑倒、掉落伤人,多人同时作业须有统一指挥。

(5) 用撬棍时应选好力点,保持身体平衡,移动或滚动物件时前方严禁站人。

(6) 用撬棍时,必须统一口号,同时用力,并且不能用肩扛用力。严禁用脚踏撬棍作业。

(7) 被撬重物垫实前,严禁将手、脚伸入重物下。

(8) 多人同时作业时,应统一指挥,动作一致,并保持一定的安全距离。

15.4 吊装绑扎

15.4.1 吊点设置

在吊运各种物体时，为避免物体的倾斜、翻倒、变形损坏，应根据物体的形状特点、重心位置，正确选择起吊点，使物体在吊运过程中有足够的稳定性，以免发生事故。吊点的选择主要依据是构件的重心，尽可能使吊点与被吊物体重心在同一条铅垂线上。

15.4.1.1 竖直构件吊点设置

竖直构件吊点一般设置在构件的上端，吊耳方向与构件长度方向一致，钢柱吊点通常设置在柱上端对接的连接板上，在螺栓孔上部，吊装孔径大于螺栓孔径。

如图 15-48 所示，工形、箱形截面吊点设置在上下柱对接的连接板上方。其中 H 形截面设置在翼缘垂直于腹板的方向上；箱形截面吊点对称设置在构件的两个面上，若截面较大，构件较重，可在四个面上均设置吊点。

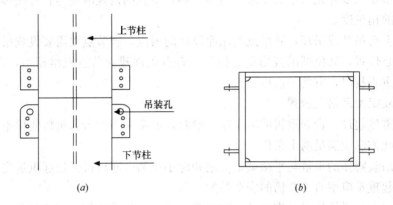

图 15-48 工形及箱形截面构件吊点设置示意
(a) 工形截面吊点设置；(b) 箱形截面吊点设置

15.4.1.2 水平构件吊点设置

水平构件的吊点设置，应遵循以下原则：

水平吊装长形构件，按照吊点数量分以下几种情况（图 15-49）：单吊点时，吊点的位置拟在距起吊端的 $0.3L$（L 为构件长度）处；双吊点时，吊点分别距杆件两端的距离为 $0.21L$ 处；三个吊点时，其中两端的两个吊点位置距各端的距离为 $0.13L$，而中间的一个吊点位置则在杆件的中心。

起吊箱形构件，杆件的中心和重心基本一致时，吊耳对称布置在距离杆件端头 1/3 跨位置。

杆件的中心与重心差别较大时，即构件存在偏心时，先估计构件的重心位置，采用低位试吊的方法来逐步找到重心，确定吊点的绑扎位置。也可用几何方法求出构件的重心，以中心为圆心画圆，圆半径大小根据构件尺寸而定，吊耳对称设置在圆周上，偏心构件一般对称设置四个吊耳。

拖拉构件时，应顺长度方向拖拉，吊点应在重心的前端，横拉时，两个吊点应在距重

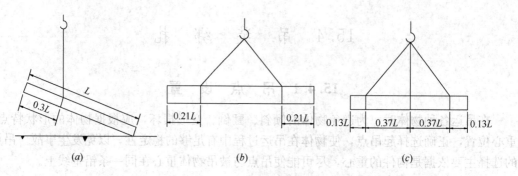

图 15-49 水平构件起吊位置
(a) 单吊点起吊位置；(b) 双吊点起吊位置；(c) 三个吊点起吊位置

心等距离的两端。

15.4.1.3 复杂节点吊点设置

随着钢结构建筑结构不断向新、高、大的方面发展，对节点的构造要求也相应的提高，节点类型复杂多样化给吊装带来了诸多不利，吊点的设置准确与否直接影响吊装的安全性和安装的精确度。

若节点上有吊耳或吊环，其吊点要用原设计的吊点；若节点要需要设置吊耳，需先估计节点的重心位置，低位试吊找出重心位置。若有条件建立节点三维模型，可采用CAD软件将节点重心找出，方便吊点设置。

15.4.1.4 双机抬吊吊点设置

物体的重量超过一台起重机的额定起重量时，通常采用两台起重机使用平衡梁调运物体的方法。此方法应满足两个条件：

（1）被吊装物体的重量与平衡梁重量之和应小于两台起重机额定起重量之和，并且每台起重机的起重量应留有 1.2 倍的安全系数。

（2）利用平衡梁抬吊时，应合理分配荷载，使两台起重机均不能超载。

当两台起重机重量相等时，即 $G_{n1}=G_{n2}$，则吊点应选在平衡梁中点处，如图 15-50 所示。

当两台起重机的起重量不等时（图 15-51），则应根据力矩平衡条件，选择合适的吊点距离 "a" 或 "b"。

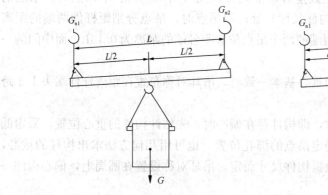
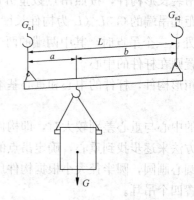

图 15-50 起重量相同时的吊点　　图 15-51 起重量不同时的吊点

$$a = \frac{G_{n2}l}{G} \text{ 或 } b = \frac{G_{n1}l}{G} \tag{15-17}$$

在两台起重机同时吊运一个物体时，正确地指挥两台起重机统一动作也是安全完成吊装工作的关键。

15.4.2 钢丝绳绑扎

15.4.2.1 概述

吊装前钢丝绳绑扎方式要全面考虑，要根据所需吊装构件的重量、形状、安装方式，来选择最合理的绑扎方式。同时绑扎方式要尽量选择已规范化的绑扎方式。此外，钢丝绳绑扎形式很多，其受力大小也有所变化。为避免事故，将以吊装作业中常见形式来说明绳的受力变化。

15.4.2.2 绑扎方法

1. 矩形物体绑扎法

矩形物体一般情况下采用平行吊装、两点绑扎法。当所吊物体的重心居中，则可不必对物体进行绑扎，可直接采取兜挂法直接吊装，见图15-52。

2. 柱形物体绑扎法

（1）平行吊装绑扎法

平行吊装绑扎法分为一个吊点和两个吊点两种。一个吊点是要先考虑吊构件的整体性和松散性，来选取单圈或者双圈的结索方式，见图15-53。两个吊点通常采取双支穿套结索或吊篮式结索法，见图15-54。

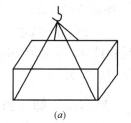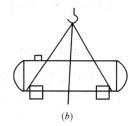

图 15-52 兜挂法

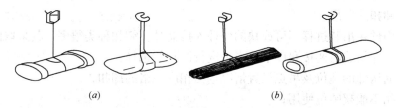

图 15-53 单、双圈穿套结索法（一个吊点绑扎）
(a) 单圈；(b) 双圈

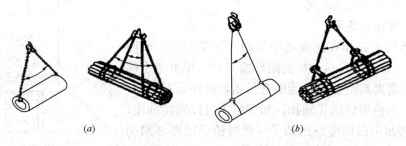

图 15-54 单、双圈穿套及吊篮结索法（两个吊点绑扎）
(a) 双支穿套结索法；(b) 吊篮式结索法

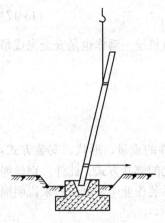

图 15-55 垂直斜形吊装绑扎

(2) 垂直斜形吊装绑扎法

垂直斜形吊装绑扎法一般用于形状较长的构件,在绑扎构件时采用一点绑扎(也可以两点绑扎),在构件端部对其进行绑扎,并采用双圈或双圈以上穿套结索法,防止构件吊起后发生滑落,见图 15-55。

安全要求:

1) 不得对绑扎的钢丝绳吊索采取插接、打结或绳卡固定连接等方法,缩短或加长绳索。在绑扎时绳索和物体接触所形成的锐角处放置防护衬垫,防止钢丝绳破坏。

2) 采取穿套结索法,要选取足够长度的吊索,必须确保挡套处的角度不大于120°,且要确保不存在可能造成吊索损坏的紧压力。

3) 吊索绕过吊重的曲率半径应不小于绳径的 2 倍。

4) 绑扎吊运大型或薄壁物件时,应采取加固措施。

5) 注意风载荷对物体受力的影响。

15.4.3 卸扣绑扎

15.4.3.1 概述

卸扣用于吊索和吊索或吊索和构件吊环之间的连接,由弯环与销子两部分组成。

卸扣按弯环形式分,有 D 形卸扣和弓形卸扣;按销子和弯环的连接形式分,有螺栓式卸扣和活络卸扣。螺栓式卸扣的销子和弯钩采用螺纹连接;活络卸扣的销子端头和弯环孔眼无螺纹,可直接抽出,销子断面有圆形和椭圆形两种。

15.4.3.2 卸扣的选用

卸扣是构件在吊装过程不可或缺的一种连接器具。卸扣种类很多,其采取的绑扎方式也各式各样。在吊装时要按照以下几点来进行卸扣的选择:

(1) 根据构件的吨位及吊点设置情况选择相应规格的卸扣;

(2) 卸扣不能超吨位使用;

(3) 普通卸扣的承载力较小,使用时要注意。

活络式卸扣拆卸较方便,不需要人攀爬解扣,减少了高空作业,节省了吊装时间。

15.4.3.3 卸扣的使用

(1) 活络式卸扣在建筑施中常用于吊装钢柱,如图 15-56 所示。柱子就位后,吊点距地面很高,如果使用螺旋式卸扣,需要高空作业才能解开吊索,这样既不安全,效率又低。而使用活络式卸扣,如无销子可以直接抽出,故只需在地面用白棕绳拉出销子(此时销子尾部必须朝下),即可方便地解开吊索。

(2) 使用活络式卸扣绑扎柱子时,必须使销子尾部朝下,才能拉出销子,卸下吊索。起吊时务必使吊索压紧销

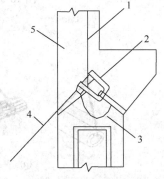

图 15-56 用活络式卸扣绑扎钢柱

1—吊索;2—活络式卸扣;
3、4—白棕绳;5—柱子

子，才能保证吊索在起吊过程中不松开，安全可靠，否则吊索很容易滑到弯环边上，使弯环直接受力导致销子脱落，造成重大安全事故。为预防此类事故，可将活络式卸扣的尾部加长并配以弹簧，使销子在工作时自动压进弯环孔内，需要卸下时，只要在地面用白棕绳拉出（克服弹簧力）销子即可。

（3）设置吊装耳板，利用卸扣销子插入耳板进行连接这样可以避免用钢丝绳绑扎破坏构件边角。

（4）在吊装轻型工字钢梁时卡，一般采用翼缘板穿孔，利用卸扣将穿孔连接进行绑扎。但这种方法不适宜用在绑扎较轻构件。

15.4.4 吊装带绑扎

施工中常用的吊装带为合成纤维扁平吊带和合成纤维圆形吊装带，由聚酰胺、聚酯和聚丙烯合成材料编织而成。吊带重量轻、强度高、易弯曲、不导电、不损伤被吊物表面等特点，在吊装工程中得到广泛应用，在施工过程中可用来吊装轻质易损构件，如彩色压型钢板、屋面板和采光板等。

15.4.4.1 吊装带的选用原则

（1）选择吊装带时应根据所吊装实际物体的重量选用所需吊带的规格，把被起吊的负载的尺寸、重量、外形、以及准备采用的吊装方法等综合考虑，最小安全系数为6。

（2）根据不同的吊装方式，确定安全工作载荷，正确选用吊装带。

（3）如采用多个吊装带同时使用时，必须选用同一类型的吊装带。

（4）根据构件的质量选择吊装带的规格，禁止超载吊装。

15.4.4.2 吊装带的安全使用方法

（1）吊装带在每次使用前必须进行检查，检查吊装带表面是否有横向、纵向擦破或割断，边缘、软环及末端件是否有损坏，确认吊装带良好方可进行吊运。

（2）吊装带的绑扎点应在起吊物的重心上方处，防止起吊时被吊物体不能保持平衡，发生倾覆。

（3）被吊物体应具有足够的强度和刚度，对细长的被吊物体，应验算其强度和稳定性。对于工字形、槽形、箱形或仪表盘柜等薄壁物体，吊装时可采取局部加强的方法。

（4）吊运工件表面应平滑，不得有尖角、毛刺和棱边，应使用吊装带专用护套和护角。禁止用吊装带直接吊装运有尖角、毛刺和棱边的物体。

（5）在承载状态下吊带不得打结或打拧，禁止用打结的方式来连接或接长吊装带。禁止使用吊装带长时间悬挂被吊装物体。

（6）吊装带在使用中避免酸、碱等化学物品的接触，避免在高温和有火星飞溅的场所使用。如吊装带被污染或在有酸、碱的环境中使用后，应立即用冷水冲洗干净。

15.5 主要构件吊装方法

15.5.1 一般柱的吊装方法

构件吊装时与使用受力状态不同，可能导致构件损坏，应进行必要的构件吊装验算。

钢柱的吊装，其工艺过程主要有绑扎、起吊、就位等几道工序。

1. 单机旋转回直法

其特点是起吊时将柱回转成直立状态，其底部必须垫实，不可拖拉。吊点一般设在柱顶，对于钢柱宜利用临时固定连接板上螺孔作为吊点。柱起吊后，通过吊钩的起升、变幅及吊臂的回转，逐步将柱扶直，柱停止晃动后再继续提升。此法适用于重量较轻的柱，如轻钢厂房柱等，见图 15-57。

此外，为确保吊装平稳，常在柱底端拴两根溜绳牵引，单根绳长可取柱长的 1.2 倍。

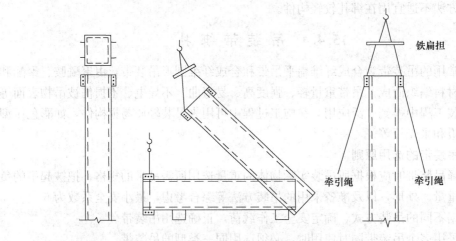

图 15-57 单机起吊示意

2. 双机抬吊法

其特点是采用两台起重机将柱起吊、悬空，柱底部不着地。起吊时，双机同时将柱水平吊起，离地面一定高度后暂停，然后主机提升吊钩、副机停止上升，面向内侧旋转或适当开行，使柱逐渐由水平转向垂直至安装状态。见图 15-58。此法适用于一般大型、重型柱，如广州国际金融中心（西塔）的重型钢柱就采用了双机抬吊。

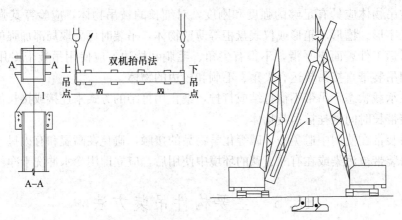

图 15-58 柱双机抬吊示意
1—柱连接耳板

15.5.2 一般梁的吊装方法

15.5.2.1 单机及双机抬吊

重型钢梁一般采用整体吊装法，钢梁部件在地面拼装胎架上将全部连接部件调整找平，用螺栓栓接或焊接成整体。验收合格后，一般采用单机或双机抬吊法进行吊装，如图 15-59 所示。

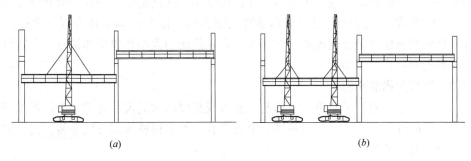

图 15-59 钢梁的吊装方法
(a) 单机抬吊；(b) 双机抬吊

当吊装斜梁时，如斜撑杆件，可通过手拉捯链调整斜梁的角度，以便在高空方便地就位，如图 15-60 所示。

15.5.2.2 三层串吊

对于次梁，根据小梁的重量和起重机的起重能力，实行两梁一吊或上、中、下三梁一吊，如图 15-61 所示。这种方法在超高层建筑中使用可以加快安装速度，大大节约吊钩上下的必要时间。

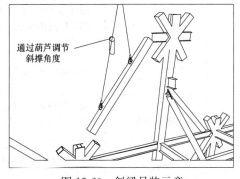

图 15-60 斜梁吊装示意

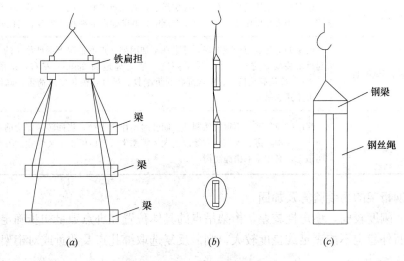

图 15-61 钢梁绑扎示意图
(a) 正面图；(b) 侧面图；(c) 绑扎方法

15.5.3 钢桁架结构构件吊装方法

15.5.3.1 钢桁架分类

钢桁架是指用钢材制造的桁架,工业与民用建筑的屋盖结构、吊车梁、桥梁和水工闸门等,常用钢桁架作为主要承重构件。

钢桁架按空间组合形式通常可分为平面钢桁架和空间钢桁架;按受力形式可分为梁式简支桁架、刚架式、多跨连续钢桁架和悬臂式钢桁架;按节点构造特点可分为栓接钢桁架、焊接钢桁架或栓焊结合钢桁架;按杆件内力、截面的大小和单位体量可分为轻型钢桁架、普通钢桁架和重型钢桁架。

15.5.3.2 钢桁架吊装步骤

在实际工程中,受限于起重设备的起重能力或交通运输的尺寸要求,大跨或重型桁架常需要在工厂散件加工后,运至现场进行地面拼装,然后再整体或分段吊装。其吊装过程一般分7个步骤,见表15-29。

钢桁架吊装步骤　　　　表15-29

步骤	具体内容	说明
1	确定桁架分段	综合考虑吊机起重性能、安装顺序、支撑胎架位置设置、安装起拱情况、吊装单元的工厂制作拆分的合理性,及桁架重量、跨度、高度等因素来确定桁架的分段位置及数量
2	安装顺序及吊装工况分析	根据结构受力特点,确定桁架安装顺序,并完成吊装最不利工况的分析
3	地面拼装	为方便拼装,一般桁架下方需设置支承胎架,主要有脚手架胎架、型钢或圆管以及格构式胎架等形式。桁架分卧拼和立拼,卧拼需要考虑脱胎,可采用双机抬吊脱胎
4	吊装验算及加固	在大跨钢桁架起扳和吊装前,应验算结构的强度和面外稳定性,如不够,则需采取加固措施
5	绑扎与吊点设置	根据吊装结构的形态和重心确定吊点,有三点绑扎、四点绑扎等多点绑扎吊装形式,采用大吨位捯链(10t、20t型捯链)调节起吊的平衡性和高空就位姿态
6	绑扎与试吊装	桁架的绑扎点应合理选择,尽量在不加固绑扎点的情况下保证吊装的稳定性;按起重吊装要求进行试吊。试吊高度一般为离地面200mm左右,试吊持续时间10min。确认起重机械、钢丝绳、起重卡具、吊耳,衡量实际荷重,确认无异常后方可正式起吊
7	吊装	起吊时应匀速,不得突然制动。回转时动作应平稳,当回转未停稳前不得做反向动作。大雨、雾、大雪及六级以上大风等恶劣天气应停止吊装作业。另在雨期或冬期施工,必须采取措施防滑

15.5.3.3 钢桁架的吊装验算及加固

桁架平面刚度较弱,稳定性较差,桁架吊点的具体位置和绑点数量初步确定后,若计算表明其平面外稳定不能满足或挠度较大,则需反复选取绑扎点及数量或对桁架采取临时加固处理。

常用的增强面外稳定的方法是利用杉木加固,见图15-62。另外,加大索具与桁架之间的夹角也是避免其面外失稳的有效方法，而增加吊点、设置扁担梁等措施也是为了加大索具与屋架夹角，减小因夹角存在而引起的水平分力，确保桁架在吊装过程中的面外稳定。

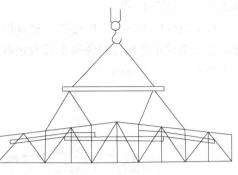

图 15-62　钢桁架杉木加固

15.5.3.4　钢桁架的绑扎及吊装

1. 桁架的绑扎

桁架吊点（绑扎点）一般设在桁架上弦节点处，左右对称，并高于屋架重心，使桁架起吊后基本保持水平，不晃动，不倾翻。

吊点数目、位置与形式与桁架的形式、跨度有关，通常由设计确定。绑扎时，吊索与水平线夹角不宜小于 45°，以免屋架弦杆承受过大的横向压力。为使桁架在起吊后不致发生摇晃及与其他构件碰撞，起吊前可在屋架两端绑扎溜绳，随吊随放，以此保持其合理位形。

一般当跨度小于 18m 时，取两点绑扎；当跨度大于 18m 而小于 30m 时，取四点绑扎；当跨度大于 30m 时，宜采用铁扁担；如图 15-63 和图 15-64 所示。

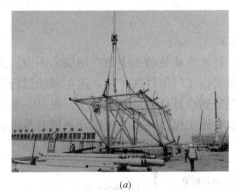

图 15-63　钢桁架现场吊点设置图
(a) 三点吊装；(b) 四点吊装

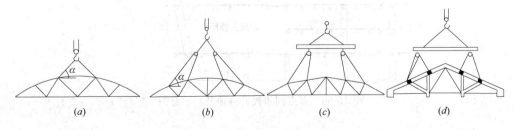

图 15-64　钢桁架的绑扎
(a) 跨度小于 18m；(b) 跨度大于 18m 小于 30m；(c) 跨度大于 30m；(d) 三角组合屋架

2. 桁架的吊装

按照桁架重量以及现场吊装条件分类，桁架吊装常用的方法有单机吊装、双机抬吊或多机抬吊,见图 15-65。

双机或多机抬吊时,应按照《起重作业安全操作规程》对吊机的起重荷载进行合理分配,起吊重量不得超过两台起重机额定起重量之和的 75%,每台起重机分担的重量不得大于该机额定起重量的 80%。

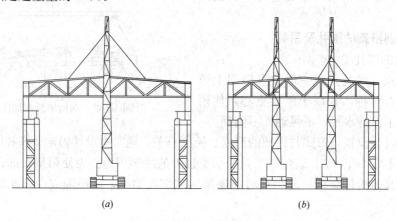

图 15-65 吊装示意图
(a) 单机吊装;(b) 双机抬吊

15.5.3.5 钢桁架其他吊装方法

1. 多点同步提升(顶升)方法(图 15-66)

随着液压技术的成熟,各种提升(顶升)技术在建筑施工中的应用层出不穷。多点同步提升(顶升)方法是指大跨或重型桁架常需要在工厂散件加工后,运至现场进行地面拼装,然后再利用提升设备将桁架分块或整体提升到设计标高的安装方法。提升一般由以下步骤:提升分区设置→提升施工步骤确定→提升施工模拟→提升架设计→提升吊点设计→提升点反顶加固设计。

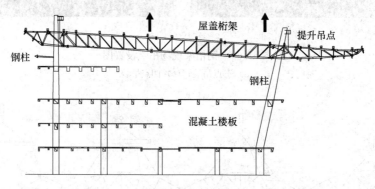

图 15-66 多点同步提升(顶升)示意图

2. 滑移方法

当结构内不具备拼装条件,但桁架规格统一、平面规整,且下层为薄弱楼面,在结构板上设备的加固成本大,可考虑在端部拼装,通过结构滑移或施工支撑滑移的施工方法。

所谓结构滑移,是先将结构整体(或局部)在具备拼装条件的场地组装成形,再利用滑移系统将其整体移位至设计位置的一种安装方法,如图 15-67 所示。

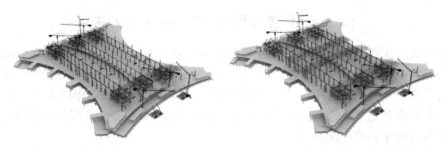

图 15-67 结构滑移

施工支承滑移是指在结构的下方架设可移动施工支承与工作平台,分段进行屋盖结构的原位拼装,待每个施工段完成拼装并形成独立承载体系后,滑移施工支承体系至下一施工段再进行拼装,如此循环,直至结构安装完成为止。其工作状态如图 15-68、图 15-69 所示。主要包含：滑移胎架的基础处理技术、滑移胎架的设计及滑移胎架的滑移技术。此种方法适用于结构体系高、大、复杂,施工现场不能提供拼装场地,屋盖结构本身不适合采取结构滑移的情况。

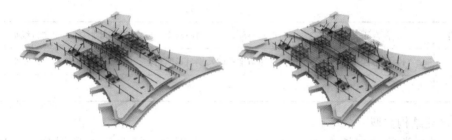

图 15-68 支承滑移

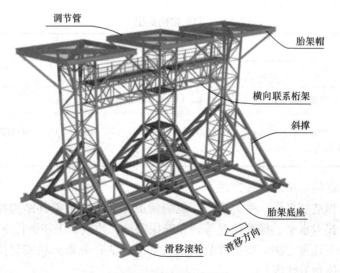

图 15-69 施工支撑滑移

15.5.4 网架与网壳结构构件吊装方法

网架是按一定规律布置的杆件通过节点连接而形成的平板型或微曲面型空间杆系结构,网壳是按一定规律布置的杆件通过节点连接而形成的曲面状空间杆系或梁系结构,网架和网壳结构统称为网格结构。网格结构受力合理、结构自重轻、结构刚度大、杆件和节点适合工厂标准化施工等特点,在体育场馆、会展中心、候机楼、飞机库、煤棚、双向大柱距厂房等建筑中得到广泛应用。

15.5.4.1 网架及网壳结构的类型

1. 网架结构类型

网架结构按结构组成分为单层网架、双层网架、三层网架和多层网架等,按节点类型分为螺栓球网架和焊接球网架,按组成方式分为交叉桁架体系、三角锥体系和四角锥体系等,在钢结构工程中,常见的多为双层平板网架,双层网架按组成方式划分的结构类型见表15-30。

网架结构类型　　　　　　　　　　　　　　　表 15-30

基本单元	结构形式
平面桁架	(1) 两向正交正放;(2) 两向正交斜放;(3) 两向斜交斜放;(4) 三向;(5) 单向折线形
四角锥	(1) 正放四角锥;(2) 正放抽空四角锥;(3) 棋盘形四角锥;(4) 斜放四角锥;(5) 星形四角锥
三角锥	(1) 三角锥;(2) 抽空三角锥;(3) 蜂窝形三角锥

2. 网壳结构类型

网壳的分类通常有按层数划分、按高斯曲率划分、按曲面外形划分等,具体见表15-31。

网壳结构类型　　　　　　　　　　　　　　　表 15-31

划分方式	结构形式
按层数	(1) 单层;(2) 双层
按高斯曲率	(1) 零高斯曲率;(2) 正高斯曲率;(3) 负高斯曲率
按曲面外形	(1) 球面;(2) 双曲扁;(3) 柱面;(4) 圆锥面;(5) 扭面;(6) 双曲抛物面;(7) 切割或组合成形曲面

15.5.4.2 网格结构常用的安装方法

网格结构工程造型多样、受力不同、现场情况复杂,应根据其结构特点、边界条件,结合设备性能、技术水平、场地情况等,在确保安全、质量、工期条件下综合考虑安装方法。其主要有以下几种方法:高空散装法;高空滑移法;分条分块安装法;整体吊装法;整体提升法;整体顶升法等。

15.5.4.3 网格结构吊装验算

网架及网壳结构在吊装过程中,均应进行吊装验算,严格控制拼装单元的变形,以免就位后改变原结构的设计位形。另外,必须保证在吊装及就位的全过程中,除了单元各杆件的稳定应力比小于 1.0 外，拼装单元还必须保持在弹性。

15.5.4.4 网格结构吊装

网格结构吊装是指在网架或网壳结构在地面完成拼装后（单元拼装或整体拼装），采用一根或多根拔杆、一台或多台起重机进行吊装就位的施工方法。

当采用整体吊装方案时，其关键是保证各吊点起升及下降的同步性，使用拔杆或起重机提供动力系统的技术手段相对落后，而计算机控制、钢绞线承重、集群千斤顶、砂箱提供动力整体提升的技术容易保证提升的同步性。

但当液压千斤顶集群作业因各种原因不能采用时，拔杆或起重机提供动力系统仍然是可行的选择。

1. 分条（块）吊装

采用分块或分条吊装方法时，其施工重点是吊装单元的合理划分。图 15-70 为分块吊装示意图。

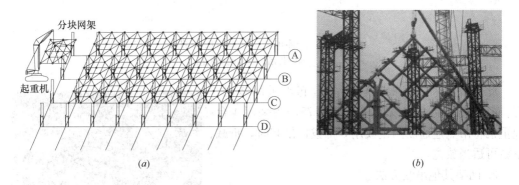

图 15-70 网架及网壳分块吊装
(a) 网架分块吊装；(b) 网壳分块吊装

2. 整体提升法

采用整体吊装时，其施工重点是结构同步上升的控制和空中移动的控制。大致可分为拔杆吊装法（图 15-71）和多机抬吊法两类，当采用 4 台起重机联合作业时，将地面错位拼装好的网架整体吊升到柱顶后，在空中进行移动落下就位安装，一般有四侧抬吊和两侧抬吊两种方法，见图 15-72。

两侧抬吊系用四台起重机网架或网壳吊过柱顶，同时向一个方向旋转一定距离，即可

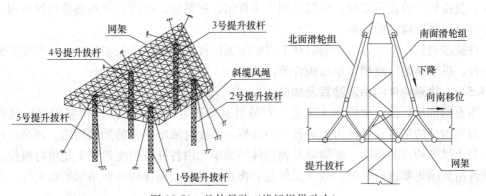

图 15-71 整体吊装（拔杆提供动力）

就位。

四侧抬吊时，为防止起重机因升降速度不一而产生不均匀荷载，每台起重机设两个吊点，每两台起重机的吊索互相用滑轮串通，使各吊点受力均匀，以使结构平稳上升。

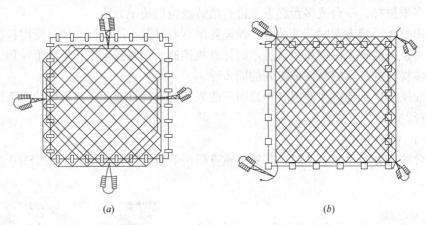

图 15-72　整体吊装（起重机提供动力）
(a) 四侧抬吊；(b) 两侧抬吊

此外，当采用多根拔杆或多台起重机吊装时，宜将额定负荷能力乘以折减系数 0.75，当采用 4 台起重机将吊点连通成两组或用 3 根拔杆吊装时，折减系数可适当放宽。

3. 网架其他吊装方法

同钢桁架一样，当网架下方不具备拼装条件，可根据现场条件选择多点同步提升（顶升）方法及滑移方法等先进施工技术（图 15-73）。

图 15-73　网架结构滑移技术

15.5.5　拱形构件吊装方法

拱形构件的内力有拱体的轴向压力和支座端的水平推力，抗压性能良好的混凝土和钢材在建筑和桥梁中被广泛应用。因为拱形构件可有效减少竖向受力构件的设置，跨越能力较大，获得较大的建筑空间，所以常用于体育馆、展览馆、车间、储料场等建筑结构。

15.5.5.1　拱形构件的分类

现阶段建筑拱形构件有钢筋混凝土拱形屋面构件、轻钢结构拱架构件、拱形波纹钢屋盖构件、拱形桥梁与渡槽预制段构件等。

15.5.5.2　拱形构件的吊装验算及加固

拱形构件吊装前，根据施工工艺，对被吊装钢筋混凝土构件及就位基础进行强度复核，对钢构件的吊点及杆件内力进行受力分析，必要时采取相应的加固措施。吊装过程中对混凝土拱形构件的挠度、裂缝以及钢构件吊装单元内各杆件的变形等变化进行监控。重大构件吊装前先要进行试吊，确认无问题后再正式吊装，确保构件和吊车的稳定性。

15.5.5.3 拱形构件的吊装方法

(1) 单机吊装

对于短而轻的散装构件，可采用两吊点，对于拱段较长、宽度较大的构件，宜采用平衡梁多吊点吊装，吊点应延轴线对称布置，吊点的连线应在拱段弯曲平面重心轴以上，以保持起吊时平衡，避免构件吊装过程中翻转（图 15-74）。吊索与平衡梁的水平夹角应不小于 45°，在每两吊点间可设平衡滑车，改善受力条件。根据构件特点，采取必要的临时加固措施，如托架、拉撑杆、拉绳等。

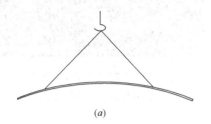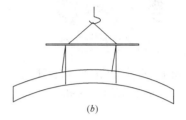

图 15-74 单机吊装
(a) 散件两吊点；(b) 平衡梁多吊点

(2) 双机抬吊或多机抬吊

对于重量较大或长度较长的拱段，宜采用双机或多机抬吊（图 15-75）。吊装过程中，起重机必须统一指挥，协调动作，保证整个吊装过程中两机的吊钩基本处于垂直状态，偏角应小于 3°；吊车、构件与周围设施的安全距离应大于 200mm；采用双机抬吊时，宜选用同类型或性能相近的起重机，负载分配应合理，单机载荷不得超过额定起重量的 80%。

图 15-75 双机及多机抬吊
(a) 双机抬吊；(b) 多机抬吊

(3) 其他吊装方法对于拱式桥梁、拱式渡槽等重量大，施工环境复杂的工程而言，常采用深度预制、分段吊装的施工方式。预制段吊装可根据工程现场实际情况，采取缆索吊装、悬臂吊装、转体吊装等方法。

15.5.6 景观石雕塑制品移植方法

随着国家经济的发展，人民文化生活水平的提高，城市建设的日新月异，城乡公益设施的增加，园林景观此起彼伏，景观石摆放、运输、吊装等施工内容越来越多，此类吊装工程的日益突出。

景观石（雕塑品）吊装绑扎或兜或拖，不可挂捆；宜于抬撬摆放，不宜独吊，更不宜"勒颈拔头"；选正摆放角度，重心估测在先（图15-76～图15-79）。

图15-76 "门墩兽"吊装只适合四角兜式绑扎

图15-77 "千年沉淀石"的吊装只适合托底二机抬吊

图15-78 "忠义雕塑石"适宜于兜托全包装吊运

图15-79 "大好河山"石重达200t，需做型钢工装吊运

15.5.7 移植树木吊装方法

15.5.7.1 吊装

大树的装卸和运输必须使用大型机械车辆，机械操作人员必须持证上岗。严格按相应机械操作安全技术作业。起吊的机具和装运车辆的承受能力，必须超过树木和土球的重量。起吊绳必须兜底通过重心，软包装的土球和起吊绳接触处必须垫木板。备好捆吊土球的长粗绳，并检查其牢固性，不牢固的绳索绝不可用，软材料包装不能用钢丝绳，以免勒伤土球。起吊人必须服从地面施工负责人指挥，互相密切配合，慢慢起吊，吊臂下和周围危险区域不准留人。起吊时，如发现有没断的底根，应立即停止起吊，切断底根后方可继续起吊。树木吊起后，装运车辆必须密切配合装运。吊运用带钩钢丝绳或双股大绳捆土球，并在钢丝绳或大绳里面垫上几块小木板，以免勒破土球。吊装时，吊绳可栓在树干基部，钢丝绳里应垫麻袋等软材料，以免勒伤树皮（图15-80、图15-81）。

15.5.7.2 装车

装车时树根必须在车头部位，树冠在车尾部位，土球要垫稳，并用粗绳将土球与车身牢牢捆紧，防止土球摇晃。树身和车板接触处，必须垫软物，并作固定（图15-82、图15-83）。

图15-80 刨树

图15-81 包扎与绑扎

图15-82 吊装到运输车

图15-83 稳固与摘钩

15.5.7.3 运输

装车后，树冠超长超宽，应再用绳拢紧树冠并悬挂红色标记。对树冠、残枝、伤枝应进行必要的修剪，对有特殊要求的全冠苗木。应进行适宜疏枝，剪去残枝、伤枝。运输大树，必须有专人在车厢上负责押运。押运人必须熟悉行车路线，沿途情况，卸车地区情况，并与驾驶人员密切配合，保证苗木质量和行车安全。押运人员必须了解所运树木种类与品种规格和卸车地点。其中需对号入座的苗木还要知道具体的卸苗部位。

装车后，开车前，押运人员必须仔细检查树木的装车情况。要保证捆车绳索的牢固，树梢不得拖地，树干皮与捆车绳、支架木棍、汽车槽邦接触的地方，必须垫上蒲包等防擦之物。对于超长、超宽、超高的情况，事先要有处理措施，必要时，事先要办理好应有的行车手续。押运人员必须随身携带支举电线用的绝缘竹竿，以备途中使用。押运人员必须站在树干附近，切不可坐在树箱底部及驾驶室内。以便随时检查运行中的情况。

押运人员必须随时注意运行中的情况，如发现捆绑不牢，木箱摇晃，树梢拖地或遇障碍物等问题时，须随时通知驾驶员停车处理。行车速度宜慢，以便发现情况能及时停车。行于一般路面，车速应保持在25～30km/h；路面不好或情况复杂，障碍比较多的路段，速度还应降低。

路途远，气候过冷风大或过热时，根部必须盖草包等物进行保护。

15.5.7.4 栽植

入穴栽植，栽植前应根据设计要求定点、定树。穴的直径要比根径大10～20cm，如栽植地的土壤太差，还应加大穴的直径，采用客土栽植。要将树冠最丰满面朝向观赏方向。栽植深度以根颈土痕与地表齐平为标准，不耐水湿的树种和规格过大的树木，宜采用浅穴堆土法栽植，即栽植平穴后露出根系的 1/5～1/3，再堆土成馒头状，堆土高出根颈 20cm。

支撑固定树木入穴后，用竹、木杆支撑树体，使之稳定直立，然后填土。

塞土夯实在树体直立后填土少许，用木棍把土塞入树根空隙，将树根底部塞实，然后分层填土打紧夯实，为使根系与泥土紧密结合，每填 10～20cm 深即夯实一次。

浇定根水栽植完毕，在树穴周围培土高 30cm，并作一小土埂浇定根水。定根水必须浇透，浇水时，用木棍插引水洞，边浇边反复插，引水下流，确保定根水流向根的底部，确保定根水浇透。浇完定根水后，即可撤除浇水土埂。如水干后填土下陷，则应重新填土夯实。

15.5.8　大块幕墙玻璃移植方法

伴随国民经济的发展和城市建设的日新月异，作为城市市容面貌的主要建筑装饰工程，尤其是幕墙工程，得到了迅猛发展，玻璃幕墙作为幕墙主要代表性工程之一，有隐框和明框两种安装方式，型钢龙骨与钢索结构是目前幕墙与建筑主体结构连接的主要方式；隐形钢索幕墙，作为耐腐蚀，操作简单，外形规格不受钢龙骨方格尺寸影响，曲直随缘，最大规格尺寸仅受运输限制，满足了当今建筑外形曲直相济的需要，受到用户的青睐。但由于玻璃规格尺寸无限度，施工作业挠度大大增加，除了起重量增大，玻璃面板翻身就位困难，吊在空中窝风压力增大，索具扭转力矩增大，就位时对周边物体碰撞几率增大，对操作人员的安全风险性增大，因此本节对超大型幕墙玻璃吊装做一介绍。

幕墙玻璃吊装绑扎，常常借助巨型吸盘作为绑扎吊点，辅以麻绳或布绳作为缆风绳或导位绳。吸盘的型号规格选用要根据所吊玻璃的体积大小和重量大小进行。另外玻璃的存放、运输大都是立放定型工具架上。取用时，人工辅助挂钩。慢起钩，稳落钩；风力超出 5 级最好停止作业。

现以单元式幕墙施工方法介绍幕墙玻璃吊装施工作业。

【例1】钢索及玻璃吊夹安装

1. 玻璃吊夹安装

玻璃吊夹的安装是在玻璃吊装过程中进行的，玻璃吊装前需将吊夹安装在玻璃上，玻璃吊运到安装位置后，通过吊装螺栓将吊夹与玻璃固定到连接件上。

玻璃吊装到位后下端应处于悬空（不受力）状态，玻璃的自身重力应全部由吊夹承担。

2. 玻璃吊装设备及分工

吊装机械：25t 汽车式起重机。

吊装设备：2t 可选装式电动吸盘（项目定做）、2t 防坠器、辅助安装吊篮、辅助转向手动吸盘（100kg）2 个、3t 手动捯链 1 条。

作业人员分为三组：指挥组、地面组装组和安装组，指挥组负责指挥安装组及吊车。超大幕墙玻璃空中吊装示意图见图 15-84。

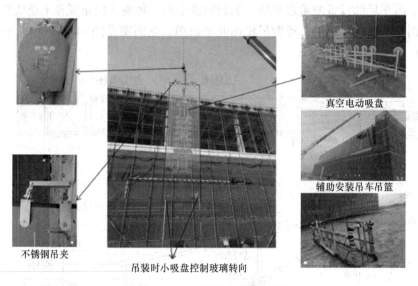

图 15-84　超大幕墙玻璃空中吊装

【例2】 单元式幕墙施工（图 15-85、图 15-86）

图 15-85　某科技园展厅巨幅钢索隐框幕墙吊装样板

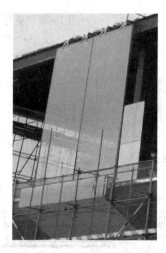
图 15-86　正在安装的巨幅幕墙玻璃图

(1) 施工方式

采用单元吊机通过内抽法施工。

(2) 单元式幕墙主要施工机具介绍

单元吊具为单元板块吊装的主要设备，本工程的单元吊具选用可活动的单臂吊机。

活动安装吊车由车身、吊装系统和配重组成，采用方钢管焊接而成，焊接完毕后，喷上蓝色油漆和编号，下部安装尼龙万向轮，便于移动，并在前端设置固定支撑臂，在吊装时放下，稳定吊车，吊装系统由卷扬机、前吊臂和拉杆组成，前吊臂采用方钢焊接而成，并使用销钉固定在车身前部,可以转动,在吊车转移到其他施工段的时候能收起前吊臂,便于转运。吊车后部设置配重水泥块,钢制卸货平台,每隔5层布置在土建楼板处,用于接收从地面运至板块存放层。单臂吊机作业平面图、立面图见图15-87。单元板块玻璃的垂直运输就位示意见图15-88。

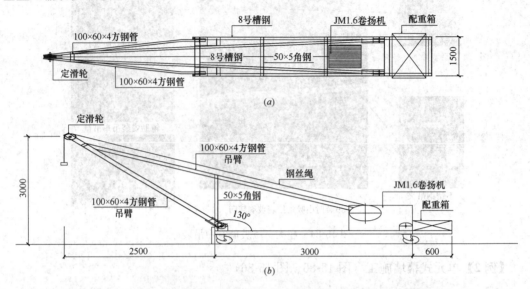

图15-87 单臂吊机作业平面图、立面图
(a) 平面图;(b) 立面图

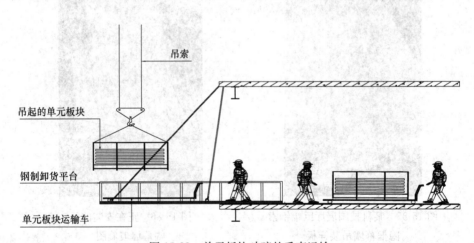

图15-88 单元板块玻璃的垂直运输

平台钢框以两道相互平行、间距为5836mm的I25b(Q235)为主要受力构件,并以平行的8根[25b(Q235)将其连成一体槽钢作为主梁,间距约1m,L63×6等边角钢作为次梁,斜向加强,上铺4mm压花钢板,侧面采用L40角钢做护栏高度1100mm,并围上安全密网,下设120mm高1mm厚钢板踢脚。两侧焊上耳板,穿上ϕ26钢丝绳拉接到主体结构上。钢丝绳与楼板接触部位下垫橡胶垫,保护钢丝绳。支腿处工字钢开孔用钢管卡在钢柱上并用拉钢丝绳与主体柱绑扎加固钢平台。增强吊车稳定性。

门式起重机(图15-89)用于将板块从层间存放处运至板块吊装处吊装。

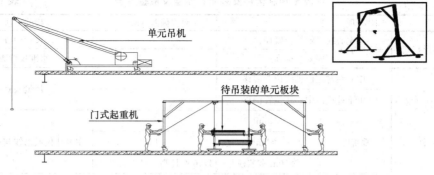

图 15-89 地面玻璃运输与门式起重机

15.6 吊装质量与安全技术

15.6.1 吊装质量技术

15.6.1.1 吊装前的质量预检

(1) 吊装件应严格执行工序内自检和工序间交接检验制度,吊装前需对吊装件进行质量复查,合格后方可进行吊装作业。

混凝土预制构件复查内容包括构件的混凝土强度和构件的观感质量。混凝土强度检查主要通过查阅附带的混凝土试块的试验报告单,看其强度是否符合设计、运输、吊装等要求。观感质量检查,主要包括裂缝及裂缝宽度、混凝土密实度(蜂窝、孔洞、露筋)和外形尺寸偏差等。

钢结构吊装前复查内容主要包括焊缝质量、吊装耳板规格质量、螺栓孔加工质量、摩擦面的抗滑移性能及构件外形尺寸等的检查(一般在构件进场时进行验收),具体要求和检查方法参见本手册第21章"钢结构工程"相关内容。

(2) 吊装前宜进行吊装力学计算,合理设置吊点或对待吊构件进行加固,以保证构件具备足够的刚度和稳定性。

混凝土预制件吊装时应保证混凝土不至出现裂纹甚至断裂。为此,吊装时构件的混凝土强度、预应力混凝土构件孔道灌浆的水泥砂浆强度以及下层结构承受内力的接头(接缝)的混凝土或砂浆的强度,必须符合设计要求。设计无规定时,混凝土强度不应低于设计强度的70%,预应力混凝土构件孔道砂浆强度不应低于15MPa,下层结构承受内力的接头(接缝)的混凝土或砂浆的强度不应低于10MPa。

钢结构吊装应保证钢构件不出现损伤。对于长而柔的钢构件,需重点控制吊装作业时构件的变形量值,保证在弹性阶段,不至出现不可恢复的变形。对于片状构件(如钢屋架)吊装时应重点控制构件的稳定性,不至失稳破坏。

15.6.1.2 安装质量要求

构件吊装就位后即进行测量、校正、固定等安装作业。混凝土预制构件安装的允许偏差及检验方法如表15-32所示。钢结构安装允许偏差及检验方法等参见本手册第21章"钢结构工程"相关内容。

混凝土预制构件安装允许偏差及检验方法 表 15-32

项次	项	目		允许偏差（mm）	检验方法
1	杯形基础	中心线对轴线位置偏移		10	尺量检查
		杯底安装标高		+0，-10	水准仪检查
2	柱	中心线对定位轴线位置偏移		5	尺量检查
		上下柱接口中心线位置偏移		3	
		垂直度	≤5m	5	用经纬仪或吊线与尺量检查
			>5m	10	
			≥10m多节柱	1/1000柱高，且不大于20	
		牛腿上表面和柱顶标高	≤5m	+0，-5	用水准仪或尺量检查
			>5m	+0，-8	
3	梁或吊车梁	中心线对定位轴线位置偏移		5	尺量检查
		梁上表面标高		+0，-5	用经纬仪或吊线与尺量检查
4	屋架	下弦中心线对定位轴线位置偏移		5	尺量检查
		垂直度	桁架拱形屋架	1/250屋架高	
			薄腹梁	5	用经纬仪或吊线与尺量检查
5	天窗架	构件中心线对定位轴线位置偏移		5	尺量检查
		垂直度		1/300天窗架高	用经纬仪或吊线与尺量检查
6	托架梁	底座中心线对定位轴线位置偏移		5	尺量检查
		垂直度		10	用经纬仪或吊线与尺量检查
7	板	相邻板下表面平整度	抹灰	5	用直尺或楔形塞尺检查
			不抹灰	3	
8	楼梯阳台	水平位置偏移		10	尺量检查
		标高		±5	
9	工业厂房墙板	标高		±5	用水准仪或尺量检查
		墙板两端高低差		±5	

15.6.2 吊装安全技术

1. 防止起重机事故措施

（1）使用合格的起重作业人员。起重作业人员（包括司机、指挥、司索工、维修工等）除具备本工种的作业技能要求外，尚需进行严格的安全技术培训，具备安全意识和熟练的安全操作技术。

（2）吊装机具安全检查。对使用的起重机和吊装工具、辅件进行安全检查，如吊索的质量状况、起重机安全保护装置可靠性等，发现问题，及时处理。

（3）采用合理的吊点设置与绑扎。可参考本手册15.4节"吊装绑扎"的相关要求。

（4）保证行走式起重设备行走线路的坚实平整。软土地面宜做硬化处理或采取铺设路基箱、钢板和其他有效措施。在混凝土楼面上行走和作业时，可视情况采用楼板下设置型钢支撑、脚手架支撑或楼面上设置架空转换构件等加固措施，以避免破坏既有结构。

（5）尽量避免超载吊装。当无法避免时，可采取在起重机吊杆上拉设缆风或在其尾部增加平衡重等措施。起重机增加平衡重后,卸载或空载时,吊杆必须落到与水平线夹角60°以内,操作时应缓慢进行。

(6) 禁止直接吊装起重机吊杆覆盖范围以外的重物。吊起的构件应确保在起重机吊杆顶的正下方,严禁采用斜拉、斜吊,严禁起吊埋于地下或粘结在地面上的构件。

(7) 应尽量避免带载行走。当需作短距离带载行走时,载荷不得超过允许起重量的70%,构件离地面不得大于50cm,并将构件转至正前方,拉好溜绳,控制构件摆动。

(8) 双机抬吊。宜选用同类型或性能相近的起重机,负载分配应合理,单机载荷不得超过额定起重量的80%。两机应协调起吊和就位,起吊的速度应平稳缓慢。

(9) 明确待吊物件重量。严禁超载吊装和起吊重量不明的重大构件和设备。

(10) 严控吊装作业环境。大雨天、雾天、大雪天及六级以上大风天等恶劣天气应停止吊装作业。事后应及时清理冰雪并应采取防滑和防漏电措施。雨雪过后作业前,应先试吊,确认制动器灵敏可靠后方可进行作业。

(11) 严格执行安全操作技术规范。起重机的安全操作,应严格按照《建筑施工起重吊装工程安全技术规范》JGJ 276、《塔式起重机安全规程》GB 5144 等国家现行标准的要求执行。

2. 防止高空坠落措施

(1) 操作人员进行高处作业(2m 以上即可视为高处作业)时,必须正确使用安全带,一般应高挂低用,即安全绳端钩环挂于高处,而人在低处操作。

(2) 雨天和雪天进行高处作业时,必须采取可靠的防滑、防寒、防冻措施。作业处与构件上有水、冰、霜、雪均应及时清除。

(3) 登高梯子的上端应予固定,立梯工作角度以 75°±5°为宜,踏板上下间距以 30cm 为宜,不得有缺档。高空用的吊篮和临时工作台应绑扎牢靠,吊篮和工作台的脚手板应铺平绑牢,严禁出现探头板。吊移操作平台时,平台上面严禁站人。

(4) 在高处独根横梁、屋面、屋架以及在其他危险边缘进行工作时,在临空一面应装设栏杆和安全网。

(5) 进行高空构件安装时,需搭设牢固可靠的操作平台。需在梁上行走时,应设置护栏横杆或绳索。

3. 防止高空落物伤人措施

(1) 地面操作人员必须佩戴安全带。

(2) 高处作业所使用的工具和零配件等,必须放在工具袋(盒)内,严防掉落,并严禁上下抛掷。

(3) 高处安装中的电、气焊作业,应严格采取安全防火措施,在作业处下面周围 10m 范围内不得有人。

(4) 严禁在已吊起的构件下面或起重臂下旋转范围内作业或行走。

(5) 构件吊装就位后进行临时固定,必须保证固定的可靠性,检查无误后方可松钩。

4. 防止触电措施

(1) 吊装方案中应涵盖现场电器线路及设备位置平面布置图。现场电器线路和设备应由专人负责安装、维护与管理,严禁非电工人员随意拆改。

(2) 施工现场架设的低压线路不得采用裸导线。所架设的高压线应距建筑物 10m 以外，距地面 7m 以上。跨越交通要道时，需加安全保护装置。施工现场夜间照明，电线及灯具高度不应低于 2.5m。

(3) 起重机靠近架空输电线路作业或在架空输电线路下行走时，必须与架空输电线始终保持不小于表 15-33 中的安全距离。当需要在小于规定的安全距离范围内进行作业时，必须采取严格的安全保护措施，并应经供电部门审查批准。

(4) 使用塔式起重机或长起重臂的其他类型起重机时，应有诸如接地、接零、熔断等避雷防触电设施。

(5) 在雨天或潮湿环境中作业时，应穿戴绝缘手套和绝缘鞋。大风雪后，应对供电线路进行检查，防止断线造成触电事故。

(6) 根据具体情况，电器设备和机械设备标志牌上应有"禁止合闸，有人工作""止步""高压危险""禁止攀登，高压危险"等字样，并规定标牌的尺寸，颜色及悬挂位置。

起重机与架空输电导线的安全距离　　　　　　　　　　　表 15-33

电压 (kV) 安全距离	<1	1～15	20～40	60～110	220
沿垂直方向 (m)	1.5	3.0	4.0	5.0	6.0
沿水平方向 (m)	1.0	1.5	2.0	4.0	6.0

15.6.3　有关绿色施工技术要求

(1) 充分利用现有结构进行钢结构吊装。根据现有环境资源，特别是现有建筑结构资源的充分利用，从而节约大量的物质资源。

(2) 设备改造的重组和循环利用。通过对老旧闲置设备、既有结构部件和动力装置的灵活组合，开发和研制了新式机械设备，最大限度地实现有限资源的循环利用。

(3) 合理优化吊装方案，最大限度满足其他工种交叉施工，节约施工工期，从而节约工程成本。

(4) 可减少大型设备的使用，节约机械台班费用，节约施工成本。例如：广州新白云国际机库、广州天建花园等项目采用多吊点同步控制，整体提升的施工技术，减少了大型设备的使用。

(5) 可减少吊装辅助措施的使用，周转使用，节约措施用钢量，节约成本和资源。例如：在吊装构件时，吊装耳板的设置，应尽量优化，避免承载力的过度富余。

(6) 对于机械设备的油缸等用油部位应进行定期检查，避免漏油产生不必要的浪费，同时防止污染环境。

(7) 对于工程施工过程中和完工后的吊装耳板、扭剪型螺栓梅花头等进行回收。

(8) 吊装用钢丝绳等有油污的吊具、工具严禁随意丢放，避免污染环境。

(9) 钢丝绳、绳卡，吊带、卸扣等吊具，千斤顶、垫铁、撬棍等工具不得随意乱扔乱放、丢弃，如有损坏应进行回收、修理。

(10) 低能耗，低噪声。采用先进的动力源，具有良好的社会效益和环境效益。由于移位技术采用的是计算机控制的液压系统作为动力源，完全能够做到低能耗，低噪声。

(11) 当使用电动或其他噪声较大的工具时，要尽量避免夜间施工，以免噪声扰民。

(12) 利用虚拟仿真现实技术建立虚拟模型，对施工方案进行模拟、验证、对比和优化，进而采用数字化手段制定和修改施工方案可以缩短决策时间，避免资金、人力和时间的浪费，而且安全可靠。并且计算机可以为施工提供精确的理论和计算依据，可以保障整个施工过程中的安全性。

15.7 起重吊装及安装拆卸工程方案的编制要求

15.7.1 工程概况

（1）起重吊装及安装拆卸工程概况和特点：
1）工程概况、起重吊装及安装拆卸工程概况。
2）工程所在位置、场地及其周边环境［包括邻近建（构）筑物、道路及地下地上管线、高压线路、基坑的位置关系］、装配式建筑构件的运输及堆场情况等。
3）邻近建（构）筑物、道路及地下管线的现况（包括基坑深度、层数、高度、结构形式等）。
4）施工地的气候特征和季节性天气。
（2）施工平面布置：
1）施工总体平面布置：临时施工道路及材料堆场布置，施工、办公、生活区域布置，临时用电、用水、排水、消防布置，起重机械配置，起重机械安装拆卸场地等。
2）地下管线（包括供水、排水、燃气、热力、供电、通信、消防等）的特征、埋置深度等。
3）道路的交通负载。
（3）施工要求：明确质量安全目标要求，工期要求（工程开工日期和计划竣工日期），起重吊装及安装拆卸工程计划开工日期、计划完工日期。
（4）技术保证条件：起重机械安装、拆卸工程实施的相关设备、材料、构配件情况，管理与作业人员技术技能情况，附属设备设施。

15.7.2 编制依据

（1）法律依据：起重吊装及安装拆卸工程所依据的相关法律、法规、规范性文件、标准、规范等。
（2）项目文件：施工图设计文件，吊装设备、设施操作手册（使用说明书），施工合同等。
（3）施工组织设计：重点与难点的分析及对策，拟定总体施工方案及各工序施工方案，施工总体流程、施工顺序吊装、拆除设计，基础处理方案，起重设备、塔式起重机安装拆卸方案、附着方案，起重机选型，吊、索、卡具的选定，吊耳的设置与设计，高处作业平台安全防护，临边防护设计，人员上下通道设计等。

15.7.3 施工计划

（1）施工进度计划：起重吊装及安装、加臂增高起升高度、拆卸工程施工进度安排，具体到各分项工程的进度安排。

（2）材料与设备计划：起重吊装及安装拆卸工程选用的材料、机械设备、劳动力等进出场明细表。

（3）劳动力计划。

15.7.4 施工工艺技术

（1）技术参数：工程的所用材料、规格、支撑形式等技术参数，起重吊装及安装、拆卸设备设施的名称、型号、出厂时间、性能、自重等，被吊物数量、起重量、起升高度、组件的吊点、体积、结构形式、重心、通透率、风载荷系数、尺寸、就位位置等性能参数。

（2）工艺流程：起重吊装及安装拆卸工程施工工艺流程图，吊装或拆卸程序与步骤，二次运输路径图，批量设备运输顺序排布。

（3）施工方法：多机种联合起重作业（垂直、水平、翻转、递吊）及群塔作业的吊装及安装拆卸，机械设备、材料的使用，吊装过程中的操作方法，吊装作业后机械设备和材料拆除方法等。

（4）操作要求：吊装与拆卸过程中临时稳固、稳定措施，涉及临时支撑的，应有相应的施工工艺，吊装、拆卸的有关操作具体要求，运输、摆放、胎架、拼装、吊运、安装、拆卸的工艺要求。

（5）安全检查要求：吊装与拆卸过程主要材料、机械设备进场质量检查、抽检，试吊作业方案及试吊前对照专项施工方案有关工序、工艺、工法安全质量检查内容等。

15.7.5 施工安全保证措施

（1）组织保障措施：安全组织机构、安全保证体系及人员安全职责等。

（2）技术措施：安全保证措施、质量技术保证措施、文明施工保证措施、环境保护措施、季节性及防台风施工保证措施等。

（3）监测监控措施：监测点的设置，监测仪器、设备和人员的配备，监测方式、方法、频率等。

15.7.6 施工管理及作业人员配备和分工

（1）施工管理人员：管理人员名单及岗位职责（如项目负责人、项目技术负责人、施工员、质量员、各班组长等）。

（2）专职安全人员：专职安全生产管理人员名单及岗位职责。

（3）特种作业人员：机械设备操作人员持证人员名单及岗位职责（附特种作业证书）。

（4）其他作业人员：其他人员名单及岗位职责。

15.7.7 验收要求

（1）验收标准：起重吊装及起重机械设备、设施安装，过程中各工序、节点的验收标准和验收条件。

（2）验收程序：作业中起吊、运行、安装的设备与被吊物前期验收，过程监控（测）措施验收等流程（可用图、表表示）。

(3）验收内容：进场材料、机械设备、设施验收标准及验收表；吊装与拆卸作业全过程安全技术控制的关键环节；基础承载力是否满足要求；起重机性能是否符合要求；吊、索、卡、具是否完好；被吊物重心确认正确；吊钩、猫耳焊缝强度是否满足设计要求；吊运轨迹是否正确；信号指挥方式是否确定等。

（4）验收人员：施工、监理、监测等单位相关负责人，项目安全技术人员、机械管理员、监理员等组成。

15.7.8 应急处置措施

（1）应急处置领导小组组成与职责、应急救援小组组成与职责，包括抢险、安保、后勤、医救、善后、应急救援工作流程及应对措施、联系方式等。

（2）重大危险源清单及应急措施。

（3）周边建构筑物、道路、地下管线等产权单位各方联系方式、救援医院信息（名称、电话、救援线路）。

（4）应急物资准备。

15.7.9 计算书及相关施工图纸

（1）计算书：吊装计算书（包括吊装能力的计算，根据吊装设备站位图、吊装构件几何尺寸及吊装幅度、高度、半径，画出吊装站位平、立面图，以校核吊装能力），吊索卡具的计算（包括所使用的吊索卡具形式、规格、型号，根据吊索卡具实际受力图进行吊索卡具的受力计算，以校核吊索卡具的安全系数），吊耳计算（包括吊耳的材质、形式，焊缝的设计及相应的计算，计算书中应特别注意受力方向，应根据受力方向进行相应的验算），地基承载力的计算（依据起重设备受力特性，应计算起重设备最大支反力或履带起重机单幅履带最大受力，根据受力情况核实地基承载力，地基承载力计算中，要求计算至土路基），临时支撑的计算（方案中如涉及，应进行承重平台计算）。

（2）相关施工图纸：施工总平面布置及说明，平面图、立面图应标注明起重吊装及安装设备设施或被吊物与邻近建（构）筑物、道路及地下管线、基坑、高压线路之间的平、立面关系及相关形、位尺寸（条件复杂时，应附剖面图）。

（3）委托第三方进行吊装运输或安拆作业的安全协议、资质文件等。

参 考 文 献

[1] 孙曰增，李红宇，王凯晖，等．危险性较大工程安全监管制度与专项方案范例（吊装与拆卸工程）[M]．北京：中国建筑工业出版社，2017．

[2] 卜一德．起重吊装计算及安全技术[M]．北京：中国建筑工业出版社，2008．

[3] 中国建筑业协会石化建设分会，徐州工程机械集团有限公司．大型设备吊装工程实用手册[M]．北京：中国建筑工业出版社，2012．

[4] 建筑施工手册（第五版）编委会．建筑施工手册[M]．5版．北京：中国建筑工业出版社，2012．

[5] 陈恒超，余流．土木工程施工临时结构[M]．北京：化学工业出版社，2016．

[6] 中国建筑业协会石化建设分会，徐州工程机械集团有限公司．大型设备吊装工程使用手册[M]．北京：中国建筑工业出版社，2012．

16 模板工程

模板工程指现浇混凝土成型的模板以及支承模板的一整套构造体系，主要包括模板和支架两部分，其中模板面板、支承面板的次楞和主楞以及对拉螺栓等组件统称为模板，模板背侧的支承（撑）架和连接件等统称为支架或模板支架。

模板工程所耗费的资源直接影响工程建设的质量、造价、进度和效益，一般在现浇混凝土结构中模板工程占混凝土结构工程总造价的20%～30%，占劳动量的30%～40%，占工期的50%左右，现浇混凝土施工，每1m³混凝土构件，平均需用模板4～5m²，在高大空间、大跨度及异形等难度大、复杂的工程项目中的比重则更大。

16.1 组合式模板

组合式模板是按模数制设计，工厂加工成型，有完整的、配套的通用配件，具有通用性强、拆装方便、周转次数多等特点，包括组合钢模板、钢框木（竹）胶合板模板、铝合金模板、铝框塑料模板等。在现浇钢筋混凝土结构施工中，用它能事先按设计要求组拼成梁、柱、墙、楼板的大型模板整体吊装就位，也可采用散装、散拆的方法。

16.1.1 钢 模 板

16.1.1.1 55型钢模板

组合钢模板主要由面板、连接件和支承件三部分组成。

（1）钢模板包括平面模板、阴角模板、阳角模板、连接角模等通用模板及倒棱模板、梁腋模板、柔性模板、搭接模板、可调模板、嵌补模板等专用模板。见表16-1。

（2）连接件包括U形卡、L形插销、钩头螺栓、紧固螺栓、对拉螺栓、扣件。见表16-2。

（3）支承件包括钢管支架、门式支架、碗扣式支架、盘销（扣）式支架、方塔式支架、钢支柱、四管支柱、斜撑、木方、调节托、钢楞、柱箍、梁卡具等。见表16-3。

钢模板材料、规格（mm）　　　　表16-1

名称	宽度	长度	肋高	材料	备注
平面模板	600、550、500、450、400、350、300、250、200、150、100	1800、1500、1200、900、750、600、450	55	Q235钢板 $\delta=2.5$ $\delta=2.75$	通用模板
阴角模板	150×150、100×150				
阳角模板	100×100、50×50				
连接角模	50×50				

16.1 组合式模板

续表

名称		宽度	长度	肋高	材料	备注
倒棱模板	角棱模板	17、45	1500、1200、900、750、600、450	55	Q235 钢板 $\delta=2.5$ $\delta=2.75$	专用模板
	圆棱模板	R20、R35				
梁腋模板		50×150、50×100				
柔性模板		100				
搭接模板		75				
双曲可调模板		300、200	1500、900、600			
变角可调模板		200、160				
嵌补模板	平面嵌板	200、150、100	300、200、150			
	阴角嵌板	150×150、100×150				
	阳角嵌板	100×100、50×50				
	连接嵌板	50×50				

注：宽度 $b \geqslant 400$mm 的钢模板宜采用 $\delta \geqslant 2.75$mm 的钢板制作。

连接件材料、规格（mm）　　　　　　　　　表 16-2

名称		规格	材料
U 形卡		$\phi 12$	Q235 圆钢
L 形插销		$\phi 12$、$L=345$	
钩头螺栓		$\phi 12$、$L=205$、180	
紧固螺栓		$\phi 12$、$L=180$	
对拉螺栓		M12、M14、M16、T12、T16、T18、T20	
扣件	3 形扣件	26 型、12 型	Q235 钢板 $\delta=2.5$、3.0、4.0
	蝶形扣件	26 型、18 型	

支承件材料、规格（mm）　　　　　　　　　表 16-3

名称		规格	材料
钢管支架		$\phi 48 \times 3.5$，$L=2000 \sim 6000$	Q235 钢管（低合金钢管）
门式支架		$\phi 48 \times 3.5$、$\phi 48 \times 2.5$，宽度 $b=1200$、900	
承插式支架	碗扣架	横杆：$L=300$、600、900、1200、1500、1800	
		立杆：1200、1800、2400、3000	
	盘销（扣）架	横杆：$L=300$、600、900、1200、1500、1800	
		立杆：500、1000、1500、2000、2500	
方塔式支架		$\phi 48 \times 3.5$、$\phi 48 \times 2.5$	
钢支柱	C-18 型	$L=1812 \sim 3112$、$\phi 48 \times 2.5$、$\phi 60 \times 2.5$	Q235 钢管 Q235 钢板（$\delta=8$）
	C-22 型	$L=2212 \sim 3512$、$\phi 48 \times 2.5$、$\phi 60 \times 2.5$	
	C-27 型	$L=2712 \sim 4012$、$\phi 48 \times 2.5$、$\phi 60 \times 2.5$	

续表

名称		规格	材料
四管支柱	GH-125 型	$L=1250$	Q235 钢管 Q235 钢板（$\delta=8$）
	GH-150 型	$L=1500$	
	GH-175 型	$L=1750$	
	GH-200 型	$L=2000$	
	GH-300 型	$L=3000$	
斜撑		$\phi 48\times 3.5$	Q235 钢管
调节托、早拆柱头		$L=600$、500	Q235 钢管 Q235 钢板（$\delta=8/6$）
木方		100×100、100×50、80×40	木方
钢木组合背楞		100×50	Q235 钢板、木方
钢楞	圆钢管型	$\phi 48\times 3.5$	Q235 钢管
	矩形钢管型	$\square 80\times 40\times 3.0$，$\square 100\times 50\times 3.0$	Q235 钢管
	轻型槽钢型	$[80\times 40\times 3.0$，$[100\times 50\times 3.0$	Q235 钢板
	内卷边槽钢型	$80\times 40\times 15\times 3.0$，$100\times 50\times 20\times 3.0$	Q235 钢板
	轧制槽钢	$[80\times 40\times 5.0$	Q235 槽钢
柱箍	角型钢	$L75\times 50\times 5$	Q235 角钢
	槽型钢	$[80\times 43\times 5$，$[100\times 48\times 5.3$	Q235 槽钢
	圆钢管型	$\phi 48\times 3.5$	Q235 钢管
梁卡具	钢管型梁卡具	梁断面：700×500	Q235 钢管、扁钢
	扁钢和圆钢管组合梁卡具	梁断面：600×500	Q235 钢管、扁钢

注：有条件时，应采用 $\phi 48\times 2.5$ 低合金钢管替代 $\phi 48\times 3.5$ Q235 钢管。

16.1.1.2 特点及用途

1. 钢模板的用途（表 16-4）

钢模板的用途　　　　　　　表 16-4

名称	图　示	用　途
平面模板	1—插销孔；2—U 形卡孔；3—凸鼓；4—凸棱；5—边肋； 6—主板；7—无孔横肋；8—有孔纵肋；9—无孔纵肋； 10—有孔横肋；11—端肋	用于基础、柱、墙体、梁和板等多种结构平面部位

续表

名称	图示	用途
阴角模板	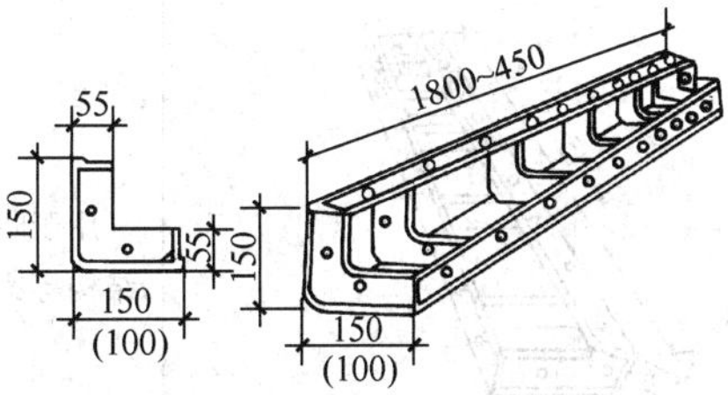	用于结构的内角及凹角的转角部位
阳角模板	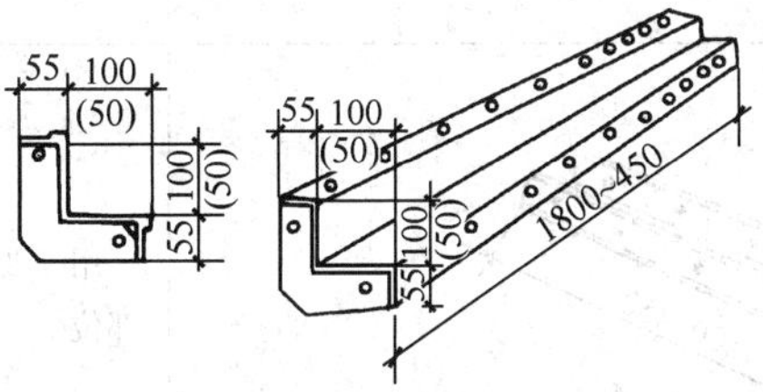	用于结构的外角及凸角的转角部位
连接角模	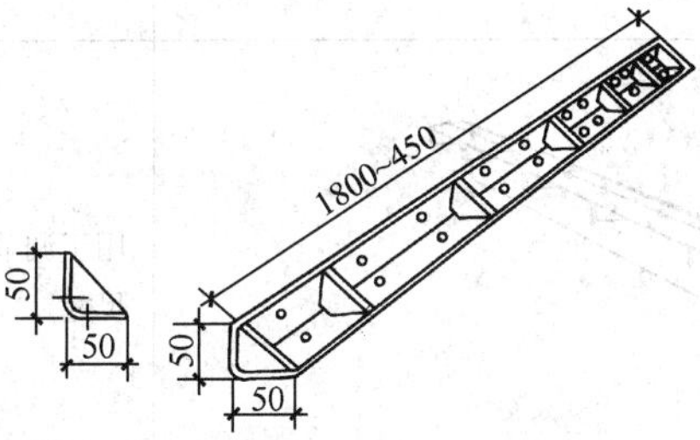	用于结构的外角及凸角的转角部位
倒棱模板	角棱模板	用于结构阳角的倒棱部位
	圆棱模板	用于结构圆棱部位

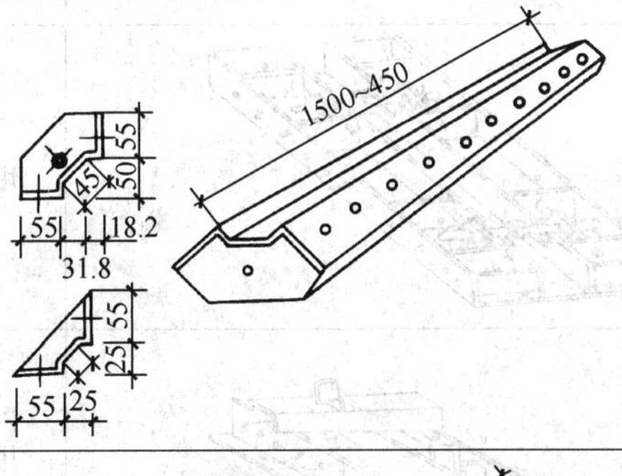

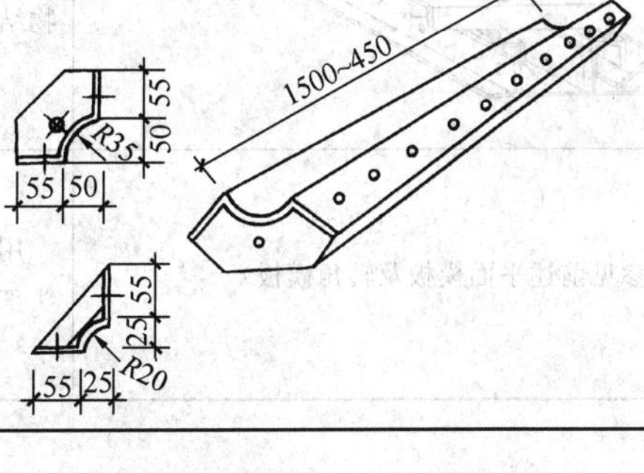

续表

名称		图　示	用　途
梁腋模板			用于暗渠、明渠、沉箱及高架结构等梁腋部位
柔性模板			用于圆形筒壁、曲面墙体等部位
搭接模板			用于调节50mm以内的拼装模板尺寸
可调模板	双曲		用于结构的曲面部位
	变角		用于展开面为扇形或梯形构筑物结构
嵌补模板	平面嵌板	（参见前述平面模板及转角模板）	用于梁、柱、板、墙等结构接头部位
	阴角嵌板		
	阳角嵌板		
	连接嵌板		

2. 连接件用途（表16-5）

连接件用途 表16-5

名称	图示	用途
U形卡	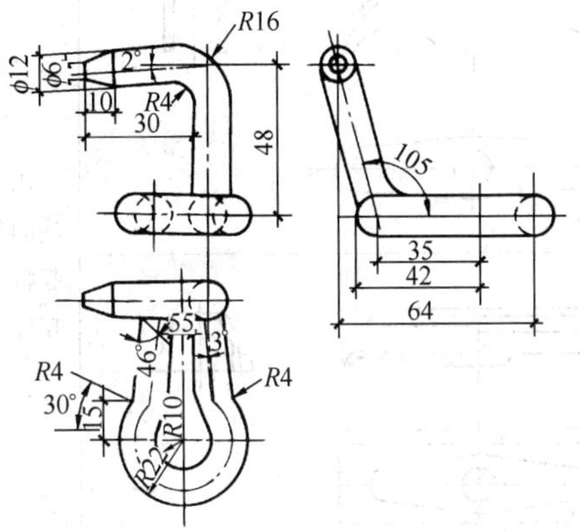	用于钢模板纵横向拼接，将相邻钢模板卡紧固定
L形插销	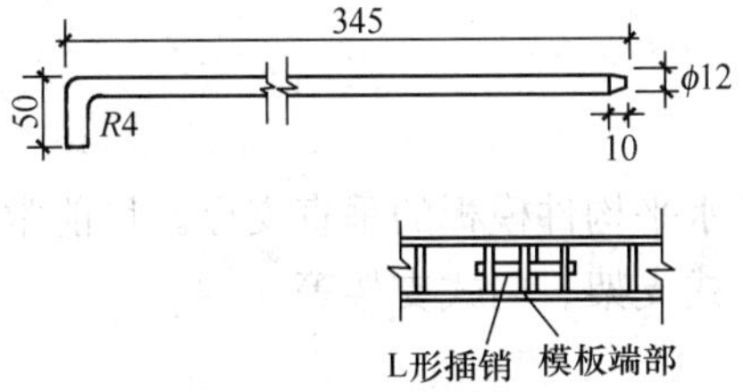	用来增强钢模板的纵向刚度，保证接缝处板面平整
钩头螺栓	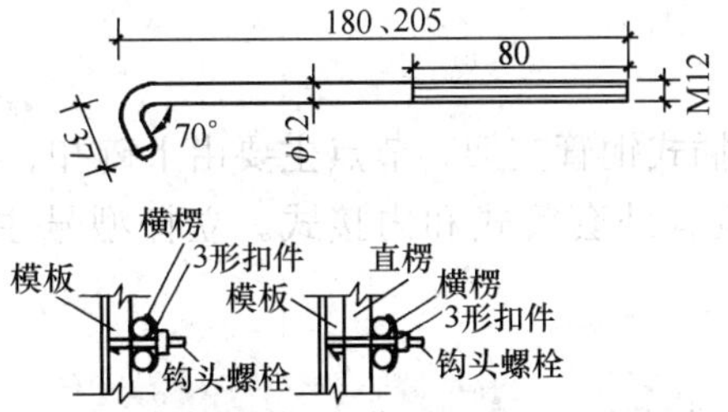	用于钢模板与内、外龙骨之间的连接固定
紧固螺栓	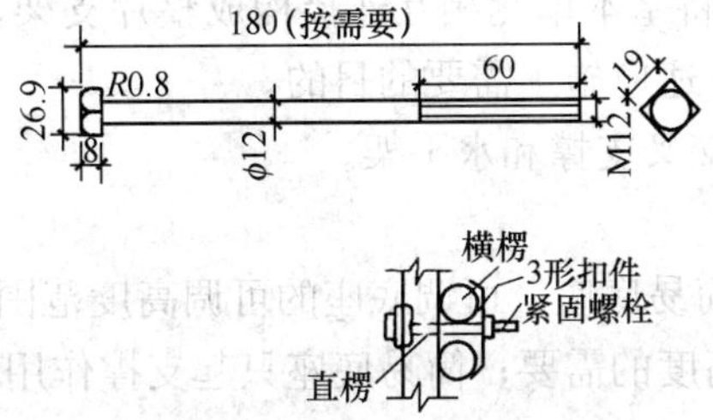	用于紧固内外钢楞，增强拼接模板的整体刚度
对拉螺栓	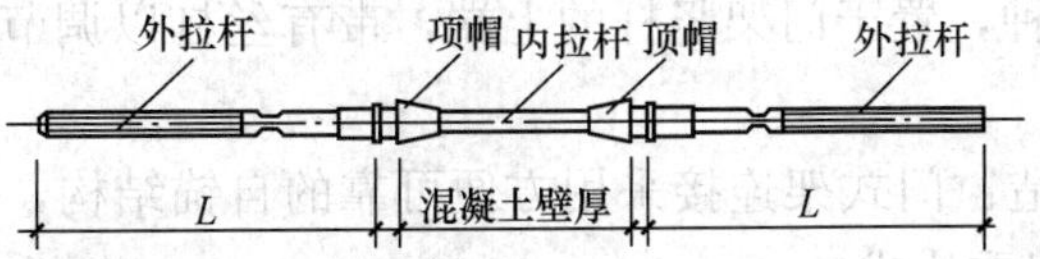	用于拉结两侧模板，保证两侧模板的间距，使模板具有足够的刚度和强度，能承受混凝土的侧压力及其他荷载

续表

名称		图示	用途
扣件	3形扣件	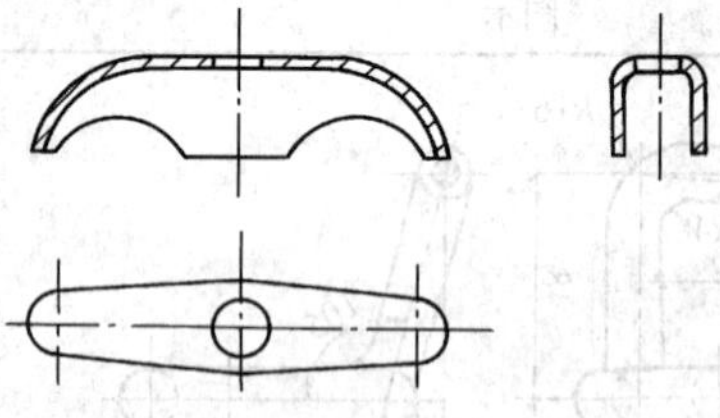	用于钢楞与钢模板或钢楞之间的紧固连接，与其他配件一起将钢模板拼装连接成整体，扣件应与相应的钢楞配套使用
	蝶形扣件	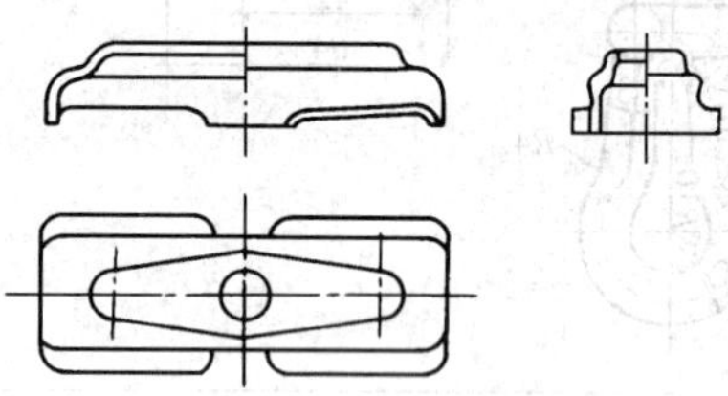	

3. 支承件

（1）钢管支架

主要用于层高较大的梁、板等水平构件模板的垂直支撑。目前常用的有扣件式钢管支架、碗扣式钢管支架、盘销（扣）式支架、门式支架等。

1) 扣件式钢管支架

一般采用外径 $\phi 48$mm、厚壁 3.5mm、长 6000mm 的焊接钢管，另配有短钢管，供接长调距使用。

2) 碗扣式钢管支架

碗扣式支架是一种常规的承插式钢管支架，节点主要由上碗扣、下碗扣、横杆接头、限位销构成，立杆连接方式一般有外套管式和内接式。立杆型号主要为 LG-300、LG-240、LG-180、LG-120。

3) 门式支架

① 基本结构和主要部件：门式支架由门式框架、交叉支撑（及斜拉杆）和水平架或脚手板构成基本单元（图 16-1）。将基本单元相互连接构成整片支架，并可通过上架（及接高门架）达到调整门式架高度、适应施工需要的目的。

② 基本单元部件包括门架、交叉支撑和水平架。

③ 底座和托座：

a. 底座有两种：可调底座、简易底座。可调底座的可调高度范围为 200~550mm，主要用于模板支撑架适应不同支模高度的需要；简易底座只起支撑作用，无调高功能，使用时要求地面平整。

b. 托座有平板和 L 形两种，置于门架竖杆的上端，带有丝杠以调节高度，主要用于模板支撑架。

④ 门式架之间的连接构造：门式架连接采用方便可靠的自锚结构，主要形式包括制动片式、滑片式、弹片式和偏重片式。

4）盘销（扣）式支架

支承于地面或结构上可承受各种荷载，具有安全防护功能，为建筑施工提供支撑和作业平台的承插型盘扣式钢管脚手架，包括混凝土施工用模板支撑脚手架和结构安装支撑架，称为盘扣式支撑架。

盘扣式脚手架根据立杆外径大小，支架可分为标准型（B型）和重型（Z型）。Z型即60系列，立杆直径为60.3mm，材质Q355B，常用于重型支撑，如桥梁工程中。B型即48系列，立杆直径48.3mm，材质Q355B，常用于房建工程。根据盘扣式脚手架立杆连接方式，又分为外套筒连接与内连接棒连接两种形式。目前市场上60系列的盘扣脚手架一般采用内连接，而48系列盘扣脚手架一般是外套筒连接。

（2）钢支柱

用于梁、楼板等水平模板的垂直支撑，采用Q235钢管制作，有单管支柱和四管支柱等多种形式（图16-2）。单管支柱又分C-18型、C-22型和C-27型三种，其规格（长度）分别为1812~3112mm、2212~3512mm和2712~4012mm，其截面特征见表16-6。

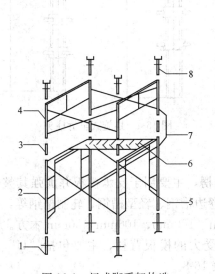

图16-1 门式脚手架构造
1—可调底座；2—下架；3—连接销；
4—上架；5—斜拉杆；6—脚踏板；
7—连接臂；8—可调U形顶托

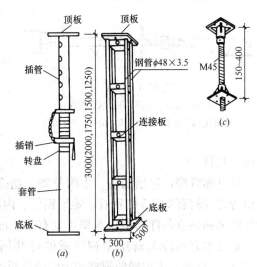

图16-2 钢支柱
(a) 单管支柱；(b) 四管支柱；(c) 螺栓千斤顶

单管钢支柱的截面特征　　　　　　　　　　　　　　表16-6

类型	项目	直径（mm）		壁厚（mm）	截面面积（cm²）	截面惯性矩 I (cm⁴)	回转半径 r (cm)
		外径	内径				
CH	插管	48	43	2.5	3.57	9.28	1.16
	套管	60	55	2.5	4.52	18.70	2.03
YJ	插管	48	41	3.5	4.89	12.19	1.58
	套管	60	53	3.5	6.21	24.88	2.00

四管支柱为GH-125、GH-150、GH-175、GH-200、GH-300，四管支柱其截面特征见表16-7。

四管钢支柱截面特征

表 16-7

管柱规格 (mm)	四管中心距 (mm)	截面面积 (cm²)	截面惯性矩 I (cm⁴)	截面抵抗矩 W (cm³)	回转半径 r (cm)
$\phi 48 \times 3.5$	200	19.57	2005.34	121.24	10.12
$\phi 48 \times 3.0$	200	16.96	1739.06	105.14	10.13

（3）斜撑

用于承受墙、柱等模板的侧向荷载和调整竖向模板的垂直度。见图 16-3。

（4）调节托、早拆柱头

用于梁和楼板模板的支撑顶托。见图 16-4。

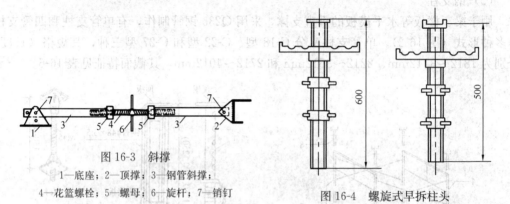

图 16-3　斜撑
1—底座；2—顶撑；3—钢管斜撑；
4—花篮螺栓；5—螺母；6—旋杆；7—销钉

图 16-4　螺旋式早拆柱头

（5）龙骨

龙骨也称背楞，包括钢楞、木楞及钢木组合楞，主要用于支承模板并加强其整体刚度。钢楞的材料有 Q235 圆钢管、矩形钢管、内卷边槽钢、轻型槽钢、轧制槽钢等，可根据设计要求和供应条件选用。木楞主要有 100mm×100mm、100mm×50mm 木方。钢木组合楞是由木方与冷弯薄壁型钢组成的可共同受力的模板背楞，主要包括"U"形及"几"字形。各种常用钢楞的规格和力学性能见表 16-8。

常用各种钢楞的规格和力学性能

表 16-8

规格（mm）		截面面积 A (cm²)	重量 (N/m)	截面惯性矩 I_x (cm⁴)	截面最小抵抗矩 W_x (cm³)
圆钢管	$\phi 48 \times 3.0$	4.24	32.63	10.78	4.49
	$\phi 48 \times 3.5$	4.89	37.63	12.19	5.08
	$\phi 51 \times 3.5$	5.22	40.18	14.81	5.81
矩形钢管	□60×40×2.5	4.57	35.18	21.88	7.29
	□80×40×2.0	4.52	34.79	37.13	9.28
	□100×50×3.0	8.64	66.44	112.12	22.42
轻型槽钢	[80×40×3.0	4.50	34.59	43.92	10.98
	[100×50×3.0	5.70	43.80	88.52	12.20

续表

规格（mm）		截面面积 A (cm^2)	重量 (N/m)	截面惯性矩 I_x (cm^4)	截面最小抵抗矩 W_x (cm^3)
内卷边槽钢	□80×40×15×3.0	5.08	39.10	48.92	12.23
	□100×50×20×3.0	6.58	50.56	100.28	20.06
轧制槽钢	[80×43×5.0	10.24	78.79	101.30	25.30

（6）柱箍

又称柱卡箍、定位夹箍，用于直接支承和夹紧各类柱模的支承件，可根据柱模的外形尺寸和侧压力的大小来选用。见图16-5。

常用柱箍的规格和力学性能，见表16-9。

（7）梁卡具

又称梁托架。它是一种将混凝土结构主梁、次梁等模板夹紧固定的装置，并承受混凝土侧压力，其种类较多，其中钢管型梁卡具，适用于断面为700mm×500mm以内的梁；扁钢和圆钢管组合梁卡具，适用于断面为600mm×500mm以内的梁，上述两种梁卡具的高度和宽度都能调节。见图16-6、图16-7。

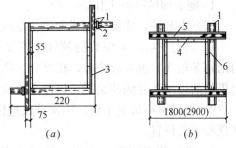

图16-5 柱箍
(a) 角钢型；(b) 型钢型
1—插销；2—限位器；3—夹板；
4—模板；5—型钢；6—钢型B

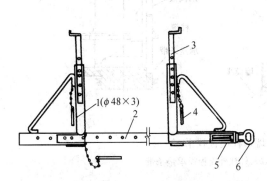

图16-6 钢管型梁卡具
1—三角架；2—底座；3—调节杆；
4—插销；5—调节螺栓；6—钢筋环

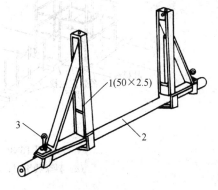

图16-7 扁钢和圆钢管组合梁卡具
1—三角架；2—底座；3—固定螺栓

常用柱箍的规格和力学性能　　表16-9

材料	规格（mm）	夹板长度 (mm)	截面面积 A (mm^2)	截面惯性矩 I_x (mm^4)	截面最小抵抗矩 W_x (mm^2)	适用柱宽范围 (mm)
扁钢	—60×6	790	360	10.80×10⁴	3.60×10³	250～500
角钢	L75×50×5	1068	612	34.86×10⁴	6.83×10³	250～750
轧制槽钢	[80×43×5	1340	1024	101.30×10⁴	25.30×10³	500～1000
	[100×48×5.3	1380	1074	198.30×10⁴	39.70×10³	500～1200

续表

材料	规格（mm）	夹板长度（mm）	截面面积 A（mm^2）	截面惯性矩 I_x（mm^4）	截面最小抵抗矩 W_x（mm^2）	适用柱宽范围（mm）
钢管	$\phi 48 \times 3.5$	1200	489	12.19×10^4	5.08×10^3	300～700
	$\phi 51 \times 3.5$	1200	522	14.81×10^4	5.81×10^3	300～700

16.1.1.3 组合钢模板的施工

1. 施工前的准备工作

(1) 安装前，要做好模板的定位基准工作，其工作步骤是：

1) 进行中心线和位置的放线：首先引测建筑的边柱或墙轴线，并以该轴线为起点，引出每条轴线。模板放线时，根据施工图用墨线弹出模板的内边线和中心线，墙模板要弹出模板的边线和外侧控制线，以便于模板安装和校正。

2) 做好标高量测工作：用水准仪把建筑物水平标高根据实际标高的要求，直接引测到模板安装位置。

3) 进行找平工作：模板承垫底部应预先找平，以保证模板位置正确，防止模板底部漏浆。常用的找平方法是沿模板边线（构件边线外侧）用1:3水泥砂浆抹找平层。另外，在外墙、外柱部位，继续安装模板前，要设置模板承垫条带，并校正其平直。见图16-8。

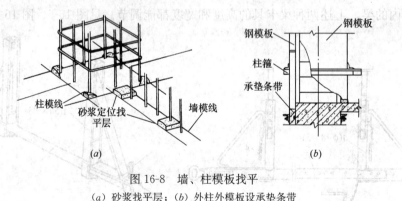

图16-8 墙、柱模板找平
(a) 砂浆找平层；(b) 外柱外模板设承垫条带

4) 设置模板定位基准：采用钢筋定位时，墙体模板可根据构件断面尺寸切割一定长度的钢筋焊成定位梯子支撑筋（钢筋端头刷防锈漆），绑（焊）在墙体两根竖筋上，起到支撑作用，间距1200mm左右；柱模板可在基础和柱模上口用钢筋焊成"井"字形套箍撑住模板并固定竖向钢筋，也可在竖向钢筋靠模板一侧焊一截短钢筋，以保持钢筋与模板的位置。见图16-9。

5) 合模前要检查构件竖向接槎处面层混凝土是否已经凿毛。

(2) 对施工需用的模板及配件的规格、数量逐项清点检查，未经修复的部件不得使用。

(3) 采取预组装模板施工时，顶板组装工作应在组装平台或经平整处理的地面上进行，要求逐块检验后进行试吊，试吊后再进行复查，并检查配件数量、位置和紧固情况。钢模板的施工组装质量标准见表16-10。

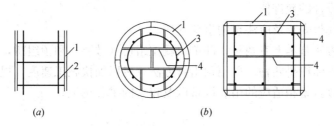

图 16-9 钢筋定位示意图
(a) 墙体梯子支撑筋；(b) 柱井字套箍支撑筋
1—模板；2—梯形筋；3—箍筋；4—井字支撑筋

钢模板施工组装质量标准 表 16-10

项目	允许偏差（mm）
两块模板之间拼接缝隙	≤2.0
相邻模板面的高低差	≤2.0
组装模板板面平整度	≤3.0（用 2m 长平尺检查）
组装模板板面的长宽尺寸	≤长度和宽度的 1/1000，最大±4.0
组装模板两对角线长度差值	≤对角线长度的 1/1000，最大≤7.0

2. 模板的支设安装

(1) 现场安装组合钢模板时，应符合下列规定：

1) 按配板设计循序拼装，以保证模板系统的整体稳定；

2) 配件应该装插牢固。支柱和斜撑下的支承面应平整垫实，要有足够的受压面积；支承件应着力于外钢楞；

3) 预埋件与预留孔洞应该位置准确，安设牢固；

4) 基础模板应该支撑牢固，防止变形，侧模斜撑的底部应加设垫木；

5) 墙和柱子模板的底面应找平，下端应与事先做好的定位基准靠紧垫平，在墙、柱子上继续安装模板时，模板应有可靠的支承点，其平直度应进行校正；

6) 楼板模板支模时，应先完成一个格构的水平支撑及斜撑安装，再逐渐向外扩展，以保持支撑系统的稳定性；

7) 预组装墙模板吊装就位后，下端应垫平，紧靠定位基准；两侧模板均应利用斜撑调整和固定其垂直度；

8) 支柱所设的水平撑与剪刀撑，应按构造与整体稳定性布置；

9) 多层支设的支柱，上下应设置在同一竖向中心线上，下层楼板应具有承受上层荷载的承载能力或加设支架支撑；下层支架的立柱应铺设垫板。

10) 模板安装时，同一条拼缝上的 U 形卡，不宜向同一方向卡紧；

11) 墙模板的对拉螺栓孔应平直相对，穿插螺栓不得斜拉硬顶；钻孔应采用机具，严禁采用电、气焊灼孔；

12) 钢楞宜采用整根杆件，接头应错开设置，搭接长度不应少于 200mm。

(2) 对现浇混凝土梁、板，当跨度不小于 4m 时，模板应按设计要求起拱；当设计无具体要求时，起拱高度宜为跨度的 1/1000～3/1000。

(3) 曲面结构可用双曲可调模板，采用平面模板组装时，应使模板面与设计曲面的最大差值不得超过设计的允许值。

(4) 组合钢模板安装及应注意的事项：

模板的支设方法基本上有两种，即单块就位组拼（散装）和预组拼，其中预组拼又可分为分片组拼和整体组拼两种。采用预组拼方法，可以加快施工速度，提高工效和模板的安装质量，但应该具备相适应的吊装设备以及较大的拼装场地。

1) 柱模板

① 保证柱模板的长度符合模数，不符合部分放到节点部位处理；或以梁底标高为准，由上往下配模，不符合模数部分放到柱根部位处理；高度在4m和4m以上时，一般应四面支撑。当柱高超过6m时，不宜单根柱支撑，宜几根柱同时支撑连成构架。

② 柱模根部要用水泥砂浆堵严，防止跑浆；配模时留置浇筑口和清扫口。

③ 梁、柱模板分两次支设时，在柱子混凝土达到拆模强度时，最上一段柱模先保留不拆，以便于与梁模板连接。

④ 柱模的清渣口应留置在柱脚一侧，如果柱子断面较大，为了便于清理，亦可两面留设。清理完毕，立即封闭。

⑤ 柱模安装就位后，立即用四根支撑或有张紧器花篮螺栓的缆风绳与柱顶四角拉结，并校正其中心线和偏斜，全面检查合格后，再群体固定。参见图16-10。

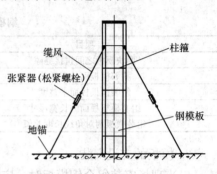

图16-10 校正柱模板

2) 梁模板

① 梁柱接头模板的连接特别重要，一般可按图16-11和图16-12处理；或用专门加工的梁柱接头模板。

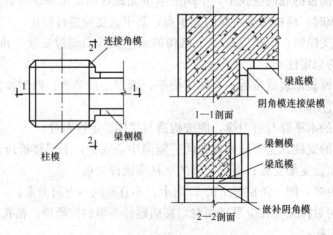

图16-11 柱顶梁口采用嵌补模板

② 梁模支柱的设置，应经模板设计计算决定，一般情况下采用双支柱时，间距以600~1000mm为宜。

③ 模板支柱纵、横方向的水平拉杆、剪刀撑等，均应按设计要求布置；一般工程当

设计无规定时,支柱间距一般不宜大于2m,纵横方向的水平拉杆上下间距不宜大于1.5m,纵横方向的垂直剪刀撑的间距不宜大于6m;跨度大或楼层高的工程,应认真进行设计,尤其是对支撑系统的稳定性,应该进行结构计算,按设计精心施工。高大模板的支撑体系应该编制专项方案,并应按有关规定组织专家论证。

④ 采用扣件钢管或碗扣式支架时,扣件要拧紧,碗扣要紧扣,要抽查扣件的扭力矩,拧紧力矩不应小于40N·m,且不应大于65N·m。横杆的步距要按设计要求设置。采用桁架支模时,要按事先设计的要求设置,要考虑支架的横向刚度,上下弦要设水平连接,拼接桁架的螺栓要拧紧,数量要满足要求。

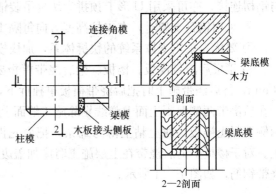

图 16-12 柱顶梁口用木方镶拼

⑤ 由于空调等各种设备管道安装的要求,需要在模板上预留孔洞时,应尽量使穿梁管道孔分散,穿梁管道孔的位置应设置在梁中,以防削弱梁的截面,影响梁的承载能力,具体参见图 16-13。

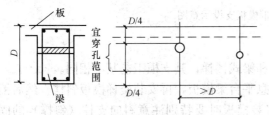

图 16-13 穿梁管道孔设置的高度范围

3) 墙板模板

① 组装墙板模板时,要使两侧穿孔的模板对称放置,确保孔洞对准,以便穿墙螺栓与墙模保持垂直。

② 相邻模板边肋用 U 形卡连接的间距,不得大于 300mm,预组拼模板接缝处宜满上。

③ 预留门窗洞口的模板应有锥度,安装要牢固,做到既不变形,又便于拆除。

④ 墙模板上预留的小型设备孔洞,当遇到钢筋时,应设法确保钢筋位置正确,不得将钢筋移向一侧。

⑤ 优先采用预组装的大块模板,应该具有良好的刚度,以便于整体装、拆、运。

⑥ 墙模板上口应该在同一水平面上,严防墙顶标高不一。

4) 楼板模板

① 采用立柱作支架时,从边跨一侧开始逐排安装立柱,并同时安装外钢楞(大龙骨)。立柱和钢楞(龙骨)的间距根据模板设计荷载计算决定,一般情况下立柱与外钢楞间距为 600~1200mm,内钢楞(小龙骨)间距为 400~600mm。调平后即可铺设模板。在模板铺设完且校正标高后,立柱之间应加设水平拉杆,其道数根据立柱高度决定。一般情况下离地面 200~300mm 处设扫地杆。

② 当采用单块就位组拼楼板模板时,宜以每个节间从四周先用阴角模板与墙、梁模板连接,然后向中央铺设。相邻模板边肋应按设计要求用 U 形卡连接,也可用钩头螺栓

与钢楞连接,亦可采用U形卡预拼大块再吊装铺设。

③ 采用钢管支架时,在支柱高度方向每隔1.5~1.8m设双向水平拉杆。

④ 要优先采用支撑系统的快拆体系,加快模板周转速度。

⑤ 楼板后浇带模板。楼板、梁后浇带模板要求独立支设,宽度为后浇带宽度每边加50mm,待后浇带施工时把后浇带模板单独拆下,后浇带两侧模板作为支撑体系不动,然后在后浇带两侧混凝土面上弹线剔除施工缝面上的混凝土及钢丝网,处理干净后在后浇带两侧混凝土楼板底面上粘上薄海绵条,把原先拆下的模板再重新支上,浇筑后浇带混凝土。对于楼板上的后浇带在上层施工时应加盖废旧多层板,以防止上层施工时落灰污染后浇带钢筋,如图16-14所示。

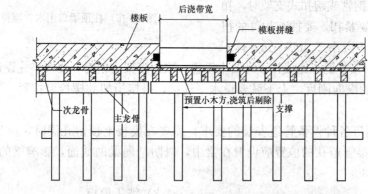

图16-14 后浇带模板支设示意图

5) 楼梯模板

楼梯模板一般比较复杂,常见的有板式和梁式楼梯,其支模工艺基本相同。

施工前应根据实际层高放样,先安装休息平台梁模板,再安装楼梯模板斜楞,然后铺设楼梯底模、安装外帮侧模和踏步模板。安装模板时要特别注意斜向支柱(斜撑)的固定,防止浇筑混凝土时模板移动。

楼梯段模板组装情况,见图16-15。

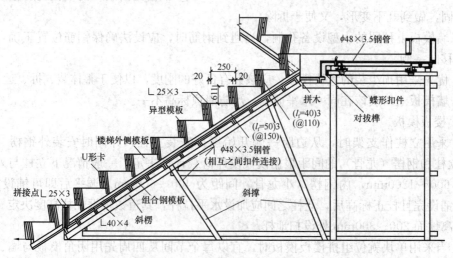

图16-15 楼梯模板支设示意图

6) 预埋件和预留孔洞的设置

梁顶面和板顶面预埋件的留设方法,见图 16-16。

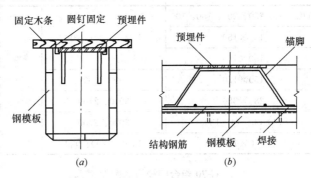

图 16-16 水平构件预埋件固定示意图
(a)梁顶面;(b)板顶面

预留孔洞的留置,参见图 16-17。

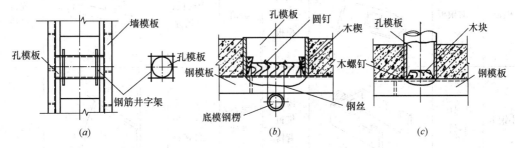

图 16-17 预留孔洞留设方法示意图
(a)梁、墙侧面;(b)、(c)楼板板底

当楼板板面上留设较大孔洞时,留孔处留出模板空位,用斜撑将孔模支于孔边上(图 16-18)。

16.1.1.4 中型组合钢模板

中型组合钢模板是针对 55 型组合钢模板而言,一般模板的肋高有 70mm、75mm 等,模板规格尺寸也比 55 型加大,采用的薄钢板厚度也加厚,使模板的刚度增大。下面介绍 G-70 组合钢模板。

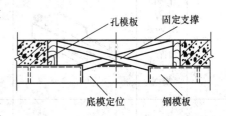

图 16-18 支撑固定方孔孔模示意图

1. G-70 组合钢模板组成

(1) 模板块

全部采用厚度 2.75~3mm 优质薄钢板制成;四周边肋呈 L 形,高度为 70mm,弯边宽度为 20mm,模板块内侧,每 300mm 高设一条横肋,每 150~200mm 设一条纵肋。模板边肋及纵、横肋上的连接孔为蝶形,孔距为 50mm,采用板销连接,也可以用一对楔板或螺栓连接。其材料和规格见表 16-11。

(2) 模板配件

G-70 组合钢模板的配件,见表 16-12。

G-70 组合钢模板材料、规格（mm）　　　　　表 16-11

名称	宽度	长度	肋高	材料
平面模板	600、300、250、200、150、100	1500、1200、900		Q235 钢板 $\delta=3.0$
阴角模板	150×150			$\delta=2.75$
阳角模板	150×150		70	
铰链角模	150×150	900、600		$\delta=4\sim5$
可调阴角模	280×280	3000、2700		$\delta=4$
L 形调节板	74×80、74×130	3000、2700		$\delta=5$
连接角模	70×70	1500、1200、900		$\delta=4$

G-70 组合钢模板的配件　　　　　表 16-12

名称	规格	图示	用途	名称	规格	图示	用途
楔板	一对楔板		锁紧相邻模板	板销	1个楔板、1个销键		连接模板
小钢卡	卡 $\phi 48$ 钢管		固定模板背楞	平台支架	40×40 方钢管、50×26 槽钢		
大钢卡	卡 $\phi 48$ 钢管、卡 50×100 矩形钢管、卡 8 号槽钢		固定模板背楞	斜支撑	50×26 槽钢		模板支撑
双环钢卡	卡 2 根 50×100 矩形钢管 卡 2 根 8 号槽钢		固定模板背楞	外墙挂架	$\phi 48$ 钢管、8 号槽钢、T25 高强度螺栓		
模板卡				钢爬梯	$\phi 16$ 钢筋		

2. 特点

G-70 组合钢模板采用厚 2.75~3mm 钢板制成，肋高为 70mm，边肋增加卷边，提高了模板的刚度。模板接缝严密，浇筑的混凝土表面平整、光洁，能达到清水混凝土的要求。

3. 施工工艺

G-70 组合钢模板的安装施工工艺参见"55 型组合钢模板"有关内容。

16.1.2 钢框模板

钢框木（竹）胶合板模板，是以热轧异形钢为钢框架，以覆面胶合板作面板，并加焊若干钢肋承托面板的一种组合式模板。面板有木（竹）胶合板、单片木面竹芯胶合板等。板面施加的覆面层有热压三聚氰胺浸渍纸、热压薄膜、热压浸涂和涂料等，施工过程可参考现行《钢框组合竹胶合板模板》JG/T 428。

16.1.2.1 75 系列钢框胶合板模板

75 系列模板是由胶合板或竹胶合板的面板与高度为 75mm 的钢框构成的模板。见图 16-19。

1. 组成

（1）平面模板

平面模板以 600mm 为最宽尺寸，作为标准板，级差为 50mm 或其倍数，宽度小于 600mm 的为补充板。长度以 2400mm 为最长尺寸，级差为 300mm。见表 16-13。

（2）连接模板

有阴角模、连接角钢与调缝角钢三种，参见图 16-20。

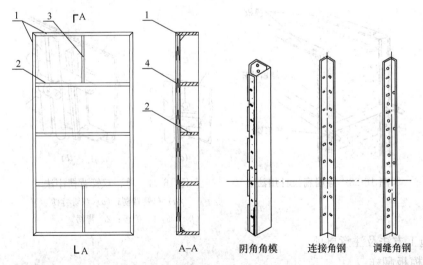

图 16-19　钢框木（竹）胶合板模板　　图 16-20　连接模板
1—边肋；2—主肋；3—次肋；4—面板

（3）配件

配件有连接件、支承架两部分。

1）连接件：有楔形销、单双管背楞卡、L 形插销、扁杆对拉、厚度定位板等。采用

"一把头"或一插即可完成拼装,操作快捷,安全可靠。

2)支承件:有脚手架、钢管、背楞、操作平台、斜撑等。

75 钢框胶合板模板材料、规格(mm) 表 16-13

名称	宽度	长度	肋高	材料
平面模板	600、450、300、250、200	2400、1800、1500、1200、900	75	胶合板或竹胶合板、钢肋
阴角模板	150×150、100×100	1500、1200、900		热轧型钢
连接角钢	75×75	1500、1200、900		角钢
调缝角钢	150×150、200×200	1500、1200、900		角钢

连接件和支承件的使用情况见图 16-21~图 16-24。

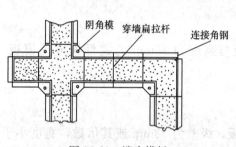

图 16-21 端头模板

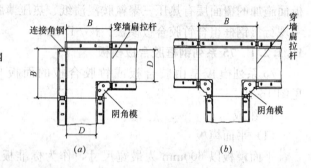

图 16-22 角模(钢)用法
(a) 直角转角处;(b) 丁字转角处

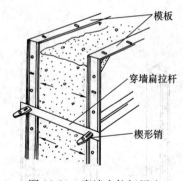

图 16-23 穿墙扁拉杆用法

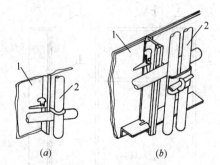

图 16-24 单、双管背楞用法
(a) 单管背楞;(b) 双管背楞
1—模板;2—背楞

2. 施工方法及注意事项

(1) 模板翻样

1) 根据工程结构情况及施工设备和料具供应的条件,对模板进行选配,内容应包括模板排列图、连接件和支承件布置图以及细部结构、异形模板和特殊部位详图。图中应标明预埋件、预留孔洞、清扫孔、浇筑孔等位置,并注明其固定方法等。对于预组装模板,还应绘出其分界线位置。

2) 尽量减少在模板上钻孔。当需要在模板上钻孔时,应使钻孔的模板能多次周转使用。

3) 模板组拼宜采取错缝布置，以增强模板的整体刚度。

4) 根据配模图编制配模表，进行备料。

(2) 施工准备

1) 钢筋绑扎完毕，水电管线及预埋件已安装，并办完隐蔽预检手续。

2) 支搭操作用的脚手架和安全防护设施。

(3) 安装与拆除要求

1) 预组装的模板，为防止模板块窜角，连接件应交叉对称由外向内安装。经检查合格后的预组装模板，应按安装顺序堆放，其堆放层数不宜超过6层，各层间用木方支垫，上下对齐。

2) 墙、柱模板的底面应找平，下端应设置定位基准，靠紧垫平。向上继续安装模板时，模板应有可靠的支承点，其平直度应进行校正。

墙模的对拉螺栓孔应平直，穿对拉螺栓时，不得斜拉硬顶，钢楞宜用整根杆件，接头应错开，搭接长度不少于200mm。柱模组装就位后，应立即安装柱箍，校正垂直度。对于高度较大的独立柱模，应用钢丝绳在四角进行拉结固定。

3) 墙、柱模板根部及上部应留清扫口和观察孔、振捣孔。在浇筑混凝土之前应将洞口堵死。

4) 模板的安装，应该经过检查验收后，方可进行下一道工序施工。

模板安装过程中除应按现行国家标准《混凝土结构工程施工质量验收规范》GB 50204的有关规定进行质量检查外，尚应检查下列内容：

① 立柱、支架、水平撑、剪刀撑、钢楞、对拉螺栓的规格、间距以及零配件紧固情况；

② 立柱、斜撑基底的支撑面积、坚实情况和排水措施；

③ 预埋件和预留孔洞的固定情况；

④ 模板拼缝的严密程度，拼缝缝隙不得大于2mm。

16.1.2.2 55型和78型钢框胶合板模板

1. 模板

(1) 55型钢框胶合板模板

这种模板可与组合钢模板通用，模板由钢边框、加强肋和防水胶合板面板组成。边框采用带有面板承托肋的异形钢，宽55mm，厚5mm，承托肋宽6mm。边框四周设ϕ13mm连接孔，孔距150mm，模板加强肋采用43mm×3mm扁钢，纵横间距300mm。在模板四角及中间一定距离位置设斜铁，用沉头螺栓与面板连接。面板采用12mm厚防水胶合板，模板允许承受混凝土侧压力为30kN/m²。

(2) 55型钢框胶合板模板的规格

如图16-25所示。

长度：900mm、1200mm、1500mm、1800mm、2100mm、2400mm；

宽度：300mm、450mm、600mm、900mm；

常用规格为600mm×1200mm（1800mm、2400mm）。面板的锯口和孔眼均涂刷封边胶。

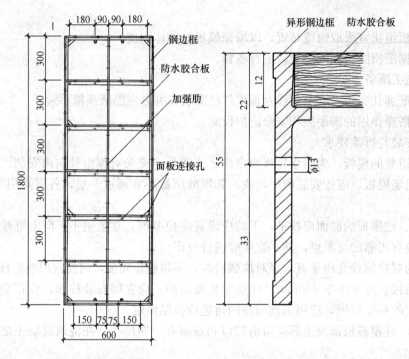

图 16-25 55 型钢框胶合板模板

2. 重型（78型）钢框胶合板模板

该模板刚度大，面板平整光洁，可以整装整拆，也可散装散拆。

(1) 构造：模板由钢边框、加强肋和防水胶合板面板等组成（图16-26）。边框采用带有面板承托肋的异形钢，宽78mm，厚5mm，承托肋宽6mm。边框四周设17mm×21mm连接孔，孔距300mm。模板加强肋采用钢板压制成型的[60mm×30mm×3mm槽钢，肋距300mm，在加强肋两端设节点板，节点板上留有与背楞相连的17mm×21mm椭圆型连接孔，面板上有φ25穿墙孔。在模板四角斜铁及加强位置用沉头螺栓与面板连接。面板采用18mm厚防水胶合板。模板允许承受的混凝土侧压力为50kN/m²。

(2) 78型钢框胶合板模板的规格：长度900mm、1200mm、1500mm、1800mm、2100mm、2400mm；宽度300mm、450mm、600mm、900mm、1200mm。

3. 支撑系统及施工工艺

有关模板施工工艺内容可参见"75系列钢框胶合板模板"。

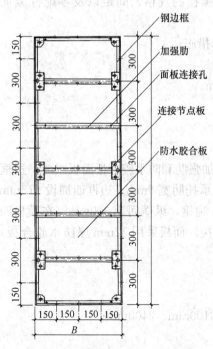

图 16-26 78型钢框胶合板模板

16.1.3 铝合金模板

铝合金模板是以铝合金型材为主要材料按模数设计,经过机械加工和焊接等工艺制成的适用于混凝土工程的模板,包括平面模板和转角模板。铝合金模板具有重量轻、拆装灵活、刚度高、使用寿命长、板面大、拼缝少、精度高、浇筑的水泥平整光洁、施工对机械依赖程度低、能降低人工和材料成本、应用范围广、维护费用低、施工效率高、回收价值高等特点。施工过程可参考《组合铝合金模板工程技术规程》JGJ 386—2016。

16.1.3.1 部件组成及特点

组合铝合金模板体系主要由铝合金模板、早拆装置、支撑及配件四部分组成。其常用规格见表16-14。

铝合金模板常用规格(mm)   表16-14

名称	宽度	长度	高度
平面模板	100、150、200、250、300、350、400、450、500、550、600	600、900、1200、1500、1800、2100、2400、2500、2600、2700、3000、(100、150、200、250、300、350、400、450、500)	65
平面调节模板	(80、90、110、120)		
阴角模板	100×100、100×125、100×150、150×150		
阳角模板	65×65		
阳角调节模板	(65×75、65×85)		
阴角转角模板	100×150、150×150	250×250、300×300、350×350、400×400	
底角模板	50、40	100、150、200、250、300、350、400、450、500、550、600	
单斜铝梁	100、150	200、250、300、350、400、450、500、550、600、650、700、750、800、850、900、950	70、128
双斜铝梁	100、150	900、1100	
板底早拆头	100、150	200	128
梁底早拆头	100、150	180、230、280、330、380、430、480、530、580、630	65

注:括号中的模板规格用于嵌补或调节,对规格、形状、尺寸有特殊要求,由供需双方确定。

1. 铝合金模板

(1) 铝合金模板按结构形式分为平面模板、转角模板、专用模板。其中转角模板包括阴角模板、阳角模板和阴角转角模板;专用模板包括楼梯模板、圆弧模板和其他定制模板等,专用模板的规格根据需要进行定制。

(2) 铝合金竖向模板按模板对拉形式分为拉杆式模板和拉片式模板两种体系。

(3) 铝合金模板按通用形式分为标准模板和非标准模板。符合边肋高度为65mm,孔径为16.5mm,孔心与面板距离为40mm,长度、宽度和孔心距按50mm整数倍的矩形平面模板、转角模板和形状统一要求的常用组件,均为标准板。不符合上述条件之一的模板或组件，均为非标准板。非矩形模板和非常规组件不纳入上述标准和非标准的标识范围。

2. 早拆装置

早拆装置由早拆头、早拆铝梁、快拆锁条等组成，安装在竖向支撑上，可将模板及早拆铝梁降下，是实现先行拆除模板的装置。

3. 支撑

支撑是用于支撑铝合金模板、加强模板整体刚度、调整模板垂直度、承受模板传递荷载的部件，包括：可调钢支撑、斜撑、背楞、柱箍等。

4. 配件

铝合金模板的主要配件有：销钉、销片、独立可调支撑、斜撑、背楞、对拉螺杆、对拉片等。见表16-15。

铝合金模板的主要配件（mm）　　　　　　　表 16-15

	名称	规格	材质
连接件	销钉	$\phi 16\times 50$、$\phi 16\times 130$、$\phi 16\times 195$	Q235
	销片	$24\times 10\times 70\times 3$、$24\times 10\times 70\times 3.5$、$32\times 12\times 80\times 3.0$（弯形）	Q235
	螺栓	$M16\times 35$	Q235
	嵌补板材类模板连接件	$30\times 50\times 3\times L/30\times 50\times 5\times L$	Q235/6061-T6、6082-T6
支撑件	独立可调支撑	外管 $\phi 60\times 3.2\ (2.5)\times 1700$、内管 $\phi 48\times 3.2\ (2.5)\times 2000$	Q235
	斜撑	$\phi 48\times 2.5\times 2000$、$\phi 48\times 2.5\times 900$、$\phi 48\times 3.0\times 2000$、$\phi 48\times 3.0\times 900$	Q235
加固件	背楞	$80\times 40\times 3$、$60\times 40\times 2.5$、$60\times 40\times 3.0$、$50\times 30\times 2.5$、$50\times 50\times 2.5$	Q235
	对拉螺杆	$D16\sim D20$、$T16\sim T20$	45号钢
	对拉片	（33、36、40）×（3、3.5、4.0）（周转）；（33、36、40）×2（一次性）	45号钢或Q345
	垫片	$75\times 75\times 8.0$	Q235

5. 模板铝材

（1）铝合金平面模板实测厚度不小于3.5mm，边框、端肋公称壁厚不小于5.0mm；连接角模公称壁厚不小于6.0mm；阴角模板公称壁厚不小于3.5mm。铝合金带肋面板、各类型材及板材应选用6061-T6、6082-T6或力学性能不低于上述品牌的牌号，焊接板材可选用6063-T6。

（2）所使用的铝合金材料应符合《一般工业铝及铝合金挤压型材》GB/T 6892、《变形铝及铝合金化学成分》GB/T 3190的规定。

（3）铝合金模板焊接时应采用氩弧气体保护焊，宜选用SA 15356或SA 14043焊丝。

16.1.3.2 施工方法及注意事项

铝合金建筑模板适合墙体模板、水平楼板、柱子、梁等模板的使用，可以拼成小型、中型或大型模板。连接主要采用圆柱体插销和楔形插片。模板背后支撑可采用专用斜撑，也可采用方管等作为背撑。其设计与施工应满足现行行业标准《组合铝合金模板工程技术规程》JGJ 386的有关要求。

1. 模板翻样

（1）根据结构、建筑、机电等专业施工图纸，绘制模板施工布置图及各部位剖面详图,绘制配模设计图纸和支撑系统布置图,编制模板及配件的规格、品种与数量明细表与周转使用计划。

(2)根据结构形式、荷载和施工设备等条件进行计算,编制模板施工方案和计算书。模板的荷载及荷载组合应按现行国家标准《混凝土结构工程施工规范》GB 50666 的有关规定确定。

2. 安装准备

(1)模板施工前应制定详细的施工方案,施工方案包括模板安装、拆除、安全措施等各项内容。

(2)模板安装前应向施工班组进行技术交底。操作人员应熟悉模板施工方案、模板施工图、支撑系统设计图等。

(3)模板安装现场应设有测量控制点和测量控制线,并应进行楼面抄平和采取模板地面垫平措施。

(4)模板进场时应按下列规定进行模板、支撑的材料验收:

① 应检查铝合金模板出厂合格证;

② 应按模板及配件规格、品种与数量明细表、支撑系统明细表核对进场产品的数量;

③ 模板使用前应进行外观质量检查,模板表面应平整,无油污、破损和变形,焊缝应无明显缺陷。

(5)模板安装前表面应涂刷脱模剂,且不得使用影响现浇混凝土结构性能或妨碍装饰工程施工的脱模剂。

3. 模板安装

(1)模板及其支撑应按照模板设计的要求进行安装,配件应安装牢固,整体组拼时,应先支设墙、柱模板,调整固定后再架设梁模板及楼板模板。

(2)墙、柱模板的基面应调平,下端应与定位基准靠紧垫平。在墙柱模板上继续安装模板时,模板应有可靠的支承点。背楞宜取用整根杆件,背楞搭接时,上下道背楞接头宜错开设置,错开位置不宜少于400mm,接头长度不应少于200mm,当上下接头无法错开时,应采用具有足够承载力的连接件。见图16-27。

(3)板底早拆系统支撑间距不宜大于1300mm×1300mm,梁底早拆系统支撑不宜大于1300mm。早拆模板支撑系统,可用于楼板厚度不小于100mm、混凝土强度等级不低于C20 的现浇混凝土结构,对预应力混凝土结构应经过论证后,方可使用。

(4)早拆模板支撑系统应具有足够的承载力、刚度和稳定性。在可调钢支撑承载力满足要求的前提下,当梁宽不大于350mm 时,梁底早拆头可由一根可调节钢支撑支承;当梁宽为350~700mm 时,梁底早拆头应由不少于两根可调节支撑支承;当梁宽大于1000mm 时,梁底早拆头应由不少于三根可调节钢支撑支承。

(5)早拆模板支撑系统的上、下层竖向支撑的轴线偏差不应大于15mm,支撑立柱垂直高度偏差不应大于层高的1/300。

(6)墙柱模板采用对拉螺栓连接时,最底层背楞距离地面、外墙最上层背楞距离板顶不宜大于300mm,内墙最大上层背楞距离板顶不宜大于700mm,除满足计算要求外,背楞竖向间距不宜大于800mm,对拉螺栓横向间距不宜大于800mm,转角背楞及宽度小于600mm 的柱箍宜一体化,相邻墙肢模板宜通过背楞连成整体。见图16-28、图16-29。

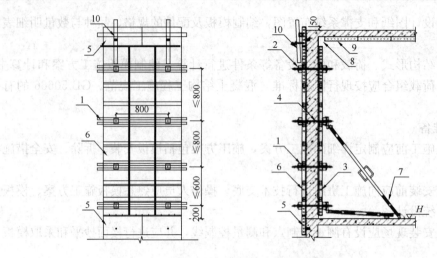

图 16-27 背楞接头搭接示意图
1—背楞；2—螺母、垫片；3—内墙柱模板；4—对拉螺杆；5—承接模板；
6—外墙模板；7—斜支撑；8—转角模板；9—楼面模板；10—承接板加固件

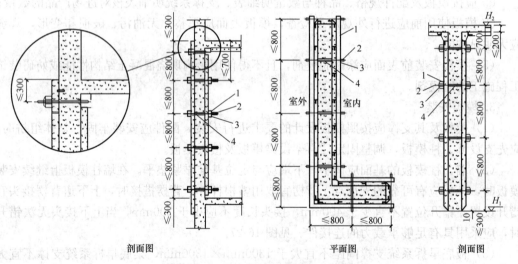

图 16-28 内墙背楞布置大样示意图
1—背楞；2—对拉螺栓；3—对拉螺栓垫片；4—对拉螺栓套管

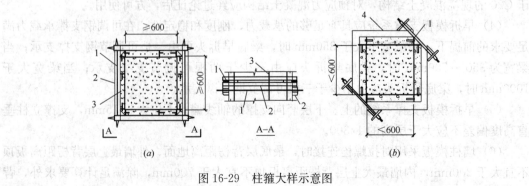

图 16-29 柱箍大样示意图
(a) 柱截面≥600mm 柱箍大样示意图；(b) 柱截面＜600mm 柱箍大样示意图
1—对拉螺栓；2—背楞；3—内墙柱模板；4—柱箍

（7）当设置斜撑时，墙斜撑间距不宜大于2000mm，长度大于等于2000mm的墙体斜撑不应少于两根，斜撑宜着力于竖向背楞。竖向模板之间及其与竖向转角模板之间应用销钉锁紧，销钉间距不宜大于300mm。模板顶端与转角模板或承接模板连接处、竖向模板拼接处，模板宽度大于200mm时，不宜少于2个销钉；宽度大于400mm时，不宜少于3个销钉。墙、柱模板不宜在竖向拼接，当配板确实需要时，不宜超过1次，且应在拼接缝附近设置横向背楞。见图16-30。

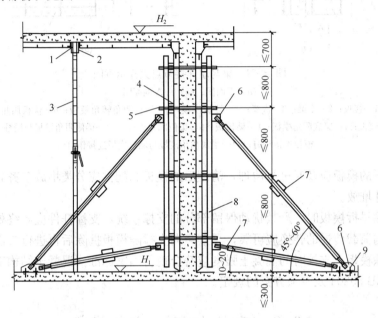

图16-30 柱箍大样示意图
1—板底早拆头；2—快拆锁条；3—可调节钢支撑；4—背楞；
5—对拉螺栓；6—斜撑码；7—斜撑；8—竖向背楞；9—固定螺栓

（8）楼板模板受力端部，除满足受力要求外，每孔均应用销钉锁紧，孔间距不宜大于150mm，不受力侧边每侧销钉间距不宜大于300mm。

（9）梁侧阴角模板、梁底阴角模板与墙柱连接除应满足受力要求外，每孔均应用销钉锁紧，孔间距不宜大于100mm，梁侧模板、楼板阴角模板拼缝宜相互错开，梁侧模板拼缝应用销钉与楼板阴角模板连接。见图16-31。

（10）当梁高度大于600mm时，宜在梁侧模板处设置背楞，梁侧模板沿高度方向拼接时，应在拼接缝附近设置横向背楞，当梁与墙、柱平齐时，梁背楞宜与墙、柱背楞连为一体。

（11）楼梯、开洞、沉箱、悬挑及其他细部结构的模板应采取构造措施保证其承载力。

4. 模板拆除

（1）模板及其支撑系统拆除的时间、顺序及安全措施应严格遵照模板专项施工技术方案。

（2）模板拆除应根据专项施工方案规定的墙、梁、楼板拆除时间依次及时拆除。

（3）模板拆除时应先拆除侧面模板，再拆除承重模板。

（4）支承件和连接件应逐件拆除，模板应逐块拆卸传递，拆除时不得损伤模板和混凝土。

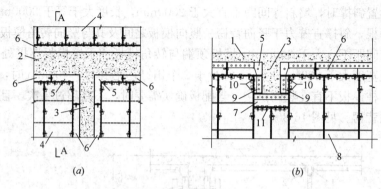

图 16-31　梁与墙连接节点大样示意图
(a) 平面图；(b) A-A 剖面图
1—楼板；2—主梁；3—次梁；4—楼板模板；5—楼板阴角转角模板；6—楼板阴角模板；7—梁底阴角模板；8—墙模板；9—梁侧阴角模板；10—梁侧阴角模板与墙柱模板连接销钉；11—梁底阴角模板与墙柱模板连接销钉

(5) 拆下的模板应及时进行清理，清理后的模板和配件应分类堆放整齐，不得依靠模板或支撑构件堆放。

(6) 拆除早拆模板时，严禁扰动保留部分的支撑系统，支撑杆件应始终处于承受荷载的状态，结构荷载传递的转换应可靠，严禁竖向支撑随模板拆除后再进行二次支顶。

(7) 拆除模板、支撑时的混凝土强度应符合现行国家标准《混凝土结构工程施工质量验收规范》GB 50204 及专项方案的规定。

16.2　现场加工、拼装模板

16.2.1　木模板

木模板是钢筋混凝土结构施工中采用较早的一种模板，是使混凝土按几何尺寸成型的模型板，俗称壳子板。木模板选用的木材品种多数采用红松、白松、杉木。

木模板的主要优点是制作拼装随意，尤其适用于浇筑外形复杂、数量不多的混凝土结构或构件。但由于木材消耗量大，重复利用率低，本着绿色施工的原则，为减少资源的浪费，"以钢代木""以铝代木""以塑代木"等措施已经提出，目前，木模板在现浇钢筋混凝土结构施工中的使用率已大大降低，逐步被其他模板代替。

16.2.1.1　木模板适用范围

木模板常用于基础、墙、柱、梁、板、楼梯等部位。

1. 基础模板

(1) 阶形基础模板

安装顺序：放线→安底阶模→安底阶支撑→安上阶模→安上阶围箍和支撑→搭设模板吊架→检查、校正→验收。

根据图纸尺寸制作每一阶模板，支模顺序由下至上逐层向上安装，先安装底阶模板，用斜撑和水平撑钉稳撑牢；核对模板墨线及标高，配合绑扎钢筋及混凝土（或砂浆）垫块，再进行上一阶模板安装，重新核对各部位墨线尺寸和标高，并把斜撑、水平支撑以及拉杆加以钉紧、撑牢，最后检查斜撑及拉杆是否稳固，校核基础模板几何尺寸、标高及轴线位置，见图 16-32。

（2）杯形基础模板

安装顺序：放线→安底阶模→安底阶支撑→安上阶模→安上阶围箍和支撑→搭设模板吊架→（安杯芯模板）→检查、校正、验收。

杯形基础模板与阶形基础模板基本相似，在模板的顶部中间装杯芯模板，杯芯模板分为整体式和装配式。尺寸较小者一般采用整体式，见图 16-33～图 16-35。

（3）条形基础模板

根据土质分为两种情况：土质较好时，下半段利用原土削铲平整不支设模板，仅上半段采用吊模；土质较差时，其上下两段均支设模板。侧板和端头板制成后，应先在基础底弹出基础边线和中心线，再把侧板和端头板对准边线和中心线，用水平尺校正侧板顶面水平，经检测无误差后，用斜撑、水平撑及拉撑钉牢。最后校核基础模板几何尺寸及轴线位置。

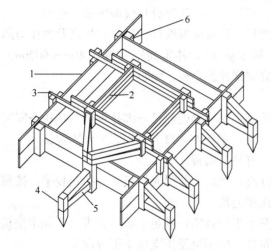

图 16-32　阶形基础模板
1—第一阶侧板；2—第二阶侧板；
3—轿杠木；4—木桩；5—撑木；6—木档

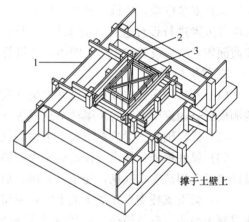

图 16-33　杯形基础模板
1—底阶模板；2—轿杠木；3—杯芯模板

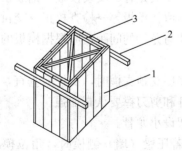

图 16-34　整体式杯芯模板
1—杯芯侧板；2—轿杠木；3—木档

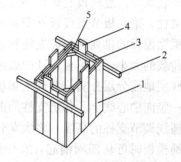

图 16-35　装配式杯芯模板
1—杯芯侧板；2—轿杠木；
3—木档；4—抽芯板；5—三角板

(4) 施工要点

1) 安装模板前先复查地基垫层标高及中心线位置，弹出基础边线。基础模板板面标高应符合设计要求。

2) 基础下段土质良好可利用土模时，开挖基坑和基槽尺寸应该准确。

3) 采用木板拼装的杯芯模板，应采用竖向直板拼钉，不宜采用横板，以免拔出时困难。

4) 脚手板不能搭设在基础模板上。

2. 柱模板

(1) 安装顺序：放线→设置定位基准→第一块模板安装就位→安装支撑→邻侧模板安装就位→连接第二块模板，安装第二块模板支撑→安装第三、四块模板及支撑→调直纠偏→安装柱箍→全面检查校正→柱模群体固定→清除柱模内杂物，封闭清扫口。

(2) 根据图纸尺寸制作柱侧模板后，测放好柱的位置线，钉好压脚板后再安装柱模板，两垂直向加斜拉顶撑。柱模安完后，应全面复核模板的垂直度、对角线长度差及截面尺寸等项目。柱模板支撑应该牢固，预埋件、预留孔洞严禁漏设且应该准确、稳牢。

(3) 安装柱箍：柱箍的安装应自下而上进行，柱箍应根据柱模尺寸、柱高及侧压力的大小等因素进行设计选择（有木箍、钢箍、钢木箍等），柱箍间距一般在400~600mm，柱截面较大时应设置柱中穿心螺栓，由计算确定螺栓的直径、间距。

3. 梁模板

(1) 安装顺序：放线→搭设支模架→安装梁底模→梁模起拱→绑扎钢筋与垫块→安装两侧模板→固定梁夹→安装梁柱节点模板→检查校正→安梁口卡→相邻梁模固定。

(2) 弹出轴线、梁位置线和水平标高线，钉柱头模板。

(3) 梁底模板：按设计标高调整支柱的标高，然后安装梁底模板，并拉线找平。按照设计要求或规范要求起拱，先主梁起拱，后次梁起拱。

(4) 梁下支柱支承在基土面上时，应将基土平整夯实，满足承载力要求，并加木垫板或混凝土垫板等有效措施，确保混凝土在浇筑过程中不会发生支顶下沉等现象。

(5) 梁侧模板：根据墨线安装梁侧模板、压脚板、斜撑等。

(6) 当梁高超过700mm时，梁侧模板宜加穿梁螺栓加固。

4. 顶板

(1) 安装顺序：复核板底标高→搭设支模架→安放龙骨→安装模板（铺放密肋楼板模板）→安装柱、梁、板节点模板→安放预埋件及预留孔模板等→检查校正→交付验收。

(2) 根据模板的排列图架设支柱和龙骨。支柱与龙骨的间距，应根据模板的混凝土重量与施工荷载的大小，在模板设计中确定。

(3) 底层地面分层夯实，并铺木垫板。采用多层支顶支模时，支柱应垂直，上下层支柱应在同一竖向中心线上。各层支柱间的水平拉杆和剪刀撑要认真加强。

(4) 通线调节支柱的高度，将大龙骨拉平，架设小龙骨。

(5) 铺模板时可从四周铺起，在中间收口。若压梁（墙）侧模时，角位模板应通线钉固。

(6) 楼面模板铺完后，应复核模板面标高和板面平整度，预埋件和预留孔洞不得漏设并应位置准确。支模顶架应该稳定、牢固。模板梁面、板面应清扫干净。

16.2.1.2 施工注意事项

(1) 模板安装前,要检查模板的质量;安装后,要进行验收。

(2) 带形基础要防止沿基础通长方向出现模板上口不直、宽度不准、下口陷入混凝土内、拆模时上段混凝土缺损、底部上模不牢的现象。

(3) 杯形基础应防止中心线不准,杯口模板位移,以及混凝土浇筑时芯模浮起,拆模时芯模起不出的现象。

(4) 梁模板要防止梁身不平直、梁底不平及下挠、梁侧模胀模、局部模板嵌入柱梁间、拆除困难的现象。

(5) 柱模板要防止柱模板胀模、漏浆、混凝土不密实,或蜂窝麻面、偏斜、柱身扭曲的现象。

(6) 板模板要防止板中部下挠,板底混凝土面不平的现象。

16.2.2 胶 合 模 板

混凝土模板用胶合板包括木胶合板和竹胶合板两种。胶合板用作混凝土模板具有以下优点:

(1) 板幅大,自重轻,板面平整;

(2) 经表面处理后耐磨性好,能多次重复使用;

(3) 材质轻,18mm 厚的木胶合板单位面积重量为 50kg,模板的运输、堆放、使用和管理等都较为方便;

(4) 保温性能好,能防止成型构件温度变化过快,冬期施工有助于混凝土的保温;

(5) 锯截方便,易加工成各种形状的模板。

16.2.2.1 木胶合板模板

1. 木胶合板模板的分类

木胶合板模板分为三类:

(1) 素板:未经表面处理的混凝土模板用胶合板。

(2) 涂胶板:经树脂饰面处理的混凝土模板用胶合板。

(3) 覆膜板:经浸渍胶膜纸贴面处理的混凝土模板用胶合板。

2. 构造和规格

(1) 构造

模板用的木胶合板通常由 5、7、9、11 层等奇数层单板经热压固化而胶合成型。相邻层的纹理方向相互垂直,通常最外层表面板的纹理方向和胶合板板面的长向平行。

(2) 木胶合板规格尺寸

混凝土模板用木胶合板的规格尺寸见表 16-16。

3. 胶合性能与物理力学性能

(1) 胶合性能

模板用胶合板的胶粘剂主要是酚醛树脂。此类胶粘剂胶合强度高,耐水、耐热、耐腐蚀等性能良好,耐沸水性能及耐久性优异。

评定胶合性能的指标主要有两项:胶合强度与胶合耐久性。可通过胶合强度试验、沸水浸渍试验来判定。

（2）物理力学性能

木胶合板物理力学性能指标值见表16-17。

木胶合板规格尺寸（mm） 表 16-16

截面尺寸				厚度（h）
模数制		非模数制		
宽度	长度	宽度	长度	
—	—	915	1830	
900	1800	1220	1830	$12 \leqslant h < 15$
1000	2000	915	2135	$15 \leqslant h < 18$
1200	2400	1220	2440	$18 \leqslant h < 21$
—	—	1250	2500	$21 \leqslant h < 24$

木胶合板物理力学性能指标值表 表 16-17

项目		单位	厚度（mm）			
			$12 \leqslant h < 15$	$15 \leqslant h < 18$	$18 \leqslant h < 21$	$21 \leqslant h < 24$
含水率		%	6~14			
胶合强度			≥0.70			
静曲强度	顺纹	MPa	≥50	≥45	≥40	≥35
	横纹		≥30	≥30	≥30	≥25
弹性模量	顺纹		≥6000	≥6000	≥5000	≥5000
	横纹		≥4500	≥4500	≥4000	≥4000
浸渍剥离性能			浸渍胶膜纸贴面与胶合板表层上的每一边累计剥离长度不超过25mm			

16.2.2.2 竹胶合板模板

在我国木材资源短缺的情况下，以竹材为原料制作混凝土模板用竹胶合板，具有收缩率小、膨胀率和吸水率低，以及承载能力大的特点，是一种具有发展前途的新型建筑模板。

1. 组成和构造

混凝土模板用竹胶合板，是由竹席、竹帘、竹片等多种组坯结构，其面板与芯板所用材料有所区别。芯板将竹子劈成竹条（称竹帘单板），宽14~17mm，厚3~5mm，在软化池中进行高温软化处理后，作烤青、烤黄、去竹衣及干燥等进一步处理。面板通常为编席单板，做法是竹子劈成篾片，编成竹席。表面板采用薄木胶合板。这样既可利用竹材资源，又可兼有木胶合板的表面平整度。

2. 竹胶合板模板规格尺寸

混凝土模板用竹胶合板模板规格、尺寸见表16-18。

3. 物理力学性能

由于各地所产竹材的材质不同，同时又与胶粘剂的胶种、胶层厚度、涂胶均匀程度以及热固化压力等生产工艺有关，因此竹胶合板的物理力学性能差异较大，其弹性模量变化范围为 $(2 \sim 10) \times 10^3 \mathrm{N/mm^2}$。一般密度大的竹胶合板，相应的静弯曲强度和弹性模量值也高。见表 16-19。

竹胶合板模板规格、尺寸 (mm) 表 16-18

宽度	长度	厚度
915	1830	
1220	1830	
1000	2000	9、12、15、18
915	2135	
1220	2440	
1500	3000	

注：竹胶合模板规格可根据用户需要生产。

竹胶合板物理力学性能指标值 表 16-19

项目		单位	优等品	合格品
含水率		%	≤12	≤14
静曲弹性模量	板长向	N/mm^2	≥7.5×10^3	≥6.5×10^3
	板短向	N/mm^2	≥5.5×10^3	≥4.5×10^3
静曲强度	板长向	N/mm^2	≥90	≥70
	板短向	N/mm^2	≥60	≥50
冲击强度		kJ/m^2	≥60	≥50
胶合性能		mm/层	≤25	≤50
水煮、冰冻、干燥后的保存强度	板长向	N/mm^2	≥60	≥50
	板短向	N/mm^2	≥40	≥35
折减系数		—	0.85	0.80

16.2.2.3 施工方法及注意事项

采用胶合板作现浇混凝土墙体和楼板的模板，是目前常用的一种模板技术，与采用组合式模板相比，可以减少混凝土外露表面的接缝，满足清水混凝土的要求。

1. 墙体模板

常规的支模方法是：胶合板面板外侧的立档用 50mm×100mm 木方，横档（又称牵杠）可用 ϕ48mm×3.5mm 脚手架钢管或木方（一般为边长 100mm 木方），两侧胶合板模板用穿墙螺栓拉结。见图 16-36。

(1) 钢筋绑扎完毕，进行墙模板安装时，根据边线先立一侧模板，临时用支撑撑住，用线坠校正模板的垂直，然后固定牵杠，再用斜撑固定。大块侧模组拼时，上下竖向拼缝要互相错开，先立两端，后立中间部分，再按同样方法安装另一侧模板及斜撑等。

(2) 为了保证墙体的厚度正确，在两侧模板之间可用

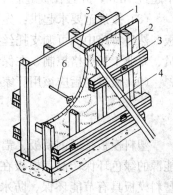

图 16-36 采用胶合板面板的墙体模板
1—胶合板；2—立档；3—横档；4—斜撑；5—撑头；6—穿墙螺栓

小木方撑头（小木方长度等于墙厚），小木方要随着浇筑混凝土逐个取出。为了防止浇筑混凝土时墙身鼓胀，可用直径12～16mm螺栓拉结两侧模板，间距不大于1m。螺栓要纵横排列，并可增加穿墙螺栓套管，以便在混凝土凝结后取出。

2. 楼板模板

(1) 板顶标高线依1m线引测到柱筋上，在施工过程中随时对板底、板顶标高进行复测、校正。

(2) 排板：根据开间的尺寸，确定顶板的排板尺寸，以保证顶板模板最大限度地使用整板。

(3) 根据立杆支撑位置图放线，保证以后每层立杆都在同一条垂直线上，应确保上下支撑在同一竖向位置。

(4) 立杆排好后，进行主次龙骨的铺设，按排板图进行配板，为以后铺板方便，可适当编号，尽量使模板周转到下一层相同位置，见图16-37。

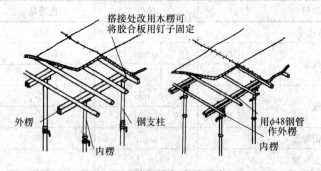

图16-37 楼板模板支撑示意图

(5) 模板安装完毕后先进行自检，再报监理预检，合格后方可进行下道工序。

(6) 严格控制顶板模板的平整度，两块板的高低差不大于1mm。主、次木楞平直，过刨使其薄厚尺寸一致，用可调U形托调整高度。

(7) 梁、板、柱接头处，阴阳角、模板拼接处要严密，模板边要用电刨刨齐整，拼缝不超过1mm，并且在板缝底下应该加木楞支顶。

(8) 按规范要求起拱：先按照墙体及柱子上弹好的标高控制线和模板标高全部支好模板，然后将跨中的可调支托丝扣向上调动，调到要求的起拱高度，起拱应由班组长、放线员、专业工长严格控制，在保证起拱高度的同时还要保证梁的高度和板的厚度。

(9) 板过刨后应该用厂家提供的专用漆封边，以减少模板吸水。

16.2.3 塑料模板

塑料模板是继钢模板、铝合金模板之后的新一代建筑模板产品，塑料模板是一种节约能源的绿色环保产品，模板在使用上"以塑代木""以塑代钢"是节能环保的发展趋势。塑料模板具有节能环保、防水抗蚀，支模、拆模便捷，周转次数高，可循环再利用等优势。塑料模板已在各类工程建设领域得到应用。塑料模板的形状类型主要有平面模板、带肋模板和铝框塑料模板，此处主要介绍平面塑料模板，可参考《塑料模板》JG/T 418、《建筑塑料复合模板工程技术规程》JGJ/T 352进行施工。

16.2.3.1 塑料模板的种类与构造

1. 塑料模板的种类

塑料模板是以热塑性硬质塑料为主，以玻璃纤维、植物纤维、防老化剂、阻燃剂等辅助材料，经过挤出、模压、注塑等工艺制成的一种用于混凝土结构工程的模板，一般常规主要材质有聚氯乙烯（PVC）、聚丙烯（PP）、聚乙烯（PE）、丙烯腈-丁二烯-苯乙烯（ABS）等。按结构可分为夹芯塑料模板、带肋塑料模板和空腹塑料模板三种。

2. 构造与组成

（1）夹芯塑料模板

由两个塑料面层夹着中间芯层组成的塑料平面模板，中间芯层可为纤维塑料、发泡塑料或再生塑料芯。

（2）带肋塑料模板

由一层塑料面板及背面的纵横肋、斜肋组成的塑料模板，其中带有边肋的塑料定型模板可通过连接件互相连接。

（3）空腹塑料模板

由双层面板和密集纵肋组成或由双层面板、中隔板和双层蜂窝型空格组成的一种中空塑料模板，可制作成平板或定型带肋板。

3. 规格与尺寸

如表 16-20 所示。

塑料模板规格尺寸（mm）　　　　表 16-20

类别		宽度	长度	厚度
夹芯塑料模板		915、1220	1830、2440	12、15、18、20
带肋塑料模板	密肋塑料模板	900、1000、1200	1800、2000、2400	12、15、18、35、40、45、50
	有边肋和主、次肋塑料模板	50、100、150、200、250、300、350、400、450、500、550、600、900	300、600、900、1200、1500、1800	55、60、70、80、100
空腹塑料模板	空腹平面模板	915、1220	1830、2440	12、15、18
	空腹带肋模板	100、150、200、250、300、450、500、600	1800、2000、2400、3000	40、45、55、65

注：对模板规格、尺寸有特殊要求，由供需双方确定。

4. 物理力学性能指标

塑料模板物理力学性能指标应符合表 16-21 要求。

塑料模板物理力学性能指标　　　　表 16-21

项目	单位	指标		
		夹芯塑料模板	带肋塑料模板	空腹塑料模板
吸水率	%	≤0.5	≤0.5	≤0.5
表面硬度（邵氏硬度）	D	≥58	≥58	≥58
简支梁无缺口冲击强度	kJ/m²	≥14	≥25	≥30

续表

项目	单位	指标		
		夹芯塑料模板	带肋塑料模板	空腹塑料模板
弯曲强度	MPa	≥24	≥45	≥30
弹性模量	MPa	≥1200	≥4500	≥3000
维卡软化点	℃	≥75	≥80	≥80
加热后尺寸变化率	%	±0.2	±0.2	±0.2
施工最低温度	℃	−10	−10	−10
燃烧性能等级	级	≥E	≥E	≥E

16.2.3.2 施工工艺

带肋塑料模板施工工艺可参考组合式模板，对夹芯塑料模板和空腹塑料模板施工工艺要求如下：

1. 工艺流程

弹线→铺垫板→支设架子支撑→安主次龙骨、墙体四周加贴海绵条并用50mm×100mm单面刨光木方顶紧→（大于4m时支撑应起拱）→铺模板→校正标高→安装顶板周边侧模→验收。

2. 模板安装要点

（1）平面及剪力墙模板施工时，背楞平面应调整水平，背楞宜采用木方或方钢，不宜直接采用圆钢管作为次背楞，水平构件主背楞从墙模底部100mm开始，间距450～600mm。墙体模横向主背楞间距应控制在450～500mm（根据不同墙体厚度可加密）。在穿墙对拉螺栓加固时应均匀受力，且不可拉丝过紧或过松，防止对拉螺杆处因拉紧程度不一造成混凝土墙面凸起或凹陷。

（2）柱模板施工时，采用方钢（木方）次背楞纵向间距应为150～200mm，横向主背楞间距应控制在450～500mm，根据不同柱截面尺寸可视情况对间距进行加密，对拉螺栓根据柱截面及规范要求进行布置。

（3）顶板板面与梁或墙体侧模相接时，应压在梁侧模或墙体侧模上，但不得吃进梁内，应该与侧模一平。板四周靠墙时应在墙面上粘贴胶条，海绵条要求与板面平齐，不得突出模板表面，与墙体挤严，防止漏浆。

（4）模板面用钉时应离模边不小于20mm，根据天气温度合理调节施工（在模板之间接触处预留合理的空间，用双面弹性海绵胶或做平面处理）。模板面板间拼缝应严密平整，无错台，中间无缝隙。

（5）塑料模板的安装工具与木模板安装工具一致，具体安装要求可参照《建筑工程大模板技术规程》JGJ 74和钢筋混凝土工程模板施工的有关技术规程进行。

（6）跨度大于4m的板，应按10mm要求起拱，起拱线要顺直，不得有折线。要保证中间起，四边不起。起拱方法：先按照墙体上及柱子上弹好的标高控制线和模板标高支好全部模板，然后将跨中的可调支托向上调动丝扣，调到要求的起拱高度，在保证起拱高度的同时还要保证梁的高度和板的厚度。

（7）两张模板拼接应固定在木方背楞上，防止出现拼缝错台及漏浆等现象。

3. 模板拆除

模板的拆除应自上而下，先拆侧向支撑后拆垂直支撑，先拆不承重结构再拆承重结构，先支的后拆，后支的先拆。轻拆轻放，堆放整齐。

(1) 柱模的拆除

自上而下分层拆除（散支），拆除第一层时，用木锤或橡皮锤向外侧轻击模板上口，模板松动，自行脱离混凝土。切不可用撬杆从柱角撬离，以免损伤模板，影响使用率。

(2) 梁模的拆除

梁模应先拆支架拉杆以便作业，而后拆除梁与楼板的连接角模及梁侧模板，拆除梁底模支柱时应从中向两端作业。

(3) 模板拆除应按顺序分段进行，严禁猛撬硬砸或大面积撬落和拉倒，完工前不得留下松动或悬挂模板，注意安全，防钉扎或板架倒塌伤人。

16.2.3.3 施工注意事项

(1) 混凝土与模板接触临界温度为 5~70℃，如采用高标号混凝土和大体积混凝土温度超过 70℃时，应采取降温措施。

(2) 使用方应验算模板的整体强度，根据要求配置相应规格的木方，以保证模板的变形符合国家现行施工验收规范的要求。

(3) 塑料模板在现场搬运时要轻拿轻放，堆放场地应平整，码放整齐。

(4) 模板拆除后应及时清理板面混凝土残渣，或用自来水冲洗模板的表面及侧面，侧面如有水泥浆应用钢丝清理干净。

(5) 注意不得用铁件翘边，避免砸坏模角。分类码放，专模专用，提高周转次数。

16.3 工 具 式 模 板

工具式模板是针对工程结构构件的特点，研制开发的一种可以持续周转使用的利用吊装或动力设备进行施工的专用模板。工具式模板的主要类别有大模板、电梯井筒模、滑动模板、爬升模板、飞模和柱模等。

16.3.1 大 模 板

大模板是采用专业设计和工业化加工制作而成的一种工具式模板，由面板系统、支撑系统、操作平台系统、对拉螺栓等组成，利用辅助设备按模位整装整拆的整体式或拼装式模板。大模板的单块模板面积较大，一般与支架连为一体，具有安拆简便、尺寸准确、板面平整、周转使用次数多等优点。大模板的施工工艺包括安装、浇筑、拆模等工作，首先按建筑施工模位需求，在工厂加工完成整体式大模板或现场组拼完成拼装式大模板，再利用辅助起重设备按模位进行整装整拆施工，其施工过程可参照《建筑工程大模板技术标准》JGJ/T 74 进行。

大模板的结构应用，从普通小开间剪力墙结构的应用，一直发展到大开间剪力墙结构的应用。当前应用频率较高的工程包括箱形基础工程以及框架剪力墙工程。

16.3.1.1 大模板构造

1. 大模板的分类

(1) 按板面材料分类：分为木质模板、金属模板、化学合成材料模板。
(2) 按组拼方式分类：分为整体式模板、组合式模板、拼装式模板。
(3) 按构造外形分类：分为平模、小角模、大角模、筒子模。
(4) 按构造形式分类：分为桁架式大模板、组合式大模板、拆装式大模板、筒形模板。

2. 大模板的面板材料

大模板的板面是直接与混凝土接触的部分，它承受着混凝土浇筑时的侧压力，要求具有足够的刚度，表面平整，能多次重复使用。钢板、木（竹）胶合板以及化学合成材料面板等均可作为面板的材料，其中常用的为钢板和木（竹）胶合板。

(1) 整块钢面板

一般用 4～6mm 厚钢板拼焊而成。此类面板具有良好的强度和刚度，能承受较大的混凝土侧压力及其他施工荷载，重复利用率高，一般周转次数在 200 次以上。由于钢板面平整光洁，耐磨性好，有利于提高混凝土的观感质量。

(2) 组合式模板组拼面板

此类模板采用组合模板组拼而成；材料厚度通常取 2.5～5.0mm，面板具有一定强度和刚度，单板自重较整块钢板面轻，能做到一模多用，但拼缝较多，整体性差，在墙面质量要求不高的情况下可以采用。

(3) 化学合成材料面板

采用玻璃钢或硬质塑料板等化学合成材料作板面，其优点是自重轻、板面平整光滑、易脱模、遇水不膨胀。缺点是刚度小、怕撞击。

3. 大模板的构造形式

(1) 组合式大模板

组合式大模板是最常用的一种模板形式。它通过固定于大模板板面的角模，把纵横墙的模板组装在一起，房间的纵横墙体混凝土可以同时浇筑，故房屋整体性好。它还具有拆装方便、墙体阴角方正、施工质量好等特点，并可以利用模数条模板加以调整，以适应不同开间、进深的需要。组合式大模板由板面系统、支撑系统、操作平台及附件组成，如图 16-38 所示。

1) 面板系统

板面系统由面板、加劲肋、横肋以及龙骨组成，见图 16-39。

面板通常采用 4～6mm 的钢板，面板骨架由加劲肋和横肋组成。竖肋，一般采用 60mm×6mm 扁钢，间距 400～500mm。横肋，一般采用 8 号槽钢，间距为 300～350mm。加劲肋和横肋共同作用，保证了板面的双向受力。竖龙骨采用 12 号槽钢成对放置，间距一般为 1000～1400mm。

加劲肋和横肋与板面之间用间断焊缝焊接在一起，其焊点间距不得大于 200mm。竖龙骨与横肋满焊，形成一个结构整体。竖龙骨兼作支撑架的上弦。

为加强整体性，横、纵墙大模板的两端均焊接边框（横墙边框采用扁钢，纵墙边框采用角钢），以使得整个板面系统形成一个封闭结构，并通过连接件将横墙模板与纵墙模板有机地连接。一端与内纵墙连接，端部焊扁钢，作连接件（图 16-39Ⓐ）；另一端与外墙板或外墙大模板连接，通过长销孔固定角钢；或通过扁钢与外墙大模板连接（图 16-39Ⓑ）。

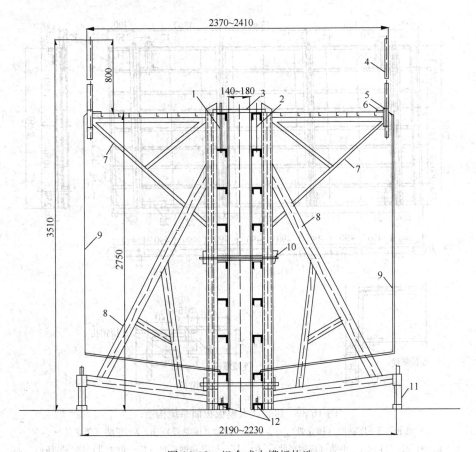

图 16-38 组合式大模板构造
1—反向模板;2—正向模板;3—上口卡板;4—活动护身栏;5—爬梯横担;
6—螺栓连接;7—操作平台斜撑;8—支撑架;9—爬梯;10—穿墙螺栓;11—地脚螺栓;12—地脚

2) 支撑系统

支撑系统由支撑架和地脚螺栓组成,其功能是保持大模板在承受风荷载和水平力时的竖向稳定性,同时用以调节板面的垂直度。

支撑架一般用槽钢和角钢焊接制成(图16-40)。每块大模板设置2个以上支撑架。支撑架通过上、下两个螺栓与大模板竖向龙骨相连接。

地脚螺栓设置在支撑架下部横杆槽钢端部,用来调整模板的垂直度和保证模板的竖向稳定。地脚螺栓的可调高度和支撑架下部横杆的长度直接影响到模板自稳角的大小。

3) 操作平台

操作平台系统由操作平台、护身栏、铁爬梯等部分组成。操作平台设置于模板上部,用三角架插入竖肋的套管内,三角架上满铺脚手板。三角架外端焊有 $\phi 37.5 mm$ 的钢管,用以插放护身栏的立杆。铁爬梯供操作人员上下平台之用,附设于大模板上,用 $\phi 20 mm$ 钢筋焊接而成,随大模板一道起吊。

4) 附件

① 穿墙螺栓与塑料套管

穿墙螺栓是承受混凝土侧压力、加强板面结构的刚度、控制模板间距的重要配件,它

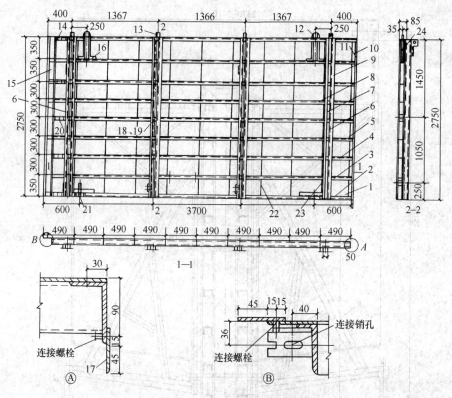

图 16-39 组合式大模板板面系统构造

1—面板；2—底横肋（横龙骨）；3、4、5—横肋（横龙骨）；6、7—竖肋（竖龙骨）；
8、9、22、23、24—小肋（扁钢竖肋）；10、17—拼缝扁钢；11、15—角龙骨；12—吊环；
13—上卡板；14—顶横龙骨；16—撑板钢管；18—螺母；19—垫圈；20—沉头螺栓；21—地脚螺栓

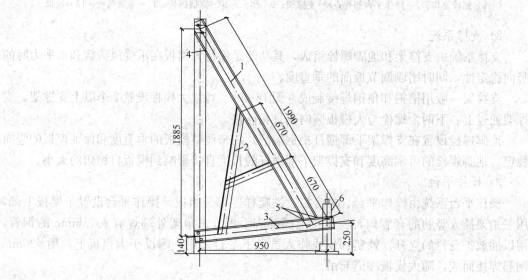

图 16-40 支撑架

1—槽钢；2—角钢；3—下部横杆槽钢；4—上加强板；5—下加强板；6—地脚螺栓

把墙体两侧大模板连接为一体。为了防止墙体混凝土与穿墙螺栓粘结，在穿墙螺栓外部套硬质塑料管，其长度与墙厚相同，内径比穿墙螺栓直径大3～4mm，这样可保证穿墙螺栓在拆除时能顺利取出。穿墙螺栓用45号钢加工而成，一端为梯形螺纹，长约120mm，以适应不同墙体厚度的施工。另一端在螺栓杆上车上销孔，支模时用板销打入销孔内，以防止模板外胀。板销厚6mm，做成斜头，以方便拆卸。见图16-41。

② 上口卡子

在模板顶端与穿墙螺栓上下对直位置处利用槽钢或钢板焊制好卡子支座，并在支模完成后将上口卡子卡入支座内。上口卡子直径为30mm，其上根据不同的墙厚设置多个凹槽，以便与卡子支座相连接，达到控制墙厚的目的。见图16-42。

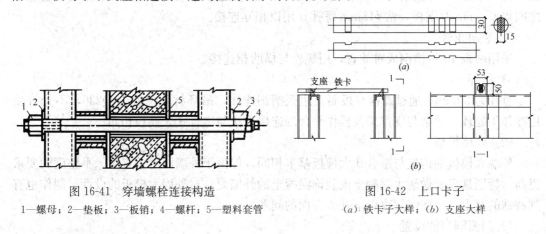

图16-41 穿墙螺栓连接构造
1—螺母；2—垫板；3—板销；4—螺杆；5—塑料套管

图16-42 上口卡子
(a) 铁卡子大样；(b) 支座大样

(2) 拆装式大模板

拆装式大模板（图16-43）与组合式大模板的最大区别在于其板面与骨架以及骨架中各钢杆件之间的连接全部采用螺栓组装而非焊接连接，因此比组合式大模板更便于拆改，也可减少模板因焊接而变形的问题。

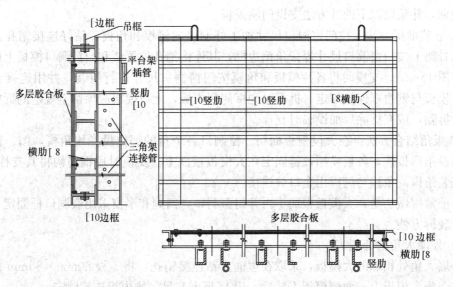

图16-43 拆装式大模板

1) 板面

板面采用钢板或胶合板,通过 M6 螺栓将板面与横肋连接固定,螺栓间距为 350mm。为了保证板面平整,板面材料在高度方向拼接时,应拼接在横肋上;在长度方向拼接时,应在接缝处后面铺设一道木龙骨。

2) 骨架

横肋以及周边边框全部用 M16 螺栓连接成骨架,连接螺孔直径为 18mm。如采用木质面板,则在木质面板四周加槽钢边框,槽钢型号应比中部槽钢大一个板面厚度,能够有效地防止木质板面四周损伤。例如当面板采用 20mm 厚胶合板时,普通横肋为 8 号槽钢,则边框应采用 10 号槽钢;当面板采用钢板时,其边框槽钢与中部槽钢尺寸相同。各边框之间焊以 8mm 厚钢板,钻 $\phi 18mm$ 螺孔,用以相互连接。

3) 竖向龙骨

采用两根 10 号槽钢成对放置,用螺栓与横肋相连接。

4) 吊环

直径为 20mm,通过螺栓与板面上边框槽钢连接,吊环材质一般为 Q235,不允许使用冷加工处理。骨架与支撑架及操作平台的连接方法与组合式大模板相同。

(3) 外墙模板

外墙大模板的构造与组合式大模板基本相同,但由于外墙面对垂直度、平整度的要求更高,特别是需要做清水混凝土或装饰混凝土的外墙面,对外墙大模板的设计、制作也有其特殊的要求。主要需解决以下几个方面的问题:

1) 门窗洞口的设置

习惯做法是将门窗洞口部位的模板骨架取掉,按门窗洞口的尺寸,在骨架上做一边框,与大模板焊接为一体(图 16-44)。门窗洞口宜在内侧大模板上开设,以便振捣混凝土时便于进行观察。

另一种做法是:保存原有的大模板骨架,将门窗洞口部位的钢板面取掉。同样做一个型钢边框,并采取以下两种方法支设门洞模板。

① 散装散拆方法:按门窗洞口尺寸加工好洞口的侧模和角模,钻好连接销孔。在大模板的骨架上按门窗洞口尺寸焊接角钢边框,其连接销孔位置要和门窗洞口模板上的销孔一致(图 16-45)。支模时将各片模板和角模按门窗洞口尺寸进行组装,并用连接销将门窗洞口模板与钢边框连接固定。拆模时先拆侧帮模板,上口模板应保留至规定的拆模强度时方能拆除,或在拆除后加设临时支撑。

② 板角结合方法:在大模板板面门、窗洞口各个角的部位设专用角模,门、窗洞口的各面设条形板模,各板模用铰链固定在大模板板面上。支模时用钢筋钩将其支撑就位,然后安装角模。角模与侧模用企口缝连接。

目前常用做法是:大模板板面不再开门窗洞口,门洞和窄窗采用假洞口框固定在大模板上,装拆方便。

2) 外墙大角的处理

外墙大角处相邻的大模板,采取在边框上钻连接销孔,将 1 根 80mm×80mm 的角模固定在一侧大模板上。两侧模板安装后,用 U 形卡与另一侧模板连接固定。

3) 外墙外侧大模板的支设

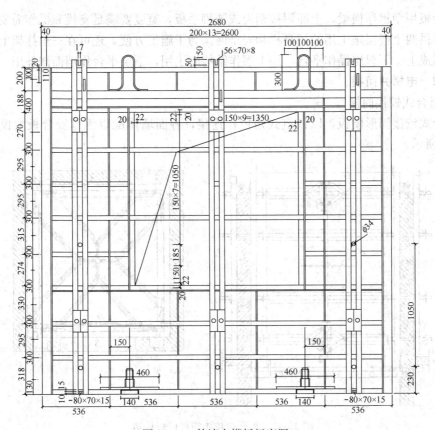

图 16-44 外墙大模板门窗洞口

一般采用外侧安装平台的方法。安装平台由三角挂架、平台板、安全护身栏和安全网所组成,是安放外墙大模板、进行施工操作和安全防护的重要设施。有阳台的地方,外墙大模板安装在阳台上。

三角挂架是承受模板和施工荷载的构件,应有足够的强度和刚度。各杆件用 2L50mm×5mm 角钢焊接而成,每个开间内设置两个,通过 ϕ40mm 的 L 形螺栓挂钩固定在下层外墙上(图 16-46)。

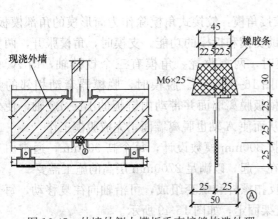

图 16-45 外墙外侧大模板垂直接缝构造处理

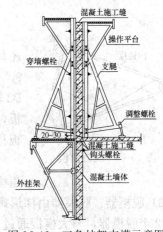

图 16-46 三角挂架支模示意图

平台板用型钢作横梁,上面焊接钢板或铺脚手板,宽度要满足支模和操作需要。其外侧设有可供两个楼层施工用的护身栏和安全网。为了施工方便,还可在三角挂架上用钢管和扣件做成上、下双层操作平台,即上层作结构施工用,下层平台作墙面修补用。

16.3.1.2 电梯井筒模

1. 组合式铰接筒模

组合式铰接筒形模板,以铰链式角模作连接,各面墙体配以钢框胶合板大模板,如图16-47所示。

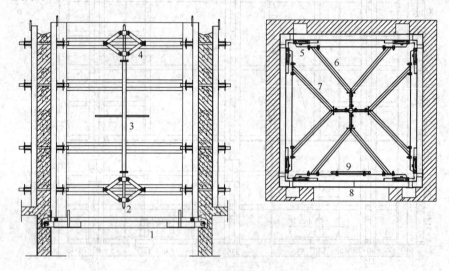

图16-47 组合式铰接筒形模板构造
1—底盘;2—下部调节杆;3—旋转杆;4—上部调节杆;
5—角模连接杆;6—支撑架A;7—支撑架B;8—墙模板;9—钢爬梯

(1) 铰接筒形模板的构造:组合式铰接筒模是由组合式模板组合成大模板、铰接式角模、脱模器、横竖龙骨、悬吊架和紧固件组成。

1) 大模板:大模板采用组合式模板,用铰接角模组合成任意规格尺寸的筒形大模板。每块模板周边用4根螺栓相互连接固定,在模板背面用50mm×100mm方钢管横龙骨连接,在龙骨外侧再用同样规格的竖向方钢管龙骨连接。模板两端与角模连接,形成整体筒模。

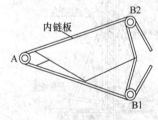

图16-48 铰链角模

2) 铰接角模:铰接式角模除作为筒形模的角部模板外,还具有辅助支模和拆模的功能。支模时,角模张开,两翼呈90°;拆模时,两翼收拢。角模有三个铰链轴,即A、B1、B2轴,如图16-48所示。脱模时,脱模器牵动相邻的大模板,使大模板脱离墙面并带动内链板的B1、B2轴,使外链板移动,从而使A轴也脱离墙面,完成脱模工作。

角模按300mm模数设计,每个高900mm,通常由三个角模连接在一起,以满足2700mm层高的施工需要。

3) 脱模器:脱模器由梯形螺纹正反扣螺杆和螺套组成,可沿轴向往复移动。每个角安设2个脱模器,与大模板通过连接支架固定,如图16-49所示。

脱模时，通过转动螺套，使其向内转动，使螺杆作轴向运动，正反扣螺杆变短，促使两侧大模板向内移动，并带动角模滑移，从而达到脱模的目的。

（2）铰接式筒模的组装

1）按照施工栋号设计的开间、进深尺寸进行配模设计和组装。组装场地要平整坚实。

2）组装时先从角模开始按顺序连接，注意对角线找方。先安装下层模板，形成筒体，再依次安装上层模板，并及时安装横向龙骨和竖向龙骨，用地脚螺栓支脚进行调平。

3）安装脱模器时，应该注意四角和四面大模板的垂直度，可以通过变动脱模器（放松或旋紧）调整好模板位置，或用固定板先将复式角模位置固定下来。当四个角都调到垂直位置后，用四道方钢管围拢，再用方钢管卡固定，使铰接筒模成为一个刚性的整体。

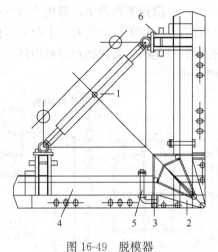

图 16-49 脱模器

1—脱模器；2—角模；3—内六角螺栓；4—模板；5—钩头螺栓；6—脱模器固定支架

4）安装筒模上部的悬吊撑架，铺脚手板，以供施工人员操作。

5）进行调试。调试时脱模器要收到最小限位，即角部移开 42.5mm，四面墙模可移进 141mm。待运行自如后再行安装。

2. 滑板平台骨架筒模

滑板平台骨架筒模，是由装有连接定位滑板的型钢平台骨架，将井筒四周大模板组成单元筒体，通过定位滑板上的斜孔与大模板上的销钉相对滑动，来完成筒模的支拆工作，如图 16-50 所示。

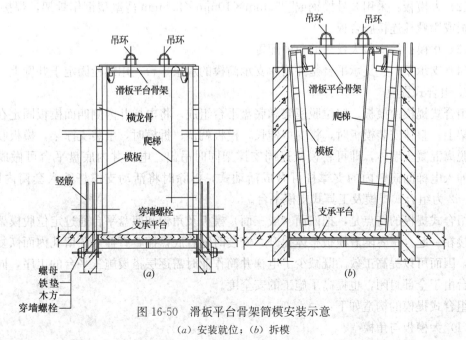

图 16-50 滑板平台骨架筒模安装示意
(a) 安装就位；(b) 拆模

滑板平台骨架筒模，由滑板平台骨架、大模板、角模和模板支承平台等组成。根据梯井墙体的具体情况，可设置三面大模板或四面大模板。

（1）滑板平台骨架：滑板平台骨架是连接大模板的基本构架，也是施工操作平台，它设有自动脱模的滑动装置。平台骨架由12号槽钢焊接而成，上盖1.2mm厚钢板，出入人孔旁挂有爬梯，骨架四角焊有吊环，如图16-51所示。连接定位滑板是筒模整体支拆的关键部位。

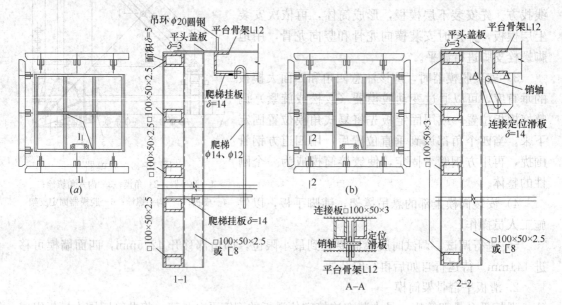

图 16-51　滑板平台骨架筒模构造
(a) 三面大模板；(b) 四面大模板

（2）大模板：采用8号槽钢或□50mm×10mm×2.5mm薄壁型钢作骨架，焊接5mm厚钢板或用螺栓连接胶合板。

（3）角模：按一般大模板的角模配置。

（4）支承平台：支承平台是井筒中支承筒模的承重平台，用螺栓固定于井壁上。

3. 组合式提模

组合式提模由模板、定位脱模架和底盘平台组成，将电梯井内侧四面模板固定在一个支撑架上。整体安装模板时，将支撑伸长，模板就位；拆模时，吊装支撑架，模板收缩位移，脱离混凝土墙体，即可将模板连同支撑架同时吊出。电梯井内底盘平台可做成工具式，伸入电梯间筒壁内的支撑杆可做成活动式，拆除时将活动支撑杆缩入套筒内即可。图16-52为组合式提模及工具式支模平台。

组合式提模的特点是，把四面（或三面）模板及角模和底盘平台通过定位脱模架有机地连接在一起。三者随着模板整体提升，安装时随着底盘搁置脚伸入预留孔内而恢复水平状态，因而可以提高工效。既减少了电梯井筒作业时需逐层搭设施工平台的工序，同时底盘平台由于全部封闭，也提高了施工的安全度。

组合式提模的构造如下：

（1）大模板与角模

大模板可以做成整体式，也可以用组合钢模板进行拼装。角模要设置加劲肋，并在中部的加劲肋上设一吊钩，与三脚架的吊链连在一起。角模与大模板采用压板连接。

在大模板上采用开洞的办法留出电梯井的门洞模板，并通过开洞口供施工人员出入作业。在开洞处的大模板上设置两根 $\phi 48$ mm 的钢管，以增加洞口的刚度，又可与电梯井筒外模连在一起。

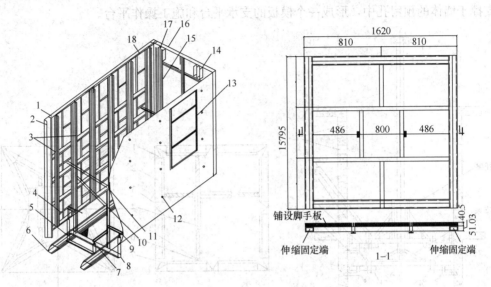

图 16-52 组合式提模及工具式支模平台
1—大模板；2—角模；3—角模骨架；4—拉杆；5—千斤顶；6—单向铰搁脚；
7—底盘及钢板网；8—导向条；9—承力小车；10—门形钢架；1—可调卡具；12—拉杆螺栓孔；
13—门洞；14—搁脚预留洞位置；15—角模骨架吊链；16—定位架；17—定位架压板螺杆；18—吊环

(2) 底盘平台架

底盘平台架由底盘架及门形架两部分组成。底盘架用 2 根 12 号槽钢横梁与 4 根 12 号槽钢纵梁组成"井"字形，上面满铺钢板网。纵、横梁端部装焊导向条，单向伸缩的搁脚放在纵梁两端。门形架焊接在底盘的横梁上，用 10 号槽钢焊接而成。

定位脱模装置由安装在门形架上的 8 个千斤顶和承力小车及可调卡具组成，用千斤顶调整高低。每面模板用两个承力小车及两个可调卡具支承，进行水平及竖向调整。在门形架四个角上还装有可调三角架，用于悬吊角模。铁链与角模的夹角成 5°，当大模板移动时，角模被铁链吊住，使竖向无大的移动。这样既满足了大模板水平方向的调整，又解决了角模的悬吊和拆除问题。

4. 电梯井自升筒模

这种模板的特点是将模板与提升机具及支架结合为一体，具有构造简单合理、操作简便和适用性强等特点，筒模可用拖车整体运输，也可拆成平模用拖车水平叠放运输，平模叠放运输时，垫木应该上下对齐，绑扎牢固，车上严禁坐人。

自升筒模由模板、托架和立柱支架提升系统两大部分组成，如图 16-53 所示。

(1) 模板

模板采用组合式模板及铰链式角模，其尺寸根据电梯井结构大小决定。在组合式模板的中间，安装一个可转动的直角形铰接式角模，在装、拆模板时，四侧模板可进行移动，以达到安装和拆除的目的。模板中间设有花篮螺栓退模器，供安装、拆除模板时使用。

(2) 托架

筒模托架由型钢焊接而成，如图 16-54 所示。托架上面设置木方和脚手板，托架是支承筒模的受力部件，应坚固耐用。托架与托架调节梁用 U 形螺栓组装在一起，并通过支腿支撑于墙体的预留孔中，形成一个模板的支承平台和施工操作平台。

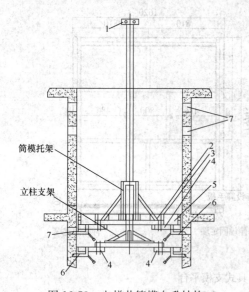

图 16-53　电梯井筒模自升结构
1—吊具；2—面板；3—木方；
4—托架调节梁；5—调节丝杆；
6—支腿；7—支腿洞

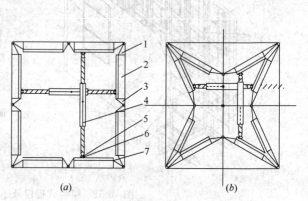

图 16-54　自升式筒模支拆示意图
(a) 支模；(b) 拆模
1—四角角模；2—模板；3—直角形铰接式角模；
4—退模器；5—3 形扣件；6—竖龙骨；7—横龙骨

(3) 立柱支架及提升系统

立柱支架用型钢焊接而成。其构造形式与筒模托架相似，它是由立柱、立柱支架、支架调节梁和支腿等部件组成。支架调节梁的调节范围应该与托架调节梁相一致。立柱上端起吊梁上安装一个倒链，起重量为 2~3t，用钢丝绳与筒模托架相连接，形成筒模的提升系统。

16.3.1.3　模板翻样

1. 设计原则

(1) 模板的设计应与建筑设计配套。规格类型要少，通用性要强，能满足不同平面组合需要。

(2) 要力求构造简单，制作和装拆灵活方便。

(3) 要使模板组合方便，设缝合理、协调，尽量做到纵、横墙体能同时浇筑混凝土。

(4) 要保证模板坚固耐用，并且经济合理。大模板的设计首先要满足刚度要求，确保大模板在堆放、组装、拆除时的自身稳定，以增强其周转使用次数。另外，应采用合理的结构，并恰当地选用钢材规格，以减少一次投资量。

2. 大模板的配制

(1) 按建筑平面确定模板型号

根据建筑平面和轴线尺寸，凡外形尺寸和节点构造相同的模板均可列为同一型号。当节点相同，外形尺寸变化不大时，则以常用的开间尺寸为基准模板，另配模板条。

(2) 按施工流水段确定模板数量

为了便于大模板周转使用，常温情况下一般以一天完成一个流水段为宜。所以，应该根据一个施工流水段轴线的多少来配置大模板。同时还应该考虑特殊部位的模板配置问题，如电梯间墙体、全现浇工程中的山墙和伸缩缝部位的模板数量。

(3) 根据房间的开间、进深、层高确定模板的外形尺寸：

1) 模板高度：与层高和楼板厚度有关，一般可以通过下式确定：

$$H = h - h_1 - C_1 \tag{16-1}$$

式中　H——模板高度（mm）；
　　　h——楼层高度（mm）；
　　　h_1——楼板厚度（mm）；
　　　C_1——余量，考虑到模板找平层砂浆厚度及模板安装不平等因素而采用的一个常数，通常取 20～30mm。

2) 横墙模板长度：横墙模板长度与进深轴线、墙体厚度及模板搭接方法有关，按下式计算：

$$L = L_1 - L_2 - L_3 - C_2 \tag{16-2}$$

式中　L——内横墙模板长度（mm）；
　　　L_1——进深轴线尺寸（mm）；
　　　L_2——外墙轴线至外墙内表面的尺寸（mm）；
　　　L_3——内墙轴线至墙面的尺寸（mm）；
　　　C_2——为拆模方便，外端设置一角模，其宽度通常取 50mm。

3) 纵墙模板长度：纵墙模板长度与开间轴线尺寸、墙厚、横墙模板厚度有关，按下式确定：

$$B = b_1 - b_2 - b_3 - C_3 \tag{16-3}$$

式中　B——纵墙模板长度（mm）；
　　　b_1——开间轴线尺寸（mm）；
　　　b_2——内横墙厚度（mm）。端部纵横墙模板设计时，此尺寸为内横墙厚度的 1/2 加外轴线到内墙皮的尺寸；
　　　b_3——横墙模板厚度×2（mm）；
　　　C_3——模板搭接余量，为使模板能适应不同的墙体厚度，故取一个常数，通常取 20mm。

(4) 大模板制作加工

1) 放样：用不小于 16mm 厚钢板做成模板焊接平台，按 1:1 画在平台上，根据放线尺寸下料。

2) 调直：所有型钢都要先进行冷加工调直。

3) 下料：

① 型钢下料：型钢（竖肋及边框）下料均采用剪板机剪切。

② 钢板下料：钢板应表面平整，不允许板上有局部凹陷。画线后由剪板机下料，误

差为1mm。出现边角翘曲的地方，应冷加工校正，用砂轮打磨掉毛刺再使用。

4）冲孔：边框上模板拼装用各种连接孔，用冲床冲出。为了保持孔位准确，要求型钢在靠模上进行冲孔。靠模相应的位置上也有孔，这样已冲好的孔可与靠模上的孔用销子固定，然后再冲其他的孔。

5）再调直：在钢平台上冷加工进行局部校直。

6）制作平台靠模：为了减少焊接变形，应在制作平台上按放样线放出大模板边框架的外包尺寸线和内净尺寸线、全部竖向加劲肋的两侧位置线。这些线作为制作靠模（焊接大模板框架的工具夹）控制线。将工具夹零件分别固定在控制线两侧。距四侧转角150～200mm处，各边固定模具一对。在竖向加劲肋的焊接处，外侧固定模具一只。其他无焊接处的模具每隔800mm固定模具一对。模具可用L75mm×8mm角钢制作，长80mm左右。

7）焊接：

① 框架焊接：将大模板的边框及竖向加劲肋分别放入胎模或工装（机械加工常称为工装）内，如个别型钢料截面有误差，用薄铁垫片将框架垫平。然后先用点焊将大模板框架焊在一起，至少用2个人（最好用4个人）同时进行对称焊接。

② 钢面板焊接：钢面板与竖向加劲肋及边框用电焊连接。钢面板与竖向加劲肋进行跳焊，每段焊缝不超过80mm，相距100～150mm，焊缝高4～6mm，且在竖向加劲肋的两边相间焊接。钢面板与边框要满焊，焊缝高为4～6mm。焊接的方法是先进行点焊，然后跳焊，再逐一补平。

8）制作允许偏差应符合表16-22的规定。

整体式大模板制作允许偏差和检验方法　　　　表16-22

项次	项目	允许偏差（mm）	检验方法
1	板面高度	3	卷尺量检查
2	模板长度	-2	卷尺量检查
3	模板板面对角线差	≤3	卷尺量检查
4	模板板面平整度	2	2m靠尺及塞尺检查
5	相邻模板面板拼缝高低差	≤0.5	平尺及塞尺量检查
6	相邻模板面板拼缝间隙	≤0.8	塞尺量检查

注：本表引自《建筑工程大模板技术标准》JGJ/T 74。

16.3.2 滑 动 模 板

滑动模板施工是以滑模千斤顶、电动提升机或手动提升器为提升动力，带动模板（或滑框）沿着混凝土（或模板）表面滑动而成型的现浇混凝土结构施工方法的总称，简称滑模施工。

采用滑动模板施工的现浇混凝土结构工程，称为滑模工程。一般可分为：仓筒（或筒壁）结构滑模工程（如烟囱、凉水塔贮仓等）；框架或框剪（框架-剪力墙）结构滑模工程；框筒和筒中筒结构滑模工程以及板墙结构滑模工程等，它们又可以大致分为以下三类：以竖向结构为主的滑模工程，可称为"主竖结构滑模"；以横向结构（框架梁）为主的滑模工程，可称为"主横结构滑模"；以竖向与横向结构并重的滑模工程，可称为"全结构滑模"或"横竖结构滑模"。"为主"系指其相应的模板工程量占总模板工程量的绝大部分（例如70%以上），且"主竖滑模"以竖向连续滑升的工程量为主，"主横滑模"以竖向间隔滑升（中间有大段空滑）的工程量为主，"全平面滑模"则为竖向连续和间隔滑升的工程量相当或相差不多。

经过几十年的发展，滑模施工工艺不断进步，相继颁布了《滑动模板工程技术标准》GB/T 50113、《液压滑动模板施工安全技术规程》JGJ 65等国家标准和行业标准。目前，滑模施工工艺不仅广泛应用于贮仓、水塔、烟囱、桥墩、立井筑壁、框架等工业构筑物，而且在高层和超高层民用建筑也得到广泛的应用。

16.3.2.1 滑模工程的基本要求

采用滑模施工的工程，一般应满足结构设计所提出的要求，并同时满足以下条件：

（1）工程的结构平面应简洁，各层构件沿平面投影应重合（或者虽具有变径和变截面设计，但也适合采用滑模施工），且没有阻隔、影响滑升的突出构造。

（2）当工程平面面积较大、采用整体滑升有困难或者有分区施工流水安排时，可分区段进行滑模施工。当区段分界与变形缝不一致时，应对分界处做设计处理。

（3）直接安装设备的梁，当地脚螺栓的定位精度要求较高时，该梁不宜采用滑模施工，或者应该采取能确保定位精度的可靠措施；对有设备安装要求的电梯井等小型筒壁结构，应适当放大其平面尺寸，一般每边放大不小于25mm。

（4）尽量减少结构沿滑升方向截面（厚度）的变化（可采取改换混凝土强度等级或配筋设计来实现）。

（5）宜采用胀锚螺栓或锚枪钉等后设措施代替结构上的预埋件。需要采用预埋件时，应准确定位、可靠固定且不得突出混凝土表面。

（6）各种管线、预埋件和预留洞等，宜沿垂直或水平方向集中布置（排列）。

（7）二次施工构件预留孔洞的宽度，应比构件截面每边增大30mm。

（8）结构截面尺寸、混凝土强度等级、混凝土保护层和配筋等宜符合表16-23的规定。

使用滑模的一般规定　　　　　　　　　　　　　表16-23

项目	规定事项
对结构截面的要求	1. 钢筋混凝土墙体的厚度不应小于160mm；2. 圆形变截面筒体结构的筒壁厚度不应小于160mm；3. 轻骨料混凝土墙体厚度不应小于180mm；4. 钢筋混凝土梁的宽度不应小于200mm；5. 钢筋混凝土矩形柱短边不应小于400mm
对混凝土等级的要求	普通混凝土不应低于C20
对混凝土保护层的要求	受力钢筋的混凝土保护层厚度宜比常规设计要求增加5mm
对结构配筋的要求	1. 各种长度、形状的钢筋应能在提升架横梁下的净空内进行绑扎；2. 对交汇于节点处的各种钢筋应作详细排列；3. 对兼作结构钢筋的支撑杆，其设计强度宜降低10%～25%，并应根据支撑杆的位置进行钢筋代换；4. 预留与横向结构连接的连接筋，应采用HPB300，直径不宜大于12mm，连接筋的外露部分不应设弯钩。当连接筋直径大于12mm时，应采取专门措施

注：本表用于"体内滑模""体外滑模"时需酌情考虑。

16.3.2.2 滑模装置的组成

滑模装置主要由模板系统、操作平台系统、液压系统、施工精度控制系统和水电配套系统等组成（图16-55）。

1. 模板系统

（1）模板

模板又称围板，固定于围圈上，用以保证构件截面尺寸及结构的几何形状。模板随着提升架上滑且直接与新浇混凝土接触，承受新浇混凝土的侧压力和模板滑动时的摩阻力。

模板按其所在部位及作用不同，可分为内模板、外模板、堵头模板以及变截面工程的收分模板等。模板可采用钢材、木材或钢木混合制成，也可采用胶合板等其他材料制成。

图16-56所示为一般墙体钢模板，也可采用组合模板改装。当施工对象的墙体尺寸变化不大时，宜采用围圈与模板组合成一体的"围圈组合大模板"（图16-57）。

墙体与框架结构的阴阳角处，宜采用同样材料制成的角模。角模的上下口倾斜度应与墙体模板相同。

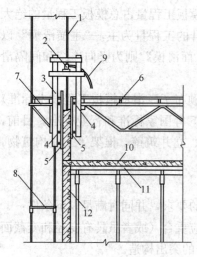

图16-55 液压滑动模板装置
1—支承杆；2—千斤顶；3—提升架；
4—围圈；5—模板；6—操作平台及桁架；
7—外挑架；8—吊脚手架；9—油管；
10—现浇楼板；11—楼板模板；12—墙体

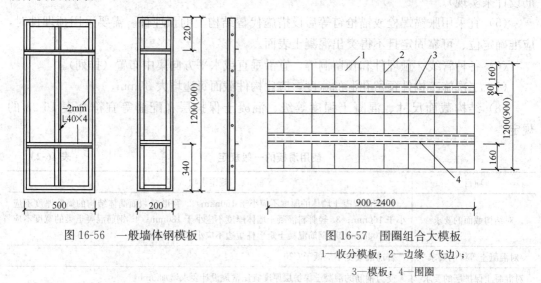

图16-56 一般墙体钢模板　　图16-57 围圈组合大模板
1—收分模板；2—边缘（飞边）；
3—模板；4—围圈

图16-58为收分模板，系应用于变断面结构的异形模板。模板面板两侧延长的"飞边"（又称"舌板"），用来适应变断面的缩小或扩大的需要，但"飞边"尺寸不宜过大，一般不宜大于250mm。当结构断面变化较大时，可设置多块伸缩模板加以解决。

对于圆锥形变截面工程，模板在滑升过程中，要按照设计要求的斜度及壁厚，不断调整内外模板的直径，使收分模板与活动模板的重叠部分逐渐增加，当收分模板与活动模板完全重叠且其边缘与另一块模板搭接时，即可拆去重叠的活动模板。收分模板应该沿圆周

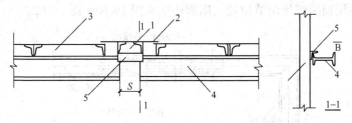

图 16-58 收分模板使用示意图
1—收分模板；2—延长边缘（飞边）；3—模板；4—围圈；5—悬挂件

对称成双布置，每对的收分方向应相反。收分模板的搭接边应该严密，不得有间隙，以免漏浆。

为了防止混凝土浇筑时外溅，以及采取滑空方法来处理建（构）筑物水平结构施工时，外模板上端应比内模板高出距离 S，下端应比内模板长出距离 T（图 16-59）。

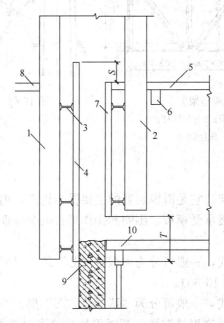

图 16-59 外模板示意图
1、2—提升架立柱；3—围圈；4—外模板；5—作业平台；
6—作业平台梁（或桁架）；7—内模板；8—外挑平台；
9—墙体混凝土；10—水平结构模板；
S—外模高出长度（10～150mm）；T—外模长出长度（水平结构厚度+150mm）

(2) 围圈

它是模板的支撑构件，又称作围梁，用以保证模板的几何形状。模板的自重、模板承受的摩阻力、侧压力以及操作平台直接传来的自重和施工荷载，均通过围圈传递至提升架的立柱。

围圈一般设置上、下两道。当提升架的距离较大时，或操作平台的桁架直接支承在围圈上时，可在上下围圈之间加设腹杆，形成平面桁架，以提高承受荷载的能力。模板与围圈的连接，一般采用挂在围圈上的方式，当采用横卧工字钢作围圈时，可用双爪钩将模板与围圈钩牢，并用顶紧螺栓调节位置。围圈构造见图 16-60～图 16-62。

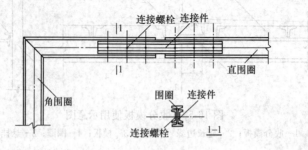

图 16-60　围圈及连接件

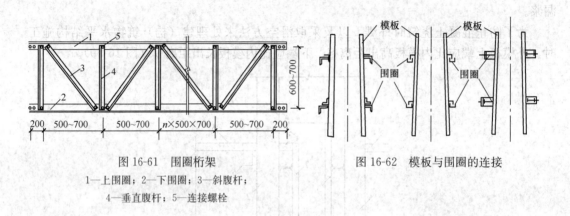

图 16-61　围圈桁架
1—上围圈；2—下围圈；3—斜腹杆；
4—垂直腹杆；5—连接螺栓

图 16-62　模板与围圈的连接

(3) 提升架

提升架又称作千斤顶架。它是滑模装置的主要受力构件，用以固定千斤顶、围圈和保持模板的几何形状，并直接承受模板、围圈和操作平台的全部垂直荷载和混凝土对模板的侧压力。

提升架的立面构造形式，一般可分为单横梁"Π"形，双横梁的"开"形或双横梁单立柱的"Γ"形等几种（图 16-63）。

提升架的平面布置形式，一般可分为"I"形、"Y"形、"X"形、"Π"形和"口"形等几种（图 16-64）。对于变形缝双墙、圆弧形墙壁交叉处或厚墙壁等摩阻力及局部荷载较大的部位，可采用双千斤顶提升架。双千斤顶提升架可沿横梁布置（图 16-65），也可垂直于横梁布置（图 16-66）。

提升架一般可设计成适用于多种结构施工的通用型，对于结构的特殊部位也可设计成专用型。提升架应该具有足够的刚度，应按实际的水平荷载和垂直荷载进行计算。对多次重复使用的提升架，宜设计成装配式。

提升架的横梁与立柱应该刚性连接，两者的轴线应在同一平面内，在使用荷载作用下，立柱的侧向变形应不大于 2mm。

提升架横梁至模板顶部的净高度，对于配筋结构不宜小于 500mm，对于无筋结构不宜小于 250mm。

用于变截面结构的提升架，其立柱上应设有调整内外围圈间距和倾斜度的装置（图 16-67）。

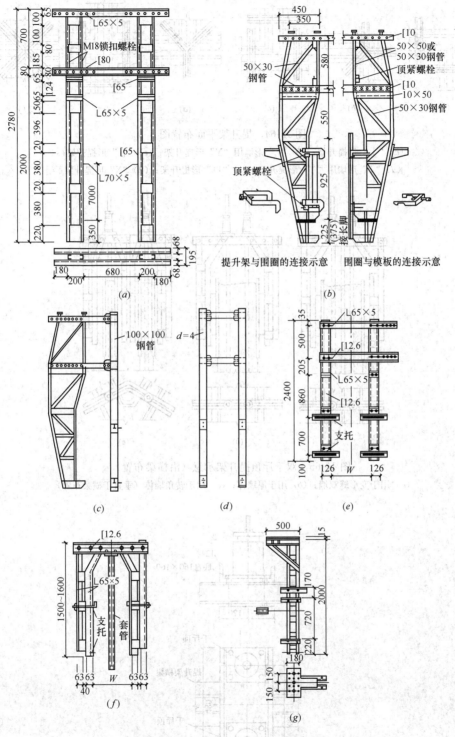

图16-63 提升架立面构造图

(a)"开"形提升架;(b)钳形提升架;(c)转角处提升架;
(d)十字交叉处提升架;(e)变截面提升架;(f)"Ⅱ"形提升架;(g)"Γ"形提升架

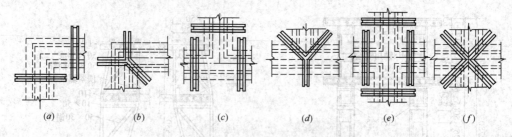

图 16-64 提升架平面布置图

(a)"Ⅰ"形提升架；(b)"L"形墙用"Y"形提升架；(c)"Ⅱ"形提升架；
(d)"T"形墙用"Y"形提升架；(e)"口"形提升架；(f)"X"形提升架

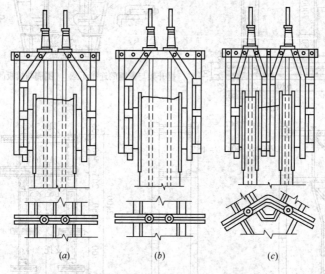

图 16-65 双千斤顶提升架示意（沿横梁布置）

(a) 用于变形缝双墙；(b) 用于厚墙体；(c) 用于转角墙体（垂直于横梁布置）

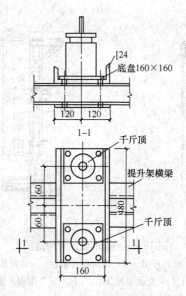

图 16-66 双千斤顶提升架示意

16.3 工具式模板

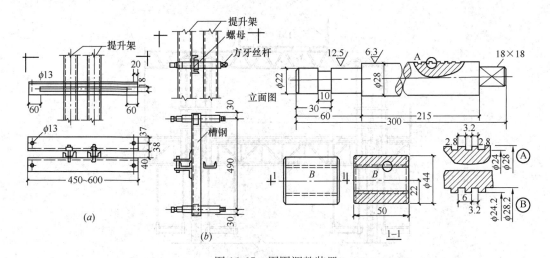

图 16-67 围圈调整装置
(a) 固定围圈调整装置；(b) 活动围圈调整装置

提升架的横梁，应该保证模板能满足壁厚（柱截面）的要求，并留出能适应结构截面尺寸变化的余量。提升架立柱的高度，应使模板上口到提升架横梁下皮间的净空能满足施工操作和固定围圈的需要。

如果采用工具式可回收支承杆时，应在提升架横梁下支承杆外侧加设内径大于支承杆直径 2~5mm 的套管，套管的上端与提升架横梁底部固定，套管的下端至模板底平，套管外形宜设计为上大下小的锥形，以减少滑升时的摩阻力。套管随千斤顶和提升架同时上升，在混凝土内形成管孔，以便最后拔出支承杆，见图 16-68。

2. 操作平台系统

操作平台系统是滑模施工的主要工作面，主要包括主操作平台、外挑操作平台、吊脚手架等，在施工需要时，还可设置上辅助平台（图 16-69），它是供材料、工具、设备堆放和施工人员进行操作的场所。

(1) 主操作平台

主操作平台既是施工人员进行绑扎钢筋、浇筑混凝土、提升模板的操作场所，也是材料、工具、设备等堆放的场所。因此，承受的荷载基本上是动荷载，且变化幅度较大，应安放平稳牢靠。但是，在施工中要求操作平台板采用活动式，便于反复揭开进行楼板施工，故操作平台的设计，要考虑既要揭盖方便，又要结构牢固可靠。一般将提升架立柱内侧、提升架之间的平台板采用固定式，提升架立柱外侧

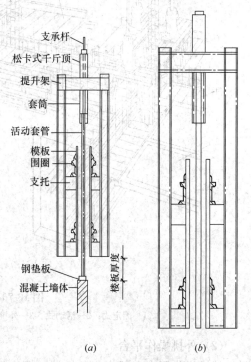

图 16-68 工具式支承杆回收装置
(a) 活动套管伸出至楼板底部墙体；
(b) 活动套管缩回，下端与模板下口相平

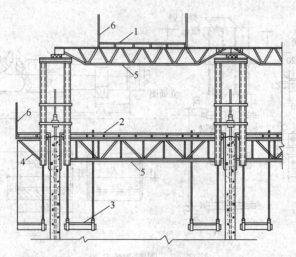

图 16-69 操作平台系统示意图
1—上辅助平台；2—主操作平台；3—吊脚手架；4—三角挑架；5—承重桁架；6—防护栏杆

的平台板采用活动式（图 16-70）。按结构平面形状的不同，操作平台的平面可组装成矩形、圆形等各种形状（图 16-71、图 16-72）。

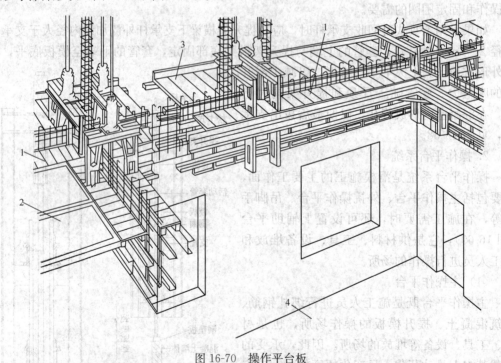

图 16-70 操作平台板
1—固定式；2—活动式；3—外挑操作平台；4—下一层已完的现浇楼板

(2) 外挑操作平台

外挑操作平台一般由三角挑架、楞木和铺板组成。外挑宽度为 0.8～1.0m。为了操作安全起见，在其外侧需设置防护栏杆。防护栏杆立柱可采用承插式固定在三角挑架上，该栏杆亦可作为夜间施工架设照明的灯杆。

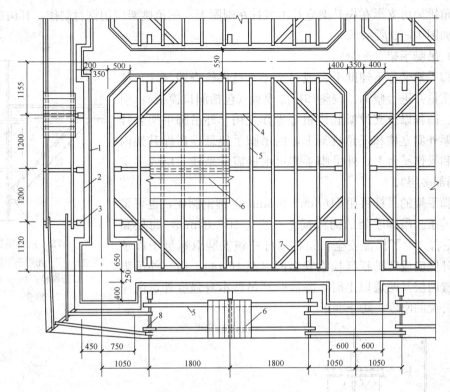

图 16-71 外挑矩形操作平台
1—模板；2—围圈；3—提升架；4—承重桁架；5—楞木；6—平台板；7—围圈斜撑；8—三角挑架

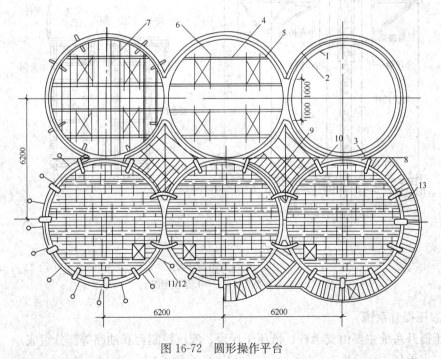

图 16-72 圆形操作平台
1—模板；2—围圈；3—提升架；4—平台桁架；5—桁架支托；6—桁架支撑；
7—楞木；8—平台板；9—星仓平台板；10—千斤顶；11—人孔；12—三角挑架；13—外挑平台

三角挑架可支承在提升架立柱上或挂在围圈上。三角挑架应用钢材制作，其构造与连接方法如图16-73所示。

(3) 吊脚手架

吊脚手架又称下辅助平台或吊架子，是供检查墙（柱）体混凝土质量并进行修饰、调整和拆除模板（包括洞口模板）、引设轴线、高程以及支设梁底模板等操作之用。外吊脚手架悬挂在提升架外侧立柱和三角挑架上，内吊脚手架悬挂在提升架内侧立柱和操作平台上。外吊脚手架可根据需要悬挂一层或多层（也可局部多层）。

吊脚手架的吊杆可用$\phi16mm\sim\phi18mm$的圆钢制成，也可采用柔性链条。吊脚手架的铺板宽度一般为60～80mm，每层高度2m左右。为了保证安全，每根吊杆应该安装双螺母予以锁紧，其外侧应设防护栏杆挂设安全网（图16-74）。内、外吊脚手架设置两层及两层以上时，除需验算吊杆本身强度外，尚应考虑提升架的刚度，防止变形。

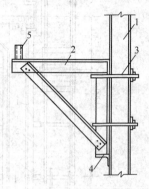

图16-73 三角挑架
1—立柱；2—角钢三角挑架；
3—U形螺栓；4—支托；
5—钢管

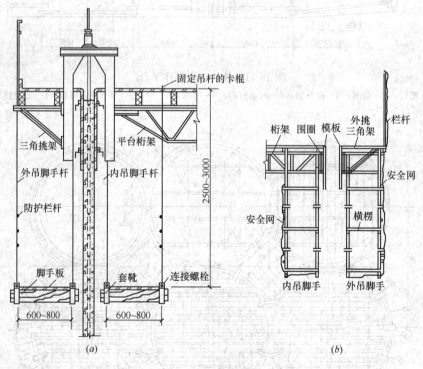

图16-74 吊脚手架
(a) 吊在提升架上；(b) 吊在围圈上

3. 液压提升系统

液压提升系统主要由支承杆、液压千斤顶、液压控制台和油路等部分组成。

(1) 支承杆

支承杆又称爬杆、千斤顶杆或钢筋轴等，是千斤顶运动的轨道，并支承着作用于千斤顶的全部荷载。为了使支承杆不产生压屈变形，应采用一定强度的圆钢或钢管制作。支承杆连接的方式有三种，见图16-75。

① 焊接连接。即将上下支承杆轴线对准，接头采用单面或双面坡口焊牢，然后锉平焊口即可。其优点是接口加工简单，但现场焊接量大。

② 榫接连接。即将接头的两端加工成榫套，连接时将短钢销插入下面支承杆的榫套上，再将上面的支承杆套在短钢销上。榫接连接的另一种方式是将上下两支承杆分别加工成母子榫。榫接连接施工方便，但受力性能较差，加工精度要求较高，在滑升过程中易被千斤顶卡头带起，一般不宜提倡。

③ 丝扣连接。即在上下支承杆接头的两端分别加工成螺丝头和螺丝孔，连接时，将上支承杆的螺丝头旋入下支承杆的螺丝孔内。丝扣连接操作简单、安全可靠、效果较好，但要用管钳扭紧。这种连接大多用于支承杆外加套管的滑升模板施工中，以便施工完毕后，拔出支承杆重复使用，这种支承杆称为工具式支承杆。

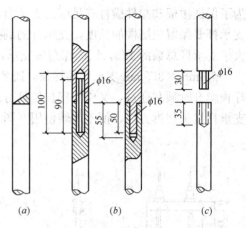

图 16-75 支承杆的连接方式
(a) 焊接连接；(b) 榫接连接；(c) 丝扣连接

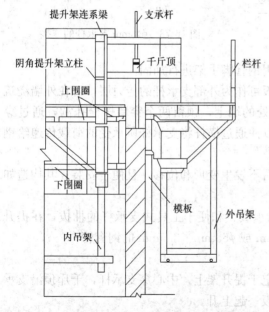

图 16-76 内置支承杆布置

1) 内置支承杆（图16-76）

制作支承杆的钢筋要经过冷拉调直，其冷拉率不得大于3%。为便于施工，支承杆的长度一般为3～5m，宜用无齿锯或锯条切割，不应采用切断机剪切。支承杆接长时相邻的接头要互相错开，使在同一标高上的接头数量不超过25%，以防止接长支承杆的工作量过于集中而削弱滑模结构的支承能力。因此，最下一段支承杆开始时至少应做成四种不同长度，长度差可以50cm为一档，以后即可用同一长度的支承杆接长。

2) 外置钢管支承杆

近年来，我国研制的额定起重量为60～10kN 的大吨位千斤顶得到广泛应用（其型号见表16-27），与之配套的支承杆采用 $\phi48mm \times 3.5mm$ 钢管。

当采用 $\phi48mm \times 3.5mm$ 钢管作支承杆且处于混凝土体外时，其最大脱空长度不能超过2.5m（采用60kN的大吨位千斤顶工作起重量为30kN，最好控制在2.4m以内，支承杆的稳定性才是可靠的）。

$\phi48mm \times 3.5mm$ 钢管为常用脚手架钢管，由于其允许脱空长度较大，且可采用脚手架扣件进行连接，因此作为工具式支承杆和在混凝土体外布置时，比较容易处理。

支承杆布置于内墙体外时，在逐层空滑楼板并进法施工中，支承杆穿过楼板部位时，可通过加设扫地横向钢管和扣件与其连接，并在横杆下部加设垫块或垫板（图 16-77）。为了保证楼板和扣件横杆有足够的支承力，使每个支承杆的荷载分别由三层楼板来承担，支承杆要保留三层楼的长度，支承杆的倒换在三层楼板以下才能进行，每次倒换的量不应大于支承杆总数的 1/3，以确保总体支承杆承载力不受影响。

$\phi 48mm \times 3.5mm$ 支承杆的接长，既要确保上、下中心重合在一条垂直线上，以便千斤顶爬升时顺利通过，又要使接长处具有相当的支承垂直荷载能力和抗弯能力。同时要求支承杆接头装拆方便，便于周转使用（图 16-78）。

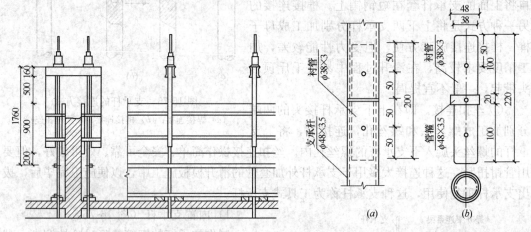

图 16-77　内墙钢管支承杆体外布置　　　　图 16-78　$\phi 48mm$ 支承杆的连接

支承杆布置在框架柱结构体外时，可采用钢管脚手架进行加固。

支承杆布置于外墙体外时，由于没有楼板可作为外部支承杆的传力层，可在外墙浇筑混凝土时，在每个楼层上部约 150~200mm 处的墙上，预留两个穿墙螺栓孔洞，通过穿墙螺栓把钢牛腿固定在已滑出的墙体外侧，以便通过横杆将支承杆所承受的荷载传递给钢牛腿（图 16-79）。

钢牛腿应该有一定的强度和刚度，受力后不发生变形和位移，且便于安装。其构造如图 16-80 所示。

为了提高 $\phi 48mm \times 3.5mm$ 钢管支承杆的承载力和便于工具式支承杆的抽拔，在提升架安装千斤顶的下方，应加设 $\phi 60mm \times 3.5mm$ 或 $\phi 63mm \times 3.5mm$ 的钢套管。

（2）液压千斤顶

滑模采用的液压千斤顶均为穿心式，固定于提升架上，中心穿支承杆，千斤顶沿支承杆向上爬升时，带动提升架、操作平台和模板一起上升。

液压千斤顶已由过去采用单一的 3t 级 GYD-35 型滚珠式千斤顶，发展为 3t、6t、9t、10t、16t、20t 级等系列产品，其中包括：采用滚珠卡具的 GYD-35、GYD-60、GSD-35（GYD-35 的改进型，增加了由上下卡头组成的松卡装置）；采用楔块卡具的 QYD-35、QYD-60、QYD-100、松卡式 SQD-90-35 型和滚珠楔块混合式 QGYD-60 型等型号。其主要技术参数见表 16-24。

16.3 工具式模板

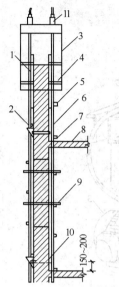

图 16-79 外墙支承杆体外布置
1—外模板；2—钢牛腿；3—提升架；
4—内模板；5—横向钢管；
6—支承杆；7—垫块；8—楼板；
9—横向杆；10—穿墙螺栓；11—千斤顶

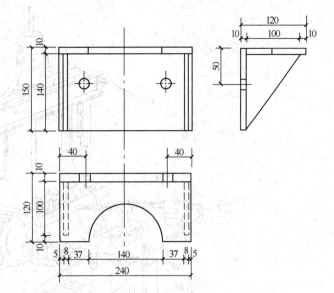

图 16-80 钢牛腿构造图

液压千斤顶技术参数　　　　　　　　　　　表 16-24

项目	单位	型号与参数							
		GYD-35 滚珠式	GYD-60 滚珠式	QYD-35 楔块式	QYD-60 楔块式	QYD-10 楔块式	QGYD-60 滚珠楔块混合式	SQD-90-35 松卡式	GSD-35 松卡式
额定起重量	kN	30	60	30	60	100	60	90	30
工作起重量	kN	15	30	15	30	50	30	45	15
理论行程	mm	35	35	35	35	35	35	35	35
实际行程	mm	16～30	20～30	19～32	20～30	20～30	20～30	20～30	16～30
工作压力	MPa	8	8	8	8	8	8	8	8
自重	kg	13	25	14	25	36	25	31	13.5
外形尺寸	mm	160×160×245	160×160×40	160×160×280	160×160×430	180×180×440	160×160×420	202×176×580	160×160×300
适用支承杆	mm	$\phi25$ 圆钢	$\phi48\times3.5$ 钢管	$\phi25$（三瓣）（F28）四瓣	$\phi48\times3.5$ 钢管	$\phi48\times3.5$ 钢管	$\phi48\times3.5$ 钢管	$\phi48\times3.5$ 钢管	$\phi25$ 圆钢
底座安装尺寸	mm	120×120	120×120	120×120	120×120	135×135	120×120	140×140	120×120

（3）液压控制台

液压控制台是液压传动系统的控制中心，是液压滑模的心脏。它主要由电动机、齿轮油泵、换向阀、溢流阀、液压分配器和油箱等组成（图 16-81）。

液压控制台按操作方式的不同，可分为手动和自动控制等形式；按油泵流量（L/min）的不同，可分为 15、36、56、72、100、120 等型号。常用的型号有 HY-36、HY-56 型以及 HY-72 型等。其基本参数如表 16-25 所示。

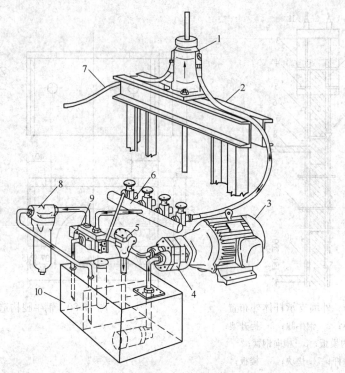

图 16-81 液压传动系统示意图
1—液压千斤顶；2—提升架；3—电动机；4—齿轮油；
5—溢流阀；6—液压分配器；7—油管；8—滤油器；9—换向阀；10—油箱

液压控制台基本参数表　　　　　　　　　　　　　　表 16-25

项 目	单位	基 本 参 数						
		HYS-15	HYS-36	HY-36	HY-56	HY-72	HY-80	HY-100
公称流量	L/min	15	36	56	72	80	100	
额定工作压力	MPa	8						
配套千斤顶数量	只	20	60	40	180	250	280	360
控制方式		HYS	HY	HY	HY	HY	HY	HY
外形尺寸	mm	700×450 ×1000	850×640 ×1090	850×695 ×1090	950×750 ×1200	1100×1000 ×1200	1100×1050 ×1200	1100×1100 ×1200
整机重量	kg	240	280	300	400	620	550	670

注：1. 配套千斤顶数量是额定起重量为30kN滚珠式千斤顶的基本数量，如配备其他型号千斤顶，其数量可适当增减；
　　2. 控制方式：HYS—代表手动，HY—同时具有自动和手动功能。

　　每台液压控制台供给多少只千斤顶，可以根据每台千斤顶用油量和齿轮泵送油能力及时间计算。如果油箱容量不足，可以增设副油箱。对于工作面大、安装千斤顶较多的工程并采用同一操作平台时，可一起安装两套以上液压控制台。

　　液压系统安装完毕，应进行试运转，首先进行充油排气，然后加压至 $12N/mm^2$，每次持压 5min，重复 3 次，各密封处无渗漏，进行全面检查，待各部分工作正常后，插入支承杆。

液压控制台应符合下列技术要求：

1）液压控制台带电部位对机壳的绝缘电阻不得低于0.5MΩ。

2）液压控制台带电部位（不包括50V以下的带电部位）应能承受50Hz、电压2000V、历时1min的耐电试验，无击穿和闪烁现象。

3）液压控制台的液压管路和电路应排列整齐统一，仪表在台面上的安装布置应美观大方，固定牢靠。

4）液压系统在额定工作压力10MPa下保压5min，所有管路、接头及元件不得漏油。

液压控制台在下列条件下应能正常工作：

① 环境温度为-10～40℃。

② 电源电压为380±38V。

③ 液压油污染度不低于20/18

④ 液压油的最高油温不得超过70℃，油温温升不得超过30℃。

（4）油路系统

油路系统是连接控制台到千斤顶的液压通路，主要由油管、管接头、液压分配器和截止阀等元器件组成。

输油管应采用高压耐油胶管或金属管，其耐压力不应低于25MPa，根据滑升工程面积大小和荷载决定液压千斤顶的数量及编组形式。

主油管内径不应小于16mm，二级分油管内径宜为10～16mm，连接千斤顶的油管内径宜为6～10mm。高压橡胶管的耐压力标准如表16-26所示。

钢丝增强液压橡胶软管和软管组合件（GB/T 3683） 表16-26

内径 (mm)	设计工作压力	(MPa)	内径 (mm)	设计工作压力	(MPa)
	1型、1T型	2、3型，2T、3T型		1型、1T型	2、3型，2T、3T型
5	21.0	35.0	19	9.0	16.0
6.3	20.0	35.0	2	8.0	14.0
8	17.5	32.0	25	7.0	14.0
10	16.0	28.0	31.5	4.4	1.0
10.3	16.0	—	38	3.5	9.0
12.5	14.0	25.0	51	2.6	8.0
16	10.5	20.0			

注：1. 1型：一层钢丝编织的液压橡胶软管；
  2. 2型：二层钢丝编织的液压橡胶软管；
  3. 3型：二层钢丝缠绕加一层钢丝编织的液压橡胶软管；
  4. 1T、2T、3T型软管增强层结构与1、2、3型对应相同，在组装管接头时不切除或部分切除外胶层；
  5. 软管的试验压力与设计工作压力比率为2，最小爆破压力与设计工作压力比率为4。

油路的布置一般采取分级方式，即从液压控制台通过主油管到分油器，从分油器经分注管到支分油器，从支分油器经胶管到千斤顶，如图16-82所示。

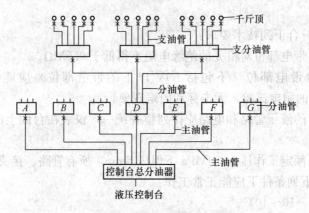

图 16-82 油路布置示意图

由液压控制台到各分油器及由分、支分油器到各千斤顶的管线长度,设计时应尽量相近。

油管接头的通径、压力应与油管相适应。胶管接头的连接方法是用接头外套将软管与接头芯子连成一体,然后再用接头芯子与其他油管或元件连接,一般采用扣压式胶管接头或可拆式胶管接头;钢管接头可采用卡套式管接头。

截止阀又叫针形阀,用于调节管路及千斤顶的液体流量,控制千斤顶的升差。一般设置于分油器上或千斤顶与管路连接处。

液压油应具有适当的黏度,当压力和温度改变时,黏度的变化不应太大。一般可根据气温条件选用不同黏度等级的液压油,其性能见表 16-27。

液压油在使用前和使用过程中均应进行过滤。冬季低温时可用 2 号液压油,常温用 32 号液压油,夏季酷热天气用 46 号液压油。

L-HM 矿物油型液压油主要指标　　　　表 16-27

项　目		质量指标											试验方法
质量等级		优等品						一等品					
黏度等级 (按 GB/T 3141)		15	22	32	46	68	150	22	32	46	68	100	150	
运动黏度 (mm²/s)	0℃ 不大于	—	—	—	—	—	—	300	420	780	1400	2560	—	GB/T 265
	40℃	13.5 ~ 16.5	19.8 ~ 24.2	28.8 ~ 35.2	41.4 ~ 50.6	61.2 ~ 74.8	135 ~ 165	19.8 ~ 24.2	28.8 ~ 35.2	41.4 ~ 50.6	61.2 ~ 74.8	90 ~ 110	135 ~165	
黏度指数 不小于		95	95	95	95	95	95	95	95	95	95	90	90	GB/T 2541
闪点 (℃) 开口不低于		140	140	160	180	180	180	140	160	180	180	180	180	GB/T 3536 GB/T 261
闭口不低于		128	128	148				168	168				—	
倾点 (℃) 不高于		−18	−15	−15	−9	−9	−18	−15	−15	−9	−9	−9	−9	GB/T 3535

续表

项目	质量指标										试验方法
质量等级	优等品						一等品				
空气释放值（50℃）(min) 不大于	5	5	6	10	12	5	5	6	10	12	报告	报告	SH/T 0308
密封适应性指数不大于	15	13	12	10	8	15	13	12	10	8	报告	报告	SH/T 0305
氧化安定性 氧化1000h后，酸值（mgKOH/g）不大于	—			2.0			—			2.0	GB/T 12581
水分（%）不大于	痕迹						痕迹				GB/T 260
机械杂质（%）不大于	无						无				

4. 施工精度控制系统

施工精度控制系统主要包括：提升设备本身的限位调平装置、滑模装置在施工中的水平度和垂直度的观测和调整控制设施等。精度控制仪器、设备的选配应符合下列规定：

（1）千斤顶同步控制装置，可采用限位卡挡、激光水平扫描仪、水杯自控仪、计算机控制同步整体提升装置等。

（2）垂直度观测设备可采用激光铅直仪、全站仪、经纬仪等，其精度不应低于1/10000。

（3）测量靶标及观测站的设置应该稳定可靠，便于测量操作，并应根据结构特征和关键控制部位（如：外墙角、电梯井、筒壁中心等）确定其位置。

5. 水、电配套系统

水、电配套系统包括动力、照明、信号、广播、通信、电视监控以及水泵、管路设施等。水、电系统的选配应符合下列规定：

（1）动力及照明用电、通信与信号的设置均应符合现行的《液压滑动模板施工安全技术规程》JGJ 65 的规定。

（2）电源线的规格选用应根据平台上全部电器设备总功率计算确定，其长度应大于从地面起滑开始至滑模终止所需的高度再增加 10m。

（3）平台上的总配电箱、分区配电箱均应设置漏电保护器，配电箱中的插座规格、数量应能满足施工设备的需要。

（4）平台上的照明应满足夜间施工所需的照度要求，吊脚手架上及便携式的照明灯具，其电压不应高于 36V。

（5）通信联络设施应保证声光信号准确、统一、清楚，不扰民。

（6）电视监控应能监视全面、局部和关键部位。

（7）向操作平台上供水的水泵和管路，其扬程和供水量应能满足滑模施工高度、施工用水及局部消防的需要。

16.3.2.3 滑模装置的设计与制作

1. 总体设计

（1）滑模装置设计的主要内容

1）绘制滑模初滑结构平面图及中间结构变化平面图。

2）确定模板、围圈、提升架及操作平台的布置，进行各类部件和节点设计，提出规格和数量；当采用滑框倒模时，应专门进行模板与滑轨的构造设计。

3）确定液压千斤顶、油路及液压控制台的布置，提出规格和数量。

4）制定施工精度控制措施，提出设备仪器的规格和数量。

5）进行特殊部位处理及特殊措施（附着在操作平台上的垂直和水平运输装置等）的布置与设计。

6）绘制滑模装置的组装图，提出材料、设备、构件一览表。

（2）滑模装置设计的荷载项目及其取值

1）滑模装置的永久荷载标准值应根据实际情况计算，并应符合下列规定：

①常用材料和构件的自重标准值应按现行国家标准《建筑结构荷载规范》GB 50009 的规定采用。脚手板自重标准值可取 $0.35kN/m^2$；作业层的栏杆与挡脚板自重标准值可取 $0.17kN/m$；安全网的自重标准值应按实际情况采用，密目式立网自重标准值不应小于 $0.01kN/m^2$。②模板系统、操作平台系统的自重标准值应根据设计图纸计算确定。③千斤顶、液压控制台、随升井架等位置固定的设备应按实际重量取值。④浇筑混凝土时的模板侧压力标准值，对于浇筑高度约 800mm，侧压力合力可取 $5.0\sim6.0kN/m$，合力的作用点在新浇混凝土与模板接触高度的 $2/5$ 处。

2）滑模装置的施工荷载标准值应按下列规定采用：

①操作平台上可移动的施工设备、施工人员、工具和临时堆放的材料等应根据实际情况计算，其均布施工荷载标准值不应小于 $2.5kN/m^2$；②吊架的施工荷载标准值应按实际情况计算，且不应小于 $2.0kN/m^2$；③当在操作平台上采用布料机浇筑混凝土时，均布施工荷载标准值不应小于 $4.0kN/m^2$。

3）滑模装置的其他可变荷载标准值应按下列规定采用：

① 当采用料斗向平台上直接卸混凝土时，对平台卸料点产生的集中荷载应按实际情况确定，且不应小于按下式计算的标准值：

$$W_k = \gamma[(h_m + h)A_1 + B] \tag{16-4}$$

式中 W_k ——卸混凝土时对平台产生的集中荷载标准值（kN）；

γ ——混凝土的重力密度（kN/m^3）；

h_m ——料斗内混凝土上表面至料斗口的最大高度（m）；

h ——卸料时料斗口至平台卸料点的最大高度（m）；

A_1 ——卸料口的面积（m^2）；

B ——卸料口下方可能堆存的最大混凝土量（m^3）。

② 随升起重设备刹车制动力标准值可按下式计算：

$$W = (V_a/g + 1), Q = K_d Q \tag{16-5}$$

式中 W ——刹车时产生的荷载（N）；

V_a ——刹车时的制动减速度（m/s^2）；

g——重力加速度（9.8m/s²）；

Q——料罐总荷重（N）；

K_d——动力荷载系数，取 1.1～2.0。

③ 当采用溜槽、串筒或小于 0.2m³ 的运输工具向模板内倾倒混凝土时，作用于模板侧面的水平集中荷载标准值可取 2.0kN。

④ 操作平台上垂直运输设备的起重量及柔性滑道的张紧力等应按实际荷载计算。

⑤ 模板滑动时混凝土与模板间的摩阻力标准值，钢模板应取 1.5～3.0kN/m²；当采用滑框倒模施工时，模板与滑轨间的摩阻力标准值应按模板面积计取 1.0～1.5kN/m²。

⑥ 纠偏纠扭产生的附加荷载，应按实际情况计算。

4）作用于滑模装置的水平均布风荷载标准值应按下式计算：

$$\omega_k = \mu_z \mu_s \omega_0 \tag{16-6}$$

式中 ω_k——风荷载标准值（kN/m³）；

ω_0——基本风压值（kN/m²），按现行国家标准《建筑结构荷载规范》GB 50009 的规定采用，可取重现期 $n=10$ 对应的风荷载，但不宜小于 0.3kN/m²；

μ_z——风压高度变化系数，按现行国家标准《建筑结构荷载规范》GB 50009 的规定采用；

μ_s——风荷载体型系数，按现行国家标准《建筑结构荷载规范》GB 50009 的规定采用，但不宜低于 1.0。

5）滑模装置的荷载设计值应符合下列规定：

① 当计算滑模装置承载能力极限状态的强度、稳定性时，应采用荷载设计值；荷载设计值应采用荷载标准值乘以荷载分项系数，其中分项系数应按下列规定采用：对永久荷载分项系数，当其效应对结构不利时，对由可变荷载效应控制的组合，应取 1.2；对由永久荷载效应控制的组合，应取 1.35。当其效应对结构有利时，一般情况应取 1；对结构的倾覆验算，应取 0.9。对可变荷载分项系数，一般情况下应取 1.4，风荷载的分项系数应取 1.4；对标准值大于 4kN/m² 的施工荷载应取 1.3；② 当计算滑模装置正常使用极限状态的变形时，荷载设计值应采用荷载标准值，永久荷载与可变荷载的分项系数应取 1.0；③ 荷载分项系数的取值应符合表 16-28 的规定。

荷载分项系数　　　　　　　　　　　　　　　　表 16-28

计算项目	荷载分项系数			
	永久荷载分项系数		可变布荷载分项系数	
强度、稳定性	由可变荷载控制的组合	1.20	1.40	
	由永久荷载控制的组合	1.35		
倾覆验算	有利	0.90	有利	0
	不利	1.35	不利	1.40
挠度	1.00		1.00	

6）滑模装置设计的荷载组合，应根据不同施工工况下可能同时出现的荷载，按承载能力极限状态和正常使用极限状态分别进行荷载组合，并应取各自最不利的效应组合进行设计。

7) 对于承载能力极限状态，应按荷载的基本组合计算荷载组合的效应设计值，并应符合下列规定：

① 永久荷载、施工荷载、风荷载应取荷载设计值；当可变荷载对抗倾覆有利时，荷载组合计算可不计入施工荷载；② 一般施工荷载的组合值系数应取 0.7；风荷载的组合值系数应取 0.6；③ 滑模装置承载能力计算的基本组合宜按表 16-29 的规定采用。

滑模装置承载能力计算的基本组合　　　　　　　　　　　表 16-29

强度、稳定性计算项目		荷载的基本组合
操作平台结构提升架支承杆	由可变荷载控制的组合	永久荷载＋施工荷载＋0.6×风荷载
	由永久荷载控制的组合	永久荷载＋0.7×施工荷载＋0.6×风荷载
模板围圈	由可变荷载控制的组合	永久荷载＋施工荷载
	由永久荷载控制的组合	永久荷载＋0.7×施工荷载
操作平台结构抗倾覆稳定		永久荷载＋风荷载

注：表中的"＋"仅表示各项荷载参与组合，不代表代数相加。

8) 对正常使用极限状态，应按荷载的标准组合计算荷载组合的效应设计值，并应符合下列规定：

永久荷载、施工荷载、风荷载应取荷载标准值；滑模装置挠度计算的基本组合宜按表 16-30 的规定采用。

滑模装置挠度计算的标准组合　　　　　　　　　　　表 16-30

挠度计算项目	荷载的标准组合
模板、围圈	永久荷载＋施工荷载
操作平台结构提升架	永久荷载＋施工荷载＋0.6×风荷载

注：表中的"＋"仅表示各项荷载参与组合，不代表代数相加。

(3) 千斤顶数量的确定

液压提升系统所需的千斤顶和支承杆的最少数量可按式（16-7）计算：

$$n = N/P_0 \tag{16-7}$$

式中　N——总垂直荷载（kN），按上述（2）第 1）2）3）项之和，或（2）第 1）、2）、5）项之和，取其中较大者；

P_0——单个千斤顶的计算承载力（kN），按支承杆允许承载力，或千斤顶的允许承载能力（为千斤顶额定承载力的 1/2），两者取其较小者。

(4) 支承杆允许承载力的计算

1) 当采用 ϕ25mm 圆钢支承杆，模板处于正常滑升状态时，即从模板上口以下，最多只有一个浇灌层高度尚未浇灌混凝土的条件下，支承杆的允许承载力按式（16-8）计算：

$$P_0 = \alpha \cdot 40EI/[K(L_0+95)^2] \tag{16-8}$$

式中　P——支承杆的允许承载力（kN）；

α——工作条件系数，取 0.7～1.0，视施工操作水平、滑模平台结构情况确定。一般整体式刚性平台取 0.7，分割式平台取 0.8；

E——支承杆弹性模量（kN/cm²）；

I——支承杆截面惯性矩（cm⁴）；

K——安全系数，取值应不小于2.0；

L_0——支承杆脱空长度，从混凝土上表面至千斤顶下卡头距离（cm）。

2) 当采用 $\phi48×3.5$mm 钢管作支承杆时，支承杆的允许承载力，按下式计算：

$$P_0 = \alpha/K(99.6 - 0.22L_0) \quad (16-9)$$

式中 P_0——$\phi48×3.5$mm 钢管支承杆的允许承载力（kN）；

α——工作条件系数，取 0.7~1.0，视施工操作水平、滑模平台结构情况确定。一般整体式刚性平台取 0.7，分割式平台取 0.8；

L_0——支承杆脱空长度（cm）。当支承杆在结构体内时，L_0 取千斤顶下卡头到浇筑混凝土上表面的距离；当支承杆在结构体外时，L_0 取千斤顶下卡头到模板下口第一个横向支撑扣件节点的距离。

3) 当支撑杆因构筑物工艺要求倾斜布设时，支撑杆的允许承载力应计算倾斜产生的不利影响。

2. 部件的设计与制作

(1) 模板

模板应具有通用性、耐磨性、拼缝紧密、装拆方便和足够的刚度，并应符合下列规定：

1) 模板高度宜采用 900~1200mm，对筒体结构宜采用 1200~1500mm；滑框倒模的滑轨高度宜为 1200~1500mm，单块模板宽度宜为 300mm。

2) 框架、墙板结构宜采用围圈组合大钢模，标准模板宽度为 900~2400mm；对筒体结构宜采用小型组合钢模板，模板宽度宜为 100~500mm，也可以采用弧形带肋定形模板。

3) 异形模板，如转角模板、收分模板、抽拔模板等，应根据结构截面的形状和施工要求设计。

4) 围模合一大钢模的板面采用 4~5mm 厚的钢板，边框为 5~7mm 厚扁钢，竖肋为 4~6mm 厚、60mm 宽扁钢，水平加强肋宜为 [8 槽钢，直接与提升架相连，模板连接孔为 $\phi18$mm、间距 300mm；模板焊接除节点外，均为间断焊；小型组合钢模板的面板厚度宜采用 2.5~3mm；角钢肋条不宜小于 L40mm×4mm，也可采用定型小钢模板。

5) 模板制作应该板面平整，无卷边、翘曲、孔洞及毛刺等，阴阳角模的单面倾斜度应符合设计要求。

6) 滑框倒模施工所使用的模板宜选用组合钢模板，当混凝土外表面为直面时，组合钢模板应横向组装，若为弧面时宜选用长 300~600mm 的模板竖向组装。

7) 清水混凝土模板应单独设计制作。

(2) 围圈

围圈的构造应符合下列规定：

1) 围圈截面尺寸应根据计算确定，上、下围圈的间距一般为 450~750mm，上围圈距模板上口的距离不宜大于 250mm。

2) 当提升架间距大于 2.5m 或操作平台的承重骨架直接支承在围圈上时，围圈宜设计成桁架式。

3) 围圈在转角处应设计成刚性节点。

4) 固定式围圈接头应用等刚度型钢连接，连接螺栓每边不得少于2个。

5) 在使用荷载作用下，两个提升架之间围圈的垂直与水平方向的变形不应大于跨度的1/500。

6) 连续变截面筒体结构的围圈宜采用分段伸缩式。

7) 设计滑框倒模的围圈时，应在围圈内挂竖向滑轨，滑轨的断面尺寸及安放间距应与模板的刚度相适应。

8) 高耸烟囱筒壁结构上、下直径变化较大时，应按优化原则配置多套不同曲率的围圈。

(3) 提升架

提升架宜设计成适用于多种结构施工的形式。对于结构的特殊部位，可设计专用的提升架。对多次重复使用或通用的提升架宜设计成装配式。提升架的横梁、立柱和连接支腿应具有可调性。

提升架应有足够的刚度，设计时应按实际的受力荷载验算，其构造应符合下列规定：

1) 提升架宜用钢材制作，可采用单横梁"Ⅱ"形架、双横梁的"开"形架或单立柱的"Γ"形架，横梁与立柱应该刚性连接，两者的轴线应在同一平面内，在施工荷载作用下，立柱下端的侧向变形应不大于2mm。

2) 模板上口至提升架横梁底部的净高度，对于$\phi 48mm \times 3.5mm$支承杆宜为500~900mm，采用$\phi 25mm$圆钢支撑杆时宜为400~500mm。

3) 提升架立柱上应设有调整内外模板间距和倾斜度的调节装置。

4) 当采用工具式支承杆设在结构体内时，应在提升架横梁下设置内径比支承杆直径大2~5mm的套管，其长度应到模板下缘。

5) 当采用工具式支承杆设在结构体外时，提升架横梁相应加长，支承杆中心线距模板距离应大于50mm。

(4) 操作平台

操作平台、料台和吊脚手架的结构形式应按所施工工程的结构类型和受力情况确定，其构造应符合下列规定：

1) 操作平台由桁架或梁、三角架及铺板等主要构件组成，与提升架或围圈应连成整体，当桁架的跨度较大时，桁架间应设置水平和垂直支撑，当利用操作平台作为现浇顶盖、楼板的模板或模板支承结构时，应根据实际荷载对操作平台进行验算和加固，并应考虑与提升架脱离的措施。

2) 当操作平台的桁架或梁支承于围圈上时，应该在支承处设置支托或支架。

3) 外挑脚手架或操作平台的外挑宽度不宜大于900mm，并应在其外侧设安全防护栏杆。

4) 吊脚手架铺板的宽度，宜为500~800mm，钢吊杆的直径不应小于16mm，吊杆螺栓应该采用双螺母。吊脚手架的双侧应该设安全防护栏杆，并应满挂安全网。

5) 桁架梁或辐射梁的挠度不应大于其跨度的1/400。

(5) 液压控制台

液压控制台的设计应符合下列规定：

1) 液压控制台内，油泵的额定压力不应小于12MPa，其流量可根据所带动的千斤顶数量、每只千斤顶油缸的容积及一次给油时间确定，可在15～100L/min内选用。大面积滑模施工时可多个控制台并联使用。

2）液压控制台内，换向阀和溢流阀的流量及额定压力均应大于或等于油泵的流量和液压系统最大工作压力，阀的公称内径不应小于10mm，宜采用通流能力大、动作速度快、密封性能好、工作可靠的三通逻辑换向阀。

3）液压控制台的油箱应易散热、排污，并应有油液过滤的装置，油箱的有效容量应为油泵排油量的2倍以上。

4）液压控制台供电方式应采用三相五线制，电气控制系统应保证电动机、换向阀等按滑模千斤顶爬升的要求正常工作，并应加设多个控制台并联使用的插座。

5）液压控制台应设有油压表，漏电保护装置，电压、电流指示表，工作信号灯和控制加压、回油、停滑报警、滑升次数及时间的控制器等。

(6) 油路

油路设计应符合下列规定：

1）输油管应采用高压耐油胶管或金属管，其耐压力不得低于25MPa。主油管内径不得小于16mm，二级分油管内径宜用10～16mm，连接千斤顶的油管内径宜为6～10mm。

2）油管接头、针形阀的耐压力和通径应与输油管相适应。

3）液压油应定期进行过滤，并应有良好的润滑性和稳定性，其各项指标应符合国家现行有关标准的规定。

(7) 千斤顶

液压千斤顶使用前应该逐个编号经过检验，并应符合下列规定：

1）液压千斤顶空载启动压力不得高于0.3MPa。

2）液压千斤顶最大工作油压为额定压力的1.25倍时，卡头应锁固牢靠、放松灵活、升降过程连续平稳。

3）液压千斤顶的试验压力为额定油压的1.5倍时，稳压5min，各密封处应该无渗漏。

4）液压千斤顶在额定压力提升荷载时，下卡头锁固时的回降量对滚珠式千斤顶应不大于5mm，对楔块式或滚楔混合式千斤顶应不大于3mm。

5）同批组装的千斤顶应调整其行程，使其在施工设计荷载作用下的爬升行程差不大于1mm。

(8) 支承杆选材和加工要求

支承杆的选材和加工应符合下列规定：

1）支承杆的制作材料宜选用HPB235级圆钢、HRB335级钢筋、外径壁厚精度较高的低硬度焊接钢管如Q235B焊接钢管，对热轧退火的钢管，其表面不应有冷硬加工层，并应符合现行国家标准《直缝电焊钢管》GB/T 13793或《低压流体输送用焊接钢管》GB/T 3091中的规定。

2）支承杆直径应与千斤顶的要求相适应，长度宜为3～6m。

3）采用工具式支承杆时应用螺纹连接：圆钢ϕ25mm支承杆连接螺纹宜为M18，螺纹长度不宜小于20mm；钢管ϕ48mm支承杆连接螺纹宜为M30，螺纹长度不宜小于40mm。任何连接螺纹接头中心位置处公差均为±0.15mm，支承杆借助连接螺纹对接后支承杆轴线偏斜度允许偏差为 $1/L$（L 为单根支承杆长度）。

4）HPB300 级圆钢和 HRB335 级钢筋支承杆采用冷拉调直时，其延伸率不应大于 3‰。支承杆表面不应有油漆和铁锈。

5）工具式支承杆的套管与提升架之间的连接构造宜做成可使套管转动并能有 50mm 以上的上下移动量。

6）对兼作结构钢筋的支承杆，其材质和接头应符合设计要求，并应按国家现行有关标准的规定进行抽样检验。

3. 滑模构件制作的允许偏差

滑模装置的各种构件的制作应符合有关钢结构制作的规定，其允许偏差应符合表 16-31 的规定。构件表面除支承杆及接触混凝土的模板表面外，均应刷防锈涂料。

构件制作的允许偏差　　　　　表 16-31

名称	内容	允许偏差（mm）
钢模板	高度	±1
	宽度	−0.7～0
	表面平整度	±1
	侧面平直度	±1
	连接孔位置	±0.5
围圈	长度	−5
	弯曲长度≤3m	±2
	>3m	±4
	连接孔位置	±0.5
提升架	高度	±3
	宽度	±3
	围圈支托位置	±2
	连接孔位置	±0.5
支承杆	弯曲	小于（1/1000）L
	$\phi25$	−0.5～+0.5
	$\phi48\times3.5$ 钢管	−0.2～+0.5
	圆度公差	−0.25～+0.25
	对接焊缝凸出母材	<+0.25

注：L 为支承杆加工长度。

16.3.2.4 滑模装置的组装与拆除

1. 滑模装置的组装

滑模施工的特点之一，是将模板一次组装好，一直到施工完毕，中途一般不再变化。因此，要求滑模基本构件组装时，要认真、细致、严格地按照设计要求及有关操作技术规定进行。

（1）组装要求

滑模装置的安装应符合下列规定：

1) 安装好的模板应上口小、下口大,单面倾斜度宜为模板高度的 0.1%~0.3%,对带坡度的筒壁结构如烟囱等,其模板倾斜度应根据结构坡度适当调整。

2) 模板上口以下 2/3 模板高度处的净间距应与结构设计截面等宽。

3) 圆形连续变截面结构的收分模板应该沿圆周对称布置,每对的收分方向应相反,收分模板的搭接处不得漏浆。

(2) 液压系统的试验要求

1) 液压系统组装完毕,应在插入支承杆前进行试验和检查,并符合下列规定:

① 对千斤顶逐一进行排气,并做到排气彻底。

② 液压系统在试验油压下持压 5min,不得渗油和漏油。

③ 整体试验的指标(如空载、持压、往复次数、排气等)应达到要求,记录应准确。

2) 液压系统试验合格后方可插入支承杆,支承杆轴线应与千斤顶轴线保持一致,其偏斜度允许偏差为 2/1000。

(3) 滑模装置组装的允许偏差

滑模装置组装完毕,应该按表 16-32 所列各项质量标准进行认真检查,发现问题应立即纠正,并做好记录。

滑模装置组装的允许偏差 表 16-32

内容		允许偏差(mm)
模板结构轴线与相应结构轴线位置		3
围圈位置偏差	水平方向	±3
	垂直方向	±3
提升架的垂直偏差	平面内	±3
	平面外	±2
安放千斤顶的提升架横梁相对标高偏差		±5
考虑倾斜度后模板尺寸的偏差	上口	−1~0
	下口	0~+2
千斤顶位置安装的偏差	提升架平面内	±5
	提升架平面外	±5
圆模直径、方模边长的偏差		−2~+3
相邻两块模板平面平整度偏差		2
组装模板内表面平整度偏差		3

2. 滑模系统的拆除

滑模系统的拆除主要分整体分段拆除和高空解体散拆。无论哪种拆模方法,均应该先做到以下几点:

① 切断全部电源,撤掉一切机具。

② 拆除液压设施,但千斤顶及支承杆应该保留。

③ 揭去操作平台板,拆除平台梁或桁架。

④ 高空解体散拆时,还应该先将挂架子及外挑架拆除。

(1) 整体分段拆除,地面解体

这种方法可以充分利用现场起重机械，既快又比较安全。整体分段拆除前，应做好分段方案设计。主要考虑以下几点：

1) 现场起重机械的吊运能力，做到既充分利用起重机械的起吊能力，又避免超载。

2) 每一房间墙壁（或梁）的整段两侧模板作为一个单元同时吊运拆除；外墙（外围轴线梁）模板连同外挑梁、挂架亦可同时吊运；筒壁结构模板应按均匀分段设计。

3) 外围模板与内墙（梁）模板间围圈连接点不能过早松开（如先松开，应该对外围模板进行拉结，防止模板向外倾覆），待起重设备挂好吊钩并绷紧钢丝绳后，再及时将连接点松开。

4) 若模板下脚有较可靠的支承点，内墙（梁）提升架上的千斤顶可提前拆除，否则需待起重设备挂好吊钩并绷紧钢丝绳时，将支承杆割断，再起吊、运下。

5) 模板吊运前，应挂好溜绳，模板落地前用溜绳引导，平稳落地，防止模板系统部件损坏。外围模板有挂架子时，更需如此。

6) 模板落地解体前，应根据具体情况做好拆解方案，明确拆解顺序，制定好临时支撑措施，防止模板系统部件发生倾倒事故。

(2) 高空解体散拆

高空散拆模板虽不需要大型吊装设备，但占用工期长，耗用劳动力多，且危险性较大，故无特殊原因尽量不采用此方法。若应该采用高空解体散拆时，应该编制好详细、可行的施工方案，并在操作层下方设置卧式安全网防护，高空作业人员系好安全带。一般情况下，模板系统解体前，拆除提升系统及操作平台系统的方法与分段整体拆除相同，模板系统解体散拆的施工顺序如下：

拆除外吊架脚手架、护身栏（自外墙无门窗洞口处开始，向后倒退拆除）→拆除外吊架吊杆及外挑架→拆除内固定平台、拆除外墙（柱）模板→拆除外墙（柱）围圈→拆除外墙（柱）提升架→将外墙（柱）千斤顶从支承杆上端抽出→拆除内墙模板→拆除一个轴线段围圈，相应拆除一个轴线段提升架→千斤顶从支承杆上端抽出。

高空解体散拆模板应该掌握的原则是：在模板散拆的过程中，应该保证模板系统的总体稳定和局部稳定，防止模板系统整体或局部倾倒塌落。因此在实施过程中，务必有专职人员统一组织、指挥。

16.3.2.5 滑升

1. 滑模施工中应采取混凝土薄层浇灌、千斤顶微量提升等措施减少停歇，在规定时间内应连续滑升。

2. 在确定滑升程序或滑升速度时，除应满足混凝土出模强度要求外，还应根据下列相关因素调整：

(1) 气候条件；

(2) 混凝土原材料及强度等级；

(3) 结构特点，包括结构形状、构件截面尺寸及配筋情况；

(4) 模板条件，包括模板表面状况及清理维护情况；

(5) 混凝土出模外观质量情况等。

3. 初滑时，宜将混凝土分层交圈浇筑至 500～700mm（或模板高度的 1/2～2/3）高度，待第一层混凝土强度达到 0.2～0.4MPa 或混凝土贯入阻力值为 0.30～1.05kN/cm^2

时，应进行1~2个千斤顶行程的提升，并对滑模装置和混凝土凝结状态进行全面检查，确定正常后，方可转为正常滑升。混凝土贯入阻力值测定方法应符合《滑动模板工程技术标准》GB/T 50113—2019 附录 B 的规定。

4. 正常滑升过程中，应采取微量提升的方式，两次提升的时间间隔不宜超过 0.5h。

5. 滑升过程中，应使所有的千斤顶充分进油、排油。当出现油压增至正常滑升工作压力值的 1.2 倍，尚不能使全部千斤顶升起时，应立即停止提升操作，检查原因，及时进行处理。

6. 在正常滑升过程中，每滑升 200~400mm，应对各千斤顶进行一次调平，特殊结构或特殊部位应采取专门措施保持操作平台基本水平。各千斤顶的相对标高差不应大于 40mm；相邻两个提升架上千斤顶升差不应大于 20mm。

7. 连续变截面结构，每滑升 200mm 高度，至少应进行一次模板收分。模板一次收分量不宜大于 6mm。当结构的坡度大于 3.0% 时，应减小每次提升高度，当设计支承杆数量时，应适当降低其设计承载能力。

8. 在滑升过程中，应检查和记录结构垂直度、水平度、扭转及结构截面尺寸等偏差数值。检查及纠偏、纠扭应符合下列规定：

（1）每滑升一个浇灌层高度应自检一次，每次交接班时应全面检查、记录一次；

（2）在纠正结构垂直度偏差时，应徐缓进行，避免出现硬弯；

（3）当采用倾斜操作平台的方法纠正垂直偏差时，操作平台的倾斜度应控制在 1% 之内；

（4）对筒体结构，任意 3m 高度上的相对扭转值不应大于 30mm，且任意一点的全高最大扭转值不应大于 200mm。

9. 在滑升过程中，应检查操作平台结构、支承杆的工作状态及混凝土的凝结状态，发现异常，应及时分析原因并采取有效的处理措施。

10. 框架结构柱子模板的停歇位置，宜设在梁底以下 100~200mm 处。

11. 在滑升过程中，应及时清理粘结在模板上的砂浆和转角模板、收分模板与活动模板之间的灰浆，严禁将已硬结的灰浆混进新浇的混凝土中。

12. 滑升过程中不应出现漏油，凡被油污染的钢筋和混凝土，应及时处理干净。

13. 当因施工需要或其他原因不能连续滑升时，应采取下列停滑措施：

（1）混凝土应浇灌至同一标高；

（2）模板应每隔一定时间提升 1~2 个千斤顶行程，直至模板与混凝土不再粘结为止；

（3）当采用工具式支承杆时，在模板滑升前应先转动并适当托起套管，使之与混凝土脱离，以避免将混凝土拉裂。

14. 模板空滑时，应验算支承杆在操作平台自重、施工荷载、风荷载等组合作用下的稳定性，稳定性不满足要求时，应对支承杆采取可靠的加固措施。

15. 混凝土出模强度应控制在 0.2~0.4MPa 或混凝土贯入阻力值为 0.30~1.05kN/cm²。采用滑框倒模施工的混凝土出模强度不应小于 0.2MPa。

16. 当支承杆无失稳可能时，应按混凝土的出模强度控制，模板的滑升速度应按下式计算：

$$V = (H - h_0 - a)/t \quad (16\text{-}10)$$

式中 V——模板滑升速度（m/h）；

H——模板高度（m）；

h_0——每个浇筑层厚度（m）；

a——混凝土浇筑后其表面到模板上口的距离，取 $0.05\sim 0.10$m；

t——混凝土从浇灌到位至达到出模强度所需的时间（h），由试验确定。

17. 当支承杆受压时，应按支承杆的稳定条件控制，模板的滑升速度应按下列规定确定：

（1）对于 $\phi 48.3$mm×3.5mm 钢管支承杆，应按下式计算：

$$V = 26.5/[T_1 \cdot (K \cdot P)^{1/2}] + 0.6/T_1 \qquad (16\text{-}11)$$

式中 P——单根支承杆承受的垂直荷载（kN）；

T_1——在作业班的平均气温条件下，混凝土强度达到 2.5MPa 所需的时间（h），由试验确定；

K——安全系数，取 $K=2.0$。

（2）对于 $\phi 25$mm 圆钢支承杆，应按下式计算：

$$V = 10.5/[T_2 \cdot (K \cdot P)^{1/2}] + 0.6/T_2 \qquad (16\text{-}12)$$

式中 T_2——在作业班的平均气温条件下，混凝土强度达到 $0.7\sim 1.0$MPa 所需的时间（h），由试验确定。

18. 当以滑升过程中工程结构的整体稳定控制模板的滑升速度时，应根据工程结构的具体情况计算确定。

19. 当 $\phi 48$mm×3.5mm 钢管支承杆设置在结构体外且处于受压状态时，该支承杆的脱空长度不应大于按下式计算的长度：

$$L_0 = 21.2/(K \cdot P)^{1/2} \qquad (16\text{-}13)$$

式中 L_0——支承杆的脱空长度（m）。

16.3.2.6 滑模工艺

1. 滑模工艺的类别与基本特点

滑模工艺已由高耸筒体构筑物逐步推广应用到包括框架、框剪、框筒、筒中筒和板墙等结构形式的高层、超高层建筑工程中，滑模工艺主要包括以下几类。

按提升设备分类，可分为液压千斤顶滑模和升板机滑模。前者又可分为密机位滑模和疏机位滑模，目前主要采用较大吨位液压千斤顶的疏机位滑模。

按支承杆的设置，可分为体内滑模和体外滑模。前者是将支撑杆设置于混凝土墙或柱子之中，后者将支承杆设于墙或主体之外。

按对楼层结构的施工安排，可分为空滑楼层并进滑模工艺和空滑楼层跟进滑模工艺。空滑楼层并进滑模工艺即梁、柱、墙滑模空滑过楼层板并随即支模和浇筑楼板混凝土后，再继续向上滑升施工；空滑楼层跟进滑模工艺即滑模空滑过楼层，在柱、墙敷设梁板的钢筋后，继续向上滑升施工，楼层板则错后跟进施工。

此外，还可按施工的平面流水安排分为整体滑模工艺和分区（段）滑模工艺，按施工的立面进度分为同步（等高）滑模工艺和不同步滑模工艺（即按施工需要，在滑升高度上保证规定的高差）等。

几种主要滑模工艺的基本特点如表 16-33 所示。

主要滑模工艺的基本特点　　　表 16-33

工艺名称	工艺的基本特点
密机位液压千斤顶滑模工艺	1. 采用小吨位（≤3t）液压千斤顶；2. 机位设置较密，较易布置，比较灵活；3. 提升架和围梁一般采用相对轻型设计；4. 使用千斤顶较多，油路较多，增加施工管理难度
疏机位液压滑模工艺	1. 采用大吨位（≥6t）液压千斤顶；2. 机位设置较疏，因机位荷载较大，对机位布置要求严格；3. 提升架和围梁一般采用相对轻型设计；4. 使用千斤顶较少，油路较少，较易进行施工管理
升板机滑模工艺	使用升板机提升装置和粗径支承杆（承重导杆），采用体内或体外滑模工艺
体内滑模工艺	1. 支承杆设于柱、墙混凝土中，承压稳定性较好，其外露部分一般不需要进行（或只做少许）稳定性加固；2. 在不抽拔支承杆时，支承杆的耗用量大；在抽拔支承杆时，有一定难度
体外滑模工艺	1. 支承杆设于柱子和墙体之外，基本无损耗，使用完毕后可移作他用；2. 支承杆需有严格的确保其稳定承载的构造措施
空滑楼层并进滑模工艺	1. 楼层结构随竖向结构同层施工，确保结构整体的及时形成；2. 滑模作业平台的铺板需反复揭（移）开铺装；3. 单条流水线施工，施工速度相对较慢
空滑楼层跟进滑模工艺	1. 楼板结构甩后施工（但一般拖后不宜超过3层）；2. 柱、墙悬空部位需验算并视需要加快；3. 竖向结构滑模和两条流水线施工，速度较快

滑模的一般工艺流程见图 16-83。

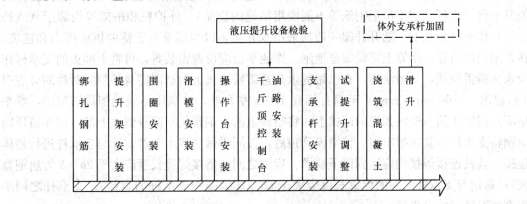

图 16-83　滑模施工的一般工艺流程

2. 各类工程滑模施工工艺

滑模技术在各类工程的应用中，为适应不同的工程情况和施工要求，在工艺和技术方面不断地有所创新和发展，从而形成了众多的、各具特色的滑模工艺技术，见表 16-34。

在各类工程中采用的滑模工艺　　　表 16-34

工程类别	采用的滑模工艺
框剪、板墙结构工程	（1）墙、柱、梁同步滑升工艺；（2）滑框倒模工艺；（3）楼板层空滑随浇工艺（也称"逐层空滑楼层并进工艺""逐层封闭工艺""滑-浇工艺"）；（4）先滑框架和墙体、楼板跟进工艺；（5）先滑框架和墙体、楼板降模浇筑工艺

续表

工程类别	采用的滑模工艺
筒体结构工程	(1) 无井架液压滑模工艺；(2) 滑框倒模工艺；(3) 外滑内砌同步施工工艺；(4) 外滑内砌工艺；(5) 桥墩液压自升平台翻模工艺；(6) 圆形筒仓结构滑模工艺；(7) 筒身滑模和水箱提升工艺；(8) 双曲线冷却塔提升架直立滑升提模工艺；(9) 提升架倾斜滑模工艺
其他结构工程	(1) 立井拉杆式滑模筑壁工艺；(2) 立井压杆式滑模筑壁工艺；(3) 墙体加厚滑模筑壁工艺；(4) 桁架导轨墙体滑模工艺；(5) 柱子滑模与网架屋盖顶升同步施工工艺；(6) 爬轨器液压缸牵引滑模工艺

目前最常用的工艺为圆形筒壁结构滑模工艺，简述如下：

筒体结构一般采用圆形平面或由两端圆弧与中间直线段组成的平面，其竖向平面可为矩形、梯形和双曲线梯台形，筒壁截面则有等截面或变截面，圆弧或曲线外形、变径和变截面是筒体结构的共同特点。

无井架液压滑模工艺即不在筒体内设置落地式井架，将作业平台、提升架、随升井架、吊笼和模板等全部荷载都传给支承杆承受的滑模工艺（图 16-84）。其作业平台结构由内、外钢圈、适量的中间钢圈（包括固定提升架的钢圈）和辐射梁构成。设上、下内钢圈者，其间设拉杆形成鼓圈，在鼓圈底部设带花篮螺栓的悬索拉杆与平台拉结。提升架、随升平台、扒杆（用于吊运钢筋等不能使用吊笼的物品）、外护栏和吊架等均装于（或挂置于）作业平台之上。随升井架一般均采用双井架，以提高垂直运输的供应能力和速度。在井架内设吊笼，吊笼上部设安全抱闸。作业平台应设避雷装置，可将不抽拔的支承杆作为永久避雷导线，其做法为：在已做的永久避雷接地板上沿烟囱筒身外侧的对称四分点引 4 根扁钢（−60mm×8mm）至筒身标高 1.0m 左右处，分别用不锈钢螺母（M18，带平垫圈）固定于筒身壁内预埋的暗榫上，将暗榫上的扁钢延长至筒身留孔上部，用 3 道环向扁钢将支承杆与其焊接牢固，待滑模到顶后，按同样做法将永久避雷针与支承杆进行整体连接，且其连接焊接均应达到以下要求：扁钢之间的搭接焊缝长度应大于 $2b$（b 为扁钢宽度）；扁钢与支承杆之间的焊缝长度应大于 $6d$（d 为圆钢支承杆的直径）；支承杆之间采用榫接对接和坡口焊接。

烟囱的筒壁和内衬都采用滑模施工时，称为"双滑"，并需做好牛腿、内衬竖向伸缩缝和隔热层预制块的固定等相关处理；可采用在内模面上焊竖向切割板，以将伸缩缝滑（割）出来；隔热预制块可采用梳子挡板临时固定法（挡板用扁钢焊成，高 450mm 左右，悬挂于相邻千斤顶之间，随提升架上升，过牛腿时需暂时取下）或红砖固定法（即用 100 号红机砖置于预制块和内模之间，浇筑时先筒壁、后内衬，将红砖浇于内衬混凝土之中，不再取出）。筒壁采用滑模、内衬为砌筑的工艺称为"外滑内砌"工艺；筒壁采用滑框倒模、内衬砌筑的工艺，则称为"外倒内砌滑模工艺"。其滑框倒模的安装顺序为：搭设筒底施工平台→焊接内衬砌筑平台→随升井架安装→作业平台安装→安装提升架和收分装置→绑扎钢筋、砌内衬、装第二层模板→浇筑混凝土→安装垂直运输和信号系统。其工艺流程如图 16-85 所示。

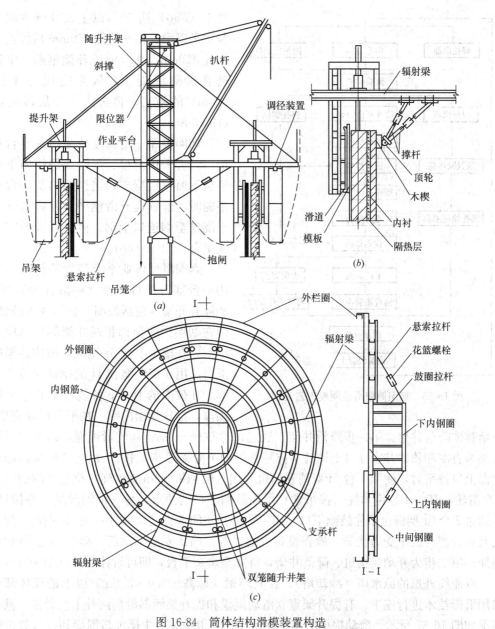

图 16-84 筒体结构滑模装置构造
(a) 无井架液压滑模装置；(b) 烟囱滑框倒模的内衬支顶措施；(c) 作业平台的基本构造

套筒式烟囱（双筒结构：外筒为承重筒，内筒为自承重排烟筒）的"外滑内提同步施工工艺"为外筒采用常规滑模、内筒采用提模的工艺。在渭河电厂 240/7m 套筒式烟囱施工中采用此项工艺，其做法的要点为：外筒每滑升 250mm 高，内筒也相应在模板内砌筑 250mm 高耐火砖，当外筒连续滑升 3 个提升层后，内筒也相应浇筑水玻璃耐酸陶粒混凝土 750mm 高，其矿棉板和镀锌钢板也紧跟内筒提升完成。而依附于外筒的旋转钢梯和筒间钢平台、信号平台等也随滑升同步进行。当外筒滑升至筒间平台标高以上 1.5m 处时，停止滑升，拆除内筒外模与斜支柱相碰处的模板，先施工斜支柱（装劲性骨架、挂模板和浇筑混凝土），然后挂环梁底模、安放石棉布和厚钢板、绑扎钢筋和浇筑混凝土，待其混

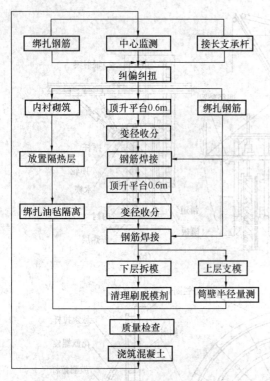

图 16-85 烟囱筒壁滑框倒模工艺流程

凝土（C40）达 50% 以上设计强度时，安装水平钢梁。将外筒滑 750mm 后停滑，再绑扎 420mm×1200mm 环梁钢筋、浇筑水玻璃耐酸混凝土，从而完成一个层段（25m）的施工，再进入上一层段的施工（图 16-86a）。

烟囱根部一定高度处为出灰平台和烟道口，可采用滑模、提模或倒模施工出灰平台下筒壁混凝土。当到达出灰平台底部牛腿时，继续提升滑模平台并将筒壁混凝土浇筑至烟道口上部，停滑并开始施工出灰平台（图 16-86b）。

烟囱滑模作业平台装置的拆除一般采用平台部分散拆散落（将散件分别吊下）和随升井架（包括鼓圈）整体降落的做法，即在烟囱内壁顶部相对井架部位预埋 4 副槽钢，在槽钢上挂 5t 捯链，吊住井架鼓圈下口，用 4 根缆绳和 1t 的捯链拉着井架顶部，在鼓圈的上、下各装一道井字形钢管顶撑，撑住烟囱内壁。在平台拆除完毕后，开始整体降落井架：第一步降低井架，通过徐徐放松 5t 捯链和收紧缆绳，以及同时调整井架垂直度和顶紧井字撑（上道井字撑随井架的下降而逐步上移）。待将井架顶部降至与烟囱上口持平时，使用 1 台 5t 双筒卷扬机并用 2 根 φ18.5mm 钢丝绳，绕过 2 副槽钢上的 2 个滑轮，其中 1 根钢丝绳（接吊索）吊住鼓圈下口的两点，另一根钢丝绳（亦接吊索）并通过 2 个 3t 捯链也吊住鼓圈下口（用于调整井架的垂直度）。放松 4 副 5t 捯链，使卷扬机及运转部件处于受力状态，检查设备、地锚等，确认安全可靠后，拆去 5t 捯链和顶部缆绳；第二步为开动卷扬机、降落井架，待降至出灰平台，即可解体运出（图 16-86c）。

双曲线外形的凉水塔（冷却塔），在其环梁（标高+3.0～5.0m）以上的筒体部分可采用滑模技术进行施工，有提升架直立滑动提模和提升架倾斜滑模两种工艺做法，其装置情况如图 16-87 所示。滑动提模法系将液压千斤顶滑模装置中模板与围梁和提升架之间的连接改为可松开方式，而滑压千斤顶则沿随筒壁斜度设置的支承杆上升，并带动直立式提升架上升。在浇筑混凝土前，依靠提升架将围梁和模板固定到设计位置，待浇完的混凝土达到适合强度后，松开模板和圈梁的固定装置，使模板与混凝土面脱离，启动千斤顶将模板装置提升到上一个浇筑层位置。在整个施工过程中，作业平台和吊脚手架始终处于水平状态，便于上架人员进行操作和纠偏控制。滑动提模系统利用提升架之间剪刀撑的夹角（其变化由移动提升架立腿上的剪刀撑滑块来实现，滑块移动有限位，每次不超过 10mm）来调整提升架的间距，进行模板装置的外张和内收，使筒壁按双曲线设计外形上升。支承杆坡度（应与筒壁外模平行）则通过设于千斤顶底座外侧的调坡丝杠进行调整；提升架倾斜滑模法系将提升架按筒壁坡度装设，在倾斜状态下进行滑模的方式。其提升架与模板、

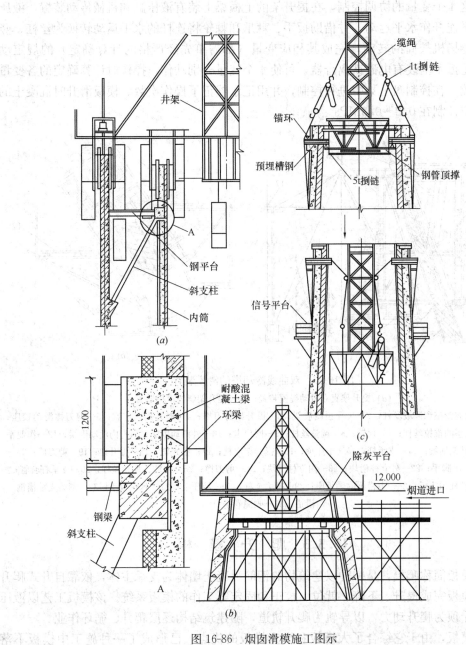

图 16-86 烟囱滑模施工图示

(a)"外滑内提"装置及筒间平台节点；(b)"外滑内砌"除灰平台施工情况；(c) 作业平台分两步拆除

剪刀撑、水平连杆等构件通过辐射（拉圆）拉索与中心拉环连接，形成稳定的环状空间结构，提升架两侧设环状作业平台，下挂吊脚手架。施工中通过调节滑块的高低来改变提升架的间距（变径）和倾斜度。在剪刀撑交点标高处设置可随筒壁变化进行相应伸缩的水平连杆，其一端通过螺母、锥齿轮和传动轴连接，另一端固定在提升架的立柱上。拉圆拉索的一端固定在提升架的上横梁内侧，另一端绕过中心拉环上的滑轮后，与装于提升架外侧上端的收绳卷扬机鼓筒相连，在滑升时控制拉索的伸缩。为了适应内外滑块、水平连杆和拉圆拉索这4个变量的协调控制,在提升架的上横梁上装有液压缸和机械传动装置,液压缸推动水平连杆作水平运动,并借助扳手、棘爪和棘轮将连杆的水平运动转换为丝杠、竖轴和收绳卷扬机鼓筒的转动,完成其相应变量(都需事先经严格的计算确定)的规定动作。在棘轮扳手上装有电磁铁离合器,可使4个变量分别动作,操作时计算确定的各变量的动作次数,在控制盘上集中进行控制,并用记录器记下操作次数。模板滑升时混凝土的脱模强度应控制在 0.2~0.3MPa。

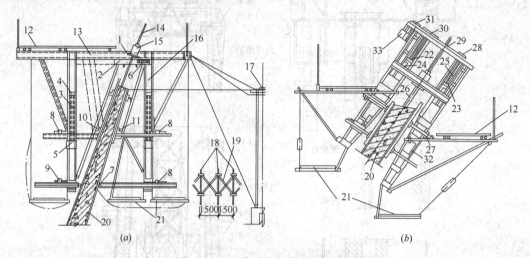

图 16-87　双曲线冷却塔的滑模装置
(a) 提升架直立滑动提模装置；(b) 提升架斜置滑模装置
1—千斤顶调坡铰座和调坡丝杠；2—千斤顶调坡架；3—提升架剪刀撑；4—提升架固定座；5—剪刀撑滑动铰座；6—千斤顶铰座的推拉丝杠；7—顶轮；8—调整丝杠；9—限位卡；10—外活动围梁；11—内活动围梁；12—作业平台；13—提升架横梁；14—支承杆；15—千斤顶；16—提升架立柱；17—激光靶；18—提升架；19—剪刀撑；20—筒壁；21—吊脚手；22—外立柱滑块；23—内立柱滑块；24—剪刀撑；25—控坡、控径丝杠；26—支承杆套管；27—顶紧丝杠顶头板；28—上横梁附轴承座；29—推力连杆；30—液压缸；31—棘轮扳手；32—围梁支承槽钢滑道；33—收绳卷扬机

16.3.3　爬升模板

爬升模板简称爬模,是一种以建筑物的钢筋混凝土墙体为支承主体,依靠自升式爬升支架使大模板完成提升、下降、就位、校正和固定等工作的模板系统。该模板工艺以液压油缸或千斤顶为爬升动力,以导轨为爬升轨道,随建筑结构逐层爬升、循环作业。

爬升模板,由于它综合了大模板和滑升模板的优点,已形成了一种施工中模板不落地,混凝土表面质量易于保证的快捷、有效的施工方法,特别适用于高耸建(构)筑物竖向结构浇筑施工。它具有以下优点:(1)施工方便、安全,爬升模板顶升(或提升)脚手架和模板,在爬升过程中,全部施工静荷载及活荷载都由建筑结构承受,从而保证安全施工;(2)可减少耗工量,架体爬升、楼板施工和绑扎钢筋等各工序互不干扰;(3)工程质量高,施工精确度高;(4)提升高度不受限制,就位方便;(5)通用性和适用性强,可用于多种截面形状的结构施工,还可用于有一定斜度的构筑物施工,如桥墩、塔身、大坝等。目前爬升模板常用的技术有模板与爬架互爬技术、新型导轨式液压爬模(提升或顶升)技术、新型液压钢平台爬升(提升或顶升)技术。

16.3.3.1 模板与爬架互爬技术

1. 技术特点

是以建筑物的钢筋混凝土墙体为支承主体,通过附着于已完成的钢筋混凝土墙体上的爬升支架或大模板,利用连接爬升支架与大模板的爬升设备,使一方固定,另一方作相对运动,交替向上爬升,以完成模板的爬升、下降、就位和校正等工作,其施工程序见图16-88。

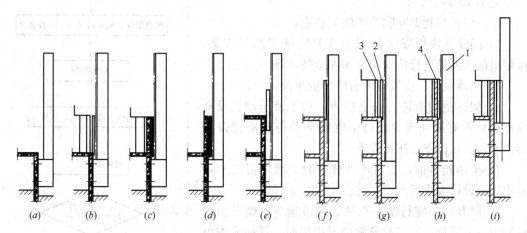

图 16-88　单侧滑模筑壁工艺装置的基本构造情况

(a) 头层墙完成后安装爬升支架;(b) 安装外模板悬挂于爬架上,绑扎钢筋,悬挂内模;(c) 浇筑第二层墙体混凝土;(d) 拆除内模板;(e) 第三层楼板施工;(f) 爬升外模板并校正,固定于上一层;(g) 绑扎第三层墙体钢筋,安装内模板;(h) 浇筑第三层墙体混凝土;(i) 爬升爬架,将爬架固定于第二层墙上

1—爬升支架;2—外模板;3—内模板;4—墙体

2. 结构组成

现有的模板与爬架互爬技术,按爬升动力不同分为液压顶升式爬升、电动葫芦提升式爬升,不论哪一种技术,其核心组成包括附着装置、升降机构、防坠装置架体系统、模板系统。

(1) 附着装置

附着在建(构)筑物结构上,与架体的竖向主框架连接并将架体固定,承受并传递架体荷载的连接结构,由预埋件和固定套(承力件)组成,具有附着、导向、防倾功能。预埋件埋在结构中,其位置的准确性保证了架体的爬升定位准确,因此预埋件起到导向、定位的作用;固定套承受整个架体的自重及架体上的施工荷载,并将架体固定在附着装置上,起到防止架体倾覆的作用。

(2) 升降机构

由导轨、爬升动力设备组成,可自动爬升并锁定架体,通过爬升动力作用,可以实现导轨沿附着装置、架体沿导轨的互爬过程。

(3) 架体系统

架体系统由竖向主框架、水平连接桁架、各作业平台组成,架体系统的主要作用是为工人施工提供多层作业平台,为模板作业提供支模平台。

(4) 模板系统

模板系统由模板及其提升装置组成，架体爬升到位后模板通过塔式起重机或起吊葫芦提升至上一层作业平台，人工操作完成合模、分模作业。

3. 施工工艺及要点

(1) 模板与爬架互爬技术施工工艺流程

见图16-89。

(2) 模板与爬架互爬技术施工要点：

1) 架体与模板安装使用前应制定施工组织方案，对相关施工人员进行技术交底和安全技术培训。

2) 架体设计、安装应由有资质的单位施工。

3) 架体使用前进行安全检查，对于液压动力设备应检查是否有漏油现象，对于电动葫芦应理顺提升捯链，不得出现翻链、扭接现象。

4) 架体爬升前，要清理架体杂物，墙体混凝土强度应达到设计要求后方可爬升。

5) 爬升时应实行统一指挥、规范指令，爬升指令只能由一人下达，但当有异常情况出现时，任何人均可立即发出停止指令。

6) 架体爬升到位后，应该及时进行附着固定和防护，检查无误后方可进行模板提升作业。

7) 模板提升到位后应靠近墙体，并用模板对拉螺栓将模板与墙体进行刚性拉结，确保架体上端有足够的稳定性。

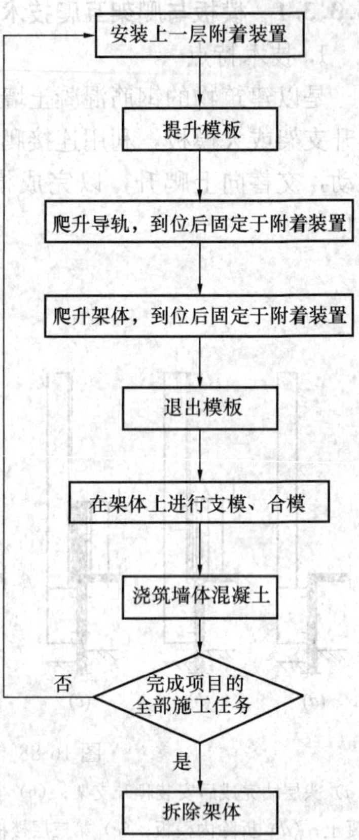

图 16-89 典型的模板与爬架互爬技术施工工艺流程图

8) 当遇到6级以上大风、雷雨、大雪、浓雾等恶劣天气时禁止爬升和装拆作业，大风天气要对架体进行拉结，夜间严禁进行升降和装拆作业。

9) 架体施工荷载（限两层同时作业）小于 $3kN/m^2$，与爬升无关的物体均不应在脚手架上堆放，严格控制施工荷载，不允许超载。

10) 架体施工区域内应有防雷设施，并应设置消防设施。

11) 当完成架体施工任务时，对架体进行拆除，先清理架上杂物及各种材料，并在拆除范围内做醒目标识，同时对拆除区域进行警戒，经检查符合拆除要求后方可进行。

16.3.3.2 导轨式液压爬升模板

(1) 模板特点

1) 爬升模板结构设计应该遵循《液压爬升模板工程技术标准》JGJ/T 195，《液压升降整体脚手架安全技术标准》JGJ/T 183，《建筑施工安全检查标准》JGJ 59 和建建〔2000〕230号关于颁布《建筑施工附着升降脚手架管理暂行规定》的通知，《建筑结构荷载规范》GB 50009、《钢结构设计标准》GB 50017 等标准、规范、规定的相关要求。

2) 采用架体与模板一体化式爬升方式，架体作为模板爬升的动力系统和支撑系统，带动模板一起爬升。

3)爬升模板的动力设备通常采用液压油缸、液压千斤顶,其操作简单、顶升力大、爬升速度快,并且具有过载保护。

4)架体爬升采用同步控制器,同步性好,爬升平稳、安全。

5)模板支撑系统中设计模板移动滑车及调节支腿,可方便地完成合模、分模及模板多方位微调,有助于模板施工;同时架体提供模板作业平台,可进行模板的清理与维护。

6)架体设计多层绑筋施工作业平台,可满足不同层高绑筋要求。

7)架体结构合理,强度高,承载力大,高空抗风性好,安全性高。

8)爬升工艺可带模板自动爬升,可以节省塔式起重机吊次和现场施工用地;并且施工进度快,劳动强度低。

9)虽然架体的一次性投入较大,但由于可以周转使用,因此综合经济性好。

(2)结构组成

导轨式液压顶升模板技术由模板系统、架体与操作平台系统、液压爬升系统、电气控制系统组成(图16-90)。

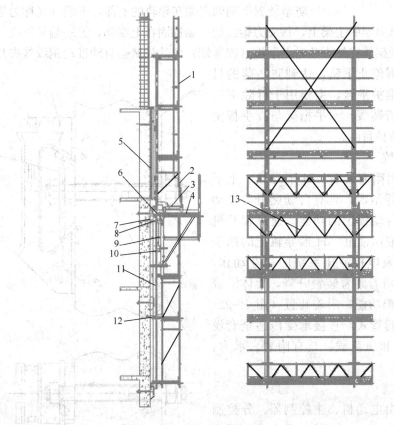

图16-90 典型的导轨式液压油缸顶升模板架体
1—上支撑架;2—模板调节支腿;3—模板移动滑车;
4—架体主框架;5—模板;6—防坠装置;7—附着装置;
8—上爬升箱;9—油缸;10—下爬升箱;11—导轨;
12—挂架;13—水平桁架

1) 模板系统

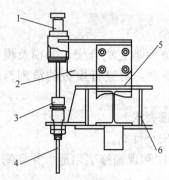

图 16-91 钢绞线锚夹具式防坠装置结构示意图
1—防坠装置（上）；2—安装板；
3—防坠装置（下）；4—防坠钢绞线；
5—导轨；6—架体主梁

模板系统由模板、模板调节支腿、模板移动滑车退模装置组成。模板爬升完全借助架体，不需要单独作业；模板的合模、分模采用水平移动滑车，带动模板沿架体主梁水平移动，模板到位后用楔铁进行定位锁紧。模板垂直度及位置调节通过模板支腿和高低调节器完成。

2) 架体与操作平台系统

架体与操作平台系统一般竖向覆盖四层半楼层高（4.5倍层高），由上支撑架、架体主框架、防坠装置、挂架、水平桁架、各层作业平台和脚手板组成。上支撑架一般为2个层高，提供3~4层绑筋作业平台，可以满足建筑结构不同层高绑筋需求。主框架是架体的主支撑和承力部分，主框架提供模板作业平台和爬升操作平台。防坠装置采用新型的钢绞线锚夹具结构（图 16-91）。

防坠装置上端固定端在导轨的上部，下端（又称为锁紧端）安装在架体主承力架的主梁上，预应力钢绞线一端锚固在上端部，另一端从下端（锁紧端）穿过，当出现架体突然下坠时，下端（锁紧端）内的弹簧会自动推动钢绞线夹片进行楔紧，使架体立刻停止下坠，达到防坠落的目的。挂架提供清理维护平台，主要用于拆除下一层已使用完毕的附着装置。水平桁架与脚手板主要起到连接和安全防护目的。

3) 液压爬升系统

液压爬升系统由附着装置、H形导轨、上下爬升箱和液压油缸等组成，具有自动爬升、自动导向、自动复位和自动锁定的功能。通过爬升机构的上下爬升箱、液压油缸、H形导轨上的踏步承力块和导向板以及电控液压系统的相互动作，可以实现H形导轨沿着附着装置升降，架体沿着H形导轨升降的互爬功能。附着装置（图 16-92）采用预埋式或穿墙套管式，直接承受传递全套设备自重及施工荷载和风荷载，具有附着、承力、导向、防倾功能。

4) 电气控制系统

电气控制系统由电动机、主控制器、分控制器、传输线路等部分组成，控制方式为多点同步式，具有同步性、精确性、爬升动力大等特点。

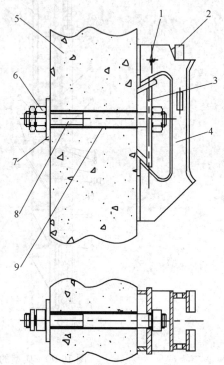

图 16-92 穿墙套管式附着装置结构图
1—销轴；2—导轨挂座；3—固定座；
4—附着套；5—墙体；6—螺母；
7—垫板；8—穿墙螺杆；9—穿墙套管

(3) 施工工艺及要点

1) 导轨式液压顶升模板技术总体施工工艺流程（图 16-93）。

2) 导轨式液压顶升模板技术施工要点：

① 架体与模板安装使用前应制定施工组织方案，且应该经专家论证，对相关施工人员进行技术交底和安全技术培训。

② 架体设计、安装应由有资质的单位施工。

③ 安装前需要完成主承力架、导轨及上下爬升箱的组装，借助塔式起重机整体安装，安装完成后应检查验收，并作记录，合格后方可使用。

④ 架体使用前进行安全检查，检查液压油缸是否有漏油现象。

⑤ 架体爬升前，要清理架体杂物，解除相邻分段架体之间、架体与建（构）筑物之间的连接，确认各部件处于爬升工作状态，墙体混凝土强度应达到设计要求后方可爬升。

⑥ 启动电控液压升降装置先爬升导轨，导轨爬升到位后固定在附着装置的导轨挂板上，再次启动升降装置顶升架体，到位后固定在附着装置上。

⑦ 爬升时应实行统一指挥、规范指令，爬升指令只能由一人下达，但当有异常情况出现时，任何人均可立即发出停止指令。

⑧ 非标准层层高大于标准层高时，爬升模板可多爬升一次或在模板上口支模接高，定位预埋件应该同标准层一样在模板上口以下规定位置预埋。

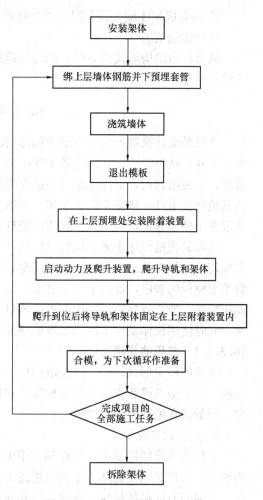

图 16-93 典型的导轨式液压顶升模板施工工艺流程图

⑨ 对于爬模面积较大或不宜整体爬升的工程，可分区段爬升施工，在分段部位要有施工安全措施。

⑩ 油缸同步爬升，整体升差应控制在 50mm 以内。相邻机位升差应控制在机位间距的 1/100 以内。

⑪ 模板应采取分段整体脱模，宜采用脱模器脱模，不得采取撬、砸等手段脱模。

⑫ 楼板滞后施工应根据工程结构和爬模工艺确定，应有楼板滞后施工技术安全措施。

⑬ 当遇到 6 级以上大风、雷雨、大雪、浓雾等恶劣天气时禁止爬升和装拆作业，大风天气要对架体进行拉结，夜间严禁进行升降和装拆作业。

⑭ 架体施工区域内应有防雷设施，并设置消防设施。

⑮ 上操作平台施工荷载标准值（F_x）应取 5.0kN/m^2，下操作平台施工荷载标准值（F_x）应取 1.0kN/m^2，应保持均匀分布，与爬升无关的其他东西均不应在脚手架上堆放，严格控制施工荷载，不允许超载。

⑯ 当完成架体施工任务时，对架体进行整体拆除。
(4) 适用范围

适合任何结构形式的高层、超高层建筑结构施工，能够快速、安全、高质高量完成墙体结构施工。

16.3.4 飞 模

飞模是以建筑物的钢筋混凝土墙体为支承主体，依靠自升式爬升支架使大模板完成提升、下降、就位、校正和固定等工作的模板系统，是一种水平模板体系，属于大型工具式模板，主要由台面、支撑系统（包括纵横梁、各种支架支腿）、行走系统（如升降和滑轮）和其他配套附件（如安全防护装置）等组成。其适用于大开间、大柱网、大进深的现浇钢筋混凝土楼板施工，对于无柱帽现浇板柱结构楼盖尤其适用。

飞模的规格尺寸主要根据建筑物的开间和进深尺寸以及起重机械的吊运能力来确定。飞模使用的优点是：只需一次组装成型，不再拆开，每次整体运输吊装就位，简化了支拆脚手架模板的程序，加快了施工进度，节约了劳动力。而且其台面面积大，整体性好，板面拼缝好，能有效提高混凝土的表面质量。通过调整台面尺寸，还可以实现板、梁一次浇筑。同时使用该体系可节约模架堆放场地。

16.3.4.1 常用的几种飞模

飞模的种类形式较多，应用范围也不一样。如按照飞模的构架材料分类，可分为钢架飞模、铝合金飞模和铝木结合飞模等。如按照飞模的结构形式分类，飞模可分为立柱式飞模、桁架式飞模和悬架式飞模等。

1. 立柱式飞模

立柱式飞模结构简单，制作和应用也不复杂，所以在施工中最为常见，是飞模最基本的形式。立柱式飞模的基本结构可描述为：使用伸缩立柱作支腿支撑主次梁，最后铺设面板。支腿间有连接件相连，支腿、梁和板通过连接件连接牢固，成为整体。立柱式飞模又分为多种形式：

(1) 钢管组合式飞模

这种飞模结构比较简单，可满足多种工程的需要，而且它可由施工人员自行设计搭设，十分方便。钢管组合式飞模的立柱为普通钢管，底部使用丝杠作伸缩调节。主次梁一般采用型钢。面板则可根据情况灵活选择组合钢模、钢边框胶合板模板或普通竹木胶合板。

钢管组合式飞模的关键在于各部分选材规范，同时各部分连接的强度足够牢固，整体结构稳定耐用，其具体构造为：

1) 立柱：柱体可采用普通钢管 $\phi 48mm \times 3.5mm$ 或无缝钢管 $\phi 38mm \times 4mm$。柱脚一般使用螺纹丝杠或插孔式伸缩支腿，用于调节高低，适应楼层变化。立柱之间使用水平支撑和斜拉杆连接。一般使用普通钢管、扣件连接。

2) 主梁：如采用组合钢模板，可用方钢 $70mm \times 50mm \times 3mm$。主次梁采用U形扣件连接。主梁与立柱同样可采用U形扣件连接，如图16-94所示。

3) 次梁：如采用组合钢模板，可用方钢 $60mm \times 40mm \times 2.5mm$；如采用其他面板，可使用 $\phi 48mm \times 3.5mm$ 普通钢管，并用钩头螺栓与蝶形扣件与面板连接。

4) 面板：如采用组合钢模板，应用 U 形卡和 L 形销连接。如采用竹（木）多层复合板材，应尽量选择幅面较大的板，以减少拼缝。

钢管组合式飞模的一种形式，如图 16-95 所示。

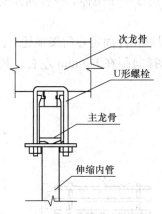

图 16-94 主梁与立柱连接节点

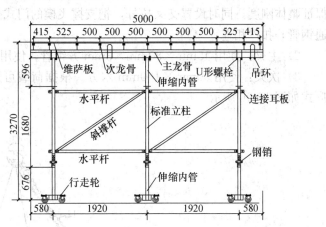

图 16-95 钢管组合式飞模的一种形式

（2）构架式飞模

构架式飞模由构架、主次梁和面板组成。有的构架底部装有可调节升降的丝杆。构架式飞模的支架体系由一榀榀专用构架组成，每榀宽 1~1.4m，榀间距根据荷载设置为 1.2~1.5m。构架的高度，应与建筑物层高相符。

构架式飞模与钢管组合式飞模的主要区别在于其构架支柱形式，构架飞模的构架为定制，在规定的尺寸部位焊有专用连接件，然后各榀构架再通过横杆、剪刀撑等连接在一起。其具体构造如下：

1) 构架：分为竖杆、水平杆和斜杆，采用薄壁钢管。竖杆一般采用 $\phi42mm \times 2.5mm$，其他连杆可适当缩减用材。竖杆上的连接一般为焊接碗扣型连接件，使各连杆连接稳固可靠。

2) 剪刀撑：各榀构架之间采用剪刀撑相连，剪刀撑可使用薄壁细管或钢片制作。每两根中心铰接，剪刀撑与构架竖杆采用装配式插销连接。

3) 主次梁：主梁一般采用标准型材，为减轻自重，可采用铝合金工字梁，在强度允许的范围内，还可采用质量较好的木工字梁，主梁间隔即构架竖杆宽度。次梁一般采用标准方木，次梁间隔根据荷载决定。

4) 面板：采用普通竹木胶合板，平整光滑，可钉可锯，易于更换。

这种构架式飞模比钢管组合式飞模更为专业，各部分连接更加可靠。其拆装也方便，重量相对较小，安装一次成型后，可连续可靠地使用。构架飞模的缺点是，需要专门的设计人员进行设计，并专门加工，制作需要周期。部分材料（如铝合金型材）成本稍高。

（3）门架飞模

门架飞模，是利用门式脚手架作支撑架，将其按构筑物所需要的尺寸进行组装而成的飞模。门架飞模由于采用了成熟的门架技术，使其构造简单，组装简便，稳定耐用。其基

本构造是:

1) 架体:使用标准门式脚手架。其规格丰富,连接可靠,承载力较高。门架下端插入可调底托,方便高度调整。各榀门架之间使用ϕ48mm×3.5mm普通钢管进行拉结,以保证整体刚度。同时设置交叉拉杆,把支撑飞模的门式架组成一个整体。拉杆同样使用普通钢管,扣件相连。

2) 主梁:使用45mm×80mm×3mm方钢管,使用蝶形扣件固定在门架顶托上。

3) 次梁:使用50mm×100mm木方。根据荷载可选择间距在800mm左右,其基本形式如图16-96所示。

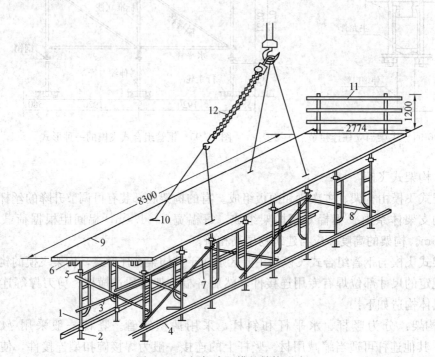

图16-96 门架式飞模的结构形式
1—门架;2—底托;3—交叉拉杆;4—通长角钢;5—顶托;6—大龙骨;
7—人字支撑;8—水平拉杆;9—面板;10—吊环;11—护身栏;12—电动环链

2. 桁架式飞模

桁架式飞模与立柱式飞模的区别在于其支撑体系从简单的立柱架换为结构稳定的桁架。桁架上下弦平行,中间连有腹杆,可两榀拼装,也可多榀连接。桁架材料可根据情况灵活选用,具体有铝合金和型钢等,各有其特点。

(1) 铝木桁架式飞模

这是一种引进型的成熟的工具式飞模体系,其制造商在美国。桁架的主要构件用铝合金制作,重量轻,每平方米自重约41kg。承载力高,整体刚度好,可拼装成较大的整体飞模,适用于大开间、大进深的楼面工程,是一种比较先进的飞模体系。

这种飞模引进后,最早在北京贵宾楼饭店工程中得到应用,其具体结构如下:

1) 桁架:使用槽型铝合金作材料,分为上弦、下弦和腹杆。上下弦断面由两根槽型铝合金组成,中留间隙夹入腹杆。桁架长度最短为1.5m,最长可达10余米,高度可随建筑物层高而选择，桁架宽度可根据开间大小设置。桁架可接长，使用铝合金方管和螺栓作连接构件，但要注意上下弦接缝应错开。

组装好的桁架承载能力较高，一般支撑间距在 3m 时，可承受 $49kN/m^2$ 的荷载。当支撑间距在 4.5m 时，可承载 $27kN/m^2$。间距 6m 时，承载力约为 $21kN/m^2$。

2）梁：由于桁架上弦可作主梁，只需再配备次梁即可。铝木桁架飞模使用中空铝合金工字梁。可依据飞模的宽度选择多种长度。使用专用卡板与桁架上弦相连，中空铝梁内嵌有木方，方便与面板钉接。铝梁单重 6.8kg/m。

3）面板：使用 18mm 厚多层板。面板表面覆膜，光滑耐水，可锯可钉。

4）支腿：使用专用支腿组件支撑飞模，便于调节飞模高低及入模脱模。支腿组件由内套管、外套管及螺旋起重器组成，使用高碳钢制作。支腿内套管的高度与桁架高度基本相同，支腿的外套管一般较短，并与桁架下弦做固定连接。支模时，支腿可在其长度范围内任意调节。支腿下部放置螺栓起重器，以便支模时找平及脱模时落模作微调。

护身栏及吊装盒：在飞模的最外端设护身栏插座，与桁架的上弦连接。另外每榀飞模有四个吊点，设在飞模中心两边大致对称布置的桁架节点上，四个吊装点设有钢制吊装盒。

桁架间剪刀撑：剪刀撑由边长 38mm 和 44mm 的铝合金方管组成，两种规格的方管均在相同的间距上打孔，组装时将小管插入大管，调整好安装尺寸，然后将方管两端与桁架腹杆用螺栓固定，再将两种规格管子用螺栓固定。如图 16-97 所示。

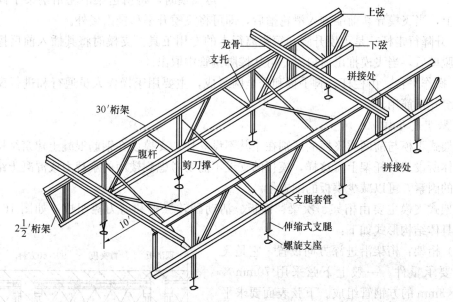

图 16-97 铝木桁架式飞模的形式

(2) 跨越式钢管桁架飞模

跨越式钢管桁架飞模，是一种适用于有反梁的现浇楼盖施工的工具式飞模，其特点与钢管组合式飞模相同。具体结构形式如图 16-98 所示。

1）钢管组合桁架：采用 $\phi 48mm \times 3.5mm$ 钢管用扣件相连。每台飞模由三榀平面桁架拼接而成。两边的桁架下弦焊有导轨钢管，导轨至模板面高按实际情况确定。

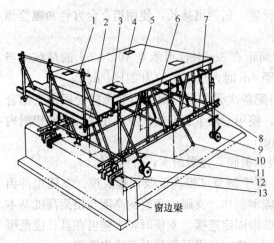

图 16-98 跨越式飞模示意图
1—平台栏杆（挂安全网）；2—操作平台；3—固定吊环；4—开启式吊环孔；5—板面；6—钢管组合桁架；7—钢管导轨；8—后撑脚（已装上升降行走杆）；9—后升降行走杆；10—中间撑脚（正作收脚动作）；11—前撑脚（正作拆卸升降行走杆动作）（正作收脚动作）；12—前升降行走杆；13—窗台滑轮（钢管导轨已进入滑轮槽）

2）龙骨：桁架上弦铺设 50mm×100mm 木方龙骨，间距 350mm，使用 U 形卡扣将龙骨与桁架上弦连接。

3）面板：采用 18mm 厚胶合板，用木螺钉与木龙骨固定。

4）前后撑脚和中间撑脚：每榀桁架设前后撑脚和中间撑脚各一根，均采用 $\phi 48mm\times 3.5mm$ 钢管。它们的作用是承受飞模自重和施工荷载，且将飞模支撑到设计标高。

撑脚上端用旋转扣件与桁架连接。当飞模安装就位后，在撑脚中部用十字扣件与桁架连接。当飞模跨越窗台时，可打开十字扣件，将撑脚移离楼面向后旋转收起，并用钢丝临时固定在桁架的导轨上方。

5）窗台边梁滑轮：是把飞模送出窗口的专用工具，由滑轮和角钢架组成。吊运飞模时，将窗边梁滑轮角钢架子固定在窗边梁上，当飞模导轨前端进入滑轮槽后，即可将飞模升平移推出楼外。

6）升降行走杆：是飞模升降和短距离行走的专用工具。支模时将其插入前后撑脚钢管内。脱模后，当飞模推出窗口时，可从撑脚钢管中取出。

7）操作平台：由栏杆、脚手板和安全网组成，主要用于操作人员通行和进行窗边梁支模、绑扎钢筋用。

3. 悬架式飞模

悬架式飞模与前两类飞模的区别在于其不设立柱，支撑设在钢筋混凝土建筑结构的柱子或墙体所设置的托架上。这样，模板的支设不需要考虑到楼面的承载力或混凝土结构强度发展的因素，可以减少模板的配置量。

悬架式飞模主要由桁架、次梁、面板、活动翻转翼板和剪刀撑组成，如图 16-99 所示。其具体结构形式如下：

（1）桁架：桁架沿进深方向设置，它是飞模的主要承重件。一般上下弦采用 70mm×50mm×3mm 的方钢管组成。下弦表面要求平整光滑，以利滚轮滑移。腹杆采用 $\phi 48mm\times 3.5mm$ 钢管。加工时桁架上弦应稍拱起，设计允许挠度不大于跨度的 1/1000。

（2）次梁：沿开间方向放置在桁架上弦，用蝶形扣件和紧固螺栓紧密连接。为了防止次梁在横向水平荷载作用下产生松动，可在腹杆上焊接螺栓扣紧。

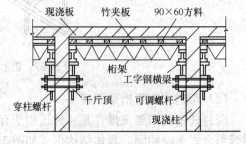

图 16-99 悬架式飞模的形式

为了使飞模从柱网开间或剪力墙开间中间顺利拖出，尽量减少柱间拼缝的宽度，在飞模两侧需装有能翻转的翼板。翼板需用次梁支撑，因此在次梁两端需要做可伸缩的悬臂。

(3) 面板：可采用组合钢模板，亦可采用钢板、胶合板等。

(4) 活动翻转翼板：活动翻转翼板与面板应用同一种模板，两者之间可用活动钢铰链连接，这样易于装拆，便于交换，并可作90°向下翻转。

(5) 阳台模板：阳台模板搁置在桁架下弦挑出部分的伸缩支架上，伸缩支架用来调节标高。

(6) 剪刀撑：包括水平和垂直剪刀撑，设置在每台飞模的两端和中部，选用与腹杆同样规格的钢管，用扣件与腹杆相连。

(7) 支设点：支撑悬架式飞模的托架，可采用钢牛腿。钢牛腿采用预埋在柱子中的螺栓固定。如果将螺栓插入预埋的塑料管内，螺栓还可以抽出重复利用。螺栓和钢牛腿的截面需根据飞模支点的荷载计算确定。

柱箍设在楼板底部标高附近的位置，在相对两个方向分别用一副角钢以螺栓连接，固定在柱子上。飞模就位后，柱子之间的空隙部位用钢盖板铺盖。

16.3.4.2 升降、行走和吊运工具

为了便于飞模施工，需配套相应的辅助机具。飞模的辅助机具主要包括升降、行走和吊运三大类。

1. 升降机具

升降机具，就是在台模就位后，调整台模台面上升到预定高度，而在拆模时，使台面下降，方便飞模运出的辅助机械。常见的形式有以下几种：

(1) 立柱台模升降车

升降车既能控制台模升降，又能移动飞模，非常便利。它以液压为动力传动，由多个功能部分构成（图16-100）。其顶升荷载可达5～10kN，升降调节高度达0.5m，顶升速度为0.5m/min，下降速度最快可达5m/min，重量200kg。

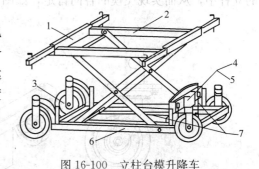

图16-100 立柱台模升降车
1—伸缩臂架；2—升降架；3—行走铁轮；
4—升降机构；5—千斤顶；6—底座；7—提升钢丝绳

(2) 悬架飞模升降车

由行走转向轮、立柱、手摇千斤顶、伸缩构架和导轮等部分组成。伸缩构架为门形悬臂横梁，上装有导轮，承载飞模和滑移飞模（图16-101）。当飞模升降车承载后，将手摇绳筒的钢丝绳取出，固定在飞模出口处，然后摇动绞筒手柄，使飞模行走。其顶升荷载较大，可达10～20kN，但升降幅度较小，只有30mm，重约400kg。

(3) 螺旋起重器

螺旋起重器顶部设U形托板，托住桁架。中部为螺杆、调节螺母及套管，套管上留有一排销孔，便于固定位置（图16-102）。升降时，旋动调节螺母即可。下部放置在底座下，可根据施工的具体情况选用不同底座。通常一台飞模用4～6个起重器。

(4) 杠杆式液压升降器

简单方便的液压升降装置,多使用在桁架飞模上。可使用操纵杆非常方便地通过液压装置,将托板提升,使飞模就位,如图16-103所示。

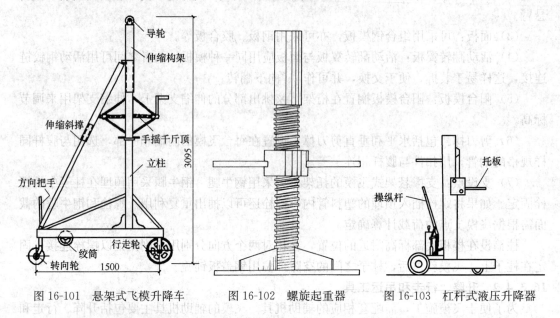

图16-101 悬架式飞模升降车　　图16-102 螺旋起重器　　图16-103 杠杆式液压升降器

2. 行走装置

(1) 行走轮

它是最常见的行走工具。一般是在轮上装上杆件,当飞模需要移动时,将其插入飞模的立杆中,从而实现飞模的各向行走,如图16-104所示。

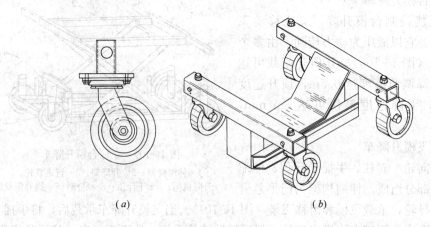

图16-104 行走轮
(a) 单个轮;(b) 带架的车轮

(2) 滚轴

常见于桁架飞模的移动。滚轴的形式分为单轴、双轴和组合轴。使用时,将飞模降落在滚轴上,用人工将飞模推动,如图16-105所示。

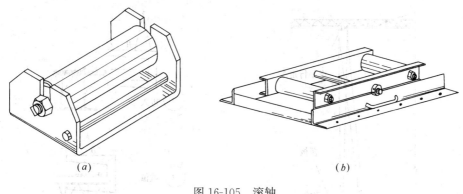

图 16-105 滚轴
(a) 单轴；(b) 双轴

(3) 滚杠

滚杠也常见于桁架式飞模，即用普通脚手架钢管滚动来移动飞模。这种方法虽然操作简便，但其移动难以控制，存在不安全因素，所以不推荐使用。

3. 吊运装置

(1) 电动葫芦

可用于调节飞模飞出建筑物后的平衡，使其保持水平，保证飞模安全上升。

(2) 外挑平台

形同外挑料台。飞模从外挑料台使用吊车吊走，可减少飞模的飞出动作，降低不安全因素。该操作平台使用型钢制作，根部与建筑物锚固，端部使用钢丝拉绳斜拉于建筑物上方的可靠部位。

(3) C形平衡起吊架

由起重臂、上下部构件和紧固件组成（图 16-106）。上下部构架的截面可做成立体三角形

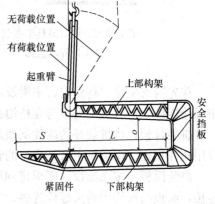

图 16-106 C形吊具

桁架形式，上下弦和腹杆用钢管焊接而成，起重臂与上部构架用避震弹簧和销轴连接，起重臂可随上部构架灵活平稳地转动。

16.3.4.3 施工工艺

1. 飞模施工的准备工作

飞模施工准备工作主要包括：平整场地；弹出飞模位置线；预留的洞口应该盖好；验收飞模的部件和零配件。面板使用木胶合板时，要准备好板面封边剂及模板脱模剂等。另外，飞模施工必需的量具，如钢卷尺、水平尺以及吊装所用的钢丝绳、安全卡环等和其他手工用具，如扳手、锤子、螺丝刀等，均应事先准备好。施工操作见图 16-107、图 16-108。

2. 立柱式飞模施工工艺

(1) 钢管组合式飞模施工工艺

1) 组装

钢管组合式飞模根据飞模设计图纸的规格尺寸按以下步骤组装：

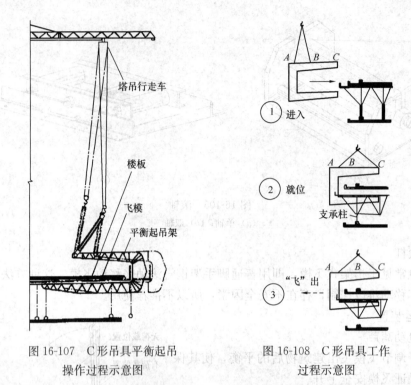

图 16-107　C形吊具平衡起吊
操作过程示意图

图 16-108　C形吊具工作
过程示意图

首先装支架片：将立柱、主梁及水平支撑组装成支架片。一般顺序为先将主梁与立柱用螺栓连接，再将水平支撑与立柱用扣件连接，最后再将斜撑与立柱用扣件连接。

拼装骨架：将拼装好的两片支架片用水平支撑与支架立柱扣件相连，再用斜撑将支架片用扣件相连。应当校正已经成型的骨架，并用紧固螺栓在主梁上安装次梁。

拼装面板：按飞模设计面板排列图，将面板直接铺设在次梁上，面板之间用 U 形卡连接，面板与次梁用钩头螺栓连接。

2）吊装就位

① 先在楼（地）面上弹出飞模支设的边线，并在墨线相交处分别测出标高，标出标高的误差值。

② 飞模应按预先编好的序号顺序就位。

③ 飞模就位后，即将面板调至设计标高，然后垫上垫块，并用木楔楔紧。当整个楼层标高调整一致后，在用 U 形卡将相邻的飞模连接。

④ 飞模就位，经验收合格后，方可进行下道工序。

3）脱模

① 脱模前，先将飞模之间的连接件拆除，然后将升降运输车推至飞模水平支撑下部合适位置，拔出伸缩臂架，并用伸缩臂架上的钩头螺栓与飞模水平支撑临时固定。

② 退出支垫木楔。

③ 脱模时，应有专人统一指挥，使各道工序顺序、同步进行。

4）转移

① 飞模由升降运输车用人力运至楼层出口处（图 16-109）。

② 飞模出口处可根据需要安设外挑操作平台。

③ 当飞模运抵外挑操作平台上时，可利用起重机械将飞模调至下一流水段就位。

(2) 门架式飞模施工工艺

1) 组装

平整场地，铺垫板，放轴线尺寸，安放底托。将门式架插入底托内，安装连接件和交叉拉杆。安装上部顶托，调平后安装大龙骨，安装下部角铁和上部连接件。在大龙骨上安装小龙骨，然后铺放木板，并将面板刨平，接着安装水平和斜拉杆，安装剪刀撑。最后加工吊装孔，安装吊环及护身栏。

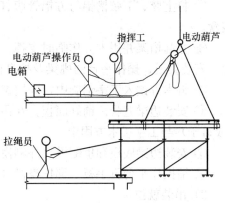

图 16-109　钢管组合飞模转移示意图

2) 吊装就位

① 飞模吊装就位前，先在楼（地）面上准备好 4 个已调好高度的底托，换下飞模上的 4 个底托。待飞模在楼（地）面上落实后，再安放其他底托。

② 一般一个开间（柱网）采用两吊飞模，这样形成一个中缝和两个边缝。边缝考虑柱子的影响，可将面板设计成折叠式。较大的缝隙在缝上盖厚 5mm、宽 150mm 的钢板，钢板锚固在边龙骨下面。较小的缝隙可用麻绳堵严，再用砂浆抹平，以防止漏浆而影响脱模。

③ 飞模应按照事先在楼层上弹出的位置线就位，并进行找平、调直、顶实等工序。调整标高应同步进行，门架支腿垂直偏差应小于 8mm。另外，边角缝隙、板面之间及孔洞四周要严密。

④ 将加工好的圆形铁筒临时固定在板面上，作为安装水暖立管的预留洞。

3) 脱模和转移

① 拆除飞模外侧护身栏和安全网。

② 每架飞模只留 4 个底托，松开并拆除其他底托。在 4 个底托处，安装 4 个飞模。

③ 用升降装置钩住飞模的下角铁，启动升降装置，使其上升顶住飞模。

④ 松开底托，使飞模脱离混凝土楼板底面，启动升降机构，使飞模降落在地滚轮上。

⑤ 将飞模向建筑物外推到能挂在外部（前部）一对吊点处，用吊钩挂好前吊点。

⑥ 在将飞模继续推出的过程中，安装电动环链，直到挂好后部吊点，然后启动电动环链使飞模平衡。

⑦ 飞模完全推出建筑物后，调整飞模平衡，将飞模吊往下一个施工部位。

(3) 铝木桁架式飞模施工工艺

1) 组装

① 平整组装场地，支搭拼装台。拼装台由 3 个 800mm 高的长凳组成，间距为 2m 左右。

② 按图纸尺寸要求，将两根上弦、下弦槽铝用弦杆接头夹板和螺栓连接。

③ 将上弦、下弦槽铝与方铝管腹杆用螺栓拼成单片桁架，安装钢支腿组件，安装吊装盒。

④ 立起桁架并用木方作临时支撑。将两榀或三榀桁架用剪刀撑组装成稳定的飞模骨架。安装梁模、操作平台的挑梁及护身栏（包括立杆）。

⑤ 将木方镶入工字铝梁中，并用螺栓拧牢，然后将工字铝梁安放在桁架的上弦上。

⑥ 安装边梁龙骨。铺好面板，在吊装盒处留活动盖板。面板用电钻打孔，用木螺栓（或钉子）与工字梁木方固定。

⑦ 安装边梁底模和里侧模（外侧模在飞模就位后组装）。

⑧ 铺操作平台脚手板，绑护身栏（安全网在飞模就位后安装）。

2) 吊装就位

① 在楼（地）面上放出飞模位置线和支腿十字线，在墙体或柱子上弹出 1m（或 50cm）水平线。

② 在飞模支腿处放好垫板。

③ 飞模吊装就位。当距楼面 1m 左右时，拔出伸缩支腿的销钉，放下支腿套管，安好可调支座，然后飞模就位。

④ 用可调支座调整板面标高，安装附加支撑。

⑤ 安装四周的接缝模板及边梁、柱头或柱帽模板。

⑥ 模板面板上刷脱模剂。

3) 脱模和转移

① 脱模时，应拆除边梁侧模、柱头或柱帽模板，拆除飞模之间、飞模与墙柱之间的模板和支撑，拆除安全网。

② 每榀桁架分别在桁架前方、前支腿下和桁架中间各放置一个滚轮。

在紧靠四个支腿部位，用升降机构托住桁架下弦并调节可调支腿，使升降机构承力。将伸缩支腿收入桁架内，可调支座插入支座夹板缝隙内。操纵升降机构，使面板脱离混凝土，并为飞模挂好安全绳。将飞模人工推出，当飞模的前两个吊点超出边梁后，锁紧滚轮，将塔式起重机钢丝绳和卡环把飞模前面的两个吊装盒内的吊点卡牢，用装有平衡吊具电动环链的钢丝绳把飞模后面的两个吊点卡牢。松开滚轮，继续将飞模推出，同时放松安全绳，操纵平衡吊具，调整环链长度，使飞模保持水平状态。飞模完全推出建筑物后，拆除安全绳，提升飞模，如图 16-110 所示。

(4) 悬架式飞模施工工艺

1) 组装

悬架飞模可在施工现场设专门拼装场地组

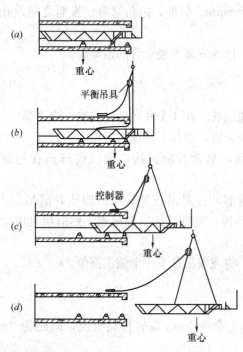

图 16-110　铝木桁架飞模转移示意图

装，亦可在建筑物底层内进行组装，组装方法可参考以下程序：

① 在结构柱子的纵横向区域内分别用 $\phi 48mm \times 3.5mm$ 钢管搭设两个组装架，高约 1m。为便于重复组装，在组装架两端横杆上安装四只铸铁扣件，作为组装飞模桁架的标准。铸铁扣件的内壁净距即为飞模桁架下弦的外壁间距。

② 组装完毕应进行校正，使两端横杆顶部的标高处于同一水平，然后紧固所有的节点扣件，使组装架牢固、稳定。

③ 将桁架用吊车起吊安放在组装架上，使桁架两端分别紧靠铸铁扣件。安放稳妥后，在桁架两端各用一根钢管将两榀桁架作临时扣接，然后校正桁架上下弦垂直度、桁架中心间距、对角线等尺寸，无误后方可安装次梁。

④ 在桁架两端先安放次梁，并与桁架紧固。然后放置其他次梁在桁架节点处或节点中间部位，并加以紧固。所有次梁挑出部分均应相等，防止因挑出的差异而影响翻转翼板正常工作。

⑤ 全部次梁经校正无误后，在其上铺设面板，面板之间用 U 形卡卡紧。面板铺设完毕后，应进行质量检查。

⑥ 翻转翼板由组合钢模板与角钢、铰链、伸缩套管等组合而成。翻转翼板应单块设置，以便翻转。铰链的角钢与面板用螺栓连接。伸缩套管的底面焊上承力支块，当装好翼板后即将套管插入次梁的端部。

⑦ 每座飞模在其长向两端和中部分别设置剪刀撑。在飞模底部设置两道水平剪刀撑，以防止飞模变形。剪刀撑用 $\phi 48mm \times 3.5mm$ 钢管，用扣件与桁架腹杆连接。

⑧ 组装阳台梁、板模板，并安装外挑操作平台。

2）飞模支设

① 待柱墙模板拆除，且强度达到要求后，方可支设飞模。

② 支设飞模前，先将钢牛腿与柱墙上的预埋螺栓连接，并在钢牛腿上安放一对硬木楔，使木楔的顶面符合标高要求。

③ 吊装飞模入位，经校正无误后，卸除吊钩。

④ 支起翻转翼板，处理好梁板柱等处的节点和缝隙。

⑤ 连接相邻飞模，使其形成整体。

⑥ 面板涂刷脱模剂。

3）脱模和转移

拆模时，先拆除柱子节点处柱箍，推进伸缩内管，翻下翻转翼板和拆除盖缝板。然后卸下飞模之间的连接件，拆除连接阳台梁、板的 U 形卡，使阳台模板便于脱模。在飞模四个支撑柱子内侧，斜靠上梯架，梯架备有吊钩，将电动葫芦悬于吊钩下。待四个吊点将靠柱梯架与飞模桁架连接后，用电动葫芦将飞模同步微微受力，随即退出钢牛腿上的木楔及钢牛腿。降模前，先在承接飞模的楼面预先放置六只滚轮，然后用电动葫芦将飞模降落在楼面的地滚轮上，随后将飞模推出。待部分飞模推至楼层口外约 1.2m 时，将四根吊索与飞模吊耳扣牢，然后使安装在吊车主钩下的两只捯链收紧。起吊时，先使靠外的两根吊索受力，使飞模处于外略高于内的状态，随着主吊钩上升，要使飞模一直保持平衡状态外移。

16.3.5 模 壳

模壳是用于钢筋混凝土现浇密肋楼板的一种工具式模板，采用塑料或玻璃钢按密肋楼板的规格尺寸需要加工而成，具有一次成型多次周转使用的特点。目前我国的模壳，主要采用玻璃纤维增强塑料和聚丙烯塑料制成，配置以钢支柱（或门架）、钢（或木）龙骨、角钢（或木支撑）等支撑系统，使模板施工的工业化程度大大提高。模壳适用于由薄板和间距较小的单向或双向密肋组成的密肋楼板，相对于木模和组合式模板，拼装难度较小，施工成本较低。单向密肋楼板如图 16-111 所示，双向密肋楼板如图 16-112 所示。

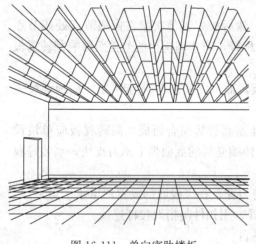

图 16-111　单向密肋楼板

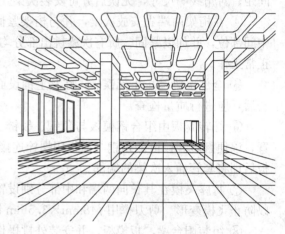

图 16-112　双向密肋楼板

16.3.5.1 模壳的种类

1. 按材料分类

（1）塑料模壳：以改性聚丙烯塑料为基材注塑而成，现发展到大型组合式模壳，采用多块（四块）组装成钢塑结合的整体大型模壳，在模壳四周增加 L36mm×3mm 角钢便于连接，能够灵活组合成多种规格，适用于空间大、柱网大的工业厂房、图书馆等公用建筑。

（2）玻璃钢模壳：采用不饱和聚酯树脂作粘接材料，用中碱方格玻璃丝布增强，采用薄壁加肋构造形式，刚度大，使用次数较多，周转率高，可采用气动拆模，但生产成本较高。模壳的几何尺寸、外观质量和力学性能，均应符合国家和行业有关标准以及设计的需要，应有产品出厂合格证。

2. 按模壳的形状分类

（1）"T"形模壳，适用于单向密肋楼板，规格多为 112cm×52.5cm×(35～43)cm，见图 16-113。

（2）"M"形模壳，适用于双向结构密肋楼板，规格多为 120cm×90cm×(30～45)cm 和 120cm×120cm×(30～45)cm，见图 16-114。

（3）圆筒形模壳，适用于双向结构密肋楼板，规格多为外径 100mm、120mm、150mm、180mm、200mm、250mm、280mm、300mm、350mm、400mm，标准长度为 1000mm。

(4)方形模壳,适用于双向结构密肋楼板,规格多为 750mm×750mm、700mm×700mm、600mm×600mm、500mm×500mm,内部是空心结构。厚度根据楼板厚度,常用规格 200mm、260mm、360mm、300mm、400mm。

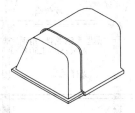 

图 16-113 "T"形模壳　　图 16-114 "M"形模壳

3. 按模壳的模数分类

(1)标准模壳,常用尺寸有 600mm×600mm、800mm×800mm、900mm×900mm、1000mm×1000mm、1100mm×1100mm、1200mm×1200mm、1500mm×1500mm 共 7 种系列,模壳高度在 300~500mm,翼缘厚度 50mm。常用的标准模壳为 1200mm×1200mm 系列,每个塑料模壳的重量在 30kg 左右,玻璃钢模壳的重量略轻于塑料模壳,每个重 27~28kg。

(2)空心管常用规格:空心管的外径 D(mm)一般情况下可取 100mm、120mm、150mm、180mm、200mm、250mm、280mm、300mm、350mm、400mm。标准长度为 1000mm。

(3)非标准模壳,一般可根据设计尺寸委托厂家订做。

16.3.5.2 支撑系统

支撑的布置与模壳的施工速度、工程质量密切相关,设计时应考虑标准化、通用化、易组装、拆卸施工方便、经济合理等问题。支撑力的传递路径为:模壳支撑在龙骨的角模上,龙骨支撑在钢柱上,钢支柱支撑在混凝土楼板或地基土上,支撑柱一般可采用碗扣式支架或可调式支撑柱;固定铁件一般采用槽钢或角钢制作,用于固定主龙骨。模壳模板还可根据现场施工情况,采取早拆支模系统,缩短模壳单次使用时间,提高周转率。

1. 钢支柱支撑系统

钢支柱采用标准件,顶部增加一个顶托,防止主龙骨位移。支柱在主龙骨方向的间距一般为 1.2~2.4m,异形部位支柱的间距视具体情况增减。支撑系统因龙骨和支撑件不同可分为四种,图 16-115 为其中一种。施工时采取"先拆模壳、后拆支柱"的方法,即当混凝土强度达到设计强度的 50%时,可松动螺栓卸下角钢,先拆下模壳,该种支撑的主龙骨采用 3mm 厚钢板压制成方管,其截面尺寸为 150mm×75mm,在静载作用下垂直变形≤1/300,如静载过大,钢梁不能满足要求时,则应加大钢梁截面或缩小支柱间距。主龙骨每隔 400mm 穿一销钉,在穿销钉处预埋 $\phi20$mm 钢管,这样不仅便于安装销钉,而且能在销紧角钢的过程中防止主龙骨的侧面变形。角钢采用 L50mm×5mm,用 $\phi18$mm 销钉固定在主龙骨上,作为模壳支撑点。其余三种钢支柱柱头采用槽钢、角钢或木方。

2. 早拆柱头支撑系统

由支柱、柱头、模板主梁、次梁、水平撑、斜撑、调节地脚螺栓组成,这种支撑系统是在钢支柱顶部安置快拆柱头,见图 16-116。采用这种系统,脱模后密肋楼板小肋底部光滑平整。

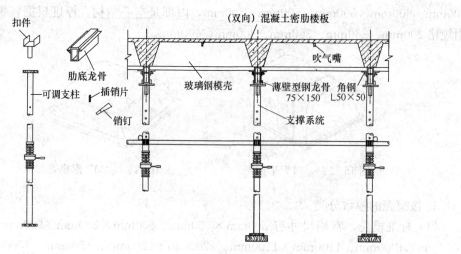

图 16-115　模壳钢支柱支撑系统

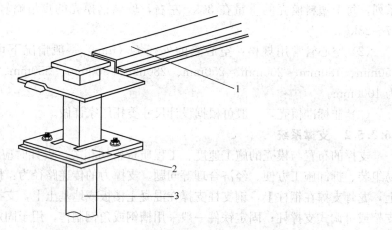

图 16-116　早拆柱头支撑系统
1—桁架梁；2—柱头板；3—支柱

16.3.5.3　可拆除模壳施工工艺

1. 工艺流程

弹线→支立柱→安放支撑件→安放主、次龙骨→安放模壳→胶带粘贴缝隙→堵气孔→刷隔离剂→绑钢筋→安装电气管线及预埋件→隐蔽工程验收→浇筑混凝土→养护→拆角钢（次龙骨边木）→拆模壳→拆除支撑系统。

2. 模壳的支设

(1) 模板及支架系统设计：根据工程结构类型和特点，确定流水段划分；确定模壳的平面布置，纵横木楞的规格、数量和排列尺寸；确定模壳与次木楞及其他结构构件的连接方式，同时确定模壳支架系统的组合方式，验算模壳和支架的强度、刚度及稳定性。绘制全套模壳模板及支架系统的设计图，其中包括模板平面布置总图、分段平面图、模板及支架的组装图、节点大样图、零件加工图。

(2) 模壳进场堆放要套叠成垛,轻拿轻放。模壳排列原则,均由轴线、中间向两边排列,以免出现两边的边肋不等的现象,凡不能用模壳的部位可用木模代替。

(3) 安装主龙骨时要拉通线,间距要准确,要横平竖直。模壳加工时只允许有负差,因此模壳铺好后均有一定缝隙,需用布基胶带将缝隙粘贴封严,以免漏浆。

(4) 拆模气孔要用布基胶布粘贴,防止浇筑混凝土时灰浆流入气孔。在涂刷脱模剂前先把充气孔周围擦干净,并检查气孔是否畅通,然后粘贴不小于 50mm×50mm 的布基胶布堵住气孔。这项工作要作为预检检查,浇筑混凝土时应设专人看管。

3. 模壳的拆除

(1) 模壳拆除时,混凝土的强度应该达到 10MPa。先将支撑角钢拆除,然后用小撬棍将模壳撬起相对的两侧面中点,模壳即可拆下。密肋梁较高时,模壳不易拆除,可采用气动拆模工艺。拆模不可用力过猛,不乱扔乱撬,要轻拿轻放,防止损坏。

(2) 肋跨<8m 时,混凝土强度达到 75%,可拆除支柱;但肋跨>8m 时,混凝土强度应该达 100%可方拆除支柱。

4. 成品保护

(1) 在层高约 1/2 处的支架系统的水平栏杆上宜固定一层水平安全网,用于防止人员坠落,同时拆模壳时,使模壳坠入安全网,以保护模壳。

(2) 拆除模壳要用小撬棍,以木楞为支点,先撬模壳相对两侧帮中点,模壳松动后,依然以木楞为支点,撬模壳底脚的内肋,轻轻向下撬掉模壳。切忌硬撬或用铁锤硬砸,也不能使用大撬棍以肋梁混凝土为支点进行撬动,以保护模壳和密肋混凝土。

(3) 吊运模壳、木楞、钢楞或钢筋时,不得碰撞已安装好的模壳,以防模板变形。

16.3.6 柱　　模

模板是保障混凝土浇筑的基础,可完成对具体构件规格和形状的控制,对提升建筑施工效率具有一定作用,其中模板包括柱模板、墙体模板、楼梯模板、楼面模板等,其中柱模板在工程项目中特别重要。

16.3.6.1 玻璃钢圆柱模板

玻璃钢圆柱模板是现浇钢筋混凝土圆柱施工的专用模板,主要由翻边单开口玻璃钢筒体、带钢箍、对开接口槽钢箍、定位柱、固定件、牵索等构成,采用玻璃钢和一般钢材制作。玻璃钢圆柱模板装拆轻便,尤其利于用起重设备直接提升脱模;浇筑的混凝土表面平整光亮,可满足清水混凝土质量标准;且造价低廉,重复利用率高,适用于不同直径的现浇钢筋混凝土圆柱施工。

玻璃钢圆柱模板,是采用不饱和聚酯树脂为胶结材料和无碱玻璃布为增强材料,按照拟浇筑柱子的圆周周长和高度制成的整块模板。以直径为 700mm、厚 3mm 圆柱模板为例,模板极限拉应力为 $194N/mm^2$,极限弯曲应力为 $178N/mm^2$。

1. 构造

玻璃钢圆柱模板,一般由柱体和柱帽模板组成。

(1) 柱体模板

1) 柱体模板一般是按圆柱的圆周长和高度制成整张卷曲式模板,也可制成两个半圆卷曲式模板。

2) 整张和半张卷曲式模板拼缝处，均设置用于模板组拼的拼接翼缘，翼缘用扁钢加强。扁钢设有螺栓孔，以便于模板组拼后的连接。

3) 为了增强模板支设后的整体刚度和稳定性，在柱模外一般须设置上、中、下三道柱箍，柱箍采用 L40mm×4mm 或 L56mm×6mm 制成，一般可设计成两个半圆形，拼接处用螺栓连接。

4) 柱模的厚度，根据混凝土侧压力的大小，通过计算确定，一般为 3～5mm。考虑模板在承受侧压力后，模板断面会膨胀变形，因此，模板的直径应比圆柱直径小 0.6% 为妥。

(2) 柱帽模板

1) 一般设计成两个半圆锥体，周边及接缝处用角钢加强。

2) 为了增强悬挑部分的刚度，一般在悬挑部位还应增设环梁，以承受浇筑混凝土时的荷载。

2. 施工工艺

(1) 玻璃钢圆柱模板的安装（以平板玻璃钢圆柱模板为例）

玻璃钢圆柱模板的支设如图 16-117 所示。

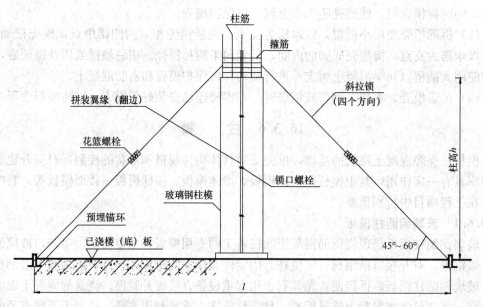

图 16-117　玻璃钢模板支模示意图

1) 工艺流程：埋设锚环→放置垫块→粘海绵条→柱模就位→拧锁口螺栓→钩斜拉索并初调垂直→根部堵浆→浇筑混凝土→复调复振→清理柱根→拆模刷油。

2) 玻璃钢模板在搬运和组装过程中，严禁扭曲磕碰，防止损伤玻璃钢模板。

3) 埋设锚环：浇筑混凝土楼板时，沿梁的轴线并居中预埋钢筋。

4) 放置垫块：每根圆柱分两层放 8 个垫块（以塑料垫块为宜），上下层各 4 块，按十字布设。

5) 粘海绵条：将 3～5mm 海绵条粘在圆柱模锁口缝处，防止漏浆。

6) 柱模就位：将模板竖立，围裹闭合模板。

7) 拧锁口螺栓：柱身从上到下不加柱箍，逐个拧紧锁口螺栓。

8) 钩斜拉索并初调垂直：斜拉锁由 ϕ6mm 钢筋（或钢丝绳）与花篮螺栓组成。

9) 根部堵浆：在柱模根部外侧留 20～30mm 的间隙，外箍方形钢框或木框，浇筑混凝土时在其间隙填入砂浆，防止底部漏浆。

10) 浇筑混凝土：确保垂直下料，并正确控制混凝土坍落度。

11) 复调复振：在混凝土初凝前，吊线坠检查柱子垂直偏差，微调花篮螺栓进行校正。

12) 清理柱根：浇筑完毕撤除柱根外部的箍框，并将外侧砂浆铲平。

13) 拆模刷油：1 根柱模每天可周转 1～2 次。

(2) 玻璃钢圆柱模板的拆除顺序：卸下斜拉锁→松开锁口螺栓→拆模板。模板拆除的要求如下：

1) 在常温条件下竖向结构混凝土强度应该达到 1.2MPa，在冬施条件下墙体混凝土强度应该达到 4.0MPa，方可进行拆模。

2) 拆模的顺序为先浇先拆，后浇后拆，与施工流水方向一致，拆除模板的顺序与安装模板正好相反。

3) 当局部有吸附或粘结时，可在模板下口的撬模点用撬棍撬动，但不得在墙上口晃动或用大锤砸模板，拆下的穿墙螺栓、垫片、销板应清点后放入工具箱内，以备周转使用。

4) 起吊模板前，应该认真检查，有钩、挂、兜、拌的地方及时清理，并清除模板及平台上的杂物，起吊时吊环应落在模板重心部位，并应垂直慢速确认无障碍后，方可提升走，注意不得碰撞墙体。

16.3.6.2 钢圆柱模

(1) 在某些工程中，从施工方便和成活效果的角度考虑，圆柱模板采用定型钢制模板。层高不合模数的圆柱则根据各层图纸配置接高模板。

圆柱定型钢模板高度规格一般为 3.2m、0.9m、1.2m 等，具体组拼可见厂家设计。圆柱模加固剖面图、立面图见图 16-118。

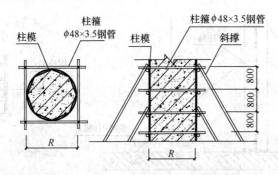

图 16-118 圆柱模加固剖、立面示意图

(2) 大直径圆柱钢模，采用 1/4 圆柱钢模组拼，圆柱钢模面板采用 δ=4mm 钢板，竖肋为 δ=5mm 钢板，横肋为 δ=6mm 钢板，竖龙骨采用 [10mm 槽钢；梁柱节点面板、竖肋和横肋均采用 δ=4mm 钢板。每根柱模均配有 4 个斜支撑，且沿柱高每 1.5m 增设 δ=

6mm加强肋。

(3) 小直径圆柱钢模，采用1/2圆柱钢模组拼（图16-119）。柱子模板采用全钢定型模板，模板由两片板拼接而成，模板采用6mm厚的钢板作为板面，钢板弯成180°。用10号槽钢作为背楞，竖向背楞间距300mm；用槽钢作柱箍进行柱子加固，柱箍间距600mm。见图16-119。

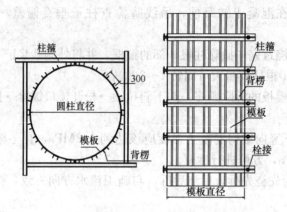

图16-119 小直径1/2圆柱模加固剖、立面示意图

(4) 工艺流程：施工准备→模板吊装→临时固定并就位→模板加固→加斜支撑→二次校正→验收。

(5) 施工要点：
1) 找平，在浇筑底板混凝土时，在柱子四边压光找平200mm。
2) 弹好柱边50cm控制线、柱边线。
3) 防止跑模，在柱子根部锁一根100mm×100mm木方。
4) 在楼地面不平的模板下口，用干硬性水泥砂浆堵密实。
5) 斜撑用φ48mm×3.5mm钢管，用U形托调节长度，柱子每侧上下各一道，拉杆采用8号钢丝绳，中间用花篮螺栓调节长度。见图16-120。

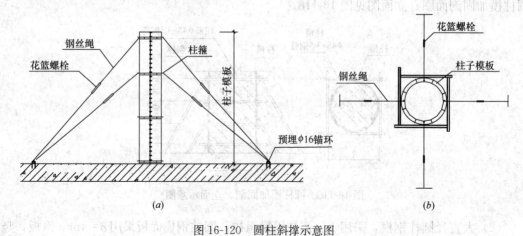

图16-120 圆柱斜撑示意图
(a) 立面图；(b) 剖面图

6）为了固定斜撑和拉杆，在柱子四周的楼板上每侧预埋φ16mm地锚和φ16mm锚环。

16.3.6.3 无柱箍可变截面钢柱模

（1）框架柱采用可调定型钢模板。其模板投入量以施工流水段划分为依据，应合理配备。施工工艺流程为：弹柱位置线→安装柱模板→安柱箍→安拉杆和斜撑→验收。

钢模板安装示意图如图16-121。

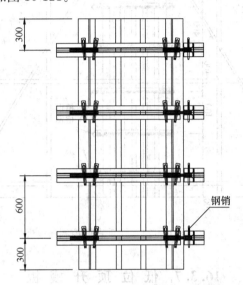

图16-121 矩形柱钢模板安装平面示意图

（2）梁柱节点处理

梁柱节点定型模板见图16-122，梁柱接头平面拼装大样见图16-123。

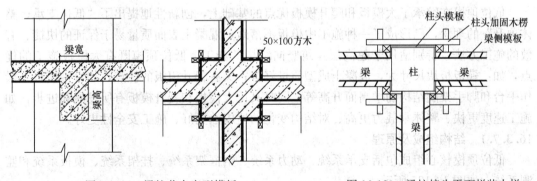

图16-122 梁柱节点定型模板　　　　图16-123 梁柱接头平面拼装大样

（3）柱垂直度控制：某些工程中，结构空间较高，为保证框架柱的垂直度及稳定性，应采取有效措施进行加固及支撑。

1）模板用带锥度式穿墙螺栓，模板螺栓安装时可直接采用穿墙螺栓，不但方便取出，而且可节约大量塑料套管的费用投入，降低工程成本。

2）柱模的拉杆或斜撑：如果柱截面过大，为避免过多孔洞，不能采用过多的穿墙螺栓。可在柱模每边设2根拉杆，固定于事先预埋在大放脚或楼板内的插筋或预埋钢筋环上，用吊线坠和拉通线的方法控制垂直度，用花篮螺栓调节校正模板的垂直度，拉杆与地面夹角不大于45°。柱垂直度控制见图16-124。

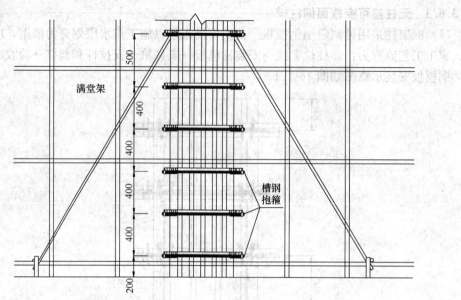

图16-124 柱垂直度控制

16.3.7 低位顶升模板

低位顶升模板简称低位顶模，是通过支承箱梁支承在建筑结构上，以液压油缸为动力，随建筑结构逐层整体顶升，反复循环作业的施工工艺。该工艺是钢筋混凝土竖向结构施工继大模板、滑升模板、提升模板和爬升模板之后的一种全新的施工工艺。

低位顶模在继承了大模板和爬升模板优点的基础上，创新性地提出了"低位支承、整体顶升"的理念，已形成了一种施工中模板不落地、混凝土表面质量易于保证的快捷、有效的施工方法，特别适用于超高层建筑竖向结构的施工。低位顶模既有大模板施工的优点，如：模板板块尺寸大，混凝土成型质量好等；又有爬升模板的优点，如自带模板、操作平台和脚手架随结构的增高而升高等；同时又比大模板和爬升模板有所发展和进步，如施工速度更快、整体承载力更高、对结构变化的适应性更好、施工安全性更好。

16.3.7.1 结构组成及原理

低位顶模核心组成包括支承系统、动力系统、钢框架系统、挂架系统、模板系统和监测系统，如图16-125所示。

1. 支承系统

包含多个支承点，每个支承点包括上支承箱梁、下支承箱梁、伸缩牛腿等。支承点位于低位顶模下部，承担低位顶模的荷载，并将荷载传递给动力系统及混凝土结构。

2. 动力系统

包括执行组件（顶升油缸和连接法兰）、控制组件（集中控制台、电磁闸阀、机械闸阀、压力传感器、行程传感器、行程限位器和液压管路）及动力源（油箱、液压油、液压泵和电动机组），为低位顶模整体上升提供动力，同时对顶升及提升过程中的误差、异常进行监测和调控。

顶升油缸宜选用大吨位、长行程双向液压油缸,单个油缸的顶升力可达400t以上,行程6m以上。

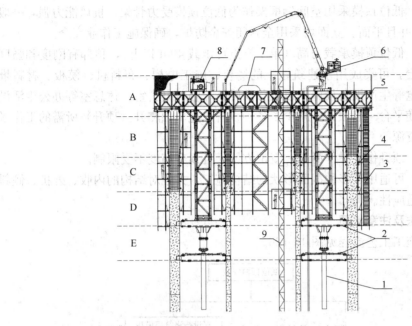

图16-125 低位顶模结构示意图
1—液压油缸;2—支承箱梁;3—挂架;4—模板;5—钢框架;6—布料机;
7—材料堆场;8—控制室;9—施工电梯;
A—平台作业层;B—钢筋绑扎层;C—模板支设、混凝土浇筑层;D—混凝土养护层;
E—支承顶升层

3. 钢框架系统

包括钢平台、支承立柱等,由支承立柱和钢平台形成的空间框架结构是模板、挂架及集成装置的载体。

4. 挂架系统

包括滑梁、滑轮、吊杆、立面防护网、翻板、楼梯、走道板、底部防护等,附着在框架系统上,布置在竖向结构两侧,为竖向结构施工提供作业面。

5. 模板系统

包括模板、对拉螺栓、吊索、滑轮等,布置在竖向结构两侧,用于竖向混凝土结构浇筑。

6. 监测系统

包括视频监测,结构应力和位移监测(应力、水平度和垂直度),气象监测(风速和温度),通过传感器对低位顶模的运行状态进行监测。

16.3.7.2 技术特点

低位顶模施工工艺具有以下特点:

(1)施工速度快。低位顶模的支点设置在新浇筑混凝土层以下,混凝土养护龄期长,强度高,顶升作业不再受混凝土养护龄期的限制,大大缩短了单层结构的施工周期。

(2)施工效率高。低位顶模在立面上覆盖4~5个标准层高,可同时为钢筋绑扎、模板加固/混凝土浇筑、混凝土养护提供作业面,各工序立面同步、平面流水施工,高效作业。

(3) 安全性好。低位顶模采用空间钢框架作为低位顶模受力骨架,抗风能力强,一般可抵抗14级大风;并且平面、立面均采用全封闭安全防护,确保施工作业安全。

(4) 节约资源。低位顶模承载力高(单个支点可承载400t以上),顶部有刚度和强度均较大的整体钢平台,可集成用于建筑施工的塔机、施工电梯、布料机、模板、材料堆场、库房、临水临电等生产设备设施,以及移动厕所、临时办公室、休息室等办公生活设施,所有集成装置随平台一起顶升,减少了各种设备设施单独爬升(顶升)所需的工作量及资源投入,节约资源。

(5) 智能控制。顶升作业操作简单,就位方便,且顶升高度不受限制。

(6) 适应性强。可适用于多种截面形状的结构施工,并且对结构的内收、外扩、倾斜等情况也有很好的适应性。

16.3.7.3 施工方法及注意事项

(1) 低位顶模施工工艺流程见图16-126。

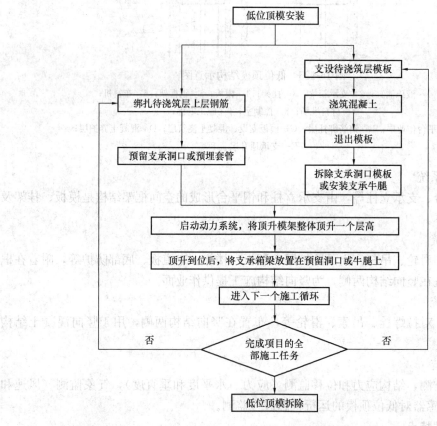

图16-126 低位顶模施工工艺流程图

(2) 低位顶模技术施工要点

1) 支承点附近区域的混凝土应振捣密实。

2) 施工时,低位顶模底部防护应处于全封闭状态。

3）若低位顶模设置开合机构，其开启状态时应设置安全防护设施。

4）雷雨天气时，低位顶模上作业人员应撤出作业区，人体不得接触防雷装置。

5）防雷装置应进行定期检查，在因天气等原因停工后下次开工前或雷雨季节前，应对防雷装置进行全面检查。

6）顶升前应检查上层支承洞口或支承牛腿的轴线位置和标高。

7）顶升前应检查动力系统的油路、电路、仪表等。

8）顶升前低位顶模除支承系统外应与主体结构脱离，断开泵管和水管，增加施工电梯标准节。

9）顶升过程中支承箱梁、模板、挂架、钢平台等位置应有专人值守。

10）顶升过程中应实时观察各顶升油缸压力值，顶升平稳后，当压力值变化量超过 $1.5N/mm^2$ 时，应停止顶升，排查原因。

11）顶升完成后，应对低位顶模的水平度、垂直度，支承箱梁的轴线位置、标高进行复测，并与监测数据、设计资料进行对比分析，当超出设计要求时，及时采取纠偏措施。

12）下支承箱梁宜逐个提升。

13）下支承箱梁提升过程中应设专人值守。

14）提升过程中应实时观察各顶升油缸压力值，提升平稳后，当压力值变化量超过 $1.5N/mm^2$ 时，应停止提升，排查原因。

16.4 永久性模板

永久性模板是一种建筑结构的永久性支承模板，根据设计要求可以与现浇混凝土层共同工作，形成建筑物的永久组成部分。

永久性模板常用在楼（顶）板结构和墙体结构上，因此可分为楼（顶）板永久性模板和墙体永久性模板，见表16-35。

永久性模板的分类 表16-35

分类	材料	类型
楼（顶）板永久性模板	压型钢板模板	压型钢板
		钢筋桁架板
	混凝土薄板模板	叠合板用预应力混凝土实（空）心底板
		桁架钢筋混凝土叠合板的预制板
墙体永久性模板	钢板/压型钢板	钢板组合剪力墙的外包钢板
		压型钢板墙体模板（与楼板模板类似）
	混凝土预制板	叠合剪力墙的预制板
		现浇混凝土复合保温一体化模板

常用的楼（顶）板永久性模板按材料可分为压型钢板模板和混凝土薄板模板。压型钢板模板根据是否带有钢筋桁架，又可分为压型钢板和钢筋桁架板。混凝土薄板模板根据其构造形式、钢筋种类和布置方式，又可分为叠合板用预应力混凝土底板和桁架钢筋混凝土叠合板的预制板。

常用的墙体永久性模板按材料可分为钢板/压型钢板、混凝土预制板、复合保温板，例如钢板组合剪力墙的外包钢板、压型钢板墙体模板、叠合剪力墙的预制板、现浇混凝土复合保温一体化模板等。

永久性模板中，除常用的压型钢板和混凝土预制板之外，有些厂家还研发出其他材料和形式的永久性模板，例如以钢板作为楼板模板和梁模板、以复合保温板作为楼板模板、以各种纤维水泥板作为楼板/墙体模板、以塑料板作为楼板/墙体模板等，但这些材料和形式的永久性模板或与本章将要介绍的几类永久性模板相类似，或应用不广泛，故本施工手册不做介绍。

16.4.1 压型钢板

压型钢板为经辊压冷弯，沿板宽方向形成波形截面的成型钢板。以压型钢板作为永久性模板，与其上浇筑的混凝土形成组合楼板，具有施工方便快捷、工期短、节约钢筋、可兼做钢模板、强度高、造价低、环保的特点。

16.4.1.1 压型钢板概述

1. 材料和规格

(1) 压型钢板的材料

压型钢板通常采用热镀锌钢板通过冷轧制成，其基板可选择现行国家标准《连续热镀锌和锌合金镀层钢板及钢带》GB/T 2518 中规定的 S250、S350、S550 牌号的结构用钢，也可选用现行国家标准《碳素结构钢》GB/T 700 和《低合金高强度结构钢》GB/T 1591 中规定的 Q235、Q355 牌号钢。

(2) 压型钢板的截面形式

压型钢板的规格参数有板宽、板厚、波高、波距，截面形式有开口型、闭口型和缩口型，见图 16-127。

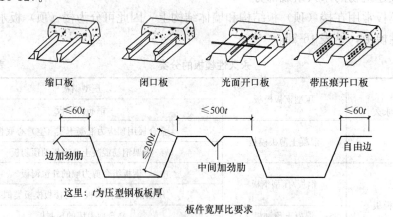

图 16-127 压型钢板组合楼板的基本形式

(3) 压型钢板的端头收边有三种方式：堵头板、泡绵、压扁处理。

1) 压型钢板端头用堵头板进行收边，应根据不同板型，采用相应的堵头板，其材质和厚度与压型钢板相同，见图 16-128。

2) 压型钢板端头用梯形泡绵堵塞，见图 16-129。

3) 压型钢板端头进行压扁处理，见图 16-130。

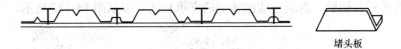

图 16-128 压型钢板端头堵头板收边

注：1. 压型钢板收边构造仅适用于楼板边缘，以及压型钢板沟肋走向改变处；
2. 应根据不同板型，采用相应的堵头板。

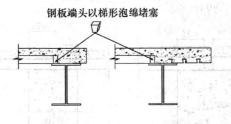

图 16-129 压型钢板端头泡绵收边

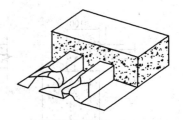

图 16-130 压型钢板端头压扁收边

（4）材料标准

《碳素结构钢》GB/T 700、《低合金高强度结构钢》GB/T 1591、《连续热镀锌和锌合金镀层钢板及钢带》GB/T 2518、《电弧螺柱焊用圆柱头焊钉》GB/T 10433 及《建筑用压型钢板》GB/T 12755。

2. 使用原则

组合楼板用压型钢板，宜采用带特殊波槽和压痕的板型。

（1）压型钢板模板使用时，应作构造处理，其构造形式与现浇混凝土叠合后是否组合成共同受力构件有关。

1）混凝土强度等级不宜低于 C25。

2）混凝土的粗骨料最大粒径不应超过以下数值中的较小值：$0.4h_{c1}$、$b_w/3$ 及 30mm（h_{c1} 为压型钢板板肋以上混凝土高度；b_w 为浇筑混凝土的凸肋宽度）。

3）组合楼板的形状应满足图 16-131 所示的构造要求。

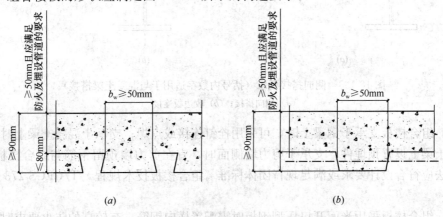

图 16-131 组合楼板形状构造要求
（a）缩口或闭口型板；（b）开口型板

4）组合楼板在钢梁、混凝土或砌体上的支承长度要求如图 16-132 所示。

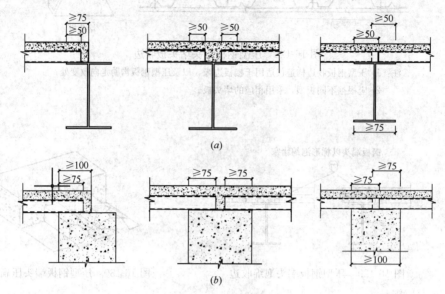

图 16-132　组合楼板支承长度要求
(a) 支承于钢梁上；(b) 支承于混凝土或砌体上

5）组合楼板侧向在钢梁上的搭接长度不小于 25mm，在设有预埋件的混凝土梁上的搭接长度不小于 50mm；铺设末端距钢梁上翼缘或预埋件边不大于 200mm 时，可用收边板收头，见图 16-133。

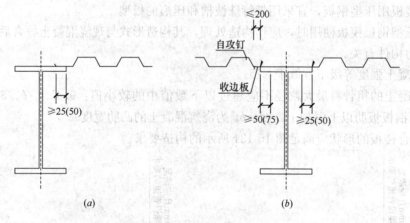

图 16-133　侧向搭接要求（括号内数字适用于与混凝土梁搭接）
(a) 侧向搭接；(b) 收边板连接

（2）组合楼板支承于钢梁上时，可采用栓钉连接或点焊；支承于混凝土梁上时，可采用混凝土梁上设置预埋件；支承于剪力墙侧面时，宜在剪力墙预留钢筋与组合楼板连接。上述做法应符合设计要求或满足现行团体标准《组合楼板技术规程》T/CECS 273 的有关规定。

（3）组合楼板采用光面开口压型钢板时需配置横向钢筋，有较高的防火要求时需配置纵向受拉钢筋。

(4) 组合楼板按简支板设计时,需在支座上部的混凝土叠合层中布置楼板抗裂钢筋;按连续板或悬臂板设计时,需配置支座负钢筋。

(5) 组合楼板悬挑收边按现行国家建筑标准设计图集《钢与混凝土组合楼(屋)盖结构构造》05SG522中节点做法施工。

(6) 组合楼板受力钢筋的保护层厚度、锚固长度、搭接长度应符合现行国家标准《混凝土结构设计标准》(2024年版) GB/T 50010的有关要求。

(7) 组合楼板开洞时,要根据开洞大小对洞口边缘的压型钢板进行补强。

1) 当洞口尺寸≤300mm时,可不采取补强措施。

2) 当洞口尺寸在300~750mm、压型钢板的波高不小于50mm且孔洞周边无较大集中荷载时,应对压型钢板垂直于沟肋方向的板边采用角钢或沿洞口四周采用钢筋进行补强,补强钢筋总面积应不小于压型钢板被削弱部分的面积,如图16-134所示。

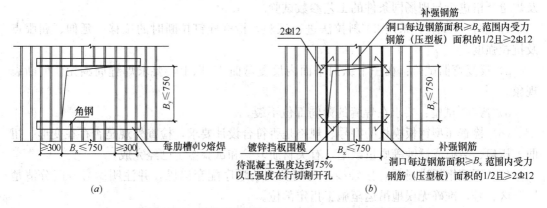

图 16-134　组合楼板开洞300~750mm时的补强措施
(a) 角钢补强; (b) 钢筋补强

3) 当洞口尺寸在300~750mm(含)且孔洞周边有较大集中荷载时,或者开孔洞口尺寸在750~1500mm时,洞口四边要采用角钢或槽钢进行补强。

4) 组合楼板预留孔洞,洞口尺寸>750mm时采用先开洞措施,即在钢梁上加焊型钢托梁分隔,增加洞口刚度,网片钢筋在洞口断开,并与型钢焊接;洞口尺寸≤750mm时采取后开洞措施,即在压型钢板上增加堵头分割板,网片钢筋贯通,混凝土浇筑成型后剪断钢筋。

(8) 组合楼板的防火要求

1) 对组合式板,其耐火等级应根据现行国家标准《建筑设计防火规范》GB 50016中的有关条文确定。

2) 当图16-131中所示的组合式板厚度不能满足1.5h耐火极限要求时,应采取相应的防火保护措施,如图16-135所示。

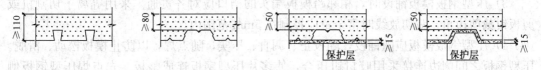

图 16-135　耐火极限为1.5h的组合板构造要求

16.4.1.2 压型钢板施工

1. 施工准备

(1) 在设计图的基础上,进行压型钢板模板平面布置图的深化设计,尽量避免在栓钉位置进行压型钢板的搭接,并完成安装前的方案编制、技术交底、操作工艺交底和安全生产交底。

(2) 压型钢板模板必须进行施工阶段的强度和变形验算,跨中变形应控制在 $L/180$,且≤20mm,如超过变形控制量,应设置临时支撑。

(3) 与梁、柱交接处和预留孔洞处的异形压型钢板模板,应先放出大样再进行切割。

(4) 对组合式压型钢板模板,在安装前制定好栓钉施焊工艺,栓钉焊接工艺应符合现行团体标准《栓钉焊接技术规程》CECS 226 的相关要求。

(5) 对不同材质、不同规格、不同厂家、不同批号生产的栓钉,采用不同型号的焊机及焊枪严格进行与现场同条件的工艺参数试验。

1) 静拉伸试验:采用 20°斜拉法进行试验,检查栓钉拉断时的位移、延伸、屈服点及抗拉强度。

2) 反复弯曲试验:在一个纵向平面内反复弯曲 45°以上,要求焊缝周围无任何断裂现象。

3) 弯 90°试验:要求在焊缝的薄弱部位不裂。

(6) 检查压型钢板模板的型号、规格是否符合设计要求,检查外观是否存在变形、扭曲、压扁、裂痕或锈蚀等质量缺陷,有关材质复验和试验鉴定已经完成。

(7) 压型钢板进场后,按轴线、房间及安装顺序配套码垛,并注明编号,区分清楚层、区、号,准确无误地吊运至施工指定部位。

(8) 吊运时采用专用软吊索,以保证压型钢板板材整体不变形、局部不卷边。

(9) 准备好临时支撑工具,直接支承压型钢板模板的龙骨宜采用木龙骨。

2. 钢结构中的压型钢板模板安装

钢结构中的压型钢板模板安装最好与钢结构柱、梁同步施工。

(1) 安装工艺流程

弹线→清板→按轴线、房间位置吊运模板→人工拆捆、布板→支设临时支撑→切割→压合→侧焊→端板焊接→留洞→洞口边加固→封堵→验收→栓钉焊接→清理模板表面→验收。

(2) 安装工艺要点

1) 先在铺板区的钢梁上弹出中心线,以此作为压型钢板定位控制线。确定压型钢板与钢梁的搭接宽度及压型钢板与钢梁熔透焊接的焊点位置。

2) 因压型钢板的长度方向与次梁平行,铺板后难以直接观测到次梁翼缘的具体位置,因此要先将次梁的中心线及翼缘宽度返弹在主梁的翼缘上,固定栓钉时再返弹到已铺设的压型钢板上。

3) 压型钢板模板铺设时,相邻跨模板端头的槽口应对齐贯通。采用等离子切割机或剪板钳裁剪边角,裁切放线时富余量应控制在 5mm 范围内。

4) 压型钢板模板应随铺设、随校正、调直、压实、随点焊,以防止模板松动、滑脱。压型钢板之间侧边连接采用咬口钳压合,使多片压型钢板连成整板。先点焊压型钢板侧边,再固定两端头,最后采用栓钉固定。

5) 压型钢板模板底部应设置临时支撑,支撑木龙骨应垂直于模板跨度方向设置,其数量按模板在施工阶段的变形控制要求及有关规定确定。

6) 栓钉焊接前,先弹出栓钉位置线,处理压型钢板表面的镀锌层。

7) 栓钉焊接后,以四周熔化的金属成均匀小圈且无缺陷为合格。质量检查按现行国家标准《钢结构工程施工质量验收标准》GB 50205 的要求,栓钉高度 L 允许偏差为 $\pm 2mm$,偏离垂直方向的倾角 $\theta \leqslant 5°$。检查合格后,再进行冲力弯曲试验,弯曲 15° 时焊接面不得有任何缺陷。检查合格的栓钉,可在弯曲状态下使用。

8) 混凝土浇筑前应采取措施防止漏浆,浇筑时布料不宜太集中,采用平板振动器及时分摊振捣。

3. 混凝土结构中的压型钢板模板安装

(1) 安装工艺流程

找平放线→支设临时支承→按轴线、房间位置吊运模板搁置在临时支承上→人工拆捆、布板→模板就位调整、校正→模板与支承龙骨钉牢→模板纵向搭接点焊连接→清理模板表面→验收。

(2) 安装工艺要点

1) 临时支撑系统,应按模板在施工阶段的变形控制要求及有关规定设置。支撑龙骨应垂直于模板跨度方向布置,模板搭接处和端部均应放置龙骨。端部不允许有悬臂现象。

2) 模板应随铺放,随校正,随与支撑龙骨固定,然后将搭接部位点焊牢固。

16.4.2 钢筋桁架板

钢筋桁架板将楼板中的钢筋加工成钢筋桁架,并将钢筋桁架与镀锌底模焊接成一体,将模板和承受荷载的骨架功能合二为一。钢筋桁架由腹杆钢筋、上弦钢筋、下弦钢筋、支座竖向钢筋和支座水平钢筋组成,如图 16-136 所示。

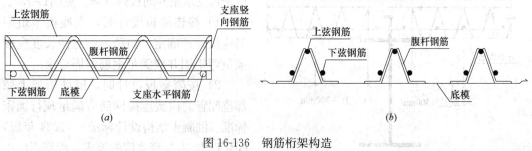

图 16-136 钢筋桁架构造
(a) 立面图;(b) 剖面图

与普通的压型钢板模板相比,钢筋桁架板实现了钢筋机械化生产,减少了钢筋废料,具有一定的环保性;减少了施工现场的钢筋加工、绑扎工作和周转工具投入,可加快施工进度;同时钢筋桁架使压型钢板与混凝土之间的连接更为牢固可靠,提高了结构的整体性和可靠性。

16.4.2.1 钢筋桁架板概述

1. 材料和规格

钢筋桁架板的材料及规格应符合现行行业标准《钢筋桁架楼承板》JG/T 368 的规定,

具体要求可见表16-36；常见型号及技术参数可参考现行行业标准《钢筋桁架楼承板》JG/T 368或产品手册。钢筋桁架的钢筋直径应按设计计算确定，且应考虑施工阶段受力情况。

钢筋桁架板的材料及规格　　　　　　　　表16-36

种类		规格	
上、下弦钢筋	HPB300、HRB335、HRB400	直径6~12mm	
腹杆钢筋	HRB400或CRB550	直径4.5~8mm	
支座水平钢筋	HPB300、HRB335、HRB400	$h\leqslant 100$mm时直径=10mm	$h>100$mm时直径=12mm
支座竖向钢筋		$h\leqslant 100$mm时直径=12mm	$h>100$mm时直径=14mm
底板	Q235的冷轧钢板	厚度不应小于0.4mm	
	不低于S250GD+Z牌号的镀锌钢板	厚度不应小于0.5mm	

注：h为钢筋桁架高度。

2. 使用原则

(1) 钢筋桁架节点和钢筋桁架与底模接触点均应电阻点焊，且点焊实测承载力应符合现行团体标准《组合楼板技术规程》T/CECS 273的有关要求。

(2) 两个钢筋桁架相邻下弦杆间距及一榀桁架的两个下弦杆之间的距离不大于200mm。

(3) 钢筋桁架板在钢梁、混凝土或砌体上的支承长度要求，可参考压型钢板。

(4) 钢筋桁架板侧向在钢梁、混凝土梁上的搭接长度要求，可参考压型钢板。

(5) 钢筋桁架板端部应采取有效的固定措施，可参考压型钢板。

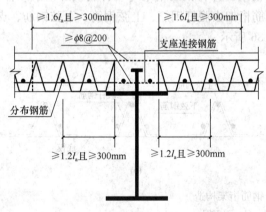

图16-137　简支板支座处的构造连接钢筋

(6) 两块钢筋桁架板纵向连接处，上、下弦部位应布置连接钢筋，连接钢筋应跨过支承梁并向板内延伸，见图16-137。

1) 按连续板设计时，支座负弯矩钢筋应按计算确定，向跨内的延伸长度应覆盖负弯矩图并应满足钢筋锚固要求。

2) 按简支板设计时，钢筋桁架上弦部位配置的构造连接钢筋应满足现行国家标准《混凝土结构设计标准》（2024年版）GB/T 50010裂缝宽度的要求，配筋不应小于$\Phi 8@200$，向板内延伸长度不应小于$1.6l_a$（l_a为钢筋锚固长度）和300mm。

3) 钢筋桁架下弦部位配置的构造连接钢筋不应小于$\Phi 8@200$，向板内延伸长度不应小于$1.6l_a$（l_a为钢筋锚固长度）和300mm。

4) 钢筋桁架板底板垂直下弦杆方向应按现行国家标准《混凝土结构设计标准》（2024年版）GB/T 50010规定配置构造分布钢筋。

(7) 钢筋桁架楼承板组合楼板在有较大集中荷载部位应设置附加钢筋，组合楼板板面应设置温度钢筋，均满足现行国家标准《混凝土结构设计标准》（2024年版）GB/T

50010 的要求。

（8）钢筋桁架上、下弦钢筋的混凝土保护层厚度（不含底模）应满足现行国家标准《混凝土结构设计标准》（2024 年版）GB/T 50010 的要求。

（9）钢筋桁架下弦钢筋伸入梁边的锚固长度不小于 $5d$（d 为下弦钢筋直径），且不小于 50mm。

（10）钢筋桁架楼承板组合楼板抗剪连接件的设置应满足现行团体标准《组合楼板技术规程》T/CECS 273 的要求。

（11）钢筋桁架楼承板组合楼板在与钢柱相交处被切断时，柱边板底应设支承件，板内应设置附加钢筋，见图 16-138。

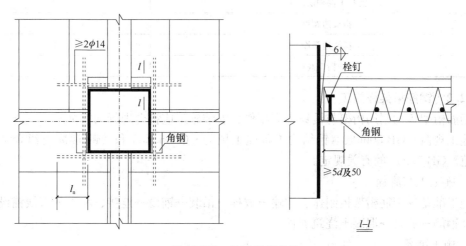

图 16-138 柱边板底构造

（12）钢筋桁架楼承板组合楼板开洞，当需切断钢筋桁架时，孔洞边应设置加强钢筋；当孔洞边有较大集中荷载或开洞尺寸大于 1000mm 时，应在孔洞周围设置边梁，见图 16-139。

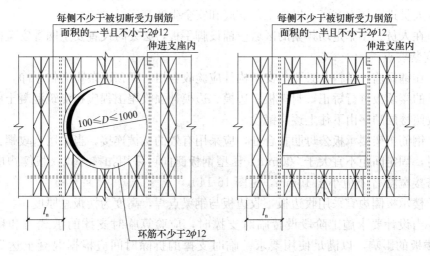

图 16-139 开洞构造措施

(13) 钢筋桁架板结构尺寸允许偏差应符合表 16-37 的规定。

钢筋桁架楼承板结构尺寸允许偏差　　　　　　　表 16-37

项目		允许偏差
楼承板长度 L	L≤5m 时	+6, 0
	L>5m 时	+10, 0
楼承板宽度		±4
钢筋桁架节间距		±3
钢筋桁架间距		±10
混凝土保护层厚度		±2
搭接边宽度		±2
搭接边高度		±1
钢筋桁架高度		±3

16.4.2.2　钢筋桁架板施工

钢筋桁架板的钢筋桁架与镀锌底模制作、安装施工应符合现行国家标准《混凝土结构工程施工规范》GB 50666、《钢结构工程施工规范》GB 50755 和《钢-混凝土组合结构施工规范》GB 50901 的有关规定。

1. 施工工艺流程

施工准备→钢筋桁架板制作、运输→放样→吊装→铺设→连接、收边→管线铺设→绑扎附加钢筋→验收→混凝土浇筑养护。

2. 施工准备

(1) 钢筋桁架板进场前需拟定详细的进场计划,包括起重设备、进场路线、质量检验以及存放场地等内容。

(2) 施工前,对施工作业人员进行技术安全培训,施工人员应有足够的安全意识,应戴手套,穿胶底鞋,不得在未固定牢靠或未按照设计要求设临时支撑的楼承板上行走。对施工作业人员进行技术交底、操作工艺交底和安全生产交底。

(3) 在人员、小车走动频繁的区域应铺设脚手板,必要时设置安全网等安全措施。

3. 安装要点

(1) 在铺设前,结构及必要的支承构件应验收合格,梁顶面杂物清扫干净,并对有弯曲或扭曲的楼承板进行矫正,封口板、边模、边模补强收尾工程应在浇筑混凝土前及时完成。宜按照楼层顺序由下往上逐层铺设。

(2) 钢筋桁架楼承板公母肋扣合处,应采用有效的机械连接,当采用自攻螺钉或拉铆钉固定时,固定间距不宜大于 500mm。压型钢板侧向可采用扣接方式,板侧边应设连接拉钩,搭接宽度 l_d 不应小于 10mm,见图 16-140。

(3) 楼承板侧边宜采用收边板,收边板与钢梁点焊,高度为楼板总厚度。

(4) 当设计要求施工阶段设置临时支撑时,应验算临时支撑的承载力和稳定性及对下层楼板的影响,以满足使用要求。临时支撑的拆除时间应根据混凝土达到设计强度的百分比和裂缝控制要求来确定,临时支撑拆除时的混凝土强度不应低于设计强度的 75%,对裂缝控制严格的部位或悬挑部位,在混凝土达到设计强度的 100% 后方可

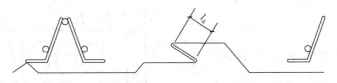

图 16-140　板侧连接拉钩构造

拆除临时支撑。

（5）附加钢筋的施工顺序：下部附加钢筋→洞边附加钢筋→上部附加钢筋→连接钢筋→支座负弯矩钢筋。

（6）混凝土浇筑前，清理钢筋桁架板上的杂物（包括栓钉上的瓷环）、灰尘、油脂等。

（7）浇筑时，不得对楼承板造成冲击，宜在梁或临时支撑的部位进行倾倒，并及时摊开混凝土，避免堆积过高；泵送混凝土管道支架应支撑在梁上。

（8）如需在钢筋桁架板开洞或切割，宜采用等离子从下往上切割，不得采用火焰切割；开洞时需待混凝土达到设计强度的75%后方可进行。混凝土未达到设计强度的75%之前，不得在楼层面上附加其他荷载。

16.4.3　叠合板用预应力混凝土底板

以混凝土薄板作为永久性模板，又与楼（顶）板现浇混凝土叠合形成叠合板，构成楼（顶）板的受力结构，适用于不设置吊顶和一般装饰标准的工程，可以大量减少顶棚的抹灰作业。叠合楼板适用于抗震设防地区和非地震区，不适用于承受动力荷载。当用于结构表面温度高于60℃，或工作环境有酸碱等侵蚀性介质时，应采取有效的防护措施。

16.4.3.1　叠合板用预应力混凝土底板概述

1. 分类、材料和规格

（1）分类

叠合板用预应力混凝土底板模板分为两类：预应力混凝土实心底板、预应力混凝土空心底板（有些生产厂家又称为SP预应力空心板），分别见图16-141、图16-142。

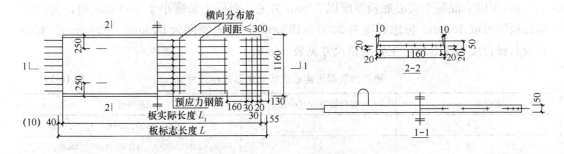

图 16-141　预应力混凝土实心底板示例

（2）材料

1) 预应力混凝土实心底板的混凝土强度等级不低于C40，叠合层混凝土强度等级为C30；常用钢筋见表16-38，底板中的预应力筋即为叠合板的主筋，具有与现浇预应力混凝土楼（顶）板同样的功能。

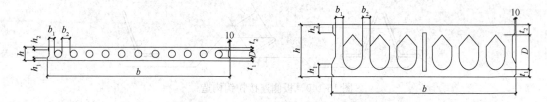

图 16-142 预应力混凝土空心底板示例

b—板宽；h—板高；D—孔高；b_1—边肋宽度；h_1—下齿高度；
t_1—板底厚度；b_2—中肋宽度；h_2—上齿高度；t_2—板面厚度

预应力混凝土实心底板钢筋　　　　　　表 16-38

预应力钢筋种类	消除应力低松弛螺旋肋钢丝	冷轧带肋钢筋
直径（mm）	$\phi^H 5$	$\phi^R 5$
抗拉强度标准值（MPa）	1570	800
抗拉强度设计值（MPa）	1110	530
底板构造钢筋种类	冷轧带肋 CRB550 级钢筋，也可采用 HPB300、HRB335 级钢筋	
支座负钢筋种类	HRB335、HRB400 级钢筋	
吊钩	未经冷加工的 HPB300 级钢筋	

① 冷轧带肋钢筋是采用普通低碳钢筋或低合金钢筋圆盘条为母材，经冷轧或冷拔减径后在其表面冷轧成具有三面或二面月牙形横肋，并在轧制过程中消除内应力的钢筋。

② 冷轧带肋钢筋因表面有月牙形横肋，与混凝土握裹锚固效果好，改善了构件弹塑性阶段的性能，提高了构件的强度和刚度。但因冷轧带肋钢筋延伸率较小，构件承受动力荷载的性能较差，在制作、运输、安装、施工时应加以注意。

2) 预应力混凝土空心底板的预应力钢筋宜采用直径 5mm 的高强螺旋肋钢丝或中强冷轧带肋钢筋 CRB550；空心底板的混凝土强度等级不应低于 C30。

（3）规格尺寸

1) 预应力混凝土实心底板厚度以 50mm 为主，当标志长度小于 3600mm 时，为便于运输板厚可取 40mm；标志长度为 3000~4800mm；标志宽度为 600mm、1200mm。实心底板与叠合层相组合后，主要规格尺寸见表 16-39。

预应力混凝土实心底板的主要规格尺寸　　　　　　表 16-39

底板厚（mm）	叠合层厚度（mm）	板跨度
50	60	3000、3300、3600、3900、4200、4500
50	70	3600、3900、4200、4500、4800
50	80	3900、4200、4500、4800、5100
60	80	4500、4800、5100、5400、5700
60	90	4800、5100、5400、5700、6000

2) 预应力混凝土空心底板标志宽度以 600mm、1200mm 为主，实际需要时也可增加 500mm、900mm、1000mm、1500mm、1800mm、2400mm 等规格，但所选用的宽度不宜

多于3种。预应力混凝土空心底板主要规格尺寸见表16-40。

预应力混凝土空心底板的主要规格尺寸　　　　　表16-40

厚度（mm）	100	120	150	180	200
标志长度（mm）	4500～6000	5400～7200	6000～9000	8100～10500	9000～11100
空心率	≥25%		≥30%		≥34%

注：板长模数为300mm。

2. 板面抗剪构造要求

（1）当要求叠合面承受较小的剪应力时（不大于0.4N/mm²），可在板的上表面加工成具有粗糙划毛的表面，或用辊筒压成小凹坑（凹坑的长、宽一般为50～80mm，深度为6～10mm，间距为150～300mm），或用网状滚轮辊压成4～6mm深的网状压痕表面，见图16-143。

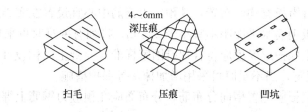

图16-143　板面表面处理

（2）当要求叠合面承受较大的剪应力时（大于0.4N/mm²），薄板表面除要求粗糙外，还要增设抗剪钢筋，其规格和间距由设计计算确定，抗剪钢筋见图16-144。

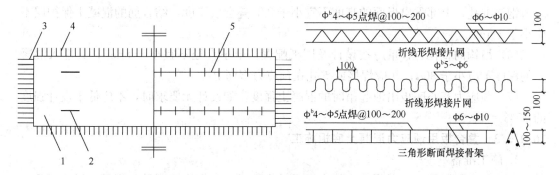

图16-144　板面抗剪钢筋

1—薄板；2—吊环；3—主筋；4—分布筋；5—抗剪钢筋

16.4.3.2　叠合板用预应力混凝土底板制作

1. 预应力混凝土空心底板的制作

（1）预应力混凝土空心底板宜在预制厂采用台座法生产，模板、钢筋、预应力和混凝土等分项工程质量应符合现行国家标准《混凝土结构工程施工质量验收规范》GB 50204的有关规定。

（2）预应力钢筋下料长度应由计算确定。空心底板钢筋水平净距不宜小于15mm，排列有困难时可两根并列。采用镦头夹具多根钢筋同时张拉，钢筋有效长度相对差值不得超过1/5000,且不得大于5mm。长度不大于6m的构件,当钢筋成组张拉时,下料长度的相对差值不得大于2mm。

(3) 冬期施工,预应力张拉时的温度不宜低于-15℃,张拉后如超过2d未能浇筑混凝土,需重新补张,预应力筋张拉与混凝土浇筑时的温差,不得超过20℃。

(4) 固定台座预应力的放张部位宜设在台座中部,并应采取缓慢放张措施,放张时的混凝土强度不应低于设计强度的75%;采用消除应力钢丝作为预应力筋的先张法构件,放张时的混凝土强度尚不应低于30MPa。

(5) 预应力空心底板出池起吊时的混凝土强度,如设计无要求时,应不低于设计强度的80%。

(6) 预应力空心底板制作允许偏差应满足现行国家标准《预应力混凝土空心板》GB/T 14040的有关规定。

2. 预应力混凝土实心底板的制作

(1) 预应力钢筋宜沿板宽均匀布置,其预应力钢筋中心宜设置在实心底板截面中心处或稍偏板底位置,底板钢筋水平净距不宜小于25mm,排列有困难时可采用2根并列。

(2) 钢筋的混凝土保护层厚度应符合现行国家标准《混凝土结构设计标准》(2024年版)GB/T 50010的规定,当不足时可采用增加抹灰等保护措施。

(3) 预应力实心底板应配置横向分布筋,分布筋应在预应力钢筋上绑扎或预先点焊成网片再安装。

(4) 预应力筋的板端伸出长度以及分布筋侧向伸出长度,应符合设计要求,不得随意弯折及折断。

(5) 预应力实心底板应设置板面结合用构造钢筋,其下部应埋入底板混凝土内并与预应力钢筋绑扎,上部露出板面的高度不宜小于2/3叠合层厚度,结合筋的混凝土保护层不应小于10mm。

(6) 吊钩的直径、数量应按设计及图纸配置,最小直径不宜小于8mm,其埋入混凝土的深度不应小于$30d$,并应焊接或绑扎在预应力钢筋上。

(7) 预应力实心底板出池起吊时的混凝土强度,如设计无要求时,不应低于设计强度的75%。

16.4.3.3 叠合板用预应力混凝土底板施工

1. 施工准备

(1) 叠合板用预应力混凝土底板进场后,应核对出厂合格证明及其型号、规格、几何尺寸、预埋件留置情况,检查下表面是否平整,有无裂缝、缺棱掉角、翘曲等现象,不合格产品不得使用。预应力混凝土底板单向板如出现纵向裂缝,必须征得设计单位同意后才可使用。

(2) 清理底板周边毛刺,上表面尘土、浮渣。

(3) 将支承底板的墙(梁)顶部伸出的钢筋调整好,检查墙(梁)标高是否符合安装要求。一般墙(梁)顶面标高应比板底设计标高低20mm为宜,应提前处理,弹出墙(梁)安装标高控制线,分别画出安装位置线,并注明板号。

(4) 按照板跨度设计支撑,直接支承薄板的龙骨,宜采用50mm×100mm或100mm×100mm木方。多层连续施工时,支撑系统应设置在同一垂直线上。支撑安装后,要检查龙骨上表面是否平直,标高是否符合板底设计标高要求。

(5) 准备好板缝模板,宜做成与板缝宽度相适应的几种规格尺寸。

(6) 配备好各种工具及材料。

2. 叠合板施工

(1) 叠合板施工工艺流程

在墙(梁)上弹出安装水平线和位置线→搭设临时支撑→检查和调整支撑龙骨上口水平标高→吊运底板就位→板底平整检查、校正、处理→调平相邻板面(整理板周边伸出钢筋)→板缝模板安装→绑扎板缝钢筋→绑扎叠合层钢筋→底板表面清理→叠合层混凝土浇筑、养护→达到设计要求强度后,拆除临时支撑。

(2) 模板安装

1) 预应力混凝土空心底板的安装

吊装前先堵板端孔,便于混凝土灌缝。

若底板搁置在预制梁上,搁置点应坐浆处理;若底板搁置在现浇梁(与叠合层同时浇筑)上,现浇梁侧模上口宜贴泡沫胶带,以防止漏浆,并确保板在梁上的搭接长度。

吊装时,吊点与板端距离控制在200~300mm,吊索与板夹角不得小于50°,防止吊索内滑。

当板反拱值差别较大时,应在灌缝前将相邻板调平,根据具体情况在板跨中设置1~2道夹具。底板尽可能一次就位,以防止撬动时损坏薄板。

2) 预应力混凝土实心底板的安装

预应力混凝土实心底板的板端外伸钢筋要向上弯曲90°,弯曲直径必须大于20mm。

底板就位前在跨中及紧贴支座部位均应设临时支撑,当轴跨$L \leqslant 3.6m$时跨中设置一道支撑,当轴跨$3.6m < L \leqslant 5.4m$时跨中设置两道支撑,当$L > 5.4m$时跨中设置三道支撑。

施工均布荷载不应大于$1.5kN/m^2$,荷载不均匀时,单板范围内折算均布荷载不宜大于$1.0kN/m^2$,否则需采取加强措施。

(3) 混凝土底板板支座节点构造

1) 叠合板与混凝土梁或砌体墙连接时,两相邻板端空隙不应小于40mm,底板和支座间设置20mm水泥砂浆垫层,当圈梁与叠合层整体浇筑时可不设。

2) 叠合板与钢梁连接时,两相邻板端空隙不应小于80mm,底板和支座间设置20mm水泥砂浆垫层,钢梁上抗剪连接件根据设计要求设置。

(4) 拼缝处理

1) 灌缝前清除板缝之间的杂物,将板缝打湿,但不得有积水。

2) 填缝材料可选用掺纤维丝的混合砂浆,或C25的细石混凝土,亦可使用其他材料。

3) 填缝材料应分两次压实填平,两次施工间隔不小于6h,见图16-145。

4) 当板面有叠合层时,先浇筑板缝混凝土,再浇筑叠合层。为保证现浇层与板粘结牢固,板缝混凝土应低于板面30~40mm。

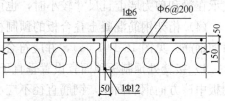

图 16-145 板与板留缝和配筋

5) 在灌缝混凝土或砂浆强度达到50%前,严禁撬动板。

(5) 混凝土浇筑

1) 浇筑叠合层混凝土前,底板表面必须清扫干净,并浇水充分湿润(冬期施工除外),但不能有积水。

2) 浇筑叠合层混凝土时,应特别注意用平板振动器振捣密实,以保证与底板结合成整体。

(6) 拆除临时支撑

混凝土底板模板,须待叠合层混凝土达到设计强度的75%后,方可拆除其下临时支撑,临时支撑拆除要符合施工规范要求,一般保持连续两层有支撑。

16.4.4 桁架钢筋混凝土叠合板预制板

桁架钢筋混凝土叠合板以工厂制作而成的带有钢筋桁架的预制板(厚50~80mm)作为现浇混凝土层的底模,与上部现浇混凝土层结合成为一个整体,共同工作。预制板底面光滑平整,板缝经处理后,顶棚可以不再抹灰。

与叠合板用预应力混凝土底板相比,桁架钢筋混凝土叠合板免去了预制底板时的预应力加工工序,减少了施工现场的钢筋加工和绑扎工作,可加快施工进度;同时钢筋桁架使预制底板与现浇混凝土之间的连接更为牢固可靠,提高了结构的整体性和可靠性,可以明显提高楼板的刚度;另外钢筋桁架还可作为施工"马凳""吊钩"。

16.4.4.1 桁架钢筋混凝土叠合板预制板概述

1. 材料

桁架钢筋混凝土叠合板预制板的材料、制作与安装应符合现行国家标准《混凝土结构工程施工规范》GB 50666、现行行业标准《装配式混凝土结构技术规程》JGJ 1和现行国家建筑标准设计图集《桁架钢筋混凝土叠合板(60mm厚底板)》15G366-1的要求。

(1) 预制底板混凝土强度等级不应低于C30。

(2) 底板钢筋及钢筋桁架的上、下弦钢筋采用HRB400、CRB550、CRB600H钢筋,钢筋桁架的腹杆钢筋采用HPB300钢筋。

2. 构造要求

(1) 桁架钢筋混凝土叠合板的桁架钢筋沿主要受力方向布置;桁架钢筋距离板边不宜大于300mm,中心间距不宜大于600mm,弦杆钢筋直径不宜小于8mm,腹杆直径不小于4mm;混凝土保护层厚度不小于15mm。

(2) 桁架钢筋混凝土叠合板的现浇混凝土叠合层厚度不应小于60mm,预制板的厚度不宜小于60mm,当施工阶段设置可靠支撑时,预制板的厚度可采用50mm。

(3) 桁架钢筋混凝土叠合板的预制板之间可采用分离式接缝或整体式接缝,当板周边支承在梁和剪力墙上且尺寸较小时,也可采用无接缝形式。

(4) 桁架钢筋混凝土叠合板的预制板之间采用分离式接缝并按单向板设计时,宜配置附加钢筋,见图16-146 (a),并应符合下列规定:

1) 接缝处预制板顶面宜设置垂直于板缝的附加钢筋,附加钢筋截面面积不宜小于预制板中该方向钢筋面积,钢筋直径不应小于6mm,间距不宜大于200mm。

2) 附加钢筋伸入两侧现浇混凝土叠合层的长度不应小于15d (d为附加钢筋直径);

保护层厚度不应小于15mm。

3)平行于接缝在附加钢筋范围内应布置不少于2根构造钢筋,直径不应小于6mm,间距不宜大于300mm。

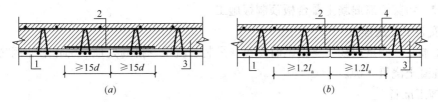

图 16-146 叠合楼板接缝构造示意
(a)单向板;(b)双向板
1—预制板;2—附加钢筋;3—现浇混凝土叠合层;4—构造钢筋

(5)桁架钢筋混凝土叠合板的预制板之间采用分离式接缝并按双向板设计时,宜配置附加钢筋,见图 16-146(b),并应符合下列规定:

1)接缝处预制板顶面宜设置垂直于板缝的附加钢筋,附加钢筋面积应通过计算确定,计算附加钢筋面积时板厚可取现浇混凝土叠合层厚度,附加钢筋直径不宜小于8mm,间距不宜大于200mm。

2)附加钢筋与预制板内垂直于接缝的钢筋可视作搭接连接,钢筋搭接连接长度应符合现行国家标准《混凝土结构设计标准》(2024年版)GB/T 50010 的有关规定;保护层厚度不应小于15mm。

3)平行于接缝在附加钢筋范围内应布置不少于3根构造钢筋,直径不宜小于8mm,间距不宜大于250mm。

(6)桁架钢筋混凝土叠合板支座处构造,见图 16-147,应符合下列规定:

1)预制板内受力钢筋在支座处应锚入支承梁或剪力墙的现浇混凝土中,钢筋伸入支座长度不应小于 5d(d 为钢筋直径),且宜伸过支座中心线。

2)当叠合板按单向板设计时,预制板内分布钢筋可不伸入支座,但应在紧邻预制板顶面设置附加钢筋,附加钢筋的截面面积不宜小于预制板内同向钢筋面积,间距不宜大于300mm,附加钢筋伸入支座的长度不应小于 15d(d 为钢筋直径),且宜伸过支座中心线。

3)叠合板的现浇混凝土中板面钢筋在支座处的构造应符合现行国家标准《混凝土结构设计标准》(2024年版)GB/T 50010 的有关规定。

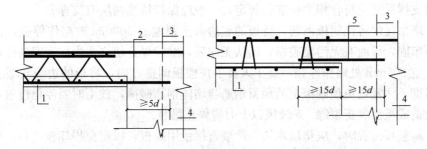

图 16-147 叠合楼板支座构造示意
1—预制板;2—受力钢筋;3—支座中心线;4—支承梁或墙;5—附加钢筋

(7) 桁架钢筋混凝土叠合板预制板的分离式接缝之间宜采用聚合物水泥砂浆填缝。

(8) 桁架钢筋混凝土叠合板的预制楼板表面应做成凹凸不小于4mm的粗糙面；承受较大荷载的叠合楼板宜在预制板内设置伸入叠合层的构造钢筋。

16.4.4.2 桁架钢筋混凝土叠合板预制板施工

1. 安装工艺流程

施工准备→测量放线→支设临时支撑→吊装、就位→拼缝处理→绑扎附加钢筋、铺设管线→混凝土浇筑养护。

2. 施工准备

桁架钢筋混凝土叠合板进场前需拟定详细的进场计划，包括起重设备、进场路线、质量检验以及存放场地等内容。

3. 吊运和堆放

(1) 吊索与构件水平夹角不宜小于60°，不应小于45°，同时应避免起吊过程中出现裂缝、扭曲等问题。

(2) 预制板吊具可采用吊运钢梁，保证吊点同时受力、构件平稳；也可同时钩住钢筋桁架上弦杆和腹杆起吊；认真检查吊具与预制板预埋吊环是否扣牢，确认无误后方可缓慢起吊。

(3) 临时堆放场地应在吊车作业范围，场地应平整、坚实、有排水措施，且应满足构件码放要求。

(4) 预制板及装饰板应按型号、规格分别码垛堆放，每垛不宜超过4块。

(5) 预制板以4个或更多支点码放，用木方作垫块，保证板面不受破坏；垫木放置在桁架侧边，板两端（至板端200mm）及跨中位置均应设置垫木且间距不大于1.6m，垫木应上下对齐。垫木的长、宽、高均不宜小于100mm。

4. 安装施工

(1) 安装预制板的墙体处，在墙模板上安装墙顶标高定位方钢，宽度25mm；对支撑楼板的墙或梁顶面标高进行认真检查，必要时进行修整，顶面超高部分必须凿去，过低的地方可依据坐浆标准填平，保证此部位混凝土的标高及平整度；墙上留出的搭接钢筋不正不直时，要进行修整，以免影响叠合板就位。

(2) 安装预制板前，板端距支座500mm处及跨中应设置由竖杆和横梁组成的临时支撑；当跨度$L<4.8m$时跨中设一道支撑，$4.8m \leqslant L \leqslant 6m$时跨中设两道支撑；安装预制板前调整支撑标高与两侧墙预留标高一致；多层连续施工时，支撑系统应设置在同一垂直线上；临时支撑拆除应符合相关标准的规定，一般应保持持续两层有支撑。

(3) 塔吊缓缓将预制板吊起，待板的底边升至距地面500mm时略作停顿，再次检查吊挂是否牢固，板面有无污染破损；确认无误后，继续提升使之慢慢靠近安装作业面；在作业层上空200mm处略作停顿，施工人员手扶楼板调整方向，将板的边线与墙上的安放位置线对准，注意避免预制板上的预留钢筋与墙体钢筋碰撞，放下时要停稳慢放，避免冲击力过大造成板面震折裂缝。5级风以上时应停止吊装。

(4) 调整板位置时，应垫以木块，严禁直接使用撬棍，以避免损坏板边角，应保证搁置长度，其允许偏差不大于5mm。楼板安装完后进行标高校核，调节板下的可调支撑。

(5) 拼缝处理：绑扎拼缝处钢筋，严禁漏放、错放；填缝材料可选用干硬性砂浆并掺入水泥用量5%的防水粉，分两次压实填平，两次施工时间间隔不小于6h；混凝土浇筑前,应派专人对叠合板底部拼缝及其与墙板之间的缝隙进行检查;板底批腻子时,在板缝处贴一层 100mm 宽的纤维网格布等柔性材料。

(6) 绑扎钢筋前清理干净叠合板上杂物,根据钢筋间距准确绑扎,钢筋绑扎时穿入叠合楼板上的桁架,钢筋弯钩朝向要严格控制,不得平躺。当双向配筋的直径和间距相同时,短跨钢筋应放置在长跨钢筋之下;当双向配筋直径或间距不同时,配筋大的钢筋应放置在配筋小的钢筋之下。

(7) 混凝土浇筑前,应按设计要求检查结合面的粗糙度及外露钢筋,清扫钢筋桁架叠合板表面,浇水充分湿润,但不能有积水。浇筑时应用平板振动器振捣密实,不得对钢筋桁架叠合板预制板造成破坏,并保证混凝土与预制板结合成整体。

16.4.5 钢板组合剪力墙的外包钢板

钢板组合剪力墙是指由两侧外包钢板和中间内填混凝土组合而成并共同工作的钢板剪力墙,其外包钢板也作为中间内填混凝土的模板,具有施工方便、连接可靠、质量可控等特点。

16.4.5.1 钢板组合剪力墙的外包钢板概述

1. 材料

钢板组合剪力墙的外包钢板宜采用 Q235 钢和 Q355 钢,钢材质量应符合现行国家标准《碳素结构钢》GB/T 700 和《低合金高强度结构钢》GB/T 1591 的规定。对考虑屈曲后强度的钢板宜采用 Q235GJ 钢和 Q355GJ 钢,钢材质量应符合现行国家标准《建筑结构用钢板》GB/T 19879 的规定。当有可靠依据时,可选用低屈服强度钢。

2. 构造要求

(1) 钢板组合剪力墙的外包钢板与内填混凝土之间的连接,可分为以下几种:栓钉连接、T 形加劲肋连接、缀板连接、对拉螺栓连接、混合连接,如图 16-148 所示。

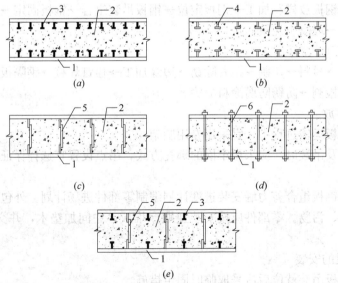

图 16-148 钢板组合剪力墙的构造形式
(a) 栓钉连接;(b) T 形加劲肋连接;(c) 缀板连接;(d) 对拉螺栓连接;(e) 混合连接
1—外包钢板;2—混凝土;3—栓钉;4—T 形加劲肋;5—缀板;6—对拉螺栓

(2) 钢板组合剪力墙的外包单片钢板厚度与墙体厚度的比值宜为 1/100～1/25，且不宜小于 10mm。

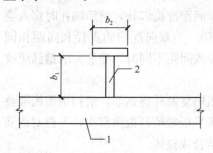

图 16-149　T 形加劲肋构造示意
1—外包钢板；2—T 形加劲肋

(3) 当采用栓钉或对拉螺栓连接时，栓钉或对拉螺栓的间距与外包钢板厚度的比值应不超过 $40\sqrt{235/f_y}$（f_y 为钢板的屈服强度，单位 N/mm²）；栓钉连接件的直径不宜大于钢板厚度的 1.5 倍，栓钉的长度宜大于 8 倍的栓钉直径。

(4) 当采用 T 形加劲肋连接时，加劲肋的间距与外包钢板厚度的比值不超过 $60\sqrt{235/f_y}$；加劲肋的钢板厚度不应小于外包钢板厚度的 1/5，且不应小于 5mm；T 形加劲肋腹板高度 b_1 不应小于 10 倍的加劲肋钢板厚度，端板宽度 b_2 不应小于 5 倍的加劲肋钢板厚度，见图 16-149。

(5) 钢板组合剪力墙厚度超过 800mm 时，宜选用缀板或对拉螺栓连接。

(6) 墙体外包钢板与边缘钢构件之间宜采用焊接连接。

16.4.5.2　钢板组合剪力墙的外包钢板施工

外包钢板的制作和安装，应符合现行国家标准《钢结构工程施工规范》GB 50755 的有关规定。

1. 施工准备

在施工前，应编制外包钢板的制作、安装工艺文件，编制依据主要有：工程设计图纸及根据设计图纸而绘制的施工详图；图纸设计总说明和相关技术文件；图纸和合同中规定的国家标准、技术规范和相关技术条件。

2. 施工工艺流程

施工准备→钢板放样、加工→钢板定位→钢板吊装组合→钢板固定→钢板焊接→焊缝检查→钢筋绑扎→混凝土浇筑养护。

3. 钢板加工工艺流程

原材料检测→号料→切割→抛丸除锈→边缘加工→栓钉焊接→钢隔板焊接→组装→焊接→矫正→焊缝检测→防锈防腐涂料喷涂。

4. 运输和存放

(1) 外包钢板运输过程中，宜采用专用胎架。

(2) 装卸车及吊装时，应采用牢固的绑扎方式，吊点设置宜选择保证外包钢板变形最小的位置。

(3) 应根据钢板组合剪力墙安装进度计划编制零部件进场计划。外包钢板进场后应及时清理内部积水、污物。零部件应按安装逆顺序堆放，中间加垫木，并交错堆放，编号、标识应外露。

5. 外包钢板的安装

(1) 外包钢板吊装就位后应采取临时固定措施。

(2) 外包钢板在现场整体焊接时，竖向应自下而上焊接，平面上应以中心单元为基点，向两侧逐块焊接；单个单元焊接时，应先焊接立焊缝再焊接横焊缝。

(3) 外包钢板的焊接变形控制措施包括：应控制焊接线能量输入和焊接坡口间隙；宜

采用分段焊或间断焊工艺；可采用刚性固定法或增加约束度，也可采取反变形措施。

（4）外包钢板焊缝的端部、角部以及间距较小的焊缝和加劲肋焊缝，施焊时宜留应力释放孔。

（5）外包钢板应验算在混凝土浇筑过程中的承载力、变形和稳定性。

（6）混凝土浇筑的通气孔设置应符合设计要求；设计无要求时，宜在距离剪力墙上边缘200mm区域内，设置直径不小于150mm的通气孔。

（7）观察口设置应符合设计要求；设计无要求时，宜在剪力墙上部两角区域内，设置直径不小于100mm的观察口。

6. 质量验收

外包钢板的验收，应符合现行国家标准《钢结构工程施工质量验收标准》GB 50205 的规定。

（1）外包钢板加工允许偏差应符合现行行业标准《钢板剪力墙技术规程》JGJ/T 380 的有关规定。检查数量：主控项目全数检查；一般项目抽查10%，且不应少于3件。

（2）钢板组合剪力墙安装允许偏差应符合表16-41的规定；检查数量：抽查10%，且不应少于3个单元。

外包钢板安装允许偏差　　　　　　　　　　　表 16-41

项目	允许偏差（mm）
定位轴线	1.0
单层垂直度	$h/250$，且不应大于 15.0
单层上端水平度	$L/1000+3$，且不应大于 10.0
平面弯曲	$L(h)/1000$，且不应大于 10.0

注：平面弯曲水平方向取外包钢板宽度 L，竖直方向取钢板垂直高度 h。

16.4.6　叠合剪力墙的预制板

叠合剪力墙是指两侧混凝土预制板和钢筋桁架在加工厂制作成内含空腔的构件，现场安装就位后在空腔内浇筑混凝土，形成预制和现浇混凝土整体受力的混凝土墙体，保证结构具有足够的承载力、适当的刚度和良好的延性，具有施工方便、连接可靠、质量可控等特点，见图16-150。

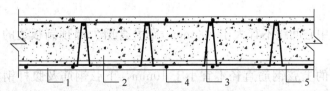

图 16-150　叠合剪力墙
1—预制部分；2—现浇部分；3—钢筋桁架；4—竖向钢筋；5—水平钢筋

叠合剪力墙可分为单面叠合剪力墙和双面叠合剪力墙。

单面叠合剪力墙：双侧预制板中，仅一侧预制板参与叠合，与中间空腔的现浇混凝土共同受力而形成的叠合剪力墙，另一侧的预制板不参与结构受力，仅作为施工时的墙体模板及保温层的外保护板。

双面叠合剪力墙：双侧预制板均参与叠合，与中间空腔的现浇混凝土共同受力而形成的叠合剪力墙。

16.4.6.1 叠合剪力墙预制板概述

（1）叠合剪力墙的截面厚度应根据现行国家和行业标准的有关规定进行设计确定，不应小于200mm，且预制板厚度不应小于50mm。

（2）叠合剪力墙预制板的内表面应设置粗糙面，粗糙面凹凸深度不小于4mm。

（3）叠合剪力墙墙面开洞，应符合现行行业标准《高层建筑混凝土结构技术规程》JGJ 3中的相关规定。

（4）叠合剪力墙的端部和洞口两侧应设置现浇混凝土边缘构件，应符合现行行业标准《高层建筑混凝土结构技术规程》JGJ 3的有关规定。

（5）叠合剪力墙承受集中荷载时应设置现浇混凝土扶壁柱或暗柱，其现浇混凝土梁与壁柱或暗柱相交处应有可靠连接。

（6）叠合剪力墙竖向和水平分布钢筋应满足下列要求：

1）配筋率，二、三级时均不应小于0.25%，四级和非抗震设计时均不应小于0.20%。

2）钢筋间距均不宜大于250mm，直径不应小于8mm，且不宜大于叠合剪力墙截面宽度的1/10。

3）预制板内的水平和竖向分布筋距预制板边缘距离不应大于40mm。

（7）叠合剪力墙预制板之间的接缝应满足下列要求：

1）竖向连接应在楼面标高处，水平连接应在受力较小部位。

2）水平接缝高度不应小于50mm，且不宜大于70mm，接缝处现浇混凝土应密实。

3）竖向接缝处宜设置现浇混凝土边缘构件，也可设置宽度不小于400mm的现浇混凝土墙段。

4）接缝处应设置连接钢筋，连接钢筋应通过计算确定，并满足现行国家和行业标准的相关规定。

（8）叠合剪力墙中钢筋桁架应满足运输、吊装和现浇混凝土施工的要求，并应符合下列规定：

1）钢筋桁架竖向设置，并应放置于连接钢筋的两侧，每一叠合剪力墙墙肢设置不少于2榀；

2）钢筋桁架中心间距不宜大于400mm，距叠合剪力墙预制板边的水平距离不宜大于200mm；

3）钢筋桁架的上弦钢筋直径不宜小于10mm，下弦钢筋及腹杆钢筋直径不宜小于6mm；腹杆钢筋的配筋量不低于现行行业标准《高层建筑混凝土结构技术规程》JGJ 3的有关规定。

16.4.6.2 叠合剪力墙预制板施工

1. 叠合剪力墙安装工艺流程

测量放线→放置水平标高控制垫块→检查调整墙体竖向预留钢筋→预制板吊装就位→临时斜支撑固定→现浇部分钢筋绑扎→拼缝处理→检查验收→墙板混凝土浇筑。

2. 吊装

(1) 应根据预制构件形状、尺寸及重量等参数配置吊具。

(2) 吊装时吊索水平夹角不宜小于 60°，且不应小于 45°。

(3) 对尺寸较大或形状复杂的预制构件，宜采用带有分配梁或分配桁架的吊具，并应按国家现行有关标准进行设计、验算或检验。

(4) 吊钩应采用弹簧防开钩。

3. 设置斜支撑

预制板吊装就位后应按施工方案设置斜支撑，斜支撑安装完成后，方可松开吊钩。斜支撑设置应符合下列要求：

(1) 斜支撑应保证预制墙板无倾斜。

(2) 支撑构件的型号和支撑间距应由计算确定。

(3) 支撑于水平的夹角在 40°～50°。

(4) 支撑点大体在墙体高度的 2/3 左右，且不应小于高度的 1/2。

(5) 通过在两片墙体构件接缝 2/3 高处设置夹紧器可使墙体更加稳固。

4. 混凝土浇筑

(1) 混凝土浇筑前应进行检查，检查项目应包括下列内容：

钢筋的牌号、规格、数量、位置、间距；纵向受力钢筋的连接方式、接头位置、接头数量、接头面积百分率、搭接长度、锚固方式及长度等；箍筋弯钩的弯折角度及平直段长度等；预埋件的规格、数量、位置；混凝土粗糙面的质量；预留管线、线盒等的规格、数量、位置及固定措施。

(2) 混凝土浇筑施工应符合下列规定：

预制构件叠合面应清理干净并洒水充分湿润。

墙体空腔内现浇混凝土宜分层连续浇筑，每层浇筑高度不宜超过 800mm。

当采用粗骨料粒径不大于 25mm 的高流态混凝土，且墙体空腔小于 150mm 时，混凝土振捣宜采用直径为 30mm 的微型振捣棒。

楼板混凝土可单独浇筑，也可与墙板混凝土同时浇筑；与墙板混凝土同时浇筑时，宜等墙板浇筑完成后 1h 再进行浇筑。

现浇混凝土未达到设计要求时，不得吊装上层结构构件；当设计无要求时，应在混凝土强度不小于 1.5MPa，并具有足够支撑时方可吊装上一层预制构件。

5. 现浇混凝土达到设计或施工方案规定要求后方可拆除斜支撑。

16.4.7 现浇混凝土复合保温一体化模板

建筑用保温免拆模板是实现建筑节能与结构一体化的重要手段，既在施工阶段作为现浇混凝土结构的模板，又在使用阶段作为结构的保温层，具有轻质高强、隔热保温、防火等显著优势。

我国已出现了许多由不同的复合保温材料制成的不同结构形式的复合保温免拆模板，诸如 GES 免拆模复合保温板、FR 复合保温墙板、FS 复合保温外模板、SPR 复合保温外模板、高性能泡沫混凝土免拆模板、植物纤维型复合保温免拆模板、无机纤维型复合保温免拆模板、夹芯型复合保温免拆模板、OKS 免拆模防火保温模板等。

这些复合保温免拆模板虽然复合保温材料和具体构造不同，但其工作原理和施工方法具有一定的相似性，故本施工手册以某复合保温免拆模板为例进行介绍。

16.4.7.1 现浇混凝土复合保温一体化模板概述

1. 工作原理

复合保温外模板经工厂化预制，由保温层、粘结层、加强肋、保温过渡层、内外侧粘结加强层构成，在现浇混凝土工程施工中起免拆永久性外模板作用和保温隔热作用，见图16-151、表16-42。

图 16-151 复合保温外模板构造示意图

1—保温层；2、5—内外粘结加强层；3—粘结层；4—保温过渡层；6—加强肋

复合保温外模板构造　　　　　表 16-42

	基本构造	组成材料	构造示意图
①	基层墙体	现浇钢筋混凝土	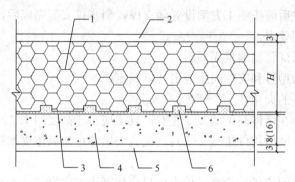
②	内侧粘结层	胶粘剂+耐碱玻纤网布	
③	保温层	模压模塑聚苯板、模压石墨聚苯板、挤塑聚苯板、岩棉带、岩棉板	
④	外侧粘结层	胶粘剂+耐碱玻纤网	
⑤	抗裂加强层	抹面胶浆+耐碱玻纤网布	
⑥	锚固件	专用锚固件	
⑦	抹面层	抗裂砂浆+耐碱玻纤网	
⑧	饰面层	柔性耐水腻子+外墙涂料或饰面砂浆	

2. 构造要求

（1）复合外保温模板与现浇混凝土结构的专用连接件呈梅花型布置，设置数量每平方米不少于5个，进入混凝土结构的有效锚固深度不小于50mm。

（2）复合保温外模板拼缝处、阴阳角处，在找平层施工时，应采取抗裂措施。门窗洞口处应采用整板切割成型，不得拼接，四角部分应加强处理。

16.4.7.2 现浇混凝土复合保温一体化模板的施工

1. 施工准备

施工前应根据复合保温外模板、连接件的特点的设计要求编制施工方案，施工方案应包括外模板的排板和安装方案、门窗洞口的做法和穿墙管线等孔洞部位修补措施等内容。

2. 施工工艺流程

材料进场→场地放线→布置结构钢筋、安装混凝土支撑垫块→安装模板专用连接件→支墙体复合保温模板→支内墙模板→安装专用墙体对拉螺杆→安装支撑钢框→浇筑混凝土→拆除内模板及支撑钢框→外模板拼缝→封堵拉结孔洞、锚栓孔→抹面层施工→饰面工程。

3. 施工要点

复合外保温模板运输时应轻拿轻放，材料进入施工现场先验收，并按规定取样复验。各种材料应分类贮存平放码垛，不宜露天存放。露天存放时应有防雨、防暴晒、防潮、防水、防火等保护措施。材料堆放地应配备消防设施。

复合保温外模板安装前应根据设计图纸和排板要求复核尺寸，设置安装控制线。对于无法用主规格安装的部位，应事先在施工现场用切割锯切割成符合要求的尺寸，非主规格板最小宽度不宜小于150mm，切割后的模板四周侧面应平直。

施工现场用手枪钻在复合保温外模板预定位置穿孔，安装连接件，每平方米不少于5个，非主规格板或板宽较小时，每块板不少于2个连接件，门窗洞口处可适当增设连接件。

根据排板方案安装复合保温外模板，先安装外墙阴阳角处板，后安装主墙板。复合保温外模板之间的拼接可为Z形口咬合，如图16-152所示。模板逐块拼装后采用临时固定措施，保证模板之间拼缝严密，再在拼缝处用钢竖框及螺丝固定，防止模板倾覆。

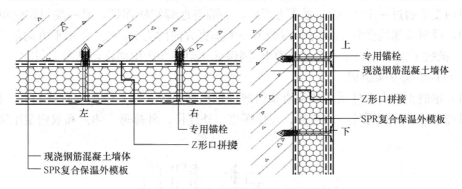

图16-152 复合保温外模板之间的拼接

对拉螺栓间距可按常规模板施工方法确定，在复合保温外模板和内侧模板相应位置开孔，穿入对拉螺栓。当外墙对防水有较高要求时，宜采用带止水片的永久螺栓。

混凝土浇筑前，应洒水清洗复合保温外模板，保证其清洁和湿润。浇筑时应在外模板顶部扣上防护帽或采取其他保护方式。当外模板采用岩棉带时应分次浇筑，每次浇筑高度不宜超过1m。振捣棒不得直接接触复合保温外模板。施工前应考虑混凝土浇筑和振捣对复合保温外模板的侧压力。

复合保温外模板拼缝、阴阳角处及与自保温砌块墙体相交处，用抗裂砂浆抹压补缝找平，确保缝隙密实无空隙，并铺设200mm宽耐碱玻纤网布，必要时做加强抗裂处理。对拉螺栓孔及其他孔洞，应采用膨胀水泥、膨胀混凝土或发泡聚氨酯等先将孔洞填实，后局部抹防水砂浆做加强处理。

复合保温外模板应整体分层抹压保温砂浆和抗裂砂浆，满足设计厚度要求和外立面平整度要求。

复合保温外模板施工期间及完工后24h内，基层及环境空气温度不低于5℃。夏季应避免暴晒，5级以上大风天气和雨天不得施工。

16.5 特殊模板

16.5.1 三角桁架单面支模

由于条件限制而采用单侧支模时，一般有两种方式，一种采用扣件式钢管体系，另一种为桁架支撑体系。对两种方式进行经济分析，工料成本基本持平，而桁架式体系具有安全性高、整体性强、结构稳定性好、周转次数多等特点。

在保证有操作空间的前提下，可适用于任何高度7.5m以内的墙体单侧模板，包括地下室外墙模板、污水处理厂墙体模板、道桥边坡护墙模板等。通常情况下，最高单侧支架须占用宽度约4m的操作空间。

16.5.1.1 三角桁架单面支模体系概述

1. 单面模板工作原理

单侧支架为单面墙体模板的受力支撑系统，采用单侧支架后，模板无需再拉穿墙螺栓。

单侧支架通过一个45°的高强受力螺栓，一端与地脚螺栓连接，另一端斜拉住单侧模板支架，因斜拉螺栓受斜拉锚力F后分为一个垂直方向的力F_2和一个水平方向的力F_1，其中F_2抵抗了支架的上浮力，水平力F_1则保证支架不会产生侧移，见图16-153。

2. 单面模板支架组成

（1）单侧支架由埋件系统和钢桁架组成。钢桁架系统包括：支架、背楞扣件、挑架；埋件系统包括：地脚螺栓、内连杆、连接螺母、外连杆、外螺母、垫片和双槽钢压梁，见图16-154。

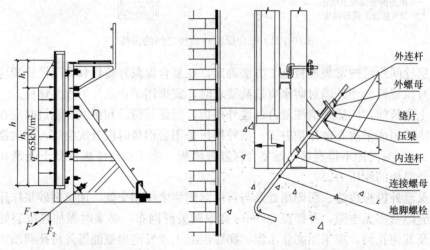

图16-153 单侧模板受力分析图　　图16-154 单侧支架埋件系统图

(2) 架体系统：架体部分按高度分为标准节和加高节。

(3) 模板系统：模板面板、竖肋、横肋的材质和规格可根据工程实际计算选择，图 16-155 为一种示例。

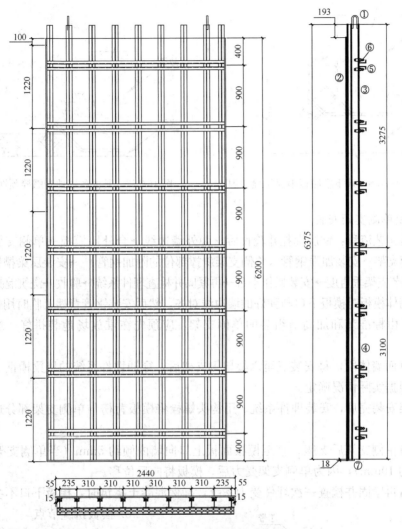

图 16-155 单侧模板系统图
①—模板吊钩；②—18mm 厚胶合板；③、④—铝梁竖肋；
⑤—双槽钢背楞；⑥—横肋与竖肋的连接扣件；⑦—端头护板

16.5.1.2 三角桁架单面支模的施工

1. 地脚螺栓预埋

(1) 地下室底板有边梁，边梁超出外墙为 250mm，地下室底板地脚螺栓预埋见图 16-156，地脚螺栓出板面处与墙面距离为 20mm，地脚螺栓裸露长度为 150mm。其他各层地脚螺栓出板面处与外墙距离为 270mm，地脚螺栓裸露端与水平面成 45°，见图 16-157。

(2) 现场埋件预埋时要求拉通线，保证埋件在同一条直线上。地脚螺栓在预埋前应对螺纹采取保护措施，用塑料布包裹并绑牢，以免施工时混凝土粘附在丝扣上影响连接。

(3) 因地脚螺栓不能直接与结构主筋点焊，为保证混凝土浇筑时埋件不跑位或偏移，要求在相应部位增加附加钢筋，地脚螺栓点焊在附加钢筋上，点焊时注意不要损坏埋件的有效直径。

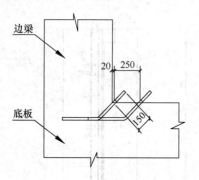

图 16-156　地下室底板地脚螺栓预埋

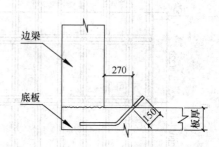

图 16-157　其他各层地脚螺栓预埋

2. 模板及单侧支架安装

（1）安装工艺流程：钢筋绑扎并验收后→弹外墙边线→合外墙模板→单侧支架吊装到位→安装单侧支架→安装加强钢管（单侧支架斜撑部位的附加钢管）→安装压梁槽钢→安装埋件系统→调节支架垂直度→安装操作平台→再紧固并检查埋件系统→验收→浇筑混凝土。

（2）合墙体模板时模板下口与弹好的墙边线对齐，然后安装钢管背楞，临时用钢管将墙体模板撑住。由标准节和加高节组装的单侧支架，应预先在堆放场地装拼好，然后吊至现场。

（3）在直面墙体段，每安装五至六榀单侧支架后，穿插埋件系统的压梁槽钢。底板有反梁时，应根据实际情况确定。

（4）支架安装完后，安装埋件系统。用钩头螺栓将模板背楞与单侧支架部分连成一个整体。

（5）调节单侧支架后支座，直至模板面板上口向墙内倾约 5mm（当单侧支架有加高节时，内倾约 10mm），因为单侧支架受力后，模板将向后位移。

（6）最后再紧固并检查一次埋件受力系统，确保混凝土浇筑时，模板下口不会漏浆。

3. 模板拼缝节点

（1）当两块模板贴紧靠齐拼接时，按图 16-158 所示的模板拼缝节点施工。

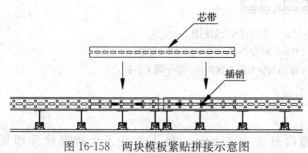

图 16-158　两块模板紧贴拼接示意图

（2）当模板与模板之间有较宽的缝时，当缝宽小于 480mm 时，可按图 16-159 所示的拼缝节点施工。

（3）当模板拼缝宽度在 480～840mm 范围内时，则在标准模板两侧均加拼缝模板，确保每个拼缝均在 480mm 以内，见图 16-160。

（4）在遇有内墙与外墙交接处，则在交接部位留置施工缝，模板连接按常规施工，芯带穿过内隔墙钢筋，见图 16-161。

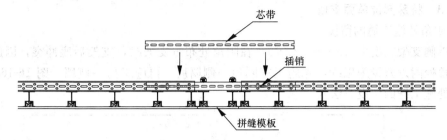

图 16-159 两块模板宽缝＜480mm 时的拼接示意图

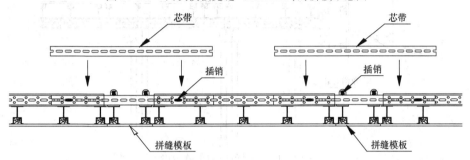

图 16-160 两块模板宽缝 480～840mm 时的拼接示意图

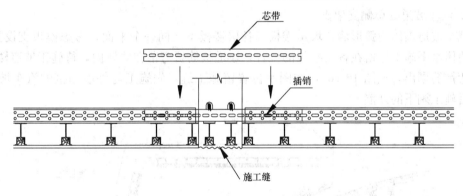

图 16-161 内墙与外墙交接处的拼接示意图

（5）外墙与柱相连处，形成两个阴角，为保证阴角模不跑模，可按图 16-162 设对拉螺栓杆。

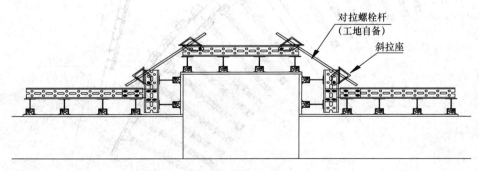

图 16-162 外墙与柱相连处的拼接示意图

16.5.1.3 特殊部位单面支模

1. 阴角处施工缝的留设

因单侧支架宽度大（3~4m不等），在阴角处布置支架时，支架后座冲突，因此外墙需在阴角处附近留设施工缝，先施工完阴角一侧墙后，再施工另一侧墙，图16-163所示为阴角处施工缝的留设方法。

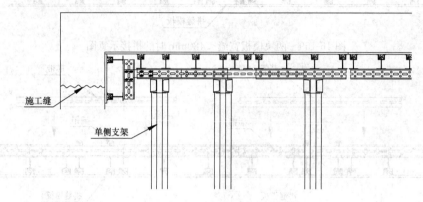

图16-163 阴角处施工缝留设

2. 汽车坡道处单侧支架支设

汽车坡道墙体为弧形墙，坡道楼板与各层楼板不在同一个平面，考虑模板支设方便，坡道墙体水平施工缝留在各层楼板的位置，坡道板筋折弯留在墙体内，待施工坡道楼板时将折弯钢筋剔出，见图16-164，在图示位置留施工缝，先施工与外墙相接的汽车坡道墙体，后施工剩下的外墙。

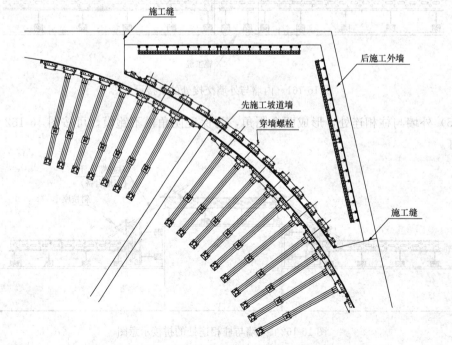

图16-164 汽车坡道弧形墙墙体施工缝留设

16.5.2 隧 道 模

隧道模是一种组合式定型钢制模板，是用来同时施工浇筑房屋的纵横墙体、楼板及上一层的导墙混凝土结构的模板体系。若把许多隧道模排列起来，则一次浇筑就可以完成一个楼层的楼板和全部墙体。该种模板体系的外形结构类似于隧道形式，故称之为隧道模。采用隧道模施工的结构构件其表面光滑，能达到清水混凝土的效果，与传统模板相比，隧道模的穿墙孔位少，稍加处理即可进行油漆、贴墙纸等装饰作业。

采用隧道模施工对建筑的结构布局和房间的开间、进深、层高等尺寸要求较严格，比较适用于标准开间，可将各标准开间沿水平方向逐段、逐层整体浇筑。对于非标准开间，可以通过加入插入式调节模板或与台模结合使用，还可以解体改装作其他模板使用。因其使用效率较高，施工周期短，用工量较少，隧道模与常用的组合钢模板相比，可节省一半以上的劳动力，工期缩短50%以上。

总体上隧道模有断面呈"Π"形的整体式隧道模和断面呈"Γ"形的双拼式隧道模两种。整体式隧道模自重大、移动困难，目前已很少应用。双拼式隧道模在内浇外挂和内浇外砌的多层及高层建筑中应用较多。

16.5.2.1 双拼式隧道模概述

1. 隧道模构造

隧道模体系由墙体大模板和顶板台模组合而构成，用作现浇墙体和楼板混凝土的整体浇筑施工，它由顶板模板系统、墙体模板系统、横梁、结构支撑和移动滚轮等组成单元隧道角模，若干个单元隧道角模连接成半隧道模，见图16-165，再由两个半隧道模拼成门型整体隧道模，见图16-166，脱模后形成矩形墙板结构构件。单元隧道角模用后通过可调节支撑杆件，使墙、板模板回缩脱离，脱模后可从开间内整体移出。

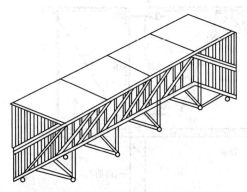 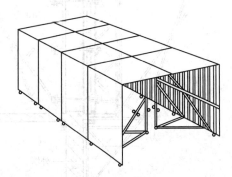

图16-165 单元角模组拼成半隧道模　　图16-166 半隧道模组拼成整体隧道模

（1）隧道模的基本构件

隧道模的基本构件为单元角模。单元角模由以下基本部件组合而成：水平模板、垂直模板、调节插板、堵头模板、螺旋（液压）千斤顶、移动滚轮（与底梁连接）、顶板斜支撑、垂直支撑杆、穿墙螺栓、定位块等组成，如图16-167所示。

（2）隧道模的主要配件

隧道模的主要配件为：支卸平台、外墙工作平台、楼梯间墙工作平台、导墙模板、垂直缝伸缩模板、吊装用托梁及悬托装置、配套小型用具等。

（3）隧道模的工作过程

双拼式隧道模由两个半隧道模和一道独立的调节插板组成。根据调节插板宽度的变化，使隧道模适应于不同的开间，在不拆除中间模板及支撑的情况下，半隧道模可提早拆除，增加周转次数。半隧道模的竖向墙体模板和水平楼板模板间用斜支撑连接。在半隧道模下部设行走装置，一般是在模板纵向方向，沿墙体模板下部设置两个移动滚轮。在行走装置附近设置两个螺旋或液压顶升装置，模板就位后，顶升装置将模板整体顶起，使行走轮离开楼板，施工荷载全部由顶升装置承担。脱模时，松动顶升装置，使半隧道模在自重作用下，完成下降脱模，移动滚轮落至楼板面。半隧道模脱模后，将专用支卸平台从半隧道模的一端插入墙模板与斜撑之间，将半隧道模吊升至下一工作面。

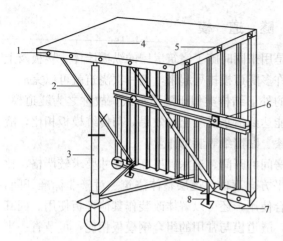

图 16-167　单元角模构造示意图
1—连接螺栓；2—斜支撑；3—垂直支撑；
4—水平模板；5—定位块；6—穿墙螺栓；
7—滚轮；8—螺旋千斤顶

2. 隧道模的配置及组成

隧道模的组成如图 16-168 所示。

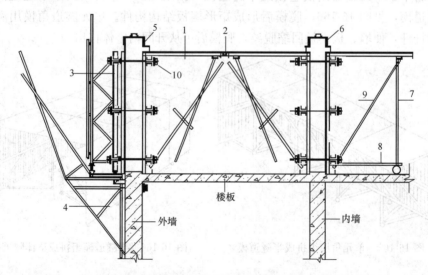

图 16-168　隧道模结构组成示意图
1—单元角模板；2—调节插入模板；3—外墙模板；4—外墙模作业平台；5—单肩导墙模板；
6—双肩导墙模板；7—垂直支撑；8—水平支撑；9—斜支撑；10—穿墙螺栓

（1）单元角模：主要由 4~5mm 厚热轧钢板作为模板面板，采用轻型槽钢或"几"字形钢作为模板次肋，采用 10~12 号槽钢作为主肋，焊接成顶板模板（水平模板）和纵、横墙模板（竖直模板），也可根据工程实际和计算分析采用其他形式的面板、次肋和主肋。

水平模板和竖直模板间联结简易可靠，一般采用连接螺栓组装，模板间互相用竖直立杆、斜支撑杆和水平撑杆联结成三角单元，使其成为整体单元角模。

（2）调节插板：调节插板根据单元的结构尺寸设计，结构形式同角模的组成模板。两个角模单元顶板模板及墙体模板间一般采用压板连接，对于单元开间和进深变化的结构，一般在角模单元模板间设置调节插板。调节插板面板根据拆模顺序先后，可设计成企口的拼接方式，调节插板肋板的连接采用压板连接，压板一端安装于一侧角模水平模板上，另一侧插板就位后，采用螺栓紧固压板，必要时根据情况设置加强背楞，以保证插板位置的整体刚度。

（3）堵头模板：分为纵、横墙和楼板堵头模板，堵头模板由钢板及角钢组焊而成，墙体堵头模板内置于纵横墙模板的端部，通过螺栓与其形成固定连接。

（4）导墙模板：导墙模板是控制隧道模的安装及结构尺寸的关键，进行墙板混凝土浇筑施工前，该施工层的导墙应在上一层浇筑时完成，导墙模板高度根据导墙的高度确定，一般控制在100~150mm，导墙模板根据内外墙体划分为单肩导墙模板及双肩导墙模板，外墙施工采用单肩导墙模板，内墙施工采用双肩导墙模板，导墙模板由内外卡具控制导墙尺寸及位置，其结构形式主要根据隧道模体系配套设计，采用钢板和角钢设计加工。

（5）外墙模板：楼电梯间，外山墙的模板可统称为外墙模板。由于采用隧道模的施工必须设置在楼地面或坚固的施工平台上进行，而对于外墙外侧因无水平构件作为施工平台，且其外墙体模板刚度要求较大，外墙模板除采用对拉螺栓承担混凝土侧压力外，根据墙体浇筑高度的不同，一般设计采用简易桁架式模板，桁架除保证模板刚度外，还起到外侧模板支撑的作用。

（6）门窗洞口模板：采用隧道模施工，门窗洞口模板须预先安装就位。洞口模板一般采用带调节伸缩装置的定制钢制洞口模板，脱模后整体吊装至下一作业段；也可根据施工作业条件的不同采用现场加工的木质洞口模板拼装，并采用钢制连接角模组合，以便于人工搬运。

（7）外墙模板作业平台：楼电梯间及外山墙的模板的施工承重平台由外墙作业平台承担，作业平台根据所处位置的不同分为外山墙作业平台和楼梯间作业平台，其结构形式均为简易三角外挂架方式，外挂架通过穿墙螺栓与已浇筑墙体连接，外挂架根据设置位置的不同，外围附加水平挑架和密目网等组成安全封闭围护装置，见图16-169。

（8）支卸平台：也称为吊装平台架，由于半隧道模体积大、作业面长，其流水吊装过程中必须设计专用的支卸平台进行隧道模的周转和吊装工作。支卸平台分为简易型桁架或格构式钢桁架，一般根据隧道模的结构尺寸进行专用设计配置，其设计必须满足扭转刚度和整体稳定，一般大型隧道模均采用格构式钢桁架支卸平台，见图16-170，平台由上下两个空间桁架经端部的格构式短柱焊接形成"Π"形构件。支卸平台利用其下部桁架插入半隧道模的顶板模板，下部进行固定，利用吊装机械缓慢平移出，完成隧道模的周转就位。

（9）变形缝模板：采用隧道模施工遇到结构的变形缝位置时，可采用变形缝模板配置。变形缝模板根据建筑物垂直构件间的尺寸确定，采用双侧模板，一侧模板固定，一侧模板可收缩形式，利用穿墙螺栓和隧道模构件完成模板定位，混凝土达到拆模强度后，通过收缩装置使两侧模板脱模。

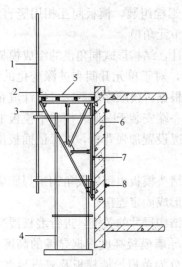

图 16-169 外墙模板作业平台示意
1—外脚手架及密目网；2—踢脚板；
3—三角外挂架；4—外挂操作平台；
5—施工作业平台；6—外墙体；
7—挂架垫板；8—外挂架连接螺栓

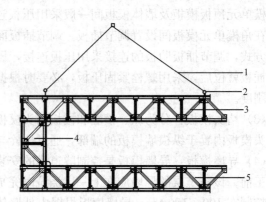

图 16-170 格构式钢桁架支卸平台
1—拉索；2—焊接卡具；3—上部钢桁架；
4—格构式短柱；5—下部钢桁架

(10) 其他辅配件：在隧道模安装组合过程中，需要配置标准配件完成辅助定位及加固工作，如穿墙螺栓、连接压板、稳定支撑、临时支撑等。

16.5.2.2 双拼式隧道模施工

1. 施工工艺流程

施工工艺流程见图 16-171。

2. 施工要点

(1) 施工前，根据施工作业人员水平进行必要的技术安全培训，并对施工作业人员先进行技术交底和操作工艺的安全交底。

(2) 在施工中，根据提升能力合理安排垂直运输设备，合理划分流水段，采取流水作业施工。

(3) 根据施工段进度安排，合理组织好钢筋绑扎、模板拆立、混凝土浇筑振捣等流水程序及作业人员用工。

(4) 隧道模的墙体模板安装，在墙体钢筋绑扎后，安装半隧道模要间隔进行，以便检查预埋管线及预留孔洞的位置、数量及模板安装质量。隧道模合模后应及时调整，检

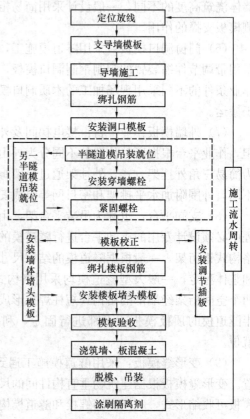

图 16-171 隧道模施工工艺流程

查整体模板的定位尺寸、平整度、垂直度是否满足安装质量要求,并着重检查施工缝位置、导墙位置、堵头板位置的模板安装质量,经检查合格并做好隐蔽检查记录后,方可进行混凝土浇筑作业。

(5) 模板拆除。拆模时,应首先检查支卸平台的安装是否平稳牢固,然后放下支卸平台上的护栏。拆除调节插板和穿墙螺栓,旋转可调节支撑丝杠,使顶板模板下落,垂直支撑底端滑轮落地就位。脱模完成后借助人工或机械将半隧道模推出到支卸平台上,当露出第一个吊点时,即应挂钩,绷紧吊绳,但模板的滚轮不得离开作业面,以利于模板继续外移。在模板完全脱离构件单元前,应立即挂上另一吊点,起吊到新的工作面上。按此步骤,再将另一个半隧道模拆出。当拆出第一块半隧道模时,应在跨中用顶撑支紧。

(6) 隧道模进入下一标准单元后,应及时清除模板表面混凝土,并进行隔离剂涂刷,涂刷过程中注意避免污染钢筋。

3. 施工注意事项

(1) 导墙施工

导墙是保证隧道模施工质量的重要基础,导墙是指为隧道模安装所必须先浇筑的墙体下部距楼地面100~150mm高度范围内的一段混凝土墙。导墙是控制隧道模的安装质量和保证结构尺寸的标准和依据,它的质量直接影响隧道模的混凝土成型质量。为此施工时必须严格要求。施工时应注意以下几点:

1) 每个单元层施工前均应用经纬仪将纵横轴线投放在楼地面上,并认真弹好各墙边线及门洞位置线。

2) 导墙模板单元应方正、顺直,表面粘附的水泥浆应清理干净,并在安装前刷一遍隔离剂。导墙模板内撑及外夹具应对称设置,撑夹牢固。

3) 认真检查校正混凝土墙插筋的间距,清除模内的垃圾杂物和松散混凝土块。

4) 浇混凝土前必须洒水湿润模板。混凝土应振捣密实,操作过程中必须控制模板外移、变形和垂直度偏差。

5) 拆模时应避免损伤构件边角,及时清除墙与楼地面阴角处的混凝土浆,以便下一单元隧道模的安装和拆除。

6) 用水平仪将楼层控制标高线投放在导墙两侧并弹线,以利于模板安装时控制标高。

(2) 隧道模的吊装周转

隧道模吊装周转前,详细检查隧道模板的安装位置是否可靠,支卸平台的吊点设置是否合理,插入支卸平台后,隧道模与平台间须有刚性连接装置,隧道模脱模平移过程中,应在吊装的外力牵引和人工辅助作用下,借助隧道模的下部滑动滚轮使其缓慢水平滑移撤出。同时根据作业前后的偏移重心位置不同,设置钢丝绳辅助吊点调整,确保吊装过程重心平稳,重力平衡(图16-172、图16-173)。

(3) 隧道模冬期施工养护

隧道模冬期施工,采用蒸汽排管加热器、红外线辐射加热器、辐射对流加热装置均可。其中红外线辐射加热养护方法效果较好。其拆模强度须同条件养护试块达到规范强度要求,对于开间较大结构顶板须设置必要的临时支撑,以保证混凝土水平构件的拆模强度及跨度满足规范要求。

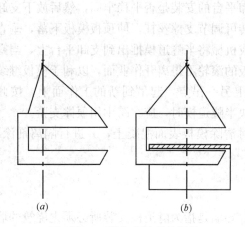
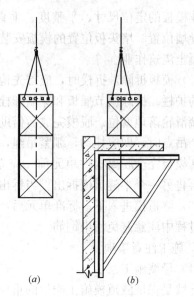

图 16-172　纵向水平重心调整
(a) 作业前重心位置；(b) 作业中重心位置

图 16-173　横向水平重心调整
(a) 作业前重心位置；(b) 作业中重心位置

16.5.3　楼　梯　模　板

现浇钢筋混凝土楼梯，由梯段和休息平台组成。休息平台模板施工与楼板大致相同。而楼梯段与水平面有一定的夹角，模板支搭有差异。楼梯结构有板式和梁板式。梯段常见形式有双折直跑式、连续直跑式和旋转楼梯。楼梯的模板施工主要包括模架选择，楼梯段、休息平台模板位置确定，荷载统计，模架配置，造型与构造处理，安装拆除施工等。

16.5.3.1　直跑板式楼梯模板施工

设计图纸一般给出成型以后的楼梯踏步、休息平台的结构位置尺寸，而梯段、休息平台模板的支模位置，则需要施工时推算确定。直跑梁式楼梯的楼梯段、休息平台支模位置，以及设有休息平台梁的楼梯支模位置，从施工图纸上可以方便地反算出来。不设休息平台梁的直跑板式楼梯的楼梯段、休息平台支模位置，则需根据楼梯板厚进行一定的计算。

1. 板式双折楼梯支模位置计算

(1) 首段楼梯板支模位置

如图 16-174 所示，模板支设起步位置比第一级楼梯踏步的踢面结构后退 L_1。

(2) 楼梯模板上部与休息平台相交处的支模位置

楼梯最上一级的踢面，是休息平台的边缘，而最上面一级的踏面（图 16-174），与休息平台面重合。从平台上表面，无法分出哪个部位是踏面，哪个部位是休息平台。一般木工支这个部位的模板，是按向平台方向推一个踏面宽度来掌握。从图 16-174 可见，梯段模板实际上应该比一级踏面尺寸要长。当楼梯陡时，伸出多一些；楼梯坡缓，支模短一些。

如图 16-174 所示，楼梯模板应从楼梯最上一级踢面位置向上延伸 L_3。

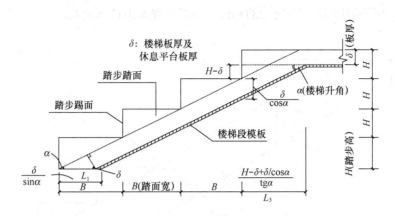

图 16-174 首段楼梯板支模长度示意图

(3) 由休息平台起步的楼梯板支模位置

如图 16-175 所示，从休息平台起步的楼梯模板，应该按建筑图所示第一级踏步的起步位置向楼梯段方向延伸 L_2。

考虑到装修踢面面层的构造厚度，休息平台应向上一跑梯段延伸（L_2＋踢面面层构造厚度）。

(4) 梯段模板的水平投影长度

首段楼梯模板的水平投影长度为：首段楼梯建筑图的投影长度（即各踏面宽度之和）$-L_1+L_3$。

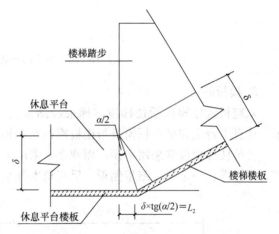

图 16-175 休息平台处模板起步示意图

其余段楼梯模板的水平投影长度为：该段楼梯建筑图的投影长度（即各踏面宽度之和）$-L_2+L_3$。

需要说明的是，其余段楼梯模板的水平投影长度的计算公式仅适用于上下梯段在休息平台处折转方向的情况。如果休息平台上下两梯段沿同一方向延伸，若下一段楼梯支模时考虑了踢面的面层厚度，上一跑楼梯支模时就不考虑了。因为休息平台已整体前移了一个踢面厚度。同理，沿同一方向的多段直跑楼梯，只在首段增加踢面厚度，其他段不增加。

以上两个水平投影长度用于确定休息平台支模的平面位置。

(5) 楼梯段支模长度

$$楼梯段支模长度 = \frac{楼梯段的水平投影长度}{\cos\alpha}。$$

对于标准层，楼梯坡度基本固定，上述计算简单一些。而层高变化频繁、楼梯坡度不一的工程，每一跑坡度（升角）不一致的楼梯，均需单独进行上述计算。

2. 板式折线形楼梯支模位置计算

折线形（连续直跑）板式楼梯的施工图纸一般也只表示构件成型以后的尺寸。此类楼梯模板关键是确定休息平台的模板位置。较为复杂的是上下跑楼梯段和休息平台板厚均不相同的情况，可根据图16-176所示的相似三角形原理推出计算公式。

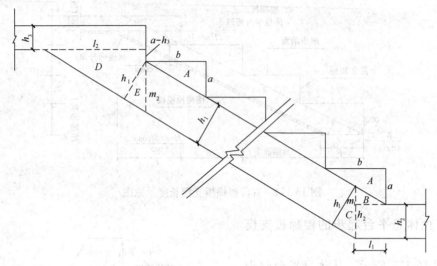

图16-176 折线形板式楼梯支模示意

3. 模板施工

双跑板式楼梯包括楼梯段（梯板和踏步）、休息平台板，如图16-177、图16-178所示。休息平台梁和平台板模板与楼板模板基本相同，不再赘述。

传统楼梯模板常采用木模，而现在常采用定型模板。以木模为例，由底模、格栅、牵杠、牵杠撑、外帮板、踏步侧板、反三角木等组成，见图16-179。

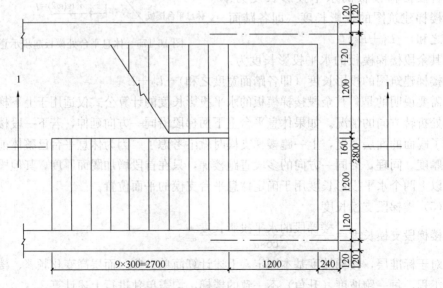

图16-177 双折板式楼梯示意图

踏步侧板两端钉在梯段侧板（外帮板）的木档上，如先施工墙体，则靠墙的一端可钉在反三角木上。梯段侧板的宽度至少要等于梯段板厚及踏步高，板的厚度为30mm（使用多层板应加木肋），长度按梯段长度确定。在梯段侧板内侧划出踏步形状与尺寸，并在踏步高度线一侧留出踏步侧板厚度钉上木档，用于钉踏步侧板。反三角木是由若干三角木块钉在木方上，用以控制踏步的准确成型。三角木块两直角边长分别等于踏步的高和宽，板的厚度为50mm（亦可使用多层板加钉木肋）；木方断面为50mm×100mm。每一梯段反三角木至少要配一条，楼梯较宽时，可多配。反三角木用横楞及立木支吊。

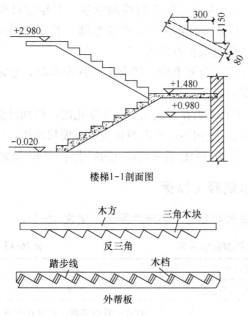

图 16-178 楼梯及休息平台

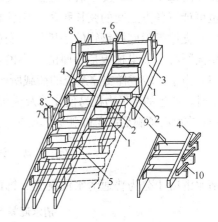

图 16-179 楼梯模板构造
1—楞木；2—底模；3—外帮板；4—反三角木；
5—三角板；6—吊木；7—横楞；8—立木；
9—踏步侧板；10—顶木

模板配制，应按上述计算法或采用放大样法（在平整的水泥地坪上，用1∶1或1∶2的比例，按照图纸尺寸弹线，按所放大样配模）。

16.5.3.2 旋转楼梯模架施工

1. 旋转楼梯施工

（1）旋转楼梯施工步骤

支模材料：模板板面采用木模板；竖向支撑及主次龙骨采用扣件、$\phi 48$钢管。

熟悉图纸→确定支模材料→放楼梯内、外侧两个控制圆及过圆心射线的线→计算楼梯段、休息平台、楼梯踏步尺寸→确定支模位置→加工楼梯段弧形底楞钢管（次龙骨）→确定休息平台水平投影位置及标高→支平台模板→支楼梯段控制点放射状水平小横杆→安放楼梯段弧形底楞钢管→铺楼梯段模板→加固支撑→封侧帮模板→绑钢筋→吊楼梯踏步模板→浇混凝土。

（2）弧形底楞钢管的加工

弧形底楞钢管（次龙骨）是旋转楼梯的梯段模板成型的重要杆件。它的形状是螺旋线。为了保证加工精度，直钢管在加工前调直、在预定的顶面弹通长直线，以便于量测、画线；加工高差。一般加工时，先按弧形管与弦长处在同一水平面弯曲成水平投影夹角的圆弧形，然后再按所支撑的梯段高差加工弧形管竖向弧度。加工弧形管两端高差的方法是以该管中点为中心，将管子两端分别垂直于加工平面（弹通长直线的一面朝上）向上和向下按弧长比例逐点弯曲，弯曲角度要均匀。

弧管加工前要仔细计算。然后绘制加工尺寸图，按图下料。弯制亦可使用手工。

2. 定位问题

为了防止积累误差，休息平台端点和梯段控制点，一般应直接从楼梯水平投影位置直接引测上去。在楼梯根部，弹出两个水平投影范围以外的同心控制圆线和圆心射线。同心控制圆比旋转楼梯水平投影半径大（小）200mm左右。圆心射线的密度，根据立杆间距来定，一般每15°～20°放一根。定位的校核，应作为一道工序，严格掌握。若不使用经纬仪，也可计算各点之间的弦长距离，用弦长来确定弧长点位置。

(1) 支撑弧形底楞钢管的小模杆，安放位置一定要准确。所有小模杆安放时，必须垂直地指向圆心。如果梯板是等厚的，小模杆安装必须水平。

(2) 由于旋转楼梯支撑系统的荷载所产生的水平力在方向上是连续变化的，特别是浇筑混凝土时，产生的水平力极易使支撑及模板系统发生扭转，严重的甚至造成模板坍塌，所以除了竖向支撑必须满足强度和刚度要求外，还应增加与模板板面相垂直的斜支撑和侧向支撑。

16.5.4 清水混凝土模板

清水混凝土分为普通清水混凝土、饰面清水混凝土和装饰混凝土，见表16-43。

清水混凝土分类和做法要求　　　　　　　　　表 16-43

序号	清水混凝土分类	清水混凝土表面做法要求	备注
1	普通清水混凝土	拆模后的混凝土有本身的自然质感	—
2	饰面清水混凝土	混凝土表面自然质感	蝉缝、明缝清晰、孔眼排列整齐，具有规律性
		混凝土表面上直接做保护透明涂料	孔眼按需设置
		混凝土表面砂磨平整	蝉缝、明缝清晰、孔眼排列整齐，具有规律性
3	装饰清水混凝土	混凝土有本身的自然质感以及表面形成装饰图案或预留装饰物	装饰物按需设置

清水混凝土模板指按照清水混凝土技术要求进行设计制作，表面平整、光洁，几何尺寸准确，拼缝严密，满足清水混凝土质量要求和表面装饰效果的模板。

清水混凝土施工前期，着重于模板配置、模板拼缝、螺栓孔设置、节点控制等方面的深化设计。清水混凝土的模板配置，是清水混凝土成型施工中的一个重要环节。

16.5.4.1 清水混凝土模板的深化设计

模板的深化设计应根据规范和规程的有关要求，工程结构形式和特点及现场施工条件，对模板进行设计，确定模板选用的形式，平面布置，纵横龙骨规格、数量、排列尺寸、间距、支撑间距、重要节点等。模板的数量应在模板设计时按流水段划分，并进行综合研究，确定模板的合理配制数量、拼装场地的要求（条件许可时可设拼装操作平台）。按模板设计图尺寸提出模板加工要求。

1. 一般规定

(1) 模板必须具有足够的刚度，在混凝土侧压力作用下不允许有一点变形，以保证结构物的几何尺寸均匀、断面的一致,防止浆体流失;对模板的材料也有很高的要求,表面要平整光洁,强度高,耐腐蚀,并具有一定的吸水性;对模板的接缝和固定模板的螺栓等,则要求接缝严密,要加密封条防止跑浆。

(2) 在设计模板分隔线时,布置要合理而有规律,以保证整体的外观效果。

(3) 模板应尽可能拼大,现场的接缝要少,且接缝位置必须有规律,尽可能隐蔽。暴露在外的接缝,如工程允许,接缝处应设压缝条。

2. 模板体系的选用

对于不同类型和造型的清水混凝土构件应选择不同体系的模板,一般外形规整、几何形状简单的造型构件宜选择钢木结构模板。不规则形状、周转次数要求不高,可选用覆膜胶合板模板。几何形状特别复杂的宜选用异形钢模板。

大钢模体系的施工进度快,模板拼缝整齐,但是钢模板重量大,混凝土表面气泡较多,表面的锈蚀和脱模剂容易引起混凝土表面色差,生产出来的建筑产品表面生硬、冷涩,无法满足要求较高的清水混凝土的柔和质感效果。覆膜胶合板模板虽然质量轻但是整体刚度较低,对于混凝土侧压力较大的构件,有时不能满足设计要求的对拉螺栓孔位置。钢框覆膜胶合板模板是克服两者弱点的结合物,故应用较为广泛。

3. 模板分块设计

模板分块设计应满足清水混凝土饰面效果的设计要求。

(1) 外墙模板分块宜以轴线或门窗口中线为对称中心线,内墙模板分块宜以墙中线为对称中心线。

(2) 外墙模板上下接缝位置宜设于明缝处,明缝宜设置在楼层标高、窗台标高、窗过梁梁底标高、框架梁梁底标高、窗间墙边线或其他分格线位置。

(3) 阴角模与大模板之间不宜留调节余量,当确需留置时,宜采用明缝方式处理。

4. 单块模板的面板分割

单块模板的面板分割设计应与蝉缝、明缝等清水混凝土饰面效果一致。

利用模板或面板拼缝的缝隙在混凝土表面上留下的有规则的隐约可见的印迹叫做"拼缝"又名"蝉缝",见图16-180。

明缝是凹入混凝土表面的分格线,它是清水混凝土重要的装饰之一。明缝可根据设计要求,将压缝条镶嵌在模板上经过混凝土浇筑脱模而自然形成。明缝条可选用硬木、铝合金等材料,截面宜为梯形,见图16-181。

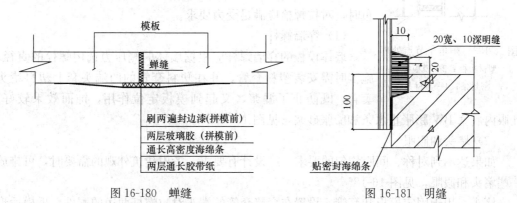

图16-180 蝉缝　　　　　　图16-181 明缝

(1) 墙模板的分割应依据墙面的长度、高度、门窗洞口的尺寸、梁的位置和模板的配置高度、位置等确定,所形成的蝉缝、明缝水平方向应交圈,竖向应顺直有规律。

(2) 当模板接高时,拼缝不宜错缝排列,横缝应在同一标高位置。

(3) 群柱竖缝方向宜一致。当矩形柱较大时,其竖缝宜设置在柱中心。柱模板横缝宜从楼面标高开始向上作均匀布置,余数宜放在柱顶。

(4) 水平模板排列设计应均匀对称、横平竖直;对于弧形平面宜沿径向辐射布置。

(5) 装饰清水混凝土的内衬模板的面板分割应保证装饰图案的连续性及施工的可操作性。

5. 阴角模与阳角模

设置阴角模,可保证阴角部位模板的稳定性,角模不变形,接缝不漏浆;角模面板宜采用斜口连接可保证阴角部位清水混凝土的饰面效果。斜口连接时,角模面板的两端切口倒角略小于45°,切口处涂防水胶粘结;平口连接时,切口处刨光并涂刷防水材料,连接端刨平并涂刷防水胶粘结,如图16-182所示。

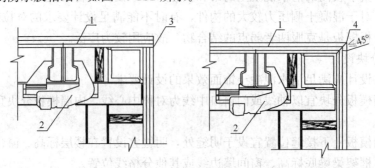

图16-182 阴角模面板处理节点
1—多层板面板;2—模板夹具;3—平口连接;4—斜口连接

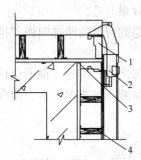

图16-183 阳角节点处理
1—型材边框;2—模板夹具;
3—密封条;4—型材龙骨

阳角部位采用两面模板直接搭接的方式可保证阳角部位模板的稳定性。搭接处用与模板型材边框相吻合的专用模板夹具连接,并在拼缝处加密封条,可有效防止漏浆,保证阳角质量,如图16-183所示。

6. 螺栓孔设计

螺栓孔眼的排布应纵横对称、间距均匀,在满足设计的排布时,对拉螺栓应满足受力要求。

(1) 穿墙螺杆

墙体模板的穿墙螺杆应根据墙体的侧压力选用螺栓的直径,施工时需安装塑料套管,并在塑料套管的两端头套上塑料堵头套管,既防止了漏浆,又起到模板定位作用,饰面效果较好。孔眼内后塞BW膨胀止水条和膨胀砂浆,见图16-184。

(2) 堵头和假眼

如果达不到对称、间距均匀的要求,或设计有要求,考虑建筑外观的需要时,可排放一些堵头和假眼,见图16-185。

堵头:用于固定模板和套管,设置在穿墙套管的端头对拉螺杆两边的配件,拆模后形

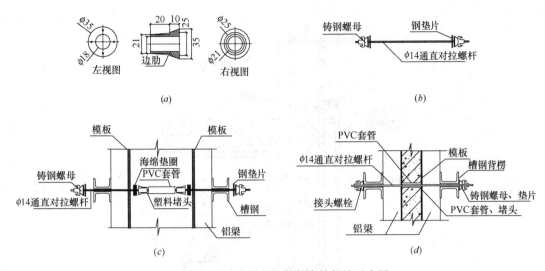

图 16-184　清水混凝土构件穿墙螺栓示意图

(a) 塑料堵头剖面；(b) 对拉螺杆配件；(c) 对拉螺栓组装示意；(d) 对拉螺栓安装成品示意

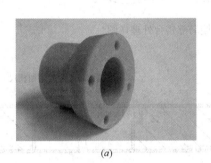 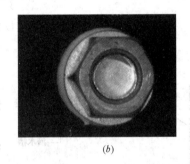

图 16-185　堵头与假眼
(a) 堵头；(b) 假眼

成统一的孔洞作为混凝土重要的装饰效果之一。

假眼：造型构件无法设置对拉螺栓，为了统一对拉螺栓孔的美学效果，在模板上设置假眼，其外观尺寸要求与对拉螺栓孔堵头相同，拆模后与对拉螺杆位置形成一致。

7. 模板交接处理

模板面板接缝宜设置在肋处，无肋接缝处应有防止漏浆措施。

墙体上下层施工时，若模板搭设不当，接头处理不严密，极易出现错台；缝的留设也影响着整体的外观观感，节点设计极为重要，见图 16-186。

8. 门窗洞口

门窗洞口采用后塞口做法，模板设计为企口型，一次浇筑成型，确保门窗洞口尺寸和窗台排水坡度，如图 16-187 所示。

16.5.4.2　清水混凝土模板的加工制作

1. 模板加工制作

（1）模板的加工制作在加工厂完成，模板下料应准确，切口应平整，组装前应调平、调直。模板加工后宜预拼，对模板平整度、外形尺寸、相邻板面高低差以及对拉螺栓组合

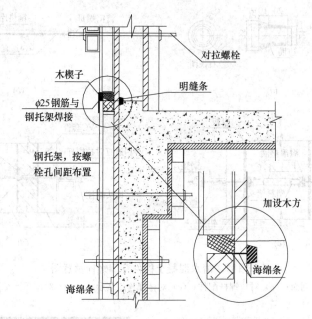

图 16-186　模板交接局部错台处理详图

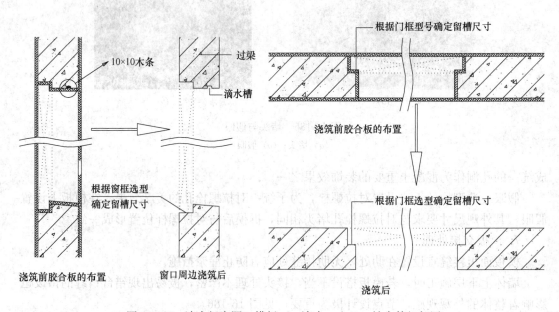

图 16-187　清水门窗洞口模板——滴水、企口、披水等细部图

情况等进行校核,校核后应对模板进行编号。

(2) 选择模板面板时,模板材料应干燥。需注意板的表面是否平滑,有无破损,夹板层有无空隙、扭曲,边口是否整洁,厚度、长度公差是否符合要求等。

(3) 为达到清水混凝土墙面的设计效果,需对面板进行模板分割设计,即出分割图。依据墙面的长度、高度、门窗洞口的尺寸和模板的配置高度、模板配置位置,计算确定在模板上的分割线位置;必须保证在模板安装就位后,模板分割线位置与建筑立面设计的蝉缝、明缝完全吻合。

(4) 面板后的受力竖肋采用型材,其间距严格按照受力计算布置。

(5) 模板龙骨不宜有接头。当确需接头时,有接头的主龙骨数量不应超过主龙骨总数量的50%。模板背面与主肋(双槽钢)间的连接用专用的钩头螺栓,钩头螺栓须交错布置,且须保证螺栓紧固。

2. 模板制作尺寸允许偏差

(1) 模板制作尺寸的允许偏差与检验方法应符合表16-44的规定;检查数量:全数检查。

清水混凝土模板制作尺寸允许偏差与检验方法　　　　表16-44

项次	项目	允许偏差 (mm)		检验方法
		普通清水混凝土	饰面清水混凝土	
1	模板高度	±2	±2	尺量
2	模板宽度	±1	±1	尺量
3	整块模板对角线	≤3	≤3	塞尺、尺量
4	单块板面对角线	≤3	≤2	塞尺、尺量
5	板面平整度	3	2	2m靠尺、塞尺
6	边肋平直度	2	2	2m靠尺、塞尺
7	相邻面板拼缝高低差	≤1.0	≤0.5	平尺、塞尺
8	相邻面板拼缝间隙	≤0.8	≤0.8	塞尺、尺量
9	连接孔中心距	±1	±1	游标卡尺
10	边框连接孔与面板距离	±0.5	±0.5	游标卡尺

(2) 模板板面应干净,隔离剂应涂刷均匀,模板间的拼缝应平整、严密,模板支撑应设置正确、连接牢固;检查方法:观察;检查数量:全数检查。

16.5.4.3 清水混凝土模板的施工

1. 施工工艺流程

根据图纸结构形式设计计算模板强度和板块规格→结合留洞位置绘制组合展开图→按实际尺寸放大样→加工配制标准和非标准模板块→模板块检测验收→编排顺序号码、涂刷隔离剂→放线→钢筋绑扎、管线预埋→排架搭设→焊定位筋→模板组装校正、验收→浇筑混凝土→混凝土养护→模板拆除后保养模板周转使用。

2. 模板安装

(1) 模板进场卸车时,应水平将模板吊离车辆,并在吊绳与模板的接触部位垫木方或角钢护角,避免吊绳伤及面板,吊点位置应作用于背楞位置,确保有四个吊点并且均匀受力。

(2) 吊离车辆后,平放在平整坚实的地面上,下面垫木方,避免产生变形。平放时背楞向下,面对面或背对背地堆放,严禁将面板朝下接触地面。模板面板之间加毡子以保护面板。模板吊装时一定要在设计的吊钩位置挂钢丝绳,起吊前一定要确保吊点的连接稳固,严禁钩在背楞上。注意模板面板不能与地面接触,必要时在模板底部位置垫毡子或海绵。模板施工中必须慢起轻放，吊装模板时需注意避免模板随意旋转或撞击脚手架、钢筋网等物体，造成模板的损坏和变形及安全事故的发生，影响其正常使用；严格保证两根吊绳夹角小于50°；严禁单点起吊；四级风（含）以上不宜吊装模板。

（3）入模时下方应有人用绳子牵引以保证模板顺利入位，模板下口应避免与混凝土墙体发生碰撞摩擦，防止"飞边"。调整时，受力部位不能直接作用于面板，需要支顶或撬动时保证模板背楞龙骨位置受力，并且必须加木方垫块。

（4）套穿墙螺栓时，必须在调整好位置后轻轻入位，保证每个孔位都加塑料垫圈，避免螺纹损伤穿墙孔眼。模板紧固之前，应保证面板对齐。浇筑过程中，严禁振动棒与面板、穿墙套管接触。

3. 模板安装尺寸允许偏差

模板安装尺寸允许偏差与检验方法应符合表16-45的规定；检查数量：全数检查。

清水混凝土模板安装尺寸允许偏差与检验方法　　　　表16-45

项次	项目		允许偏差（mm）		检验方法
			普通清水混凝土	饰面清水混凝土	
1	轴线位移	墙、柱、梁	4	3	尺量
2	截面尺寸	墙、柱、梁	±4	±3	尺量
3	标高		±5	±3	水准仪、尺量
4	相邻版面高低差		3	2	尺量
5	模板垂直度	不大于5m	4	3	经纬仪、线坠、尺量
		大于5m	6	5	
6	表面平整度		3	2	塞尺、尺量
7	阴阳角	方正	3	2	方尺、塞尺
		顺直	3	2	线尺
8	预留洞口	中心线位移	8	6	拉线、尺量
		孔洞尺寸	+8，0	+4，0	
9	预埋件、管、螺栓		3	2	拉线、尺量
10	门窗洞口	中心线位移		5	拉线、尺量
		宽、高	±6	±4	
		对角线	8	6	

16.6 脱模剂和模板拆除

16.6.1 脱 模 剂

脱模剂又称隔离剂，是涂刷（喷涂）在模板表面，起隔离作用，在拆模时能使混凝土与模板顺利脱离，保持混凝土形状完整及模板无损的材料。脱模剂对于防止模板与混凝土的粘结，保护模板，延长模板的使用寿命，以及保持混凝土墙面的洁净与光滑，起到了重要作用。混凝土脱模剂种类繁多，不同的脱模剂对混凝土与模板的隔离效果不尽相同。在选用脱模剂时，应主要根据脱模剂的特点、模板的材料、施工条件、混凝土表面装饰的要求，以及成本等因素综合考虑。

16.6.1.1 技术要求

混凝土用脱模剂技术要求分为基本要求、匀质性、施工性能三部分。

1. 基本要求

脱模剂应无毒、无刺激性气味，不应对混凝土表面及混凝土性能与模板产生有害影响。

2. 匀质性

混凝土用脱模剂的匀质性指标应符合表16-46规定。

匀质性指标　　　　　　　　　　　　　　表16-46

	检验项目	指标
匀质性	密度	液体产品应在生产厂控制值的±0.02g/ml以内
	黏度	液体产品应在生产厂控制值的±2s以内
	pH	产品应在生产厂控制值的±1以内
	固体含量	(1) 液体产品应在生产厂控制值的相对量的6%以内 (2) 固体产品应在生产厂控制值的相对量的10%以内
	稳定性	产品稀释至使用浓度的稀释液无分层离析，能保持均匀状态

3. 施工性能

混凝土用脱模剂的施工性能应符合表16-47规定。

施工性能指标　　　　　　　　　　　　　　表16-47

	检验项目	指标
施工性能	干燥成膜时间	10～50min
	脱模性能	能顺利脱模，保持棱角完整无损，表面光滑；混凝土粘附量不大于5g/m²
	耐水性能	按实验规定水中浸泡后不出现溶解、黏手现象
	混凝土表面二次作业性	对混凝土表面进行抹面等二次作业无不利影响，粘结强度比不小于0.85
	对模具锈蚀作用	钢制模具锈蚀面积比不大于0.2
	极限使用温度	能适应混凝土制品的养护工艺，在达到工艺温度参数的极限条件下，脱模性能合格
	水性脱膜剂不要求此项性能	

16.6.1.2 模板脱模剂施工时注意事项

基底处理达到要求后，即可以进行模板脱模剂的涂刷，涂刷时需注意以下要点：

（1）在首次涂刷脱模剂前，应对模板进行检查和清理。板面的缝隙应用环氧树脂腻子或其他材料进行补缝。清除掉模板表面的污垢和锈蚀后，才能涂刷脱模剂。

（2）涂刷脱模剂可以采用喷涂或刷涂，操作要迅速，涂层应薄而均匀，结膜后不要回刷，以免起胶。涂刷时所有与混凝土接触的板面均应涂刷，不可只涂大面而忽略小面及阴阳角。在阴角处不得涂刷过多，否则会造成脱模剂积存或流坠。

(3) 在首次涂刷甲基硅树脂脱模剂前，应将板面彻底擦洗干净，打磨出金属光泽，擦去浮锈，然后用棉纱沾酒精擦洗。板面处理越干净，则成膜越牢固，周转使用次数越多。采用甲基硅树脂脱模剂，模板表面不准刷防锈漆。当钢模重刷脱模剂时，要趁拆模后板面潮湿，用扁铲、棕刷、棉丝将浮渣清理干净，否则干固后清理较困难。

(4) 不管用何种脱模剂，均不得涂刷在钢筋上，以免影响钢筋的握裹力。

(5) 现场配制脱模剂时要随用随配，以免影响脱模剂的效果和造成浪费。

(6) 涂刷时要注意周围环境，防止污染。

(7) 脱模后应及时清理板面的浮渣，并用棉丝擦净，然后再涂刷脱模剂。

(8) 涂刷脱模剂后的模板不能长时间放置，以防雨淋或落上灰尘，影响脱模效果。

(9) 冬、雨期施工不宜使用水性脱模剂。

16.6.2 模板拆除

建筑施工的模板拆除工作，涉及现浇混凝土施工的质量和施工安全，而模板工程周转材料的周转频率的提高，对施工进度及经济效益提升关系密切。拆模工作应重点关注模板及其支架拆除的时间、顺序及安全措施，制定专门的施工技术方案，并严格按照方案执行。

16.6.2.1 常规拆模控制要求及顺序方法

混凝土结构浇筑后，达到一定强度方可拆模。模板拆卸时间应按照结构特点和混凝土所达到的强度来确定。拆模要掌握好时机，应保证混凝土达到必要的强度，同时又要有利于加快模板周转频率和施工进度。

1. 基本控制要求

现浇结构的拆模时间，主要以现浇混凝土强度达到一定的设计强度为拆除条件。按不同部位、不同结构类型，国家相关规范对拆模时机提出了明确要求。

(1) 拆模时机

1) 底模拆除条件

底模及其支架的拆除，结构混凝土强度应符合设计要求。当设计无要求时，同条件养护试件的混凝土强度应符合表 16-48 的规定，也为国家相关规范的要求。

现浇结构底模拆时混凝土强度要求表　　表 16-48

构件类型	构件跨度（m）	达到设计混凝土强度等级值的百分率（%）
板	≤2	≥50
板	>2，≤8	≥75
板	>8	≥100
梁、拱、壳	≤8	≥75
梁、拱、壳	>8	≥100
悬臂构件		≥100

2) 侧模拆除条件

侧模拆除时，混凝土强度应能保证其表面及棱角不因拆模而受损坏，预埋件或外露钢筋插铁不因拆模碰挠而松动。

(2) 特殊情况下的注意事项

1) 楼层间连续支模时的底层支架拆除

位于楼层间连续支模层的底层支架的拆除时间,应根据各支架层已浇筑混凝土强度的增长情况以及顶部支模层的施工荷载在连续支模层及楼层间的荷载传递计算确定。模板支架拆除后,应对其结构上部施工荷载及堆放料具进行严格控制,或经验算在结构底部增设临时支撑。悬挑结构按施工方案加临时支撑。

2) 后张预应力结构

后张预应力混凝土结构的侧模宜在施加预应力前拆除,底模及支架的拆除应按施工技术方案执行,并不应在预应力建立前拆除。

3) 大体积混凝土

大体积混凝土的拆模时间除应满足混凝土强度要求外,还应使混凝土内外温差降低到25℃以下时方可拆模。拆模后,应采取预防寒流袭击、突然降温和剧烈干燥等的有效措施防止产生温度裂缝。

4) 后浇带模板

后浇带模板的拆除和支顶应按施工技术方案执行。后浇带的模板及其支撑必须在结构封顶后45d或主楼沉降稳定后,后浇带进行浇筑之后,达到混凝土强度设计值后再拆除。

沉降后浇带一般在主体封顶后,伸缩后浇带一般在2个月后使其收缩率完成约70%后可进行二次封闭。但特殊情况,如工期和温度养护条件较好的情况下可联系设计要求提前封闭,但一般封闭时间不得少于48d。在后浇带完成浇筑养护28d前,附近的支顶不宜提前拆除。

5) 冬期施工

冬期施工时,应视现浇结构施工方法和混凝土强度增长情况及测温情况决定拆模时间。在不同温度、不同水泥品种及其强度等级下,结构拆模时达到相应要求的混凝土强度百分率需要的期限见表16-49。

结构拆模时达到相应要求的混凝土强度百分率需要的期限　　　表16-49

水泥品种	水泥强度等级	达设计混凝土强度等级的百分率(%)	硬化时昼夜平均温度(℃)					
			5	10	15	20	25	30
			拆模时间(d)					
普通水泥	42.5	50	12	8	7	6	5	4
硅酸盐水泥、普通水泥	42.5~52.5		9	6	5.5	4.5	4	3
矿渣水泥及火山灰质水泥	32.5	50	21	13	9	7	6	5
水泥	42.5		15	10	8	6	5	4
普通水泥	42.5	75	28	20	14	40	9	8
硅酸盐水泥、普通水泥	42.5~52.5		20	14	11	8	7	6
矿渣水泥及火山灰质水泥	32.5	75	32	25	17	14	12	10
水泥	42.5		30	20	15	13	12	10

续表

水泥品种	水泥强度等级	达设计混凝土强度等级的百分率（%）	硬化时昼夜平均温度（℃）					
			5	10	15	20	25	30
			拆模时间（d）					
普通水泥	42.5	100	45	40	33	28	22	18
硅酸盐水泥、普通水泥	42.5~52.5		40	35	30	28	20	16
矿渣水泥及火山灰质水泥	32.5	100	60	50	40	28	25	21
水泥	42.5~52.5		55	45	37	28	23	19

注：本表为20±3℃的温度下经过28d硬化后达到强度等级的混凝土。

2. 拆模顺序与方法

（1）一般要求

1）模板拆除的顺序和方法，应按照配板设计的规定进行，遵循先支后拆，后支先拆，先非承重部位，后承重部位以及自上而下的原则。拆模时，严禁用大锤和撬棍硬砸硬撬。

2）组合大模板宜大块整体拆除。

3）支承件和连接件应逐件拆卸，模板应逐块拆卸传递，拆除时不得损伤模板和混凝土。

4）拆下的模板和配件不得抛扔，均应分类堆放整齐，附件应放在工具箱内。

（2）支架立柱拆除

1）当拆除钢楞、木楞、钢桁架时，应在其下面临时搭设防护支架，使所拆楞梁及桁架先落在临时防护支架上。

2）当立柱的水平拉杆超过2层时，应首先拆除2层以上的拉杆。当拆除最后一道水平拉杆时，应与拆除立柱同时进行。

3）当拆除4~8m跨度的梁下立柱时，应先从跨中开始，对称地分别向两端拆除。拆除时，严禁采用连梁底板向旁侧一片拉倒的拆除方法。

4）对于多层楼板模板的立柱，当上层及以上楼板正在浇筑混凝土时，下层楼板立柱的拆除，应根据下层楼板结构混凝土强度的实际情况，经过计算确定。

5）阳台模板应保持三层原模板支撑，不宜拆除后再加临时支撑。

6）后浇带模板应保持原支撑，如果因施工方法需要也应先加临时支撑支顶后拆模。

（3）普通模板拆除

1）拆除条形基础、杯形基础、独立基础或设备基础的模板时，应符合下列要求：

① 拆除前应先检查基槽（坑）土壤的安全状况，发现有松软、龟裂等不安全因素时，应采取安全防范措施后，方可进行作业。

② 模板和支撑应随拆随运，不得在离槽（坑）上口边缘1m以内堆放。

③ 拆除模板时，应先拆内外木楞、再拆木面板；钢模板应先拆钩头螺栓和内外钢楞，后拆U形卡和L形插销。

2）拆除柱模应符合下列要求：

① 柱模拆除可分别采用分散拆除和分片拆除两种方法。

② 分散拆除的顺序为：拆除拉杆或斜撑→自上而下拆除柱箍或横楞→拆除竖楞→自

上而下拆除配件及模板→运走分类堆放→清理→拔钉→钢模维修→刷防锈油或脱模剂→入库备用。

③ 分片拆除的顺序为：拆除全部支撑系统→自上而下拆除柱箍及横楞→拆除柱角U形卡→分片拆除模板→原地清理→刷防锈油或脱模剂→分片运至新支模地点备用。

3）拆除墙模应符合下列要求：

① 墙模分散拆除顺序为：拆除斜撑或斜拉杆→自上而下拆除外楞及对拉螺栓→分层自上而下拆除木楞或钢楞及零配件和模板→运走分类堆放→拔钉清理或清理检修后刷防锈油或脱模剂→入库备用。

② 预组拼大块墙模拆除顺序为：拆除全部支撑系统→拆卸大块墙模接缝处的连接型钢及零配件→拧去固定埋设件的螺栓及大部分对拉螺栓→挂上吊装绳扣并略拉紧绳后拧下剩余对拉螺栓→用木方均匀敲击大块墙模立楞及钢模板，使其脱离墙体→用撬棍轻轻外撬大块墙模板使全部脱离→起吊、运走、清理→刷防锈油或脱模剂备用。

③ 拆除每一大块墙模的最后2个对拉螺栓后，作业人员应撤离大模板下侧，以后的操作均应在上部进行。个别大块模板拆除后产生局部变形者应及时整修好。

④ 大块模板起吊时，速度要慢，应保持垂直，严禁模板碰撞墙体。

4）拆除梁、板模板应符合下列要求：

① 梁、板模板应先拆梁侧模，再拆板底模，最后拆除梁底模，并应分段分片进行，严禁成片撬落或成片拉拆。

② 拆除模板时，严禁用铁棍或铁锤乱砸，已拆下的模板应妥善传递或用绳钩放至地面。

③ 待分片、分段的模板全部拆除后，将模板、支架、零配件等按指定地点运出堆放，并进行拔钉、清理、整修、刷防锈油或脱模剂，入库备用。

16.6.2.2 高大模板支撑体系的拆除

1. 基本概念及基本要求

（1）概念

高大模板支撑系统是指建设工程施工现场混凝土构件模板支撑高度超过8m，或搭设跨度超过18m，或施工总荷载大于$15kN/m^2$，或集中线荷载大于$20kN/m$的模板支撑系统。

（2）基本要求

施工单位应依据国家现行相关标准规范，由项目技术负责人组织相关专业技术人员，结合工程实际，编制高大模板支撑系统的专项施工方案，并经过专家论证合格后方可实施。

2. 拆除管理

（1）拆除前，项目技术负责人、项目总监应核查混凝土同条件试块强度报告，浇筑混凝土达到拆模强度后方可拆除，并履行拆模审批签字手续。

（2）拆除作业必须自上而下逐层进行，严禁上下同时拆除作业，分段拆除的高度不应大于两层，支架的自由悬臂高度不得超过两步，当必须超过两步时，应加设临时拉结。严禁站在悬臂结构上面拆底模。

（3）设有附墙连接的模板支撑系统，附墙连接必须随支撑架体逐层拆除，严禁先将附墙连接全部或数层拆除后再拆支撑架体。

（4）通长水平杆和剪刀撑等，必须在支架拆卸到相关的立杆时方可拆除。

16.6.3 早拆模板体系技术要求

早拆模板体系利用结构混凝土早期形成的强度和早拆装置、支架格构的布置，在施工阶段人为把结构构件跨度缩小，拆模时实施两次拆除，第一次拆除部分模架，形成单向板或双向板支撑布局，所保留的模架待混凝土构件达到现行国家标准《混凝土结构工程施工质量验收规范》GB 50204拆模条件时再拆除。早拆模板体系是在确保现浇钢筋混凝土结构施工安全度不受影响、符合施工规范要求、保证施工安全及工程质量的前提下，减少投入、加快材料周转，降低施工成本以及提高工效、加快施工进度。

16.6.3.1 基本构造及适用范围

1. 基本构造

（1）支撑构件

早拆模板支撑可采用插卡式、碗扣式、独立钢支撑、门式脚手架等多种形式，但必须配置早拆装置，以符合早拆的要求。

（2）早拆装置

早拆装置是实现模板和龙骨早拆的关键部件，它是由支撑顶板、升降托架、可调节丝杠组成，图16-188～图16-191为常见的形式。支撑顶板平面尺寸不宜小于100mm×100mm，厚度不应小于8mm。早拆装置的加工应符合国家或行业现行的材料加工标准及焊接标准。

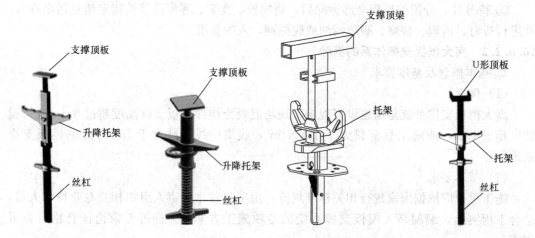

图16-188 早拆装置一　图16-189 早拆装置二　图16-190 早拆装置三　图16-191 早拆装置四

（3）模板及龙骨

模板可根据工程需要及现场实际情况，选用组合钢模板、钢框竹木胶合板、塑料板模板等。龙骨可根据现场实际情况，选用专用型钢、木方、钢木复合龙骨等。

2. 适用范围

早拆模板适用于工业与民用建筑现浇钢筋混凝土楼板施工，但不适用于预应力楼板的施工。具体适用条件为：

(1) 楼板厚度不小于100mm，且混凝土强度等级不低于C20；
(2) 第一次拆除模架后保留的竖向支撑间距≤2000mm。

16.6.3.2 施工工艺

1. 工艺流程

(1) 模板安装

模板施工图设计→材料准备、技术交底→弹控制线→确定角立杆位置并与相邻的立杆支搭，形成稳定的四边形结构→按设计展开支搭→整体支架搭设完毕→第一次拆除部分放入托架，保留部分放入早拆装置（图16-192）→调整早拆托架和早拆装置标高→敷设主龙骨、敷设次龙骨→早拆装置顶板调整到位（模板底标高）→铺设模板→模板检查验收。

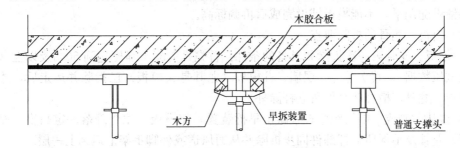

图16-192 早拆支撑头支模示意图

(2) 模板拆除

楼板混凝土强度达到设计强度的50%，且上层墙体结构大模板吊出，施工层无过量堆积物时，拆除模板顺序如下：

降下早拆升降托架→拆除模板→拆除主、次龙骨→拆除托架→拆除不保留的支撑→为作业层备料。

1) 调节支撑头螺母，使其下降，模板与混凝土脱开，实现模板拆除，如图16-193所示。

2) 保留早拆支撑头，继续支撑，进行混凝土养护，如图16-194所示。

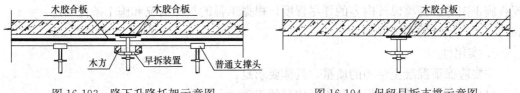

图16-193 降下升降托架示意图　　　图16-194 保留早拆支撑示意图

3) 模板第一次拆模：检测混凝土达到拆模时规定的强度→按模板施工图要求拆除模板、龙骨及部分支撑杆件→将拆除的模板及配件垂直运输到下一层段→待符合设计或规范规定的拆模要求时，拆除保留的立杆及早拆装置→垂直搬运到下一个施工层段。

2. 施工要点

(1) 施工准备

1) 施工前，要对工人进行早拆模板施工安全技术交底。熟悉早拆模板施工方案，掌握支、拆模板支架的操作技巧，保证模板支架支承格构的方正及施工中的安全。

2) 操作人员配齐施工用的工具。
3) 对材料、构配件进行质量复检,不合格者不能用。
(2) 支模施工中的操作要点
1) 支模板支架时,立杆位置要正确,立杆、横杆形成的支撑格构要方正。
2) 快拆装置的可调丝杠插入立杆孔内的安全长度不小于丝杠长度的1/3。
3) 主龙骨要平稳放在支撑上,两根龙骨悬臂搭接时,要用钢管、扣件及可调顶托或可调底座将悬臂端给予支顶。
4) 铺设模板前要将龙骨调平到设计标高,并放实。
5) 铺设模板时应从一边开始到另一边,或从中间向两侧铺设模板。早拆装置顶板标高应随铺设随调平,不能模板铺设完成后再调标高。
(3) 模板、龙骨的拆除要点
1) 模板、龙骨第一次拆除要具备的条件:首先是混凝土强度达到50%及以上(同条件试块试压数据);其次是上一层墙、柱模板(尤其是大模板)已拆除并运走后,才能拆除其模板、龙骨、横杆等(保留立杆除外)。
2) 要从一侧或一端按顺序轻轻敲击早拆装置,使模板、龙骨降落一定高度,而后可将模板、龙骨及不保留的杆部件同步拆除并从通风道或外脚手架上运到上一层。
3) 保留的立杆、横杆及早拆装置,待结构混凝土强度达到规范要求的拆模强度时再进行第二次拆除,拆除后运到正在支模的施工层。

16.7 现浇混凝土结构模板的设计计算

16.7.1 模板工程的设计内容和原则

16.7.1.1 设计的内容

模板设计的内容,主要包括模板和支撑系统的选型;支撑格构和模板的配置;计算简图的确定;模架结构强度、刚度、稳固性计算;附墙柱、梁柱接头等细部节点设计和绘制模板施工图等。各项设计内容的详尽程度,根据工程的具体情况和施工条件确定。

16.7.1.2 设计的主要原则

1. 实用性
主要应保证混凝土结构的质量,具体要求是:
(1) 保证构件的形状尺寸和相互位置的正确。
(2) 接缝严密,不漏浆。
(3) 模架构造合理,支拆方便。
2. 安全性
保证在施工过程中,不变形,不破坏,不倒塌。
3. 经济性
针对工程结构的具体情况,因地制宜,就地取材,在确保质量、安全和进度的前提下,尽量减少一次性投入,降低模板在使用过程中的消耗,提高模板周转次数,减少支拆用工,实现文明施工。

16.7.2 模板结构设计的基本内容

16.7.2.1 荷载及荷载组合

荷载的物理数值称为荷载标准值,考虑到模板材料差异和荷载分布的不均匀性等不利因素的影响,将荷载标准值乘以相应的荷载分项系数,即荷载设计值进行计算。模板结构设计应计算不同工况下的各项荷载。常遇的荷载应包括模板及支架自重(G_1)、新浇筑混凝土自重(G_2)、钢筋自重(G_3)、新浇筑混凝土对模板侧面的压力(G_4)、施工人员及施工设备荷载(Q_1)、泵送混凝土及倾倒混凝土等因素产生的荷载(Q_2)、风荷载(W_k)等。下面将依次进行介绍。

1. 永久荷载标准值

(1) 模板及其支架的自重标准值(G_{1k}),应根据设计图纸确定,常用材料可以查阅相应的图集及规范确定。

(2) 新浇混凝土自重标准值(G_{2k}),对普通混凝土可采用 24kN/m³;对其他混凝土,可根据实际重力密度确定。

(3) 钢筋自重标准值(G_{3k}),按设计图纸计算确定。一般可按每立方米混凝土的钢筋含量计算:框架梁为 1.5kN/m³,楼板为 1.1kN/m³。

(4) 施工人员及设备荷载标准值(Q_{1k}):

1) 计算模板及直接支承模板的次龙骨时,按均布荷载取 2.5kN/m²,另应以集中荷载 2.5kN 再行验算,比较两者所得的弯矩值,按其中较大者采用。

2) 计算直接支承次龙骨的主龙骨时,均布活荷载取 1.5kN/m²;考虑到主龙骨的重要性和简化计算,亦可直接取次龙骨的计算值。

3) 计算支架立柱时,均布活荷载取 1.0kN/m²;考虑到立柱的重要性和简化计算,亦可直接取主龙骨的计算值。

(5) 振捣混凝土时产生的荷载标准值(Q_{2k}):每个振捣器对水平面模板作用,可采用 2.0kN/m²。

(6) 新浇筑混凝土对模板侧面的压力标准值(G_{4k}),采用插入式振捣器,且浇筑速度不大于 10m/h、混凝土坍落度不大于 180mm 时,可按以下公式计算,并取其较小值:

$$F = 0.22\gamma_c t_0 \beta_1 \beta_2 \sqrt{V} \tag{16-14}$$

$$F = \gamma_c \times H \tag{16-15}$$

当浇筑速度大于 10m/h,或混凝土坍落度大于 180mm 时,侧压力标准值(G_{4k})可按式(16-15)计算。

式中 F——新浇筑混凝土对模板的侧压力计算值(kN/m²);

γ_c——混凝土的重力密度(kN/m³);

t_0——新浇筑混凝土的初凝时间(h),可经试验确定。当缺乏试验资料时,可采用 $t_0 = 200/(T+15)$ 计算(T 为混凝土的温度,℃);

V——混凝土的浇筑速度(m/h);

β_1——外加剂影响修正系数;不掺外加剂时取 1.0,掺具有缓凝作用的外加剂时取 1.2;

β_2——混凝土坍落度影响修正系数,当坍落度小于 30mm 时,取 0.85;坍落度为

50~90mm 时，取 1.00；坍落度为 110~150mm 时，取 1.15；

H——混凝土侧压力计算位置处至新浇筑混凝土顶面的总高度（m）。

风荷载的标准值（W_k），可按现行国家标准《建筑结构荷载规范》GB 50009 的有关规定确定，此时基本风压可按 10 年一遇的风压取值，但基本风压不应小于 0.20kN/m。

2. 可变荷载标准值

（1）施工人员及设备荷载标准值，当计算模板和直接支承模板的龙骨时，均布活荷载可取 2.5kN/m²，再用集中荷载 2.5kN 进行验算，比较两者所得的弯矩值取其大值；当计算直接支承次龙骨的主龙骨时，均布活荷载标准值可取 1.5kN/m²；当计算支架立柱及其他支承结构构件时，均布活荷载标准值可取 1.0kN/m²；侧压力计算分布图见图 16-195。

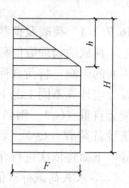

图 16-195 侧压力计算分布图

注：h 为有效压头高度；
H 为混凝土浇筑高度

（2）倾倒混凝土时，对垂直面模板产生的水平荷载标准值（Q_{3k}），可按表 16-50 采用，其作用范围在有效压头高度内。

倾倒混凝土时产生的荷载标准值　　　　表 16-50

向模板内供料的方法	水平荷载（kN/m²）
溜槽、串筒或导管	2
容积小于 0.2m³ 的运输器具	2
容积 0.2~0.8m³ 的运输器具	4
容积大于 0.8m³ 的运输器具	6

（3）振捣混凝土时产生的荷载标准值（Q_{2k}）：对水平面模板可采用 2.0kN/m²，对垂直面模板可采用 4.0kN/m²，其作用范围在新浇筑混凝土侧压力的有效压头高度内。

（4）泵送混凝土或不均匀堆载等因素产生的附加水平荷载的标准值（Q_{4k}），可取计算工况下竖向永久荷载标准值的 2%，并应作用在模板支架上端水平方向。

（5）竖向构件采用坍落度大于 250mm 的免振自密实混凝土时，模板侧压力承载能力确定以后，应按 $F = \gamma_c \times H$ 核定其可承担混凝土初凝前的浇筑高度 H，再按 $H = t_0 \times V$ 对浇筑速度或混凝土初凝时间进行控制（H 计算值≤竖向构件浇筑高度）。

3. 荷载设计值

（1）计算模板及支架结构或构件的强度、稳定性和连接强度时，应采用荷载设计值（荷载标准值乘以荷载分项系数）。

（2）计算正常使用极限状态的变形时，应采用荷载标准值。

（3）荷载分项系数应按表 16-51 采用。

（4）钢面板及支架作用荷载设计值可乘以系数 0.95 进行折减。当采用冷弯薄壁型钢时，其荷载设计值不应折减。

4. 荷载组合

按极限状态设计时，其荷载组合应符合下列规定：

（1）对于承载能力极限状态，应按荷载效应的基本组合采用，并应采用下列设计表达式进行模板设计：

荷载分项系数（γ_i） 表 16-51

荷 载 类 别	分 项 系 数 γ_i
模板及支架自重标准值（G_{1k}）	永久荷载的分项系数：
新浇混凝土自重标准值（G_{2k}）	（1）当其效应对结构不利时：对由可变荷载效应控制的组合，应取 1.2；对由永久荷载效应控制的组合，应取 1.35；
钢筋自重标准值（G_{3k}）	
新浇混凝土对模板的侧压力标准值（G_{4k}）	（2）当其效应对结构有利时：一般情况应取 1；对结构的倾覆、滑移验算，应取 0.9
施工人员及施工设备荷载标准值（Q_{1k}）	可变荷载的分项系数：
振捣混凝土时产生的荷载标准值（Q_{2k}）	一般情况下应取 1.4；对标准值大于 $4kN/m^2$ 的活荷载应取 1.3
倾倒混凝土时产生的荷载标准值（Q_{3k}）	
风荷载（w_k）	1.4

$$\gamma_0 S \leqslant R \tag{16-16}$$

式中 γ_0——结构重要性系数，其值按 0.9 采用；
　　　S——荷载效应组合的设计值；
　　　R——结构构件抗力的设计值，应按各有关建筑结构设计规范的规定确定。

对于基本组合，荷载效应组合的设计值 S 应从下列组合值中取最不利值确定：
1）由可变荷载效应控制的组合：

$$S = \gamma_G \sum_{k=1}^{n} G_{ik} + \gamma_{Q1} Q_{1k} \tag{16-17}$$

式中 γ_G——永久荷载分项系数；
　　　γ_{Qi}——第 i 个可变荷载的分项系数，其中 γ_{Q1} 为可变荷载 Q_1 的分项系数；
　　　G_{ik}——按各永久荷载标准值 G_k 计算的荷载效应值；
　　　Q_{ik}——按可变荷载标准值计算的荷载效应值，其中 Q_{1k} 为诸可变荷载效应中起控制作用者；
　　　n——参与组合的可变荷载数。

2）由永久荷载效应控制的组合：

$$S = \gamma_G G_{ik} + \sum_{k=1}^{n} \gamma_Q \psi_{ci} Q_{ik} \tag{16-18}$$

　　　ψ_{ci}——可变荷载 Q_i 的组合值系数，可取 0.7。

注：1. 基本组合中的设计值仅适用于荷载与荷载效应为线性的情况；
　　2. 当对 Q_{1k} 无明显判断时，轮次以各可变荷载效应为 Q_{1k}，选其中最不利的荷载效应组合；
　　3. 当考虑以竖向的永久荷载效应控制的组合时，参与组合的可变荷载仅限于竖向荷载。

（2）对于正常使用极限状态应采用标准组合，并应按下列设计表达式进行设计：

$$S \leqslant C \tag{16-19}$$

式中 C——结构或结构构件达到正常使用要求的规定限值，应符合表 16-53 有关变形值的规定。

对于标准组合，荷载效应组合设计值 S 应按下式采用：

$$S = \sum_{i=1}^{n} G_{ik} \tag{16-20}$$

（3）参与计算模板及其支架荷载效应组合的各项荷载的标准值组合应符合表 16-52 的规定。

模板及其支架荷载效应组合的各项荷载标准值组合　　　　表 16-52

项目		参与组合的荷载类别	
		计算承载能力	验算挠度
1	平板和薄壳的模板及支架	$G_{1k}+G_{2k}+G_{3k}+Q_{1k}$	$G_{1k}+G_{2k}+G_{3k}$
2	梁和拱模板的底板及支架	$G_{1k}+G_{2k}+G_{3k}+Q_{2k}$	$G_{1k}+G_{2k}+G_{3k}$
3	梁、拱、柱（边长不大于 300mm）、墙（厚度不大于 100mm）的侧面模板	$G_{4k}+Q_{2k}$	G_{4k}
4	大体积结构、柱（边长大于 300mm）、墙（厚度大于 100mm）的侧面模板	$G_{4k}+Q_{2k}$	G_{4k}

注：验算挠度应采用荷载标准值；计算承载能力应采用荷载设计值。

模板及支架的变形验算应符合下列规定：

$$\alpha_{fG} \leqslant \frac{R}{\gamma_R}\alpha_{f,\lim} \tag{16-21}$$

式中　α_{fG}——按永久荷载标准值计算的构件变形值；

$\alpha_{f,\lim}$——构件变形限值。

模板及支架的变形限值应根据结构工程要求确定，并宜符合下列规定：

① 对结构表面外露的模板，其挠度限值宜取为模板构件计算跨度的 1/400；

② 对结构表面隐蔽的模板，其挠度限值宜取为模板构件计算跨度的 1/250；

③ 支架的轴向压缩变形限值或侧向挠度限值，宜取为计算高度或计算跨度的 1/1000。支架的高宽比不宜大于 3；当高宽比大于 3 时，应加强整体稳固性措施。

支架应按混凝土浇筑前和混凝土浇筑时两种工况进行抗倾覆验算。支架的抗倾覆验算应满足下式要求：

$$\gamma_0 M_0 \leqslant M_r \tag{16-22}$$

式中　M_0——支架的倾覆力矩设计值，按荷载基本组合计算，其中永久荷载的分项系数取 1.35，可变荷载的分项系数取 1.4；

M_r——支架的抗倾覆力矩设计值，按荷载基本组合计算，其中永久荷载的分项系数取 0.9，可变荷载的分项系数取 0。

5. 模板的变形值规定

（1）当验算模板及其支架的刚度时，其最大变形值不得超过下列变形限值：

1）对结构表面外露的模板，其挠度限值宜取为模板构件计算跨度的 1/400；

2）对结构表面隐蔽的模板，其挠度限值宜取为模板构件计算跨度的 1/250；

3）支架的压缩变形或弹性挠度，为相应的结构计算跨度的 1/1000。

（2）组合钢模板结构或其构配件的最大变形值不得超过表 16-53 的规定。

（3）液压滑模装置的部件，其最大变形值不得超过下列容许值：

1）在使用荷载下，两个提升架之间围圈的垂直与水平方向的变形值均不得大于其计算跨度的 1/500；

组合钢模板及构配件的容许变形值（mm）　　　　表 16-53

部件名称	容许变形值	部件名称	容许变形值
钢模板的面板	≤1.5	柱箍	$B/500$ 或 ≤3.0 取小值
单块钢模板	≤1.5	桁架、钢模板结构体系	$L/1000$
钢楞	$L/500$ 或 ≤3.0 取小值	支撑系统累计	≤4.0

注：L 为计算跨度，B 为柱宽。

2）在使用荷载下，提升架立柱的侧向水平变形值不得大于 2mm。

3）支承杆的弯曲度不得大于 $L/500$。

（4）爬模及其部件的最大变形值不得超过下列容许值：

1）爬模结构的主梁，根据重要程度的不同，其最大变形值不得超过计算跨度的 $1/500 \sim 1/800$。

2）支点间轨道变形值不得大于 2mm。

16.7.2.2 模板结构的受力分析

1. 模板面板的受力特点和功能分析

模板面板一般较薄，是结构构件的成型工具，由于其直接约束着塑性混凝土材料，承受与板面相垂直的压力，需要其背部纵横相交的受弯构件向穿墙螺栓、支撑点、边框传递荷载。此类受弯构件，本章统称为次龙骨、主龙骨。

（1）墙柱等竖向构件：模板面板，在混凝土成型过程中大体经历以下几个阶段：混凝土初凝前，模板完全承受塑性状态构件所产生的侧压力。随着混凝土硬化，模板承受的侧向压力逐渐减小，并与混凝土形成一定的吸附力。一般来说，混凝土浇筑高度与混凝土初凝时间的乘积，不应超过模板设计侧压力值的有效压头。

（2）梁板等水平构件模板：在混凝土强度没有形成之前，构件自重完全由模板承担。混凝土强度增长到一定程度以后，构件成型不再依赖模板，并将模板荷载沿设计荷载传递路线向梁、柱、墙体、基础卸荷。混凝土水平构件的强度条件由弯曲拉应力控制，达到满足自身所受重力作用下抗弯能力的时间相对长一些，在模板板面逐渐失去作用的过程中，模架在一定阶段还承担着卸荷作用。

（3）模板应力分布：模板板面的强度，应考虑受到如混凝土入模位置的集中堆积、振捣作用等超荷现象的短时作用时，不出现破坏。超荷的短时现象消失后，模板在材料弹性力作用下，随即得到恢复。同一水平面模板板面一般受与之垂直的均布荷载。

（4）模板材质还需要保证构件的外观效果。一般情况下不同材质模板力学性能不同，且对水泥浆体的吸附作用差异很大，需要采取不同措施予以克服。

（5）模板强度应满足构件所受的重力作用，模板面板的刚度应满足构件在养护期间的变形控制指标。

2. 模板主次龙骨的受力特点和功能分析

模板的主次龙骨都是具有一定强度和刚度的典型受弯杆件，次龙骨承托模板板面的一侧集中面板传来的面荷载，并将荷载传递到其支撑点——主龙骨。主龙骨通过支承次龙骨，将所受次龙骨的集中荷载传递到支撑节点。

3. 模板撑拉锁固件的受力特点和功能分析

模板撑拉锁固件是用于模板之间、模板与主次龙骨、主龙骨与支撑结点的荷载传递部件。传统木模板靠铁钉固定，墙、梁板、柱模板常用螺栓对拉卸荷以及斜撑纤绳拉顶调整垂直；组合钢（铝）模采用U形卡、穿墙扁铁及楔形卡连接固定；柱模板常采用柱箍相向平衡侧压力。

4. 模板支撑架体的受力特点和功能分析

现浇混凝土水平构件在没有形成自身的卸荷能力之前，全部重量都由模架支撑系统承担。模板支撑体系承担向底板、地面传递混凝土水平构件所受的重力，是典型的按稳定性控制的受力结构。

水平构件支撑体系处理不当，会发生失稳垮塌事故。当荷载达到受压杆件稳定承载极限时，支撑架体在短向发生"S"形压缩变形，即失去承载能力。继续加荷架体节点处会发生扣件崩扣，致使支撑体系整体垮塌。

竖向构件的模板往往需要侧向斜撑。由于斜撑与水平侧压力有角度差，因此斜撑在承受模板侧压力时，会产生向上的分力，因而使模板受到上浮作用，应该加拉杆或钢丝绳予以平衡。

16.7.3 设计静力计算公式

设计计算公式见表16-54、表16-55。

连续梁的最大弯矩、剪力与挠度　　　　　表16-54

计算简图	剪力 V	弯矩 M	挠度 w
两点集中荷载 P，跨度 l	$0.688P$	$0.188Pl$	$\dfrac{0.911 \times Pl^3}{100EI}$
四点集中荷载 P	$1.333P$	$0.333Pl$	$\dfrac{1.466 \times Pl^3}{100EI}$
三点集中荷载 P	$0.650P$	$0.175Pl$	$\dfrac{1.146 \times Pl^3}{100EI}$
六点集中荷载 P	$1.267P$	$0.267Pl$	$\dfrac{1.883 \times Pl^3}{100EI}$
均布荷载 q	$0.625ql$	$0.125ql$	$\dfrac{0.521 \times ql^4}{100EI}$
均布荷载 q，$a=0.41$挠度相等	$0.50ql$	$0.105ql^2$	$\dfrac{0.273 \times ql^4}{100EI}$
均布荷载 q	$0.60ql$	$0.10ql^2$	$\dfrac{0.677 \times ql^4}{100EI}$
均布荷载 q	$0.50ql$	$0.084q^2$	$\dfrac{0.273 \times ql^4}{100EI}$

16.7 现浇混凝土结构模板的设计计算

悬臂梁与简支梁的最大弯矩、剪力与挠度　　　　表 16-55

计算简图	剪力 V	弯矩 M	挠度 w
悬臂梁，端部集中力 P，跨度 l	P	Pl	$\dfrac{Pl^3}{3EI}$
简支梁，跨中集中力 P，$l/2 + l/2$	$\dfrac{P}{2}$	$\dfrac{Pl}{4}$	$\dfrac{Pl^3}{48EI}$
简支梁，集中力 P 偏心，$a + b = l$	$\dfrac{Pa}{l}$	$\dfrac{Pab}{l}$	$\dfrac{Pb}{EI}\left(\dfrac{l^2}{16}-\dfrac{b^2}{12}\right)$
简支梁，两对称集中力 P，距端 a	P	Pa	$\dfrac{Pa}{6EI}\left(\dfrac{3}{4}l^2-a^2\right)$
简支梁，三集中力 P（跨中及距端 a）	$\dfrac{3P}{2}$	$P\left(\dfrac{l}{4}-a\right)$	$\dfrac{P}{48EI}(l^3+6al^2-8a^3)$
外伸简支梁，两端悬臂集中力 P	P	Pa	$\dfrac{Pa^2 l}{6EI}(3+2\lambda)$
悬臂梁，均布荷载 q	ql	$\dfrac{ql^2}{2}$	$\dfrac{ql^4}{8EI}$
简支梁，均布荷载 q	$\dfrac{ql}{2}$	$\dfrac{ql^2}{8}$	$\dfrac{5ql^4}{384EI}$
简支梁，中部局部均布荷载 q，长 c	$\dfrac{qc}{2}$	$\dfrac{qc(al-c)}{8}$	$\dfrac{qc}{384EI}(8l^3+6c^3 l-c^3)$
简支梁，两端局部均布 q，长 a	qa	$\dfrac{qa^3}{2}$	$\dfrac{qa^2}{48EI}(3l^3-2a^2)$
外伸梁，悬臂段均布 q，长 m	$\dfrac{ql}{2}$	$\dfrac{qm^2}{2}$	$\dfrac{qm}{24EI}(-l^3+6m^2 l+3m^3)$

16.7.4 模板结构设计示例

16.7.4.1 采用组合式钢模板组拼模板结构计算

由于模板的受力情况各异，现以两种常用模板结构构件的计算举例如下：

1. 墙模板

【例1】某工程墙体高3m，厚180mm，宽3.3m，采用组合钢模板组拼，验算条件如下。

钢模板采用P3015（1500mm×300mm）分两行竖排拼成。内龙骨采用2根$\phi 48 \times 3.5$钢管，间距为750mm，外龙骨采用同一规格钢管，间距为900mm。对拉螺栓采用M20，间距为750mm（图16-196）。

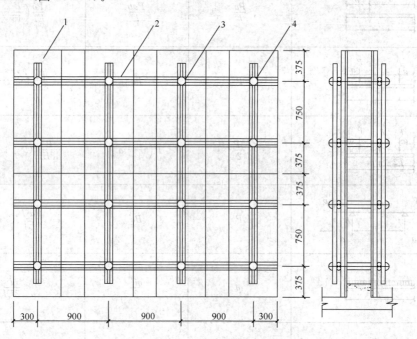

图16-196 组合钢模板拼装图
1—钢模；2—内龙骨；3—外龙骨；4—对拉螺栓

混凝土自重（γ_c）为24kN/m³，强度等级C20，坍落度为70mm，采用泵管下料，浇筑速度为1.8m/h，混凝土温度为20℃，用插入式振动器振捣。

钢材抗拉强度设计值：Q235钢为215N/mm²，普通螺栓为170N/mm²。面板钢模的允许挠度为1.5mm，纵横肋钢板厚度为3mm。

试验算：钢模板、钢楞和对拉螺栓是否满足设计要求。

【解】

1. 荷载设计值

(1) 混凝土侧压力标准值：

其中
$$t_0 = \frac{200}{20+15} = 5.71\text{h}$$
$$F_1 = 0.28\gamma_c t_0 \beta \sqrt{V}$$

$$F_1 = 0.28 \times 24 \times 5.71 \times 0.85 \times \sqrt{1.8}$$
$$= 43.76 \text{kN/m}^2$$
$$F'_1 = \gamma_c \times H = 24 \times 3 = 72 \text{kN/m}^2$$

取两者中小值，即 $F_1 = 43.76 \text{kN/m}^2$
考虑荷载折减系数：
$$F_1 \times 折减系数 = 43.76 \times 0.95 = 41.57 \text{kN/m}^2$$

（2）倾倒混凝土时产生的水平荷载
查表 16-50 为 2kN/m^2；
荷载标准值为 $F_2 = 2 \times 折减系数 = 2 \times 0.95 = 1.9 \text{kN/m}^2$

（3）混凝土侧压力设计值：
按式（16-17）进行荷载组合：$F' = 1.35 \times 0.9 \times 41.57 + 1.4 \times 0.9 \times 1.9 = 52.9 \text{kN/m}^2$

2. 验算
（1）钢模板验算
钢模板（$\delta = 2.5\text{mm}$）截面特征，$I_{xj} = 26.97 \times 10^4 \text{mm}^4$，$w_{xj} = 5.94 \times 10^3 \text{mm}^3$
① 计算简图如图 16-197、图 16-198 所示。
化为线均布荷载：$q_1 = F' \times 0.3/1000 = \dfrac{52.9 \times 1000 \times 0.3}{1000} = 15.87 \text{N/mm}$（用于计算承载力）；

$q_2 = F_1 \times 0.3/1000 = \dfrac{43.76 \times 100 \times 0.3}{1000} = 13.13 \text{N/mm}$（用于验算挠度）。

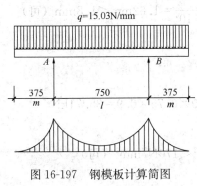

图 16-197 钢模板计算简图　　图 16-198 内龙骨计算简图

② 抗弯强度验算：
$$M = \frac{q_1 m^2}{2} = \frac{15.87 \times 375^2}{2} = 1.12 \times 10^6 \text{N} \cdot \text{mm}$$

小钢模受弯状态下的模板应力为：
$$\sigma = \frac{M}{W} = \frac{1.12 \times 10^6}{5.94 \times 10^3} = 188.55 \text{N/mm}^2 < f_m = 215 \text{N/mm}^2 \text{（可）}$$

③ 挠度验算：
$$w = \frac{q_2 m}{24 E I_{xj}}(-l^3 + 6m^2 l + 3m^3)$$
$$= \frac{13.13 \times 375(-750^3 + 6 \times 375^2 \times 750 + 3 \times 375^3)}{24 \times 2.06 \times 10^5 \times 26.97 \times 10^4}$$

$$= 1.36\text{mm} < [w] = 1.5\text{mm}（可）$$

(2) 内龙骨（双根 $\phi 48\text{mm} \times 3.5\text{mm}$ 钢管）验算

2 根 $\phi 48\text{mm} \times 3.5\text{mm}$ 的截面特征为：$I = 2 \times 12.19 \times 10^4 \text{mm}^4$，$W = 2 \times 5.08 \times 10^3 \text{mm}^3$

① 计算简图：

化为线均布荷载：$q_1 = F' \times 0.75/1000 = \dfrac{52.9 \times 1000 \times 0.75}{1000} = 39.68\text{N/mm}$（用于计算承载力）。

$$q_2 = F_1 \times 0.75/1000 = \frac{43.76 \times 1000 \times 0.75}{1000} = 32.82\text{N/mm}（用于验算挠度）。$$

② 抗弯强度验算：由于内龙骨两端的伸臂长度（300mm）与基本跨度（900mm）之比，300/900=0.33<0.4，则伸臂端头挠度比基本跨度挠度小，故可按近似三跨连续梁计算。

$$M = 0.1 q_1 l^2 = 0.1 \times 37.58 \times 900^2$$

抗弯承载能力：$\sigma = \dfrac{M}{W} = \dfrac{0.1 \times 39.68 \times 900^2}{2 \times 5.08 \times 10^3} = 316.35\text{N/mm}^2 > f_m = 215\text{N/mm}^2$（不可）

改用 2 根 $60\text{mm} \times 40\text{mm} \times 2.5\text{mm}$ 方钢作内龙骨后，$I = 2 \times 21.88 \times 10^4 \text{mm}^4$，$W = 2 \times 7.29 \times 10^3 \text{mm}^3$

抗弯承载能力：$\sigma = \dfrac{M}{W} = \dfrac{0.1 \times 39.68 \times 900^2}{2 \times 7.29 \times 10^3} = 220.44\text{N/mm}^2 > f_m = 215\text{N/mm}^2$（不可）

③ 挠度验算：

$$w = \frac{0.677 q_2 l^4}{100 EI} = \frac{0.677 \times 32.82 \times 900^4}{100 \times 2.06 \times 10^5 \times 2 \times 21.88 \times 10^4} = 1.62\text{mm} < 1.8\text{mm}（可）$$

(3) 对拉螺栓验算

T20 螺栓净截面面积 $A = 241 \text{mm}^2$

① 对拉螺栓的拉力：

$$N = F' \times 内龙骨间距 \times 外龙骨间距 = 52.9 \times 0.75 \times 0.9 = 35.71\text{kN}$$

② 对拉螺栓的应力：

$$\sigma = \frac{N}{A} = \frac{35.71 \times 10^3}{241} = 148.17\text{N/mm}^2 < 170\text{N/mm}^2（可）$$

2. 柱模板

柱箍是柱模板面板的横向支撑构件，其受力状态为拉弯杆件，应按拉弯杆件进行计算。

【例2】 框架柱截面尺寸为 $600\text{mm} \times 800\text{mm}$，侧压力和倾倒混凝土产生的荷载合计为 60kN/m^2（设计值），采用组合钢模板（图 16-199），选用 [$80\text{mm} \times 43\text{mm} \times 5\text{mm}$ 槽钢作柱箍，柱箍间距 l_1 为 600mm，试验算其强度和刚度。

【解】

1. 计算简图

组合钢模板柱箍如图 16-199 所示。

$$q = F l_1 \times 0.95$$

式中 q——柱箍 AB 所承受的均布荷载设计值（kN/m）；

F——侧压力和倾倒混凝土荷载（kN/m²）；

0.95——折减系数。

则：$q = \dfrac{60 \times 10^3}{10^6} \times 600 \times 0.95 = 34.2 \text{N/mm}$

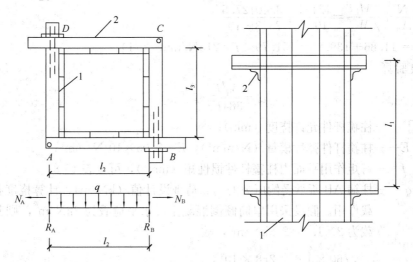

图 16-199　组合钢模板柱箍

1—钢模板；2—柱箍

2. 强度验算

$$\frac{N}{A_n} + \frac{M_x}{\gamma_x W_{nx}} = f$$

式中　N——柱箍承受的轴向拉力设计值（N）；

A_n——柱箍杆件净截面面积（mm²）；

M_x——柱箍杆件最大弯矩设计值（N·mm）；

$$M_x = \frac{q l_2^2}{8}$$

γ_x——弯矩作用平面内，截面塑性发展系数，因受震动荷载，取 $\gamma_x = 1.0$；

对需要计算疲劳的构件，截面塑性发展系数宜取为1；对实腹式构件的自由外伸板件宽厚比介于 13 和 15 之间时，截面塑性发展系数应取为 1.0。

W_{nx}——弯矩作用平面内，受拉纤维净截面抵抗矩（mm³）；

f——柱箍杆件抗拉强度设计值（N/mm²），$f = 215 \text{N/mm}^2$。

由于组合钢模板面板肋高为 55mm，故：

$$l_2 = b + (55 \times 2) = 800 + 110 = 910 \text{mm}$$

$$l_3 = a + (55 \times 2) = 600 + 110 = 710 \text{mm}$$

$$l_1 = 600 \text{mm}$$

$$N = \frac{a}{2} q = \frac{710}{2} \times 34.2 = 12141 \text{N}$$

$$M_x = \frac{1}{8}ql_2^2 = \frac{34.2 \times 910^2}{8} = 3540127.5 \text{N} \cdot \text{m}$$

$[80\text{mm} \times 43\text{mm} \times 5\text{mm}: A_n = 1024\text{mm}^2; [80\text{mm} \times 43\text{mm} \times 5\text{mm}: W_{nx} = 25.3 \times 10^3 \text{mm}^3$

则 $\frac{N}{A_n} + \frac{M_x}{\gamma_x W_{nx}} = \frac{12141}{1024} + \frac{3540127.5}{25.3 \times 10^3}$

$= 11.86 + 139.93 = 151.79 < f = 215 \text{N/mm}^2$（可）

3. 挠度验算

$$w = \frac{5q'l_2^4}{384EI} \leqslant [w]$$

式中 $[w]$——柱箍杆件允许挠度（mm）；

E——柱箍杆件弹性模量（N/mm²），$E = 2.05 \times 10^5 \text{N/mm}^2$；

I——弯矩作用平面内柱箍杆件惯性矩（mm⁴），可查表 16-8；

q'——柱箍 AB 所承受侧压力的均布荷载设计值（kN/m），计算挠度扣除活荷载作用。假设采用串筒倾倒混凝土，水平荷载为 2kN/m²，则其设计荷载为 $2 \times 1.4 = 2.8 \text{kN/m}^2$，故

$$q' = \left(\frac{60 \times 10^3}{10^6} - \frac{2.8 \times 10^3}{10^6}\right) \times 600 \times 0.95 = 32.6 \text{N/mm}$$

则： $w = \frac{5 \times 32.6 \times 910^4}{384 \times 2.05 \times 10^5 \times 101.3 \times 10^4} = \frac{1.118 \times 10^{14}}{7.974 \times 10^{13}}$

$= 1.4\text{mm} < [w] = \frac{l_2}{500} = \frac{910}{500} = 1.82\text{mm}$（可）

16.7.4.2 模板支架计算

【例3】 现浇框架钢筋混凝土梁板，架体搭设高度 14.9m，纵横向轴线 8m。框架梁 400mm×1000mm，楼板厚 150mm，施工采用扣件 ϕ48mm×3.5mm 钢管搭设满堂脚手架作模板支承架。施工地区为北京市郊区。图 16-200 为梁板模架示意图，模板设计基本数据见表 16-56，验算模板支架。

模板设计基本数据　　　　　　　表 16-56

位置	楼板	梁侧	梁底
模板面板	15mm 厚木质覆膜多层板	15mm 厚木质覆膜多层板	15mm 厚木质覆膜多层板
次龙骨	40mm×80mm 木方，间距 b =250mm	40mm×80mm 木方垂直梁跨布置，间距 200mm	40mm×80mm 木方垂直梁跨布置，计算间距 200mm
主龙骨	ϕ48mm×3.5mm 钢管，间距 1000mm	ϕ48mm×3.5mm 钢管沿梁跨度方向水平放置，距梁底 350mm、700mm	ϕ48mm×3.5mm 钢管平行于梁跨布置，纵向间距 1000mm
可调顶托	长度≥550mm，伸出立杆长度≤300mm；悬臂部分（顶部度平杆中心距主龙骨下皮）长度 a≤400mm	—	长度≥550mm，伸出立杆长≤300mm；悬臂部分（顶部平杆中心距主龙骨下皮）长度 a≤400mm

16.7 现浇混凝土结构模板的设计计算

续表

位置	楼板	梁侧	梁底
穿墙螺栓	—	2φ12 加于主龙骨，距梁底 350mm、700mm 处	—
立杆纵横距	纵距、横距相等，即 $L_a = L_b = 1.0$m	—	梁下正中横向设 1 根立杆，与梁两侧立杆间距均为 500mm，沿梁跨度方向立杆间距为 1000mm，两侧架体立杆间距成倍数关系，通过水平杆拉通连成整体
立杆步距	步距 1.5m		步距 1.5m
模架基底	200mm 厚 C25 现浇混凝土楼板（有卸荷支撑）		

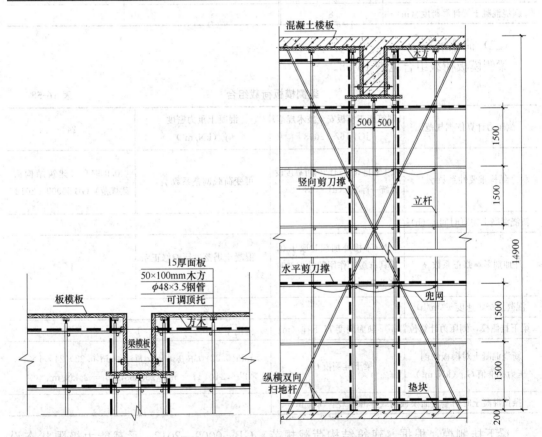

图 16-200　现浇框架钢筋混凝土梁板模架示意图

【解】
模板体系验算：
一、梁侧模板计算
计算依据：
(1)《建筑施工模板安全技术规范》JGJ 162—2008；

(2)《混凝土结构设计标准》(2024版) GB/T 50010—2010;
(3)《建筑结构荷载规范》GB 50009—2012;
(4)《钢结构设计标准》GB 50017—2017;
(5)《建筑结构可靠性设计统一标准》GB 50068—2018;
(6)《混凝土结构通用规范》GB 55008—2021;
(7)《钢结构通用规范》GB 55006—2021;
(8)《工程结构通用规范》GB 55001—2021。

(一)工程属性

梁侧模板设计基本数据见表16-57。

梁侧模板设计基本数据　　　　　　　　　　　　　　　　表16-57

新浇混凝土梁名称	KL14,标高14.9m	混凝土梁截面尺寸(mm×mm)	400×1000
新浇混凝土梁计算跨度(m)	8		

(二)荷载组合

梁侧模板荷载组合见表16-58。

梁侧模板荷载组合　　　　　　　　　　　　　　　　　　表16-58

侧压力计算依据规范	《建筑施工模板安全技术规范》JGJ 162—2008	混凝土重力密度 γ_c (kN/m³)	24
结构重要性系数 γ_0	1 取自《建筑结构可靠度设计统一标准》GB 50068—2001	可变荷载调整系数 γ_L	0.9 取自《建筑结构荷载规范》GB 50009—2012
新浇混凝土初凝时间 t_0 (h)	4		
外加剂影响修正系数 β_1	1(不掺外加剂时取1.0,掺具有缓凝作用的外加剂时取1.2)	混凝土坍落度影响修正系数 β_2	1
混凝土浇筑速度 v (m/h)	2		
梁下挂侧模,侧压力计算位置距梁顶面高度 H 下挂(m)	1		
新浇混凝土对模板的侧压力标准值 G_{4k} (kN/m²)	梁下挂侧模 G_{4k}	$\min\{0.22\gamma_c t_0 \beta_1 \beta_2 v^{1/2}, \gamma_c H\} = \min\{0.22 \times 24 \times 4 \times 1 \times 1 \times 2^{1/2}, 24 \times 1\} = \min\{29.868, 24\} = 24 \text{kN/m}^2$	
振捣混凝土时对垂直面模板荷载标准值 Q_{2k} (kN/m²)	4		

梁下挂侧模:根据《建筑结构荷载规范》GB 50009—2012,承载能力极限状态设计值

$S_{承} = \gamma_0(1.3 \times G_{4k} + \gamma_L \times 1.5Q_{2k}) = 1 \times (1.3 \times 29.868 + 0.9 \times 1.5 \times 4) = 44.228 \text{kN/m}^2$

梁下挂侧模:正常使用极限状态设计值 $S_{正} = G_{4k} = 29.868 \text{kN/m}^2$

(三)支撑体系设计

设计相关参数见表16-59~表16-62。

16.7 现浇混凝土结构模板的设计计算

梁侧模板设计基本数据　　表 16-59

次龙骨布置方式	竖向布置	次龙骨间距	200
主龙骨合并根数	2	主龙骨最大悬挑长度（mm）	150
对拉螺栓水平向间距（mm）	500	结构表面的要求	结构表面隐蔽

梁侧模板与楼板尺寸　　表 16-60

	梁左侧	梁右侧
楼板厚度（mm）	150	150
梁侧模高度（mm）	850	850

左侧支撑表　　表 16-61

第 i 道支撑	距梁底距离（mm）	支撑形式
1	0	固定支撑
2	350	对拉螺栓
3	700	对拉螺栓

右侧支撑表　　表 16-62

第 i 道支撑	距梁底距离（mm）	支撑形式
1	0	固定支撑
2	350	对拉螺栓
3	700	对拉螺栓

设计简图如图 16-201 所示。

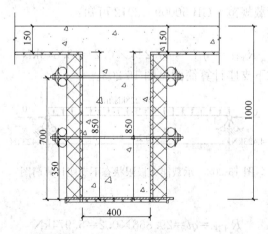

图 16-201　模板设计剖面图

（四）面板验算

面板设计基本数据见表 16-63。

面板设计基本数据　　表 16-63

模板类型	覆面木胶合板	模板厚度（mm）	15
模板抗弯强度设计值 $[f]$（N/mm²）	12	模板抗剪强度设计值 $[\tau]$（N/mm²）	1.5
模板弹性模量 E（N/mm²）	4200		

1. 下挂侧模

梁截面宽度取单位长度，$b=1000\text{mm}$。$W=bh^2/6=1000\times15^2/6=37500\text{mm}^3$，$I=bh^3/12=1000\times15^3/12=281250\text{mm}^4$。计算简图如图16-202所示。

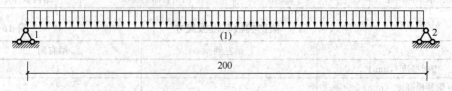

图16-202 梁计算简图

2. 抗弯验算

$$q_1 = bS_承 = 1\times 44.228 = 44.228\text{kN/m}$$
$$M_{\max} = 0.125q_1l^2 = 0.125\times 44.228\times 0.2^2 = 0.221\text{kN}\cdot\text{m}$$
$$\sigma = M_{\max}/W = 0.221\times 10^6/37500 = 5.897\text{N/mm}^2 \leqslant [f] = 12\text{N/mm}^2$$

满足要求！

3. 挠度验算

$$q = bS_正 = 1\times 29.868 = 29.868\text{kN/m}$$
$$w_{\max} = 5ql^4/384EI = 5\times 29.868\times 200^4/(384\times 4200\times 281520)$$
$$= 0.527\text{mm} \leqslant 200/250 = 0.8\text{mm}$$

满足要求！

4. 支座反力验算

根据《建筑结构荷载规范》GB 50009—2012可知：

承载能力极限状态

$$R_{下挂} = q_1l = 44.228\times 0.2 = 8.846\text{kN}$$

承载能力极限状态下支座计算简图见图16-203。

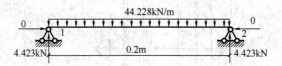

图16-203 承载能力极限状态下支座计算简图

正常使用极限状态

$$R'_{下挂} = ql = 29.868\times 0.2 = 5.974\text{kN}$$

正常使用极限状态下支座计算简图见图16-204。

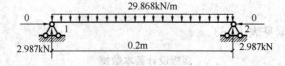

图16-204 正常使用极限状态下支座计算简图

（五）次龙骨验算

如表16-64所示。

16.7 现浇混凝土结构模板的设计计算

次龙骨设计基本数据   表 16-64

次龙骨类型	木方	次龙骨截面类型（mm）	40×80
次龙骨弹性模量 E（N/mm²）	9000	次龙骨抗剪强度设计值 $[\tau]$（N/mm²）	1.68
次龙骨截面抵抗矩 W（cm³）	42.667	次龙骨抗弯强度设计值 $[f]$（N/mm²）	15.6
次龙骨截面惯性矩 I（cm⁴）	170.667		

1. 梁侧模次龙骨

计算简图如图 16-205 所示。

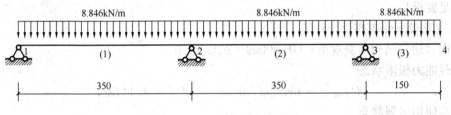

图 16-205 次龙骨计算简图

2. 抗弯验算

次龙骨弯矩图见图 16-206。

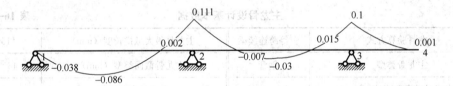

图 16-206 次龙骨弯矩图（kN·m）

$$q = 8.846 \text{kN/m}$$
$$\sigma = M_{max}/W = 0.111 \times 10^6/42667 = 2.592 \text{N/mm}^2 \leqslant [f] = 15.6 \text{N/mm}^2$$

满足要求！

3. 抗剪验算

弯矩图的斜率即是对应的剪力。次龙骨剪力图见图 16-207。

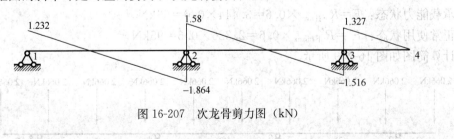

图 16-207 次龙骨剪力图（kN）

$$\tau_{max} = 3V_{max}/(2bh) = 3 \times 1.864 \times 1000/(2 \times 80 \times 40)$$
$$= 0.874 \text{N/mm}^2 \leqslant [\tau] = 1.68 \text{N/mm}^2$$

满足要求！

4. 挠度验算

次龙骨变形图见图 16-208。

图 16-208 次龙骨变形图（mm）

$$q = 5.974 \text{kN/m}$$

跨中 $w_{1max} = 0.039\text{mm} \leqslant 350/250 = 1.4\text{mm}$

悬挑段 $w_{2max} = 0.04\text{mm} \leqslant 2 \times 150/250 = 1.2\text{mm}$

满足要求！

5. 主龙骨所受支座反力计算

根据《建筑结构荷载规范》GB 50009—2012 可知

承载能力极限状态

$$R_{\text{下挂max}} = \max[ql_1, 0.5ql_1 + ql_2] = 3.444\text{kN}$$

正常使用极限状态

$$R'_{\text{下挂max}} = \max[q'l_1, 0.5q'l_1 + q'l_2] = 2.326\text{kN}$$

（六）主龙骨验算

如表 16-65 所示。

主龙骨设计基本数据　　　　　表 16-65

主龙骨验算方式	三等跨连续梁	主龙骨最大悬挑长度（mm）	150
主龙骨类型	钢管	主龙骨截面类型（mm）	$\phi 48 \times 3.5$
主龙骨计算截面类型（mm）	$\phi 48 \times 3.5$	主龙骨合并根数	2
主龙骨弹性模量 E（N/mm²）	206000	主龙骨抗弯强度设计值 $[f]$（N/mm²）	205
主龙骨抗剪强度设计值 $[\tau]$（N/mm²）	120	主龙骨截面惯性矩 I（cm⁴）	12.19
主龙骨截面抵抗矩 W（cm³）	5.08	主龙骨受力不均匀系数	0.6

主龙骨自重忽略不计，因主龙骨 2 根合并，验算时主龙骨受力不均匀系数为 0.6。则单根主龙骨所受集中力为 $K_s \times R_n$，R_n 为各次龙骨所受最大支座反力。

承载能力状态：$F = R_{\text{下挂max}} \times 0.6 = 3.444 \times 0.6 = 66\text{kN}$

正常使用状态：$F' = R'_{\text{下挂max}} \times 0.6 = 2.326 \times 0.6 = 95\text{kN}$

计算简图如图 16-209 所示。

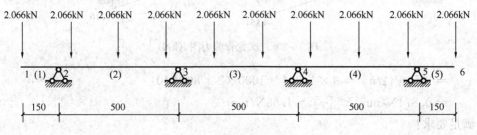

图 16-209 主龙骨计算简图（一）

1. 抗弯验算

主龙骨弯矩图见图 16-210。

$$M_1 = q_1 l = 2.066 \text{kN} \times 150 \text{mm} = 0.31 \text{kN} \cdot \text{m}$$

其余同理。

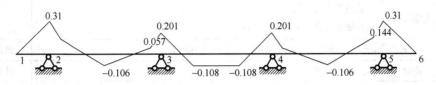

图 16-210　主龙骨弯矩图（一）（kN·m）

$$\sigma = M_{max}/W = 0.31 \times 10^6/5080 = 61.024 \text{N/mm}^2 \leqslant [f] = 205 \text{N/mm}^2$$

满足要求！

2. 抗剪验算

主龙骨剪力图见图 16-211。

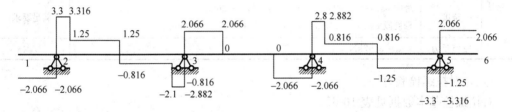

图 16-211　主龙骨剪力图（一）（kN）

$$\tau_{max} = 2V_{max}/A = 2 \times 3.316 \times 1000/489 = 13.562 \text{N/mm}^2 \leqslant [\tau] = 120 \text{N/mm}^2$$

满足要求！

3. 挠度验算

主龙骨变形图见图 16-212。

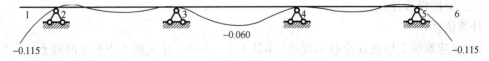

图 16-212　主龙骨变形图（一）（mm）

跨中 $w_{max} = 0.060 \text{mm} \leqslant [w] = 500/250 = 2 \text{mm}$

悬挑段 $w_{max} = 0.115 \text{mm} \leqslant [w] = 2 \times 150/250 = 1.2 \text{mm}$

满足要求！

4. 最大支座反力计算

$R_{max} = 5.382/0.6 = 8.97 \text{kN}$

（七）汇总表

汇总表见表 16-66。

汇总表　　　　　　　　　　　　　　　　　表 16-66

		下挂侧模	汇总结果
面板	抗弯	$\sigma = M_{max}/W = 0.221 \times 10^6/37500 = 5.897 \text{N/mm}^2 \leqslant [f] = 12\text{N/mm}^2$	满足要求
	挠度	$w_{max} = 0.527\text{mm} \leqslant 200/250 = 0.8\text{mm}$	满足要求
	支座反力	承载极限状态：$R_{max} = 8.846\text{kN}$ 正常使用状态：$R'_{max} = 5.974\text{kN}$	
次龙骨	抗弯	$\sigma = M_{max}/W = 2.592\text{N/mm}^2 \leqslant [f] = 15.6\text{N/mm}^2$	满足要求
	抗剪	$\tau_{max} = 0.874\text{N/mm}^2 \leqslant [\tau] = 1.68\text{N/mm}^2$	满足要求
	挠度	跨中 $w_{1max} = 0.039\text{mm} \leqslant 350/250 = 1.4\text{mm}$ 悬挑段 $w_{2max} = 0.04\text{mm} \leqslant 2 \times 150/250 = 1.2\text{mm}$	满足要求
	支座反力	承载极限状态：$R_{max} = 3.444\text{kN}$ 正常使用状态：$R'_{max} = 2.326\text{kN}$	
主龙骨	抗弯	$\sigma = M_{max}/W = 61.024\text{N/mm}^2 \leqslant [f] = 205\text{N/mm}^2$	满足要求
	抗剪	$\tau_{max} = 13.562\text{N/mm}^2 \leqslant [\tau] = 120\text{N/mm}^2$	满足要求
	挠度	跨中 $w_{max} = 0.060\text{mm} \leqslant [w] = 500/250 = 2\text{mm}$ 悬挑段 $w_{max} = 0.115\text{mm} \leqslant [w] = 2 \times 150/250 = 1.2\text{mm}$	满足要求
	支座反力	$R_{max} = 8.97\text{kN}$	

（八）对拉螺栓验算

对拉螺栓基本数据见表 16-67。

对拉螺栓基本数据　　　　　　　　　　　　　表 16-67

对拉螺栓类型	M12	轴向拉力设计值 N_t^b（kN）	12.9

根据《钢结构通用规范》GB 55006—2021，取有对拉螺栓部位的侧模主龙骨最大支座反力，可知对拉螺栓受力 $N = 0.95 \times 8.97 = 8.521\text{kN} \leqslant N_t^b = 12.9\text{kN}$

满足要求！

二、梁底模板计算

计算依据：

(1)《建筑施工模板安全技术规范》JGJ 162—2008（建筑施工中现浇混凝土工程模板体系的设计、制作、安装和拆除均必须符合此规范；计算软件在使用时需注意施工荷载标准值的取值）；

(2)《建筑施工扣件式钢管脚手架安全技术规范》JGJ 130—2011；

(3)《混凝土结构设计标准》（2024 年版）GB/T 50010—2010；

(4)《建筑结构荷载规范》GB 50009—2012；

(5)《钢结构设计标准》GB 50017—2017；

(6)《施工脚手架通用规范》GB 55023—2022；

(7)《混凝土结构通用规范》GB 55008—2021；

(8)《钢结构通用规范》GB 55006—2021；

(9)《工程结构通用规范》GB 55001—2021。

(一)工程属性

梁底模板设计基本数据见表16-68。

梁底模板设计基本数据 表16-68

新浇混凝土梁名称	KL1	混凝土梁计算截面尺寸（mm×mm）	400×1000
梁侧楼板计算厚度（mm）	150	模板支架高度 H（m）	14.9
模板支架横向长度 B（m）	8	模板支架纵向长度 L（m）	8

(二)荷载设计

梁底模板荷载组合见表16-69。

梁底模板荷载组合 表16-69

模板及其支架自重标准值 G_{1k}（kN/m²）	面板（取自《建筑施工模板安全技术规范》JGJ 162—2008 附录A）		0.1
	面板及次龙骨（取自《建筑施工模板安全技术规范》JGJ 162—2008 附录A）		0.3
	楼板模板（取自《建筑施工模板安全技术规范》JGJ 162—2008 附录A）		0.5
新浇筑混凝土自重标准值 G_{2k}（kN/m³）	24		
混凝土梁钢筋自重标准值 G_{3k}（kN/m³）	1.5	混凝土板钢筋自重标准值 G_{3k}（kN/m³）	1.1
施工荷载标准值（kN/m²）	4		
风荷载标准值 ω_k（kN/m²）	基本风压 ω_0（kN/m²）	0.35	非自定义 0.455
	地基粗糙程度	B类（城市郊区）	
	模板支架顶部距地面高度（m）	14.9	
	风压高度变化系数 μ_z	1	
	风荷载体型系数 μ_s	1.3	

(三)模板体系设计

梁底模板设计基本数据见表16-70。

梁底模板设计基本数据 表16-70

新浇混凝土梁支撑方式	梁两侧有板，梁底次龙骨垂直梁跨方向
梁跨度方向立杆间距 l_a（mm）	500
梁两侧立杆横向间距 l_b（mm）	1000
步距 h（mm）	1500
新浇混凝土楼板立杆纵横向间距 l'_a（mm）、l'_b（mm）	1000、1000
混凝土梁距梁两侧立杆中的位置	居中
梁左侧立杆距梁中心线距离（mm）	500
梁底增加立杆根数	1
梁底增加立杆布置方式	按梁两侧立杆间距均分
梁底增加立杆依次距梁左侧立杆距离（mm）	500
梁底支撑主龙骨最大悬挑长度（mm）	150
每跨距内梁底支撑次龙骨间距（mm）	200
结构表面的要求	结构表面隐蔽
模板及支架计算依据	《建筑施工模板安全技术规范》JGJ 162—2008

设计简图如图 16-213、图 16-214 所示。

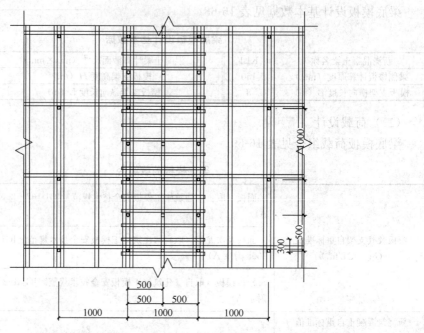

图 16-213 设计简图（平面图）

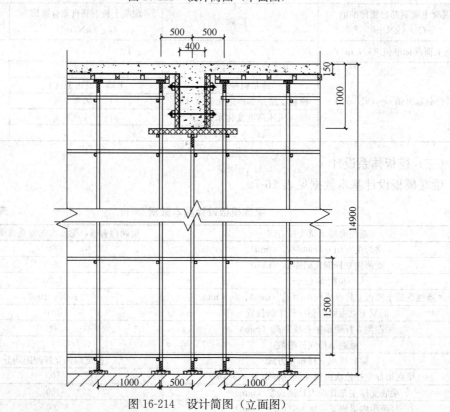

图 16-214 设计简图（立面图）

（四）面板验算

面板设计基本数据见表 16-71。

16.7 现浇混凝土结构模板的设计计算

面板设计基本数据 表 16-71

面板类型	覆面木胶合板	面板厚度 t（mm）	15
面板抗弯强度设计值 $[f]$（N/mm²）	12	面板抗剪强度设计值 $[\tau]$（N/mm²）	1.5
面板弹性模量 E（N/mm²）	4200	验算方式	三等跨连续梁

按三等跨连续梁计算：

截面抵抗矩：$W = bh^2/6 = 400 \times 15 \times 15/6 = 15000 \text{mm}^3$，截面惯性矩：$I = bh^3/12 = 400 \times 15 \times 15 \times 15/12 = 112500 \text{mm}^4$

面板承受梁截面方向线荷载设计值：

$q_1 = 0.9 \times \max\{1.2[G_{1k}+(G_{2k}+G_{3k}) \times h]+1.4Q_{2k}, 1.35[G_{1k}+(G_{2k}+G_{3k}) \times h]+1.4\varphi_c Q_{2k}\} \times b = 0.9 \times \max\{1.2 \times [0.1+(24+1.5) \times 1]+1.4 \times 4, 1.35 \times [0.1+(24+1.5) \times 1]+1.4 \times 0.7 \times 4\} \times 0.4 = 13.853 \text{kN/m}$

简图如图 16-215 所示。

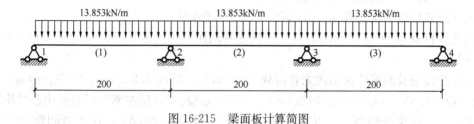

图 16-215 梁面板计算简图

1. 抗弯验算

$q_{1静} = 0.9 \times 1.35 \times [G_{1k}+(G_{2k}+G_{3k}) \times h] \times b = 0.9 \times 1.35 \times [0.1+(24+1.5) \times 1] \times 0.4 = 12.442 \text{kN/m}$

$q_{1活} = 0.9 \times 1.4 \times 0.7 \times Q_{2k} \times b = 0.9 \times 1.4 \times 0.7 \times 4 \times 0.4 = 1.411 \text{kN/m}$

$M_{\max} = 0.1q_{1静}L^2 + 0.117q_{1活}L_2 = 0.1 \times 12.442 \times 0.2^2 + 0.117 \times 1.411 \times 0.2^2 = 0.056 \text{kN} \cdot \text{m}$

$\sigma = M_{\max}/W = 0.056 \times 10^6/15000 = 3.758 \text{N/mm}^2 \leqslant [f] = 12 \text{N/mm}^2$

满足要求！

2. 挠度验算

面板承受梁截面方向线荷载标准值：

$q_2 = 1 \times [G_{1k}+(G_{2k}+G_{3k}) \times h] \times b = 1 \times [0.1+(24+1.5) \times 1] \times 0.4 = 10.24 \text{kN/m}$

$w_{\max} = 0.677q_2L^4/(100EI) = 0.677 \times 10.24 \times 200^4/(100 \times 4200 \times 112500) = 0.235 \text{mm} \leqslant [w] = L/250 = 200/250 = 0.8 \text{mm}$

满足要求！

3. 支座反力计算

设计值（承载能力极限状态）

$R_{\max} = 1.1q_{1静}L + 1.2q_{1活}L = 1.1 \times 12.442 \times 0.2 + 1.2 \times 1.411 \times 0.2 = 3.076 \text{kN}$

标准值（正常使用极限状态）

$R'_{\max} = 1.1q_2L = 1.1 \times 10.24 \times 0.2 = 2.253 \text{kN}$

（五）次龙骨验算

次龙骨设计基本数据见表 16-72。

次龙骨设计基本数据 表 16-72

次龙骨类型	木方	次龙骨截面类型（mm）	40×80
次龙骨抗弯强度设计值 $[f]$（N/mm²）	15.444	次龙骨抗剪强度设计值 $[\tau]$（N/mm²）	1.782
次龙骨截面抵抗矩 W（cm³）	42.667	次龙骨弹性模量 E（N/mm²）	9000
次龙骨截面惯性矩 I（cm⁴）	170.667	梁左侧立杆距梁中心线距离（mm）	500
每跨距内梁底支撑次龙骨间距（mm）	200		

1. 梁底次龙骨荷载计算

计算梁底支撑次龙骨所受荷载，其中梁侧楼板的荷载取板底立杆至梁侧边一半的荷载。

1）梁底次龙骨荷载设计值计算

面板荷载传递给次龙骨 $q_1 = 3.076/0.4 = 7.69 \text{kN/m}$

次龙骨自重 $q_2 = 0.9 \times 1.35 \times G_{1k} \times$ 次龙骨间距 $= 0.9 \times 1.35 \times (0.3 - 0.1) \times 0.2 = 0.049 \text{kN/m}$

梁左侧楼板及侧模传递给次龙骨荷载 $F_1 = 0.9 \times \text{Max}\{1.2 \times [G_{1k} + (G_{2k} + G_{3k}) \times h] + 1.4 \times Q_{2k}, 1.35 \times [G_{1k} + (G_{2k} + G_{3k}) \times h] + 1.4 \times \varphi_c Q_{2k}\} \times$（梁左侧立杆距梁中心线距离－梁宽/2）/2× 次龙骨间距 $+ 0.9 \times 1.35 \times G_{1k} \times$（梁高－板厚）× 次龙骨间距 $= 0.9 \times \text{Max}\{1.2 \times [0.5 + (24 + 1.1) \times 0.15] + 1.4 \times 4, 1.35 \times [0.5 + (24 + 1.1) \times 0.15] + 1.4 \times 0.7 \times 4\} \times (0.5 - 0.4/2)/2 \times 0.2 + 0.9 \times 1.35 \times 0.5 \times (1 - 0.15) \times 0.2 = 0.393 \text{kN}$

梁右侧楼板及侧模传递给次龙骨荷载 $F_2 = 0.9 \times \text{Max}\{1.2 \times [G_{1k} + (G_{2k} + G_{3k}) \times h] + 1.4 \times Q_{2k}, 1.35 \times [G_{1k} + (G_{2k} + G_{3k}) \times h] + 1.4 \times \varphi_c Q_{2k}\} \times [(l_b -$ 梁左侧立杆距梁中心线距离）－梁宽/2]/2× 次龙骨间距 $+ 0.9 \times 1.35 \times G_{1k} \times$（梁高－板厚）× 次龙骨间距 $= 0.9 \times \text{Max}\{1.2 \times [0.5 + (24 + 1.1) \times 0.15] + 1.4 \times 4, 1.35 \times [0.5 + (24 + 1.1) \times 0.15] + 1.4 \times 0.7 \times 4\} \times [(1 - 0.5) - 0.4/2]/2 \times 0.2 + 0.9 \times 1.35 \times 0.5 \times (1 - 0.15) \times 0.2 = 0.393 \text{kN}$

2）梁底次龙骨荷载标准值计算

面板传递给次龙骨 $q_1 = 2.253/0.4 = 5.632 \text{kN/m}$

次龙骨自重 $q_2 = 1 \times G_{1k} \times$ 次龙骨间距 $= 1 \times (0.3 - 0.1) \times 0.2 = 0.04 \text{kN/m}$

梁左侧楼板及侧模传递给次龙骨荷载 $F_1 = [1 \times G_{1k} + 1 \times (G_{2k} + G_{3k}) \times h] \times$（梁左侧立杆距梁中心线距离－梁宽/2）/2× 次龙骨间距 $+ 1 \times G_{1k} \times$（梁高－板厚）× 次龙骨间距 $= [1 \times 0.5 + 1 \times (24 + 1.1) \times 0.15] \times (0.5 - 0.4/2) 2 \times 0.2 + 1 \times 0.5 \times (1 - 0.15) \times 0.2 = 0.213 \text{kN}$

梁右侧楼板及侧模传递给次龙骨荷载 $F_2 = (1 \times G_{1k} + 1 \times G_{3k} \times h) \times [(l_b -$ 梁左侧立杆距梁中心线距离）－梁宽/2]/2× 次龙骨间距 $+ 1 \times G_{1k} \times$（梁高－板厚）× 次龙骨间距 $= [1 \times 0.5 + 1 \times (24 + 1.1) \times 0.15] \times [(1 - 0.5) - 0.4/2]/2 \times 0.2 + 1 \times 0.5 \times (1 - 0.15) \times 0.2 = 0.213 \text{kN}$

计算简图如图 16-216、图 16-217 所示。

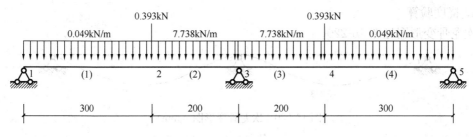

图 16-216 承载能力极限状态

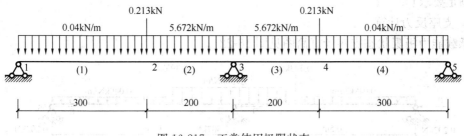

图 16-217 正常使用极限状态

2. 抗弯验算

次龙骨弯矩图见图 16-218。

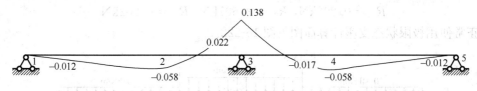

图 16-218 次龙骨弯矩图（kN·m）

$\sigma = M_{max}/W = 0.138 \times 10^6/42667 = 3.227 \text{N/mm}^2 \leqslant [f] = 15.444 \text{N/mm}^2$

满足要求！

3. 抗剪验算

次龙骨剪力图见图 16-219。

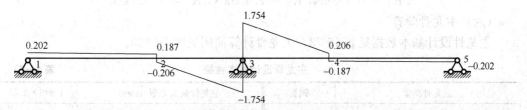

图 16-219 次龙骨剪力图（kN）

$$V_{max} = 1.754 \text{kN}$$

$\tau_{max} = 3V_{max}/(2bh_0) = 3 \times 1.754 \times 1000/(2 \times 40 \times 80) = 0.822 \text{N/mm}^2 \leqslant [\tau] = 1.782 \text{N/mm}^2$

满足要求！

4. 挠度验算

次龙骨变形图见图16-220。

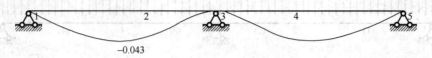

图 16-220 次龙骨变形图（mm）

$$w_{\max} = 0.043\text{mm} \leqslant [w] = L/250 = 500/250 = 2\text{mm}$$

满足要求！

5. 支座反力计算

承载能力极限状态支座计算简图见图16-221。

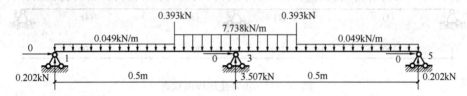

图 16-221 承载能力极限状态支座计算简图

承载能力极限状态

$$R_1 = 0.202\text{kN}, \ R_2 = 3.507\text{kN}, \ R_3 = 0.202\text{kN}$$

正常使用极限状态支座计算简图见图16-222。

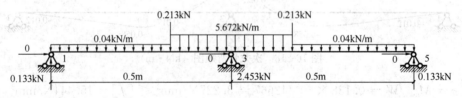

图 16-222 正常使用极限状态支座计算简图

正常使用极限状态

$$R'_1 = 0.133\text{kN}, \ R'_2 = 2.453\text{kN}, \ R'_3 = 0.133\text{kN}$$

（六）主龙骨验算

主龙骨设计基本数据见表16-73，主龙骨计算简图见图16-223。

主龙骨设计基本数据　　　　　　　　　　　　　　表16-73

主龙骨类型	钢管	主龙骨截面类型（mm）	$\phi 48 \times 3.5$
主龙骨计算截面类型（mm）	$\phi 48 \times 3.5$	主龙骨抗弯强度设计值 $[f]$ (N/mm²)	205
主龙骨抗剪强度设计值 $[\tau]$ (N/mm²)	125	主龙骨截面抵抗矩 W (cm³)	5.08
主龙骨弹性模量 E (N/mm²)	206000	主龙骨截面惯性矩 I (cm⁴)	12.19
主龙骨计算方式	三等跨连续梁	可调托座内主龙骨根数	1

由上节可知 $P = \max[R_2] = \max[3.507] = 3.507\text{kN}, P' = \max[R'_2] = \max[2.453] = 2.453\text{kN}$

单根主龙骨自重设计值：$q = 0.9 \times 1.35 \times 0.038 = 0.047 \text{kN/m}$
单根主龙骨自重标准值：$q' = 1 \times 0.038 = 0.038 \text{kN/m}$

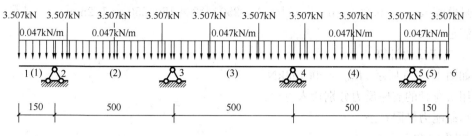

图 16-223 主龙骨计算简图（二）

1. 抗弯验算

主龙骨弯矩图见图 16-224。

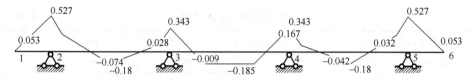

图 16-224 主龙骨弯矩图（二）(kN·m)

$$\sigma = M_{\max}/W = 0.527 \times 10^6 / 5080 = 103.74 \text{N/mm}^2 \leqslant [f] = 205 \text{N/mm}^2$$

满足要求！

2. 抗剪验算

主龙骨剪力图见图 16-225。

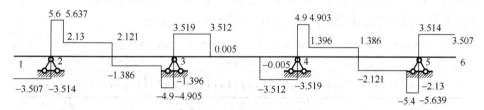

图 16-225 主龙骨剪力图（二）(kN)

$$V_{\max} = 5.639 \text{kN}$$

$\tau_{\max} = 2V_{\max}/A = 2 \times 5.639 \times 1000 / 489 = 23.063 \text{N/mm}^2 \leqslant [\tau] = 125 \text{N/mm}^2$

满足要求！

3. 挠度验算

主龙骨变形图见图 16-226。

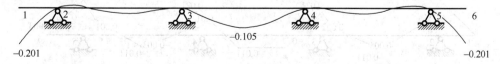

图 16-226 主龙骨变形图（二）(mm)

跨中 $w_{max} = 0.105\text{mm} \leqslant [w] = L/250 = 500/250 = 2\text{mm}$
满足要求!
悬臂端 $w_{max} = 0.201\text{mm} \leqslant [w] = 2l_2/250 = 2 \times 150/250 = 1.2\text{mm}$
满足要求!

4. 支座反力计算

如图 16-225 所示:$R_{max} = 9.153\text{kN}$

用次龙骨的支座反力分别代入可得:

承载能力极限状态

如图 16-225 所示。

立杆 5:$R_5 = 9.153\text{kN}$

(七) 纵向水平钢管验算

如表 16-74 所示。

边主龙骨设计基本数据　　　　表 16-74

钢管截面类型 (mm)	$\phi 48 \times 3.5$	钢管计算截面类型 (mm)	$\phi 48 \times 3.5$
钢管截面积 A (mm²)	489	钢管截面回转半径 i (mm)	15.8
钢管弹性模量 E (N/mm²)	206000	钢管截面惯性矩 I (cm⁴)	12.19
钢管截面抵抗矩 W (cm³)	5.08	钢管抗弯强度设计值 $[f]$ (N/mm²)	205
钢管抗剪强度设计值 $[\tau]$ (N/mm²)	125		

纵向水平钢管计算简图见图 16-227。

由次龙骨验算一节可知 $P = \max[R_1, R_3] = 0.202\text{kN}, P' = \max[R'_1, R'_3] = 0.133\text{kN}$

纵向水平钢管自重设计值:$q = 0.9 \times 1.35 \times 0.038 = 0.047\text{kN/m}$

纵向水平钢管自重标准值:$q' = 1 \times 0.038 = 0.038\text{kN/m}$

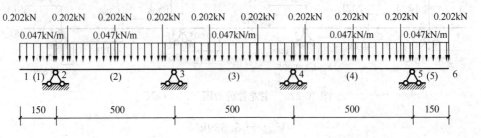

图 16-227　纵向水平钢管计算简图

1. 抗弯验算

纵向水平钢管弯矩图见图 16-228。

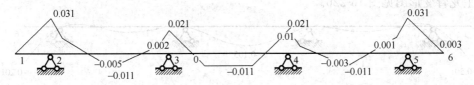

图 16-228　纵向水平钢管弯矩图 (kN·m)

$\sigma = M_{max}/W = 0.031 \times 10^6/5080 = 6.102 \text{N/mm}^2 \leqslant [f] = 205 \text{N/mm}^2$

满足要求!

2. 抗剪验算

纵向水平钢管剪力图见图 16-229。

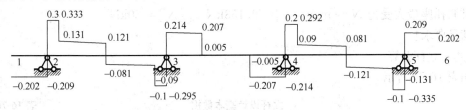

图 16-229 纵向水平钢管剪力图（kN）

$$V_{max} = 0.335 \text{kN}$$

$\tau_{max} = 2V_{max}/A = 2 \times 0.335 \times 1000/489 = 1.37 \text{N/mm}^2 \leqslant [\tau] = 125 \text{N/mm}^2$

满足要求!

3. 挠度验算

纵向水平钢管变形图见图 16-230。

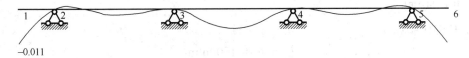

图 16-230 纵向水平钢管变形图（mm）

跨中 $w_{max} = 0.006 \text{mm} > [w] = L/400 = 500/400 = 1.25 \text{mm}$

满足要求!

悬臂端 $w_{max} = 0.011 \text{mm} > [w] = 2l_2/400 = 2 \times 150/400 = 0.75 \text{mm}$

满足要求!

4. 支座反力计算

如图 16-229 所示，$R_{max} = 0.544 \text{kN}$

用次龙骨两侧的支座反力分别代入可得：

承载能力极限状态

如图 16-229 所示。

立杆 1：$R_1 = 0.509 \text{kN}$，立杆 5：$R_5 = 0.544 \text{kN}$

（八）可调托座验算

如表 16-75 所示。

可调托座设计基本数据　　　　　　　　　　　　表 16-75

荷载传递至立杆方式	可调托座	可调托座承载力设计值 $[N]$（kN）	30
扣件抗滑移折减系数 k_c	0.85 取自《建筑施工扣件式钢管脚手架安全技术规范》JGJ 130—2019		

1. 扣件抗滑移验算

两侧立杆最大受力 $N = \max[R_1, R_5] = \max[0.509, 0.544] = 0.544 \text{kN} \leqslant 0.85 \times 8 =$

6.8kN

《扣件式钢管脚手架安全技术规范》JGJ 130—2011 第 7.3.11 条第二款规定，单扣件在扭矩达到 40~65N·m 且无质量缺陷的情况下，单扣件能满足要求！

2. 可调托座验算

可调托座最大受力 $N = \max[R_2] = 9.153\text{kN} \leqslant [N] = 30\text{kN}$

满足要求！

（九）立杆验算

如表 16-76 所示。

立杆设计基本数据　　表 16-76

立杆钢管截面类型（mm）	$\phi 48 \times 3.5$	立杆钢管计算截面类型（mm）	$\phi 48 \times 3.5$
钢材等级	Q235	立杆截面面积 A（mm²）	489
回转半径 i（mm）	15.8	立杆截面抵抗矩 W（cm³）	5.08
抗压强度设计值 $[f]$（N/mm²）	205	支架自重标准值 q（kN/m）	0.15
步距 h（mm）	1500		

注：支架自重标准值 q（kN/m）取自《建筑施工扣件式钢管脚手架安全技术规范》JGJ 130—2011 支架自重标准值 q（kN/m）。

1. 长细比验算

$$l_0 = h = 1500\text{mm}$$
$$\lambda = l_0/i = 1500/15.8 = 94.937 \leqslant [\lambda] = 150$$

长细比满足要求！

查表得，$\varphi = 0.634$

2. 风荷载计算

可按《建筑结构荷载规范》GB 50009—2012 的有关规定确定，$M_w = 0.9 \times \varphi_c \times 1.4 \times \omega_k \times l_a \times h^2/10 = 0.9 \times 0.9 \times 1.4 \times 0.455 \times 0.5 \times 1.5^2/10 = 0.058\text{kN·m}$

3. 稳定性计算

根据《建筑施工模板安全技术规范》JGJ 162—2008 中公式 5.2.5-14，考虑风荷载时，立杆计算活荷载组合系数按 0.9 考虑。

1）面板验算

$q_1 = 0.9 \times \{1.2 \times [0.1 + (24 + 1.5) \times 1] + 1.4 \times 0.9 \times 4\} \times 0.4 = 12.874\text{kN/m}$

2）次龙骨验算

$F_1 = 0.9 \times \{1.2 \times [0.5 + (24 + 1.1) \times 0.15] + 1.4 \times 0.9 \times 4\} \times (0.5 - 0.4/2)/2 \times 0.2 + 0.9 \times 1.2 \times 0.5 \times (1 - 0.15) \times 0.2 = 0.366\text{kN}$

$F_2 = 0.9 \times \{1.2 \times [0.5 + (24 + 1.1) \times 0.15] + 1.4 \times 0.9 \times 4\} \times [(1 - 0.5) - 0.4/2]/2 \times 0.2 + 0.9 \times 1.2 \times 0.5 \times (1 - 0.15) \times 0.2 = 0.366\text{kN}$

$q_1 = 7.171\text{kN/m}$

$q_2 = 0.043\text{kN/m}$

同上（四）~（七）计算过程，可得：

$R_1 = 0.505\text{kN}, R_2 = 8.531\text{kN}, R_3 = 0.505\text{kN}$

立杆最大受力 $N_w = \max[R_1+N_{边1}, R_2, R_3+N_{边2}]+0.9\times1.2\times$每米立杆自重$\times(H-$梁高$)+M_w/l_b = \max\{0.505+0.9\times[1.2\times(0.5+(24+1.1)\times0.15)+1.4\times0.9\times4]\times(1+0.5-0.4/2)/2\times0.5, 8.531, 0.505+0.9\times[1.2\times(0.5+(24+1.1)\times0.15)+1.4\times0.9\times4\times(1+1-0.5-0.4/2)/2\times0.5]\}+0.9\times1.2\times0.15\times(14.9-1)+0.058/1 = 10.841 \text{kN}$

$f = N_w/(\varphi A) + M_w/W = 10840.706/(0.634\times489) + 0.058\times10^6/5080 = 46.384 \text{N/mm}^2 \leqslant [f] = 205 \text{N/mm}^2$

满足要求!

（十）高宽比验算

根据《建筑施工扣件式钢管脚手架安全技术规范》JGJ 130—2011 第 6.9.7 条：支架高宽比不应大于 3，高宽比＝计算架高÷计算架宽，其中计算架高为立杆垫板下皮至顶部可调托撑支托板下皮垂直距离，计算架宽为满堂支撑架横向两侧立杆轴线水平距离。

$$H/B = 14.9/8 = 1.863 \leqslant 3$$

满足要求!

（十一）立杆地基基础计算

如表 16-77 所示。

立杆地基设计基本数据 表 16-77

地基土类型	素填土	地基承载力特征值 f_{ak}（kPa）	140
立杆垫木地基土承载力折减系数 m_f	1	垫板底面面积 A（m²）	0.15

根据规范要求，地基承载力计算荷载应取标准值。

将荷载分项系数取为 1 后，代入各章节进行计算，得到立杆传至基础顶面的荷载标准值 $N' = 9.963 \text{kN}$

立杆底垫板的底面平均压力 $p = N'/m_f A = 9.963/(1\times0.15) = 66.419 \text{kPa} \leqslant f_{ak} = 140 \text{kPa}$

满足要求!

三、楼板模板计算

计算依据：

(1)《建筑施工模板安全技术规范》JGJ 162—2008；

(2)《混凝土结构设计标准》(2024 年版) GB/T 50010—2010；

(3)《建筑结构荷载规范》GB 50009—2012；

(4)《钢结构设计标准》GB 50017—2017；

(5)《施工脚手架通用规范》GB 55023—2022；

(6)《混凝土结构通用规范》GB 55008—2021；

(7)《钢结构通用规范》GB 55006—2021；

(8)《工程结构通用规范》GB 55001—2021。

（一）工程属性

如表 16-78 所示。

楼板模板设计基本数据 表 16-78

新浇混凝土楼板名称	150 厚楼板	新浇混凝土楼板计算厚度（mm）	150
模板支架高度 H（m）	14.9	模板支架纵向长度 L（m）	8
模板支架横向长度 B（m）	8		

（二）荷载设计
如表 16-79 所示。

楼板模板荷载组合 表 16-79

模板及其支架自重标准值 G_{1k}（kN/m²）	面板（取自建筑施工模板安全技术规范 JGJ 162—2008 附录 A）	0.1
	面板及次龙骨（取自建筑施工模板安全技术规范 JGJ 162—2008 附录 A）	0.3
	楼板模板（取自建筑施工模板安全技术规范 JGJ 162—2008 附录 A）	0.5
混凝土自重标准值 G_{2k}（kN/m³）	24	钢筋自重标准值 G_{3k}（kN/m³） 1.1
施工人员及设备荷载标准值 Q_{1k}	当计算面板和次龙骨时的均布活荷载（kN/m²）	4
	当计算面板和次龙骨时的集中荷载（kN）	2.5
	当计算主龙骨时的均布活荷载（kN/m²）	1.5
	当计算支架立杆及其他支承结构构件时的均布活荷载（kN/m²）	1
风荷载标准值 ω_k（kN/m²）	基本风压 ω_0（kN/m²） 0.35	
	地基粗糙程度 B 类（城市郊区）	
	模板支架顶部距地面高度（m） 14.9（取自 GB 50009—2012 建筑结构荷载中的表 8.3.1 条）	0.455
	风压高度变化系数 μ_z 1（取自 GB 50009—2012 建筑结构荷载中的第 8.2.1 条）	
	风荷载体型系数 μ_s 1.3	

（三）模板体系设计
如表 16-80 所示。

楼板模板设计基本数据 表 16-80

主龙骨布置方向	平行立杆纵向方向	立杆纵向间距 l_a（mm）	1000
立杆横向间距 l_b（mm）	1000	步距 h（mm）	1500
次龙骨间距 s（mm）	250	次龙骨最大悬挑长度 l_1（mm）	150
主龙骨最大悬挑长度 l_2（mm）	100	结构表面的要求	结构表面隐蔽

设计简图如图 16-231、图 16-232 所示。

（四）面板验算
如表 16-81 所示。

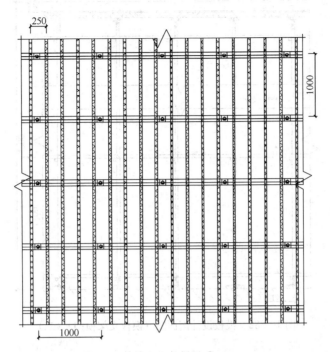

图 16-231 模板设计平面图

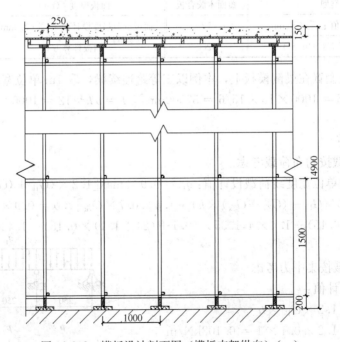

图 16-232 模板设计剖面图（模板支架纵向）（一）

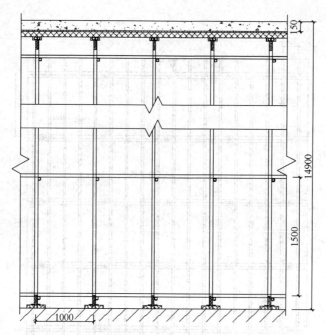

图 16-232 模板设计剖面图（模板支架横向）（二）

面板设计基本数据　　　　　　　　　　　　表 16-81

面板类型	覆面木胶合板	面板厚度 t（mm）	15
面板抗弯强度设计值 $[f]$（N/mm²）	12	面板抗剪强度设计值 $[\tau]$（N/mm²）	1.5
面板弹性模量 E（N/mm²）	4200	面板计算方式	三等跨连续梁

楼板面板应搁置在梁侧模板上，本例以三等跨连续梁，取 1m 单位宽度计算。

$W = bh^2/6 = 1000 \times 15 \times 15/6 = 37500 \text{mm}^3$，$I = bh^3/12 = 1000 \times 15 \times 15 \times 15/12 = 281250 \text{mm}^4$

1. 荷载计算

1）施工荷载按均布荷载考虑

面板承受的单位宽度线荷载设计值：$q_1 = 0.9 \times \max[1.2 \times (G_{1k} + (G_{2k} + G_{3k}) \times h) + 1.4 \times Q_{1k}, 1.35 \times (G_{1k} + (G_{2k} + G_{3k}) \times h) + 1.4 \times 0.7 \times Q_{1k}] \times b = 0.9 \times \max[1.2 \times (0.1 + (24 + 1.1) \times 0.15) + 1.4 \times 4, 1.35 \times (0.1 + (24 + 1.1) \times 0.15) + 1.4 \times 0.7 \times 4] \times 1 = 9.214 \text{kN/m}$

2）施工荷载按集中力考虑

面板自重设计值：

$q_2 = 0.9 \times 1.2 \times G_{1k} \times b$
　　$= 0.9 \times 1.2 \times 0.1 \times 1 = 0.108 \text{kN/m}$

面板承受的施工荷载设计值：

$p = 0.9 \times 1.4 \times Q_{1k}$
　　$= 0.9 \times 1.4 \times 2.5 = 3.15 \text{kN}$

计算简图如图 16-233 所示。

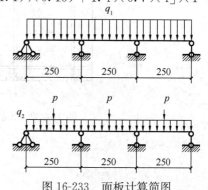

图 16-233　面板计算简图

2. 强度验算

$q_{1静} = 0.9 \times [\gamma_G (G_{1k} + (G_{2k} + G_{3k}) \times h) \times b] = 0.9 \times [1.2 \times (0.1 + (24 + 1.1) \times 0.15) \times 1] = 4.174 \text{kN/m}$

$q_{1活} = 0.9 \times (\gamma_Q Q_{1k}) \times b = 0.9 \times (1.4 \times 4) \times 1 = 5.04 \text{kN/m}$

$M_1 = 0.1 q_{1静} L^2 + 0.117 q_{1活} L^2 = 0.1 \times 4.174 \times 0.25^2 + 0.117 \times 5.04 \times 0.25^2 = 0.063 \text{kN} \cdot \text{m}$

$M_2 = \max[0.08 q_2 L^2 + 0.213 pL, 0.1 q_2 L^2 + 0.175 pL] = \max[0.08 \times 0.108 \times 0.25^2 + 0.213 \times 3.15 \times 0.25, 0.1 \times 0.108 \times 0.25^2 + 0.175 \times 3.15 \times 0.25] = 0.168 \text{kN} \cdot \text{m}$

$M_{\max} = \max[M_1, M_2] = \max[0.063, 0.168] = 0.168 \text{kN} \cdot \text{m}$

$\sigma = M_{\max}/W = 0.168 \times 10^6 / 37500 = 4.487 \text{N/mm}^2 \leqslant [f] = 12 \text{N/mm}^2$

满足要求!

3. 挠度验算

面板承受的单位宽度线荷载标准值:$q = (1 \times (G_{1k} + (G_{2k} + G_{3k}) \times h)) \times b = (1 \times (0.1 + (24 + 1.1) \times 0.15)) \times 1 = 3.865 \text{kN/m}$

$w_{\max} = 0.677 q l^4 / (100 EI) = 0.677 \times 3.865 \times 250^4 / (100 \times 4200 \times 281250) = 0.087 \text{mm}$

$w = 0.087 \text{mm} \leqslant [w] = L/250 = 250/250 = 1 \text{mm}$

满足要求!

(五) 次龙骨验算

如表 16-82 所示。

次龙骨设计基本数据 表 16-82

次龙骨类型	木方	次龙骨截面类型 (mm)	40×80
次龙骨抗弯强度设计值 $[f]$ (N/mm^2)	15.6	次龙骨抗剪强度设计值 $[\tau]$ (N/mm^2)	1.68
次龙骨截面抵抗矩 W (cm^3)	42.667	次龙骨弹性模量 E (N/mm^2)	9000
次龙骨截面惯性矩 I (cm^4)	170.667	次龙骨计算方式	二等跨连续梁
次龙骨间距 s (mm)	250		

1. 荷载计算

1) 施工荷载按均布荷载考虑

次龙骨承受的线荷载设计值:$q_1 = 0.9 \times \max[1.2 \times (G_{1k} + (G_{2k} + G_{3k}) \times h) + 1.4 Q_{1k}, 1.35 \times (G_{1k} + (G_{2k} + G_{3k}) \times h) + 1.4 \times 0.7 \times Q_{1k}] \times s = 0.9 \times \max[1.2 \times (0.3 + (24 + 1.1) \times 0.15) + 1.4 \times 4, 1.35 \times (0.3 + (24 + 1.1) \times 0.15) + 1.4 \times 0.7 \times 4] \times 0.25 = 2.358 \text{kN/m}$

2) 施工荷载按集中力考虑

面板及次龙骨自重设计值:$q_2 = 0.9 \times 1.2 \times G_{1k} \times s = 0.9 \times 1.2 \times 0.3 \times 0.25 = 0.081 \text{kN/m}$

次龙骨承受的施工荷载设计值:$p = 0.9 \times 1.4 \times Q_{1k} = 0.9 \times 1.4 \times 2.5 = 3.15 \text{kN}$

计算简图如图 16-234 所示。

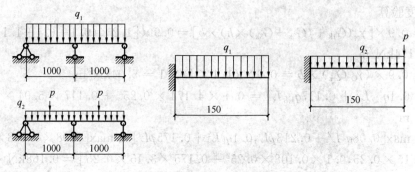

图 16-234 次龙骨计算简图

2. 强度验算

$q_{1静} = 0.9 \times 1.2 \times (G_{1k}+(G_{2k}+G_{3k}) \times h) \times s = 0.9 \times 1.2 \times (0.3+(24+1.1) \times 0.15) \times 0.25 = 1.098 \text{kN/m}$

$q_{1活} = 0.9 \times 1.4 \times Q_{1k} \times s = 0.9 \times 1.4 \times 4 \times 0.25 = 1.26 \text{kN/m}$

$M_1 = 0.125 q_{1静} L^2 + 0.125 q_{1活} L^2 = 0.125 \times 1.098 \times 1^2 + 0.125 \times 1.26 \times 1^2 = 0.295 \text{kN} \cdot \text{m}$

$M_2 = \max[0.07 q_2 L^2 + 0.203 pL, 0.125 q_2 L^2 + 0.188 pL] = \max[0.07 \times 0.081 \times 1^2 + 0.203 \times 3.15 \times 1, 0.125 \times 0.081 \times 1^2 + 0.188 \times 3.15 \times 1] = 0.645 \text{kN} \cdot \text{m}$

$M_3 = \max[q_1 L_1^2/2, q_2 L_1^2/2 + pL_1] = \max[2.358 \times 0.15^2/2, 0.081 \times 0.15^2/2 + 3.15 \times 0.15] = 0.473 \text{kN} \cdot \text{m}$

$M_{\max} = \max[M_1, M_2, M_3] = \max[0.295, 0.645, 0.473] = 0.645 \text{kN} \cdot \text{m}$

$\sigma = M_{\max}/W = 0.645 \times 10^6/42667 = 15.12 \text{N/mm}^2 \leqslant [f] = 15.6 \text{N/mm}^2$

满足要求！

3. 抗剪验算

$V_1 = 0.625 q_{1静} L + 0.625 q_{1活} L = 0.625 \times 1.098 \times 1 + 0.625 \times 1.26 \times 1 = 1.473 \text{kN}$

$V_2 = 0.625 q_2 L + 0.688 p = 0.625 \times 0.081 \times 1 + 0.688 \times 3.15 = 2.218 \text{kN}$

$V_3 = \max[q_1 L_1, q_2 L_1 + p] = \max[2.358 \times 0.15, 0.081 \times 0.15 + 3.15] = 3.162 \text{kN}$

$V_{\max} = \max[V_1, V_2, V_3] = \max[1.473, 2.218, 3.162] = 3.162 \text{kN}$

$\tau_{\max} = 3 V_{\max}/(2 b h_0) = 3 \times 3.162 \times 1000/(2 \times 40 \times 80) = 1.482 \text{N/mm}^2 \leqslant [\tau] = 1.68 \text{N/mm}^2$

满足要求！

4. 挠度验算

次龙骨承受的线荷载标准值：$q = (1 \times (G_{1k}+(G_{2k}+G_{3k}) \times h)) \times s = (1 \times (0.3+(24+1.1) \times 0.15)) \times 0.25 = 1.016 \text{kN/m}$

挠度：跨中 $w_{\max} = 0.521 q L^4/(100 EI) = 0.521 \times 1.016 \times 1000^4/(100 \times 9000 \times 170.667 \times 10^4) = 0.345 \text{mm} \leqslant [w] = L/250 = 1000/250 = 4 \text{mm}$

悬臂端：$w_{\max} = q l_1^4/(8 EI) = 1.016 \times 150^4/(8 \times 9000 \times 170.667 \times 10^4) = 0.004 \text{mm} \leqslant [w] = 2 \times l_1/250 = 2 \times 150/250 = 1.2 \text{mm}$

满足要求！

（六）主龙骨验算

如表 16-83 所示。

主龙骨设计基本数据 表 16-83

主龙骨类型	钢管	主龙骨截面类型（mm）	$\phi 48 \times 3.5$
主龙骨计算截面类型（mm）	$\phi 48 \times 3.5$	主龙骨抗弯强度设计值 $[f]$（N/mm²）	205
主龙骨抗剪强度设计值 $[\tau]$（N/mm²）	125	主龙骨截面抵抗矩 W（cm³）	5.08
主龙骨弹性模量 E（N/mm²）	206000	主龙骨截面惯性矩 I（cm⁴）	12.19
主龙骨计算方式	三等跨连续梁	可调托座内主龙骨根数	2
主龙骨受力不均匀系数	\multicolumn{3}{l	}{0.6（由于材料质量、施工质量等因素，很难实现均匀受力，从而计算时要考虑不均匀系数）}

1. 次龙骨最大支座反力计算

$q_1 = 0.9 \times \max[1.2 \times (G_{1k} + (G_{2k} + G_{3k}) \times h) + 1.4 \times Q_{1k}, 1.35 \times (G_{1k} + (G_{2k} + G_{3k}) \times h) + 1.4 \times 0.7 \times Q_{1k}] \times s = 0.9 \times \max[1.2 \times (0.3 + (24 + 1.1) \times 0.15) + 1.4 \times 1.5, 1.35 \times (0.3 + (24 + 1.1) \times 0.15) + 1.4 \times 0.7 \times 1.5] \times 0.25 = 1.57 \text{kN/m}$

$q_{1\text{静}} = 0.9 \times 1.2 \times (G_{1k} + (G_{2k} + G_{3k}) \times h) \times s = 0.9 \times 1.2 \times (0.3 + (24 + 1.1) \times 0.15) \times 0.25 = 1.098 \text{kN/m}$

$q_{1\text{活}} = 0.9 \times 1.4 \times Q_{1k} \times s = 0.9 \times 1.4 \times 1.5 \times 0.25 = 0.472 \text{kN/m}$

$q_2 = (1 \times (G_{1k} + (G_{2k} + G_{3k}) \times h)) \times s = (1 \times (0.3 + (24 + 1.1) \times 0.15)) \times 0.25 = 1.016 \text{kN/m}$

承载能力极限状态：

按二等跨连续梁，次龙骨中间支座的最大支座反力设计值：$R_{\max} = 1.25 q_1 L = 1.25 \times 1.57 \times 1 = 1.963 \text{kN}$

按带悬臂的二等跨连续梁，次龙骨边支座的最大支座反力设计值：$R_1 = (0.375 q_{1\text{静}} + 0.437 q_{1\text{活}}) L + q_1 l_1 = (0.375 \times 1.098 + 0.437 \times 0.472) \times 1 + 1.57 \times 0.15 = 0.854 \text{kN}$

主龙骨 2 根合并，其主龙骨受力不均匀系数=0.6

单根主龙骨所受次龙骨支座反力设计值：$R = \max[R_{\max}, R_1] \times 0.6 = \max[1.963, 0.854] \times 0.6 = 1.178 \text{kN}$

单根主龙骨自重设计值：$q = 0.9 \times 1.2 \times 0.038 = 0.041 \text{kN/m}$

正常使用极限状态：

按二等跨连续梁，次龙骨中间支座的最大支座反力设计值：$R'_{\max} = 1.25 q_2 L = 1.25 \times 1.016 \times 1 = 1.27 \text{kN}$

按带悬臂的二等跨连续梁，次龙骨边支座的最大支座反力设计值：$R'_1 = 0.375 q_2 L + q_2 l_1 = 0.375 \times 1.016 \times 1 + 1.016 \times 0.15 = 0.534 \text{kN}$

单根主龙骨所受次龙骨支座反力标准值：$R' = \max[R'_{\max}, R'_1] \times 0.6 = \max[1.27, 0.534] \times 0.6 = 0.762 \text{kN}$

单根主龙骨自重标准值：$q' = 1 \times 0.038 = 0.038 \text{kN/m}$

计算简图如图 16-235、图 16-236 所示。

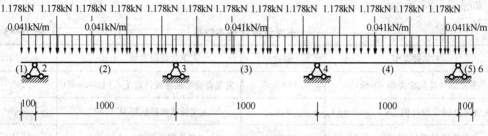

图 16-235　主龙骨计算简图（三）

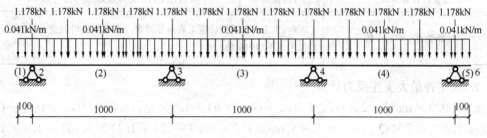

图 16-236　主龙骨计算简图（四）

2. 抗弯验算

主龙骨弯矩图如图 16-237、图 16-238 所示。

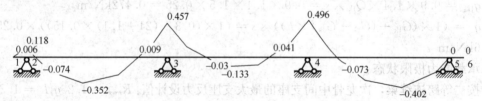

图 16-237　主龙骨弯矩图（三）（kN·m）

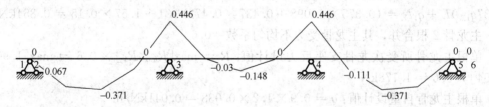

图 16-238　主龙骨弯矩图（四）（kN·m）

$$\sigma = M_{max}/W = 0.496 \times 10^6/5080 = 97.652 \text{N/mm}^2 \leqslant [f] = 205 \text{N/mm}^2$$

满足要求！

3. 抗剪验算

主龙骨剪力图如图 16-239、图 16-240 所示。

$$\tau_{max} = 2V_{max}/A = 2 \times 2.833 \times 1000/489 = 11.587 \text{N/mm}^2 \leqslant [\tau] = 125 \text{N/mm}^2$$

满足要求！

4. 挠度验算

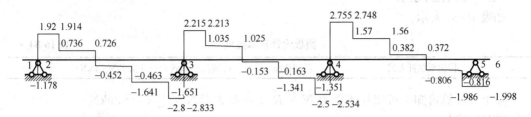

图 16-239 主龙骨剪力图（三）（kN）

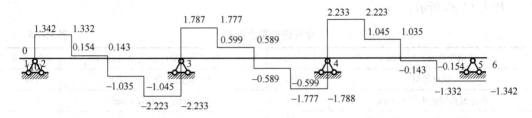

图 16-240 主龙骨剪力图（四）（kN）

主龙骨变形图如图 16-241、图 16-242 所示。

图 16-241 主龙骨变形图（三）（mm）

图 16-242 主龙骨变形图（四）（mm）

跨中：$w_{max} = 0.848\text{mm} \leqslant [w] = 1000/250 = 4\text{mm}$
悬挑段：$w_{max} = 0.313\text{mm} \leqslant [w] = 2 \times 100/250 = 0.8\text{mm}$
满足要求！

5. 支座反力计算

承载能力极限状态

如图 16-239 所示。

支座反力依次为 $R_1 = 3.102\text{kN}, R_2 = 5.053\text{kN}, R_3 = 5.288\text{kN}, R_4 = 2.003\text{kN}$

如图 16-240 所示。

支座反力依次为 $R_1 = 2.524\text{kN}, R_2 = 5.199\text{kN}, R_3 = 5.198\text{kN}, R_4 = 2.524\text{kN}$

主龙骨 2 根合并，其主龙骨受力不均匀系数=0.6，因此主龙骨传递至立杆的集中力：

$$R_{max} = \text{Max}[R_1, R_2, R_3, R_4]/0.6 = 5.288/0.6 = 8.814\text{kN}$$

(七) 可调托座验算

如表 16-84 所示。

面板设计基本数据　　　　　　　　　　　　　　　　　　表 16-84

荷载传递至立杆方式	可调托座	可调托座承载力设计值 $[N]$（kN）	30

按上节计算可知，可调托座受力 $N = R_{max} = 8.814\text{kN} \leqslant [N] = 30\text{kN}$

满足要求！

(八) 立杆验算

如表 16-85 所示。

立杆设计基本数据　　　　　　　　　　　　　　　　　　表 16-85

立杆钢管截面类型（mm）	$\phi48\times3.5$	立杆钢管计算截面类型（mm）	$\phi48\times3.5$
钢材等级	Q235	立杆截面面积 A（mm²）	489
立杆截面回转半径 i（mm）	15.8	立杆截面抵抗矩 W（cm³）	5.08
抗压强度设计值 $[f]$（N/mm²）	205	支架自重标准值 q（kN/m）	0.15
步距 h（mm）	1500		

1. 长细比验算

$l_0 = h = 1500\text{mm}$

$\lambda = l_0/i = 1500/15.8 = 94.937 \leqslant [\lambda] = 150$

满足要求！

2. 立杆稳定性验算

根据《建筑施工模板安全技术规范》JGJ 162—2008 中公式 5.2.5-14，考虑风荷载时立杆计算活荷载组合系数按 0.9 考虑。

次龙骨验算

$q_1 = 0.9\times[1.2\times(G_{1k}+(G_{2k}+G_{3k})\times h)+1.4\times0.9\times Q_{1k}]\times s = 0.9\times[1.2\times(0.3+(24+1.1)\times0.15)+1.4\times0.9\times1]\times0.25 = 1.381\text{kN/m}$

同上四~六步计算过程，可得：

$R_1 = 2.731\text{kN}, R_2 = 4.577\text{kN}, R_3 = 4.656\text{kN}, R_4 = 2.222\text{kN}$

$R_{max} = \text{Max}[R_1,R_2,R_3,R_4]/0.6 = 4.656/0.6 = 7.76\text{kN}$

$\lambda = l_0/i = 1500.000/15.8 = 94.937$

查表得，$\varphi_1 = 0.634$

不考虑风荷载：

$N = R_{max} + 0.9\times\gamma_G\times q\times H = 7.76+0.9\times1.2\times0.15\times14.9 = 10.174\text{kN}$

$f = N/(\varphi_1 A) = 10.174\times10^3/(0.634\times489) = 32.817\text{N/mm}^2 \leqslant [f] = 205\text{N/mm}^2$

满足要求！

考虑风荷载：

$M_w = 0.9\times\gamma_Q\phi_c\omega_k\times l_a\times h^2/10 = 0.9\times1.4\times0.9\times0.455\times1\times1.5^2/10 = 0.116\text{kN}\cdot\text{m}$

$N_w = R_{max}+0.9\times\gamma_G\times q\times H+M_w/l_b = 7.76+0.9\times1.2\times0.15\times14.9+0.116/1 = 10.29\text{kN}$

$$f = N_w/(\varphi_1 A) + M_w/W = 10.29 \times 10^3/(0.634 \times 489) + 0.116 \times 10^6/5080 =$$
$56.026 \text{N/mm}^2 \leqslant [f] = 205 \text{N/mm}^2$

满足要求!

（九）高宽比验算

《建筑施工扣件式钢管脚手架安全技术规范》JGJ 130—2011 第 6.9.7 条：支架高宽比不应大于 3。

$$H/B = 14.9/8 = 1.863 \leqslant 3$$

满足要求!

（十）立杆地基基础验算

如表 16-86 所示。

立杆地基设计基本数据　　　　表 16-86

地基土类型	黏性土	地基承载力特征值 f_{ak} (kPa)	140
立杆垫木地基土承载力折减系数 m_f	0.9	垫板底面面积 A (m²)	0.1

根据规范要求，地基承载力计算荷载应取标准值。

将荷载分项系数取为 1 后，代入各章节进行计算，得到立杆传至基础顶面的荷载标准值 $N' = 9.454$ kN

立杆底垫板的底面平均压力 $p = N'/(m_f A) = 9.454/(0.9 \times 0.1) = 105.045 \text{kPa} \leqslant f_{ak} = 140 \text{kPa}$

满足要求!

16.8 模板工程施工质量及验收要求

16.8.1 基本规定

（1）模板工程应编制施工方案。滑模、爬模等工具式模板工程及高大模板支架工程的施工方案，应按《危险性较大的分部分项工程安全管理规定》进行专家论证。

（2）模板及支架应根据安装、使用和拆除工况进行设计，应具满足承载力、刚度和整体稳固性要求。

（3）模板及其支架的安装和拆除应符合现行国家标准《混凝土结构工程施工规范》GB 50666 和施工方案的要求，其中模板及其支架的安装应进行质量验收。

16.8.2 模板安装

16.8.2.1 主控项目

（1）模板及支架材料的技术指标应符合国家现行有关标准的规定。进场时应根据设计要求抽样检验模板和支架材料的外观、规格和尺寸。必要时，应对模板、支架杆件和连接件的力学性能进行抽样检查。

检查数量：按国家现行有关标准的规定确定。

检验方法：检查质量证明文件；观察，尺量；试验。

(2) 现浇混凝土结构模板及支架的安装质量，应符合国家现行有关标准的规定和施工方案的要求。

　　检查数量：按国家现行有关标准的规定确定。

　　检验方法：按国家现行有关标准的规定执行。

(3) 后浇带处的模板和支架应独立设置。

　　检查数量：全数检查。

　　检验方法：观察。

(4) 支架立杆或竖向模板安装在土层上时，应符合下列规定：

1) 土层应坚实、平整，其承载力或密实度应符合施工方案的要求；

2) 应有防水、排水措施；对冻胀性土，应有预防冻融措施；

3) 支架竖杆下应有底座或垫板。

　　检查数量：全数检查。

　　检验方法：观察检查；检查土层密实度检测报告、土层承载力验算或现场检测报告。

(5) 对于高大模板支架工程，梁的支架立杆应设置剪刀撑；满堂模板支架在外侧周圈设置由下至上的竖向连续式剪刀撑；中间在纵横向及竖向每隔4.5m设置由下至上的竖向连续式剪刀撑，宽度为6m，并在剪刀撑的顶部、扫地杆处设置水平剪刀撑；剪刀撑杆件的底端应与地面顶紧，夹角为45°～60°。

　　检查数量：全数检查。

　　检验方法：观察，尺量。

(6) 高大模板支架工程的立杆接长各层各步接头应采用对接扣件连接。

　　检查数量：全数检查。

　　检验方法：观察检查。

16.8.2.2　一般项目

(1) 模板安装应符合下列规定：

1) 模板的接缝应严密；

2) 模板内不应有杂物、积水或冰雪等；

3) 模板与混凝土的接触面应平整、清洁；

4) 用作模板的地坪、胎膜等应平整、清洁，不应有影响构件质量的下沉、裂缝、起砂或起鼓；

5) 对清水混凝土构件及装饰混凝土构件，应使用能达到设计效果的模板。

　　检查数量：全数检查。

　　检验方法：观察。

(2) 脱模剂的品种和涂刷方法应符合施工方案的要求。脱模剂不得影响结构性能及装饰施工；不得沾污钢筋、预应力筋、预埋件和混凝土接槎处；不得对环境造成污染。

　　检查数量：全数检查。

　　检验方法：检测质量证明文件；观察。

(3) 模板的起拱应符合现行国家标准《混凝土结构工程施工规范》GB 50666 的规定，并应符合设计及施工方案的要求。

　　检查数量：在同一检验批内，对梁，跨度大于18m时应全数检查，跨度不大于18m

应抽查构件数量的10%，且不应少于3件；对板，应按有代表性的自然间抽查10%，且不应少于3间；对大空间结构，板可按纵、横轴线划分检查面，抽查10%，且不少于3面。

检验方法：水准仪或尺量。

（4）现浇混凝土结构多层连续支模应符合施工方案的规定，上下层模板支架的立杆宜对准。立杆下垫板的设置应符合施工方案的要求。

检查数量：全数检查。

检验方法：观察。

（5）采用扣件式钢管作为模板支架时，应符合下列规定：

1）梁下支架立杆间距的偏差不宜大于50mm，板下支架立杆间距的偏差不宜大于100mm；水平杆间距的偏差不宜大于50mm。

2）应检查支架顶部承受模板荷载的水平杆与支架立杆连接的扣件数量，采用双扣件构造设置的抗滑移扣件，其上下应顶紧，间隙不应大于2mm。

3）支架顶部承受模板荷载的水平杆与支架立杆连接的扣件拧紧力矩，不应小于40N·m，且不应大于65N·m；支架每步双向水平杆应与立杆扣接，不得缺失。

检查数量：全数检查。

检验方法：观察、尺量。

（6）采用碗扣式、盘扣式或盘销式钢管架作模板支架时，应符合下列规定：

1）插入立杆顶端可调托座伸出顶层水平杆的悬臂长度，不应超过650mm。

2）水平杆杆端与立杆连接的碗扣、插接和盘销的连接状况，不应松脱。

3）按规定设置的竖向和水平斜撑。

检查数量：全数检查。

检验方法：观察、尺量。

（7）固定在模板上的预埋件和预留孔洞不得遗漏，且应安装牢固。有抗渗要求的混凝土结构中的预埋件，应按设计及施工方案的要求采取防渗措施。

预埋件和预留孔洞的位置应满足设计及施工方案的要求。当设计无具体要求时，其偏差应符合表16-87的规定。

检查数量：在同一检验批内，对梁、柱和独立基础，应抽查构件数量的10%，且不应少于3件；对墙和板，应按有代表性的自然间抽查10%，且不应少于3间；对大空间结构，墙可按相邻轴线间高度5m左右划分检查面，板可按纵、横轴线划分检查面，抽查10%，且均应不少于3面。

检验方法：观察，尺量。

（8）现浇结构模板安装的偏差及检验方法应符合表16-88的规定。

检查数量：在同一批检查构件中，对梁、柱和独立基础，应抽查构件数量的10%，且不应少于3件；对墙和板，应按有代表性的自然间抽查10%，且不应少于3间；对大空间结构，墙可按相邻轴线间高度5m左右划分检查面，板可按纵、横轴线划分检查面，抽查10%，且均不应少于3面。

预埋件和预留孔洞的安装允许偏差　　　　　表 16-87

项目		允许偏差（mm）
预埋板中心线位置		3
预埋管、预留孔中心线位置		3
插筋	中心线位置	5
	外露长度	+10，0
预埋螺栓	中心线位置	2
	外露长度	+10，0
预留洞	中心线位置	10
	尺寸	+10，0

注：检查中心线位置时，沿纵、横两个方向量测，并取其中偏差的较大值。

现浇结构模板安装的允许偏差及检验方法　　　　　表 16-88

项目		允许偏差（mm）	检验方法
轴线位置		5	尺量
底模上表面标高		±5	水准仪或拉线、尺量
模板内部尺寸	基础	±10	尺量
	柱、墙、梁	±5	尺量
	楼梯相邻踏步高差	±5	尺量
柱、墙垂直度	≤6m	8	经纬仪或吊线、尺量
	>6m	10	经纬仪或吊线、尺量
相邻模板表面高差		2	尺量
表面平整度		5	2m靠尺和塞尺量测

注：检查轴线位置，当有纵横两个方向时，沿纵、横两个方向量测，并取其中偏差的较大值。

（9）预制构件模板安装的偏差及检验方法应符合表 16-89 的规定。

检查数量：首次使用及大修后的模板应全数检查；使用中的模板应抽查 10%，且不应少于 5 件，不足 5 件应全数检查。

预制构件模板安装的允许偏差及检验方法　　　　　表 16-89

项目		允许偏差（mm）	检验方法
长度	梁、板	±4	尺量两侧边，取其中较大值
	薄腹梁、桁架	±8	
	柱	0，−10	
	墙板	0，−5	
宽度	板、墙板	0，−5	尺量两端及中部，取其中较大值
	梁、薄腹梁、桁架	+2，−5	

续表

项目		允许偏差（mm）	检验方法
高（厚）度	板	+2，−3	尺量两端及中部，取其较大值
	墙板	0，−5	
	梁、薄腹板、桁架、柱	+2，−5	
侧向弯曲	梁、板、柱	$l/1000$ 且 ≤15	拉线、尺量最大弯曲处
	墙板、薄腹梁、桁架	$l/1500$ 且 ≤15	
板的表面平整度		3	2m靠尺和塞尺量测
相邻模板表面高差		1	尺量
对角线差	板	7	尺量两对角线
	墙板	5	
翘曲	板、墙板	$l/1500$	水平尺在两端量测
设计起拱	薄腹梁、桁架、梁	±3	拉线、尺量跨中

注：l 为构件长度（mm）。

16.9 模板工程绿色施工

绿色施工是指工程建设过程中，通过科学管理和技术进步，最大限度地节约资源，减少对环境负面影响的施工活动，实现四节一环保（节能、节地、节水、节材和环境保护）的目标。绿色施工总体框架由施工管理、环境保护、节材与材料资源利用、节水与水资源利用、节能与能源利用、节地与施工用地保护六个方面组成。这六个方面涵盖了绿色施工的基本指标，同时包含了施工策划、材料采购、现场施工、工程验收等各阶段的指标。

模板施工是工程施工中的一个重要环节。针对绿色施工，模板工程有如下特点：作为工程上大宗的周转材料之一，模板占用现场及施工资源量大，垂直和水平运输量大；施工过程中，噪声和脱模剂的使用对环境产生一定的污染；在施工、倒运、清理过程中形成建筑垃圾。模板工程在现浇混凝土与结构中具有举足轻重的地位，应在施工组织设计阶段，就充分考虑绿色施工的总体要求，在施工方法上为模板系统的绿色施工提供基础条件。

模板施工中应贯彻环保优先为原则、以资源的高效利用为核心的指导思想，追求环保、高效、低耗，统筹兼顾，实现环保（生态）、经济、社会综合效益最大化的绿色施工模式。

16.9.1 水电、天然资源的节约和替代

降低资源占用，减少资源消耗，提高资源利用率、模架产品的使用寿命和使用周转效率是模板工程绿色施工第一要务。建筑工地节水、节能是一个系统的、延续的过程，贯穿整个项目的生命周期，从工程的规划设计阶段开始，直至工程竣工验收。

模板施工不直接消耗水电，但施工工艺有些与水电消耗密切相关。比如木模板，需要现场配制模板，又不能较好保护好已完成工作面，导致配制模板的木屑污染而需要用水清理；模板堆放不合理，二次搬运会浪费机械工时和电力。水电、天然资源具有巨大的节约

和替代潜力，合理的规划和管理，能带来显著效果。

在施工过程中，合理制定施工组织设计并严格实施，使各类机械和劳动力资源的效率发挥到最大化。目前，建筑施工现场的窝工、机械闲置时有发生，一方面资源紧张，另一方面却又普遍存在浪费。这些问题可以通过优化施工方案、合理安排人力物力资源得到解决。例如在施工现场设置完整的水资源收集系统，将雨水、混凝土养护用水、车辆清洗用水等设置合理、完善的供水、排收水系统，结合现场绘制施工现场用水布置图，对这些水资源重复循环使，比如用于降尘、淋花圃、冲洗车辆、卫生间以及板房夏天淋水降温等，将水资源利用率和循环使用率提高；大力开发和使用环保型工程机械、开展施工废弃物、边角材料的再生利用、提高工程机械及零部件的可循环使用、可再生使用率等。

16.9.1.1 技术措施

（1）施工中采用先进的节水施工工艺，保护场地内及周围的地下水与自然水体，减少施工活动对其水质、水量的不利影响。施工现场建立可再利用水的收集处理系统，收集屋顶和地面雨水再利用，使水资源得到梯级循环利用。

（2）合理安排施工顺序、工作面，以减少作业区域的机具数量，相邻作业区充分利用共有的机具资源。安排施工工艺时，应优先考虑耗用电能的或其他能耗较少的施工工艺。避免设备额定功率远大于使用功率或超负荷使用设备的现象。室外照明镝灯和路灯采用光控＋时控＋分区域控制相结合的方式进行控制，避免电力资源浪费。

（3）大截面或大体积构件适当延迟模板拆除时间；在已拆除模板的构件表面及时覆盖塑料薄膜或涂刷混凝土养护剂，不但可以减少构件表面水分的蒸发，减少表面龟裂；还可以减少养护用水的消耗。

（4）金属框竹胶合模板代替木质胶合板。可根据地方丰富的资源就地取材使用，尽量减少使用天然木质材料。

（5）金属模板、塑料模板代替木模板。金属模板成型准确、强度高、抗老化、防火、防水，周转次数多。金属模体系均为工业产品，所用辅助支撑配套，操作相对简单。塑料模板是一种节能型和绿色环保产品，其温度适应范围大，规格适应性强，周转次数高，有阻燃、防腐、抗水及抗化学品腐蚀的功能，有较好的力学性能和电绝缘性能。金属模板、塑料模板均可回收再造，是极好的替代材料。

16.9.1.2 管理措施

（1）设立耗能监督小组。制定相应的模板施工节能考核指标和相应的奖罚制度，项目工程部设立临时用水、临时用电管理小组，将责任落实到具体管理和操作岗位。

（2）模板清洗、机具清洗等优先采用非传统水源，尽量不使用市政自来水。力争施工中非传统水源和循环水的再利用量大于40%。

（3）图纸会审时，应审核节材与材料资源利用的相关内容，制定为达到材料损耗率所应采取的措施。

（4）在模板材料的选择上，在满足施工工期、质量、机械、工艺水平和经济承受能力等条件限制基础上，充分考虑节能要求，提高模板的周转次数。

（5）材料运输工具适宜，装卸方法得当，防止损坏和遗撒。根据现场平面布置情况就近卸载，避免和减少二次搬运。

16.9.2 可再生资源的循环利用

从 20 世纪 80 年代开始,世界开始倡导可持续发展战略。可持续发展的核心思想是,经济发展,保护资源和保护生态环境协调一致,让后代能够享受充分的资源和良好的资源环境。可再生资源的开发及循环利用是工程项目降低成本、实现绿色施工、保护资源和保护环境的重要措施。

16.9.2.1 使模板成为再生资源的可能性

（1）计算和考虑最大化加大模板周转次数。木材进场前,应对模板进行合理化配置,形成合理化搭配,尽量减少边角料的产生,模板切割后,切割面采用封边漆进行涂刷,尽量提高模板的周转次数。局部破坏的模板进行局部裁割,刷封边漆后,进行合理化拼装,再次用于工程施工。

（2）木料截余料合理再利用。例如短木方可用于墙板预留洞模板支撑和洞口防护；板可用于预留洞的封盖、封挡；利用废旧木方,使用开榫、胶粘的方法,将散碎木材接起来重复使用；将破损断裂的木制胶合板、边角料、废旧模板等收集回厂,重新加工制作成新的木胶合板使用；将切断的木质模板的余角边料收集,加工作为对拉螺栓的堵头和钢筋定位模板等都为木质模板的再生利用提供了一种开拓性的思维,进行的有益尝试也取得了实质性的进展。

（3）模板应以节约自然资源为原则,推广使用定型金属模、金属框竹模、竹胶板等。模板材料作为再生资源的循环利用,应当有一个下游产业链。比如塑料模板等重新解体加工,金属模板重新回厂再利用。

（4）需要研制、采用可降解的（如蜂窝纸板模板）、可回收的材料（刚度好、温度稳定性好的塑料模板）,作为模板材料。

16.9.2.2 模板设计思路与理念

在现浇混凝土结构施工中,建筑模板是成本较高的消耗性材料。除了本身的使用损耗之外,运输、现场倒运、垂直运输机械、场地占用、清洗、装拆工时等方面的费用,对于不同的模板体系有很大差异。因此在模板设计时应综合考虑上述影响,选择高强轻质材料,资源消耗量少,成本低,环境污染少。

（1）合理选用模板体系：如筒仓、烟囱、水塔采用滑模；平面布局基本一致的高层剪力墙结构的住宅采用大模板；地铁、输水管道等连续结构采用隧道模；剪力墙旅馆建筑采用飞模；圆柱采用玻璃钢模等。

（2）施工前应对模板工程的方案进行优化。多层、高层建筑使用可重复利用的模板体系,对于工程体量大,标准层多的工程项目,应优先采用金属模板（如铝模等）。

（3）推广早拆模板体系,利用混凝土结构早期强度增长迅速的特点,充分利用混凝土早期自身形成的强度,加快模板周转。

（4）模板选用以节约资源为原则,推广使用定型金属模、金属框竹模、竹胶板。采用非木质的新材料或人造板材代替木质板材。

（5）改善模板的耐久性能,延长模板确保施工质量的使用年限。重视模板对混凝土早期的保温、保湿、防裂的养护功能。

（6）应选用耐用、维护与拆卸方便的周转材料和机具。优先选用制作、安装、拆除一体化的专业队伍进行模板工程施工。

(7) 采用新型免拆模板；保温砌块的混凝土网格式剪力墙施工体系，改革传统的支模工艺；推广采用外墙保温板替代混凝土施工模板的技术。

16.9.3 施工降噪与减少污染

模板施工的污染源，主要有钢模板、金属模板在装卸、安装拆除过程中敲击碰撞所产生的噪声；在模板拆除、清理粘连混凝土等污染物的过程中产生的粉尘；废弃的塑料、玻璃钢模板对环境所形成的不可降解的建筑垃圾等。

钢、铝等金属模板与混凝土形成的吸附力较强，不可避免使用化学脱模剂，化学脱模剂带来污染问题。在模板表面涂刷脱模剂时，可能出现所涂刷脱模剂粘附到钢筋上，影响了混凝土与钢筋之间粘结握裹力。水洗残留在模板表面的化学脱模剂时，不仅浪费大量宝贵水资源，还会污染现场或直接污染地下水资源等。

16.9.3.1 技术措施

(1) 加大模架产品的开发和应用技术研究。需从模架工程的专业化、模架品种的多样化、工具化、轻型化、模架材料的绿色化和模架生产的工业化等方面进行研究推广。

(2) 在施工组织设计中进行策划，编制绿色施工专项方案。在施工过程中严格控制扬尘和噪声，对扬尘噪声进行实时监测与控制。

(3) 进行周密的施工环境保护策划，分析施工过程中可能产生污染的环节，研究对策制定措施，利用技术交底等文件贯彻到施工管理层和作业层，在可能产生污染的环节明确相关责任，并落实到人。

(4) 尽量采用环保型机械设备，必要时对设备采取专项噪声控制措施，对有可能发生尖锐噪声的小型电动工具，如冲击钻、手持电锯等，严格控制使用时间，控制使用的频次的设备数量，在夜间休息时减少或不进行作业。

(5) 控制模板搬运、装配、拆除过程中的撞击声，要求按施工作业噪声控制措施进行作业，不允许随意敲击模板的钢筋，特别是高处拆除的模板不得撬落自由落下，或从高处向下抛落。

(6) 施工现场设置喷淋系统和水循环回收系统，控制扬尘，减少大气污染，易产生扬尘作业，可先用水喷洒湿润，作业人员佩戴防护口罩。

(7) 解决脱模剂污染问题可以采用非金属类模板，如木质纤维类层压板、塑料类高分子建筑模板，可在允许的周转次数内，实现无需涂刷或少量涂刷建筑脱模隔离剂，即可在现浇混凝土施工与水泥等胶凝材料制品生产中实现易脱模的实用功效。使用钢模板和金属模板可以采用一些专利技术实现无脱模剂的自脱模：

1) 采用电作用自脱模器实现自脱模。其原理为：通过插入新浇混凝土的电极棒与钢模板之间的电效应作用，在钢模板与新浇混凝土紧密接触的表面之间，形成的水汽等混合物的润滑隔离层，完成现浇混凝土成品表面与模板之间易于脱模的效果。可减轻劳动强度，保证混凝土成型质量。

2) 喷涂坚韧防腐涂料饰面实现自脱模。其原理为：通过在被处理的钢模板表面喷涂坚韧防腐涂料，固化后所形成的饰面涂料膜坚韧，不怕碰撞不易破损，形成一种长效脱模隔离壳体。实现无需在钢模板表面重复涂刷常规的传统建筑脱模剂而实现自脱模效能的目的。

16.9.3.2 管理措施

（1）完善奖惩制度，责任落实到个人。工程项目在施工过程中，实行内部监督管理，有奖有罚。

（2）施工过程中应对施工策划、材料采购、现场施工、工程验收等各阶段进行控制，加强对整个施工过程的管理和监督。

（3）按照总体控制要求，分解到模板施工各个环节，制定具体指标（如噪声分贝值、粉尘控制值、垃圾利用率、循环材料使用率等）以及节材措施，在保证工程安全与质量的前提下，进行施工方案的节材优化，建筑垃圾减量化，尽量利用可循环材料等。

（4）严格控制脱模剂的品种和消耗量。

（5）合理规划模板占用场地，组织流水施工，争取做到模板不落地。落实节地与施工用地保护措施，制定临时用地指标、严格控制施工总平面布置规划及临时用地节地措施等。

16.9.4 改善施工作业条件

16.9.4.1 提高机械化水平

提高机械化程度，改善施工作业条件，降低作业人员的劳动强度。

（1）目前在所有模板体系中，机械化程度最高、劳动强度最低的模板是电动爬模。由于技术所限，电动爬模仅限应用于剪力墙、筒体结构，不适于所有混凝土结构，且由于使用成本较高，一般使用在混凝土超高层建筑。随着电动爬模技术的发展，这项技术会在更大的范围得到应用。

（2）滑模应用早于爬模，也是机械化程度较高的模板体系。特别适用于连续、高大、截面大的筒仓、水塔。

（3）飞模一次组装成型，每次整体运输吊装就位，简化了支拆脚手架模板的程序，通过调整台面尺寸，还可以实现板、梁一次浇筑。适用于大开间、大柱网、大进深的现浇钢筋混凝土楼板施工，对于无柱帽现浇板柱结构楼盖尤其适用。

（4）隧道模使用效率较高，施工周期短，用工量较少，且成型效果好。可在在内浇外挂和内浇外砌的多层及高层建筑中推广应用。

（5）采用免拆永久模板、保温砌模等模板，简化施工工艺，提高建筑物综合性能。

（6）对量大、定型的楼板、楼梯等水平构件，采用预制混凝土构件，可大量减少施工现场的模板工作量。工厂化生产的预制混凝土构件，产品质量稳定、模板消耗量小、减少现场污染、加快工程进度，应促进建筑产业化发展。

16.9.4.2 促进施工标准化

建筑业相对于其他工业体系，工作环境艰苦，施工技术在不同企业存在较大差异。模板工程工业化生产，材料规格尺寸较为统一，为促进施工工艺的统一和标准化奠定了基础。在国家绿色施工战略目标的原则基础和政策引导下，重新评估和规划模架施工系统在建筑施工过程中的角色，在材料、工艺等方面无疑会进一步促进模板施工的技术进步。组合模板、铝合金模板、竹胶合板、木质多层板、钢制大模板、滑模、电动爬模等模板的应用以及相关配套规程规范的指导，会在宏观上使模板施工过程在操作、使用、安装和拆除等方面实现施工的标准化。

  绿色施工在中国的倡导和推行已久,绿色施工之路势在必行,不容置疑,绿色施工技术成熟,应用效果显著。《绿色施工导则》和《绿色施工技术与工程应用》发布之后,对建筑工程实施绿色施工提供了指导,推动了建筑业绿色施工的发展。

参 考 文 献

[1] 建筑施工手册(第五版)编委会. 建筑施工手册[M]. 5版. 北京:中国建筑工业出版社,2012.
[2] 杨嗣信. 高层建筑施工手册[M]. 2版. 北京:中国建筑工业出版社,2001.
[3] 杨嗣信. 模板工程现场施工实用手册[M]. 北京:人民交通出版社,2004.
[4] 江正荣,朱国梁. 建筑施工工程师手册[M]. 4版. 北京:中国建筑工业出版社,2016.
[5] 胡裕新. 钢筋混凝土旋转楼梯支模计算[A]. 中国模架学会,中国模架学会三届二次年会论文汇编[C],2000.
[6] 杨嗣信,余志成,侯君伟. 建筑工程模板施工手册[M]. 2版. 北京:中国建筑工业出版社.
[7] 王怀岭,牛喜良. 折线形板式楼梯支模的计算[J]. 建筑工人,2007(9).

17 钢筋工程

17.1 材　料

17.1.1 钢筋品种与规格

钢筋混凝土用钢筋主要有热轧光圆钢筋、热轧带肋钢筋、余热处理钢筋、冷轧带肋钢筋、冷拔螺旋钢筋、冷拔低碳钢丝等。钢筋工程施工宜应用高强度钢筋及专业化生产的成型钢筋。

常用钢筋的强度标准值应具有不小于95%的保证率。钢筋屈服强度、抗拉强度的标准值及极限应变应满足表17-1的要求。

为加强推广高强度钢筋的应用，新版规范已取消了HPB235和HRB335两个牌号的钢筋，新增了HRB600牌号的钢筋。

钢筋强度标准值及极限应变　　　　　　　　　　　表17-1

钢筋种类	抗拉强度设计值 f_y 抗压强度设计值 f'_y （N/mm²）	屈服强度 f_{yk} （N/mm²）	抗拉强度 f_{stk} （N/mm²）	极限变形 ε_{su} （%）
HPB300	270	300	420	不小于10.0
HRB400、HRBF400	360	400	540	不小于7.5
HRB400E、HRBF400E	360	400	540	不小于9.0
RRB400	360	400	540	不小于5.0
RRB400W	—	430	570	不小于7.5
HRB500、HRBF500	435	500	630	不小于7.5
HRB500E、HRBF500E	435	500	630	不小于9.0
RRB500	435	500	630	不小于5.0
HRB600	—	600	730	不小于7.5

注：表中屈服强度的符号 f_{yk} 在相关钢筋产品标准中表达为 R_{eL}，抗拉强度的符号 f_{stk} 在相关钢筋产品标准中表达为 R_m。

施工过程中应采取防止钢筋混淆、锈蚀或损伤的措施。当需要进行钢筋代换时，应办理设计变更文件。

17.1.1.1 热轧（光圆、带肋）钢筋

热轧光圆钢筋是经热轧成型，横截面通常为圆形，表面光滑的成品钢筋。热轧带肋钢

筋是经热轧成型,横截面通常为圆形,且表面带肋的混凝土结构用钢材,包括普通热轧钢筋和细晶粒热轧钢筋。

普通热轧钢筋是按热轧状态交货的钢筋,其金相组织主要是铁素体加珠光体,不得有影响使用性能的其他组织存在。

细晶粒热轧钢筋是在热轧过程中,通过控轧和控冷工艺形成的细晶粒钢筋,其金相组织主要是铁素体加珠光体,不得有影响使用性能的其他组织存在,晶粒度不粗于9级。

1. 牌号及化学成分

(1) 热轧钢筋的牌号的构成及其含义见表17-2。

热轧钢筋牌号及其含义　　　　　　　　　　　　　　表17-2

产品名称	牌号	牌号构成	英文字母含义
热轧光圆钢筋	HPB300	由HPB+屈服强度的特征值构成	HPB热轧光圆钢筋的英文(Hotrolled Plain Bars)缩写
普通热轧带肋钢筋	HRB400	由HRB+屈服强度的特征值构成	HRB热轧带肋钢筋的英文(Hotrolled Ribbed Bars)缩写。
普通热轧带肋钢筋	HRB500	由HRB+屈服强度的特征值构成	HRB热轧带肋钢筋的英文(Hotrolled Ribbed Bars)缩写。
普通热轧带肋钢筋	HRB600	由HRB+屈服强度的特征值构成	HRB热轧带肋钢筋的英文(Hotrolled Ribbed Bars)缩写。
普通热轧带肋钢筋	HRB400E	由HRB+屈服强度的特征值+E构成	E-"地震"的英文(Earthquake)首位字母
普通热轧带肋钢筋	HRB500E	由HRB+屈服强度的特征值+E构成	E-"地震"的英文(Earthquake)首位字母
细晶粒热轧带肋钢筋	HRBF400	由HRBF+屈服强度的特征值构成	HRBF热轧带肋钢筋的英文缩写后加"细"的英文(Fine)首位字符。
细晶粒热轧带肋钢筋	HRBF500	由HRBF+屈服强度的特征值构成	HRBF热轧带肋钢筋的英文缩写后加"细"的英文(Fine)首位字符。
细晶粒热轧带肋钢筋	HRBF400E	由HRBF+屈服强度的特征值+E构成	E-"地震"的英文(Earthquake)首位字母
细晶粒热轧带肋钢筋	HRBF500E	由HRBF+屈服强度的特征值+E构成	E-"地震"的英文(Earthquake)首位字母

(2) 热轧钢筋的化学成分见表17-3。

热轧钢筋化学成分　　　　　　　　　　　　　　　　表17-3

牌号	化学成分(质量分数)(%),不大于					
	C	Si	Mn	P	S	Ceq
HPB300	0.25	0.55	1.50	0.045	0.050	—
HRB400	0.25	0.80	1.60	0.045	0.045	0.54
HRB400E	0.25	0.80	1.60	0.045	0.045	0.54
HRBF400	0.25	0.80	1.60	0.045	0.045	0.54
HRBF400E	0.25	0.80	1.60	0.045	0.045	0.54
HRB500	0.25	0.80	1.60	0.045	0.045	0.55
HRB500E	0.25	0.80	1.60	0.045	0.045	0.55
HRBF500	0.25	0.80	1.60	0.045	0.045	0.55
HRBF500E	0.25	0.80	1.60	0.045	0.045	0.55
HRB600	0.28	0.80	1.60	0.045	0.045	0.58

注:1. 热轧光圆钢筋中残余元素铬、镍、铜含量应不大于0.30%,供方如能保证可不作分析;
　　2. 碳当量Ceq(百分比)值:Ceq=C+Mn/6+(Cr+V+Mo)/5+(Cu+Ni)/15;
　　3. 钢的氮含量应不大于0.012%,供方如能保证可不作分析;钢中如有足够数量的氮结合元素,含氮量的限制可适当放宽。
　　4. 钢筋的成品化学成分允许偏差应符合现行国家标准《钢的成品化学成分允许偏差》GB/T 222的规定,碳当量Ceq的允许偏差为+0.03%。

2. 尺寸、外形、重量及允许偏差

(1) 公称直径范围及推荐直径

热轧光圆钢筋的公称直径范围为 6~22mm,现行国家标准《钢筋混凝土用钢 第1部分:热轧光圆钢筋》GB/T 1499.1 推荐的热轧光圆钢筋公称直径为 6mm、8mm、10mm、12mm、16mm、20mm。热轧带肋钢筋的公称直径范围为 6~50mm。

(2) 公称横截面面积与理论重量

钢筋公称截面面积与理论重量见表 17-4。

钢筋公称截面面积与理论重量 表 17-4

公称直径 (mm)	公称截面面积 (mm²)	理论重量 (kg/m)
6 (6.5)	28.27 (33.18)	0.222 (0.260)
8	50.27	0.395
10	78.54	0.617
12	113.1	0.888
14	153.9	1.21
16	201.1	1.58
18	254.5	2.00
20	314.2	2.47
22	380.1	2.98
25	490.9	3.85
28	615.8	4.83
32	804.2	6.31
36	1018	7.99
40	1257	9.87
50	1964	15.42

注:表中的理论重量按密度 7.85g/cm³ 计算。公称直径 6.5mm 的产品为过渡性产品。

(3) 钢筋的表面形状及允许偏差

1) 光圆钢筋的界面形状为圆形。

2) 带有纵肋的月牙肋钢筋,其外形见图 17-1。

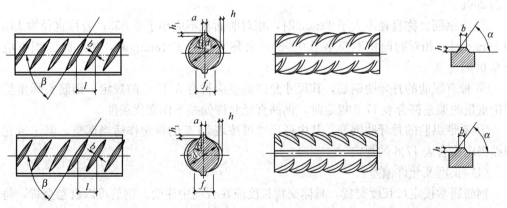

图 17-1 月牙肋钢筋(带纵肋)表面及截面形状

d_1—钢筋内径;α—横肋斜角;h—横肋高度;β—横肋与轴线夹角;h_1—纵肋高度;θ—纵肋斜角;a—纵肋顶宽;l—横肋间距;b—横肋顶宽;f_i—横肋末端间隙

3)光圆钢筋的直径允许偏差和不圆度应符合表 17-5 的规定,钢筋实际重量与理论重量的偏差符合表 17-6 规定时,钢筋直径允许偏差不作交货条件。

光圆钢筋直径允许偏差和不圆度 表 17-5

公称直径(mm)	允许偏差(mm)	不圆度(mm)
6	±0.3	≤0.4
8		
10		
12		
14	±0.4	
16		
18		
20		
22		

钢筋实际重量与理论重量的允许偏差 表 17-6

公称直径(mm)	实际重量与理论重量的允许偏差(%)
6~12	±6
14~22	±5

4)带肋钢筋横肋设计原则应符合下列规定:

① 横肋与钢筋轴线的夹角 β 不应小于 45°;当该夹角 β 不大于 70°时,钢筋相对两面上横肋的方向应相反。

② 横肋公称间距不得大于钢筋公称直径的 0.7 倍。

③ 横肋侧面与钢筋表面的夹角 α 不得小于 45°。

④ 钢筋相邻两面上横肋末端之间的间隙(包括纵肋宽度)总和不应大于钢筋公称周长的 20%。

⑤ 当钢筋公称直径不大于 12mm 时,相对肋面积不应小于 0.055;公称直径为 14mm 和 16mm 时,相对肋面积不应小于 0.060;公称直径大于 16mm 时,相对肋面积不应小于 0.065。

⑥ 带有纵肋的月牙肋钢筋,其尺寸允许偏差应符合表 17-7 的规定,钢筋实际重量与理论重量的偏差符合表 17-8 规定时,钢筋直径允许偏差不作交货条件。

⑦ 不带纵肋的月牙肋钢筋,其内径尺寸可按表 17-7 的规定作适当调整,但重量允许偏差仍应符合表 17-8 的规定。

(4)长度及允许偏差

钢筋通常按定尺长度交货,具体交货长度应在合同中注明。钢筋可以盘卷交货,每盘应是一条钢筋,允许每批有 5%的盘数(不足两盘时可有两盘)由两条钢筋组成。其盘重及盘径由供需双方协商确定。

钢筋按定尺长度交货时的长度允许偏差为 0~+50mm。

带肋钢筋允许偏差（mm） 表 17-7

公称直径 d	内径 d_1		横肋高 h		纵肋高 h_1（不大于）	横肋宽 b	纵肋宽 a	间距 l		横肋末端最大间隙（公称周长的10%弦长）
	公称尺寸	允许偏差	公称尺寸	允许偏差				公称尺寸	允许偏差	
6	5.8	±0.3	0.6	±0.3	0.8	0.4	1.0	4.0	±0.5	1.8
8	7.7		0.8	+0.4 −0.3	1.1	0.5	1.5	5.5		2.5
10	9.6		1.0	±0.4	1.3	0.6	1.5	7.0		3.1
12	11.5	±0.4	1.2	+0.4 −0.5	1.6	0.7	1.5	8.0		3.7
14	13.4		1.4		1.8	0.8	1.8	9.0		4.3
16	15.4		1.5		1.9	0.9	1.8	10.0		5.0
18	17.3		1.6	±0.5	2.0	1.0	2.0	10.0		5.6
20	19.3		1.7		2.1	1.2	2.0	10.0		6.2
22	21.3	±0.5	1.9		2.4	1.3	2.5	10.5	±0.8	6.8
25	24.2		2.1	±0.6	2.6	1.5	2.5	12.5		7.7
28	27.2		2.2		2.7	1.7	2.5	12.5		8.6
32	31.0	±0.6	2.4	+0.8 −0.7	2.8	1.9	3.0	14.0		9.9
36	35.0		2.6	+1.0 −0.8	3.2	2.1	3.5	15.0	±1.0	11.1
40	38.7	±0.7	2.9	±1.1	3.5	2.2	3.5	15.0		12.4
50	48.5	±0.8	3.2	±1.2	3.8	2.5	4.0	16.0		15.5

注：1. 纵肋斜角 θ 为 0°～30°；
　　2. 尺寸 a、b 为参考数据。

带肋钢筋实际重量与理论重量的允许偏差 表 17-8

公称直径（mm）	实际重量与理论重量的偏差（%）
6～12	±6
14～20	±5
22～50	±4

（5）弯曲度和端部

直条钢筋的弯曲度应不影响正常使用，每米弯曲度不大于 4mm，总弯曲度不大于钢筋总长度的 0.4%。钢筋端部应剪切正直，局部变形应不影响使用。

17.1.1.2 余热处理钢筋

热轧后利用热处理原理进行表面控制冷却，并利用芯部余热自身完成回火处理所得的成品钢筋。其基圆上形成环状的淬火自回火组织。

钢筋混凝土用余热处理钢筋按屈服强度特征值分为 400 级、500 级，按用途分为可焊和非可焊。

1. 牌号及化学成分

（1）余热处理钢筋的牌号的构成及其含义见表 17-9。

余热处理钢筋的牌号构成及其含义　　　　　　　表 17-9

类别	牌号	牌号构成	英文字母含义
余热处理钢筋	RRB400	由 RRB+规定的屈服强度特征值构成	RRB—余热处理钢筋的缩写 W—焊接的英文缩写
	RRB500		
	RRB400W	由 RRB+规定的屈服强度特征值+可焊	

（2）余热处理钢筋的化学成分见表 17-10。

余热处理钢筋化学成分　　　　　　　表 17-10

牌号	化学成分（质量分数）(%)，不大于					
	C	Si	Mn	P	S	Ceq
RRB400	0.30	1.00	1.60	0.045	0.045	—
RRB500						
RRB400W	0.25	0.80	1.60	0.045	0.045	0.50

注：钢中的铬、镍、铜的残余含量应各不大于 0.30%，其总量不大于 0.60%。经需方同意，铜的残余含量可不大于 0.35%。

钢的氮含量应不大于 0.012%。供方如能保证可不作分析。钢中如有足够数量的氮结合元素，含氮量的限制可适当放宽。

钢筋的成品化学成分允许偏差应符合现行国家标准《钢的成品化学成分允许偏差》GB/T 222 的规定，碳当量 Ceq 的允许偏差为 +0.02%。

2. 尺寸、外形、重量及允许偏差

（1）公称直径范围及推荐直径

钢筋的公称直径范围为 8~50mm，RRB400、RRB500 钢筋推荐的公称直径为 8mm、10mm、12mm、16mm、20mm、25mm、32mm、40mm、50mm，RRB400W 钢筋推荐的公称直径为 8mm、10mm、12mm、16mm、20mm、25mm、32mm、40mm。

（2）公称横截面面积与理论重量与热轧钢筋相同，见表 17-4。

（3）余热处理钢筋采用月牙肋表面形状，如图 17-1 所示。其尺寸及允许偏差与热轧钢筋相同，见表 17-7。

（4）余热处理钢筋的重量允许偏差见表 17-11。

余热处理钢筋实际重量与理论重量的允许偏差　　　　　　　表 17-11

公称直径（mm）	实际重量与理论重量的偏差（%）
6~12	±6
14~20	±5
22~50	±4

（5）长度及允许偏差

钢筋通常按定尺长度交货，具体交货长度应在合同中注明。钢筋可以盘卷交货，每盘应是一条钢筋，允许每批有 5% 的盘数（不足两盘时可有两盘）由两条钢筋组成。其盘重及盘径由供需双方协商确定。

钢筋按定尺长度交货时的长度允许偏差为 0~+50mm。

（6）弯曲度和端部

直条钢筋的弯曲度应不影响正常使用，总弯曲度不大于钢筋总长度的 0.4%。

钢筋端部应剪切正直，局部变形应不影响使用。

17.1.1.3 冷轧带肋钢筋

冷轧带肋钢筋是热轧圆盘条经过冷轧后，在其表面带有沿长度方向均匀分布的横肋的钢筋。

1. 分类及代号

冷轧带肋钢筋按延性高低分为两类：冷轧带肋钢筋（CRB+抗拉强度特征值）和高延性冷轧带肋钢筋（CRB+抗拉强度特征值+H）。

C、R、B、H 分别为冷轧（Cold rolled）、带肋（Ribbed）、钢筋（Bar）、高延性（High elongation）四个词的英文首位字母。

2. 牌号

钢筋分为 CRB550、CRB650、CRB800、CRB600H、CRB680H、CRB800H 六个牌号。CRB550、CRB600H 为普通钢筋混凝土用钢筋，CRB650、CRB800、CRB800H 为预应力钢筋混凝土用钢筋，CRB680H 即可作为普通钢筋混凝土用钢筋，也可作为预应力钢筋混凝土用钢筋使用。

3. 尺寸、外形、重量及允许偏差

（1）公称直径范围

CRB550、CRB600H、CRB680H 钢筋的公称直径范围为 4～12mm，CRB650、CRB800、CRB800H 钢筋的公称直径为 4mm、5mm、6mm。

（2）公称横截面面积与理论重量

二面肋和三面肋钢筋的尺寸、重量及允许偏差见表 17-12；四面肋钢筋的尺寸、重量及允许偏差见表 17-13。

二面肋和三面肋钢筋的尺寸、重量及允许偏差　　　表 17-12

公称直径 d (mm)	公称横截面面积 (mm^2)	重量		横肋重点高		横肋 $l/4$ 处高 $h_{1/4}$ (mm)	横肋顶宽 b (mm)	横肋间距		相对肋面积 f_r 不小于
		理论重量 (kg/m)	允许偏差 (%)	h (mm)	允许偏差 (mm)			l (mm)	允许偏差 (%)	
4	12.6	0.099		0.30		0.24		4.0		0.036
4.5	15.9	0.125		0.32		0.26		4.0		0.039
5	19.6	0.154		0.32		0.26		4.0		0.039
5.5	23.7	0.186		0.40		0.32		5.0		0.039
6	28.3	0.222		0.40	+0.10 −0.05	0.32		5.0		0.039
6.5	33.2	0.261		0.46		0.37		5.0		0.045
7	38.5	0.302		0.46		0.37		5.0		0.045
7.5	44.2	0.347		0.55		0.44		6.0		0.045
8	50.3	0.395	±4	0.55		0.44	$0.2d$	6.0	±15	0.045
8.5	56.7	0.445		0.55		0.44		7.0		0.045
9	63.6	0.499		0.75		0.60		7.0		0.052
9.5	70.8	0.556		0.75		0.60		7.0		0.052
10	78.5	0.617		0.75	±0.10	0.60		7.0		0.052
10.5	86.5	0.679		0.75		0.60		7.4		0.052
11	95.0	0.746		0.85		0.68		7.4		0.056
11.5	103.8	0.815		0.95		0.76		8.4		0.056
12	113.1	0.888		0.95		0.76		8.4		0.056

注：横肋 $l/4$ 处高，横肋顶宽供孔型设计用；二面肋钢筋允许有高度不大于 $0.5h$ 的纵肋。

四面肋钢筋的尺寸、重量及允许偏差　　　　　　　　　表17-13

公称直径 d (mm)	公称横截面面积 (mm^2)	重量		横肋重点高		横肋 $l/4$ 处高 $h_{1/4}$ (mm)	横肋顶宽 b (mm)	横肋间距		相对肋面积 f_r 不小于
		理论重量 (kg/m)	允许偏差 (%)	h (mm)	允许偏差 (%)			l (mm)	允许偏差 (%)	
6.0	28.3	0.222		0.39	+0.10 −0.05	0.28		5.0		0.039
7.0	38.5	0.302		0.45		0.32		5.3		0.045
8.0	50.3	0.395		0.52		0.36		5.7		0.045
9.0	63.6	0.499	±4	0.59		0.41	0.2d	6.1	±15	0.052
10.0	78.5	0.617		0.65	±0.10	0.45		6.5		0.052
11.0	95.0	0.746		0.72		0.50		6.8		0.056
12.0	113	0.888		0.78		0.54		7.2		0.056

注：横肋 $l/4$ 处高，横肋顶宽供孔型设计用。

(3) 其他要求

1) 钢筋通常按盘卷交货，经供需双方协商也可按定尺长度交货。钢筋按定尺长度交货时，其长度及允许偏差按供需双方协商确定。

2) 直条钢筋的每米弯曲度不大于 4mm，总弯曲度不应大于钢筋总长度的 0.4%。

3) 盘卷钢筋的重量不小于 100kg，每盘应由一根钢筋组成，CRB650、CRB680H、CRB800、CRB800H 作为预应力混凝土用钢筋使用时，不得有焊接接头。

17.1.1.4 冷拔螺旋钢筋

1. 原材料

制造钢筋的盘条应符合现行国家标准《低碳钢热轧圆盘条》GB/T 701 的有关规定。

牌号和化学成分（熔炼分析）应符合表 17-14 的规定。Cr、Ni、Cu 各残余含量不大于 0.30%。若供方保证，可不做检验。

冷拔螺旋钢筋的化学成分　　　　　　　　　表17-14

级别代号	牌号	化学成分（%）					
		C	Si	Mn	Ti	P	S
LX550	Q215	0.00~0.15	≤0.30	0.25~0.55	—	≤0.050	≤0.045
LX650	Q235	0.14~0.22	≤0.30	0.30~0.65	—	≤0.050	≤0.045
LX800	24MnTi	0.19~0.27	0.17~0.37	1.20~1.60	0.01~0.55	≤0.045	≤0.045

2. 分类、代号与标志

(1) 分类：螺旋钢筋按抗拉强度分为 3 级：LX550、LX650、LX800。

(2) 代号：冷拔螺旋钢筋代号：LX"×××"（L 为"冷"字的汉语拼音字头，X 为"旋"字的汉语拼音字头；后面"×××"为三位阿拉伯数字，表示钢筋抗拉强度等级的数值）。

3. 尺寸、外形、重量及允许偏差

螺旋钢筋公称直径范围为 4~12mm，推荐螺旋钢筋 LX550 和 LX650 的公称直径为

4、5、6、7、8、9、10mm。LX800 的公称直径为 5mm。冷拔螺旋钢筋的尺寸、重量及允许偏差应符合表 17-15 的规定。

冷拔螺旋钢筋的尺寸、重量及允许偏差 表 17-15

公称直径 d (mm)	公称横截面面积 (mm^2)	重量		槽深		筋顶宽 b (mm)	螺旋角		相对槽面积 f_r
		理论重量 (kg/m)	允许偏差不大于 (%)	h (mm)	允许偏差不大于 (mm)		α (°)	允许偏差 (°)	
4	12.56	0.0986		0.17					
5	19.63	0.1541		0.18					
6	28.27	0.2219		0.20					
7	38.48	0.3021	±4	0.22	-0.05 $+0.10$	0.2～0.3	72	±5	0.030
8	50.27	0.3946		0.24					
9	63.62	0.4994		0.26					
10	78.54	0.6165		0.30					

17.1.1.5 冷拔低碳钢丝

1. 原材料

(1) 拔丝用热轧圆盘条应符合现行国家标准《低碳钢热轧圆盘条》GB/T 701 的规定。

(2) 甲级冷拔低碳钢丝应采用现行国家标准《低碳钢热轧圆盘条》GB/T 701 规定的供拉丝用盘条进行拔制。

(3) 热轧圆盘条经机械剥壳或酸洗除去表面氧化皮和浮锈后，方可进行拔丝操作。

(4) 每次拉拔操作引起的钢丝直径减缩率不应超过 15%。

(5) 允许热轧圆盘条对焊后进行冷拔，但必须是同一钢号的圆盘条，甲级冷拔低碳钢丝成品中不允许有焊接接头。

(6) 在冷拔过程中，不得酸洗和退火，冷拔低碳钢丝成品不允许对焊。

2. 分类、型号与标记

(1) 分类：冷拔低碳钢丝分为甲、乙两级。甲级冷拔低碳钢丝适用于作预应力筋；乙级冷拔低碳钢丝适用于作焊接网、焊接骨架、箍筋和构造筋。

(2) 代号：冷拔低碳钢丝的代号为 CDW（"CDW" 为 Cold-DrawnWire 的英文首字母）。

(3) 标记：标记内容包含冷拔低碳钢丝名称、公称直径、抗拉强度、代号及标准号。

3. 直径、横截面面积及表面质量

(1) 冷拔低碳钢丝的公称直径、允许偏差及公称横截面面积应符合表 17-16 的规定。

冷拔低碳钢丝的公称直径、允许偏差及公称横截面面积 表 17-16

公称直径 d (mm)	直径允许偏差 (mm)	公称界面面积 s (mm^2)
3.0	±0.06	7.07
4.0	±0.08	12.57
5.0	±0.10	19.63
6.0	±0.12	28.27

(2) 冷拔低碳钢丝的表面不应有裂纹、小刺、油污及其他机械损伤。表面允许有浮锈，但不得出现锈皮及肉眼可见的锈蚀麻坑。

17.1.2 钢 筋 性 能

17.1.2.1 钢筋力学性能

1. 热轧钢筋

(1) 热轧钢筋的屈服强度 R_{eL}、抗拉强度 R_m、断后伸长率 A、最大力总延伸率 A_{gt} 等力学性能特征值应符合表 17-17 的规定。表 17-17 所列各力学特征值，除 R_{eL}^0/R_{eL} 可作为交货检验的最大保证值外，其他力学特征值可作为交货检验的最小保证值。

热轧钢筋力学性能特征值 表 17-17

牌号	下屈服强度 R_{eL} (MPa)	抗拉强度 R_m (MPa)	断后伸长率 A (%)	最大力总延伸率 A_{gt} (%)	R_m^0/R_{eL}^0	R_{eL}^0/R_{eL}
			不小于			不大于
HPB300	300	420	25	10.0	—	—
HRB400 HRBF400	400	540	16	7.5		
HRB400E HRBF400E			—	9.0	1.25	1.30
HRB500 HRBF500	500	630	15	7.5		
HRB500E HRBF500E			—	9.0	1.25	1.30
HRB600	600	730	14	7.5		

注：R_m^0 为钢筋实测抗拉强度，R_{eL}^0 为钢筋实测下屈服强度。

(2) 根据供需双方协议，伸长率类型可从 A 或 A_{gt} 中选定。如伸长率类型未经协议确定，则伸长率采用 A，仲裁检验时采用 A_{gt}。

(3) 直径 28～40mm 各牌号钢筋断后伸长率 A 可降低 1%，直径大于 40mm 各牌号钢筋的断后伸长率 A 可降低 2%。

(4) 对有抗震要求的结构，其纵向受力钢筋的性能应满足设计要求；当设计无具体要求时，对按一、二、三级抗震等级设计的框架和斜撑构件（含梯段）中的纵向受力钢筋应采用 HRB400E、HRB500E、HRBF400E、HRBF500E 钢筋（现行国家标准《钢筋混凝土用钢 第2部分：热轧带肋钢筋》GB/T 1499.2 规定，对有较高要求的抗震结构，其适用的钢筋牌号为在表 17-19 中已有带肋钢筋牌号后加 E）。其强度和最大力下总延伸率的实测值应符合下列规定：

1) 钢筋的抗拉强度实测值与屈服强度实测值的比值不应小于 1.25；
2) 钢筋的屈服强度实测值与屈服强度标准值的比值不应大于 1.30；
3) 钢筋的最大力下总延伸率不应小于 9%。

(5) 对没有明显屈服强度的钢，屈服强度特征值 R_{eL} 应采用规定非比例延伸强度 $R_{p0.2}$。

(6) 除采用冷拉方法调直钢筋外，带肋钢筋不得经过冷拉后使用。

(7) 施工中发现钢筋脆断、焊接性能不良或力学性能显著不正常等现象时，应停止使用该批钢筋，并应对该批钢筋进行化学成分检验或其他专项检验。

2. 冷轧带肋钢筋

冷轧带肋钢筋的力学性能和工艺性能应符合表 17-18 的规定。当进行弯曲试验时，受弯曲部位表面不得产生裂纹。反复弯曲试验的弯曲半径应符合表 17-19 的规定。

冷轧带肋钢筋的力学性能和工艺性能　　　　表 17-18

分类	牌号	规定塑性延伸强度 $R_{p0.2}$ (MPa) 不小于	抗拉强度 R_m (MPa) 不小于	$R_m / R_{p0.2}$ 不小于	断后伸长率 (%) 不小于		最大力总延伸率 (%) 不小于	弯曲试验[n] 180°	反复弯曲次数	应力松弛初始应力应相当于公称抗拉强度的 70% 1000 h，% 不大于
					A	A_{100}	A_{gt}			
普通钢筋混凝土用	CRB550	500	550	1.05	11.0	—	2.5	$D=3d$	—	—
	CRB600H	540	600	1.05	14.0	—	5.0	$D=3d$	—	—
	CRB680H[h]	600	680	1.05	14.0	—	5.0	$D=3d$	4	5
预应力混凝土用	CRB650	585	650	1.05	—	4.0	2.5		3	8
	CRB800	720	800	1.05	—	4.0	2.5		3	8
	CRB800H	720	800	1.05	—	7.0	4.0		4	5

注：[n] D 为弯心半径，d 为钢筋公称直径。
[h] 当该牌号钢筋作为普通钢筋混凝土用钢筋使用时，对反复弯曲和应力松弛不作要求，当该牌号钢筋作为预应力钢筋混凝土用钢筋使用时应进行反复弯曲试验代替 180°弯曲试验，并检测松弛率。

反复弯曲试验的弯曲半径　　　　表 17-19

钢筋公称直径	4	5	6
弯曲半径	10	15	15

3. 冷拔螺旋钢筋

(1) 冷拔螺旋钢筋的力学性能应符合表 17-20 的规定。

冷拔螺旋钢筋的力学性能　　　　表 17-20

级别代号	屈服强度 $\sigma_{0.2}$ (MPa) 不小于	抗拉强度 (MPa) 不小于	伸长率不小于 (%)		冷弯 180°	应力松弛 $\sigma_{con}=0.7\sigma_b$	
			δ_{10}	δ_{100}	$D=$弯心直径	1000h 不大于 (%)	10h 不大于 (%)
LX550	500	550	8	—	$D=3d$	—	—
LX650	520	650	4	—	$D=4d$	受弯曲部位表面不得产生裂缝	8	5
LX800	540	800	—	4	$D=5d$		8	5

注：1. 抗拉强度值应按公称直径 d 计算；
2. 伸长率测量标距 δ_{10} 为 $10d$；δ_{100} 为 100mm；
3. 对成盘供应的 LX650 和 LX800 级钢筋，经调直后的抗拉强度仍应符合表中规定。

（2）螺旋钢筋的力学性能和工艺性能应符合表 17-20 的规定。当其进行冷弯试验时，受弯曲部位表面不得产生裂纹。

（3）钢筋的强屈比 $\sigma_b / \sigma_{0.2}$ 应不小于 1.05。

（4）生产厂在保证 1000h 应力松弛率合格的基础上，经常性试验可进行 10h 应力松弛试验。

4. 冷拔低碳钢丝

冷拔低碳钢丝的力学性能应符合表 17-21 的规定。

冷拔低碳钢丝的力学性能　　　　表 17-21

级别	公称直径 d (mm)	抗拉强度 R_m（MPa）不小于	断后伸长率 A_{100}（%）不小于	反复弯曲次数（次/180°）不小于
甲级	5.0	650	3.0	4
		600		
	4.0	700	2.5	
		650		
乙级	3.0、4.0、5.0、6.0	500	2.0	

注：甲级冷拔低碳钢丝作预应力筋用时，如经机械调直则抗拉强度标准值应降低 50MPa。

17.1.2.2 钢筋锚固性能

在混凝土中的钢筋，由于混凝土对其具有粘结、摩擦、咬合作用，形成一种握裹力，使钢筋不容易被轻易地拔出，钢筋和混凝土便能够共同受力，从而使钢筋混凝土结构具有一定的承载能力。根据现行国家标准《混凝土结构设计标准》GB/T 50010，当计算中充分利用钢筋的抗拉强度时，受拉钢筋的锚固应符合下列要求：

（1）基本锚固长度应按式（17-1）、式（17-2）计算：

普通钢筋
$$l_{ab} = a \frac{f_y}{f_t} d \qquad (17-1)$$

预应力筋
$$l_{ab} = a \frac{f_{py}}{f_t} d \qquad (17-2)$$

（2）当采取不同的埋置方式和构造措施时，锚固长度应按式（17-3）计算：

$$l_a = \zeta_a l_{ab} \qquad (17-3)$$

式中　l_{ab}——受拉钢筋的基本锚固长度；

l_a——受拉钢筋的锚固长度，不应小于 $15d$，且不小于 200mm；

f_y、f_{py}——普通钢筋、预应力筋的抗拉强度设计值；

f_t——混凝土轴心抗拉强度设计值；当混凝土强度等级高于 C60 时，按 C60 取值；

d——钢筋的公称直径；

ζ_a——锚固长度修正系数，多个系数可以连乘计算；

a——锚固钢筋的外形系数，按表 17-22 取用。

锚固钢筋的外形系数　　　　　　　　　　　　　　　表 17-22

钢筋类型	光面钢筋	带肋钢筋	螺旋肋钢筋	三股钢绞线	七股钢绞线
α	0.16	0.14	0.13	0.16	0.17

（3）纵向受拉带肋钢筋的锚固长度修正系数 ζ, 应根据钢筋的锚固条件按下列规定取用：

1）当带肋钢筋的公称直径大于 25mm 时取 1.10；

2）环氧树脂涂层带肋钢筋取 1.25；

3）施工过程中易受扰动的钢筋取 1.10；

4）当纵向受力钢筋的实际配筋面积大于其设计计算面积时，修正系数取设计计算面积与实际配筋面积的比值，但对有抗震设防要求及直接承受动力荷载的结构构件，不应考虑此项修正；

5）锚固钢筋的保护层厚度为 $3d$ 时修正系数可取 0.80，保护层厚度不小于 $5d$ 时修正系数可取 0.70，中间按内插取值。此处，d 为锚固钢筋的直径。

17.1.2.3 钢筋冷弯性能

1. 热轧钢筋

（1）热轧钢筋按表 17-23 规定的弯曲压头直径弯曲 180°后，钢筋受弯曲部位表面不得产生裂纹。

钢筋弯曲压头直径　　　　　　　　　　　　　　　表 17-23

牌号	公称直径 d（mm）	弯曲压头直径
HPB300	6～22	d
HRB400 HRBF400 HRB400E HRBF400E	6～25	$4d$
	28～40	$5d$
	＞40～50	$6d$
HRB500 HRBF500 HRB500E HRBF500E	6～25	$6d$
	28～40	$7d$
	＞40～50	$8d$
HRB600	6～25	$6d$
	28～40	$7d$
	＞40～50	$8d$

注：d 为钢筋直径。

（2）根据需方要求，钢筋可进行反向弯曲性能试验。

1）对牌号带 E 的钢筋应进行反向弯曲试验，经反向弯曲试验后，钢筋受弯曲部位表面不得产生裂纹。

2）反向弯曲试验的弯曲压头直径比弯曲试验相应增加一个钢筋公称直径。

3）可用方向弯曲试验代替弯曲试验。

（3）反向弯曲试验：先正向弯曲 90°后再反向弯曲 20°，两个弯曲角度均应在去载之前测量。经反向弯曲试验后，钢筋受弯曲部位表面不得产生裂纹。

2. 冷轧带肋钢筋

（1）冷轧带肋钢筋进行弯曲试验时，受弯曲部位表面不得产生裂纹。反复弯曲试验的弯曲半径应符合表 17-24 的规定。

冷轧带肋钢筋反复弯曲试验的弯曲半径（mm） 表 17-24

钢筋公称直径	4	5	6
弯曲半径	10	15	15

（2）钢筋的强屈比

$R_m / R_{p0.2}$ 比值不应小于 1.05，经供需双方协议可用钢筋最大力总延伸率代替断后伸长率。

（3）供方在保证 1000h 松弛率合格基础上，允许使用推算法确定 1000h 松弛。

17.1.2.4 钢筋焊接性能

（1）钢筋的焊接工艺及接头的质量检验与验收应符合相关行业标准的规定。

（2）普通热轧钢筋在生产工艺、设备有重大变化及新产品生产时进行型式检验。

（3）细晶粒热轧钢筋的焊接工艺应经试验确定。

（4）余热处理钢筋不宜进行焊接。

17.1.3 钢筋质量控制

17.1.3.1 检查项目和方法

1. 主控项目

（1）钢筋进场时，应按国家现行相关标准的规定抽取试件屈服强度、抗拉强度、伸长率、弯曲性能和质量偏差检验，检验结果应符合相应标准的规定。

检查数量：按进场的批次和产品的抽样检验方案确定。

检验方法：检查质量证明文件和抽样检验报告。

（2）成型钢筋进场时，应抽取试件屈服强度、抗拉强度、伸长率、弯曲性能和质量偏差检验，检验结果应符合国家现行有关标准的规定。

对由热轧钢筋制成的成型钢筋，当有施工单位或监理单位的代表驻厂监督生产过程，并提供原材料钢筋力学性能第三方检验报告时，可仅进行重量偏差检验。

检查数量：同一厂家、同一类型、同一钢筋来源的成型钢筋，不超过 30t 为一批，每批中每种钢筋牌号、规格均应至少抽取 1 个钢筋试件，总数不应少于 3 个。

检验方法：检查质量证明文件和抽样检验报告。

（3）对按一、二、三级抗震等级设计的框架和斜撑构件（含梯段）中的纵向受力普通钢筋应采用 HRB400E、HRB500E、HRBF400E 或 HRBF500E 钢筋，其强度和最大力下总延伸率的实测值应符合下列规定：

1）抗拉强度实测值与屈服强度实测值的比值不应小于 1.25；

2）屈服强度实测值与强度标准值的比值不应大于 1.30；

3）最大力下总延伸率不应小于 9%。

检查数量：按进场的批次和产品的抽样检验方案确定。

检验方法：检查进场复验报告。

2. 一般项目

（1）钢筋应平直、无损伤，表面不得有裂纹、油污、颗粒状或片状老锈。

检查数量：全数检查。

检验方法：观察。

（2）成型钢筋的外观质量和尺寸偏差应符合国家现行有关标准的规定。

检查数量：同一厂家、同一类型的成型钢筋，不超过 30t 为一批，每批随机抽取 3 个成型钢筋。

检查方法：观察、尺量。

（3）钢筋机械连接套筒、钢筋锚固板以及预埋件等的外观质量应符合国家现行有关标准的规定。

检查数量：按国家现行有关标准的规定确定。

检查方法：检查产品质量证明文件；观察，尺量。

17.1.3.2 热轧钢筋检验

钢筋的检验分为特征值检验和交货检验。

1. 特征值检验

特征值检验适用于下列情况：

（1）供方对产品质量控制的检验。

（2）需方提出要求，经供需双方协议一致的检验。

（3）第三方产品认证及仲裁检验。特征值检验规则应按现行国家标准《钢筋混凝土用钢》GB/T 1499 的规定进行。

2. 交货检验

交货检验适用于钢筋验收批的检验。

（1）组批规则

钢筋应按批进行检查和验收，每批由同一牌号、同一炉罐号、同一规格的钢筋组成。每批重量通常不大于 60t。超过 60t 部分，每增加 40t（或不足 40t 的余数），增加一个拉伸试验试样和一个弯曲试验试样。

允许由同一牌号、同一冶炼方法、同一浇筑方法的不同炉罐号组成混合批，但各炉罐号含碳量之差不大于 0.02%，含锰量之差不大于 0.15%。混合批的重量不大于 60t。

（2）检验项目和取样数量

检验项目和取样数量应符合表 17-25 的规定。

检验项目和取样数量 表 17-25

序号	检验项目	取样数量（个）	取样方法	试验方法
1	化学成分*（熔炼分析）	1	《钢和铁 化学成分测定用试样的取样和制样方法》GB/T 20066	《钢铁及合金化学分析方法》GB/T 223、《碳素钢和中低合金钢 多元素含量的测定 火花放电原子发射光谱法（常规法）》GB/T 4336、《钢铁 总碳硫含量的测定 高频感应炉燃烧后红外吸收法（常规法）》GB/T 20123、《钢铁 氮含量的测定 惰性气体熔融热导法（常规方法）》GB/T 20124、《低合金钢 多元素的测定 电感耦合等离子体发射光谱法》GB/T 20125

续表

序号	检验项目	取样数量（个）	取样方法	试验方法
2	拉伸	2	不同根（盘）钢筋切取	《钢筋混凝土用钢材试验方法》GB/T 28900、《钢筋混凝土用钢》GB/T 1499
3	弯曲	2	不同根（盘）钢筋切取	《钢筋混凝土用钢材试验方法》GB/T 28900、《钢筋混凝土用钢》GB/T 1499
4	反向弯曲	1	任1根（盘）钢筋切取	《钢筋混凝土用钢材试验方法》GB/T 28900、《钢筋混凝土用钢》GB/T 1499
5	尺寸	逐根（盘）	—	《钢筋混凝土用钢》GB/T 1499
6	表面	逐根（盘）	—	目视
7	重量偏差			《钢筋混凝土用钢》GB/T 1499
8	金相组织	2	不同根（盘）钢筋切取	《金属显微组织检验方法》GB/T 13298、《钢筋混凝土用钢》GB/T 1499

注：* 对于化学成分的试验方法优先采用现行国家标准《碳素钢和中低合金钢 多元素含量的测定 火花放电原子发射光谱法（常规法）》GB/T 4336，对化学分析结果有争议时，仲裁试验应按现行国家标准《钢铁及合金化学分析方法》GB/T 223 相关部分进行。第4、8项检验项目仅适用于热轧带肋钢筋。

(3) 检验方法

1) 表面质量

钢筋应无有害表面缺陷。只要经过钢丝刷刷过的试样的重量、尺寸、横截面面积和拉伸性能不低于相关要求，锈皮、表面不平整或氧化铁皮不作为拒收的理由。当带有以上规定的缺陷以外的表面缺陷的试样不符合拉伸性能或弯曲性能要求时，则认为这些缺陷是有害的。

2) 拉伸、弯曲、反向弯曲试验

① 拉伸、弯曲、反向弯曲试验试样不允许进行车削加工。

② 计算钢筋强度用截面面积采用表 17-4 所列公称横截面面积。

③ 反向弯曲试验时，试样正向弯曲 90°，把经正向弯曲后的试样在 (100±10)℃温度下保温不少于 30min，经自然冷却后再反向弯曲 20°，两个弯曲角度均应在保荷载时测量。当供方能保证钢筋经人工时效后的反向弯曲性能时，正向弯曲后的试样亦可在室温下直接进行反向弯曲。

(4) 重量偏差的测量

① 测量钢筋重量偏差时，试样应从不同钢筋上截取，数量不少于 5 支，每支试样长度不小于 500mm。长度应逐支测量，应精确到 1mm。测量试样总重量时，应精确到不大于总重量的 1%。

② 钢筋实际重量与理论重量的偏差（%）按式 (17-4) 计算：

$$重量偏差 = \frac{试样实际总重量 - (试样总长度 \times 理论重量)}{试样总长度 \times 理论重量} \times 100\% \quad (17-4)$$

17.1.3.3 冷轧带肋钢筋检验

1. 组批规则

冷轧带肋钢筋应按批进行检查和验收，每批应由同一牌号、同一外形、同一规格、同一生产工艺和同一交货状态钢筋组成，每批不大于 60t。

2. 检查项目和取样数量

冷轧带肋钢筋检验的取样数量应符合表 17-26 的规定。

冷轧带肋钢筋检验的取样数量 表 17-26

序号	试验项目	试验数量	取样数量	试验方法
1	拉伸试验	每盘1个	在每（任）盘中随机切取	《金属材料 拉伸试验》GB/T 228
2	弯曲试验	每批1个		《金属材料 弯曲试验方法》GB/T 232
3	反复弯曲试验	每批2个		《金属材料 线材 反复弯曲试验方法》GB/T 238
4	应力松弛试验	定期1个		《金属材料 拉伸应力松弛试验方法》GB/T 10120、《冷轧带肋钢筋》GB/T 13788
5	尺寸	逐盘	—	《冷轧带肋钢筋》GB/T 13788
6	表面	逐盘	—	目视
7	重量偏差	每盘1个	—	《冷轧带肋钢筋》GB/T 13788

注：表中试验数量栏中的"盘"指生产钢筋的"原料盘"。

17.1.3.4 冷拔螺旋钢筋检验

1. 钢筋试验项目及方法

(1) 冷拔螺旋钢筋的试验项目、取样方法、试验方法应符合表 17-27 的规定。

冷拔螺旋钢筋的试验方法 表 17-27

序号	试验项目	试验数量	取样方法	试验方法
1	化学成分（熔炼分析）	每炉1个	《钢的成品化学成分允许偏差》GB/T 222	《钢的成品化学成分允许偏差》GB/T 222
2	拉伸试验	每盘1个	在每（任）盘中的任意一段去 300mm 后切取	《金属材料 拉伸试验》GB/T 228
3	弯曲试验	每批1个		《钢铁及合金化学分析方法》GB/T 223
4	松弛试验	定期1个		冷拔螺旋钢筋产品标准
5	尺寸	每盘1个		卡尺、投影仪
6	表面	逐盘		目测
7	重量误差	每盘1个		冷拔螺旋钢筋产品标准

(2) 钢筋松弛试验要点

1) 试验期间试样的环境温度应保持在 (20±2)℃。

2) 试样可进行机械校直，但不得进行任何热处理和其他冷加工。

3) 加在试样上的初始荷载为试样实际强度的 70% 乘以试样的工程面积。

4) 加荷载速度为 (200±50)MPa/min，加荷完毕保持 2min 后开始计算松弛值。

5) 试样长度不小于公称直径的 60 倍。

2. 尺寸测量及重量偏差的测量

(1) 槽深及筋顶宽通过取 10 处实测，取平均值求得。尺寸测量精度精确到 0.02mm。

(2) 重量偏差的测量。测量钢筋重量偏差时，试样长度应不小于 0.5m。钢筋重量偏差值按式 (17-5) 计算：

$$重量偏差 = \frac{实际重量 - (总长度 \times 公称重量)}{总长度 \times 公称重量} \times 100\% \quad (17-5)$$

3. 检验规则

（1）钢筋的质量

由供方进行检查和验收，需方有权进行复查。

（2）组批规则 钢筋应成批验收。每批应由同一牌号、同一规格和同一级别的钢筋组成，每批重量不大于50t。

（3）取样数量

钢筋的取样数量应符合表17-27的规定。供方在保证屈服强度合格的条件下，可以不逐盘进行屈服强度试验。如用户有特殊要求，应在合同中注明。供方应定期进行应力松弛测定。如需方要求，供方应提供交货批的应力松弛值。

17.1.3.5 冷拔低碳钢丝检验

1. 检验方法

（1）冷拔低碳钢丝的表面质量用目视检查。

（2）冷拔低碳钢丝的直径应采用分度值不低于0.01mm的量具测量，测量位置应为同一截面的两个垂直方向，试验结果为两次测量值的平均值，修约到0.01mm。

（3）拉伸试验应按现行国家标准《金属材料 拉伸试验》GB/T 228的规定进行。计算抗拉强度时应取冷拔低碳钢丝的公称横截面面积值。

（4）断后伸长率的测定应按现行国家标准《金属材料 拉伸试验》GB/T 228的规定进行。在日常检验时，试样的标距划痕不得导致断裂发生在划痕处。试样长度应保证试验机上下钳口之间的距离超过原始标距50mm。测量断后标距的量具最小刻度应不小于0.1mm。测得的伸长率应修约到0.5%。

2. 检验规则

（1）组批规则

冷拔低碳钢丝应成批进行检查和验收，每批冷拔低碳钢丝应由同一钢厂、同一钢号、同一总压缩率、同一直径组成，甲级冷拔低碳钢丝每批质量不大于30t，乙级冷拔低碳钢丝每批质量不大于50t。

（2）检查项目和取样数量

冷拔低碳钢丝的检查项目为表面质量、直径、抗拉强度、断后伸长率及反复弯曲次数。冷拔低碳钢丝的直径每批抽查数量不少于5盘。甲级冷拔低碳钢丝抗拉强度、断后伸长率及反复弯曲次数应逐盘进行检验；乙级冷拔低碳钢丝抗拉强度、断后伸长率及反复弯曲次数每批抽查数量不少于3盘。

（3）复检规则

冷拔低碳钢丝的表面质量检查时，如有不合格者应予以剔除。甲级冷拔低碳钢丝的直径、抗拉强度、断后伸长率及反复弯曲次数如有某检验项目不合格时，不得进行复检。乙级冷拔低碳钢丝的直径、抗拉强度、断后伸长率及反复弯曲次数如有某检验项目不合格时，可从该批冷拔低碳钢丝中抽取双倍数量的试样进行复检。

（4）判定规则

甲级冷拔低碳钢丝如有某检验项目不合格时，该批冷拔低碳钢丝判定为不合格。乙级冷拔低碳钢丝所检项目合格或复检合格时，则该批冷拔低碳钢丝判定为合格；如复检中仍有某检验项目不合格，则该批冷拔低碳钢丝判定为不合格。

17.1.4 钢筋现场存放与保护

（1）施工现场的钢筋原材料及半成品存放及加工场地应采用混凝土硬化，且排水效果良好。对非硬化的地面，钢筋原材料及半成品应架空放置。

（2）钢筋在运输和存放时，不得损坏包装和标志，并应按牌号、规格、炉批分别堆放整齐，避免锈蚀或油污。

（3）钢筋存放时，应挂牌标识钢筋的级别、品种、状态，加工好的半成品还应标识出使用的部位。

（4）钢筋存放及加工过程中，不得污染。

（5）钢筋轻微的浮锈可以在除锈后使用。但锈蚀严重的钢筋，应在除锈后，根据锈蚀情况，降规格使用。

（6）冷加工钢筋应及时使用，不能及时使用的应做好防潮和防腐保护。

（7）当钢筋在加工过程中出现脆裂、裂纹、剥皮等现象，或施工过程中出现焊接性能不良或力学性能显著不正常等现象时，应停止使用该批钢筋，并重新对该批钢筋的质量进行检测、鉴定。

17.2 配 筋 构 造

17.2.1 一 般 规 定

17.2.1.1 混凝土保护层

1. 混凝土结构的环境类别

混凝土结构的环境类别见表 17-28。

混凝土结构的环境类别　　　　　　　　　　　表 17-28

环境类别	条件
一	室内干燥环境
	无侵蚀性静水浸没环境
二 a	室内潮湿环境
	非严寒和非寒冷地区的露天环境
	非严寒和非寒冷地区与无侵蚀性的水或土壤直接接触的环境
	严寒和寒冷地区的冰冻线以下与无侵蚀性的水或土壤直接接触的环境
二 b	干湿交替环境
	水位频繁变动环境
	严寒和寒冷地区的露天环境
	严寒和寒冷地区冰冻线以上与无侵蚀性的水或土壤直接接触的环境
三 a	严寒和寒冷地区冬季水位变动区环境
	受除冰盐影响环境
	海风环境

续表

环境类别	条件
三 b	盐渍土环境
	受除冰盐作用环境
	海岸环境
四	海水环境
五	受人为或自然的侵蚀性物质影响的环境

注：1. 室内潮湿环境是指构件表面经常处于结露或湿润状态的环境；
    2. 严寒和寒冷地区的划分应符合现行国家标准《民用建筑热工设计规范》GB 50176 的有关规定；
    3. 海岸环境和海风环境宜根据当地情况，考虑主导风向及结构所处迎风、背风部位等因素的影响，由调查研究和工程经验确定；
    4. 受除冰盐影响环境是指受到除冰盐盐雾影响的环境；受除冰盐作用环境是指被除冰盐溶液溅射的环境以及使用除冰盐地区的洗车房、停车楼等建筑；
    5. 暴露的环境是指混凝土结构表面所处的环境。

2. 混凝土保护层的最小厚度

（1）结构中最外层钢筋的混凝土保护层厚度（钢筋外边缘至混凝土表面的距离）应不小于钢筋的公称直径。设计使用年限为 50 年的混凝土结构，最外层钢筋的混凝土保护层厚度尚应符合表 17-29 的规定。

混凝土保护层最小厚度（mm） 表 17-29

环境类别	一	二 a	二 b	三 a	三 b
板、墙、壳	15	20	25	30	40
梁、柱、杆	20	25	35	40	50

注：1. 混凝土强度等级不大于 C25 时，表中保护层厚度数值增加 5mm；
    2. 钢筋混凝土基础宜设置混凝土垫层，基础中钢筋的混凝土保护层厚度应从垫层顶面算起，且不应小于 40mm。

（2）当梁、柱、墙中纵向受力钢筋的混凝土保护层厚度大于 50mm 时，应对保护层采取有效的防裂构造措施，通常在混凝土保护层中离构件表面一定距离处全面增配由细钢筋制成的构造钢筋网片，网片钢筋的保护层厚度不应小于 25mm。处于二、三类环境中的悬臂板，其上表面应另作水泥砂浆保护层或采取其他有效的保护措施。

（3）当有充分依据并采取下列有效措施时，可适当减小混凝土保护层的厚度。

1）构件表面有可靠的防护层；

2）采用工厂化生产的预制构件，并能保证构件混凝土的质量；

3）在混凝土中掺加阻锈剂；

4）对钢筋进行环氧树脂涂层等防锈处理；

5）当对地下室墙体采取可靠的建筑防水做法或防护措施时，与土层接触一侧钢筋的保护层厚度可适当减小，但不应小于 25mm。

（4）特殊条件下的混凝土保护层

1）设计使用年限为 100 年的混凝土结构，其最外层钢筋的混凝土保护层厚度应不小于表 17-29 数值的 1.4 倍。

2) 对有防火要求的建筑物,其混凝土保护层厚度尚应符合现行国家标准《建筑设计防火规范》GB 50016 的要求。

3) 机械连接接头钢筋连接件的混凝土保护层厚度应符合现行国家标准《混凝土结构设计标准》GB/T 50010 的规定,且不应小于 0.75 倍纵向受力钢筋最小保护层厚度和 15mm 的较大值。

4) 预制混凝土构件的灌浆套筒长度范围内,预制混凝土柱箍筋的混凝土保护层厚度不应小于 20mm,预制混凝土墙最外层钢筋的混凝土保护层厚度不应小于 15mm。

5) 防水混凝土结构,其迎水面钢筋保护层厚度不应小于 50mm。

17.2.1.2 钢筋锚固

(1) 当计算中充分利用钢筋的抗拉强度时,受拉钢筋的锚固长度按式(17-1)计算,不应小于表 17-30 规定的数值。

受拉钢筋的最小锚固长度 l_a (mm) 表 17-30

混凝土强度	钢筋规格 钢筋直径	HPB300 普通钢筋	HRB400 普通钢筋	HRB400 环氧树脂涂层钢筋	HRB500 普通钢筋	HRB500 环氧树脂涂层钢筋
C20	$d \leqslant 25$	$40d$	$46d$	$58d$	$56d$	$70d$
C20	$d > 25$	$40d$	$51d$	$63d$	$61d$	$77d$
C25	$d \leqslant 25$	$35d$	$41d$	$51d$	$49d$	$61d$
C25	$d > 25$	$35d$	$45d$	$56d$	$54d$	$67d$
C30	$d \leqslant 25$	$30d$	$35d$	$44d$	$42d$	$53d$
C30	$d > 25$	$30d$	$39d$	$48d$	$47d$	$58d$
C35	$d \leqslant 25$	$28d$	$33d$	$41d$	$40d$	$50d$
C35	$d > 25$	$28d$	$36d$	$45d$	$44d$	$55d$
≥C40	$d \leqslant 25$	$26d$	$30d$	$38d$	$36d$	$45d$
≥C40	$d > 25$	$26d$	$33d$	$41d$	$40d$	$50d$

注:1. 当光圆钢筋受拉时,其末端应做 180°弯钩,弯后平直段长度不应小于 $3d$,当为受压时,可不做弯钩;
  2. 在任何情况下,受拉钢筋的锚固长度不应小于 200mm;
  3. d 为钢筋公称直径。

(2) 当符合下列条件时,表 17-30 的锚固长度应进行修正。

1) 当钢筋在混凝土施工过程中易受扰动(如滑模施工)时,其锚固长度应乘以修正系数 1.1;

2) 当纵向受力钢筋的实际配筋面积大于其设计计算面积时,其锚固长度修正系数取设计计算面积与实际配筋面积的比值。但对有抗震设防要求及直接承受动力荷载的结构构件,不得考虑此项修正;

3) 锚固区混凝土保护层厚度较大时,锚固长度修正系数可按表 17-31 确定,中间按内插取值。

锚固长度修正系数　　　　表 17-31

保护层厚度	不小于 $3d$	不小于 $5d$	弯钩或机械锚固措施
修正系数	0.8	0.7	0.6

4) 当纵向受拉钢筋末端采用机械锚固措施时（图 17-2），锚固长度修正系数可按表 17-31 确定，图 17-2 (a)、(b)、(c) 适用于侧边和角部，图 17-2 (d)、(e)、(f) 适用于厚保护层。

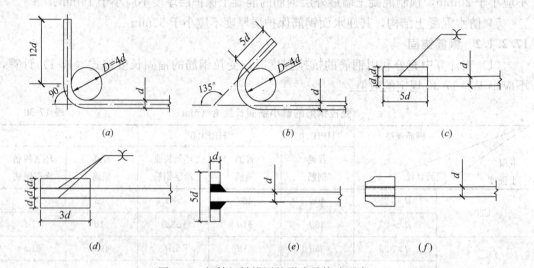

图 17-2　钢筋机械锚固的形式及构造要求
(a) 弯折；(b) 弯钩；(c) 一侧贴焊锚筋；(d) 两侧贴焊锚筋；(e) 焊端锚板；(f) 螺栓锚头

采用机械锚固措施时，厚保护层中螺栓锚头和焊接锚板的承压净面积不应小于锚固钢筋截面面积的 4 倍；焊接锚板厚度不宜小于 d，焊接应符合相关标准的要求；螺栓锚头的规格、尺寸应满足螺纹连接的要求，并应符合相关标准的要求；当螺栓锚头和焊接锚板的钢筋净间距小于 $4d$ 时，应考虑群锚效应对锚固的不利影响。当螺栓锚头和焊接锚板采用符合现行行业标准《钢筋锚固板应用技术规程》JGJ 256 的钢筋锚固板时，相关要求见本章第 17.9.5 节的相关内容。

(3) 当纵向受拉钢筋锚固区的混凝土保护层厚度不大于 $5d$ 时，在钢筋的锚固长度范围内应配置横向构造钢筋，其直径不应小于 $0.25d$，对梁、柱、斜撑等构件间距不应大于 $5d$，对板、墙等平面构件间距不应大于 $10d$，且均不大于 $100mm$，d 为锚固钢筋的直径。

(4) 对承受动力荷载的预制构件，应将纵向受力钢筋末端焊接在钢板或角钢上。钢板或角钢应可靠地锚固在混凝土中，其尺寸应按计算确定，厚度不宜小于 $10mm$。其他构件中的受力钢筋的末端，也可以通过焊接钢板或型钢实现锚固。

17.2.1.3　钢筋连接

1. 接头使用规定

(1) 绑扎搭接宜用于受拉钢筋直径不大于 $25mm$ 以及受压钢筋直径不大于 $28mm$ 的连接；轴心受拉及小偏心受拉杆件（如桁架和拱的拉杆）的纵向受力钢筋不应采用绑扎搭接。

(2) 机械连接宜用于直径不小于 $16mm$ 受力钢筋的连接。

(3) 焊接宜用于直径不大于 28mm 受力钢筋的连接；余热处理钢筋不宜焊接；细晶粒钢筋及直径大于 28mm 的普通热轧钢筋的焊接应经试验确定。

(4) 直接承受动力荷载的结构构件中，其纵向受拉钢筋不得采用绑扎搭接接头，也不宜采用焊接接头，且严禁在钢筋上焊有任何附件（端部锚固除外）。当直接承受起重机荷载的钢筋混凝土起重机梁、屋面梁及屋架下弦的纵向受拉钢筋必须采用焊接接头时，必须采用闪光对焊，并去掉接头的毛刺及卷边。

(5) 并筋应按单筋错开、分散搭接的方式布置，并计算相应的接头面积百分率及搭接长度。

(6) 受力钢筋的接头宜设置在受力较小处；同一纵向受力钢筋不宜设置两个或两个以上接头；同一构件中的纵向受力钢筋接头宜相互错开；接头末端至钢筋弯起点的距离不应小于钢筋直径的 10 倍。

2. 接头面积允许百分率

(1) 钢筋绑扎搭接接头连接区段的长度为 $1.3l_l$（l_l 为搭接长度），凡搭接接头中点位于该连接区段长度内的搭接接头均属于同一连接区段（图 17-3）。同一连接区段内，纵向受拉钢筋搭接接头面积百分率应符合设计要求；当设计无具体要求时，应符合下列规定：

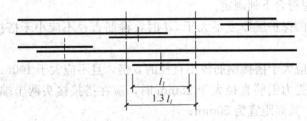

图 17-3 同一连接区段内的纵向受拉钢筋绑扎搭接接头

1) 对梁、板类及墙类构件，不宜大于 25%；
2) 对柱类构件，不宜大于 50%；
3) 当工程中确有必要增大接头面积百分率时，对梁类构件不应大于 50%；对板、墙、柱及预制构件的拼接处，可根据实际情况放宽。
4) 纵向受压钢筋搭接接头面积百分率，不宜大于 50%。

(2) 焊接接头连接区段的长度为 $35d$（d 为纵向受力钢筋的较小直径），且不小于 500mm，钢筋机械连接区段的长度为 $35d$（d 为连接钢筋的较小直径），凡接头中点位于该连接区段长度内的接头均属于同一连接区段。同一连接区段内，纵向受力钢筋的接头面积百分率应符合设计要求；当设计无具体要求时，应符合下列规定：

1) 受拉区不宜大于 50%，受压区不受限制；
2) 设置在有抗震设防要求的框架梁端、柱端的箍筋加密区的机械连接接头，不应大于 50%；
3) 直接承受动力荷载的结构构件中，当采用机械连接接头时，不应大于 50%；
4) 当直接承受起重机荷载的钢筋混凝土起重机梁、屋面梁及屋架下弦的纵向受拉钢筋必须采用焊接接头时，不应大于 25%，焊接接头连接区段的长度应取为 $45d$，d 为纵向受力钢筋的较大直径。

3. 绑扎接头搭接长度

(1) 纵向受拉钢筋绑扎搭接接头的搭接长度应根据位于同一连接区段内的钢筋搭接接

头面积百分率按表 17-32、表 17-33 中计算。

纵向受拉钢筋绑扎搭接长度计算表 表 17-32

纵向受拉钢筋绑扎搭接长度 l_l		注:
抗震	非抗震	1. 当不同直径钢筋搭接时，其值按较小的直径计算。
$l_{lE}=\xi l_{aE}$	$l_l=\xi l_a$	2. 在任何情况下不得小于 300mm。
		3. 式中 ξ 为搭接长度修正系数，按表 17-33 取用

纵向受拉钢筋搭接长度修正系数 表 17-33

纵向钢筋搭接接头面积百分率（%）	≤25	50	100
ξ	1.2	1.4	1.6

（2）构件中的纵向受压钢筋，当采用搭接连接时，其受压搭接长度不应小于纵向受拉钢筋搭接长度的 0.7 倍，且在任何情况下不应小于 200mm。

（3）在梁、柱类构件的纵向受力钢筋搭接长度范围内，应按设计要求配置箍筋。当设计无具体要求时，应符合下列规定：

1）当锚固钢筋的保护层厚度不大于 $5d$ 时，箍筋直径不应小于搭接钢筋较大直径的 0.25 倍；

2）箍筋间距不应大于搭接钢筋较小直径的 5 倍，且不应大于 100mm；

3）当柱中纵向受力钢筋直径大于 25mm 时，应在搭接接头两个端面外 100mm 范围内各设置两个箍筋，其间距宜为 50mm；

4）在不同配置要求的箍筋区域分界处应设置一道分界箍筋，分界箍筋应按相邻区域配置要求较高的箍筋配置。

17.2.2 板

17.2.2.1 受力钢筋

（1）采用绑扎钢筋配筋时，板中受力钢筋的直径选用见表 17-34。

板中受力钢筋的直径（mm） 表 17-34

项目	支撑板			悬臂板	
	板厚			悬挑长度	
	$h<100$	$100\leqslant h\leqslant 150$	$h>150$	$l\leqslant 500$	$l>500$
钢筋直径	6~8	8~12	12~16	8~10	8~12

（2）板中受力钢筋的间距要求见表 17-35。

板中受力钢筋的间距（mm） 表 17-35

序号	项目		最大钢筋间距	最小钢筋间距
1	跨中	板厚 $h\leqslant 150$	200	70
		板厚 $h>150$	$1.5h$ 且 $\leqslant 250$	70
2	支座	下部	400	70
		上部	200	70

注：1. 表中支座处下部受力钢筋截面面积不应小于跨中受力钢筋截面面积的 1/3；
2. 板中受力钢筋一般距墙边或梁边 50mm 开始配置。

(3) 单向板和双向板可采用分离式配筋或弯起式配筋。分离式配筋因施工方便，已成为工程中主要采用的配筋方式。

当多跨单向板、多跨双向板采用分离式配筋时，跨中正弯矩钢筋宜全部伸入支座；支座负弯矩钢筋向跨内的延伸长度 a 应覆盖负弯矩图并满足钢筋锚固的要求（图 17-4）。

(4) 简支板或连续板跨中正弯矩钢筋伸入支座的锚固长度不应小于 $5d$（d 为正弯矩钢筋直径）且宜伸过支座中心线。当连续板内温度收缩应力较大时，伸入支座的锚固长度宜适当增加。

对与边梁整浇的板，支座负弯矩钢筋的锚固长度应不小于 l_a，如图 17-4 所示。

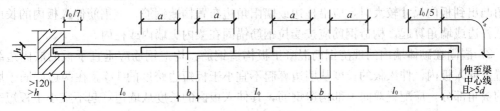

图 17-4 连续板的分离式配筋

当 $q \leqslant 3g$ 时，$a = l_0/4$；当 $q > 3g$，$a = l_0/3$

式中 　q——均布活荷载设计值；

　　　g——均布恒荷载设计值。

(5) 在双向板的纵横两个方向上均需配置受力钢筋。承受弯矩较大方向的受力钢筋，应布置在受力较小钢筋的外层。

(6) 板与墙或梁整体浇筑或连续板下部纵向受力钢筋各跨单独配置时，伸入支座内的锚固长度 l_{as}，宜伸至墙或梁中心线且不应小于 $5d$（图 17-5），当连续板内温度、收缩应力较大时，伸入支座的锚固长度宜适当增加。

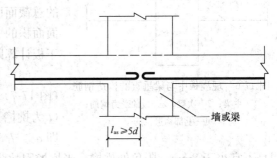

图 17-5 板与墙或梁整体现浇时下部受力钢筋的锚固长度

(7) 现浇混凝土空心楼盖中的非预应力纵向受力钢筋可分区均匀布置，也可在肋宽范围内适当集中布置，在整个楼板范围内的钢筋间距均不宜大于 250mm。

当内模为筒芯时，顺筒方向的纵向受力钢筋与筒芯的净距不得小于 10mm，在肋宽范围内，宜根据肋宽大小设置构造钢筋；内模为箱体时，纵向受力钢筋与箱体的净距不得小于 10mm，肋宽范围内应布置箍筋。

17.2.2.2 分布钢筋

(1) 单向板中单位宽度上分布钢筋的截面面积不宜小于单位宽度上受力钢筋截面面积的 15%，且不宜小于该方向板截面面积的 0.15%；分布钢筋的间距不宜大于 250mm，直径不宜小于 6mm（绑扎连接时）。

对集中荷载较大的情况或对防止出现裂缝要求较严时，分布钢筋的截面面积应适当增加，其间距不宜大于 200mm。

(2) 分布钢筋应配置在受力钢筋的转折处及直线段，在梁截面范围可不配置。

17.2.2.3 构造钢筋

(1) 对与支承结构整体浇筑或嵌固在承重砌体墙内的现浇混凝土板，应沿支承周边配置上部构造钢筋，其直径不宜小于8mm，间距不宜大于200mm，并应符合下列规定：

1) 与梁或墙整浇的现浇钢筋混凝土板构造钢筋：构造钢筋截面面积不宜小于板跨中相应方向纵向钢筋截面面积的1/3。构造钢筋自梁边或墙边、柱边伸入板内的长度，在单向板中不宜小于受力方向板的计算跨度的1/4，在双向板中不宜小于板短跨方向计算跨度的1/4。在板角处构造钢筋应沿两个垂直方向、斜向平行或按放射状布置。当柱角或墙的阳角凸出到板内尺寸较大时，应沿柱边或墙阳角边布置构造钢筋，该钢筋伸入板内的长度应从柱边或墙角算起。构造钢筋应按受拉钢筋锚固在梁内、墙内或柱内。

2) 嵌固在砌体墙内的现浇钢筋混凝土板构造钢筋：构造钢筋应垂直于板的嵌固边缘配置并伸入板内，伸入板的长度从墙边算起不宜小于板短边跨度的1/7。在两边嵌固于墙内的板角部分，应配置双向上部构造钢筋，其伸入板内的长度从墙边算起不宜小于板短边跨度的1/4。沿板的受力方向配置的上部构造钢筋，其截面面积不宜小于该方向跨中受力钢筋截面面积的1/3，沿非受力方向配置时可根据实践经验适当减少。

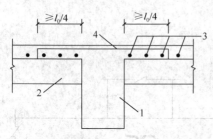

图17-6 现浇板中与梁垂直的构造钢筋
1—主梁；2—次梁；3—板的受力钢筋；4—上部构造钢筋

(2) 当现浇板的受力钢筋与梁平行时，应沿梁长度方向配置间距不大于200mm且与梁垂直的上部构造钢筋，其直径不宜小于8mm，且单位长度内的总截面面积不宜小于板中单位宽度内受力钢筋截面面积的1/3。该构造钢筋伸入板内的长度不宜小于板计算跨度l_0的1/4，见图17-6。

(3) 挑檐转角处应配置放射性构造钢筋（图17-7）。钢筋间距沿$l/2$处不宜大于200mm（l为挑檐长度）；钢筋埋入长度不应小于挑檐宽度，即$a \geqslant l$。构造钢筋的直径与边跨支座的负弯矩筋相同且不宜小于8mm。阴角处挑檐，当挑檐因故为按要求设置伸缩缝（间距≤12m），且挑檐长度$l \geqslant 1.2m$时，宜在板上下面各设置3根$\phi 10 \sim \phi 14$的构造钢筋（图17-8）。

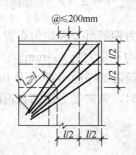
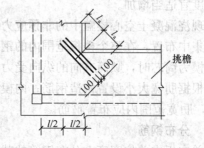

图17-7 挑檐转角处板的构造钢筋　　图17-8 挑檐阴角处板的构造钢筋

(4) 在温度、收缩应力较大的现浇板区域内，钢筋间距不宜大于200mm，并应在板的未配筋表面布置防裂构造钢筋。板的上、下表面沿纵、横两个方向的配筋率均不宜小于0.1%。防裂构造钢筋可利用原有钢筋贯通布置，也可另行设置构造钢筋网，并与原有钢筋按受拉钢筋的要求搭接或在周边构件中锚固。

(5) 现浇混凝土空心楼盖构造钢筋应符合下列规定:

1) 楼盖角部空心楼板、顶板底均应配置构造钢筋,配筋的范围从支座中心算起,两个方向的延伸长度均不小于所在角区格板短边跨度的1/4,构造钢筋在支座处应按受拉钢筋锚固。

2) 构造钢筋可采用正交钢筋网片,板顶、板底构造钢筋在两个方向的配筋率均不应小于0.2%,且直径不宜小于8mm,间距不宜大于200mm。

3) 边支承板空心楼盖中,墙边或梁边每侧的实心板带宽度宜取$0.2h_s$(h_s为楼板厚度),且不应小于50mm,实心板带内应配置构造钢筋。

4) 柱支承板楼盖中区格板周边的楼板实心区域应配置构造钢筋。

17.2.2.4 板上开洞

(1) 圆洞或方洞垂直于板跨方向的边长(直径)小于300mm时,可将板的受力钢筋绕过洞口,并可不设孔洞的附加钢筋,见图17-9。

(2) 当$300 \leqslant d(b) \leqslant 1000$mm时,且在孔洞周边无集中荷载时,应沿洞边每侧配置加强钢筋,其面积不小于洞口宽度内被切断的受力钢筋面积的1/2,且根据板面荷载大小选用$2\phi 8 \sim 2\phi 12$。

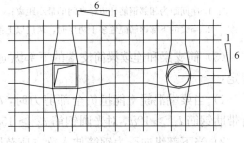

图17-9 矩形洞边长和圆形洞直径不大于300mm时钢筋构造

(3) 当$d(b) > 300$mm且孔洞周边有集中荷载时或$d(b) > 1000$mm时,应在孔洞边加设边梁。

(4) 当现浇混凝土空心楼板需要开洞时,洞口的周边应保证至少100mm宽的实心混凝土带。并且,应在洞边布置补偿钢筋,每方向的补偿钢筋面积不应小于切断钢筋的面积。

17.2.2.5 板柱节点

在板柱节点处,为提高板的冲切强度,可配置箍筋或弯起钢筋,并应符合下列构造要求:

(1) 板的厚度不应小于150mm。

(2) 箍筋及相应的架立钢筋应配置在与45°冲切破坏锥面相交的范围内,且从柱边以外的分布长度不应小于$1.5h_0$,箍筋应做成封闭式,直径不应小于6mm,其间距不应大于$h_0/3$且不大于100mm(图17-10a)。

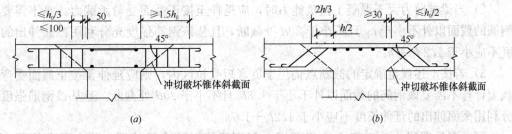

图17-10 板柱节点处的加强配筋
(a) 配置箍筋;(b) 配置弯起钢筋

(3) 弯起钢筋的倾斜段应与冲切破坏锥面相交（图 17-10b），其交点应在柱周边以外 $h/2 \sim \frac{2}{3}h$ 的范围内。弯起钢筋直径不宜小于 12mm，且每一方向不宜小于 3 根。

17.2.3 梁

17.2.3.1 受力钢筋

（1）纵向受力钢筋的直径：当梁高 $h \geqslant 300$mm 时，不应小于 10mm；当梁高 $h < 300$mm 时，不应小于 8mm。

（2）纵向受力钢筋的最小净距要求见表 17-36。

梁纵向受力钢筋的最小净间距（mm） 表 17-36

间距类型	水平净距		垂直净距
钢筋类型	上部钢筋	下部钢筋	25 和 d
最小净距	30 和 1.5d	25 和 d	

注：1. 净间距为相邻钢筋外边缘之间的最小距离；
　　2. 当梁的下部钢筋配置多于两层时，两层以上钢筋水平方向中距应比下边两层的中距增大一倍。

（3）简支梁和连续梁简支端的下部纵向受力钢筋伸入支座的锚固长度 l_{as}，应符合下列规定：

1）当梁端混凝土能担负全部剪力时，$l_{as} \geqslant 5d$；当梁端剪力大于混凝土担负能力时，对带肋钢筋 $l_{as} \geqslant 12d$，对光圆钢筋 $l_{as} \geqslant 15d$。

2）当下部纵向受力钢筋伸入梁支座范围内不足 l_{as} 时，应采取在钢筋上加焊锚固钢板或将钢筋焊接在梁端预埋件上等有效锚固措施。

3）支撑在砌体结构上的钢筋混凝土独立梁，在纵向受力钢筋的锚固长度 l_{as} 范围内应配置不少于两个箍筋，其直径不宜小于纵向受力钢筋最大直径的 0.25 倍，间距不宜大于纵向受力钢筋最小直径的 10 倍；当采取机械锚固措施时，钢筋间距尚不宜大于钢筋最小直径的 5 倍。

（4）钢筋混凝土梁支座截面负弯矩纵向受拉钢筋不宜在受拉区截断。当必须截断时，应符合以下规定：

1）当梁端混凝土能担负全部剪力时，应延伸至按正截面受弯承载力计算不需要该钢筋的截面以外不小于 $20d$ 处截断，且从该钢筋强度充分利用截面伸出的长度不应小于 $1.2l_a$。

2）当梁端剪力大于混凝土担负能力时，应延伸至按正截面受弯承载力计算不需要该钢筋的截面以外不小于 h_0 且不小于 $20d$ 处截断，且从该钢筋强度充分利用截面伸出的长度不应小于 $1.2l_a + h_0$。

3）若按上述规定确定的截断点仍位于负弯矩受拉区内，则应延伸至按正截面受弯承载力计算不需要该钢筋的截面以外不小于 $1.3h_0$ 且不小于 $20d$ 处截断，且从该钢筋强度充分利用截面伸出的延伸长度不应小于 $1.2l_a + 1.7h_0$。

（5）在悬臂梁中，应有不少于两根上部钢筋伸至悬臂梁外端，并向下弯折不小于 $12d$；其余钢筋不应在梁的上部截断，而应按规定的弯起点位置向下弯折，并锚固在梁的下边。

(6) 沿梁截面周边布置的受扭纵向钢筋的间距不应大于 200mm 和梁截面短边长度；除应在梁截面四角设置受扭纵向钢筋外，其余受扭纵向钢筋宜沿截面周边均匀对称布置。受扭钢筋应按受拉钢筋锚固在支座内。

(7) 当梁端实际受到部分约束但按简支计算时，应在支座区上部设置纵向构造钢筋，其截面面积不应小于梁跨中下部纵向受力钢筋计算所需截面面积的 1/4，且不应少于两根，该纵向构造钢筋自支座边缘向跨内伸出的长度不应小于 $0.2 l_0$（l_0 为该跨的计算跨度）。

17.2.3.2 弯起钢筋

(1) 弯起钢筋一般是由纵向钢筋弯起而成。弯起钢筋的弯起角度一般宜为 45°或 60°；当梁高≥800mm 时，可弯起 60°；梁截面高度较小并且有集中荷载时，可为 30°。

(2) 弯起钢筋的弯终点外应留有平行于梁轴线方向的锚固长度，在受拉区不应小于 $20d$，在受压区不应小于 $10d$（图 17-11），对光圆钢筋在末端应设置弯钩。

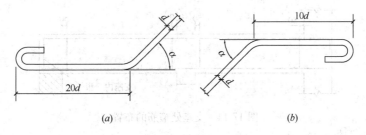

图 17-11 弯起钢筋端部构造
(a) 受拉区；(b) 受压区

(3) 弯起钢筋应在同一截面中与梁轴线对称成对弯起，当两个截面中各弯起一根钢筋时，这两根钢筋也应沿梁轴线对称弯起。梁底（顶）层钢筋中的角部钢筋不应弯起。

(4) 在梁的受拉区中，弯起钢筋的弯起点可设在按正截面受弯承载力计算不需要该钢筋的截面之前，但弯起钢筋与梁中心线交点应在不需要该钢筋的截面之外。同时，弯起点与计算充分利用该钢筋的截面之间的距离不应小于 $h_0/2$，见图 17-12。

(5) 弯起钢筋前一排（对支座而言）的弯起点至后一排的弯终点的距离 s_{max}，不应大于箍筋的最大间距。

(6) 当纵向受力钢筋不能在需要的位置弯起，或弯起钢筋不足以承受剪力时，需增设附加斜钢筋，且其两

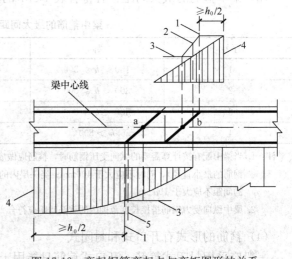

图 17-12 弯起钢筋弯起点与弯矩图形的关系
1—在受拉区域中的弯起点；2—按计算不需要钢筋"b"的截面；
3—正截面受弯承载力图形；4—按计算钢筋强度充分利用的截面；
5—按计算不需要钢筋"a"的截面

端应锚固在受压区内（鸭筋），且不得采用浮筋，见图 17-13。

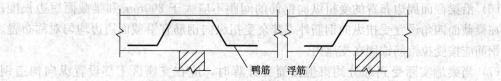

图 17-13 附加斜钢筋（鸭筋）的设置

17.2.3.3 箍筋

（1）梁的箍筋设置：对梁高 $h>300\text{mm}$，应沿梁全长设置；对梁高为 $150\sim300\text{mm}$，可仅在构件两端各 1/4 跨度范围内设置，但当在构件中部 1/2 跨度范围内有集中荷载作用时，则应沿梁全长设置；对梁高 $h<150\text{mm}$，可不设置。

梁支座处的箍筋从梁边（或墙边）50mm 开始设置，支座范围内每隔 $100\sim200\text{mm}$ 设置箍筋，并在纵向钢筋的端部宜设置一道箍筋，见图 17-14。

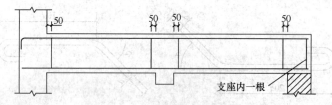

图 17-14 支座处箍筋的布置

（2）梁中箍筋的直径：对梁高 $h\leqslant 800\text{mm}$，不宜小于 6mm；对梁高 $h>800\text{mm}$，不宜小于 8mm。梁中配有计算需要的纵向受压钢筋时，箍筋直径还不应小于纵向受压钢筋最大直径的 0.25 倍。

（3）梁中箍筋的最大间距：宜符合表 17-37 的规定。

梁中箍筋的最大间距（mm） 表 17-37

序号	梁高	按计算配置箍筋	按构造配置箍筋
1	$150<h\leqslant 300$	150	200
2	$300<h\leqslant 500$	200	300
3	$500<h\leqslant 800$	250	350
4	$h>800$	300	400

注：1. 当梁中配有按计算需要的纵向受压钢筋时，箍筋应做成封闭式，箍筋的间距不应大于 15d（d 为纵向受压钢筋的最小直径），同时不应大于 400mm；当一层内的纵向受压钢筋多于 5 根且直径大于 18mm 时，箍筋的间距不应大于 10d。
2. 梁中纵向受力钢筋搭接长度范围内的箍筋间距应符合 17.2.1.3 的规定。

（4）箍筋的形式有开口式和封闭式

一般应采用封闭式箍筋；开口式箍筋只能用于无振动荷载且计算不需要配置受压钢筋的现浇 T 形截面梁的跨中部分。抗扭箍筋应做成封闭式，且应沿截面周边布置；当采用复合箍筋时，位于截面内部的箍筋不应计入抗扭箍筋面积。

封闭式箍筋的末端应做成 135° 弯钩，对于抗扭结构弯钩端头平直段长度不应小于 10d

和 75mm，一般结构不宜小于 5d 和 50mm。

(5) 箍筋的基本形式为双肢箍筋。当梁的宽度不大于 400mm、但一层内的纵向受压钢筋多于 4 根，或梁的宽度大于 400mm，且一层内的纵向受压钢筋多于 3 根，应设置复合箍筋。当梁箍筋为双肢箍时，梁上部纵筋、下部纵筋及箍筋的排布无关联，各自独立排布。当梁箍筋为复合箍时，梁上部纵筋、下部纵筋及箍筋的排布有关联，钢筋排布应符合下列要求：

1) 梁上部纵筋、下部纵筋及复合箍筋排布时应遵循对称均匀原则。

2) 梁复合箍筋应采用截面周边外封闭大箍加内封闭小箍的组合方式（大箍套小箍）。内部复合箍筋可采用相邻两肢形成一个内封闭小箍的形式；当梁箍筋肢数≥6，相邻两肢形成的内封闭小箍水平端尺寸较小，施工中不易加工及安装绑扎时，内部复合箍筋也可采用非相邻肢形成一个内封闭小箍的形式（连环套），当沿外封闭周边箍筋重叠不应多于三层。

3) 梁复合箍筋肢数宜为双数，当复合箍筋的肢数为单数时，设一个单肢箍。单肢箍筋应同时钩住纵向钢筋和外封闭箍筋。

4) 梁箍筋转角处应有纵向钢筋，当箍筋上部转角处的纵向钢筋未能贯通全跨时，在跨中上部可设置架立筋（架立筋的直径：当梁的跨度小于 4m 时，不宜小于 8mm；当梁的跨度为 4~6m 时，不宜小于 10mm；当梁的跨度大于 6m 时，不宜小于 12mm。架立筋与梁纵向钢筋搭接长度为 150mm）。

5) 梁上部通长筋应对称均匀设置，通长筋宜置于箍筋转角处。

6) 梁同一跨内各组箍筋的复合方式应完全相同。当同一组内复合箍筋各肢位置不能满足对称性要求时，此跨内每相邻两组箍筋各肢的安装绑扎位置应沿梁纵向交错对称排布。

7) 梁横截面纵向钢筋与箍筋排布时，除考虑本跨内钢筋排布关联因素外，还应综合考虑相邻跨之间的关联影响。

8) 内部复合箍筋应紧靠外封闭箍筋一侧绑扎。当有水平拉筋时，拉筋在外封闭箍筋的另一侧绑扎。

(6) 封闭箍筋弯钩位置：当梁顶部有现浇板时，弯钩位置设置在梁顶；当梁底部有现浇板时，弯钩位置设置在梁底；当梁顶部或底部均无现浇板时，弯钩位置设置于梁顶部。相邻两组复合箍筋平面及弯钩位置沿梁纵向对称排布。

17.2.3.4 纵向构造钢筋

(1) 梁中架立钢筋的直径：当梁的跨度小于 4m 时，不宜小于 8mm；当梁的跨度为 4~6m 时，不宜小于 10mm，当梁的跨度大于 6m 时，不宜小于 12mm。

(2) 当梁的腹板高度（扣除翼缘厚度后截面高度）h_w≥450mm 时，梁侧应沿高度配置纵向构造钢筋（腰筋）。按构造设置时，一般伸至梁端，不做弯钩；若按计算配置时，则在梁端应满足受拉时的锚固要求。每侧纵向构造钢筋截面面积不应小于腹板截面面积 bh_w 的 0.1%，且其间距不宜大于 200mm。

(3) 梁的两侧纵向构造钢筋宜用拉筋连系，拉筋应同时钩住纵筋和箍筋。当梁宽≤350mm时，拉筋直径不宜小于 6mm；梁宽>350mm 时，拉筋直径不宜小于 8mm。拉筋间距一般为非加密区箍筋间距的两倍，且≤600mm。当梁侧向拉筋多于一排时，相邻上下排拉筋应错开设置。

(4) 对钢筋混凝土薄腹梁或需作疲劳验算的钢筋混凝土梁,应在下部1/2梁高的腹板内沿两侧配置直径为 8~14mm、间距为 100~150mm 的纵向构造钢筋,并应按下密上疏的方式布置;在上部1/2梁高的腹板内,纵向构造钢筋按一般规定配置。

17.2.3.5 附加横向钢筋

(1) 在梁下部或截面高度范围内有集中荷载作用时,应在该处设置附加横向钢筋(吊筋、箍筋)承担。附加横向钢筋应布置在长度 $s(s=2h_1+3b)$ 的范围内(图17-15)。附加横向钢筋宜优先采用箍筋,间距为 $8d$(d 为箍筋直径),最大间距应小于正常箍筋间距。当采用吊筋时,其弯起段应伸至梁上边缘,且末端水平段长度在受拉区不应小于 $20d$,在受压区不应小于 $10d$(d 为吊筋直径)。

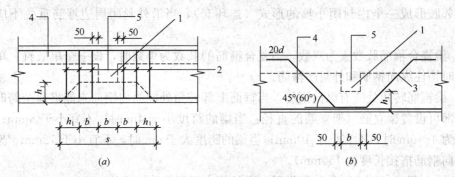

图 17-15 集中荷载作用处的附加横向钢筋
(a) 附加箍筋;(b) 附加吊筋
1—传递集中荷载的位置;2—附加箍筋;3—附加吊筋;4—主梁;5—次梁

(2) 当构件的内折角处于受拉区时,应增设箍筋(图17-16)。该箍筋应能承受未在受压区锚固的纵向受拉钢筋 A_{s1} 的合力,且在任何情况下不应小于全部纵向钢筋 A_s 合力的 35%。

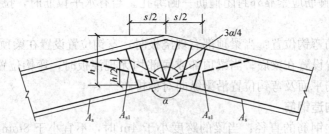

图 17-16 钢筋混凝土梁内折角处配筋

梁内折角处附加箍筋的配置范围 s,可按式(17-6)计算。

$$s = h\tan\frac{3}{8}\alpha \tag{17-6}$$

式中　h——梁内折角处高度(mm);
　　　α——梁的内折角(°)。

17.2.4 柱

17.2.4.1 纵向受力钢筋

(1) 柱中纵向受力钢筋的配置，应符合下列规定：

1) 纵向受力钢筋的直径不宜小于 12mm，全部纵向钢筋的配筋率不宜大于 5%；圆柱中纵向钢筋宜沿周边均匀布置，根数不宜少于 8 根，且不应少于 6 根。

2) 柱中纵向受力钢筋的净间距不应小于 50mm，且不宜大于 300mm；对水平浇筑的预制柱，其纵向钢筋的最小净间距可按梁的有关规定取用。

3) 在偏心受压柱中，垂直于弯矩作用平面的侧面上的纵向受力钢筋以及轴心受压柱中各边的纵向受力钢筋，其中距不宜大于 300mm。

4) 当偏心受压柱的截面高度 $h \geqslant 600mm$ 时，在柱的侧面上应设置直径不小于 10mm 的纵向构造钢筋，并相应设置复合箍筋或拉筋。

(2) 现浇柱中纵向钢筋的接头，应优先采用焊接或机械连接。接头宜设置在柱的弯矩较小区段。

(3) 柱变截面位置纵向钢筋构造应符合下列规定：

1) 下柱伸入上柱搭接钢筋的根数及直径，应满足上柱受力的要求；当上下柱内钢筋直径不同时，搭接长度应按上柱内钢筋直径计算。

2) 下柱伸入上柱的钢筋折角不大于 1:6 时，下柱钢筋可不切断而弯伸至上柱（图 17-17a）；当折角大于 1:6 时，应设置插筋或将上柱钢筋锚在下柱内（图 17-17b）。

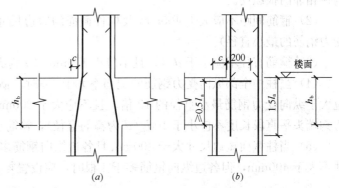

图 17-17 柱变截面位置纵向钢筋构造
(a) $c/h_b \leqslant 1/6$；(b) $c/h_b > 1/6$

(4) 顶层柱中纵向钢筋的锚固，应符合下列规定：

1) 顶层中间节点的柱纵向钢筋及顶层端节点的内侧柱纵向钢筋可用直线方式锚入顶层节点，其自梁底标高算起的锚固长度不应小于 l_a，且柱纵向钢筋必须伸至柱顶。当顶层节点处梁截面高度不足时，柱纵向钢筋应伸至柱顶并水平弯折包含弯弧在内的钢筋垂直投影锚固长度不应小于 $0.5l_{ab}$ 弯折后的水平投影长度，不宜小于 $12d$（d 为纵向钢筋直径）。

2) 框架顶层端节点处，可将柱外侧纵向钢筋的相应部分弯入梁内作梁上部纵向钢筋使用（图 17-18a），其搭接长度不应小于 $1.5l_a$；其中，伸入梁内的外侧纵向钢筋截面面积不宜小于外侧纵向钢筋全部截面面积的 65%。梁宽范围以外的柱外侧纵向钢筋宜沿节点顶部伸至柱内边，并向下弯折不小于 $8d$ 后截断；当柱纵向钢筋位于柱顶第二层时，可不向下弯折。当有现浇板且板厚不小于 100mm 时，梁宽范围以外的纵向钢筋可伸入现浇板内，其长度与伸入梁的柱纵向钢筋相同。

3) 框架梁顶节点处，也可将梁上部纵向钢筋弯入柱内与柱外侧纵向钢筋搭接

(图 17-18b)，其搭接长度竖直段不应小于 $1.7l_a$。当梁上部纵向钢筋的配筋率大于 1.2% 时，弯入柱外侧的梁上部纵向钢筋应满足以上规定的搭接长度，且宜分两批截断，其截断点之间的距离不宜小于 20d（d 为梁上部纵向钢筋直径）。

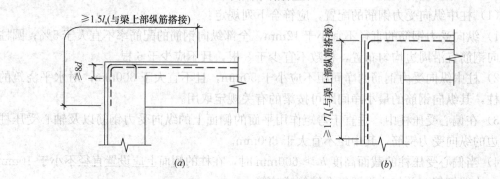

图 17-18 顶层端节点梁柱纵向钢筋的搭接
(a) 柱外侧纵向钢筋弯入梁内作梁上部纵筋用；(b) 梁上部纵向钢筋弯入柱内与柱外侧纵向钢筋搭接

17.2.4.2 箍筋

（1）柱及其他受压构件中的周边箍筋应做成封闭式；对圆柱中的箍筋，末端应做成 135°弯钩，弯钩末端平直段长度不应小于箍筋直径的 5 倍，箍筋应在相邻两纵筋间搭接且钩住相邻两根纵筋。

（2）箍筋间距不应大于 400mm 及构件截面的短边尺寸，且不应大于 15d（d 为纵向受力钢筋的最小直径）。

（3）箍筋直径不应小于 d/4，且不应小于 6mm（d 为纵向钢筋的最大直径）。

（4）当柱中全部纵向受力钢筋的配筋率大于 3% 时，箍筋直径不应小于 8mm，间距不应大于纵向受力钢筋最小直径的 10 倍，且不应大于 200mm；箍筋末端应做成 135°弯钩，弯钩端头平直段长度不应小于 10d（d 为箍筋直径），箍筋也可焊成封闭环式。

（5）当柱截面短边尺寸大于 400mm 且各边纵向钢筋多于 3 根时，或当柱截面短边尺寸不大于 400mm，但各边纵向钢筋多于 4 根时，应设置复合箍筋（图 17-19）。

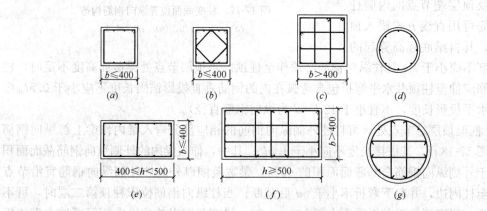

图 17-19 矩形与圆形截面柱的箍筋形式
(a) 方柱箍筋；(b) 方柱复合箍筋；(c) 方柱复合箍筋；(d) 圆柱箍筋；
(e) 矩形柱复合箍筋；(f) 矩形柱复合箍筋；(g) 圆柱复合箍筋

(6) 柱中纵向受力钢筋搭接长度内的箍筋间距应符合本章第 17.2.1.3 节的规定。

(7) 柱净高最下一组箍筋距底部梁顶 50mm，最上一组箍筋距顶部梁底 50mm，节点区最下、最上一组箍筋距节点梁底、梁顶不大于 50mm。当顶层柱与梁顶标高相同时，节点区最上一组箍筋距梁顶不大于 150mm。

17.2.5 剪 力 墙

(1) 钢筋混凝土剪力墙水平及竖向分布钢筋的间距不宜大于 300mm，直径不宜大于墙厚的 1/10，且不应小于 8mm；竖向分布钢筋直径不宜小于 10mm。

(2) 厚度大于 160mm 的剪力墙应配置双排分布钢筋网；结构中重要部位的剪力墙，当其厚度不大于 160mm 时，也宜配置双排分布钢筋网。

双排分布钢筋网应沿墙的两个侧面布置，且应采用拉筋连系；拉筋直径不宜小于 6mm，间距不宜大于 600mm；对重要部位的墙宜适当增加拉筋的数量。

(3) 剪力墙水平分布钢筋的搭接长度不应小于 $1.2l_a$。同排水平分布钢筋的搭接接头之间以及上、下相邻水平分布钢筋的搭接接头之间沿水平方向的净间距不宜小于 500mm。剪力墙竖向分布钢筋可在同一高度搭接，搭接长度不应小于 $1.2l_a$。带边框的墙，水平和竖向分布钢筋宜贯穿柱、梁或锚固在柱、梁内。

(4) 剪力墙水平分布钢筋应伸至墙端，并向内水平弯折 10d 后截断（d 为水平分布钢筋直径），见图 17-20 (a)。当剪力墙端部有翼墙时，水平分布钢筋应伸至翼墙或转角墙外边，并向两侧水平弯折 15d 后截断，见图 17-20 (b)。

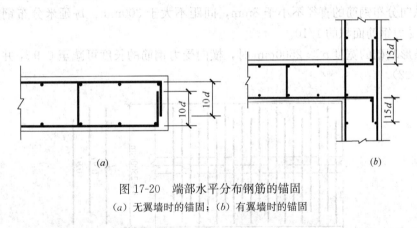

图 17-20 端部水平分布钢筋的锚固
(a) 无翼墙时的锚固；(b) 有翼墙时的锚固

在房屋角部，沿剪力墙外侧的水平分布筋宜沿外墙边连续弯入翼墙内（图 17-21a）；当需要在纵横墙转角处设置搭接接头时，沿外墙边的水平分布钢筋的总搭接长度不应小于 $1.3l_a$，见图 17-21 (b)。

(5) 剪力墙墙肢两端的竖向受力钢筋不宜小于 4φ12 或 2φ16；沿该竖向钢筋方向宜配置不小于 φ6@250 的拉筋。

(6) 剪力墙洞口上、下两边的水平纵向钢筋截面面积分别不宜小于洞口截断的水平分布钢筋总面积的 1/2。纵向钢筋自洞口边伸入墙内的长度不应小于受拉钢筋的锚固长度。剪力墙洞口连梁应沿全长配置箍筋。箍筋不应小于 φ6@150。在顶层洞口连梁纵向钢筋伸入墙内的锚固长度范围内，宜设置相同的箍筋。门窗洞边的竖向钢筋应按受拉钢筋锚固在

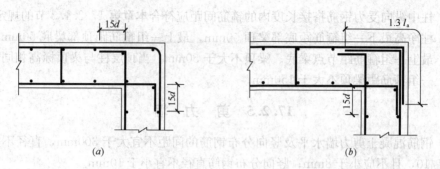

图 17-21 转角处水平分布钢筋的配筋构造
(a) 外侧水平钢筋连续通过转角；(b) 外侧水平钢筋设搭接接头

顶层连梁高度范围内。

(7) 钢筋混凝土剪力墙的水平和竖向分布钢筋的配筋率不应小于 0.2%。结构中重要部位的剪力墙，其水平和竖向分布钢筋的配筋率宜适当提高。剪力墙中温度、收缩应力较大的部位，水平分布钢筋的配筋率可适当提高。

17.2.6 基 础

17.2.6.1 条形基础

(1) 墙下钢筋混凝土条形基础

1) 横向受力钢筋的直径不宜小于 10mm，间距为 100～200mm。

2) 纵向分布钢筋的直径不小于 8mm，间距不大于 300mm，每延米分布钢筋的面积应不小于受力钢筋面积的 1/10。

3) 条形基础的宽度 $b \geqslant 2500$mm 时，横向受力钢筋的长度可减至 $0.9l$，并宜交错布置（图 17-22）。

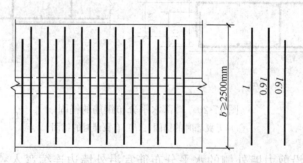

图 17-22 条形基础底板配筋减短 10% 构造
注：进入底板交接区的受力钢筋和无交接底板时端部第一根钢筋不应减短

(2) 柱下条形基础

1) 柱下条形基础顶面受力钢筋按计算配筋全部贯通，底面钢筋中的通长钢筋不应小于底面受力钢筋截面总面积的 1/3。纵向受力钢筋的直径不应小于 12mm。

2) 肋梁箍筋应采用封闭式，其直径不应小于 8mm，间距不应小于 15d（d 为纵向受力钢筋直径），也不应大于 500mm。肋梁宽度 $b \leqslant 350$mm 时，采用双肢箍筋；350mm $< b \leqslant 800$mm 时，采用四肢箍筋；$b > 800$mm 时，采用六肢箍筋。

3) 当肋梁板高 $h_w \geqslant 450\mathrm{mm}$ 时，应在腹板两侧配置直径不小于 $12\mathrm{mm}$ 的纵向构造钢筋，间距不宜大于 $200\mathrm{mm}$，其截面面积不应小于腹板截面面积的 0.1%。

4) 翼板的横向受力钢筋直径不小于 $10\mathrm{mm}$，间距不应大于 $200\mathrm{mm}$。纵向分布钢筋的直径为 $8\sim10\mathrm{mm}$，间距不大于 $250\mathrm{mm}$。

(3) 条形基础在 T 形及十字形交接处底板横向受力钢筋仅沿一个主要受力方向通长布置，另一方向的横向受力钢筋可布置到主要受力方向底板宽度 $1/4$ 处（图 17-23a、b）；在拐角处底板横向受力钢筋应沿两个方向布置（图 17-23c）。

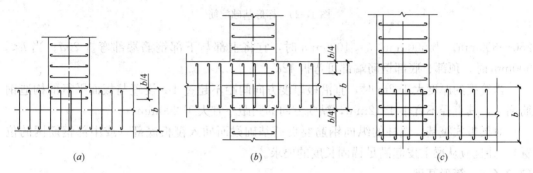

图 17-23 条形基础交接处配筋
(a) T 形交接处；(b) 十字形交接处；(c) 拐角处

17.2.6.2 单独基础

(1) 单独基础系双向受力，受力钢筋的直径不宜小于 $10\mathrm{mm}$，间距为 $100\sim200\mathrm{mm}$。沿短边方向的受力钢筋一般置于长边受力钢筋的上面。当基础边长 $B \geqslant 2500\mathrm{mm}$ 时（除基础支承在桩上外），受力钢筋的长度可缩减 10%，交错布置。

(2) 现浇柱下单独基础的插筋的数量、直径、间距以及钢筋种类应与柱中纵向受力钢筋相同，下端宜做成直弯钩，放在基础的钢筋网上（图 17-24）；当柱为轴心受压或小偏心受压、基础高度 $h \geqslant 1200\mathrm{mm}$，或柱为大偏心受压、基础高度 $h \geqslant 1400\mathrm{mm}$ 时，可仅将四角的插筋伸至底板钢筋网上，其余插筋锚固在基础顶面下 l_a 或 l_{aE}（有抗震设防要求时）处。插筋的箍筋与柱中箍筋相同，基础内设置两个。

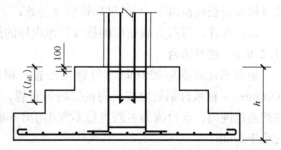

图 17-24 现浇柱下单独基础配筋

(3) 预制柱下杯形基础，当 $t/h_2 < 0.65$ 时（t 为杯口宽度，h_2 为杯口外壁高度），杯口需要配筋，见图 17-25。

17.2.6.3 筏形基础

筏形基础的钢筋间距不应小于 $150\mathrm{mm}$，宜为 $200\sim300\mathrm{mm}$，受力钢筋直径不宜小于 $12\mathrm{mm}$。采用双向钢筋网片配置在板的顶面和底面。

当筏板的厚度 $h \geqslant 1000\mathrm{mm}$ 时，端部宜设置直径为 $12\sim20\mathrm{mm}$ 的钢筋网，间距为

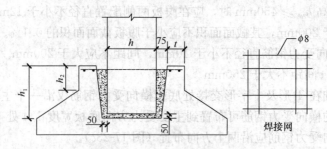

图 17-25 杯形基础配筋

250～300mm；当 500mm<h<1000mm 时，宜将上部与下部钢筋端部弯折 $20d$；当 $h \leqslant$ 500mm 时，顶部、底部钢筋端部可弯折 $12d$。

当筏板的厚度大于 2m 时，宜沿板厚度方向间距不超过 1m 设置与板面平行的构造钢筋网片，其直径不宜小于 12mm，纵横方向的间距不宜大于 200mm。

对梁板式筏基，墙柱的纵向钢筋要贯通基础梁而插入筏板底部（或中部钢筋网的位置），并且应从梁上皮起满足锚固长度的要求。

17.2.6.4 箱形基础

箱形基础的顶板、底板及墙体均应采用双层双向配筋。底板及顶板的受力钢筋直径不宜小于 12mm，钢筋间距不应大于 300mm。墙体的竖向和水平钢筋直径均不应小于 10mm，间距均不应大于 200mm。内、外墙的墙顶处宜配置两根直径不小于 20mm 的通长构造钢筋；如上部为剪力墙，则可不配置通长构造钢筋。

上部结构底层柱纵向钢筋伸入箱形基础墙体的长度应符合下列要求：

（1）柱下三面或四面有箱形基础墙的内柱，除柱四角纵向钢筋直通到基底外，其余钢筋可伸入顶板底面以下 40 倍纵向钢筋直径处；

（2）外柱、与剪力墙相连的柱及其他内柱的纵向钢筋应直通到基底。

17.2.6.5 桩基承台

矩形承台钢筋应按双向均匀通长布置，钢筋直径不宜小于 10mm，间距不宜大于 200mm；三桩承台钢筋应按三向板带均匀布置，且最里面的三根钢筋围成的三角形应在柱截面范围内。承台梁的主筋直径不宜小于 12mm，架立筋不宜小于 10mm，箍筋直径不宜小于 6mm。

17.2.7 抗震配筋要求

根据设防烈度、结构类型和房屋高度，抗震等级分为一、二、三、四级。

17.2.7.1 一般规定

（1）结构构件中的纵向受力钢筋宜选用 HRB400、HRB500 级钢筋。按一、二级抗震等级设计时，框架结构中纵向受力钢筋的强度实测值应符合 17.1.2.1 的要求。

（2）抗震区受拉钢筋锚固长度。纵向受拉钢筋的抗震锚固长度 l_{aE} 应按式（17-7）～式（17-9）计算：

一、二级抗震等级 $\qquad l_{aE} = 1.15 l_a \qquad$ (17-7)

三级抗震等级 $\qquad l_{aE} = 1.05 l_a \qquad$ (17-8)

四级抗震等级 $\qquad l_{aE} = l_a \qquad$ (17-9)

式中 l_{aE}——纵向受拉钢筋的抗震锚固长度；

l_a——纵向受拉钢筋的锚固长度。

由此可计算有抗震要求的纵向受拉钢筋的锚固长度，见表 17-38。

纵向受拉钢筋抗震锚固长度 l_{aE} 表 17-38

混凝土强度	与抗震等级	钢筋种类与直径							
		HPB300	HRB400				HRB500		
		普通钢筋	普通钢筋		环氧树脂涂层钢筋		普通钢筋		环氧树脂涂层钢筋	
			$d \leqslant 25$	$d > 25$	$d \leqslant 25$	$d > 25$	$d \leqslant 25$	$d > 25$	$d \leqslant 25$	$d > 25$
C20	一、二级抗震等级	46d	53d	58d	66d	73d	64d	70d	80d	88d
	三级抗震等级	42d	49d	53d	61d	67d	59d	64d	73d	80d
C25	一、二级抗震等级	40d	47d	51d	58d	64d	57d	62d	71d	78d
	三级抗震等级	37d	43d	47d	53d	59d	52d	57d	64d	71d
C30	一、二级抗震等级	35d	40d	44d	50d	55d	49d	54d	61d	67d
	三级抗震等级	32d	37d	41d	46d	51d	42d	49d	56d	61d
C35	一、二级抗震等级	33d	38d	42d	47d	52d	46d	50d	57d	63d
	三级抗震等级	30d	35d	38d	43d	47d	42d	46d	52d	57d
≥C40	一、二级抗震等级	30d	35d	38d	43d	47d	42d	46d	52d	57d
	三级抗震等级	27d	32d	35d	39d	43d	38d	42d	47d	52d

注：1. 当钢筋在混凝土施工过程中易受扰动（如滑模施工）时，其锚固长度乘以修正系数 1.1；
2. 在任何情况下，锚固长度不得小于 200mm；
3. d 为纵向钢筋直径。

（3）采用搭接接头时，纵向受拉钢筋的抗震搭接长度 L_{lE}，应按式（17-10）计算：

$$L_{lE} = \xi l_{aE} \qquad (17-10)$$

式中 ξ——纵向受拉钢筋搭接长度修正系数，见表 17-33。

（4）纵向受力钢筋连接接头的位置宜避开梁端、柱端箍筋加密区；当无法避开时，应采用满足等强度要求的高质量机械连接接头，且钢筋接头面积百分率不应超过 50%。

（5）箍筋的末端应做成 135°弯钩，弯钩端头平直段长度不应小于箍筋直径的 10 倍；在纵向受力钢筋搭接长度范围内的箍筋，其直径不应小于搭接钢筋较大直径的 0.25 倍，其间距不应大于搭接钢筋较小直径的 5 倍，且不应大于 100mm。

17.2.7.2 框架梁

（1）框架梁梁端截面的底部和顶部纵向受力钢筋截面面积的比值，除按计算确定外，一级抗震等级不应小于 0.5；二、三级抗震等级不应小于 0.3。

（2）梁端箍筋的加密区长度、箍筋最大间距和箍筋最小直径应按表 17-39 采用。

梁端箍筋加密区的构造要求　　　　　　　　　　　　　表 17-39

抗震等级	箍筋加密区长度（两者取大值）	箍筋最大间距（三者取最小值）	箍筋最小直径（mm）
一	$2h$，500mm	$6d$、$h/4$、100mm	10
二	1.5h，500mm	$8d$、$h/4$、100mm	8
三		$8d$、$h/4$、150mm	8
四			6

注：d 为纵向钢筋直径；h 为梁的高度。梁端纵向钢筋配筋率＞2%时，表中箍筋最小直径增加2mm。

(3) 沿梁全长顶面和底面至少应各配置两根通长的纵向钢筋。对一、二级抗震等级，钢筋直径不应小于 14mm，且分别不应少于梁两端顶面和底面纵向受力钢筋中较大截面面积的 1/4；对三、四级抗震等级，钢筋直径不应小于 12mm。

(4) 梁箍筋加密区长度内的箍筋间距；对一级抗震等级，不宜大于 200mm 和 20 倍箍筋直径的较大值；对二、三级抗震等级，不宜大于 250mm 和 20 倍箍筋直径的较大值；对四级抗震等级，不宜大于 300mm。

(5) 梁端设置的第一个箍筋应距框架节点边缘不大于 50mm；非加密区的箍筋间距不宜大于加密区间距的 2 倍。

17.2.7.3 框架柱与框支柱

(1) 框架柱与框支柱上、下两端箍筋应加密。加密区的箍筋最大间距和箍筋最小直径应符合表 17-40 的规定。

柱端箍筋加密区的构造要求　　　　　　　　　　　　　表 17-40

抗震等级	箍筋最大间距（mm，两者取最小值）	箍筋最小直径（mm）
一	$6d$，100	10
二	$8d$，100	8
三	$8d$，150（柱根 100）	8
四	$8d$，150（柱根 100）	6（柱根 8）

注：柱根系指底层柱下端的箍筋加密区范围。

(2) 框支柱与剪跨比≤2 的框架柱应在柱全高范围内加密箍筋，且箍筋间距不应大于 100mm 以及 $6d$。

(3) 二级抗震等级的框架柱，当箍筋直径不小于 10mm、间距不大于 200mm 时，除柱根外，箍筋间距应允许采用 150mm；四级抗震等级框架柱剪跨比不大于 2 时，箍筋直径不应小于 8mm。

(4) 框架柱的箍筋加密区长度，应取柱截面长边尺寸（或圆形截面直径）、柱净高的 1/6 和 500mm 中的最大值。一、二级抗震等级的角柱应沿柱全高加密箍筋。

(5) 柱箍加密区内的箍筋肢距：一级抗震等级不宜大于 200mm；二、三级抗震等级不宜大于 250mm 和 20 倍箍筋直径中的较大值；四级抗震等级不宜大于 300mm。此外，每隔一根纵向钢筋宜在两个方向有箍筋或拉筋约束；当采用拉筋时，拉筋宜紧靠纵向钢筋并钩住封闭箍筋。

(6) 在柱箍筋加密区外，箍筋的体积配筋率不宜小于加密区配筋率的 1/2；对一、二级抗震等级，箍筋间距不应大于 $10d$；对三、四级抗震等级，箍筋间距不应大于 $15d$（d

为纵向钢筋直径)。

(7) 螺旋箍筋的搭接长度不应小于锚固长度 l_{aE},且不小于 300mm,末端应做成 135° 弯钩,弯钩末端平直段长度不应小于箍筋直径的 10 倍并钩住纵筋。

17.2.7.4 框架梁柱节点

(1) 框架中间层的中间节点处,框架梁的上部纵向钢筋应贯穿中间节点;对一、二级抗震等级,梁的下部纵向钢筋伸入中间节点的锚固长度除不应小于 l_{aE}(图 17-26a)。梁内贯穿中柱的每根纵向钢筋直径,对一、二级抗震等级,不宜大于柱在该方向截面尺寸的 1/20;对圆柱截面,不宜大于纵向钢筋所在位置柱截面弦长的 1/20。

(2) 框架中间层的端节点处,当框架梁上部纵向钢筋用直线锚固方式锚入端节点时,其锚固长度除不应小于 l_{aE} 外,尚应伸过柱中心线不小于 5d(d 为梁上部纵向钢筋的直径)。当水平直线段锚固长度不足时,梁上部纵向钢筋应伸至柱外边并向下弯折。弯折前的水平投影长度不应小于 $0.4l_{aE}$,弯折后的竖直投影长度取 15d(图 17-26b)。梁下部纵向钢筋在中间层端节点中的锚固措施与梁上部纵向钢筋相同。

(3) 框架顶层中间节点处,柱纵向钢筋应伸至柱顶。当采用直线锚固方式时,其自梁底边算起的锚固长度应不小于 l_{aE},当直线段锚固长度不足时,该纵向钢筋伸到柱顶后可弯折,弯折前的锚固段竖向投影长度不应小于 $0.5l_{aE}$,弯折后的水平投影长度取 12d;弯折后的水平投影长度取 12d(图 17-26c)。对一、二级抗震等级,贯穿顶层中间节点的梁上部纵向钢筋的直径,不宜大于柱在该方向截面尺寸的 1/25。梁下部纵向钢筋在顶层中间节点中的锚固措施与梁下部纵向钢筋在中间层中间节点处的锚固措施相同。

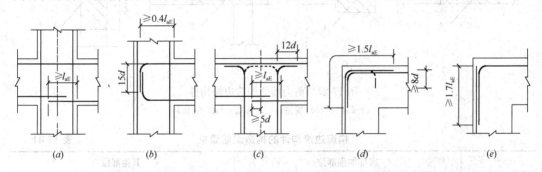

图 17-26 框架梁和框架柱的纵向受力钢筋在节点区的锚固和搭接
(a) 中间层中间节点;(b) 中间层端节点;(c) 顶层中间节点;(d) 顶层端节点(一);(e) 顶层端节点(二)

(4) 框架顶层端节点处,柱外侧纵向钢筋可沿节点外边和梁上边与梁上部纵向钢筋搭接连接(图 17-26d),搭接长度不应小于 $1.5l_{aE}$,且伸入梁内的柱外侧纵向钢筋截面面积不宜少于柱外侧全部柱纵向钢筋截面面积的 65%,其中不能伸入梁内的外侧柱纵向钢筋,宜沿柱顶伸至柱内边;当该柱筋位于顶部第一层时,伸至柱内边后,宜向下弯折不小于 8d 后截断(d 为外侧柱纵向钢筋直径);当该柱筋位于顶部第二层时,可伸至柱内边后截断;当有现浇板时,板厚不小于 100mm 时,梁宽范围外的柱纵向钢筋可伸入板内,其伸入长度与伸入梁内的柱纵向钢筋相同。梁上部纵向钢筋应伸至柱外边并向下弯折到梁底标高。

当梁、柱配筋率较高时,顶层端节点处的梁上部纵向钢筋和柱外侧纵向钢筋的搭接连接也可沿柱外边设置(图 17-26e),搭接长度不应小于 $1.7l_{aE}$。

当梁上部纵向钢筋配筋率较高时,弯入柱外侧的梁上部纵向钢筋宜分两批截断,其截断点之间的距离不宜小于20d(d为梁上部纵向钢筋直径)。柱内侧纵向钢筋在顶层端节点中的锚固要求可适当放宽,但柱内侧纵向钢筋应伸至柱顶。

(5)柱纵向钢筋不应在中间各层节点内截断。

17.2.7.5 剪力墙

(1)一、二、三级抗震等级的剪力墙的水平和竖向分布钢筋配筋率均不应小于0.25%;四级抗震等级剪力墙不应小于0.2%,分布钢筋间距不宜大于300mm;其直径不应小于8mm,且不宜大于墙厚的1/10。

部分框支剪力墙结构的剪力墙加强部位,水平和竖向分布钢筋配筋率不应小于0.3%,钢筋间距不应大于200mm。

(2)剪力墙厚度大于140mm时,其竖向和水平分布钢筋应采用双排钢筋;双排分布钢筋间拉筋的间距不宜大于600mm,且直径不宜小于6mm。在底部加强部位,边缘构件以外的墙体中,拉筋间距应适当加密。

(3)剪力墙端部设置的构造边缘构件(暗柱、端柱、翼墙和转角墙,图17-27)的纵向钢筋除应满足计算要求外,尚应符合表17-41的要求。

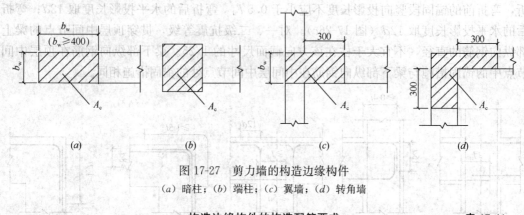

图17-27 剪力墙的构造边缘构件
(a)暗柱;(b)端柱;(c)翼墙;(d)转角墙

构造边缘构件的构造配筋要求　　　　　　　　表17-41

抗震等级	底部加强部位			其他部位		
	纵向钢筋最小配筋量(取较大值)	箍筋、拉筋		纵向钢筋最小配筋量(取较大值)	箍筋、拉筋	
		最小直径(mm)	最大间距(mm)		最小直径(mm)	最大间距(mm)
一	$0.01A_c$, 6φ16	8	100	$0.008A_c$, 6φ14	8	150
二	$0.008A_c$, 6φ14	8	150	$0.006A_c$, 6φ12	8	200
三	$0.006A_c$, 6φ12	6	150	$0.005A_c$, 4φ12	6	200
四	$0.005A_c$, 4φ12	6	200	$0.004A_c$, 4φ12	6	250

注:1. A_c为图17-27中所示的阴影面积。
2. 对其他部位,拉筋的水平间距不应大于纵向钢筋间距的2倍,转角处宜设置箍筋。
3. 当端柱承受集中荷载时,应满足框架柱的配筋要求。

(4)剪力墙约束边缘构件的箍筋或拉筋沿竖向的间距,对一级抗震等级不宜大于100mm,对二、三级抗震等级不宜大于150mm。

17.2.8 钢筋焊接网

钢筋焊接网具有相同或不同直径的纵向和横向钢筋分别以一定间距垂直排列,全部交叉点均用电阻点焊焊在一起的钢筋网片。

17.2.8.1 钢筋焊接网品种与规格

(1) 钢筋焊接网宜采用 CRB550 级冷轧带肋钢筋或 HRB400 级热轧带肋钢筋制作,也可采用 CPB550 级冷拔光圆钢筋制作。

(2) 钢筋焊接网可分为定型焊接网和定制焊接网两种。

1) 定型焊接网在两个方向上的钢筋间距和直径可以不同,但在同一方向上的钢筋宜有相同的直径、间距和长度。

2) 定制焊接网的形状、尺寸应根据设计和施工要求,由供需双方协商确定。

(3) 钢筋焊接网的规格,应符合下列规定:

1) 钢筋直径:冷轧带肋钢筋或冷拔光面钢筋为 4~12mm,冷加工钢筋直径在 4~12mm 范围内可采用 0.5mm 进级,受力钢筋宜采用 5~12mm;热轧带肋钢筋宜采用 6~16mm。

2) 焊接网长度不宜超过 12m,宽度不宜超过 3.3m。

3) 焊接网制作方向的钢筋间距宜为 100mm、150mm、200mm,与制作方向垂直的钢筋间距宜为 100~400mm,且应为 10mm 的整倍数。焊接网的纵向、横向钢筋可以采用不同种类的钢筋。

4) 焊接网钢筋强度设计值:对冷轧带肋钢筋、热轧带肋钢筋和冷拔光圆钢筋 $f_y = 360\text{N/mm}^2$,轴心受拉和小偏心受拉构件的钢筋抗拉强度设计值大于 300N/mm^2 时,仍应按 300N/mm^2 取用。

17.2.8.2 钢筋焊接网锚固与搭接

(1) 对受拉钢筋焊接网,其最小锚固长度 l_a 应符合表 17-42 的规定。

钢筋焊接网的最小锚固长度　　　　　表 17-42

焊接网钢筋类别		混凝土强度等级				
		C20	C25	C30	C35	≥C40
CRB550 级钢筋焊接网	锚固长度内无横筋	40d	35d	30d	28d	25d
	锚固长度内有横筋	30d	26d	23d	21d	20d
HRB400 级钢筋焊接网	锚固长度内无横筋	45d	40d	35d	32d	30d
	锚固长度内有横筋	35d	31d	28d	25d	23d
冷拔光面钢筋焊接网		35d	30d	27d	25d	23d

注:1. 当焊接网中的纵向钢筋为并筋时,其锚固长度应按表中数值乘以系数 1.4 后取用;
　　2. 当锚固区内无横筋、焊接网的纵向钢筋净距不小于 5d(d 为纵向钢筋直径)且纵向钢筋保护层厚度不小于 3d 时,表中钢筋的锚固长度可乘以 0.8 的修正系数,但不应小于本表注 3 规定的最小锚固长度值;
　　3. 在任何情况下,锚固区内有横筋的焊接网的锚固长度不应小于 200mm;锚固区内无横筋时焊接网钢筋的锚固长度,对冷轧带肋钢筋不应小于 200mm,对热轧带肋钢筋不应小于 250mm;
　　4. d 为纵向受力钢筋。

(2) 钢筋焊接网的搭接接头,应设置在受力较小处,且应符合下列规定:

1)两片焊接网末端之间钢筋搭接接头的最小搭接长度(采用叠搭法或扣搭法),不应小于最小锚固长度 l_a 的1.3倍,且不应小于200mm,在搭接区内每张焊接网片的横向钢筋不得少于一根,两网片最外一根横向钢筋之间搭接长度不应小于50mm(图17-28a)。

2)当搭接区内两张网片中有一片横向钢筋(采用平搭法)时,带肋钢筋焊接网的最小搭接长度不应小于锚固区无横筋时的最小锚固长度 l_a 的1.3倍,且不应小于300mm。当搭接区纵向受力钢筋的直径 $d \geqslant 10mm$ 时,其搭接长度再增加 $5d$。

3)冷拔光圆钢筋焊接网在搭接长度范围内每张网片的横向钢筋不应少于两根,两片焊接网最外边横向钢筋间的搭接长度(采用叠搭法或扣搭法)不应少于一个网格加50mm(图17-28b),也不应小于 l_a 的1.3倍,且不应小于200mm。当搭接区内一张网片无横向钢筋且无附加钢筋、网片或附加锚固构造措施时,不得采用搭接。

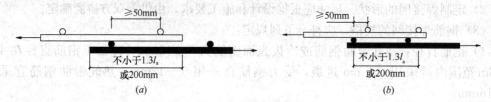

图17-28 钢筋焊接网搭接接头
(a)冷轧带肋钢筋;(b)冷拔光面钢筋

4)钢筋焊接网在受压方向的搭接长度,应取受拉钢筋搭接长度的0.7倍,且不应小于150mm。

5)钢筋焊接网在非受力方向的分布钢筋的搭接,当采用叠搭法(图17-29a)或扣搭法(图17-29b)时,在搭接范围内每个网片至少应有一根受力主筋,搭接长度不应小于 $20d$(d 为分布钢筋直径),且不应小于150mm;当采用平接法(图17-29c)且一张网片

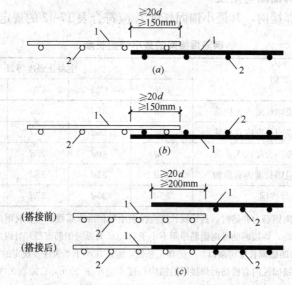

图17-29 钢筋焊接网在非受力方向的搭接
(a)叠搭法;(b)扣搭法;(c)平搭法
1—分布钢筋;2—受力钢筋

在搭接区内无受力钢筋时，其搭接长度不应小于 20d 且不应小于 200mm。当搭接区纵向受力钢筋的直径 $d \geqslant 8$mm 时，其搭接长度不应小于 25d。

6) 带肋钢筋焊接网双向配筋的面网宜采用平搭法。搭接宜设置在距梁边 1/4 净跨区段以外，其搭接长度不应小于 30d（d 为搭接方向钢筋直径），且不应小于 250mm。

17.2.8.3 楼板中的应用

(1) 板中受力钢筋的直径不宜小于 5mm。当板厚 $h \leqslant 150$mm 时，其间距不宜大于 200mm；当板厚 $h > 150$mm 时，其间距不宜大于 1.5h，且不宜大于 250mm。

(2) 板的钢筋焊接网应按板的梁系区格布置，尽量减少搭接。单向板底网的受力主筋和现浇双向板短跨方向下部钢筋焊接网不宜设置搭接。双向板长跨方向底网搭接宜布置于梁边 1/3 净跨区段内（图 17-30）。满铺面网的搭接宜设置在梁边 1/4 净跨区段以外且面网与底网的搭接宜错开。

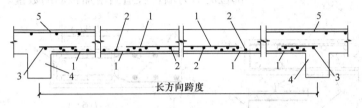

图 17-30　钢筋焊接网在双向板长跨方向的搭接
1—长跨方向钢筋；2—短跨方向钢筋；3—伸入支座的附加网片；
4—支承梁；5—支座上部钢筋

(3) 网片最外侧钢筋距梁边的距离不应大于该方向钢筋间距的 1/2，且不宜大于 100mm。

(4) 楼板面网与柱的连接可采用整张网片套在柱上（图 17-31a），然后再与其他网片搭接；也可将面网在两个方向铺至柱边，其余部分采用附加钢筋补足（图 17-31b）。

(5) 当楼板开洞时，可将通过洞口的钢筋切断，按等强度设计原则增设附加绑扎短钢筋加强。

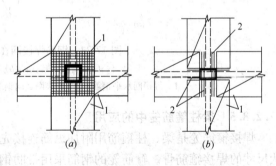

图 17-31　楼板上层钢筋焊接网与柱的连接
(a) 焊接网套柱连接；(b) 附加钢筋连接
1—焊接网的面网；2—附加锚固筋

17.2.8.4 墙板中的应用

(1) 剪力墙中作为分布钢筋的焊接网可按一楼层为一个竖向单元，其竖向搭接可设置在楼层面之上，搭接长度不应小于 400mm 或 40d（d 为竖向分布钢筋直径）。在搭接范围内，下层的焊接网不设水平分布钢筋，搭接时应将下层网的竖向钢筋与上层网的钢筋绑扎牢固（图 17-32）。

(2) 墙体中，钢筋焊接网在水平方向的搭接可采用平搭法或扣搭法。

(3) 当墙体端部无暗柱或端柱时，可用现场绑扎的 U 形附加钢筋连接。附加钢筋的间距宜与钢筋焊接网水平钢筋的间距相同，其直径可按等强度设计原则确定（图 17-32a），

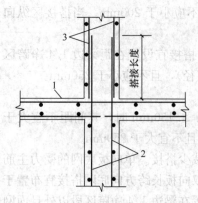

图 17-32 钢筋焊接网的竖向搭接
1—楼板；2—下层焊接网；3—上层焊接网

附加钢筋的锚固长度不应小于最小锚固长度。焊接网水平分布钢筋末端宜有垂直于墙面的 90° 直钩，直钩长度为 $5d \sim 10d$，且不小于 50mm。

（4）当墙体端部设有暗柱时，焊接网的水平钢筋可伸入暗柱内锚固，该伸入部分可不焊接竖向钢筋，或将焊接网设在暗柱外侧，并将水平分布钢筋弯成直钩（直钩长度为 $5d \sim 10d$，且不小于 50mm）锚入暗柱内（图 17-33b）；对于相交墙体及设有端柱的情况，可将焊接网的水平钢筋直接伸入墙体相交处的暗柱或端柱中。

（5）墙体内双排钢筋焊接网之间应设置拉筋连接，其直径不应小于 6mm，间距不应大于 700mm；对重要部位的剪力墙，宜适当增加拉筋的数量。

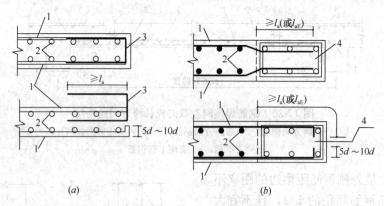

图 17-33 钢筋焊接网在墙体端部的构造
(a) 墙端无暗柱；(b) 墙端设有暗柱
1—焊接网水平钢筋；2—焊接网竖向钢筋；3—附加连接钢筋；4—暗柱

17.2.8.5 梁柱箍筋笼中的应用

焊接箍筋笼是梁、柱箍筋用附加纵筋连接先焊成平面网片，然后用弯折机弯成设计形状尺寸的焊接箍筋骨。箍筋笼的钢筋采用带肋钢筋制作时，应符合以下规定：

（1）柱箍筋笼长度应根据柱高可采用一段或分成多段，并应考虑焊网机和弯折机的工艺参数确定。箍筋直径不应小于 $d/4$（d 为纵向受力钢筋的最大直径），且不应小于 5mm。

（2）对一般结构的梁，箍筋笼应做成封闭式，应在角部弯成稍大于 90° 的弯钩，箍筋末端平直段的长度不应小于 5 倍箍筋直径。

17.2.9 预埋件和吊环

17.2.9.1 预埋件

预埋件由锚板和直锚筋或锚板、直锚筋和弯折锚筋组成，见图 17-34。

（1）受力预埋件的锚筋应采用 HPB300 级或 HRB400 级钢筋，严禁采用冷加工钢筋。

（2）预埋件的受力直锚筋不宜少于 4 根，且不宜多于 4 层；其直径不宜小于 8mm，且不宜大于 25mm。受剪预埋件的直锚筋可采用 2 根。预埋件的锚筋应位于构件的外层主

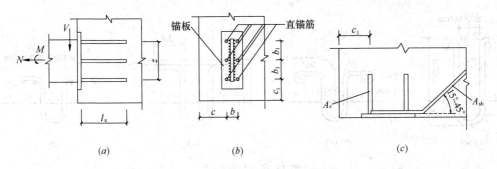

图 17-34 预埋件的形式与构造
(a) 由锚板和直锚筋组成的预埋件；(b) 由锚板和直锚筋组成的预埋件；
(c) 由锚板、直锚筋和弯折锚筋组成的预埋件

筋内侧。

(3) 受力预埋件的锚板宜采用 Q235、Q345 级钢板。直锚筋与锚板应采用 T 形焊。当锚筋直径不大于 20mm 时，宜采用压力埋弧焊；当锚筋直径大于 20mm 时，宜采用穿孔塞焊。当采用手工焊时，焊缝高度不宜小于 6mm 和 $0.5d$（HPB300 级）或 $0.6d$（HRB400 级钢筋），d 为锚筋直径。

(4) 锚板厚度宜大于锚筋直径的 0.6 倍，受拉和受弯预埋件的锚板厚度尚宜大于 $b/8$（b 为锚筋间距），见图 17-34（a）。锚筋中心至锚板边缘的距离不应小于 $2d$ 和 20mm。

对受拉和受弯预埋件，其锚筋的间距 b、b_1 和锚板至构件边缘的距离 c、c_1，均不应小于 $3d$ 和 45mm（图 17-34b）。

对受剪预埋件，其锚筋的间距 b 及 b_1 不应大于 300mm，且 b_1 不应小于 $6d$ 和 70mm；锚筋至构件边缘的距离 c_1 不应小于 $6d$ 和 70mm，b、c 不应小于 $3d$ 和 45mm（图 17-34b）。

(5) 受拉直锚筋和弯折锚筋的锚固长度应不小于受拉钢筋锚固长度 l_a；受剪和受压直锚筋的锚固长度不应小于 $15d$（d 为锚筋直径）。

弯折锚筋与钢板间的夹角，一般不小于 15°，且不大于 45°（图 17-34c）。

(6) 考虑地震作用的预埋件，其实配的锚筋截面面积应比计算值增大 25%，且应相应调整锚板厚度。在靠近锚板处，宜设置一根直径不小于 10mm 的封闭箍筋。

铰接排架柱顶预埋件的直锚筋：对一级抗震等级，应为 4φ16，对二级抗震等级，应为 4φ14。

17.2.9.2 吊环

(1) 吊环的形式与构造，见图 17-35。其中：图（a）为吊环用于梁、柱等截面高度较大的构件；图（b）为吊环用于截面高度较小的构件；图（c）为吊环焊在受力钢筋上，埋入深度不受限制；图（d）为吊环用于构件较薄且无焊接条件时，在吊环上压几根短钢筋或钢筋网片加固。

吊环的弯心直径为 $2.5d$（d 为吊环钢筋直径），且不得小于 60mm。

吊环每侧钢筋埋入混凝土的锚固长度不应小于 $30d$，并与钢筋骨架绑扎或焊接牢靠。埋深不够时，可焊在受力钢筋上。吊环露出混凝土的高度，应满足穿卡环的要求；但也不宜太长，以免受到反复弯折。

(2) 吊环的设计计算，应满足下列要求：

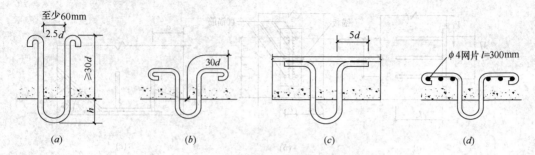

图 17-35 吊环形式

(a) 吊环一；(b) 吊环二；(c) 吊环三；(d) 吊环四

1) 吊环应采用 HPB300 级钢筋或 Q235B 级圆钢制作，严禁使用冷加工钢筋；

2) 在构件自重标准值作用下，每个吊环按两个截面计算的吊环应力不大于 65N/mm² (HPB300 级钢筋) 或 50N/mm² (Q235B 级圆钢)（已考虑超载系数、吸附系数、动力系数、钢筋弯折引起的应力集中系数、钢筋角度影响系数等）。

3) 构件上设有四个吊环时，设计时仅取三个吊环进行计算。吊环的应力计算公式：

$$\sigma = \frac{9800G}{n \cdot A_s} \tag{17-11}$$

式中 A_s ——一个吊环的钢筋截面面积（mm²）；

G ——构件重量（t）；

σ ——吊环的拉应力（N/mm²）；

n ——吊环截面个数；2 个吊环时为 4，4 个吊环时为 6。

根据上式算出吊环直径与构件重量的关系，列于表 17-43。

吊环选用表　　　　　　　　　　　　　表 17-43

吊环直径（mm）	构件重量（t）		吊环露出混凝土的高度 h（mm）
	两个吊环	四个吊环	
6	0.75	1.12	50
8	1.33	2.00	50
10	2.08	3.12	50
12	3.00	4.50	60
14	4.08	6.12	60
16	5.33	8.00	70
18	6.75	10.12	70
20	8.33	12.50	80
22	10.08	15.12	90
25	13.02	19.52	100
28	16.33	24.49	110

17.2.10 结构配筋图

17.2.10.1 一般规定

(1) 按平法设计绘制的施工图,一般是由各类结构构件的平法施工图和标准构造详图两大部分构成。但对于复杂的房屋建筑,尚须增加模板、开洞和预埋件等平面图。只有在特殊情况下,才须增加剖面配筋图。

(2) 按平法设计绘制结构施工图时,必须根据具体工程设计,按照各类构件的平法制图规则,在按结构(标准)层绘制的平面布置图上直接表示各构件的尺寸、配筋和所选用的标准构造详图。

(3) 在平法施工图上,表示各构件尺寸和配筋的方式,分为平面注写方式、列表注写方式和截面注写方式三种。

(4) 在平法施工图上,应将所有构件进行编号,编号中含有类型代号和序号等。其中,类型代号应与标准构造详图上所注类型代号一致,使两者结合构成完整的结构设计图。

(5) 在平法施工图上,应注明各结构层楼地面标高、结构层高及相应的结构层号等。

(6) 为了确保施工人员准确无误地按平法施工图进行施工,在具体工程的结构设计总说明中必须注明所选用平法标准图的图集号,以免图集升版后在施工中用错版本。

17.2.10.2 梁平法施工图

(1) 梁平法施工图是在梁平面布置图上,采用平面注写方式或截面注写方式表达。
对于轴线未居中的梁应标注其偏心定位尺寸(贴柱边的梁可不注)。

(2) 平面注写方式,系在梁平面布置图上分别在不同编号的梁中各选一根表达。
平面注写分为集中标注与原位标注两类。集中标注表达梁的通用数值,原位标注表达梁的特殊数值。当集中标注中的某项数值不适用于梁的某部位时,则将该项数值原位标注。施工时,原位标注取值优先。

(3) 梁集中标注的内容有五项必注值及一项选注值(集中标注可以从梁的任意一跨引出),规定如下:

1) 梁编号为必注值,由梁类型代号、序号、跨数及有无悬挑代号组成。例 KL3 (2A) 表示第 3 号框架梁,两跨,一端有悬挑(A 为一端悬挑,B 为两端悬挑)。

2) 梁截面尺寸为必注值,等截面梁用 $b×h$ 表示;加腋梁用 $b×h$、$yc_1×c_2$ 表示。其中,c_1 为腋长,c_2 为腋高;当有悬挑梁且根部和端部的高度不同时,用斜线分隔根部与端部的高度值,即为 $b×h_1/h_2$。

3) 梁箍筋为必注值,包括钢筋级别、直径、加密区与非加密区间距及肢数。箍筋加密区与非加密区的不同间距及肢数需用斜线"/"分隔,箍筋肢数应写在括号内。

【例】 Φ 10@100/200 (2) 表示箍筋为 HRB400 级钢筋,直径 10mm,加密区间距 100mm,非加密区间距为 200mm,均为两肢箍。

抗震结构中的非框架梁、悬挑梁、井字梁,以及非抗震结构中的各类梁,采用不同的箍筋间距及肢数时,也可用斜线"/"隔开,先注写支座端部的箍筋,在斜线后注写梁跨中部的箍筋。

【例】 13Φ10@100/200 (4) 表示箍筋为 HRB400 级钢筋,直径 10mm,梁的两端各

有13个四肢箍，间距100mm；梁跨中部分间距为200mm，均为四肢箍。

4) 梁上部通长筋或梁立筋配置为必注值，所注规格与根数应根据结构受力要求及箍筋肢数等构造要求而定。当同排纵筋中既有通长筋又有架立筋时，应用加号"+"将通长筋和架立筋相连。注写时，须将角部纵筋写在加号的前面，架立筋写在加号后面的括号内，以示不同直径及与通长筋的区别。

【例】2Φ22+（4Φ12）用于六肢箍，其中2Φ22为通长筋，4Φ12为架立筋。

当梁的上部纵筋和下部纵筋均为贯通筋，且多数跨配筋相同时，此项可加注下部钢筋的配筋值，用分号"；"隔开。

【例】3Φ22；3Φ20表示梁的上部配置3Φ22的通长筋，梁的下部配置3Φ20的通长筋。

5) 梁侧面纵向构造钢筋或受扭钢筋配置为必注值。构造钢筋以大写字母G开头，接续注写设置在梁两个侧面的总配筋值，且对称配置。

【例】G4Φ12表示梁的两个侧面共配置4Φ12纵向构造钢筋，每侧各配置2根。

受扭纵向钢筋以大写字母N开头，接续注写配置在梁两个侧面的总配筋值，且对称配置。

【例】N6Φ22表示梁的两个侧面共配置6Φ22的受扭纵向钢筋，每侧各配置3根。

6) 梁顶面标高高差为选注值。

梁顶面标高的高差，系指相对于结构层楼面标高的高差值。有高差时，须将其写入括号内，无高差时不注。

(4) 梁原位标注的内容规定如下：

1) 梁支座上部纵筋含通长筋在内的所有纵筋，当上部纵筋多于一排时，用斜线"/"将各排纵筋自上而下分开；当同排纵筋有两种直径时，用加号"+"将两种直径的纵筋相连，角部钢筋在前；当梁中间支座两边的上部纵筋不同时，须在支座两边分别标注。

2) 梁下部纵筋多于一排时，用斜线"/"隔开；当同排纵筋有两种直径时，用加号"+"并连；当梁下部纵筋不全部伸入支座时，将梁支座下部纵筋减少的数量写在括号内。

3) 附加箍筋或吊筋，将其直接画在平面图中的主梁上，用线引注总配筋值。

4) 当在梁上集中标注的内容不适用于某跨或某悬挑部分时，将其不同数值原位标注在该跨或该悬挑部位。

(5) 截面注写方式

1) 截面注写方式是在分标准层绘制的梁平面布置图上，分别在不同编号的梁中各选择一根梁用剖面号引出配筋图，并在其上注写截面尺寸和配筋具体数值的方式。

2) 在截面配筋详图上注写截面尺寸、上部筋、下部筋、侧面构造筋或受扭筋，以及箍筋的具体数值，其表达形式与平面注写方式相同。

17.2.10.3 柱平法施工图

(1) 柱平法施工图是在柱平面布置图上采用列表注写方法或截面注写方式表达。

(2) 列表注写方式，是在柱平面布置图上，分别在同一编号的柱中选择一个（有时需要选择几个）截面标注几何参数代号；在柱表中注写柱号、柱段起止标高、几何尺寸（含柱截面对轴线的偏心情况）与配筋的具体数值，并配以各种柱截面形状及其箍筋类型图。

注写柱纵筋。当柱纵筋直径相同，各边根数也相同时（包括矩形柱、圆柱和芯柱），将纵筋注写在"全部纵筋"一栏中；除此之外，柱纵筋分角筋、截面 b 边中部筋和 h 边中部筋三项分别注写（对于采用对称配筋的矩形截面柱，可仅注写一侧中部筋）。

注写箍筋类型号及箍筋肢数。具体工程所设计的各种箍筋类型图以及箍筋复合的具体方式，须画在表的上部或图中的适当位置，并在其上标注与表中相对应的 b、h 和编上类型号。

注写箍筋级别、直径和间距等。当为抗震设计时，用斜线"/"区分柱端箍筋加密区与柱身非加密区长度范围内箍筋的不同间距。

(3) 截面注写方式，是在分标准层绘制的柱平面布置图的柱截面上，分别在同一编号的柱中选择一个截面，直接注写截面尺寸 $b \times h$，角筋或全部纵筋、箍筋具体数值，以及在柱截面配筋图上标注柱截面与轴线关系的具体数值。

当纵筋采用两种直径时，须再注写截面各边中部筋的具体数值（对于采用对称配筋的矩形截面柱，可仅在一侧注写中部筋）。

17.2.10.4 剪力墙平法施工图

剪力墙平法施工图是在剪力墙平面布置图上采用列表注写方式或截面注写方式表达。

采用列表注写方式时，分别列出剪力墙柱、剪力墙身和剪力墙梁表，对应于剪力墙平面布置图上的编号，绘制截面配筋图并注写几何尺寸与配筋具体数值。

采用截面注写方式时，直接在墙柱、墙身、墙梁上注写截面尺寸和配筋具体数值。

剪力墙的洞口表示方法。在剪力墙平面布置图上绘制洞口示意，并标注洞口中心的平面定位尺寸；在洞口中心位置引注洞口编号、洞口几何尺寸、洞口中心相对标高、洞口每边补强钢筋四项内容。

17.3 钢 筋 配 料

钢筋配料是现场钢筋的深化设计，即根据结构配筋图，首先绘出各种形状和规格的单根钢筋简图并加以编号，然后分别计算钢筋下料长度和根数，填写配料单。

17.3.1 钢筋下料长度计算

钢筋因弯曲或弯钩会使其长度变化，在配料中不能直接根据图纸中尺寸下料；必须了解混凝土保护层、钢筋弯曲、弯钩等规定，再根据图中尺寸计算其下料长度。

下料长度＝外包尺寸－度量差＋端部弯钩增值

各种钢筋下料长度计算如下：

直钢筋下料长度＝构件长度－保护层厚度＋弯钩增加长度
弯起钢筋下料长度＝直段长度＋斜段长度－弯曲调整值＋弯钩增加长度
箍筋下料长度＝直段长度＋弯钩增加长度－箍筋调整值

上述钢筋如需搭接，应增加钢筋搭接长度。

1. 弯曲调整值

(1) 钢筋弯曲后的特点：一是沿钢筋轴线方向会产生变形，主要表现为长度的增加或减小，即以轴线为界，往外凸的部分（钢筋外皮）受拉伸而长度增加，而往里凹的部分（钢筋内皮）受压缩而长度减小；二是弯曲处形成圆弧（图 17-36）。而钢筋的量度方法一般沿直线量外包尺寸（图17-37），因此，弯曲钢筋的量度尺寸大于下料尺寸，而两者之间的差值称为弯曲调整值。

（2）对钢筋进行弯折时，图17-37中用D表示弯折处圆弧所属圆的直径，通常称为"弯弧内直径"。钢筋弯曲调整值与钢筋弯弧内直径和钢筋直径有关。

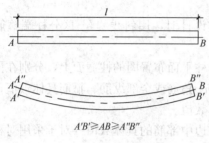 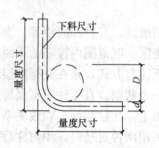

图17-36　钢筋弯曲变形　　　　图17-37　钢筋弯曲时的量度方法

光圆钢筋末端应作180°弯钩，其弯弧内直径不应小于钢筋直径的2.5倍；当设计要求钢筋末端需作135°弯钩时，HRB400、HRB500、HRB600级钢筋的弯弧内直径不应小于钢筋直径的4倍；钢筋作不大于90°弯折时，弯折处的弯弧内直径不应小于钢筋直径的5倍。据理论推算并结合实践经验，钢筋弯曲调整值列于表17-44。

钢筋弯曲调整值　　　　　　　　　　　　　　　表17-44

钢筋弯曲角度	30°	45°	60°	90°	135°
光圆钢筋弯曲调整值	0.3d	0.54d	0.9d	1.75d	0.38d
热轧带肋钢筋调整值	0.3d	0.54d	0.9d	2.08d	0.11d

对于弯起钢筋，中间部位弯折处的弯曲直径D不应小于5d。按弯弧内直径$D=5d$推算，并结合实践经验，可得常见弯起钢筋的弯曲调整值见表17-45。

常见弯起钢筋的弯曲调整值　　　　　　　　　　表17-45

弯曲角度	30°	45°	60°	90°
弯曲调整值	0.35d	0.5d	0.85d	2d

注：d为钢筋直径。

2. 弯钩增加长度

钢筋的弯钩形式有三种：半圆弯钩、直弯钩及斜弯钩（图17-38）。半圆弯钩是最常用的一种弯钩。直弯钩一般用在柱钢筋的下部、板面负弯矩筋、箍筋和附加钢筋中。斜弯

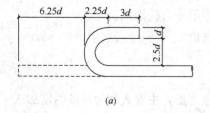 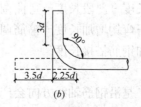 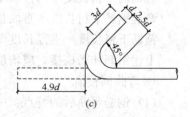

(a)　　　　　　　　(b)　　　　　　　　(c)

图17-38　钢筋弯钩计算简图
(a) 半圆弯钩；(b) 直弯钩；(c) 斜弯钩

钩只用在直径较小的钢筋中。

光圆钢筋的弯钩增加长度，按图 17-36 所示的简图（弯弧内直径为 2.5d、平直部分为 3d）计算：对半圆弯钩为 6.25d，直弯钩为 3.5d，斜弯钩为 4.9d。

生产实践中，由于实际弯弧内直径与理论弯弧内直径有时不一致，钢筋粗细和机具条件不同等而影响平直部分的长短（手工弯钩时平直部分可适当加长，机械弯钩时可适当缩短），因此在实际配料计算时，对弯钩增加长度常根据具体条件，采用经验数据，见表 17-46。

半圆弯钩增加长度参考表（用机械弯）　　表 17-46

钢筋直径（mm）	≤6	8～10	12～18	20～28	32～36
一个弯钩长度（mm）	4d	6d	5.5d	5d	4.5d

3. 弯起钢筋斜长

弯起钢筋斜长计算简图，见图 17-39。弯起钢筋斜长系数见表 17-47。

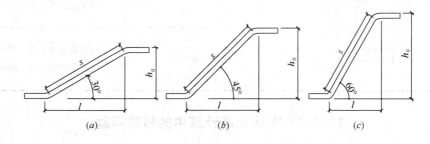

图 17-39　弯起钢筋斜长计算简图

(a) 弯起角度 30°；(b) 弯起角度 45°；(c) 斜弯起角度 60°

弯起钢筋斜长系数　　表 17-47

弯曲角度	$\alpha=30°$	$\alpha=45°$	$\alpha=60°$
斜边长度 s	$2h_0$	$1.41h_0$	$1.15h_0$
底边长度 l	$1.732h_0$	h_0	$0.575h_0$
增加长度 $s-l$	$0.268h_0$	$0.41h_0$	$0.575h_0$

注：h_0 为弯起高度。

4. 箍筋下料长度

箍筋的量度方法有"量外包尺寸"和"量内皮尺寸"两种。箍筋尺寸的特点是一般以量内皮尺寸计值，并且采用与其他钢筋不同的弯钩大小。

(1) 箍筋形式

一般情况下，箍筋做成"闭式"，即四面都为封闭。箍筋的末端一般有半圆弯钩、直弯钩和斜弯钩三种。用热轧光圆钢筋或冷拔低碳钢丝制作的箍筋，其弯钩的弯曲直径应大于受力钢筋直径，且不小于箍筋直径的 2.5 倍；弯钩平直部分的长度：对一般结构，不宜小于箍筋直径的 5 倍；对有抗震要求的结构，不应小于箍筋直径的 10 倍和 75mm。

(2) 箍筋下料长度

按量内皮尺寸计算，并结合实践经验，常见的箍筋下料长度见表 17-48。

箍筋下料长度　　　　　　　表 17-48

式样	钢筋种类	下料长度
	光圆钢筋	$2a+2b+16.5d$
	热轧带肋钢筋	$2a+2b+17.5d$
	光圆钢筋 热轧带肋钢筋	$2a+2b+14d$
	光圆钢筋	有抗震要求：$2a+2b+27d$ 无抗震要求：$2a+2b+17d$
	热轧带肋钢筋	有抗震要求：$2a+2b+28d$ 无抗震要求：$2a+2b+18d$

17.3.2　钢筋长度计算中的特殊问题

1. 变截面构件箍筋

根据比例原理，每根箍筋的长短差数 Δ，可按式 (17-12) 计算 (图 17-40)：

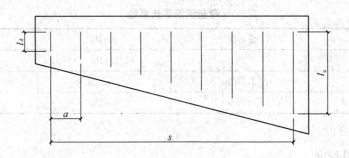

图 17-40　变截面构件

$$\Delta = \frac{l_c - l_d}{n-1} \tag{17-12}$$

式中　l_c——箍筋的最大高度；

l_d——箍筋的最小高度；

n——箍筋个数，等于 $s/a+1$（s/a 不一定是整数，但 n 应为整数，所以，s/a 要从带小数的数进为整数）；

s——最长箍筋和最短箍筋之间的总距离；

a——箍筋间距。

2. 圆形构件钢筋

在平面为圆形的构件中，配筋形式有两种：按弦长布置、按圆形布置。

(1) 按弦长布置

先根据下式算出钢筋所在处弦长，再减去两端保护层厚度，得出钢筋长度。

当配筋为单数间距时（图 17-41a）：

$$l_i = a\sqrt{(n+1)^2 - (2i-1)^2} \tag{17-13}$$

当配筋为双数间距时（图 17-41b）：

$$l_i = a\sqrt{(n+1)^2 - (2i)^2} \tag{17-14}$$

式中　l_i ——第 i 根（从圆心向两边计数）钢筋所在的弦长；

　　　a ——钢筋间距；

　　　n ——钢筋根数，等于 $D/a - 1$（D 为圆直径）；

　　　i ——从圆心向两边计数的序号数。

(2) 按圆形布置

一般可用比例方法先求出每根钢筋的圆直径，再乘圆周率算得钢筋长度（图 17-42）。

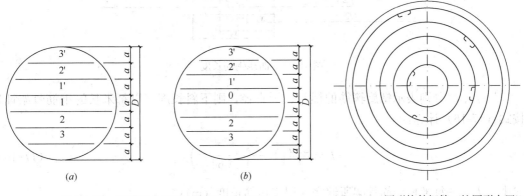

图 17-41　圆形构件钢筋（按弦长布置）
(a) 单数间距；(b) 双数间距

图 17-42　圆形构件钢筋（按圆形布置）

3. 曲线构件钢筋

(1) 曲线钢筋长度，根据曲线形状不同，可分别采用下列方法计算。

圆曲线钢筋的长度，可用圆心角 θ 与圆半径 R 直接算出。

抛物线钢筋的长度 L 可按式（17-15）计算（图 17-43）。

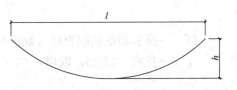

图 17-43　抛物线钢筋长度

$$L = \left(1 + \frac{8h^2}{3l^2}\right)l \tag{17-15}$$

式中　l ——抛物线的水平投影长度；

　　　h ——抛物线的矢高。

其他曲线状钢筋的长度，可用渐近法计算，即分段按直线计，然后总加。

图 17-44 所示的曲线构件,设曲线方程式 $y=f(x)$,沿水平方向分段,每段长度为 l(一般取为 0.5m),求已知 x 值时的相应 y 值,然后计算每段长度。例如,第三段长为 $\sqrt{(y_3-y_2)^2+l^2}$。

(2) 曲线构件箍筋高度,可根据已知曲线方程式求解。其方法是先根据箍筋的间距确定 x 值,代入曲线方程式求 y 值,然后计算该处的梁高 $h=H-y$,再扣除上下保护层厚度,即得箍筋高度。

4. 螺旋箍筋长度

在圆形截面的构件(如桩、柱等)中,经常配置螺旋状箍筋。这种箍筋绕着主筋圆表面缠绕,如图 17-44 所示。

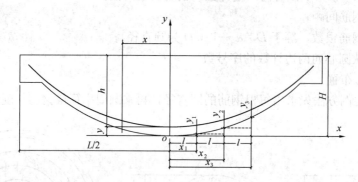

图 17-44 曲线钢筋长度

用 p、D 分别表示螺旋箍筋的螺距、圆直径,则下料长度(以每米长的钢筋骨架计)按式(17-16)计算:

$$l=\frac{2\pi a}{p}\left(1-\frac{t}{4}-\frac{3}{64}t^2\right) \tag{17-16}$$

式中 l——每米长钢筋骨架所缠绕的螺旋箍筋长度(m);

p——螺距(mm);

a——按下式取用(mm);

$$a=\frac{1}{4}\sqrt{p^2+4D^2} \tag{17-17}$$

D——螺旋箍筋的圆直径(取箍筋中心距,mm);

t——按式(17-15)取用:

$$t=\frac{4a^2-D^2}{4a^2} \tag{17-18}$$

π——圆周率。

考虑在钢筋施工过程中对螺旋箍筋下料长度要求并不是很高(一般是用盘条状钢筋直接放盘卷成),而且还受到某些具体因素的影响(例如,钢筋回弹力大小、钢筋接头的多少等),使计算结果与实际产生人为的误差。因此,过分强调计算精确度也并不具有实际意义。所以,在实际施工中,也可以套用机械工程中计算螺杆行程的公式计算螺旋箍筋的长度，见式（17-19）。

$$l = \frac{1}{p}\sqrt{(\pi D)^2 + p^2} \qquad (17\text{-}19)$$

式中 $1/p$——每 1m 长钢筋骨架缠多少圈箍筋；将螺旋线展开成一直角三角形，其高为螺距 p，底宽为展开的圆周长，便得等号右边的第二个因式。

对一些外形比较复杂的构件，用数学方法计算钢筋长度有困难时，也可利用 CAD 软件，通过电脑放样的办法求钢筋长度。

5. 横肋末端间隙的测量。

以两相邻横肋在垂直轴线平面上投影末端之间的弦长计算，如图 17-45 所示。

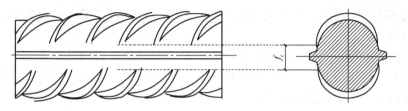

图 17-45 横肋末端间隙的测量示意图
f_i—横肋末端间隙

17.3.3 配料计算的注意事项

（1）在设计图纸中，钢筋配置的细节问题没有注明时，一般可按构造要求处理。

（2）配料计算时，应考虑钢筋的形状和尺寸在满足设计要求的前提下有利于加工安装。

（3）配料时，还要考虑施工需要的附加钢筋。例如，基础双层钢筋网中保证上层钢筋网位置用的钢筋撑脚，墙板双层钢筋网中固定钢筋间距用的钢筋撑铁，柱钢筋骨架增加四面斜筋撑，后张预应力构件固定预留孔道位置的定位钢筋等。

（4）$\phi 12$ 以下的螺纹钢的重量及允许偏差为 ±6%。

17.3.4 配料单与料牌

钢筋配料计算完毕，填写配料单。

列入加工计划的配料单，将每一编号的钢筋制作一块料牌，作为钢筋加工的依据与钢筋安装的标志。

钢筋配料单和料牌应严格校核，必须准确无误，以免返工浪费。

热轧钢筋表面标志轧上企业获得的钢筋混凝土用热轧钢筋产品许可证编号（后 3 位）。钢应采用转炉或电弧炉冶炼，必要时可采用炉外精炼。

直条钢筋弯曲度的要求：每米弯曲度≤4mm，总弯曲度≤钢筋总长度的 0.4%。

钢筋的金相组织应主要是铁素体加珠光体，基圆上不应出现回火马氏体组织。

17.3.5 钢与混凝土组合结构

钢与混凝土组合结构是一种由冷弯薄壁型钢和薄壁钢管与混凝土组合而成的新型结构

体系。钢混凝土组合结构具有轻钢结构的优点，同时由于混凝土的存在而提高了结构的刚度和较大界面滑移时，承载力仍然不会降低，为延性破坏。

型钢柱柱芯混凝土浇筑完毕后进行竖向结构钢筋的施工。柱主筋一般采用直螺纹连接。水平方向设有多肢箍筋组成的箍筋组及拉钩。

1. 柱主筋的施工

主筋的安装与普通钢筋工程基本相同，但在上部或下部遇有钢梁时，需要提前进行深化设计。柱主筋尽可能躲开钢梁，躲不开的应从钢梁预留孔中穿过。

2. 柱箍筋的施工

箍筋是劲性钢筋混凝土结构中对混凝土起约束作用的重要钢筋构件，必须保证其完全闭合，并与主筋牢固连接。本工程劲性钢筋混凝土结构柱箍筋的施工难度较大，须与主筋的安装穿插进行。

柱箍筋由矩形箍筋、八边形箍筋和拉条组成，大部分箍筋均设计为 $\phi16$ 钢筋，硬度大，可调性差。钢筋加工时，严格控制下料长度和弯折角度，保证成品箍筋的顺利安装。而且，安装时不能像普通混凝土结构柱子一样，从顶部顺序下放，必须将箍筋开口部位打开，在没有连接主筋前将箍筋从型钢柱柱身向下套。向下套箍筋时，要注意不要将箍筋开口过大，严禁将箍筋完成死弯，以免就位后不能会恢复原状，影响模板安装。注意保护主筋连接丝头，一旦破坏将无法修复。

3. 钢骨梁的施工

（1）钢骨梁与钢骨柱牛腿的焊接

采用半自动 CO_2 气体保护焊的单 V 形坡口焊道与柱牛腿焊接，对焊缝进行探伤。

（2）钢骨梁与普通混凝土柱埋件的焊接

1）三面-四面带有钢骨梁时的箱形节点

2）单面-双面带有钢骨梁时的节点

（3）钢骨梁的施工

钢骨梁焊接并探伤合格后，方可穿主次梁钢筋和预应力钢筋；套箍筋时，必须将箍筋开口部位打开，在没有连接主筋前将箍筋套好。调整梁的主筋、箍筋并绑扎牢固。

（4）普通钢筋混凝土梁与钢骨柱的连接

普通钢筋混凝土梁主筋与钢骨柱牛腿的连接采用双面搭接焊，绑扎前需要提前摆好梁主筋的位置，套好箍筋后穿主筋；调整梁的主筋、箍筋进行直螺纹连接；最后，进行箍筋绑扎和主筋与牛腿的搭接焊。

（5）梁柱节点

钢骨梁的梁柱节点施工需要提前进行深化设计，在梁柱腹板上打好穿筋孔。柱箍筋采用开口套子，需要提前对称穿插并焊接后，方可进行梁主筋的施工。

4. 钢筋与型钢的连接方式

随着现代建筑物向着重荷载、超高层和大跨度的方向发展，普通的钢筋混凝土结构已不能满足设计要求。由此，在钢筋混凝土结构中配置型钢的型钢钢筋混凝土组合结构以其优越的性能在实际工程中得到越来越多的应用。随着其应用的成熟，组合结构节点也越来越复杂。其中，钢筋与型钢连接方式也变得复杂多样。

（1）钢筋螺纹套筒连接

此做法是将接驳器在构件制作时焊接于钢构件上，在现场安装时将钢筋端部加工钢筋丝头，与构件上焊接的螺纹套筒连接并拧紧，如图 17-46 所示。

螺纹套筒应采用满足焊接性要求的材料，如 Q355、20Cr。如选用 45 号钢，应严格控制焊接工艺，按照焊接工艺评定确定的参数进行焊接。

因螺纹套筒焊接、制作均在工厂完成，现场安装时进行机械连接，故较容易保证连接质量。此外，焊接量大大小于搭接板连接方式，不易使构件本体变形，因此此种连接方式比较受设计和加工厂的青睐；其缺点是给现场钢筋施工增加了难度，如 U 形箍筋等便难以施工，钢筋连接另一端需要可调型螺纹套筒等。

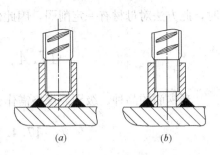

图 17-46 螺纹套筒连接
(a) 盲孔型焊接螺纹套筒接头；
(b) 通孔型螺纹套筒接头

（2）钢筋连接板连接

钢筋搭接板在允许的情况下需要尽量焊于钢构件上，安装时再在搭接板上焊接钢筋，如图 17-47、图 17-48 所示。其焊接量略大于接驳器连接方式，且受到施工条件影响，现场焊接质量较难控制，同时如剪力墙内钢筋等纵横交错，由于钢筋搭接板体积较大，其他钢筋及混凝土的浇筑容易受到影响。其优点是采用钢筋搭接板现场进行钢筋施工较为方便、灵活。因此，施工单位较常采用钢筋搭接板连接。

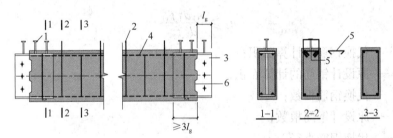

图 17-47 混合梁构造示意
1—栓钉；2—与叠合板连接箍筋；3—混合梁工字形钢接头；
4—混合梁纵向受力钢筋；5—附加拉筋；6—键槽

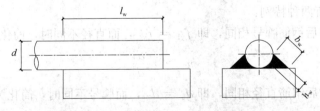

图 17-48 混合梁纵向受力钢筋与工字形钢接头搭接焊接头
d—钢筋直径；l_w—搭接长度；b_w—焊缝宽度；h_w—焊缝高度

（3）型钢穿孔连接

此种方法是工厂在钢构件上预先开设穿筋孔，现场施工时将钢筋穿过。此种方法现场钢筋施工较为方便，但对施工精度要求较高。若钢板为厚板，则厚板穿孔成本较高；同时，此方法对母材有一定削弱，因此薄板与少量钢筋连接可采用此方法。

17.4 钢 筋 代 换

当钢筋的品种、级别或规格需作变更时，应办理设计变更文件。

17.4.1 代 换 原 则

钢筋的代换可参照以下原则进行：
(1) 等强度代换：当构件受强度控制时，钢筋可按强度相等的原则进行代换。
(2) 等面积代换：当构件按最小配筋率配筋时，钢筋可按面积相等的原则进行代换。
(3) 当构件受裂缝宽度或挠度控制时，代换后应进行裂缝宽度或挠度验算。

17.4.2 等强代换方法

建立钢筋代换公式的依据为：代换后的钢筋强度≥代换前的钢筋强度，按式（17-20）～式（17-22）计算。

$$A_{s2} f_{y2} n_2 \geqslant A_{s1} f_{y1} n_1 \tag{17-20}$$

$$n_2 \geqslant A_{s1} f_{y1} n_1 / A_{s2} f_{y2} \tag{17-21}$$

即：

$$n_2 \geqslant \frac{n_1 d_1^2 f_{y1}}{d_2^2 f_{y2}} \tag{17-22}$$

式中 A_{s2}——代换钢筋的计算面积；
A_{s1}——原设计钢筋的计算面积；
n_2——代换钢筋根数；
n_1——原设计钢筋根数；
d_2——代换钢筋直径；
d_1——原设计钢筋直径；
f_{y2}——代换钢筋抗拉强度设计值，见表 17-1；
f_{y1}——原设计钢筋抗拉强度设计值，见表 17-1。

式（17-22）有两种特例：
(1) 当代换前后钢筋牌号相同，即 $f_{y1} = f_{y2}$，而直径不同时，简化为式（17-23）：

$$n_2 \geqslant n_1 \frac{d_1^2}{d_2^2} \tag{17-23}$$

(2) 当代换前后钢筋直径相同，即 $d_1 = d_2$，而牌号不同时，简化为式（17-24）：

$$n_2 \geqslant n_1 \frac{f_{y1}}{f_{y2}} \tag{17-24}$$

17.4.3 构件截面的有效高度影响

对于受弯构件，钢筋代换后，有时由于受力钢筋直径加大或钢筋根数增多，而需要增加排数，则构件的有效高度 h_0 减小，使截面强度降低。通常对这种影响可凭经验适当增加钢筋面积,然后再作截面强度复核。

对矩形截面的受弯构件,可根据弯矩相等,按式(17-25)复核截面强度。

$$N_2\left(h_{02}-\frac{N_2}{2f_cb}\right) \geqslant N_1\left(h_{01}-\frac{N_1}{2f_cb}\right) \tag{17-25}$$

式中 N_1 ——原设计的钢筋拉力(N),即 $N_1=A_{s1}f_{y1}$;

N_2 ——代换钢筋拉力(N),即 $N_2=A_{s2}f_{y2}$;

h_{01} ——代换前构件有效高度(mm),即原设计钢筋的合力点至构件截面受压边缘的距离;

h_{02} ——代换后构件有效高度(mm),即代换钢筋的合力点至构件截面受压边缘的距离;

f_c ——混凝土的抗压强度设计值(N/mm^2),对 C20 混凝土为 $9.6N/mm^2$,对 C25 混凝土为 $11.9N/mm^2$,对 C30 混凝土为 $14.3N/mm^2$;

b ——构件截面宽度(mm)。

17.4.4 代换注意事项

(1) 钢筋代换时,要充分了解设计意图、构件特征和代换材料性能,并严格遵守现行《混凝土结构设计标准》GB/T 50010 的各项规定;凡重要结构中的钢筋代换,应征得设计单位同意。

(2) 代换后,仍能满足各类极限状态的有关计算要求及必要的配筋构造规定(如受力钢筋和箍筋的最小直径、间距、锚固长度、配筋百分率以及混凝土保护层厚度等);在一般情况下,代换钢筋还必须满足截面对称的要求。

(3) 对抗裂要求高的构件(如起重机梁、薄腹梁、屋架下弦等),不得用光圆钢筋代替 HRB400、HRB500 钢筋,以免降低抗裂度。

(4) 梁内纵向受力钢筋与弯起钢筋应分别进行代换,以保证正截面与斜截面强度。

(5) 偏心受压构件或偏心受拉构件(如框架柱、受力起重机荷载的柱、屋架上弦等)钢筋代换时,应按受力状态和构造要求分别代换。

(6) 起重机梁等承受反复荷载作用的构件,应在钢筋代换后进行疲劳验算。

(7) 当构件受裂缝宽度控制时,代换后应进行裂缝宽度验算。如代换后裂缝宽度有一定增大(但不超过允许的最大裂缝宽度,被认为代换有效),还应对构件作挠度验算。

(8) 当构件受裂缝宽度控制时,如以小直径钢筋代换大直径钢筋,强度等级低的钢筋代替强度等级高的钢筋,则可不作裂缝宽度验算。

(9) 同一截面内配置不同种类和直径的钢筋代换时,每根钢筋拉力差不宜过大(同品种钢筋直径差一般不大于 5mm),以免构件受力不匀。

(10) 进行钢筋代换的效果,除应考虑代换后仍能满足结构各项技术性要求之外,同时还要保证用料的经济性和加工操作的要求。

(11) 对有抗震要求的框架,不宜以强度等级较高的钢筋代替原设计中的钢筋;当必须代换时,应按钢筋受拉承载力设计值相等的原则进行代换,并应满足正常使用极限状态和抗震构造措施要求。

(12) 受力预埋件的钢筋应采用未经冷拉的 HPB300、HRB400 级钢筋;预制构件的吊环应采用未经冷拉的 HPB300 级钢筋制作，严禁用其他钢筋代换。

17.5 钢筋加工

17.5.1 钢筋除锈

（1）钢筋的表面应洁净。油渍、漆污和用锤敲击时能剥落的浮皮、铁锈等，应在使用前清除干净。焊接前，焊点处的水锈应清除干净。钢筋除锈可采用机械除锈和手工除锈两种方法：

1）机械除锈可采用钢筋除锈机或钢筋冷拉、调直过程除锈；对直径较细的盘条钢筋，通过冷拉和调直过程自动去锈；粗钢筋采用圆盘铁丝刷除锈机除锈。电动除锈机如图 17-49 所示。该机的圆盘钢丝刷有成品供应，其直径为 200～300mm，厚度为 50～100mm，转速一般为 1000r/min，电动机功率为 1.0～1.5kW。为了减少除锈时灰尘飞扬，应装设排尘罩和排尘管道。

2）手工除锈可采用钢丝刷、砂盘、喷砂等除锈或酸洗除锈。工作量不大或在工地设置的临时工棚中操作时，可用麻袋布擦或用钢刷子刷；对于较粗的钢筋，用砂盘除锈法，即制作钢槽或木槽，槽内放置干燥的粗砂和细石子，将有锈的钢筋穿进砂盘中来回抽拉。

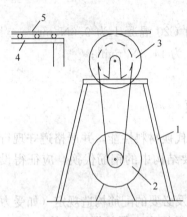

图 17-49 电动除锈机
1—支架；2—电动机；3—圆盘钢丝刷；
4—滚轴台；5—钢筋

（2）对于有起层锈片的钢筋，应先用小锤敲击，使锈片剥落干净，再用砂盘或除锈机除锈；对于因麻坑、斑点以及锈皮去层而使钢筋截面损伤的钢筋，使用前应鉴定是否降级使用或另做其他处置。

17.5.2 钢筋调直

钢筋应平直，无局部曲折。对于盘条钢筋在使用前应调直，调直可采用调直机调直和卷扬机冷拉调直两种方法。

17.5.2.1 机具设备

1. 钢筋调直机

常用钢筋调直机的技术性能，见表 17-49。

钢筋调直机技术性能　　　　表 17-49

机械型号	钢筋直径 (mm)	调直速度 (m/min)	断料长度 (mm)	电机功率 (kW)	外形尺寸 (mm) 长×宽×高	机重 (kg)
GT 3/8	3～8	40、65	300～6500	9.25	1854×741×1400	1280
GT 4/10	4～14	30、54	300～8000	5.5	1700×800×1365	1200
GT 6/12	6～12	36、54、72	300～6500	12.6	1770×535×1457	1230

2. 数控钢筋调直切断机

数控钢筋调直切断机是在原有调直机的基础上，采用光电测长系统和光电计数装置，准确控制断料长度并自动计数。该机的工作原理，如图 17-50 所示。在该机摩擦轮（周长 100mm）的同一轴上装有一个穿孔光电盘（分为 100 等份），光电盘的一侧装有一只小灯泡，另一侧装有一只光电管。当钢筋通过摩擦轮带动光电盘时，灯泡光线通过每个小孔照射光电管，就被光电管接收而产生脉冲信号（每次信号为钢筋长 1mm），控制仪长度部位数字上立即示出相应读数。当信号积累到给定数字（即钢丝调直到所指定长度）时，控制仪立即发出指令，使切断装置切断钢丝。与此同时，长度部位数字回到零，根数部位数字显示出根数。这样连续作业，当根数信号积累至给定数字时，即自动切断电源，停止运转。

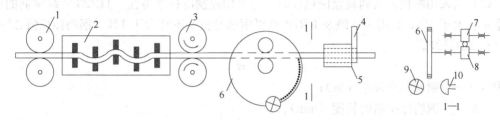

图 17-50 数控钢筋调直切断机工作简图
1—送料辊；2—调直装置；3—牵引辊；4—上刀口；5—下刀口；
6—光电盘；7—压轮；8—摩擦轮；9—灯泡；10—光电管

钢筋数控调直切断机断料精度高（偏差仅 1～2mm），并实现了钢筋调直切断自动化。

3. 卷扬机拉直设备

卷扬机拉直设备如图 17-51 所示。该法设备简单，宜用于施工现场或小型构件厂。

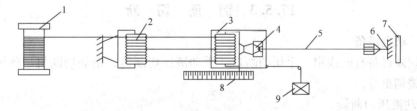

图 17-51 卷扬机拉直设备布置
1—卷扬机；2—滑轮组；3—冷拉小车；4—钢筋夹具；
5—钢筋；6—地锚；7—防护壁；8—标尺；9—荷重架

钢筋夹具常用的有：月牙式夹具和偏心式夹具。月牙式夹具主要靠杠杆力和偏心力夹紧，使用方便，适用于 HPB300 级粗细钢筋。

17.5.2.2 调直工艺

（1）要根据钢筋的直径选用牵引辊和调直模，并要正确掌握牵引辊的压紧程度和调直模的偏移量。牵引辊槽宽，一般在钢筋穿过辊间之后，保证上下压辊间有 3mm 以内的间隙为宜。压辊的压紧程度要做到既保证钢筋能顺利地被牵引前进，无明显转动，而在被切断的瞬时钢筋和压辊间又能允许发生打滑。调直模的偏移量（图 17-52），根据其磨耗程度及钢筋品种通过试验确定；调直筒两端的调直模一定要在调直前后导孔的轴心线上，这是钢筋能否调直的一个关键。

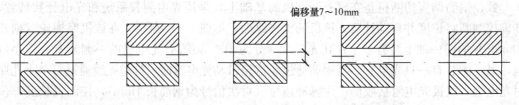

图 17-52 调直模的安装

应当注意：冷拔低碳钢丝经调直机调直后，其抗拉强度一般要降低 10%～15%。使用前应加强检验，按调直后的抗拉强度选用。

(2) 当采用冷拉方法调直盘圆钢筋时，可采用控制冷拉率方法。HPB300 级钢筋的冷拉率不宜大于 4%；HRB400 级及 RRB400 级钢筋冷拉率不宜大于 1%。钢筋伸长值 Δl 按式 (17-26) 计算。

$$\Delta l = rL \tag{17-26}$$

式中　r ——钢筋的冷拉率（%）；

　　　L ——钢筋冷拉前的长度（mm）。

1) 冷拉后钢筋的实际伸长值应扣除弹性回缩值，一般为 0.2%～0.5%。冷拉多根连接的钢筋，冷拉率可按总长计，但冷拉后每根钢筋的冷拉率应符合要求。

2) 钢筋应先拉直，然后量其长度，再行冷拉。

3) 钢筋冷拉速度不宜过快，一般直径 6～12mm 盘圆钢筋控制在 6～8m/min，待拉到规定的冷拉率后，须稍停 2～3min；然后，再放松，以免弹性回缩值过大。

4) 在负温下冷拉调直时，环境温度不应低于 −20℃。

17.5.3 钢 筋 切 断

17.5.3.1 机具设备

钢筋切断设备有断线钳、手压切断器、手动液压切断器、钢筋切断机、砂轮切割机、带锯床、铣切机等。

1. 手动液压切断器

SYJ-16 型手动液压切断器（图 17-53）的工作原理：把放油阀按顺时针方向旋紧；揿动

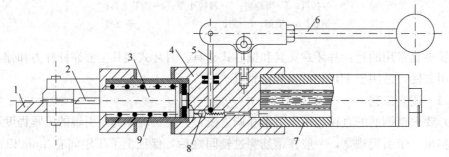

图 17-53 SYJ-16 型手动液压切断器
1—滑轨；2—刀片；3—活塞；4—缸体；5—柱塞；
6—压杆；7—贮油筒；8—吸油阀；9—回位弹簧

压杆 6 使柱塞 5 提升，吸油阀 8 被打开，工作油进入油室；提起压杆，工作油便被压缩进入缸体内腔，压力油推动活塞 3 前进，安装在活塞杆前部的刀片 2 即可断料。切断完毕后立即按逆时针方向旋开放油阀，在回位弹簧的作用下，压力油又流回油室，刀头自动缩回缸内，如此重复动作，以实现钢筋的切断。SYJ-16 型手动液压切断器的工作总压力为 80kN，活塞直径为 36mm，最大行程 30mm，液压泵柱塞直径为 8mm，单位面积上的工作压力 79MPa，压杆长度 438mm，压杆作用力 220N，切断器长度为 680mm，总重 6.5kg，可切断直径 16mm 以下的钢筋。这种机具体积小、质量轻，操作简单，便于携带。

SYJ-16 型手动液压切断器易发生的故障及其排除方法见表 17-50。

SYJ-16 型手动液压切断器易发生的故障及其排除方法　　　　表 17-50

故障现象	故障原因	排除方法
撬动压杆，活塞不上升	1. 没有旋紧开关	1. 按顺时针方向旋紧开关
	2. 液压油黏度太大或没有装入液压油	2. 调换或装入液压油
	3. 吸油钢球被污物堵塞	3. 清除污物
撬动压杆，活塞一上一下	1. 进油钢球渗漏或被污物垫起	1. 修磨阀门线口或清除污物
	2. 链接不良，开关没旋紧	2. 更换零件，旋紧开关
活塞上升后不回位	1. 超载过大，活塞杆弯曲	1. 拆修更换活塞
	2. 回位弹簧失灵	2. 拆修更换弹簧
	3. 滑道与到头间夹垫铁物	3. 清除铁屑及杂物
漏油和渗油	1. 密封失效	1. 换新密封环
	2. 连接处松动	2. 检修、旋紧

2. 电动液压切断机

DYJ-32 型电动液压切断机（图 17-54）的工作总压力为 320kN，活塞直径为 95mm，最大行程 28mm，液压泵柱塞直径为 12mm，单位面积上的工作压力 45.5MPa，液压泵输油率为 4.5L/min，电动机功率为 3kW，转数为 1440r/min。机器外形尺寸为 889mm（长）× 396mm（宽）× 398mm（高），总重为 145kg。

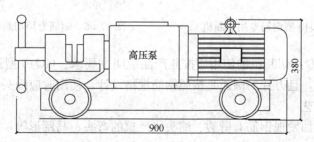

图 17-54　DYJ-32 型电动液压切断机

3. 钢筋切断机

常用的钢筋切断机（表 17-51）可切断 400MPa 级钢筋最大公称直径为 40mm。

钢筋切断机主要技术性能　　　　　　　　　表 17-51

参数名称	型号				
	GQL40	GQ40	GQ40A	GQ40B	GQ50
切断钢筋直径（mm）	6～40	6～40	6～40	6～40	6～50
切断次数（次/min）	38	40	40	40	30
电动机型号	Y100L2-4	Y100L-2	Y100L-2	Y100L-2	Y132S-4
功率（kW）	3	3	3	3	5.5
转速（r/min）	1420	2880	2880	2880	1450
外形尺寸长（mm）	685	1150	1395	1200	1600
宽（mm）	575	430	556	490	695
高（mm）	984	750	780	570	915
整机重量（kg）	650	600	720	450	950
传动原理及特点	偏心轴	开式、插销离合器曲柄	凸轮、滑键离合器	全封闭曲柄连杆转键离合器	曲柄连杆传动半开式

GQ40 型钢筋专用切断机见图 17-55。

4. 钢筋专用切断机

钢筋专用切断机主要技术性能如表 17-51 所示，可切断 400MPa 级钢筋最大公称直径为 40mm。

钢筋专用切断机是在普通切断机基础上，添加了钢筋专用夹持机构、专用圆弧刀片（图 17-56）等，保证了切割后的钢筋端面可直接用于直螺纹接头连接。

图 17-55　GQ40 型钢筋专用切断机

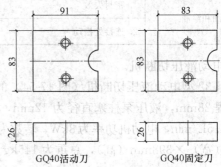
图 17-56　钢筋专用切断机刀片

GQ40 型钢筋专用切断机的使用应按照产品说明书要求。GQ40 型钢筋专用切断机的刀片采用圆弧刀片，且刀片的圆弧是按照钢筋规格设计，使用时应购买专用刀片。

17.5.3.2　切断工艺

切断过程中，如发现钢筋有劈裂、缩头或严重的弯头、马蹄形等，必须切除。

(1) 将同规格钢筋根据不同长度长短搭配，统筹排料；一般应先断长料，后断短料，以减少短头接头和损耗。

(2) 断料应避免用短尺量长料，以防止在量料中产生累计误差。宜在工作台上标出尺寸刻度，并设置控制断料尺寸用的挡板。

(3) 钢筋切断机的刀片应由工具钢热处理制成，刀片的形状可参考图 17-56。使用前，应检查刀片安装是否正确、牢固，润滑及空车试运转应正常。固定刀片与冲切刀片的水平间隙以 0.5~1mm 为宜；固定刀片与冲切刀片刀口的距离：对直径≤20mm 的钢筋，宜重叠 1~2mm；对直径>20mm 的钢筋，宜留 5mm 左右。

(4) 如发现钢筋的硬度异常（过硬或过软，与钢筋牌号不相称），应及时向有关人员反映，查明情况。

(5) 钢筋的断口，不得有马蹄形或起弯等现象。

(6) 向切断机送料时，应将钢筋摆直，避免弯成弧形。操作者应将钢筋握紧，并应在冲切刀片向后退时送进钢筋；切断较短钢筋时，宜将钢筋套在钢管内送料，防止发生人身或设备的安全事故。

(7) 机器运转时，不得进行任何修理、校正工作；不得触及运转部位，不得取下防护罩，严禁将手置于刀口附近。

(8) 禁止切断机切断技术性能规定范围以外的钢材及超过刀刃硬度的钢筋。

(9) 使用电动液压切断机时，操作前应检查油位是否满足要求，电动机旋转方向是否正确。

(10) 应严格按照设备使用说明书的要求进行使用与维护。

17.5.4 钢筋弯曲

17.5.4.1 机具设备

1. 钢筋弯曲机

常用弯曲机、弯箍机型号及技术性能见图 17-57 和表 17-52、表 17-53。

图 17-57 GW40 型钢筋弯曲机

钢筋弯曲机主要技术性能　　表 17-52

参数名称	型号				
	GW32	GW32A	GW40	GW40A	GW50
弯曲钢筋直径 d（mm）	6~32	6~32	6~40	6~40	25~50
钢筋抗拉强度（MPa）	450	450	450	450	450
弯曲速度（mm/min）	10/20	8.8/16.7	5	9	2.5

续表

参数名称		型号				
		GW32	GW32A	GW40	GW40A	GW50
工作盘直径 d (mm)		360		350	350	320
电动机	功率（kW）	2.2	4	3	3	4
	转速（r/min）	1420		1420	1420	1420
外形尺寸	长（mm）	875	1220	870	1050	1450
	宽（mm）	615	1010	760	760	800
	高（mm）	945	865	710	828	760
整机重量		340	755	400	450	580
结构原理及特点		齿轮传动，角度控制半自动双速	全齿轮传动，半自动化双速	蜗轮蜗杆传动单速	齿轮传动，角度控制半自动单速	蜗轮蜗杆传动，角度控制半自动单速

钢筋弯箍机主要技术性能　　　　　　　　　　　　表 17-53

参数名称		型号			
		SGWK8B	GJG4/10	GJG4/12	LGW60Z
弯曲钢筋直径 d (mm)		4～8	4～10	4～12	4～10
钢筋抗拉强度（MPa）		450	450	450	450
工作盘转速（r/min）		18	30	18	22
电动机	功率（kW）	2.2	2.2	2.2	3
	转速（r/min）	1420	1430	1420	
外形尺寸	长（mm）	1560	910	1280	2000
	宽（mm）	650	710	810	950
	高（mm）	1550	860	790	950

2. 手工弯曲工具

手工弯曲成型所用的工具一般在工地自制，可采用手摇扳手弯制细钢筋，卡筋与扳头弯制粗钢筋。手动弯曲工具的尺寸，见表17-54与表17-55。

手摇扳手主要尺寸（mm）　　　　　　　　　　　　表 17-54

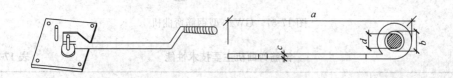

项次	钢筋直径	a	b	c	d
1	φ6	500	18	16	16
2	φ8～φ10	600	22	18	20

卡盘与扳头（横口扳手）主要尺寸（mm）　　　　表 17-55

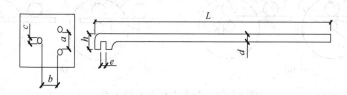

项次	钢筋直径	卡盘			扳头			
		a	b	c	d	e	h	L
1	$\phi12\sim\phi16$	50	80	20	22	18	40	1200
2	$\phi18\sim\phi22$	65	90	25	28	24	50	1350
3	$\phi25\sim\phi32$	80	100	30	38	34	76	2100

17.5.4.2 弯曲成型工艺

1. 画线

钢筋弯曲前，对形状复杂的钢筋（如弯起钢筋），根据钢筋料牌上标明的尺寸，用石笔将各弯曲点位置画出。画线时，应注意：

（1）根据不同的弯曲角度扣除弯曲调整值，其扣法是从相邻两段长度中各扣一半；

（2）钢筋端部带半圆弯钩时，该段长度画线时增加 $0.5d$（d 为钢筋直径）；

（3）画线工作宜从钢筋中线开始向两边进行；两边不对称的钢筋，也可从钢筋一端开始画线；如画到另一端有出入时，则应重新调整。

2. 钢筋弯曲成型

钢筋在弯曲机上成型时（图 17-58），心轴直径应是钢筋直径的 2.5~5.0 倍，成型轴宜加偏心轴套，以便适应不同直径的钢筋弯曲需要。弯曲细钢筋时，为了使弯弧一侧的钢筋保持平直，挡铁轴宜做成可变挡架或固定挡架（加铁板调整）。钢筋弯曲点线和心轴的关系，如图 17-59 所示。由于成型轴和心轴在同时转动，就会带动钢筋向前滑移。因此，钢筋弯 90°时，弯曲点线约与心轴内边缘齐；弯 180°时，弯曲点线距心轴内边缘为 $1.0d\sim1.5d$（钢筋硬时取大值）。

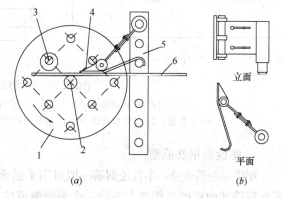

图 17-58　钢筋弯曲成型
(a) 工作简图；(b) 可变挡架构造
1—工作盘；2—心轴；3—成型轴；
4—可变挡架；5—插座；6—钢

注意：对 HRB400、HRB500 钢筋，不能过量弯曲再回弯，以免弯曲点处发生裂纹。

第 1 根钢筋弯曲成型后与配料表进行复核，符合要求后再成批加工；对于复杂的弯曲钢筋（如预制柱牛腿、屋架节点等），宜先弯 1 根；经过试组装后，方可成批弯制。

3. 曲线形钢筋成型

弯制曲线形钢筋时（图 17-60），可在原有钢筋弯曲机的工作盘中央，放置一个十字

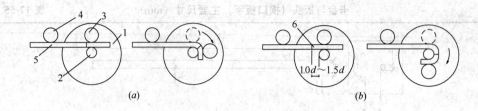

图 17-59 弯曲点线与心轴关系
(a) 弯 90°；(b) 弯 180°
1—工作盘；2—心轴；3—成型轴；4—固定挡铁；5—钢筋；6—弯曲点线

架和钢套；另外，在工作盘四个孔内插上短轴和成型钢套（和中央钢套相切）。插座板上的挡轴钢套尺寸，可根据钢筋曲线形状选用。钢筋成型过程中，成型钢套起顶弯作用，十字架只协助推进。

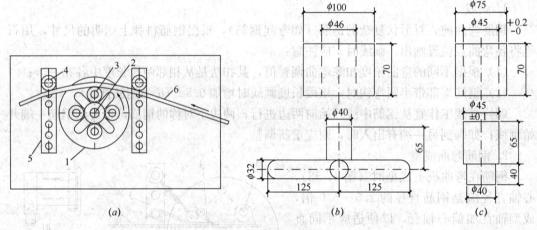

图 17-60 曲线形钢筋成型
(a) 工作简图；(b) 十字撑及圆套详图；(c) 桩柱及圆套详图
1—工作盘；2—十字撑及圆套；3—桩柱及圆套；4—挡轴钢套；5—插座板；6—钢筋

4. 螺旋形钢筋成型

螺旋形钢筋成型，小直径钢筋一般可用手摇滚筒成型（图 17-61），较粗钢筋（$\phi 16 \sim \phi 30$）可在钢筋弯曲机的工作盘上安设一个型钢制成的加工圆盘，圆盘外直径相当于需加工螺旋筋（或圆箍筋）的内径，插孔相当于弯曲机板柱间距。使用时，将钢筋一端固定，即可按一般钢筋弯曲加工方法弯成所需要的螺旋形钢筋。由于钢筋有弹性，滚筒直径应比螺旋筋内径略小。

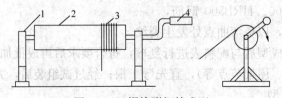

图 17-61 螺旋形钢筋成型
1—支架；2—卷筒；3—钢筋；4—摇把

17.5.5 钢筋加工质量检验

(1) 钢筋弯折的弯弧内直径应符合下列规定：
1) 光圆钢筋不应小于钢筋直径的 2.5 倍；
2) 335MPa 级、400MPa 级带肋钢筋不应小于钢筋直径的 4 倍；
3) 500MPa 级带肋钢筋，当直径为 28mm 以下时，不应小于钢筋直径的 6 倍；当直径为 28mm 以上时，不应小于钢筋直径的 7 倍；
4) 位于框架结构顶层端节点处的梁上部纵向钢筋和柱外侧纵向钢筋，在节点角部弯折处，当钢筋直径为 28mm 以下时，不宜小于钢筋直径的 12 倍；当钢筋直径为 28mm 以上时，不宜小于钢筋直径的 16 倍；
5) 箍筋弯折处尚不应小于纵向受力钢筋直径；箍筋弯折处纵向受力钢筋为搭接钢筋或并筋时，应按钢筋实际排布情况确定箍筋弯弧内直径。

(2) 纵向受力钢筋的弯折后平直段长度应符合设计要求及现行国家标准《混凝土结构设计标准》GB/T 50010 的有关规定。光圆钢筋末端做 180°弯钩时，弯钩的弯折后平直段长度不应小于钢筋直径的 3 倍。

(3) 钢筋加工后，应检查尺寸偏差；钢筋安装后，应检查品种、级别、规格、数量及位置。

17.5.6 钢筋集中加工与配送

17.5.6.1 基本规定

1. 一般规定

(1) 加工配送企业应制定加工配送全过程的技术和质量管理制度，并应及时对技术和质量有关资料进行收集、整理、存档、备案。存档备案资料保存年限应按建筑施工资料管理有关规定执行。收集存档的质量验收资料应包括下列文件：
1) 钢筋质量证明文件；
2) 钢筋提供单位资质复印件；
3) 钢筋力学性能和重量偏差复检报告；
4) 成型钢筋配料单；
5) 成型钢筋交货验收单；
6) 成型钢筋加工过程中的加工质量检查记录单；
7) 成型钢筋出厂合格证和出厂检验报告；
8) 机械接头提供企业的有效型式检验报告、接头产品认证证书；
9) 机械接头现场工艺检验报告。

(2) 成型钢筋加工工艺流程设计宜满足自动化作业要求。

(3) 成型钢筋的设计和构造要求应符合现行国家标准《混凝土结构设计标准》GB/T 50010 和《混凝土结构用成型钢筋制品》GB/T 29733 的有关规定。

2. 管理要求

(1) 成型钢筋加工配送企业宜采用信息化生产管理系统。

(2) 施工单位应向加工配送企业提供明确的加工配送计划，给加工配送企业应有合理的加工周期。

(3) 加工配送企业宜根据项目实际情况编制加工配送方案，方案内容应至少包括组织架构、人员结构、加工配送工作流程、加工配送进度计划、质量控制措施和运输保障措施。

3. 设备要求

成型钢筋加工设备应符合现行行业标准《建筑施工机械与设备 钢筋弯曲机》JB/T 12076、《建筑施工机械与设备 钢筋切断机》JB/T 12077、《建筑施工机械与设备 钢筋调直切断机》JB/T 12078、《建筑施工机械与设备 钢筋弯箍机》JB/T 12079、《钢筋直螺纹成型机》JG/T 146 和《钢筋网成型机》JG/T 5115 的有关规定。

成型钢筋加工设备宜选用具备自动加工工艺流程的设备，自动加工设备总产能不应低于加工配送企业总产能的 80%。

17.5.6.2 成型钢筋加工

1. 一般规定

(1) 成型钢筋加工前宜根据工程钢筋配料单进行分类汇总，并进行钢筋下料综合套裁设计。

(2) 成型钢筋加工有订货约定时，应按订货单加工。

(3) 成型钢筋不应加热加工，且弯折应一次完成，不应反复弯折。

(4) 成型钢筋的原材料应符合设计要求。当钢筋的品种、级别或规格变更代换时，应办理设计变更文件。

(5) 在成型钢筋加工过程中发现钢筋脆断、焊接性能不良或力学性能不正常等现象时，应停止使用该批钢筋加工。

(6) 加工完成的成型钢筋制品应有专职质量检验人员进行检验，检验结果应填写加工质量检验记录单，作为出厂合格证的依据。

(7) 施工单位应对成型钢筋加工过程中的质量进行抽检，抽检方法应按双方约定的钢筋加工抽样检验方案确定。

2. 单件成型钢筋加工

(1) 成型钢筋加工前，加工配送单位应根据设计图纸、标准规范和设计变更文件编制成型钢筋配料单并经施工单位确认。

(2) 成型钢筋加工前，加工配送单位应根据成型钢筋配料单制作成型钢筋料牌。

(3) 钢筋连接端头的处理应符合设计规定，设计无专门规定时应符合下列规定：

1) 成型钢筋采用直螺纹连接时，钢筋端头宜用锯切生产线、专用钢筋切断机或铣切生产线切断，钢筋断面应平整且与钢筋轴线垂直；

2) 成型钢筋采用闪光对焊连接时，钢筋端头宜用无齿锯或锯切生产线切断，钢筋断面应平整且与钢筋轴线垂直。

(4) 钢筋切断时应将同规格钢筋根据不同长度长短搭配、统筹排料。

(5) 钢筋端头螺纹的加工应符合现行行业标准《钢筋机械连接技术规程》JGJ 107 或产品设计的有关规定。

(6) 箍筋及拉筋宜采用数控钢筋弯箍机或钢筋弯曲中心加工，钢筋弯折应冷加工一次完成，钢筋弯折的弯弧内直径和平直段长度应符合现行国家标准《混凝土结构工程施工规范》GB 50666 的有关规定。

（7）纵向受力钢筋弯折后的平直段长度应符合设计要求及现行国家标准《混凝土结构设计标准》GB/T 50010 的有关规定。光圆钢筋末端做 180°弯钩时，弯钩的弯折平直段长度不应小于钢筋直径的 3 倍。

（8）箍筋、拉筋的末端弯钩加工应符合现行国家标准《混凝土结构工程施工规范》GB 50666 的有关规定。

（9）焊接封闭箍筋的加工宜采用闪光对焊、电阻焊或其他有质量保障的焊接工艺，质量检验和验收应符合现行国家标准《混凝土结构工程施工规范》GB 50666 的有关规定。

（10）当钢筋采用机械锚固时，钢筋锚固端的加工应符合现行国家标准《混凝土结构设计标准》GB/T 50010 的规定。采用钢筋锚固板时，应符合现行行业标准《钢筋锚固板应用技术规程》JGJ 256 的规定。

3. 组合成型钢筋加工

（1）组合成型钢筋的钢筋下料应满足设计规定。

（2）桩基钢筋笼宜采用自动钢筋焊笼机加工，并应符合下列规定：

1）钢筋笼主筋端头加工应满足连接要求，首节和其他各节钢筋笼主筋应做好对接标志；

2）钢筋笼主筋应在移动盘上固定牢固；起始节钢筋笼端头应齐平，标准节和末节钢筋笼主筋应按设计尺寸和构造要求决定是否在同一截面布置接头；

3）起始焊接前，箍筋应在主筋起始端并排连续缠绕两圈，并与主筋焊接牢固；

4）固定盘之后的主筋长度达到预定长度时，箍筋应在主筋尾部并排连续缠绕两圈并焊接牢固；

5）螺旋箍筋的焊接宜采用 CO_2 气体保护焊，焊丝宜采用直径 1mm 的镀铜焊丝。

（3）桩基钢筋笼定位钢筋的焊接宜采用电弧焊焊接牢固。焊接后的定位钢筋应沿轴向垂直于钢筋骨架的直径断面，不得歪斜。

（4）钢筋焊接网宜采用钢筋网自动成型机制造，制作的钢筋焊接网应符合现行国家标准《钢筋混凝土用钢 第 3 部分：钢筋焊接网》GB/T 1499.3 的有关规定。

（5）柱焊接箍筋笼采用带肋钢筋制作时应符合设计要求，尚应符合下列规定：

1）柱的箍筋笼应做成封闭式并在箍筋末端应做成 135°的弯钩，弯钩末端平直段长度不应小于 5 倍箍筋直径；当有抗震要求时，平直段长度不应小于 10 倍箍筋直径且不小于 75mm；箍筋笼长度根据柱高可采用一段或分成多段，并应根据焊网机和弯折机的工艺参数确定。

2）箍筋笼的箍筋间距不应大于 400mm 及构件截面的短边尺寸，且不应大于 15d，d 为纵向受力钢筋的最小直径。

3）箍筋直径不应小于 $d/4$，d 为纵向受力钢筋的最大直径，且不应小于 6mm。

（6）梁焊接箍筋笼采用带肋钢筋制作时应符合设计要求，并宜做成封闭式或开口型式的箍筋笼。当考虑抗震要求时，箍筋笼应做成封闭式，箍筋的末端应做成 135°弯钩，弯钩末端平直段长度不应小于 10 倍箍筋直径且不小于 75mm；对一般结构的梁，平直段长度不应小于 5 倍箍筋直径，并在角部弯成稍大于 90°的弯钩。

（7）钢筋桁架应采用数控钢筋桁架焊接设备制作，钢筋桁架的技术性能指标和结构尺寸及尺寸偏差应符合现行行业标准《钢筋混凝土用钢筋桁架》YB/T 4262 的有关规定和设计要求，同时尚应符合下列规定：

1) 焊接钢筋桁架的长度宜为 2~14m，高度宜为 70~270mm，宽度宜为 60~110mm。

2) 钢筋桁架的上、下弦杆与两侧腹杆的连接应采用电阻点焊。上、下弦杆钢筋宜采用 CRB550、CRB600H 或 HRB400 钢筋，腹杆宜采用 CPB550 级冷拔光圆钢筋。

3) 上、下弦钢筋直径宜为 5~16mm；腹杆钢筋直径宜为 4~9mm，且不应小于下弦钢筋直径的 30%。

4) 钢筋桁架的实际重量与理论重量的允许偏差应为±7%。

(8) 组合成型钢筋的钢筋连接应根据设计要求并结合施工条件，采用机械连接、焊接连接或绑扎搭接等方式。机械连接接头和焊接接头的类型及质量应符合现行行业标准《钢筋机械连接技术规程》JGJ 107、《钢筋焊接及验收规程》JGJ 18 和现行国家标准《混凝土结构工程施工规范》GB 50666 的有关规定。

(9) 组合成型钢筋有拼装要求时应进行试拼装，并应符合连接要求。

4. 加工质量检查

(1) 螺纹加工质量应以同一设备、同一台班、同一直径钢筋端头螺纹为一检验批，抽查数量 10% 且不少于 10 个，用螺纹环规、直尺和专用检具检查螺纹直径和螺纹长度，其检查结果应符合现行行业标准《钢筋机械连接技术规程》JGJ 107 或产品设计的有关规定。当抽检合格率不小于 95% 时，判定该批为合格。当抽检合格率小于 95% 时，应抽取同样数量的丝头重新检验。当两次检验的总合格率不小于 95% 时，该批判定合格。合格率仍小于 95% 时，则应对全部丝头进行逐个检验，剔除不合格品。

(2) 钢筋的弯折应进行弯折尺寸检查，应以同一台设备、同一台班加工的同一规格类型成型钢筋为一个检验批。同一检验批的首件必检，加工过程中应进行抽检，抽检次数不少于 2 次，每次抽检数量不少于 2 件。抽检合格率应为 100%；否则，应全数检查，剔除不合格品。

(3) 箍筋、拉筋的弯钩应进行弯折尺寸检查，应以同一台设备、同一台班加工的同一规格类型成型钢筋为一个检验批。同一检验批的首件必检，加工过程中应进行抽检，抽检次数不少于 2 次，每次抽检数量不低于 2 件。抽检合格率应为 100%；否则，应全数检查，剔除不合格品。

(4) 单件成型钢筋加工应进行形状、尺寸偏差检查，检查应按同一台设备、同一台班加工的同一规格类型成型钢筋为一个检验批。同一检验批的首件必检，加工过程中应进行抽检，抽检次数不少于 2 次，每次抽检数量不少于 2 件。当抽检合格率不为 100% 时，应全数检查，剔除不合格品。

(5) 组合件成型钢筋加工应进行形状、尺寸偏差检查，检查应按同一台设备、同一台班加工的同一规格类型成型钢筋为一个检验批。同一检验批的首件必检，加工过程中应进行抽检，抽检次数不少于 2 次，每次抽检 1 件。当抽检合格率不为 100% 时，应全数检查，检查出的不合格品应在不破坏单件成型钢筋质量的前提下进行修复，不合格品严禁出厂。

(6) 钢筋焊接网重量偏差和力学性能检验应按现行国家标准《钢筋混凝土用钢 第 3 部分：钢筋焊接网》GB/T 1499.3 的规定执行。

（7）组合成型钢筋中的机械连接和焊接连接接头外观质量和力学性能检验应按相关设计要求、现行行业标准《钢筋机械连接技术规程》JGJ 107 和《钢筋焊接及验收规程》JGJ 18 的规定执行。

5. 成型钢筋存放

（1）加工配送企业应对已加工的单件成型钢筋按结构部位或者作业流水段所用钢筋组配后分类捆扎存放。对已加工的组合成型钢筋应进行码垛分类存放，并应采取防变形措施。

（2）成型钢筋在加工厂区的存放应符合下列规定：

1）成型钢筋应堆放整齐，应具有防止受潮、锈蚀、污染和受压变形的措施；

2）同一工程中同类型构件的成型钢筋制品应按施工先后顺序和规格分类码放整齐；

3）成型钢筋制品不宜露天存放。当只能露天存放时宜选择平坦、坚实的场地，并应采取措施，防止锈蚀、碾轧和污染。

6. 成型钢筋出厂检验

（1）成型钢筋出厂时应按出厂批次全数检查钢筋料牌悬挂情况和钢筋表面质量。每捆成型钢筋均应有料牌标识，钢筋表面不应有裂纹、结疤、油污、颗粒状或片状铁锈。料牌掉落的成型钢筋严禁出厂。

（2）单件成型钢筋出厂时应按同一工程、同一配送车次且不大于 60t 为一批，每批在同种类型成型钢筋中随机抽取 3 件，检查成型钢筋形状和尺寸并填写出厂检验报告。每批次抽检的单件成型钢筋检验结果全部合格时，判定该批次合格；否则，应全数检查，剔除不合格品。

（3）组合成型钢筋出厂时应按同一工程、同一配送车次且不大于 60t 为一批，每批在同种类型成型钢筋中随机抽取 3 件，检查成型钢筋形状和尺寸并填写出厂检验报告。每批次抽检的组合成型钢筋检验结果全部合格时判定该批次合格，否则应全数检查，剔除不合格品。

（4）钢筋焊接网的出厂检验应按现行国家标准《钢筋混凝土用钢 第 3 部分：钢筋焊接网》GB/T 1499.3 的规定执行。

（5）在同一工程中，连续三个出厂检验批次均一次检验合格时，其后的检验批量可扩大一倍。

17.5.6.3 成型钢筋配送

成型钢筋的配送不是一般概念的送货，也不是生产企业推销产品时直接从事的销售性送货，而是指在以加工厂为中心的经济合理区域范围内，根据客户需求，对成型钢筋制品进行分类拣选、分割、包装、组配等作业，并按工程施工流程需要按时送达到施工现场的物流活动。

（1）成型钢筋配送时的捆扎、组配应符合下列规定：

1）成型钢筋应捆扎整齐、牢固，防止运输吊装过程中成型钢筋发生变形；

2）每捆成型钢筋两端应分别在明显处悬挂料牌。料牌内容应包含工程名称、结构部位、成型钢筋制品标记、数量、示意图及主要尺寸、生产厂名、生产日期；

3）每捆成型钢筋的重量不应超过 2t，且应易于吊装和点数；

4）螺纹连接丝头应加带螺纹保护帽，连接套筒的无钢筋端应有套筒保护盖，连接套筒或接头连接件表面应有清晰可见的符合现行行业标准《钢筋机械连接用套筒》JG/T 163规定的标识；

5）同一工程中同类型构件的成型钢筋制品应按施工先后顺序和规格分类打捆。

（2）加工配送企业宜在经济合理的区域范围内，根据施工单位要求将成型钢筋按时运送到指定地点。

（3）成型钢筋运送应符合下列规定：

1）成型钢筋配送车辆应符合车辆运输管理有关规定，应满足成型钢筋制品外形尺寸和额定载重量的要求。当发生超长、超宽的特殊情况时，应办理有关运输手续。

2）成型钢筋装卸应考虑车体平衡，运送应按配送计划装车运送，运输时应采取绑扎固定措施。多个部位混装运送时，应采取较易区分的分离隔开措施。

3）运送成型钢筋小件时，应采用具有底板和四边侧板的吊篮装车。小件堆放高度不应超出吊篮的四边侧板高度。

（4）成型钢筋料牌在装车和运送过程中不应掉落。

（5）成型钢筋配送时，加工配送企业应提供出厂合格证和出厂检验报告、钢筋原材质量证明文件和交货验收单。当有施工或监理方的代表驻厂监督加工过程或者采用专业化加工模式时，尚应提供钢筋原材第三方检验报告。

17.6 钢筋焊接连接

17.6.1 一 般 规 定

钢筋采用焊接连接时，各种接头的焊接方法、接头形式和适用范围见表17-56。

钢筋焊接方法的适用范围　　　　　　　表17-56

焊接方法	接头形式	适用范围	
		钢筋牌号	钢筋直径（mm）
电阻电焊		HPB300	6～16
		HRB400、HRBF400	6～16
		HRB500、HRBF500	6～16
		HRB600	6～16
		CRB550	4～12
		CDW550	3～8
闪光对焊		HPB300	8～22
		HRB400、HRBF400	8～40
		HRB500、HRBF500	8～40
		HRB600	8～40
		RRB400W	8～32

17.6 钢筋焊接连接

续表

焊接方法			接头形式	适用范围	
				钢筋牌号	钢筋直径（mm）
箍筋闪光对焊				HPB300	6～18
				HRB400、HRBF400	6～18
				HRB500、HRBF500	6～18
				HRB600	6～18
				RRB400W	8～18
电弧焊	帮条焊	双面焊		HPB300	10～22
				HRB400、HRBF400	10～40
				HRB500、HRBF500	10～32
				HRB600	10～32
				RRB400W	10～25
		单面焊		HPB300	10～22
				HRB400、HRBF400	10～40
				HRB500、HRBF500	10～32
				HRB600	10～32
				RRB400W	10～25
	搭接焊	双面焊		HPB300	10～22
				HRB400、HRBF400	10～40
				HRB500、HRBF500	10～32
				HRB600	10～32
				RRB400W	10～25
		单面焊		HPB300	10～22
				HRB400、HRBF400	10～40
				HRB500、HRBF500	10～32
				HRB600	10～32
				RRB400W	10～25
	熔槽帮焊条			HPB300	20～22
				HRB400、HRBF400	20～40
				HRB500、HRBF500	20～32
				HRB600	20～32
				RRB400W	20～25
	坡口焊	平焊		HPB300	18～22
				HRB400、HRBF400	18～40
				HRB500、HRBF500	18～32
				HRB600	18～32
				RRB400W	18～25

续表

焊接方法			接头形式	适用范围	
				钢筋牌号	钢筋直径（mm）
电弧焊	坡口焊	立焊		HPB300	18～22
				HRB400、HRBF400	18～40
				HRB500、HRBF500	18～32
				HRB600	18～32
				RRB400W	18～25
	钢筋与钢板搭接焊			HPB300	8～22
				HRB400、HRBF400	8～40
				HRB500、HRBF500	8～32
				HRB600	8～32
				RRB400W	8～25
	窄间隙焊			HPB300	16～22
				HRB400、HRBF400	16～40
				HRB500、HRBF500	18～32
				HRB600	18～32
				RRB400W	18～25
	埋件钢筋	角焊		HPB300	6～22
				HRB400、HRBF400	6～25
				HRB500、HRBF500	10～20
				HRB600	10～20
				RRB400W	10～20
		穿孔塞焊		HPB300	20～22
				HRB400、HRBF400	20～32
				HRB500	20～28
				HRB600	20～28
				RRB400W	20～28
		埋弧压力焊 埋弧螺柱焊		HPB300	6～22
				HRB400、HRBF400	6～28
电渣压力焊				HPB300	12～32
				HRB400	12～32
				HRB500	12～32
				HRB600	12～32

续表

焊接方法		接头形式	适用范围	
			钢筋牌号	钢筋直径（mm）
气压焊	固态		HPB300	12~22
			HRB400	12~40
	熔态		HRB500	12~32
			HRB600	12~32

注：1. 电阻点焊时，适用范围的钢筋直径指两根不同直径钢筋交叉叠接中较小钢筋的直径；
　　2. 电弧焊含焊条电弧焊和二氧化碳气体保护电弧焊两种工艺；
　　3. 在生产中，对于有较高要求的抗震结构用钢筋，在牌号后加E，焊接工艺可按同级热轧钢筋施焊；焊条应采用氢型碱性焊条。

钢筋焊接应符合下列规定：

(1) 电渣压力焊应用于柱、墙等构筑物等现浇混凝土结构中竖向受力钢筋的连接；不得用于梁、板等构件中作水平钢筋连接。

(2) 钢筋工程开工焊接之前，参与该项工程施焊的焊工必须进行现场条件下的焊接工艺试验，应经试验合格后，方准于焊接生产。试验结果应符合质量检验与验收时的要求。焊接工艺试验的资料应存于工程档案。

(3) 钢筋焊接施工前，应清除钢筋、钢板焊接部位及钢筋与电极接触处表面上的锈斑、油污、杂物等；钢筋端部当有弯折、扭曲时，应予以矫直或切除。

(4) 带肋钢筋闪光对焊、电弧焊、电渣压力焊和气压焊时，应将纵肋对纵肋安放和焊接。

(5) 焊剂应存放在干燥的库房内，若受潮时，在使用前应经250~350℃烘焙2h，使用中回收的焊剂应清除熔渣和杂物，并应与新焊剂混合均匀后使用。

(6) 两根同牌号、不同直径的钢筋可进行闪光对焊、电渣压力焊或气压焊。闪光对焊时，直径差不得超过4mm；电渣压力焊或气压焊时，钢筋径差不得超过7mm。焊接工艺参数可在大、小直径钢筋焊接工艺参数之间偏大选用，两根钢筋的轴线应在同一直线上，轴线偏移的允许应按较小直径钢筋计算；对接头强度的要求，应按较小直径钢筋计算。

(7) 两根同直径，不同牌号的钢筋可进行闪光对焊、电弧焊、电渣压力焊或气压焊，其钢筋牌号应在表17-56的范围内。焊条、焊丝和焊接工艺参数应按较高牌号钢筋选用，对接头强度的要求按较低牌号钢筋强度计算。

(8) 进行电阻点焊、闪光对焊、埋弧压力焊、埋弧螺柱焊时，应随时观察电源电压的波动情况；当电源电压下降大于5%、小于8%时，应采取提高焊接变压器级数的措施；当大于等于8%时，不得进行焊接。

(9) 在环境温度低于-5℃条件下施焊时，焊接工艺应符合下列要求：

1) 闪光对焊，宜采用预热闪光焊或闪光—预热闪光焊；可增加调伸长度，采用较低变压器级数，增加预热次数和间歇时间。

2) 电弧焊时，宜增大焊接电流，减低焊接速度。电弧帮条焊或搭接焊时，第一层焊缝应从中间引弧,向两端施焊;以后各层控温施焊,层间温度控制在150~350℃。多层施焊时,可采用回火焊道施焊。

(10) 当环境温度低于-20℃时,不宜进行各种焊接。

(11) 雨天、雪天不宜在现场进行施焊;必须施焊时,应采取有效遮蔽措施。焊后未冷却接头不得碰到雨和冰雪,并应采取有效的防滑、防触电措施,确保人身安全。

(12) 当焊接区风速超过8m/s,在现场进行闪光对焊或焊条电弧焊时;当风速超过5m/s进行气压焊;但风速超过2m/s进行二氧化碳气体保护电弧焊时,应采取挡风措施。

(13) 焊机应经常维护保养和定期检修,确保正常使用。

17.6.2 钢筋闪光对焊

17.6.2.1 对焊设备

闪光对焊的设备为闪光对焊机。闪光对焊机的种类很多,型号复杂。在建筑工程中常用的是UN系列闪光对焊机。外观如图17-62所示。

图 17-62 UN 系列闪光对焊机
(a) UN_1 型闪光对焊机;(b) UNS 型闪光对焊机

常用对焊机有 UN_1-25、UN_1-40、UN_1-75、UN_1-100、UN_1-150、UNS-63、UNS-80、UNS-100、UNS-200、UNS-400 等型号,根据钢筋直径和需用功率选用。常用对焊机技术性能见表 17-57 和表 17-58。

常用 UN_1 型闪光对焊机技术性能　　　　表 17-57

型号	单位	UN_1-25	UN_1-40	UN_1-75	UN_1-100	UN_1-150
额定容量	kV·A	25	40	75	100	150
初级电压	V	380	380	380	380	380
负载持续率	%	20	20	20	20	20
次级电压调节范围	V	3.28~5.13	4.3~6.5	4.3~7.3	4.5~7.6	7.04~11.5

续表

型号	单位	UN₁-25	UN₁-40	UN₁-75	UN₁-100	UN₁-150
次级电压调节级数	级	8	8	8	8	8
额定调节级数	级	7	7	7	7	7
最大顶锻力	kN	10	25	30	40	50
钳口最大距离	mm	35	60	70	70	70
最大送料行程	mm	15～20	25	30	40～50	50
低碳钢额定焊接截面	mm²	260	380	500	800	1000
低碳钢最大焊接截面	mm²	300	460	600	1000	1200
焊接生产率	次/h	110	85	75	30	30
冷却水消耗量	L/h	400	450	400	400	400
重量	kg	300	375	445	478	550
外形尺寸 长	mm	1590	1770	1770	1770	1770
外形尺寸 宽	mm	510	655	655	655	655
外形尺寸 高	mm	1370	1230	1230	1230	1230

常用 UNS 型闪光对焊机技术性能　　　　　　　　　　　表 17-58

型号	单位	UNS-63	UNS-80	UNS-100	UNS-200	UNS-400
额定功率	kV·A	63	80	100	200	400
输入电压	V	380	380	380	380	380
负载率	%	20	20	20	20	20
最大夹紧力	N	8000	8000	8000	30000	80000
最大顶锻力	N	6000	12000	12000	40000	80000
焊接能力	mm²	100	140	180	400	700
冷却流量	L/min	6	6	6	20	20
重量	kg	760	850	900	3000	5000
建议输入导线截面面积	mm²	16	16	25	50	105

17.6.2.2 对焊工艺

钢筋闪光对焊工艺，可以分为连续闪光焊、预热闪光焊、闪光-预热闪光焊。采取的焊接工艺根据焊接的钢筋直径、焊机容量、钢筋牌号等具体情况而定。连续闪光焊的钢筋直径上限见表 17-59。

连续闪光焊的钢筋直径上限　　　　　　　　　　　　表 17-59

焊机容量（kV·A）	钢筋牌号	钢筋直径（mm）
160（150）	HPB300	22
	HRB400、HRBF400	20
	HRB500、HRBF500	20
	HRB600	20
	RRB400W	20

续表

焊机容量（kV·A）	钢筋牌号	钢筋直径（mm）
100	HPB300	20
	HRB400、HRBF400	18
	HRB500、HRBF500	16
	HRB600	16
	RRB400W	16
80（75）	HPB300	16
	HRB400、HRBF400	12
	HRB500、HRBF500	12
	HRB600	12
	RRB400W	12

注：当钢筋直径较小，钢筋牌号较低，在表中规定的范围内，可采用"连续闪光焊"；当钢筋直径超过本表规定的范围，钢筋断面平整的采用"预热闪光焊"；当钢筋直径超过本表规定的范围，钢筋断面不平整的采用"闪光-预热闪光焊"。

1. 连续闪光焊

连续闪光焊的工艺过程包括：连续闪光和顶锻过程（图 17-63a）。施焊时，先闭合一次电路，使两根钢筋端面轻微接触；此时，端面的间隙中即喷射出火花般熔化的金属微粒闪光；接着，徐徐移动钢筋使两端面仍保持轻微接触，形成连续闪光。当闪光到预定的长度，使钢筋端头加热到将近熔点时，就以一定的压力迅速进行顶锻。先带电顶锻，再无电顶锻到一定长度，焊接接头即告完成。

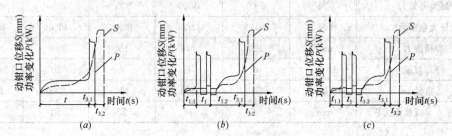

图 17-63　钢筋闪光对焊工艺过程图解
(a) 连续闪光焊；(b) 预热闪光焊；(c) 闪光-预热闪光焊
t_1—闪光时间；$t_{1.1}$—一次闪光时间；$t_{1.2}$—二次闪光时间；$t_{3.1}$—预热时间；$t_{3.2}$—顶锻时间

2. 预热闪光焊

预热闪光焊是在连续闪光焊前增加一次预热过程，以扩大焊接预热影响区。其工艺过程包括：预热、闪光和顶锻过程（图 17-63b）。施焊时首先闭合电源，然后使两根钢筋端面交替地接触和分开。这时，钢筋端面的间隙中即发出断续的闪光，而形成预热过程。当钢筋达到预热温度后进入闪光阶段，随后顶锻而成。

3. 闪光-预热闪光焊

闪光-预热闪光焊是在预热闪光焊前加一次闪光过程，目的是使不平整的钢筋端面烧化平整，使预热均匀。其工艺过程包括：一次闪光、预热、二次闪光及顶锻过程（图 17-63c）。施焊时，首先连续闪光，使钢筋端部闪平，然后同预热闪光焊。

17.6.2.3 对焊参数

1. 纵向钢筋闪光对焊

闪光对焊参数包括：调伸长度、闪光留量（图17-64）、闪光速度、顶锻留量、顶锻速度、顶锻压力及变压器级次。采用预热闪光焊时，还要有预热留量与预热频率等参数。

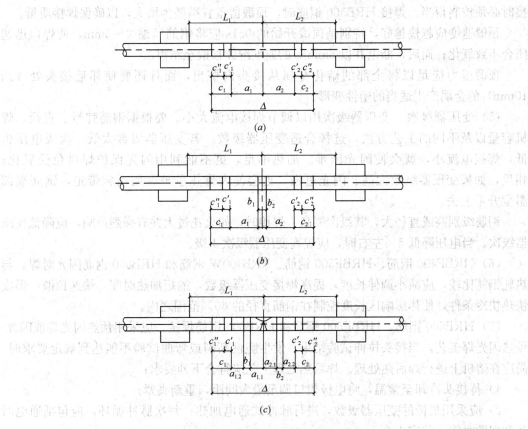

图 17-64 钢筋闪光对焊留量图
(a) 连续闪光焊；(b) 预热闪光焊；(c) 闪光-预热闪光焊

L_1、L_2—调伸长度；a_1+a_2—烧化留量；$a_{1.1}+a_{2.1}$—一次烧化留量；$a_{1.2}+a_{2.2}$—二次烧化留量；
b_1+b_2—预热留量；$c'_1+c'_2$—有电顶锻留量；$c''_1+c''_2$—无电顶锻留量；Δ—焊接总留量

(1) 调伸长度。调伸长度的选择，应随着钢筋牌号的提高和钢筋直径的加大而增长。主要是减缓接头的温度梯度，防止在热影响区产生淬硬组织；一般调伸长度取值：HRB300级钢筋为$1.0d\sim1.5d$（d为钢筋直径）；当焊接HRB400、HRB500筋时，调伸长度宜在40～60mm内选用。

(2) 烧化留量与闪光速度。烧化留量的选择，应根据焊接工艺方法确定。当连续闪光焊接时，闪光过程应较长，烧化留量应等于两根钢筋在断料时切断机刀口严重压伤部分（包括端面的不平整度），再加8～10mm。当预热闪光焊时，烧化留量不应小于10mm。当闪光-预热闪光焊时，应区分一次烧化留量和二次烧化留量。一次烧化留量不应小于10mm，二次烧化留量不应小于6mm。闪光速度由慢到快，开始时近于零，而后约1mm/s，终止时达1.5～2mm/s。

(3) 预热留量与预热频率。需要预热时，宜采用电阻预热法。预热留量取值：预热留量应为 1～2mm，预热次数应为 1～4 次；每次预热时间应为 1.5～2s，间歇时间应为 3～4s。

(4) 顶锻留量、顶锻速度与顶锻压力。顶锻留量应为 3～7mm，并应随钢筋直径的增大和钢筋牌号的提高而增加。其中，有电顶锻留量约占 1/3，无电顶锻留量约占 2/3，焊接时必须控制得当。焊接 HRB500 钢筋时，顶锻留量宜稍微为增大，以确保焊接质量。

顶锻速度应越快越好，特别是顶锻开始的 0.1s 应将钢筋压缩 2～3mm，使焊口迅速闭合不致氧化；而后，断电并以 6mm/s 的速度继续顶锻至结束。

顶锻压力应足以将全部的熔化金属从接头内挤出，而且还要使邻近接头处（约 10mm）的金属产生适当的塑性变形。

(5) 变压器级次。变压器级次用以调节焊接电流大小。要根据钢筋牌号、直径、焊机容量以及不同的工艺方法，选择合适变压器级数。若变压器级数太低，次级电压也低，焊接电流小，就会使闪光困难。加热不足，更不能利用闪光保护焊口免受氧化；相反，如果变压器级数太高、闪光过强，也会使大量热量被金属微粒带走，钢筋端部温度升不上去。

钢筋级别高或直径大，其级次要高。焊接时，如火花过大并有强烈声响，应降低变压器级次。当电压降低 5% 左右时，应提高变压器级次 1 级。

(6) HRBF400 钢筋、HRBF500 钢筋、RRB400W 钢筋和 HRB600 钢筋闪光对焊。与热轧钢筋比较，应减小调伸长度，提高焊接变压器级数，缩短加热时间，快速顶锻，形成快热快冷条件，使热影响区长度控制在钢筋直径的 60% 范围之内。

(7) HRB500 钢筋、HRBF500 钢筋和 HRB600 钢筋焊接。应采用预热闪光焊或闪光-预热闪光焊工艺。当接头拉伸试验结果，发生脆性断裂或弯曲试验不能达到规定要求时，尚应在熔机上进行焊后热处理。焊后热处理工艺应符合下列要求：

1) 待接头冷却至常温，将电极钳口调至最大间距，重新夹紧；

2) 应采用最低的变压器级数，进行脉冲式通电加热；每次脉冲循环，应包括通电时间和间歇时间，并宜为 3s；

3) 焊后热处理温度应在 750～850℃，随后在环境温度下自然冷却。

(8) 当直接承受起重机荷载的钢筋混凝土起重机梁、屋面梁及屋架下弦的纵向受力钢筋采用闪光对焊接头时，应去掉接头的毛刺及卷边；同一连接区段内纵向受拉钢筋焊接接头面积百分率不应大于 25%，焊接接头连接区段的长度应取 $45d$，d 为纵向受力钢筋的较大直径。

(9) 在闪光对焊生产中，当出现异常现象及焊接缺陷时，应查找原因，采取措施及时消除。

2. 箍筋闪光对焊

(1) 箍筋闪光对焊的焊点位置宜设在箍筋受力较小一边的中部。不等边的多边形柱箍筋对焊点位置宜设在两个边上的中部。箍筋下料长度应预留焊接总留量 Δ，其中包括烧化留量 A、预热留量 B 和顶端留量 C。当采用切断机下料时，增加压痕长度，采用闪光-预热闪光焊工艺时，焊接总留量 Δ 随之增大，约为 $1.0d$（d 为箍筋直径）。计算箍筋长度经试焊后核对，箍筋外皮尺寸应符合设计图纸的规定。

矩形箍筋下料长度可按式（17-27）计算：

$$L_g = 2(a_g + b_g) + \Delta \tag{17-27}$$

式中　L_g——箍筋下料长度（mm）；
　　　a_g——箍筋内净长度（mm）；
　　　b_g——箍筋内净宽度（mm）；
　　　Δ——焊接总留量（mm）。

（2）钢筋切断和弯曲应符合下列规定：钢筋切断宜采用钢筋专用切割机下料；当用钢筋切断机时，刀口间隙不得大于 0.3mm；切断后的钢筋端面应与轴线垂直，无压弯、无斜口；钢筋按设计图纸规定尺寸弯曲成型，制成待焊箍筋，应使两个对焊头完全对准，具有一定的弹性压力。

（3）待焊箍筋为半成品，应进行加工质量的检查，属中间质量检查。按每一工作班、同一牌号钢筋、同一加工设备完成的待焊箍筋作为一个检验批，每批随机 5% 的接头进行外光质量检查，每个检验批中应随机切取 3 个对焊接头做拉伸试验。

（4）箍筋闪光对焊宜使用 100kV·A 的箍筋专用对焊机，焊接变压器级数应适当提高，二次电流稍大；两钢筋顶锻闭合后，应延续数秒再松开夹具。

17.6.2.4　对焊接头质量检验

1. 纵向受力钢筋闪光焊

（1）在同一台班内，由同一焊工完成的 300 个同牌号、同直径钢筋焊接接头应作为一批。当同一台班内焊接的接头数量较少，可在一周之内累计计算；累计仍不足 300 个接头时，应按一批计算。

（2）力学性能检验时，应从每批接头中随机切取 6 个接头，其中 3 个做拉伸试验，3 个做弯曲试验；异径接头可只做拉伸试验。

（3）闪光对焊接头外观检查。对焊接头表面应呈圆滑、带毛刺状，不得有肉眼可见裂纹；与电极接触处的钢筋表面不得有明显烧伤；接头处的弯折角不得大于 2°；接头处的轴线偏移不得大于钢筋直径的 0.1 倍，且不得大于 1mm。

2. 箍筋闪光对焊

（1）在同一台班内，由同一焊工完成的 600 个同牌号、同直径箍筋闪光对焊接头作为一个检验批；如超出 600 个接头，其超出部分可以与下一台班完成接头累计计算。当同一台班内焊接的接头数量较少，可在一周之内累计计算；累计仍不足 300 个接头时，应按一批计算。每个检验批随机抽取 5% 个箍筋闪光对焊接头作外观检查；随机切取 3 个对焊接头做拉伸试验。

（2）箍筋闪光对焊接头外观质量检查。检查项目包括：①对焊接头表面应呈圆滑、带毛刺状，不得有肉眼可见裂纹；②轴线偏移不得大于钢筋直径的 1/10，且不得大于 1mm；③对焊接头所在直线边的顺直度检测结果凹凸不得大于 5mm；④对焊箍筋外皮尺寸应符合设计图纸规定，允许偏差在 ±5mm；⑤与电极接触处的钢筋表面不得有明显烧伤。

17.6.2.5　对焊缺陷及消除措施

在闪光对焊生产中，当出现异常现象或焊接缺陷时，应查找原因，采取措施及时消除。常见的闪光对焊异常现象和焊接缺陷的消除措施见表 17-60。

闪光对焊异常现象和焊接缺陷的消除措施　　　　　表 17-60

序号	异常现象和焊接缺陷	消除措施
1	烧化过分激烈并产生强烈的爆炸声	1. 降低变压器级数 2. 减慢烧化速度
2	闪光不稳定	1. 消除电极底部和表面的氧化物 2. 提高变压器级数 3. 加快烧化速度
3	接头中有氧化膜、未焊透和夹渣	1. 增加预热程度 2. 加快临近顶锻时的烧化速度 3. 确保带电顶锻过程 4. 增大顶锻压力 5. 加快顶锻速度
4	接头中有缩孔	1. 降低变压器级数 2. 避免烧化过程过分激烈 3. 适当增大顶锻留量及顶锻压力
5	焊缝金属过烧	1. 减小预热程度 2. 加快烧化速度，缩短焊接时间 3. 避免过多带电顶锻
6	接头区域裂纹	1. 检验钢筋的碳、硫、磷含量，若不符合规定时应更换钢筋 2. 采取低频预热方法，增加预热程度
7	钢筋表面微熔及烧伤	1. 消除钢筋被夹紧部位的铁锈和油污 2. 消除电极内表面的氧化物 3. 改进电极槽口形状，增大接触面积 4. 夹紧钢筋
8	接头弯折或轴线偏移	1. 正确调整电极位置 2. 修整电极切口或更换易变形的电极 3. 切除或矫直钢筋的接头

17.6.3 钢筋电阻点焊

17.6.3.1 点焊设备

点焊机有手提式点焊机、单点点焊机（图 17-65、图 17-66）、多头点焊机和悬挂式点焊机。

图 17-65 电焊机

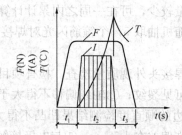

图 17-66 电焊过程示意图

F—压力；I—电流；T—温度；t—时间；t_1—预压时间；
t_2—通电时间；t_3—锻压时间

17.6.3.2 点焊工艺

钢筋焊接骨架和钢筋焊接网可由 HPB300、HRB400、HRBF400、HRB500、

HRB600、CRB550钢筋制成。当两根钢筋直径不同时，焊接骨架较小钢筋直径小于或等于10mm时，大、小钢筋直径之比不宜大于3；当较小钢筋直径为12～16mm时，大、小钢筋直径之比，不宜大于2。焊接网较小钢筋直径不得小于较大钢筋直径的60%。

电阻点爆的工艺过程中，应包括预压、通电和锻压三个阶段。

17.6.3.3 点焊参数

钢筋点焊参数主要有：通电时间、电流强度、电极压力、焊点压入深度。电阻点焊应根据钢筋牌号、直径及焊机性能等具体情况，选择合适的变压器级数。焊接通电时间和电极压力。当采用DN3-75型点焊机焊接HPB300钢筋时，焊接通电时间应符合表17-61的规定；电极压力应符合表17-62的规定。

焊接通电时间（s） 表17-61

变压器级数	较小钢筋直径（mm）						
	4	5	6	8	10	12	14
1	0.10	0.12	—	—	—	—	—
2	0.08	0.07	—	—	—	—	—
3	—	—	0.22	0.70	1.50	—	—
4	—	—	0.20	0.60	1.25	2.50	4.00
5	—	—	—	0.50	1.00	2.00	3.50
6	—	—	—	0.40	0.75	1.50	3.00
7	—	—	—	—	—	1.20	2.50

注：点焊HRB400、HRBF400、HRB500、HRB600或CRB550钢筋时，焊接通电时间可延长20%～25%。

电极压力（N） 表17-62

较小钢筋直径（mm）	HPB300	HRB400、HRB500、HRB600、CRB500
4	980～1470	1470～1960
5	1470～1960	1960～2450
6	1960～2450	2450～2940
8	2450～2940	2940～3430
10	2940～3920	3430～3920
12	3430～4410	4410～4900
14	3920～4900	4900～5800

钢筋多头点焊机宜用于同规格焊接网的成批生产。当点焊生产时，除符合上述规定外，尚应准确调整好各个电极之间的距离、电极压力，并应经常检查各个焊点的焊接电流和焊接通电时间。焊点的压入深度应为较小钢筋直径的18%～25%。

17.6.3.4 钢筋焊接网质量检验

（1）凡钢筋牌号、直径及尺寸相同的焊接骨架和焊接网应视为同一类型制品，且每300件作为一批，一周内不足300件的也应按一批计算，每周至少检查一次。

（2）外观质量检查时，每批抽查5%，且不得少于5件。

(3) 力学性能检验的试件，应从每批成品中切取；切取过试件的制品，应补焊同牌号、同直径的钢筋，其每边的搭接长度不应小于2个空格的长度；当焊接骨架所切取试样的尺寸小于规定的试样尺寸，或受力钢筋直径大于8mm时，可在生产过程中制作模拟焊接试验网片，从中切取试样。

(4) 由几种直径钢筋组合的焊接骨架或焊接网，应对每种组合的焊点作力学性能检验。

(5) 热轧钢筋的焊点应作剪切试验，试件应为3件；对冷轧带肋钢筋还应沿钢筋焊接网两个方向各截取一个试样进行拉伸试验。

(6) 焊接骨架外形尺寸检查和外观质量检查结果，应符合下列要求：每件制品的焊点脱落、漏焊数量不得超过焊点总数的4%，且相邻两焊点不得有漏焊及脱落；焊接骨架的允许偏差见表17-63。

焊接骨架的允许偏差　　　　　　　　　　　　　　　　　表 17-63

项目		允许偏差（mm）
焊接骨架	长度	±10
	宽度	±5
	高度	±5
受力主筋	骨架箍筋间距	±10
	间距	±15
	排距	±5

(7) 钢筋焊接网间距的允许偏差取±10mm和规定间距的±5%的较大值。网片长度和宽度的允许偏差取±25mm和规定长度的±0.5%的较大值。网片两对角线之差不得大于10mm；网格数量应符合设计规定。

焊接网交叉点开焊数量不应超过整个网片交叉点总数的1%，并且任一根横筋上开焊点数不得超过该支钢筋上交叉点总数的1/2；焊接网最外边钢筋上的交叉点不得开焊；钢筋焊接网表面不应有影响使用的缺陷；当性能符合要求时，允许钢筋表面存在浮锈和因矫直造成的钢筋表面轻微损伤。

17.6.3.5　点焊缺陷及消除措施

点焊制品焊接缺陷及消除措施见表17-64。

点焊制品焊接缺陷及消除措施　　　　　　　　　　　　　表 17-64

缺陷	产生原因	消除措施
焊点过烧	1. 变压器数过高 2. 通电时间太长 3. 上下电极不对中心 4. 继电器接触失灵	1. 降低变压器级数 2. 缩短通电时间 3. 切断电源，校正电极 4. 清理触点，调节间隙
焊点脱落	1. 电流过小 2. 压力不够 3. 压入深度不足 4. 通电时间太短	1. 提高变压器级数 2. 加大弹簧压力或调大气压 3. 调整二电极间距离符合压入深度要求 4. 延长通电时间
钢筋表面烧伤	1. 钢筋和电极接触表面太脏 2. 焊接时没有预压过程或预压过小 3. 电流过大 4. 电极变形	1. 清刷电极与钢筋表面的铁锈和油污 2. 保证预压过程和适当的预压力 3. 降低变压器级数 4. 修理或更换电源

17.6.4 钢筋电弧焊

17.6.4.1 电弧焊设备和焊条

钢筋电弧焊包括焊条电弧焊和 CO_2 气体保护电极焊两种工艺方法。

CO_2 气体保护电弧焊设备由焊接电源、送丝系统、焊枪、供气系统和控制电路 5 部分组成。

钢筋 CO_2 气体保护电弧焊时，主要的焊接工艺参数有焊接电流、极性、电弧电压（弧长）、焊接速度、焊丝伸出长度（干伸长）、焊枪角度、焊接位置、焊丝尺寸。施焊时应根据焊机性能、焊接接头形状、焊接位置，选用正确焊接工艺参数。

电弧焊设备主要有弧焊机、焊接电缆、电焊钳等。弧焊机可分为交流弧焊机（图 17-67）和直流弧焊机两类。交流弧焊机（焊接变压器）常用的型号有 BX_3-120-1、BX_3-300-2、BX_3-500-2 和 BX_2-1000 等；直流弧焊机常用的型号有 AX_1-165、AX_4-300-1、AX-320、AX_5-500、AX_3-500 等。

图 17-67 交流弧焊机

焊条性能应符合现行国家标准《非合金钢及细晶粒钢焊条》GB/T 5117 或《热强钢焊条》GB/T 5118 的规定，其型号应根据设计确定；采用的焊丝应符合现行国家标准《熔化极气体保护电弧焊用非合金钢及细晶粒钢实心焊丝》GB/T 8110 的规定。若设计无规定时，焊条和焊丝可按表 17-65 选用。

钢筋电弧焊使用的焊条牌号　　　　　表 17-65

钢筋牌号	搭接焊、帮条焊	坡口焊、熔槽帮条焊、预埋件穿孔塞焊	窄间隙焊	钢筋与钢板搭接焊、预埋件 T 形角焊
HPB300	E4303、ER50-X	E4303、ER50-X	E4316、E4315、ER50-X	E4303、ER50-X
HRB400、HRBF400	E5003、E5516、E5515、ER50-X	E5003、E5516、E5515、ER55-X	E5516、E5515、ER55-X	E5003、E5516、E5515、ER50-X
HRB500、HRBF500	E5503、E6003、E6016、E6015、ER55-X	E6003、E6016、E6015	E6016、E6015	E5503、E6003、E6016、E6015、ER55-X
HRB600	E5503、E6003、E6016、E6015、ER55-X	E6003、E6016、E6015	E6016、E6015	E5503、E6003、E6016、E6015、ER55-X
KL400	E5003、E5516、E5515、ER50-X	E5003、E5516、E5515、ER55-X	E5516、E5515、ER55-X	E5003、E5516、E5515、ER55-X

钢筋电弧焊应包括帮条焊、搭接焊、坡口焊、窄间隙焊和熔槽帮条焊 5 种接头形式。焊接时，应符合下列要求：

（1）应根据钢筋牌号、直径、接头形式和焊接位置，选择焊接材料、确定焊接工艺和焊接参数；

(2) 焊接时，引弧应在垫板、帮条或形成焊缝的部位进行，不得烧伤主筋；

(3) 焊接地线与钢筋应接触良好；

(4) 焊接过程中应及时清渣，焊缝表面应光滑，焊缝余高应平缓过渡，弧坑应填满。

17.6.4.2 帮条焊和搭接焊

帮条焊和搭接焊均分单面焊和双面焊。

帮条焊时，宜采用双面焊（图17-68a）；当不能进行双面焊时，方可采用单面焊（图17-68b）。帮条长度应符合表17-66的规定。当帮条牌号与主筋相同时，帮条直径可与主筋相同或小一个规格；当帮条直径与主筋相同时，帮条牌号可与主筋相同或低一个牌号等级。

搭接焊时，宜采用双面焊（图17-69a）。当不能进行双面焊时，方可采用单面焊（图17-69b）。帮条焊接头或搭接焊接头的焊缝有效厚度 s 不应小于主筋直径的30%；焊缝宽度 b 不应小于主筋直径的80%（图17-70）。

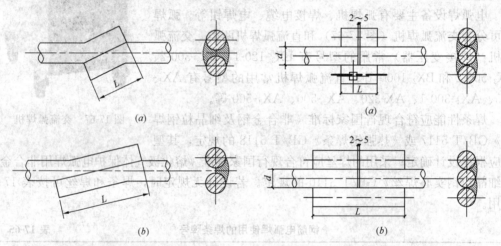

图17-68 钢筋帮条焊接头
(a) 双面焊；(b) 单面焊
L—帮条长度

图17-69 钢筋搭接焊接头
(a) 双面焊；(b) 单面焊
d—钢筋直径；L—搭接长度

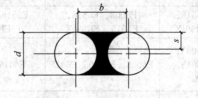

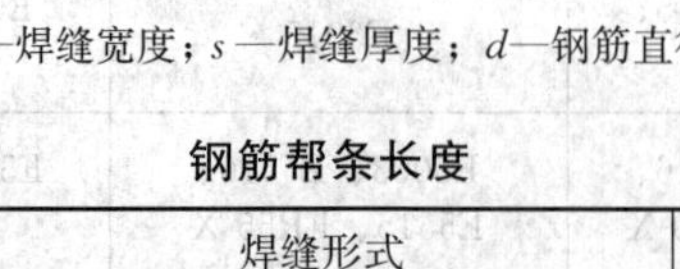

图17-70 焊缝尺寸示意图
b—焊缝宽度；s—焊缝厚度；d—钢筋直径

钢筋帮条长度 表17-66

钢筋牌号	焊缝形式	帮条长度 L
HPB300	单面焊	≥8d
	双面焊	≥4d
HPB400、HPBF400 HRB500、HRBF500 HRB600、RRB400W	单面焊	≥10d
	双面焊	≥5d

注：d 为主筋直径（mm）。

帮条焊或搭接焊时，钢筋的装配和焊接应符合下列要求：

（1）帮条焊时，两主筋端面的间隙应为 2～5mm；

（2）搭接焊时，焊接端钢筋宜预弯，并应使两钢筋的轴线在同一直线上；

（3）帮条焊时，帮条与主筋之间应用四点定位焊固定；搭接焊时，应用两点固定；定位焊缝与帮条端部或搭接端部的距离宜大于或等于 20mm；

（4）焊接时，应在帮条焊或搭接焊形成焊缝中引弧；在端头收弧前应填满弧坑，并应使主焊缝与定位焊缝的始端和终端熔合。

17.6.4.3 预埋件电弧焊和钢筋与钢板搭接焊

预埋件钢筋电弧焊 T 形接头可分为角焊和穿孔塞焊两种（图 17-71）。装配和焊接时，当采用 HPB300 钢筋时，角焊缝焊脚尺寸（K）不得小于钢筋直径的 50%；采用其他牌号钢筋时，焊脚尺寸（K）不得小于钢筋直径的 60%；施焊中，不得使钢筋咬边和烧伤。

钢筋与钢板搭接焊时，焊接接头（图 17-72）应符合下列要求：

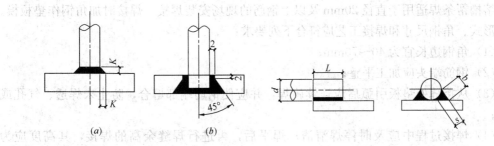

图 17-71 预埋件钢筋电弧焊 T 形接头
(a) 角焊；(b) 穿孔塞焊
K—焊脚

图 17-72 钢筋与钢板搭接焊接头
d—钢筋直径；L—搭接长度；
b—焊缝宽度；s—焊缝厚度

HPB300 钢筋的搭接长度（L）不得小于 4 倍钢筋直径，HRB400 钢筋搭接长度（L）不得小于 5 倍钢筋直径；

焊缝宽度不得小于钢筋直径的 60%，焊缝厚度不得小于钢筋直径的 35%。

17.6.4.4 坡口焊

坡口焊是将两根钢筋的连接处切割成一定角度的坡口，辅助以钢垫板进行焊接连接的一种工艺。坡口焊的准备工作要求：

（1）坡口面应平顺，切口边缘不得有裂纹、钝边和缺棱；

（2）坡口角度可按图 17-73 中的数据选用；

（3）钢垫板厚度宜为 4～6mm，长度宜为 40～60mm；平焊时，垫板宽度应为钢筋直径加 10mm；立焊时，垫板宽度宜等于钢筋直径；

（4）焊缝的宽度应大于 V 形坡口的边缘 2～3mm，焊缝余高应为 2～4mm，并平缓过渡至钢筋表面，如图 17-74 所示；

（5）钢筋与钢垫板之间，应加焊二、三层侧面焊缝；

（6）当发现接头中有弧坑、气孔及咬边等缺陷时，应立即补焊。

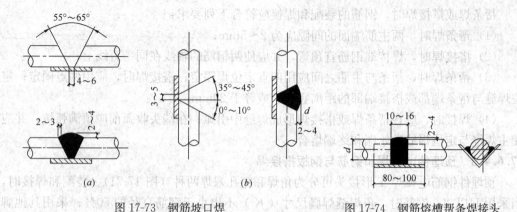

图 17-73 钢筋坡口焊
(a) 平焊；(b) 立焊

图 17-74 钢筋熔槽帮条焊接头

17.6.4.5 熔槽帮条焊

熔槽帮条焊是在焊接的两钢筋端部形成焊接熔槽，融化金属焊接钢筋的一种方法。

熔槽帮条焊适用于直径 20mm 及以上钢筋的现场安装焊接。焊接时加角钢作垫板模。接头形式、角钢尺寸和焊接工艺应符合下列要求：

（1）角钢边长宜为 40～70mm；

（2）钢筋端头应加工平整；

（3）从接缝处垫板引弧后应连续施焊，并应使钢筋端部熔合，防止未焊透、气孔或夹渣；

（4）焊接过程中应及时停焊清渣；焊平后，再进行焊缝余高的焊接，其高度应为 2～4mm；

（5）钢筋与角钢垫板之间，应加焊侧面焊缝 1～3 层，焊缝应饱满，表面应平整。

17.6.4.6 窄间隙焊

窄间隙焊适用于直径 16mm 及以上钢筋的现场水平连接。焊接时，钢筋端部应置于铜模中，并应留出一定间隙，连续焊接，熔化钢筋端面，使熔敷金属填充间隙并形成接头（图 17-75）；其焊接工艺应符合下列要求：

图 17-75 钢筋窄间隙焊接头

（1）钢筋端面应平整；

（2）宜选用低氢型碱性焊条；

（3）端面间隙和焊接参数可按表 17-67 选用；

窄间隙焊端间隙和焊接参数 表 17-67

钢筋直径（mm）	端面间隙（mm）	焊条直径（mm）	焊接电流（A）
16	9～11	3.2	100～110
18	9～11	3.2	100～110
20	10～12	3.2	100～110
22	10～12	3.2	100～110
25	12～14	4.0	150～160
28	12～14	4.0	150～160
32	12～14	4.0	150～160
36	13～15	5.0	220～230
40	13～15	5.0	220～230

(4) 从焊缝根部引弧后应连续进行焊接，左右来回运弧，在钢筋端面处电弧应少许停留并使其熔合，见图 17-76（a）；

(5) 当焊至端面间隙的 4/5 高度后，焊缝逐渐扩宽；当熔池过大时，应改连续焊为断续焊，以免过热，见图 17-76（b）；

(6) 焊缝余高应为 2~4mm，且应平缓过渡至钢筋表面，见图 17-76（c）。

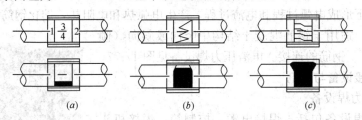

图 17-76 窄间隙焊工艺
（a）焊接初期；（b）焊接中期；（c）焊接末期

17.6.4.7 电弧焊接头质量检验

(1) 在现浇混凝土结构中，应以 300 个同牌号钢筋、同形式接头作为一批；在房屋结构中，应在不超过两个楼层中 300 个同牌号钢筋、同形式接头作为一批；每批随机切取 3 个接头，做拉伸试验；在装配式结构中，可按生产条件制作模拟试件，每批 3 个，做拉伸试验；钢筋与钢板电弧搭接焊接头，可只进行外观检查。

(2) 电弧焊接头外观检查结果，应符合下列要求：

焊缝表面应平整，不得有凹陷或焊瘤；焊接接头区域不得有肉眼可见的裂纹；咬边深度、气孔、夹渣等缺陷允许值及接头尺寸的允许偏差，应符合表 17-68 的规定；坡口焊、熔槽帮条焊和窄间隙焊接头的焊缝余高为 2~4mm。

钢筋电弧焊接头尺寸偏差及缺陷允许值　　　　　　　表 17-68

名称		单位	接头形式		
			帮条焊	搭接焊 钢筋与钢板搭接焊	坡口焊 窄间隙焊 熔槽帮条焊
棒体沿接头中心线的纵向偏移		mm	0.3d	—	—
接头处弯折角		°	2	2	2
接头处钢筋轴线的位移		mm	0.1d	0.1d	0.1d
焊缝宽度		mm	+0.1d	+0.1d	—
焊缝长度		mm	−0.3d	−0.3d	—
横向咬边深度		mm	0.5	0.5	−0.5
在长 2d 焊缝表面上气孔及夹渣	数量	个	2	2	—
	面积	mm²	6	6	—
在全部焊缝表面上气孔及夹渣	数量	个	—	—	2
	面积	mm²	—	—	6

注：d 为钢筋直径（mm）。

(3) 当模拟试件试验结果不符合要求时，应进行复验。复验应从现场焊接接头中切取，其数量和要求与初始试验时相同。

17.6.5 钢筋电渣压力焊

钢筋电渣压力焊是将两钢筋安放成竖向对接形式，利用焊接电流通过两钢筋端面间隙，在焊剂层下形成电弧过程和电渣过程，产生电弧热和电阻热，熔化钢筋，加压完成的一种压焊方法。适用于钢筋混凝土结构中竖向或斜向（倾斜度不大于10°）钢筋的连接。电渣压力焊设备见图17-77。

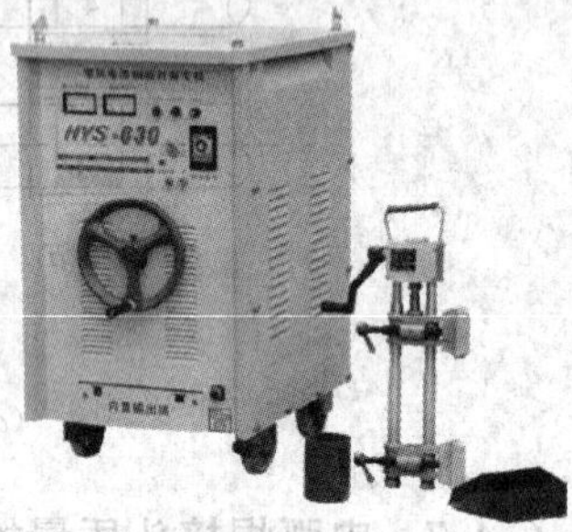

17.6.5.1 焊接设备与焊剂

1. 电渣压力焊设备

电渣压力焊设备包括：焊接电源、控制箱、焊接机头（夹具）、焊剂盒等。

（1）焊接电源

竖向电渣压力焊的电源，可采用一般的BK3-500型或BX2-1000型交流弧焊机，也可采用专用电源JSD-600型、JSD-1000型（性能见表17-69）。一台焊接电源可供数个焊接机头交替使用。电渣压力焊焊机容量应根据所焊钢筋直径选定。

图17-77 电渣压力焊设备

竖向电渣压力焊电源性能　　　　表17-69

项目	单位	JSD-600	JSD-1000
电源电压	V	380	380
相数	相	1	1
输入容量	kV·A	45	76
空载电压	V	80	78
负载持续率	%	60/35	60/35
初级电流	A	116	196
次级电流	A	600/750	1000/1200
次级电压	V	22~45	22~45
焊接钢筋直径	mm	14~32	22~40

（2）焊接机头

焊接机头有杠杆单柱式、丝杆传动双柱式等。LDZ型为杠杆单柱式焊接机头，由单导柱、夹具、手柄、监控仪表、操作把等组成，下夹具固定在钢筋上，上夹具利用手动杠杆可沿单柱上、下滑动，以控制上钢筋的运动和位置；MH型机头为丝杆传动双柱式，由伞形齿轮箱、手柄、升降丝杆、夹具、夹紧装置、双导柱等组成、上夹具在双导柱上滑动，利用丝杆螺母的自锁特性使上钢筋容易定位，夹具定位精度高，卡住钢筋后无须调整对中度，宜优先选用。

（3）焊剂盒

焊剂盒呈圆形，由两个半圆形薄钢板组成，内径为80~100mm，与所焊钢筋的直径相适应。

2. 电渣压力焊焊剂

HJ431 焊剂为一种高锰高硅低氟焊剂,是一种最常用熔炼型焊剂;此外,HJ330 焊剂是一种中锰高硅低氟焊剂,应用亦较多,这两种焊剂的化学成分见表 17-70。

HJ330 和 HJ431 焊剂化学成分(%) 表 17-70

焊剂牌号	SiO_2	CaF_2	CaO	MgO	Al_2O_3
HJ330	44~48	3~6	≤3	16~20	≤4
HJ431	40~44	3~6.5	≤5.5	5~7.5	≤4

焊剂牌号	MnO	FeO	K_2O+NaO	S	P
HJ330	22~26	≤1.5	—	≤0.08	≤0.08
HJ431	34~38	≤1.8	—	≤0.08	≤0.08

17.6.5.2 焊接工艺与参数

1. 焊机容量选择

电渣压力焊可采用交流或直流焊接电源,焊机容量应根据所焊钢筋直径选定。钢筋电渣压力焊宜采用次级空载电压较高(TSV 以上)的交流或直流焊接电源。一般来说,32mm 直径及以下的钢筋焊接时,可采用容量为 600A 的焊接电源;32mm 直径及以上的钢筋焊接时,应采用容量为 1000A 的焊接电源。

2. 确定焊接参数

钢筋焊接前,应根据钢筋牌号、直径、接头形式和焊接位置,采用 HJ431 焊剂时,选择适宜焊接电流、电压和通电时间,见表 17-71 的规定。不同直径钢筋焊接时,应按较小直径钢筋选择参数,焊接电时间可延长。

电渣压力焊焊接参数 表 17-71

钢筋直径(mm)	焊接电流(A)	焊接电压(V)		焊接通电时间(s)	
		电弧过程 $u_{2.1}$	电流过程 $u_{2.2}$	电弧过程 t_1	电渣过程 t_2
12	280~320			12	2
14	300~350			13	4
16	300~350			15	5
18	300~350			16	6
20	350~400	35~45	18~22	18	7
22	350~400			20	8
25	350~400			22	9
28	400~450			25	10
32	450~500			30	11

注:直径 12mm 钢筋电渣压力焊时,应采用小型焊接夹具,上下两钢筋对正,不偏歪,多做焊接工艺试验,确保焊接质量。

3. 焊前准备

钢筋焊接施工前,应清除钢筋或钢板焊接部位和与电极接触的钢筋表面上的锈斑、油污、杂物等;钢筋端部有弯折、扭曲时,应予以矫直或切除;

焊接夹具应有足够的刚度,在最大允许荷载下应移动灵活,操作方便。钢筋夹具的上下钳口应夹紧于上、下钢筋上;钢筋一经夹紧,不得晃动,并且两钢筋应同心;焊剂筒的直径与所焊钢筋直径相适应,以防在焊接过程中烧坏。电压表、时间显示器应配备齐全,以便操作者准确掌握各项焊接参数;检查电源电压,当电源电压降大于5%,则不宜进行焊接。异直径的钢筋电渣压力焊,钢筋的直径差不得大于7mm。

4. 施焊

电渣压力焊过程分为引弧过程、电弧过程、电渣过程和顶压过程四个阶段,见图17-78。

(1) 引弧过程:引弧宜采用直接引弧法或铁丝圈(焊条芯)间接引弧法。

(2) 电弧过程:引燃电弧后,靠电弧的高温作用,将钢筋端头的凸出部分不断烧化,同时将接头周围的焊剂充分熔化,形成渣池。

(3) 电渣过程:渣池形成一定的深度后,将上钢筋缓缓插入渣池中,此时电弧熄灭,进入电渣过程。由于电流直接通过渣池,产生大量的电阻热,使渣池温度升到接近2000℃,将钢筋端头迅速而均匀地熔化。

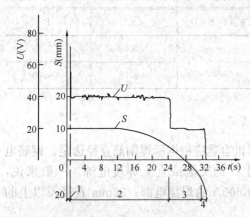

图 17-78 ϕ28m 钢筋电渣压力焊工艺过程图示
U—焊接电压;S—上钢筋位移;t—焊接时间
1—引弧过程;2—电弧过程;
3—电渣过程;4—顶压过程

(4) 顶压过程:当钢筋端头达到全截面熔化时,加快上钢筋下送速度,使上钢筋端面插入液态渣池约2mm,转变为电渣过程;最后,在断电的同时,迅速下压上钢筋,挤出熔化金属和熔渣。

5. 完工

接头焊毕,应停歇20~30s后,方可回收焊剂和卸下夹具,并敲去渣壳。四周焊包凸出钢筋表面的高度,当钢筋直径为25mm及以下时,不得小于4mm;当钢直径为28mm及以上时,不得小于6mm。

17.6.5.3 电渣压力焊、接头质量检验

(1) 在现浇钢筋混凝土结构中,以300个同牌号钢筋接头作为一批;在房屋结构中,应在不超过两个楼层中300个同牌号钢筋接头作为一批;当不足300个接头时,仍应作为一批。每批随机切取3个接头做拉伸试验。

(2) 电渣压力焊接头外观检查要求是四周焊包凸出钢筋表面的高度符合要求;钢筋与电极接触处,应无烧伤缺陷;接头处的弯折角不得大于2°;接头处的轴线偏移不得大于1mm。

17.6.5.4 焊接缺陷及消除措施

在电渣压力焊焊接生产中焊工应进行自检,当发现偏心、弯折、烧伤等焊接缺陷时应查找原因和采取措施,及时消除。常见电渣压力焊焊接缺陷及消除措施见表17-72。

电渣压力焊焊接缺陷及消除措施　　　　　表 17-72

序号	焊接缺陷	措施
1	轴线偏移	矫直钢筋端部
		正确安装夹具和钢筋
		避免过大的顶压力
		及时修理或更换夹具
2	弯折	矫直钢筋端部
		注意安装和扶持上钢筋
		避免焊后过快卸夹具
		修改或更换夹具
3	咬边	减小焊接电流
		缩短焊接时间
		注意上钳口的起点和终点，确保上钢筋顶压到位
4	未焊合	增大焊接电流
		避免焊接时间过短
		检修夹具，确保上钢筋下送自如
5	焊包不均	钢筋端部应平整
		填装焊剂尽量均匀
		延长电渣过程时间，适当增加熔化量
6	烧伤	钢筋导电部位除净铁锈
		尽量加紧钢筋
7	焊包下淌	彻底封堵焊剂筒的漏孔
		避免焊后过快回收焊剂

17.6.6 钢筋气压焊

气压焊按加热温度和工艺方法的不同，可分为固态气压焊和熔态气压焊两种。可根据设备等情况选择采用。

17.6.6.1 焊接设备

钢筋气压焊的焊接设备主要包括供气装置、多嘴环管加热器、加压器、焊接夹具等，如图 17-79 所示。供气装置包括氧气瓶、溶解乙炔气瓶（或乙炔发生器）、干式回火防止器、减压及胶管等。多环管加热器是由氧-乙炔混合室与加热目组成的加热器具。加压器是由油泵、油压表、油管、顶压油缸组成的压力源装置。

17.6.6.2 焊接工艺

1. 焊前准备

施焊前，钢筋断面应切平、打磨，并宜与钢筋轴线相垂直（为避免出现端面不平现象，导致压接困难，钢筋尽量不使用切断机切断，而应使用砂轮锯切断）；切断面还要用磨光机打磨见新，露出金属光泽；将钢筋端部约 100mm 范围内的铁锈、黏附物及油污消除干净；钢筋端部若有弯折或扭曲，应矫正或切除。

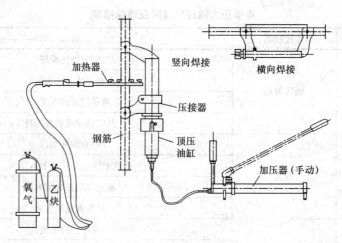

图 17-79　气压焊工艺

考虑到钢筋接头的压缩量，下料长度要按图纸尺寸多出钢筋直径的 0.6～1 倍。

根据竖向钢筋（气压焊多数用于垂直位置焊接）接长的高度搭设必要的操作架子，确保工人扶直钢筋时操作方便，并防止钢筋在夹紧后晃动。

2. 安装钢筋

安装焊接夹具和钢筋时，应将两根钢筋分别夹紧，并使它们的轴线处于同一直线上，加压顶紧，两根钢筋局部缝隙不得大于 3mm。

3. 焊接工艺过程

(1) 采用固态气压焊时，其焊接工艺应符合下列要求：

焊前钢筋端面应切平、打磨，使其出金属光泽，钢筋安装夹牢。预压顶紧后，两钢端面局部间隙不得大于 3mm；气压焊加热开始至钢筋端面密合前，应采用碳化焰集中加热；钢筋端面密合后可采用中性焰宽幅加热；钢筋端面加热至 1150～1250℃；钢筋镦粗区表面的加热温度应稍高于该温度，并随钢筋直径增大而适当提高；气压焊顶压时，对钢筋施加的顶压力应为 30～40MPa。常用三次加压法工艺过程应包括预压、密合和成型三个阶段；当采用半自动钢筋固态气压焊时，应使用钢筋常温直角切断机断料，两钢筋端面间隙控制在 1～2mm，钢筋端面平滑，可直接焊接。

(2) 采用熔态气压焊时，其焊接工艺应符合下列要求：

安装时，两钢筋端面之间应预留 3～5mm 间隙；当采用氧液化石油气熔态气压焊时，应调整好火焰，适当增大氧气用量；气压焊开始时，应首先使用中性焰加热。待钢筋端头至熔化状态，附着物随熔滴流走；端部呈凸状时，应加压，挤出熔化金属并密合牢固。

4. 成型与卸压

气压焊施焊中，通过最终的加热加压，应使接头的镦粗区形成规定的形状。然后，应停止加热，略为延时，卸除压力，拆下焊接夹具。

5. 灭火中断

加热过程中，当在钢筋端面缝隙完全密合之前发生灭火中断现象时，应将钢筋取下重新打磨、安装；然后，点燃火焰进行焊接。当灭火中断发生在钢筋端面完全密合后，可继续加热加压。

17.6.6.3 气压焊接头质量检验

(1) 在现浇钢筋混凝土结构中,应以 300 个同牌号钢筋接头作为一批;在房屋结构中,应在不超过两个楼层中 300 个同牌号钢筋接头作为一批;当不足 300 个接头时,仍应作为一批。在柱、墙的竖向钢筋连接中,应从每批接头中随机切取 3 个接头做拉伸试验;在梁、板的水平钢筋连接中,应另切取 3 个接头做弯曲试验。在同一批中,异径钢筋气压焊接头可只做拉伸试验。

(2) 气压焊接头外观检查结果,应符合下列要求:

1) 接头处的轴线偏移不得大于钢筋直径的 10%,且不得大于 1mm;当不同直径钢筋焊接时,应按较小钢筋直径计算;当大于上述规定值,但在钢筋直径的 30% 以下时,可加热矫正;当大于 0.3 倍时,应切除重焊;

2) 接头处表面不得有肉眼可见的裂纹,且接头处的弯折角度不得大于 2°;当大于规定值时,应重新加热矫正;

3) 固态气压焊接头镦粗直径不得小于钢筋直径的 1.4 倍,熔态气压焊接头镦粗直径不得小于钢筋直径的 1.2 倍;当小于上述规定值时,应重新加热镦粗;

4) 镦粗长不得小于钢筋直径的 1.0 倍,且凸起部分平缓、圆滑;当小于上述规定值时,应重新加热镦长。

17.6.6.4 焊接缺陷及消除措施

气压焊焊接缺陷及消除措施见表 17-73。

气压焊焊接缺陷及消除措施 表 17-73

焊接缺陷	产生原因	措施
轴线偏移(偏心)	1. 焊接夹具变形,两夹头不同心,或夹具刚度不足 2. 两钢筋安装不正 3. 钢筋结合断面倾斜 4. 钢筋未夹紧进行焊接	1. 检查夹具,及时修理或更换 2. 重新安装夹紧 3. 切平钢筋端面 4. 焊接前夹紧钢筋再焊接
弯折	1. 焊接夹具变形,两夹头不同心 2. 平焊时,钢筋自由端过长 3. 焊接夹具拆卸过早	1. 检查夹具,及时修理或更换 2. 缩短钢筋自由段长度 3. 熄火后 30s 后再拆卸夹具
镦粗直径不够	1. 焊接夹具动夹头有效行程不够 2. 顶压油缸有效行程不够 3. 加热温度不够 4. 压力不够	1. 检查夹会让顶压油缸,及时更换 2. 采用适宜的加热温度及压力
镦粗长度不足	1. 加热幅度不够宽 2. 顶压力过大过急	1. 增大加热幅度 2. 加压时应平稳
钢筋表面严重烧伤	1. 火焰功率过大 2. 加热时间过长 3. 加热器摆动不匀	调整加热火焰,正确掌握方法
未焊合	1. 加热温度不够或热量分布不匀 2. 顶压力过小 3. 结合端面不洁 4. 断面氧化 5. 中途灭火或火焰不当 6. 加热温度不够或热量分布不匀	合理选择焊接参数,正确掌握操作方法

17.6.7 预埋件钢筋埋弧压力焊与钢筋埋弧柱焊

预埋件钢筋埋弧压力焊用于钢筋和钢板T形焊接,是将钢筋与钢板安放成T形接头形式,利用焊接电流通过,在焊剂层下产生电弧,形成熔池,加压完成的一种压焊方法。

预埋件钢筋埋螺柱焊是用电弧螺柱焊焊枪夹持钢筋,使钢筋垂直对准钢板,采用螺柱焊电源设备产生强电流、短时间的焊接电弧。在熔剂层保护下,使钢筋焊接面与钢板产生熔池后,适时将钢筋插入熔池,形成T形接头的焊接方法。

17.6.7.1 焊接设备

预埋件钢筋埋弧压力焊设备主要包括焊接电源、焊接机构和控制系统。焊接前,应根据钢筋直径大小,选用500型或1000型弧焊变压器作为焊接电源;焊接机构应操作方便、灵活;宜装有高频引弧装置;焊接地线宜采取对称接地法(图17-80);操作台面上应装有电压表和电流表;控制系统应灵敏、准确,并应配备时间显示装置或时间继电器,以控制焊接通电时间。

预埋件钢筋埋弧螺柱焊设备应包括:埋弧螺柱焊机、焊枪、焊接电缆、控制电缆和钢筋夹头等。埋弧螺柱焊枪有电磁提升式和电机拖动式两种。生产中,应根据钢筋直径和长度选用焊枪。

17.6.7.2 焊接工艺

(1) 埋弧压力焊工艺过程:钢板放平,并与铜板电极接触紧密;将锚固钢筋夹于夹具内,应夹牢;并应放好挡圈,注满焊剂;接通高频引弧装置和焊接电源后,应立即将钢筋上提,引燃电弧,使电弧稳定燃烧,再渐渐下送(图17-81)。顶压时,用力适度;敲去渣壳,四周焊包凸出钢筋表面的高度。当钢筋直径为18mm及以下时,不得小于3mm;当钢筋直径为20mm及以上时,不得小于4mm。当采用500型焊接变压器时,焊接参数见表17-74,可改善接头成型,使四周焊包更加均匀。

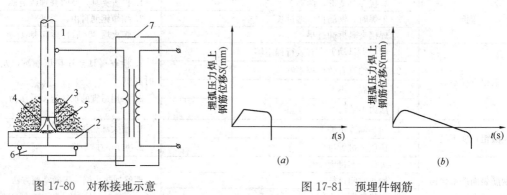

图17-80 对称接地示意
1—钢筋;2—钢板;3—焊剂;4—电弧;
5—熔池;6—铜板电极;7—焊接变压器

图17-81 预埋件钢筋
(a) 小直径钢筋;(b) 大直径钢筋

采用1000型焊接变压器,可用大电流、短时间的强参数焊接法,以提高劳动生产率。

(2) 埋弧螺柱焊机由晶闸管整流器和调节-控制系统组成,有多种型号。在生产中,应根据钢筋直径选用。见表17-75。

埋弧压力焊焊接参数　　　　　　　　　　　　　　　　　表 17-74

钢筋牌号	钢筋直径（mm）	引弧提升高度（mm）	电弧压力（V）	焊接电流（A）	焊接通电时间（s）
HPB300 HRB400 HRBF400	6	2.5	30～35	400～450	2
	8	2.5	30～35	500～600	3
	10	2.5	30～35	500～650	5
	12	3.0	30～35	500～650	8
	14	3.5	30～35	500～650	15
	16	3.5	30～40	500～650	22
	18	3.5	30～40	500～650	30
	20	3.5	30～40	500～650	33
	22	4.0	30～40	500～650	36

焊机选用　　　　　　　　　　　　　　　　　　　　　　表 17-75

序号	钢筋直径（mm）	焊机型号	焊接电流调节范围（A）
1	6～14	RSM-1000	100～1000
2	14～25	RSM-2500	200～2500
3	16～28	RSM-3150	300～3150

预埋件钢筋埋弧螺柱焊工艺应符合下列要求：

将预埋件钢板放平，在钢板的最远处对称点，用两根接地电缆的一端与螺柱焊机电源的正极（+）连接，另一端连接接地钳，与钢板接触紧密、牢固。将钢筋推入焊枪的夹持钳内，顶紧于钢板，在焊剂挡圈内注满焊剂。选择合适的焊接参数，分别在焊机和焊枪上设定，参数见表 17-76。拨动焊枪上按钮"开"，接通电源，钢筋上提，引燃电弧。经设定燃弧时间，钢筋插入熔池，自动断电；停息数秒钟，打掉渣壳，焊接完成。电磁铁提升式钢筋埋弧螺柱焊工艺过程见图 17-82。

埋弧螺柱焊焊接参数　　　　　　　　　　　　　　　　表 17-76

钢筋牌号	钢筋直径（mm）	提升高度（mm）	提升长度（mm）	焊接电流（A）	焊剂牌号	焊接时间（s）
HPB300 HRB400 HRBF400	6	4.8～5.5	5.5～6.0	450～550	HJ431SJ101	3.2～2.3
	8	4.8～5.5	5.5～6.5	470～580		3.4～2.5
	10	5.0～6.0	5.5～7.0	500～600		3.8～2.8
	12	5.5～6.5	5.5～7.0	550～650		4.0～3.0
	14	5.8～6.6	6.8～7.2	600～700		4.4～3.2
	16	7.0～8.5	7.5～8.5	850～1100		4.8～4.0
	18	7.2～8.6	7.8～8.8	950～1200		5.2～4.5
	20	8.0～10.0	8.0～9.0	1000～1250		6.5～5.2
	22	8.0～10.5	8.2～9.2	1200～1350		6.7～5.5
	25	9.0～11.0	8.1～10.0	1250～1400		8.8～7.8
	28	9.5～11.0	9.0～10.5	1350～1550		9.2～8.5

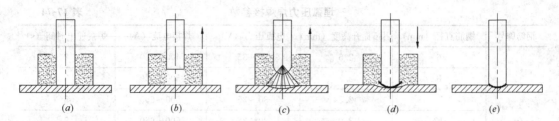

图 17-82 预埋件钢筋埋弧螺柱焊示意
(a) 套上焊剂挡圈，顶紧钢筋，注满焊剂；(b) 接通电源，钢筋上提，引燃电弧；
(c) 燃弧；(d) 钢筋插入熔池，自动断电；(e) 打掉渣壳，焊接完成

17.6.7.3 焊接参数

埋弧压力焊的焊接参数应包括引弧提升高度、电弧电压、焊接电流和焊接通电时间。

预埋件钢筋埋弧螺柱焊焊接参数，主要有焊接电流和焊接通电时间，均在焊机上设定；钢筋伸出长度、钢筋提升量，在焊枪上设定。

17.6.7.4 预埋件钢筋 T 形接头质量检验

预埋件钢筋 T 形接头的外观检查，应从同一台班内完成的同一类型预埋件中抽查 5%，且不得少于 10 件。

力学性能检验时，应以 300 件同类型预埋件作为一批。一周内连续焊接时，可累计计算。当不足 300 件时，亦应按一批计算。应从每批预埋件中随机切取 3 个接头做拉伸试验。试件的钢筋长度应大于或等于 200mm，钢板（锚板）的长度和宽度均应大于或等于 60mm。

预埋件钢筋 T 形接头外观检查结果，应符合下列要求：四周焊包凸出钢筋表面的高度，当钢筋直径为 18mm 及以下时，不得小于 3mm；当钢筋直径为 20mm 及以上时，不得小于 4mm；焊缝表面不得有气孔、夹渣和肉眼可见裂纹；钢筋咬边深度不得超过 0.5mm；钢筋相对钢板的直角偏差不得大于 2°。

预埋件钢筋 T 形接头拉伸试验结果，3 个试件的抗拉强度要求，HPB300 钢筋接头不得小于 $400N/mm^2$，HRB400、HRBF400 钢筋接头不得小于 $520N/mm^2$，HRB50、HRBF500 钢筋接头不得小于 $610N/mm^2$。

当试验结果里 3 个试件中有小于规定值时，应进行复验。复验时，应再取 6 个试件。复验结果，其抗拉强度均达到上述要求时，应评定该批接头为合格品。

17.6.7.5 焊接缺陷及消除措施

在埋弧压力焊生产中，焊工应自控。当发现焊接缺陷时，应查找原因和采取措施，及时消除。埋弧压力焊常见焊接缺陷及消除措施见表 17-77。

埋弧压力焊常见焊接缺陷及消除措施 表 17-77

焊接缺陷	措施
钢筋咬边	减小焊接电流或缩短焊接时间
	增大压入量
气孔	烘焙焊剂
	清除钢板和钢筋上的铁锈、油污

续表

焊接缺陷	措施
夹渣	清除焊剂中熔渣等杂物
	避免过早切断焊接电流
	加快顶压速度
未焊合	增加焊接电流，增加焊接通电时间
	适当加大顶压力
焊包不均匀	保证焊接地线的接触良好
	使焊接处对称导电
钢板焊穿	减小焊接电流或减小焊接通电时间
	避免钢板局部悬空
钢筋淬硬脆断	减小焊接电流，延长焊接时间
	检查钢筋化学成分
钢板凹陷	减小焊接电流，延长焊接时间
	减小顶压力，减小压入量

17.7 钢筋机械连接

17.7.1 一般规定

钢筋连接时，宜选用机械连接接头，并优先采用直螺纹接头或可满足设计要求的其他类型机械连接接头。钢筋机械连接方法分类及适用范围，见表17-78。钢筋机械连接接头的设计、应用与验收应符合现行行业标准《钢筋机械连接技术规程》JGJ 107 和各类机械连接接头相关技术标准的规定。

钢筋机械连接方法及适用范围　　　　　表 17-78

机械连接方法		适用范围	
		钢筋级别	钢筋直径（mm）
钢筋套筒挤压连接		HPB300、HRB400、HRBF400、HRB400E、HRB500、HRBF500、RRB400W	16～50
钢筋直螺纹连接	镦粗	HPB300、HRB400、HRBF400、HRB400E、HRB500、HRBF500、RRB400W	16～50
	直接滚轧		
	剥肋滚轧		
钢筋锥螺纹连接		HPB300、HRB400、HRBF400、HRB400E、HRB500、HRBF500、RRB400W	16～50
其他类型机械连接		依据产品技术要求	依据产品技术要求

根据极限抗拉强度、残余变形、最大力下总延伸率以及高应力和大变形条件下反复拉压性能的差异，接头应分为下列三个等级：

（1）Ⅰ级接头：抗拉强度等于被连接钢筋的实际拉断强度或不小于 1.10 倍钢筋抗拉

强度标准值，残余变形小并具有高延性及反复拉压性能。

（2）Ⅱ级接头：抗拉强度不小于被连接钢筋抗拉强度标准值，残余变形较小并具有高延性及反复拉压性能。

（3）Ⅲ级接头：抗拉强度不小于被连接钢筋屈服强度标准值的1.25倍，残余变形较小并具有一定的延性及反复拉压性能。

结构设计图纸中应列出设计选用的钢筋接头等级和应用部位。依据现行行业标准《钢筋机械连接技术规程》JGJ 107 的规定，接头等级的选定应符合下列规定：

（1）混凝土结构中要求充分发挥钢筋强度或对延性要求高的部位应优先选用Ⅱ级接头或Ⅰ级接头。当在同一连接区段内必须实施100%钢筋接头的连接时，应采用Ⅰ级接头。

（2）混凝土结构中钢筋应力较高但对延性要求不高的部位可采用Ⅲ级接头。

钢筋连接件的混凝土保护层厚度宜符合现行国家标准《混凝土结构设计标准》GB/T 50010 的相关规定，且不应小于钢筋最小保护层厚度的75%和15mm的较大值。必要时可对连接件采取防锈措施。连接件之间的横向净距不宜小于25mm。

结构构件中纵向受力钢筋的接头宜相互错开。钢筋机械连接的连接区段长度应按35d计算，当直径不同的钢筋连接时，按直径较小的钢筋计算。在同一连接区段内有接头的受力钢筋截面面积占受力钢筋总截面面积的百分率（以下简称接头百分率），应符合下列规定：

（1）接头宜设置在结构构件受拉钢筋应力较小部位，当需要在高应力部位设置接头时，在同一连接区段内Ⅲ级接头的接头面积百分率不应大于25%，Ⅱ级接头的接头面积百分率不应大于50%。Ⅰ级接头的接头面积百分率除下述第（2）条和第（4）条所列情况外可不受限制。

（2）接头宜避开有抗震设防要求的框架的梁端、柱端箍筋加密区；当无法避开时，应采用Ⅱ级接头或Ⅰ级接头，且接头面积百分率不应大于50%。

（3）受拉钢筋应力较小部位或纵向受压钢筋，接头面积百分率可不受限制。

（4）对直接承受重复荷载的结构构件，接头面积百分率不得大于50%。

当对具有钢筋接头的物件进行试验并取得可靠数据时，接头的应用范围可根据工程实际情况进行调整。

Ⅰ级、Ⅱ级、Ⅲ级的接头性能应符合表17-79、表17-80的规定。

接头极限抗拉强度 表17-79

接头等级	Ⅰ级		Ⅱ级	Ⅲ级
抗拉强度	$f_{mst} \geqslant f_{stk}$ 钢筋拉断或	$f_{mst} \geqslant 1.10 f_{stk}$ 连接件破坏	$f_{mst} \geqslant f_{stk}$	$f_{mst} \geqslant 1.25 f_{yk}$

注：f_{yk} 为钢筋屈服强度标准值；f_{stk} 为钢筋抗拉强度标准值；f_{mst} 为接头试件实测抗拉强度。
1. 钢筋拉断指断于钢筋母材、套筒外钢筋丝头和钢筋镦粗过渡段；
2. 连接件破坏指断于套筒、套筒纵向开裂或钢筋从套筒中拔出以及其他连接组件破坏。

接头变形性能 表17-80

接头等级		Ⅰ级	Ⅱ级	Ⅲ级
单向拉伸	残余变形（mm）	$U_0 \leqslant 0.10$ ($d \leqslant 32$) $U_0 \leqslant 0.14$ ($d > 32$)	$U_0 \leqslant 0.14$ ($d \leqslant 32$) $U_0 \leqslant 0.16$ ($d > 32$)	$U_0 \leqslant 0.14$ ($d \leqslant 32$) $U_0 \leqslant 0.16$ ($d > 32$)
	最大力总延伸率（%）	$A_{sgt} \geqslant 6.0$	$A_{sgt} \geqslant 6.0$	$A_{sgt} \geqslant 3.0$

续表

高反应反复拉压	残余变形（mm）	$U_{20} \leqslant 0.3$	$U_{20} \leqslant 0.3$	$U_{20} \leqslant 0.3$
大变形反复拉压	残余变形（mm）	$U_4 \leqslant 0.3$，且 $U_8 \leqslant 0.6$	$U_4 \leqslant 0.3$，且 $U_8 \leqslant 0.6$	$U_4 \leqslant 0.6$

表中符号含义：

A_{sgt} —接头试件的最大力总延伸率；

D —钢筋公称直径；

U_0 —接头试件加载至 0.6_{yk} 并卸载后在规定标距内的残余变形；

U_{20} —接头经高应力反复拉压20次后的残余变形；

U_4 —接头经大应力反复拉压4次后的残余变形；

U_8 —接头经大应力反复拉压8次后的残余变形。

接头用于直接承受重复荷载的构件时，接头的型式检验应按表17-81的要求进行。接头的型式检验应符合下列规定：

1）应取直径不小于32mm钢筋做6根接头试件，分为2组，每组3根；

2）任选表17-87中的2组应力进行试验；

3）经200万次加载后，全部试件均未破坏，该批疲劳试件型式检验构件为合格。

HRB400钢筋接头疲劳性能检验的应力幅和最大应力　　表17-81

应力组别	最小与最大应力比值 ρ	应力幅值（MPa）	最大应力（MPa）
第一组	0.70～0.75	60	230
第二组	0.45～0.50	100	190
第三组	0.25～0.30	120	165

17.7.2　钢筋套筒挤压连接

17.7.2.1　挤压套筒

（1）挤压套筒的材料应根据被连接钢筋的牌号选用适合压延加工的钢材，其实测力学性能应符合下列要求：屈服强度 $\sigma = 205～350$MPa，抗拉强度 $\sigma_b = 335～500$MPa，断后伸长率 $\delta_5 \geqslant 20\%$，硬度 = HRBW50～80。挤压套筒的屈服承载力和抗拉承载力的标准值不应小于被连接钢筋的屈服承载力和抗拉承载力标准值的1.10倍。

套筒进场时必须有产品合格证；套筒的几何尺寸应满足产品设计图纸要求，与机械连接工艺技术配套选用，套筒表面不得有裂缝、折叠、结疤等缺陷。套筒应有保护盖有明显的规格标记；并应分类包装存放，不得露天存放，防止锈蚀和油污。

（2）挤压套筒的外观检验应符合以下要求：

套筒表面可为加工表面或无缝钢管、圆钢的自然表面；应无肉眼可见裂纹；套筒表面不应有明显起皮的严重锈蚀；套筒外圆及内孔应有倒角；套筒表面应有挤压标识和符合现行行业标准《钢筋机械连接用套筒》JG/T 163规定的标记和标志。

（3）钢套筒的规格和尺寸参见表17-82。

套筒规格和尺寸（mm）　　表17-82

钢套筒型号	钢套筒尺寸			压接标志道数
	外径	壁厚	长度	
G40	70	11～12	240	(7～8)×2

钢套筒型号	钢套筒尺寸			压接标志道数
	外径	壁厚	长度	
G36	63	10～11	216	(6～7)×2
G32	56	9～10	192	(5～6)×2
G28	50	8	168	(4～5)×2
G25	45	7～7.5	150	(3～4)×2
G22	40	6～6.5	132	3×2
G20	36	5.5～6	120	3×2

(4) 标准型挤压套筒的尺寸偏差应符合表 17-83 的要求。

标准型套筒的尺寸偏差（mm） 表 17-83

套筒外径	外径允许偏差	壁厚（t）允许偏差	长度允许偏差
≤50	±0.5	$+0.12t$ / $-0.10t$	±2.0
>50	±0.01D	$+0.12t$ / $-0.10t$	±2.0

注：D 为套筒外径。

17.7.2.2 挤压连接设备

钢筋挤压连接设备及机具、配件主要有现场使用的超高压电动油泵、挤压连接钳、挤压模具、超高压油管、悬挂平衡器（手拉葫芦）、吊挂小车、画标志用工具及检查压痕卡板等，预制加工用挤压机。钢筋挤压设备的型号与参数见表 17-84。

钢筋挤压设备的主要技术参数 表 17-84

设备型号		YJH-25	YJH-32	YJH-40	YJ650Ⅲ	YJ800Ⅲ
压接钳	额定压力（MPa）	80	80	80	53	52
	额定挤压力（kN）	760	760	900	650	800
	外形尺寸（mm）	φ150×433	φ150×480	φ170×530	φ155×370	φ170×450
	重量（kg）	28	33	41	32	48
	适用钢筋（mm）	20～25	25～32	32～40	20～28	32～40
超高压泵站	电机	380V，50Hz，1.5kW			380V，50Hz，1.5kW	
	高压泵	80MPa，0.8L/min			80MPa，0.8L/min	
	低压泵	2.0MPa，4.0～6.0L/min			—	
	外形尺寸（mm）	790×540×785（长×宽×高）			390×525（高）	
	重量（kg）	96	油箱容积（L）	20	重量40kg，油箱容积12L	
	超高压胶管	100MPa，内径6.0mm，长度3.0m（5.0m）				

17.7.2.3 挤压连接工艺

操作人员必须经技术培训合格后持证上岗。

1. 挤压连接施工前的准备工作

(1) 钢筋端头和套管内壁的锈皮、泥砂、油污等应清理干净;

(2) 钢筋端部要平直,弯折应矫直,表面并无严重锈蚀,被连接的带肋钢筋应花纹完好;

(3) 现场使用的套筒应是经过外观和尺寸检验合格的;

(4) 钢筋接头位置必须符合设计要求;

(5) 应对待连接钢筋端部,可采用检验用套筒先进行检验,如钢筋有马蹄、弯折或纵肋尺寸过大者,应预先矫正或用砂轮打磨;

(6) 不同规格钢筋的套筒不得相互混用;

(7) 钢筋连接端要画线定位,确保在挤压过程中能按定位标记检查钢筋伸入套筒内的长度;

(8) 检查挤压连接设备及机具、配件情况,并进行试挤压,符合要求后才能正式开始挤压连接施工。

2. 挤压连接操作要求

(1) 应按标记检查钢筋插入套筒内深度,钢筋端头离套筒长度中点不宜超过10mm;

(2) 挤压连接时,挤压模具压痕与钢筋轴线应保持垂直,压模运动方向与钢筋两纵肋所在的平面相垂直;

(3) 压接钳就位,要对正钢套筒压痕位置标记;

(4) 挤压连接应从套筒中央开始,依次向两端挤压;

(5) 挤压连接施工时,主要通过观测高压油泵压机表数值来控制压痕深度。挤压连接后,应用压痕深度检验卡板检查挤压尺寸是否符合要求;如压痕深度不够,还应进行补压,直至合格;

(6) 待连接一侧钢筋可与挤压套筒一端在施工作业面外先行预制挤压连接,在施工作业面插入另一侧待连接钢筋,与挤压套筒另一端挤压连接,以提高现场施工效率。

3. 挤压连接工艺

(1) 钢筋半接头预制连接工艺

装好高压油管和钢筋配用限位器、套筒压模→插入钢筋顶到限位器上扶正、挤压→退回活塞、取下压模和半套筒接头。

(2) 现场钢筋挤压连接工艺

预制钢筋半接头套筒端插入待连接的钢筋上→放置压模和垫块、挤压→退回活塞及导向板,装上垫块、挤压→退回活塞再加垫块、挤压→退回活塞、取下垫块、压模,卸下挤压机。

17.7.2.4 工艺参数

施工前在选择合适材质和规格的钢套筒以及挤压连接设备、压模后,接头性能主要取决于挤压变形量这一关键的工艺参数。挤压变形量包括压痕最小直径和压痕总宽度。半圆形刃口压模的挤压参数选择见表17-85、表17-86。

标准型挤压套筒连接不同规格钢筋连接时的参考参数　　　表17-85

连接钢筋规格	钢筋筒型号	压模型号	压痕最小直径允许范围(mm)	压痕最小总宽度(mm)
$\phi 40 \sim \phi 36$	G40	$\phi 40$ 端 M40	59~63	≥80
		$\phi 36$ 端 M36	57~60	≥80

续表

连接钢筋规格	钢筋筒型号	压模型号	压痕最小直径允许范围（mm）	压痕最小总宽度（mm）
φ36～φ32	G36	φ36端M36	53～57	≥70
		φ32端M32	52～54	≥70
φ32～φ28	G32	φ32端M32	47～51	≥60
		φ28端M28	45～48	≥60
φ28～φ25	G28	φ28端M28	40～45	≥55
		φ25端M25	38～41	≥55
φ25～φ22	G25	φ25端M25	37～39	≥50
		φ22端M22	33～35	≥50
φ22～φ20	G22	φ22端M22	32～34	≥45
		φ20端M20	31～33	≥45
φ20～φ18	G20	φ20端M20	28～31	≥45
		φ18端M18	28～30	≥45

标准型挤压套筒连接同规格钢筋时的参考参数 表17-86

连接钢筋规格	钢套筒型号	压模型号	压痕最小直径允许范围（mm）	压痕最小总宽度（mm）
φ40～φ40	G40	M40	59～63	≥80
φ36～φ36	G36	M36	53～57	≥80
φ32～φ32	G32	M32	47～51	≥70
φ28～φ28	G28	M28	41～44	≥60
φ25～φ25	G25	M25	37～39	≥55
φ22～φ22	G22	M22	32～34	≥45
φ20～φ20	G20	M20	28～31	≥45
φ18～φ18	G18	M18	27～29	≥40

17.7.2.5 异常现象及消除措施

在套筒挤压连接中，当出现异常现象或连接缺陷时，宜按表17-87查找原因，采取措施及时消除。

钢筋套筒挤压连接异常现象及消除措施 表17-87

项次	异常现象和缺陷	原因或消除措施
1	挤压机无挤压力	1. 高压油管连接位置不正确
		2. 油泵故障
2	钢套筒套不进钢筋	1. 钢筋弯折或纵肋超偏差
		2. 砂轮修磨纵肋
		3. 套筒规格有误
3	压痕分布不均匀	压接时将压模与钢套筒的压接标志对正
4	接头弯折超过规定值	1. 压接时摆正钢筋
		2. 切除或调直钢筋弯头

续表

项次	异常现象和缺陷	原因或消除措施
5	压接程度不够	1. 泵压不足 2. 钢套筒材料不符合要求
6	钢筋伸入套筒内长度不够	钢筋未插入到位或钢筋连接标识有误
7	压痕深度明显不均	检查挤压力是否不均

17.7.3 钢筋镦粗直螺纹连接

17.7.3.1 机具设备、工量具

(1) 钢筋液压冷镦机，是钢筋端头镦粗的专用设备。其参考型号有：LDJ-40 型，适用于 $\phi16\sim\phi40$ 的钢筋端头镦粗；HIC200 型，适用于 $\phi18\sim\phi40$ 的钢筋端头镦粗；HJC250 型，适用于 $\phi20\sim\phi40$ 的钢筋端头镦粗；另外，还有 GZD40、CDJ-50 型等。

(2) 钢筋直螺纹套丝机，是将钢筋端头切削成直螺纹的专用设备。其型号有：GZL-40、HZS-40、GTS-50 型等。

(3) 管钳扳手、扭力扳手、量规（通规、止规）等。

17.7.3.2 镦粗直螺纹套筒

1. 材质要求

套筒原材料宜采用牌号为 45 号的圆钢、结构用无缝钢管。当采用 45 号钢的冷轧精密无缝钢管时，应进行退火处理，其抗拉强度不应大于 800MPa，断后伸长率 δ_5 不宜小于 14%。45 号钢的冷拔或冷轧精密无缝钢管的原材料应采用牌号 45 号的管坯钢。采用各类冷加工工艺成型的套筒，宜进行退火处理，且套筒设计时不应利用经冷加工提高的强度减少套筒横截面面积。套筒原材料可选用经接头型式检验证明符合接头性能规定的其他钢材。需要与型钢等钢材焊接的套筒，其原材料应符合可焊性的要求。

2. 规格型号及尺寸

(1) 标准型、正反丝型、异径型套筒结构示意见图 17-83，其参考尺寸见表 17-88 和表 17-89。

标准型套筒最小尺寸参数表　　表 17-88

型号与标记	D(mm)	L(mm)	型号与标记	D(mm)	L(mm)
DB420	36	50	A32S-G	52	72
A22S-G	40	55	A36S-G	58	80
A25S-G	43	60	A40S-G	65	90
A28S-G	46	65			

注：D 为套筒外径尺寸；L 为套筒长度。

正反丝型套筒　　表 17-89

标记	D(mm)	L(mm)	l(mm)	b(mm)
A20SLR-G	38	56	24	8
A22SLR-G	42	60	26	8

续表

标记	D (mm)	L (mm)	l (mm)	b (mm)
A25SLR-G	45	66	29	8
A28SLR-G	48	72	31	10
A32SLR-G	54	80	35	10
A36SLR-G	60	86	38	10
A40SLR-G	67	96	43	10

注：退刀槽直径为 $d+2$mm。

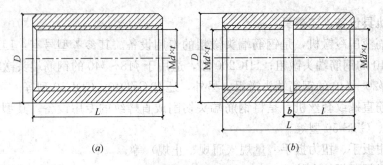

图 17-83 标准型、正反丝型结构示意图

Md 为套筒螺纹尺寸

（2）异径型套筒起参数见表 17-90。

异径型套筒最小尺寸参数表（mm） 表 17-90

简图	型号与标记	$Md_2 \times t$	b	D	l	L
	AS20-22	M24×2.5	5	$\phi42$	26	57
	AS22-25	M26×2.5	5	$\phi45$	29	63
	AS25-28	M29×2.5	5	$\phi48$	31	67
	AS28-32	M32×3.0	6	$\phi54$	35	76
	AS32-36	M36×3.0	6	$\phi60$	38	82
	AS36-40	M40×3.0	6	$\phi67$	43	92

17.7.3.3 钢筋加工与检验

（1）钢筋下料。下料应采用砂轮切割机、带锯床、铣切等方式，切口的端面应与轴线垂直，且应平整。

（2）端头镦粗。在液压冷镦机上将钢筋端头镦粗。不同规格钢筋冷镦后的尺寸见表 17-91。镦粗头与钢筋轴线倾斜不得大于 3°，不得出现与钢筋轴线相垂直的横向裂缝。

标准型接头镦粗头外形参考尺寸 表 17-91

钢筋规格 ϕ（mm）	22	25	28	32	36	40
镦粗基圆直径 ϕ（mm）	26	29	32	36	40	44
镦粗段长度（mm）	25	28	32	36	40	45

（3）螺纹加工。在钢筋套丝机上切削加工螺纹，钢筋螺纹加工质量牙形应饱满，无断牙、秃牙等缺陷。

(4) 用配套的量规进行检测。各规格的自检数量不应少于10%，检验合格率不应小于95%。如发现有不合格的螺纹，应逐个检查，切除所有不合格的螺纹。

17.7.3.4 现场连接施工

工程中常用的钢筋直螺纹接头型式主要有标准型、正反丝型、异径型、加长螺纹型、加锁母型等。锥螺纹接头型式主要有标准型、异径型。

标准型接头主要用于同直径钢筋连接，且连接钢筋可旋转的场合；正反丝型接头用于连接钢筋不可旋转、但可轴向移动的场合。此类钢筋接头也可扩展成异径正反丝型接头；异径型接头用于不同直径钢筋的连接；加长丝型接头用于连接钢筋旋转不便但可旋转的场合，如梁端、柱端带弯筋的情况；加锁母型用于连接钢筋不可旋转，但可轴向移动的场合，如钢筋笼连接等。

直螺纹钢筋接头安装时最小扭矩值见表17-92。这些型式的螺纹接头结构示意如图17-84所示，匹配的钢筋螺纹长度尺寸控制应依据表17-93的规定。

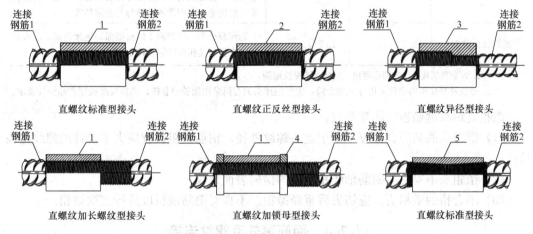

图17-84 常用型式钢筋螺纹接头结构示意图
1—标准型直螺纹套筒；2—正反丝型直螺纹套筒；
3—异径型直螺纹套筒；4—锁母；5—标准型锥螺纹套筒

直螺纹钢筋接头安装时最小扭矩值 表17-92

钢筋直径（mm）	≤16	18～20	22～25	28～32	36～40	50
拧紧力矩（N·m）	100	200	260	320	360	460

现场连接施工应依据接头型式而不同。具体连接施工步骤可参照表17-93要求。

常用型式钢筋螺纹接头钢筋丝头长度及接头连接步骤 表17-93

常用接头型式	钢筋螺纹丝头长度及公差		连接施工步骤
	连接钢筋1	连接钢筋2	
直螺纹标准型	$L/2_0^{+2.0p}$	$L/2_0^{+2.0p}$	套筒旋合到连接钢筋1丝头根部；连接钢筋2旋入套筒；依据安装扭矩拧紧并与连接钢筋1对顶
直螺纹正反丝型	$L/2_0^{+2.0p}$	$L/2_0^{+2.0p}$	连接钢筋1、连接钢筋2置于套筒两侧，且套筒正丝端、反丝端与钢筋正丝端、反丝端对应；旋转套筒，同时连接钢筋1、连接钢筋2向套筒旋入；连接钢筋1、连接钢筋2端部对顶后，按照连接扭矩拧紧套筒

续表

常用接头型式	钢筋螺纹丝头长度及公差		连接施工步骤
	连接钢筋1	连接钢筋2	
直螺纹异径型	$L/2_0^{+2.0p}$	$L/2_0^{+2.0p}$	套筒旋合到连接钢筋1丝头根部；连接钢筋2旋入套筒；依据接头小径端安装扭矩拧紧并与连接钢筋1对顶
直螺纹加长螺纹型	$L/2_0^{+2.0p}$	$>L$	套筒全部旋合到连接钢筋2丝头一侧；连接钢筋2移动至连接钢筋1处，将旋合至连接钢筋1根部；依据接头安装扭矩拧紧，拧紧连接钢筋2并与连接钢筋1对顶
直螺纹加锁母型	$L/2+B_0^{+2.0p}$	$>L+B$	一个锁母旋合到连接钢筋1丝头根部，另一个锁母及套筒全部旋合到连接钢筋2丝头一侧；连接钢筋2移动至连接钢筋1处，将连接钢筋2上的套筒旋合至连接钢筋1上，连接钢筋2上的锁母也至套筒一端；依据接头安装扭矩，分别将两个锁母与套筒顶紧
锥螺纹标准型	$L/2_{-0.5-1.5p}^0$	$L/2_{-0.5-1.5p}^0$	套筒旋合到连接钢筋1丝头根部；连接钢筋2旋入套筒；依据安装扭矩拧紧连接钢筋2

注：1. L为套筒长度，B为锁母厚度，p为钢筋螺纹螺距；
2. 加长丝型接头的套筒采用标准型套筒，锁母型接头的套筒采用加长型套筒，套筒长度按照产品设计要求。

镦粗直螺纹钢筋连接注意要点：

（1）镦粗头的基圆直径应不小于丝头螺纹外径，钢筋镦粗长度应大于设计的螺纹丝头长度；

（2）镦粗头不得有与钢筋轴线相垂直的横向表面裂纹；

（3）不合格的镦粗头，应切去后重新镦粗。不得对钢筋镦粗段进行二次镦粗。

17.7.4 钢筋滚轧直螺纹连接

钢筋滚轧直螺纹根据螺纹成型工艺不同，可分为两种：直接（整形）滚轧直螺纹、剥肋（切削）滚轧直螺纹。直接滚轧直螺纹中，又分为滚丝轮整形直接滚轧和挤压整形直接滚轧两种。

钢筋滚轧直螺纹连接是利用金属材料塑性变形后冷作硬化，增强金属强度的特性，使接头的钢筋螺纹段等强的连接方法。

1. 直接滚轧直螺纹（滚丝轮整形工艺）

相对于剥肋滚轧工艺，直接滚轧钢筋表层无切削加工而削弱钢筋截面，但螺纹精度差。由于钢筋粗细不均，导致螺纹直径出现差异，接头质量受一定的影响。

2. 直接滚轧直螺纹（挤压整形工艺）

采用专用挤压机先将钢筋端头的横肋和纵肋进行预压平处理，然后再滚轧螺纹。其目的是减轻钢筋肋对滚轧螺纹表面质量与直径偏差的影响。此工艺对螺纹精度有一定的提高，但挤压加工设备复杂，操作不便。

3. 剥肋滚轧直螺纹

采用剥肋滚丝机，先将钢筋端头的横肋和纵肋进行剥切加工，使钢筋滚丝前的直径达到同一尺寸。然后，进行螺纹滚轧成型。此工艺螺纹加工表面光洁度及尺寸精度高，接头质量稳定。但是，因钢筋表面切削对钢筋截面及强度削弱，即使滚轧可一定程度强化钢筋表面、提高强度，但在加长螺纹连接工况下，钢筋套筒外露螺纹的强度会低于钢筋母材强度，难以满足现行行业标准《钢筋机械连接技术规程》JGJ 107 中 I 级接头性能。

17.7.4.1 滚轧直螺纹加工与检验

（1）主要机械

钢筋直滚滚丝机（型号：GZL-32、GYZL-40、GSJ-40、HGS40 等）；钢筋端头专用挤压整形机；钢筋剥肋滚丝机等。

（2）主要工具、量具

卡尺、量规、专用检验螺母、通端环规、止端环规、管钳、力矩扳手等。

17.7.4.2 滚轧直螺纹套筒

滚轧直螺纹接头用连接套筒，一般多采用 45 号优质碳素钢。连接套筒的类型有：标准型、正反丝型、异径型等，与镦粗直螺纹套筒型式一致。滚轧直螺纹套筒的规格尺寸应符合表 17-94 的规定。

钢筋机械连接用直螺纹套筒最小尺寸参数表（mm） 表 17-94

适用钢筋强度等级	套筒类型	型号	尺寸	钢筋直径					
				12	14	16	18	20	22
≤400 级	镦粗直螺纹	标准型 正反丝型	外径 D	19.0	22.0	25.0	28.0	31.0	34.0
			长度 L	24.0	28.0	32.0	36.0	40.0	44.0
	剥肋滚轧直螺纹	标准型 正反丝型	外径 D	18.0	21.0	24.0	27.0	30.0	32.5
			长度 L	28.0	32.0	36.0	41.0	45.0	49.0
	直接滚轧直螺纹	标准型 正反丝型	外径 D	18.5	21.5	24.5	27.5	30.5	33.0
			长度 L	28.0	32.0	36.0	41.0	45.0	49.0
适用钢筋强度等级	套筒类型	型号	尺寸	钢筋直径					
				25	28	32	36	40	50
≤400 级	镦粗直螺纹	标准型 正反丝型	外径 D	38.5	43.0	48.5	54.0	60.0	—
			长度 L	50.0	56.0	64.0	72.0	80.0	—
	剥肋滚轧直螺纹	标准型 正反丝型	外径 D	37.0	41.5	47.0	53.0	59.0	74.0
			长度 L	56.0	62.0	70.0	78.0	86.0	106.0
	直接滚轧直螺纹	标准型 正反丝型	外径 D	37.0	42.0	47.0	53.0	59.5	74.0
			长度 L	56.0	62.0	70.0	78.0	86.0	106.0
适用钢筋强度等级	套筒类型	型号	尺寸	钢筋直径					
				12	14	16	18	20	22
500 级	镦粗直螺纹	标准型 正反丝型	外径 D	20.0	23.5	26.5	29.5	32.5	36.0
			长度 L	24.0	28.0	32.0	36.0	40.0	44.0
	剥肋滚轧直螺纹	标准型 正反丝型	外径 D	19.0	22.5	25.5	28.5	31.5	34.5
			长度 L	32.0	36.0	40.0	46.0	50.0	54.0
	直接滚轧直螺纹	标准型 正反丝型	外径 D	19.5	23.0	26.0	29.0	32.0	35.0
			长度 L	32.0	36.0	40.0	46.0	50.0	54.0

续表

适用钢筋强度等级	套筒类型	型号	尺寸	钢筋直径					
				25	28	32	36	40	50
500级	镦粗直螺纹	标准型正反丝型	外径D	41.0	45.5	51.5	57.5	63.5	—
			长度L	50.0	56.0	64.0	72.0	80.0	—
	剥肋滚轧直螺纹	标准型正反丝型	外径D	39.5	44.0	50.5	56.5	62.5	78.0
			长度L	62.0	68.0	766.0	84.0	92.0	112.0
	直接滚轧直螺纹	标准型正反丝型	外径D	40.0	44.5	51.0	57.0	63.0	78.5
			长度L	62.0	68.0	76	84.0	92.0	112.0

注：1. 表中最小尺寸是指套筒材料采用符合现行国家标准《优质碳素结构钢》GB/T 699 中 45 号钢力学性能要求（实测屈服强度和极限强度分别不应小于 355MPa、600MPa）、接头生产企业有良好质量控制水平时可选用的最小尺寸。

2. 对外表面未经削加工的套筒，当套筒外径≤50mm 时，应在表中所列最小外径尺寸基础上增加不应小于 0.4mm。当套筒外径>50mm 时，应在表中所列最小外径尺寸基础上增加不应小于 0.8mm。

3. 实测套筒最小尺寸应在至少不少于两个方向测量，取最小值判定。

17.7.4.3 现场连接施工

1. 工艺流程

钢筋滚轧直螺纹工艺流程，依据螺纹加工工艺，可分为以下三种：

1) 直接滚轧直螺纹（挤压整形工艺）：下料→钢筋端部挤压整形→滚轧直螺纹（四轴滚丝机）。

2) 直接滚轧直螺纹（滚丝轮整形工艺）：下料→滚轧直螺纹（前端滚丝轮整形，四轴滚丝机）。

3) 剥肋滚轧直螺纹：下料→钢筋端部剥肋切削→滚轧直螺纹（三轴滚丝机）。

2. 操作要点

（1）钢筋下料：同镦粗直螺纹。

（2）钢筋端头挤压加工（滚丝轮整形直接滚轧直螺纹无此工序）：钢筋端头挤压采用专用挤压机，挤压力根据钢筋直径、挤压段长度和挤压机的性能确定，标准型、正反丝型、异径型接头钢筋挤压部分的长度为套筒长度的 $1/2+2p$（p 为螺距）或按产品设计要求的长度（如加长螺纹接头用钢筋丝头）。

（3）滚轧直螺纹加工：将待加工的钢筋夹持在滚丝机夹钳上，开动直滚滚丝机或剥肋滚丝机，扳动给进装置，使动力头向前移动，开始滚螺丝或剥肋滚丝，待达到滚轧长度后，设滚丝机自动涨轮（可涨轮滚丝机）复位或反转复位，退出钢筋，扳动给进装置将动力头复位停机（手动滚丝机）或机头自动退回复位（自动滚丝机），螺纹即加工完成。

（4）钢筋滚轧螺纹接头及锥螺纹接头，钢筋螺纹加工长度应按照表 17-93 的要求。

（5）现场连接施工

1) 钢筋连接时，钢筋规格和套筒规格必须一致，钢筋和套筒的丝扣应干净、完好无损。

2) 采用预埋接头时，连接套筒的位置、规格和数量应符合设计要求。预埋连接套筒及钢筋应固定牢固，连接套筒的外露一侧应有保护盖及密封措施。

3) 螺纹接头的连接应使用管钳和力矩扳手；连接时，将待连接端的钢筋塑料保护帽拧下露出钢筋丝头，并将丝头上的污物清理干净，将两个钢筋丝头在套筒中央位置相互顶紧。当采用加锁母型接头时应用锁母与套筒锁紧，接头拧紧力矩应符合表17-95和表17-96规定，力矩扳手的精度为±5%。

滚轧直螺纹钢筋接头拧紧力矩值　　　　　　　　　　表17-95

钢筋直径（mm）	≤16	18~20	22~25	28~32	36~40	50
拧紧力矩（N·m）	100	200	260	320	360	460

注：当不同直径的钢筋连接时，拧紧力矩值按较小直径钢筋的相应值取用。

锥螺纹钢筋接头拧紧力矩值　　　　　　　　　　表17-96

钢筋直径（mm）	≤16	18~20	22~25	28~32	36~40	50
拧紧力矩（N·m）	100	180	240	300	360	460

4) 钢筋螺纹接头连接完毕后，应检查接头安装扭矩是否符合表17-95及表17-96的最小扭矩要求，另应检查标准型接头连接套筒外应有外露螺纹，且连接套筒单边外露有效螺纹不得超过$2p$。

5) 连接水平钢筋时，必须将钢筋托平。钢筋的弯折点与接头套筒端部距离不宜小于200mm，且加长螺纹接头应设置在弯曲钢筋的平直段上。

17.7.5 施工现场接头的检验与验收

工程中应用钢筋机械接头时，应由该技术提供单位提交有效的型式检验报告。当项目业主、监理方对接头产品提出型式检验要求时，还应进行接头型式检验。

钢筋连接工程开始前，应对不同钢筋生产厂的进场钢筋及进场连接套筒进行匹配性接头工艺检验；施工过程中，更换钢筋生产厂及接头产品供应商时，应补充进行工艺检验。工艺检验应符合下列规定：

(1) 凡工程中使用的各种类型和型式接头都应进行工艺检验，检验项目包括单向拉伸极限抗拉强度、最大力下总延伸率和残余变形；

(2) 每种规格钢筋的接头试件不应少于3根；

(3) 每根试件的抗拉强度和3根接头试件的残余变形的平均值均应符合表17-79和表17-80的规定；

(4) 接头试件在测量残余变形后可再进行抗拉强度试验，并应按表17-97中的单向拉伸加载制度进行试验；

接头试件型式检验加载制度　　　　　　　　　　表17-97

试验项目		加载制度
单向拉伸		$0 \to 0.6f_{yk} \to 0$（测量残余变形）→最大拉力（记录极限抗拉强度）→破坏（测定最大力总延伸率）
高应力反复拉压		$0 \to (0.9f_{yk} \to -0.5f_{yk}) \to$（反复20次循环）→破坏
大变形反复拉压	Ⅰ级	$0 \to (2\varepsilon_{yk} \to -0.5f_{yk}) \to (5\varepsilon_{yk} \to 0.5f_{yk}) \to$（破坏）（反复4次）　　　（反复4次）
	Ⅱ级	
	Ⅲ级	$0 \to (2\varepsilon_{yk} \to -0.5f_{yk}) \to$（破坏）（反复4次）

注：荷载与变形测量偏差不应大于±5%。

(5) 工艺检验不合格时，应进行工艺参数调整，合格后方可按最终确认的工艺参数进行接头批量加工。

钢筋丝头加工应进行自检，监理或质检部门对现场丝头加工质量有异议时，可随机抽取 3 根接头试件进行接头工艺检验。如有 1 根试件极限抗拉强度或 3 根试件残余变形值平均值不合格时，应整改后重新检验，检验合格后方可继续加工。

接头安装前，应检查套筒产品合格证及套筒表面生产批号标识；产品合格证应包括适用钢筋直径和接头性能等级、套筒类型、型式、生产单位、生产日期以及可追溯产品原材料力学性能和加工质量的生产批号。

现场检验应按现行行业标准《钢筋机械连接技术规程》JGJ 107 进行接头的抗拉强度试验、加工和安装质量检验；对接头有特殊要求的结构，应在设计图纸中另行注明相应的检验项目。

抽检应按验收批进行，同钢筋生产厂、同强度等级、同规格、同类型和同型式接头应以 500 个为一个验收批进行检验与验收，不足 500 个也应作为一个验收批。

螺纹接头安装后每一验收批，应抽取其中 10% 的接头进行拧紧扭矩校核。拧紧扭矩值不合格数超过被校核接头数的 5% 时，应重新拧紧全部接头，直到合格为止。

套筒挤压接头应按验收批抽取 10% 接头，检验压痕直径或挤压后套筒长度应满足现行行业标准《钢筋机械连接技术规程》JGJ 107 的要求；钢筋插入套筒深度应满足产品设计要求，检查不合格数超过 10% 时，可在本批外观检验不合格的接头中抽取 3 个试件做极限抗拉强度试验，以判定本批接头是否可合格验收。

对接头的每一验收批，必须在工程结构中随机截取 3 个接头试件作抗拉强度试验，按设计要求的接头等级进行评定。当 3 个接头试件的抗拉强度均符合表 17-85 相应等级的强度要求时，该验收批应评为合格。如有 1 个试件的抗拉强度不符合要求，应再取 6 个试件进行复检。复检中如仍有 1 个试件的抗拉强度不符合要求，则该验收批应评为不合格。初检时如有两个接头试件不合格，则该批接头直接判定不合格。

对封闭环形钢筋接头、钢筋笼接头、地下连续墙预埋套筒接头、不锈钢钢筋接头、装配式结构构件间的钢筋接头和有疲劳性能要求的接头，可见证取样，在已加工并检验合格的钢筋丝头产品中随机割取钢筋试件，随机抽取进场套筒组装成 3 个接头试件做极限抗拉强度试验，按设计要求的接头等级进行评定。

同一接头类型、同型式、同等级、同规格的现场检验连续 10 个验收批抽样试件抗拉强度试验一次合格率为 100% 时，验收批接头数量可扩大为 1000 个；当验收接头数量少于 200 个时，可随机抽取 2 个试件做极限抗拉强度试验。当 2 个试件的极限抗拉强度均满足强度要求时，该验收批应评为合格。当有 1 个试件的极限抗拉强度不满足要求，应再取 4 个试件进行复检。复检中仍有 1 个试件极限抗拉强度不满足要求，该验收批应评为不合格。同径初检出现 2 个试件均不合格时，可直接判定该验收批不合格。

设计对接头疲劳性能要求进行现场检验的工程，可按设计提供的钢筋应力幅和最大应力，或根据规范要求的一组应力进行疲劳性能验证性检验，并选取工程中大、中、小三种直径钢筋各组装 3 根接头试件进行疲劳试验。全部试件均通过 200 万次重复加载未破坏，应评定该批接头试件疲劳性能合格。如初检中某规格出现 1 个不合格，该规格可再补做一个复检。复检合格，该试验可判定合格。如初检中同一规格出现2个试件不合格，或复检中仍有1根试件不合格时，该试验应判定为不合格。

现场截取抽样试件后，原接头位置的钢筋可采用同等规格的钢筋进行绑扎搭接连接、焊接或机械连接方法补接。

对抽检不合格的接头验收批，应由建设方会同设计等有关方面研究后提出处理方案。

17.8 预制混凝土构件钢筋连接

17.8.1 一般规定

（1）预制构件连接应符合国家现行标准《混凝土结构设计标准》GB/T 50010、《建筑抗震设计标准》GB/T 50011、《装配式混凝土结构技术规程》JGJ 1、《高层建筑混凝土结构技术规程》JGJ 3 和《装配式混凝土建筑技术标准》GB/T 51231等有关规定。

1）连接构造合理、传力直接、施工方便，能保证结构的整体性。
2）预制构件的拼接部位宜设置在构件受力较小的部位。
3）连接节点不应先于构件破坏。
4）满足使用和施工阶段的承载力、稳定性和变形的要求。
5）预制构件的拼接应考虑温度作用和混凝土收缩徐变的不利影响，宜适当增加构造配筋。

（2）装配整体式混凝土结构中，节点及接缝处的纵向钢筋连接宜根据接头受力、施工工艺等要求选用套筒灌浆连接、环筋扣合连接、机械连接、浆锚搭接连接、焊接连接、绑扎搭接连接等连接方式。当采用套筒灌浆连接时，应满足现行行业标准《钢筋套筒灌浆连接应用技术规程》JGJ 355 的要求；当采用机械连接时，应满足现行行业标准《钢筋机械连接技术规程》JGJ 107 的要求；当采用焊接连接时，应满足行业标准《钢筋焊接及验收规程》JGJ 18 的要求。

（3）装配整体式框架结构中，框架柱的纵筋连接宜采用套筒灌浆连接，梁的水平钢筋连接可根据实际情况，选用机械连接、焊接连接或者套筒灌浆连接。装配整体式剪力墙结构中，预制剪力墙竖向钢筋的连接可根据不同部位，分别采用套筒灌浆连接、浆锚搭接连接，水平分布筋的连接可采用焊接、搭接等。

（4）纵向钢筋采用浆锚搭接连接时，对预留孔成孔工艺、孔道形状和长度、构造要求、灌浆料和被连接钢筋，应进行力学性能以及适用性的试验验证。直径大于20mm的钢筋，不宜采用浆锚搭接连接；直接承受动力荷载的构件纵向钢筋，不应采用浆锚搭接连接。

（5）当采用套筒灌浆连接或浆锚搭接连接时，预制剪力墙底部接缝宜设置在楼面标高处。接缝高度不宜小于20mm，宜采用灌浆料填实，接缝处后浇混凝土上表面应设置粗糙面。

17.8.2 套筒灌浆连接

17.8.2.1 灌浆套筒

（1）灌浆套筒按结构形式，分为全灌浆套筒（图17-85）和半灌浆套筒（图17-86）。全灌浆套筒是接头两端均采用灌浆方式连接的灌浆套筒，主要用于预制梁主筋的连接，也可以用于预制墙、柱主筋的连接。半灌浆套筒是一端采用灌浆方式连接，而另一端采用螺纹连接的灌浆套筒，一般用于预制墙、柱主筋连接。

图 17-85　半灌浆套筒图　　　　　图 17-86　全灌浆套筒

(2) 套筒灌浆连接的钢筋应采用符合现行国家标准《钢筋混凝土用钢　第 2 部分：热轧带肋钢筋》GB/T 1499.2、《钢筋混凝土用余热处理钢筋》GB/T 13014 要求的带肋钢筋；钢筋直径不宜小于 12mm，且不宜大于 40mm。

(3) 灌浆套筒长度应根据试验确定，且灌浆连接端长度不宜小于 8 倍钢筋直径，灌浆套筒中间轴向定位点两侧应预留钢筋安装调整长度，预制端不应小于 10mm，现场装配端不应小于 20mm。

(4) 灌浆套筒灌浆端最小内径与连接钢筋公称直径的差值不宜小于表 17-98 规定的数值，用于钢筋锚固的深度不宜小于插入钢筋公称直径的 8 倍。

灌浆套筒灌浆段最小内径尺寸要求　　　　　　　　　　表 17-98

钢筋直径 (mm)	套筒灌浆段最小内径与连接钢筋公称直径差最小值 (mm)
12~25	10
28~40	15

(5) 全灌浆套筒长度应根据试验确定，且灌浆连接长度不宜小于 8 倍钢筋直径，灌浆套筒中间轴向定位点两侧应预留钢筋安装调整长度，预制端不应小于 10mm，现场装配端不应小于 20mm。

17.8.2.2　灌浆料

(1) 套筒灌浆料是以水泥为基本材料，配以细骨料、混凝土外加剂和其他材料组成的干混料。套筒灌浆料的细骨料宜采用天然砂，天然砂应符合现行国家标准《建设用砂》GB/T 14684 的规定；最大粒径不应超过 2.36mm。

(2) 套筒灌浆料分为常温型套筒灌浆料和低温型套筒灌浆料。常温型套筒灌浆料应符合表 17-99 的规定；低温型套筒灌浆料应符合表 17-100 的规定。灌浆料抗压强度应符合表 17-99 和表 17-100 的规定，且不应低于接头设计要求的灌浆料抗压强度；灌浆料抗压强度试件尺寸应按 40mm×40mm×160mm 尺寸制作，其加水量应按灌浆料产品说明书确定，试件应按标准方法制作、养护。

17.8 预制混凝土构件钢筋连接

常温型套筒灌浆料的性能指标　　　　　　　　　　　　　　表 17-99

监测项目		性能指标
流动度（mm）	初始	≥300
	30min	≥260
抗压强度（MPa）	1d	≥35
	3d	≥60
	28d	≥85
竖向膨胀率（%）	3h	0.02～2
	24h 与 3h 差值	0.02～0.40
28d 自干燥收缩（%）		≤0.045
氯离子含量（%）		≤0.03
泌水率（%）		0

注：氯离子含量以灌浆料总量为基准。

低温型套筒灌浆料的性能指标　　　　　　　　　　　　　　表 17-100

监测项目		性能指标
−5℃流动度（mm）	初始	≥300
	30min	≥260
8℃流动度（mm）	初始	≥300
	30min	≥260
抗压强度（MPa）	−1d	≥35
	−3d	≥60
	−7d+21d[a]	≥85
竖向膨胀率（%）	3h	0.02～2
	24h 与 3h 差值	0.02～0.40
28d 自干燥收缩（%）		≤0.045
氯离子含量[b]（%）		≤0.03
泌水率（%）		0

注：[a] −1d 代表在负温养护 1d，−3d 代表在负温养护 3d，−7d+21d 代表在负温养护 7d 转标准养护 21d；
　　[b] 氯离子含量以灌浆料总量为基准。

（3）常温型套筒灌浆料使用时，施工及养护过程中 24h 内灌浆部位所处的环境温度不应低于 5℃；低温型套筒灌浆料使用时，施工及养护过程中 24h 内灌浆部位所处的环境温度不应低于 −5℃，且不宜超过 10℃。

17.8.2.3　灌浆设备

施工器具：测温仪，电子秤和刻度杯，不锈钢制浆桶、水桶，手提变速搅拌机，灌浆枪或灌浆泵，流动度检测，截锥试模，玻璃板（500mm×500mm），钢板尺（或卷尺）及强度检测三联模 3 组。

17.8.2.4　连接施工

1. 连接部位现浇混凝土施工过程中，应采取设置定位架等措施保证外露钢筋的位置、长度和顺直度，并应避免污染钢筋。吊装前，检验下方结构伸出的连接钢筋的位置和长度、表面，应符合设计要求。

2. 预制构件吊装前，应检查构件的类型与编号。当灌浆套筒内有杂物时，应清理干净。

3. 预制构件就位前，应检查现浇结构施工后外露连接钢筋的位置和尺寸偏差，应符合现行行业标准《钢筋套筒灌浆连接应用技术规程》JGJ 355的有关规定，超过允许偏差的应予以处理；外露连接钢筋的表面不应粘连混凝土、砂浆，不应发生锈蚀；当外露连接钢筋倾斜时，应进行校正。

4. 预制柱、墙安装前，应在预制构件及其支承构件间设置垫片。

5. 分仓应符合下列规定：

(1) 竖向构件宜采用连通腔灌浆，并应合理划分连通灌浆区域，采用电动灌浆泵灌浆时，一般单仓长度不超过1m。在经过实体灌浆试验确定可行后可延长，但不宜超过3m；采用手动灌浆枪灌浆时，单仓长度不宜超过0.3m；每个区域除预留灌浆孔、出浆孔与排气孔外，应形成密闭空腔，不应漏浆；

(2) 分仓隔墙宽度应不小于2cm，为防止遮挡套筒孔口，距离连接钢筋外缘应不小于4cm；

(3) 竖向预制构件不采用连通腔灌浆方式时，构件就位前应采用坐浆料设置坐浆层，并逐个安装密封垫，用于套筒端口的密封。

6. 采用连通腔灌浆方式时，灌浆施工前应对各连通灌浆区域进行封堵，且封堵材料不应减小结合面的设计面积。根据构件特性可选择专用封缝料封堵、密封条（必要时在密封条外部设角钢或木板支撑保护）或两者结合封堵。封堵完毕，确认干硬强度达到要求（常温24h，约30MPa）后再灌浆。

7. 预制梁和既有结构改造现浇部分的水平钢筋采用套筒灌浆连接时，施工措施应符合下列规定：

(1) 连接钢筋的外表面应标记插入灌浆套筒最小锚固长度的标志，标志位置应准确、颜色应清晰；

(2) 对灌浆套筒与钢筋之间的缝隙应采取防止灌浆时灌浆料拌合物外漏的封堵措施；

(3) 预制梁的水平连接钢筋轴线偏差不应大于5mm，超过允许偏差的应予以处理；

(4) 与既有结构的水平钢筋相连接时，新连接钢筋的端部应设有保证连接钢筋同轴、稳固的装置；

(5) 灌浆套筒安装就位后，灌浆孔、出浆孔应在套筒水平轴正上方±45°的锥体范围内，并安装有孔口超过灌浆套筒外表面最高位置的连接管或连接头。

8. 彻底检查灌浆机具是否干净，尤其输送软管不能有残余水泥硬块。防止堵塞灌浆机。检查所使用水质是否干净及碱性含量。非使用自来水时，须做氯离子检测；使用自来水可免检。海水严禁使用。

9. 灌浆料使用前，应检查产品包装上的有效期和产品外观。灌浆料使用应符合下列规定：

(1) 拌合用水应符合现行行业标准《混凝土用水标准》JGJ 63的有关规定；

(2) 严格按产品出厂检验报告要求的水料比，用电子秤分别称量灌浆料和水，也可用刻度量杯计量水；

(3) 先将水倒入搅拌桶，然后加入约70%料，用专用搅拌机搅拌1～2min大致均匀后，再将剩余料全部加入；再搅拌3～4min，至彻底均匀；搅拌均匀后，静置2～3min，使浆内气泡自然排出后再使用；

(4) 搅拌完成后，不得再次加水；

(5) 每工作班应检查灌浆料拌合物初始流动度不少于1次，指标应符合现行行业标准《钢筋套筒灌浆连接应用技术规程》JGJ 355的有关规定；

(6) 强度检验试件的留置数量应符合验收及施工控制要求。

10. 灌浆施工应符合下列规定：

(1) 灌浆操作全过程应有专职检验人员负责现场监督并及时形成施工检查记录；

(2) 灌浆施工时，环境温度应符合灌浆料产品使用说明书要求；环境温度低于5℃时不宜施工，低于0℃时不得施工；当环境温度高于30℃时，应采取降低灌浆料拌合物温度的措施；

(3) 对竖向钢筋套筒灌浆连接，灌浆作业应采用压浆法从灌浆套筒下灌浆孔注入，灌浆压力最高值不宜超过1.2，当灌浆料拌合物从构件其他灌浆孔、出浆孔流出后应及时封堵，封堵至最后一个灌浆孔后，0.1MPa下持压30s，以便灌浆料将角部空气挤出；

(4) 竖向钢筋套筒灌浆连接采用连通腔灌浆时，宜采用一点灌浆的方式；同一仓应连续灌浆，不得中途停顿；如果中途停顿再次灌浆或当一点灌浆遇到问题而需要改变灌浆点时，各灌浆套筒已封堵灌浆孔、出浆孔应重新打开，待灌浆料拌合物再次流出后进行封堵；灌浆料凝固后，取下灌排浆孔封堵胶塞，检查孔内凝固的灌浆料上表面应高于排浆孔下缘5mm以上（图17-87），

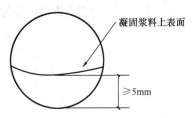

图17-87 充盈度检测标准

或按照接头型式检验时接头试件制作灌浆料充盈度检测的要求执行，保证灌浆料高度满足锚固长度不小于8倍钢筋直径的要求；

(5) 对水平钢筋套筒灌浆连接，灌浆作业应采用压浆法从灌浆套筒灌浆孔注入，当灌浆套筒灌浆孔、出浆孔的连接管或连接头处的灌浆料拌合物均高于灌浆套筒外表面最高点时应停止灌浆，并及时封堵灌浆孔、出浆孔；

(6) 灌浆料宜在加水后30min内用完；

(7) 散落的灌浆料拌合物不得二次使用；剩余的拌合物不得再次添加灌浆料、水后混合使用。

11. 当灌浆施工出现无法出浆的情况时，应查明原因，采取的施工措施应符合下列规定：

(1) 对于未密实、饱满的竖向连接灌浆套筒，当在灌浆料加水拌合30min内时，应首选在灌浆孔补灌；当灌浆料拌合物已无法流动时，可从出浆孔补灌，并应采用手动设备结合细管压力灌浆；

(2) 水平钢筋连接灌浆施工停止后30s，当发现灌浆料拌合物下降，应检查灌浆套筒的密封或灌浆料拌合物排气情况，并及时补灌或采取其他措施；

(3) 补灌应在灌浆料拌合物达到设计规定的位置后停止，并应在灌浆料凝固后再次检

查其位置符合设计要求。

12. 灌浆料同条件养护试件抗压强度达到 35N/mm² 后,方可进行对接头有扰动的后续施工;临时固定措施的拆除应在灌浆料抗压强度能确保结构达到后续施工承载要求后进行。

17.8.3　环筋扣合锚接

17.8.3.1　连接施工

(1) 连接部位现浇混凝土施工过程中,制定详细的临时存放措施,保证外露钢筋的位置、长度和顺直度,并应避免污染钢筋。吊装前,检验下方结构环形钢筋的位置、长度和表面,应符合设计要求。

(2) 预制构件吊装前,应检查构件的类型与编号。

(3) 预制构件就位前,应检查外露连接钢筋的表面,不应粘连混凝土、砂浆和发生锈蚀;当外露连接钢筋倾斜时,应进行校正。

(4) 预制构件安装前,应在预制构件及其支承构件间设置支撑架,确保构件支撑的稳定性。

(5) 上下层预制环扣外墙板连接应符合下列规定:

1) 上下层剪力墙的连接可分为单侧楼板连接和双侧楼板连接(图 17-88 和图 17-89);

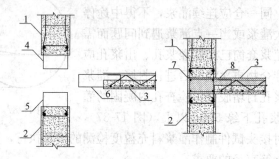

图 17-88　上下层预制环扣内外墙板单侧楼板连接构造
1、2—预制环扣内外墙板;3—环形钢筋混凝土叠合楼板;
4~6—环形钢筋;7—纵向钢筋;8—后浇段

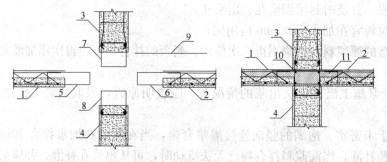

图 17-89　上下层预制环扣内外墙板双侧楼板连接构造
1、2—环形钢筋混凝土叠合楼板;3、4—预制环扣外墙板;
5~8—环形钢筋;9—环形钢筋混凝土叠合楼板负筋;
10—纵向钢筋;11—后浇段

2）预制环扣叠合楼板预留的环状钢筋宽度应小于预制剪力墙的环状钢筋宽度。

(6) 每片墙体就位完成后，应及时穿插水平接缝处纵向钢筋，水平纵向钢筋分段穿插，连接采用搭接连接，有防雷接地要求的采用搭接焊接。搭接长度应符合设计要求。

(7) 构件安装就位后须由项目部质检员会同监理工程师验收预制构件的安装精度。安装精度及负弯矩钢筋、水电预埋管线经验收签字通过后方可浇筑。

(8) 对叠合面进行认真清扫，并在浇筑前进行湿润。

(9) 浇筑上下墙体连接处，采用微膨胀，强度等级比预制墙体强度高一个等级。

17.8.3.2 工艺参数

(1) 楼层内相邻预制环形钢筋混凝土内、外预留的环形钢筋应保证伸出长度一致、位于同一标高。

(2) 预制环形钢筋混凝土内、外墙内配置的双向环形钢筋应闭合连接。

(3) 预制环形钢筋混凝土内、外墙应符合下列规定：

1）上下层相邻预制环形钢筋混凝土内、外墙的环形钢筋应交错设置，错开距离不宜大于 50mm；

2）墙内的竖向环形闭合钢筋宜采用端部扩大的形式，钢筋弯度 Δ 应符合现行行业标准《装配式环筋扣合锚接混凝土剪力墙结构技术标准》JGJ/T 430 的有关规定（图 17-90）。

(4) 环形钢筋混凝土叠合楼板应符合下列规定：

1）预制层钢筋骨架宜采用上弦筋、下弦筋及腹杆钢筋组成桁架钢筋；

2）预制层四周环形钢筋的留置长度和高度应符合现行行业标准《装配式环筋扣合锚接混凝土剪力墙结构技术标准》JGJ/T 430 的有关规定。

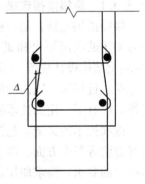

图 17-90 竖向环形闭合钢筋端部扩大示意

(5) 预制环形钢筋混凝土内外墙接缝处的水平扣合连接筋宜通长设置，两端伸入暗柱现浇区域的长度不宜小于 25 倍扣合连接筋的直径。

(6) 预制环形钢筋混凝土内外墙接缝处的水平扣合连接钢筋直径不应小于相应预制环形钢筋混凝土墙内水平分布钢筋的直径，且不应小于 10mm。

(7) 预制环形钢筋混凝土内、外墙上下层连接时，接缝处的水平扣合连接筋的竖向间距不宜大于 200mm。

(8) 楼层内预制环形钢筋混凝土内、外墙的水平连接应符合下列规定：

1）预制环形钢筋混凝土内、外墙预留的水平环形钢筋外露部分长度不宜小于墙体竖向分布钢筋 2 排间距的长度，且不应小于受拉钢筋基本锚固长度 l_{ab} 的 60%；

2）后置水平封闭箍筋扣合的竖向扣合连接筋每端不宜少于 2 排。

(9) 预制环形钢筋混凝土内、外墙上下层连接时，在环形钢筋交错扣合后形成的暗梁环筋内穿入的通长扣合连接筋应固定在暗梁的四周。

(10) 楼层内预制环形钢筋混凝土内、外墙连接时，宜首先逐层安放封闭箍筋，再由上而下插入竖向通长的扣合连接筋，与下层的扣合连接筋宜采用机械连接。

(11) 环形钢筋混凝土叠合楼板预制层预留的环形钢筋应与预制环形钢筋混凝土内、

外墙预留的环形钢筋交错扣合安装。

（12）预制环形钢筋混凝土内、外墙接缝处的水平扣合连接筋在单片剪力墙范围内宜通长设置，避免接头削弱。为确保扣合连接筋在暗柱区域内的锚固长度，水平扣合连接筋伸入两端暗柱的长度不宜小于 25 倍的水平扣合连接筋直径。

（13）竖向扣合连接筋的连接可采用焊接、机械连接等方式，由于竖向扣合连接筋连接时焊接连接不易操作，推荐采用机械连接，按照现行行业标准《钢筋机械连接技术规程》JGJ 107 等的有关规定执行。

（14）上下层相邻预制环形钢筋混凝土内、外墙连接时，剪力墙上下两端预留的环状钢筋交错扣合后，在其形成的环状钢筋内插入水平的扣合连接筋并进行绑扎，是为了增加剪力墙的连接刚度。

（15）环形钢筋混凝土内、外墙的边缘构件如果采用预制，墙内的竖向环形钢筋可根据需要适当加密。

17.8.4 浆锚搭接连接

17.8.4.1 浆锚搭接连接一般规定

浆锚搭接连接，是一种将需搭接的钢筋拉开一定距离的搭接方式。这种搭接技术在欧洲有多年的应用历史和研究成果，也称为间接搭接或间接锚固。早在我国 1989 年版的《混凝土结构设计规范》GBJ 10—1989 的条文说明中，已经将欧洲标准对间接的要求进行了说明。近年来，国内的科研单位及企业对各种形式的钢筋浆锚搭接连接接头进行了研究工作，已有了一定的技术基础。

这项技术的关键，包括孔洞内壁的构造及其成孔技术、灌浆料的质量以及约束钢筋的配置方法等各个方面。鉴于我国目前对钢筋浆锚搭接连接接头尚无统一标准，因此提出更为严格的要求，要求使用前对接头进行力学性能及适用性的试验验证，即对按一整套技术，包括混凝土孔洞形成方式、约束钢筋方式、钢筋布置方式、灌浆料、灌浆方式等形成的接头进行力学性能试验，并对采用此类接头技术的预制构件进行各项力学及抗震性能的试验验证，经过相关部门组织的专家论证或鉴定后方可适用。

浆锚搭接连接的连接方式主要有螺旋箍筋浆锚搭接连接（图 17-91a）和波纹管浆锚

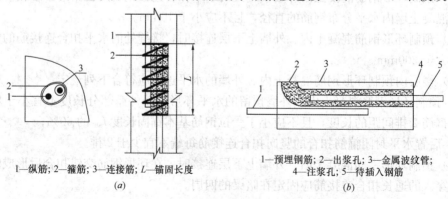

1—纵筋；2—箍筋；3—连接筋；L—锚固长度
(a)

1—预埋钢筋；2—出浆孔；3—金属波纹管；
4—注浆孔；5—待插入钢筋
(b)

图 17-91 浆锚搭接连接方式
(a) 螺旋箍筋浆锚搭接连接；(b) 波纹管浆锚搭接连接

搭接连接（图17-91b）。

预制剪力墙竖向钢筋一般采用套筒灌浆或浆锚搭接连接，在灌浆时宜采用灌浆料将墙底水平搭接同时灌满。灌浆料强度较高且流动性好，有利于保证接缝承载力。灌浆时，预制剪力墙构件下表面与楼面之间的缝隙周围可采用封边砂浆进行封堵和分仓，以保证水平接缝中灌浆料填充饱满。

纵向钢筋采用浆锚搭接连接时，对预留孔成孔工艺、孔道形状和长度、构造要求、灌浆料和被连接钢筋，应进行力学性能以及适用性的试验验证。直径大于20mm的钢筋不宜采用浆锚搭接连接，直接承受动力荷载构件的纵向钢筋不应采用浆锚搭接连接。

17.8.4.2 安装与连接

1. 钢筋浆锚搭接连接接头应采用水泥基灌浆料、灌浆料的性能应满足表17-101的要求

钢筋浆锚搭接连接接头用灌浆性能要求　　　表17-101

项目		性能指标	试验方法标准
泌水率（%）		0	《普通混凝土拌合物性能试验方法标准》GB/T 50080
流动度（mm）	初始值	≥200	《水泥基灌浆材料应用技术规范》GB/T 50448
	30min保留值	≥150	
竖向膨胀率（%）	3h	≥0.02	《水泥基灌浆材料应用技术规范》GB/T 50448
	24h与3h的膨胀率之差	0.02～0.5	
抗压强度（MPa）	1d	≥35	《水泥基灌浆材料应用技术规范》GB/T 50448
	3d	≥55	
	28d	≥80	
氯离子含量（%）		≤0.06	《混凝土外加剂匀质试验方法》GB/T 8077

2. 螺旋箍筋浆锚搭接连接：在预制构件中有螺旋箍筋约束的孔道中进行搭接的技术。

3. 波纹管浆锚搭接连接：金属波纹管浆锚搭接连接，墙板主要受力钢筋采用插入一定长度的钢套筒或预留金属波纹管孔洞，灌入高性能灌浆料形成的钢筋搭接连接接头；金属波纹浆锚管，采用镀锌钢带卷制形成的单波或双波形咬边扣压制成的预埋于预制钢筋混凝土构件中用于竖向钢筋浆锚接的金属波纹管。

4. 连接钢筋采用浆锚搭接连接（图17-92）时，可在下层预制剪力墙中设置竖向连接钢筋与上层预制剪力墙内的连接钢筋通过浆锚搭接连接，并符合《装配式混凝土结构技术规程》

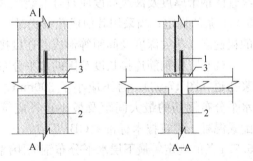

图17-92　连接钢筋浆锚搭接连接构造示意
1—钢筋浆锚搭接连接；2—连接钢筋；3—坐浆层

JGJ 1—2014第6.5.4条的规定；连接钢筋可在预制剪力墙中通长设置，或在预制剪力墙中可靠锚固。

5. 采用钢筋浆锚搭接连接的预制构件就位前，应检查下列内容：
（1）预埋孔的规格、位置、数量和深度；
（2）被连接钢筋的规格、数量、位置和长度；
当预留孔内有杂物时，应清理干净；当连接钢筋倾斜时，应进行校直。连接钢筋偏离

孔洞中心线不宜超过5mm。

6. 墙、柱构件的安装应符合下列规定：

（1）构件安装前，应清洁结合面；

（2）构件底部应设置可调整接缝厚度和底部标高的垫块；

（3）钢筋浆搭接连接接头灌浆前，应对接缝周围进行封堵，封堵措施应符合结合面承载力设计要求；

（4）多层预制剪力墙底部采用坐浆材料时，其厚度不宜大于20mm。

7. 钢筋浆锚搭接连接接头应按检验批划分要求及时灌浆，灌浆作业应符合国家现行有关标准及施工方案要求，并应符合下列规定：

（1）灌浆施工时，环境温度不应低于5℃；当连接部位养护温度低于10℃时，应采用加热保温措施；

（2）灌浆操作全过程应有专职检验人员负责旁站监督及时形成施工质量检查记录；

（3）应按产品使用说明的要求计量灌浆料和水的用量，并搅拌均匀；每次拌合物应进行流动度检测，且其流动度应满足规范的要求；

（4）灌浆作业应采用压浆法从下口灌注，当浆料从上口留出后应及时封堵，必要时可设分仓进行灌浆；

（5）灌浆料拌合物应在制备后30min内用完。

8. 预制剪力墙竖向钢筋采用浆锚搭接连接时，应符合下列规定：

（1）墙体底部预留灌浆孔道直线段长度应大于下层预制剪力墙连接钢筋伸入孔道内的长度30mm，孔道上部应根据灌浆要求设置合理弧度。孔道直径不宜小于40mm和2.5d（d为伸入孔道的连接钢筋直径）的较大值，孔道之间的水平净间距不宜小于50mm；孔道外壁至剪力墙外表面的净间距不宜小于30mm。当采用预埋金属波纹管成孔时，金属波纹管的钢带厚度及波纹高度应符合《装配式混凝土建筑技术标准》GB/T 51231—2016第5.2.2条的规定；当采用其他成孔方式时，应对不同预留成孔工艺、孔道形状、孔道内壁的粗糙度或花纹深度及间距等形成的连接接头进行力学性能以及适用性的试验验证。

（2）竖向钢筋连接长度范围的水平分布钢筋应加密，加密范围自剪力墙底部至预留灌浆孔道（图17-93），且不应小于300mm。加密区水平分布钢筋的最大间距及最小直径应符合《装配式混凝土建筑技术标准》GB/T 51231—2016第5.7.4条的规定，最下层水平分布钢筋距离墙身底部不应大于50mm。剪力墙竖向分布钢筋连接长度范围内未采取有效横向的间距不宜大于300mm且不少于2排；拉筋沿水平方向的间距不宜大于竖向分布钢筋间距，直径不应小于6mm；拉筋应紧靠被连接钢筋，并钩住最外层分布钢筋。

（3）边缘构件竖向钢筋连接长度范围内应采用加密水平封闭箍筋的横向约束措施或其他可靠措施。当采用加密水平封闭箍筋约束时，应沿竖向的间距，一级不应大于75mm，二、三级不应大

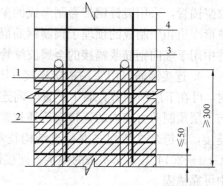

图17-93 钢筋浆锚搭接连接部位水平分布钢筋加密构造示意

1—预留灌浆孔道；2—水平分布钢筋加密区域（阴影区域）；3—竖向钢筋；4—水平分布钢筋

于 100mm，四级不应大于 150mm；箍筋沿水平方向的肢距不应小于 10mm，三、四级不应小于 8mm，宜采用焊接封闭箍筋图 17-94。

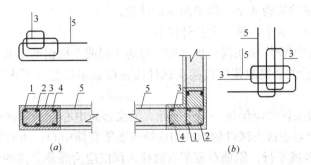

图 17-94　钢筋浆锚搭接连接长度范围内加密水平封闭箍筋约束构造示意
1—上层预制剪力墙边缘构件竖向钢筋；2—下层剪力墙边缘构件竖向钢筋；
3—封闭箍筋；4—预留灌浆孔道；5—水平分布钢筋

(4) 当竖向钢筋非单排连接时，下层预制剪力墙连接钢筋伸入预留灌浆孔道内的长度不应小于 $1.2L_{aE}$。

(5) 当竖向分布钢筋采用"梅花形"部分连接时，应符合《装配式混凝土建筑技术标准》GB/T 51231—2016 第 5.7.10 条的规定。

(6) 当竖向钢筋采用单排连接时，竖向分布钢筋符合《装配式混凝土建筑技术标准》GB/T 51231—2016 第 5.4.2 条的规定；剪力墙两侧竖向分布钢筋与配置于墙体厚度中部的连接钢筋搭接连接，连接钢筋位于内、外侧被连接钢筋的中间；连接钢筋受拉承载力不应大于上下层被连接钢筋受拉承载力较大值的 1.1 倍，间距不宜大于 300mm。连接钢筋自下层剪力墙顶算起的埋置长度不应小于 $1.2L_{aE}+b_w/2$（b_w 为墙体厚度），自上层预制墙体底部伸入预留灌浆孔道内的长度不应小于 $1.2L_{aE}+b_w/2$，L_{aE} 按连接钢筋直径计算。钢筋连接长度范围内应配置拉筋，同一连接接头的拉筋配筋面积不应小于连接钢筋的面积；拉筋沿竖向的间距的肢距不应大于竖向分布钢筋间距，直径不应小于 6mm；拉筋应紧靠连接钢筋，并钩住最外层分布钢筋。

17.8.5　施工现场接头的检验与验收

17.8.5.1　套筒灌浆连接接头的检验与验收

1. 属于下列情况时，应进行接头型式检验：
(1) 确定接头性能时；
(2) 灌浆套筒材料、工艺、结构改动时；
(3) 灌浆料型号、成分改动时；
(4) 钢筋强度等级、肋形发生变化时；
(5) 型式检验报告超过 4 年。

2. 用于型式检验的钢筋、灌浆套筒、灌浆料应符合国家现行标准《钢筋混凝土用钢 第 2 部分：热轧带肋钢筋》GB/T 1499.2、《钢筋混凝土用余热处理钢筋》GB/T 13014、《钢筋连接用灌浆套筒》JG/T 398、《钢筋连接用套筒灌浆料》JG/T 408 的规定。

3. 每种套筒灌浆连接接头型式检验的试件数量与检验项目应符合下列规定：

(1) 对中接头试件应为 9 个，其中 3 个做单向拉伸试验、3 个做高应力反复拉压试验、3 个做大变形反复拉压试验；

(2) 偏置接头试件应为 3 个，做单向拉伸试验；

(3) 钢筋试件应为 3 个，做单向拉伸试验；

(4) 全部试件的钢筋均应在同一炉（批）号的 1 根或 2 根钢筋上截取。

4. 用于型式检验的套筒灌浆连接接头试件应在检验单位监督下由送检单位制作，并应符合下列规定：

(1) 3 个偏置接头试件应保证一端钢筋插入灌浆套筒中心，一端钢筋偏置后钢筋横肋与套筒壁接触；9 个对中接头试件的钢筋均应插入灌浆套筒中心；所有接头试件的钢筋应与灌浆套筒轴线重合或平行，钢筋在灌浆套筒插入深度应为灌浆套筒的设计锚固深度；

(2) 接头试件应按现行行业标准《钢筋套筒灌浆连接应用技术规程》JGJ 355 的有关规定进行灌浆；对于半灌浆套筒连接，机械连接端的加工应符合现行行业标准《钢筋机械连接技术规程》JGJ 107 的有关规定；

(3) 采用灌浆料拌合物制作的 40mm×40mm×160mm 试件不应少于 1 组，并宜留设不少于 2 组；

(4) 接头试件及灌浆料试件应在标准养护条件下养护；

(5) 接头试件在试验前不应进行预拉。

5. 型式检验试验时，灌浆料抗压强度不应小于 80N/mm²，且不应大于 95N/mm²；当灌浆料 28d 抗压强度合格指标（f_g）高于 85N/mm² 时，试验时的灌浆料抗压强度低于 28d 抗压强度合格指标（f_g）的数值不应大于 5N/mm²，且超过 28d 抗压强度合格指标（f_g）的数值不应大于 10N/mm² 与 $0.1f_g$ 两者的较大值；当型式检验试验时灌浆料抗压强度低于 28d 抗压强度合格指标（f_g）时，应增加检验灌浆料 28d 抗压强度。

6. 型式检验的试验方法应符合现行行业标准《钢筋机械连接技术规程》JGJ 107 的有关规定，并应符合下列规定：

(1) 接头试件的加载力应符合现行行业标准《钢筋套筒灌浆连接应用技术规程》JGJ 355 的有关规定；

(2) 偏置单向拉伸接头试件的抗拉强度试验应采用零到破坏的一次加载制度；

(3) 大变形反复拉压试验的前后反复 4 次变形加载值分别应取 $2\varepsilon_{yk}L_g$ 和 $5\varepsilon_{yk}L_g$，其中 ε_{yk} 是应力为屈服强度标准值时的钢筋应变，计算长度 L_g 应按下式计算：

$$L_g = L/4 + 4d_s \tag{17-28}$$

式中　L——灌浆套筒长度（mm）；

　　　d_s——钢筋公称直径（mm）。

7. 当型式检验的灌浆料抗压强度符合现行行业标准《钢筋套筒灌浆连接应用技术规程》JGJ 355 的有关规定，且型式检验试验结果符合下列规定时，可评为合格：

(1) 强度检验：每个接头试件的抗拉强度实测值均应符合现行行业标准《钢筋套筒灌浆连接应用技术规程》JGJ 355 的有关规定；3 个对中单向拉伸试件、3 个偏置单向拉伸试件的屈服强度实测值均应符合现行行业标准《钢筋套筒灌浆连接应用技术规程》JGJ 355 的有关规定。

(2) 变形检验：对残余变形和最大力下总延伸率，相应项目的 3 个试件实测值的平均值应符合现行行业标准《钢筋套筒灌浆连接应用技术规程》JGJ 355 的有关规定。

8. 型式检验应由专业检测机构进行，并应按现行行业标准《钢筋套筒灌浆连接应用技术规程》JGJ 355 规定的格式出具检验报告。

9. 采用钢筋套筒灌浆连接的混凝土结构验收应符合现行国家标准《混凝土结构工程施工质量验收规范》GB 50204 的有关规定，可划入装配式结构分项工程。

10. 灌浆应饱满、密实，所有出口均应出浆。

检查数量：全数检查。

检验方法：检查灌浆施工质量检查记录、有关检验报告。

11. 灌浆料强度应符合国家现行有关标准的规定及设计要求。

检查数量：按批检验，以每层为一检验批；每工作班应制作 1 组且每层不应少于 3 组 40mm×40mm×160mm 的长方体试件，标准养护 28d 后进行抗压强度试验。

检验方法：检查灌浆料强度试验报告及评定记录。

12. 工程应用套筒灌浆连接时，应由接头提供单位提交所有规格接头的有效型式检验报告。验收时应核查下列内容：

(1) 工程中应用的各种钢筋强度级别、直径对应的型式检验报告应齐全，报告应合格有效；

(2) 型式检验报告送检单位与现场接头提供单位应一致；

(3) 型式检验报告中的接头类型，灌浆套筒规格、级别、尺寸，灌浆料型号与现场使用的产品应一致；

(4) 型式检验报告应在 4 年有效期内，可按灌浆套筒进厂（场）验收日期确定；

(5) 接头试件型式检验报告应包括基本参数和试验结果两部分。

13. 灌浆套筒进厂（场）时，应抽取灌浆套筒检验外观质量、标识和尺寸偏差。检验结果应符合现行行业标准《钢筋连接用灌浆套筒》JG/T 398 及《钢筋套筒灌浆连接应用技术规程》JGJ 355 的有关规定。

检查数量：同一批号、同一类型、同一规格的灌浆套筒，不超过 1000 个为一批，每批随机抽取 10 个灌浆套筒。

检验方法：观察，尺量检查。

14. 灌浆料进场时，应对灌浆料拌合物 30min 流动度、泌水率及 3d 抗压强度、28d 抗压强度、3h 竖向膨胀率、24h 与 3h 竖向膨胀率差值进行检验。检验结果应符合现行行业标准《钢筋套筒灌浆连接应用技术规程》JGJ 355 的有关规定。

检查数量：同一成分、同一批号的灌浆料，不超过 50t 为一批，每批按现行行业标准《钢筋连接用套筒灌浆料》JG/T 408 的有关规定随机抽取灌浆料制作试件。

检验方法：检查质量证明文件和抽样检验报告。

15. 灌浆施工前，应对不同钢筋生产企业的进场钢筋进行接头工艺检验；施工过程中，当更换钢筋生产企业，或同生产企业生产的钢筋外形尺寸与已完成工艺检验的钢筋有较大差异时，应再次进行工艺检验。接头工艺检验应符合下列规定：

(1) 灌浆套筒埋入预制构件时，工艺检验应在预制构件生产前进行；当现场灌浆施工单位与工艺检验时的灌浆单位不同，灌浆前应再次进行工艺检验；

(2) 工艺检验应模拟施工条件制作接头试件，并应按接头提供单位提供的施工操作要求进行；低温型套筒灌浆料制作的接头工艺检验，应按照低温型套筒灌浆料抗压强度试件制作的环境要求制作接头试件和进行相应养护，在-7d+21d后进行接头工艺检验；

（3）每种规格钢筋应制作3个对中套筒灌浆连接接头，并应检查灌浆质量；

（4）采用灌浆料拌合物制作的40mm×40mm×160mm试件不应少于1组；

（5）接头试件及灌浆料试件应在标准养护条件下养护28d；

（6）每个接头试件的抗拉强度、屈服强度应符合现行行业标准《钢筋套筒灌浆连接应用技术规程》JGJ 355的有关规定，3个接头试件残余变形的平均值应符合现行行业标准《钢筋套筒灌浆连接应用技术规程》JGJ 355的有关规定；灌浆料抗压强度应符合现行行业标准《钢筋套筒灌浆连接应用技术规程》JGJ 355的有关规定；

（7）接头试件在量测残余变形后可再进行抗拉强度试验，并应按现行行业标准《钢筋机械连接技术规程》JGJ 107规定的钢筋机械连接型式检验单向拉伸加载制度进行试验；

（8）第一次工艺检验中1个试件抗拉强度或3个试件的残余变形平均值不合格时，可再抽3个试件进行复检，复检仍不合格判为工艺检验不合格；

（9）工艺检验应由专业检测机构进行，并应按现行行业标准《钢筋套筒灌浆连接应用技术规程》JGJ 355规定的格式出具检验报告。

16. 灌浆套筒进厂（场）时，应抽取灌浆套筒并采用与之匹配的灌浆料制作对中连接接头试件，并进行抗拉强度检验，抗拉强度检验接头试件应模拟施工条件并按施工方案制作。接头试件应在标准养护条件下养护28d。接头试件的抗拉强度试验应采用零到破坏或零到连接钢筋抗拉荷载标准值1.15倍的一次加载制度，并应符合现行行业标准《钢筋机械连接技术规程》JGJ 107的有关规定。检验结果均应符合现行行业标准《钢筋套筒灌浆连接应用技术规程》JGJ 355的有关规定。

检查数量：同一批号、同一类型、同一规格的灌浆套筒，不超过1000个为一批，每批随机抽取3个灌浆套筒制作对中连接接头试件。

检验方法：检查质量证明文件和抽样检验报告。

17. 灌浆施工中，灌浆料的28d抗压强度应符合现行行业标准《钢筋套筒灌浆连接应用技术规程》JGJ 355的有关规定。用于检验抗压强度的灌浆料试件应在施工现场制作。

检查数量：每工作班取样不得少于1次，每楼层取样不得少于3次。每次抽取1组40mm×40mm×160mm的试件，标准养护28d后进行抗压强度试验。

检验方法：检查灌浆施工记录及抗压强度试验报告。

17.8.5.2 环筋扣合锚接接头的检验与验收

（1）装配式环筋扣合锚接混凝土剪力墙结构预制构件中的钢筋采用焊接连接时，其焊接质量应符合现行行业标准《钢筋焊接及验收规程》JGJ 18的有关规定。

检查数量：按现行行业标准《钢筋焊接及验收规程》JGJ 18的有关规定确定。

检验方法：检查钢筋焊接施工记录及平行加工试件的强度试验报告。

（2）预制环形钢筋尺寸允许偏差及检验方法，应符合表17-102的相关规定。

预制环形钢筋混凝土内外墙板尺寸允许偏差及检验方法　　　　表17-102

项目		允许偏差（mm）	检验方法
预留钢筋	中心位置	3	钢尺或测距仪检查
	外露长度	±3	钢尺或测距仪检查

17.8.5.3 浆锚搭接连接接头的检验与验收

1. 用于钢筋浆锚搭接连接的镀锌金属波纹管应符合现行行业标准《预应力混凝土用金属波纹管》JG/T 225 的有关规定。镀锌金属波纹管的钢带厚度不宜小于 0.3mm，波纹高度不应小于 2.5mm。钢筋浆锚连接用镀锌金属波纹管进厂检验符合下列规定：

（1）应全数检查外观质量，其外观应清洁，内外表面应无锈蚀、油污、附着物、孔洞，不应有不规则褶皱，咬口应无开裂、脱扣；

（2）应进行径向刚度和抗渗漏性能检验，检查数量应按进场的批次和产品的抽样检验方案确定；

（3）检验结果应符合现行行业标准《预应力混凝土用金属波纹管》JG/T 225 的规定；

2. 用于水平钢筋锚环灌浆连接的水泥基灌浆材料应符合现行国家标准《水泥基灌浆材料应用技术规范》GB/T 50448 的有关规定。

3. 连接部位缺陷：缺陷现象——构件连接处混凝土缺陷及连接钢筋、连接件松动、插筋严重锈蚀、弯曲，灌浆套筒堵塞、偏位，灌浆孔洞堵塞、偏位、破损等缺陷；严重缺陷——连接部位有影响结构传力性能的缺陷；一般缺陷——连接部位有基本不影响结构传力性能的缺陷。

4. 预制构件尺寸偏差：预留孔、预留洞、预留插筋的位置和检验方法见表 17-103 的规定。预制构件的预埋件、插筋、预留孔的规格、数量应满足设计要求，检查数量应全数检验，检验方法为观察和量测。

预留孔、预留洞、预留插筋的位置允许偏差和检验方法 表 17-103

检查项目		允许偏差（mm）	检验方法
预留孔	中心线位置偏移	5	用尺量测纵横两个方向的中心线位置，取其中较大值
	孔尺寸	±5	用尺量测纵横两个方向尺寸，取其较大值
预留洞	中心线位置偏移	5	用尺量测纵横两个方向的中心线位置，取其中较大值
	孔尺寸	±5	用尺量测纵横两个方向尺寸，取其较大值
预留插筋	中心线位置偏移	3	用尺量测纵横两个方向的中心线位置，取其中较大值
	外露长度	±5	用尺量

5. 采用浆锚搭接连接的夹芯保温外墙板应在保温材料部位采用弹性密封材料进行封堵。采用浆锚搭接连接的墙板需要分仓灌浆时；应采用坐浆料进行分仓，多层剪力墙采用坐浆时均匀铺设坐浆料；坐浆料强度应满足设计要求。

6. 采用钢筋浆锚搭接连接的预制构件施工，应符合下列规定：

（1）现浇混凝土中伸出的钢筋应采用专用模具进行定位，并应采用可靠的固定措施控制连接钢筋的中心位置及外露长度满足设计要求；

（2）构件安装前应检查预制构件上套筒、预留孔的规格、位置、数量和深度；当套筒、预留孔内有杂物时，应清理干净；

（3）应检查连接钢筋的规格、数量、位置和长度。当连接钢筋倾斜时，应进行校直；连接钢筋偏离套筒或孔洞中心线不宜超过 3mm。连接钢筋中心位置存在严重偏差影响预制构件安装时，应会同设计单位制定专项处理方案，严禁随意切割、强行调整定位钢筋。

7. 钢筋采用浆锚搭接连接时，灌浆应饱满、密实，所有出口均应出浆。检查数量应全数检查，检验方法应检查灌浆施工质量检查记录、有关检验报告。

8. 钢筋浆锚连接用的灌浆料强度应符合国家现行有关标准的规定及设计要求。检查数量应按批检验，以每层为一检验批；每工作班应制作1组且每层不应少于3组40mm×40mm×160mm的长方体试件，标准养护28d后进行抗压强度试验。检验方法应检查灌浆料强度试验报告及评定记录。

9. 预制构件底部接缝坐浆强度应满足设计要求。检查数量应按批检验，以每层为一检验批；每工作班同一配合比应制作1组且每层不应少于3组边长70.7mm的立方体试件，标准养护28d后进行抗压强度试验。检验方法应检查坐浆材料强度试验报告及评定记录。

17.9 钢筋安装

17.9.1 一般规定

1. 混凝土结构的钢筋应按下列规定选用：

（1）纵向受力普通钢筋可采用HRB400、HRB500、HRBF400、HRBF500、RRB400、HPB300钢筋；梁、柱和斜撑构件的纵向受力普通钢筋宜采用HRB400、HRB500、HRBF400、HRBF500钢筋。

（2）箍筋宜采用HRB400、HRBF400、HPB300、HRB500、HRBF500钢筋。

2. 钢筋的强度标准值应具有不小于95%的保证率。普通钢筋的屈服强度标准值f_{yk}、极限强度标准值f_{stk}应按表17-104采用。

普通钢筋强度标准值（N/mm²）　　　　表17-104

牌号	公称直径d（mm）	屈服强度标准值f_{yk}	极限强度标准值f_{stk}
HPB300	6~14	300	420
HRB400	6~50	400	540
HRBF400			
RRB400			
HRB500	6~50	500	630
HRBF500			

17.9.2 安装优化

1. 采用BIM技术对复杂节点进行三维深化模拟。首先，利用三维模型对柱梁节点进行深化，将节点处钢筋排布存在的问题以直观的方式展现出来；其次，召集技术、质量、施工各专业线，与钢结构单位、加工厂商一起讨论，提出各类解决方案；然后，用BIM技术再次对可行的方案进行施工模拟，选出最优排布方式；最后，与设计方确定后，依照三维排布结果，全面把控复杂节点的施工。

2. 通过BIM可视化的优势分析节点钢筋的交叉搭接关系，对复杂节点逐一进行研讨分析，应用复杂节点整体模型对节点钢筋安装的顺序进行调整和优化。

（1）根据 CAD 施工图纸中梁、柱、板等构件的配筋信息，建立复杂节点密集钢筋模型。

（2）进行碰撞检测，检查钢筋之间是否存在碰撞，按照碰撞结果优化钢筋设计、制定解决方案，重新得到钢筋的分布图。

17.9.3 钢筋现场绑扎

17.9.3.1 准备工作

（1）熟悉设计图纸，并根据设计图纸核对成品钢筋的牌号、规格、直径、形状、尺寸和数量等是否与下料单相符。如有错漏，应纠正增补。

（2）准备绑扎用的工具，主要包括钢筋钩或全自动绑扎机、带扳口的小撬棍、扳子、绑扎架、钢丝刷、石笔、尺子等。

（3）钢筋绑扎用的铁丝，一般采用 20～22 号镀锌钢丝。其中，22 号钢丝只用于绑扎直径 12mm（包含）以下的钢筋，直径＞12mm 的钢筋采用 20 号钢丝。钢丝长度只要满足绑扎要求即可，一般是将整捆的钢丝切割为 3～4 段。

（4）准备控制混凝土保护层厚度用的砂浆垫块或塑料垫块、塑料支架等。

砂浆垫块需要提前制作，以保证其有一定的抗压强度，防止使用时粉碎或脱落。当保护层厚度小于等于 20mm 时，其大小为 30mm×30mm；大于 20mm 时，其大小为 50mm×50mm，厚度为设计保护层厚度。在四面设有凹槽，便于放置钢筋。当在垂直方向使用垫块时，需在垫块制作时埋入绑扎丝。

塑料垫块有两类，见图 17-95。一类是用于水平构件（如梁、板）钢筋底部，在两个方向均有凹槽，以便适应两种保护层厚度；另一类是用于垂直构件（如柱、墙）钢筋侧面，使用时钢筋从卡嘴进入卡腔。

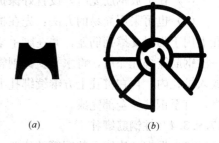

图 17-95 混凝土保护层用垫块示意图
(a) 水平钢筋保护层垫块；
(b) 竖向钢筋保护层支架

（5）绑扎墙、柱钢筋前，先搭设好脚手架，一是作为绑扎钢筋的操作平台；二是用于对钢筋的临时固定，防止钢筋倾斜。

（6）弹出墙、柱等结构的边线和标高控制线，用于控制钢筋的位置和高度。

17.9.3.2 钢筋绑扎接头

钢筋的绑扎接头在搭接长度范围内应采用接头中心和两端铁丝扎牢。同一构件中相邻纵向受力钢筋的绑扎搭接接头宜相互错开。绑扎搭接接头中钢筋的横向净距不应小于钢筋直径，且不应小于 25mm。

17.9.3.3 基础钢筋绑扎

1. 按基础的尺寸分配好基础钢筋的位置，用石笔将其位置画在垫层上。
2. 将主次钢筋按画出的位置摆放好。
3. 当有基础底板和基础梁时，基础底板的下部钢筋应放在梁筋的下部。对基础底板的下部钢筋，主筋在下分布筋在上；对基础底板的上部钢筋，主筋在上分布筋在下。
4. 基础底板的钢筋可以采用八字扣或顺扣，基础梁的钢筋应采用八字口，防止其倾斜变形。绑扎铁丝的端部应弯入基础内，不得伸入保护层内。

5. 根据设计保护层厚度垫好保护层垫块。垫块间距一般为 1~1.5m。下部钢筋绑扎完后，穿插进行预留、预埋的管道安装。

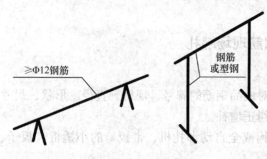

图 17-96 马凳示意图

6. 钢筋马凳可用钢筋弯制、焊制。当上部钢筋规格较大、较密时，也可采用型钢等材料制作。其规格及间距应通过计算确定。常见的样式见图 17-96。

7. 桩钢筋成型及安装

（1）分段制作的钢筋笼，其接头宜采用焊接或机械接头（钢筋直径大于 20mm），并应遵守国家现行标准《钢筋机械连接通用技术规程》JGJ 107、《钢筋焊接及验收规程》JGJ 18 和《混凝土结构工程施工质量验收规范》GB 50204 的规定。

（2）加劲箍宜设在主筋外侧，当因施工工艺有特殊要求时也可置于内侧。

（3）钢筋笼一般先在钢筋场制作成型，然后用起重机吊起送入桩孔。

（4）当钢筋笼的长度较长时，可采用双起重机吊装。吊装时，先用一台起重机将钢筋笼上部吊起，再用另一台起重机吊起钢筋笼下部，离地高度约 1m，然后第一台起重机再继续起吊并调整吊钩的位置，直至钢筋笼完全竖直，将钢筋笼吊至桩孔上方并与桩孔对正；最后，将钢筋笼缓慢送入桩孔。

（5）在下放钢筋笼时，设置好保护层垫块。

（6）也可采用简易的方法：先在桩孔上方搭设绑扎钢筋的脚手架，将钢管水平放在桩孔上用于临时支撑钢筋笼，并在脚手架顶部用手拉或电动葫芦将第一段钢筋笼吊住，待第一段钢筋笼绑扎完后，将水平支撑钢管抽出，用手拉或电动葫芦将已经绑扎完钢筋笼缓缓放入桩孔内，再在桩孔上方继续绑扎上面一段钢筋笼；然后，将第二段放入桩孔，依次类推，直至钢筋笼全部完成。

17.9.3.4 柱钢筋绑扎

（1）根据柱边线调整钢筋的位置，使其满足绑扎要求。

（2）计算好本层柱所需的箍筋数量，将所有箍筋套在柱的主筋上。

（3）将柱子的主筋接长，并把主筋顶部与脚手架做临时固定，保持柱主筋垂直；然后，将箍筋从上至下以此绑扎。

（4）柱箍筋要与主筋相互垂直，矩形柱箍筋的端头应与模板面成 135°角。柱中的竖向钢筋搭接时，角部主筋的弯钩平面与模板面成 45°角；多边形柱应为模板内角的平分角，圆形柱应与模板切线面垂直；中间钢筋的弯钩平面应与模板面成 90°角；如果用插入式振动器浇筑小型截面柱时，弯钩平面与模板面的夹角不得小于 15°。

（5）柱箍筋的接头（弯钩叠合处）应沿纵向受力钢筋方向交错布置，不得在同一位置。绑扎箍筋时绑扣相互间应成八字形。

（6）绑扎完成后，将保护层垫块或塑料支架固定在柱主筋上。

（7）框架梁、牛腿及柱帽等钢筋，应放在柱的纵向钢筋内侧。

（8）柱钢筋的绑扎，应在模板安装前进行。

17.9.3.5 墙钢筋绑扎

(1) 根据墙边线调整墙插筋的位置,使其满足绑扎要求。

(2) 每隔2～3m绑扎一根竖向钢筋,在高度1.5m左右的位置绑扎一根水平钢筋;然后,把其余竖向钢筋与插筋连接,将竖向钢筋的上端与脚手架作临时固定并校正垂直。

(3) 在竖向钢筋上画出水平钢筋的间距,从下往上绑扎水平钢筋。墙的钢筋网,除靠近外围两行钢筋的相交点全部扎牢外,中间部分交叉点可间隔交错扎牢,但应保证首例钢筋不产生位置偏移;双向受力的钢筋,必须全部扎牢。绑扎应采用八字扣,绑扎丝的多余部分应弯入墙内。

(4) 应根据设计要求确定水平钢筋是在竖向钢筋的内侧还是外侧。当设计无要求时,按竖向钢筋在里水平钢筋在外布置。

(5) 墙筋的拉结筋应勾在竖向钢筋和水平钢筋的交叉点上,并绑扎牢固。为方便绑扎,拉结筋一般做成一端135°弯钩,另一端90°弯钩的形状,所以在绑扎完后还要用钢筋扳子把90°的弯钩弯成135°。

(6) 在钢筋外侧绑上保护层垫块或塑料支架。

(7) 墙的钢筋,可在基础钢筋绑扎后,浇筑混凝土前插入基础内。

(8) 墙钢筋的绑扎,也应在模板安装前进行。

17.9.3.6 梁板钢筋绑扎

(1) 梁钢筋绑扎前应确定好主梁、次梁和楼板钢筋的位置关系,楼板、次梁与主梁交叉处,楼板的主筋在上,次梁的主筋居中,主梁的主筋在下(图17-97);当有圈梁或垫梁时,主梁的钢筋在上(图17-98)。

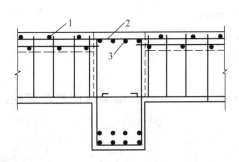
图17-97 板、次梁与主梁交叉处钢筋
1—板的钢筋;2—次梁钢筋;3—主筋钢筋

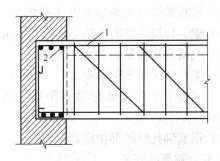
图17-98 主梁与垫梁交叉处钢筋
1—主梁钢筋;2—垫梁钢筋

(2) 先穿梁上部钢筋,再穿下部钢筋,最后穿弯起钢筋;然后,根据在事先画好的箍筋控制点将箍筋分开,间隔一定距离先将其中的几个箍筋与主筋绑扎好;最后,再依次绑扎其他箍筋。

(3) 梁箍筋的接头(弯钩叠合处)部位应在梁的上部。除设计有特殊要求外,应与受力钢筋垂直设置;箍筋弯钩叠合处,应沿受力钢筋方向错开设置。

(4) 梁端第一个箍筋应在距支座边缘50mm处。

(5) 当梁纵向受力钢筋为双层或多层排列时,各排主筋之间的净距不应小于25mm,且不小于主筋的直径。现场可用与净距相等直径的短钢筋作垫块在各主筋之间,以控制其间距，短钢筋方向与主筋垂直。短钢筋的长度为梁宽减两个保护层厚度，短钢筋不应伸入混凝土保护层内。

（6）梁钢筋可在梁侧模安装前在梁底模板上绑扎，也可在梁侧模安装完后在模板上方绑扎，绑扎成钢筋笼后再整体放入梁模板内。第二种绑扎方法一般只用于次梁或梁高较小的梁。

（7）板的钢筋网绑扎与基础相同，但应注意板上部的负筋，要防止被踩下；特别是雨篷、挑檐、阳台等悬臂板，要严格控制负筋位置，以免拆模后断裂。对于单向板钢筋，除靠近外围两行钢筋的相交点全部扎牢外，中间部分交叉点可间隔交错绑扎牢固，但应保证受力钢筋不产生位置偏移；双向受力的钢筋，必须全部扎牢。相邻绑扎扣应成八字形，防止钢筋变形。

（8）板底层钢筋绑扎完，穿插预留预埋管线的施工，然后绑扎上层钢筋。

（9）在两层钢筋间应设置马凳，以控制两层钢筋的间距。马凳的形式如图17-99所示，间距一般为1m。如上层钢筋的规格较小容易弯曲变形时，其间距应缩小。

（10）对楼梯钢筋，应先绑扎楼梯梁钢筋，再绑扎休息平台板和斜板的钢筋。休息平台板或斜板钢筋绑扎时，主筋在下分布筋在上，所有交叉点均应绑扎牢固。

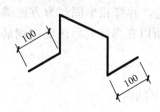

图17-99 楼板钢筋马凳示意图

17.9.3.7 特殊节点钢筋绑扎

1. 钢筋绑扎的细部构造要求

（1）过梁箍筋应有一根在暗柱内，且距暗柱边50mm；

（2）楼板的纵横钢筋距墙边（或梁边）50mm；

（3）梁、柱接头处的箍筋距柱边50mm；

（4）次梁两端箍筋距主梁50mm；

（5）阳台留出竖向钢筋距墙边50mm；

（6）墙面水平筋或暗柱箍筋距楼（地）面30～50mm；墙面纵向筋距暗柱、门口边50mm；

（7）钢筋绑扎时的绑扣应朝向内侧。

2. 复合箍筋的安装

（1）复合箍筋的外围应选用封闭箍筋。梁类构件复合箍筋宜尽量选用封闭箍筋，单数肢也可采用拉筋；柱类构件复合箍筋可全部采用拉筋；

（2）复合箍筋的局部重叠不宜少于2层。当构件两个方向均采用复合箍筋时，外围封闭箍筋应位于两个方向的内部箍筋（或拉筋）中间。当拉筋设置在复合箍筋内部不对称的一边时，沿构件周线方向相邻箍筋应交错布置；

（3）拉筋宜紧靠封闭箍筋，并钩住纵向钢筋。

3. 体育场看台钢筋的绑扎

体育场看台板有平板、折板等形式。平板式看台板钢筋的绑扎方法与普通楼板的钢筋的绑扎方法相同，折板钢筋应在折板的竖向模板支设前绑扎，钢筋的位置应满足设计要求。

4. 斜柱钢筋的绑扎

斜柱钢筋的绑扎方法与普通柱基本相同。但是，应在绑扎过程中对斜柱钢筋进行临时支撑，防止其倾斜或扭曲。

5. 预埋件的安装

（1）柱、墙、梁等结构侧面的预埋件，应在模板支设前安装。混凝土底部或顶部的预埋件安装前，要先在模板或钢筋上画出预埋件的位置。

（2）结构侧面的预埋件安装时，先根据结构轴线及标高控制线确定预埋件的位置和高度，与钢筋骨架临时固定；然后，再根据保护层厚度调整其伸出钢筋骨架的尺寸；最后，再与钢筋骨架固定牢固。

（3）梁底或板底的预埋件，应在模板安装完成后就位并临时固定，钢筋绑扎时，再与钢筋绑扎牢固。

（4）混凝土顶面预埋件的安装，应在模板及钢筋安装完成后进行。

6. 墙体拉结筋的留置

（1）填充墙拉结筋的留置有以下几种常用的方法：

1）在模板上打孔，留插筋。为方便拆模，其外露端部先不做弯钩，拆模后再将末端弯成90°弯钩。墙体拉结筋可以一次留足长度，也可先预埋100～200mm长插筋，墙体砌筑前再采用搭接焊接长至所需长度。焊缝长度为：单面搭接焊 $10d$，双面搭接焊 $5d$。

2）预埋铁件，拆模后将拉结筋与铁件进行焊接。对于钢模板，一般无法在模板上打孔，可采用这种方法。预埋铁件的样式见图17-100。

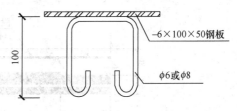

图17-100 拉结筋预埋件

3）植筋。这种方法安装简便，拉结筋位置容易控制，但是由于锚固胶的耐久性还不是十分确切，而且植筋的质量也存在很多问题，因此有些地区不允许采用植筋的方法留置拉结筋。如须采用这种方法，事先应与当地主管部门和设计单位协商。

（2）砖混结构的拉结筋，在砌筑时随砌随放。

（3）拉结筋采用 $\phi 6$ 圆钢，竖向间距为500mm，长度应根据设计要求及有关图集确定。

17.9.3.8 装配式建筑后浇部位钢筋绑扎

（1）边缘构件内的配筋及构造要求应符合现行国家标准《建筑抗震设计标准》GB/T 50011 的有关规定；预制剪力墙的水平分布钢筋在后浇段内的锚固、连接应符合现行国家标准《混凝土结构设计标准》GB/T 50010 的有关规定。

（2）预制墙体间现浇节点钢筋绑扎前，应对墙体预留胡子筋进行校正，确保钢筋的规格、形状、尺寸、数量、锚固长度、接头设计等必须符合设计及规范要求。竖向钢筋连接采用搭接方式，对于搭接长度不能满足要求的钢筋，可采用焊接连接（单面焊 $10d$ 或双面焊 $5d$）。

（3）非边缘构件位置，后浇段内应设置不少于4根竖向钢筋，钢筋直径不应小于墙体竖向分布筋直径且不应小于8mm；两侧墙体的水平分布筋在后浇段内的锚固、连接应符合现行国家标准《混凝土结构设计标准》GB/T 50010 的有关规定。

（4）预制墙体连接节点处钢筋绑扎时，先绑扎水平箍筋，后绑扎竖向钢筋。为了便于现场箍筋绑扎施工，避免工人野蛮扳弯胡子筋，墙体连接节点处箍筋宜采用开口箍筋，墙体连接节点处箍筋绑扎前，根据施工图纸在预制墙体上用粉笔标定暗柱箍筋的位置，并将箍筋交叉放置就位、固定。待水平筋绑扎完成后，进行竖向钢筋绑扎施工，墙体连接节点处竖向钢筋绑扎时，竖向钢筋与底部插筋采用搭接方式连接，搭接长度范围内暗柱箍筋直径不应小于搭接钢筋最大直径的25%，箍筋间距不应大于竖向钢筋最小直径的5倍，且不应大于100mm。

（5）每片墙体就位完成后，应及时穿插水平接缝处纵向钢筋，钢筋不少于两根，其直径不宜小于12mm。水平纵向钢筋分段穿插，连接采用搭接连接，搭接长度应符合设计要求。填充墙顶部KL（LL）上部纵向钢筋穿插锚入两边墙体或现浇柱内。钢筋穿插到位后及时绑扎牢固。

（6）叠合板钢筋绑扎时，应根据设计图纸中钢筋分布要求，进行叠合板上层钢筋绑扎，绑扎过程中增加附加通长构造钢筋及接缝处板底连接纵筋应满足《装配式混凝土结构连接节点构造（2015年合订本）》G310-1~2的要求。接缝部位附加通长构造钢筋，内部穿纵向钢筋。

（7）叠合板之间采用密拼连接时，接缝部位附加通长构造钢筋，内部穿纵向钢筋，连接构造如图17-101所示。

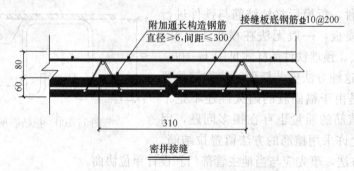

图17-101 叠合楼板与叠合楼板水平连接构造

竖向现浇节点钢筋绑扎要求如下：
1）绑扎前将现浇边缘柱内的垃圾清理干净，并校正预制墙板的预留钢筋。
2）绑扎前在预制板上标定边缘柱箍筋的位置，首先将现浇边缘柱的箍筋按照标志的箍筋位置交叉放置在U形钢筋之间，放置时必须保证边缘柱加密区箍筋的数量。
3）插入边缘柱的竖向钢筋，与下层钢筋直螺纹连接后，进行绑扎固定。
4）墙体钢筋绑扎时，保证暗柱钢筋与预制墙体U形钢筋、箍筋绑扎固定形成一体。

17.9.4 钢筋网与钢筋骨架安装

17.9.4.1 绑扎钢筋网与钢筋骨架安装

（1）为便于运输，绑扎钢筋网的尺寸不宜过大，一般以两个方向的边长均不超过5m为宜。对钢筋骨架，如果在现场绑扎成型，长度一般不超过12m；如果在场外绑扎成型，长度一般不超过9m。

(2) 对于尺寸较大的钢筋网，为防止在运输和安装过程中发生歪斜变形，运输和吊装时应采取防止变形的临时加固措施，如在钢筋网上绑扎两道斜向钢筋，形成 X 形。钢筋骨架也可采取类似方法，形式见图 17-102。防变形钢筋应在吊装就位后拆除。

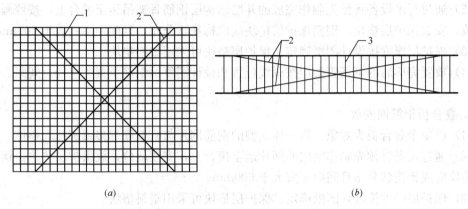

图 17-102 绑扎钢筋网和钢筋骨架的临时加固
1—钢筋网；2—防变形钢筋；3—钢筋骨架

(3) 钢筋网与钢筋骨架的吊点，应根据其尺寸、重量及刚度而定。宽度大于 1m 的水平钢筋网宜采用四点起吊；跨度小于 6m 的钢筋骨架宜采用两点起吊（图 17-103a），跨度大、刚度差的钢筋骨架宜采用横吊梁（铁扁担）四点起吊（图 17-103b）。为了防止吊点处钢筋受力变形，可采取兜底吊或加短钢筋。

(4) 绑扎钢筋网与钢筋骨架的交接处做法，与钢筋的现场绑扎相同。

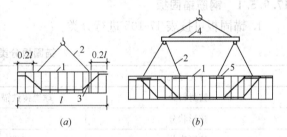

图 17-103 钢筋骨架的绑扎起吊
(a) 两点绑扎；(b) 采用铁扁担四点绑扎
1—钢筋骨架；2—吊索；3—兜底索；
4—铁扁担；5—短钢筋

17.9.4.2 钢筋焊接网安装

(1) 进场的钢筋焊接网应按不同规格分类堆放，并设置料牌，防止错用。

(2) 钢筋焊接网运输时应捆扎整齐、牢固，每捆重量不应超过 2t，必要时应加刚性支撑或支架。

(3) 对两端需要插入梁内锚固的钢筋焊接网，在安装时可将两侧梁的钢筋向两侧移动，将钢筋焊接网就位后，再将梁的钢筋复位。如果上述方法仍不能将钢筋焊接网放入，且网片纵向钢筋较细时，可利用网片的弯曲变形性能，先将焊接网中部向上弯曲，使两端能先后插入梁内，然后铺平网片。

(4) 钢筋焊接网的搭接、构造，应符合相关规定。两张网片搭接时，在搭接区中心及两端应采用铁丝绑扎牢固。在附加钢筋与焊接网连接的每个节点处均应采用铁丝绑扎。

(5) 钢筋焊接网安装时，下层钢筋网需设置保护层垫块，其间距应根据焊接钢筋网的规格大小适当调整，一般为 500~1000mm。双层钢筋网之间应设置钢筋马凳或支架，以控制两层钢筋网的间距，马凳或支架的间距一般为 500~1000mm。

17.9.4.3 构件钢筋骨架安装

1. 墙板钢筋骨架安放

(1) 以单个构件为对象,将构件所包含的纵向钢筋、水平钢筋及拉筋等绑扎为整体。

(2) 通过行吊设备将预先制作完成的外墙结构层钢筋骨架吊运至模台上,按照画线位置就位,安放保护层垫块,钢筋保护层垫块应成梅花状分布,且间距不宜大于600mm。

(3) 保护层厚度按设计图纸确定。保护层垫块可采用塑料垫块。

(4) 放置完毕后的钢筋骨架应按画线位置和设计图复检钢筋位置、直径、间距、保护层等。

2. 叠合板钢筋网安放

(1) 以单个叠合板为对象,将一体成型的钢筋网片与桁架筋焊接或绑扎为整体。

(2) 通过设备将预先制作完成的网片运至模台上,安放就位,放保护层垫块,钢筋保护层垫块应成梅花状分布且间距不宜大于600mm。

(3) 保护层厚度按设计图纸确定。保护层垫块可采用塑料垫块。

17.9.5 钢筋锚固板锚固

17.9.5.1 钢筋锚固板

1. 锚固板可按表17-105进行分类。

锚固板分类 表17-105

分类方法	类别
按材料分	球墨铸铁锚固板、钢板锚固板、锻钢锚固板、铸钢锚固板
按形状分	圆形、方形、长方形
按厚度分	等厚、不等厚
按连接方式分	螺纹连接锚固板、焊接连接锚固板
按受力性能分	部分锚固板、全锚固板

2. 锚固板应符合下列规定:

(1) 全锚固板承压面积不应小于锚固钢筋公称面积的9倍;

(2) 部分锚固板承压面积不应小于锚固钢筋公称面积的4.5倍;

(3) 锚固板厚度不应小于锚固钢筋公称直径;

(4) 当采用不等厚或长方形锚固板时,除应满足上述面积和厚度要求外,尚应通过省部级的产品鉴定;

(5) 采用部分锚固板锚固的钢筋公称直径不宜大于40mm;当公称直径大于40mm的钢筋采用部分锚固板锚固时,应通过试验验证确定其设计参数。

3. 采用锚固板的钢筋应符合现行国家标准《钢筋混凝土用钢 第2部分:热轧带肋钢筋》GB/T 1499.2 及《钢筋混凝土用余热处理钢筋》GB/T 13014 的规定;采用部分锚固板的钢筋不应采用光圆钢筋,采用全锚固板的钢筋可选用光圆钢筋。光圆钢筋应符合现行国家标准《钢筋混凝土用钢 第1部分:热轧光圆钢筋》GB/T 1499.1的规定。

4. 钢筋锚固板试件的极限拉力不应小于钢筋达到极限强度标准值时的拉力 $f_{stk}A_s$。

5. 钢筋锚固板在混凝土中的锚固极限拉力不应小于钢筋达到极限强度标准值时的拉

力 $f_{stk}A_s$。

6. 锚固板与钢筋的连接宜选用直螺纹连接，连接螺纹的公差带宜符合《普通螺纹公差》GB/T 197 中 6H、6f 级精度规定。采用焊接连接时，宜选用穿孔塞焊，其技术要求应符合现行行业标准《钢筋焊接及验收规程》JGJ 18 的规定。

7. 采用部分锚固板时，应符合下列规定：

（1）一类环境中设计使用年限为 50 年的结构，锚固板侧面和端面的混凝土保护层厚度不应小于 15mm；更长使用年限结构或其他环境类别时，宜按照现行国家标准《混凝土结构设计标准》GB/T 50010 的相关规定增加保护层厚度，也可对锚固板进行防腐处理。

（2）钢筋的混凝土保护层厚度应符合现行国家标准《混凝土结构设计标准》GB/T 50010 的规定，锚固长度范围内钢筋的混凝土保护层厚度不宜小于 $1.5d$；锚固长度范围内应配置不少于 3 根箍筋，其直径不应小于纵向钢筋直径的 25%，间距不应大于 $5d$，且不应大于 100mm，第 1 根箍筋与锚固板承压面的距离应小于 $1d$；锚固长度范围内钢筋的混凝土保护层厚度大于 $5d$ 时，可不设横向箍筋。

（3）钢筋净间距不宜小于 $1.5d$。

（4）锚固长度 l_{ab} 不宜小于 $0.4l_{ab}$（或 $0.4l_{abE}$）；对于 500MPa、400MPa、335MPa 级钢筋，锚固区混凝土强度等级分别不宜低于 C35、C30、C25。

（5）纵向钢筋不承受反复拉、压力，且满足下列条件时，锚固长度 l_{ab} 可减小至 $0.3l_{ab}$；

1）锚固长度范围内钢筋的混凝土保护层厚度不小于 $2d$；

2）对 500MPa、400MPa、335MPa 级钢筋，锚固区的混凝土强度等级分别不低于 C40、C35、C30。

（6）梁、柱或拉杆等构件的纵向受拉主筋采用锚固板集中锚固于与其正交或斜交的边柱、顶板、底板等边缘构件时，锚固长度宜将钢筋锚固板延伸至正交或斜交边缘构件对侧纵向主筋内边。

8. 采用全锚固板时，应符合下列规定：

（1）全锚固板的混凝土保护层厚度同采用部分锚固板要求一致；

（2）钢筋的混凝土保护层厚度不宜小于 $3d$；

（3）钢筋净间距不宜小于 $5d$；

（4）钢筋锚固板用做梁的受剪钢筋、附加横向钢筋或板的抗冲切钢筋时，应在钢筋两端设置锚固板，并应分别伸至梁或板主筋的上侧和下侧定位；墙体拉结筋的锚固板宜置于墙体内层钢筋外侧；

（5）500MPa、400MPa、300MPa 级钢筋采用全锚固板时，混凝土强度等级分别不宜低于 C35、C30 和 C25。

9. 螺纹连接钢筋丝头加工应符合下列规定：

（1）钢筋丝头的加工应在钢筋锚固板工艺检验合格后方可进行；

（2）钢筋端面应平整，端部不得弯曲；

（3）钢筋丝头公差带宜满足 6f 级精度要求，应用专用螺纹量规检验，通规能顺利旋入并达到要求的拧入长度，止规旋入不得超过 $3p$（p 为螺距）；抽检数量 10%，检验合格率不应小于 95%；

（4）丝头加工应使用水性润滑液，不得使用油性润滑液。

17.9.5.2 螺纹连接钢筋锚固板安装

1. 操作工人应经专业技术人员培训,合格后持证上岗,人员应相对稳定。
2. 钢筋丝头加工应符合下列规定:
   (1) 钢筋丝头的加工应在钢筋锚固板工艺检验合格后方可进行;
   (2) 钢筋端面应平整,端部不得弯曲;
   (3) 钢筋丝头公差带宜满足 6f 级精度要求,应用专用螺纹量规检验,通规能顺利旋入并达到要求的拧入长度,止规旋入不得超过 $3p$(p 为螺距);抽检数量 10%,检验合格率不应小于 95%;
   (4) 丝头加工应使用水性润滑液,不得使用油性润滑液。
3. 锚孔质量检查应包括下列内容:
   (1) 锚孔的位置、直径、孔深和垂直度。模扩底锚栓还应检查扩孔部分的直径和深度;自扩底锚栓还应检查钢筒位置控制线;
   (2) 锚孔的清孔质量;
   (3) 锚孔周围混凝土是否存在缺陷,是否已基本干燥,环境温度是否符合要求。
4. 应选择检验合格的钢筋丝头与锚固板进行连接。
5. 锚固板安装时,可用管钳扳手拧紧。
6. 安装后应用扭力扳手进行抽检,校核拧紧扭矩,见表 17-106。

锚固板安装时的最小拧紧扭矩值　　　　　　　　表 17-106

钢筋直径 (mm)	≤16	18~20	22~25	28~32	36~40
拧紧扭矩 (N·m)	100	200	260	320	360

7. 安装完成后的钢筋端面应伸出锚固板端面,钢筋丝头外露长度不宜小于 $1.0p$。

17.9.5.3 焊接钢筋锚固板安装

1. 焊接钢筋锚固板,应符合下列规定:
   (1) 从事焊接施工的焊工应持有焊工证,方可上岗操作;
   (2) 在正式施焊前,应进行现场条件下的焊接工艺试验,并经试验合格后,方可正式生产;
   (3) 用于穿孔塞焊的钢筋及焊条应符合现行行业标准《钢筋焊接及验收规程》JGJ 18 的相关规定;
   (4) 焊缝应饱满,钢筋咬边深度不得超过 0.5mm,钢筋相对锚固板的直角偏差不应大于 3°;
   (5) 在低温和雨、雪天气情况下施焊时,应符合现行行业标准《钢筋焊接及验收规程》JGJ 18 的相关规定。
2. 锚固板塞焊孔尺寸应符合现行行业标准《钢筋焊接及验收规程》JGJ 18 的相关规定。

17.9.6 植 筋 施 工

在钢筋混凝土结构上钻出孔洞,注入胶粘剂,植入钢筋,待其固化后即完成植筋施工。用此法植筋犹如原有结构中的预埋筋,能使所植钢筋的技术性能得以充分利用。

植筋方法具有工艺简单、工期短、造价省、操作方便、劳动强度低、质量易保证等优点，为工程结构加固及解决新旧混凝土连接提出了一个全新的处理技术。

17.9.6.1　钢筋胶粘剂

1. 用于植筋的胶粘剂按材料性质，可分为有机类和无机类，胶粘剂性能应符合现行行业标准《混凝土结构工程用锚固胶》JG/T 340 的相关规定。安全等级为一级的后锚固连接植筋时应采用 A 级胶，安全等级为二级的后锚固连接植筋时可采用 B 级胶和无机类胶。

2. 用于植筋的有机胶粘剂应采用改性环氧树脂类或改性乙烯基酯类材料，其固化剂不应使用乙二胺。

3. 采用植筋的混凝土结构，其锚固区基材的长期使用温度不应高于 50℃；处于特殊环境的混凝土结构采用植筋时，除应按国家现行有关标准的规定采取相应的防护措施外，尚应采用耐环境因素作用的胶粘剂并按专门的工艺要求施工。

4. 植筋胶应符合下列规定：

（1）植筋胶应采用配套产品。

（2）采用现场调制的植筋胶时，应在无尘土的室内进行，并应按照产品说明书规定的配合比和工艺要求执行，且应有专人负责。

（3）调胶时应根据现场温度和植筋数量确定每次拌合量；拌合好的胶液应色泽均匀、无结块和气泡；在植筋胶调制和使用过程中，应防止灰尘、油、水等杂质混入，并应按规定的操作时间完成植筋的安装。

17.9.6.2　植筋用孔与钢筋

1. 植筋宜仅承受轴向力，应按照充分利用钢材强度设计值的计算模式根据现行国家标准《混凝土结构设计标准》GB/T 50010 进行设计。

2. 用于植筋的钢筋应使用热轧带肋钢筋或全螺纹螺杆，不得使用光圆钢筋和锚入部位无螺纹的螺杆。

3. 用于植筋的热轧带肋钢筋宜采用 HRB400 级，其质量应符合现行国家标准《钢筋混凝土用钢　第 2 部分：热轧带肋钢筋》GB/T 1499.2 的要求，钢筋的强度指标应按现行国家标准《混凝土结构设计标准》GB/T 50010 的规定采用。

4. 用于植筋的全螺纹螺杆钢材等级应为 Q345 级，其质量应分别符合现行国家标准《低合金高强度结构钢》GB/T 1591 和《碳素结构钢》GB/T 700 的规定。

5. 植筋与混凝土边缘距离不宜小于 $5d$，且不宜小于 100mm。当植筋与混凝土边缘之间有垂直于植筋方向的横向钢筋，且横向钢筋配筋量不小于 ⌀8@100 或其等量截面面积，植筋锚固深度范围内横向钢筋不少于 2 根时，植筋与边缘的最小距离可适当减小，但不应小于 50mm。植筋间距不应小于 $5d$（d 为钢筋直径）。

6. 植筋钻孔应符合下列规定：

（1）植筋钻孔前，应认真进行孔位的放样和定位，经核对无误后方可进行钻孔作业；

（2）植筋钻孔孔径允许偏差应满足表 17-107 的要求；钻孔深度、垂直度和位置允许偏差应满足表 17-108 的要求。

植筋钻孔孔径允许偏差（mm）　　　　　　　表 17-107

钻孔直径	允许偏差	钻孔直径	允许偏差
<14	+1.0 0	22~32	+2.0 0
14~20	+1.5 0	34~40	+2.5 0

植筋钻孔深度、垂直度和位置允许偏差　　　　表 17-108

序号	植筋部位	允许偏差		
		钻孔深度（mm）	垂直度（%）	钻孔位置（mm）
1	基础	+20 0	±5	±10
2	上部构件	+10 0	±3	±5
3	连接节点	+5 0	±1	±3

17.9.6.3 植筋施工方法

1. 植筋钢筋在使用前，应清除表面的浮锈和污渍。

2. 植筋施工过程：钻孔→清孔→填胶粘剂→植筋→凝胶。

（1）钻孔使用配套冲击电钻。钻孔时，孔洞间距与孔洞深度应满足设计要求。

（2）孔内应无浮动灰尘、碎屑，产品有要求时尚应用工业丙酮清洗孔壁；孔应保持干燥；孔内干燥度不满足锚固胶的使用要求时，应对锚孔进行干燥处理。

（3）应采用专用的注胶桶或送胶棒，注胶前应先将注射筒内胶体挤出一部分，待出胶均匀后方可入孔；孔深度大于 200mm 时，可采用混合管延长器注胶；注胶应从孔底向外均匀、缓慢地进行，应注意排除孔内的空气，注胶量应以植入锚栓后略有胶液被挤出为宜；不应采用将钢筋从胶桶中粘胶直接塞进孔洞的施工方法。

（4）按顺时针方向把钢筋平行于孔洞走向轻轻植入孔中，直至插入孔底，胶粘剂溢出。

（5）将钢筋外露端固定在模架上，使其不受外力作用，直至凝结，并派专人现场保护。

3. 凝胶的化学反应时间一般为 15min，固化时间一般为 1h。

4. 植筋钢筋宜采用机械连接接头，也可采用焊接连接，连接接头的性能应符合国家现行相关标准的规定。采用焊接接头时，应符合下列规定：

（1）焊接宜在注胶前进行，确须后焊接时，应进行同条件焊接后现场破坏性检验；

（2）焊接施工时，应断续施焊，施焊部位距离注胶孔顶面的距离不应小于 $20d$，且不应小于200mm；同时，应用水浸渍多层湿巾包裹植筋外露部分，钢筋根部的温度不应超过胶粘剂产品说明书规定的最高短期温度；

(3) 焊接时，不应将焊接的接地线连接到植筋的根部。

17.9.7 钢筋安装质量检验

1. 隐蔽验收

(1) 钢筋安装完成后，浇筑混凝土前应进行钢筋隐蔽工程验收，其内容包括：

1) 纵向受力钢筋的牌号、规格、数量、位置等；

2) 钢筋的连接方式、接头位置、接头质量、接头面积百分率、搭接长度、锚固方式及锚固长度；

3) 箍筋、横向钢筋的牌号、规格、数量、间距、位置，箍筋弯钩的弯折角度及平直段长度。

4) 预埋件的规格、数量、位置等。

(2) 钢筋进场时，应按国家现行标准的规定抽取试件作屈服强度、抗拉强度、伸长率、弯曲性能和重量偏差检验，检验结果应符合相应标准的规定。

检查数量：按进场批次和产品的抽样检验方案确定。

检验方法：检查质量证明文件和抽样检验报告。

(3) 对按一、二、三级抗震等级设计的框架和斜撑构件（含梯段）中的纵向受力普通钢筋应采用 HRB400E、HRB500E、HRBF335E、HRBF400E 或 HRBF500E 钢筋，其强度和最大力下总延伸率的实测值应符合下列规定：

1) 抗拉强度实测值与屈服强度实测值的比值不应小于 1.25；

2) 屈服强度实测值与屈服强度标准值的比值不应大于 1.30；

3) 最大力下总延伸率不应小于 9%。

检查数量：按进场的批次和产品的抽样检验方案确定。

检验方法：检查抽样检验报告。

2. 钢筋加工

(1) 主控项目

1) 钢筋弯折的弯弧内直径应符合要求。

检查数量：同一设备加工的同一类型钢筋，每工作班抽查不应少于3件。

检验方法：尺量。

2) 纵向受力钢筋的弯折后平直段长度应符合设计要求。光圆钢筋末端做180°弯钩时，弯钩的平直段长度不应小于钢筋直径的3倍。

检查数量：同一设备加工的同一类型钢筋，每工作班抽查不应少于3件。

检验方法：尺量。

3) 箍筋、拉筋的末端应按设计要求作弯钩。

检查数量：同一设备加工的同一类型钢筋，每工作班抽查不应少于3件。

检验方法：尺量。

(2) 一般项目

1) 钢筋加工的形状、尺寸应符合设计要求，允许偏差尺寸见表17-109。

检查数量：同一设备加工的同一类型钢筋，每工作班抽查不应少于3件。
检验方法：尺量。

钢筋加工的允许偏差 表 17-109

项目	允许偏差（mm）	
	一般要求	应用于部品钢筋机械连接的要求
受力钢筋顺长度方向全长的净尺寸	±10	±3.0
弯起钢筋的弯折位置	±20	±20
箍筋内净尺寸	±5	±5

3. 钢筋连接

(1) 主控项目

1) 钢筋的连接方式应符合设计要求。

检查数量：全数检查。

检验方法：观察。

2) 钢筋采用机械连接或焊接连接时，钢筋机械连接接头、焊接接头的力学性能、弯曲性能应符合国家现行有关标准的规定。接头试件应从工程实体中截取。

检查数量：按现行行业标准《钢筋机械连接技术规程》JGJ 107 和《钢筋焊接及验收规程》JGJ 18 的规定确定。

检验方法：检查质量证明文件和抽样检验报告。

3) 螺纹采用机械连接时，螺纹接头应检验拧紧扭矩值，挤压接头应量测压痕直径，检验结果应符合现行行业标准《钢筋机械连接技术规程》JGJ 107 的相关规定。

检查数量：按现行行业标准《钢筋机械连接技术规程》JGJ 107 的规定确定。

检验方法：采用专用扭力扳手或专用量规检查。

(2) 一般项目

钢筋接头的位置应符合设计和施工方案要求。有抗震设防要求的结构中，梁端、柱端箍筋加密区范围内不应进行钢筋搭接。接头末端至钢筋弯起点的距离不应小于钢筋直径的10倍。

检查数量：全数检查。

检验方法：观察，尺量。

2) 钢筋机械连接接头、焊接接头的外观质量应符合现行行业标准《钢筋机械连接技术规程》JGJ 107 和《钢筋焊接及验收规程》JGJ 18 的规定。

检查数量：按现行行业标准《钢筋机械连接技术规程》JGJ 107 和《钢筋焊接及验收规程》JGJ 18 的规定确定。

检验方法：观察，尺量。

4. 钢筋安装

(1) 主控项目

1) 钢筋安装时，受力钢筋的牌号、规格和数量必须符合设计要求。

检查数量：全数检查。

检验方法：观察，尺量。

2) 钢筋应安装牢固。受力钢筋的安装位置、锚固方式应符合设计要求。

检查数量：全数检查。

检验方法：观察，尺量。

(2) 一般项目

钢筋安装偏差和检验方法应符合表 17-110 的规定。受力钢筋保护层厚度的合格点率应达到 90% 及以上，且不得有超过表中数值 1.5 倍的尺寸偏差。

检查数量：在同一检验批内，对梁、柱和独立基础，应抽查构件数量的 10%，且不应少于 3 件；对墙和板，应按有代表性的自然间抽查 10%，且不应少于 3 间；对大空间结构，墙可按相邻轴线间高度 5m 左右划分检查面，板可按纵、横轴线划分检查面，抽查 10%，且均不应少于 3 面。

钢筋安装位置的允许偏差和检验方法 表 17-110

项目		允许偏差（mm）	检验方法
绑扎钢筋网	长、宽	±10	尺量
	网眼尺寸	±20	尺量连续三档，取最大偏差值
绑扎钢筋骨架	长	±10	尺量
	宽、高	±5	尺量
纵向受力钢筋	锚固长度	-20	尺量
	间距	±10	尺量两端、中间各一点，取最大偏差值
	排距	±5	
纵向受力钢筋、箍筋的混凝土保护层厚度	基础	±10	尺量
	柱、梁	±5	尺量
	板、墙、壳	±3	尺量
绑扎箍筋、横向钢筋间距		±20	尺量连续三档，取最大偏差值
钢筋弯起点位置		20	尺量
预埋件	中心线位置	5	尺量
	水平高差	+3，0	塞尺检查

注：检查中心线位置时，沿纵、横两个方向量测，并取其中偏差的较大值。

5. 桩钢筋

(1) 钢筋笼制作应对钢筋规格、焊条规格。品种、焊口规格、焊缝长度，焊缝外观和质量、主筋和箍筋的制作偏差等进行检查，钢筋笼制作允许偏差应符合表 17-111 的要求。

钢筋笼制作允许偏差 表 17-111

项目	允许偏差（mm）
主筋间距	±10
箍筋间距	±20
钢筋笼直径	±10
钢筋笼长度	±100

(2) 应对钢筋笼安放的实际位置等进行检查，并填写相应质量检测、检查记录。

6. 钢筋锚固板

(1) 钢筋锚固板的现场检验应包括工艺检验、抗拉强度检验、螺纹连接锚固板的钢筋丝头加工质量检验和拧紧扭矩检验、焊接锚固板的焊缝检验。

(2) 钢筋锚固板的现场检验应按验收批进行。同一施工条件下采用同一批材料的同类型、同规格的钢筋锚固板，螺纹连接锚固板应以 500 个为一个验收批进行检验与验收，不足 500 个也应作为一个验收批；焊接连接锚固板应以 300 个为一个验收批，不足 300 个也应作为一个验收批。

(3) 螺纹连接钢筋锚固板安装后，每一验收批抽取其中 10% 的钢筋锚固板进行拧紧扭矩校核，拧紧扭矩值不合格数超过被校核数的 5% 时，应重新拧紧全部钢筋锚固板，直到合格为止。

(4) 对螺纹连接钢筋锚固板的每一验收批，应在加工现场随机抽取 3 个试件作抗拉强度试验。3 个试件的抗拉强度均应符合强度要求，该验收批评为合格。如有 1 个试件的抗拉强度不符合要求，应再取 6 个试件进行复检。复检中如仍有 1 个试件的抗拉强度不符合要求，则该验收批应评为不合格。

(5) 对焊接连接钢筋锚固板的每一验收批，应随机抽取 3 个试件进行评定。3 个试件的抗拉强度均应符合强度要求，该验收批评为合格。如有 1 个试件的抗拉强度不符合要求，应再取 6 个试件进行复检。复检中如仍有 1 个试件的抗拉强度不符合要求，则该验收批应评为不合格。

7. 植筋

(1) 钻孔的质量检查应包括下列内容：
1) 钻孔的位置、直径、孔深和垂直度；
2) 钻孔的清孔情况；
3) 钻孔周围混凝土是否存在缺陷、已基本干燥，环境温度是否符合要求；
4) 钻孔是否伤及钢筋。

(2) 后锚固质量检验应符合下列要求：
1) 植筋的位置、尺寸及垂直度应满足设计和产品说明书的要求；
2) 外观检查，要求整齐、洁净。

17.9.8 钢筋安装成品保护

(1) 加工好的成品钢筋应分规格码放整齐，做好标识。钢筋下面与地面用 100mm×100mm 方木隔离，雨期施工时钢筋表面覆盖雨布。

(2) 墙体钢筋的绑扎应先搭设操作架，禁止踩踏钢筋进行绑扎。

(3) 楼板钢筋绑扎时，应先搭设临时走道方可上人，采用在模板上支设马凳，上铺跳板，以便于人员行走。各专业工种应穿插进行，底层钢筋绑好后安排专业工种进行预埋，绑扎上铁钢筋时须由里侧向后退着进行。

(4) 钢筋笼绑扎时，应避免人工弯折。

(5) 绑好后的钢筋禁止任何工种或个人拆扣、松扣或任意焊割。当与专业工种预埋相冲突须焊割时，应经过技术负责人的同意在采取等强度加固措施后方可进行施工。

(6) 放入仓库保管。堆放钢筋时，下面应加垫木，离地距离不小于200mm，以便通风，防止钢筋锈蚀和污染。垫木的安放距离视钢筋堆放的数量而定，一般每隔2m左右安放一块垫木，防止变形，避免弯折。

(7) 临时存放的钢筋笼禁止踩踏、严禁攀爬。

(8) 钢筋不得与酸、盐、油等物品存放在一起。堆放钢筋地点附近不得有有害气体源，以防止腐蚀钢筋。

(9) 浇筑混凝土时，严禁直接踩在钢筋上，应先搭设浇筑混凝土用的临时走道。

(10) 钢筋连接接头不得利用机械进行弯砸或撞击。

(11) 为了保证在浇筑楼板混凝土时，柱、墙插筋不移位，插筋上部绑扎定位箍筋，下部将柱墙插筋、箍筋及板水平筋绑扎牢固，防止插筋移位。同时，浇筑时，出料口不得直接对着插筋。

(12) 在混凝土浇筑过程前，在浇筑面标高以上500mm范围内的柱墙钢筋用塑料布缠裹保护，在混凝土浇筑过程中，派专人负责看护钢筋，尤其是插筋、板上铁钢筋位置。

(13) 浇筑混凝土时，在柱、墙的钢筋上套上PVC套管或包裹塑料薄膜保护，并且及时用湿布将被污染的钢筋擦净。

(14) 对尚未浇筑的后浇带钢筋，可采用覆盖胶合板或木板的方法进行保护。当其上部有车辆通过或有较人荷载时，应覆盖钢板保护。

17.10 绿 色 施 工

1. 绿色施工原则

实施绿色施工，应对施工策划、材料采购、现场施工、工程验收等各阶段进行控制，加强对整个施工过程的管理和监督。

2. 绿色施工要点

(1) 环境保护技术要点

1) 钢材堆放区和加工区地面应进行硬化，防止扬尘。

2) 钢筋加工采用低噪声、低振动的机具，采取隔声与隔振措施，避免或减少施工噪声和振动。在施工场界对噪声进行实时监测与控制。现场噪声排放不得超过现行国家标准《建筑施工场界环境噪声排放标准》GB 12523的规定。

3) 电焊作业采取遮挡措施，避免电焊弧光外泄。

4) 对于化学品等有毒材料、油料的储存地，应有严格的隔水层设计，做好渗漏液收集和处理。

5) 钢筋加工中使用的冷却水，应过滤后循环使用。排放时，应按照方案要求处理后排放。

6) 钢筋加工产生的粉末状废料，应按建筑垃圾进行处理，不得随地掩埋或丢弃。

7) 进场钢筋原材料和加工半成品应存放有序、标识清晰、储存环境适宜，并应制定保管制度，采取防潮、防污染等措施。

(2) 节材与材料资源利用技术要点

1) 图纸会审时，应审核节材与材料资源利用的相关内容，尽可能降低材料损耗。

2) 根据施工进度、库存情况等合理安排材料的采购、进场时间和批次，减少库存。

3) 现场材料堆放有序，储存环境适宜，措施得当。保管制度健全，责任落实到位。

4) 材料运输工具适宜，装卸方法得当，减少损坏和变形。根据现场平面布置情况就近卸载，避免和减少二次搬运。

5) 就近取材，施工现场 500km 以内生产的钢材及其他材料用量占总用量的 70% 以上。

6) 推广使用高强度钢筋，减少资源消耗。

7) 积极推广钢筋加工工厂化与配送方式、应用钢筋网片或成型钢筋骨架。

8) 钢筋宜采用专用软件优化配料，根据优化配料结果合理确定进场钢筋的定尺长度，钢筋制作前应对下料单及样品进行复核，无误后方可批量下料。

9) 现场钢筋加工棚采用工具式可周转的防护棚。

10) 在施工现场进行钢筋加工时，应设置钢筋废料专用收集槽。

11) 在满足相关规范要求的前提下，合理利用短筋。

12) 钢筋连接宜采用机械连接方式。

13) 钢筋安装时，绑扎丝、焊剂等材料应妥善保管和使用，散落的余废料应及时收集利用。

14) 箍筋宜采用一笔箍或焊接封闭箍。

(3) 节能与能源利用的技术要点

优先使用国家、行业推荐的节能、高效、环保的钢筋设备和机具，如选用变频技术的节能设备等。

1) 在施工组织设计中，合理安排钢筋工程的施工顺序、工作面，以减少作业区域的机具数量，相邻作业区充分利用共有的机具资源。安排施工工艺时，应优先考虑低耗用电能的或其他能耗较少的施工工艺，避免设备额定功率远大于使用功率或超负荷使用设备的现象。

2) 建立施工机械设备管理制度，开展用电、用油计量，完善设备档案。及时做好维修保养工作，使机械设备保持低耗、高效的状态。

3) 选择功率与负载相匹配的钢筋机械设备，避免大功率钢筋机械设备低负载长时间运行。机械设备宜使用节能型油料添加剂，在可能的情况下，考虑回收利用，节约油量。

4) 临时用电优先选用节能电线和节能灯具，线路合理设计、布置，用电设备宜采用自动控制装置，采用声控、光控等节能照明灯具。

5) 照明设计以满足最低照度为原则，照度不应超过最低照度的 20%。

(4) 节地与施工用地保护的技术要点

1) 根据施工规模及现场条件等因素合理确定临时设施，如临时加工厂、现场钢筋棚及材料堆场等。

2) 钢筋加工棚及材料堆放场地应做到科学、合理、紧凑，充分利用原有建筑物、构筑物、道路，在满足环境、职业健康与安全及文明施工要求的前提下尽可能减少废弃地和死角，钢筋施工设施占地面积有效利用率大于90%。

3) 施工现场的加工厂、作业棚、材料堆场等布置应尽量靠近已有交通线路或即将修建的正式或临时交通线路，缩短运输距离。

4) 钢筋工程临时设施布置应注意远近结合（本期工程与下期工程），努力减少和避免大量临时建筑拆迁和场地搬迁。

5) 钢筋现场加工时，宜采取集中加工方式。

18 现浇混凝土工程

18.1 概 述

18.1.1 定 义

混凝土是以胶凝材料、骨料、水和外加剂按适当比例配合拌制而成的拌合物经硬化后得到的人工石材。

混凝土工程是钢筋混凝土结构工程中的重要组成部分,包括混凝土的配料、制备、运输、浇捣、养护等工程内容。混凝土工程质量的好坏将直接影响结构的承载能力和使用寿命。

18.1.2 分 类

根据胶凝材料的差异,混凝土可以分为无机胶凝材料混凝土和有机胶凝材料混凝土。无机胶凝材料混凝土包括水泥混凝土、石灰—硅质混凝土、石膏混凝土和水玻璃混凝土等;有机胶凝材料混凝土包括沥青混凝土、聚合物水泥混凝土、聚合物混凝土和聚合物浸渍混凝土等。

根据表观密度的差异,混凝土可以分为重混凝土、普通混凝土和轻混凝土。其中重混凝土的干表观密度大于 $2800kg/m^3$;普通混凝土的干表观密度为 $2000\sim2800kg/m^3$;轻混凝土的干表观密度小于 $2000kg/m^3$。

根据使用功能的差异,混凝土可以分为结构混凝土、水工混凝土、防水混凝土、耐热混凝土、耐酸混凝土、防辐射混凝土和修补混凝土等。

根据施工工艺的差异,混凝土可以分为普通现浇混凝土、喷射混凝土、流态混凝土、干硬性混凝土和离心成形混凝土等。

根据配筋情况的差异,混凝土可以分为素混凝土、钢筋混凝土、钢丝网混凝土和纤维混凝土等。

18.2 混凝土的原材料

18.2.1 水 泥

水泥是一种最常用的水硬性胶凝材料。水泥呈粉末状,加入适量水后,成为塑性浆体,既能在空气中硬化,又能在水中硬化,并能把砂、石散状材料牢固地胶结在一起。土木建筑工程中最为常用的是通用硅酸盐水泥（以下简称通用水泥）。

18.2.1.1 通用水泥的分类

通用水泥按混合材料的品种和掺量分为：硅酸盐水泥、普通硅酸盐水泥、矿渣硅酸盐水泥、火山灰质硅酸盐水泥、粉煤灰硅酸盐水泥、复合硅酸盐水泥。

18.2.1.2 通用水泥的技术要求

(1) 通用水泥的物理指标应符合表 18-1 的规定。

通用水泥的物理指标 表 18-1

品种	强度等级	抗压强度（MPa） 3d	抗压强度（MPa） 28d	抗折强度（MPa） 3d	抗折强度（MPa） 28d	凝结时间	安定性	细度
硅酸盐水泥	42.5	≥17.0	≥42.5	≥3.5	≥6.5	初凝时间不小于 45min，终凝时间不大于 390min	沸煮法合格	比表面积不小于 300m²/kg
	42.5R	≥22.0		≥4.0				
	52.5	≥23.0	≥52.5	≥4.0	≥7.0			
	52.5R	≥27.0		≥5.0				
	62.5	≥28.0	≥62.5	≥5.0	≥8.0			
	62.5R	≥32.0		≥5.5				
普通硅酸盐水泥	42.5	≥17.0	≥42.5	≥3.5	≥6.5	初凝时间不小于 45min，终凝时间不大于 600min	沸煮法合格	比表面积不小于 300m²/kg
	42.5R	≥22.0		≥4.0				
	52.5	≥23.0	≥52.5	≥4.0	≥7.0			
	52.5R	≥27.0		≥5.0				
矿渣硅酸盐水泥 火山灰质硅酸盐水泥 粉煤灰硅酸盐水泥 复合硅酸盐水泥	32.5	≥10.0	≥32.5	≥2.5	≥5.5	初凝时间不小于 45min，终凝时间不大于 390min	沸煮法合格	80μm 方孔筛筛余不大于 10% 或 45μm 方孔筛筛余不大于 30%
	32.5R	≥15.0		≥3.5				
	42.5	≥15.0	≥42.5	≥3.5	≥6.5			
	42.5R	≥19.0		≥4.0				
	52.5	≥21.0	≥52.5	≥4.0	≥7.0			
	52.5R	≥23.0		≥4.5				

(2) 通用水泥的化学指标应符合表 18-2 的规定。

通用水泥的化学指标（%） 表 18-2

品种	代号	不溶物	烧失量	三氧化硫	氧化镁	氯离子	碱含量
硅酸盐水泥	P·I	≤0.75	≤3.0	≤3.5	≤5.0	≤0.06	若使用活性骨料，用户要求提供低碱水泥时，水泥中的碱含量应不大于 0.60% 或由买卖双方确定
	P·II	≤1.50	≤3.5				
普通硅酸盐水泥	P·O	—	≤5.0				
矿渣硅酸盐水泥	P·S·A	—	—	≤4.0	≤6.0		
	P·S·B	—	—		—		
火山灰质硅酸盐水泥	P·P				≤6.0		
粉煤灰硅酸盐水泥	P·F			≤3.5			
复合硅酸盐水泥	P·C						

18.2.2 石

18.2.2.1 石的分类

石可分为碎石或卵石。由天然岩石、卵石或矿山废石经破碎、筛分等机械加工而成的,粒径大于 4.75mm 的岩石颗粒,称为碎石;在自然条件作用下岩石产生破碎、风化、分选、运移、堆(沉)积,而形成的粒径大于 4.75mm 的岩石颗粒,称为卵石。

18.2.2.2 石的技术要求

1. 颗粒级配

碎石或卵石的颗粒级配,应符合表 18-3 的规定。

碎石或卵石的颗粒级配范围 表 18-3

公称粒级(mm)		累计筛余,按质量(%)										
		方孔筛孔径(mm)										
		2.36	4.75	9.5	16.0	19.0	26.5	31.5	37.5	53.0	63.0	75.0	90.0
连续粒级	5~10	95~100	80~100	0~15	0	—	—	—	—	—	—	—	—
	5~16	95~100	85~100	30~60	0~10	0	—	—	—	—	—	—	—
	5~20	95~100	90~100	40~80	—	0~10	0	—	—	—	—	—	—
	5~25	95~100	90~100	—	30~70	—	0~5	0	—	—	—	—	—
	5~31.5	95~100	90~100	70~90	—	15~45	—	0~5	0	—	—	—	—
	5~40	—	95~100	70~90	—	30~65	—	—	0~5	0	—	—	—
单粒粒级	5~10	95~100	80~100	0~15	0	—	—	—	—	—	—	—	—
	10~16	—	95~100	80~100	0~15	—	—	—	—	—	—	—	—
	10~20	—	95~100	85~100	—	0~15	0	—	—	—	—	—	—
	16~25	—	—	95~100	55~70	25~40	0~10	—	—	—	—	—	—
	16~31.5	—	95~100	—	85~100	—	—	0~10	0	—	—	—	—
	20~40	—	—	—	95~100	80~100	—	—	0~10	0	—	—	—
	31.5~63	—	—	—	—	95~100	—	75~100	45~75	—	0~10	0	—
	40~80	—	—	—	—	95~100	—	—	70~100	—	30~60	0~10	0

2. 质量指标

碎石和卵石的质量指标应符合表 18-4 的规定。

碎石和卵石的质量指标 表 18-4

项目			质量指标
含泥量 （按质量计，%）	混凝土强度等级	≥C60	≤0.5
		C55～C30	≤1.0
		≤C25	≤2.0
泥块含量 （按质量计，%）	混凝土强度等级	≥C60	≤0.2
		C55～C30	≤0.5
		≤C25	≤0.7
针、片状颗粒含量 （按质量计，%）	混凝土强度等级	≥C60	≤8
		C55～C30	≤15
		≤C25	≤25
碎石压碎指标值 （%）	混凝土强度等级	水成岩	C60～C40	≤10
			≤C35	≤16
		变质岩或深层的火成岩	C60～C40	≤12
			≤C35	≤20
		火成岩	C60～C40	≤13
			≤C35	≤30
卵石压碎指标值 （%）	混凝土强度等级	C60～C40	≤12
		≤C35	≤16
有害物质含量	硫化物及硫酸盐含量（折算成 SO_3，按质量计，%）		≤1.0
	卵石中有机物含量（用比色法试验）		颜色应不深于标准色。当颜色深于标准色时，应配制成混凝土进行强度对比试验，抗压强度比不应低于0.95
坚固性	混凝土所处的环境条件及其性能要求	在严寒及寒冷地区室外使用并经常处于潮湿或干湿交替状态下的混凝土； 对于有抗疲劳、耐磨、抗冲击要求的混凝土； 有腐蚀介质作用或经常处于水位变化区的地下结构混凝土	5次循环后的质量损失（%）	≤8
		其他条件下使用的混凝土		≤12
含碱量（kg/m³）	当活性骨料时，混凝土中的碱含量		≤3

18.2.3 砂

18.2.3.1 砂的分类

(1) 按产源不同，砂分为天然砂、机制砂和混合砂。

(2) 按细度模数不同，砂分为粗砂、中砂、细砂和特细砂，其范围应符合表 18-5 的规定。

砂的细度模数　　　　　　　　　　　　　　　　　　　表 18-5

粗细程度	细度模数
粗砂	3.7～3.1
中砂	3.0～2.3
细砂	2.2～1.6
特细砂	1.5～0.7

18.2.3.2 砂的技术要求

1. 颗粒级配

除特细砂外，Ⅰ类砂的累计筛余应符合表 18-6 的 2 区的规定，分计筛余应符合表 18-7 的规定；Ⅱ类和Ⅲ类砂的累计筛余应符合表 18-6 的规定。砂的实际颗粒级配除 4.75mm 和 0.60mm 筛档外，可以略有超出，但各级累计筛余超出值总和应不大于 5%。

累计筛余　　　　　　　　　　　　　　　　　　　表 18-6

砂的分类	天然砂			机制砂（混合砂）		
级配区	1 区	2 区	3 区	1 区	2 区	3 区
方筛孔尺寸 (mm)	累计筛余 (%)					
4.75	10～0	10～0	10～0	5～0	5～0	5～0
2.36	35～5	25～0	15～0	35～5	25～0	15～0
1.18	65～35	50～10	25～0	65～35	50～10	25～0
0.60	85～71	70～41	40～16	85～71	70～41	40～16
0.30	95～80	92～70	85～55	95～80	92～70	85～55
0.15	100～90	100～90	100～90	97～85	94～80	94～75

分计筛余　　　　　　　　　　　　　　　　　　　表 18-7

方筛孔尺寸 (mm)	4.75[a]	2.36	1.18	0.60	0.30	0.15[b]	筛底[c]
分计筛余 (%)	0～10	10～15	10～25	20～31	20～30	5～15	0～20

注：[a] 机制砂 4.75mm 筛的分计筛余不应大于 5%。
　　[b] MB 值>1.4 的机制砂 0.15mm 筛和筛底的分计筛余之和不应大于 25%。
　　[c] 天然砂筛底（0.15mm 筛下颗粒）不应大于 10%。

2. 天然砂和机制砂的质量指标

天然砂和机制砂的质量指标应符合表 18-8 的规定。

天然砂和机制砂的质量指标　　　　表 18-8

项目		质量指标		
		I 类	II 类	III 类
天然砂含泥量（质量分数，%）		≤1.0	≤3.0	≤5.0
机制砂石粉含量（质量分数，%）		MB 值≤0.5　　≤15.0 0.5＜MB 值≤1.0　　≤10.0 1.0＜MB 值≤1.4 或快速试验合格　　≤5.0 MB 值＞1.4 或快速试验不合格　　≤1.0ᵃ	MB 值≤1.0　　≤15.0 1.0＜MB 值≤1.4 或快速试验合格　　≤10.0 MB 值＞1.4 或快速法不合格　　≤3.0ᵃ	MB 值≤1.4 或快速试验合格　　≤15.0 MB 值＞1.4 或快速法不合格　　≤5.0ᵃ
泥块含量（质量分数，%）		≤0.2	≤1.0	≤2.0
有害物质含量	云母（质量分数，%）	≤1.0	≤2.0	
	轻物质（质量分数，%）	≤1.0		
	有机物	合格		
	硫化物及硫酸盐（按 SO₃ 质量计，%）	≤0.5		
	氯化物（以氯离子质量计，%）	≤0.01	≤0.02	≤0.06ᵇ
	贝壳（质量分数ᶜ，%）	≤3.0	≤5.0	≤8.0
坚固性（质量损失，%）		≤8		≤10
单级最大压碎指标（%）		≤20	≤25	≤30
片状颗粒含量（%）		≤10	—	—

注：ᵃ 根据使用环境和用途，经试验验证，由供需双方协商确定，I 类砂石粉含量可放宽至≤3.0%，II 类砂石粉含量可放宽至≤5.0%，III 类砂石粉含量可放宽至≤7.0%。

ᵇ 对于钢筋混凝土用净化处理的海砂，其氯化物含量应≤0.02%。

ᶜ 该指标仅适用于净化处理的海砂，其他砂种不作要求。

18.2.4 掺 合 料

掺合料是混凝土的主要组成材料，它起着改善混凝土性能的作用。在混凝土中加入适量的掺合料，可以起到降低温升、改善工作性、增进后期强度、改善混凝土内部结构、提高耐久性、节约资源的作用。常用的掺合料有粉煤灰、粒化高炉矿渣粉、沸石粉、硅灰、石灰粉、钢渣粉、磷渣粉、复合矿物掺合料等。

(1) 粉煤灰的技术要求应符合表 18-9 的规定。

粉煤灰的技术要求　　　　　　　　　表 18-9

项目		技术指标		
		Ⅰ级	Ⅱ级	Ⅲ级
细度（45μm 方孔筛筛余，%）	F 类粉煤灰	≤12.0	≤30.0	≤45.0
	C 类粉煤灰			
需水量比（%）	F 类粉煤灰	≤95	≤105	≤115
	C 类粉煤灰			
烧失量（%）	F 类粉煤灰	≤5.0	≤8.0	≤10.0
	C 类粉煤灰			
含水量（%）	F 类粉煤灰	≤1.0		
	C 类粉煤灰			
三氧化硫（SO_3）质量分数（%）	F 类粉煤灰	≤3.0		
	C 类粉煤灰			
游离氧化钙（f-CaO）质量分数（%）	F 类粉煤灰	≤1.0		
	C 类粉煤灰	≤4.0		
二氧化硅（SiO_2）、三氧化二铝（Al_2O_3）和三氧化铁（Fe_2O_3）总质量分数（%）	F 类粉煤灰	≥70.0		
	C 类粉煤灰	≥50.0		
密度（g/cm³）	F 类粉煤灰	≤2.6		
	C 类粉煤灰			
安定性（雷氏法）(mm)	C 类粉煤灰	≥5.0		
强度活性指数（%）	F 类粉煤灰	≥70.0		
	C 类粉煤灰			
放射性	F 类粉煤灰	符合 GB 6566—2010 中建筑主体材料规定的指标要求		
	C 类粉煤灰			
碱含量	F 类粉煤灰	由买卖双方协商确定		
	C 类粉煤灰			

(2) 粒化高炉矿渣粉的技术要求应符合表 18-10 的规定。

粒化高炉矿渣粉的技术要求　　　　　　　　　表 18-10

项目		技术指标		
		S105	S95	S75
密度（g/cm³）	≥	2.8		
比表面积（m²/kg）	≥	500	400	300
活性指数（%）	7d ≥	95	75	55
	28d	105	95	75
流动度比（%）	≥	95		
含水量（质量分数，%）	≤	1.0		
三氧化硫（质量分数，%）	≤	4.0		
氯离子（质量分数，%）	≤	0.06		
烧失量（质量分数，%）	≤	3.0		
玻璃体含量（质量分数，%）	≥	85		
放射性		合格		

(3) 硅灰的技术要求应符合表 18-11 的规定。

硅灰的技术要求　　　　　　　　　　　表 18-11

项目	技术指标	项目	技术指标
固含量（液料）	按生产厂控制值的±2%	需水量比	≤125%
总碱量	≤1.5%	比表面积（BET法）	≥15m²/g
SiO_2 含量	≥85.0%	活性指数（7d 快速法）	≥105%
氯含量	≤0.1%	放射性	I_{ra}≤1.0 和 I_r≤1.0
含水率（粉料）	≤3.0%	抑制碱骨料反应性	14d 膨胀率降低值≥35%
烧失量	≤4.0%	抗氯离子渗透性	28d 电通量之比≤40

(4) 石灰石粉的技术要求应符合表 18-12 的规定。

石灰石粉的技术要求　　　　　　　　　表 18-12

项目		技术指标
碳酸钙含量（%）		≥75
细度（45μm 方孔筛筛余,%）		≤15
活性指数（%）	7d	≥60
	28d	≥60
流动度比（%）		≥100
含水量（%）		≤1.0
MB 值		≤1.4

(5) 钢渣粉的技术要求应符合表 18-13 的规定。

钢渣粉的技术要求　　　　　　　　　　表 18-13

项目		技术指标 级别	
		一级	二级
比表面积（m²/kg）		≥400	
密度（g/cm³）		≥2.8	
含水量（%）		≤1.0	
游离氧化钙含量（%）		≤3.0	
三氧化硫含量（%）		≤4.0	
碱度系数		≥1.8	
活性指数（%）	7d	≥65	≥55
	28d	≥80	≥65
流动度比（%）		≥90	
安定性	沸煮法	合格	
	压蒸法（当钢渣中氧化镁含量大于 13% 时应检验合格）		

(6) 磷渣粉的技术要求应符合表 18-14 的规定。

磷渣粉的技术要求　　　　　　　　　表 18-14

项目		技术指标 级别		
		L95	L85	L70
比表面积（m²/kg）		≥350		
活性指数（%）	7d	≥70	≥60	≥50
	28d	≥95	≥85	≥70
流动度比（%）		≥95		
密度（g/cm³）		≥2.8		
五氧化二磷含量（%）		≤3.5		
碱含量（$Na_2O+0.658K_2O$,%）		≤1.0		
三氧化硫含量（%）		≤4.0		
氯离子含量（%）		≤0.06		
烧失量（%）		≤3.0		
含水量（%）		≤1.0		
玻璃体含量（%）		≥80		

(7) 沸石粉的技术要求应符合表 18-15 的规定。

沸石粉的技术要求　　　　　　　　　表 18-15

项目	技术指标	
	Ⅰ级	Ⅱ级
28d 抗压强度比（%）	≥75	≥70
细度（80μm 筛，筛余%）	≤4	≤10
需水量比（%）	≤125	≤120
吸铵值（mmol/10g）	≥130	≥70

(8) 复合矿物掺合料的技术要求应符合表 18-16 的规定。

复合矿物掺合料的技术要求　　　　　　　表 18-16

项目		技术指标
细度	45μm 方孔筛筛余（%）	≤12
	比表面积（m²/kg）	≥350
活性指数（%）	7d	≥50
	28d	≥75
流动度比（%）		≥100
含水量（%）		≤1.0
三氧化硫含量（%）		≤3.5
烧失量（%）		≤5.0
氯离子含量（%）		≤0.06

注：比表面积测定法和晒分析法，宜根据不同的复合品种选定。

18.2.5 外加剂

混凝土外加剂是混凝土中除胶凝材料、骨料、水和纤维组分以外，在混凝土拌制之前或拌制过程中加入的，用以改善新拌混凝土和（或）硬化混凝土性能，对人、生物及环境安全无有害影响的材料。

18.2.5.1 外加剂的分类

混凝土外加剂按其主要功能分为：

(1) 改善混凝土拌合物流变性能的外加剂，包括各种减水剂、引气剂和泵送剂等。

(2) 调节混凝土凝结时间、硬化性能的外加剂，包括缓凝剂、早强剂、促凝剂和速凝剂等。

(3) 改善混凝土耐久性能的外加剂，包括引气剂、防水剂和阻锈剂等。

(4) 改善混凝土其他性能的外加剂，包括加气剂、膨胀剂、防冻剂和着色剂等。

18.2.5.2 外加剂的技术要求

1. 掺外加剂混凝土的性能指标

(1) 减水率、泌水率比、含气量。

掺外加剂混凝土的减水率、泌水率比、含气量指标应符合表18-17的规定。

掺外加剂混凝土的减水率、泌水率比、含气量指标　　　　表18-17

外加剂品种及代号		减水率 （%，不小于）	泌水率比 （%，不大于）	含气量 （%）
高性能减水剂	早强型 HPWR-A	25	50	≤6.0
	标准型 HPWR-S	25	60	≤6.0
	缓凝型 HPWR-R	25	70	≤6.0
高效减水剂	标准型 HWR-S	14	90	≤3.0
	缓凝型 HWR-R	14	100	≤4.5
普通减水剂	早强型 WR-A	8	95	≤4.0
	标准型 WR-S	8	100	≤4.0
	缓凝型 WR-R	8	100	≤5.5
引气减水剂	AEWR	10	70	≥3.0
泵送剂	PA	12	70	≤5.5
早强剂	Ac		100	
缓凝剂	Re		100	
引气剂	AE	6	70	≥3.0

注：1. 减水率、泌水率比、含气量为推荐性指标；
　　2. 表中所列数据为掺外加剂混凝土与基准混凝土的差值或比值。

(2) 凝结时间之差、坍落度和含气量1h经时变化量。

掺外加剂混凝土的凝结时间之差、坍落度和含气量1h经时变化量指标应符合表18-18的规定。

掺外加剂混凝土的凝结时间之差、坍落度和含气量 1h 经时变化量指标 表 18-18

外加剂品种及代号			凝结时间之差（min）		1h 经时变化量	
			初凝	终凝	坍落度（mm）	含气量（%）
高性能减水剂	早强型	HPWR-A	−90～+90			
	标准型	HPWR-S	−90～+120		≤80	
	缓凝型	HPWR-R	>+90		≤60	
高效减水剂	标准型	HWR-S	−90～+120			
	缓凝型	HWR-R	>+90			
普通减水剂	早强型	WR-A	−90～+90			
	标准型	WR-S	−90～+120			
	缓凝型	WR-R	>+90			
引气减水剂		AEWR	−90～+120			−1.5～+1.5
泵送剂		PA			≤80	
早强剂		Ac	−90～+90			
缓凝剂		Re	>+90			
引气剂		AE	−90～+120			−1.5～+1.5

注：1. 凝结时间之差、坍落度和含气量 1h 经时变化量为推荐性指标；
2. 表中所列数据为掺外加剂混凝土与基准混凝土的差值或比值；
3. 凝结时间之差性能指标中的"−"号表示提前，"+"号表示延缓；
4. 1h 含气量经时变化指标中的"−"号表示含气量增加，"+"号表示含气量减少。

(3) 抗压强度比、收缩率比。

掺外加剂混凝土的抗压强度比、收缩率比指标应符合表 18-19 的规定。

掺外加剂混凝土的抗压强度比、收缩率比指标 表 18-19

外加剂品种及代号			抗压强度比（%，不小于）				收缩率比（%，不大于）
			1d	3d	7d	28d	28d
高性能减水剂	早强型	HPWR-A	180	170	145	130	110
	标准型	HPWR-S	170	160	150	140	110
	缓凝型	HPWR-R			140	130	110
高效减水剂	标准型	HWR-S	140	130	125	120	135
	缓凝型	HWR-R			125	120	135
普通减水剂	早强型	WR-A	135	130	110	100	135
	标准型	WR-S		115	115	110	135
	缓凝型	WR-R			110	100	135
引气减水剂		AEWR		115	110	100	135
泵送剂		PA			115	110	135
早强剂		Ac	135	130	100	100	135
缓凝剂		Re			100	100	135
引气剂		AE		95	95	90	135

注：1. 抗压强度比、收缩率比为强制性指标；
2. 表中所列数据为掺外加剂混凝土与基准混凝土的差值或比值。

(4) 相对耐久性。

掺外加剂混凝土的相对耐久性指标应符合表 18-20 的规定。

掺外加剂混凝土的相对耐久性指标　　　　　　　表 18-20

外加剂品种及代号			相对耐久性（200 次，%，不小于）
高性能减水剂	早强型	HPWR-A	
	标准型	HPWR-S	
	缓凝型	HPWR-R	
高效减水剂	标准型	HWR-S	
	缓凝型	HWR-R	
普通减水剂	早强型	WR-A	
	标准型	WR-S	
	缓凝型	WR-R	
引气减水剂	AEWR		80
泵送剂	PA		
早强剂	Ac		
缓凝剂	Re		
引气剂	AE		80

注：1. 相对耐久性为强制性指标；
　　2. 相对耐久性（200 次）性能指标中的"≥80"表示将 28d 龄期的受检混凝土试件快速冻融循环 200 次后，动弹性模量保留值≥80%。

2. 匀质性指标

匀质性指标应符合表 18-21 的规定。

匀质性指标　　　　　　　表 18-21

项目	指标
氯离子含量（%）	不超过生产厂控制值
总碱量（%）	不超过生产厂控制值
含固量（%）	$S>25\%$ 时，应控制在 $(0.95\sim1.05)S$；$S\leqslant25\%$ 时，应控制在 $(0.90\sim1.10)S$
含水率（%）	$W>5\%$ 时，应控制在 $(0.90\sim1.10)W$；$W\leqslant5\%$ 时，应控制在 $(0.80\sim1.20)W$
密度（g/cm³）	$D>1.1\%$ 时，应控制在 $D\pm0.03$；$D\leqslant1.1\%$ 时，应控制在 $D\pm0.02$
细度	应在生产厂控制范围内
pH 值	应在生产厂控制范围内
硫酸钠含量（%）	不超过生产厂控制值

注：1. 生产厂应在相关的技术资料中表示产品匀质性指标的控制值；
　　2. 对相同和不同批次之间的匀质性和等效性的其他要求，可由供需双方商定；
　　3. 表中的 S、W 和 D 分别为含固量、含水率和密度的生产厂控制值。

18.2.6　拌　合　用　水

一般符合国家标准的生活饮用水，可直接用于拌制、养护各种混凝土。其他来源的水使用前，应按有关标准进行检验后方可使用。

18.2.6.1 拌合用水的技术要求

（1）混凝土拌合用水水质要求应符合表 18-22 的规定。

混凝土拌合用水水质要求 表 18-22

项目	预应力混凝土	钢筋混凝土	素混凝土
pH 值	≥5.0	≥4.5	≥4.5
不溶物（mg/L）	≤2000	≤2000	≤5000
可溶物（mg/L）	≤2000	≤5000	≤10000
氯化物（以 Cl^- 计，mg/L）	≤500	≤1000	≤3500
硫酸盐（以 SO_4^{2-} 计，mg/L）	≤600	≤2000	≤2700
碱含量（mg/L）	≤1500	≤1500	≤1500

注：1. 对于设计使用年限为 100 年的结构混凝土，氯离子含量不得超过 500mg/L；
2. 对使用钢丝或经热处理钢筋的预应力混凝土，氯离子含量不得超过 350mg/L；
3. 碱含量按 $Na_2O+0.658K_2O$ 计算值来表示。采用非碱活性骨料时，可不检验碱含量。

（2）地表水、地下水、再生水的放射性应符合现行国家标准《生活饮用水卫生标准》GB 5749 的规定。

（3）被检验水样与饮用水样进行水泥凝结时间对比试验，对比试验的水泥初凝时间差及终凝时间差均不应大于 30min；同时，初凝和终凝时间应符合现行国家标准《通用硅酸盐水泥》GB 175 的规定。

（4）被检验水样与饮用水样进行水泥胶砂强度对比试验，被检验水样配制的水泥胶砂 3d 和 28d 强度不应低于饮用水配制的水泥胶砂 3d 和 28d 强度的 90%。

（5）混凝土拌合用水不应有漂浮明显的油脂和泡沫，不应有明显的颜色和异味。

18.2.6.2 拌合用水的质量控制

水质检验、水样取样、检验期限和频率应符合现行行业标准《混凝土用水标准（附条文说明）》JGJ 63 的规定。

18.3 混凝土的配合比设计

18.3.1 普通混凝土配合比设计

普通混凝土配合比设计，一般应根据混凝土强度等级及施工所要求的混凝土拌合物坍落度（或维勃稠度）指标进行。如果混凝土还有其他技术指标，除在计算和试配过程中予以考虑外，尚应增加相应的试验项目，进行试验确认。

18.3.1.1 普通混凝土配合比设计依据

（1）混凝土拌合料应具有良好的工作性能，如维勃稠度、坍落度等；

（2）混凝土配合比设计应满足混凝土配制强度及其他力学性能、长期性能和耐久性能的要求；

（3）混凝土的配合比要求有较适宜的技术经济性。

18.3.1.2 普通混凝土配合比设计步骤

1. 初步确定混凝土配合比
(1) 确定混凝土配制强度。
1) 当混凝土设计强度等级小于 C60 时,配制强度按式(18-1)进行计算:

$$f_{cu,0} \geqslant f_{cu,k} + 1.645\sigma \tag{18-1}$$

式中 $f_{cu,0}$——混凝土配制强度(MPa);
$f_{cu,k}$——混凝土立方体抗压强度标准值(MPa),这里取混凝土的设计强度等级值;
σ——混凝土强度标准差(MPa)。

当混凝土设计强度不小于 C60 时,配制强度应按式(18-2)进行计算:

$$f_{cu,0} \geqslant 1.15 f_{cu,k} \tag{18-2}$$

2) σ 的取值,当具有近 1~3 个月同一品种、同一强度等级混凝土的强度资料时,其混凝土强度标准差 σ 可按式(18-3)计算:

$$\sigma = \sqrt{\frac{\sum_{i=1}^{n} f_{cu,i}^2 - n m_{fcu}^2}{n-1}} \tag{18-3}$$

式中 σ——混凝土强度标准差(MPa);
$f_{cu,i}$——第 i 组的试件强度(MPa);
m_{fcu}——n 组试件的强度平均值(MPa);
n——试件组数($n \geqslant 30$)。

对于强度等级不大于 C30 的混凝土,当 σ 计算值不小于 3.0MPa 时,应按式(18-3)计算结果取值;当 σ 计算值小于 3.0MPa 时,σ 取 3.0MPa。

对于强度等级大于 C30 且小于 C60 的混凝土,当 σ 计算值不小于 4.0MPa 时,应按式(18-3)计算结果取值;当 σ 计算值小于 4.0MPa 时,σ 取 4.0MPa。

当没有近期的同一品种、同一强度等级混凝土的强度资料时,σ 可按表 18-23 取值。

强度标准差 σ 取值　　　　表 18-23

混凝土强度标准值	≤C20	C25~C45	C50~C55
σ	4.0	5.0	6.0

(2) 计算水胶比值。
当混凝土强度等级小于 C60 时,水胶比宜按式(18-4)计算:

$$W/B = \frac{\alpha_a f_b}{f_{cu,0} + \alpha_a \alpha_b f_b} \tag{18-4}$$

式中 W/B——混凝土水胶比;
α_a、α_b——回归系数;
f_b——胶凝材料 28d 胶砂抗压强度(MPa);
$f_{cu,0}$——混凝土配制强度(MPa)。

1) 关于回归系数 α_a、α_b 的取值:
通过试验建立的水胶比与混凝土强度关系式来确定,当不具备试验统计资料时,按

表 18-24 选用。

回归系数 α_a、α_b 取值表   表 18-24

回归系数	粗骨料品种	
	碎石	卵石
α_a	0.53	0.49
α_b	0.20	0.13

2) 胶凝材料 28d 胶砂抗压强度（f_b）可实测，且试验方法应按现行国家标准《水泥胶砂强度检验方法（ISO 法）》GB/T 17671 执行；当无实测值时，可按式（18-5）计算：

$$f_b = \gamma_f \gamma_s f_{ce} \tag{18-5}$$

式中 γ_f、γ_s ——粉煤灰影响系数和粒化高炉矿渣粉影响系数，可按表 18-25 选用；

粉煤灰影响系数（γ_f）和粒化高炉矿渣粉影响系数（γ_s）   表 18-25

掺量（%）	种类	
	粉煤灰影响系数（γ_f）	粒化高炉矿渣粉影响系数（γ_s）
0	1.00	1.00
10	0.85～0.95	1.00
20	0.75～0.85	0.95～1.00
30	0.65～0.75	0.90～1.00
40	0.55～0.65	0.80～0.90
50	—	0.70～0.85

注：1. 采用Ⅰ级、Ⅱ级粉煤灰宜取上限值。
2. 采用 S75 级粒化高炉矿渣粉宜取下限值，采用 S95 级粒化高炉矿渣粉宜取上限值，采用 S105 级粒化高炉矿渣粉可取上限值加 0.05；
3. 当超出表中掺量时，粉煤灰和粒化高炉矿渣粉影响系数应经试验确定。

f_{ce} ——水泥 28d 胶砂抗压强度（MPa），可实测，也可按式（18-6）计算：

$$f_{ce} = \gamma_c f_{ce,g} \tag{18-6}$$

式中 γ_c ——水泥强度等级值的富余系数，可按实际统计资料确定，也可按表 18-26 选用；

$f_{ce,g}$ ——水泥强度等级值（MPa）。

水泥强度等级值的富余系数（γ_c）   表 18-26

水泥强度等级值	32.5	42.5	52.5
富余系数	1.12	1.16	1.10

(3) 确定用水量。

1) 干硬性或塑性混凝土每立方米用水量（m_{w0}）应符合下列规定：

当水胶比在 0.40～0.80 范围时，根据粗骨料品种及施工要求的混凝土拌合物的稠度，用水量可按表 18-27、表 18-28 选用。

干硬性混凝土的用水量 m_{w0}（kg/m³） 表 18-27

拌合物稠度		卵石最大公称粒径（mm）			碎石最大公称粒径（mm）		
项目	指标	10.0	20.0	40.0	16.0	20.0	40.0
维勃稠度（s）	5~10	185	170	155	190	180	165
	11~15	180	165	150	185	175	160
	16~20	175	160	145	180	170	155

塑性混凝土的用水量 m_{w0}（kg/m³） 表 18-28

拌合物稠度		卵石最大公称粒径（mm）				碎石最大公称粒径（mm）			
项目	指标	10.0	20.0	31.5	40.0	16.0	20.0	31.5	40.0
坍落度（mm）	10~30	190	170	160	150	200	185	175	165
	35~50	200	180	170	160	210	195	185	175
	55~70	210	190	180	170	220	205	195	185
	75~90	215	195	185	175	230	215	205	195

注：1. 本表用水量系采用中砂时的取值，若采用细砂，每立方米混凝土用水量可增加 5~10kg；若采用粗砂，可减少 5~10kg。
2. 掺加矿物掺合料和外加剂时，用水量应相应调整。
3. 当混凝土水胶比小于 0.40 时，可由试验确定。

2）掺外加剂时，流动性或大流动性的混凝土每立方米用水量（m_{w0}）可按式（18-7）计算：

$$m_{w0} = m'_{w0}(1-\beta) \qquad (18-7)$$

式中 m_{w0}——掺外加剂时，计算配合比每立方米混凝土的用水量（kg/m³）；

m'_{w0}——未掺外加剂时推定的满足实际坍落度要求的每立方米混凝土的用水量（kg/m³），按表 18-28 中以 90mm 坍落度的用水量为基础，坍落度每增大 20mm，相应增加 5kg/m³ 用水量来计算，当坍落度增大到 180mm 以上时，随坍落度相应增加的用水量可减少；

β——外加剂的减水率（%），应经混凝土试验确定。

（4）确定胶凝材料、外加剂、矿物掺合料和水泥用量。

1）每立方米混凝土的胶凝材料用量 m_{b0}，可按式（18-8）计算，并应进行试拌调整：

$$m_{b0} = \frac{m_{w0}}{W/B} \qquad (18-8)$$

式中 m_{b0}——计算配合比每立方米混凝土中胶凝材料用量（kg/m³）；

m_{w0}——计算配合比每立方米混凝土的用水量（kg/m³）；

W/B——混凝土水胶比。

2）每立方米混凝土的外加剂用量 m_{a0}，应按式（18-9）计算：

$$m_{a0} = m_{b0}\beta_a \qquad (18-9)$$

式中 m_{a0}——计算配合比每立方米混凝土中外加剂用量（kg/m³）；

m_{b0}——计算配合比每立方米混凝土中胶凝材料用量（kg/m³）；

β_a——外加剂掺量（%），应经试验确定。

3) 每立方米混凝土的矿物掺合料用量 m_{f0}，应按式（18-10）计算：

$$m_{f0} = m_{b0} \beta_f \qquad (18-10)$$

式中 m_{f0}——计算配合比每立方米混凝土中矿物掺合料用量（kg/m³）；

β_f——矿物掺合料掺量（%）。

矿物掺合料在混凝土中的掺量应符合相关标准的要求并宜通过试验确定。钢筋混凝土中矿物掺合料最大掺量宜符合表 18-29 的规定；预应力钢筋混凝土中矿物掺合料最大掺量宜符合表 18-30 的规定。

钢筋混凝土中矿物掺合料最大掺量 表 18-29

矿物掺合料种类	水胶比	最大掺量（%）	
		硅酸盐水泥	普通硅酸盐水泥
粉煤灰	≤0.40	≤45	≤35
	>0.40	≤40	≤30
粒化高炉矿渣粉	≤0.40	≤65	≤55
	>0.40	≤55	≤45
钢渣粉	—	≤30	≤20
磷渣粉	—	≤30	≤20
硅灰	—	≤10	≤10
复合掺合料	≤0.40	≤60	≤50
	>0.40	≤50	≤40

注：1. 采用硅酸盐水泥和普通硅酸盐水泥之外的通用硅酸盐水泥时，混凝土中水泥混合材和矿物掺合料用量之和应不大于按普通硅酸盐水泥用量 20% 计算混合材和矿物掺合料用量之和；

2. 对基础大体积混凝土，粉煤灰、粒化高炉矿渣粉和复合掺合料的最大掺量可增加 5%；

3. 复合掺合料中各组分的掺量不宜超过任一组分单掺时的最大掺量。

预应力钢筋混凝土中矿物掺合料最大掺量 表 18-30

矿物掺合料种类	水胶比	最大掺量（%）	
		硅酸盐水泥	普通硅酸盐水泥
粉煤灰	≤0.40	≤35	≤30
	>0.40	≤25	≤20
粒化高炉矿渣粉	≤0.40	≤55	≤45
	>0.40	≤45	≤35
钢渣粉	—	≤20	≤10
磷渣粉	—	≤20	≤10
硅灰	—	≤10	≤10
复合掺合料	≤0.40	≤50	≤40
	>0.40	≤40	≤30

注：1. 粉煤灰应为Ⅰ级或Ⅱ级 F 类粉煤灰；

2. 在复合掺合料中，各组分的掺量不宜超过单掺时的最大掺量。

4) 每立方米混凝土的水泥用量 m_{c0}，应按式（18-11）计算：

$$m_{c0} = m_{b0} - m_{f0} \tag{18-11}$$

式中 m_{c0}——计算配合比每立方米混凝土中水泥用量（kg/m³），所计算的水泥用量不应小于表 18-31 规定的最小水泥用量，最大水泥用量不宜超过 550kg/m³。

混凝土的最小胶凝材料用量　　　　　　　　　　　　表 18-31

最大水胶比	最小胶凝材料用量（kg/m³）		
	素混凝土	钢筋混凝土	预应力混凝土
0.60	250	280	300
0.55	280	300	300
0.50	320		
≤0.45	330		

注：1. 混凝土的最大水胶比应符合现行国家标准《混凝土结构设计标准》GB/T 50010 的规定；
2. 配制 C15 及其以下强度等级的混凝土，可不受限制。

(5) 选取砂率。

砂率（β_s）应根据骨料的技术指标、混凝土拌合物性能和施工要求，参考既有资料进行确定，当缺乏历史资料时，砂率的确定应符合下列规定：

1）坍落度小于 10mm 的混凝土，其砂率应通过试验确定；

2）坍落度在 10～60mm 范围内的混凝土，可按粗骨料品种、规格及水胶比确定砂率。见表 18-32。

混凝土的砂率　　　　　　　　　　　　表 18-32

水胶比	卵石最大公称粒径（mm）			碎石最大公称粒径（mm）		
	10.0	20.0	40.0	16.0	20.0	40.0
0.40	26～32	25～31	24～30	30～35	29～34	27～32
0.50	30～35	29～34	28～33	33～38	32～37	30～35
0.60	33～38	32～37	31～36	36～41	35～40	33～38
0.70	36～41	35～40	34～39	39～44	38～43	36～41

注：1. 本表中的砂率系砂与骨料总量的重量比；
2. 表中数值系中砂的选用砂率，对粗砂或细砂，应适当增加或减少砂率；
3. 采用人工砂时，可适当增大砂率；
4. 只用一个单粒级粗骨料配制混凝土时，砂率应适当增大；
5. 薄壁构件，砂率取偏大值。

3）坍落度大于 60mm 的混凝土，砂率可经试验确定，也可在表 18-34 的基础上，按坍落度每增大 20mm，砂率增大 1% 的幅度予以调整。

(6) 计算粗、细骨料用量。

在已知混凝土用水量、水泥用量和砂率的情况下，按质量法或体积法求出粗、细骨料的用量，从而得出混凝土的初步配合比。

1）质量法。

这种方法是假定混凝土拌合料的重量为已知，从而可求出单位体积混凝土的骨料总重量，进而分别求出粗、细骨料用量。粗、细骨料用量应按式（18-12）计算：

$$m_{f0} + m_{c0} + m_{g0} + m_{s0} + m_{w0} = m_{cp} \tag{18-12}$$

式中 m_{g0}——计算配合比每立方米混凝土粗骨料用量（kg/m³）；

m_{s0}——计算配合比每立方米混凝土细骨料用量（kg/m³）；

m_{cp}——每立方米混凝土拌合物的假定重量（kg/m³），可取 2350~2450kg/m³。

根据砂率公式（18-13），可分别求得粗、细骨料用量：

$$\beta_s = \frac{m_{s0}}{m_{s0} + m_{g0}} \times 100\% \tag{18-13}$$

2) 体积法。

又称绝对体积法，该方法假定混凝土组成材料绝对体积的总和等于混凝土的体积，当采用体积法计算混凝土配合比时，砂率应按上式计算，粗、细骨料用量应按式（18-14）计算。

$$\frac{m_{f0}}{\rho_f} + \frac{m_{c0}}{\rho_c} + \frac{m_{g0}}{\rho_g} + \frac{m_{s0}}{\rho_s} + \frac{m_{w0}}{\rho_w} + 0.01\alpha = 1 \tag{18-14}$$

式中 ρ_f——矿物掺合料密度（kg/m³），可按国家标准《水泥密度测定方法》GB/T 208—2014 测定；

ρ_c——水泥密度（kg/m³），可取 2900~3100kg/m³；

ρ_g——粗骨料的表观密度（kg/m³）；

ρ_s——细骨料的表观密度（kg/m³）；

ρ_w——水的密度，可取 1000kg/m³；

α——混凝土的含气量百分数，在不使用引气剂或引气型外加剂时，α 可取 1。

其中，粗、细骨料表观密度也可按现行行业标准《普通混凝土用砂、石质量及检验方法标准（附条文说明）》JGJ 52 测定。

2. 配合比的试配及调整

(1) 试配。

按照工程中实际使用的材料和搅拌方法，根据计算出的配合比进行试配。混凝土试拌的数量不应少于表 18-33 所规定的数值，如需进行抗冻、抗渗或其他项目试验，应根据实际需要计算用量。采用机械搅拌时，拌合量应不少于该搅拌机额定搅拌量的四分之一。

如果试拌的混凝土坍落度或维勃稠度不能满足要求，或黏聚性和保水性不好时，应在保证水灰比不变的条件下相应调整用水量或砂率，直至符合要求为止。之后提出供检验混凝土强度用的基准配合比。混凝土强度试块的边长，应满足表 18-34 的规定。

混凝土试配的最小搅拌量 表 18-33

骨料最大粒径（mm）	混凝土最小搅拌量（L）
31.5 及以下	15
40	25

混凝土立方体试块边长 表 18-34

骨料最大粒径（mm）	试块边长（mm）
≤30	100×100×100
≤40	150×150×150
≤60	200×200×200

制作混凝土强度试块时,至少应采用三个不同的配合比,其中一个是按上述方法得出的基准配合比,另外两个配合比的水灰比,应较基准配合比分别增加和减少0.05,其用水量应该与基准配合比相同,砂率可分别增加和减少1%。

当不同水灰比的混凝土拌合物坍落度与要求值的差超过允许偏差时,可通过增、减用水量进行调整。

每种配合比应至少制作一组(3块)试件,标准养护到28d时进行试压;有条件的单位也可同时制作多组试件,供快速检验或较早龄期的试压,以便提前定出混凝土配合比供施工使用。但以后仍必须以标准养护到28d的检验结果为依据调整配合比。

(2) 调整及确定。

经试配以后,便可按照所得的结果确定混凝土的施工配合比。根据混凝土强度试验结果,宜绘制强度和水胶比的线性关系图或插值法确定略大于配置强度对应的水胶比。在试拌配合比的基础上,用水量(m_w)和外加剂用量(m_a)应根据确定的水胶比作调整,而胶凝材料用量(m_b)应以用水量乘以确定的水胶比计算得出。粗骨料和细骨料用量应根据用水量和胶凝材料用量进行调整。

在确定配合比后,尚应按下列步骤进行校正:

1) 根据上述规定确定的材料用量计算混凝土拌合物的表观密度计算值 $\rho_{c,c}$ 应按式(18-15)计算:

$$\rho_{c,c} = m_c + m_f + m_g + m_s + m_w \tag{18-15}$$

式中 $\rho_{c,c}$——混凝土拌合物的表观密度计算值(kg/m³);

m_c——每立方米混凝土的水泥用量(kg/m³);

m_f——每立方米混凝土的矿物掺合料用量(kg/m³);

m_g——每立方米混凝土的粗骨料用量(kg/m³);

m_s——每立方米混凝土的细骨料用量(kg/m³);

m_w——每立方米混凝土的用水量(kg/m³)。

2) 混凝土配合比校正系数应按式(18-16)计算:

$$\delta = \frac{\rho_{c,t}}{\rho_{c,c}} \tag{18-16}$$

式中 δ——混凝土配合比校正系数;

$\rho_{c,t}$——混凝土拌合物的表观密度实测值(kg/m³)。

当混凝土拌合物表观密度实测值与计算值之差的绝对值不超过计算值的2%时,计算调整后的材料用量确定的配合比即为确定的设计配合比;当二者之差超过2%时,应将配合比中每项材料用量均乘以校正系数 δ,即为确定的设计配合比。

设计配合比是以干燥状态骨料为基准,而实际工程使用的骨料都含有一定的水分,故必须进行修正,修正后的配合比成为施工配合比。

对耐久性有设计要求的混凝土应进行相关耐久性试验验证。

生产单位可根据常用材料设计出常用的混凝土配合比备用,并应在启用过程中予以验证或调整。遇有下列情况之一时,应重新进行配合比设计:

① 对混凝土性能有特殊要求时;

② 水泥、外加剂或矿物掺合料等原材料品种、质量有显著变化时。

18.3.2 有特殊要求的混凝土配合比设计

18.3.2.1 抗渗混凝土

(1) 抗渗混凝土所用原材料应符合下列规定：

1) 水泥宜采用普通硅酸盐水泥，有利于提高混凝土耐久性能和进行质量控制；

2) 粗骨料宜采用连续级配，其最大粒径不宜大于40mm，含泥量不得大于1.0%，泥块含量不得大于0.5%；

3) 细骨料宜采用中砂，含泥量不得大于3.0%，泥块含量不得大于1.0%；

4) 掺加外加剂和矿物掺合料十分有利，粉煤灰应采用F类，等级应为Ⅰ级或Ⅱ级。

(2) 抗渗混凝土配合比计算方法除应遵守《普通混凝土配合比设计规程》JGJ 55—2011的规定外，尚应符合下列规定：

1) 每立方米混凝土中的水泥和矿物掺合料总量不宜小于320kg；

2) 砂率宜为35%~45%；

3) 最大水胶比应符合表18-35的规定。

抗渗混凝土最大水胶比 表18-35

设计抗渗等级	最大水胶比	
	C20~C30	C30以上
P6	0.60	0.55
P8~P12	0.55	0.50
>P12	0.50	0.45

(3) 配合比设计中，混凝土抗渗技术要求还应符合下列规定：

1) 试配要求的抗渗水压值比设计值提高0.2MPa；

2) 试配时，宜采用水灰比最大的配合比作抗渗试验，抗渗试验结果应满足式(18-17)要求：

$$P_t = \frac{P}{10} + 0.2 \tag{18-17}$$

式中 P_t——6个试件中4个未出现渗水时的最大水压值(MPa)；

P——设计要求的抗渗等级值。

(4) 掺用引气剂的混凝土还应进行含气量试验，含气量宜控制在3.0%~5.0%。

18.3.2.2 抗冻混凝土

(1) 抗冻混凝土的原材料应符合下列规定：

1) 水泥应采用硅酸盐水泥或普通硅酸盐水泥；

2) 粗骨料宜选用连续级配，其含泥量不得大于1.0%，泥块含量不得大于0.5%；

3) 细骨料含泥量不得大于3.0%，泥块含量不得大于1.0%；

4) 粗、细骨料均应进行坚固性试验，并应符合现行行业标准《普通混凝土用砂、石质量及检验方法标准（附条文说明）》JGJ 52的规定；

5) 长期处于潮湿或水位变动的寒冷和严寒环境以及盐冻环境的混凝土应掺用引气剂；抗冻等级不小于F100的抗冻混凝土宜掺用引气剂，掺用引气剂的混凝土最小含气量应符合表 18-36 的规定；但最大不宜超过 7.0%；

6) 钢筋混凝土和预应力混凝土中不得掺用含有氯盐的防冻剂，在预应力混凝土中不得掺用含有亚硝酸盐或碳酸盐的防冻剂。

混凝土含气量限值　　　　　　　　　　　　表 18-36

粗骨料最大公称粒径（mm）	混凝土含气量限值（%）	粗骨料最大公称粒径（mm）	混凝土含气量限值（%）
10	7.0	25	5.0
15	6.0	40	4.5
20	5.5		

(2) 抗冻混凝土配合比应符合下列规定：

1) 最大水胶比和最小胶凝材料用量应符合表 18-37 的规定。

最大水胶比和最小胶凝材料用量　　　　　　表 18-37

设计抗冻等级	最大水胶比		最小胶凝材料用量（kg/m³）
	无引气剂时	掺引气剂时	
F50	0.55	0.60	300
F100	0.50	0.55	320
不低于 F150	—	0.50	350

2) 复合矿物掺合料掺量宜符合表 18-38 的规定，其他矿物掺合料宜符合《普通混凝土配合比设计规程》JGJ 55—2011 中的规定。

复合矿物掺合料最大掺量　　　　　　　　　表 18-38

水胶比	最大掺量（%）	
	采用硅酸盐水泥时	采用普通硅酸盐水泥时
≤0.40	60	50
>0.40	50	40

注：采用其他通用硅酸盐水泥时，可将水泥混合材掺量 20% 以上的混合材量计入矿物掺合料。

18.3.2.3 高强混凝土

(1) 高强混凝土所用原材料应符合下列规定：

1) 水泥应选用硅酸盐水泥或普通硅酸盐水泥，强度等级不低于 42.5 级；

2) 粗骨料宜采用连续级配，其最大公称粒径不宜大于 25.0mm，针片状颗粒含量不宜大于 5.0%，含泥量不应大于 0.5%，泥块含量不应大于 0.2%；

3) 细骨料细度模数宜为 2.6~3.0，含泥量不应大于 2.0%，泥块含量不应大于 0.5%；

4) 宜采用减水率不小于 25% 的高性能减水剂；

5) 宜复合掺用粒化高炉矿渣粉、粉煤灰和硅灰等矿物掺合料；粉煤灰等级不应低于 Ⅱ 级；对强度等级不低于 C80 的高强混凝土宜掺用硅灰。

(2) 高强混凝土配合比应经试验确定，在缺乏试验依据的情况下，宜符合下列规定：

1) 水胶比、胶凝材料用量和砂率可按表 18-39 选取，并应经试配确定；

水胶比、胶凝材料用量和砂率   表 18-39

强度等级	水胶比	胶凝材料用量（kg/m³）	砂率（%）
≥C60，＜C80	0.28～0.34	480～560	35～42
≥C80，＜C100	0.26～0.28	520～580	
C100	0.24～0.26	550～600	

2) 外加剂和矿物掺合料的品种、掺量，应通过试配确定；矿物掺合料掺量宜为 25%～40%；硅灰掺量不宜大于 10%；

3) 水泥用量不宜大于 500kg/m³。

(3) 试配过程中，应采用三种不同配合比进行混凝土强度试验，其中一个可为依据上表计算后调整拌合物的试拌配合比，另外两个配合比的水胶比，宜较试拌配合比分别增加和减少 0.02。

(4) 高强混凝土设计配合比确定后，尚应采用该配合比进行不少于三盘混凝土的重复试验，每盘混凝土应至少成型一组试件，每组混凝土的抗压强度不应低于配制强度。

(5) 高强混凝土抗压强度测定宜采用标准尺寸试件，使用非标准尺寸试件时，尺寸折算系数应经试验确定。

18.3.2.4 泵送混凝土

(1) 泵送混凝土所采用的原材料应符合下列规定：

1) 水泥宜选用硅酸盐水泥、普通硅酸盐水泥、矿渣硅酸盐水泥和粉煤灰硅酸盐水泥；

2) 粗骨料宜采用连续级配，其针片状颗粒含量不宜大于 10.0%；粗骨料的最大公称粒径与输送管径之比宜符合表 18-40 的规定；

粗骨料最大公称粒径与输送管径之比   表 18-40

粗骨料品种	泵送高度（m）	粗骨料最大公称粒径与输送管径之比
碎石	＜50	≤1：3.0
	50～100	≤1：4.0
	＞100	≤1：5.0
卵石	＜50	≤1：2.5
	50～100	≤1：3.0
	＞100	≤1：4.0

3) 细骨料宜采用中砂，其通过公称直径为 315μm 筛孔的颗粒含量不宜少于 15%；

4) 泵送混凝土应掺用泵送剂或减水剂，并宜掺用矿物掺合料。

(2) 泵送混凝土配合比应符合下列规定：

1) 胶凝材料用量不宜小于 300kg/m³；

2) 用水量与胶凝材料的总量之比不宜小于 0.60；

3) 砂率宜为 35%～45%；

4) 掺用引气型外加剂时，含气量不宜大于 4%。

(3) 泵送混凝土试配时应考虑坍落度经时损失，以确保在施工过程中混凝土工作性持续符合工程的需求；一般情况下根据气温环境的不同混凝土一小时经时坍落度损失值可按

表 18-41 选用。

混凝土经时坍落度损失值　　　　　　　　　　表 18-41

大气温度（℃）	10～20	20～30	30～35
混凝土 1h 经时坍落度损失值（mm）	5～25	25～35	35～50

注：1. 掺粉煤灰与其他外加剂时，混凝土经时坍落度损失可根据施工经验确定，无施工经验时，可通过试验确定。
　　2. 使用快硬水泥或加入速凝剂、缓凝剂等特种外加剂的混凝土的凝结时间以及经时坍落度，应以设计要求以及相关试验确定。

18.3.2.5 大体积混凝土

（1）大体积混凝土所用原材料应符合下列规定：

1）水泥应符合现行国家标准《通用硅酸盐水泥》GB 175 的有关规定，当采用其他品种时，其性能指标应符合国家现行有关标准的规定。

应选用水化热低的通用硅酸盐水泥，3d 水化热不宜大于 250kJ/kg，7d 水化热不宜大于 280kJ/kg；当选用 52.5 强度等级的水泥时，7d 水化热宜小于 300kJ/kg。

水泥在搅拌站的入机温度不宜高于 60℃。

2）粗骨料宜为连续级配，最大公称粒径宜小于 31.5mm，含泥量不应大于 1.0%。应选用非碱活性粗骨料，当采用非泵送施工时，粗骨料粒径可适当增大。

细骨料宜采用中砂，细度模数宜大于 2.3，含泥量不应大于 3.0%。

3）粉煤灰和粒化高炉矿渣粉，质量应符合现行国家标准《用于水泥和混凝土中的粉煤灰》GB/T 1596 和《用于水泥、砂浆和混凝土中的粒化高炉矿渣粉》GB/T 18046 的有关规定。

4）外加剂质量及应用技术，应符合现行国家标准《混凝土外加剂》GB 8076 和《混凝土外加剂应用技术规范》GB 50119 的有关规定。

另外，外加剂尚应符合下列规定：

① 外加剂的品种、掺量应根据材料试验确定；
② 宜提供外加剂对硬化混凝土收缩等性能的影响系数；
③ 耐久性要求较高或寒冷地区的大体积混凝土，宜采用引气剂或引气减水剂。

5）混凝土拌合用水质量应符合现行行业标准《混凝土用水标准（附条文说明）》JGJ 63 的有关规定。

（2）大体积混凝土配合比设计，除应符合现行行业标准《普通混凝土配合比设计规程》JGJ 55 的有关规定外，尚应符合下列规定：

1）当采用混凝土 60d 或 90d 强度验收指标时，应将其作为混凝土配合比的设计依据；

2）混凝土拌合物的坍落度不宜大于 180mm；

3）拌合用水量不宜大于 170kg/m³；

4）粉煤灰掺量不宜大于胶凝材料用量的 50%，矿渣粉掺量不宜大于胶凝材料用量的 40%，粉煤灰和矿渣粉掺量综合不宜大于胶凝材料用量的 50%；

5）水胶比不宜大于 0.45；

6）砂率宜为 38%～45%。

（3）混凝土制备前，宜进行绝热温升、泌水率、可泵性等对大体积混凝土裂缝控制有影响的技术参数的试验，必要时配合比设计应通过试泵送验证。

（4）在确定混凝土配合比时，应根据混凝土绝热温升、温控施工方案的要求，提出混凝土制备时的粗细骨料和拌合用水及入模温度控制的技术措施。

18.4 混凝土制备

18.4.1 概述

混凝土的制备应采用符合质量要求的原材料，按规定的配合比，将混合料拌合均匀，以保证结构设计所规定的混凝土强度等级，满足设计提出的特殊要求和施工和易性的要求，应符合节约水泥、减轻劳动强度等原则。

18.4.2 常用搅拌机的分类

常用的混凝土搅拌机按其搅拌原理主要分为强制式搅拌机和自落式搅拌机两类。相应的技术性能可参照现行国家标准《建筑施工机械与设备 混凝土搅拌机》GB/T 9142的规定。

18.4.3 混凝土搅拌站制备混凝土

固定式搅拌站，供应一定范围内的分散工地所需要的混凝土。砂、石、水泥、水、掺合料、外加剂都能自动控制称量、自动下料，组成一条联动线。操作简便，称量准确。装置设有水泥贮存罐和螺旋输送器，散装和袋装水泥均可使用。其不足之处是砂、石堆放还需辅以铲车送料。这种搅拌站，自动化程度高，可减轻工人的劳动强度，改善劳动条件，提高生产效率，投资不大，可满足一般现场和预制构件厂的需要。

混凝土搅拌楼主要应用于混凝土搅拌等机械工程建设。与混凝土搅拌站相比，混凝土搅拌楼在骨料计量上减少了四个中间环节，并且是垂直下料计量，节约了计量时间，因此大大提高了生产效率。同型号的情况下，搅拌楼生产效率比搅拌站生产效率提高三分之一。

18.4.4 现场搅拌机制备混凝土

移动式混凝土搅拌站，是将混凝土搅拌站的物料储料、称量、输送、搅拌、卸料及全自动控制系统整体集中于一个拖挂单元的混凝土生产设备，具有占地面积小、投资省、转移灵活等特点，适用于工程分散、工期短、混凝土量不大的施工现场。

18.4.5 混凝土搅拌的技术要求

（1）混凝土原材料按重量计的允许累计偏差，不得超过下列规定：

1）水泥、外掺料 $\pm 1\%$；

2）粗细骨料 $\pm 2\%$；

3）水、外加剂 $\pm 1\%$。

（2）混凝土搅拌时间：

搅拌时间是影响混凝土质量及搅拌机生产效率的重要因素之一。不同搅拌机类型及不同稠度的混凝土拌合物有不同的搅拌时间。混凝土搅拌时间可按表18-42采用。

混凝土搅拌的最短时间（s） 表18-42

混凝土坍落度（mm）	搅拌机机型	搅拌机出料量（L）		
		<250	250～500	>500
≤40	强制式	60	90	120
>40且<100	强制式	60	60	90
≥100	强制式	60		

注：1. 混凝土搅拌的最短时间系指全部材料转入搅拌筒中起，到开始卸料止的时间；
2. 当掺有外加剂与矿物掺合料时，搅拌时间应适当延长；
3. 当采用其他形式的搅拌设备时，搅拌的最短时间应按设备说明书的规定或经试验确定；
4. 采用自落式搅拌机时，搅拌时间宜延长30s；
5. 对于双卧轴强制式搅拌机，可在保证搅拌均匀的情况下适当缩短搅拌时间；
6. 混凝土搅拌时间应每班检查两次。

（3）混凝土原材料投料顺序：

投料顺序应从提高混凝土搅拌质量，减少叶片、衬板的磨损，减少拌合物与搅拌筒的粘结，减少水泥飞扬，改善工作环境，提高混凝土强度，节约水泥方面综合考虑确定。

18.4.6 混凝土搅拌的质量控制

在拌制工序中，拌制的混凝土拌合物的均匀性应按要求进行检查。要检查混凝土均匀性时，应在搅拌机卸料过程中，从卸料流出的1/4～3/4之间部位采取试样。检测结果应符合下列规定：

（1）混凝土搅拌宜采用强制式搅拌机。
（2）混凝土中砂浆密度，两次测值的相对误差不应大于0.8%。
（3）单位体积混凝土中粗骨料含量，两次测值的相对误差不应大于5%。
（4）混凝土搅拌的最短时间应符合相应规定。
（5）混凝土拌合物稠度，应在搅拌地点和浇筑地点分别取样检测，每工作班不少于抽检两次。
（6）特制品的制备除应符合本节规定外，重晶石混凝土、轻骨料混凝土和纤维混凝土还应分别符合国家现行标准《重晶石防辐射混凝土应用技术规范》GB/T 50557、《轻骨料混凝土应用技术标准》JGJ 12和《纤维混凝土应用技术规程》JGJ/T 221的规定。
（7）根据需要，如果检查混凝土拌合物其他质量指标时，检测结果也应符合现行行业标准《混凝土质量控制标准》GB 50164的要求。
（8）预拌混凝土制备应符合环保规定，并且宜符合现行行业标准《环境标志产品技术要求 预拌混凝土》HJ/T 412的规定。

18.5 混凝土水平运输

18.5.1 概述

混凝土水平运输一般指混凝土自搅拌机中卸出来后，运至浇筑地点的地面运输。混凝土如采用预拌混凝土且运输距离较远时,混凝土地面运输多用混凝土搅拌运输车;如来自工地搅拌站,则多用重载1t的小型机动翻斗车,近距离也用双轮手推车,有时还用皮带运输机和窄宽翻斗机。

18.5.2 搅拌车混凝土运输

混凝土搅拌车是在汽车底盘上安装搅拌筒,直接将混凝土拌合物装入搅拌筒内,运至施工现场,供浇筑作业需要。它是一种用于长距离输送混凝土的高效能机械。为保证混凝土经长途运输后,仍不致产生离析现象,混凝土搅拌筒在运输途中始终在不停地慢速转动,从而使筒内的混凝土拌合物可连续得到搅拌。旋转拌筒,混凝土物料由拌筒内的螺旋叶片带至高处,靠自重下落进行搅拌;反转拌筒,混凝土物料被拌筒内的螺旋叶片推出。

18.5.3 翻斗车混凝土运输

混凝土翻斗车由料斗和行走底架组成,是一种特殊的料斗可倾翻的输送混凝土拌合物的车辆。它是一种短距离输送混凝土的高效能机械。

18.5.4 混凝土水平运输的质量控制

预拌混凝土应采用符合规定的运输车运送。运输车在运送时应能保持混凝土拌合物的均匀性,不应产生分层离析现象。

翻斗车应仅限用于运送坍落度小于80mm的混凝土拌合物。

运输车在装料前将罐内积水排尽,装料后严禁向运输车内任意加水。

搅拌车运送混凝土拌合物时,卸料前应采用快档旋转搅拌罐不少于20s。

当需要在卸料前掺入外加剂时,外加剂掺入后搅拌运输车应快速进行搅拌,搅拌的时间应由试验确定。

对于寒冷、严寒或炎热的天气情况,搅拌运输车的搅拌罐应有保温或隔热措施。

混凝土的运送时间是指从混凝土由搅拌机卸入运输车开始至该运输车开始卸料为止。运送时间应满足合同规定,当合同未作规定时,采用搅拌运输车输送的混凝土,宜在1.5h内卸料;采用翻斗车运送的混凝土,宜在0.75h内卸料;当最高气温低于25℃时,运送时间可延长0.5h。如需延长运送时间,则应采取相应的技术措施,并应通过试验验证。

混凝土的运送频率,应能保证混凝土施工的连续性。

运输车在运送过程中应采取措施,避免遗撒。

18.6 混凝土垂直输送

18.6.1 概 述

在混凝土施工过程中,混凝土的现场输送和浇筑是一项关键的工作。它要求迅速、及时,并且保证质量以及降低劳动消耗,从而在保证工程要求的条件下降低工程造价。混凝土输送方式应按施工现场条件,根据合理、经济的原则确定。

混凝土输送是指对运输至现场的混凝土，采用多种方式送至浇筑点的过程。为提高机械化施工水平、提高生产效率、保证施工质量，宜优先选用预拌混凝土泵送方式。输送混凝土的管道、容器、溜槽不应吸水、漏浆，并应保证输送通畅。输送混凝土时应根据工程所处环境条件采取保温、隔热、防雨等措施。常见的混凝土垂直输送有借助起重机械的混凝土垂直输送、借助动力机械的混凝土垂直输送以及借助溜管溜槽的混凝土垂直输送。

18.6.2 借助起重机械的混凝土垂直输送

18.6.2.1 吊斗混凝土垂直输送

吊车配备吊斗输送混凝土时应符合下列规定：

（1）应根据不同结构类型以及混凝土浇筑方法选择不同的吊斗；
（2）吊斗的容量应根据吊车吊运能力确定；
（3）运输至施工现场的混凝土宜直接装入吊斗进行输送；
（4）吊斗宜在浇筑点直接布料；
（5）输送过程中散落的混凝土严禁用于结构浇筑；
（6）施工中应注意出料口挡板的稳固性；
（7）吊斗卸料施工应有控制混凝土出料速度的措施。

18.6.2.2 推车混凝土垂直输送

1. 升降设备

升降设备包括用于运载人或物料的升降电梯、用于运载物料的升降井架以及混凝土提升机。采用升降设备配合小车输送混凝土在工程中时有发生，为了保证混凝土浇筑质量，要求编制具有针对性的施工方案。运输后的混凝土若采用先卸料、后进行小车装运的输送方式，装料点应采用硬地坪或铺设钢板形式与地基土隔离，硬地坪或钢板面应湿润并不得有积水。为了减少混凝土拌合物转运次数，通常情况下不宜采用多台小车相互转载的方式输送混凝土。升降设备配备小车输送混凝土时应符合下列规定：

（1）升降设备和小车的配备数量、小车行走路线及卸料点位置应能满足混凝土浇筑需要；
（2）运输至施工现场的混凝土宜直接装入小车进行输送，小车宜在靠近升降设备的位置进行装料。

2. 施工电梯配合推车混凝土垂直输送

按施工电梯的驱动形式，可分为钢索牵引、齿轮齿条拽引和星轮滚道拽引三种形式。目前国内外大部分采用的是齿轮齿条拽引的形式，星轮滚道是最新发展起来的，传动形式先进，但目前其载重能力较小。

按施工电梯的动力装置又可分为电动和电动—液压两种。电力驱动的施工电梯，工作速度约 40m/min，而电动—液压驱动的施工电梯其工作速度可达 96m/min。

3. 井架配合推车混凝土垂直输送

主要用于高层建筑混凝土灌注时的垂直运输机械，由井架、抬灵式扒杆、卷扬机、吊盘、自动倾泻吊斗及钢丝缆风绳等组成，具有一机多用、构造简单、装拆方便等优点。起重高度一般为 25～40m。

4. 混凝土提升机配合推车混凝土垂直输送

混凝土提升机是供快速输送大量混凝土的提升设备。它是由钢井架、混凝土提升斗、高速卷扬机等组成,其提升速度可达 50～100m/min。当混凝土提升到施工楼层后,卸入楼面受料斗,再采用其他楼面运输工具(如手推车等)运送到施工部位浇筑。一般每台容量为 $0.5m^3 \times 2$ 的双斗提升机,当其提升速度为 75m/min,最高高度可达 120m,混凝土输送能力可达 $20m^3/h$。因此对混凝土浇筑量较大的工程,特别是高层建筑,是很经济适用的混凝土垂直运输机具。

18.6.3　借助混凝土泵的混凝土垂直输送

借助动力机械的混凝土垂直输送主要指借助泵送机械进行混凝土垂直输送,泵送混凝土是在混凝土泵的压力推动下沿输送管道进行运输并在管道出口处直接浇筑的混凝土。混凝土的泵送施工已经成为高层建筑和大体积混凝土施工过程中的重要方法,泵送施工不仅可以改善混凝土施工性能、提高混凝土质量,而且可以改善劳动条件、降低工程成本。随着商品混凝土应用的普及,各种性能要求不同的混凝土均可泵送,如高性能混凝土、补偿收缩混凝土等。

混凝土泵能一次连续地完成水平运输和垂直运输,效率高、劳动力省、费用低,尤其对于一些工地狭窄和有障碍物的施工现场,用其他运输工具难以直接靠近施工工程,混凝土泵则能有效地发挥作用。混凝土泵运输距离长,单位时间内的输送量大,三四百米高的高层建筑可一泵到顶,上万立方米的大型基础亦能在短时间内浇筑完毕,非其他运输工具所能比拟,优越性非常显著,因而在建筑行业已推广应用多年,尤其是预拌混凝土生产与泵送施工相结合,彻底改变了施工现场混凝土工程的面貌。

常用的混凝土输送泵有汽车泵、拖泵(固定泵)、车载泵三种类型。按驱动方式,混凝土泵分为两大类,即活塞(亦称柱塞式)泵和挤压式泵。

目前我国主要应用活塞式混凝土泵,它结构紧凑、传动平稳,又易于安装在汽车底盘上组成混凝土泵车。根据其能否移动和移动的方式,分为固定式、拖式和汽车式。

挤压式泵按其构造形式,又分为转子式双滚轮型、直管式三滚轮型和带式双槽型三种。

18.6.4　借助溜管溜槽的混凝土垂直输送

深基坑底板的大体积混凝土浇筑需要向下垂直输送混凝土,一般采用溜管、溜槽或溜管溜槽组合的输送方案。借助溜管溜槽的混凝土垂直运输,是利用重力从高处向低处输送混凝土的施工装备,可降低对混凝土坍落度的要求,减少单位用水量,避免混凝土干缩现象,有利于夏季施工大体积混凝土散热,降低入模温度及水化热,还可以避免常规施工泵管堵塞现象发生,施工效率较高,可保证大体量混凝土连续浇筑。

借助溜管或溜槽的混凝土垂直输送应符合下列规定:
(1) 溜管或溜槽内壁应光滑,开始浇筑前应用砂浆润滑槽内壁;当用水润滑时应将水引出舱外,舱面必须有排水措施;
(2) 使用溜管或溜槽,应经过试验论证,确定溜槽高度与合适的混凝土坍落度;
(3) 溜槽、溜管支撑体系应牢固,连接宜平顺,应有防脱落保护措施;
(4) 运输和卸料过程中,应避免混凝土分离,严禁向溜管或溜槽内加水;

(5) 当运输结束或溜管、溜槽堵塞经处理后，应及时清洗，且应防止清洗水进入新浇混凝土仓内。

借助溜管溜槽组合的较大深度混凝土垂直输送应符合下列要求：

(1) 使用溜管溜槽组合前应进行试验验证，分别确定溜管与溜槽的坡度，应确定合适的混凝土坍落度；

(2) 应注意溜管垂直段的长度，不宜过长；

(3) 应设有一定的减速措施，应有防脱落保护措施；

(4) 应监测溜管出口处的混凝土流动速度，如混凝土流速较高，应控制入口流量；

(5) 注意溜管溜槽的材料选择，溜管宜采用铁皮管，溜槽宜采用带内胆的木槽；

(6) 溜槽的水平段应较为轻便，且易于旋转，以方便大面积浇筑；

(7) 溜管背部区域应设置反流槽，以方便对溜管背部区域进行浇筑施工；

(8) 应注意溜管、溜槽支架的稳定性，可采用脚手管搭设，也可以吊装于基坑的内撑结构上；

(9) 为保障安全，应注意溜管直径的选用、缓冲段以及末端旋转段的设置，也可以采用斜管、竖管与斜管结合的形式，竖管必须要固定牢靠。

18.6.5 混凝土垂直输送的质量控制

混凝土运送至浇筑地点，如混凝土拌合物出现离析或分层现象，应对混凝土拌合物进行二次搅拌。

混凝土运至浇筑地点时，应检测其稠度，所测稠度值应符合设计和施工要求，其允许偏差值应符合有关标准的规定。

混凝土拌合物运至浇筑地点时的入模温度，最高不宜超过35℃，最低不宜低于5℃。

18.7 混凝土泵送施工技术

18.7.1 概述

泵送混凝土是在混凝土泵的压力推动下沿输送管进行运输并在管道出口处直接浇筑的混凝土。混凝土的泵送施工已经成为高层建筑和大体积混凝土施工过程中的重要方法，泵送施工不仅可以改善混凝土施工性能、提高混凝土质量，而且可以改善劳动条件、降低工程成本。随着商品混凝土应用的普及，各种性能要求不同的混凝土均可泵送，如高性能混凝土、补偿收缩混凝土等。

18.7.2 混凝土泵送机械的选型和布置

18.7.2.1 混凝土泵送机械的选型

由于各种输送泵的施工要求和技术参数不同，泵的选型应根据工程特点、混凝土输送高度和距离、混凝土工作性确定。

1. 混凝土泵的实际平均输出量

混凝土泵或泵车的输出量与泵送距离有关，泵送距离增大，实际的输出量就要降低。

另外，还与施工组织与管理的情况有关，如组织管理情况良好，作业效率高，则实际输出量提高，否则会降低。因此，混凝土泵或泵车的实际平均输出量数据才是我们实际组织泵送施工需要的数据。混凝土泵的实际平均输出量可按式（18-18）计算：

$$Q_1 = Q_{max} \alpha_1 \eta \tag{18-18}$$

式中　Q_1——每台混凝土泵的实际平均输出量（m³/h）；

Q_{max}——每台混凝土泵的最大输出量（m³/h）；

α_1——配管条件系数，取 0.8～0.9；

η——作业效率，根据混凝土搅拌运输车向混凝土泵供料的间断时间、拆装混凝土输送管和供料停歇等情况，可取 0.5～0.7。

2. 混凝土泵的最大水平输送距离

混凝土泵和泵车的最大水平输送距离，取决于泵的类型、泵送压力、输送管径和混凝土性质。最大水平输送距离可按下列方法之一确定。

（1）根据产品技术性能表上提供的数据或曲线。

（2）由试验确定。由于试验需布置一定的设备，该方法虽然可靠，但是一般不采取。

（3）根据混凝土泵的最大出口压力、配管情况、混凝土性能和输出量，按式（18-19）进行计算：

$$L_{max} = \frac{P_{max}}{\Delta p_H} \tag{18-19}$$

式中　L_{max}——混凝土泵的最大水平输送距离（m）；

P_{max}——混凝土泵的最大出口压力（Pa）；

Δp_H——混凝土在水平输送管内流动每米产生的压力损失（Pa/m），可按式（18-20）计算：

$$\Delta p_H = \left\{ \frac{2}{r} \left[K_1 + K_2 \left(1 + \frac{t_2}{t_1}\right) \overline{V} \right] \right\} \beta$$

$$K_1 = (3.00 - 0.10S) \times 10^{-2} (\text{Pa})$$

$$K_2 = (4.00 - 0.10S) \times 10^{-2} (\text{Pa} \cdot \text{s/m}) \tag{18-20}$$

式中　r——输送管半径（m）；

K_1——黏着系数；

K_2——速度系数；

t_2——在混凝土推动下混凝土流动的时间（s）；

t_1——分配阀的阀门转换时混凝土停止流动的时间（s）；

$\overline{V}$——一个工作循环时间内的平均流速（m/s）；

β——径向压力与轴向压力之比值；

S——混凝土拌合物的坍落度（cm）。

（4）在泵送混凝土施工中，输送管的布置除水平管外，还可能有向上的垂直管和弯管、锥形管、软管等，与直管相比，弯管、锥形管、软管的流动阻力大，引起的压力损失也大，还需加上管内混凝土拌合物的重量，因而引起的压力损失比水平直管大得多。在进行混凝土泵选型、验算其运输距离时，可把向上垂直管、弯管、锥形管、软管等按表 18-43 换算成水平长度。

混凝土输送管的水平换算长度 表 18-43

管类别或布置状态	换算单位	管规格		水平换算长度（m）
向上垂直管	每米	管径（mm）	100	3
			125	4
			150	5
倾斜向上管（输送管倾斜角为α）	每米	管径（mm）	100	$\cos\alpha + 3\sin\alpha$
			125	$\cos\alpha + 4\sin\alpha$
			150	$\cos\alpha + 5\sin\alpha$
垂直向下及倾斜向下管	每米	—		1
锥形管	每根	锥径变化（mm）	175→150	4
			150→125	8
			125→100	16
弯管（弯头张角为β，β≤90°）	每只	弯曲半径（mm）	500	$12\beta/90$
			1000	$9\beta/90$
胶管	每根	长3～5m		20

(5) 混凝土泵的最大水平输送距离，还可根据混凝土泵的最大出口压力与表 18-44 和表 18-45 提供的换算压力损失进行验算。

混凝土泵送的换算压力损失 表 18-44

管件名称	换算量	换算压力损失（MPa）	管件名称	换算量	换算压力损失（MPa）
水平管	每20m	0.10	管道连接环（管卡）	每只	0.10
垂直管	每5m	0.10	截止阀	每个	0.80
45°弯管	每只	0.05	3～5m 橡皮软管	每根	0.20
90°弯管	每只	0.10			

附属于泵体的换算压力损失值 表 18-45

部位名称	换算量	换算压力损失（MPa）	部位名称	换算量	换算压力损失（MPa）
Y 形管 175→125mm	每只	0.05	混凝土泵启动内耗	每台	2.8
分配阀	每个	0.80			

(6) 混凝土泵的泵送能力的计算结果应符合下列要求：

1) 混凝土输送管道的配管整体水平换算长度，应不超过计算所得的最大水平泵送距离。

2) 表 18-44 和表 18-45 换算的总压力损失，应小于混凝土泵正常工作的最大出口压力。

18.7.2.2 混凝土泵送机械的布置

混凝土泵或泵车在现场的布置，要根据工程的平立面形式、工程量分布、地形和交通

条件等确定,应考虑下列情况:

(1) 输送泵设置的位置应满足施工要求,场地应平整、坚实,道路畅通;

(2) 输送泵的作业范围不得有阻碍物;输送泵设置位置应有防范高空坠物的设施;

(3) 输送泵设置位置的合理与否直接关系到输送泵管距离的长短、输送泵管弯管的数量,进而影响混凝土输送能力。为了最大限度发挥混凝土输送能力,合理设置输送泵的位置显得尤为重要;

(4) 输送泵采用汽车泵时,其布料杆作业范围不得有障碍物、高压线等;采用汽车泵、拖泵或车载泵进行泵送施工时,应离开建筑物一定距离,防止高空坠物。在建筑下方固定位置设置拖泵进行混凝土泵送施工时,应在拖泵上方设置安全防护设施;

(5) 为保证混凝土泵连续工作,每台泵的料斗周围最好能同时停留两辆混凝土搅拌运输车,或者能使其快速交替;

(6) 为确保混凝土质量和缩短混凝土浇筑时间,最好考虑一泵到顶,避免采用接力泵;

(7) 为便于混凝土泵的清洗,其位置最好接近供水和排水设施,同时,还要考虑供电方便;

(8) 高层建筑采用接力泵泵送混凝土时,接力泵的位置应使上、下泵的输送能力匹配。设置接力泵的楼面要验算其结构的承载能力,必要时应采取加固措施。

18.7.3 混凝土泵送配管设计与布置

18.7.3.1 混凝土管路设计与配管选择

(1) 混凝土泵送配管的选用与设计原则:

1) 混凝土输送泵管应根据输送泵的型号、拌合物性能、总输出量、单位输出量、输送距离以及粗骨料粒径等进行选择;

2) 混凝土粗骨料最大粒径不大于25mm时,可采用内径不小于125mm的输送泵管;混凝土粗骨料最大粒径不大于40mm时,可采用内径不小于150mm的输送泵管;

3) 输送泵管安装接头应严密,输送泵管道转向宜平缓;

4) 输送泵管应采用支架固定,支架应与结构牢固连接,输送泵管转向处支架应加密。支架应通过计算确定,必要时还应对设置位置的结构进行验算;

5) 垂直向上输送混凝土时,地面水平输送泵管的直管和弯管总的折算长度不宜小于0.2倍的垂直输送高度,且不宜小于15m;

6) 输送泵管倾斜或垂直向下输送混凝土,且高差大于20m时,应在倾斜或垂直管下端设置直管或弯管,直管或弯管总的折算长度不宜小于1.5倍高差;

7) 垂直输送高度大于100m时,混凝土输送泵出料口处的输送泵管位置应设置截止阀;

8) 混凝土输送泵管及其支架应经常进行过程检查和维护。

(2) 混凝土输送管和配件混凝土输送管有直管、弯管、锥形管和软管。除软管外,目前建筑工程施工中应用的混凝土输送管多为壁厚2mm的电焊钢管,其使用寿命为1500~2000m^3(输送混凝土量),以及少量壁厚4.5mm、5.0mm的高压无缝钢管,常用的规格及最小内径要求见表18-46、表18-47。

常用混凝土输送管规格　　　　表 18-46

种类		管径（mm）		
		100	125	150
焊接直管	外径	109	135	159.2
	内径	105	131	155.2
	壁厚	2	2	2
无缝直管	外径	114.3	139.8	165.2
	内径	105.3	130.8	155.2
	壁厚	4.5	4.5	5

混凝土输送管最小内径要求　　　　表 18-47

粗骨料最大粒径（mm）	输送管最小内径（mm）	粗骨料最大粒径（mm）	输送管最小内径（mm）
25	125	40	150

输送管管段之间的连接环，要求装拆迅速、有足够强度和密封不漏浆。有各种形式的快速装拆连接环可供选用。

在泵送过程中（尤其是向上泵送时），泵送一旦中断，混凝土拌合物会倒流产生背压。由于存在背压，在重新启动泵送时，阀的换向会发生困难。由于产生倒流，泵的吸入效率会降低，还会使混凝土拌合物的质量发生变化，易产生堵塞。为避免产生倒流和背压，在输送管的根部近混凝土泵出口处要增设一个截止阀。

18.7.3.2　混凝土泵送配管布置

1. 输送管道布置及防护的总原则

（1）管道经过的路线应比较安全，不得使用有损伤裂纹或壁厚太薄的输送管，泵机附近及操作人员附近的输送管要加相应防护。

（2）为了不使管路支设在新浇筑的混凝土上面，进行管路布置时，要使混凝土浇筑移动方向与泵送方向相反。在混凝土浇筑过程中，只需拆除管段，而不需增设管段。

（3）输送管道应尽可能短，弯头尽可能少，以减小输送阻力。各管卡一定要紧到位，保证接头处可靠密封，不漏浆。应定期检查管道，特别是弯管等部位的磨损情况，以防爆管。

（4）管道只能用木料等较软的物件与管件接触支承，每个管件都应有两个固定点，管件要避免同岩石、混凝土建筑物等直接摩擦。各管路要有可靠的支撑，泵送时不得有大的振动和滑移。

（5）在浇筑平面尺寸大的结构物（如楼板等）时，要结合配管设计考虑布料问题，必要时要设布料设备，使其能覆盖整个结构平面，能均匀、迅速地进行布料。

（6）夏季要用湿草袋覆盖输送管并经常淋水，防止混凝土因高温而使坍落度损失太大，造成堵管；在严寒季节要用保温材料包扎输送管，防止混凝土受冻，并保证混凝土拌合物的入模温度。

（7）前端浇筑处的软管宜垂直放置，确需水平放置的要严禁过分弯曲。

2. 典型的输送管道布置方式

（1）水平布置一般要求。

管线应遵守输送管道布置的总原则并尽可能平直，通常需要对已连接好的管道的高、低加以调整，使混凝土泵处于稍低的位置，略微向上则泵送最为有利。

(2) 向高处泵送混凝土施工。

向高处泵送混凝土可分为垂直升高和倾斜升高两种，升高段尽可能用垂直管，不要用倾斜管，这样可以减少管线长度和泵送压力。向高处泵送混凝土时，混凝土泵的泵送压力不仅要克服混凝土拌合物在管中流动时的黏着力和摩擦阻力，同时还要克服混凝土拌合物在输送高度范围内的重力。在泵送过程中，在混凝土泵的分配阀换向吸入混凝土时或停泵时，混凝土拌合物的重力将对混凝土泵产生一个逆流压力，该逆流压力的大小与垂直向上配管的高度成正比，配管高度越高，逆流压力越大。该逆流压力会降低混凝土泵的容积效率，为此，一般需在垂直向上配管下端与混凝土泵之间配置一定长度的水平管。利用水平管中混凝土拌合物与管壁之间的摩擦阻力来平衡混凝土拌合物的逆流压力或减少逆流压力的影响。为此，现行行业标准《混凝土泵送施工技术规程》JGJ/T 10 规定：垂直向上配管时，地面水平管长度不宜小于垂直管长度的 1/4，且不宜小于 15m；或遵守产品说明书中的规定。如因场地条件限制无法满足上述要求时，可采取设置弯管等办法解决。向高处泵送的布管应努力做到以下要求：

1) 如果倾斜升高的升高段倾角大于 45°时，可按垂直管对待；倾角小于 45°时，水平段长度可适当减少，水平段长度也可以用换算水平距离相当的弯管来代替。水平段管道的长度如因条件限制，不能达到规定数值时，还可以用其他方法调整，如适当降低混凝土坍落度，当坍落度在 10cm 以下时，水平段长度可按升高高度的 1/2 布设。另外，如果从泵到升高段之间的水平管略有向下倾斜，水平段也可适当缩短。

2) 一般泵送高度超过 20m 时，单靠设置水平管的办法不足以平衡逆流压力，则应在混凝土泵 Y 形管出料口 3~6m 处的输送管根部设置截止阀，以防混凝土拌合物反流。当混凝土输送高度超过混凝土泵的最大输送高度时，可用接力泵（后继泵）进行泵送。接力泵出料的水平管长度亦不宜小于其上垂直管长度的 1/4，且不宜小于 15m，而且应设一个容量约 $1m^3$ 带搅拌装置的储料斗。

3) 升高段采用垂直管时，对垂直管要采取措施固定在墙、柱或楼板顶预留孔处，以减少振动，每节管不得少于 1 个固定点，在管子和固定物之间宜安放缓冲物（木垫块等）。垂直管下端的弯管，不应作为上部管道的支撑点，宜设钢支撑承受垂直管的重量。如果将垂直管固定在脚手架上时，根据需要可对脚手架进行加固。升高段为倾斜管，则应将斜管部分固定，防止斜管在泵送时向下滑移。

4) 在垂直升高段管道末端，一般都接上水平管。在泵送时，这段水平管的轴向振动和冲击，会引起垂直管的横向摆动，这是很危险的，因此要严格注意把这段水平管和垂直管与邻近的建筑物牢牢固定。

(3) 向下坡泵送的管道布置。

向下坡泵送时，如果管道向下倾角较大，混凝土可能因自重而自流，使砂石骨料在坡底弯管处堆积，造成混凝土离析堵管，同时又容易在斜管上部形成空腔，再次泵送时产生"气弹簧"效应堵管。根据倾斜向下泵送混凝土自流的情况，分为三种类型：

1) 混凝土不自流的情况：管道倾角小于 4°或在 4°~7°范围而混凝土坍落度较低时，一般可不采取其他措施。

2) 混凝土完全自流的情况：管道倾角大于15°，斜管直通到浇筑点时，混凝土能完全自流出去，也不必采取其他措施。

3) 混凝土不完全自流的情况：管道倾斜角度大于7°，斜管下部还有水平管或其他管件，混凝土能在斜管段自流却又在下部滞留，在斜管上部形成气腔。这种情况对泵送最为不利，可采取下列措施：增加斜管下部管件的阻力，如在斜管下部接上总长度相当于斜管段落差5倍以上的水平管，或使用换算长度相当的弯管；在斜管末端接一段向上翘起的管子；在斜管末端接上软管，再用卡环调节流量；在斜管上端的弯管上装一个排气阀门，当泵送中断后再次开泵时，用它排出管内的气体。

以上所述为泵送混凝土中输送管道布置的基本形式，实际上输送管道的布置要根据施工现场的实际情况和具体的要求而定。输送管道的布置是方便混凝土泵送，有效减小混凝土输送管道的堵塞，顺利实现混凝土泵送的前提之一。

18.7.4 混凝土泵送布料杆选型与布置

18.7.4.1 混凝土布料杆的选型

混凝土布料杆的分类较多，并且在不同的施工环境中，不同的布料杆有着不同的优势。目前我国布料杆的类型主要有楼面式布料杆、井式布料杆、壁挂式布料杆及塔式布料杆。布料杆主要由臂架、转台和回转机构、爬升装置、立柱、液压系统及电控系统组成。布料杆多数采用油缸顶升式及油缸自升式两种方式提升布料杆。因此，在混凝土工程的施工过程中，应当根据工程施工的实际情况和施工要求对混凝土布料杆进行选型。

18.7.4.2 混凝土布料杆的布置

混凝土输送布料设备的布置规定如下：

（1）布料设备的数量及位置应根据布料设备工作半径、施工作业面大小以及施工要求确定。

（2）布料设备应安装牢固，且应采取抗倾覆稳定措施；布料设备安装位置处的结构或施工设施应进行验算，必要时应采取加固措施。

（3）应经常对布料设备的弯管壁厚进行检查，磨损较大的弯管应及时更换。

（4）布料设备作业范围不得有阻碍物，并应有防范高空坠物的设施。

（5）布料设备的爬升工况应结合整个结构施工工况，回转范围内应减少其他高于臂架的设施、设备。

（6）布料设备布置位置应考虑尽可能设置在一些留洞井道内，减少结构的遗留工作，如电梯井道。

18.7.4.3 楼面式布料杆

目前市场中楼面式布料杆最大布料半径达36m，臂架回转均为365°，采用四节卷折全液压式臂架，输送管径为DN125mm，如三一重工中的楼面式布料杆型号主要有HGR36、HGR28Ⅱ（最大布料半径28m）和HGR33B（最大布料半径33m），均可采用近控、有线遥控和无线遥控等方法进行控制，采用油缸顶升的方法作为爬升形式，布料臂架上的末端泵管的管端还装有3m长的橡胶软管，有利于布料。

18.7.4.4 井式布料杆

目前市场中井式布料杆最大布料半径为39m，杆臂架回转均为365°，采用四节卷折全液压式臂架。输送管径为DN125mm，如三一重工中的井式布料杆型号HGD39，可采用近控或者无线遥控等方法进行控制，臂架主体采用油缸顶升的形式爬升，爬升框采用电动葫芦进行爬升，布料臂架上的末端泵管的管端还装有3m长的橡胶软管，有利于布料。

18.7.4.5 壁挂式布料杆

目前市场中较大型壁挂式布料杆常见的最大布料半径有28m、33m及36m，臂架回转均为365°，采用四节卷折全液压式臂架。输送管径为DN125mm。如三一重工中的壁挂式布料杆型号主要有HGB28、HGB32、HGB38。布料臂架上的末端泵管的管端还装有3m长的橡胶软管，有利于布料。

18.7.4.6 塔式布料杆

目前市场中塔式布料杆最大布料半径为45m，臂架回转均为365°，采用三至四节卷折全液压式臂架。输送管径为DN125mm，如中联重科的塔式布料杆型号HG45T-5RZ，可采用近控或者无线遥控等方法进行控制，布料臂架上的末端泵管的管端还装有3m长的橡胶软管，有利于布料。

18.7.5 混凝土泵送施工技术

18.7.5.1 泵送混凝土要求

搅拌泵送混凝土前，应当按规范及操作规程要求检查各类原材料的质量情况，针对我国的实际情况，尤其应当注意检查粗骨料的质量情况，并根据原材料的变化情况及时调整配合比。

混凝土泵送施工，在混凝土的搅拌、运输、泵送、布料和浇筑的全过程中，是远距离、多工种、多单位和多设备的同时协作施工。为确保混凝土泵送施工能连续、顺利和快速进行，根据工程规模大小在现场设置通信设备，进行搅拌站、搅拌运输车、混凝土泵、布料设备与浇筑点之间的泵送施工进度等信息的及时联络是十分必要的。混凝土泵送施工现场，应配备通信联络设备，并应设专门的指挥和组织施工的调度人员。当多台混凝土泵同时泵送或与其他输送方法组合输送混凝土时，应明确分工、互相配合、统一指挥。炎热季节施工，宜用湿布、湿袋等材料遮盖露天的混凝土输送管，避免暴晒。严寒季节施工，宜用保温材料包裹混凝土输送管，防止管内混凝土受冻，并保证混凝土的入模温度。能否连续泵送混凝土，是混凝土泵送施工成败的关键因素之一。当遇到混凝土供应中断等情况时，应采取慢速和间歇泵送，但一定要满足所泵送的混凝土从搅拌到浇筑完毕的延续时间不超过初凝时间的要求。如超过规定时间时，应临时设置施工缝，继续浇筑混凝土，并应按施工缝要求处理。

18.7.5.2 泵送混凝土运输

混凝土泵能够连续作业的主要目的就是要确保混凝土泵送浇筑质量和混凝土输送管道不因混凝土供应中断时间过长，而发生堵塞事故。泵送混凝土的供应，应根据技术要求、施工进度、运输条件以及混凝土浇筑量等因素编制供应方案。混凝土的供应过程应加强通信联络、调度，确保连续均衡供料。混凝土在运输、输送和浇筑过程中，不得加水。

混凝土搅拌运输车装料前，应排净拌筒内积水，混凝土搅拌站每次为混凝土搅拌运输车提供的商品混凝土都要符合泵送混凝土的设计配合比（包括用水量），而残留在混凝土搅拌运输车中的积水，如果不清除掉，无疑会改变混凝土的设计配合比，使混凝土质量得不到保障。

泵送混凝土的运输延续时间应符合现行国家标准《预拌混凝土》GB/T 14902 的有关规定。

混凝土搅拌运输车向混凝土泵卸料时,应符合下列规定:

(1) 为了使混凝土拌合均匀,卸料前应高速旋转拌筒;

(2) 应配合泵送过程均匀反向旋转拌筒向集料斗内卸料;集料斗内的混凝土应满足最小集料量的要求;

(3) 搅拌运输车中断卸料阶段,应保持拌筒低速转动;

(4) 泵送混凝土卸料作业应由具备相应能力的专职人员操作。

18.7.5.3 泵送混凝土输送

泵送混凝土输送主要规定:

(1) 应先进行泵水检查,并湿润输送泵的料斗、活塞等直接与混凝土接触的部位;泵水检查后,应清除输送泵内积水;

(2) 输送混凝土前,应先输送水泥砂浆对输送泵和输送管进行润滑,然后开始输送混凝土;

(3) 输送混凝土速度应先慢后快、逐步加速,应在系统运转顺利后再按正常速度输送;

(4) 输送混凝土过程中,应设置输送泵集料斗网罩,并应保证集料斗有足够的混凝土余量。

18.7.5.4 泵送混凝土泵送

1. 泵送混凝土的施工工艺

在混凝土泵启动后,按照水→水泥砂浆的顺序泵送,以湿润混凝土泵的料斗、混凝土缸及输送管内壁等直接与混凝土拌合物接触的部位。其中,润滑用水、水泥砂浆的数量根据每次具体泵送高度进行适当调整,控制好泵送节奏。

泵水的时候,要仔细检查泵管接缝处,防止漏水过猛,较大的漏水在正式泵送时会造成漏浆而引起堵管。一般的商品混凝土在正式泵送混凝土前,都只是泵送水和砂浆作为润管之用,根据施工超高层的经验,可以在泵送砂浆前加泵纯水泥浆。纯水泥浆在投入泵车进料口前,先添加少量的水搅拌均匀。

在泵管顶部出口处设置组装式集水箱来收集泵管在润管时产生的污水和水泥砂浆等废料。

开始泵送时,要注意观察泵的压力和各部分工作的情况。开始时混凝土泵应处于慢速、匀速并随时可反泵的状态,待各方面情况正常后再转入正常泵送。正常泵送时,应尽量不停顿地连续进行,遇到运转不正常的情况时,可放慢泵送速度。当混凝土供应不及时,宁可降低泵送速度,也要保持连续泵送,但慢速泵送的时间不能超过混凝土浇筑允许的延续时间。不得已停泵时,料斗中应保留足够的混凝土,作为间隔推动管路内混凝土之用。

在临近泵送结束时,可按混凝土→水泥砂浆→水的顺序泵送收尾。

2. 混凝土泵送施工过程控制

(1) 施工前应编制混凝土泵送施工方案,计算现场施工润滑用水、水泥浆、水泥砂浆的数量及混凝土实际浇筑量,并制定泵送混凝土浇筑计划,内容包括混凝土浇筑时间、各时间段浇筑量及各施工环节的协调搭接等。

（2）在泵送过程中，要定时检查活塞的冲程，不使其超过允许的最大冲程。为了减缓机械设备的磨损程度，宜采用较长的冲程进行运转。

（3）在泵送过程中，还应注意料斗的混凝土量，应保持混凝土面不低于料斗上口20cm，否则易吸入空气形成阻塞。一旦吸入空气形成阻塞时，宜进行反泵将混凝土反吸到料斗内，除气后再进行正常泵送。

（4）输送管路在夏季或高温时，由于管道温度升高加快脱水易形成混凝土阻塞，可采用湿草帘等对管路加以覆盖。气温低时，也应覆盖保暖，防止长距离泵送时受冻。

（5）在泵送混凝土过程中，水箱中应经常保持充满水的状态，以备急需之用。

（6）在混凝土泵送中，若需接长输送管时，应预先用水、水泥浆、水泥砂浆对管路内壁进行湿润、润滑处理。

（7）泵送结束前要估计残留在输送管路中的混凝土量，该部分混凝土经清洁处理后仍能使用。对泵送过程中废弃的和多余的混凝土拌合物，应预先做好方案，加以利用或处理。

（8）当泵送混凝土中掺有缓凝剂时，需控制缓凝剂的掺量，若掺入缓凝剂过量不仅会降低混凝土后期强度，而且在浇筑时会增加模板侧压力，造成拆模困难，影响施工进度。

18.7.5.5 泵送混凝土浇筑

泵送混凝土的浇筑应符合现行国家标准《混凝土结构工程施工质量验收规范》GB 50204的有关规定，应有效控制混凝土的均匀性和密实性，混凝土应连续浇筑使结构成为连续的整体。泵送浇筑应预先采取措施避免造成模板内钢筋、预埋件及其定位件的移动。由于拆装输送管牵动软管布料和排除故障等原因，操作人员常会碰动钢筋骨架；启动混凝土泵时，管道脉冲和振捣混凝土时横向流动产生的水平推力，也会造成钢筋骨架移位；所以对于钢筋骨架，除绑扎牢固外，还宜在钢筋竖横交错节点等主要部位，采用电焊工艺连接牢靠。

为确保各浇筑区域之间的混凝土在初凝时间内结合，应根据工程结构特点、平面形状和几何尺寸、混凝土供应和泵送设备能力、劳动力和管理能力以及周围场地大小等条件，预先划分好混凝土浇筑区域。

混凝土的浇筑顺序，应符合下列规定：

（1）当采用输送管输送混凝土时，宜由远而近浇筑；

（2）同一区域的混凝土，应当按照先竖向结构后水平结构的顺序分层连续浇筑。

混凝土的布料方法，应符合下列规定：

（1）混凝土输送管末端出料口宜接近浇筑位置。浇筑竖向结构混凝土，布料设备的出口离模板内侧面不应小于50mm。应采取减缓混凝土下料冲击的措施，保证混凝土不发生离析。

（2）浇筑水平结构混凝土，不应在同一处连续布料，应水平移动分散布料。

18.8 混凝土浇筑

18.8.1 混凝土浇筑的准备工作

18.8.1.1 制定施工方案

（1）确定混凝土输送、浇筑、振捣以及养护的方式，并选择合适的机具设备。

(2) 确定混凝土浇筑和振捣的技术措施,制定进度安排计划以及关键技术预案。

(3) 制定安全预案,包括安全总体要求、施工危险因素分析、安全措施等。

(4) 确定材料的供应流程、检验流程、接收流程、维护保管流程以及临时(急发)材料采购流程等。

(5) 确定施工缝以及后浇带的留设位置。

(6) 确定混凝土的养护技术措施。

18.8.1.2 现场具备浇筑施工的实施条件

1. 机具准备及检查

搅拌机、运输车、料斗、串筒、振动器等机具设备按需要准备充足,并考虑发生故障时的修理时间。重要工程,应有备用的搅拌机和振动器。特别是采用泵送混凝土,一定要有备用泵。重要工程应提前准备备用商品混凝土供应单位。所用的机具均应在浇筑前进行检查和试运转,同时配有专职技工,随时检修。浇筑前,必须核实一次浇筑完毕或浇筑至某施工缝前的工程材料,以免停工待料。

2. 保证水电及原材料的供应

在混凝土浇筑期间,要保证水、电、照明不中断。为了防备临时停水停电,事先应在浇筑地点储备一定数量的原材料(如砂、石、水泥、水等)和人工拌合捣固用的工具,以防出现意外的施工停歇缝。

3. 掌握天气季节变化情况

加强气象预测预报的联系工作。在混凝土施工阶段应掌握天气的变化情况,特别在雷雨台风季节和寒流可能突然袭击的季节,更应制定预案,以保证混凝土连续浇筑顺利进行,确保混凝土质量。

根据工程需要和季节施工特点,应准备好在浇筑过程中所必需的抽水设备和防雨、防暑、防寒等物资。

4. 隐蔽工程验收,技术复核与交底

模板和隐蔽工程项目应分别进行预检和隐蔽验收,符合要求后,方可进行浇筑。检查时应注意以下几点:

(1) 模板的标高、位置与构件的截面尺寸是否与设计符合,构件的预留拱度是否正确;

(2) 所安装的支架是否稳定,支柱的支撑和模板的固定是否牢靠;

(3) 模板接缝的紧密程度;

(4) 钢筋与预埋件的规格、数量、安装位置及构件接点连接焊缝,是否与设计符合。

在浇筑混凝土前,模板内的垃圾、木片、刨花、锯屑、泥土和钢筋上的油污、零落的铁皮等杂物,应清除干净。

木模板应浇水加以湿润,但不允许留有积水。湿润后,木模板中尚未胀密的缝隙应封堵严密,以防漏浆。

金属模板中的缝隙和孔洞也应予以封闭,现场环境温度高于35℃时宜对金属模板进行洒水降温。

5. 其他

混凝土到达浇筑前,现场应检查混凝土送料单,核对配合比,检查坍落度,必要时还应测定混凝土扩展度,在确认无误后方可进行混凝土浇筑。

18.8.2 混凝土浇筑的基本要求

(1) 混凝土浇筑应保证混凝土的均匀性和密实性。混凝土宜一次连续浇筑,当不能一次性连续浇筑时,可留设施工缝或后浇带分块浇筑。

(2) 混凝土浇筑过程应分层进行,分层浇筑应符合表 18-48 规定的分层浇筑厚度要求,上层混凝土应在下层混凝土初凝之前浇筑完毕。

混凝土分层振捣厚度 表 18-48

振捣方法	混凝土分层振捣最大厚度	附着振动器	根据设置方式,通过试验确定
振动棒	振动棒作用部分长度的1.25倍	表面振动器	200mm

(3) 混凝土运输、输送入模的过程宜连续进行,从搅拌完成到浇筑完毕的延续时间不宜超过表 18-49 的规定,且不应超过表 18-50 的限值规定。掺早强型减水外加剂、早强剂的混凝土以及有特殊要求的混凝土,应根据设计及施工要求,通过试验确定允许时间。

运输到输送入模的延续时间限值(min) 表 18-49

条件	气温	
	≤25℃	>25℃
不掺外加剂	90	60
掺外加剂	150	120

混凝土运输、输送、浇筑及间歇的全部时间限值(min) 表 18-50

条件	气温	
	≤25℃	>25℃
不掺外加剂	180	150
掺外加剂	240	210

注:有特殊要求的混凝土,应根据设计及施工要求,通过试验确定允许时间。

(4) 混凝土浇筑的布料点宜接近浇筑位置,应采取减少混凝土下料冲击的措施,并应符合下列规定:

1) 宜先浇筑竖向结构构件,后浇筑水平结构构件;

2) 浇筑区域结构平面有高差时,宜先浇筑低区部分再浇筑高区部分。

(5) 柱、墙模板内的混凝土浇筑倾落高度应满足表 18-51 的规定,当不能满足规定时,应加设串筒、溜管、溜槽等装置。

柱、墙模板内混凝土浇筑倾落高度限值(m) 表 18-51

条件	混凝土倾落高度	条件	混凝土倾落高度
骨料粒径大于25mm	≤3	骨料粒径小于等于25mm	≤6

注:当有可靠措施能保证混凝土不产生离析时,混凝土倾落高度可不受上表限制。

(6) 混凝土浇筑后,在混凝土初凝前和终凝前宜分别对混凝土裸露表面进行抹面处理。

(7) 结构面标高差异较大处,应采取防止混凝土反涌的措施,并且宜按"先低后高"的顺序浇筑混凝土。

(8) 浇筑混凝土时应分段分层连续进行,浇筑层高度应根据混凝土供应能力、一次浇筑方量、混凝土初凝时间、结构特点、钢筋疏密综合考虑决定,一般为使用插入式振捣器时,振捣器作用部分长度的1.25倍。

(9) 浇筑混凝土应连续进行,如必须间歇,其间歇时间应尽量缩短,并应在前层混凝土初凝之前,将次层混凝土浇筑完毕。间歇的最长时间应按所用水泥品种、气温及混凝土凝结条件确定,一般超过2h应按施工缝处理(当混凝土凝结时间小于2h时,则超过混凝土初凝时间即按施工缝处理)。

(10) 在施工作业面上浇筑混凝土时应布料均衡。应对模板和支架进行观察和维护,发生异常情况应及时进行处理。混凝土浇筑应采取措施避免造成模板内钢筋、预埋件及其定位件移位。

(11) 在地基上浇筑混凝土前,对地基应事先按设计标高和轴线进行校正,并应清除淤泥和杂物。同时注意排除开挖出来的水和开挖地点的流动水,以防冲刷新浇筑的混凝土。

(12) 多层框架按分层分段施工,水平方向以结构平面的伸缩缝分段,垂直方向按结构层次分层。在每层中先浇筑柱,再浇筑梁、板。洞口浇筑混凝土时,应使洞口两侧混凝土高度大体一致。振捣时,振捣棒应距洞边30cm以上,从两侧同时振捣,以防止洞口变形,大洞口下部模板应开口并补充振捣。构造柱混凝土应分层浇筑,内外墙交接处的构造柱和墙同时浇筑,振捣要密实。采用插入式振捣器捣实普通混凝土的移动间距不宜大于作用半径的1.5倍,振捣器距离模板不应大于振捣器作用半径的1/2,不碰撞各种预埋件。

(13) 优良品质的泵送混凝土必须满足设计强度、耐久性及经济性三方面的要求。要使其达到优良的质量,除了在管理体系上(如施工单位的质量保证体系、建设和监理单位的质量检查体系)加以控制外,还应对影响混凝土品质的主要因素加以控制,关键在于对原材料的质量、施工工艺的控制及混凝土的质量检测等。混凝土的质量状况直接影响结构的设计可靠性。因此,保证结构设计可靠度的有效办法,是对混凝土的生产进行控制。混凝土质量控制一般可分为生产控制和合格控制。

18.8.3 水下混凝土浇筑的技术要求

18.8.3.1 水下混凝土浇筑方法的选择

(1) 水下浇筑混凝土的浇筑方法,有开底容器法、倾注法、装袋叠置法、柔性管法、导管法和泵压法。

(2) 倾注法类似于干地的斜面分层浇筑法,施工技术比较简单,但只用于水深不超过2m的浅水区使用。

(3) 装袋叠置法虽然施工比较简单,但袋与袋之间有接缝,整体性较差,一般只用于对整体性要求不高的水下抢险、堵漏和防冲工程,或在水下立模困难的地方用作水下模板。

(4) 柔性管法是较新的一种施工方法,能保证水下混凝土的整体性和强度,可以在水下浇筑较薄的板,并能得到规则的表面。

(5) 导管法和泵压法是工程上应用最广泛的浇筑方法,可用于规模较大的水下混凝土工程，能保证混凝土的整体性和强度，可在深水中施工（泵压法水深不宜超过15m），要求模板密封条件较好。

18.8.3.2　导管法浇筑水下混凝土时的技术要求

（1）用导管法施工时，进入导管内的第一批混凝土，能否在隔水条件下顺利到达仓底，并使导管底部埋入混凝土内一定深度，是能否顺利浇筑水下混凝土的重要环节。为此，就必须采用悬挂在导管上部的顶门或吊塞隔绝环境水。顶门用木板或钢板制作，吊塞可以用各种材料制成圆球形，在正式浇筑前，用吊绳把滑塞悬挂在承料漏斗下面的导管内，随着混凝土的浇筑面一起下滑，至接近管底时吊绳剪断，在混凝土自身质量推动下滑塞下落，混凝土冲出管口并将导管底部埋入混凝土内。此外，采用自由滑动软塞或底塞，也可以达到以上目的。

（2）导管直径与导管通过能力和粗骨料的最大粒径有关，可参照表18-52。

导管直径与导管通过能力和粗骨料最大粒径　　　　　表18-52

导管的直径（m）	100	150	200	250	300
导管通过的能力（m³/h）	3.0	6.5	12.5	18.0	26.0
允许粗骨料最大粒径（mm）	20	20	碎石20 卵石40	40	60

（3）为了保证导管底部埋入混凝土内，在开始浇筑阶段，首批混凝土推动滑塞冲出导管后，在管脚处堆高不宜小于0.5m，以便导管口埋入在混凝土的深度不小于0.3m。首批混凝土宜采用坍落度较小的混凝土拌合物，使其流入仓内的混凝土坡率约为0.25。

（4）用刚性管浇筑水下混凝土时，整个浇筑过程应连续进行，直到一次浇筑所需高度或高出水面为止，以减少环境水对混凝土的不利影响，也减少凝固后清除强度不符合的混凝土数量。

（5）对于已浇筑的混凝土不宜搅动，使其在较好的环境中逐渐凝固和硬化。

1）导管的作用半径。

导管的作用半径 R_t，混凝土拌合物水下扩散平均坡率为 i，混凝土的上升高度则为 $i \cdot R_t$。同时在流动性保持指标 t_h 的时间内，舱面上升高度为 $t_h \cdot I$（I 为水下混凝土面上升的速度，m/h）。两者应相等，即 $i \cdot R_t = t_h \cdot I$（图18-1）。

在浇筑阶段，一般要求水下混凝土面坡率小于1/5，如果以平均坡率 $i = 1/6$ 倒入，则得式（18-21）：

$$R_t = 6t_h \cdot I \qquad (18-21)$$

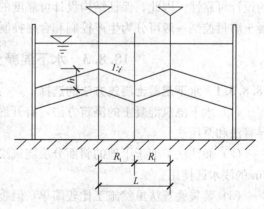

图18-1　导管作用半径

用此可以求得导管作用半径来布置导管。

2）导管插入混凝土内的深度及一次提升高度的确定。

导管埋入已浇筑混凝土内越深，混凝土向四周均匀扩散的效果越好，混凝土越密实，表面也越平坦。但如果埋入过深，混凝土在导管内流动不畅，不仅对浇筑速度有影响，而且易造成堵管事故。因此，导管法施工有个最佳埋入深度，该值与混凝土的浇筑强度和拌合物的性质有关。它约等于流动性保持指标 t_h 与混凝土面上升速度 I 乘积的 2 倍，即式（18-22）。

$$h_t = 2t_h \cdot I \tag{18-22}$$

式中　h_t——导管插入混凝土内的最佳深度（m）；
　　　t_h——水下混凝土拌合物的流动性保持指标（h）；
　　　I——舱面混凝土面上升速度（m/h）。

导管插入混凝土内的最大深度，可按式（18-23）计算：

$$h_{tmax} = K \cdot t_f \cdot I \tag{18-23}$$

式中　h_{tmax}——导管最大插入深度（m）；
　　　t_f——混凝土的初凝时间（h）；
　　　I——混凝土面上升速度（m/h）；
　　　K——系数，一般取 0.8~1.0。

导管的最小插入深度从混凝土拌合物在舱面的扩散坡面，不陡于 1∶5 和极限扩散半径不小于导管间距考虑，可按式（18-24）计算：

$$h_{tmax} = i \cdot L_t \tag{18-24}$$

式中　h_{tmax}——导管最小插入深度（m）；
　　　i——混凝土面扩散坡率，1/6~1/5；
　　　L_t——导管之间的间距（m）。

由以上求得的导管插入最大深度和插入的最小深度，可按式（18-25）计算求出导管的一次提升高度：

$$h = h_{tmax} - h_{tmin} \tag{18-25}$$

（6）混凝土的超压力。

为保证混凝土能顺利通过导管下注，导管底部的混凝土柱压力应等于或大于仓内水压力和导管底部必需的超压力之和，即式（18-26）和式（18-27）。

$$\gamma_c H_c \geqslant P + \gamma_w \cdot H_{cw} \tag{18-26}$$

$$H_c = \frac{P - \gamma_w \cdot H_{cw}}{\gamma_c} \tag{18-27}$$

式中　H_c——导管顶部至已浇筑混凝土面的高度（m）；
　　　H_{cw}——水面至已浇筑混凝土的高度（m）；
　　　γ_c、γ_w——分别为水下混凝土拌合物和水的重度（kN/m³）；
　　　P——混凝土的最小超压力（kN/m²），见表 18-53。

混凝土最小超压力　　　　　　　表 18-53

仓面类型	钻孔		大仓面		
导管作用半径（m）		≤2.5	3.0	3.5	4.0
最小超压力（kN/m²）	75	75	100	150	250

（7）混凝土面的上升速度。

当一次浇筑水下混凝土的高度不高时,最好使其上升速度能在混凝土拌合物初凝之前浇筑到设计高度。因此,可按式(18-28)计算混凝土面的上升速度:

$$I = H/t_f \tag{18-28}$$

式中　I——混凝土面的上升速度(m/h);
　　　H——混凝土一次浇筑高度(m);
　　　t_f——混凝土的初凝时间(h)。

在导管法实际施工中,对于大仓面宜使混凝土上面的上升速度为 $0.3\sim0.4$m/h,小舱面可达 $0.5\sim1.0$m/h,但不能小于 0.2m/h。

18.8.3.3　泵压法施工工艺

(1)用混凝土泵浇筑水下混凝土,具有很多的优越性:能够增大水下混凝土拌合物的水下扩散范围,一根浇筑管浇筑的面积比较大,减少浇筑管的提升次数,要求有较大的浇筑强度和搅拌能力,且不宜用于水深超过 15m 的水下工程。

(2)泵压混凝土的浇筑方法,主要有导管浇筑法、导管开浇法和输送管直接浇筑法3种。

1)导管浇筑法。

导管浇筑法是把混凝土压送到导管上面的承料漏斗中,用前面介绍的导管法进行浇筑,混凝土泵只是作为一种运输设备。

2)导管开浇法。

混凝土泵的输送量和泵的压力,都很难根据施工的需要进行调整。但是,由于泵压混凝土下注的流速往往很大,在开浇阶段若不采取有效措施,水容易倒灌入管内而造成返水事故,管口不能很快地埋入已浇筑的混凝土中,严重影响水下混凝土的质量。

导管开浇法即在开浇阶段用导管法进行浇筑,待浇筑管埋入混凝土内 1m 以上时,再拆去承料漏斗,将水平输送管与浇注管连接起来,然后继续进行压注。

3)输送管直接浇筑法。

将与混凝土泵水平输送管直接连接的垂直浇筑管直接插至仓底,自始至终用这套浇筑设备进行浇筑。采用这种方法浇筑,在开浇阶段需要利用陶穴法、防冲盘法或辅助管法来降低浇筑管内混凝土的下注速度,使管口能尽快埋入已浇筑混凝土内。

18.8.3.4　柔性管法施工工艺

用柔性管浇筑,当管内无混凝土拌合物通过时,柔性管则被外面的水压力压扁,减少了水浮力的不利影响,能防止水倾入管内。当管内充满混凝土拌合物后,管子就被混凝土自重产生的侧压力撑开,使混凝土缓慢下降(约 2.5m/min),这样可以减少下冲力,从而避免产生混凝土离析,同时也不要求柔性管口埋入混凝土内一定深度。当管内无混凝土时,管被水压力压扁,便可上提并移至新的位置。因此允许间歇浇筑,并可以浇筑水下薄层混凝土,还可以得到比较规则的平面。柔性管分为单层柔性管和双层柔性管。

18.8.4　泵送混凝土浇筑的技术要求

(1)为了防止初泵时混凝土配合比的改变,在正式泵送前应用水、水泥浆、水泥砂浆进行预泵送,以润滑泵和输送管内壁,一般 $1m^3$ 水泥砂浆可润滑约 300m 长的管道。水、水泥浆和水泥砂浆的用量见表 18-54。

水、水泥浆和水泥砂浆润滑混凝土泵和输送管内壁用量　　　　表 18-54

输送管长度（m）	水（L）	水泥浆用量（稠度为粥状）	水泥砂浆 用量（m³）	水泥砂浆 配合比（水泥∶砂）
<100	30	100	0.5	1∶2
100～200	30	100	1.0	1∶1
>200	30	100	1.0	1∶1

（2）开始泵送混凝土时，混凝土泵送应处于低速、匀速并随时可反泵的状态，并时刻观察泵的输送压力，当确认各方面均正常后，才能提高到正常运转速度。

（3）混凝土泵送要连续进行，尽量避免出现泵送中断。

（4）在混凝土泵送过程中，如经常发生泵送困难或输送管堵塞时，施工管理人员应检查混凝土的配合比、和易性、匀质性以及配管方案、操作方法等，以便对症下药，及时解决问题。

（5）混凝土泵送即将结束时，应正确计算尚需要的混凝土数量，协调供需关系，避免出现停工待料或混凝土多余浪费。尚需混凝土的数量，不可漏计输送管的混凝土，其数量可参考表 18-55。

混凝土泵送结束输送管内混凝土数量　　　　表 18-55

输送管径（mm）	每 100m 输送管内的混凝土量（m³）	每立方米混凝土量的输送管长度（m）
100	1.0	100
125	1.5	75
150	2.0	50

（6）泵送混凝土浇筑区域划分以及浇筑顺序应符合下列规定：

1）宜根据结构平立面形状及尺寸、混凝土供应、混凝土浇筑设备、场地内外条件等划分每台泵浇筑区域及浇筑顺序；

2）采用硬管输送混凝土时，宜由远及近浇筑；多根输送管同时浇筑时，其浇筑速度宜保持一致；

3）宜采用先浇筑竖向结构构件后浇筑水平结构构件的顺序进行浇筑；

4）浇筑区域结构平面有高差时，宜先浇筑低区部分再浇筑高区部分。

（7）当混凝土入模时，输送管或布料杆的软管出口应向下，并尽量接近浇筑面，必要时可以借用溜槽、串筒或挡板，以减少混凝土直接冲击模板和钢筋。

（8）为了便于集中浇筑，保证混凝土结构的整体性和施工质量，浇筑中要配备足够的振捣机具和操作人员。

（9）混凝土浇筑完毕后，输送管道应及时用压力水清洗，清洗时应设置排水设施，不得将清水流到混凝土或模板里。

（10）混凝土泵送浇筑应保持连续；如果混凝土供应不及时，应采取间歇泵送方式，放慢泵送速度。

（11）混凝土布料设备出口或混凝土泵管出口应采取缓冲措施进行布料，柱、墙模板内混凝土浇筑应使混凝土缓慢下落。

(12) 混凝土浇筑结束后，多余或废弃的混凝土不得用于未浇筑的结构部位。

18.8.5　施工缝或后浇带处继续浇筑混凝土的技术要求

(1) 结合面应采用粗糙面，结合面应清除浮浆、疏松石子、软弱混凝土层，并清理干净。

(2) 结合面处应采用洒水方法进行充分湿润，并不得有积水。

(3) 施工缝处已浇筑混凝土的强度不应小于1.2MPa。

(4) 柱、墙水平施工缝水泥砂浆接浆层厚度不应大于30mm，接浆层水泥砂浆应与混凝土浆液同成分。

(5) 后浇带混凝土强度等级及性能应符合设计要求；当设计无要求时，后浇带强度等级宜比两侧混凝土提高一级，并宜采用减少收缩的混凝土及相应的技术措施进行浇筑。

(6) 施工缝位置附近回弯钢筋时，要做到钢筋周围的混凝土不受松动和损坏。钢筋上的油污、水泥砂浆及浮锈等杂物也应清除。

(7) 从施工缝处开始继续浇筑时，要注意避免直接靠近缝边下料。机械振捣前，宜向施工缝处逐渐推进，并距80～100cm处停止振捣，但应加强对施工缝接缝的捣实工作，使其紧密结合。

18.8.6　现浇结构叠合层上混凝土浇筑的技术要求

(1) 在主要承受静力荷载的叠合梁上，叠合面上应有凹凸差不小于6mm的粗糙面，并不得疏松和有浮浆。

(2) 当浇筑叠合板时，叠合面应有凹凸不小于4mm的粗糙面。

(3) 当浇筑叠合式受弯构件时，应按设计要求确定支撑的设置。

(4) 结合面上浇筑混凝土前应洒水进行充分湿润，并不得有积水。

18.8.7　超长结构混凝土浇筑的技术要求

(1) 可留设施工缝分仓浇筑，分仓浇筑间隔时间不应少于7d；

(2) 当留设后浇带时，后浇带封闭时间不得少于14d；

(3) 超长整体基础中调节沉降的后浇带，混凝土封闭时间应通过监测确定，当差异沉降趋于稳定后方可封闭后浇带；

(4) 后浇带的封闭时间尚应经设计单位认可。

18.8.8　型钢混凝土结构浇筑的技术要求

混凝土的浇筑质量是型钢混凝土结构质量好坏的关键。尤其是梁柱节点、主次梁交接处、梁内型钢凹角处等，由于型钢、钢筋和箍筋相互交错，会给混凝土的浇筑和振捣带来一定的困难，因此，施工时应特别注意确保混凝土的密实性。型钢混凝土结构浇筑应符合下列规定：

(1) 混凝土强度等级为C30以上，宜用商品混凝土泵送浇捣，先浇捣柱后浇捣梁。混凝土粗骨料最大粒径不应大于型钢外侧混凝土保护层厚度的1/3，且不宜大于25mm。

(2) 混凝土浇筑应有充分的下料位置，浇筑应能使混凝土充盈整个构件各部位。

(3) 在柱混凝土浇筑过程中，型钢周边混凝土浇筑宜同步上升，混凝土浇筑高差不应大于500mm，每个柱采用4个振捣棒振捣至顶。

(4) 在梁柱接头处和梁的型钢翼缘下部，由于浇筑混凝土时有部分空气不易排出，或因梁的型钢混凝土翼缘过宽影响混凝土浇筑，需在型钢翼缘的一些部位预留排气孔和混凝土浇筑孔。

(5) 梁混凝土浇筑时，在工字钢梁下翼缘板以下从钢梁一侧下料，用振捣器在工字钢梁一侧振捣，将混凝土从钢梁底挤向另一侧，待混凝土高度超过钢梁下翼缘板100mm以上时，改为两侧两人同时对称下料、对称振捣，待浇至上翼缘板100mm时再从梁跨中开始下料浇筑，从梁的中部开始振捣，逐渐向两端延伸，至上翼缘下的全部气泡从钢梁梁端及梁柱节点位置穿钢筋的孔中排出为止。

18.8.9 钢管混凝土结构浇筑的技术要求

(1) 钢管混凝土的浇筑常规方法有从管顶向下浇筑及混凝土从管底顶升浇筑。无论采取何种方法，对底层管柱，在浇筑混凝土前，应先灌入约100mm厚的同强度等级水泥砂浆，以便和基础混凝土更好地连接，也避免了浇筑混凝土时发生粗骨料的弹跳现象。采用分段浇筑管内混凝土且间隔时间超过混凝土终凝时间时，每段浇筑混凝土前，都应采取灌水泥砂浆的措施。

(2) 通过试验，管内混凝土的强度可按混凝土标准试块自然养护28d的抗压强度采用，也可按标准试块标准养护28d强度的0.9采用。

(3) 钢管混凝土结构浇筑应符合下列规定：

1) 宜采用自密实混凝土浇筑。

2) 混凝土应采取减少收缩的措施，减少管壁与混凝土间的间隙。

3) 在钢管适当位置应留有足够的排气孔，排气孔孔径应不小于20mm；浇筑混凝土应加强排气孔观察，确认浆体流出和浇筑密实后方可封堵排气孔。

4) 当采用粗骨料粒径不大于25mm的高流态混凝土或粗骨料粒径不大于20mm的自密实混凝土时，混凝土最大倾落高度不宜大于9m；倾落高度大于9m时应采用串筒、溜槽、溜管等辅助装置进行浇筑。

5) 混凝土从管顶向下浇筑时应符合下列规定：

① 浇筑应有充分的下料位置，浇筑应能使混凝土充盈整个钢管；

② 输送管端内径或斗容器下料口内径应比钢管内径小，且每边应留有不小于100mm的间隙；

③ 应控制浇筑速度和单次下料量，并分层浇筑至设计标高；

④ 混凝土浇筑完毕后应对管口进行临时封闭。

6) 混凝土从管底顶升浇筑时应符合下列规定：

① 应在钢管底部设置进料输送管，进料输送管应设止流阀门，止流阀门可在顶升浇筑的混凝土达到终凝后拆除；

② 合理选择混凝土顶升浇筑设备，配备上下通信联络工具，有效控制混凝土的顶升或停止过程；

③ 应控制混凝土顶升速度，并均衡浇筑至设计标高。

18.8.10 自密实混凝土浇筑的技术要求

(1) 应根据结构部位、结构形状、结构配筋等确定合适的浇筑方案。

(2) 自密实混凝土粗骨料最大粒径不宜大于 20mm。

(3) 浇筑应能使混凝土充填到钢筋、预埋件、预埋钢构周边及模板内各部位。

(4) 自密实混凝土浇筑布料点应结合拌合物特性选择适宜的间距，必要时可通过试验确定混凝土布料点下料间距。

(5) 自密实混凝土浇筑时，尽量减少泵送过程对混凝土高流动性的影响，使其和易性能不变。

(6) 浇筑时在浇筑范围内尽可能减少浇筑分层（分层厚度取为 1m），使混凝土的重力作用得以充分发挥，并尽量不破坏混凝土的整体黏聚性。

(7) 使用钢筋插棍进行插捣，并用锤子敲击模板，起到辅助流动和辅助密实的作用。

(8) 自密实混凝土浇筑至设计高度后可停止浇筑，20min 后再检查混凝土标高，如标高略低再进行复筑，以保证达到设计要求。

(9) 在自密实混凝土入模前，应进行拌合物工作性能检验。

18.8.11 清水混凝土结构的技术要求

(1) 在浇筑清水混凝土前，应做专项技术交底工作，必需时准备好防雨雪遮盖及防晒材料。

(2) 应根据结构特点进行构件分区，同一构件分区应采用同批混凝土，并应连续浇筑。

(3) 同层或同区内混凝土构件所用材料牌号、品种、规格应一致，并应保证结构外观色泽符合要求。

(4) 竖向构件浇筑时应严格控制分层浇筑的间歇时间，避免出现混凝土层间接缝痕迹。

(5) 混凝土浇筑前，清理模板内的杂物，完成钢筋、管线的预留预埋和施工缝的隐蔽工程验收工作。

(6) 在清水混凝土的各段浇捣顶面上，要有可靠的标高控制标志。

(7) 混凝土浇筑先在根部浇筑 30~50mm 厚与混凝土同配比的水泥砂浆后，随铺砂浆随浇混凝土。

(8) 布料应直接进入模板的腔体内，控制混凝土的自由落差高度小于 2m。

(9) 每次布料的厚度应控制在 400mm 以内，浇筑采用汽车泵（吊斗），泵管头子处安排两名管理人员进行浇筑指挥。

(10) 混凝土振点应从中间向边缘分布，且布棒均匀，层层搭扣，遍布浇筑的各个部位，并应随浇筑连续进行。振捣棒的插入深度要大于浇筑层厚度，插入下层混凝土中 50mm。振捣过程中应避免敲振模板、钢筋，每一振点的振动时间，应以混凝土表面不再下沉、无气泡逸出为止，一般为 20~30s，避免过振发生离析。

(11) 为减小混凝土对模板侧压力的影响，应严格控制浇筑速度。

(12) 清水混凝土浇筑收头，做好落水和排流措施。

（13）施工缝表面凿去表面浮浆露出石子，浇捣前洒水湿润后用与结构相同级配的水泥砂浆进行接浆处理。

（14）其他同普通混凝土。

18.8.12　预制装配结构现浇节点混凝土浇筑的技术要求

（1）预制构件与现浇混凝土部分连接应按设计图纸与节点施工。预制构件与现浇混凝土接触面，构件表面应作凿毛处理。

（2）预制构件锚固钢筋应按现行规范、规程执行，当有专项设计图纸时，应满足设计要求。

（3）采用预埋件与螺栓形式连接时，预埋件和螺栓必须符合设计要求。

（4）浇筑用混凝土、砂浆、水泥浆的强度及收缩性能应满足设计要求，骨料最大尺寸不应小于浇筑处最小尺寸的四分之一。设计无规定时，混凝土、砂浆的强度等级值不应低于构件混凝土强度等级值，并宜采取快硬措施。

（5）装配节点处混凝土、砂浆浇筑应振捣密实，并采取保温保湿养护措施。混凝土浇筑时，应采取留置必要数量的同条件试块或其他混凝土实体强度检测措施，以核对混凝土的强度已达到后续施工的条件。临时固定措施，可以在不影响结构安全性前提下分阶段拆除，对拆除方法、时间及顺序，应事先进行验算和制定方案。

（6）预制阳台与现浇梁、板连接时，预制阳台预留锚固钢筋必须符合设计要求和满足现行规范长度。

（7）预制楼梯与现浇梁板的连接，当采用预埋件焊接连接时，先施工梁板后焊接、放置楼梯，焊接满足设计要求。当采用锚固钢筋连接时，锚固钢筋必须符合设计要求。

（8）预制构件在现浇混凝土叠合构件中应符合下列规定：

1）在主要承受静力荷载的梁中，预制构件的叠合面应有凹凸差不小于6mm的粗糙面，并不得有疏松部位和浮浆。

2）当浇筑叠合板时，预制板的表面应有凹凸不小于4mm的粗糙面。

（9）装配式结构的连接节点应逐个进行隐蔽工程检查，并填写记录。

18.8.13　大体积混凝土浇筑的技术要求

（1）用多台输送泵接输送泵管浇筑时，输送泵管布料点间距不宜大于10m，并宜由远而近浇筑。

（2）用汽车布料杆输送浇筑时，应根据布料杆工作半径确定布料点数量，各布料点浇筑速度应保持均衡。

（3）大体积基础工程宜先浇筑深坑部分再浇筑大面积基础部分。

（4）基础大体积混凝土浇筑最常采用的方法为斜面分层；如果对混凝土流淌距离有特殊要求的工程，混凝土可采用全面分层或分块分层的浇筑方法。斜面分层浇筑方法见图18-2；全面分层浇筑方法见图18-3；分块分层浇筑方法见图18-4。在保证各层混凝土连续浇筑的条件下，层与层之间的间歇时间应尽可能缩短，以满足整个混凝土浇筑过程连续。

（5）混凝土分层浇筑应采用自然流淌形成斜坡，并应沿高度均匀上升，分层厚度不宜大于500mm。混凝土每层的厚度 H 应符合表18-56的规定，以保证混凝土能够振捣密实。

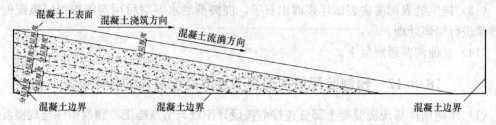

图 18-2 基础大体积混凝土斜面分层浇筑方法示意图

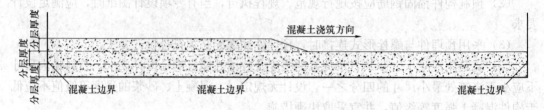

图 18-3 基础大体积混凝土全面分层浇筑方法示意图

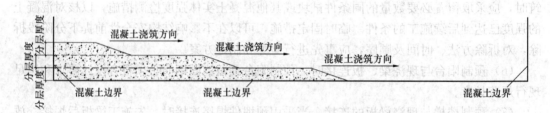

图 18-4 基础大体积混凝土分块分层浇筑方法示意图

大体积混凝土的浇筑层厚度 表 18-56

混凝土种类	混凝土振捣方法	混凝土浇筑层厚度（mm）
普通混凝土	插入式振捣	振动作用半径的1.25倍
	表面振捣	200
	人工振捣	
	（1）在基础、无筋混凝土或配筋稀疏构件中	250
	（2）在梁、墙板、柱结构中	240
	（3）在配筋稠密的结构中	150
轻骨料混凝土	插入式振捣	300
	表面振捣（振动时需加荷）	200

（6）混凝土浇筑后，在混凝土初凝前和终凝前宜分别对混凝土裸露表面进行抹面处理，抹面次数不宜过多。

（7）混凝土拌合物自由下落的高度超过 2m 时，应采用串筒、溜槽或振动管下落工艺，以保证混凝土拌合物不发生离析。

（8）大体积混凝土施工由于采用流动性大的混凝土进行分层浇筑，上下层施工的间隔时间较长，经过振捣后上涌的泌水和浮浆易顺着混凝土坡面流到坑底，所以基础大体积混凝土结构浇筑应有排除积水或混凝土泌水的有效技术措施。可以在混凝土垫层施工时预先在横向做出 2cm 的坡度，在结构四周侧模的底部开设排水孔，使泌水及时从孔中自然流出。当混凝土大坡面的坡脚接近顶端时，应改变混凝土的浇筑方向，即从顶端往回浇筑，与原斜坡相交成一个集水坑，另外有意识地加强两侧模板外的混凝土浇筑强度，这样集水坑逐步在中间缩小成小水潭，然后用泵及时将泌水排出。采用这种方法便于排出最后阶段的所有泌水。

18.9 混凝土振捣

匀质混凝土拌合料介于固态和液态之间，内部颗粒存在摩擦力和黏聚力，从而处于悬浮态。振动可以有效降低和消除拌合料之间的摩擦力，从而提高流动性，使拌合料暂时液化。拌合料可以像液体一样填充整个模板容器空间。同时物料颗粒振动落实，气泡上浮，有利于消除孔隙，排列致密，填充密实。

18.9.1 混凝土振捣设备的分类

混凝土振捣可采用插入式振动棒、平板振动器或附着振动器，见表 18-57，必要时可采用人工辅助振捣。

振动设备分类　　　　　　　　　　　　　　　表 18-57

分类	说明
内部振动器（插入式振动器）	形式有硬管的、软管的。振动部分有锤式、棒式、片式等。振动频率有高有低。主要适用于大体积混凝土、基础、柱、梁、墙、厚度较大的板，以及预制构件的捣实工作 当钢筋十分稠密或结构厚度很薄时，其使用会受到一定的限制
表面振动器（平板式振动器）	其工作部分是钢制或木制平板，板上装一个带偏心块的电动振动器。振动力通过平板传递给混凝土，由于其作用深度较小，仅使用于表面积大而平整的结构物，如平板、楼地面、屋面等构件
外部振动器（附着式振动器）	这种振动器通常是利用螺栓或钳形夹具固定在模板外侧，不与混凝土直接接触，借助模板或其他物体将振动力传递到混凝土。由于振动作用不能深远，仅适用于振捣钢筋较密、厚度较小以及不宜使用插入式振动器的结构构件

18.9.2 采用内部振动器捣实混凝土的技术要求

振动棒振捣方式主要有两种：垂直振捣和斜向振捣。垂直振捣是使振动棒与混凝土表面垂直，这种方法易于控制振捣间距和插入深度、不易触及钢筋和模板、混凝土可以自然均匀密实。斜向振捣时振动棒与混凝土表面成一定角度，这种方法快速省力、易于排气、拔除不易形成孔洞。

振动棒振捣混凝土应符合下列规定：

（1）应按分层浇筑厚度分别进行振捣，振动棒的前端应插入前一层混凝土中，插入深度不应小于 50mm。

（2）振动棒应垂直于混凝土表面并快插慢拔均匀振捣；当混凝土表面无明显塌陷、有水泥浆出现、不再冒气泡时，可结束该部位振捣。

(3) 混凝土振动棒移动的间距应符合下列规定：

1) 振动棒与模板的距离不应大于振动棒的作用半径的50%；

2) 振捣插点的间距不应大于振动棒作用半径的1.4倍。

(4) 振动棒振捣混凝土应避免碰撞模板、钢筋、钢构、预埋件等。

18.9.3 采用表面振动器捣实混凝土的技术要求

表面振动器在操作过程中，应该在每一个振动位置连续振动25～40s，使混凝土表面出现浆液，不再下沉。振捣移动时，前后位置和排间位置应保证3～5cm的搭接长度。

在无筋或单筋平板中，表面振动器的有效作用深度约200mm；在双筋平板中约为120mm。

表面振动器振捣混凝土应符合下列规定：

(1) 表面振动器振捣应覆盖振捣平面边角；

(2) 表面振动器移动间距应覆盖已振实部分混凝土边缘；

(3) 倾斜表面振捣时，应由低处向高处进行振捣。

18.9.4 采用外部振动器振捣混凝土的技术要求

附着式振动器一般有效作用深度为250mm左右。

附着振动器振捣混凝土应符合下列规定：

(1) 附着振动器应与模板紧密连接，设置间距应通过试验确定；

(2) 附着振动器应根据混凝土浇筑高度和浇筑速度，依次从下往上振捣；

(3) 模板上同时使用多台附着振动器时应使各振动器的频率一致，并应交错设置在相对面的模板上。

18.9.5 混凝土分层振捣的最大厚度要求

混凝土分层振捣的厚度应符合表18-58的规定。

混凝土分层振捣厚度表　　　　　　　　　　　　表18-58

振捣方法	混凝土分层振捣最大厚度	振捣方法	混凝土分层振捣最大厚度
振动棒	振动棒作用部分长度的1.25倍	附着振动器	根据设置方式，通过试验确定
		表面振动器	200mm

18.9.6 特殊部位的混凝土振捣

特殊部位的混凝土应采取下列加强振捣措施：

(1) 宽度大于0.3m的预留洞底部区域应在洞口两侧进行振捣，并适当延长振捣时间；宽度大于0.8m的洞口底部，应采取特殊的技术措施。

(2) 后浇带及施工缝边角处应加密振捣点，并适当延长振捣时间。

(3) 钢筋密集区域或型钢与钢筋结合区域应选择小型振动棒辅助振捣、加密振捣点，并适当延长振捣时间。

(4) 基础大体积混凝土浇筑流淌形成的坡顶和坡脚应适时振捣，不得漏振。

18.10 混凝土养护

混凝土浇筑后应及时进行保湿养护，保湿养护可采用洒水、覆盖、喷涂养护剂等方式。选择养护方式应考虑现场条件、环境温湿度、构件特点、技术要求、施工操作等因素。

18.10.1 混凝土自然养护

18.10.1.1 混凝土洒水养护
洒水养护应符合下列规定：
（1）洒水养护宜在混凝土裸露表面覆盖麻袋或草帘后进行，也可采用直接洒水、蓄水等养护方式；洒水养护应保证混凝土处于湿润状态。
（2）洒水养护用水应符合国家现行标准《混凝土用水标准（附条文说明）》JGJ 63 的规定。
（3）当日最低温度低于 5℃时，不应采用洒水养护。
（4）应在混凝土浇筑完毕后的 12h 内进行覆盖浇水养护。

18.10.1.2 混凝土覆盖养护
覆盖养护应符合下列规定：
（1）覆盖养护应在混凝土终凝后及时进行。
（2）覆盖应严密，覆盖物相互搭接不宜小于 100mm，确保混凝土处于保温保湿状态。
（3）覆盖养护宜在混凝土裸露表面覆盖塑料薄膜、塑料薄膜加麻袋、塑料薄膜加草帘。
（4）塑料薄膜应紧贴混凝土裸露表面，塑料薄膜内应保持有凝结水，保证混凝土处于湿润状态。
（5）覆盖物应严密，覆盖物的层数应根据施工方案确定。

18.10.1.3 混凝土喷涂养护
养生液养护是将可成膜的溶液喷洒在混凝土表面上，溶液挥发后在混凝土表面凝结成一层薄膜，使混凝土表面与空气隔绝，封闭混凝土中的水分不再被蒸发，而完成水化作用。喷涂养护剂养护应符合下列规定：
（1）应在混凝土裸露表面喷涂覆盖致密的养护剂进行养护。
（2）养护剂应均匀喷涂在结构构件表面，不得漏喷。养护剂应具有可靠的保湿效果，保湿效果可通过试验检验。
（3）养护剂使用方法应符合产品说明书的有关要求。
（4）墙、柱等竖向混凝土结构在混凝土的表面不便浇水或使用塑料薄膜养护时，可采用涂刷或喷洒养生液进行养护。
（5）涂刷（喷洒）养护液的时间，应掌握混凝土水分蒸发情况，在不见浮水、混凝土表面以手指轻按无指印时进行涂刷或喷洒。过早会影响薄膜与混凝土表面结合，容易过早脱落，过迟会影响混凝土强度。
（6）养护液涂刷（喷洒）厚度以 $2.5m^2/kg$ 为宜，厚度要求均匀一致。

(7) 养护液涂刷（喷洒）后很快就形成薄膜，为达到养护目的，必须加强保护薄膜完整性，要求不得有损坏破裂，发现有损坏时及时补刷（补喷）养护液。

18.10.2 混凝土蓄热养护

18.10.2.1 蒸汽养护

蒸汽养护是由轻便锅炉供应蒸汽，给混凝土提供一个高温高湿的硬化条件，加快混凝土的硬化速度，提高混凝土早期强度的一种方法。用蒸汽养护混凝土，可以提前拆模（通常2d即可拆模），缩短工期，大大节约模板。

为了防止混凝土收缩而影响质量，并能使强度继续增长，经过蒸汽养护后的混凝土，还要放在潮湿环境中继续养护，一般洒水7~21d，使混凝土处于相对湿度在80%~90%的潮湿环境中。为了防止水分蒸发过快，混凝土制品上面可遮盖湿润草帘或其他覆盖物。

18.10.2.2 太阳能养护

太阳能养护是直接利用太阳能加热养护棚（罩）内的空气，使内部混凝土能够在足够的温度和湿度下进行养护，获得早强。在混凝土成型、表面找平面后，在其上覆盖一层黑色塑料薄膜（厚0.12~0.14mm），再盖一层气垫薄膜（气泡朝下）。塑料薄膜应采用耐老化的，接缝应采用热粘合。覆盖时应紧贴四周，用砂袋或其他重物压紧盖严，防止被风吹开而影响养护效果。塑料薄膜若采用搭接时，其搭接长度不小于30cm。

18.10.3 混凝土养护的质量控制

(1) 混凝土的养护时间应符合下列规定：

1) 采用硅酸盐水泥、普通硅酸盐水泥或矿渣硅酸盐水泥配制的混凝土不应少于7d；采用其他品种水泥时，养护时间应根据水泥性能确定；

2) 采用缓凝型外加剂、大掺量矿物掺合料配制的混凝土不应少于14d；

3) 抗渗混凝土、强度等级C60及以上的混凝土不应少于14d；

4) 后浇带混凝土的养护时间不应少于14d；

5) 地下室底层墙、柱和上部结构首层墙、柱宜适当增加养护时间；

6) 基础大体积混凝土养护时间应根据施工方案确定。

(2) 基础大体积混凝土裸露表面应采用覆盖养护方式。当混凝土表面以内40~80mm位置的温度与环境温度的差值小于25℃时，可结束覆盖养护。覆盖养护结束但尚未到达养护时间要求时，可采用洒水养护方式直至养护结束。

(3) 柱、墙混凝土养护方法应符合下列规定：

1) 地下室底层和上部结构首层柱、墙混凝土带模养护时间不宜少于3d；带模养护结束后可采用洒水养护方式继续养护，必要时也可采用覆盖养护或喷涂养护剂等养护方式继续养护。

2) 其他部位柱、墙混凝土可采用洒水养护；必要时，也可采用覆盖养护或喷涂养护剂养护。

(4) 混凝土强度达到1.2N/mm² 前，不得在其上踩踏、堆放荷载、安装模板及支架。

(5) 同条件养护试件的养护条件应与实体结构部位养护条件相同，并应采取措施妥善保管。

（6）施工现场应具备混凝土标准试块制作条件，并应设置标准试块养护室或养护箱。标准试块养护应符合国家现行有关标准的规定。

18.11 混凝土施工缝及后浇带

18.11.1 概　　述

18.11.1.1　施工缝及后浇带的设置

随着钢筋混凝土结构的普遍运用，在现浇混凝土施工过程中由于技术或施工组织上的原因不能连续浇筑，且停留时间超过混凝土的初凝时间，前后浇筑混凝土之间的接缝处便形成了混凝土施工缝。施工缝是结构受力薄弱部位，一旦设置和处理不当就会影响整个结构的性能与安全。因此，施工缝不能随意设置，必须严格按照规定预先选定的合适部位设置施工缝。

18.11.1.2　施工缝的类型

混凝土施工缝的设置一般分两种：水平施工缝和竖直施工缝。水平施工缝一般设置在竖向结构中，一般设置在墙、柱或厚大基础等结构。垂直施工缝一般设置在平面结构中，一般设置在梁、板等构件中。

18.11.1.3　后浇带的类型

混凝土后浇带的设置一般分两种：沉降后浇带和伸缩后浇带。沉降后浇带有效地解决了沉降差的问题，使高层建筑、裙房、超长结构及大型公共建筑的结构和基础设计为整体。伸缩后浇带可减少温度、混凝土收缩的影响，从而避免有害裂缝的产生。

18.11.2 施工缝的设置

18.11.2.1　施工缝设置的一般规定

施工缝的留设位置应在混凝土浇筑之前确定。施工缝宜留设在结构受剪力较小且便于施工的位置。受力复杂的结构构件或有防水抗渗要求的结构构件，施工缝留设位置应经设计单位认可。

施工缝留设界面应垂直于结构构件和纵向受力钢筋。结构构件厚度或者高度较大时，施工缝界面宜采用专用的材料封挡。施工缝应采取钢筋防锈或者阻锈等保护措施。

混凝土浇筑过程中，因特殊原因需要临时设置施工缝时，施工缝留设应当规整，并垂直于构件表面，必要时可以采取插筋、事后修凿等技术措施。

18.11.2.2　施工缝设置的技术要求

水平施工缝的留设位置应符合下列规定：

（1）柱、墙施工缝可留设在基础、楼层结构顶面，柱施工缝与结构上表面的距离宜为0～100mm，墙施工缝与结构上表面的距离宜为0～300mm；

（2）柱、墙施工缝也可留设在楼层结构地面，施工缝与结构下表面的距离宜为0～50mm；当板下有梁托时，可留设在梁托下0～20mm；

（3）高度较大的柱、墙、梁以及厚度较大的基础可根据施工需要在其中部留设水平施工缝；必要时，可对配筋进行调整，这种情况下，需要征得设计单位的认可；

(4) 特殊结构部位留设水平施工缝应征得设计单位的同意。

垂直施工缝的留设位置应符合下列规定：
(1) 有主次梁的楼板施工缝应留设在次梁跨度中间的1/3范围内；
(2) 单向板施工缝应留设在平行于板短边的任何位置；
(3) 楼梯梯段施工缝宜设置在梯段板跨度端部的1/3范围内；
(4) 墙的施工缝宜设置在门洞口过梁跨中1/3范围内，也可留设在纵横交接处；
(5) 特殊结构部位留设垂直施工缝应征得设计单位的同意。

设备基础施工缝留设位置应符合下列规定：
(1) 水平施工缝应低于地脚螺栓底端，与地脚螺栓底端的距离应大于150mm。当地脚螺栓直径小于30mm时，水平施工缝可留设在深度不小于地脚螺栓埋入混凝土部分总长度的3/4处；
(2) 垂直施工缝与地脚螺栓中心线的距离不应小于250mm，且不应小于螺栓直径的5倍。

承受动力作用的设备基础施工缝的留设应符合下列规定：
(1) 标高不同的两个水平施工缝，其高低接合处应留设成台阶形，台阶的高宽比不应大于1.0；
(2) 在水平施工缝处继续浇筑混凝土前，应对地脚螺栓进行一次复核校正；
(3) 垂直施工缝或台阶形施工缝的垂直面处应加插钢筋，插筋数量和规格应由设计确定；
(4) 施工缝的留设应经设计单位认可。

18.11.2.3 常用类型施工缝的处理方法

在施工缝处继续浇筑混凝土时，混凝土抗压强度不应小于$1.2N/mm^2$，可通过试验来确定。这样可保证混凝土在受到振动棒振动时不影响先浇混凝土的强度。同时必须对施工缝进行必要的处理：

(1) 应仔细清除施工缝处的垃圾、水泥薄膜、松动的石子以及软弱的混凝土层。对于达到强度、表面光洁的混凝土面层还应加以凿毛，用水冲洗干净并充分湿润，且不得积水。

(2) 要注意调整好施工缝位置附近的钢筋。要确保钢筋周围的混凝土不被松动和损坏，应采取钢筋防锈或阻锈等技术措施进行保护。

(3) 在浇筑前，为了保证新旧混凝土的结合，施工缝处应先铺一层厚度为1~1.5cm的水泥砂浆，其配合比与混凝土内的砂浆成分相同。

(4) 从施工缝处开始继续浇筑时，要注意避免直接向施工缝边投料。机械振捣时，宜向施工缝处渐渐靠近，并距80~100mm处停止振捣。但应保证对施工缝处混凝土的捣实工作，使新旧混凝土结合紧密。

(5) 对于施工缝处浇筑完新混凝土后要加强养护。当施工缝混凝土浇筑后，新浇混凝土在12h以内就应根据气温等条件加盖草帘浇水养护。如果在低温或负温下则应该加强保温，还要覆盖塑料布阻止混凝土水分的散失。

(6) 水池、地坑等特殊结构要求的施工缝处理，要严格按照施工图纸要求和有关规范执行。

(7) 承受动力作用的设备基础的水平施工缝继续浇筑混凝土前,应对地脚螺栓进行一次观测校准。

18.11.2.4 施工缝的渗漏水防止处理措施

施工缝的接缝形式有平缝、高低缝、凸凹缝、设止水带缝等多种形式,根据工程经验的积累表明,目前常用的几种接缝方式都在不同程度上存在着渗水漏水的隐患。

根据诸多施工经验总结,在施工缝留设工程中,采用薄片钢板作为施工缝处的止水带效果良好,薄片钢板的主要优点如下:

(1) 薄片钢板相较于橡胶止水带刚度较大,不易变形,有利于长期使用,同时容易固定,不会在混凝土浇筑期间移位,不容易产生局部渗漏。

(2) 施工简便,可按照不同的施工缝留设情况将钢板止水带按照要求加工成特定尺寸,在现场即可投入施工。

(3) 可根据设计需要将上下止水板的高度做高,加长渗漏水的爬水坡度,从而达到防止渗漏水的情况。

18.11.3 后浇带的设置

18.11.3.1 后浇带设置的一般规定

后浇带是在建筑施工中为防止现浇钢筋混凝土结构由于温度、收缩不均可能产生的有害裂缝,按照设计或施工规范要求,在基础底板、墙、梁相应位置留设临时施工缝,将结构暂时划分为若干部分,经过构件内部收缩,在若干时间后再浇捣该施工缝混凝土,将结构连成整体。

后浇带的设置应遵循"抗放兼备,以放为主"的设计原则。因为普通混凝土存在开裂问题,设置后浇带的目的就是将大部分的约束应力释放,然后用膨胀混凝土填缝以抗衡残余应力。

后浇带混凝土必须采用无收缩混凝土,可采用膨胀水泥配制,也可采用添加具有膨胀作用的外加剂和普通水泥配制,混凝土的强度应提高一个等级,其配合比应通过试验确定。

18.11.3.2 后浇带设置的技术要求

结构设计中,由于考虑沉降原因而设计的后浇带,在施工中应严格按照设计图纸进行留设;如果是由于施工原因而需要设置后浇带时,应视具体工程情况而定,留设的位置应征得设计单位的认可。

后浇带的设置间距应合理,矩形构筑物后浇带间距一般可设为30~40m,后浇带的宽度应考虑便于施工操作,并按结构构造要求而定,一般宽度以700~1000mm为宜。

后浇带处的楼板受力钢筋必须贯通,不得断开。如果梁、板跨度不大,可一次性配足钢筋;如果梁、板跨度较大,可按规定断开,在补齐混凝土前焊接好。

不同混凝土后浇带的封闭浇筑时间不同,伸缩后浇带视先浇部分混凝土的收缩完成情况而定,一般为施工后60d;沉降后浇带宜在建筑物基本完成沉降后进行,在部分对后浇带的保留时间有特殊要求的工程中,后浇带的浇筑应按照设计要求进行。

18.11.3.3 常见类型的后浇带的处理方法

(1) 在后浇带四周应做临时保护措施,防止施工用水流进后浇带内,以免施工过程中污染钢筋，堆积垃圾。

（2）不同类型后浇带混凝土的封闭浇筑时间是不同的，应按设计要求进行浇筑。伸缩后浇带应根据先浇部分混凝土的收缩完成情况而定，一般为施工后60d；沉降后浇带宜在建筑物基本完成沉降后进行。

（3）在浇筑混凝土前，将后浇带两侧混凝土表面按照施工缝的要求进行处理。后浇带混凝土必须采用减少收缩的技术措施，混凝土的强度应比原结构强度提高一个等级，其配合比通过试验确定，宜掺入早强减水剂，精心振捣，浇筑后并保持至少15d的湿润养护。

18.12 混凝土裂缝的形成与控制

18.12.1 混凝土裂缝形成的主要原因

18.12.1.1 混凝土裂缝的基本概念

混凝土是胶凝材料胶结砂石骨料形成的一种非均质多相复合材料，在相组成上，混凝土包括水泥石、骨料和骨料—水泥石界面过渡区3部分。裂缝指的是同相之间连续性或不同相之间粘结性的中断或破坏，这种中断或破坏按照尺度可分为"宏观裂缝"和"微观裂缝"。"微观裂缝"是肉眼观察不到的微小裂纹，裂缝宽度小于0.05mm；而"宏观裂缝"是"微观裂缝"不断发展而显现的结果，裂缝宽度大于等于0.05mm。具体的，混凝土中常见的微观裂缝有3种：

（1）黏着裂缝是骨料与水泥石的粘结面上的裂缝，主要沿骨料周围出现；

（2）水泥石裂缝是指水泥浆中的裂缝，出现在骨料与骨料之间；

（3）骨料裂缝是指骨料本身的裂缝。

18.12.1.2 混凝土裂缝的形成原因与分类

结构物在实际使用过程中承受两大类荷载：外荷载和变形荷载。按照裂缝产生的原因，混凝土结构裂缝一般分为荷载裂缝和非荷载裂缝，其中荷载裂缝是混凝土由于受到外力作用产生的裂缝，可进一步分为外荷载裂缝和荷载次应力裂缝；非荷载裂缝主要指未受到外加荷载时，由于混凝土自身变形或结构变形受到约束产生拉应力而导致的裂缝。

1. 荷载裂缝

混凝土结构的荷载裂缝多为楔形裂缝，按照荷载的性质，混凝土结构的荷载裂缝可分为弯曲裂缝、剪切裂缝、扭转裂缝。由于混凝土是典型的脆性材料，抗拉强度很低，因此，在混凝土结构设计中，荷载裂缝主要通过设置受力钢筋加以控制。

2. 非荷载裂缝

大部分混凝土结构裂缝是非荷载裂缝，或是非荷载变形与荷载共同作用的结果。混凝土的非荷载变形并不必然导致混凝土结构裂缝的产生。裂缝的产生与非荷载变形分布的不均匀性（变形不协调）以及变形受到的约束程度有关。非荷载变形分布的不均匀性取决于变形的种类和作用机理以及混凝土非荷载变形的影响因素，包括混凝土的材料组成、力学性能、构件内部温度、湿度的梯度分布等。按照非荷载变形的种类，可将混凝土的非荷载裂缝分为以下几种典型类型：塑性塌落裂缝、塑性收缩裂缝、干燥收缩裂缝和自收缩裂缝、温度变形裂缝、沉降裂缝、冻融裂缝、钢筋锈蚀裂缝以及化学反应膨胀裂缝。

18.12.2 混凝土裂缝控制的方法

混凝土结构裂缝的控制与防治,应遵循"抗"与"放"结合的原则,采取预防为主的方针,从建筑与结构设计、混凝土材料质量控制和选用、建筑工程施工和养护等方面采取综合措施。

18.12.2.1 结构设计控制

1. 一般规定

(1) 设计混凝土结构构件时,对其承受的永久荷载和可变荷载应按现行国家标准《建筑结构荷载规范》GB 50009中的规定采用;施工过程中的临时荷载,可按预期的最大值确定;机械运转或运输机具运转时产生的动荷载,按特殊荷载确定。设计时应避免在设计使用年限内发生结构构件不应有的超载。

(2) 设计时除应符合现行国家标准《混凝土结构设计标准》GB/T 50010的规定外,尚应根据当地地震烈度等级、建筑物的规模、体量、体形、平面尺寸、地基基础情况、结构体系类别、当地气候条件、使用功能需要、使用环境、装饰要求、施工技术条件、房屋维护管理条件等因素,全面慎重地考虑对混凝土结构构件采取有效设计措施,控制混凝土收缩、温度变化、地基基础不均匀沉降等原因产生的裂缝。

(3) 控制最大裂缝宽度的目标值。

钢筋混凝土结构构件的最大裂缝宽度限值是保证结构构件耐久性的设计目标值,见表18-59。需要考虑防止漏水的最大裂缝宽度的目标值要根据可靠资料确定。

钢筋混凝土结构最大裂缝宽度限值 表18-59

环境类别	一	二 (a, b)	三 (a, b)
最大裂缝宽度限值(mm)	0.30 (0.40)	0.20	0.20

(4) 对较长的建筑结构在设计时可采取分割措施(设置沉降缝、防震缝、伸缩缝等)将建筑物分割为长度较短的若干结构单元,以减少混凝土收缩、温度变化或地基不均匀沉降产生的结构构件内部拉应力。也可采取加强结构构件刚度或增设除按通常承载力计算所需结构构件配筋量外的构造钢筋或设置后浇带或对地基进行处理等措施。

(5) 对跨度较大的混凝土受弯构件宜采用预加应力或采取其他有效措施防止正截面、斜截面裂缝的扩展并减小其宽度。

(6) 应采取有效措施加强建筑物屋面、外墙或构件外露表面的保温、隔热性能,减少温度变化和日照对混凝土结构构件产生的不利影响。

2. 基本控制措施

(1) 楼板、屋面板采用普通混凝土时,其强度等级不宜大于C30,基础底板、地下室外墙不宜大于C35。

(2) 在板的温度、收缩应力较大区域(如跨度较大并与混凝土梁及墙整浇的双向板的角部和中部区域或当垂直于现浇单向板跨度方向的长度大于8m时沿板长度的中部区域等)宜在板未配筋表面配置控制温度收缩裂缝的构造钢筋。

(3) 在房屋下列部位的现浇混凝土楼板、屋面板内应配置抗温度收缩钢筋:当房屋平面体形有较大凹凸时,在房屋凹角处的楼板;房屋两端阳角处及山墙处的楼板;房屋南面外墙设大面积玻璃窗时，与南向外墙相邻的楼板；房屋顶层的屋面板；与周围梁、柱、墙等构件整浇且受约束较强的楼板。

（4）当楼板内需要埋置管线时，现浇楼板的设计厚度不宜小于110mm。管线必须布置在上下钢筋网片之间，管线不宜立体交叉穿越，并沿管线方向在板的上下表面一定宽度范围内采取防裂措施。

（5）楼板开洞时，当洞的直径或宽度（垂直于构件跨度方向的尺寸）不大于300mm时，可将受力钢筋绕过洞边，不需截断受力钢筋和设置洞边附加钢筋。当洞的直径较大时，应在洞边加设边梁或在洞边每侧配置附加钢筋。每侧附加钢筋的面积应不小于孔洞直径内或相应方向宽度内被截断受力钢筋面积的一半。对单向板受力方向的附加钢筋应伸至支座内，另一方向的附加钢筋应伸过洞边，不小于钢筋的锚固长度。对双向板两方向的附加钢筋应伸至支座内。

（6）对现浇剪力墙结构的端山墙、端开间内纵墙、顶层和底层墙体，均宜比计算需要量适当增加配置水平和竖向分布钢筋配筋数量。为控制现浇剪力墙结构因混凝土收缩和温度变化较大而产生的裂缝，墙体中水平分布筋除满足强度计算要求外，其配筋率不宜小于0.4%，钢筋间距不宜大于100mm。外墙墙厚宜大于160mm，并宜双排配置分布钢筋。

（7）为解决高层建筑与裙房间沉降差异过大而设置的"沉降后浇带"，应在相邻两侧的结构满足设计允许的沉降差异值后，方可浇筑后浇带内的混凝土。此类后浇带内的钢筋宜截断并采用搭接连接方法，后浇带的宽度应大于钢筋的搭接长度，且不应小于800mm。

（8）框架结构较长（超过规范规定设置伸缩缝的长度）时，纵向梁的侧边宜配置足够的抗温度收缩钢筋。

（9）对大体积混凝土进行结构构造设计时，采用合理的平面和立面设计，避免截面的突出，从而减小约束应力；合理布置分布钢筋，尽量采用小直径、密间距，变截面处加强分布筋；采用滑动层来减小基础的约束；宜采用后期强度作为配合比设计、强度评定及验收的依据。基础混凝土龄期可取为60d（56d）或90d；柱、墙混凝土强度等级不低于C80时，龄期可取为60d（56d）。采用混凝土后期强度时，龄期应经设计单位确认。

3. 特殊措施

（1）为控制水泥水化热产生的混凝土裂缝，除施工中应采取有效措施降低混凝土在硬化过程中的水化温升外，设计中应在预计可能产生裂缝的部位配置足够的构造钢筋或设置诱导缝。

（2）为控制因冻融产生的混凝土裂缝，在外露的混凝土构件表面应采用有效的防冻处理，缓和混凝土的急剧降温，并采用有效的防水措施，保持混凝土的干燥状态。

（3）为控制混凝土内氯化物引起钢筋锈蚀产生的裂缝，应根据混凝土结构所处的环境条件，按现行国家标准《混凝土结构设计标准》GB/T 50010的规定确定构件的最小混凝土保护层厚度和最大氯离子含量。

（4）为控制有可能受外部侵入的氯化物引起钢筋锈蚀产生的裂缝，必要时可在构件表面采取保护措施，预防氯化物的侵入，此外设计中也应严格控制裂缝宽度的限值。

18.12.2.2 混凝土材料控制

1. 一般规定

抗收缩、抗裂性能好的混凝土不但应具有较低的长期收缩值，同时应具备高的抗早期开裂性能。为了控制混凝土的有害裂缝,应妥善选定组成材料和配合比,以使所制备的混凝土除符合设计和施工所要求的性能外,还应具有抵抗开裂所需要的功能。

2. 材料要求

水泥宜用硅酸盐水泥、普通硅酸盐水泥或矿渣硅酸盐水泥。对大体积混凝土,宜采用中热硅酸盐水泥、低热硅酸盐水泥、低热矿渣硅酸盐水泥。对防裂抗渗要求较高的混凝土,所用水泥的铝酸三钙含量不宜大于8%。使用时水泥的温度不宜超过60℃。

其他材料如骨料、矿物掺合料、外加剂、水、钢筋应符合现行有关标准的规定,选用外加剂时必须根据工程具体情况先做水泥适应性及实际效果试验。

3. 配合比

(1) 干缩率。混凝土90d的干缩率宜小于0.06%。

(2) 坍落度。在满足施工要求的条件下,尽量采用较小的混凝土坍落度。

(3) 用水量。不宜大于180kg/m³。

(4) 水泥用量。普通强度等级的混凝土宜为270~450kg/m³,高强度混凝土不宜大于550kg/m³。

(5) 水胶比。应尽量采用较小的水胶比。混凝土水胶比不宜大于0.60。

(6) 砂率。在满足工作性要求的前提下,应采用较小的砂率。

(7) 沁水量。宜小于0.3mL/m²。

(8) 宜采用引气剂或引气减水剂。

4. 其他特殊措施

(1) 用于有外部侵入氯化物的环境时,钢筋混凝土结构或部件所用的混凝土应采取下列措施之一:

1) 水胶比应控制在0.55以下;

2) 混凝土表面宜采用密实、防渗措施;

3) 必要时可在混凝土表面涂刷防护涂料等以阻隔氯盐对钢筋混凝土的腐蚀。

(2) 对因水泥水化热产生的裂缝的控制措施:

1) 尽量采用水化热低的水泥;

2) 优化混凝土配合比,提高骨料含量;

3) 尽量减少单方混凝土的水泥用量;

4) 延长评定混凝土强度等级的龄期;

5) 掺矿物拌合料替代部分水泥。

(3) 对因冻融产生的裂缝的控制措施:

1) 采用引气剂或引气减水剂;

2) 混凝土含气量宜控制在5%左右;

3) 水胶比不宜大于0.5。

18.12.2.3 混凝土施工控制

1. 一般规定

混凝土施工控制一是保证裂缝控制的材料措施、结构和构造措施得以顺利实施,二是在此基础上,通过其他辅助手段进一步提高混凝土结构的抗裂性能。为此,事先要妥善制定好能满足要求的施工组织设计、相关的技术方案和质量控制措施,所有的措施必须进行相应的技术交底并切实贯彻执行。

2. 模板的安装及拆除

（1）模板及其支架应根据工程结构形式、荷载大小、地基土类别、施工程序、施工机具和材料供应等条件进行设计。模板及其支架应具有足够的承载能力、刚度和稳定性，能可靠地承受浇筑混凝土的自重、侧压力、施工过程中产生的荷载以及上层结构施工时产生的荷载。

（2）安装的模板须构造紧密、不漏浆、不渗水、不影响混凝土均匀性及强度发展，并能保证构件形状正确规整。

（3）安装模板时，为确保钢筋保护层厚度，应准确配置混凝土垫块或钢筋定位器等。

（4）模板的支撑立柱应置于坚实的地面上，并应具有足够的刚度、强度和稳定性，间距适度，防止支撑沉陷引起模板变形。上下层模板的支撑立柱应对准。

（5）模板及其支架的拆除顺序及相应的施工安全措施在制定施工技术方案时应考虑周全。拆除模板时，不应对楼层形成冲击荷载。拆除的模板及支架应及时清运，不得对楼层形成局部过大的施工荷载。模板及其支架拆除时混凝土结构可能尚未形成设计要求的受力体系，必要时应加设临时支撑。

（6）底模及其支架拆除时的混凝土强度应符合设计要求。

（7）后浇带模板的支顶及拆除易被忽视，由此常造成结构缺陷，应予以特别注意，须严格按施工技术方案执行。

（8）已拆除模板及其支架的结构，在混凝土强度达到设计要求的强度后，方可承受全部使用荷载。当施工荷载所产生的效应比使用荷载的效应更为不利时，必须经过核算并加设临时支撑。

3. 混凝土的制备

（1）优先采用预拌混凝土，其质量应符合现行国家标准《预拌混凝土》GB/T 14902 的规定。

（2）预拌混凝土的订购除满足上述标准的规定外，对品质、种类相同的混凝土，原则上要在同一预拌混凝土厂订货。如在两家或两家以上的预拌混凝土厂订货时，应保证各预拌混凝土厂所用主要材料及配合比相同，制备工艺条件基本相同。

（3）施工者要事先制定好关于混凝土制备的技术操作规程和质量控制措施。

4. 混凝土的运输

（1）运输混凝土时，应能保持混凝土拌合物的均匀性。

（2）运输车在装料前应将车内残余混凝土及积水排尽。当需在卸料前补掺外加剂调整混凝土拌合物的工作性时，外加剂掺入后运输车应进行快速搅拌，搅拌时间应由试验确定。

（3）运至浇筑地点混凝土的坍落度应符合要求，当有离析时，应进行二次搅拌，搅拌时间应由试验确定。

（4）由搅拌、运输到浇筑入模，当气温不高于25℃时，持续时间不宜大于90min；当气温高于25℃时，持续时间不宜大于60min。当在混凝土中掺加外加剂或采用快硬水泥时，持续时间应由试验确定。

5. 混凝土的浇筑

(1) 为了获得匀质密实的混凝土,浇筑时要考虑结构的浇筑区域、构件类别、钢筋配置状况以及混凝土拌合物的品质,选用适当机具与浇筑方法。

(2) 浇筑之前要检查模板及其支架、钢筋及其保护层厚度、预埋件等的位置、尺寸,确认正确无误后,方可进行浇筑。

(3) 混凝土的一次浇筑量要适应各环节的施工能力,以保证混凝土的连续浇筑。

(4) 对现场浇筑的混凝土要进行监控。运抵现场的混凝土坍落度不能满足施工要求时,可采取经试验确认的可靠方法调整坍落度,严禁随意加水。在降雨雪时不宜在露天浇筑混凝土。

(5) 浇筑墙、柱等较高构件时,一次浇筑高度以不发生混凝土离析为准,一般每层不超过 500mm,摊平后再浇筑上层,浇筑时要注意振捣到位,使混凝土充满模板内的各个部位。

(6) 当楼板、梁、墙、柱一起浇筑时,先浇筑墙、柱,待混凝土沉实后,再浇筑梁和楼板。当楼板与梁一起浇筑时,先浇筑梁,再浇筑楼板。

(7) 浇筑时要防止钢筋、模板、定位筋等的移动和变形。

(8) 浇筑的混凝土要充填到钢筋、埋设物周围及模板内各角落,要振捣密实,不得漏振,也不得过振,更不得用振捣器拖赶混凝土。

(9) 分层浇筑混凝土时,要注意使上下层混凝土一体化。应在下一层混凝土初凝前将上一层混凝土浇筑完毕。在浇筑上层混凝土时,须将振捣器插入下一层混凝土 5cm 左右以便形成整体。

(10) 由于混凝土的沁水、骨料下沉,易产生塑性收缩裂缝,此时应对混凝土表面进行压实抹光。在浇筑混凝土时,如遇高温、太阳暴晒、大风天气,浇筑后应立即用塑料膜覆盖,避免发生混凝土表面硬结。

(11) 对大体积混凝土,入模温度不宜大于 30℃;混凝土浇筑体最大温升值不宜大于 50℃;混凝土在浇筑体浇筑及养护阶段,表面及内部任意两测点的温度差值不宜大于 25℃;浇筑后的混凝土内外温差、混凝土表面与环境温差不超过 25℃;混凝土降温速率不宜大于 2.0℃/d;当有可靠经验时,降温速率要求可适当放宽。

(12) 滑模施工时应保持模板平整光洁,并严格控制混凝土的凝结时间与滑模速率匹配,防止滑模时产生拉裂、塌陷。

(13) 板类(含底板)混凝土面层浇筑完毕后,应在初凝后、终凝前进行二次抹压。

(14) 应按设计要求合理设置后浇带,后浇带混凝土的浇筑时间应符合设计要求。当无设计要求时,后浇带应在其两侧混凝土龄期至少 6 周后再行浇筑,且应加强该处混凝土的养护工作。

(15) 施工缝处浇筑混凝土前,应将接槎处剔凿干净,浇水湿润,并在接槎处铺水泥砂浆或涂混凝土界面剂,保证施工缝处结合良好。

6. 混凝土的养护

(1) 养护是防止混凝土产生裂缝的重要措施,必须充分重视,并制定养护方案,派专人负责养护工作。

(2) 混凝土浇筑完毕,在混凝土终凝后即须进行妥善的保温、保湿养护。

(3) 浇筑后采用覆盖、洒水、喷雾或用薄膜保湿等养护措施。保温、保湿养护时间:

对硅酸盐水泥、普通硅酸盐水泥或矿渣硅酸盐水泥拌制的混凝土，不得少于7d；对掺用缓凝型外加剂或有抗渗要求的混凝土，不得少于14d。

（4）底板和楼板等平面结构构件，混凝土浇筑收浆和抹压后，用塑料薄膜覆盖，防止表面水分蒸发，混凝土硬化至可上人时，揭去塑料薄膜，铺上麻袋或草帘，用水浇透，有条件时尽量蓄水养护。

（5）截面较大的柱子，宜用湿麻袋围裹喷水养护，或用塑料薄膜围裹自生养护，也可涂刷养护液。

（6）墙体混凝土浇筑完毕，混凝土达到一定强度（1~3d）后，必要时应及时松动两侧模板，离缝为3~5mm，在墙体顶部架设淋水管，喷淋养护。拆除模板后，应在墙两侧覆挂麻袋或草帘等覆盖物，避免阳光直照墙面，地下室外墙宜尽早回填土。

（7）冬期施工不能向裸露部位的混凝土直接浇水养护，应用塑料薄膜和保温材料进行保温、保湿养护。保温材料的厚度应经热工计算确定。

（8）当混凝土外加剂对养护有特殊要求时，应严格按其要求进行养护。

（9）大体积混凝土施工应加强混凝土养护工作，宜用保温隔热法对大体积混凝土进行养护。

18.13 高性能混凝土施工技术

高性能混凝土是指具有高强度、高工作性、高耐久性的混凝土，这种混凝土的拌合物具有大流动性和可泵性，不离析，而且保塑时间可根据工程需要来调整，便于浇捣密实。它是一种以耐久性和可持续发展为基本要求并适合工业化生产与施工的混凝土，是一种环保型、集约型的绿色混凝土。

18.13.1 高性能混凝土工作性控制技术

18.13.1.1 高性能混凝土原材料

使用高效减水剂和超细掺合料是生产高性能混凝土的关键技术，此外，在生产高性能混凝土过程中，为了保证高性能混凝土具有较好的工作性，对其原材料的选取也提出了更高要求。

1. 水泥

（1）水泥品种与强度等级的选用应根据设计、施工要求、结构特点及工程所处环境和应用条件确定。

（2）高性能混凝土宜采用硅酸盐水泥或普通硅酸盐水泥，且水泥应符合现行国家标准《通用硅酸盐水泥》GB 175的规定；盐冻融环境下的高性能混凝土，不宜采用含石灰石粉的水泥；有预防混凝土碱骨料反应要求的高性能混凝土宜采用碱含量低于0.6%的水泥；大体积高性能混凝土宜采用中、低热硅酸盐水泥，且应符合现行国家标准《中热硅酸盐水泥、低热硅酸盐水泥》GB/T 200的规定，也可使用硅酸盐或普通硅酸盐水泥同时复合使用大掺量的矿物掺合料；化学腐蚀环境下的高性能混凝土，宜采用硅酸盐水泥或普通硅酸盐水泥同时复合使用优质的矿物掺合料，其中低温硫酸盐腐蚀环境下不宜采用含石灰石粉的水泥或掺合料。

（3）硅酸盐水泥、普通硅酸盐水泥的技术指标还宜符合表18-60的规定。

硅酸盐水泥、普通硅酸盐水泥技术指标建议　　　　　表 18-60

项目	建议
比表面积（m²/kg）	≤360
3d 抗压强度[a]（MPa）	42.5 级硅酸盐水泥、普通硅酸盐水泥：≥17.0，≤25.0 52.5 级硅酸盐水泥、普通硅酸盐水泥：≥22.0，≤31.0
28d/3d 抗压强度比[a]	≥1.70
熟料 C3A 含量（按质量计，%）	重度硫酸盐环境下：≤5% 中度硫酸盐环境下：≤8% 海水等氯化物环境下：≤10%
3d 水化热（kJ/kg）[a]	一般水泥：≤280 中热水泥：≤251 低热水泥：≤230
7d 水化热（kJ/kg）[a]	一般水泥：≤320 中热水泥：≤293 低热水泥：≤260
氯离子含量（按质量计，%）	≤0.06
标准稠度用水量（%）	≤27

注：[a] 选择性指标，当硅酸盐水泥、普通硅酸盐水泥用于有抗裂要求的混凝土中时采用。

（4）水泥中不应含有影响混凝土长期性能和耐久性能的助剂和激发剂。

（5）水泥进场应提供型式检验报告、出厂检验报告或合格证等质量证明文件，且质量证明文件应包含混合材品种及掺量。当采用表 18-60 的技术建议时，质量文件还应包含表 18-60 中的检验项目，且检验结果应符合表 18-60 的规定。水泥进场还应进行检验，检验项目及检验批量应符合现行国家标准《混凝土质量控制标准》GB 50164 的规定。

2. 骨料

（1）骨料应符合现行国家标准《建设用砂》GB/T 14684、《建设用卵石、碎石》GB/T 14685 的规定，且人工砂石粉含量、分计筛余、针片状颗粒含量以及粗骨料不规则颗粒含量宜符合现行行业标准《高性能混凝土用骨料》JG/T 568 的规定。当采用现行行业标准《高性能混凝土用骨料》JG/T 568 且技术指标有分级要求时，不应低于 I 级。

（2）高性能混凝土宜采用非碱活性骨料。当采用碱活性骨料时，除应采取抑制骨料碱活性措施外，还应在混凝土表面采用隔离措施。预防混凝土碱骨料反应的技术措施应符合现行国家标准《预防混凝土碱骨料反应技术规范》GB/T 50733 的规定。

（3）骨料进场应提供型式检验报告、出厂检验报告或合格证等质量证明文件，并应进行检验，检验项目及检验批量应符合现行国家标准《混凝土质量控制标准》GB 50164 的规定。

3. 矿物掺合料

（1）配制高性能混凝土可采用粉煤灰、粒化高炉矿渣粉、硅灰、钢渣粉、粒化电炉磷渣粉、石灰石粉、天然火山灰质材料、复合掺合料等。粉煤灰性能应符合现行国家标准《用于水泥和混凝土中的粉煤灰》GB/T 1596 的规定，粒化高炉矿渣粉性能应符合现行国家标准《用于水泥、砂浆和混凝土中的粒化高炉矿渣粉》GB/T 18046 的规定，硅灰性能应符合现行国家标准《砂浆和混凝土用硅灰》GB/T 27690的规定，钢渣粉性能应符合现行国家标准《用于水泥和混凝土中的钢渣粉》GB/T 20491的规定，粒化电炉磷渣粉性能应符合现行国家标准《用于水泥和混凝土中的粒化电炉磷渣粉》GB/T 26751的规定，石灰石粉性能应符合现行国家标准《石灰石粉混凝土》GB/T 30190的规定，天然火山灰质材料性能应符合现行行业标准《水泥砂浆和混凝土用天然火山灰质材料》JG/T 315的规定，复合掺合料性能应符合现行行业标准《混凝土用复合掺合料》JG/T 486的规定。

（2）使用其他掺合料应经过系统试验研究和论证，并应进行长期性能和耐久性能试验验证符合工程要求后方可使用。

（3）对于高强高性能混凝土或有抗渗、抗冻、抗腐蚀、耐磨或其他特殊要求的混凝土，不应采用低于Ⅱ级的粉煤灰。

（4）掺合料中不应含有影响混凝土长期性能和耐久性能的激发剂或其他助剂。

（5）掺合料进场应提供型式检验报告、出厂检验报告或合格证等质量证明文件，并应进行检验，检验项目及检验批量应符合现行国家标准《混凝土质量控制标准》GB 50164的规定。

4. 外加剂

高性能混凝土所使用的外加剂主要是高效减水剂，有如下要求：

（1）相容性好：与水泥匹配良好。

（2）减水率高：减水率大于20%，尤其是在配制大流动度混凝土的时候，高效减水剂的减水率应大于25%。

（3）坍落度经时损失小：坍落度试验合格。且必须符合现行国家标准《混凝土外加剂》GB 8076和《混凝土外加剂应用技术规范》GB 50119的规定，并对混凝土及钢筋无害。

5. 纤维

（1）有改善弯曲韧性、早期抗裂、抗渗、抗冲击、抗疲劳等性能需求的高性能混凝土，宜掺加纤维材料；

（2）高性能混凝土中合成纤维和钢纤维的质量和使用要求应符合现行国家标准《水泥混凝土和砂浆用合成纤维》GB/T 21120、现行行业标准《钢纤维混凝土》JG/T 472、《纤维混凝土应用技术规程》JGJ/T 221的规定；

（3）高性能混凝土使用的玄武岩纤维应符合现行国家标准《水泥混凝土和砂浆用短切玄武岩纤维》GB/T 23265的规定。

6. 拌合水

高性能混凝土拌合用水必须符合现行行业标准《混凝土用水标准》JGJ 63的规定；混凝土生产企业搅拌与运输设备洗刷水、生产废水不得用于高性能混凝土。

18.13.1.2　高性能混凝土工作性能要求

高性能混凝土拌合物的稠度应以坍落度或扩展度表示，坍落度和扩展度的实测值应满足以下要求：

（1）坍落度控制目标值≤140mm时，坍落度与设计值的允许偏差为±10mm，其他条件下允许偏差为±20mm；

（2）坍落扩展度与设计值的允许偏差为±30mm；

(3) 当设计值为某一数值区间时，实测值应满足规定区间的要求。

高性能混凝土拌合物应满足施工要求的前提下，尽可能采用比较小的坍落度；泵送类高性能混凝土拌合物坍落度设计值不宜大于180mm。

泵送类高强高性能混凝土的扩展度不宜小于500mm；自密实类高性能混凝土的扩展度不宜小于600mm。

高性能混凝土拌合物的坍落度经时损失不应影响混凝土的正常施工。泵送类高性能混凝土拌合物的坍落度经时损失不宜大于30mm/h。

高性能混凝土拌合物应拌合均匀、颜色一致，不得有离析和明显泌水现象。

高性能混凝土的强度等级应按立方体抗压强度标准值确定，不同强度等级的高性能混凝土的强度标准差应符合现行国家标准《混凝土质量控制标准》GB 50164的规定。

高性能混凝土结构工程的混凝土强度等级及保护层最小厚度应根据结构设计使用年限，由混凝土结构设计与耐久性结果共同确定。

高性能混凝土拌合物中水溶性氯离子最大含量（用单位体积混凝土中氯离子与胶凝材料的质量比表示）应符合表18-61的规定。

高性能混凝土拌合物中水溶性氯离子最大含量 表18-61

环境条件	水溶性氯离子最大含量（%）	
	钢筋混凝土	预应力混凝土
干燥条件	0.30	0.06
潮湿但不含氯离子的环境	0.20	
潮湿且不含氯离子的环境	0.10	
化学腐蚀环境	0.06	

高性能混凝土应严格控制原材料引入的三氧化硫含量和碱含量，其三氧化硫含量和碱含量应符合表18-62的规定。

高性能混凝土三氧化硫含量和碱含量指标要求 表18-62

性能指标	技术要求	检测方法
三氧化硫含量	≤胶凝材料总量的4%	《水质 硫酸盐的测定 重量法》GB 11899—1989
碱含量	≤3.0kg/m³	《混凝土碱含量限值标准》CECS 53

高性能混凝土的性能应符合现行国家标准《预防混凝土碱骨料反应技术规范》GB/T 50733的规定。有抗渗要求的高性能混凝土，应参照现行国家标准《地下工程防水技术规范》GB 50108确定混凝土的抗渗等级。

18.13.1.3 高性能混凝土设计

不同强度等级高性能混凝土的最大水胶比及胶凝材料用量宜按照表18-63的规定进行选取。

不同强度等级高性能混凝土的最大水胶比及胶凝材料用量 表18-63

强度等级	C30	C35	C40	C45	C50	C55	≥C60，<C80	≥C80，<C100	C100
最大水胶比	0.55	0.50	0.45	0.40	0.36	0.36	0.34	0.28	0.28
最小水胶比	280	300	320	340	360	380	480	520	550
最大胶凝材料用量（kg/m³）	400	400	450	450	480	500	560	580	600

高性能混凝土的用水量不宜大于 180kg/m³。不同环境类别下高性能混凝土中的矿物掺合料掺量范围应按表 18-64 的规定进行选取。

不同环境类别下高性能混凝土中矿物掺合料掺量范围（kg/m³） 表 18-64

环境类别	矿物掺合料类型	水胶比	
		≤0.40	>0.40
一般环境	粉煤灰	≤40	≤30
	磨细矿渣粉	≤50	≤40
	复合掺合料	≤50	≤40
氯化物环境	粉煤灰	20～50	20～40
	磨细矿渣粉	40～70	30～60
	复合掺合料	40～70	30～60
化学腐蚀环境	粉煤灰	25～45	20～40
	磨细矿渣粉	30～60	20～50
	复合掺合料	30～60	30～50

注：1. 表中所确定的掺量上限适用于采用硅酸盐水泥；当采用普通硅酸盐水泥时，掺合料的掺量上限应降低5%～10%。
2. 当磨细矿渣粉为 S105 级或 S115 级时，掺量可取范围上限值；对于 S95 矿渣粉，掺量上限应降低 5%～10%。
3. 复合掺合料中各组分占胶凝材料的比例不宜超过表中规定的该掺合料单掺时的最大掺量。
4. 当两种或两种以上掺合料复合使用时，矿物掺合料的总掺量应符合表中复合掺合料的规定，且复合后硅灰占胶凝材料的比例不宜高于 10%。
5. 对于海港工程、轨道交通及隧道工程中较高的氯离子浓度环境下的高性能混凝土，粉煤灰、磨细矿渣粉和复合掺合料的最低掺量应提高 10%。
6. 对于超高层建筑工程高性能混凝土，粉煤灰、磨细矿渣粉和复合掺合料的掺量上限宜在一般环境掺量上限的基础上降低 5%～10%。
7. 对于大体积工程高性能混凝土，粉煤灰、磨细矿渣粉和复合掺合料的最大掺量可增加 5%。

大体积工程高性能混凝土配合比设计还应满足以下规定：
（1）水胶比不宜大于 0.50，用水量不宜大于 175kg/m³。
（2）在保证混凝土性能要求的前提下，宜提高每立方米混凝土中的粗骨料用量，砂率宜为 0.35～0.42。
（3）在配合比试配和调整时，宜控制混凝土绝热升温不大于 50℃。
（4）配合比除应满足设计与施工要求外，还应按照绝热温升低、抗裂性能好的原则通过优化确定。

18.13.2 高性能混凝土施工

高性能混凝土的形成不仅取决于原材料、配合比以及硬化后的物理力学性能，也与混凝土的制备与施工有决定性关系。高性能混凝土的制备与施工应同工程设计紧密结合，制作者必须了解设计的要求、结构构件的使用功能、使用环境以及使用寿命等。

18.13.2.1 高性能混凝土拌合物的浇筑

（1）现场搅拌的混凝土出料后，应尽快浇筑完毕。使用吊斗浇筑时，浇筑下料高度超过 3m 时应采用串筒。浇筑时要均匀下料，控制速度，防止空气进入。除自密实高性能混凝土外，应采用振捣器捣实，一般情况下应用高频振捣器，垂直点振，不得平拉。浇筑方式，应分层浇筑、分层振捣，用振捣棒振捣应控制在振捣棒有效振动半径范围之内。混凝土浇筑应连续进行，施工缝应在混凝土浇筑之前确定，不得随意留置。在浇筑混凝土的同时按照施工试验计划，留置好必要的试件。不同强度等级混凝土现浇相连接时，接缝应设置在低强度等级构件中，并离开高强度等级构件一定距离。当接缝两侧混凝土强度等级不同且分先后施工时，可在接缝位置设置固定的筛网（孔径5mm×5mm），先浇筑高强度等级混凝土，后浇筑低强度等级混凝土。

（2）高性能混凝土最适于泵送，泵送的高性能混凝土宜采用预拌混凝土，也可以现场搅拌。高性能混凝土泵送施工时，应根据施工进度，加强组织管理和现场联络调度，确保连续均匀供料，泵送混凝土应遵守《混凝土泵送施工技术规程》JGJ/T 10—2011的规定。

（3）使用泵送进行浇筑，坍落度应为120～200mm（由泵送高度确定）。泵管出口应与浇筑面形成一个50～80cm高差，便于混凝土下落产生压力，推动混凝土流动。输送混凝土的起始水平管段长度不应小于15m。现场搅拌的混凝土应在出机后60min内泵送完毕。预拌混凝土应在其1/2初凝时间内入泵，并在初凝前浇筑完毕。冬季以及雨季浇筑混凝土时，要专门制定冬、雨期施工方法。

（4）高性能混凝土的工作性还包括易抹性。高性能混凝土胶凝材料含量大，细分增加，低水胶比，使高性能混凝土拌合物十分黏稠，难以被抹光，表面会很快形成一层硬壳，容易产生收缩裂纹，所以要求尽早安排多道抹面程序，建议在浇筑后30min之内抹光。对于高性能混凝土的易抹性，目前仍缺少可行的试验方法。

18.13.2.2 高性能混凝土的养护

（1）为了提高混凝土的强度和耐久性，防止产生收缩裂缝，很重要的措施是混凝土浇筑后立即喷养护剂或用塑料薄膜覆盖。用塑料薄膜覆盖时，应使薄膜紧贴混凝土表面，初凝后掀开塑料薄膜，用木抹子搓平表面，至少搓2遍。搓完后继续覆盖，待终凝后立即浇水养护。养护时间不少于7d（重要构件养护14d）。对于楼板等水平构件，可采用覆盖草帘或麻袋湿养护，也可采用蓄水养护；对墙柱等竖向构件，采用能够保水的木模板对养护有利，也可在混凝土硬化后，用草帘、麻袋等包裹，并在外面再裹以塑料薄膜，保持包裹物潮湿。应该注意：尽量减少用喷洒养护剂来代替水养护，养护剂也绝非不透水，且有效时间短，施工中很容易损坏。

（2）混凝土养护除保证合适的湿度外，也要保证混凝土有合适的温度。高性能混凝土比普通混凝土对温度和湿度更加敏感，混凝土的入模温度、养护湿度应根据环境状况和构件所受内、外约束程度加以限制。养护期间混凝土内部最高温度不应高于75℃，并采取措施使混凝土内部与表面的温度差小于25℃。

18.14 超高泵送混凝土施工技术

18.14.1 概 述

超高泵送混凝土施工技术一般指泵送高度超过200m的混凝土泵送技术，目前已成功应用于600m级的超高泵送，主要采用低黏度超高强混凝土。混凝土超高泵送施工技术采用的混凝土具有低黏度高工作性特点，强度范围为60～120MPa，垂直泵送高度可达650m，输送管采用125mm或150mm管径，输送泵出口压力可达35～50MPa。混凝土超高泵送施工技术，采用超高出口压力的大功率混凝土输送泵、大直径耐磨合金复合输送泵管，将低黏度超高强混凝土一次性泵送至施工需要的高度，提高混凝土的输送效率，减轻泵送施工对混凝土性能的扰动，确保混凝土结构的施工质量。

18.14.2　超高泵送混凝土配合比

（1）超高泵送混凝土的配合比必须根据工程所使用的原材料和混凝土的性能及设计、施工等方面的要求，在试验室进行试配，确认合格后方能使用。

（2）混凝土的施工配制强度（$f_{cu,0}$）应按式（18-29）计算：

$$f_{cu,0} \geqslant f_{cu,k} + 1.645\sigma \tag{18-29}$$

式中　$f_{cu,0}$——混凝土配制强度（MPa）；

　　　$f_{cu,k}$——混凝土立方体抗压强度标准值，这里取设计混凝土强度等级值（MPa）；

　　　σ——混凝土强度标准差（MPa）。

（3）混凝土强度标准差为由25组以上混凝土强度试件统计得出的无偏估计值，当其值小于$0.06f_{cu,k}$时，应取$0.06f_{cu,k}$。

（4）当无可靠的强度统计数据和标准差值时，混凝土的施工配制强度对于C50和C60混凝土不应低于$1.15f_{cu,k}$，对于C70和C80混凝土不应低于$1.12f_{cu,k}$。

（5）配制超高泵送混凝土的水胶比宜在0.25～0.38范围内选取，总用水量控制在140～190kg/m³范围内。

（6）配合超高泵送混凝土所用的胶凝材料不宜超过550kg/m³。用矿渣微粉作掺合料时，掺量不宜超过胶凝材料总量的40%，用粉煤灰作掺合料时，掺量不宜超过胶凝材料总量的30%。当采用两种以上复合掺合料时，掺合料总量不宜超过胶凝材料总量的40%。

（7）超高泵送混凝土水胶比应控制在0.4以下。同时采用水胶比指标，控制水泥用量，减少水化热，降低浇筑混凝土内部温升，改善体积稳定性能，避免裂缝。

（8）超高泵送混凝土的砂率宜控制在42%～50%的范围内。

（9）超高泵送混凝土配合比设计的要求应符合《普通混凝土配合比设计规程》JGJ 55—2011的规定。

18.14.3　超高泵送混凝土工作性的控制

18.14.3.1　超高泵送混凝土原材料

为确保超高泵送混凝土的质量稳定性，要求各项原材料均为优质专供，砂、石料要求单独堆放，各原材料进厂应由专职实验员进行检查验收。

1. 水泥

每批次水泥进场均需要检查标准稠度用水量与外加剂的适应性。检测合格后方可充罐。其他各项指标应满足表18-65的要求。

水泥的验收标准 表 18-65

标准稠度（g）	凝结时间（min）		3d 抗压（MPa）	28d 抗压（MPa）
	初凝	终凝		
≤135	≥165	≤240	≥26	≥50

2. 粉煤灰

每批次进场粉煤灰均检测细度、需水量比，并称取 50g 样品用适量水浸泡静置 5min 后观察是否有黑色漂浮物，检测合格后方可充罐。其他各项指标应满足表 18-66 的规定。

粉煤灰的验收标准 表 18-66

细度（%）	需水量比（%）	烧失量（%）
≤12	≤95	≤3

3. 矿粉

每批次进场矿粉均称取 50g 样品用适量水浸泡静置后观察是否有黑色漂浮物，检测合格后方可充罐，其他各项指标应满足表 18-67 的规定。

矿粉的验收标准 表 18-67

比表面积（m²/kg）	流动度比（%）	7d 活性指数（%）	28d 活性指数（%）
≥400	≥95	≥75	≥95

4. 硅灰

每批次进场硅灰均称取 50g 样品用适量水浸泡静置后观察是否有黑色漂浮物，检测合格后方可充罐，需定期检测 SiO_2 含量。其他各项指标应满足表 18-68 的规定。

硅灰的验收标准 表 18-68

SiO_2 含量（%）	烧失量（%）	需水量比（%）	28d 活性指数（%）
≥90	≤3.5	≤120	≥105

5. 中砂

天然中砂每批次进场检测含泥量、泥块含量、细度模数，各项指标均应满足表 18-69 的要求，有一项不符合做退货处理或降级使用，并通过试配验证确定生产配合比是否需要调整。

中砂的验收标准 表 18-69

细度模数	含泥量（%）	泥块含量（%）
2.3~3.2	≤2.5	≤0.5

6. 碎石

每批次进场碎石均需检测级配、含泥量、泥块含量、针片状含量，各项指标应满足表 18-70 的要求，有一项不符合做退货或降级使用处理，并通过试配验证确定配合比是否需要调整。

碎石的验收标准 表 18-70

泥块含量（%）	含泥量（%）	压碎指标（%）	针片状含量（%）
≤0.5	≤1.0	≤15	≤5

7. 外加剂

每车外加剂进场均需要检测与水泥适应性和减水率,同时进行试配验证外加剂质量稳定性,不合格品做退货处理。具体合格标准见表18-71。

外加剂的验收标准 表18-71

品种	减水率(%)	凝结时间差(min)	适应性	3h混凝土扩展度变化量(mm)
外加剂	≥25	−90～+120	好	50

18.14.3.2 超高泵送混凝土连续性控制

超高泵送施工要求混凝土运输车辆供应连续且现场不积压车辆,以此保证工程质量,降低堵管风险。站内调度可根据生产时间段的路况确定车辆运输时间,根据现场施工速度和站内的生产效率合理安排混凝土运输车辆的发车间隔。在交通条件较好时,可考虑做到"三个一",即:一车在泵送、一车在等待、一车在路上。

18.14.3.3 超高泵送混凝土稳定性控制

超高泵送施工要求混凝土具有更高的质量稳定性。因此,混凝土生产单位当班质检员需在生产过程中每生产100m^3混凝土检测一次砂含水并及时调整生产配合比。每车混凝土均需经过检测合格后方可出站。所有运输车辆在装料前需经过清洗且中途不允许更换车辆。

18.14.3.4 超高泵送混凝土搅拌控制

超高泵送混凝土搅拌的最短时间,应符合现行国家标准《预拌混凝土》GB/T 14902的有关规定。超高泵送混凝土每次搅拌前,应对使用的配合比、原材料的品种规格、称量计量值、搅拌程序核对无误后,方能开机。混凝土生产企业当班操作工还应做好当班记录。搅拌中如有交接班,亦应做好交接记录。拌制超高泵送混凝土时,不得在同一时间段内,使用同一台搅拌机拌制其他不同强度等级的混凝土。

当混凝土强度等级高于C60时,超高泵送混凝土的搅拌时间应比普通混凝土延长20～30s。拌制强度高于C60的超高泵送混凝土时,应根据现场具体情况增加坍落度和经时损失的检测频率,并做好相应记录。

18.14.4 超高泵送混凝土的施工工艺

18.14.4.1 施工工艺流程

混凝土泵送施工工艺流程见图18-5。

18.14.4.2 施工方案编制

(1)编制混凝土泵送施工方案,应根据工程特点、施工工程量、混凝土性能及施工进度等因素进行设计和确定。

(2)泵送施工方案主要内容包括:编制依据、工程概况、施工技术条件分析、混凝土制备方案、混凝土运输及输送方案、混凝土浇筑方案、施工技术措施、施工安全措施、环境保护技术措施等。

18.14.4.3 混凝土制备

(1)高强泵送混凝土的配制应根据设计要求、原材料特性、施工技术要求、搅拌工艺等因素进行,拟定的混凝土配制方案应通过试验进行验证。

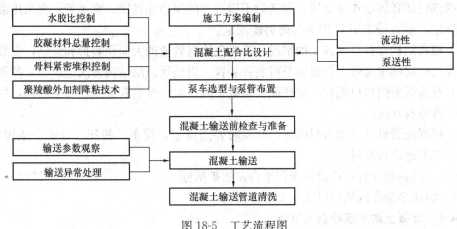

图 18-5 工艺流程图

(2) 基准配合比应进行验证性试验，预拌混凝土质量应符合《混凝土泵送施工技术规程》JGJ/T 10—2011 的相关规定。为检验混凝土材料性能指标的重复性，必要时可进行施工现场验证试验。

(3) 混凝土的骨料级配、水胶比、砂率、最小胶凝材料用量等技术指标应符合现行技术规范中有关泵送混凝土的规定。

(4) 针对高强混凝土黏度高的特点，采取量化的降粘技术，降低混凝土拌合物的塑性黏度。

(5) 不同泵送高度的混凝土，其入泵扩展度和倒锥时间等指标应符合现行技术规范中有关泵送混凝土的规定。

(6) 超高泵送混凝土搅拌时间应符合现行技术规范中有关泵送混凝土的规定。当混凝土强度值处于 60~120MPa 区间时，搅拌时间应保持在 60~120s 范围内。

(7) 混凝土入泵前应根据现场情况增加扩展度和倒锥时间的检测频率，并做好相应记录，保证入泵混凝土的技术指标满足要求。

(8) 混凝土制备应符合现行国家标准《混凝土质量控制标准》GB 50164 的规定。

18.14.4.4 混凝土输送装备布置

(1) 混凝土输送泵安装场地应平整坚实、道路畅通，并临近排水设施。

(2) 同一输送管道系统应采用相同管径的输送管，除终端出口外，不得配置软管。当采用新、旧管段混配时，应将新管段布置在泵送压力较大处。

(3) 输送管的管段之间的连接要求牢固可靠、装拆方便，并应有足够的强度和密封性，不得漏浆。混凝土泵送前应进行管道检查，特别注意弯管、接头等部位的情况，防止出现爆管、堵管等情况。

(4) 超高泵送混凝土输送管道应设置一定长度的水平管，水平管的长度应符合《混凝土泵送施工技术规程》JGJ/T 10—2011 的规定，一般不宜小于垂直管长度的 1/4，也不宜小于 15m。管线布置时尽量横平竖直。

(5) 超高泵送混凝土输送管道可采取在中间楼层加设弯管与水平管，以加强高段垂直管道内混凝土产生的逆流压力的平衡能力。

(6) 混凝土输送管采用刚性连接方式进行固定，每段输送管都应有两个固定点，在弯管及特殊部位加强固定连接装置，泵送时不得有大的振动和松脱。水平管底部采用混凝土墩支撑固定，垂直管采用 U 形卡与剪力墙固定。

（7）超高结构存在分层施工的情况，为避免输送管道的大面积装拆和调整，安装垂直管时，在结构层的垂直管上设置管节可装拆装置，以满足该层结构分次浇筑施工的需要。

（8）在输送泵的出口端和二层楼面安装截止阀，阻止垂直管道内混凝土回流，便于设备保养、维修与水洗。

（9）根据配管设计考虑布料问题，必要时要加设布料设备，使其覆盖整个结构平面，能均匀、快速地进行布料。

（10）应沿输送立管布设检修操作平台及防护措施。

（11）输送泵操作区域应设置安全防护棚。

18.14.4.5　混凝土输送前检查与准备

（1）输送泵与输送管连通后，应对其进行全面检查，检查输送泵就位是否牢固、保持水平以及布管是否正确，无异常后方可进行正式泵送。

（2）启动发动机后观察发动机机油压力、电压、转速等是否正常；检查发动机的柴滤、机滤是否有漏油现象；检查各润滑点润滑脂供应是否正常；检查液压油箱油位，不足时应加到位，注意加油时不得有水及其他液体或脏物混入。

（3）输送设备启动后，先空载试运转输送泵，检查液压系统中主泵压力、搅拌压力、换向压力是否正常；正泵、反泵时各部件动作是否正常；搅拌装置正反转是否正常；检查所有液压部件和液压油管是否有漏油现象；检查各工作机构是否有异响。

（4）做好发动机的例行保养工作，检查发动机的机油油位、冷却液液面是否到位，其他零部件是否正常。

（5）冬季使用输送泵时，应选用合适的发动机防冻液及低标号柴油，空载运转输送泵一段时间，直到液压油的温度升至 20℃ 以上，方能开始投料泵送。

（6）检查泵管管路中的截止阀阀路及插板的离、合动作是否正常。

（7）先泵送适量清水以湿润输送泵的料斗、活塞、输送管内壁等直接与混凝土接触部位。经泵送清水检查，确认好输送管道中无异物后，再泵送润管剂润滑输送泵和输送管内壁。

（8）混凝土泵送施工前应检查混凝土送料单、核对配合比、检查扩展度，必要时还应现场测定混凝土扩展度，确认无误后方可进行泵送施工。

（9）在混凝土泵送施工现场，应配备一定数量的通信联络设备，并应设专门的指挥和组织施工的调度人员。

（10）当多台混凝土输送泵同时泵送时，应分工明确、互相配合、统一指挥。

18.14.4.6　混凝土输送

（1）正常泵送时，应不间断地连续进行，遇到运转不正常、供料不及时的情况，可放慢泵送速度，但慢速泵送的时间不能超过混凝土施工允许的间隔时间，不得已需停泵时，料斗中应保留足够的混凝土。

（2）混凝土泵送期间，要注意观察泵送压力变化情况，发现异常要及时处理；混凝土泵送期间，要定时检查活塞的冲程，不允许超过允许的最大冲程；应注意料斗的混凝土量，保持混凝土面不低于上口 20cm；水箱中应经常保持充满水的状态，以备急需之用。

(3) 泵送过程中混凝土料应保证在搅拌轴线以上，严禁吸空或无料泵送；料斗网格上不得堆满混凝土，要控制供料流量，及时清除大规格的骨料和异物。

(4) 泵送过程中应经常注意液压油油温，当油温升到55℃时，风冷却器自动启动加强油温冷却，若油温继续升高，并超过65℃，说明设备冷却系统有故障，应立即停机检修。

(5) 泵送过程中，若泵送压力突然升高，或输送管路有震动现象，则立即打开反泵按钮，让输送泵自动反泵2~3个行程，然后正泵运行；也可用木锤敲打锥形管、弯管等易堵塞部位，若连续操作几次，泵送压力还是过高，则可能堵管，应暂停泵送并立即进行处理。

(6) 泵送中断后再次泵送，要先进行反泵，使输送管中的混凝土流动后再进行正常的泵送工作；作业暂停时应插好管路中截止阀插板，以防止垂直管路中的混凝土倒流。

(7) 混凝土输送过程中，须按规定对输送泵各运行部位实施润滑注油；要经常观察发动机机油压力、电压、转速等是否正常；观察液压系统中主泵压力、搅拌压力、换向压力是否正常；检查所有液压部件和液压油管是否有漏油现象；各工作机构是否有异响；小水箱内的水质是否浑浊。

(8) 当进入料斗内的混凝土有分离现象时，要暂停泵送，待搅拌均匀后再泵送；若骨料分离严重，料斗内灰浆明显不足时，应停止泵送，迅速将料斗内的混凝土放空，然后倒入满足泵送要求的混凝土。

(9) 混凝土泵送过程中，如需加接输送管，应预先对新接管道内壁进行湿润。

(10) 若较长时间暂停泵送，须每4~5min开泵一次，反泵1~2个行程，再正泵1~2个行程，以防止管中混凝土的凝结，若停机超过30~40min（视气温、扩展度而定）宜将混凝土从输送泵和输送管中清除，对于扩展度小的混凝土更要严加注意。

(11) 任何情况下，严禁在料斗内加水搅拌混凝土进行泵送。

(12) 夏季或高温施工时，可采用湿草帘等加以覆盖，保持混凝土流动性；气温低时，也应覆盖保暖，防止长距离泵送时受冻。

(13) 在混凝土输送过程中及输送结束后，要及时记录各项技术数据。

(14) 泵送结束前要预估输送管路中混凝土残余量，防止材料浪费。

18.14.4.7 混凝土输送管道清洗

(1) 混凝土泵送完成后，泵送一定量的砂浆，再泵送清水，将管道中的混凝土全部输送至混凝土浇筑布料点。

(2) 输送管切换至水洗装置，利用管道内砂浆自重回流至废料承接架下的接料搅拌车内。

(3) 混凝土泵送结束后需要单独清洗混凝土输送泵（图18-6）。

18.14.4.8 混凝土输送应急措施

(1) 混凝土扩展度达不到泵送要求时，需立即调换混凝土。

(2) 输送泵发生故障时，立即采取措施，暂停时间不得超过混凝土技术指标要求，否则应及时放出泵管内混凝土。

(3) 当混凝土泵送过程中出现压力升高、压力不稳、油温升高、管道振动等现象而泵送困难时，不得强行泵送，应立即查明原因并及时排除故障。

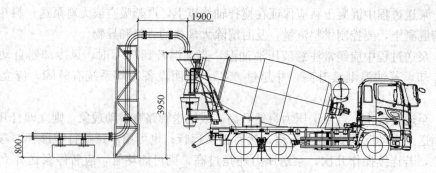

图 18-6 输送管清洗废料回收示意图

(4) 当输送管堵塞时,应及时拆除管道、排除堵塞物,拆除的管道重新安装后应重新湿润。

18.15 大体积混凝土施工

18.15.1 概述

大体积混凝土是指混凝土结构物实体最小尺寸不小于1m的大体量混凝土,或预计会因混凝土中胶凝材料水化引起的温度变化和收缩而导致有害裂缝产生的混凝土。大体积混凝土施工时必须采取相应的技术措施妥善处理水化热引起的混凝土内外温度差值,合理解决温度应力并控制裂缝。

大体积混凝土结构的施工特点:一是整体性要求较高,往往不允许留设施工缝,一般都要求连续浇筑;二是结构的体量较大,浇筑后的混凝土产生的水化热量大,并聚积在内部不易散发,从而形成内外较大的温差,引起较大的温差应力。因此,大体积混凝土的施工时,为保证结构的整体性,应合理确定混凝土浇筑方案;为保证施工质量应采取有效的技术措施降低混凝土内外温差。

18.15.2 大体积混凝土基本施工技术要求

大体积混凝土施工应编制施工组织设计或施工技术方案,并应有环境保护和安全施工的技术措施。

大体积混凝土施工应符合下列要求:

(1) 大体积混凝土的设计强度等级宜为C25~C50,并可采用混凝土60d或90d的强度作为混凝土配合比设计、混凝土强度评定及工程验收的依据;

(2) 大体积混凝土的结构配筋除应满足结构承载力和构造要求外,还应结合大体积混凝土的施工方法配置控制温度和收缩的构造钢筋;

(3) 大体积混凝土置于岩石类地基上时,宜在混凝土垫层上设置滑动层;

(4) 设计中应采取减少大体积混凝土外部约束的技术措施;

(5) 设计中应根据工程情况提出温度场和应变的相关测试要求。

大体积混凝土施工前,应对混凝土浇筑体的温度、温度应力及收缩应力进行试算,并确定混凝土浇筑体的温升峰值、里表温差及降温速率的控制指标，制定相应的温控技术措施。

大体积混凝土施工温控指标应符合下列规定：

(1) 混凝土浇筑体在入模温度基础上的温升值不宜大于50℃；
(2) 混凝土浇筑体里表温差（不含混凝土收缩当量温度）不宜大于25℃；
(3) 混凝土浇筑体降温速率不宜大于2.0℃/d；
(4) 拆除保温覆盖时混凝土浇筑体表面与大气温差不应大于20℃。

大体积混凝土施工前，应做好施工准备，并应与当地气象台、站联系，掌握近期气象情况。在冬期施工时，尚应符合有关混凝土冬期施工的规定。

大体积混凝土施工应采取节能、节材、节水、节地和环境保护措施。

18.15.3 大体积混凝土施工组织

(1) 大体积混凝土施工组织设计，应包括下列主要内容：
1) 大体积混凝土浇筑体温度应力和收缩应力计算结果；
2) 施工阶段主要抗裂构造措施和温控指标的确定；
3) 原材料优选、配合比设计、制备与运输计划；
4) 主要施工设备和现场总平面布置；
5) 温控监测设备和测试布置图；
6) 浇筑顺序和施工进度计划；
7) 保温和保湿养护方法；
8) 应急预案和应急保障措施；
9) 特殊部位和特殊气候条件下的施工措施。

(2) 大体积混凝土施工宜采用整体分层或推移式连续浇筑施工。

(3) 超长大体积混凝土施工，结构有害裂缝控制应符合下列规定：

1) 当采用跳仓法时，跳仓的最大分块单向尺寸不宜大于40m，跳仓间隔施工的时间不宜小于7d，跳仓接缝处应按施工缝的要求设置和处理；

2) 当采用变形缝或后浇带时，变形缝或后浇带设置和施工应符合国家现行有关标准的规定。

(4) 混凝土入模温度宜控制在5～30℃。

18.15.4 大体积混凝土裂缝控制

18.15.4.1 结构构造设计

很多大体积混凝土不设施工缝

(1) 尽可能选用强度等级低的混凝土，充分利用后期强度。在混凝土的早龄期，荷载远未达到设计荷载值，可以利用混凝土的60d或90d后期强度，这样可以减少混凝土中的水泥用量，以降低混凝土浇筑块体的温度升高。采用降低水泥用量的方法来降低混凝土的绝对温升值，可以使混凝土浇筑后的内外温差和降温速度控制的难度降低，也可降低保温养护的费用。用于大体积混凝土的强度等级不宜超过C50。

(2) 进行结构的温度应力分析和设计。在设计阶段考虑温度应力和设计荷载共同作用，对结构的温度场进行仿真分析，确定最高温度以及温差最大的位置，对温度应力和收缩力进行验算，为施工阶段进行有目的的控制提供理论依据，同时为合理进行分块分层浇筑混凝土提供指导。

（3）选择合理的结构形式和分缝分块。结构形式对温度应力以及裂缝的产生具有重要影响。在大体积混凝土的设计阶段应充分重视这种影响。特别是在寒冷地区，应尽量少用薄壁结构，因为薄壁结构对温度变化很敏感。浇筑块尺寸对温度应力也有重要影响，浇筑块越大，温度应力也越大，越容易产生裂缝。合理的分缝分块对防止裂缝有重要的意义。同时，在结构形式上应尽量避免和减缓应力集中。

（4）设置构造钢筋。大体积混凝土基础除应满足承载力和构造要求外，还应增配承受因水泥水化热引起的温度应力控制裂缝开展的钢筋，以构造钢筋来控制裂缝，配筋尽可能采用小直径、小间距。《混凝土结构设计标准》GB/T 50010 中规定当筏板厚度超过 2m 时，宜沿板厚方向间距不超过 1m 设置与板面平行的构造钢筋网片，直径不小于 12mm，间距不宜大于 300mm。

（5）设置滑动层，改变约束条件。当基础设置于岩石地基上或混凝土板上时，宜在混凝土垫层上设置滑动层，滑动层构造可采用一毡二油，在夏季施工时也可采用一毡一油。也可涂抹两道海藻酸钠隔离剂，以减小地基水平阻力系数 C_x，一般可减小至 $(0.1 \sim 0.3) \times 10^{-2} N/mm^2$。当为软土地基时可以优先考虑采用砂垫层处理，因为砂垫层可以减小地基对混凝土基础的约束作用。

18.15.4.2　施工技术措施

（1）合理选择原材料、优化混凝土配合比。按照混凝土设计强度要求合理选择原材料、优化混凝土配合比使混凝土的绝热温升较小、抗拉强度较大、极限拉伸变形能力较大、线膨胀系数较小。具体是：

1）采用低水化热、高强度水泥，以降低水泥水化热，提高混凝土的抗裂能力。所用的水泥应进行水化热测定，水泥水化热测定按现行国家标准《水泥水化热测定方法》GB/T 12959 测定，要求配制混凝土所用水泥 7d 的水化热不大于 25kJ/kg。

2）采用导热性好、线膨胀系数小、级配合理的骨料，减少混凝土温度应力。根据结构最小断面尺寸和泵送管道内径，选择合理的最大粒径，尽可能选用较大的粒径。

3）优化混凝土的配合比，以便在保证混凝土强度及流动度条件下，尽量节省水泥、降低混凝土绝热温升。按照基于绝热温升控制的绿色高性能混凝土配合比优化设计四功能准则对配合比进行优化。

4）掺用混合材料以减少用水量、节约水泥，降低混凝土的绝热温升，提高混凝土的抗裂能力。

5）掺用外加剂减缓水化热的发生速率。

（2）用分层连续浇筑或推移式连续浇筑混凝土。为了有效降低大体积混凝土的内外温差，在大体积混凝土施工过程中常采用分块浇筑。分块浇筑又可分为分层浇筑法和分段跳仓浇筑法两种。分层浇筑法目前有全面分层法、分段分层法、斜面分层法 3 种浇筑方案。混凝土的摊铺厚度应根据所用振捣器的作用深度及混凝土的和易性确定，当采用泵送混凝土时，混凝土的摊铺厚度不大于 600mm；当采用非泵送混凝土时，混凝土的摊铺厚度不大于 400mm。

分层连续浇筑或推移式连续浇筑，其层间的间隔时间应尽量缩短，必须在前层混凝土初凝之前，将其次层混凝土浇筑完毕。层间最长的时间间隔不大于混凝土的初凝时间。当层间间隔时间超过混凝土的初凝时间，层面应按施工缝处理：1）消除浇筑表面的浮浆、软弱混凝土层及松动的石子，并均匀露出粗骨料；2）在上层混凝土浇筑前，应用压力水冲洗混凝土表面的污物，充分湿润，但不得有水；3）对非泵送及低流动度混凝土，在浇筑上层混凝土时，应采取接浆措施。

(3) 降低混凝土地的浇筑温度。混凝土的拌制、运输必须满足连续浇筑施工以及尽量降低混凝土出罐温度等方面的要求，并应符合下列规定：

1) 当炎热季节浇筑大体积混凝土时，混凝土搅拌场站宜对砂、石骨料采取遮阳、降温措施；

2) 当采用泵送混凝土施工时，混凝土的运输宜采用混凝土搅拌运输车，混凝土搅拌运输车的数量应满足混凝土连续浇筑的要求；

3) 必要时采取预冷骨料（水冷法、气冷法等）和加冰搅拌等；

4) 浇筑时间最好安排在低温季节或夜间，若在高温季节施工，则应采取减小混凝土温度回升的措施，譬如尽量缩短混凝土的运输时间、加快混凝土的入仓覆盖速度、缩短混凝土的暴晒时间、混凝土运输工具采取隔热遮阳措施等。泵送混凝土的输送管道，应全程覆盖并洒以冷水，以减少混凝土在泵送过程中吸收太阳的辐射热，最大限度地降低混凝土的入模温度。

(4) 采用二次振捣技术，改善混凝土强度，提高抗裂性。当混凝土浇筑后即将凝固时，在适当的时间内再振捣，可以增加混凝土的密实度，减少内部微裂缝。但必须掌握好二次振捣的时间间隔（2h为宜），否则会破坏混凝土内部结构，起到相反的结果。

(5) 埋设冷却水管，降低混凝土内部温度。对施工要求比较高的工程，可以在混凝土内埋设水管，通低温水循环，排出混凝土内部大量热量，以降低混凝土温度。

(6) 加强施工管理。1）提高混凝土的质量，以保证混凝土强度的均匀性；2）薄层、短间歇、均匀上升，以避免相邻浇筑块之间过大的高差及侧面的长期暴露；3）加强混凝土养护养生。

18.15.4.3 养护措施

(1) 大体积混凝土应采取保温保湿养护。在每次混凝土浇筑完毕后，除应按普通混凝土进行常规养护外，保温养护应符合下列规定：

1) 应专人负责保温养护工作，并应进行测试记录；

2) 保湿养护持续时间不宜少于14d，应经常检查塑料薄膜或养护剂涂层的完整情况，并应保持混凝土表面湿润；

3) 保温覆盖层拆除应分层逐步进行，当混凝土表面温度与环境最大温差小于20℃时，可全部拆除。

(2) 混凝土浇筑完毕后，在初凝前宜立即进行覆盖或喷雾养护工作。

(3) 混凝土保温材料可采用塑料薄膜、土工布、麻袋、阻燃保温被等，必要时，可搭设挡风保温棚或遮阳降温棚。在保温养护中，应现场监测混凝土浇筑体的里表温差和降温速率，当实测结果不满足温控指标要求时，应及时调整保温养护措施。

(4) 高层建筑转换层的大体积混凝土施工，应加强养护，侧模和底模的保温构造应在支模设计时综合确定。

(5) 保温养护。混凝土浇筑完毕后,应及时按温控技术措施的要求进行保温养护,并应符合下列规定:

1) 保温养护措施,应使混凝土浇筑块体的里外温差及降温速度满足温控指标的要求;

2) 保温养护的持续时间应根据温度应力(包括混凝土收缩产生的应力)加以控制、确定,但不得少于15d,保温覆盖层的拆除应分层逐步进行;

3) 在保温养护过程中,应保持混凝土表面的湿润。

(6) 大体积混凝土拆模后,地下结构应及时回填土;地上结构不宜长期暴露在自然环境中。

18.15.5 超长大体积混凝土结构跳仓法施工

跳仓法施工是指将大体积混凝土块体分为若干以不开裂的计算长度作为分仓尺寸的小块体间隔施工,经过短期的应力释放,再将若干小块体连成整体,依靠混凝土抗拉强度抵抗下段温度收缩应力的技术方法。

18.15.5.1 一般规定

(1) 应按《超长大体积混凝土结构跳仓法技术规程》T/CECS 640—2019 对混凝土结构施工图中后浇带的留置进行优化,与设计单位协调,进而确定跳仓法施工的分仓位置。

(2) 基础筏板采用跳仓法施工时,应符合下列规定:

1) 仓块划分以有利于应力释放和易于流水作业为原则,根据基础筏板面积大小沿纵向和横向分仓,仓格间距不宜大于40m,跳仓平面采用间隔式跳仓(图18-7a)或棋盘式跳仓(图18-7b)方式布置。底板、楼板(顶板)及墙体的施工缝位置可以错开。

2) 所分各仓跳仓浇筑混凝土,间隔7d后,再填仓浇筑混凝土。

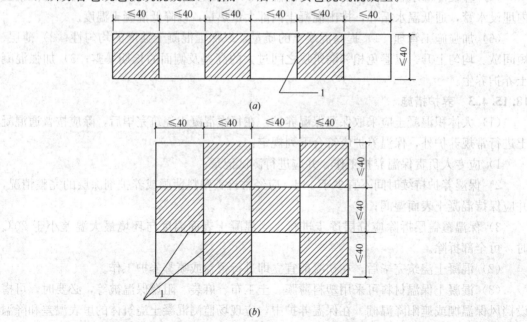

图 18-7 跳仓平面布置方式
(a) 间隔式跳仓;(b) 棋盘式跳仓
1—施工缝

3) 仓格间距大于40m的筏板,应通过温度收缩应力计算后确定分仓尺寸,具体计算应按《超长大体积混凝土结构跳仓法技术规程》T/CECS 640—2019附录A及《大体积混凝土施工标准》GB 50496—2018附录B进行。

(3) 地下结构楼板采用跳仓法施工时,应符合下列规定:

1) 平面的纵向和横向仓格应小于40m;

2) 地下结构需回填的各部位应及时回填,地下结构外墙高出室外地面部分也应及时完成保温隔热做法。

(4) 地下结构墙体采用跳仓法施工时,应符合下列规定:

1) 地下结构墙体仓格间隔直线长度应小于40m;

2) 跳仓施工缝可设置在任何位置。

(5) 超长大体积混凝土结构跳仓法施工方案应包括下列内容:

1) 编制依据。

2) 工程概况。

3) 跳仓法施工安排应包括:①不同结构部位的分仓图;②施工顺序及进度安排;③混凝土配合比及原材料的要求;④制备与运输计划;⑤温度及收缩应力计算结论。

4) 施工准备应包括:①主要施工设备和现场总平面布置;②测温人员、设备准备及测温点布置;③保温材料准备;④现场场地及道路准备。

5) 施工方法应包括:①分仓模板;②混凝土浇筑;③保温保湿养护方法。

6) 质量、安全及应急措施:①主要抗裂构造措施;②特殊部位和特殊气候条件下的施工措施;③应急预案和应急保障措施。

7) 附件:包括计算书、图等。

(6) 超长结构采用跳仓法施工时,施工缝应按下列规定处理:承压水位以下的底板与底板、底板与外墙、外墙与外墙以及有回填土的地下结构顶板施工缝应采取钢板止水带(图18-8a、b)、底板施工缝处采用φ6或φ8双向方格(80mm×80mm)骨架,用20目钢

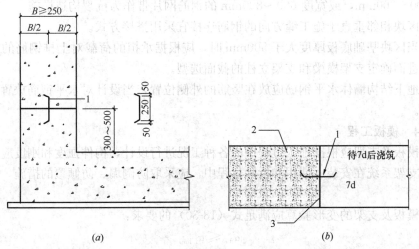

图18-8 施工缝示意图

(a) 底板与外墙施工缝;(b) 基础底板施工缝

1—止水钢板;2—已浇筑混凝土;3—φ6或φ8钢筋骨架,先浇侧绑扎20目钢丝网

丝网封堵混凝土（图18-8b）。设止水钢板时骨架及钢板网上、下断开，保持止水钢板的连续贯通。

18.15.5.2 施工技术准备

（1）超长大体积混凝土结构跳仓法施工前，应进行图纸会审，提出施工阶段的综合抗裂措施，制定关键部位的施工作业指导书，对预拌混凝土厂家提出技术要求，并进行专项技术交底。

（2）超长大体积混凝土结构跳仓施工，应在混凝土的模板和支架、钢筋工程、预埋管件等工作完成并验收合格后方可进行混凝土施工。

（3）施工现场设施应按施工总平面布置图的要求按时完成并标明地泵或布料车位置，场区内道路应坚实平坦通畅，并制定场外交通临时疏导方案。

（4）施工现场的供水、供电应满足混凝土连续施工的需要，当有断电可能时，应有双路供电或自备电源等措施。

（5）跳仓施工混凝土的供应能力应满足连续浇筑的需要，制定防止出现"冷缝"的措施。

（6）用于超长大体积混凝土结构跳仓施工的设备，在浇筑混凝土前应进行全面的检修和试运转，其性能和数量应满足大体积混凝土连续浇筑的需要。

（7）混凝土的测温监控设备宜按本规程的有关规定配置和布设，标定调试应正常，保温用材料应齐备，并应派专人负责测温作业管理。

（8）超长大体积混凝土结构跳仓施工前，应对工人进行专业培训，并应逐级进行技术交底，同时应建立严格的岗位责任制和交接班制度。

18.15.5.3 钢筋工程

（1）在每区块混凝土浇筑过程中，应采取防止受力钢筋、定位筋、预埋件等移位和变形的措施。

（2）每区块水平结构预埋管线的密集部位，宜在预埋管线的上层面布置8～12mm钢筋间隔200～300mm，或宽度600～800mm的钢筋网片带作为抗裂构造措施。

（3）区块相邻垂直于施工缝方向的钢筋连接宜采用搭接方式。

（4）当区块基础底板厚度大于500mm时，应根据承担的荷载对上排钢筋的支撑架进行验算，进而确定支架横梁和支架立柱的截面选型。

（5）地下结构墙体水平钢筋应放在竖筋的外侧位置，当设计对水平钢筋放置有其他要求时除外。

18.15.5.4 模板工程

（1）模板及支架应根据施工过程中的各种工况进行设计，构件强度和刚度应满足可靠度要求，支架系统在安装、使用和拆除过程中，应采取防倒塌、防倾覆的措施，保证整体的稳定性。

（2）模板及支架的变形验算应满足式（18-30）的要求：

$$\alpha_{fG} \leqslant \alpha_{f.\,lim} \tag{18-30}$$

式中 α_{fG} ——按永久荷载标准值计算的构件变形值；

$\alpha_{f.\,lim}$ ——构件变形限值。按照结构部位和构件种类对构件变形限值分别规定如下：
结构表面外露的模板，其挠度限值宜取模板构件计算跨度的1/400；结构表面隐蔽的模板，其挠度限值宜取模板构件计算跨度的 1/250；支架轴向压缩变形限值或侧向挠度限值，宜取计算高度或计算跨度的 1/1000。

(3) 跳仓法施工模板工程应符合下列规定：

1) 地下结构多层间连续支模的底层支架拆除时间，应根据连续支模的楼层间荷载分配和混凝土强度的增长情况确定；

2) 采用跳仓法施工不得将预埋件及电开关盒固定在模板上；

3) 安装模板前与混凝土接触面应清理干净、涂刷隔离剂，减小混凝土与模板间的吸附力；

4) 施工期间，宜在墙体混凝土强度达到一定强度时，先松动对拉螺栓，减少模板对混凝土墙的吸附或粘结；

5) 竖向结构模板与水平结构模板应分别支设。

(4) 超长大体积混凝土结构跳仓法施工拆模时间，除应满足现行国家标准《混凝土结构工程施工规范》GB 50666 外，还应满足混凝土浇筑体表面以下 50mm 处与大气温差不大于 20℃，当模板作为保温养护措施的一部分时，根据本规程的温控规定确定拆模时间的要求。

18.15.5.5 混凝土浇筑

(1) 基础底板、墙体、楼板混凝土的浇筑顺序应分仓进行，相邻仓的浇筑间隔时间不应少于 7d。

(2) 超长大体积混凝土结构跳仓施工的浇筑工艺应符合下列规定：

1) 大型基础底板高度 H 大于或等于 1m 时，应采用分层（500mm 为一层）浇筑、分层振捣、一个斜面、连续浇筑、一次到顶的办法，坡度为 1:6～1:7。

2) 混凝土的浇筑法为分层布料、分层振捣、斜坡推进法施工。

3) 在浇筑基础底板时，应防止在振捣中产生泌水。

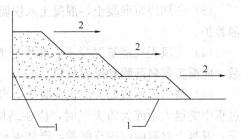

图 18-9 大体积混凝土分段（块）分层放坡法
1—混凝土边界；2—混凝土浇筑方向

4) 按照分段（块）分层放坡法（图 18-9）或大斜坡推进法（图 18-10），每步错开不宜小于 3m，振捣时布设三道振捣点，分别设在混凝土的坡脚、坡道中间和表面。振捣必须充分，每个点振捣时间控制在 10～20s 并及时排除泌水。

5) 基础底板及楼板混凝土表面在初凝后终凝前进行多次抹压。

(3) 浇筑过程中，应采取措施防止受力钢筋、定位筋、预埋件等移位和变形。

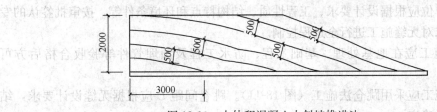

图 18-10 大体积混凝土大斜坡推进法

(4) 浇筑面应及时进行多次抹压处理，楼板表面严禁掸水扫毛。

18.15.5.6 混凝土养护

(1) 跳仓施工的超长大体积混凝土结构，在混凝土底板浇筑完毕，初凝喷雾养护后，应立即用塑料薄膜（布）覆盖；地下结构外墙的混凝土养护，宜采用墙顶铺长管随时浇水或喷雾等措施。

(2) 混凝土浇筑完毕后，除应按普通混凝土进行常规养护外，尚应按温控技术措施的要求进行养护，并应符合下列规定：

1) 应专人负责养护工作，并应按本规程的有关规定操作，同时应做好测试记录；

2) 带模养护的持续时间不得少于 3d，养护的持续时间不得少于 14d；

3) 保温覆盖层的去除应分层逐步进行，当混凝土的表面温度与环境最大温差小于 20℃时，方可全部去除。

(3) 在养护过程中，应对混凝土浇筑体的里表温差和降温速率进行现场监测，当实测结果不满足温控指标的要求时，应调整养护措施。

18.15.5.7 特殊气候条件下大体积混凝土跳仓法施工

(1) 超长大体积混凝土结构跳仓施工遇炎热、冬季、大风或者雨雪天气时，必须采用保证混凝土浇筑质量的技术措施。

(2) 炎热天气浇筑混凝土时，宜采用遮盖、洒水、拌冰屑等降低混凝土原材料温度的措施，混凝土入模温度宜控制在 30℃ 以下。混凝土浇筑后，应进行保湿养护，宜避开高温时段浇筑混凝土。

(3) 冬期浇筑混凝土，混凝土入模温度不应低于 5℃。混凝土浇筑后，应进行保湿保温养护。

(4) 大风天气浇筑混凝土，在作业面应采取挡风措施，并增加混凝土表面的抹压次数，应覆盖塑料薄膜和保温材料。

(5) 雨雪天不宜露天浇筑混凝土，当需施工时，应采取确保混凝土质量的措施。浇筑过程中突遇大雨或大雪天气时，应在结构合理部位留置施工缝，并应尽快中止混凝土浇筑；混凝土终凝前应进行覆盖，严禁雨水直接冲刷新浇筑的混凝土。

18.15.6 超大面积混凝土地面的无缝施工技术

超大面积混凝土地面是指厚度不大于 700mm，短边不小于 40m，或面积不小于 1600m²，需采取特殊技术措施防止混凝土的温度变化和收缩产生有害裂缝的混凝土地面。超大面积混凝土地面的无缝施工是指在超大面积混凝土地面施工中，不留设伸缩缝、后浇带，混凝土地面浇筑成超大面积实体的施工方法。

18.15.6.1 一般规定

(1) 施工单位应根据设计要求、工程性质、结构特点和环境条件等，按审批签认的专项施工方案要求对无缝施工进行全过程控制。

(2) 无缝施工应在地基处理、基础工程、防水工程及预埋管件等验收合格后方可施工。

(3) 无缝施工应采用跳仓法施工（图 18-11）。跳仓间距 L 应根据无缝设计要求，结合工程具体情况确定。

(4) 无缝施工跳仓分块单边最大尺寸不宜大于 40m×40m，相邻混凝土块体浇筑间隔时间不宜少于 7d，跳仓接缝应符合施工缝要求。

(5) 无缝施工设置水平施工缝时，除应符合设计要求外，尚应根据混凝土裂缝控制要求、混凝土供应能力、钢筋工程、预埋管件安装等因素确定间歇时间。

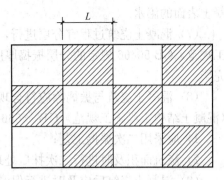

图 18-11 跳仓法施工浇筑示意图

18.15.6.2 模板工程

(1) 无缝施工模板和支架系统应符合下列规定：

1) 应满足承载力、刚度和稳定性要求，并可靠承受施工过程中的各类荷载；
2) 应保证结构和构件的形状、尺寸和位置，便于钢筋安装和混凝土浇筑；
3) 应结合混凝土浇筑体养护方法进行保湿、保温构造设计。

(2) 跳仓法施工留置的竖向施工缝宜用钢板网、免拆模铁丝网分隔。

(3) 无缝施工混凝土拆模时间除应符合现行国家标准《混凝土结构工程施工规范》GB 50666 的规定外，尚应符合下列规定：

1) 正常环境条件下带模养护时间不应少于 3d；
2) 拆模后，应预防寒流袭击、突然降温和剧烈干燥状况，采取保温保湿措施。

18.15.6.3 钢筋工程

(1) 无缝施工时，钢筋配置除应符合设计要求外，尚宜符合下列规定：

1) 防裂构造钢筋宜利用结构受力及构造钢筋贯通布置；
2) 宜采用双层双向配置方式；
3) 温度、收缩钢筋配筋率不宜小于 0.10%，间距不应大于 200mm。

(2) 不允许混凝土面层开裂时，宜在距混凝土顶面 20mm 处配置直径为 4mm、间距为 100mm 的钢筋网。

(3) 钢筋及其加工、制作应符合现行国家标准《混凝土结构工程施工质量验收规范》GB 50204 的规定。

18.15.6.4 混凝土工程

(1) 原材料计量应符合现行国家标准《混凝土质量控制标准》GB 50164 的规定。

(2) 混凝土拌合物搅拌、运输应符合现行国家标准《混凝土质量控制标准》GB 50164 和《混凝土结构工程施工规范》GB 50666 的规定。

(3) 泵送混凝土施工工艺应符合现行行业标准《混凝土泵送施工技术规程》JGJ/T 10 的规定。

(4) 混凝土拌合物入模温度，最高不宜大于 35℃，最低不宜小于 5℃，温度低于 5℃ 时，混凝土宜采取相应的防冻措施。

(5) 混凝土浇筑前，应清除模板内以及垫层上的杂物；表面干燥的地基上、垫层应浇水湿润。

(6) 混凝土浇筑时，应防止受力钢筋、定位筋、预埋件等移位和变形，并及时清除混凝土表面的泌水。

（7）混凝土浇筑过程宜分层进行，分层浇筑应符合现行国家标准《混凝土结构工程施工规范》GB 50666规定的分层振捣厚度要求，上层混凝土应在下层混凝土初凝之前浇筑完毕。

（8）混凝土浇筑与振捣除应符合现行国家标准《混凝土质量控制标准》GB 50164和《混凝土结构工程施工规范》GB 50666的规定外，尚应符合下列规定：
1）应采用二次振捣工艺；
2）浇筑面积及时进行二次抹压处理。

（9）混凝土浇筑后应及时进行保湿养护，保湿养护可采用洒水、覆盖、喷涂养护剂等方式。选择养护方式应考虑现场条件、环境温湿度、构件特点、技术要求、施工操作等因素。

（10）混凝土养护除应符合现行国家标准《混凝土质量控制标准》GB 50164和《混凝土结构工程施工规范》GB 50666的规定外，尚应符合下列规定：
1）应及时按温控要求进行动态保温保湿养护；
2）加强早期养护，保湿养护持续时间不应少于14d；
3）应及时检查保水层（塑料薄膜、养护剂涂层）的完整情况，保持混凝土表面湿润。

（11）无缝施工宜确定合理工期。遇寒冷、炎热或雨雪天气时，必须采取保温、保湿及雨期施工等措施，保证混凝土浇筑质量。施工应符合国家现行标准《混凝土质量控制标准》GB 50164、《混凝土结构工程施工规范》GB 50666和现行行业标准《建筑工程冬期施工规程》JGJ/T 104的规定。

（12）当遇大风天气时，宜在施工作业面设置挡风设施，应增加混凝土表面的抹压次数，及时覆盖塑料膜和保温材料。

18.15.7 大体积劲性混凝土施工技术

大体积劲性混凝土结构是指由钢骨架外包高强钢筋混凝土而形成的具有较大截面的组合结构，需采取特殊技术克服混凝土浇筑均匀性与收缩裂缝等问题。大体积劲性混凝土结构按照结构形式不同分为：单层钢板剪力墙、双层钢板剪力墙、空腔钢结构剪力墙、巨型钢骨混凝土柱等。

18.15.7.1 材料及构造处理

（1）采用高强高性能混凝土应满足以下材料要求：
1）混凝土强度应满足要求，虽然标号超过C60的混凝土很难配置，应优先保证强度指标；
2）混凝土流动性应足够大，以便于浇捣密实，避免浇捣过程中产生缺陷；应具有较小的水灰比，应选用较好的外加剂，根据需要确定流动性；分别研制三种混凝土（免振的自密实混凝土、低流态混凝土及普通混凝土）的配置方案，形成适用于结构不同施工部位的混凝土；
3）混凝土应具有较低的收缩率，避免产生约束条件引起的收缩裂缝。

（2）大体积劲性混凝土结构构造处理应满足以下要求：
1）钢筋与钢结构应绑扎到位；

2) 应深化节点设计，预留浇捣孔和流淌孔；
3) 模板固定应足够牢靠，不能偏位，不能爆模。

18.15.7.2 钢筋工程

(1) 钢筋绑扎的问题。

劲性混凝土结构施工中普遍存在的难点是钢筋与钢结构之间往往存在位置关系的矛盾，造成钢筋绑扎困难。柱、墙内存在大量钢结构，使得钢筋绑扎过程主要面临三大问题：

1) 钢结构纵横分布、连续布置，钢结构与钢筋的空间位置关系复杂，钢筋难以穿越钢结构；
2) 节点处钢结构密集，纵筋及箍筋的配筋量大，使得钢筋的绑扎、锚固处理困难；
3) 如采用双层钢板剪力墙，钢板间的距离较小，钢板上密布栓钉，扣除剪力墙两侧栓钉后的净距较小，操作空间狭小，两层钢板之间配置双层双向通长钢筋及拉结筋，钢筋绑扎极为困难，必须制定合理的施工工序。

(2) 应提早发现钢筋绑扎施工中与钢结构的位置矛盾，应对钢筋、钢结构开洞进行综合设计，针对钢筋穿过钢结构困难、难以锚固的问题进行了针对性研究。

(3) 钢筋绑扎遵循以下施工顺序：

1) 墙柱模板控制线弹线；
2) 墙柱插筋校直（模板限位钢筋头焊接）；
3) 墙柱竖向钢筋；
4) 安装（包括直螺纹连接）；
5) 墙柱横向钢筋安装；
6) 混凝土保护层垫块安装；
7) 钢筋验收；
8) 模板封闭、加固、验收、校正；
9) 梁、平台板钢筋安装；
10) 插筋固定；
11) 混凝土浇筑。

(4) 应先绑扎型钢暗柱部位的墙体暗柱钢筋，随后绑扎钢板之间的墙体钢筋，最后绑扎钢板外侧墙体钢筋。绑扎时应先把墙体水平纵向钢筋按设计要求的间距搁置在钢板的栓钉内侧，并进行临时绑扎固定，随后安装墙体竖向钢筋，竖向钢筋全部绑扎完成后，取下预先搁置在钢板栓钉上的水平纵向钢筋自上而下逐皮绑扎，同时跟进绑扎墙体双层钢板之间的拉结钢筋。

18.15.7.3 模板工程

施工模板和支架系统应符合下列规定：

(1) 应满足承载力、刚度和稳定性要求，并可靠承受施工过程中的各类荷载；
(2) 应保证结构和构件的形状、尺寸和位置，便于钢筋安装和混凝土浇筑；
(3) 应结合混凝土浇筑体养护方法进行保湿、保温构造设计。

18.15.7.4 混凝土工程

(1) 原材料计量应符合现行国家标准《混凝土质量控制标准》GB 50164 的规定。

(2) 混凝土拌合物搅拌、运输应符合现行国家标准《混凝土质量控制标准》GB 50164 和《混凝土结构工程施工规范》GB 50666 的规定。

(3) 泵送混凝土施工工艺应符合现行行业标准《混凝土泵送施工技术规程》JGJ/T 10 的规定。

(4) 混凝土拌合物入模温度,最高不宜大于 35℃,最低不宜小于 5℃,温度低于 5℃ 时,混凝土宜采取相应的防冻措施。

(5) 浇捣混凝土时,应注意布料均匀,不能集中堆料,避免产生差异侧压力造成结构变形。

(6) 混凝土浇筑过程应符合现行国家标准《混凝土结构工程施工规范》GB 50666 规定的要求。

(7) 混凝土浇筑后应及时进行保湿养护,保湿养护应选择合适的养护剂。选择养护方式应考虑现场条件、环境温湿度、构件特点、技术要求、施工操作等因素。

18.16 常用特种混凝土技术

18.16.1 纤维混凝土

18.16.1.1 概述

纤维混凝土指掺加钢纤维或短合成纤维的混凝土的总称,是在水泥基混凝土中掺入乱向均匀分布的短纤维形成的复合材料。包括钢纤维混凝土、玻璃纤维混凝土、合成纤维混凝土等。一般而言,钢纤维混凝土适用于对抗拉、抗剪、弯拉强度和抗裂、抗冲击、抗疲劳、抗震、抗爆等性能要求较高的工程或其局部部位;合成纤维混凝土适用于非结构性裂缝控制,以及对弯曲韧性和抗冲击性能有一定要求的工程或其局部部位。

18.16.1.2 钢纤维混凝土

钢纤维混凝土是掺加短钢纤维作为增强材料的混凝土。钢纤维混凝土可采用碳钢纤维、低合金钢纤维或不锈钢纤维等。钢纤维混凝土已广泛应用于建筑工程、水利工程、公路桥梁工程、公路路面和机场道面工程、铁路工程、港口及海洋工程等。

1. 钢纤维的技术要求

(1) 钢纤维的强度。

一般情况下,钢纤维抗拉强度不得低于 380MPa。当工程有特殊要求时,钢纤维抗拉强度可由需方根据技术与经济条件提出。从钢纤维角度,可通过改进钢纤维表面及其形状来改善钢纤维与混凝土之间的粘结。

(2) 钢纤维的尺寸和形状。

钢纤维的形状可为平直形或异形,异形钢纤维又可分为压痕形、波形、端钩形、大头形和不规则麻面形等。常见钢纤维外形见表 18-72。

常见钢纤维外形 表 18-72

名称	外形
平直形	

续表

名称		外形
异形	波浪形	
	压痕形	
	扭曲形	
	端钩形	
	大头形	

各类钢纤维混凝土工程，对钢纤维几何参数宜符合表 18-73 的要求。

钢纤维几何参数参考范围　　　　　　　　　　　表 18-73

工程类别	长度（标称长度，mm）	直径（等效直径，mm）	长径比
一般浇筑钢纤维混凝土	20～60	0.3～0.9	30～80
钢纤维喷射混凝土	20～35	0.3～0.8	30～80
钢纤维混凝土抗震框架节点	35～60	0.3～0.9	50～80
钢纤维混凝土铁路轨枕	30～35	0.3～0.6	50～70
层布式钢纤维混凝土复合路面	30～120	0.3～1.2	60～100

注：标称长度指异形纤维两端点间的直线距离；等效直径指非圆截面按截面面积等效原则换算的圆形截面直径。

(3) 混凝土用钢纤维技术要求。

混凝土用钢纤维的技术要求见表 18-74。

混凝土用钢纤维的技术要求　　　　　　　　　　表 18-74

		平直形	异形
长度和直径的尺寸偏差		不超过±10%	
形状合格率		—	不低于85%
抗拉强度（MPa）	380 级	380≤R<600　最小值 342	
	600 级	600≤R<1000　最小值 540	
	1000 级	R≥1000　最小值 900	
弯折性能		能承受一次弯折 90°不断裂	
杂质限制		表面不得粘有油污及妨碍钢纤维与水泥基粘结的有害物质；不得混有妨碍水泥硬化的化学成分；因加工造成的粘结连片、表面严重锈蚀的纤维、铁锈粉等杂质总量不超过钢纤维重量的 1%	

2. 钢纤维混凝土的配合比设计

(1) 基本要求。

钢纤维混凝土配合比设计除满足普通混凝土的一般要求外，还要求抗拉强度或抗弯强度、韧性及施工时拌合物和易性等满足要求。在某些条件下尚应满足抗冻性、抗渗性、抗冲磨、抗腐蚀性、抗冲击、耐疲劳、抗爆等性能要求。钢纤维混凝土的配合比设计要保证纤维在混凝土中分散的均匀性以及纤维与混凝土之间的粘结强度。

(2) 原材料。

1) 钢纤维。所用钢纤维的品种、几何参数、体积率等应符合国家现行有关钢纤维混凝土结构设计和施工规程的规定，满足设计要求的钢纤维混凝土强度、韧性和耐久性，并满足拌合物的和易性与施工要求，避免发生钢纤维的结团和堵塞混凝土泵送管或喷射管。对有耐腐蚀和耐高温要求的结构物，宜选用不锈钢钢纤维。

2) 胶凝材料，宜采用高标号普通硅酸盐水泥或硅酸盐水泥。钢纤维混凝土中的胶凝材料用量比普通混凝土中的大，钢纤维混凝土的胶凝材料用量不宜小于 $360kg/m^3$。当钢纤维体积率或基体强度等级较高时胶凝材料用量可适当增加，但不宜大于 $550kg/m^3$。原材料中宜掺加粉煤灰、矿粉、硅灰等矿物掺合料，掺合料掺量的选择应通过试验确定。钢纤维混凝土矿物掺合料掺量不宜大于胶凝材料用量的20%，并应通过试验确定。

3) 外加剂。宜选用高效减水剂。对抗冻性有要求的钢纤维混凝土宜选用引气型减水剂或同时加引气剂和减水剂。钢纤维喷射混凝土宜采用无碱速凝剂，其掺量根据凝结试验确定。拌制钢纤维混凝土所选用的外加剂性能应符合《混凝土外加剂应用技术规范》GB 50119—2013的规定。

(3) 配合比设计。

钢纤维混凝土配合比设计采用试验—计算法。步骤如下：

1) 根据强度标准值（或设计值）以及施工配制强度的提高系数，确定试配抗压强度与抗拉强度（或试配抗压强度与弯拉强度）。

2) 根据试配抗压强度计算水灰比。

3) 根据试配抗拉强度（或弯拉强度、弯曲韧度比）的要求，计算或通过已有资料确定钢纤维体积率。普通钢纤维混凝土中的纤维体积率不宜小于0.35%，当采用抗拉强度不低于1000MPa的高强异形钢纤维时，钢纤维体积率不宜低于0.25%；钢纤维混凝土的纤维体积率宜符合表18-75的规定。

钢纤维混凝土的纤维体积率范围 表18-75

工程类型	使用目的	体积率（%）
工业建筑地面	防裂、耐磨、提高整体性	0.35～1.00
薄型屋面板	防裂、提高整体性	0.75～1.50
局部增强预制柱	增强、抗冲击	≥0.50
桩基承台	增强、抗冲切	0.50～2.00
桥梁结构构件	增强	≥1.00
公路路面	防裂、耐磨、防重载	≥1.00
机场道面	防裂、耐磨、抗冲击	1.00～1.50
港区道路和堆场铺面	防裂、耐磨、防重载	0.50～1.20
水工混凝土结构	高应力区局部增强	≥1.00
	抗冲磨、防空蚀区增强	≥0.50
喷射混凝土	支护、砌衬、修复和补强	0.35～1.00

4) 根据施工要求的稠度通过试验或已有资料确定单位体积用水量,如掺用外加剂时尚应考虑外加剂的影响。

5) 通过试验或有关资料确定合理的砂率。

6) 按绝对体积法或假定质量密度法计算材料用量,确定试配配合比。

7) 按试配配合比进行拌合物性能试验,调整单位体积用水量和砂率,确定试验用基准配合比。

8) 根据强度试验结果调整水灰比和钢纤维体积率,确定施工配合比。

钢纤维混凝土的水灰比不宜大于 0.50;对于以耐久性为主要要求的钢纤维混凝土,不得大于 0.45。钢纤维混凝土胶凝材料总用量不宜小于 $360kg/m^3$,但也不宜大于 $550kg/m^3$。钢纤维混凝土坍落度值可比相应普通混凝土要求值小 20mm。

钢纤维混凝土试配配合比确定后,应进行拌合物性能试验,检查其稠度、黏聚性、保水性是否满足施工要求。若不满足,则应在保持水灰比和钢纤维体积率不变的条件下,调整单位体积用水量或砂率,直到满足要求。

3. 钢纤维混凝土的施工

(1) 搅拌。

钢纤维混凝土施工宜采用机械搅拌。钢纤维混凝土的搅拌工艺应确保钢纤维在拌合物中分散均匀、不产生结团,宜优先采用将钢纤维、水泥、粗细骨料先干拌而后加水湿拌的方法;也可采用在混合料拌合过程中分散加入钢纤维的方法。必要时可采用钢纤维分散机布料。

钢纤维混凝土的搅拌时间应通过现场搅拌试验确定,并应较普通混凝土规定的搅拌时间延长 1~2min。采用先干拌后加水的搅拌方式时,干拌时间不宜少于 1.5min。

(2) 运输、浇筑和养护。

钢纤维混凝土的运输应缩短运输时间;运输过程中应避免拌合物离析,如产生离析应做二次搅拌;所采用的运输器械应易于卸料。

钢纤维混凝土的浇筑方法应保证钢纤维的分布均匀性和结构的连续性。在浇筑过程中严禁因拌合料干涩而加水。钢纤维混凝土应采用机械振捣,不得采用人工插捣,还应保证混凝土密实及钢纤维分布均匀。结构构件中应避免钢纤维外露,宜将模板的尖角和棱角修成圆角。

钢纤维混凝土可采用与普通混凝土相同的养护方法。特殊工程的构件养护应符合有关规定。

18.16.1.3 聚丙烯纤维混凝土

1. 聚丙烯纤维

聚丙烯纤维包括聚丙烯单丝纤维和聚丙烯膜裂纤维,混凝土中多使用聚丙烯膜裂纤维。聚丙烯膜裂纤维是一种束状的合成纤维,呈网状结构,耐化学腐蚀,可抗强碱、强酸(发烟硝酸除外),对人体无毒性,但是其耐燃性差、弹性模量低、极限延伸率大,表面具有憎水性,不易被水泥浆浸湿,且在紫外线或氧气作用下易老化。使用前应放在黑色容器或袋中,以防止紫外线直接照射而老化。聚丙烯纤维物理力学性能见表 18-76。

聚丙烯纤维物理力学指标参考值　　　　　表 18-76

纤维名称	密度 (g/cm³)	抗拉强度 (MPa)	弹性模量 (×10³MPa)	极限延伸率 (%)	耐碱性	耐光性
聚丙烯单丝纤维	0.91	285～570	3～9	15～28	好	不好
聚丙烯膜裂纤维	0.91	450～650	8～10	8～10	好	不好

2. 成型工艺及配料要求

聚丙烯纤维混凝土的配合比设计原则与钢纤维混凝土相同。成型工艺不同时，其配比也有所不同。采用预拌法成型，聚丙烯膜裂纤维的体积掺量一般在 0.4%～6%，其水灰比也较大。采用喷射法成型，聚丙烯膜裂纤维的体积掺量可达 2%～1.5%，但一般不使用粗骨料，而只使用细砂，其水灰比也较小。聚丙烯纤维混凝土应采用机械搅拌，拌合时间比普通混凝土适当延长 40～60s。

3. 聚丙烯纤维混凝土性能

聚丙烯纤维可用于防止混凝土或砂浆早期收缩开裂，也可用于提高砂浆或混凝土的抗渗性、抗磨性和抗冲击、抗疲劳性能。聚丙烯纤维与同强度等级素混凝土（C20～C40）的主要性能参数比较见表 18-77。

聚丙烯纤维混凝土与同强度等级素混凝土性能比较表　　　　　表 18-77

项目	聚丙烯纤维混凝土	
	聚丙烯纤维体积掺量	相对素混凝土性能变化
收缩裂缝	0.9	降低 55%
28d 收缩率	0.9	降低 10%
抗渗性	0.9	提高 29%～43%
50 次冻融循环强度损失	0.9	损失 0.6%
冲击耗能	1.0～2.0	提高 70%
弯曲疲劳强度	1.0	提高 6%～8%

18.16.1.4　超高延性纤维混凝土

高延性纤维混凝土是由胶凝材料、集料、外加剂和合成纤维等原材料组成的，按一定比例加水搅拌、成型以后，具有高韧性、高抗裂性能和高耐损伤能力的特种混凝土。可采用合成纤维作为增韧材料，合成纤维可为单丝纤维、束状纤维和粗纤维等。

制备高延性纤维混凝土所用合成纤维的规格宜符合表 18-78 规定。

合成纤维规格　　　　　表 18-78

外形	公称长度（mm）	当量直径（μm）
单丝纤维	4～15	12～50
粗纤维	15～60	>100

高延性纤维混凝土的主要力学性能指标应符合表 18-79 规定。

高延性纤维混凝土的主要力学性能指标 表 18-79

类别		Ⅰ类高延性混凝土	Ⅱ类高延性混凝土
等效弯曲韧性（kJ/m³）	3d	50.0	40.0
	28d	40.0	30.0
	60d	40.0	30.0
等效弯曲强度（N/mm²）	3d	≥4.5	≥3.5
	28d	≥5.0	≥4.0
	60d	≥5.5	≥4.5
抗折强度（N/mm²）	3d	≥6	≥4
	28d	≥8	≥6
	60d	≥10	≥8

1. 配合比设计

高延性混凝土配合比设计应同时满足适配强度和韧性的要求，并应满足混凝土拌合物性能、力学性能和耐久性能的设计要求。

矿物掺合料掺量和外加剂掺量应经试配确定。

高延性混凝土的水胶比不宜大于0.4，砂胶比不宜大于0.8。

配合比计算中每立方米高延性混凝土的纤维用量应按质量计算；在设计参数选择时，可用纤维体积率表达。

高延性混凝土中纤维体积率不宜小于0.5%；高延性混凝土的纤维体积率可参照表 18-80 的纤维体积率范围选择，且应以试验结果最终确定。

高延性混凝土的纤维体积率范围 表 18-80

工程类型	使用目的	纤维体积率（%）
建筑结构	提高结构构件延性	0.50~2.00
加固砌体结构	结构抗震加固	1.00~2.00
刚性防水屋面	控制混凝土早期收缩裂缝	0.50~1.50
工业建筑地面	防裂、耐磨、提高整体性	0.50~1.00
薄型屋面板	防裂、提高整体性	0.75~1.50
公路路面	防裂、耐磨、抗重载	0.50~1.50
机场道面	防裂、耐磨、抗冲击	1.00~1.50
港区道路和堆场铺面	防裂、耐磨、抗重载	0.50~1.20
水工混凝土结构	高应力区局部增强	1.00~2.00
	抗冲磨、防气蚀区增强	0.50~2.00
喷射混凝土	支护、衬砌、修复和补强	0.50~1.00

高延性混凝土的制备可选用不同种类的纤维，其抗压强度、抗折强度、等效弯曲强度、等效弯曲韧性应满足相应的要求。

2. 高延性纤维混凝土的施工

高延性混凝土宜采用干混料预拌方式制备，应采用强制式搅拌机搅拌，并应配备纤维专用计量和投料设备。投料顺序为：首先加入全部的水和外加剂，在搅拌过程中加入骨料、水泥、矿物掺合料等；待拌合物搅拌均匀后加入纤维，采取措施使纤维分散均匀无团聚后停止搅拌。当纤维体积率超过 1.5% 时，宜适当提高搅拌机转速和延长搅拌时间。

高延性混凝土浇筑应保证纤维分布的均匀性和连续性，在浇筑过程中不得加水。

高延性混凝土浇筑应采用机械振捣，在保证其振捣密实的同时，应避免离析和分层。

高延性混凝土浇筑成型后，应及时用塑料薄膜等覆盖和养护。

18.16.2 聚合物水泥混凝土

18.16.2.1 概述

聚合物水泥混凝土，亦称聚合物改性混凝土，是在普通混凝土的拌合物中加入聚合物而制成的性能明显改善的复合材料。聚合物的使用方法与混凝土外加剂一样，可将它们与水泥、骨料、水一起进行搅拌。采用现有普通混凝土的设备，即能生产聚合物水泥混凝土。此种混凝土用于房屋建筑中混凝土裂缝的修补，路面桥梁、水库大坝、溢洪道、港口码头混凝土的修补等。

18.16.2.2 聚合物水泥混凝土的原材料

1. 聚合物

聚合物水泥混凝土所用的聚合物总体可分三类：（1）聚合物水分散体，即乳胶，是应用最广泛的一种。（2）水溶性聚合物，如纤维素衍生物、聚丙烯酸盐、糠醇等。（3）液体聚合物，如不饱和聚酯、环氧树脂等。

在水泥中掺加的聚合物与水泥应具有良好的适应性，应满足：（1）水泥的凝结硬化和胶结性能无不良影响；（2）在水泥的碱性介质中不被水解或破坏；（3）对钢筋无锈蚀作用。

2. 助剂

稳定剂。水泥溶出的多价离子（指 Ca^{2+}、Al^{3+}）等因素，往往使聚合物乳液产生破乳，出现凝聚现象，使聚合物乳液不能在水泥中均匀分散。通常需加入适量稳定剂，如 OP 型乳化剂、均染剂 102、农乳 60 等。

3. 消泡剂

聚合物乳液和水泥拌合时，由于乳液中的乳化剂和稳定剂等表面活性剂的影响，通常在搅拌过程中产生许多小泡，凝结后混凝土的孔隙率增加，强度明显下降。因此，必须添加适量的消泡剂。消泡剂的选择应注意：（1）化学稳定性良好；（2）表面张力较消泡介质低；（3）不溶于被消泡介质中。此外，消泡剂还应具有良好的分散性、破泡性、抑泡性及碱性。

常用的消泡剂有：（1）醇类消泡剂，如异丁烯醇、3-辛醇等；（2）脂肪酸酯类消泡剂，如甘油三硬脂酸异戊酯等；（3）磷酸酯类消泡剂，如磷酸三丁酯等；（4）有机硅类消泡剂，如二烷基聚硅氧烷等。消泡剂的针对性非常强，必须认真试验选择。工程实践证明，通常多种消泡剂复合使用，可达到较好的效果。

4. 抗水剂

对于耐水性较差的聚合物，如乳胶树脂及其乳化剂、稳定剂，使用时尚需加抗水剂。

5. 促凝剂

乳胶树脂等聚合物掺量较大时，会延缓聚合物水泥混凝土的凝结，可加入促凝剂促进水泥的凝结。

18.16.2.3 聚合物水泥混凝土的配合比

聚合物水泥混凝土除考虑混凝土的一般性能外，还应当考虑到聚合物水泥混凝土的影响因素，如：聚合物的种类及掺量、水灰比、消泡剂及稳定剂的掺量和种类等。

聚合物水泥混凝土的水灰比，主要以被要求的和易性来确定。设计聚合物水泥混凝土配合比，除考虑混凝土的和易性及抗压强度外，还应考虑抗拉强度、抗弯强度、粘结强度、不透水性和耐腐蚀性等。以上各性能的关键是聚灰比，即聚合物和水泥在整个固体中的重量比，其他大致可按普通水泥混凝土进行。

一般情况下，聚灰比控制在 5%~20%，水灰比根据设计的和易性适当选择，一般控制在 0.30~0.60。

18.16.2.4 聚合物水泥混凝土的生产工艺

1. 拌制工艺

聚合物水泥混凝土的拌制，可使用与普通水泥混凝土一样的搅拌设备。聚合物和水泥一样均作为胶结材料，其掺加方式为在加水搅拌时掺入。聚合物水泥混凝土的搅拌时间应较普通混凝土稍长，一般为 3~4min。

聚合物另一种掺加方法是将聚合物粉末直接掺入水泥中，待掺加聚合物的水泥混凝土凝结后，加热混凝土使其中聚合物溶化，溶化的聚合物便侵入混凝土的孔隙中，待冷却后聚合物凝固后即成。使用该掺加方法的聚合物水泥混凝土的抗渗性能良好。

2. 施工工艺

(1) 基层处理。

在正式浇筑聚合物水泥混凝土前，应认真进行基层处理：首先用钢丝刷刷去基层表面浮浆及污物，用溶剂洗掉油污；其次检查可能出现的孔隙、裂缝等缺陷，进行开槽冲洗，并用砂浆进行堵塞修补；最后进行检查，并用水冲洗干净，用棉纱擦去游离的水分。

(2) 施工要点。

聚合物水泥砂浆施工，应注意：1) 分层涂抹，每层厚度以 7~10mm 为宜；对层厚超过 10mm 的，一般压抹 2~3 遍为宜。2) 在抹平时，应边抹边用木片、棉纱等将抹子上黏附的一层聚合物薄膜拭掉。3) 大面积涂抹，应每隔 3~4m 留设宽 15mm 的缝。

聚合物水泥混凝土，其浇筑和振捣与普通水泥混凝土一样，但需在较短时间内浇筑完毕。混凝土硬化前，必须注意养护，应注意不能洒水养护或遭雨淋，避免混凝土的表面形成一层白色脆性聚合物薄膜，影响表面美观和使用性能。

18.16.3 轻质混凝土

18.16.3.1 概述

轻质混凝土，是与普通混凝土相比，干表观密度不大于 $1950 kg/m^3$ 的混凝土，具有轻质、保温隔热、耐火、抗震性好等特点。

18.16.3.2 轻质混凝土的分类

轻质混凝土按照制备方式及原材料的差异，分为轻骨料混凝土和泡沫混凝土。

轻骨料混凝土是用轻粗骨料、轻砂（或普通砂）、胶凝材料和水配制而成的干表观密度不大于 $1950 kg/m^3$ 的混凝土。按细骨料品种可分为砂轻混凝土和全轻混凝土。砂轻混凝土是由普通砂或部分轻砂做细骨料配制而成的轻骨料混凝土，全轻混凝土是由轻砂做细骨料配制而成的轻骨料混凝土。

轻骨料是堆积密度不大于 $1100kg/m^3$ 的轻粗骨料和堆积密度不大于 $1200kg/m^3$ 的轻细骨料的总称。按品种可分为页岩陶粒、粉煤灰陶粒、黏土陶粒、自燃煤矸石、火山渣（浮石）轻骨料等；按外形可分为圆球型、普通型和碎石型轻骨料。

泡沫混凝土是以水泥为主要胶凝材料，并在骨料、外加剂和水等组分共同制成的料浆中引入气泡，经混合搅拌、浇筑成型、养护而成的具有闭孔孔结构的轻质多孔混凝土。按发泡方式的不同分为物理发泡和化学发泡。在泡沫混凝土搅拌过程中，以机械方式引入气泡的方法称为物理发泡；以化学反应生成气泡的方法称为化学发泡。

18.16.3.3 轻骨料混凝土的配合比设计

1. 配合比设计一般要求

轻骨料混凝土的配合比应通过计算和试配确定。轻骨料混凝土的试配强度按式（18-31）确定。

$$f_{cu,0} \geqslant f_{cu,k} + 1.645\sigma \tag{18-31}$$

式中 $f_{cu,0}$——轻骨料混凝土配制强度（N/mm^2）；

$f_{cu,k}$——轻骨料混凝土立方体抗压强度标准值（N/mm^2），取混凝土的设计强度等级值；

σ——轻骨料混凝土强度标准差（N/mm^2）。

轻骨料混凝土强度标准差应按下列规定确定：

（1）当具有3个月以内的同一品种、同一强度等级的轻骨料混凝土强度资料，且试件组数不小于30组时，其轻骨料混凝土强度标准差σ应按式（18-32）计算：

$$\sigma = \sqrt{\frac{\sum_{i=1}^{n} f_{cu,i}^2 - nm_{f_{cu}}^2}{n-1}} \tag{18-32}$$

式中 σ——轻骨料混凝土强度标准差（N/mm^2）；

$f_{cu,i}$——第 i 组的试件强度（N/mm^2）；

$m_{f_{cu}}$——组试件的强度平均值（N/mm^2）；

n——试件组数。

（2）当没有近期的同一品种、同一强度等级的轻骨料混凝土强度资料或当采用非统计方法评定强度时，轻骨料混凝土强度标准差σ可按表18-81取值。

轻骨料混凝土强度标准差 σ（MPa） 表18-81

混凝土强度等级	低于LC20	LC20～LC35	高于LC35
σ	4.0	5.0	6.0

轻骨料混凝土中轻粗骨料宜采用同一品种的轻骨料。为改善某些性能而掺入另一品种粗骨料时，其合理掺量应通过试验确定。使用化学外加剂或矿物掺合料时，其品种、掺量和对水泥的适应性，必须通过试验确定。

2. 配合比基本参数的选择

轻骨料混凝土配合比设计的基本参数，主要包括水泥强度等级和用量、用水量和有效水灰比、轻骨料密度和强度、粗细骨料的总体积、砂率、外加剂和掺合料等。

配制轻骨料混凝土用的水泥品种可选用硅酸盐水泥、普通硅酸盐水泥、矿渣水泥、火山灰质水泥及粉煤灰水泥。不同试配强度的轻骨料混凝土的水泥用量可按表18-82选用。

轻骨料混凝土的水泥用量（kg/m³） 表18-82

混凝土试配强度 (MPa)	轻骨料密度等级						
	400	500	600	700	800	900	1000
<5.0	260～320	250～300	230～280				
5.0～7.5	280～360	260～340	240～320	220～300			
7.5～10		280～370	260～350	240～320			
10～15			280～350	260～340	240～330		
15～20			300～400	280～380	270～370	260～360	250～350
20～25				330～400	320～390	310～380	300～370
25～30				380～450	370～440	360～430	350～420
30～40				420～500	390～490	380～480	370～470
40～50					430～530	420～520	410～510
50～60					450～550	440～540	430～530

注：表中下限值适用于圆球型和普通型轻粗骨料，上限值适用于碎石型轻粗骨料和全轻混凝土。

18.16.3.4 轻骨料混凝土的性能

以颗粒级配、堆积密度、筒压强度、吸水率、抗冻性等作为控制轻骨料质量要求和配制轻骨料混凝土时选择轻骨料品种的依据。

1. 分类

(1) 按强度等级。按立方体抗压强度标准值确定，其等级划分为：LC5.0；LC7.5；LC10；LC15；LC20；LC25；LC30；LC35；LC40；LC45；LC50；LC55；LC60。

(2) 按表观密度。轻骨料混凝土按其干表观密度可分为十四个等级，从600级到1900级（表18-83）。某一密度等级轻骨料混凝土的密度标准值，可取该密度等级干表观密度变化范围的上限值。

轻骨料混凝土的密度等级 表18-83

密度等级	干表观密度变化范围（kg/m³）	密度等级	干表观密度变化范围（kg/m³）
600	560～650	1300	1260～1350
700	660～750	1400	1360～1450
800	760～850	1500	1460～1550
900	860～950	1600	1560～1650
1000	960～1050	1700	1660～1750
1100	1060～1150	1800	1760～1850
1200	1160～1250	1900	1860～1950

（3）按用途。轻骨料混凝土按其用途可分为保温轻骨料混凝土、结构保温轻骨料混凝土、结构轻骨料混凝土。

2. 结构轻骨料混凝土的强度标准值

结构轻骨料混凝土的强度标准值按表 18-84 采用。

结构轻骨料混凝土的强度标准值（MPa） 表 18-84

强度种类		轴心抗压	轴心抗拉
符号		f_{ck}	f_{tk}
混凝土强度等级	LC15	10.0	1.27
	LC20	13.4	1.54
	LC25	16.7	1.78
	LC30	20.1	2.01
	LC35	23.4	2.20
	LC40	26.8	2.39
	LC45	29.6	2.51
	LC50	32.4	2.64
	LC55	35.5	2.74
	LC60	38.5	2.85

注：自然煤矸石混凝土轴心抗拉强度标准值应按表中值乘以系数 0.85；浮石或火山渣混凝土轴心抗拉强度标准值应按表中值乘以系数 0.80。

18.16.3.5 轻骨料混凝土的施工

轻骨料混凝土的施工工艺，基本上与普通混凝土相同。但由于轻骨料的堆积密度小，呈多孔结构、吸水率较大，配制而成的轻骨料混凝土也具有某些特征。

1. 堆放及预湿

轻骨料应按不同品种分批运输和堆放，不得混杂。运输和堆放应保持颗粒混合均匀，减少离析。采用自然级配时，堆放高度不宜超过 2m，并防止树叶、泥土和其他有害物质混入。轻砂的堆放和运输宜采取防雨措施，并防止风刮飞扬。

轻骨料吸水量很大，会使混凝土拌合物的和易性很难控制。在气温高于或等于 5℃的季节施工时，根据工程需要，预湿时间可按外界气温和来料的自然含水状态确定，提前半天或一天对轻粗骨料进行淋水或泡水预湿，然后滤干水分进行投料。在气温低于 5℃时，可不进行预湿处理。

2. 配料和拌制

在批量拌制轻骨料混凝土前应对轻骨料的含水率及其堆积密度进行测定，在批量生产过程中，应对轻骨料的含水率及其堆积密度进行抽查。雨天施工或发现拌合物稠度反常时也应测定轻骨料的含水率及其堆积密度。对预湿处理的轻粗骨料，可不测其含水率，但应测定其湿堆积密度。

轻骨料混凝土拌制必须采用强制式搅拌机搅拌。轻骨料混凝土拌合物的粗骨料经预湿处理和未经预湿处理，应采用不同的搅拌工艺流程，见图 18-12 和图 18-13。

外加剂应在轻骨料吸水后加入，以免吸入骨料内部失去作用。当用预湿处理的轻粗骨

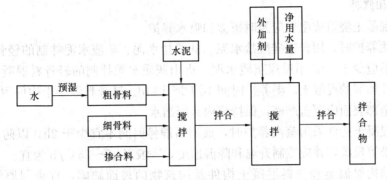

图 18-12 使用预湿处理的轻骨料混凝土搅拌工艺流程

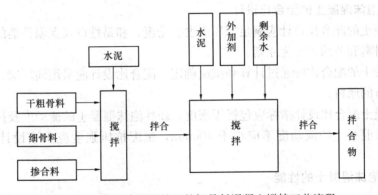

图 18-13 使用未预湿处理的轻骨料混凝土搅拌工艺流程

料时,液体外加剂可按图 18-9 所示加入;当用未预湿处理的轻粗骨料时,液体外加剂可按图 18-10 所示加入,采用粉状外加剂,可与水泥同时加入。

轻骨料混凝土全部加料完毕后的搅拌时间,在不采用搅拌运输车运送混凝土拌合物时,砂轻混凝土不宜少于 3min;全轻或干硬性砂轻混凝土宜为 3~4min。对强度低而易破碎的轻骨料,应严格控制混凝土的搅拌时间。合理的搅拌时间,最好通过试拌确定。

3. 浇筑和成型

轻骨料混凝土拌合物应采用机械振捣成型。对流动性大、能满足强度要求的塑性拌合物以及结构保温类和保温类轻骨料混凝土拌合物,可采用插捣成型。

当采用插入式振动器时,插点间距不应大于振动棒的振动作用半径的一倍。

振捣延续时间应以拌合物捣实和避免轻骨料上浮为原则。振捣时间随混凝土拌物坍落度、振捣部位等不同而异,一般宜控制在 10~30s。

现场浇筑竖向结构物,应分层浇筑,每层浇筑厚度宜控制在 300~350mm。轻骨料混凝土拌合物浇筑倾落自有高度不应超过 1.5m,否则,应加串筒、斜槽或溜管等辅助工具。

浇筑上表面积较大的构件,当厚度小于或等于 200mm 时,宜采用表面振动成型;当厚度大于 200mm 时,宜先用插入式振捣器振捣密实后,再用平板式振捣器进行表面振捣。

浇筑成型后,宜采用拍板、刮板、辊子或振动抹子等工具,及时将浮在表层的轻粗骨料颗粒压入混凝土内。若颗粒上浮面积较大,可采用表面振动器复振,使砂浆上返,再作抹面。

4. 养护和修补

轻骨料混凝土浇筑成型后应及时覆盖和喷水养护。

采用自然养护时，用普通硅酸盐水泥、硅酸盐水泥、矿渣水泥拌制的轻骨料混凝土，湿养护时间不应少于7d；用粉煤灰质水泥、火山灰质水泥拌制的轻骨料混凝土及在施工中掺缓凝型外加剂的混凝土，湿养护时间不应少于14d。轻骨料混凝土构件用塑料薄膜覆盖养护时，全部表面应覆盖严密，保持膜内有凝结水。

轻骨料混凝土构件采用蒸汽养护时，成型后静停时间不宜少于2h，以防止混凝土表面起皮、酥松等现象，并应控制升温和降温速度，一般以15~25℃/h为宜。

保温和结构保温类轻骨料混凝土构件及构筑物的表面缺陷，宜采用原配合比砂浆修补。

18.16.3.6 泡沫混凝土的配合比设计

泡沫混凝土的配合比设计应满足抗压强度、密度、和易性以及保温性能的要求，并应以合理使用材料和节约水泥为原则。

泡沫混凝土的配合比应通过计算和试配确定。配合比设计应采用同厂家、同产地、同品种、同规格的原料。

泡沫混凝土配合比设计指标应包括干密度、新拌泡沫混凝土的流动度及抗压强度。其中，新拌泡沫混凝土的流动度不应小于400mm，试配抗压强度应大于设计抗压强度的1.05倍。

18.16.3.7 泡沫混凝土的性能

1. 分类

（1）按干密度。泡沫混凝土按其干密度可分为十六个等级，从100级到1600级。

（2）按强度等级。按立方体抗压强度平均值确定，其等级划分为：FC0.2；FC0.3；FC0.5；FC1；FC2；FC3；FC4；FC5；FC7.5；FC10；FC15；FC20；FC25；FC30。

（3）按施工工艺。按施工工艺分为现浇泡沫混凝土和泡沫混凝土制品。

2. 泡沫混凝土的导热系数（表18-85）

泡沫混凝土的导热系数　　　表18-85

密度等级	导热系数[W/(m·K)]	试验方法
A01	0.05	现行行业标准《泡沫混凝土》 JG/T 266
A02	0.06	
A03	0.08	
A04	0.10	
A05	0.12	
A06	0.14	
A07	0.18	
A08	0.21	
A09	0.24	
A10	0.27	
A11	0.29	
A12	0.31	
A13	0.33	
A14	0.37	
A15	0.41	
A16	0.46	

18.16.3.8 泡沫混凝土的施工

(1) 一般规定。

现浇泡沫混凝土施工前,应先试做样板。施工时,环境温度不宜低于10℃,风力不应大于5级。

(2) 施工准备。

屋面、楼(地)面的施工前应检查基层质量,凡基层有裂缝、蜂窝的地方,应采用水泥砂浆进行封闭处理,及时清扫浮灰;天气干燥时,应先湿润基层,基层不得有明显积水。

模板的接缝不应漏浆,模板内不应有积水,模板内的杂物应清理干净;模板表面应清理干净并涂刷隔离剂,隔离剂不应影响结构性能或后续工序施工;墙体预埋件、预留孔和预留洞不得遗漏,且应安装牢固。

钢筋安装时,钢筋的品种、规格、数量、位置应满足设计要求;在浇筑泡沫混凝土之前,应进行隐蔽工程验收。

(3) 输送与浇筑。

搅拌站拌合好的泡沫混凝土料浆应由搅拌车运输至施工现场;搅拌车在运输时应能保持泡沫混凝土料浆的均匀性,不应产生分层离析现象;不得在中途停留,泡沫混凝土运输、浇筑及间歇的全部时间不应大于泡沫混凝土的初凝时间,泡沫混凝土拌合物的初凝时间不应大于2h。

搅拌车到达施工现场后,料浆应匀速卸料至二次搅拌机,并进行二次搅拌;在二次搅拌机的进料口应加装过滤块、石子等的过滤网;经二次搅拌的料浆在泡浆混合设备内与泡沫应充分混合,混泡时间宜为3~5min。

现浇泡沫混凝土在施工过程中禁止振捣,应随制随用,留置时间不宜大于30min。浇筑高度大于3m时,泡沫混凝土应分层浇筑。

同一施工段的泡沫混凝土宜连续浇筑;分层浇筑时,应在底层泡沫混凝土终凝之前将上一层混凝土浇筑完成。

泵送泡沫混凝土时,泡浆混合好后宜由软管泵送至浇筑部位;泡沫混凝土水平泵送距离不应大于500m,当水平泵送距离大于500m时,应采用泡浆分离中继泵送的方法,在离浇筑部位200m内的位置进行泡浆混合继续泵送;泡沫混凝土垂直泵送距离不应大于100m,当垂直泵送距离大于100m时,应采用泡浆分离中继泵送的方法,在离浇筑部位100m内的位置进行泡浆混合继续泵送;泡沫混凝土在泵送浇筑过程中宜降低出料口与浇筑面之间的落差,出料口离浇筑面垂直距离不应大于0.5m;单次浇筑厚度不应大于1m,单次浇筑厚度大于1m时,应对泡沫混凝土温度进行实时监控,当泡沫混凝土温度超过75℃时,应制定合理的施工方案,并应在方案中控制保温、降温措施。

泡沫混凝土复合墙体施工前,应进行基层清理、定位防线;应对水平标高及墙体控制线、门窗位置线进行中间验收;纵向受力钢筋沿墙体水平方向宜每900mm设置一道,并与主体结构连接固定;纵向受力钢筋垂直度的偏差不应大于4mm;应在墙体底部铺筑一层30mm厚1:4水泥砂浆层作为定位两侧免拆模板底部的导墙。

雨季和降雨期间应按雨期施工要求采取措施,严禁在雨天而无防护下进行现浇泡沫混凝土施工;当日平均气温达到30℃以上时,应按高温施工要求采取措施;当气温骤降至

0℃以下时，应按冬期施工的要求采取应急预防措施；泡沫混凝土工程越冬期间，应采取保温措施。

(4) 养护。

泡沫混凝土浇筑完毕后，应施工技术方案采取有效的养护措施，在浇筑完毕后的12h内对泡沫混凝土加以覆盖并保湿养护；养护时间不得少于14h；泡沫混凝土早期养护期间应防止失水和过量水浸泡。

18.16.4 耐火混凝土

18.16.4.1 概述

用适当的胶结料、耐火骨料、外加剂和水按一定比例配制而成，能长期经受高温作用，并在此高温下能保持所需的物理力学性能的混凝土，称为耐火混凝土。耐火混凝土属于不定型耐火材料。

18.16.4.2 耐火混凝土的分类及性能

耐火混凝土的分类方法很多，主要的分类方法有：按胶凝材料不同分类、按骨料矿物成分不同分类、按堆积密度不同分类和按用途不同分类，见表18-86。

耐火混凝土分类 表18-86

分类依据	类别
按胶凝材料	水硬性耐火混凝土、火硬性耐火混凝土、硬性耐火混凝土
按骨料矿物成分	铝质耐火混凝土、硅质耐火混凝土、镁质耐火混凝土
按堆积密度	普通耐火混凝土、轻质耐火混凝土
按用途	结构用耐火混凝土、普通耐火混凝土、超耐火混凝土、耐热混凝土

18.16.4.3 耐火混凝土的原材料选择

1. 耐火混凝土的胶结材料

硅酸盐类水泥、铝酸盐类水泥、水玻璃胶结材料、磷酸胶结材料、黏土胶结材料等均可用作耐火混凝土的胶结材料。

(1) 硅酸盐类水泥与铝酸盐类水泥。

选用硅酸盐类水泥，常采用掺加混合料的方法改善其耐火性能和提高其耐火温度。铝酸盐水泥具有一定的耐高温性，特别是当其中 C_2A 含量提高到60%～70%，可获得较高的耐火度，是耐火混凝土优选的胶结材料。用于配制耐火混凝土的硅酸盐类水泥和铝酸盐类水泥，除应符合国家标准所规定的各项技术指标外，水泥中不得含有石灰岩类杂质，矿渣硅酸盐水泥中矿渣的掺量不得大于50%。

(2) 水玻璃胶结材料。

用作耐火混凝土的水玻璃胶结材料通常选用模数为2.4～3.0，相对密度为1.38～1.42的硅酸钠，并常掺加氟硅酸钠为水玻璃的促硬剂。氟硅酸钠掺量一般为水玻璃的12%～15%。

(3) 磷酸胶结材料。

目前，直接采用磷酸配制耐火混凝土也很普遍。磷酸浓度是决定耐火混凝土耐高温性能的重要因素。磷酸胶结材料一般由工业磷酸调制而成，一般磷酸（H_3PO_4）含量不得大于85%。为节约成本,可将电镀用废磷酸经蒸发浓缩到相对密度为1.48～1.50,再与浓度为50%的工业磷酸对半调制成相对密度为1.38～1.42的磷酸溶液,其效果也不亚于工业磷酸。

(4) 黏土胶结材料。

配制耐火混凝土所用的黏土胶结材料,多采用软质黏土,或称结合黏土,其能在水中分散,可塑性良好,烧结性能优良。黏土胶结材料容易获取、价格比较便宜、能满足一般工程的要求,因此其应用最为广泛。

2. 磨细掺合料

耐火混凝土的磨细掺合料可起到填充孔隙、保证密度及改善施工性能的作用。掺加的磨细掺合料最主要的是不应含有在高温下易产生分解的杂质,如石灰石、方解石等,以免影响耐火混凝土的强度和耐火性。应选用熔点高、高温下不变形且含有一定量 Al_2O_3 的材料。

3. 耐火骨料

骨料本身耐热性能对耐火混凝土耐热性能具有重要影响。耐火混凝土所用骨料应具备在高温下体积变化小、高温不分解的特点,即热膨胀系数较小、熔点高,并且在常温和高温下具有较高强度。粗细骨料的化学组成不同,其影响混凝土的高温性能和适用范围也不相同。此外,应限制骨料的最大粒径,选好骨料级配。

18.16.4.4 耐火混凝土的配合比设计

耐火混凝土的配合比设计除要满足普通混凝土的强度、和易性和耐久性,还必须满足设计要求的耐火性能。胶结材料的用量、水灰比或水胶比、掺合料的用量、骨料级配和砂率等都对耐火混凝土的耐火性能有重要影响。一般而言,胶结材料用量增加,耐火性能降低,在满足和易性和强度条件下,尽量减少胶结材料用量;水灰比增加,耐火性能下降,施工条件允许的情况下,尽量减少用水量,降低水灰比;掺合料本身耐火性能较好,常温时对强度要求不高的耐火混凝土可增加掺合料用量;应避免骨料导致的和易性差及混凝土密实度下降。砂率宜控制在40%～50%。

耐火混凝土的配合比设计应综合考虑混凝土的强度、使用条件、极限使用温度、材料来源、经济效益等。耐火混凝土配合比设计的计算较为繁琐,整个过程与轻骨料混凝土基本相同。一般可采用经验配合比作为初始配合比,通过试拌调整,确定适用的配合比。

各种耐火混凝土的材料组成、极限使用温度和使用范围见表18-87。

耐火混凝土的组成材料、极限使用温度和使用范围　　　　　表18-87

耐火混凝土名称	极限使用温度(℃)	材料组成及用量(kg/m³)			混凝土最低强度等级	使用范围
		胶结料	掺合料	粗细骨料		
普通水泥耐火混凝土和矿渣水泥耐火混凝土	700	普通水泥 (300～400)	水渣、粉煤灰 (150～300)	高炉重矿渣、红砖、安山岩、玄武岩 (1300～1800)	C15	温度变化不剧烈,无酸、碱侵蚀的工程

续表

耐火混凝土名称	极限使用温度（℃）	材料组成及用量（kg/m³）			混凝土最低强度等级	使用范围
		胶结料	掺合料	粗细骨料		
普通水泥耐火混凝土和矿渣水泥耐火混凝土	700	矿渣水泥（350~450）	水渣、黏土热料、黏土砖（0~200）	高炉重矿渣、红砖、安山岩、玄武岩（1400~1900）	C15	温度变化不剧烈，无酸、碱侵蚀的工程
	900	普通水泥（300~400）	耐火度不低于1600℃的黏土熟料、黏土砖（150~300）	耐火度不低于1610℃的黏土料、黏土砖（1400~1600）	C15	无酸、碱侵蚀的工程
	900	矿渣水泥（350~450）	耐火度不低于1670℃的黏土熟料、黏土砖（100~200）	耐火度不低于1610℃的黏土料、黏土砖（1400~1600）	C15	无酸、碱侵蚀的工程
	1200	普通水泥（300~400）	耐火度不低于1670℃的黏土熟料、黏土砖、矾土熟料（150~300）	耐火度不低于1670℃的黏土料、黏土砖、矾土熟料（150~300）	C20	无酸、碱侵蚀的工程
矾土水泥耐火混凝土	1300	矾土水泥（300~400）		耐火度不低于1730℃的黏土熟料、矾土熟料、高铝砖（1400~1700）	C20	宜用于厚度小于400mm的结构，无酸、碱侵蚀的工程
水玻璃耐火混凝土	600	水玻璃（300~400）加氟硅酸钠（占水玻璃重量的12%~15%）	黏土熟料、黏土砖、石英石（300~600）	安山岩、玄武岩、辉绿岩（1550~1650）	C15	可用于受酸（氢氟酸以外）作用的工程，但不得用于经常有水蒸气及水作用的部位
	900	水玻璃（300~400）加氟硅酸钠（占水玻璃重量的12%~15%）	耐火度不低于1670℃的黏土熟料、黏土砖（300~600）	耐火度不低于1610℃的黏土料、黏土砖（1200~1300）	C15	可用于受酸（氢氟酸以外）作用的工程，但不得用于经常有水蒸气及水作用的部位
	1200	水玻璃（300~400）加氟硅酸钠（占水玻璃重量的12%~15%）	一等冶金镁砂或煤砖（见注2）（500~6000）	一等冶金镁砂或煤砖（1700~1800）	C15	可用于受氯化钠、硫酸钠、碳酸钠、氟化钠溶液作用的工程，但不得用于受酸作用及有水蒸气及水作用的部位

注：1. 表中所列极限使用温度为平面受热时的极限使用温度，对于双面受热或全部受热的结构，应经过计算和试验后确定；
2. 用镁质材料配制的耐火混凝土宜制成预制砌块，并在40~60℃的温度下烘干后使用；
3. 耐火混凝土的强度等级以100mm×100mm×100mm试块的烘干，抗压强度乘以0.9系数而得；
4. 用水玻璃配制的耐火混凝土及用普通水泥和矿渣水泥配制的耐火混凝土，必须加入掺合料；矾土水泥配制的耐火混凝土也宜加掺合料；
5. 极限使用温度在350℃及350℃以上的普通水泥和矿渣水泥耐火混凝土，可不加掺合料；
6. 极限使用温度为700℃的矿渣水泥耐火混凝土，如水泥中矿渣含量大于50%，可不加掺合料；
7. 按上述各项要求，由试验室确定施工配合比。

18.16.4.5 耐火混凝土的施工

1. 搅拌与运输

(1) 拌制水泥耐火混凝土时，水泥和掺合料必须拌合均匀。拌制水玻璃耐火混凝土时，氟硅酸钠和掺合料必须先混合均匀。

(2) 耐火混凝土宜采用强制式搅拌机搅拌。以黏土、水泥或水玻璃作为胶凝材料的耐火混凝土，先将原料干混1min，然后加水（或水玻璃）湿混2～4min，总搅拌时间不少于3min。搅拌好的料宜在30min之内用完。

(3) 在满足施工要求条件下，耐火混凝土的用水量（或水玻璃用量）应尽量少用。如用机械振捣，可控制在2cm左右，用人工捣固，宜控制在4cm左右。

(4) 耐火混凝土拌合物，可采用间歇式机械运往施工现场，也可采用混凝土泵运送。

2. 耐火混凝土浇筑

耐火混凝土应分层浇筑，分层振捣。它可以采用机械振动成型或人工捣固成型，后者只适用于施工部位复杂，用量较少的特殊场合。不同捣实方法的耐火混凝土，其捣层厚度不同，但每层厚度不应超过30cm。

3. 耐火混凝土的养护制度

根据其种类不同，耐火混凝土的养护制度可参考表18-88。

耐火混凝土的养护制度　　表 18-88

混凝土种类	养护环境	养护温度（℃）	养护时间（d）
黏土耐火混凝土	自然养护	>20	3～7
高铝水泥耐火混凝土	水中养护或潮湿养护	15～20	>3
硅酸盐水泥耐火混凝土	水中养护、潮湿养护	15～25	>7
镁质水泥耐火混凝土	蒸汽养护	60～80	0.5～1
磷酸盐耐火混凝土	自然养护	>20	3～7
水玻璃耐火混凝土	自然养护	15～30	7～14

4. 热烘烤处理

耐火混凝土非常重要的工艺特点是：需要经过烘烤以后才能使用。养护后待混凝土达到70%强度才能进行热烘烤处理。耐火混凝土的烘烤制度可参照表18-89。

耐火混凝土烘烤热处理制度　　表 18-89

砌体厚度(mm)	<200			200～400			>400		
	升温速度和时间								
温度（℃）	升温速度(℃/h)	需要时间(h)	累计时间(h)	升温速度(℃/h)	需要时间(h)	累计时间(h)	升温速度(℃/h)	需要时间(h)	累计时间(h)
常温～150	20	7	0	15	9	0	10	13	0
150±10 保温	—	24	31	—	32	51	—	40	53
150～350	20	10	41	15	13	54	10	20	73
350±10 保温	—	24	65	—	32	86	—	40	113
350～600	20	13	73	15	17	103	10	25	138
600±10 保温	—	16	94	—	24	127	—	32	170
600～使用温度	35			25			20		

18.16.5　耐腐蚀混凝土

耐腐蚀混凝土是由耐腐蚀胶粘剂、硬化剂、耐腐蚀粉料和粗、细骨料及外加剂按一定的比例组成，经过搅拌、成型和养护后可直接使用的耐腐蚀材料。

18.16.5.1　水玻璃耐酸混凝土

水玻璃耐酸混凝土是由水玻璃作胶结材料，氟硅酸钠作硬化剂，以及耐酸粉料和耐酸骨料或另掺外加剂按一定比例配合而成。它具有良好的物理力学性能、耐化学腐蚀性能，能耐大多数无机酸、有机酸和侵蚀性气体的腐蚀；如果使用耐热性能好的骨料，耐热温度可达 1000℃ 以上；且具有材源广、成本低等优点。水玻璃耐酸混凝土是一种普遍使用的防腐材料，已在我国防腐工程中广泛应用，如浇筑地面整体面层、设备基础、化工、冶金等工业中的大型构筑物的外壳及内衬和大型设备如储酸槽、反应塔等防腐蚀工程。水玻璃耐酸混凝土不能耐碱、热磷酸、氢氟酸和高级脂肪酸的腐蚀。因所用的硬化剂氟硅酸钠有毒性，故不能用于食品工业。水玻璃耐酸混凝土的防渗性差，若用于储酸槽等有腐蚀作用的槽罐衬里时，需要设置沥青卷材或玻璃钢等有效的防渗层。此外，水玻璃混凝土施工较复杂，拆模和养护周期长。

1. 原材料选择

(1) 胶结材料水玻璃具有两项重要的技术性能指标：模数和比密度。

(2) 为加速水玻璃硬化，常使用氟硅酸钠（Na_2SiF_6）作为水玻璃耐酸混凝土的固化剂。氟硅酸钠在存放过程中易受潮结块，应用塑料袋包严，并存放在干燥环境中。使用时发现氟硅酸钠含水率大于 1%，应作烘干处理。氟硅酸钠的细度越小，越能促使硬化反应完全，因而结块的氟硅酸钠，必须经过磨细过筛才能使用。

(3) 耐酸骨料要求其自身耐酸度高、级配良好及不含泥等杂质。常采用的有石英石、花岗石、安山岩、辉绿岩、人造铸石或酸性耐火黏土砖，也可使用石英质的河沙卵石等。

(4) 耐酸粉料是水玻璃耐酸混凝土必不可少的填充料，它的用量与性能影响着混凝土的各项性能，诸如凝结时间、密实度、收缩率以及耐酸稳定性等等，因此粉料在水玻璃耐酸混凝土中起着重要的作用。耐酸粉料是由天然耐酸岩或人造耐酸石材经磨细加工而成，常用的有铸石粉、石英粉、瓷粉等。石英粉耐酸度在 97% 以上，是一种耐酸性好的粉料，但是石英粉配制的耐酸混凝土抗渗性较差，收缩率偏高，这对石英粉的广泛应用带来了一定的局限。铸石粉是由辉绿岩等原料经过高温熔融结晶而后制得的，它的颗粒结构致密，用它配制的耐酸混凝土收缩率小，耐酸液渗透力较强，强度较高。目前，在水玻璃耐酸材料中，铸石粉是广泛应用的一种较理想的耐酸粉料。用瓷粉调制的耐酸混凝土和易性好，其制品收缩较小，耐酸性能强，也是常用的粉料之一。

(5) 掺加改性剂提高混凝土密实度，可改善耐酸混凝土的强度和抗渗性，常用的有呋喃类有机单体、水溶性低聚物、水溶性树脂及烷方基磺酸盐等。

2. 配合比设计

(1) 水玻璃耐酸混凝土配合比的设计应综合考虑混凝土的强度要求、耐酸性要求、抗水性要求及施工性能和成本等。

(2) 设计步骤

1) 水玻璃用量及模数、相对密度的选择。水玻璃用量根据和易性、抗酸及抗水性确定，选择原则是在确保施工和易性情况下水玻璃尽量少用。通常，$1m^3$ 耐酸混凝土水玻璃用量控制在 250~300kg 之间。水玻璃最常使用的模数为 2.6~2.8，密度为 1.38~1.42g/cm^3。

2) 确定氟硅酸钠掺量。氟硅酸钠掺量不宜过多，一般掺量为水玻璃用量的 12%~15%。

3) 确定耐酸粉料及骨料用量。粉料的掺量以 400~550kg/m^3 为宜。粗、细骨料的总用量，可由 $1m^3$ 耐酸混凝土总重量（2300~2400kg/m^3）减去水玻璃、氟硅酸钠和耐酸粉料三者的用量求得，再根据砂率分别求得细骨料和粗骨料用量。砂率一般选择在 38%~45%。

3. 施工工艺

(1) 施工准备。

1) 水玻璃的配制：水玻璃经过模数、密度调整合格后方能使用。

2) 基层表面要求平整，以保证砌筑质量。

3) 需设置隔离层的，隔离层可采用树脂玻璃钢、耐酸橡胶板、沥青油毡、铅板或涂层等。隔离层要求搭接缝平整、严密、不渗漏，并与基层有较好的粘结强度。

4) 如需设置钢筋，钢筋应除锈并涂刷耐酸涂层（如环氧、过氯乙烯漆等）作保护，且宜采用焊接网架，如采用绑扎钢筋，应注意钢丝头不得外露出混凝土保护层。钢筋的耐酸混凝土保护层应在 25mm 以上。

(2) 施工工艺。

1) 水玻璃耐酸混凝土宜选用强制式搅拌机，搅拌时间 4~5min。先将粉料、粗细骨料与氟硅酸钠干拌 1~2min，然后加入水玻璃湿拌 2~3min，直至均匀为止。

2) 搅拌好的水玻璃混凝土，不允许加入任何材料，并需在水玻璃加入起 30min 内用完。

3) 浇筑大面积地面工程时，应分格浇筑，分格缝内可嵌入聚氯乙烯胶泥或沥青胶泥。浇筑厚度超过 20cm 时，应分层浇筑及分层捣实。

4) 水玻璃耐酸混凝土终凝时间较长，模板支撑必须牢固，拼缝严密，表面平整，并防止水玻璃流失。

5) 耐酸贮槽的浇筑以一次连续浇灌成型不留施工缝为宜，如必须留施工缝时，下次浇筑前应将施工缝凿毛，清理干净后涂一层同类型的耐酸稀胶泥，稍干后再继续浇筑。

6) 水玻璃耐酸混凝土拆模时间与温度有关：5~10℃时，不少于 7d；10~15℃时，不少于 5d；16~20℃时，不少于 3d；21~30℃时，不少于 2d；30℃以上时，1d 可拆模。

7) 拆模后，如有蜂窝、麻面、裂纹等缺陷，应将该处混凝土凿去并清理干净，然后薄涂一层水玻璃胶泥，待稍干后再用水玻璃胶泥砂浆进行修补。

(3) 养护工艺。

1) 成型和养护期间做好防潮、防冻和防晒。

2) 宜在 15~30℃的干燥环境中施工和养护。温度低于 10℃时应采取冬期施工措施，如采用电热、热风、暖气等人工加热措施。

3) 养护应避免急冷急热或局部过热，不得与水接触或采用蒸汽养护，也要防止冲击和震动。

4) 水玻璃耐酸混凝土在不同养护温度下的养护期为: 10~20℃时, 不少于12d; 21~30℃时, 不少于6d; 31~35℃时, 不少于3d。

(4) 酸化处理。

1) 酸化处理可提高水玻璃耐酸混凝土的稳定性。酸化处理的龄期应根据试件强度来确定, 一般在完成混凝土养护期后进行。

2) 酸化处理所用酸品种和浓度可参照: ①40%~60%浓度的硫酸; ②15%~25%浓度的盐酸, 或1:2~1:3的盐酸酒精溶液; ③40%~45%浓度的硝酸。

3) 酸化处理时, 宜在15~30℃下进行。每次酸化处理前, 应清除表面析出的白色结晶物。

4) 酸化处理, 要求涂刷均匀, 不少于4次, 每次间隔时间为8~10h。

18.16.5.2 硫磺耐酸混凝土

硫磺耐酸混凝土是以熔融硫磺为胶结材料, 与耐酸粉料和耐酸骨料配制而成。其优点是硬化快、强度高, 结构密实, 抗渗、耐水、耐稀酸性能好, 施工方便, 无需养护, 特别适用于抢修工程、耐酸设备基础、浇筑整体地坪面层等工程部位, 可用作贮酸池衬里(地上或地下)、过滤池、电解槽、桥面、工业地面、下水管等。缺点是收缩性大、耐火性差, 较脆, 不耐磨, 易出现裂纹和起鼓, 不宜用于温度高于90℃以及与明火接触、冷热交替频繁、温度急剧变化和直接承受撞击的部位及面层嵌缝材料。

1. 原材料选择

(1) 胶结材料硫磺。工业用的块状或粉状硫磺, 呈黄色, 熔点为120℃, 要求含硫量不小于98.5%, 含水率不大于1%, 且无机械杂质。

(2) 常用的耐酸粉料有石英粉、辉绿岩粉、安山岩粉等, 当用于耐氢氟酸的硫磺混凝土时, 可用耐酸率大于94%的石墨粉或硫酸钡。耐酸粉料的细度要求通过0.25mm筛孔筛余率≤5%, 通过0.08mm筛孔筛余率为10%~30%; 含水率不大于0.5%。使用前烘干。

(3) 耐酸细骨料常用石英砂, 要求耐酸率不低于94%, 含水率小于0.5%, 含泥量不大于1%, 用孔径1mm的筛过筛, 筛余率不大于5%。使用前烘干。

(4) 耐酸粗骨料常用石英石、花岗石和耐酸碎砖块等, 要求耐酸率应不小于94%, 浸酸安定性应合格, 不含泥土; 粒径要求: 20~40mm的含量不小于85%, 10~20mm的含量不大于15%; 使用前要烘干。

(5) 多采用聚硫橡胶作为增韧剂, 按硫磺用量的1%~3%掺入, 以改善硫磺混凝土的脆性及和易性, 提高抗拉强度。固态聚硫橡胶应质软、富弹性, 细致无杂质, 使用前应烘干。还可使用二氯乙烷、二氯乙基缩甲醛及双环戊二烯等。此外, 还可掺加少量短切纤维提高韧性。

2. 配合比设计

硫磺混凝土的配合比设计多是根据工程需要及经验配制, 其原则是: 粗骨料有适当的空隙率, 硫磺胶泥有一定的流动度, 以便能获得硫磺用量最少而又密实的混合物。

硫磺胶泥、砂浆及混凝土的参考配合比见表18-90。

硫磺胶泥、砂浆及混凝土的参考配合比　　　　　　　　表 18-90

材料名称	配合比（质量百分比）					
	硫磺	粗骨料	细骨料	粉料	增韧剂	短切纤维
硫磺砂浆	48～53	—	30～35	8～10	2～3	0～1
硫磺混凝土	28～33	50～55	10～13	5～8	1.5～2.0	0～1

3. 配制工艺和施工要点

(1) 配制工艺。

1) 熬制硫磺胶结料。将硫磺破碎成 3～4cm 碎块，按配比称量投入特制的砂锅中，温度控制在 130～150℃，加热使硫磺干燥脱水至熔化，加热的同时边加料边搅拌，要注意防止局部过热，且加入量控制在砂锅容积的 1/3～1/2。

2) 另用设备将粉料及细骨料在 130～140℃ 温度下干燥预热，并保持 130℃ 左右待用。

3) 在熬制好的熔融态硫磺中加入经 130℃ 预热干燥的粉料、细骨料，边加边搅拌，加热温度保持在 140～150℃，直至无气泡时为止。

4) 加入粒度小于 20mm 的聚硫橡胶及一些纤维材料，并加强搅拌，温度控制在 150～160℃，待全部加完，再熬 3～4h，直到物料均匀、颜色一致、泡沫完全消失后即可使用。可在保持物料温度 135～150℃ 下进行浇筑，也可注入小模制成砂浆块，需浇筑时再重新熔融浇筑。

(2) 硫磺混凝土施工要点。

1) 浇筑前必须进行粗骨料的干燥和预热，应保证浇筑时粗骨料温度不低于 40℃。

2) 熬制硫磺胶泥或砂浆，见上述配制工艺。

3) 注模施工。①搅拌注模法，即将干燥预热后的粗骨料投入熬制硫磺胶泥或砂浆的锅中，保持温度不低于 140℃，搅拌均匀后注入模具。此法一般用于小型构件或砌块。②填充注模法，即将干燥预热后的耐酸粗骨料预先虚铺在模板（或模具）内，每层厚度不宜大于 40cm。在浇注点，可在铺放骨料时每隔 35cm 左右预埋直径 6～8cm 的钢管作为浇注孔，边浇边抽出。浇筑应连续进行，不得中断。分层浇筑的，浇筑第二层前应将第一层表面收缩孔中的针状物凿除。浇灌立面时，每层硫磺混凝土的水平施工缝应露出石子，垂直施工缝应相互错开。

4) 施工中要特别注意安全防护。工作人员操作时要戴口罩、手套等保护用品；熬制地点应在下风向；室内熬制应设排气罩；施工人员站在上风方向；熬制硫磺要严格控制温度，防止着火。发现黄烟应立即撤火降温，局部燃烧时可撒石英粉灭火。

18.16.5.3 沥青耐酸混凝土

沥青耐酸混凝土的特点是整体无缝，有一定弹性，材料来源广泛，价格比较低廉，施工简单方便，无需养护，冷固后即可使用，能耐中等浓度的无机酸、碱和盐类的腐蚀。其缺点是耐热性较差，使用温度一般不能高于 60℃，而且易老化，强度比较低，遇重物易变形，色泽不美观，用于室内影响光线等。沥青耐酸混凝土多用作基础、地坪的垫层或面层。

1. 原材料选择

沥青耐酸混凝土是由胶凝材料沥青、粉料、粗细骨料和纤维状填料等组成。

(1) 配制沥青耐酸混凝土所用的沥青材料,主要是石油沥青和煤沥青。在实际工程施工中,一般选用10号或30号建筑石油沥青。不与空气直接接触的部位,例如在地下和隐蔽工程中,也可以使用煤沥青。

(2) 配制沥青耐酸混凝土的粉料,可采用石英粉、辉绿岩粉、瓷粉等耐酸粉料。当用于耐氢氟酸工程时,可用耐酸率大于94%的石墨粉或硫酸钡。粉料的湿度应不大于1%,细度要求通过0.25mm筛孔筛余率≤5%,通过0.08mm筛孔筛余率为10%～30%。

(3) 配制沥青耐酸混凝土的粗细骨料,采用石英岩、花岗岩、玄武岩、辉绿岩、安山岩等耐酸石料制成的碎石或砂子,其耐酸率不应小于94%,吸水率不应大于2%,含泥量不应大于1%。细骨料应用级配良好的砂,最大粒径不超过1.25mm,孔隙率不应大于40%;粗骨料的最大粒径不超过面层分层铺设厚度的2/3,一般不大于25mm,孔隙率不应大于45%。

(4) 配制沥青耐酸混凝土的纤维状填料,一般可采用6级石棉绒,如可采用角闪石类石棉。要求含水率小于7%,在施工条件允许时,也可采用长度4～6mm的玻璃纤维。

2. 配合比设计

沥青耐酸混凝土的配合比,应根据试验确定。在进行初步配合比设计时,可参考表18-91。

沥青耐酸混凝土的参考配合比　　　　　　　表 18-91

混凝土种类	粉料和骨料混合物	沥青含量（质量分数,%）
细粒式沥青混凝土	100	8～10
中粒式沥青混凝土	100	7～9

3. 配制工艺和施工工艺

(1) 配制工艺。

将沥青碎块加热至160～180℃后搅拌脱水、去渣,使其不再起泡沫,直至沥青升到规定温度时(建筑石油沥青200～230℃,普通石油沥青250～270℃)为止。当用两种不同软化点的沥青时,应先熔化低软化点的沥青,待其熔融后,再加入高软化点的沥青。按设计的施工配合比,将预热至140℃左右的干燥粉料和骨料混合均匀,随即将熬制好、温度为200～230℃的沥青逐渐加入,并进行强烈搅拌,直至全部粉料和骨料被沥青包裹均匀为止。沥青耐酸混凝土的拌合温度应当适宜,当环境温度在5℃以上时为160～180℃,当环境温度在-10～5℃时为190～210℃。

(2) 施工工艺。

在沥青耐酸混凝土摊铺前,在已涂有沥青冷底子油的水泥砂浆或混凝土基层上,先涂一层沥青稀胶泥(沥青:粉料=10:3)。一般情况下,沥青耐酸混凝土的摊铺温度为150～160℃,压实后的温度为110℃;当环境温度在0℃以下时,摊铺温度为170～180℃,压实后的温度不低于100℃,摊铺后应用铁滚进行压实。为防止铁滚表面粘结沥青混凝土,可涂刷防粘剂(柴油:水=1:2)。

沥青耐酸混凝土应尽量不留施工缝。如果工程量较大,确实需要留设施工缝时,垂直施工缝应留成斜槎。继续施工时,应把槎面处清理干净,然后覆盖一层热沥青砂浆,或热沥青混凝土进行预热,预热后将覆盖层除去,涂一层热沥青或沥青稀胶泥后继续施工。当采用分层施工时,上下层的垂直施工缝要错开,水平施工缝之间也应涂一层热沥青或沥青稀胶泥。

细粒式沥青耐酸混凝土,每层的压实厚度不宜超过30mm;中粒式沥青耐酸混凝土,每层的压实厚度不应超过60mm。混凝土的虚铺厚度应经试验确定。当采用平板式振动器时,一般为压实厚度的1.3倍。

沥青耐酸混凝土如果表层有起鼓、裂缝、脱落等缺陷,可将缺陷处挖除,清理干净后涂上一层热沥青,然后用沥青砂浆或沥青混凝土趁热填补压实。

18.16.6 补偿收缩混凝土

18.16.6.1 概述

补偿收缩混凝土,是指在混凝土中掺入适量膨胀剂或用膨胀水泥配制的混凝土。补偿收缩混凝土宜用于混凝土结构自防水、工程接缝填充、采取连续施工的超长混凝土结构、大体积混凝土等工程。

18.16.6.2 补偿收缩混凝土的技术性能

补偿收缩混凝土的设计强度等级应符合现行国家标准《混凝土结构设计标准》GB/T 50010的规定。用于后浇带和膨胀加强带的补偿收缩混凝土的设计强度等级应比两侧混凝土提高一个等级。

限制膨胀率的设计取值应符合表18-92的规定。使用限制膨胀率大于0.060%的混凝土时,应预先进行试验研究。

限制膨胀率的设计取值　　　　　　　　表18-92

结构部位	限制膨胀率(%)
板梁结构	≥0.015
墙体结构	≥0.020
后浇带、膨胀加强带等部位	≥0.025

限制膨胀率应以0.005%的间隔为一个等级。

对下列情况,表18-92中的限制膨胀率取值宜适当增大。

(1) 强度等级大于等于C50的混凝土,限制膨胀率宜提高一个等级;
(2) 约束程度大的桩基础底板等构件;
(3) 气候干燥地区、夏季炎热且养护条件差的构件;
(4) 结构总长度大于120mm;
(5) 屋面板;
(6) 室内结构越冬外露施工。

18.16.6.3 补偿收缩混凝土配合比设计

补偿收缩混凝土原材料选择应符合《补偿收缩混凝土应用技术规程》JGJ/T 178—2009的相关规定。补偿收缩混凝土的配合比设计,应满足设计所需要的强度、膨胀性能、抗渗性、耐久性等技术指标和施工工作性要求。配合比设计应符合现行行业标准《普通混凝土配合比设计规程》JGJ 55的规定。使用膨胀剂品种应根据工程要求事先进行选择。

膨胀剂掺量应根据设计要求的限制膨胀率,并应采用实际工程使用的材料,经过混凝土配合比试验后确定。配合比试验的限制膨胀率值应比设计值高0.005%,试验时,每立方米混凝土膨胀剂用量可按表18-93选取。

每立方米混凝土膨胀剂用量　　　　　　表18-93

用途	混凝土膨胀剂用量（kg/m³）
用于补偿混凝土收缩	30～50
用于后浇带、膨胀加强带和工程接缝填充	40～60

补偿收缩混凝土的水胶比不宜大于0.50。

单位胶凝材料用量应符合现行国家标准《混凝土外加剂应用技术规范》GB 50119的规定,且补偿收缩混凝土单位胶凝材料用量不宜小于300kg/m³。用于膨胀加强带和工程接缝填充部位的补偿收缩混凝土单位胶凝材料用量不宜小于350kg/m³。

有耐久性要求的补偿收缩混凝土,其配合比设计应符合现行国家标准《混凝土结构耐久性设计标准》GB/T 50476的规定。

18.16.6.4　补偿收缩混凝土的施工

补偿收缩混凝土的浇筑和养护应符合现行国家标准《混凝土质量控制标准》GB 50164的有关规定。

补偿收缩混凝土的浇筑应符合下列规定:

(1) 浇筑前应制定浇筑计划,检查膨胀加强带和后浇带的设置是否符合设计要求,浇筑部位应清理干净。

(2) 当施工中因遇到雨、雪、冰雹需留施工缝时,对新浇混凝土部分应立即用塑料薄膜覆盖;当出现混凝土已硬化的情况时,应先在其上铺设30～50mm厚的同配合比无粗骨料的膨胀水泥砂浆,再浇筑混凝土。

(3) 当超长的板式结构采用膨胀加强带取代后浇带时,应根据所选膨胀加强带的构造形式,按规定顺序浇筑。间歇式膨胀加强带和后浇式膨胀加强带浇筑前,应将先期浇筑的混凝土表面清理干净,并充分湿润。

(4) 水平构件应在终凝前采用机械或人工的方式,对混凝土表面进行三次抹压。

补偿收缩混凝土的养护应符合下列规定:

(1) 补偿收缩混凝土浇筑完成后,应及时对暴露在大气中的混凝土表面进行潮湿养护,养护期不得少于14d。对水平构件,常温施工时,可采取覆盖塑料薄膜并定时洒水、铺湿麻袋等方式。底板宜采取直接蓄水养护方式。墙体浇筑完成后,可在顶端设多孔淋水管,达到脱模强度后,可松动对拉螺栓,使墙体外侧与模板之间有2～3mm的缝隙,确保上部淋水进入模板与墙壁间,也可采取其他保湿养护措施。

(2) 在冬期施工时,构件拆模时间应延至7d以上,表层不得直接洒水,可采用塑料薄膜保水,薄膜上部再覆盖岩棉被等保温材料。

(3) 已浇筑完混凝土的地下室,应在进入冬期施工前完成回填工作。

(4) 当采用保温养护、加热养护、蒸汽养护或其他快速养护等特殊养护方式时,养护制度应通过试验确定。

18.16.7 防辐射混凝土

18.16.7.1 概述

防辐射混凝土是指干表观密度不小于 2800kg/m³ 的混凝土,多用于防护和屏蔽核辐射,一般用密度较大的重晶石、铁矿石、石灰石、铁质骨料、铅质骨料等为骨料配制。对于防辐射混凝土,除了要密度大,还需含大量结合水,且热导率高、热膨胀系数和干燥收缩率小。当然,一定的结构强度、良好的匀质性等也是必不可少的。

18.16.7.2 防辐射混凝土的技术性能

1. 干表观密度

干表观密度是防辐射混凝土区别于普通混凝土的主要指标,也是其防射线效果的主要指标。防辐射混凝土使用要求不同,其选用的密度也不同。防辐射混凝土干表观密度确定后,可通过不同密度的骨料合理搭配实现特定的密度值。

2. 热导率

对于防辐射混凝土,热导率高,即导热性好,可使局部的温升最小。其导热性很大程度上由骨料性质决定。磁铁矿配制的防辐射混凝土,其导热性与普通混凝土大致相同;采用钢铁块骨料配制的防辐射混凝土,其导热性比普通混凝土高;采用重晶石配制的防辐射混凝土,其导热系数比普通混凝土小。

18.16.7.3 防辐射混凝土配合比设计

1. 配合比设计基本要求

防辐射混凝土由于采用了相对密度较大的材料作为骨料,在进行配合比设计时,应确保混凝土强度、流动性(适宜浇筑且不离析)及密度满足要求。为保证防辐射混凝土的防护能力,还要考虑化学结合水含量。

2. 配合比设计步骤

防辐射混凝土配合比设计与普通混凝土配合比设计基本相同,包括配置强度的计算、确定水灰比和用水量、计算水泥用量、计算粗细骨料用量、计算砂率、计算砂、石用量以及试拌校正。同时防辐射混凝土配合比设计应符合《防辐射混凝土》GB/T 34008—2017 中的相关要求。

18.16.7.4 防辐射混凝土的施工

防辐射混凝土的施工,由于其采用了重骨料,在实现混凝土的工作性的同时还要确保骨料不离析。在防辐射混凝土搅拌、运输、浇筑过程中要注意以下问题:

(1)搅拌及运输。防辐射混凝土的搅拌容量和运输车容量应根据其设计表观密度和普通混凝土表观密度的比值进行相应比例减小。

(2)防辐射混凝土搅拌应使用强制式搅拌机。搅拌时的投料顺序宜为骨料、水泥、矿物掺合料等干料先预搅拌 10~15s,加水和外加剂后再搅拌 60s 以上;对于使用重晶石骨料的防辐射混凝土,在保证搅拌均匀的情况下,可适当缩短搅拌时间。

(3)着重检查模板的加固措施,保证在混凝土自重或较大的侧压力下不发生损坏和变形。

(4)在雨、雪、风等天气情况下,不宜浇筑防辐射混凝土。

(5)防辐射混凝土浇筑要使用振捣器,防止浇筑过程中防辐射混凝土分层。浇筑时发生分层现象，应立即查找原因消除分层；对已浇筑完毕混凝土发生分层的，可利用振捣器向其中压入骨料以改进质量。

(6) 分层浇筑防辐射混凝土时，施工前可预填骨料灌浆混凝土，可避免骨料下沉，并有利于防辐射混凝土堆积密度均匀。

(7) 采用褐铁矿为骨料的防辐射混凝土，不宜加入过多的拌合水，且不适用先将重骨料填充于模板中再压入水泥砂浆的浇筑方法。

(8) 对于大体积防辐射混凝土的施工，要采取一定的导温措施，防止水泥水化热集中造成的温差裂缝。

(9) 重视混凝土养护，尤其对用于防中子射线的重混凝土。

(10) 防辐射混凝土可能发生卸料困难等问题，应按照试验提前制定方案，及时解决问题。

18.16.8 清水混凝土

18.16.8.1 概述

清水混凝土是直接利用混凝土成型后的自然质感作为饰面效果的混凝土。它属于一次浇筑成型，不做任何外装饰，直接由结构主体混凝土本身的肌理、质感和精心设计施工的明缝、禅缝和对拉螺栓孔等组合而形成的一种自然状态装饰面。因此清水混凝土不同于普通混凝土，它具有绿色混凝土与高性能混凝土的特点，其表面平整光滑，色泽均匀，棱角分明，无碰损和污染，只是在表面涂一层或两层透明的保护剂，显得天然、庄重。

根据对清水混凝土表观质量的要求程度，清水混凝土可划分为三类：普通清水混凝土、饰面清水混凝土、装饰清水混凝土。

18.16.8.2 清水混凝土的技术性能

1. 表观质量

(1) 清水混凝土表面颜色应无明显色差，不存在或存在少量修补痕迹；

(2) 清水混凝土表面气泡应分散，饰面清水混凝土表面气泡最大直径不大于8mm，深度不大于2mm，每平方米气泡面积不大于20cm^2；

(3) 清水混凝土表面裂缝宽度应小于0.2mm，饰面清水混凝土还应满足长度不大于1000mm；

(4) 清水混凝土表面不应有明显漏浆、流淌及冲刷痕迹，饰面清水混凝土还应满足无油迹、无墨迹、无锈斑及无粉化物。

2. 强度等级

(1) 普通钢筋混凝土结构采用的清水混凝土强度等级不宜低于C25。

(2) 当钢筋混凝土伸缩缝的间距不符合现行国家标准《混凝土结构设计标准》GB/T 50010的规定时，清水混凝土强度等级不宜高于C40。

(3) 相邻清水混凝土结构的混凝土强度等级宜一致。

(4) 无筋和少筋混凝土结构采用清水混凝土时，可由设计确定。

3. 工作性

(1) 清水混凝土应具有设计要求的和易性、泵送性等施工性能。

(2) 清水混凝土应具有适当的流动性、触变性和较小的泌水率。

(3) 清水混凝土应具有较小的坍落度经时损失,工作性应在施工阶段基本保持不变。

4. 其他性能

(1) 适当的初凝时间,比如 6～8h。
(2) 不作为抗冻混凝土下适当的含气量,一般控制在-2%左右。
(3) 较好的混凝土早期抗裂性能。
(4) 一定的抗碳化性能等设计要求的其他耐久性指标。

18.16.8.3 清水混凝土配合比设计

(1) 清水混凝土配合比设计可按照国家现行标准《混凝土结构工程施工质量验收规范》GB 50204、《普通混凝土配合比设计规程》JGJ 55 的规定进行,并应满足设计所需要的强度、坍落度、工作性、耐久性等技术指标的要求。因其对硬化后混凝土的外观质量提出的特殊要求,故在配合比设计过程中还需注意以下方面:

1) 原材料的选择:

① 水泥宜选用强度等级不低于 42.5 级的硅酸盐水泥、普通硅酸盐水泥。宜为同一生产厂商、同一强度等级、最好能做到同一批号和同一熟料磨制的色泽均匀的水泥,同时还应考虑水泥货源充足性、质量稳定性、与外加剂适应性等方面。

② 粗骨料(碎石)应选用岩石抗压强度高、连续级配好、颜色均匀、表面洁净不带杂物的碎石,要求定产地、定规格、定颜色。并应符合表 18-94 的质量要求。

粗骨料质量要求　　　　　　　表 18-94

混凝土强度等级	≥C50	<C50
含泥量(按质量计,%)	≤0.5	≤1.0
泥块含量(按质量计,%)	≤0.2	≤0.5
针、片状颗粒含量(按质量计,%)	≤8	≤15

③ 细骨料(砂)宜采用细度模数 2.5 左右的中砂,要求同一产地、同一规格、相同颜色,并应符合表 18-95 的质量要求。

细骨料质量要求　　　　　　　表 18-95

混凝土强度等级	≤C50	<C50
含泥量(按质量计,%)	≤2.0	≤3.0
泥块含量(按质量计,%)	≤0.5	≤1.0

④ 外掺料,为减少混凝土中水泥用量,提高新拌混凝土流动性和硬化混凝土的密实性能,提高混凝土后期强度和耐久性,在清水混凝土配合比设计时可掺入一定量的粉煤灰和磨细矿渣粉等外掺料。除应满足《用于水泥和混凝土中的粉煤灰》GB/T 1596—2017 和《用于水泥、砂浆和混凝土中的粒化高炉矿渣粉》GB/T 18046 等规定外,同一工程所用的掺和料应来自同一厂家、同一规格型号,掺和料颜色宜一致,且浅色为宜。使用粉煤灰时宜选用 Ⅰ 级灰,严禁采用 C 类粉煤灰和 Ⅱ 级以下的粉煤灰。

⑤ 外加剂,目前混凝土用减水剂主要是萘系高效减水剂和聚羧酸高效减水剂,由于萘系高效减水剂往往颜色较深且减水率不如聚羧酸高效减水剂,故在配制清水混凝土时最好选用聚羧酸系高效减水剂,应按照混凝土原材料试验结果确定外加剂型号和用量。

⑥水，清水混凝土宜采用不含杂质的饮用水。

2）配合比设计时还应注意：

①普通钢筋混凝土结构采用的清水混凝土强度等级不宜低于C25。

②清水混凝土的坍落度不能设计过大也不能设计太小，过大可能产生过多的泌水，过小可能导致振捣后依然留有较大的气孔。坍落度可设计在150mm左右。

③应充分考虑混凝土的和易性，砂率可选42%左右，胶凝总量不宜低于400kg/m³。

④用水量与外加剂的掺量匹配，确保其他性能的前提下得到尽量小的泌水率。

⑤适当控制混凝土的黏度，能促进振捣时气泡的排出。

⑥考虑实际工程的进度，混凝土的初凝时间易控制在6小时以上。

⑦经过初步配制试验确定的混凝土配合比，在条件允许的情况下，可进行上机试验验证，确保在实际生产的条件下混凝土拌合物的性能符合设计和施工要求。

(2) 清水混凝土配合比设计除应符合国家现行标准《混凝土结构工程施工质量验收规范》GB 50204、《普通混凝土配合比设计规程》JGJ 55 的规定外，尚应符合下列规定：

1）应按照设计要求进行试配，确定混凝土表面颜色；

2）应按照混凝土原材料试验结果确定外加剂型号和用量；

3）应考虑工程所处环境，根据抗碳化、抗冻害、抗硫酸盐、抗盐害和抑制碱—骨料反应等对混凝土耐久性产生影响的因素进行配合比设计；

4）配制清水混凝土时，应采用矿物掺合料。

18.16.8.4 清水混凝土的施工

1. 施工准备

施工之前的准备工作包括模板与钢筋工程的设计、施工，还包括隔离剂等的选用。应根据清水混凝土结构特点及工程情况编制施工组织设计及专项施工方案。施工现场拌制清水混凝土还需原材料的进料储备，当然如果由专业的搅拌站提供的话可将清水混凝土的具体技术要求提供给搅拌站技术部门，施工方可对到达工地现场的清水混凝土拌合物性能进行检测，确认是否达到设计的施工要求。

(1) 对模板的质量要求：

1）模板的面板应选用表面光滑、颜色均匀一致、满足强度、刚度要求的材料，且易加工。

2）胶合板面板宜采用 A 等品，其技术性能应符合《混凝土模板用胶合板》GB/T 17656—2018 的有关规定，面板应有出厂合格证和检验报告。

3）钢模板的面板应选用厚度不小于5mm的钢板制作，材质不应低于Q235A，面板二次使用前应打磨。

4）同一工程使用同种面板材料，使成型的混凝土结构表面观感一致。

(2) 隔离剂的选用：

1）隔离剂应满足混凝土表面质量的要求，涂刷方便，容易脱模，易于清理；不引起混凝土表面起粉和产生气泡，不改变混凝土表面的本色，不污染和腐蚀模板。

2）隔离剂的选用宜通过工艺试验进行对比，满足设计要求的混凝土表面效果及施工条件方可使用。隔离剂可采用喷涂或刷涂，涂层薄而均匀、无漏刷。涂刷前应检查模板表面清洁程度，涂刷过程中应避免污染钢筋和混凝土接缝处。

(3) 钢筋工程注意事项：

1) 钢筋应清洁、无明显锈蚀和污染。每个钢筋交叉点均应绑扎，绑扎钢丝不应少于2圈，且扎口及尾端朝向构件截面的内侧。

2) 钢筋保护层垫块应与清水混凝土的颜色接近，垫块与钢筋绑扎牢固，宜呈梅花形布置。

3) 模板就位前，应先弹出对拉螺栓孔眼的位置，遇到对拉螺栓与钢筋位置冲突时，可适当调整钢筋位置，但调整幅度应在规范允许范围内。

(4) 各种缝的处理：

1) 清水混凝土结构作为一种装饰效果其本身在设计时就是可以与一些规则有序、返璞归真的施工印迹和谐共存的。

2) 对拉螺栓孔是按照施工要求设置的用于墙体内、外侧模板之间的拉结，以承受混凝土侧压力及其他荷载的对拉螺杆，在模板拆除后留在墙上的有规则排列的凹孔；施工时应做到对位精准、大小一致。禅缝即模板面板拼缝在混凝土表面留下的细小痕迹；施工时模板拼接应严丝合缝，拆模后形成的禅缝应细小、一致。它们都属于明缝，即按照设计要求，混凝土表面有规则的装饰性线条或凹入混凝土表面的分隔缝，是清水混凝土装饰效果的组成部分之一。

3) 施工缝，即在混凝土浇筑过程中，因实际要求或施工需要分段浇筑而在先、后浇筑的混凝土之间所形成的接缝。施工缝的留置应严格按照设计要求，应在满足受力要求的前提下，留置在有其他装饰的分隔缝的位置，以免影响整体的美观。如因施工需要留置施工缝的，需监理审核施工预案，并应上报设计核准。

清水混凝土结构正式施工前，施工单位应会同建设（监理）等有关单位选取样板构件做工艺试验，确定混凝土浇筑时间间隔、外加剂掺量等技术参数以及下述施工工艺的验收参照标准：

1) 混凝土拌合物的实际工作性能；

2) 模板体系施工工艺和隔离剂对比选用；

3) 混凝土浇筑和振捣工艺；

4) 混凝土表面修补和处理。

现场宜制作同比例试验模型或选取地下主体结构墙体作为工艺试验的样板构件。

2. 制备与运输

(1) 搅拌清水混凝土时应采用强制式搅拌设备，每次搅拌时间宜比普通混凝土延长20~30s。

(2) 同一视觉范围内所用清水混凝土拌合物的制备环境、技术参数应一致。

(3) 清水混凝土生产过程中，一定要严格按照试验确定的配合比进行投料。

(4) 清水混凝土拌合物工作性能应稳定，且无泌水离析现象，90min的坍落度经时损失值宜小于30mm。

(5) 清水混凝土拌合物入泵坍落度值：柱混凝土宜为150±20mm，墙、梁、板的混凝土宜为170±20mm。

(6) 清水混凝土拌合物的运输宜采用专用运输车，装料前容器内应清洁、无积水。运输线路应畅通平整。

(7) 清水混凝土拌合物从搅拌结束到入模前不宜超过 90min。当环境温度高于 30℃ 时，时间间隔不宜超过 60min。

(8) 进入施工现场的清水混凝土应逐车检查坍落度，不得有分层、离析现象。

3. 混凝土浇筑

(1) 清水混凝土浇筑前应保持模板内清洁、无积水。

(2) 混凝土自由下料高度应控制在 2m 以内，当自由下料高度过高时可采用串筒、溜槽等辅助设备。

(3) 向构件浇筑时，应严格控制分层浇筑的间隔时间。分层厚度不宜超过 500mm。

(4) 门窗洞口宜从两侧同时浇筑清水混凝土，避免模板偏位或压力不均匀产生变形。

(5) 新浇筑的清水混凝土入模温度不应高于 30℃。

(6) 清水混凝土振捣工艺和时间应根据设备性能、配合比、模板的不同经工艺试验确定。

(7) 振捣过程应均匀，严禁漏振、过振、欠振；振捣棒插入下层混凝土表面的深度应在 50~100mm。

(8) 清水混凝土构件在浇筑后 1h 内，应在靠近模板表面位置进行二次振捣。

(9) 雨期施工应制定相应的防护及排水措施，严禁暴雨时浇筑混凝土。

(10) 后续清水混凝土浇筑前，应先剔除施工缝处松动石子或浮浆层，剔除后应清理干净。

4. 模板拆除及混凝土养护

(1) 清水混凝土构件的模板拆除，除需要达到混凝土强度规范和设计要求的拆除强度之外，还应保证结构表面及棱角不受损坏。

(2) 大模板在起吊之前应先检查模板与混凝土结构之间所有对拉螺栓、连接件等是否全部移除，应在确认模板和混凝土结构之间无任何连接后方可起吊，移动模板时不应碰撞墙体。

(3) 模板拆除后应及时清理粘结在面板上的混凝土残渣，对变形和面板受损部位应及时修复后吊至存放处备用。

(4) 清水混凝土拆模后应立即养护，可采用覆盖保湿或涂刷养护剂对构件进行养护。

(5) 对同一视觉范围内的清水混凝土应采用相同的养护措施。

(6) 清水混凝土养护时，不得采用对混凝土表面有污染的养护材料和养护剂。

5. 冬期施工

(1) 掺入混凝土的防冻剂，应经试验对比，混凝土表面不得产生明显色差。

(2) 冬期施工时，应在塑料薄膜外覆盖对清水混凝土无污染且阻燃的保温材料。

(3) 混凝土罐车和输送泵应有保温措施，混凝土入模温度不应低于 10℃。

(4) 混凝土施工过程中应有防风措施；当室外气温低于 -10℃ 时，不得浇筑混凝土。

(5) 日均气温低于 -5℃ 时，不应采用洒水养护。

(6) 模板和保温层应在混凝土表面温度与外界温度相差不大于 20℃ 时拆除，拆模后的混凝土应及时覆盖，使其缓慢冷却。

6. 混凝土表面处理

普通清水混凝土表面宜涂刷透明保护涂料；饰面清水混凝土表面应涂刷透明保护涂料。对局部不满足外观质量要求的部位应进行处理，应由施工单位编写方案、做样板，经监理（建设）单位、设计单位同意后实施。同一视觉范围内的涂料施工工艺应一致，表面处理的施工工艺可参考以下方法：

（1）气泡处理：清理混凝土表面，用原混凝土同配比减砂石水泥浆刮补墙面，待硬化后，用细砂纸均匀打磨，用水冲洗洁净。

（2）螺栓孔眼处理：清理螺栓孔眼表面，将原堵头放回孔中，用专用刮刀取界面剂的稀释液调制同配合比减石子的水泥砂浆刮平周边混凝土面，待砂浆终凝后擦拭混凝土表面浮浆，取出堵头，喷水养护。

（3）漏浆部位处理：清理混凝土表面松动砂子，用刮刀取界面剂的稀释液调成颜色与混凝土基本相同的水泥腻子抹于需处理部位。待腻子终凝后用砂纸磨平、刮至表面平整、阳角顺直，喷水养护。

（4）明缝处胀模、错台处理：用铲刀铲平，打磨后用水泥浆修复平整。明缝处拉通线，切割超出部分，对明缝上下阳角损坏部位先清理浮渣和松动混凝土，再用界面剂的稀释液调制同配比减石子砂浆，将明缝条平直嵌入明缝内，将砂浆填补到处理部位，用刮刀压实刮平，上下部分分次处理；待砂浆终凝后，取出明缝条，及时清理被污染的混凝土表面，喷水养护。

（5）螺栓孔的封堵：采用三节式螺栓时，中间一节螺栓留在混凝土内，两端的锥形接头拆除后用补偿收缩防水水泥砂浆封堵，并用专用封孔模具修饰，使修补的孔眼直径、孔眼深度与其他孔眼一致，并喷水养护。采用通丝型对拉螺栓时，螺栓孔用补偿收缩水泥砂浆和专用模具封堵，取出堵头后，喷水养护。

7. 成品保护与验收

成品保护不仅是混凝土的成品保护，同时还有模板和钢筋工程的成品保护。

（1）浇筑清水混凝土时不应污染、损伤成品清水混凝土。

（2）拆模后对易磕碰的阳角部位采用多层板、塑料等硬质材料进行保护。

（3）当挂架、脚手架、吊篮等与成品清水混凝土表面接触时，应使用垫衬保护。

（4）严禁随意剔凿成品清水混凝土表面。确需剔凿时，应制定专项施工措施。

（5）混凝土外观质量与检验方法应符合表18-96的规定。

检查数量：抽查各检验批的30%，且不应少于5件。

清水混凝土外观质量与检验方法　　　　　　　　　　表18-96

项次	项目	普通清水混凝土	饰面清水混凝土	检查方法
1	颜色	无明显色差	颜色基本一致，无明显色差	距离墙面5m观察
2	修补	少量修补痕迹	基本无修补痕迹	距离墙面5m观察
3	气泡	气泡分散	最大直径不大于8mm，深度不大于2mm，每平方米气泡面积不大于20cm²	尺量
4	裂缝	宽度小于0.2mm	宽度小于0.2mm，且长度不大于1000mm	尺量、刻度放大镜
5	光洁度	无明显漏浆、流淌及冲刷痕迹	无漏浆、流淌及冲刷痕迹，无油迹、墨迹及锈斑，无粉化物	观察
6	对拉螺栓孔眼	—	排列整齐、孔洞封堵密实，凹孔棱角清晰圆滑	观察、尺量
7	明缝	—	位置规律、整齐、深度一致、水平交圈	观察、尺量
8	禅缝	—	横平竖直、水平交圈、竖向成线	观察、尺量

18.17 现浇混凝土结构质量控制

18.17.1 现浇混凝土结构分项工程质量控制

18.17.1.1 概述

现浇混凝土结构分项工程应严格进行质量控制,从施工阶段着手控制为主,并严格进行验收检验、验收后对有缺陷位置进行修整返工,实现对混凝土结构的全过程质量控制,混凝土的质量应满足现行国家标准《混凝土结构工程施工质量验收规范》GB 50204 的相关规定。

18.17.1.2 混凝土相关资料审查

应审查水泥出厂质量试验报告、水泥进场复试报告、粗细骨料的复试报告、钢筋出厂质量证明书、钢筋原材料复试报告、钢筋焊接试验报告;审查复试项目、试件数量、试验结果是否符合要求;审查混凝土外加剂出厂合格证、产品合格证、产品说明书试验报告,注意该外加剂对混凝土后期强度和耐久的影响;审查混凝土配合比通知单;审查水灰比、单位用水量、砂率、胶结材料用量。

18.17.1.3 和易性控制

坍落度试验是一种简便易行、很适合现场检测的试验方法,是混凝土浇筑过程中重点控制的内容。它能很大程度上反映混凝土的和易性,也可检测出现场搅拌的混凝土是否符合设计配合比。作为现场监理工程师应特别注意随时抽查混凝土的坍落度,若发现混凝土拌合物过干,应保持原配合比中的水灰比不变,加水泥浆若过稀,应保持原配合比砂率不变,加骨料。尤其是泵送混凝土如果控制不好,将严重影响混凝土质量,造成较大的质量隐患。

18.17.1.4 浇筑控制

混凝土浇筑前必须先根据现场情况做好施工组织,根据工程特点合理安排混凝土浇筑路径和顺序,按施工规范要求设置施工缝。当混凝土浇筑路径和顺序安排不合理时,往往会出现刚浇筑完成的混凝土被踩踏、车压等违规现象。采用机械搅拌、振捣,振捣必须及时,应均匀振捣,赶出混凝土中的气泡,防止蜂窝麻面,振捣时派专人跟踪看模及振捣情况。

18.17.1.5 养护控制

在养护工序中,应控制混凝土处于有利于强度增长的温度和湿度环境中,使硬化后的混凝土具有必要的强度和耐久性。应要求施工单位根据施工对象、环境、水泥品种、外加剂以及对混凝土性能的要求,提出具体的养护方案,并严格执行规定的养护制度。

(1) 在混凝土浇筑完毕后,应在 12h 后加以覆盖草席和浇水或采用其他措施进行养护,保证混凝土保持湿润状态。

(2) 混凝土的浇水养护日期:对于硅酸盐水泥、普通硅酸盐水泥、矿渣水泥拌制的混凝土,不得少于 7 昼夜;掺用缓凝型外加剂或有抗渗抗冻要求的混凝土,不得少于 14 昼夜。

(3) 浇水次数以保持混凝土具有足够的湿润状态为宜。

(4) 对大体积混凝土的养护,应根据气候条件采取控温措施,并按需要测定浇筑后混凝土表面和内部温度,将温度控制在设计要求的范围内。

(5) 在已浇筑的混凝土强度达到 $1.2N/m^2$ 以前,不准在上踩踏或安装模板及支架。

18.17.1.6 质量验收

除施工阶段的质量控制之外,还应对混凝土工程进行质量验收,检查缺陷,并进行进一步的质量整改。

混凝土结构缺陷可分为尺寸偏差缺陷和外观缺陷。尺寸偏差缺陷和外观缺陷可分为一般缺陷和严重缺陷。混凝土结构尺寸偏差超出规范规定,但尺寸偏差对结构性能和使用功能未构成影响时,属于一般缺陷;而尺寸偏差对结构性能和使用功能构成影响时,属于严重缺陷。现浇结构质量验收应符合下列规定:

(1) 现浇结构质量验收应在拆模后、混凝土表面未作修整和装饰前进行,即使混凝土表面存在缺陷,验收前也不应进行修整、装饰或各种方式的覆盖,并应做好记录;

(2) 已经隐蔽的不可直接观察和量测的内容,可检查隐蔽工程验收记录;

(3) 修整或返工的结构构件或部位应有实施前后的文字及图像记录。

施工过程中发现混凝土结构缺陷时,应认真分析缺陷产生的原因。对严重缺陷施工单位应制定专项修整方案,方案经论证审批后方可实施,不得擅自处理。在具体实施中,外观质量缺陷对结构性能和使用功能等的影响程度,应由监理、施工等各方根据其对结构性能和使用功能影响的严重程度共同确定。对于具有外观质量要求较高的清水混凝土,考虑到其装饰效果属于主要使用功能,可将其表面外形缺陷、外表缺陷定为严重缺陷。

1. 外观质量

现浇混凝土结构的外观质量缺陷应由监理单位、施工单位等各方根据其对结构性能和使用功能影响的严重程度按表 18-97 确定。

现浇结构外观质量缺陷 表 18-97

名称	现象	严重缺陷	一般缺陷
露筋	构件内钢筋未被混凝土包裹而外露	纵向受力钢筋有露筋	其他钢筋有少量露筋
蜂窝	混凝土表面缺少水泥砂浆而形成石子外露	构件主要受力部位有蜂窝	其他部位有少量蜂窝
孔洞	混凝土中孔穴深度和长度均超过保护层厚度	构件主要受力部位有孔洞	其他部位有少量孔洞
夹渣	混凝土中夹有杂物且深度超过保护层厚度	构件主要受力部位有夹渣	其他部位有少量夹渣
疏松	混凝土中局部不密实	构件主要受力部位有疏松	其他部位有少量疏松
裂缝	缝隙从混凝土表面延伸至混凝土内部	构件主要受力部位有影响结构性能或使用功能的裂缝	其他部位有少量不影响结构性能或使用功能的裂缝
连接部位缺陷	构件连接处混凝土有缺陷及连接钢筋、连接件松动	连接部位有影响结构传力性能的缺陷	连接部位有基本不影响结构传力性能的缺陷
外形缺陷	缺棱掉角、棱角不直、翘曲不平、飞边凸肋等	清水混凝土构件有影响使用功能或装饰效果的外形缺陷	其他混凝土构件有不影响使用功能的外形缺陷
外部缺陷	构件表面麻面、掉皮、起砂、沾污等	具有重要装饰效果的清水混凝土构件有外表缺陷	其他混凝土构件有不影响使用功能的外表缺陷

(1) 混凝土结构外观一般缺陷修整应符合下列规定：

1) 对于露筋、蜂窝、孔洞、夹渣、疏松、外表缺陷，应凿除粘结不牢固部分的混凝土，清理表面，洒水湿润后用 1:2～1:2.5 水泥砂浆抹平；

2) 应封闭裂缝；

3) 连接部位缺陷、外形缺陷可与面层装饰施工一并处理。

(2) 混凝土结构外观严重缺陷修整应符合下列规定：

1) 对于露筋、蜂窝、孔洞、夹渣、疏松、外表缺陷，应凿除粘结不牢固部分的混凝土至密实部位，清理表面，支设模板，洒水湿润后并涂抹混凝土界面剂，采用比原混凝土强度等级高一级的细石混凝土浇筑密实，养护时间不应少于 7d。

2) 开裂缺陷修整应符合下列规定：

① 对于民用建筑的地下室、卫生间、屋面等接触水介质的构件，均应注浆封闭处理，注浆材料可采用环氧、聚氨酯、氰凝、丙凝等。对于民用建筑不接触水介质的构件，可采用注浆封闭、聚合物砂浆粉刷或其他表面封闭材料进行封闭；

② 对于无腐蚀介质工业建筑的地下室、屋面、卫生间等接触水介质的构件以及有腐蚀介质的所有构件，均应注浆封闭处理，注浆材料可采用环氧、聚氨酯、氰凝、丙凝等。对于无腐蚀介质工业建筑不接触水介质的构件，可采用注浆封闭、聚合物砂浆粉刷或其他表面封闭材料进行封闭。

3) 清水混凝土的外形和外表严重缺陷，宜在水泥砂浆或细石混凝土修补后用磨光机械磨平。

2. 尺寸偏差

混凝土结构尺寸偏差存在几项原则：

(1) 混凝土结构尺寸偏差一般缺陷，可采用装饰修整方法修整。

(2) 混凝土结构尺寸偏差严重缺陷，应会同设计单位共同制定专项修整方案，结构修整后应重新检查验收。

18.17.2 混凝土强度检测

18.17.2.1 试件制作和强度检测

(1) 混凝土试样应在混凝土浇筑地点随机抽取，取样频率应符合下列规定：

1) 每 100 盘，但不超过 100m^3 的同配合比的混凝土，取样次数不得少于一次；

2) 每一工作班拌制的同配合比的混凝土不足 100 盘时，其取样次数不得少于一次。

预拌混凝土应在预拌混凝土厂内按上述规定取样。混凝土运到施工现场后，尚应按本条的规定抽样检验。

(2) 每组三个试件应在同一盘混凝土中取样制作。其强度代表值的确定，应符合下列规定：

1) 取三个试件强度的算术平均值作为每组试件的强度代表值；

2) 当一组试件中强度的最大值或最小值与中间值之差超过中间值的 15% 时，取中间值作为该组试件的强度代表值；

3) 当一组试件中强度的最大值和最小值与中间值之差均超过中间值的 15% 时，该组试件的强度不应作为评定的依据。

(3) 当采用非标准尺寸试件时,应将其抗压强度折算为标准试件抗压强度。折算系数按下列规定采用:

1) 对边长为 100mm 的立方体试件取 0.95;

2) 对边长为 200mm 的立方体试件取 1.05。

(4) 每批混凝土试样应制作的试件总组数,除应考虑混凝土强度评定所必需的组数外,还应考虑为检验结构或构件施工阶段混凝土强度所必需的试件组数。

(5) 检验评定混凝土强度用的混凝土试件,其标准成型方法、标准养护条件及强度试验方法均应符合现行国家标准《混凝土物理力学性能试验方法标准》GB/T 50081 的规定。

(6) 当检验结构或构件拆模、出池、出厂、吊装、预应力筋张拉或放张,以及施工期间需短暂负荷的混凝土强度时,其试件的成型方法和养护条件应与施工中采用的成型方法和养护条件相同。

18.17.2.2 混凝土结构同条件养护试件强度检验

(1) 同条件养护试件的留置方式和取样数量,应符合下列要求:

1) 同条件养护试件所对应的结构构件或结构部位,应由监理(建设)、施工等各方共同选定;

2) 对混凝土结构工程中的各混凝土强度等级,均应留置同条件养护试件;

3) 同一强度等级的同条件养护试件,其留置的数量应根据混凝土工程量和重要性确定,不宜少于 10 组,且不应少于 3 组;

4) 同条件养护试件拆模后,应放置在靠近相应结构构件或结构部位的适当位置,并应采取相同的养护方法。

(2) 同条件养护试件应在达到等效养护龄期时进行强度试验。等效养护龄期应根据同条件养护试件强度与在标准养护条件下 28d 龄期试件强度相等的原则确定。

(3) 同条件自然养护试件的等效养护龄期及相应的试件强度代表值,宜根据当地的气温和养护条件,按下列规定确定:

1) 等效养护龄期可取按日平均温度逐日累计达到 600℃时所对应的龄期,0℃及以下的龄期不计入;等效养护龄期不应小于 14d,也不宜大于 60d;

2) 同条件养护试件的强度代表值应根据强度试验结果按现行国家标准《混凝土强度检验评定标准》GB/T 50107 的规定确定后,乘折算系数取用;折算系数宜取为 1.10,也可根据当地的试验统计结果作适当调整。

(4) 冬期施工、人工加热养护的结构构件,其同条件养护试件的等效养护龄期可按结构构件的实际养护条件,由监理(建设)、施工等各方根据规定共同确定。

18.17.2.3 混凝土强度评定

如果当同一品种的混凝土的强度变异性能保持稳定,且混凝土的生产条件能保持一致较长时间时,应将连续的三组混凝土试件组成一个验收批次,且其强度应同时满足式(18-33)的条件:

$$\overline{f}_{cu} \geqslant f_{cu,k} + 0.7\sigma_0$$
$$\overline{f}_{cu,min} \geqslant f_{cu,k} - 0.7\sigma_0$$
(18-33)

当混凝土强度等级不高于 C20 时，其强度的最小值尚应满足式（18-34）的要求：

$$f_{cu,min} \geqslant 0.85 f_{cu,k} \tag{18-34}$$

当混凝土强度等级高于 C20 时，其强度的最小值尚应满足式（18-35）的要求：

$$f_{cu,min} \geqslant 0.9 f_{cu,k} \tag{18-35}$$

式中　$\overline{f}_{cu}$——同一验收批混凝土立方体抗压强度的平均值（MPa）；

　　　$f_{cu,min}$——同一验收批混凝土立方体抗压强度的最小值（MPa）；

　　　σ_0——验收批混凝土立方体抗压强度的标准差（MPa）。

验收混凝土立方体抗压强度的标准差，应根据前一个检验期内同一品种混凝土试件的强度数据，按式（18-36）确定：

$$\sigma_0 = \frac{0.59}{m} \sum_{i=1}^{m} \Delta f_{cu,i} \tag{18-36}$$

式中　$\Delta f_{cu,i}$——第 i 批试件立方体抗压强度中，最大值与最小值之差；

　　　m——用以确定验收批混凝土立方体抗压强度标准差的数据总批数。

注：上述检验期不应当超过两个月，且该期间内强度数据的总批数不得少于 15。

如果当同一品种的混凝土的强度变异性能不能保持稳定，且混凝土的生产条件不能保持一致较长时间时，或者在前一个检验期内的同一品种混凝土没有足够的数据用以确定验收批混凝土立方体抗压强度的标准差时，应由不少于 10 组的试件组成一个验收批，其强度应同时满足式（18-37）的要求：

$$\overline{f}_{cu} - \lambda_1 S_{f_{cu}} \geqslant 0.9 \overline{f}_{cu,k} \tag{18-37}$$

$$f_{cu,min} \geqslant \lambda_2 \overline{f}_{cu,k}$$

式中　$S_{f_{cu}}$——同一验收批混凝土立方体抗压强度的标准差（MPa），当 $S_{f_{cu}}$ 的计算值小于 $0.06 f_{cu,k}$ 时，取 $S_{f_{cu}} = 0.06 S_{f_{cu}}$；

　　　λ_1, λ_2——合格判定系数，按表 18-98 确定。

混凝土强度的合格判定系数　　　　　　　表 18-98

试件组数	10～14	15～24	≥25
λ_1	1.70	1.65	1.60
λ_2	0.90	0.85	

混凝土立方体抗压强度的标准差 $S_{f_{cu}}$ 可按式（18-38）计算：

$$S_{f_{cu}} = \sqrt{\frac{\sum_{i=1}^{n} f_{cu,i}^2 - n\overline{f}_{cu}^2}{n-1}} \tag{18-38}$$

式中　$f_{cu,i}$——第 i 组混凝土试件的立方体抗压强度值（MPa）；

　　　n——一个验收批混凝土试件的组数。

以上为按统计方法评定混凝土强度。若按非统计方法评定混凝土强度时，其强度应同时满足式（18-39）的要求：

$$\overline{f}_{cu} \geqslant 1.15 f_{cu,k} \tag{18-39}$$

$$\overline{f}_{cu,min} \geqslant 0.95 \overline{f}_{cu,k}$$

若按照上述方法检验发现不满足合格条件时，则该批混凝土强度质量判为不合格。对不合格的结构或者构件必须及时进行处理；对不合格批次的混凝土制成的结构或者构件，应当进行鉴定。

18.17.2.4　混凝土强度实体检测

结构实体混凝土同条件养护试件强度检验的取样和留置应符合下列规定：

（1）同条件下养护时间所对应的结构构件或者结构部位，应由施工、监理等各方共同选定，且同条件养护试件的取样宜均匀分布于工程施工周期内；

（2）同条件养护试件应在混凝土浇筑入模处见证取样；

（3）同条件养护试件应留置在靠近相应结构构件的适当位置，并且应当采取相同的养护方法；

（4）同一强度等级的同条件养护试件不宜少于10组，且不应少于3组。每连续两层楼取样不应少于1组；每2000m^3取样不得少于一组。

同一强度等级的同条件养护试件的强度值应当根据强度试验结果按照现行国家标准《混凝土物理力学性能试验方法标准》GB/T 50081的规定确定。

对同一强度等级的同条件养护试件，其强度值应当除以0.88后按照现行国家标准《混凝土强度检验评定标准》GB/T 50107的有关规定进行评定，评定结果符合要求时可判定结构实体混凝土强度合格。

18.18　现浇混凝土缺陷修整

18.18.1　裂缝缺陷分类与修补方法

18.18.1.1　混凝土缺陷种类

混凝土结构缺陷可分为尺寸偏差缺陷和外观缺陷，尺寸偏差缺陷和外观缺陷可分为一般缺陷和严重缺陷。混凝土结构尺寸偏差超出规范规定，但尺寸偏差对结构性能和使用功能未构成影响时，属于一般缺陷；而尺寸偏差对结构性能和使用功能构成影响时，属于严重缺陷。

施工过程中发现混凝土结构缺陷时，应认真分析缺陷产生的原因。对严重缺陷施工单位应制定专项修整方案，方案经论证审批后方可实施，不得擅自处理。

18.18.1.2　混凝土结构外观缺陷的修整

（1）混凝土结构外观一般缺陷修整应符合下列规定：

1）对于露筋、蜂窝、孔洞、夹渣、疏松、外表缺陷，应凿除粘结不牢固部分的混凝土，清理表面，洒水湿润后用1∶2～1∶2.5水泥砂浆抹平；

2）应封闭裂缝；

3）连接部位缺陷、外形缺陷可与面层装饰施工一并处理。

（2）混凝土结构外观严重缺陷修整应符合下列规定：

1）对于露筋、蜂窝、孔洞、夹渣、疏松、外表缺陷，应凿除粘结不牢固部分的混凝土至密实部位，清理表面，支设模板，洒水湿润后并涂抹混凝土界面剂，采用比原混凝土强度等级高一级的细石混凝土浇筑密实，养护时间不应少于7d。

2) 开裂缺陷修整应符合下列规定：

① 对于民用建筑的地下室、卫生间、屋面等接触水介质的构件，均应注浆封闭处理，注浆材料可采用环氧、聚氨酯、氰凝、丙凝等。对于民用建筑不接触水介质的构件，可采用注浆封闭、聚合物砂浆粉刷或其他表面封闭材料进行封闭；

② 对于无腐蚀介质工业建筑的地下室、屋面、卫生间等接触水介质的构件以及有腐蚀介质的所有构件，均应注浆封闭处理，注浆材料可采用环氧、聚氨酯、氰凝、丙凝等。对于无腐蚀介质工业建筑不接触水介质的构件，可采用注浆封闭、聚合物砂浆粉刷或其他表面封闭材料进行封闭。

3) 清水混凝土的外形和外表严重缺陷，宜在水泥砂浆或细石混凝土修补后用磨光机械磨平。清水混凝土成品缺陷的修补时间越早越好，由于胶材处于水化早期，修补材料与原胶材粘结更好、水化时间相差更小，总体性能会更优良。为了确保修补的浆体材料能够与基体牢固结合、颜色相近，优选与工程使用同品种水泥，修补净浆或砂浆强度等级适当提高。

18.18.1.3 混凝土结构尺寸偏差缺陷的修整

(1) 混凝土结构尺寸偏差一般缺陷，可采用装饰修整方法修整。

(2) 混凝土结构尺寸偏差严重缺陷，应会同设计单位共同制定专项修整方案，结构修整后应重新检查验收。

18.18.1.4 裂缝缺陷的修整

裂缝的出现不但会影响结构的整体性和刚度，还会引起钢筋的锈蚀，加速混凝土的碳化，降低混凝土的耐久性和抗疲劳、抗渗能力。因此根据裂缝的性质和具体情况要区别对待，及时处理，以保证建筑物的安全使用。

混凝土裂缝的修补措施主要有以下一些方法：表面修补法、灌浆、嵌缝封堵法、结构加固法、混凝土置换法、电化学防护法以及仿生自愈合法。

1. 表面修补法

表面修补法是一种简单、常见的修补方法，它主要适用于稳定和对结构承载能力没有影响的表面裂缝以及深进裂缝的处理。通常的处理措施是在裂缝的表面涂抹水泥浆、环氧胶泥或在混凝土表面涂刷油漆、沥青的防腐材料，在防护的同时为了防止混凝土受各种作用的影响继续开裂，通常可以采用在裂缝的表面粘贴玻璃纤维布等措施。

2. 灌浆、嵌缝封堵法

灌浆法主要适用于对结构整体性有影响或有防渗要求的混凝土裂缝的修补，它是利用压力设备将胶结材料压入混凝土的裂缝中，胶结材料硬化后与混凝土形成一个整体，从而起到封堵加固的目的。常用的胶结材料有水泥浆、环氧树脂、甲基丙烯酸酯、聚氨酯等化学材料。

嵌缝法是裂缝封堵中最常用的一种方法，它通常是沿裂缝凿槽，在槽中嵌填塑性或刚性止水材料，以达到封闭裂缝的目的。常用的塑性材料有聚氯乙烯胶泥、塑料油膏、丁基橡胶等；常用的刚性止水材料为聚合物水泥砂浆。

3. 结构加固法

当裂缝影响到混凝土结构的性能时，就要考虑采取加固法对混凝土结构进行处理。结构加固中常用的主要有以下几种方法：加大混凝土结构的截面面积，在构件的角部外包型钢、采用预应力法加固、粘贴钢板加固、增设支点加固以及喷射混凝土补强加固。

4. 混凝土置换法

混凝土置换法是处理严重损坏混凝土的一种有效方法，此方法是先将损坏的混凝土剔除，然后再置换入新的混凝土或其他材料。常用的置换材料有：普通混凝土或水泥砂浆、聚合物或改性聚合物混凝土或砂浆。

5. 电化学防护法

电化学防腐是利用施加电场在介质中的电化学作用，改变混凝土或钢筋混凝土所处的环境状态，钝化钢筋，以达到防腐的目的。阴极防护法、氯盐提取法、碱性复原法是化学防护法中常用而有效的三种方法。这种方法的优点是防护方法受环境因素的影响较小，适用于钢筋、混凝土的长期防腐，既可用于已裂结构也可用于新建结构。

6. 仿生自愈合法

仿生自愈合法是一种新的裂缝处理方法，它模仿生物组织对受创伤部位自动分泌某种物质，而使创伤部位得到愈合的机能，在混凝土的传统组分中加入某些特殊组分（如含胶粘剂的液芯纤维或胶囊），在混凝土内部形成智能型仿生自愈合神经网络系统，当混凝土出现裂缝时分泌出部分液芯纤维可使裂缝重新愈合。

18.18.2　修补质量控制

(1) 混凝土缺陷是混凝土结构中普遍存在的一种现象，它的出现不仅会降低建筑物的抗渗能力，影响建筑物的使用功能，而且会引起钢筋的锈蚀，混凝土的碳化，降低材料的耐久性，影响建筑物的承载能力，因此要严格控制混凝土缺陷修补质量：

1) 对于所要凿除的混凝土范围必须严格按照方案进行凿除，并清洗干净；
2) 在完成修补后，应加强修补范围内混凝土的养护；
3) 当要对结构进行加固时，需严格按照方案进行加固；
4) 如采取增大截面面积进行加固并修补时，应考虑到日后的装饰效果，需与用户沟通；
5) 要派专人进行验收，并签写验收单。

(2) 混凝土缺陷应针对其成因制定合理的修补方案，但还须贯彻预防为主的原则，完善设计及加强施工等方面的管理，使结构尽量不出现裂缝或尽量减少裂缝数量和宽度，以确保结构安全。

18.19　混凝土工程的绿色施工

混凝土工程的绿色施工是指混凝土施工中，在保证质量、安全等基本要求的前提下，通过科学管理和技术进步，最大限度地节约资源与减少对环境负面影响的施工活动。混凝土工程的绿色施工是建筑全寿命周期中的一个重要阶段，应进行总体方案优化。在混凝土工程的规划、设计阶段，应充分考虑绿色施工的总体要求，为绿色施工提供基础条件。实施混凝土工程绿色施工，应对施工策划、材料采购、现场施工、工程验收等各阶段进行控制，加强对整个混凝土施工过程的管理和监督。

混凝土工程绿色施工总体框架由施工管理、环境保护、节材与材料资源利用、节水与水资源利用、节能与能源利用、节地与施工用地保护六个方面组成。这六个方面涵盖了混凝土工程绿色施工的基本指标，同时包含了施工策划、材料采购、现场施工、工程验收等各阶段的指标的子集。

混凝土工程施工中，应注意绿色施工控制，并遵循下列原则：

(1) 在混凝土配合比设计时，应减少水泥用量，增加粉煤灰、磨细矿渣粉等工业废料的掺量；当混凝土中添加粉煤灰时，可利用其60d、90d的龄期强度。

(2) 混凝土宜采用泵送、布料机浇筑；地下大体积混凝土宜采用溜槽或串筒浇筑。

(3) 超长无缝混凝土结构宜采用滑动支座法、跳仓法和综合治理法施工；当裂缝控制要求高时，可采用低温补仓法施工。

(4) 混凝土振捣是产生较强噪声的作业方式，应采用低噪声振捣设备；采用传统振捣设备时，应采取围挡等降噪措施；在噪声敏感环境或钢筋密集处，宜采用自密实混凝土。

(5) 混凝土宜采用塑料薄膜加保温材料覆盖保湿、保温养护；当采用洒水或喷雾养护时，养护用水宜使用回收的基坑降水或雨水；混凝土竖向构件宜采用养护剂进行养护。

(6) 混凝土结构宜采用清水混凝土，其表面应涂刷保护剂，可增加其耐久性。

(7) 每次浇筑混凝土，不可避免会存在剩余，浇筑余料应制成小型预制件，用于临时工程或在不影响工程质量安全的前提下，用于门窗过梁、沟盖板、隔断墙中的预埋件砌块等，或采用其他措施加以利用，不得随意倾倒。

(8) 清洗泵送设备和管道的污水应经沉淀后回收利用，浆料分离后可作为室外道路、地面等垫层的回填材料。

(9) 可使用废弃混凝土、废砖块、废砂浆作为骨料配制低强度等级的混凝土。

(10) 可利用废混凝土制备再生水泥，作为配制混凝土的材料。

18.19.1 混凝土工程绿色施工的施工管理

混凝土工程绿色施工管理主要包括组织管理、规划管理、实施管理、评价管理和人员安全与健康管理五个方面。

18.19.1.1 组织管理

(1) 建立混凝土工程绿色施工管理体系，并制定相应的管理制度与目标。

(2) 项目经理为混凝土工程绿色施工的第一责任人，负责绿色施工的组织实施及目标实现，并指定管理人员和监督人员。

18.19.1.2 规划管理

(1) 编制混凝土绿色施工方案，该方案应在施工组织设计中独立成章，并按有关规定进行审批。

(2) 混凝土工程绿色施工方案应包括以下内容：

1) 环境保护措施，制定环境管理计划及应急救援预案，采取有效措施，降低环境负荷，保护地下设施和文物等资源。

2) 节材措施，在保证工程安全与质量的前提下，制定节材措施。如进行施工方案的节材优化，建筑垃圾减量化，尽量利用可循环材料等。

3) 节水措施，根据工程所在地的水资源状况，制定节水措施。

4) 节能措施，进行施工节能策划，确定目标，制定节能措施。

5) 节地与施工用地保护措施，制定临时用地指标、施工总平面布置规划及临时用地节地措施等。

18.19.1.3 实施管理

（1）应对混凝土施工过程实施动态管理，加强对施工策划、施工准备、材料采购、现场施工、工程验收等各阶段的管理和监督。

（2）应结合混凝土工程项目的特点，有针对性地对绿色施工作相应的宣传，通过宣传营造绿色施工的氛围。

（3）定期对混凝土施工人员进行绿色施工知识培训，增强职工绿色施工意识。

18.19.1.4 评价管理

（1）对照本导则的指标体系，结合混凝土工程特点，对绿色施工的效果及采用的新技术、新设备、新材料与新工艺，进行自评估。

（2）成立专家评估小组，对混凝土工程的绿色施工方案、实施过程至项目竣工，进行综合评估。

18.19.1.5 人员安全与健康管理

（1）制定混凝土施工防护措施，保障施工人员的长期职业健康。

（2）合理布置施工场地，保护生活及办公区不受混凝土施工的有害影响。

18.19.2 混凝土工程绿色施工的环境保护

混凝土绿色施工的环境保护主要包括扬尘控制、噪声与振动控制、光污染控制、水污染控制、土壤保护、建筑垃圾控制以及资源保护七个方面的技术要点。

18.19.2.1 扬尘控制

（1）运送混凝土施工设备及混凝土施工材料等，不污损场外道路。运输容易散落、飞扬、流漏的物料的车辆，必须采取措施封闭严密，保证车辆清洁。施工现场出口应设置洗车槽。

（2）混凝土工程施工阶段，作业区目测扬尘高度小于 0.5m。对易产生扬尘的堆放材料应采取覆盖措施；对粉末状材料应封闭存放；场区内可能引起扬尘的材料及建筑垃圾搬运应有降尘措施，如覆盖、洒水等；浇筑混凝土前清理灰尘和垃圾时尽量使用吸尘器，避免使用吹风器等易产生扬尘的设备。

（3）混凝土施工现场非作业区达到目测无扬尘的要求。对现场易飞扬物质采取有效措施，如洒水、地面硬化、围挡、密网覆盖、封闭等，防止扬尘产生。

（4）在场界四周隔挡高度位置测得的大气总悬浮颗粒物（TSP）月平均浓度与城市背景值的差值不大于 $0.08mg/m^2$。

18.19.2.2 噪声与振动控制

（1）混凝土施工现场噪声排放与噪声监测方法执行国家标准《建筑施工场界环境噪声排放标准》GB 12523—2011 的规定。

（2）混凝土机械振捣应使用低噪声、低振动的机具，避免或减少施工噪声和振动。

18.19.2.3 光污染控制

尽量避免或减少混凝土施工过程中的光污染。夜间室外照明灯加设灯罩，透光方向集中在施工范围。

18.19.2.4 水污染控制

(1) 混凝土施工现场污水排放应达到国家标准《污水综合排放标准》GB 8978—1996 的要求。

(2) 在混凝土施工现场应针对清洗泵送设备或管道的水，设置相应的处理设施，如沉淀池。

18.19.2.5 土壤保护

(1) 保护地表环境，防止土壤侵蚀、流失。因混凝土施工造成的裸土，及时覆盖砂石或种植速生草种，以减少土壤侵蚀。

(2) 混凝土施工沉淀池不发生堵塞、渗漏、溢出等现象。及时清掏池内沉淀物，并委托有资质的单位清运。

(3) 对于有毒有害混凝土施工废弃物应回收后交有资质的单位处理，不能作为建筑垃圾外运，避免污染土壤和地下水。

(4) 混凝土施工后应恢复施工活动破坏的植被（一般指临时占地内）。

18.19.2.6 建筑垃圾控制

(1) 制定混凝土施工垃圾减量化计划。

(2) 加强混凝土施工垃圾的回收再利用。

18.19.2.7 资源保护

统计分析混凝土施工项目的 CO_2 排放量，以及各种不同植被和树种的 CO_2 固定量的工作。

18.19.3 节材与材料资源利用技术要点

混凝土工程绿色施工的节材与材料资源利用技术要点包括以下几个方面：

(1) 图纸会审时，应审核节材与材料资源利用的相关内容，达到材料损耗率比定额损耗率降低 30%。

(2) 根据混凝土施工进度合理安排材料的采购、进场时间和批次。

(3) 现场混凝土施工材料堆放有序。储存环境适宜，措施得当。保管制度健全，责任落实。

(4) 混凝土施工材料运输工具适宜，装卸方法得当，防止损坏和遗撒。根据现场平面布置情况就近卸载，避免和减少二次搬运。

(5) 采取技术和管理措施提高模板、脚手架等的周转次数。

(6) 应就地取材，施工现场 500km 以内生产的混凝土材料用量占混凝土材料总量的 70% 以上。

(7) 推广使用预拌混凝土和商品砂浆。准确计算采购数量、供应频率、施工速度等，在施工过程中动态控制。结构工程使用散装水泥。

(8) 推广使用高强钢筋和高性能混凝土，减少资源消耗。

(9) 应选用耐用、维护与拆卸方便的周转材料和机具。

(10) 推广采用外墙保温板替代混凝土施工模板的技术。

18.19.4 节水与水资源利用技术要点

混凝土工程绿色施工的节水与水资源利用技术要点包括以下几个方面：

(1) 混凝土施工中采用先进的节水施工工艺。

(2) 现场搅拌用水、养护用水应采取有效的节水措施，严禁无措施浇水养护混凝土。

(3) 混凝土施工机具、设备、车辆冲洗用水必须设立循环用水装置。

(4) 混凝土施工现场建立可再利用水的收集处理系统，使水资源得到梯级循环利用。

(5) 对混凝土搅拌站点等用水集中的区域和工艺点进行专项计量考核。施工现场建立雨水、中水或可再利用水的搜集利用系统。

(6) 处于基坑降水阶段的工地，宜优先采用地下水作为混凝土搅拌用水、养护用水、冲洗用水和部分生活用水。

(7) 混凝土施工机具、设备、车辆冲洗优先采用非传统水源，尽量不使用市政自来水。

(8) 混凝土施工现场，尤其是雨量充沛地区的大型施工现场建立雨水收集利用系统，充分收集自然降水用于混凝土施工中适宜的环节。

(9) 力争混凝土施工中非传统水源和循环水的再利用量大于30%。在非传统水源和现场循环再利用水的使用过程中，应制定有效的水质检测与卫生保障措施，确保避免对人体健康、工程质量以及周围环境产生不良影响。

18.19.5 节能与能源利用技术要点

混凝土工程绿色施工的节能与能源利用的技术要点包括以下几个方面：

(1) 制定合理的混凝土施工能耗指标，提高施工能源利用率。

(2) 优先使用国家、行业推荐的节能、高效、环保的混凝土施工设备和机具，如选用变频技术的节能施工设备等。

(3) 混凝土施工现场应设定生产、办公和施工设备的用电控制指标，定期进行计量、核算、对比分析，并有预防与纠正措施。

(4) 在混凝土施工组织设计中，合理安排施工顺序、工作面，以减少作业区域的机具数量，相邻作业区充分利用共有的机具资源。安排施工工艺时，应优先考虑耗用电能的或其他能耗较少的施工工艺。避免设备额定功率远大于使用功率或超负荷使用设备的现象。

(5) 建立混凝土施工机械设备管理制度，开展用电、用油计量，完善设备档案，及时做好维修保养工作，使机械设备保持低耗、高效的状态。

(6) 选择功率与负载相匹配的混凝土施工机械设备，避免大功率施工机械设备低负载长时间运行。机械设备宜使用节能型油料添加剂，在可能的情况下，考虑回收利用，节约油量。

(7) 合理安排混凝土施工工序，提高各种机械的使用率和满载率，降低各种设备的单位耗能。

18.19.6 节地与施工用地保护技术要点

混凝土工程绿色施工的节地与施工用地保护的技术要点包括以下几个方面：

(1) 根据混凝土施工规模及现场条件等因素合理确定临时设施，如临时加工厂、现场作业棚及材料堆场等的占地指标。临时设施的占地面积应按用地指标所需的最低面积设计。

(2) 要求平面布置合理、紧凑,在满足环境、职业健康与安全及文明施工要求的前提下尽可能减少废弃地和死角,临时设施占地面积有效利用率大于90%。

(3) 利用和保护混凝土施工用地范围内原有绿色植被。对于施工周期较长的现场,可按建筑永久绿化的要求,安排场地新建绿化。

(4) 混凝土施工现场搅拌站、仓库、加工厂、作业棚、材料堆场等布置应尽量靠近已有交通线路或即将修建的正式或临时交通线路,缩短运输距离。

18.19.7 绿色施工在混凝土工程中的运用

18.19.7.1 钢筋工程

(1) 施工现场设置废钢筋池,收集现场钢筋断料、废料等制作钢筋马凳。

(2) 委派专人对现场的钢筋环箍、马凳进行收集,避免出现浪费现象。

(3) 严格控制钢筋绑扎搭界倍数,杜绝钢筋搭界过长产生的钢筋浪费现象。

(4) 推广钢筋专业化加工和配送。

(5) 优化钢筋配料和下料方案。钢筋及钢结构制作前应对下料单及样品进行复核,无误后方可批量下料。

18.19.7.2 脚手架及模板工程

(1) 围护阶段的支撑施工宜采用旧模板。

(2) 主体阶段利用钢模代替原有的部分木模板。

(3) 结构阶段宜尽量采用短木方再接长的施工工艺。

(4) 提高模板在标准层阶段的周转次数,其中模板周转次数一般为4次,木方周转次数为6~7次。

(5) 利用废旧模板,结构部位的洞口可采用废旧模板封闭。

(6) 优先选用制作、安装、拆除一体化的专业队伍进行模板工程施工。

(7) 模板应以节约自然资源为原则,推广使用定型钢模、钢框竹模、竹胶板。

(8) 施工前应对模板工程的方案进行优化。多层、高层建筑使用可重复利用的模板体系,模板支撑宜采用工具式支撑。

(9) 优化高层建筑的外脚手架方案,采用整体提升、分段悬挑等方案。

18.19.7.3 混凝土工程

(1) 在混凝土配制过程中尽量使用工业废渣,如粉煤灰、高炉矿渣等,来代替水泥,既节约能源、保护环境,也能提高混凝土的各种性能。

(2) 可以使用废弃混凝土、废砖块、废砂浆作为骨料配制混凝土。

(3) 利用废混凝土制备再生水泥,作为配制混凝土的材料。

(4) 采取数字化技术。对大体积混凝土、大跨度结构等专项施工方案进行优化。

(5) 准确计算采购数量、供应频率、施工速度等,在施工过程中动态控制。

(6) 对现场模板的尺寸、质量复核,防止爆模、漏浆及模板尺寸大而产生的混凝土浪费。在钢筋上焊接标志筋,控制混凝土的面标高。

(7) 混凝土余料利用。结构混凝土多余的量用于浇捣现场道路、排水沟、混凝土垫块及砌体工程门窗混凝土块。

19 装配式混凝土工程

19.1 预制混凝土构件材料

19.1.1 混 凝 土

1. 预制构件所用混凝土的力学性能指标和耐久性要求应符合现行国家标准《混凝土结构设计标准》GB/T 50010 的规定。
2. 预制构件的混凝土强度等级不宜低于 C30；预应力混凝土预制构件的混凝土强度等级不宜低于 C40，且不应低于 C30。
3. 预制构件的混凝土所用原材料应符合下列规定：

（1）水泥

水泥选用应符合现行国家标准《通用硅酸盐水泥》GB 175 的规定，宜采用不低于42.5级的硅酸盐水泥、普通硅酸盐水泥。

水泥应按不同生产厂家、品种、强度等级分别存储在专用水泥仓罐内，严禁混用。水泥的进场温度不宜高于 60℃，不应使用超过 60℃的水泥拌制混凝土。水泥如有受潮变质，结块或出厂日期超过 3 个月，应取样试验合格后才可以使用，否则应废弃或降级使用。

（2）细骨料

细骨料选用应符合现行行业标准《普通混凝土用砂、石质量及检验方法标准》JGJ 52 的规定。

配置混凝土宜选用Ⅱ区砂，泵送混凝土宜选用细度模数为 2.3～3.0 的中砂。其他主要技术指标应符合表 19-1 的规定。

混凝土用砂主要技术指标　　　　　表 19-1

混凝土强度等级		≥C60	C55～C30
天然砂含泥量（按重量计，%）		≤2.0	≤3.0
天然砂泥块含量（按重量计，%）		≤0.5	≤1.0
人工砂石粉含量	MB<1.4	≤5.0	≤7.0
	MB≥1.4	≤2.0	≤3.0

（3）粗骨料

粗骨料选用应符合现行行业标准《普通混凝土用砂、石质量及检验方法标准》JGJ 52 的规定。

配置混凝土应采用连续粒级。其他主要技术指标应符合表 19-2 的规定。

混凝土用石主要技术指标　　　　　　表 19-2

混凝土强度等级	≥C60	C55～C30
针片状颗粒含量（按重量计，%）	≤8.0	≤15.0
含泥量（按重量计，%）	≤0.5	≤1.0
泥块含量（按重量计，%）	≤0.2	≤0.5

（4）混凝土外加剂

混凝土外加剂的应用应符合现行国家标准《混凝土外加剂应用技术规范》GB 50119 和有关环境保护的规定。

混凝土外加剂质量应符合现行国家标准《混凝土外加剂》GB 8076 的规定，严禁使用氯盐类外加剂或其他对钢筋有腐蚀作用的外加剂。

混凝土中氯化物和碱的总含量应符合现行国家标准《混凝土结构设计标准》GB/T 50010 和设计要求。

（5）水

1）混凝土拌合用水，应采用天然井水或饮用水，拌合用水需对水质化验符合要求后，方可使用，如采用符合现行行业标准《混凝土用水标准》JGJ 63 规定的饮用水，则不经化验，即可使用。主要技术指标应满足表 19-3 的规定。

混凝土拌合用水主要技术指标　　　　　　表 19-3

项目	指标	项目	指标
酸碱度（pH）	>4	氯化物（以 Cl^- 计，mg/L）	<350
不溶物（mg/L）	<2000	硫酸盐含量（以 SO_4^{2-} 计，mg/L）	<600
可溶物（mg/L）	<2000	硫化物含量（以 S^{2-} 计，mg/L）	<100

2）下列水严禁使用：

① 含有影响水泥正常凝结与硬化的有害杂质或油脂、糖类等；

② 污水及海水；

③ 酸碱度小于 4 的酸性水；

④ 硫酸盐含量（按硫酸根计）超过水重 1% 的水。

3）高温季节施工时，水温不宜大于 20℃。

（6）掺合料

1）粉煤灰应采用符合现行国家标准《用于水泥和混凝土中的粉煤灰》GB 1596 规定的不低于Ⅱ级技术要求的粉煤灰，其细度不应大于 30%，烧失量不应大于 8%，需水比不应大于 105%。

2）矿渣粉应采用符合现行国家标准《用于水泥、砂浆和混凝土中的粒化高炉矿渣粉》GB 18046 规定的不低于 S95 级技术要求的矿渣粉，其比表面积不应小于 400m^2/kg，7d 活性指数不应小于 70%，28d 活性指数不应小于 95%，流动度比不小于 95%。

3）混凝土中掺用矿物掺合料的应用应符合现行国家标准《矿物掺合料应用技术规范》GB 51003 等的规定，矿物掺合料的掺量应通过试验确定。

4)掺合料应存放在筒仓内,不同生产企业、不同品种、不同强度的原材料不得混仓,存储时应保持密封、干燥。

19.1.2 钢　　筋

1. 预制构件用钢筋和钢材必须符合相关现行标准的规定。钢筋成品中配件、埋件、连接件等应符合相关现行标准规定和设计文件要求。

2. 热轧光圆钢筋和热轧带肋钢筋应符合现行国家标准《钢筋混凝土用钢　第1部分:热轧光圆钢筋》GB/T 1499.1 和《钢筋混凝土用钢　第2部分:热轧带肋钢筋》GB/T 1499.2 的规定。预应力混凝土用钢筋、钢丝、钢绞线应符合现行国家标准《预应力混凝土用螺纹钢筋》GB/T 20065、《预应力混凝土用钢丝》GB/T 5223、《预应力混凝土用钢绞线》GB/T 5224 的规定。

3. 预制构件中采用钢筋焊接网片应符合现行国家标准《钢筋混凝土用钢　第3部分:钢筋焊接网》GB/T 1499.3 的要求。

4. 对按一、二、三级抗震等级设计的框架和斜撑构件中的纵向受力钢筋应采用带 E 抗震钢筋,其强度和最大力下总伸长率的实测值应符合下列规定:

1) 抗拉强度实测值与屈服强度实测值的比值不应小于 1.25;
2) 屈服强度实测值与屈服强度标准值的比值不应大于 1.30;
3) 最大力下总伸长率不应小于 9%。

5. 钢筋进场后,应按钢筋的品种、规格、批次等分别堆放,并有可靠的措施避免锈蚀和污损。

6. 钢筋进场后,应按相关现行标准的规定取样检验,检验结果必须符合相关现行标准的规定。

7. 当钢筋发现脆断、焊接性能不良或力学性能显著不正常时,应对该批钢筋进行化学成分检验或其他专项检验。

8. 钢筋的骨架尺寸应准确,宜采用专用成型架绑扎成型。加强筋应有两处以上部位绑扎固定。钢筋入模时应严禁表面沾上作为隔离剂的油类物质。

19.1.3 保温材料

1. 预制夹心保温构件的保温材料除应符合设计要求外,其性能指标尚应符合现行国家和行业标准要求。

2. 保温材料应按照不同材料、不同品种、不同规格进行存储,应有相应的防水、防潮、防火措施和其他防护措施。

3. 夹心外墙板夹心层中的保温材料,应采用轻质高效保温材料,尺寸偏差及物理性能指标应符合相关现行标准要求,燃烧性能应符合现行国家标准《建筑材料可燃性试验方法》GB/T 8626 的规定,并应符合设计要求。

4. 外墙板接缝处的保温材料燃烧性能应满足现行国家标准《建筑材料及制品燃烧性能分级》GB 8624 中的 A 级要求。

19.1.4 饰面材料

石材、面砖等饰面材料质量应符合设计要求及相关现行标准的规定。饰面砖、石材应按照编号、品种、数量、规格、尺寸、颜色、用途等分类放置，标识清楚并登记入册。

面砖背面应采用燕尾槽，燕尾槽尺寸应符合相关现行标准要求。

面砖在入模铺设前，应先将单块面砖根据预制构件加工图的要求分块制成套件，套件的尺寸应根据预制构件饰面砖的大小、图案、颜色取一个或若干个单元组成，每块套件尺寸不宜大于300mm×600mm。面砖套件制作前，应检查入模面砖是否有破损、翘曲和变形等质量问题，不合格的面砖不得用于面砖套件。面砖套件制作时，应在定型模具中进行。饰面材料的图案、排列、色泽和尺寸应符合设计要求。

当采用石材饰面时，厚度25mm以上的石材应对石材背面进行锚固处理，并安装不锈钢卡件。

石材在入模铺设前，应根据预制构件加工图核对石材尺寸，并提前24h在石材背面涂刷处理剂。

19.1.5 连接件

19.1.5.1 连接套筒

1. 预制构件受力钢筋套筒灌浆连接接头应符合现行行业标准《钢筋套筒灌浆连接应用技术规程》JGJ 355 的规定。

2. 钢筋套筒灌浆连接接头用连接套筒应符合现行行业标准《钢筋连接用灌浆套筒》JG/T 398 的规定。

3. 全灌浆、半灌浆套筒筒体及分体式套筒的分体连接部分的力学性能应符合下列规定：

1) 设计抗拉承载力不应小于被连接钢筋抗拉承载力标准值的 1.15 倍；

2) 设计屈服承载力不应小于被连接钢筋屈服承载力标准值。

4. 灌浆套筒的套筒设计锚固长度不宜小于插入钢筋公称直径的 8 倍，灌浆端用于钢筋锚固的深度不宜小于插入钢筋公称直径的 8 倍。套筒灌浆端最小内径和所连接钢筋的公称直径的差值不宜小于表 19-4 规定的数值。

灌浆套筒灌浆端最小内径与连接钢筋公称直径差最小值　　　　表 19-4

钢筋公称直径（mm）	灌浆套筒灌浆最小内径与连接钢筋公称直径差最小值（mm）
12~25	10
28~40	15

19.1.5.2 三明治墙板拉结件

1. 夹心外墙板中内外叶墙体的连接可采用非金属拉结件，也可采用不锈钢拉结件。拉结件应能在内外叶墙体之间传递荷载，其在墙板混凝土中的锚固承载力应大于拉结件自身的承载力。

2. 拉结件的力学性能、保温性能和耐腐蚀性能均应符合设计要求和有关现行标准的规定。

3. 拉结件的数量和位置应满足设计要求。

19.1.6 预 埋 件

1. 预埋件用钢材及焊条的性能应符合设计要求。
2. 预埋件的材料、品种应按照预制构件制作图要求进行制作，并准确定位。
3. 安装预埋件的防腐应满足现行国家标准《工业建筑防腐蚀设计标准》GB 50046 和现行国家标准《涂覆涂料前钢材表面处理 表面清洁度的目视评定》GB/T 8923 的规定。
4. 预制构件的吊环应采用未经冷加工的 HPB300 级以上的钢筋或 Q235B 圆钢制作。用于吊环的 HPB300 级钢筋，其直径可采用 8~14mm；用于吊环的 Q235B 圆钢应符合《碳素结构钢》GB/T 700 的规定，且其设计应力应不大于 $50N/mm^2$。
5. 钢筋锚固板的材料性能指标及应用要求应符合现行行业标准《钢筋锚固板应用技术规程》JGJ 256 中的相关规定。
6. 受力预埋件的锚板及锚筋材料应符合现行国家标准《混凝土结构设计标准》GB/T 50010 中有关规定。
7. 连接用焊接材料，螺栓、锚栓和铆钉等紧固件的材料应符合现行国家标准《钢结构设计标准》GB 50017、《钢结构焊接规范》GB 50661 及现行行业标准《钢筋焊接及验收规程》JGJ 18 的相关规定。
8. 电气穿线管、电箱电盒、水管等材料应符合相关现行标准的规定。
9. 门窗的品种、规格、尺寸、性能和开启方向、型材壁厚和连接方式等应符合设计要求和相关现行标准的规定。

19.2 深 化 设 计

装配式建筑深化设计主要作用是将建筑各系统的结构构件、内装部品、设备和管线部件以及外围护系统部件进行深化设计，完成能够指导工厂生产和施工安装的部品部件深化设计图纸和加工图纸。深化设计是整个装配式建筑设计工作中至关重要的一项工作，是联系设计与预制构件生产加工的重要环节。深化设计应统筹考虑结构系统、外围护系统、设备与管线系统、内装系统在设计、生产、施工等建造全过程中的一体化集，应符合模数协调要求，采用模块及模块组合的设计方法，遵循少规格、多组合的原则。宜建立基于 BIM 的信息化协同平台，实现全过程、全生命周期的管理与控制。

19.2.1 深化设计基本原则

1. 深化设计应满足装配式建筑标准化设计的要求，基于信息化设计协同平台，采用建筑信息化模型技术进行一体化集成设计。
2. 深化设计必须符合原设计图纸，根据设计单位提出的有关技术要求，对原设计不合理的内容提出合理化建议，所作修改意见需经原设计单位认可后方可实施。
3. 深化设计单位出深化设计图必须以便于制作、运输、安装、降低工程成本为原则。
4. 深化设计中涉及预制构件的配筋设计应便于工业化生产且应方便现场连接。

5. 设计单位要求深化设计单位补充设计的部分，如节点设计等，深化设计单位需出具该部分内容设计计算书或说明书，并通过原设计单位签字认可。

6. 深化设计图为直接指导生产、加工的技术文件，其内容必须简单易懂，尺寸标注清晰，具有生产、安装可操作性。

19.2.2 深化设计主要内容

19.2.2.1 图纸目录

需按照图纸序号排列，先列新绘制图纸，后列通用图纸和标准图纸。目录中宜列出预制构件所在楼栋、预制构件轮廓尺寸、预制构件数量等相关参数。

19.2.2.2 设计说明

深化设计说明应包括但不限于以下内容：工程概况、设计依据、预制构件构造、材料要求、生产技术要求、预制构件存储与运输要求、现场施工要求等。

19.2.2.3 设计图纸

深化设计图纸应包括但不限于以下内容：

1. 应绘制轴线、轴线总尺寸、轴线间尺寸，预制构件与轴线的定位尺寸标注。预制构件种类较多时，宜分别绘制预制竖向构件平面布置图、预制水平构件平面布置图、非承重预制装饰构件平面图、预埋件平面布置图。平面布置图中涉及预制部分与现场现浇的部分应采用不同的图例加以区分。

2. 预制构件装配立面图

应包括建筑立面两端轴线编号，各立面预制构件的布置位置、编号、层高线。较为复杂的框架或其他结构体系可分别绘制主体结构立面及外装饰立面图。

3. 预制构件模板图

应绘制预制构件的主视图、俯视图、仰视图、侧视图、门窗洞口剖面图。标注预制构件的外轮廓尺寸、缺口尺寸、看线的分布尺寸、预埋件的定位尺寸。各视图中应标注预制构件表面工艺要求（例如模板面、压光面、粗糙面、清水、喷砂、瓷砖、石材等），对于有瓷砖和石材要求的预制构件应绘制相应的排版图。预留预埋等应采用不同的图例表达。应包含预制构件信息表，表格内容应包括构件编号、数量、混凝土体积、构件重量、钢筋保护层、混凝土强度等级等。

4. 预制构件配筋图

应绘制预制构件配筋的主视图、剖面图，当采用预制夹心保温构件时，应分别绘制内叶板配筋图、外叶板配筋图。应标注钢筋与预制构件外边线的定位尺寸、钢筋间距、钢筋外露长度。钢筋连接用灌浆套筒等连接件应标注尺寸和长度，预制叠合类构件应标明外露桁架钢筋的尺寸与规格。应包含配筋表格，表格内容包含编号、直径、级别、钢筋加工尺寸、重量等。

5. 通用详图

包括但不限于以下内容：

预埋件图：预埋件详图、预埋件布置图等。

通用索引图：用于表达预制构件拼接处的防水、保温、隔声、防火、预制构件连接节点的局部大样图；预制构件局部剖切大样详图、引出节点大样图等。

6. 其他图纸

包括但不限于以下内容：夹心保温墙板保温拉结件排布图；不同类型拉结件应分别注明名称、数量和规格；保温材料排版图，应包含分块编号及定位尺寸等。

19.2.2.4 计算书

深化设计工作中设计到计算与验算工作需要包括但不限于以下内容：

1. 预制构件在翻转、运输、堆放、吊运和安装、连接施工等临时工况的验算；
2. 固定连接的预埋件与预埋吊件、临时支撑用预埋件在最不利工况下的施工验算；
3. 夹心保温墙板拉结件的施工及正常使用工况下的验算。

19.2.3 施工验算主要内容

装配式混凝土结构施工前，应根据设计要求和施工方案进行必要的施工验算。

1. 预制构件在脱模、吊运、运输、安装等环节的施工验算，应将预制构件自重乘以脱模吸附系数或动力系数作为等效荷载标准值，并应符合下列规定：

(1) 脱模吸附系数宜取为 1.50，并可根据预制构件和模具表面状况适当增减，复杂情况时，可根据试验确定吸附系数取值；

(2) 预制构件吊运、运输时，动力系数可取 1.50；预制构件翻转及安装过程中就位、临时固定时，动力系数可取 1.20。当有可靠经验时，动力系数可根据实际受力情况和安全要求适当增减。

2. 深化设计中预制构件的施工验算应验算下列内容：

(1) 预制构件正截面边缘的混凝土法向压应力；

(2) 预制构件正截面边缘的混凝土法向拉应力；

(3) 对于施工过程中允许出现裂缝的预制混凝土构件，其正截面边缘混凝土法向拉应力限值可适当放松，但需验算开裂截面处受拉钢筋拉应力。具体验算公式与系数选取应符合现行国家标准《混凝土结构工程施工规范》GB 50666 的有关规定。

3. 预制叠合构件尚应符合现行国家标准《混凝土结构设计标准》GB/T 50010 的有关规定。

4. 预制构件施工阶段验算应对预埋件进行验算，预埋吊件及施工临时支撑的施工安全系数不应低于以下要求：临时支撑安全系数不低于 2.0，临时支撑连接件及预制构件中用于连接临时支撑的预埋件安全系数不低于 3.0，普通预埋吊件安全系数不低于 4.0，多用途预埋吊件安全系数不低于 5.0。具体验算公式与系数选取应符合现行国家标准《混凝土结构设计标准》GB/T 50010、《钢结构设计标准》GB 50017 和《混凝土结构工程施工规范》GB 50666 的有关规定。

19.2.4 深化设计确认

预制构件深化设计工作宜由装配式建筑施工图设计单位进行设计，当由其他单位进行深化设计时，深化设计提交资料必须经由施工图设计单位审核确认，并由建设单位组织设计、生产、施工、监理各方进行图纸会审后，方可用于预制构件的生产与加工。深化设计文件与资料应按规定的相关条款要求归档保存。

19.2.5 深化设计质量管控

装配式建筑深化设计应严格执行自检、校对、审核和审定四级审查的制度。

19.2.5.1 自检

深化设计人员在完成设计文件之后应进行自检,检查有无错漏碰缺的问题,专业之间有无矛盾冲突,并及时进行调整与修改完善。

19.2.5.2 校对

在完成自检的基础上,还要完成设计人员互检校对,校对内容包括但不限于以下内容:

1. 预制构件截面规格、材质是否符合设计的要求;
2. 是否符合规范、规程等技术标准的要求;
3. 尺寸和标注是否正确,是否有遗漏。

19.2.5.3 审核

在完成校对工作的基础上,由深化设计专业负责人完成审核工作,审核内容包括但不限于以下内容:

1. 深化设计的结构方案是否与施工图设计要求相一致;
2. 主要预制构件的模板、配筋、预留预埋是否符合施工图设计文件要求;
3. 连接部位关键节点是否符合施工图设计文件要求,是否满足现行规范、规程等技术标准的要求;
4. 主要图纸内容、图纸数量是否有遗漏;
5. 深化设计图纸表达、图纸格式是否符合相关现行标准要求。

19.2.5.4 审定

审定工作由深化设计单位总工程师或相同级别工程师负责,审定内容包括但不限于以下内容:

1. 深化设计是否符合设计任务书要求;
2. 结构体系、结构布置是否符合施工图设计以及现行规范、规程的要求;
3. 深化设计图纸数量、图纸表达、图纸格式是否符合要求。

19.3 预制构件生产

19.3.1 常用预制混凝土构件

预制混凝土构件一般分为市政类预制构件和房建类预制构件或者分为预应力预制混凝土构件和普通预制混凝土构件。

房建类预制构件一般分为预制楼板、预制墙板、预制外挂墙板、预制梁、预制柱、预制阳台、预制空调板等。

常见预制混凝土构件分类与应用范围参见表 19-5。

常见预制混凝土构件分类与应用范围 表 19-5

类别	名称	应用范围									
		混凝土装配整体式				混凝土全装配式					钢结构
		框架结构	剪力墙结构	框剪结构	筒体结构	框架结构	薄壳结构	悬索结构	单层厂构	无梁板结构	
楼板	实心板	√	√	√	√						√
	空心板	√	√	√	√						√
	桁架钢筋叠合板	√	√	√	√						√
	预应力空心板	√		√	√	√			√		√
	预应力叠合肋板	√		√	√						√
	预应力双T板								√	√	
墙板	预制夹心复合墙板		√								
	双面叠合墙板		√								
	预制内墙板		√	√							
	预制装饰外墙板		√								
外挂墙板	整间外挂墙板	√		√		√					√
	横向外挂墙板	√		√		√					√
	竖向外挂墙板	√		√		√					√
	非线性外挂墙板	√		√		√					√
框架墙板	暗柱暗梁墙板	√	√								
	暗梁墙板		√								
梁	梁	√	√	√	√	√					
	T形梁	√				√					
	凸梁	√				√					
	叠合梁	√	√	√	√						
	连梁	√	√	√	√						
	带挑耳梁	√			√				√		
	U形梁	√		√	√				√		
	连筋式叠合梁	√		√	√						
柱	矩形柱	√		√	√	√					
	L形扁柱	√		√	√						
	U形扁柱	√		√							
	带翼缘柱	√		√							
	跨层方柱	√		√							
	跨层圆柱					√					
	圆柱	√		√	√						
	空心柱	√		√	√						
其他预制构件	楼梯板	√	√	√	√	√		√	√	√	√
	叠合阳台板	√	√	√	√						
	杯形基础								√		
	全预制阳台板	√	√	√	√						
	空调板	√	√	√	√						
	整体飘窗	√	√	√	√						
	遮阳板	√	√	√	√						
	轻质内墙隔板	√	√	√	√	√		√	√	√	√
	女儿墙板	√	√	√	√						

19.3.2 模 具

预制混凝土构件制作的精度控制,模具是一个重要组成部分。模具制作应尺寸准确,具有足够的刚度、强度和稳定性,严密、不漏浆,构造合理,符合钢筋入模、混凝土浇捣和养护等要求,且在过程控制、调节及重复、多次使用中,能够始终处于尺寸正确和感官良好状况。

预制混凝土构件模具现有的模具的体系可分为:可采用独立式模具和大底模式模具(即底模可公用,只加工侧模具)。以钢模为主,面板主材宜选用Q235钢板,支撑结构可选型钢或者钢板,规格可根据模具形式选择,应满足以下要求:

1. 模具应具有足够的承载力、刚度和稳定性,保证在预制混凝土构件生产时能可靠承受浇筑混凝土的重量、侧压力及工作荷载。
2. 模具应支、拆方便,且应便于钢筋安装和混凝土浇筑、养护。
3. 模具的部件与部件之间应连接牢固;预制构件上的预埋件均应有可靠固定措施。
4. 模具应便于清理和隔离剂的涂刷;模具每次使用后,必须清理干净。

预制混凝土构件模具设计应注意以下要点:

1. 外墙板和内墙板模具防漏浆设计

预制混凝土构件三面都有外漏钢筋,侧模处需开对应的豁口,数量较多,造成拆模困难。为了便于拆模,豁口开得大一些,用橡胶等材料将混凝土与边模分离开,从而大大降低了拆卸难度。

2. 边模定位方式

边模与大底模通过螺栓连接,为了快速拆卸,宜选用M12的粗牙螺栓。在每个边模上设置3~4个定位销,以更精确地定位。连接螺栓的间距控制在500~600mm为宜,定位销间距不宜超过1500mm。

3. 预埋件定位

预制混凝土构件预埋件较多,且精度要求很高,需在模具上精确定位,有些预埋件的定位在大底模上完成,有些预埋件不与底模接触需要通过靠边模支撑的吊模完成定位。吊模要求拆卸方便,定位唯一,以防止错用。

4. 模具加固

对模具使用次数必须有一定的要求,故有些部位必须要加强,一般通过肋板解决,当楼板不足以解决时可把每个肋板连接起来,以增强整体刚度。

预制混凝土构件模具的使用设计应注意以下要点:

1. 编号:由于每套模具被分解得较零碎,需按顺序统一编号,防止错用。
2. 组装:边模上的连接螺栓和定位销一个都不能少,必须紧固到位。为了预制混凝土构件脱模时边模顺利拆卸,防漏浆的部件必须安装到位。
3. 吊模等工装的拆除:在预制混凝土构件蒸汽养护之前,要把吊模和防漏浆的部件拆除。选择此时拆除的原因为吊模好拆卸,在流水线上,不占用上部空间,可降低蒸养窑的层高。混凝土几乎还没强度,防漏浆的部件很容易拆除,若等到脱模的时候,混凝土的强度已到20MPa左右,防漏浆部件、混凝土和边模会紧紧地粘在一起,极难拆除。所以防漏浆部件必须在蒸汽养护之前拆掉。
4. 模具的拆除:当预制混凝土构件脱模时,首先将边模上的螺栓和定位销全部拆卸掉,为了保证模具的使用寿命,禁止使用大锤。拆卸的工具宜为皮锤、羊角锤、小撬棍等工具。

5. 模具的养护：在模具暂时不使用时,需在模具上涂刷一层机油,防止腐蚀。

19.3.3 预制混凝土构件生产工艺流程

预制混凝土构件生产是以钢筋、混凝土、保温材料、装饰材料、各种材质的埋件、电器水暖材料、门窗材料等为主要原料,在模台上装配模具、装配预埋配件、安装钢筋骨架及混凝土的浇筑、振捣,经过养护后进行脱模吊装,从而完成预制混凝土构件的生产。

预制混凝土构件生产的主要工艺流程包括：模台、模具清理与组装,涂刷脱模剂及缓凝剂,钢筋骨架加工、入模,预埋件安装,混凝土浇筑、振捣及表面处理,混凝土养护,预制构件脱模,粗糙面处理（图 19-1）。

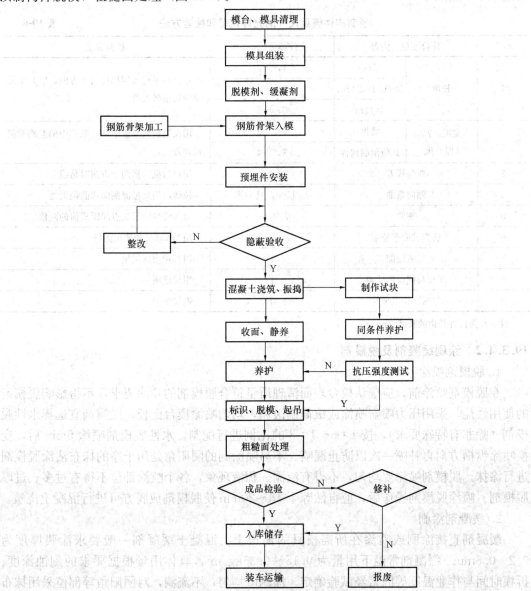

图 19-1 预制构件制作基本流程图

19.3.4 预制混凝土构件生产主要工序

19.3.4.1 模具清理与组装

预制混凝土构件生产前应首先进行模台清理工作，经过机械清洁后，模具表面如仍有残留物，需进行人工辅助清理，最终模具表面应无明显的混凝土固化后留下的印记、密封胶的残留物、锈蚀痕迹及其他影响模具表面质量的残留物，接近模具本色。

模具组装应根据模具的标准化程度和结构特点，采用机械作业或人工作业。模具的安装与固定，应平直、紧密、不倾斜、尺寸准确。模具组装完成后，应进行几何尺寸检测，检测标准参见表19-6。出现检测值超差，要马上进行修正，在模具组装质量未合格前不得进入下一道工序。

预制构件模具尺寸的允许偏差和检验方法　　　表19-6

项次	检验项目、内容		允许偏差（mm）	检验方法
1	长度	≤6m	1，-2	用尺量平行预制构件高度方向，取其中偏差绝对值较大处
		>6m且≤12m	2，-4	
		>12m	3，-5	
2	宽度、高（厚）度	墙板	1，-2	用尺测量两端或中部，取其中偏差绝对值较大处
		其他预制构件	2，-4	
3	对角线差		3	用尺量纵、横两个方向对角线
4	侧向弯曲		$L/1500$，且≤5	拉线，用尺量测侧向弯曲最大处
5	翘曲		$L/1500$	对角线拉测量交点间距离值的两倍
6	底模表面平整度		2	用2m靠尺和塞尺测量
7	组装缝隙		1	用塞片或塞尺量
8	端模与侧模高低差		1	用尺量测
9	门窗口位置偏移		2	钢尺测量

注：L 为构件长边的长度（mm）。

19.3.4.2 涂刷缓凝剂及脱模剂

1. 脱模剂喷涂

在脱模剂喷涂前，应确认模台表面清理质量符合脱模剂的喷涂要求，不得影响脱模剂的使用性能。采用压力喷壶喷涂或滚筒刷滚涂，均匀喷涂模台面板。脱模剂宜选用水性脱模剂（除非有特殊要求），按1:5~1:3的比例进行配制。水性脱模剂喷涂5min后，变换喷涂纵横方向再补喷一次以防止漏喷。不易喷涂到的阴阳角处用干净的抹布沾涂脱模剂进行涂抹。脱模剂喷涂要均匀，不得有流淌、积液现象，各个喷涂部位不得有过多、过厚脱模剂。喷涂脱模剂操作后，应自然晾干15~20min使脱模剂成膜方可进行混凝土浇筑。

2. 缓凝剂涂刷

缓凝剂直接涂刷或喷涂在所需模具的面板上。混凝土缓凝剂一般要求涂膜厚度为0.2~0.5mm。缓凝剂常温下用量为0.15~0.35kg/m²。具体用量根据要求的刻蚀深度、拆模时间与作业温度等因素经试验确定。涂刷应均匀，不流淌，对阴阳角等部位采用抹布等方式涂抹，自然晾干15~20min使缓凝剂成膜方可进行混凝土浇筑。

19.3.4.3 钢筋骨架组装

钢筋骨架组装分为钢筋骨架整体入模和钢筋半成品模具内绑扎两种方式。应根据钢筋作业区面积、预制构件类型、制作工艺要求等选择钢筋组装方式。

1. 钢筋骨架整理入模

钢筋骨架应绑扎牢固，防止吊运入模时变形或散架。钢筋骨架整体吊运时，宜采用吊架多点水平吊运，避免单点斜拉导致骨架变形。钢筋骨架吊运至工位上方，宜平稳、缓慢下降至距模台 300~500mm 处，调整好方向后，缓慢下降入模。垫块数量应根据钢筋骨架刚度确定，一般垫块间距应不大于 500mm，确保底部钢筋不下凹，确保保护层的厚度符合规范要求。

2. 钢筋半成品模具内绑扎

钢筋半成品模具内绑扎应根据预制构件配筋图，将半成品钢筋按照顺序排布于模具内，并确保各类钢筋位置正确。单层网片宜先绑四周再绑中间，绑中间时应在模具上搭设挑架；双层网片宜先绑扎底层再绑面层。面层网片应满绑，底层网片可四周两档满绑，中间间隔呈梅花状绑扎，但不得存在相邻两道未绑现象。

钢筋骨架组装完成后要进行质量检测，检测标准参见表 19-7，如有超差，需要立即处理，在质量合格前不能进入下一道工序。

钢筋骨架安装检测标准 表 19-7

项目		允许偏差（mm）	检验方法
钢筋网片	长、宽	±5	钢尺检查
	网眼尺寸	±10	钢尺量连续三档，取最大值
钢筋骨架	长	−5，0	钢尺检查
	宽	±5	钢尺检查
	高（厚）	±5	钢尺检查
	主筋间距	±10	钢尺量两端，中间各一点
	主筋排距	±5	钢尺量两端，中间各一点
	箍筋间距	±10	取最大值
	钢筋弯起点位置	15	钢尺检查
	端头不齐	5	钢尺量连续三档，取最大值

19.3.4.4 预埋件安装

预埋件安装应按照图纸的要求进行安装。较大的预埋件应先于钢筋骨架入模或与钢筋骨架一起入模。预埋件安装应符合下列要求：

1. 预埋件安装前应核对类型、品种、规格、数量等，不得错装或漏装。

2. 应根据工艺要求和预埋件的安装方向正确安装预埋件，倒扣在模台上的预埋件应在模台上设定位杆，安装在侧模上的预埋件应用螺栓固定在侧模上，在预制构件建筑面上的预埋件应采用工装挑架固定安装。

3. 安装预埋件宜遵循先主后次、先大后小的原则。

4. 预埋件安装应牢固且防止位移，安装的水平位置和垂直位置应满足设计及规范要求（表 19-8）。

5. 底部带孔的预埋件，安装后应在孔中穿入规格合适地加强筋，加强筋的长度应在预埋件两端各露出不少于150mm，防止加强筋在孔内左右移动。

6. 预埋件应逐个安装完成后再一次性紧固到位。

预埋件安装完毕后依据图纸对预埋件规格型号、安装位置、开孔方向、吊点位置进行自检，检查核对无误后进行绑扎标识，将预制构件信息标码牌绑扎于钢筋出筋较为明显的位置。

模具上预埋件、预留孔洞安装允许偏差   表19-8

项次	检验项目		允许偏差（mm）	检验方法
1	预埋钢板、建筑幕墙用槽式预埋组件	中心线位置	≤3	用尺量测纵横两个方向的中心线位置，取其中较大值
		平面高差	±2	钢直尺和塞尺检查
2	预埋管、电线盒、电线管水平和垂直方向的中心线位置偏移、预留孔、浆锚搭接预留孔（或波纹管）		≤2	用尺量测纵横两个方向的中心线位置，取其中较大值
3	插筋	中心线位置	≤3	用尺量测纵横两个方向的中心线位置，取其中较大值
		外露长度	−10, 0	用尺量测
4	吊环	中心线位置	≤3	用尺量测纵横两个方向的中心线位置，取其中较大值
		外露长度	−5, 0	用尺量测
5	预埋螺栓	中心线位置	≤2	用尺量测纵横两个方向的中心线位置，取其中较大值
		外露长度	0～5	用尺量测
6	预埋螺母	中心线位置	≤2	用尺量测纵横两个方向的中心线位置，取其中较大值
		平面高差	±1	钢直尺和塞尺检查
7	预留洞	中心线位置	≤3	用尺量测纵横两个方向的中心线位置，取其中较大值
		尺寸	0～3	用尺量测纵横两个方向的中心线位置，取其中较大值
8	灌浆套筒及连接钢筋	灌浆套筒中心线位置	≤1	用尺量测纵横两个方向的中心线位置，取其中较大值
		连接钢筋中心线位置	≤1	用尺量测纵横两个方向的中心线位置，取其中较大值
		连接钢筋外露长度	0～5	用尺量测

19.3.4.5 隐蔽验收

在浇筑混凝土之前，应检查和控制模具、钢筋、保护层厚度和预埋件等的型号规格、数量及位置，其偏差值应符合现行国家标准《装配式混凝土建筑技术标准》GB/T 51231

的规定。同时应检查模具拼缝的密合情况,隐蔽工程检查应重点检查如下内容包括:
1. 钢筋骨架中钢筋的牌号、规格、数量、位置、间距符合设计及规范要求。
2. 预埋件、预留孔洞的规格、数量、位置符合设计及规范要求。
3. 钢筋的混凝土保护层厚度符合设计及规范要求。
4. 预埋线管、线盒的规格、数量、位置及固定措施符合设计及规范要求。
5. 吊点及附加钢筋的位置、数量及尺寸等。
6. 模具组装精度符合偏差要求。
7. 隐蔽工程检查应留存检查记录,如果有影像要求,要进行拍照和录像。

19.3.4.6 混凝土浇筑振捣

在混凝土浇筑前,应对混凝土坍落度进行检测。根据测试的混凝土坍落度的数值,调整布料机纵向行走速度和下料速度,确保浇筑过程能够有效控制混凝土的均匀性、密实性和整体性。混凝土浇筑还应符合下列要求:
1. 混凝土浇筑应均匀连续,从模具一端开始向另一端浇筑。
2. 混凝土倾落高度不宜超过600mm。
3. 混凝土浇筑应连续进行,且应在混凝土初凝前全部完成。
4. 混凝土应边浇筑边振捣,根据实际情况可调节振捣频率和振捣时间。
5. 冬季混凝土入模温度不应低于5℃。

混凝土振捣宜采用机械振捣方式成型;振捣设备应根据混凝土的品种、预制构件的规格和形状等因素确定,应制定振捣操作规程。当采用振动棒时,混凝土振捣过程中应避免触碰钢筋骨架、饰面材料和预埋件。

混凝土振捣过程中应随时检查模具有无漏浆、变形或预埋件有无移位等现象。有平面和立面的转角预制构件,要先浇筑、振捣平面部位,待平面浇筑位置达到立面底部时,再浇筑、振捣立面部位。

当混凝土不再下沉,边角无空隙,表面泛浆完整,混凝土表面基本形成平面,不再冒出气泡时,视为振捣密实完成。振捣密实完成后,检查混凝土四边的厚度与结构层模具高度差值。如果混凝土不足,要进行补充浇筑振捣,多余的混凝土及时清理,完成后对表面进行找平,确保混凝土面与结构层模具保持同一平面。

19.3.4.7 混凝土表面处理

当混凝土振动完成后,应立即用刮杠通对浇筑面刮平、整平,再用抹子在混凝土表面抹面一次,对预制构件表面进行粗平。粗平后,应进行预养护。预制构件预养护时间根据气温条件和工厂实际状况宜选择在1.5~2.5h,预养护温度控制在30~40℃,预养护采用蒸汽加热养护方式。根据车间温度也可以进行常温预养护。预养护完成后,混凝土应完成初凝。

预制构件完成预养护后,应根据预制构件表面要求进行表面处理。表面处理过程中,应确保混凝土不能堵塞穿墙孔洞,确保穿墙洞口的完整性。对预埋螺母的防护尤为重要,在抹面完成后,要对其进行专门检查,保持内螺纹的清洁。在进行收面压光过程中,严禁向预制构件表面洒水。

19.3.4.8 混凝土养护

预制构件成型后,需及时养护,防止混凝土产生干缩裂缝或强度降低。预制构件养护应符合下列规定：
1. 应根据预制构件特点和生产任务量选择自然养护、自然养护加养护剂或加热养护方式。
2. 混凝土浇筑完毕或压面工序完成后应及时覆盖保湿，脱模前不得揭开。
3. 涂刷养护剂应在混凝土终凝后进行。
4. 加热养护可选择蒸汽加热、电加热或模具加热等方式。
5. 加热养护制度应通过试验确定，宜采用加热养护温度自动控制装置。宜在常温下预养护2～6h，升、降温速度不宜超过20℃/h，最高养护温度不宜超过70℃。预制构件脱模时的表面温度与环境温度的差值不宜超过25℃。
6. 夹心保温外墙板最高养护温度不宜大于60℃。

19.3.4.9 预制构件脱模

在预制构件进行养护作业后，强度达到脱模要求后进行脱模作业。

在模具拆除过程中，避免使用铁锤，优先采用橡胶锤或其他专用拆模工具。拆除后的模具应进行清理和检查，损伤及变形严重的要进行修理，恢复精度要求。模具清理完成后要按照模具规格、成套边模统一存放，根据排产计划进行回传或进行缓存。模具拆除后，对所有螺栓、磁盒及其他工装进行归类存放。

预制构件脱模可采用侧立脱模和平吊式脱模。对墙体类预制构件优先采用侧立脱模，采用固定模台生产方式生产预制构件时，采用平吊脱模方式，平吊应另设平面吊点，严禁利用行车吊挂端面吊点在模台上直接侧立脱模。起吊方式应遵循相应的安全作业规程，优先采用专用吊具起吊预制构件，采用钢丝绳或环链脱模起吊时，钢丝绳或环链的长度应能保证脱模起吊过程中与平面的夹角不宜小于60°，不应小于45°。

19.3.4.10 预制构件结合面处理

建筑预制构件与后浇混凝土结合的界面称为结合面，具体可为粗糙面或键槽两种形式。结合面质量直接影响结构连接质量，进场时应进行专项检查验收。设计文件会对结合面提出具体要求，应以此作为验收依据。

预制混凝土构件粗糙面的生产工艺应根据设计要求选用，可以为水洗、拉毛、凿毛、模具成型等。水洗工艺采用缓凝剂涂抹于模具表面，脱模后进行水洗；拉毛工艺作业在混凝土表面处理作业时完成；凿毛工艺为使用凿毛机在预制构件表面加工出粗糙面；模具成型工艺是采用泡沫模、花纹钢板模具成型粗糙面的方式。

19.3.5 钢筋桁架叠合板生产

19.3.5.1 生产工艺流程

钢筋桁架叠合板生产工艺如图19-2所示。

19.3.5.2 生产操作要点

1. 模具组装

钢筋桁架叠合板模具主要有分体式双层模具和单层开口模具两种。分体式双层模具分为底层模具组装和上层模具组装两部分。底层模具组装时，从模台长度方向的侧面开始组装模具，预留磁盒位置，定位边模位置（边模应与模台长边保持平行），采用磁盒对模具进行固定，固定数量根据模具的长度确定，不应少于三点。应确保模具安装面与模台表面

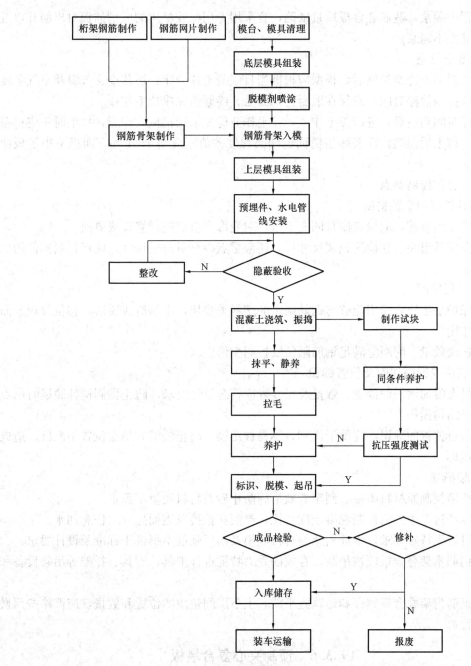

图 19-2 钢筋桁架叠合板生产工艺流程图

保持紧密接触,不应出现起拱、翘起现象(也可以全部或部分采用螺栓固定)。

双层模具采用三层结构,底模以螺栓或磁盒固定在模台上,摆放钢筋网片,调整网片的位置后安装上层模具,上层模具与密封材料粘结在一起,调整上层模具的位置,对齐上下层模具螺栓孔,装配螺栓,连接紧固上下层模具。

常规单层开口模具与预制构件是一一对应的,每个边模都按照预制构件的出筋尺寸开口,在将模具组装完成后,直接摆放钢筋网片,网片依靠模具开口定位,为防止混凝土浇筑振捣过程中漏浆，造成叠合板质量缺陷，宜采用专用橡胶材质的成型插板对出筋开口进行密封，确保不漏浆。

2. 混凝土拉毛

在完成混凝土浇筑振捣后，根据应根据当日混凝土配合比、坍落度、气温及空气湿度等综合因素控制静停时间，确保在混凝土初凝后、终凝前完成拉毛作业。

在静停时间到达后，进行拉毛作业，拉毛作业优先采用机械式作业，拉毛时不应将粗骨料带出。拉毛后预制构件表面粗糙面的凹凸程度差值不应小于4mm，面积不小于板面积的80%。

19.3.5.3 生产控制要点

1. 模具精度和组装精度

（1）模具组装前，应检查模具的变形量，对变形严重应进行修理或更换。

（2）在模具组装后在检测长宽尺寸后，还应重点检测对角线尺寸，确保预制构件的尺寸偏差要求。

2. 保护层厚度

（1）保护层垫块宜采用能够与钢筋锁紧的塑料类垫块，不易造成脱落、移位等现象而失去支撑作用。

（2）垫块数量、间距应满足钢筋限位及控制变形要求。

3. 吊点位置钢筋加固及位置标识

（1）吊点附加钢筋的位置、数量及尺寸等应符合设计要求。防止预制构件脱模时吊点处预制构件结构损伤。

（2）吊点位置的标识，应便于识别，不易被污染。防止脱模时吊点位置不准确，造成预制构件损坏。

4. 抗裂措施

（1）严格控制原材料质量，制定有效措施防止砂石材料质量不稳定。

（2）生产过程中严格控制混凝土配合比，严禁在振捣及表面处理时任意加水。

（3）设计无特殊要求，钢筋桁架叠合板脱模及出厂强度不得低于标准及设计要求。

（4）钢筋桁架叠合板应按吊装、存放的受力特征选择卡具、索具、托架等吊装设备和固定措施。

（5）钢筋桁架叠合板储存和运输宜平放，上下层间垫块的位置和数量，应严格按照操作要点设置。

19.3.6 预制夹心复合墙板

19.3.6.1 生产工艺流程

预制夹心复合板生产工艺流程如图19-3所示。

19.3.6.2 生产操作要点

1. 结构层钢筋安装要点

（1）灌浆套筒定位，确保套筒与模具紧密接触、定位准确，套筒端面与模具面板间隙小于1.5mm。采用全灌浆套筒时，在组装时要严格遵守全灌浆套筒组装作业规程，不得缺漏配件。套筒内钢筋长度一致。

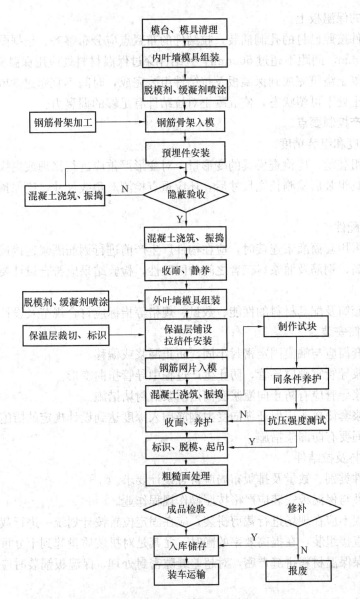

图 19-3 预制夹心复合板生产工艺流程图

(2) 灌浆管一端安装固定在套筒上；另一端利用工装固定牢靠，确保整齐度。

(3) 外伸筋定位封堵，模具开口处封堵件，宜优先采用成型橡胶封堵件，保证钢筋定位准确、封堵严密。

2. 保温板铺装及安装拉结件

(1) 在底层混凝土浇筑后，应马上进行保温板铺装。

(2) 保温板应在指定的区域根据图纸要求进行裁剪、拼接、打孔、编号等作业后，按照预制构件编码转运至铺装工位，在工位按照预制构件编号进行铺设。

(3) 保温板铺设应紧密，保温板间缝隙不大于2mm，大于2mm的保温板缝隙，缝隙空间应用保温材料填补密实，防止浇筑时渗入水泥浆，在铺设保温板时，作业人员不得踩踏已铺装完成的保温板上。

（4）拉结件按照已打的孔洞插装，拉结件的布置点应分布整齐，根据图纸要求位置偏差不应超过 50mm，间距不超过 500mm。拉结件穿过保温材料处应用保温材料填补密实。

（5）在混凝土浇筑完成到保温板及拉结件组装完成，时间不宜超过 30min，这一作业过程确保混凝土处于可塑状态，使混凝土对拉结件有足够的握裹力。

19.3.6.3 生产控制要点

1. 模具精度和组装精度

（1）模具组装前，应检查模具的变形量，对变形严重应进行修理或更换。

（2）在模具组装后检测长宽尺寸后，还应重点检测对角线尺寸，确保预制构件的尺寸偏差要求。

2. 套筒及配件

（1）钢筋采用套筒灌浆连接时，应在构件厂生产前进行钢筋灌浆连接接头的抗拉强度试验以确定套筒、钢筋及灌浆料三者之间的匹配性，检验结果应符合设计要求和相关现行标准的规定。

（2）灌浆套筒及配套材料的性能、数量、规格等指标应符合规范及设计要求。

3. 灌浆套筒安装

（1）灌浆套筒应与端模固定密封牢固，防止漏浆或偏移。

（2）灌排浆导管宜硬质导管，防止生产过程中导管扭曲变形。

（3）灌排浆导管应有防止向灌浆套筒内漏浆的封堵措施。

（4）全灌浆套筒接头应保证纵向受力钢筋插入深度达到设计规定的措施，且纵向受力钢筋与套筒之间要有防漏浆措施。

4. 保温材料及拉结件

（1）拉结件类别、数量及排版布局应符合设计要求。

（2）拉结件与保温板安装应严格按照操作规程作业。

（3）保温板不应在现场进行裁剪拼装，应在固定位置按计划统一进行裁剪、拼接、打孔。到达现场直接组装，在提高效率的同时，尤其是对拼装质量起到十分重要的作用。

（4）应确保保温材料拼缝严密，对超差缝隙密封处理，保温板铺装时应避免人员在上踩踏。

（5）拉结件装配应严格遵守"保温拉结件"的使用要求。采取可靠措施保证拉结件位置、保护层厚度，保证混凝土对拉结件的握裹力，锚固可靠。

5. 成型及脱模

（1）混凝土浇筑时应适当提高坍落度，有利于提高混凝土的振捣密实效果，有利于确保对 FRP 拉结件尾端的握裹力。

（2）采用正打方式生产时，在外叶板浇筑完成后，不宜采用底部振捣台连同结构层一起振捣密实的方式，宜采用表面振捣设备完成外叶墙混凝土的振捣密实成型。

（3）夹心保温墙板宜优先采用翻转机设备完成侧立脱模起吊，不应采用直接利用行车吊挂端面吊点直接在模台上侧立脱模的方式。

6. 成品保护

（1）露骨料粗糙面冲洗完成后应对灌浆套筒的灌浆孔和出浆孔进行透光检查，并清理灌浆套筒内的杂物。

（2）钢筋连接套筒、预埋孔洞、吊点应采取防止堵塞的临时封堵措施。

19.3.7 双面叠合墙板

19.3.7.1 生产工艺流程

双面叠合板生产工艺流程如图 19-4 所示。

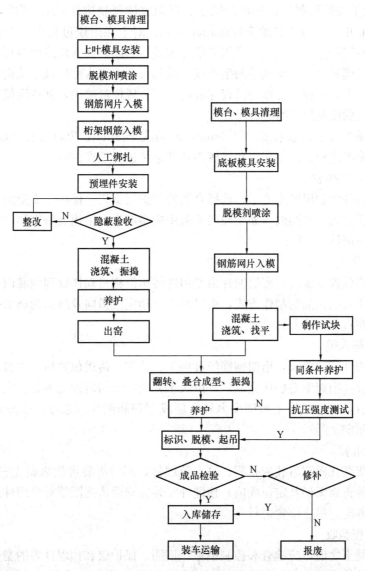

图 19-4 双面叠合板生产工艺流程图

19.3.7.2 生产操作要点

1. 脱模剂喷涂

模台清理完成后，行进到脱模剂喷涂工位，脱模剂喷涂机自动启动，模台在行进的过程中完成模台表面的脱模剂喷涂。根据生产线的规划布局不同，脱模剂也可以在组模工位由摆模机械手完成。

2. 模台画线

在脱模剂喷涂完成后,在模台上画线,画出模具安装的轮廓线、磁盒位置线、埋件位置线等。

3. 模具组装

根据系统自动完成的每张模台上预制构件的分布和所有模台的排产计划(也可人工干预),摆模机械手按照预制构件的排产顺序、自动解读预制构件CAD图纸,由模具库或模具缓存区拾取相应的边模自动完成组模及锁紧。对于在组模过程中,由于模具模数限制,没有完全封闭的边角,由人工采用其他方式进行封闭,如木块或保温板等。

对于配置了模具出入库机械手的生产线,模具首先由出入库机械手从模具库内取出放到模具传输系统上,在模具传输的过程完成模具面板脱模剂喷涂,到达组模工位,由摆模机械手拾取到位的模具进行组模。

模具组装偏差要求:长和宽 ≤1.5mm,对角线 ≤2mm,模具组装缝隙 ≤1mm,如果检测后出现偏差超标,控制程序和机械手硬件系统进行适度调整。

4. 保护层支架摆放

根据预制构件保护层厚度要求,选择合适的保护层支架。保护层支架由专用桁架机械手或关节机械手自动完成摆放。如果底层不采用成型网片,采用直条钢筋,保护层垫块可自动套装在直条钢筋上。

5. 网片入模

保护层垫块放置完成后,底层网片由专用的转运设施自动摆放到钢筋内,对于不采用成型网片而采用直条钢筋的制作方式,由机械手自动完成横向及纵向钢筋的摆放(保护层垫块直接套装在直条钢筋上)。

6. 桁架钢筋入模

根据预制构件配件要求,桁架钢筋经过加工、剪切、传送位置后,由机械手自动完成桁架钢筋的摆放,桁架钢筋摆放完成后,由人工完成桁架与网片的绑扎。完成网片与桁架筋的绑扎固定后,在桁架筋上再铺设另外一层成型钢筋网片(也可以摆放直条后绑扎),与桁架筋绑扎固定。

7. 预埋件组装

在钢筋骨架绑扎固定后装配孔洞、吊点等埋件,埋件组装可依靠激光三维投影定位,确保埋件规格的正确无误及定位准确。预埋件安装完毕后依据图纸对预埋件规格型号、安装位置、开孔方向、吊点位置进行自检。

8. 隐蔽工程验收

在浇筑混凝土之前,应检查和控制模板、钢筋、保护层和预埋件等的型号规格、数量及位置,其偏差值应符合现行国家标准《混凝土结构工程施工质量验收规范》GB 50204的规定。同时应检查模板支撑的稳定性以及模板接缝的密封情况,模板和隐蔽工程项目应分别进行预检和隐蔽验收,符合要求后,方可进行浇筑。

9. 第一次混凝土浇筑

混凝土浇筑前应对坍落度进行检测,布料机根据预制构件的几何形状和重量,调整走行速度、下料速度及重量,自动完成布料。应采用试验确定振捣频率和对应时间,振捣至模板内的混凝土不再下沉、边角无空隙、表面基本形成水平面、表面泛浆、不再冒出气泡时即可认为已达到沉实饱满的要求，完成预制构件振捣密实。振捣后应检查混凝土的表面高度与模板高度的差额，高度值偏差应不大于±2mm。

10. 上叶板养护

浇筑振捣完成后的上叶板进入养护窑通道，码垛机自动运行将其取出放入立体提养护窑内相应的仓位，立体养护窑内温湿度自动检测和自动控制。预制构件养护应严格遵守相关的养护程序。

11. 底板制作

底板制作时间根据排产计划确定，排产计划要确保底板混凝土浇筑完成后的时间及模台循环的顺序与上叶板完成养护并出窑的时间与模台顺序一致（自动排产及生产线自动运转）。

12. 底板混凝土浇筑

模具组装完成后，进行组装精度检测，检测合格后，浇筑混凝土。混凝土配置过程中，骨料最大粒径不应大于20mm。

13. 叠合振捣

底板浇筑找平完成后进入叠合振捣工位，并且根据叠合墙的设计厚度，安装限位工装。底板进入叠合振捣工位的同时，上叶板应完成出窑，翻转机完成模台夹持、预制构件夹紧提升并且进入叠合振捣工位（可适当提前，不宜滞后）。所有前期工作完成后，上叶板下降与底板叠合，翻转机限位装置与模台限位结合，检测叠合厚度，确认叠合墙厚度符合要求。叠合完成后，连同翻板机及夹紧装置等进行振捣密实，可采用低频或高频振捣（复合式振捣台）。振捣完成后，松开预制构件夹紧装置并复位。翻转机复位将空模台再次送入生产流程中，进行拆模、模台清扫及机械手置模等工序。将底板侧面的限位装置移除，放入指定位置，并再次对预制构件质量等进行确认。确认无误后由堆垛机再次送入养护窑，进行整体叠合墙养护第二次养护。

19.3.7.3 生产控制要点

1. 钢筋

（1）桁架钢筋与网片要进行绑扎固定，避免造成在混凝土浇筑振捣时桁架移位，间距偏差严重。

（2）保护层支架数量及位置及固定要能够保证在混凝土浇筑时网片不下凹，确保保护层厚度符合要求。

2. 混凝土

（1）严格混凝土坍落度值，确保混凝土的流动性、和易性。

（2）严格控制混凝土粗骨料的粒径，最大粒径不应超过规定值。避免影响上、下板插入叠合。

（3）严格控制混凝土振捣时间，避免造成离析、漏筋等缺陷。

3. 厚度控制

（1）上叶板网片与桁架插入底板过程中，要确保插入深度，同时要确保底板保护层厚度符合要求。

（2）确保限位装置安装精度，确保上叶板与底板叠合过程中，插入深度均匀，避免叠合墙厚度不均。

4. 存储吊运

（1）双面叠合墙板起吊，必须采用翻板机侧立脱模。

（2）双面叠合墙应采用直立式存储，宜采用存储、吊运一体的专用存储架，避免多次挂装作业。

19.3.8　预制装饰外墙板

19.3.8.1　生产工艺流程

预制装饰外墙板生产工艺流程如图 19-5 所示。

19.3.8.2　生产操作要点

1. 石材预先处理

（1）锚固件安装

锚固件一般分为爪钉和锚固螺栓两类，墙体预制构件宜采用爪钉锚固。锚固件安装工艺流程包括加工锚固孔、清理锚固孔、固定锚固件。锚固件安装应符合下列规定：

1）锚固孔应符合设计要求：打孔作业时，应在石材背面划出锚件定位线，并根据锚件的实际尺寸、预埋深度定出打孔位置，打孔时钻头角度应斜向 45°，孔深 20mm（石材 25mm 或 30mm）。

2）锚固件就位前应确保锚固孔清洁，锚固孔清理宜选用空气压力吹管。

3）在孔内植胶后将锚件安装到孔内。宜选用环氧树脂胶粘剂填充，环氧树脂胶粘剂应配比准确、搅拌均匀，并应具备常温流动性。

4）安装完不锈钢锚固拉钩的饰面石材在移动前应确保环氧树脂胶粘剂充分凝固。

（2）背面涂刷隔离剂

隔离剂的主要目的是杜绝石材直接与混凝土接触而出现表面泛碱现象；能够吸收石材与混凝土因热膨胀率不同而发生的微小相对变位；预防没有锚固部分石材发生裂缝断裂时的掉落。所用到的材料一般为树脂胶、防水密封胶、改性硅酮涂料。涂刷完界面剂后，将石材搁置在干净、整洁的垫木上，晾干。

2. 石材铺装

（1）衬垫材料宜选用硬质橡胶垫块，且应铺设在饰面石材拼缝处和大块饰面石材中部。

（2）饰面石材应按要求铺设在衬垫材料上，拼缝位置和缝宽应准确，缝宽宜为 5～8mm，且宜用硬质橡胶条控制缝宽。

（3）填缝材料宜选用聚苯乙烯泡沫条，应用填缝材料填塞拼缝后，再灌注密封胶，密封胶应溢出拼缝，并宜在饰面石材背面形成 25～30mm 宽的密封胶带层；密封胶嵌填应密实、连续、饱满，并与基层粘结牢固；密封胶表面应平滑，缝边应顺直，不得有气泡、孔洞、开裂、剥离等缺陷。

（4）饰面石材与侧模间的缝隙宜采用聚苯乙烯泡沫条封堵，聚苯乙烯泡沫条截面边长宜为 10mm。

（5）窗口转角处立面铺设石材时，转角处应铺设硬质橡胶条，确保立面石材与平面石材缝宽，立面石材长度方向设置 20mm×30mm×50mm 的石块，以防倾倒，或采用专用夹具固定。

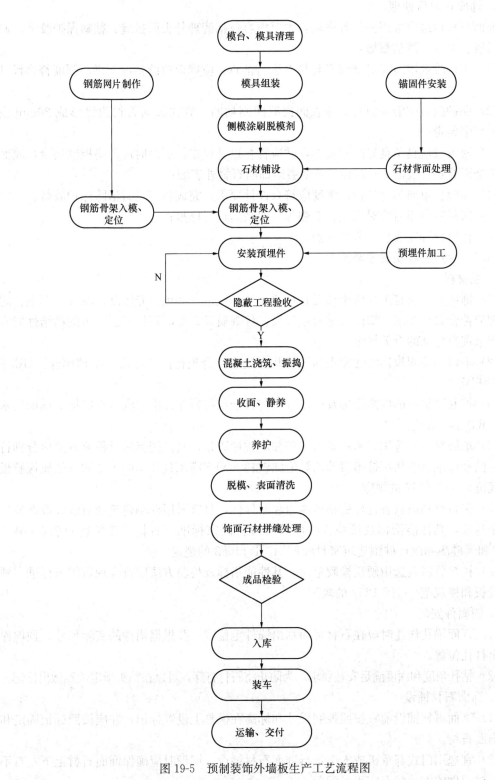

图 19-5 预制装饰外墙板生产工艺流程图

3. 饰面石材后处理

饰面石材拼缝宜采用密封胶嵌填：主要内容包括清理外表面拼缝、粘贴保护胶带、刷涂密封胶、勾缝、清洁整修：

（1）密封胶嵌填前应对饰面石材拼缝进行清理，应确保拼缝洁净干燥、深度符合设计要求；

（2）保护胶带应沿饰面石材外表面拼缝两侧粘贴，宜在饰面石材边缘形成20mm宽的保护胶带条带；

（3）密封胶应具备良好的耐候性，并应符合设计要求，刷涂时应严格控制用量，胶面宜低于饰面石材外表面2～3mm，不得溢出饰面石材外表面；

（4）勾缝宜单向匀速进行，深度应符合设计要求，完成后应及时清除保护胶带；

（5）密封胶凝固后应对飞边、毛刺等一般缺陷进行修整；

（6）在后处理完成后，覆膜保护。

19.3.8.3　生产过程质量控制要点

1. 原材料

（1）饰面石材反打工程所用饰面石材的品种、规格、颜色、光泽度、花纹、图案、防护处理应符合设计要求，饰面石材质量等级、外观质量、饰面石材和混凝土的粘结性能应符合国家现行标准的有关规定。

（2）不锈钢锚固拉钩的性能指标及检验方法应符合现行国家标准《不锈钢丝》GB/T 4240的规定。

（3）扩底型锚栓的性能指标及检验方法应符合现行行业标准《混凝土结构后锚固技术规程》JGJ 145规定。

（4）填缝材料宜选用聚苯乙烯泡沫条和硬质橡胶条，其性能指标及检验方法应分别符合现行国家标准《绝热用挤塑聚苯乙烯泡沫塑料（XPS）》GB/T 10801.2和《硬质橡胶板和棒规范》GJB 1257的规定。

（5）密封材料应具备良好的粘结能力和耐候性，且宜采用硅酮建筑密封胶和改性硅酮建筑密封胶，其性能指标及检验方法应符合现行国家标准《石材用建筑密封胶》GB/T 23261和《硅酮和改性硅酮建筑密封胶》GB/T 14683的规定。

（6）衬垫材料宜选用硬质橡胶垫块，其性能指标及检验方法应符合现行国家标准《硬质橡胶板和棒规范》GJB 1257的规定。

2. 锚固件安装

（1）背面锚孔作业时应在石材背面划出锚件定位线，并根据锚件的实际尺寸、预埋深度定出打孔位置。

（2）钻孔角度和深度满足安装要求，为防止将石材打穿，可以在钻头指定位置做出标记。

3. 饰面石材铺设

（1）饰面石材铺设前宜按照控制尺寸和标高在模具上设置标记，并应按照标记固定和校正饰面石材。

（2）宜选用门式起重机或人工进行饰面石材铺设，铺设时应确保饰面石材上下左右不错位，锚固件的安放状态应正确配置。

（3）饰面石材铺设应表面平整、接缝顺直，接缝的宽度应符合设计要求。

(4) 石材板厚一般为30mm，也可以为25mm，背面锚孔作业时容易产生打穿或变色，以及搬运石材时断裂等问题。

19.3.9 成品检验

预制构件断面粗糙化处理完成后应对预制构件外观质量进行检查。检查内容及标准包括但不限于表19-9所示内容。

预制墙板构件外观质量检验标准　　　　　　　　　　　　　表19-9

检验项目		国标质量要求	
		严重缺陷	一般缺陷
漏筋	预制构件内钢筋未被混凝土包裹而外露	纵向受力钢筋有漏筋	其他构造钢筋和箍筋少量漏筋
蜂窝	混凝土表面缺少泥浆而形成的石子外露	预制构件主要受力部位有蜂窝	其他部位允许少量蜂窝
孔洞	孔穴深度和长度均超过保护层厚度	预制构件主要受力部位有孔洞	不允许
外形缺陷	缺棱掉角、棱角不直、翘曲不平等	预制清水混凝土构件内有影响使用功能或装饰效果的外形缺陷	其他预制混凝土构件有不影响使用功能的外形缺陷
外表缺陷	表面麻面、起砂、掉皮、污染、门窗框材料划伤	具有重要装饰效果的预制清水混凝土构件有外表缺陷	其他预制混凝土构件有不影响使用功能的外表缺陷
连接部位缺陷	预制构件连接处混凝土缺陷及连接钢筋、连接铁件松动	连接部位有影响结构传力性能的缺陷	连接部位有基本不影响结构传力性能的缺陷
夹渣	夹有杂物且深度超过保护层厚度	预制构件主要受力部位有夹渣	其他部位少量夹渣
裂缝	缝隙从混凝土表面延伸至混凝土内部	主要受力部位有影响结构性能或使用功能的裂缝	其他部位有少量不影响结构性能或使用功能的裂缝
疏松	混凝土中局部不密实	构主要受力部位有疏松	其他部位少量疏松

预制构件脱模后应对预制构件几何尺寸进行检测，检测标准参见表19-10。

预制构件外形尺寸允许偏差及检验方法　　　　　　　　　表19-10

项次	检查项目			允许偏差（mm）	检测方法
1	规格尺寸	长度	楼板、梁、柱、桁架 <12m	±5	用尺量测两端及中间部，取其中偏差绝对值较大值
			楼板、梁、柱、桁架 ≥12m且<18m	±10	
			楼板、梁、柱、桁架 ≥18m	±20	
			墙板	±4	
		宽度、高（厚）度	楼板、梁、柱、桁架	±5	用尺量测四角和四边中部位置共8处，取其中偏差绝对值较大值
			墙板	±4	

续表

项次	检查项目		允许偏差（mm）	检测方法
2	对角线差	楼板	10	在预制构件表面，用尺量测两个对角线的长度，取其绝对值的差值
		墙板	5	
3	外形	表面平整度 楼板、梁、柱、墙板内表面	5	用2m靠尺安放在预制构件表面上，用楔形塞尺量测靠尺与表面之间的最大缝隙
		墙板外表面	3	
		侧向弯曲 楼板、梁、柱	$L/750$ 且 $\leqslant 20mm$	拉线，钢尺量最大弯曲处
		墙板、桁架	$L/1000$ 且 $\leqslant 20mm$	
		扭翘 楼板	$L/750$	四对角拉两条线，量测两线交点之间的距离，其值的2倍为扭翘值
		墙板	$L/1000$	
4	预埋部件	预埋钢板 中心线位置偏移	5	用尺量测纵横两个方向的中心线位置，取其中较大值
		平面高差	$-5, 0$	用尺紧靠在预埋件上，用楔形塞尺量预测埋件平面与混凝土面的最大缝隙
		预埋螺栓 中心线位置偏移	2	用尺量测纵横两个方向的中心线位置，取其中较大值
		外露长度	$-5, +10$	用尺量
		预埋套筒、螺母 中心线位置偏移	2	用尺量测纵横两个方向的中心线位置，取其中较大值
		平面高差	± 5	用尺紧靠在预埋件上，用楔形塞尺量预测埋件平面与混凝土面的最大缝隙
5	预留孔	中心线位置偏移	5	用尺量测纵横两个方向的中心线位置，取其中较大值
		孔尺寸	± 5	用尺量测纵横两个方向尺寸，取其中较大值
6	预留洞	中心线位置偏移	10	用尺量测纵横两个方向尺寸，取其中较大值
		洞口尺寸、深度	± 10	用尺量测纵横两个方向尺寸，取其中较大值
7	预留插筋	中心线位置偏移	5	用尺量测纵横两个方向的中心线位置，取其中较大值
		外露长度	$-5, +10$	用尺量

续表

项次	检查项目		允许偏差 (mm)	检测方法
8	吊环、木砖	中心线位置偏移	10	用尺量测纵横两个方向的中心线位置,取其中较大值
		与预制构件表面混凝土高差	-10, 0	用尺量
9	键槽	中心线位置偏移	5	用尺量测纵横两个方向的中心线位置,取其中较大值
		长度、宽度	±5	用尺量
		深度	±10	用尺量
10	灌浆套筒及连接钢筋	灌浆套筒中心线位置	2	用尺量测纵横两个方向的中心线位置,取其中较大值
		连接钢筋中心线位置	2	用尺量测纵横两个方向的中心线位置,取其中较大值
		连接钢筋外露长度	0, +10	用尺量

注：L 为构件长边的长度（mm）。

检验方法：

1. 检查数量：同一班次生产构件，经全数自检合格后，专检抽检不应少于30%，且不少于5件。

2. 检查方法：钢尺、靠尺、调平尺、保护层厚度测定仪检查。

对于出现缺陷（包括一般性缺陷）的预制构件要制定技术处理方案进行修补，重新检测合格后方可放行，对于产生了严重影响预制构件结构强度等方面的缺陷作报废处理。

19.3.10 预制构件入库

经检验合格（包括修补后复验合格）的预制构件可转运至室外堆场办理入库手续，完成预制构件入库。预制构件入库应具备完整的预制构件检测资料和质量证明文件，文件资料应包括但不限于以下内容：

1. 产品合格证；
2. 构件编码标识；
3. 原材料、预埋件合格证及复检报告（批次）；
4. 套筒及拉结件合格证及性能检测试验记录（批次）；
5. 过程检验记录及隐蔽工程验收记录；
6. 构件养护记录；
7. 构件修补技术处理方案；
8. 成品检测资料；
9. 生产企业名称、生产日期、出厂日期；
10. 检验员签字或盖章（可用检验员代号表示）。

19.3.11 预制构件存储

经检验合格（包括修补后复验合格）的墙板可转运至室外堆场进行存储。预制夹心保温墙板采用直立式存储的方式，采用专用存储工装架，墙板底部放置垫木或胶方垫平，垫块等不能损伤保温板，依靠工装架上的夹棍固定墙板。存储时，应按照项目、楼层、规格型号等进行分类存放，宜在同一侧面进行明显标识，便于查看查找。外露钢筋应采取防弯折措施，外露金属件应按不同环境类别进行防护或防腐、防锈。钢筋连接套筒、预埋孔洞应采取防止堵塞的临时封堵措施。

19.3.12 预制构件出库

预制构件装车前应对该批次预制构件的同条件养护混凝土试块进行强度测试，预制构件出厂强度不低于设计强度的75%方可装车出库，设计有要求时应按照设计要求执行。根据安装进度合理安排装车计划及时间，合理安排发车时间以避开限行时间段，做到经济、安全与效率相兼顾，避免出现超载、超高、超宽等违章情况。墙板装车时宜采用山字架或A字架靠放立式运输，在底部放置垫木或胶方，应确保车辆架体受力均匀。装车后应使用绑带对墙板进行充分固定，绑带与预制构件转角接触的部位增加胶垫或布垫做保护。车辆司机出厂前应对装车状况进行复查，运输途中严格按照运输计划的路线行驶，保持安全驾驶，防止超速或急刹车导致交通事故及预制构件损坏。

19.4 预制构件检验

19.4.1 预制构件过程质量检验

19.4.1.1 主控项目

1. 原材料应按照施工现场的程序，进行见证取样。其中砂石、水泥、混凝土、钢筋、灌浆套筒、面砖等原材料参照本文件第五章试验与检验。
2. 灌浆套筒生产应符合产品设计要求。
3. 全灌浆套筒的中部、半灌浆套筒的排浆孔位置计入最大负公差后的屈服承载力和抗拉承载力的设计应符合现行行业标准《钢筋连接用灌浆套筒》JG 398 的规定。
4. 铸造灌浆套筒宜选用球墨铸铁，机械加工灌浆套筒宜选用优质碳素结构钢、低合金高强度结构钢、合金结构钢或其他经过接头形式检验确定符合要求的钢材。
5. 套筒灌浆料应与灌浆套筒匹配使用，钢筋套筒灌浆连接接头应符合现行行业标准《钢筋机械连接技术规程》JGJ 107 中 I 级接头的规定。

19.4.1.2 一般项目

1. 灌浆套筒

（1）灌浆套筒长度应根据试验确定，且灌浆连接端长度不宜小于8倍钢筋直径，灌浆套筒中间轴向定位点两侧应预留钢筋安装调整长度，预制段不应小于10mm，现场装配端不应小于20mm。

（2）灌浆套筒剪力槽的数量应符合表19-11的规定，剪力槽两侧凸台轴向厚度不应小于2mm。

剪力槽数量表 表19-11

连接钢筋直径（mm）	12～20	22～32	36～40
剪力槽数量（个）	≥3	≥4	≥5

(3) 机械加工灌浆套筒计入负公差后的最小壁厚应符合表 19-12 要求。

灌浆套筒计入负公差后的最小壁厚　　　　　　　　　表 19-12

连接钢筋公称直径（mm）	12～14	16～40
机械加工成型灌浆套筒壁厚（mm）	2.5	3
铸造成型灌浆套筒壁厚（mm）	3	4

(4) 半灌浆套筒螺纹端与灌浆端连接处的通孔直径设计不宜过大，螺纹小径与通孔直径差不应小于 1mm，通孔的长度不应小于 3mm。

(5) 灌浆套筒进厂（场）时，应抽取灌浆套筒检验外观质量、标识和尺寸偏差，检验结果应符合现行行业标准《钢筋连接用灌浆套筒》JG/T 398 的有关规定。

检查数量：以连续生产的同原材料、同类型、同型式、同规格、同批号的不超过 1000 个为一批，每批随机抽取 10% 进行检验。

检验方法：观察，尺量检查，当合格率不低于 97% 时，应判定为该验收批合格。

(6) 采用球墨铸铁制作的灌浆套筒，材料应符合现行国家标准《球墨铸铁件》GB/T 1348 的规定，其材料性能尚应符合表 19-13 的规定。

球墨铸铁灌浆套筒的材料性能　　　　　　　　　表 19-13

项目	性能指标	项目	性能指标
抗拉强度 σ_b（MPa）	≥550	球化率（%）	≥85
断后伸长率 δ_s（%）	≥5	硬度（HBW）	180～250

(7) 采用优质碳素结构钢、低合金高强度结构钢、合金结构钢加工的灌浆套筒，其材料的机械性能应符合现行国家标准《优质碳素结构钢》GB/T 699、《低合金高强度结构钢》GB/T 1591、《合金结构钢》GB/T 3077 和《结构用无缝钢管》GB/T 8162 的规定，同时尚应符合表 19-14 的规定。

各类钢灌浆套筒的材料性能　　　　　　　　　表 19-14

项目	性能指标
屈服强度 σ_s（MPa）	≥355
抗拉强度 σ_b（MPa）	≥600
断后伸长率 δ_s（%）	≥19

2. 灌浆料

(1) 套筒灌浆料应按产品设计（说明书）要求的用水量进行配制。拌合用水应符合现行行业标准《混凝土用水标准》JGJ 63 的规定。

(2) 常温型套筒灌浆料施工及养护过程中 24h 内灌浆部位所处环境温度不应低于 5℃，低温型套筒灌浆料施工及养护过程中 24h 内灌浆部位所处环境温度不应低于 -5℃。

(3) 套筒灌浆料的性能应符合表 19-15 的规定。

套筒灌浆料的技术性能　　　　　　　　　　　　　　　　　表 19-15

类型	检测项目		性能指标
常温型	流动度（mm）	初始	≥300
		30min	≥280
	抗压强度（MPa）	1d	≥35
		3d	≥60
		28d	≥85
	竖向膨胀率（%）	3h	≥0.02
		24h与3h的差值	0.02～0.5
	氯离子含量（%）		≥0.03
	泌水率（%）		0
低温型	-5℃流动度（mm）	初始	≥300
		30min	≥260
	8℃流动度（mm）	初始	≥300
		30min	≥300
	抗压强度（MPa）	-1d	≥35
		-3d	≥60
		-7d+21d	≥85
	竖向膨胀率（%）	3h	0.02～2
		24h与3h的差值	0.02～0.40
	氯离子含量（%）		≥0.03
	泌水率（%）		0

（4）灌浆料进场时，应对灌浆料拌合物 30min 流动度、泌水率及 3d 抗压强度、28d 抗压强度、3h 竖向膨胀率、24h 与 3h 竖向膨胀率差值进行检验，检验结果应符合现行标准的有关规定。

检查数量：同一成分、同一批号的灌浆料，不超过 50t 为一批，每批按现行行业标准《钢筋连接用套筒灌浆料》JG/T 408 的有关规定随机抽取灌浆料制作试件。

检验方法：检查质量证明文件和抽样检验报告。

3. 模具

对模台清理、脱模剂的喷涂、模具尺寸等做一般性检查；对模具各部件连接、预留孔洞及埋件的定位固定等做重点检查，允许偏差应符合表 19-16 的规定。

模具上预埋件、预留孔洞模具安装允许偏差　　　　　　　　　表 19-16

项次	检验项目		允许偏差（mm）	检验方法
1	预埋钢板	中心线位置	3	用尺量测纵横两个方向的中心线位置，记录其中较大值
		平面高差	±2	钢直尺和塞尺检查
2	预埋管、电线盒、电线管水平和垂直方向的中心线位置偏移、预留孔、浆锚搭接预留孔（或波纹管）		2	用尺量测纵横两个方向的中心线位置，记录其中较大值

续表

项次	检验项目		允许偏差（mm）	检验方法
3	插筋	中心线位置	3	用尺量测纵横两个方向的中心线位置，记录其中较大值
		外露长度	0, +10	用尺量测
4	吊环	中心线位置	3	用尺量测纵横两个方向的中心线位置，记录其中较大值
		外露长度	0, +5	用尺量测
5	预埋螺栓	中心线位置	2	用尺量测纵横两个方向的中心线位置，记录其中较大值
		外露长度	0, +5	用尺量测
6	预埋螺母	中心线位置	2	用尺量测纵横两个方向的中心线位置，记录其中较大值
		平面高差	±1	钢直尺和塞尺检查
7	预留洞模具	中心线位置	3	用尺量测纵横两个方向的中心线位置，记录其中较大值
		尺寸	0, +3	用尺量测纵横两个方向尺寸，取其最大值
8	灌浆套筒及插筋	灌浆套筒中心线位置	1	用尺量测纵横两个方向的中心线位置，记录其中较大值
		插筋中心线位置	1	用尺量测纵横两个方向的中心线位置，记录其中较大值
		插筋外露长度	0, +5	用尺量测

4. 钢筋及预埋件

对钢筋的下料、弯折等做一般性检查；对钢筋数量、规格、连接及预埋件、门窗及其他部品部件的尺寸偏差做重点检查，并应符合表 19-17～表 19-19 的规定。

钢筋成品的允许偏差和检验方法　　　　　　　　表 19-17

项目		允许偏差（mm）	检验方法
钢筋网片	长、宽	±5	钢尺检查
	网眼尺寸	±10	钢尺量连续三档，取最大值
	端头不齐	5	钢尺检查
钢筋骨架	长	−5, 0	钢尺检查
	宽	±5	钢尺检查
	高（厚）	±5	钢尺检查
	主筋间距	±10	钢尺量两端、中间各一点，取最大值
	主筋排距	±5	钢尺量两端、中间各一点，取最大值
	箍筋间距	±10	钢尺量连续三档，取最大值

续表

项目			允许偏差（mm）	检验方法
钢筋骨架	弯起点位置		15	钢尺检查
	端头不齐		5	钢尺检查
	保护层	柱、梁	±5	钢尺检查
		板、墙	±3	钢尺检查

预埋件加工允许偏差　　　　　　　　　　　　　　　表 19-18

项次	检验项目		允许偏差（mm）	检验方法
1	预埋件锚板的边长		-5, 0	用钢尺量测
2	预埋件锚板的平整度		1	用直尺和塞尺量测
3	锚筋	长度	-5, +10	用钢尺量测
		间距偏差	±10	用钢尺量测

门窗框安装允许偏差和检验方法　　　　　　　　　　表 19-19

项目		允许偏差（mm）	检验方法
锚固脚片	中心线位置	5	钢尺检查
	外露长度	0, +5	钢尺检查
门窗框位置		±1.5	钢尺检查
门窗框高、宽		±1.5	钢尺检查
门窗框对角线		±1.5	钢尺检查
门窗框的平整度		1.5	靠尺检查

5. 混凝土

对混凝土的制备、浇筑、振捣、养护等做一般检查；对混凝土抗压强度检测及试件制作、脱模及起吊强度等进行重点检查。

6. 监造环节

（1）建设单位、监理单位、施工单位应根据各地规定和需求配置驻厂监造人员。

（2）驻厂监造人员应履行相关责任，对关键工序进行生产过程监督，并在相关质量证明文件上签字。除有专门设计要求外，有驻厂监造的预制构件可不做结构性能检验。

（3）驻厂监造人员应根据工程特点编制监造方案（细则），监造方案（细则）中应明确监造的重点内容及相应的检验、验收程序。

（4）驻厂监造可按"三控、二管、一协调"的相关要求开展工作，其中重点是质量安全的管控，并参与进度控制和协调。驻厂监造人员应加强对原材料验收、检测、隐蔽工程验收和检验批验收，加强对预制构件生产的监理，实施预制构件生产驻场监理时，应加强对原材料和实验室的监理。

（5）预制构件生产宜建立首件验收制度。首件验收制度是指结构复杂的预制构件或新型预制构件首次生产或间隔较长时间重新生产时，生产单位需会同建设单位、设计单位、施工单位、监理单位共同进行首件验收制度，重点检验模具、预制构件、预埋件、混凝土浇筑成型中存在的问题，确认该批预制构件生产工艺是否合理，质量能否得到保障，共同验收合格之后方可批量生产。

19.4.2 预制构件出厂质量控制

19.4.2.1 主控项目

1. 预制构件出厂时，驻厂监造人员应对所有待出厂预制构件进行详细检验，并在相关证明文件上签字。没有驻厂监造人员签字的，不得列为合格产品。

2. 预制构件外观质量不应有缺陷，对已经出现的严重缺陷应按技术处理方案进行处理并重新检验，对出现的一般缺陷应进行修整并达到合格。

3. 驻厂监造人员应将上述过程认真记录并备案。预制构件经检查合格后，要及时标记工程名称、构件部位、构件型号及编号、制作日期、合格状态、生产单位等信息。

19.4.2.2 一般项目

1. 预制构件交付的产品质量证明文件应包括以下内容：
（1）出厂合格证。
（2）混凝土强度检验报告。
（3）钢筋套筒等其他预制构件钢筋连接类型的工艺检验报告。
（4）合同要求的其他质量证明文件。

2. 预制构件尺寸偏差及预留孔、预留洞、预埋件、预留插筋、键槽的位置和检验方法应符合下列规定：
（1）预制板类构件尺寸偏差及预留孔、预留洞、预埋件、预留插筋、键槽的位置和检验方法应符合表19-20的要求。

预制板类构件外形尺寸允许偏差及检验方法　　　　　　　　表19-20

项次	检查项目		允许偏差（mm）	检验方法
1	规格尺寸	长度 12m	±5	用尺量两端及中间部，取其中偏差绝对值较大值
		长度 ≥12m 且 <18m	±10	
		长度 ≥18m	±20	
		宽度	±5	用尺量两端及中间部，取其中偏差绝对值较大值
		厚度	±5	用尺量板四角和四边中部位置共8处，取其中偏差绝对值较大值
2	对角线差		10	在预制构件表面，用尺量测两对角线的长度，取其绝对值的差值
3	外形	表面平整度	5	用2m靠尺安放在预制构件表面上，用楔形塞尺量测靠尺与表面之间的最大缝隙
		楼板侧向弯曲	$L/750$ 且 ≤20mm	拉线，钢尺量最大弯曲处
		扭翘	$L/750$	四对角拉两条线，量测两线交点之间的距离，其值的2倍为扭翘值

续表

项次	检查项目		允许偏差（mm）	检验方法
4	预埋部件	预埋钢板 中心线位置偏移	5	用尺量测纵横两个方向的中心线位置，记录其较大值
		预埋钢板 平面高差	−5，0	用尺紧靠在预埋件上，用楔形塞尺量预测埋件平面与混凝土面的最大缝隙
		预埋螺栓 中心线位置偏移	2	用尺量测纵横两个方向的中心线位置，记录其较大值
		预埋螺栓 外露长度	−5，+10	用尺量
		预埋线盒、电盒 在预制构件平面的水平方向中心位置偏差	≤20	用尺量
		预埋线盒、电盒 与预制构件表面混凝土高差	−10，0	用尺量
5	预留孔	中心线位置偏移	5	用尺量测纵横两个方向的中心线位置，记录其较大值
		孔尺寸	±5	用尺量测纵横两个方向尺寸，取其最大值
6	预留洞	中心线位置偏移	10	用尺量测纵横两个方向的中心线位置，记录其较大值
		洞口尺寸、深度	±10	用尺量测纵横两个方向尺寸，取其最大值
7	预留插筋	中心线位置偏移	5	用尺量测纵横两个方向的中心线位置，记录其较大值
		外露长度	−5，+10	用尺量
8	吊环、木砖	中心线位置偏移	≤20	用尺量测纵横两个方向的中心线位置，记录其较大值
		流出高度	−10，0	用尺量

注：L 为构件长边的长度（mm）。

（2）预制墙板类构件尺寸偏差及预留孔、预留洞、预埋件、预留插筋、键槽的位置和检验方法应符合表 19-21 的要求。

预制墙板类构件外形尺寸允许偏差及检验方法　　　　表 19-21

项次	检查项目		允许偏差（mm）	检验方法
1	规格尺寸	高度	±4	用尺量两端及中间部，取其中偏差绝对值较大值
		宽度	±4	用尺量两端及中间部，取其中偏差绝对值较大值
		厚度	±4	用尺量板四角和四边中部位置共8处，取其中偏差绝对值较大值

19.4 预制构件检验

续表

项次	检查项目			允许偏差（mm）	检验方法
2	对角线差			5	在预制构件表面，用尺量测两对角线的长度，取其绝对值的差值
3	外形	表面平整度	内表面	5	用2m靠尺安放在预制构件表面上，用楔形塞尺量测靠尺与表面之间的最大缝隙
			外表面	3	
		侧向弯曲		$L/1000$ 且 $\leqslant 20$	拉线，钢尺量最大弯曲处
		扭翘		$L/1000$	四对角拉两条线，量测两线交点之间的距离，其值的2倍为扭翘值
4	预埋部件	预埋钢板	中心线位置偏移	5	用尺量测纵横两个方向的中心线位置，记录其中较大值
			平面高差	-5，0	用尺紧靠在预埋件上，用楔形塞尺量预测埋件平面与混凝土面的最大缝隙
		预埋螺栓	中心线位置偏移	2	用尺量测纵横两个方向的中心线位置，记录其中较大值
			外露长度	-5，$+10$	用尺量
		预埋套筒、螺母	中心线位置偏移	2	用尺量测纵横两个方向的中心线位置，记录其中较大值
			平面高差	± 5	用尺紧靠在预埋件上，用楔形塞尺量预测埋件平面与混凝土面的最大缝隙
5	预留孔	中心线位置偏移		5	用尺量测纵横两个方向的中心线位置，记录其中较大值
		孔尺寸		± 5	用尺量测纵横两个方向尺寸，取其最大值
6	预留洞	中心线位置偏移		10	用尺量测纵横两个方向的中心线位置，记录其中较大值
		洞口尺寸、深度		± 10	用尺量测纵横两个方向尺寸，取其最大值
7	预留插筋	中心线位置偏移		3	用尺量测纵横两个方向的中心线位置，记录其中较大值
		外露长度		-5，$+10$	用尺量
8	吊环、木砖	中心线位置偏移		$\leqslant 20$	用尺量测纵横两个方向的中心线位置，记录其中较大值
		与预制构件表面混凝土高差		-10，0	用尺量
9	键槽	中心线位置偏移		5	用尺量测纵横两个方向的中心线位置，记录其中较大值
		长度、宽度		± 5	用尺量
		深度		± 10	用尺量

注：L 为构件长边的长度（mm）。

(3) 预制梁柱桁架类构件尺寸偏差及预留孔、预留洞、预埋件、预留插筋、键槽的位置和检验方法应符合表 19-22 的要求。

预制梁柱桁架类构件外形尺寸允许偏差及检验方法 表 19-22

项次	检查项目		允许偏差（mm）	检验方法
1	规格尺寸	长度 <12m	±5	用尺量两端及中间部，取其中偏差绝对值较大值
		长度 ≥12m 且 <18m	±10	
		长度 ≥18m	±20	
		宽度	±5	用尺量两端及中间部，取其中偏差绝对值较大值
		高度	±5	用尺量板四角和四边中部位置共8处，取其中偏差绝对值较大值
2	表面平整度		5	用 2m 靠尺安放在预制构件表面上，用楔形塞尺量靠尺与表面之间的最大缝隙
3	侧向弯曲	梁柱	$L/750$ 且 $\leqslant 20$	拉线，钢尺量最大弯曲处
		桁架	$L/1000$ 且 $\leqslant 20$	
4	预埋部件	预埋钢板 中心线位置偏移	5	用尺量测纵横两个方向的中心线位置，记录其中较大值
		预埋钢板 平面高差	-5, 0	用尺紧靠在预埋件上，用楔形塞尺量预测埋件平面与混凝土面的最大缝隙
		预埋螺栓 中心线位置偏移	2	用尺量测纵横两个方向的中心线位置，记录其中较大值
		预埋螺栓 外露长度	-5, +10	用尺量
5	预留孔	中心线位置偏移	5	用尺量测纵横两个方向的中心线位置，记录其中较大值
		孔尺寸	±5	用尺量测纵横两个方向尺寸，取其最大值
6	预留洞	中心线位置偏移	5	用尺量测纵横两个方向的中心线位置，记录其中较大值
		洞口尺寸、深度	±5	用尺量测纵横两个方向尺寸，取其最大值
7	预留插筋	中心线位置偏移	3	用尺量测纵横两个方向的中心线位置，记录其中较大值
		外露长度	±5	用尺量
8	吊环	中心线位置偏移	≤20	用尺量测纵横两个方向的中心线位置，记录其中较大值
		流出高度	-10, 0	用尺量
9	键槽	中心线位置偏移	5	用尺量测纵横两个方向的中心线位置，记录其中较大值
		长度、宽度	±5	用尺量
		深度	±10	用尺量

注：L 为构件长边的长度（mm）。

(4) 预制装饰构件的装饰外观尺寸偏差和检验方法应符合表 19-23 的要求。

预制装饰构件装饰外观尺寸允许偏差及检验方法　　　表 19-23

项次	装饰种类	检查项目	允许偏差（mm）	检验方法
1	通用	表面平整度	2	2m 靠尺或塞尺检查
2	面砖、石材	阳角方正	2	用托线板检查
		上口平直	2	拉通线用钢尺检查
		接缝平直	3	用钢尺或塞尺检查
		接缝深度	±5	用钢尺或塞尺检查
		接缝宽度	±2	用钢尺检查

19.5 预制构件堆放与运输

19.5.1 预制构件的堆放

预制构件在存放于工厂堆场前，应编制预制构件场内堆放方案，确定预制构件的存储方式、存放用架体、存放所需的场地以及相应辅助物料需求，预制构件的堆放用工装和工具应符合表 19-24。

常用预制构件堆放用工装和工具　　　表 19-24

序号	工装/工具	工作内容
1	门式起重机	预制构件起吊、装卸、调板
2	外雇汽车起重机	预制构件起吊、装卸，调板
3	叉车	预制构件装卸
4	吊具	预制构件起吊、装卸，调板
5	钢丝绳	预制构件（除叠合板）起吊、装卸，调板
6	存放架	墙板专用存储
7	转运车	预制构件从车间向堆场转运
8	专用运输架	墙板转运专用
9	垫木（100mm×100mm×250mm）	预制构件存储支撑
10	工字钢（110mm×110mm×3000mm）	叠合板存储支撑

预制构件运送到施工现场后，应按规格、品种、所用部位、吊装顺序分别设置堆场。现场驳放堆场应在吊装机械工作范围内，避免起吊盲点，堆垛之间宜设置通道。

现场运输道路和堆放堆场应平整、坚实，并应有排水措施。运输车辆进入施工现场的道路，应满足预制构件的运输要求。卸放、吊装工作范围内，不得有障碍物，并应有可满足预制构件周转使用的场地。

不同预制构件应采用相应的堆放方式：

1. 预制叠合板存储应放在指定的存放区域，存放区域地面应保证水平。叠合板需分型号码放、水并放置。第一层叠合板应放置在 H 型钢（型钢长度根据通用性一般为

3000mm）上，保证桁架金与型钢垂直，型钢距预制构件边 500～800mm。层间用 4 块 100mm×100mm×250mm 的垫木隔开，四角的 4 个垫木平行于型钢放置，如图 19-6 所示，存放层数不超过 6 层，高度不超过 1.5m。

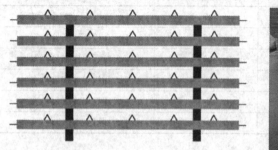

图 19-6 预制叠合板的放置

2. 预制墙板采用立方专用存放架存储，墙板宽度小于 4m 时墙板下部放置 2 块 100mm×100mm×250mm 垫木，两端距墙边 30mm 处各放置 1 块垫木。墙板宽度大于 4m 或带门口洞时墙板下部放置 3 块 100mm×100mm×250mm 垫木，两端距墙边 300mm 处各放置 1 块垫木，墙体重心位置处放置 1 块垫木（图 19-7）。

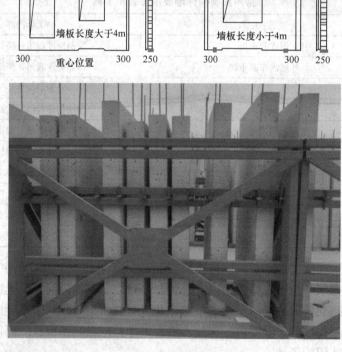

图 19-7 预制墙板的放置

3. 预制楼梯的储存应放在指定的储存区域，存放区域地面应保证水平。楼梯应分型号码放。折跑梯左右两端第二个、第三个踏步位置应放置 4 块 100mm×100mm×500mm 垫木，距离前后两侧为 250mm，保证各层间垫木水平投影重合，存放层数不超过 6 层（图 19-8）。

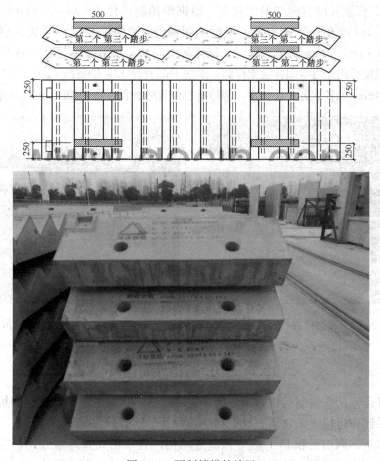

图 19-8　预制楼梯的放置

4. 预制梁存储应放在指定的存放区域，存放区域地面应保证水平，需分型号码放、水并放置（图 19-9）。第一层梁应放置在 H 型钢（型钢长度根据通用性一般为 3000mm）上，保证长度方向与型钢垂直，型钢距预制构件边 500～800mm，长度过长时应在中间间距 4m 放置一个 H 型钢，根据预制构件长度和重量最高叠放 2 层。层间放置 100mm×100mm×500mm 的垫木隔开，保证各层间垫木水平投影重合于 H 型钢。

5. 预制柱存储应放在指定的存放区域，存放区域地面应保证水平（图 19-10）。柱需

图 19-9　预制梁的放置

分型号码放、水并放置。第一层柱应放置在 H 型钢（型钢长度根据通用性一般为 3000mm）上，保证长度方向与型钢垂直，型钢距预制构件边 500～800mm，长度过长时应在中间间距 4m 放置一个 H 型钢，根据预制构件长度和重量最高叠放 3 层。层间用块 100mm×100mm×500mm 的垫木隔开，保证各层间垫木水平投影重合于 H 型钢。

6. 预制飘窗采用立方专用存放架存储，飘窗下部放置 3 块 100mm×100mm×250mm 垫木，两端距墙边 300mm 处各放置 1 块垫木，墙体重心位置处放置 1 块，如图 19-11 所示。

图 19-10　预制柱的放置

图 19-11　预制飘窗的放置

19.5.2　预制构件的运输

预制构件运输前应编制运输方案，确定运输路线、运输方法、运输装卸机械、运输车辆等，设计并制作运输支架，清查盘点预制构件型号和数量。

预制外墙板、内墙板和 PCF 板等预制竖向构件宜采用立式运输方式，在底盘平板车上牢固安放专用运输支架，预制墙板应对称靠放或者插放在运输支架上。

预制叠合板、阳台板、楼梯、装饰板等预制水平构件宜采用平层叠放运输方式，将预制构件一层层平放在运输车上进行运输。预制叠合板叠放不超过 6 层，预制预应力板叠放不超过 8～10 层，预制叠合梁叠放不超过 2～3 层。小型预制构件和异形预制构件多采用散装方式进行运输。

预制构件运输实例如下：

1. 预制墙板运输装车时，先在车厢底板上放置两根 100mm×100mm 的通长垫木，垫木上垫 15mm 以上的硬橡胶垫或其他柔性垫，根据外墙板尺寸用槽钢制作人字形支撑架，人字形架的支撑角度控制在 70°～75°。然后将外墙板带外墙瓷砖的一面朝外斜放在垫木上。墙板在人字形架两侧对称放置，每摞可叠放 2～4 块，板与板之间需在 $L/5$ 处增加放置 100mm×100mm×100mm 的垫木和橡胶垫（L 为板长度），以防墙板在运输途中因振动而受损（图 19-12）。

图 19-12　预制外墙板运输示意图

2. 预制叠合板运输时，叠合板之间用垫木隔离，垫木应上下对齐，垫木长、宽、高均不宜小于 100mm；板两端（至板端 200mm）及跨中位置均设置垫木且间距不大于 1.6m；不同板号应分别码放，码放高度不宜大于 6 层；叠合板在支点处绑扎牢固，防止预制构件移动或跳动，在底板的边部或与绳索接触处的混凝土，采用衬垫加以保护（图 19-13）。

图 19-13 预制叠合板运输示意图

3. 预制楼梯运输时，预制楼梯之间用垫木隔离，垫木应上下对齐，垫木长、宽、高均不宜小于 100mm，最下面一根垫木应通长设置；不同型号楼梯应分别码放，码放高度不宜超过 5 层；预制楼梯在支点处绑扎牢固，防止预制构件移动，在楼梯的边部或与绳索接触处的混凝土，采用衬垫加以保护（图 19-14）。

4. 预制阳台板运输时，底部采用垫木作为支撑物，支撑应牢固，不得松动；预制阳台板封边高度为 800mm、1200mm 时宜采用单层放置；预制阳台板运输时，应采取防止预制构件损坏的措施，防止预制构件移动、倾倒、变形等（图 19-15）。

图 19-14 预制楼梯运输示意图

图 19-15 预制阳台板运输示意图

19.6 预制构件的连接形式

19.6.1 基本要求

1. 预制构件节点连接的模板工程、钢筋工程、预应力工程、混凝土工程应符合现行国家标准《混凝土结构工程施工规范》GB 50666 及现行行业标准《钢筋套筒灌浆连接应用技术规程》JGJ 355 等的有关规定。当采用自密实混凝土时，尚应符合现行行业标准《自密实混凝土应用技术规程》JGJ/T 283 的有关规定。

2. 采用钢筋套筒灌浆连接、钢筋浆锚搭接连接的预制构件施工，应符合下列规定：
（1）现浇混凝土中伸出的钢筋应采用专用模具进行定位，并应采用可靠的固定措施控制连接钢筋的中心位置及外露长度满足设计要求。

(2) 预制构件安装前应检查预制构件上套筒、预留孔的规格、位置、数量和深度；当套筒、预留孔内有杂物时，应清理干净。

(3) 应检查被连接钢筋的规格、数量、位置和长度。当连接钢筋倾斜时，应进行校直；连接钢筋偏离套筒或孔洞中心线不宜超过 3mm。连接钢筋中心位置存在严重偏差影响预制构件安装时，应会同设计单位制定专项处理方案，严禁随意切割、强行调整定位钢筋。

3. 钢筋套筒灌浆连接接头应按检验批划分要求及时灌浆，灌浆作业应符合现行行业标准《钢筋套筒灌浆连接应用技术规程》JGJ 355 的有关规定。

4. 钢筋机械连接的施工应符合现行行业标准《钢筋机械连接技术规程》JGJ 107 的有关规定。

5. 焊接或螺栓连接的施工应符合现行国家标准《钢结构焊接规范》GB 50661、《钢结构工程施工规范》GB 50755 及现行行业标准《钢筋焊接及验收规程》JGJ 18 的有关规定。采用焊接连接时，应采取避免损伤已施工完成的结构、预制构件及配件的措施。

19.6.2 钢筋套筒灌浆连接

套筒灌浆连接技术是通过灌浆料的传力作用将钢筋与套筒连接形成整体，套筒灌浆连接分为全灌浆套筒连接和半灌浆套筒连接，套筒设计符合现行行业标准《钢筋连接用灌浆套筒》JG/T 398 要求，接头性能达到现行行业标准《钢筋机械连接技术规程》JGJ 107 规定中 I 级接头的规定。钢筋套筒灌浆料应符合现行行业标准《钢筋连接用套筒灌浆料》JG/T 408 规定。

1. 半灌浆套筒连接技术

半灌浆套筒接头一端采用灌浆方式连接，另一端采用非灌浆连接方式连接钢筋的灌浆套筒，通常另一端采用螺纹连接，如图 19-16 所示。

半灌浆套筒机械连接段的钢筋丝头加工、连接安装、质量检查应符合现行行业标准《钢筋机械连接技术规程》JGJ 107 的有关规定。

半灌浆套筒和外露钢筋允许偏差详见表 19-25。

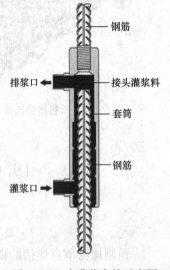

图 19-16 半灌浆套筒示意图

半灌浆套筒和外露钢筋允许偏差表　　表 19-25

项目		允许偏差（mm）	检查方法
灌浆套筒中心位置		≤3	尺量
外露钢筋	中心位置	≤5	
	外露长度	0~5	

2. 全灌浆套筒连接技术

全灌浆连接是两端均采用灌浆方式连接钢筋的灌浆套筒。全灌浆套筒如图 19-17 所示。

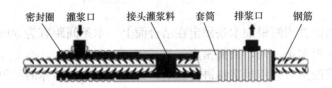

图 19-17 全灌浆套筒示意图

全灌浆套筒在预制构件厂内与钢筋连接时，钢筋应与套筒逐根插入，插入深度应满足设计及相关现行标准要求，钢筋与全灌浆套筒通过橡胶塞进行临时固定，避免混凝土浇筑、振捣时套筒和连接钢筋移位，同时防止混凝土向灌浆套筒内漏浆，全灌浆套筒可用于竖向预制构件（剪力墙、框架柱）及水平预制构件（梁）连接。

全灌浆套筒和外露钢筋允许偏差详见表 19-26。

全灌浆套筒和外露钢筋允许偏差表   表 19-26

项目		允许偏差（mm）	检查方法
灌浆套筒中心位置		≤3	尺量
外露钢筋	中心位置	≤5	
	外露长度	0～5	

3. 套筒灌浆施工

预制竖向承重预制构件采用全灌浆或半灌浆套筒连接方式的，所采取的灌浆工艺基本为分仓灌浆法和坐浆灌浆法。

制备封浆料→封缝和分仓→制备灌浆料拌合物→流动度检测→套筒灌浆施工→灌浆补灌。

（1）预制构件接触面现浇层应进行凿毛或拉毛处理，其粗糙面不应小于 4mm，预制构件自身接触粗糙面应控制在 6mm 左右。

（2）分仓法：竖向预制构件安装前宜采用分仓法灌浆，分仓应采用坐浆料或封浆海绵条进行分仓，分仓长度不应大于规定的限值，分仓时应确保密闭空腔，不应漏浆。分仓如图 19-18 所示。

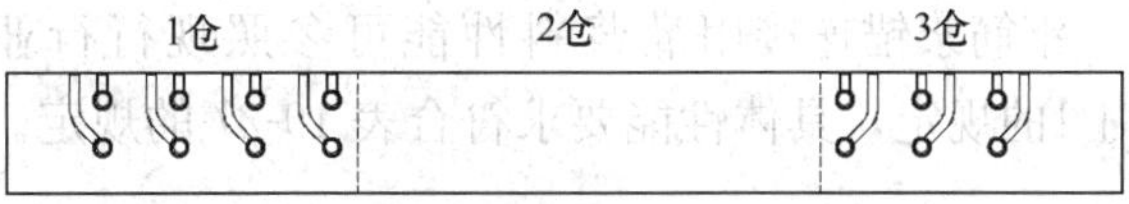

（3）坐浆法：竖向预制构件安装前可采用坐浆法灌浆，坐浆法是采用

图 19-18 用坐浆料进行分仓

坐浆料将预制构件与楼板之间的缝隙填充密实，然后对预制竖向构件进行逐一灌浆，坐浆料强度应大于预制墙体混凝土强度。

（4）灌浆作业

灌浆料从下排孔开始灌浆，待灌浆料从上排孔流出时，封堵上排流浆孔，直至封堵最后一个灌浆孔后，保压 0.1MPa 持续 30s，确保灌浆质量。

4. 连通腔灌浆施工，封缝和分仓要求

（1）采用连通腔灌浆施工工艺，连通腔较长的部位应进行分仓，分仓长度不宜过长，不宜超过 1.5m，以避免造成灌浆不饱满；

（2）在外墙夹心保温板对应的部位，把聚乙烯棒或其他弹性材料固定牢固，连接宜采

用企口形式;

(3) 按分仓的位置用两根细木条固定在结合面上,木条间距宜为30~50mm,用拌合好的封浆料填满两根木条之间,插捣密实;

(4) 预制内墙四边应采用封浆料进行封堵,封堵浆料占用墙体的面积之和不应大于设计允许面积,封浆料不应触及受力钢筋;

(5) 灌浆施工前应检查墙体四周,封浆应严密。

5. 灌浆料的使用应符合以下规定

套筒灌浆连接应采用由接头型式检验确定相匹配的灌浆套筒、灌浆料。套筒灌浆前应确保底部坐浆料达到设计强度(一般为24h),避免套筒压力注浆时出现漏浆现象,然后拌制专用灌浆料,灌浆料初始流动性需满足≥300、30min流动性需满足≥260,同时,每个班组施工时留置1组试块,每组试件3个试块,分别用于1d、3d、28d抗压强度试验,试块规格为40mm×40mm×160mm,灌浆料3h竖向膨胀率需满足≥0.02%,灌浆料检测完成后,开始灌浆施工,套筒灌浆时,灌浆料使用温度不宜低于5℃,不宜高于30℃。

19.6.3 浆锚搭接连接

1. 基本原理

浆锚连接是一种安全可靠、施工方便、成本相对较低的可保证钢筋之间力的传递的有效连接方式。在预制柱内插入预理专用螺旋棒,在混凝土初凝之后旋转取出,形成预留孔道,下部钢筋插入预留孔道,在孔道外侧钢筋连接范围外侧设置附加螺旋箍筋,下部预留钢筋插入预留孔道,然后在孔道内注入微膨胀高强灌浆料。

纵向钢筋采用浆锚搭接连接时,对预留孔成孔工艺、孔道形状和长度、构造要求、灌浆料和被连接的钢筋,应进行力学性能以及适用性的试验验证。直径大于20mm的钢筋不宜采用浆锚搭接连接,直接承受动力荷载构件的纵向钢筋不应采用浆锚搭接连接。

2. 浆锚灌浆连接的性能要求

钢筋浆锚连接用灌浆料性能可参照现行行业标准《装配式混凝土结构技术规程》JGJ 1的规定,具体性能要求符合表19-27的规定。

钢筋浆锚连接用灌浆料性能要求　　　　表19-27

项目	指标名称	指标性能
泌水率(%)		0
流动度(mm)	初始值	≥200
	30min保留值	≥150
竖向膨胀率(%)	3h	≥0.02
	24h与3h的膨胀值之差	0.02~0.5
抗压强度(MPa)	1d	≥35
	3d	≥55
	28d	≥80
氯离子含量(%)		≤0.06

3. 浆锚灌浆连接施工要点

(1) 因设计上对抗震等级和高度上有一定的限制,此连接方式在预制剪力墙体系中预制剪力墙的连接使用较多,预制框架体系中的预制立柱的连接一般不宜采用。约束浆锚搭接连接主要缺点是预埋螺旋棒必须在混凝土初凝后取出来,须对取出时间、操作规程掌握得非常好,时间早了易塌孔,时间晚了,预埋棒取不出来。因此,成孔质量很难保证,如果孔壁出现局部混凝土损伤(微裂缝),对连接质量有影响。比较理想做法是预埋棒刷缓凝剂,成型后冲洗预留孔,但应注意孔壁冲洗后是否满足约束浆锚连接的相关要求。

(2) 注浆时可在一个预留孔上插入连通管,可以防止由于孔壁吸水导致灌浆料的体积收缩,连通管内灌浆料回灌,保持注浆部位充满。此方法套筒灌浆连接时同样适用。

19.6.4 典型预制构件连接形式

典型预制构件连接形式详见表 19-28。

典型预制构件连接形式　　　　　　　　　　　　　　　　表 19-28

项目	类型	施工要点	图示
1	梁柱连接 1	梁柱预制节点后浇:在梁柱节点处现浇,形成框架结构体系,装配式框架结构图集 15G310 做法	施工过程应注意安装先后顺序,梁梁节点、梁柱节点钢筋避让,梁柱节点核心区域箍筋绑扎顺序。核心区钢筋较密,浇筑时应认真振捣	
2	梁柱连接 2	键槽式预制预应力混凝土装配整体式框架结构连接,其原理是采用预制或现浇钢筋混凝土柱,预制预应力混凝土叠合梁、板,通过钢筋混凝土后浇部分将梁、板、柱及键槽式梁柱节点联成整体,形成框架结构	1. 预制梁吊装就位后,应根据设计要求在键槽内安装 U 形钢筋,并应采用可靠固定方式确保 U 形钢筋位置准确,安装结束后,应封堵节点模板; 2. 浇筑混凝土前,应对梁的截面、梁的定位、U 形钢筋的数量、规格,安装质量应进行检查; 3. 键槽节点处的混凝土应符合现行行业标准《预制预应力混凝土装配整体式框架结构技术规程》JGJ 224 的规定	
3	梁柱连接 3	柱与柱之间采用套筒连接,预制柱底留设套筒;预制梁柱构件采用强连接的方式连接,即梁柱节点预制并预留套筒,在梁柱跨中或节点梁柱面处设置钢筋套筒连接后混凝土现浇连接	鹿岛节点属于强节点,其节点核心区与梁在工厂整体预制,可以根据需要在不同的方向预留伸出钢筋,待现场拼装时插入其他预制构件的预留孔,进行灌浆连接。 这种节点预制构件由于体积较大会造成节点运输与安装困难	

续表

项目	类型	施工要点	图示
4	预应力梁柱连接（PPEFF）	柱、梁和楼板均采用预制构件，柱预制时无牛腿、梁端部不出筋、楼板四边不出筋高；梁柱节点干式连接、梁板节点湿式连接，方便施工；采用后张直线部分有粘结预应力施工便捷；框架柱为二层或三层通高预制	1. 预制柱采用"一上一下"两根斜支撑进行临时加固，斜支撑上端与预制构件预埋件连接，下端与基础梁或叠合梁板上预埋的丝杆进行固定，斜支撑与水平面夹角60°； 2. 预制梁为叠合梁，梁端不出筋，通过预应力钢绞线与框架柱相连。待预制梁下降至距安装面0.5m时，由吊装人员从水平方向将梁推入柱间，然后继续下降至牛腿上，调整定位完成安装； 3. 柱脚采用单注浆孔钢筋连接灌浆套筒； 4. 预应力梁为后张预应力多跨连续梁，需特别注意梁柱节点核心区端部预应力孔道的连接及密封	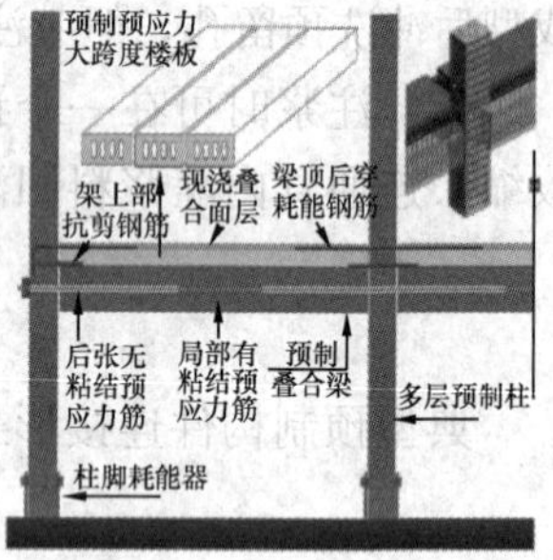
5	主次梁连接	采用整片钢板为主要连接件，通过栓钉与混凝土的连接构造来传递剪力，常用于预制次梁与预制主梁的连接	厂家按图纸加工牛担板以及牛担板支撑件，在梁模具组装完后吊入梁钢筋笼，在此梁两端装入牛担板，在主梁的相应位置装入牛担板支撑件，浇筑混凝土、养护、脱模、运输到堆场，梁运输到施工现场并安装到相应位置，最后主次梁的节点接缝内灌入灌浆料	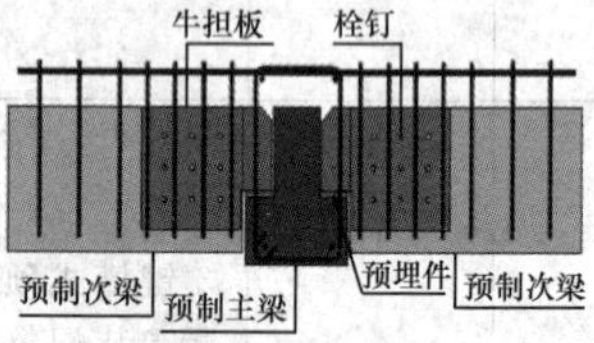
6	墙墙连接1	装配式环筋扣合铆接在装配现场，墙体水平连接通过预制构件端头留置的竖向环形钢筋在暗梁区域进行扣合，墙体竖向连接通过预制构件端头留置的水平环形钢筋在暗柱区域进行扣合，在暗梁（暗柱）中穿入水平（竖向）钢筋后，浇筑混凝土连接成整体	预制竖向构件均拆分为"一"字形预制构件，楼层剪力墙采用"L"形、"T"形、"十"字形现浇节点连接，上下层剪力墙采用"一"字形现浇节点连接。预制水平构件采用叠合梁板形式，剪力墙水平连接通过预制构件端头留置的竖向环形钢筋在暗梁区域进行扣合，剪力墙竖向连接通过预制构件端头留置的水平环形钢筋在暗柱区域进行扣合，在暗梁（暗柱）中穿入水平（竖向）钢筋后，预制构件通过现浇节点连接形成装配整体式结构	

续表

项目	类型	施工要点	图示
7	墙墙连接2	预留钢筋节点后浇的连接：预制墙体预留直线钢筋、预留弯钩钢筋、预留U形钢筋、预留半圆形钢筋、预留U形钢筋附加封闭钢筋、预留U形钢筋附加弯钩钢筋等连接方式（15G310做法），预制墙板间的竖向接缝后浇混凝土连接	装配式结构的后浇混凝土部位在浇筑前应进行隐蔽工程验收。验收项目应包括下列内容： 1. 钢筋的牌号、规格、数量、间距等； 2. 纵向受力钢筋的连接方式、接头位置、接头数量、接头面积百分率、搭接长度等； 3. 纵向受力钢筋的锚固方式及长度； 4. 箍筋、横向钢筋的牌号、规格、数量、位置、间距、箍筋弯钩的弯折角度及平直段长度； 5. 预埋件的规格、数量、位置； 6. 混凝土粗糙面的质量、键槽的规格、数量、位置	
8	墙墙连接3	叠合板式混凝土剪力墙结构：由叠合式楼板和叠合式墙板，辅以必要的现浇混凝土剪力墙、边缘构件、梁、板，共同形成的剪力墙结构。叠合式墙板：预制混凝土墙板由两层预制板与格构钢筋制作而成，现场安装就位后，在两层板中间浇筑混凝土，采取规定的构造措施，提高整体性，共同承受竖向荷载与水平力作用	1. 预制墙板及楼板的安装面须清理干净，避免点支撑，基面墙板预留插筋位置偏移量不得大于±10mm； 2. 预制墙板起吊时需使用相应夹头工具抓吊浇筑在墙体预制板上的抓点锚固件； 3. 混凝土浇筑时用规定强度等级及相应坍落度的混凝土应均匀地按水平方向层层浇筑并用内置振动棒仔细均匀捣实，墙体混凝土宜采用自密实混凝土同时宜掺入膨胀剂； 4. 墙体内后浇混凝土宜分层连续浇筑，每层浇筑高度不宜超过800mm，浇筑速度每小时不宜超过800mm	

19.7 预制构件的施工安装工艺

19.7.1 吊装前准备

19.7.1.1 吊点和吊具

预制构件起吊时的吊点合力应与构件重心重合，宜采用可调式横吊梁均衡起吊就位。预制构件吊具宜采用定型吊具，吊钉、吊环、内埋式螺母、吊杆、吊装梁、钢丝绳和配套工具等吊装材料均应经计算，满足设计要求。当使用吊钉时，应采用专用吊具；吊环应采用未经冷加工的 HPB300 钢筋或 Q235B 圆钢制作；吊装采用内埋式螺母或吊杆的材料，应符合现行国家相关标准的规定。

19.7.1.2 吊装前准备

装配式混凝土建筑预制构件吊装方法应按照不同吊装工况和构件类型选用。

（1）预制构件安装前，应按照现行国家标准规范相关要求完成质量检验，未经检验或不合格的产品不得使用，并应按吊装顺序核对构件编号，清点数量。构件吊装顺序应便于施工并有利于施工作业安全。

（2）预制构件搁置（放）的底面应清理干净，按楼层标高控制线垫放硬垫块，逐块安装。

（3）大型构件的吊装机械，构件安装时的吊件、连接件等工具，构件安装时所需工具是保证产业化施工的必备条件，是施工中的重点。预制构件吊装前，应根据预制构件的单件重量、形状、安装高度、吊装现场条件来确定机械型号与配套吊具。选择构件吊装机型，回转半径应覆盖吊装区域、构件存放区和安装区距塔式起重机的最远距离，满足吊装需要，并便于安装与拆除。

预制构件吊装前，作业人员必须经过专门的安全培训，经考核合格，持特种作业操作资格证书上岗。

应根据施工组织设计要求划定危险作业区域，在主要施工部位、作业点、危险区都必须设置醒目的警示标志，设专人加强安全警戒，防止无关人员进入。还应视现场作业环境专门设置监护人员，防止高处作业或交叉作业时造成的落物伤人事故。

应根据竖向构件平面设计图规划吊装顺序，并应在起吊前按照吊装顺序核对构件编号与平面设计图位置。

（4）预制构件吊装前，应在构件及其支承结构上标识中心线、标高等控制尺寸，按设计要求校核预埋件及连接钢筋位置并进行标记，在吊装前复核测量放线和标识。并剔除混凝土结合面松散的石子和浮浆，露出密实混凝土，并用水冲洗干净，结合面不应留明水。应校核连接钢筋位置，钢筋表面应清理干净。

（5）预制构件的吊装应满足现行标准规范相关要求。起吊时绳索与构件水平角不应小于 45°，否则应采用定型吊具或经验算确定。

（6）预制构件吊装应采用慢起、快升、缓放的操作方式，应避免小车由外向内水平靠放的作业方式和猛放、急刹等现象。预制外墙板就位宜采用由上而下插入式安装形式，保证构件平稳放置。

（7）预制构件吊装校正，可采用"起-就-初步校-精细调整"的作业方式，先粗放，后精调，充分利用和发挥垂直调运工效，缩短吊装工期。

（8）预制构件吊装前应进行试吊，吊钩与限位装置的距离不应小于 1m。起吊应依次逐级增加速度，不应越档操作。吊装构件下降时，构件根部应系缆风绳人工控制构件转动，保证构件就位平稳。

（9）先行吊装的预制外墙板，安装时与楼层应有可靠安全的临时支撑。与预制外墙板连接的临时调节杆、限位器应在混凝土强度达到设计要求后方可拆除。

（10）预制混凝土夹心保温外墙板吊装前要检查构件套筒或浆锚孔是否堵塞。当套筒、预留孔内有杂物时，应当及时清理干净。用手电筒补光检查，发现异物用气体或钢筋将异物消掉。

预制混凝土夹心保温外墙板安装前，封边应安装完成，封边位置应沿墙体边线且与下层墙体保温对齐。

(11) 预制柱、预制剪力墙板等竖直构件，安好调整标高的支垫（在预埋螺母中旋入螺栓或在设计位置安放金属垫块），吊装前检查用于固定构件的斜支撑的预埋螺母内部应无堵塞，可正常拧入螺栓。

(12) 预制叠合楼板、梁、阳台板、挑檐板等水平构件，架立好竖向支撑。检查调整钢筋位置，确保预制叠合板按设计要求就位，钢筋无碰撞。

(13) 采用后挂预制外墙板的形式，安装前应按设计要求校核连接预埋件的数量、位置、尺寸和标高，采取施工保护措施，并做出标识，构件结合面清理干净。

(14) 后挂的预制外墙板吊装，应先将楼层内埋件和螺栓连接、固定后，再起吊预制外墙板，预制外墙板上的埋件、螺栓与楼层结构形成可靠连接后，再拖钩、松钢丝绳和卸去吊具。

(15) 外挂墙板安装节点连接部件的准备，如果需要水平牵引，牵引捯链吊点设置、工具准备等。

19.7.1.3 机具及材料准备

(1) 阅读起重机械吊装参数及相关说明（吊装名称，数量、单件质量、安装高度等参数），并检查起重机械性能，以免吊装过程中出现无法吊装或机械损坏停止吊装等现象，杜绝重大安全隐患。

(2) 安装前应对起重机械设备进行试车检验并调试合格，宜选择具有代表性的构件或单元试安装，并应根据试安装情况及时调整完善施工方案和施工工艺。

(3) 应根据预制构件形状、尺寸及重量要求选择适宜的吊具，在吊装过程中，吊索水平夹角不宜小于60°，不应小于45°；尺寸较大或形状复杂的预制构件应选择设置定型吊具，并应保证吊车主钩位置、吊具及构件重心在竖直方向重合。

(4) 准备牵引绳等辅助工具，并确保其完好性，特别是绳索是否有破损，吊钩卡环是否有问题等。

预制构件吊装应根据其形状、尺寸及重量等要求选择适宜的定型吊具；吊具应按现行国家相关标准的有关规定进行设计验算或试验检验，经检验合格后方可使用。常用吊具锁具见表19-29。

常用吊具锁具 表19-29

序号	工装名称	工装图片	主要用途	控制要求
1	扁担吊梁		适用于预制外墙板、预制内墙板、预制楼梯、预制PCF板、预制阳台板、预制阳台挂板、预制女儿墙板等构件的起吊	1. 由H型钢焊接而成，吊梁长度3.5m，自重120～230kg，额定荷载2.5～10t，额定荷载下挠度11.3～14.6mm，吊梁竖直距离为2m。 2. 下方设置专用吊钩，用于悬挂吊索

续表

序号	工装名称	工装图片	主要用途	控制要求
2	框式吊梁		适用于不同型号的叠合板、预制楼梯起吊，可以避免因局部受力不均造成叠合板开裂	1. 由 H 型钢焊接而成，长 2.6m，宽 0.9m，自重 360～550kg，额定荷载 2.5～10t，额定荷载下挠度 10.9～14.9mm，吊梁竖直距离为 2m。 2. 下方设计专用吊耳及滑轮组（4 个定滑轮、6 个动滑轮），预制叠合板通过滑轮组实现构件起吊后水平自平衡
3	八股头式吊索		采用 6×37 钢丝绳制成的预制构件吊装绳索	其长度应根据吊物的几何尺寸、重量和所用的吊装工具、吊装方法予以确定，吊索的安全系数不应小于 6
4	环状式吊索			吊索与所吊构件间的水平夹角应为 45°～60°，吊索的安全系数不应小于 6
5	吊带		一般采用高强力聚酯长丝制作，具有强度高、耐磨损、抗氧化、抗紫外线等多重优点，同时质地柔软，不导电，无腐蚀	其截面形状是随吊件的表面形状变化的，而且其本身十分柔软，工作中会紧贴或卷缠在吊件周围，而不会损坏吊件，同时也减少反弹伤人的可能性。 吊装带使用国际标准色来区分承载吨位，即使吊装带破损也易于辨认。 工作温度为 −40～100℃
6	卸扣		索具的一种，用于索具与末端配送之间，起连接作用。在吊装起重作业中，直接连接起重滑车、吊环，或者固定绳索，是起重作业中用得最广泛的连接工具	1. 卸扣应光滑平整，不允许有裂纹、锐边、过烧等缺陷。 2. 使用时，应检查扣体和插销，不得严重磨损、变形和疲劳裂纹，螺纹连接良好。 3. 卸扣的使用不得超过规定的安全负荷

19.7 预制构件的施工安装工艺   633

续表

序号	工装名称	工装图片	主要用途	控制要求
7	吊钩		是起重机械中最常见的一种吊具。吊钩常借助于滑轮组等部件悬挂在起升机构的钢丝绳上	吊钩应有制造厂的合格证书，表面应光滑，不得有裂纹、划痕、刨裂、锐角等现象存在，否则严禁使用。吊钩应每年检查一次，不合格者应停止使用
8	球头吊具系统		高强度特种钢制造，适用于各种预制构件，特别是大型的竖向构件吊装，例如预制剪力墙、预制柱、预制梁及其他大跨度构件	起重量范围1.3~45t
9	TPA扁钢吊索具系统		多种吊钉形式可选，适用于厚度较薄的预制构件的吊装，例如薄内墙板、薄楼板	起重量范围2.5~26t
10	内螺纹套筒吊索系统		多种直径的滚丝螺纹套筒，经济型的吊装系统，适用于吊装重量较轻的预制构件	承重不可超出额定荷载，具体控制要求依据其使用规程
11	万向吊头/鸭嘴扣		预制构件吊具连接件的一种，用于吊具与构件之间的连接。根据机械连接的设计原理，在吊链或吊绳拉紧时，允许荷载范围内鸭嘴扣可以与预埋件紧紧扣卡，而当吊绳松弛，扣件可以从构件上轻松拆卸	1. 需要与构件上配套预埋件进行连接，在允许荷载范围内使用。 2. 在吊链或吊绳拉紧传力前，必须先与预埋件正确连接

续表

序号	工装名称	工装图片	主要用途	控制要求
12	捯链		一种使用简易、携带方便的手动起重机械	起重量一般不超过100t

(5) 灌浆料及器具准备。

准备灌浆料：常温型灌浆料、低温型灌浆料性能应符合现行行业标准《钢筋连接用套筒灌浆料》JG/T 408的有关规定和设计文件要求，应有使用说明书、产品合格证和产品质量检测报告，包装应标有产品名称、型号、净质量、使用要点、生产厂家地址、电话等信息、生产批号、生产日期、保质期等内容，并经进场复试合格后，方可使用（表19-30）。

常温型封浆料、坐浆料、低温型封浆料、坐浆料的抗压强度，应符合现行国家标准《装配式混凝土建筑技术标准》GB/T 51231的规定。

准备施工器具：主要机具应包括灌浆机、手持式电动搅拌机等。配套设备应包括搅拌桶、水桶、橡胶塞、密封圈、透明观测补浆装置、小铲、托灰板、小抹子、专用挡浆工具、量筒、电子秤、温度计、电子测温仪、500mm×500mm玻璃板、截锥圆模、钢卷尺、手动注浆器、记录仪等。

灌浆料称量检验工具　　　　　　　　　　表19-30

序号	工作项目	工具名称	规格参数	图示
1	流动度检测	圆锥试模	上口×下口×高 $\phi70mm×\phi100mm×60mm$	 净浆流动度试模
2		钢化玻璃	长×宽×厚 500mm×500mm×6mm	
3	抗压强度检测	试块试模	长×宽×厚 40mm×40mm×160mm 三联	

续表

序号	工作项目	工具名称	规格参数	图示
4	施工环境及材料温度检测	测温计	—	
5	灌浆料、拌合水称重	电子秤	30~50kg	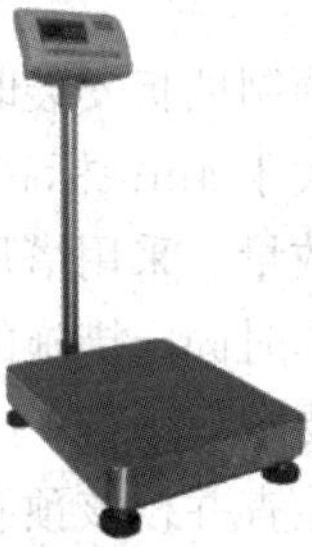
6	拌合水计量	量杯	3L	
7	灌浆料拌合容器	不锈钢桶	$\phi300 \times H400$, 30L	
8	灌浆料拌合工具	电动搅拌机	功率：1200~1400W 转速：0~800r/min 可调 电压：单相 220V/50H 搅拌头：片状或圆形花篮式	
9	灌浆	电动灌浆泵	电源：3 相，380V/50H 额定压力：1.2MPa	

19.7.2 预制构件安装

19.7.2.1 预制混凝土墙板（后简称预制墙板）

1. 施工流程

测量放线→钢筋校正→支撑点调平→预制墙板吊装→斜支撑安装→预制墙板校正→（达到拆除条件后）斜支撑拆除。

2. 预制墙板安装应符合下列要求

（1）预制墙板安装应设置临时斜撑，每件预制墙板安装过程的临时斜撑应不少于2道，每道上下两个支撑点，预制墙板的上部斜支撑，支撑点位置距离底板不宜大于板高的2/3，且不应小于板高的1/2，预制墙板安装就位后，通过斜支撑对构件的位置和垂直度进行校正。

（2）预制墙板安装时应设置底部限位装置，每件预制墙板底部限位装置不少于2个，间距不宜大于4m；标高调整宜优先采用可调螺栓，也可采用垫片。并应根据设计计算确定支撑点数量。采用塔尺和激光扫平仪，校核可调螺栓或垫片标高。

（3）临时固定措施的拆除应在预制构件与结构可靠连接，且装配式混凝土结构能达到后续施工要求后进行。

（4）检查并校核预制墙板连接钢筋外露长度和垂直度。

（5）预制墙板安装过程应符合下列规定：

1）塔式起重机吊起预制墙板时应缓慢，略作停顿，检查确认吊点安全可靠后，方可提升，缓慢靠近待安装的作业面。

2）预制墙板吊至操作面的上方时，应稳定下落，不得旋转；在距作业面上方2m处略作停顿，确定构件方位，施工人员应通过牵引绳，控制构件下落方向。

3）预制墙板应缓慢下降，下降至距预埋钢筋顶部300~500mm处，利用反光镜观察连接钢筋与预制墙板套筒位置，并调整预制墙板位置，套筒位置与连接钢筋位置对准后，将预制墙板缓缓下降，平稳就位。

4）预制墙板就位后应立即连接预制墙体斜支撑螺杆，将预制墙板进行临时固定。固定顺序宜先固定楼板端螺杆再固定墙板端螺杆。连接牢固后摘钩。

（6）预制墙板校核与调整应符合下列规定：

1）利用墙身位置线和卷尺检查预制墙体的安装位置，每面墙测点位置不应少于两处；采用构件调整辅助工具，对预制墙板墙身位置进行调整；调整后，用下部斜撑调节杆对墙板根部进行固定；

2）利用激光扫平仪或水准仪，对预制墙体安装标高和水平度进行校核，并利用可调螺栓或垫片等进行调整；利用线坠或靠尺，校核预制墙体垂直度，并进行调整；调整后，用上部斜撑调节杆对墙板顶部进行固定。

3. 主要安装工艺

（1）定位放线

在楼板上根据图纸及定位轴线放出预制墙体定位边线及200mm控制线，同时在预制墙体吊装前，在预制墙体上放出墙体500mm水平控制线，便于预制墙体安装过程中精确定位。如图19-19所示。

19.7 预制构件的施工安装工艺

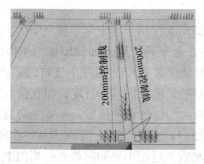

图 19-19 预制叠合楼板及预制墙板控制线示意图

（2）调整偏位钢筋

预制墙体吊装前，为了便于预制构件快速安装，使用定位框检查竖向连接钢筋是否偏位，针对偏位钢筋用钢筋套管进行校正，便于后续预制墙体精确安装，如图 19-20 所示。

（3）预制墙体吊装就位

预制墙板吊装时，为了保证墙体构件整体受力均匀，采用定型吊梁（即模数化通用吊梁），定型吊梁由 H 型钢焊接而成，根据各预制构件吊装时不同尺寸，不同的起吊点位置，设置模数化吊点，确保预制构件在吊装时吊装钢丝绳保持竖直。定型吊梁下方设置专用吊钩，用于悬挂吊索，进行不同类型预制墙体的吊装，如图 19-21 所示。

预制墙体吊装过程中，距楼板面 1000mm 处减缓下落速度，由操作人员引导墙体降落，操作人员利用镜子，观察连接钢筋是否对孔，直至钢筋与套筒全部连接（预制墙体安装时，按顺时针依次安装，先吊装外墙板后吊装内墙板），操作工人使用镜子，便于预制墙体精确安装。

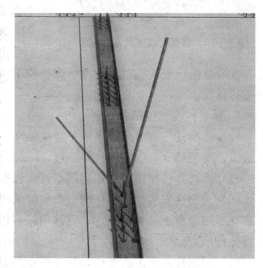

图 19-20 钢筋偏位校正

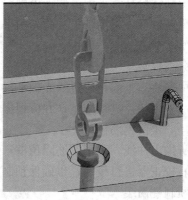

图 19-21 预制墙体专用吊梁、吊钩

(4) 安装斜向支撑及底部限位装置

预制墙体吊装就位后，先安装斜向支撑，斜向支撑用于固定调节预制墙体，确保预制墙体安装垂直度；再安装预制墙体底部限位装置七字码，用于加固墙体与主体结构的连接，确保后续灌浆与暗柱混凝土浇筑时不产生位移。预制墙体通过靠尺校核其垂直度，如有偏位，调节斜向支撑，确保构件的水平位置及垂直度均达到允许误差 5mm 之内，相邻墙板构件平整度允许误差 ±5mm，此施工过程中要同时检查外墙面上下层的平齐情况，允许误差以不超过 3mm 为准，如果超过允许误差，要以外墙面上下层错开 3mm 为准重新进行墙板的水平位置及垂直度调整，最后固定斜向支撑及七字码，如图 19-22 所示。

图 19-22 垂直度校正及支撑安装

19.7.2.2 预制柱安装

1. 施工流程

测量放线→钢筋校正→预制柱调平→预制柱吊运、安装就位→安装临时斜支撑→调整校正→摘钩→现浇结构施工→（达到拆除条件后）斜支撑拆除。

2. 预制柱安装应符合下列要求

（1）预制柱安装前应放出柱子定位轴线、中线、外轮廓线及定位工具控制线，预制柱安装位置应准确。

（2）检查并校核预制柱连接钢筋外露长度和垂直度。

（3）预制柱安装就位后在两个方向应采用可调斜撑作临时固定，并进行垂直度调整以及在柱子四角缝隙处加塞垫片；宜按角柱、边柱、中柱顺序进行安装，与现浇部分连接的柱宜先行吊装。

（4）预制柱的上部斜支撑，其支撑点距离板底的距离不宜小于构件高度的 2/3，且不应小于构件高度的 1/2；斜支撑应与预制柱可靠连接；临时固定措施和斜支撑系统应具有足够的强度、刚度和整体稳定性，按现行国家标准《混凝土结构工程施工规范》GB 50666 的规定进行验算。

（5）预制柱标高宜采用可调螺栓进行调整，也可采用垫片进行调整；并应根据设计计算确定支撑点数量。采用塔尺和激光扫平仪，校核可调螺栓或垫片标高。

3. 主要安装工艺

（1）标高找平

预制柱安装施工前，通过激光扫平仪和钢尺检查楼板面平整度，宜采用可调螺栓进行调整，也可采用垫片进行调整；并应根据设计计算确定支撑点数量。

（2）竖向预留钢筋校正

根据所弹出柱线，采用钢筋限位框，对预留插筋进行位置复核，对有弯折的预留插筋应进行钢筋校正器进行校正，以确保预制柱连接的质量。

（3）预制柱吊装

预制柱吊装采用慢起、快升、缓放的操作方式。应从预制柱顶端吊点预埋位置开始缓慢起吊，吊运过程中应保持稳定，不得偏斜、摇摆和扭转，吊装构件不得长时间悬停在空中；预制柱吊至操作面的上方时，应稳定下落，不得旋转；在距作业面上方2m处略作停顿，确定构件方位，施工人员应通过牵引绳，控制构件下落方向。

（4）预制柱的安装及校正

预制柱应缓慢下降，下降至距预埋钢筋顶部300～500mm处，利用反光镜观察连接钢筋与预制柱套筒位置，并调整预制柱位置，套筒位置与连接钢筋位置对准后，将预制柱缓缓下降，平稳就位。下一层预制柱的竖向预留钢筋与预制柱底部的套筒全部连接，吊装就位后，立即加设不少于2根的斜支撑对预制柱临时固定，预制柱的上部斜支撑，其支撑点距离板底的距离不宜小于构件高度的2/3，且不应小于构件高度的1/2；斜支撑应与预制柱可靠连接。

根据已弹好的预制柱的安装控制线和标高线，用2m长靠尺、吊线坠检查预制柱的垂直度，并通过可调斜支撑微调预制柱的垂直度，预制柱安装施工时应边安装边校正，如图19-23所示。

确认预制柱稳固后，应由专人摘除吊钩。

（5）斜支撑拆除

图19-23 使用斜撑调整预制柱垂直度

灌浆完成后至满足拆除斜支撑条件前，应避免冲击、扰动。预制柱斜支撑的拆除，应符合设计要求和现行国家标准《装配式混凝土建筑技术标准》GB/T 51231的规定，并符合装配式混凝土结构施工方案的要求。

19.7.2.3 预制梁安装

1. 施工流程

测量放线→安装梁支撑系统→预制梁吊装→预制梁校核与调整→预制梁连接→现浇结构施工→（达到拆除条件后）预制梁支撑拆除。

2. 预制梁安装应符合下列要求

（1）梁吊装顺序应遵循先主梁后次梁，先低后高的原则。

（2）预制梁安装就位后应对水平度、安装位置、标高进行检查。根据控制线对梁端和两侧进行精密调整，误差控制在2mm以内。

（3）预制梁安装时，主梁和次梁伸入支座的长度与搁置长度应符合设计要求。

（4）预制次梁与预制主梁之间的凹槽应在预制楼板安装完成后，采用不低于预制梁混凝土强度等级的材料填实。

（5）梁吊装前柱核心区内先安装一道柱箍筋，梁就位后再安装两道柱箍筋，之后才可进行梁、墙吊装。否则，柱核心区质量无法保证。

（6）梁吊装前应将所有梁底标高进行统计，有交叉部分梁吊装方案根据先低后高进行安排施工。

3. 主要安装工艺

（1）定位放线

用水平仪测量并修正柱顶与梁底标高，确保标高一致，然后在柱上弹出梁边控制线。

预制梁安装前应复核柱钢筋与梁钢筋位置、尺寸,对梁钢筋与柱钢筋安装有冲突的,应按经设计部门确认的技术方案调整。梁柱核心区箍筋安装应按照设计文件要求进行。

(2) 支撑架搭设

梁底支撑采用钢立杆支撑＋可调顶托,可调顶托上铺设长×宽为100mm×100mm木方,预制梁的标高通过支撑体系的顶丝来调节。

临时支撑位置应符合设计要求;设计无要求时,长度小于等于4m时应设置不少于2道垂直支撑,长度大于4m时应设置不少于3道垂直支撑。

梁底支撑标高调整宜高出梁底结构标高2mm,应保证支撑充分受力并撑紧支撑架后方可松开吊钩。

叠合梁应根据构件类型、跨度来确定后浇混凝土支撑件的拆除时间,强度达到设计要求后方可承受全部设计荷载。

(3) 预制梁吊装

根据预制梁形状、尺寸、重量和作业半径等要求选择专用的吊装起重设备;吊装时,每个吊点应受力均匀,吊具应连接可靠,应保证起重设备的主钩位置、吊具和构件重心在竖直方向上重合;在吊装过程中,吊索水平夹角不宜小于60°,不应小于45°。

预制梁吊装应采用慢起、快升、缓放的操作方式,吊运过程中应保持稳定,不得偏斜、摇摆和扭转,吊装构件不得长时间悬停在空中。

预制梁吊至操作面的上方时,应稳定下落,不得旋转;在距作业面上方2m处略作停顿,确定构件方位,施工人员应通过牵引绳,控制构件下落方向。

预制梁吊装至作业面上300~500mm处,略作停顿;根据预制梁平面位置线,调整预制梁位置,缓慢落吊。

预制梁应从上垂直向下安装就位,施工人员在保证安全操作的前提下,手扶预制梁调整位置,将梁边与柱上的平面位置线对准,预制梁两端钢筋与连接节点处的钢筋不得碰撞;就位时,应停稳慢放,不得快速猛放。

(4) 预制梁微调定位

当预制梁初步就位后,两侧借助柱上的梁定位线将梁精确校正。梁的标高通过支撑体系的顶丝来调节,调平同时需将下部可调支撑上紧,这时方可松去吊钩。

(5) 接头连接

预制梁采用后浇段对接连接时,梁下部纵向钢筋在后浇段内进行机械连接、套筒灌浆连接或焊接连接,梁上部纵向受力钢筋贯穿后浇节点区,箍筋按设计要求加密安装绑扎。

当预制主次梁连接采用主梁预留后浇槽口时,预制次梁吊装就位后,预制次梁底部钢筋伸入预制主梁后浇槽口内,检查钢筋位置准确,再进行后续施工。

当预制主次梁连接采用次梁端设后浇段、底部纵向钢筋采用机械连接时,主梁侧边预埋直螺纹套筒;预制次梁吊装就位后,在主梁侧边安装连接次梁底部连接钢筋,再进行后续施工。

当预制主次梁连接采用次梁端设后浇段、底部纵向钢筋采用套筒灌浆连接时,主梁侧边预留连接钢筋;在预制次梁吊装过程中,安装钢筋灌浆套筒连接次梁底部钢筋与主梁的预留连接钢筋。在预制次梁吊装就位后,进行钢筋套筒灌浆施工,灌浆料强度达到设计要求后,方可进行后续施工。

(6) 预制梁支撑拆除

预制梁的临时支撑和底模,应在后浇混凝土强度达到设计要求后方可拆除。

拆除模板时不应对楼层形成冲击荷载;拆除的模板和支架,宜分散堆放并及时清运。

多个楼层间连续支模的底层支架拆除时间,应根据连续支模的楼层间荷载分配和混凝土强度的增长情况确定。

19.7.2.4 预制叠合楼板安装

1. 施工流程

测量放线→安装叠合板支撑系统→预制叠合板吊装→平面、标高校正→现浇结构施工→预制叠合板支撑系统拆除。

2. 预制楼板安装应符合下列要求

(1) 构件安装前应编制支撑方案,支撑架体宜采用可调工具式支撑系统,首层支撑架体的地基必须坚实,架体必须有足够的强度、刚度和稳定性;

(2) 板底支撑间距不应大于2m,每根支撑之间高差不应大于2mm、标高偏差不应大于3mm,悬挑板外端比内端支撑宜调高2mm;

(3) 预制楼板安装前,应复核预制板构件端部和侧边的控制线以及支撑搭设情况是否满足要求;

(4) 预制楼板安装应通过微调垂直支撑来控制水平标高;

(5) 预制楼板安装时,应保证水电预埋管(孔)位置准确;

(6) 预制楼板吊至梁、墙上方300~500mm后,应调整板位置使板锚固筋与梁箍筋错开,根据梁、墙上已放出的板边和板端控制线,准确就位,偏差不得大于2mm,累计误差不得大于5mm。板就位后调节支撑立杆,确保所有立杆全部受力;

(7) 预制叠合楼板吊装顺序依次铺开,不宜间隔吊装。在混凝土浇筑前,应校正预制构件的外露钢筋,外伸预留钢筋伸入支座时,预留筋不得弯折;

(8) 相邻叠合楼板间拼缝及预制楼板与预制墙板位置拼缝应符合设计要求并有防止裂缝的措施。施工集中荷载或受力较大部位应避开拼接位置。

3. 主要安装工艺

(1) 定位放线

预制墙体安装完成后,由测量人员根据预制叠合板板宽放出独立支撑定位线,并安装独立支撑,同时根据叠合板分布图及轴网,利用经纬仪在预制墙体上方出板缝位置定位线,板缝定位线允许误差±10mm,如图19-24所示。

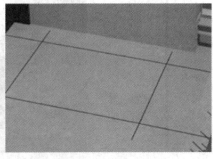

图19-24 预制楼板控制线

（2）板底支撑架搭设

支撑架体应具有足够的承载能力、刚度和稳定性，宜选用可调独立支撑体系；应能可靠地承受混凝土构件的自重和施工过程中所产生的荷载及风荷载，支撑立杆下方应铺50mm厚木板。

确保支撑系统的间距及距离墙、柱、梁边的净距符合系统验算要求，上下层支撑应在同一直线上。

在可调节顶撑上架设木方，调节木方顶面至板底设计标高，开始吊装预制楼板。

当采用专用定型产品时，专用定型产品和施工操作，应符合产品标准和专项施工方案的规定。

（3）预制楼板吊装就位

为了避免预制楼板吊装时，因受集中应力而造成叠合板开裂，根据预制叠合板尺寸、吊点位置，选择合适的模数化吊装工具吊装叠合板；吊装时，每个吊点应受力均匀；吊具和构件重心，应在垂直方向上重合，吊索与吊装梁水平夹角不应小于60°。应经过计算确定吊点数量，吊点位于桁架钢筋上，且不应少于4个吊点；吊点应左右对称、前后对称布置，且有专用吊具平均分担受力，多点均衡起吊。

预制叠合板吊至操作面的上方时，应稳定下落，不得旋转；在距作业面上方2m处略作停顿，确定构件方位，施工人员应通过牵引绳，控制构件下落方向，在作业层上空300～500mm处略作停顿，由操作人员根据板缝定位线，引导楼板降落至独立支撑上。及时检查板底与预制叠合梁或剪力墙的接缝是否到位，预制楼板钢筋深入墙长度是否符合要求，直至吊装完成，如图19-25所示。

图19-25 预制楼板吊装示意

（4）预制板校正定位

根据预制墙体上水平控制线及竖向板缝定位线，校核叠合板水平位置及竖向标高情况，通过调节竖向独立支撑，确保叠合板满足设计标高要求；采用专业辅助工具进行微调平面位置，精确就位，确保叠合板满足设计图纸水平分布要求，如图19-26所示。

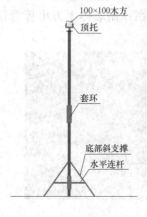
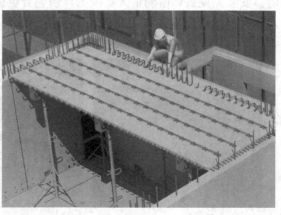

图19-26 预制板调整定位

(5) 预制叠合板支撑系统拆除

叠合层混凝土强度达到设计要求后,方可拆除支撑。

拆除支撑时,拆除的模板和支架,宜分散堆放并及时清运。

多个楼层间连续支撑的底层支架拆除时间,应根据连续支模的楼层间荷载分配和混凝土强度的增长情况确定。

19.7.2.5 预制外挂板安装

1. 施工流程

测量放线→连接件安装→预制混凝土外挂墙板吊装、就位→预制混凝土外挂墙板校正→连接固定→防腐处理、嵌缝施工。

2. 预制外挂板安装应符合下列要求

(1) 构件起吊时要严格执行"333制",即先将预制外挂板吊起距离地面300mm的位置后停稳30s,相关人员要确认构件是否水平,如果发现构件倾斜,要停止吊装,放回原来位置重新调整,以确保构件能够水平起吊。另外,还要确认吊具连接是否牢靠,钢丝绳有无交错等。确认无误后,可以起吊,所有人员远离构件3m远。

(2) 构件吊至预定位置附近后,缓缓下放,在距离作业层上方500mm处停止。吊装人员用手扶预制外挂板,配合起吊设备将构件水平移动至构件吊装位置。就位后缓慢下放,吊装人员通过地面上的控制线,将构件尽量控制在边线上。若偏差较大,需重新吊起距地面50mm处,重新调整后再次下放,直到基本达到吊装位置为止。

(3) 构件就位后,需要进行测量确认,测量指标主要有高度、位置、倾斜。调整顺序建议是按"先高度再位置后倾斜"进行调整。

3. 主要安装工艺

(1) 安装临时承重件

预制混凝土外挂墙板就位后,利用线坠或靠尺校核预制墙体垂直度,并进行调整,调整后将墙板与连接件进行螺栓临时固定,如图19-27所示,固定牢靠后摘钩。

(2) 安装永久连接件

预制外挂板通过预埋铁件与下层结构连接起来,连接形式为焊接及螺栓连接,如图19-28所示。

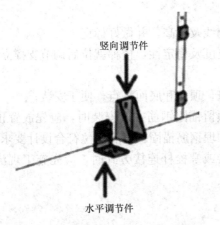

图 19-27 临时铁件与外挂板连接

图 19-28 预制外挂板安装示意

预制混凝土外挂墙板安装后，所有焊缝位置和螺栓固定位置应做好防腐防锈处理。

(3) 预制外墙挂板防水施工

预制外挂墙板水平缝宜采取外低内高的企口缝构造，在靠近室内一侧应设置橡胶空心气密条，并设置耐火填充材料。

预制外挂墙板接缝防水施工前，应将挂板接缝空腔清理干净，并应按设计要求填塞背衬材料；密封材料嵌填，应饱满、密实、均匀、顺直、表面平滑，其厚度应符合设计要求。

19.7.2.6　预制内隔墙板安装

内隔墙安装工艺流程与外墙板大致相同，但需要特别注意以下几点：

(1) 内墙板和内隔墙板也采用硬塑垫块进行找平，并在PC构件安装之前进行聚合物砂浆坐浆处理，坐浆密实均匀，一旦墙板就位，聚合物砂浆就把墙板和基层之间的缝有效密实。

(2) 安装时应注意墙板上预留管线以及预留洞口是否有无偏差，如发现有偏差而吊装完后又不好处理的应先处理后再安装就位。

(3) 墙板落位时注意编号位置以及正反面（箭头方向为正面）。根据楼面上所标示的垫块厚度与位置选择合适的垫块将墙板垫平，就位后将墙板底部缝隙用砂浆填塞满。

(4) 墙板就位时应注意墙板上管线预留孔洞与楼面现浇部分预留管线的对接位置是否准确，如有偏差墙板应先不要落位应通知水电安装人员及时处理。

(5) 墙板处两端有柱或暗柱时注意：如墙板于柱或暗柱钢筋先施工时，应将柱或暗柱箍筋先套入柱主筋内否则将会增加钢筋施工难度。如柱钢筋于梁先施工时柱箍筋应只绑扎到梁底位置否则墙板无法就位。墙板暗梁底部纵向钢筋必须放置在柱或剪力墙纵向钢筋内侧。

(6) 模板安装完后，应全面检查墙板的垂直度以及位移偏差，以免安装模板时将墙板移动。

19.7.2.7　预制楼梯安装

1. 施工流程

测量放线→螺栓校正→滑动端油毡铺设→支撑点调平→预制楼梯吊装→预制楼梯校正→节点连接。

2. 预制楼梯安装应符合下列要求

(1) 预制楼梯安装前应复核楼梯的控制线及标高，并做好标记；

(2) 预制楼梯支撑应有足够的强度、刚度及稳定性，楼梯就位后调节支撑立杆，确保所有立杆全部受力；

(3) 预制楼梯吊装应保证上下高差相符，顶面和底面平行，便于安装；

(4) 预制楼梯安装位置准确，应采用预留锚固钢筋方式安装时，应先放置预制楼梯，再与现浇梁或板浇筑连接成整体，并保证预埋钢筋锚固长度和定位符合设计要求。当采用预制楼梯与现浇梁或板之间采用预埋件焊接或螺栓杆连接方式时，应先施工现浇梁或板，再搁置预制楼梯进行焊接或螺栓孔灌浆连接。

3. 主要安装工艺

(1) 放线定位

楼梯间周边梁板叠合层混凝土浇筑完工后，弹出预制楼梯安装标高控制线、左右位置线和前后位置线,并进行复核。

(2) 预制楼梯吊装

预制楼梯宜采用吊装钢梁,吊装时,吊装钢梁应设置长短钢丝绳保证楼梯起吊呈正常使用状态,吊装梁呈水平状态,楼梯吊装钢丝绳与吊装梁垂直,主吊索与吊装梁水平夹角不宜小于60°,且不应小于45°。

预制楼梯吊至操作面的上方时,应稳定下落,不得旋转;在距作业面上方2m处略作停顿,确定构件方位,施工人员应通过牵引绳,控制构件下落方向。

预制楼梯吊至梁上方300~500mm后,调整预制楼梯位置使上下平台锚固筋与梁箍筋错开,板边线基本与控制线吻合,放下时,应停稳慢放,不得快速猛放。

根据已放出的楼梯控制线,将构件根据控制线精确就位,先保证楼梯两侧准确就位,再使用水平尺和捯链调节楼梯水平,如图19-29所示。

图19-29 预制楼梯吊装示意

19.7.2.8 预制双T板安装

1. 吊装前准备

(1) 吊装前必须疏通好道路,清理好施工现场有碍吊装施工进行的一切障碍物,用电设施要安全可靠,松软、有坑陷等隐患地带一定要进行辅助加固,吊装前必须准备好吊装用的垫块、垫木及所用铁件等。

(2) 施工前要做好技术交底。提前划好构件安装十字线,必须认真检查机械设备的性能索具、绳索、撬杠、电焊机等的完好程度,电焊机外壳必须接地良好并安装漏电保护器,其电源的装拆应由电工进行。劳工组织要详细妥当,劳保用品要配备齐全。

2. 吊装

吊装前先将吊车就位,吊车从施工入口进入楼内,吊装时双T板两端捆绑溜绳,以控制双T板在空中的位置,就位时,双T板的轴线对准双T板面上的中心线,缓缓落下,就位时,并以框架梁侧面标高控制线校正双T板标高。

双T板校正包括:平面位置和垂直度校正。双T板底部轴线与框架梁中心对准后,用尺检测框架梁侧面轴线与双T板顶面上的标准轴线间距离,双T板校正后将双T板上部连接与埋件点焊,再用钢尺复核一下跨距,方可脱钩,并将各连接件按设计要求焊好。

3. 安全保证措施

该吊装工程构件较重,采用车辆较大,工序复杂,高空作业的机械化程度较高,因此必须采用各种安全措施,以确保吊装工作的顺利进行。

(1) 吊装人员必须体检合格,不得酒后或带病参加高空作业。

(2) 高空作业人员不得穿硬底鞋、高跟鞋、带钉鞋、易滑鞋、衣着要灵便。

(3) 吊装前,对参加人员进行有关吊装方法,安全技术规程等方面的交底和训练,明确人员分工。

(4) 作业区要设专人监护,非吊装人员不得进入,所有高空作业人员必须系好安全带,吊臂、吊物下严禁站人或通过。

(5) 每次吊装前一定要认真检查机械技术状况,吊装绳索的安全完好程度,详细检查构件的几何尺寸和质量,双T板端部埋件与框架梁埋件焊接时达到焊缝厚度应大于或等于6mm,连接处三面满焊。

(6) 双T板起吊应平稳,双T板刚离地面时要注意双T板摆动,防止碰挤伤人,离地面20~30cm时,以急刹车来检验吊车的轻重性能和吊索的可靠性,吊臂下不得站人。

(7) 双T板就位后,吊钩应稍稍松懈后刹车,看双T板是否稳定,如无异常,则可脱钩进行下页双T板施工。

(8) 吊装前将脚手架落至框架梁下300mm,搭设操作平台,框架梁四周铺设脚手板500mm宽,框架梁间满挂安全网,用棕绳捆绑在柱子上。

(9) 焊工工作前,检查用电设备、线路是否漏电或接触不良等,各用电设备必须按规定接地接零。

(10) 作业时起重臂下严禁站人,下部车驾驶室不得坐人,重物不得超越驾驶室上方,不得在车前方起吊,起重臂伸缩时,应按规定程序进行,起重臂伸出后若出现前节长度大于后节伸出长度时,必须调整正常后方可作业,吊装施工过程中做到四统一:统一指挥,统一调度,统一信号,统一时间。

(11) 参加吊装的作业人员应听从统一指挥、精力集中、严守岗位、未经同意不得离岗,发生事故应追查责任。

(12) 遇有雨天或六级以上大风,不准进行吊装作业。

19.7.2.9 预制阳台板、空调板安装

1. 施工流程

测量放线→安装预制阳台板、空调板支撑系统→预制阳台板、空调板吊装→预制阳台板、空调板校正→现浇结构施工→(达到拆除条件后)支撑系统拆除。

2. 预制阳台板安装应符合下列要求:

(1) 预制阳台板安装前,测量人员根据阳台板宽度,放出竖向独立支撑定位线,并安装独立支撑,同时在预制叠合板上,放出阳台板控制线。

(2) 当预制阳台板吊装至作业面上空500mm时,减缓降落,由专业操作工人稳住预制阳台板,根据叠合板上控制线,引导预制阳台板降落至独立支撑上,根据预制墙体上水平控制线及预制叠合板上控制线,校核预制阳台板水平位置及竖向标高情况,通过调节竖

向独立支撑,确保预制阳台板满足设计标高要求;通过撬棍(撬棍配合垫木使用,避免损坏板边角)调节预制阳台板水平位移,确保预制阳台板满足设计图纸水平分布要求。

(3) 预制阳台板定位完成后,将阳台板钢筋与叠合板钢筋可靠连接固定,预制构件固定完成后,方可摘除吊钩。

(4) 同一构件上吊点高低有不同的,低处吊点采用捯链进行拉接,起吊后调平,落位时采用捯链紧密调整标高。

3. 预制空调板安装应符合下列要求:

(1) 预制空调板吊装时,板底应采用临时支撑措施。

(2) 预制空调板与现浇结构连接时,预留锚固钢筋应伸入现浇结构部分,并应与现浇结构连成整体。

(3) 预制空调板采用插入式吊装方式时,连接位置应设预埋连接件,并应与预制外挂板的预埋连接件连接,空调板与外挂板交接的四周防水槽口应嵌填防水密封胶。

4. 主要安装工艺

(1) 测量放线

预制混凝土构件安装前应依据定位轴线和下层标高控制线,弹出预制阳台板、空调板的位置线与标高控制线。

(2) 临时支撑

预制阳台板、空调板安装时,应采取临时支撑和固定措施,临时支撑应具有足够的强度、刚度和稳定性。

首层临时支撑的地基应平整坚实,宜采取硬化措施。

测量并调整支撑标高,应与板底标高一致。

临时支撑系统应与主体结构有效拉结。

临时支撑系统的安装和使用应满足专项施工方案的规定,并符合现行国家标准《混凝土结构工程施工规范》GB 50666 的规定。

(3) 吊装安装

预制阳台板吊装宜采用吊装钢梁进行吊装,用卸扣将钢丝绳与预制混凝土构件上的预埋吊环连接,并确认连接紧固,吊索与吊装梁的水平夹角不宜小于 60°;预制空调板吊装可采用吊索直接吊装空调板构件,吊索与预制空调板的水平夹角不宜小于 60°。

待预制阳台板、空调板吊装至作业面上 300~500mm 处,略作停顿,根据安装平面位置控制线,调整预制阳台板、空调板位置,缓慢落吊。

预制阳台板、空调板连接钢筋与连接节点处的钢筋不得冲突、碰撞,放下时,应停稳慢放;不得快速猛放,以免造成预制混凝土构件震折损坏。

(4) 临时支撑拆除

临时支撑应在后浇混凝土强度达到设计要求后方可拆除。

拆除支撑时,拆除的支撑架体,宜分散堆放并及时清运。

临时支撑系统的拆除应符合专项施工方案的规定,并符合现行国家标准的规定。

19.7.2.10 预制 SP 板安装

1. 施工流程

抹找平层→画板位置线→预制柱吊装→柱安装及校正→灌浆施工。

2. 吊装及运输应符合下列要求
（1）SP板运输时的支撑位置和方法应符合国标《SP预应力空心板》05SG408要求。
（2）起吊时绳索与构件的水平夹角不宜小于50°。
（3）吊装就位后应采取保证构件稳定的临时固定措施。

3. 主要安装工艺
（1）抹水泥砂浆找平层：SP板安装前，先将梁顶清理干净，检查标高及轴线尺寸，按设计要求抹水泥砂浆找平层，厚度为15~20mm。
（2）画板位置线：按设计要求画出板位置线，板缝宽度不大于40mm，超过40mm时应按要求配筋。
（3）吊装SP预应力板：起吊时要求各吊点均匀受力，板面保持水平，避免扭曲使板开裂，安装图纸要求及所画板位置线，吊装时对号入座，不得错位，安装SP预应力板时对准位置线，缓慢下降，安稳后再脱钩，吊装设专人负责现场调度和指挥。
（4）调整板的位置：用撬棍拨动板端，使板端长度及板端距离符合设计和规范要求，或结合现场实际情况调整板缝。

19.8 施工质量控制及验收

19.8.1 现场安装质量控制

19.8.1.1 预制构件进场质量控制

1. 现场质量验收程序

预制构件进场时，施工单位应先进行检查合格后再由施工单位会同构件厂、监理单位、建设单位联合进行进场验收。

预制构件进场时，在构件明显部位必须注明生产单位、构件型号、质量合格标识；预制构件外观不得存有对构件受力性能、安装性能、使用性能有严重影响的缺陷，不得存有影响结构性能和安装、使用功能的尺寸偏差。

2. 预制构件相关资料的检查
（1）预制构件合格证的检查

预制构件出厂应带有证明其产品质量的合格证，预制构件进场时由构件生产单位随车人员移交给施工单位。无合格证的产品施工单位应拒绝验收，严禁使用在工程中。

（2）预制构件性能检测报告的检查

梁板类受弯预制构件进场时应进行结构性能检验，检测结果应符合《混凝土结构工程施工质量验收规范》GB 50204—2015第9.2.2条中相关要求。当施工单位或监理单位代表驻厂监督生产过程时，除设计有专门要求外可不做结构性能检验；施工单位或监理单位应在产品合格证上确认。

（3）拉拔强度检验报告

预制构件表面预贴饰面砖、石材等饰面与混凝土的粘结性能应符合设计和现行相关标准的规定。

（4）技术处理方案和处理记录

对出现一般缺陷的构件,应重新验收并检查技术处理方案和处理记录。

3. 预制构件外观质量的检查

预制构件进场验收时,应由施工单位会同构件厂、监理单位联合进行进场验收。参与联合验收的人员主要包括:施工单位工程、物资、质检、技术人员;构件厂代表;监理工程师。

(1) 预制构件外观的检查

预制构件的混凝土外观质量不应有严重缺陷,且不应有影响结构性能和安装、使用功能的尺寸偏差。预制构件进场时外观应完好,其上印有构件型号的标识应清晰完整,型号种类及其数量应与合格证上一致。对于外观有严重缺陷或者标识不清的构件,应立即退场。此项内容应全数检查。

(2) 预制构件粗糙面检查

粗糙面是采用特殊工具或工艺形成预制构件混凝土凹凸不平或骨料显露的表面,是实现预制构件和后浇筑混凝土的可靠结合重要控制环节。粗糙面应全数检查。

(3) 预制构件上的预埋件、预留插筋、预留孔洞、预埋管线等规格型号、数量应符合要求。

(4) 预制板类、墙板类、梁柱类构件外形尺寸偏差和检验方法应分别符合国家规范的规定。

检查数量:按照进场检验批,同一规格(品种)的构件每次抽检数量不应少于该规格(品种)数量的5%且不少于3件。

(5) 灌浆孔检查

检查时,可使用细钢丝从上部灌浆孔伸入套筒,如从底部伸出并且从下部灌浆孔可看见细钢丝,即畅通。也可使用手持吹风机进行透气性检查。构件套筒灌浆孔是否畅通应全数检查。

19.8.1.2 预制构件安装质量控制

1. 施工现场质量控制

现场各施工单位应建立健全质量管理体系,确保质量管理人员数量充足、技能过硬,质量管理流程清晰、管理链条闭合。应建立并严格执行质量类管理制度,约束施工现场行为。

2. 装配式施工质量控制要点

(1) 原材料进场检验

现场施工所需的原材料、部品、构配件应按现行国家标准进行检验。

(2) 预制构件试安装

装配式结构施工前,应选择有代表性的单元板块进行预制构件的试安装,并根据试安装结果及时调整完善施工方案。

(3) 测量的精度控制

为达到构件整体拼装的严密性,避免因累计误差超过允许偏差值而使后续构件无法正常吊装就位等问题的出现,吊装前须对所有吊装控制线进行认真复检,构件安装就位后须由项目部质检员会同监理工程师验收构件的安装精度。安装精度经验收签字合格后方可浇筑混凝土。

所有测量计算值均应列表,并应有计算人、复核人签字。在施工过程中,要加强对层高和轴线以及净空平面尺寸的测量复核工作。

在底部结构正式施工前,必须布设好上部结构施工所需的轴线控制点,所设的基准点组成一个闭合线,以便进行复核和校正。

在底层轴线控制点布设后,用线坠把该层底板的轴线基准点引测到顶板施工面,测量孔位预留正确是确保工程质量的关键。

(4) 灌浆料的制备与套筒灌浆施工

1) 灌浆作业是装配整体式结构工程施工质量控制的关键环节之一,灌浆作业应符合现行行业标准《钢筋套筒灌浆连接应用技术规程》JGJ 355 的要求。灌浆施工操作人员上岗前,应经专业培训考核,持证上岗,培训一般宜由接头提供单位的专业技术人员组织。灌浆施工应由专人完成,施工单位应根据工程量配备足够的合格操作人员,同时要求有专职检验人员在灌浆操作全过程监督。灌浆操作人员通过灌浆作业的模拟操作培训,规范灌浆作业操作流程,熟练掌握灌浆操作要领及其控制要点。

2) 灌浆料的制备要严格按照其配比说明书进行操作,应采用机械搅拌。拌制时,记录拌合水的温度,先加入 80% 的水,然后逐渐加入灌浆料,搅拌 3～4min 至浆料黏稠无颗粒、无干灰,再加入剩余 20% 的水,整个搅拌过程不能少于 5min,确保灌浆料拌合物搅拌均匀、充分,完成后静置 2min。搅拌地点应尽量靠近灌浆施工地点,距离不宜过长;每次搅拌量应视使用量多少而定,以保证 30min 以内将料用完。

3) 拌制专用灌浆料应先进行浆料流动性检测,留置试块,然后才可进行灌浆。流动度测试指标见表 19-31,检测不合格的灌浆料则重新制备。

灌浆料性能要求 表 19-31

检测项目		性能指标
流动度	初始	≥300mm
	30min	≥260mm
抗压强度	1d	≥35MPa
	3d	≥60MPa
	28d	≥85MPa
竖向自由膨胀率	24h 与 3h 差值	0.02%～0.5%
氯离子含量		≤0.03%
泌水率（%）		0

4) 砂浆封堵 24h 后可进行灌浆,宜采用机械灌浆。浆料从下排灌浆孔进入,灌浆时先用塞子将其余下排灌浆孔封堵,待浆料从上排出浆孔溢出后将上排进行封堵,保压 0.1MPa,保持 0.5min 后用塞子将其封堵。注浆要连续进行,每次拌制的浆料需在 30min 内用完,灌浆完成后 24h 之内,预制构件不得受到扰动。

5) 单个套筒灌浆采用灌浆枪或小流量灌浆泵;多接头联通腔灌浆采用配套的电动灌浆泵见图 19-30。灌浆完成浆料凝固前,巡检已灌浆接头,填写记录,如有漏浆及时处理;灌浆料凝固后,检查接头充盈度。

6) 一个阶段灌浆作业结束后,应立即清洗灌浆泵。

7) 灌浆泵内残留的灌浆料浆液如已超过 30min(自制浆加水开始计算),除非有证据证明其流动度能满足下一个灌浆作业时间，否则不得继续使用，应废弃。

8) 现场存放灌浆料时需搭设专门的灌浆料储存仓库，要求该仓库防雨、通风，仓库内搭设放置灌浆料存放架（离地一定高度），使灌浆料处于干燥、阴凉处。

9) 预制构件与现浇结构连接部分表面应清理干净，不得有油污、浮灰、粘贴物、木屑等杂物，并且在构件毛面处剃毛且不得有松动的混凝土碎块和石子；与灌浆料接触的构件表面用水润湿

图 19-30 注浆施工示意图

且无明显积水，保证灌浆料与其接触构件接缝严密，不漏浆。

10) 套筒灌浆操作施工时，应做好灌浆作业的视频资料，质量检验人员进行全程施工质量检查，能提供可追溯的全过程灌浆质量检查记录。

11) 检验批验收时，如对套筒灌浆连接接头质量有疑问，可委托第三方独立检测机构进行非破损检测。

12) 当施工环境温度低于5℃时，可采取加热保温措施，使结构构件灌浆套筒内的温度达到产品使用说明书要求；有可靠经验时也可采用低温灌浆料。当采用低温灌浆料时，方案需进行论证。

(5) 安装精度控制

1) 编制针对性安装方案，做好技术交底和人员教育培训；

2) 安装施工前应按工序要求检查核对已施工完成结构部分的质量，测量放线后，做好安装定位标志；

3) 强化预制构件吊装校核与调整：预制墙板、预制柱等竖向构件安装后应对安装位置、安装标高、垂直度、累计垂直度进行校核与调整；预制叠合类构件、预制梁等横向构件安装后应对安装位置、安装标高进行校核与调整；相邻预制板类构件，应对相邻预制构件平整度、高差、拼缝尺寸进行校核与调整；预制装饰类构件应对装饰面的完整性进行校核与调整；

4) 强化安装过程质量控制与验收，提高安装精度。

(6) 结合面平整度控制

1) 预制墙板与现浇结构表面应清理干净，不得有油污、浮灰、粘贴物等杂物，构件剔凿面不得有松动的混凝土碎块和石子。

2) 墙板找平垫块宜采用螺栓垫块找平，抄平时直接转动调节螺栓，对齐找平。

3) 严格控制混凝土板面标高，误差控制在规定范围内。

(7) 后浇连接节点模板漏浆防治

1) 混凝土浇筑前，模板或连接缝隙用海绵条封堵。

2) 与预制墙板连接的线浇短肢剪力墙模板位置、尺寸应准确，固定牢固，防止偏位。

3) 宜采用铝合金模板，并使用专用夹具固定，提高混凝土观感质量。

(8) 外墙板接缝防水

1) 所选用防水密封材料应符合相关规范要求；

2) 拼缝宽度应满足设计要求；

3) 宜采用构造防水与材料防水相结合的方式，且应符合下列规定：

构造防水：

① 进场的外墙板，在堆放、吊装过程中，应注意保护其空腔侧壁、立槽、滴水槽以及水平缝等防水构造部位；

② 在竖向接缝合拢后，其减压空腔应畅通，竖向接缝封闭前，应先清理防槽；

③ 外墙水平缝应先清理防水空腔，在空腔底部铺放橡塑型材，并在外侧封闭；

④ 竖缝与水平缝的勾缝应着力均匀，不得将嵌缝材料挤进空腔内；

⑤ 外墙十字缝接头处的塑料条应插到下层外墙板的排水坡上。

材料防水：

① 墙板侧壁应清理干净，保持干燥，然后刷底油一道；

② 事先应对嵌缝材料的性能、质量和配合比进行检验，嵌缝材料应与板材牢固粘结。

(9) 套筒灌浆连接钢筋偏位

钢筋套筒灌浆连接钢筋偏位，影响连接质量。针对钢筋偏位应制定预案。预案应经审批后方可执行。现场出现连接钢筋偏位后，应按预案中要求进行处理，并形成处理文件，现场责任工程师、质检员、技术负责人、监理工程师共同签字确认。

1) 竖向预制墙预留钢筋和孔洞位置、尺寸应准确；

2) 提高精度，保证预留钢筋位置准确。对于个别偏位的钢筋应及时采取有效措施处理。

(10) 剪力墙部分灌浆孔不出浆

加强事前检查，对每一个套筒进行通报透性检查，避免此类事件发生。对于前几个套筒不出浆，应立即停止灌浆，墙板重新起吊到存放场地，立即进行冲洗处理，检查原因并返修；对于最后 1~2 个套筒不出浆，可持续灌浆，灌浆完成后对局部钢筋位置进行钢筋焊接或其他方式处理。

(11) 套筒灌浆的灌浆饱满度检验

套筒灌浆饱满度检验技术现有三大类：预埋检测法、无损检测法、局部破损检测法。预埋检测法主要有预埋传感器法、预埋钢丝拉拔法。无损检测法主要有超声波、冲击回波、X 射线、工业 CT。局部破损检测法主要有钻芯法（完全破损）、出浆口检查（不影响结构安全）。

1) 预埋钢丝拉拔法：将专用钢丝从套筒的出浆口水平伸至套筒内靠近出浆口一侧的钢筋表面位置，就位后专用钢丝自带橡胶塞的排气孔位于正上方。检测结果的判别：取同一批检测点极限拉拔荷载中 3 个最大值的平均值，该平均值的 40% 记为 a，该平均值的 60% 记为 b。如果测点数据高于 b，判断测点对应套筒灌浆饱满；如果测点数据在 a~b 之间，需进一步采用其他方法进行补充检测；如果测点数据低于 a 或低于 1.0kN，则直接判断测点对应套筒灌浆不饱满（图 19-31）。

2) 便携 X 射线检测混凝土构件中灌浆套筒接头内部缺陷：将胶片粘贴在预制剪力墙体的一侧，要求胶片能够完全覆盖被测套筒；将便携式 X 射线探伤仪放置在预制墙体的

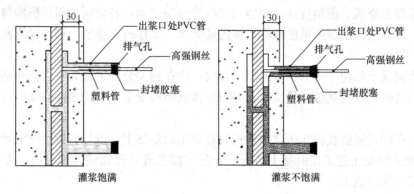

图 19-31 预埋钢丝拉拔法示意图

另一侧,射线源正对同一被测套筒,调整射线源到胶片的距离与射线机焦距相同。通过胶片成像观片灯观测套筒灌浆质量。适用范围有限:厚度不宜大于 200mm;套筒单排或"梅花形"布置的预制剪力墙。X 射线法检测时有辐射,人员需处在辐射安全区域(距射线机 30m 以外)。

3)预成孔内窥法:预成孔装置用于在连接套筒的出浆孔处形成检测通道,便于内窥镜伸入检查套筒内的灌浆饱满情况。该成孔装置包括由成孔棒及其外侧包裹的热缩材料构成的热缩组件,该组件再与封堵出浆孔的橡胶塞组装形成组合体。热缩材料一方面可以隔离成孔棒,使其不与灌浆料粘结。另一方面,当孔道直径不够时,可以通过加热外侧热缩材料使其收缩形成更大直径的通道。采用标准的灌浆工艺进行施工,待灌浆料从出浆孔流出后将预成孔装置塞入出浆孔进行封堵,并确保成孔装置的前端抵触钢筋表面;当灌浆施工完成且灌浆料达到一定强度后,取出成孔棒,必要时再对热缩材料进行加热,最终在出浆孔形成检测孔道,便于内窥镜伸入套筒内部进行检查。

19.8.2 装配式混凝土工程施工验收

19.8.2.1 一般规定

1. 装配式混凝土建筑施工应按现行国家标准《建筑工程施工质量验收统一标准》GB 50300 的有关规定进行单位工程、分部工程、分项工程和检验批的划分和质量验收。检验批及分项工程应由监理工程师组织施工单位项目专业质量(技术)负责人等进行验收。分部工程应由总监理工程师组织施工单位项目负责人和技术、质量负责人等进行验收;地基与基础、主体结构分部工程的勘察、设计单位工程项目负责人和施工单位技术、质量部门负责人也应参加相关分部工程验收。单位工程完工后,施工单位应自行组织有关人员进行检查评定,并向建设单位提交工程验收报告。建设单位收到工程报告后,应由建设单位项目负责人组织施工(含分包单位)、设计、监理、勘察等单位进行单位工程验收。

2. 装配式混凝土建筑的装饰装修、机电安装等分部工程应按国家现行标准的有关规定进行质量验收。

3. 装配式混凝土结构应按混凝土结构子分部工程进行验收;当结构中部分采用现浇混凝土结构时,装配式结构部分可作为混凝土结构子分部的分项工程进行验收。

装配式混凝土结构按子分部工程进行验收时,可划分为预制构件模板、钢筋加工、钢筋安装、混凝土浇筑、预制构件、安装与连接等分项工程，各分项工程可根据与生产和施工方式相一致且便于控制质量的原则，按进场批次、工作班、楼层、结构缝或施工段划分为若干检验批。

装配式混凝土结构子分部工程的质量验收，应在相关分项工程验收合格的基础上，进行质量控制资料检查及观感质量验收，并应对涉及结构安全、有代表性的部位进行结构实体检验。

分项工程的质量验收应在所含检验批验收合格的基础上，进行质量验收记录检查。

4. 装配式混凝土建筑在混凝土结构子分部工程完成分段或整体验收后，方可进行装饰装修的部品安装施工。

5. 装配式结构连接部位及叠合构件浇筑混凝土之前，应进行隐蔽工程验收。隐蔽工程验收应包括下列主要内容：

(1) 混凝土粗糙面的质量，键槽的尺寸、数量、位置；

(2) 钢筋的牌号、规格、数量、位置、间距，箍筋弯钩的弯折角度及平直段长度；

(3) 钢筋的连接方式、接头位置、接头数量、接头面积百分率、搭接长度、锚固方式及锚固长度；

(4) 预埋件、预留管线的规格、数量、位置。

(5) 装配式混凝土结构子分部工程施工质量验收时，应提供下列文件和记录：

1) 工程设计文件、预制构件安装施工图和加工制作详图；

2) 预制构件、主要材料及配件的质量证明文件、进场验收记录、抽样复验报告；

3) 预制构件安装施工记录

4) 钢筋套筒灌浆型式检验报告、工艺检验报告和施工检验记录，浆锚搭接连接的施工检验记录；

5) 后浇混凝土部位的隐蔽工程检查验收文件；

6) 后浇混凝土、灌浆料、坐浆材料强度检测报告；

7) 外墙防水施工质量检验记录；

8) 装配式结构分项工程质量验收文件；

9) 装配式工程的重大质量问题的处理方案和验收记录；

10) 装配式工程的其他必要的文件和记录（宜包含BIM交付资料）。

19.8.2.2 验收内容及标准

1. 预制构件

(1) 主控项目

1) 专业企业生产的预制构件，进场时应检查质量证明文件。

检查数量：全数检查

检验方法：检查质量证明文件或质量验收记录。

2) 专业企业生产的预制构件进场时，预制构件结构性能检验应符合下列规定：

① 梁板类简支受弯预制构件进场时应进行结构性能检验，并应符合下列规定：

a. 结构性能检验应符合国家现行相关标准的有关规定及设计的要求，检验要求和试验方法应符合现行国家标准《混凝土结构工程施工质量验收规范》GB 50204的有关规定。

b. 钢筋混凝土构件和允许出现裂缝的预应力混凝土构件应进行承载力、挠度和裂缝宽度检验；不允许出现裂缝的预应力混凝土构件进行承载力、挠度和抗裂检验。

c. 对大型构件及有可靠应用经验的构件，可只进行裂缝宽度、抗裂和挠度检验。

d. 对使用数量较少的构件，当能提供可靠依据时，可不进行结构性能检验。

e. 对多个工程共同使用的同类型预制构件结构性能检验可共同委托，其结果对多个工程共同有效。

② 对于不可单独使用的叠合板预制底板，可不进行结构性能检验。对叠合梁构件，是否进行结构性能检验、结构性能检验的方式应根据设计要求确定。

③ 对本条第①、②款之外的其他预制构件，除设计有专门要求外，进场时可不做结构性能检验。

④ 本条第①、②、③款规定中不做结构性能检验的预制构件，应采取下列措施：

a. 施工单位或监理单位代表应驻厂监督生产过程。

b. 当无驻厂监督时，预制构件进场时应对其主要受力钢筋数量、规格、间距、保护层厚度及混凝土强度等进行实体检验。

检查数量：同一类型预制构件不超过 1000 个为一批，每批随机抽取 1 个构件进行结构性能检验。

检验方法：检查结构性能检验报告或实体检验报告。

注："同类型"是指同一钢种、同一混凝土强度等级、同一生产工艺和同一结构形式。抽取预制构件时，宜从设计荷载大、受力最不利或生产数量最多的预制构件中抽取。

3）预制构件的混凝土外观质量不应有严重缺陷，且不应有影响结构性能和安装、使用功能的尺寸偏差。

检查数量：全数检查。

检验方法：观察、尺量；检查处理记录。

4）预制构件表面预贴饰面砖、石材等饰面与混凝土的粘结性能应符合设计和国家现行相关标准的规定。

检查数量：按批检查。

检验方法：检查拉拔强度检验报告。

(2) 一般项目

1）预制构件外观质量不应有一般缺陷，对出现的一般缺陷应要求构件生产单位按技术处理方案进行处理，并重新检查验收。

检查数量：全数检查。

检验方法：观察，检查技术处理方案和处理记录。

2）预制构件粗糙面的外观质量、键槽的外观质量及数量应符合设计要求。

检查数量：全数检查。

检验方法：观察，量测。

3）预制构件表面预贴饰面砖、石材等饰面及装饰混凝土饰面的外观质量应符合设计要求或国家现行相关标准的规定。

检查数量：按批检查。

检验方法：观察，尺量；检查产品合格证。

4）预制构件上的预埋件、预留插筋、预留孔洞、预埋管线等规格型号、数量应符合设计要求。

检查数量：按批检查。

检验方法：观察，尺量；检查产品合格证。

5）预制构件尺寸允许偏差及检验方法应符合表 19-32 的规定。

预制构件尺寸允许偏差及检验方法　　　　表 19-32

项目			允许偏差（mm）	检查方法
长度	板、梁、柱、桁架	<12m	±5	尺量检查
		≥12m 且 <18m	±10	
		≥18m	±20	
	墙板		±4	
宽度、高（厚）度	板、梁、柱、桁架截面尺寸		±5	钢尺量一端及中部，取其中偏差绝对值较大处
	墙板的高度、厚度		±3	
表面平整度	板、梁、柱、墙板内表面		5	2m 靠尺和塞尺检查
	墙板外表面		3	
侧向弯曲	板、梁、柱		L/750 且 ≤20	拉线、钢尺量最大侧向弯曲处
	墙板、桁架		L/1000 且 ≤20	
翘曲	板		L/750	调平尺在两端量测
	墙板		L/1000	
对角线差	板		10	钢尺量两个对角线
	墙板、门窗口		5	
挠度变形	梁、板、桁架设计起拱		±10	拉线、钢尺量最大弯曲处
	梁、板、桁架下垂		0	
预留孔	中心线位置		5	尺量检查
	孔尺寸		±5	
预留洞	中心线位置		10	尺量检查
	洞口尺寸、深度		±10	
门窗口	中心线位置		5	尺量检查
	宽度、高度		±3	
预埋件	预埋件钢筋锚固板中心线位置		5	尺量检查
	预埋件钢筋锚固板与混凝土面平面高差		−5，0	
	预埋螺栓中心线位置		2	
	预埋螺栓外露长度		±5	
	预埋套筒、螺母中心线位置		2	
	预埋套筒、螺母与混凝土面平面高差		−5，0	
	线管、电盒、木砖、吊环在构件平面的中心线位置偏差		20	
	线管、电盒、木砖、吊环与构件表面混凝土高差		−10，0	

续表

项目		允许偏差（mm）	检查方法
预留插筋	中心线位置	3	尺量检查
	外露长度	−5，+5	
键槽	中心线位置	3	尺量检查
	长度、宽度、深度	±5	

注：1. L 为构件长边的长度（mm）；
  2. 检查中心线、螺栓和孔洞位置偏差时，应沿纵、横两个方向量测，并取其中偏差较大值。

6) 装饰构件的装饰外观尺寸偏差和检验方法应符合设计要求；当设计无具体要求时，应符合表 19-33 的规定。

装饰构件外观尺寸允许偏差及检验方法　　　　表 19-33

外装饰种类	检查项目	允许偏差（mm）	检验方法
通用	表面平整度	2	2m 靠尺或塞尺检查
面砖、石材	阳角方正	2	用托线板检查
	上口平直	2	拉通线用钢尺检查
	接缝平直	3	用钢尺或塞尺检查
	接缝深度	±5	
	接缝宽度	±2	用钢尺检查

检查数量：按照进场检验批、同一规格（品种）的构件每次抽检数量不应少于该规格（品种）数量的 10% 且不少于 5 件。

2. 预制构件安装与连接

主控项目

1) 预制构件临时固定措施应符合设计、专项施工方案要求及国家现行相关标准的规定。

检查数量：全数检查。

检验方法：观察检查，检查施工方案、施工记录或设计文件。

2) 装配式结构采用后浇混凝土连接时，构件连接处后浇混凝土的强度应符合设计要求。

检查数量：按批检验。

检验方法：应符合现行国家标准《混凝土强度检验评定标准》GB/T 50107 的有关规定。

3) 钢筋采用套筒灌浆连接、浆锚搭接连接时，灌浆应饱满、密实，所有出浆口均应出浆。

检查数量：全数检查。

检验方法：检查灌浆施工质量检查记录、有关检验报告。

4) 钢筋套筒灌浆连接及浆锚搭接连接用的灌浆料强度应符合国家现行相关标准的规定及设计要求。

检查数量：按批检验，以每层为一检验批；每工作班应制作 1 组且每层不应少于 3 组

40mm×40mm×160mm 的长方体试件，标准养护 28d 后进行抗压强度试验。

检验方法：检查灌浆料强度试验报告及评定记录。

5）预制构件底部接缝坐浆强度应满足设计要求。

检查数量：按批检验，以每层为一检验批；每工作班同一配合比应制作 1 组且每层不应少于 3 组边长为 70.7mm 的立方体试件，标准养护 28d 后进行抗压强度试验。

检验方法：检查坐浆材料强度试验报告及评定记录。

6）钢筋采用机械连接时，其接头质量应符合现行行业标准《钢筋机械连接技术规程》JGJ 107 的规定。

检查数量：按现行行业标准《钢筋机械连接技术规程》JGJ 107 的规定确定。

检验方法：检查钢筋机械连接施工记录及平行试件的强度试验报告。

平行加工试件应与实际钢筋连接接头的施工环境相似，并宜在工程结构附近制作。钢筋采用机械连接时，螺纹接头应检验拧紧扭矩值，挤压接头应量测压痕直径，检验结果应符合现行行业标准《钢筋机械连接技术规程》JGJ 107 的规定。

7）钢筋采用焊接连接时，其焊缝的接头质量应满足设计要求，并应符合现行行业标准《钢筋焊接及验收规程》JGJ 18 的规定。

检查数量：按现行行业标准《钢筋焊接及验收规程》JGJ 18 的有关规定确定。

检验方法：检查钢筋焊接接头检验批质量验收记录。

8）预制构件采用型钢焊接连接时，型钢焊缝的接头质量应满足设计要求，并应符合现行国家标准《钢结构焊接规范》GB 50661 和《钢结构工程施工质量验收标准》GB 50205 的有关规定。

检查数量：全数检查。

检验方法：应符合现行国家标准《钢结构工程施工质量验收标准》GB 50205 的有关规定。

9）预制构件采用螺栓连接时，螺栓的材质、规格、拧紧力矩应符合设计及现行国家标准《钢结构设计标准》GB 50017 和《钢结构工程施工质量验收标准》GB 50205 的有关规定。

检查数量：全数检查。

检验方法：应符合现行国家标准《钢结构工程施工质量验收标准》GB 50205 的有关规定。

10）装配式结构分项工程的外观质量不应有严重缺陷，且不得有影响结构性能和使用功能的尺寸偏差。

检查数量：全数检查。

检验方法：观察、量测；检查处理记录。

11）装配式结构采用现浇混凝土连接构件时，构件连接处后浇混凝土的强度应符合设计要求。

检查数量：同一配合比的混凝土，每工作班且建筑面积不超过 1000m^2 应制作 1 组标准养护试件，同一楼层应制作不少于 3 组标准养护试件。

检验方法：检查混凝土强度报告。当叠合层或连接部位等的后浇混凝土与现浇结构同时浇筑时，可合并验收。对有特殊要求的后浇混凝土应单独制作试块进行检验评定。

12）外墙板接缝处的防水性能应符合设计要求。

检查数量：按批检验。每1000m² 外墙面积应划分为一个检验批，不足1000m² 时也应划分为一个检验批；每个检验批每100m² 应至少抽查一处，每处不得少于10m²。

检验方法：现场淋雨试验。淋水流量不应小于 5L/(m·min)，淋水试验时间不应少于 2h，检测区域不应有遗漏部位。淋水试验结束后，检查背面有无渗漏。

13）装配式结构施工后，其外观质量不应有一般缺陷。

检查数量：全数检查。

检验方法：观察，检查处理记录。

14）装配式结构施工后，预制构件位置、尺寸偏差及检验方法应符合设计要求；当设计无具体要求时，应符合表 19-34 的规定。预制构件与现浇结构连接部位的表面平整度应符合表 19-34 的规定。

装配式结构构件位置和尺寸允许偏差及检验方法表　　　　表 19-34

项目			允许偏差（mm）	检验方法
构件轴线位置	竖向构件（柱、墙、桁架）		8	经纬仪及尺量
	水平构件（梁、楼板）		5	
标高	梁、柱、墙板楼板底面或顶面		±5	水准仪或拉线、尺量
构件垂直度	柱、墙板安装后的高度	≤6m	5	经纬仪或吊线、尺量
		>6m	10	
构件倾斜度	梁、桁架		5	经纬仪或吊线、尺量
相邻构件平整度	梁、楼板底面	外露	3	2m靠尺和塞尺量测
		不外露	5	
	柱、墙板	外露	5	
		不外露	8	
构件搁置长度	梁、板		±10	尺量
支座、支点中心位置	板、梁、柱、墙、桁架		10	尺量
	墙板接缝宽度		±5	尺量

检查数量：按楼层、结构缝或施工段划分检验批。在同一检验批内，对梁、柱和独立基础，应抽查构件数量的10%，且不应少于3件；对墙和板，应按有代表性的自然间抽查10%，且不应少于3间；对大空间结构，墙可按相邻轴线间高度5m左右划分检查面，板可按纵、横轴线划分检查面，抽查10%，且均不应少于3面。

19.8.2.3 验收结果及处理方

1. 装配式混凝土结构子分部工程施工质量验收合格应符合下列规定：

（1）所含分项工程质量验收应合格；

（2）应有完整的质量控制资料；

（3）观感质量验收应合格；

（4）结构实体检验结果应符合现行国家标准《混凝土结构工程施工质量验收规范》GB 50204 的要求。

2. 当混凝土结构施工质量不符合要求时,应按下列规定进行处理:

(1) 经返工、返修或更换构件、部件的,应重新进行验收;

(2) 经有资质的检测机构按国家现行相关标准检测鉴定达到设计要求的,应予以验收;

(3) 经有资质的检测机构按国家现行相关标准检测鉴定达不到设计要求,但经原设计单位核算并确认仍可满足结构安全和使用功能的,可予以验收;

(4) 经返修或加固处理能够满足结构可靠性要求的,可根据技术处理方案和协商文件进行验收。

3. 装配式混凝土结构子分部工程施工质量验收合格后,应将所有的验收文件存档备案。

19.9 构件的成品保护

预制构件在运输、堆放、安装施工过程中及装配后均要做好成品保护。预制构件在运输过程中宜在构件与刚性搁置点处填塞柔性垫片,以防止运输车辆颠簸对预制构件造成破坏。现场预制构件堆放附近2m内不应进行电焊、气焊以及使用大、中型机械进行施工,避免对堆放的成品预制构件可能产生施工作业的破坏。

预制外墙板饰面砖、石材、涂刷表面可采用贴膜或用其他专业材料保护。构件饰面材料保护应选用无褪色或污染的材料,以防揭纸(膜)后,表面被污染。预制构件暴露在空气中的预埋铁件应抹防锈漆,防止产生锈蚀。预埋螺栓孔还应用海绵棒进行填塞,防止混凝土浇捣时将其堵塞。

预制楼梯安装后,为避免楼层内后续施工导致的预制楼梯碰磕,踏步口宜用铺设木条或其他覆盖形式保护。预制外墙板安装完毕后,门、窗框全部用槽型木框给予保护,以防铝框表面产生划痕。

19.10 装配式混凝土工程BIM信息化应用

装配式混凝土工程BIM信息化应用,应融入装配式建筑实施全过程中,在设计、生产、装配全过程信息共享协同基础上,打造信息化平台,对预制构件进行全生命期的扫码式信息管理,实现全过程可追溯。

19.10.1 设计阶段信息化

设计单位应建立包括建筑、结构、内装、给水排水、暖通空调、电气设备、消防等多专业信息的设计BIM模型,并为后续的构件生产、施工安装等阶段提供必要的模型信息。

19.10.2 生产过程信息化

19.10.2.1 预制构件生产进度管理动态化

依据BIM模型数据信息,智能进行排产管理与进度反馈,将施工进度计划、构件生产计划和发货计划进行及时匹配协调。

19.10.2.2 预制构件生产质量检验信息化

(1) 通过 RFID 编码技术，对预制构件进行统一编码，通过 BIM 平台将构件信息植入芯片或二维码内，应用 RFID 技术等实现构件生产的质量检验。

(2) 通过手持终端进行检验记录填写，根据权限进行网络审核及质检员实名制签名，实时记录搅拌情况、温度控制情况、项目生产进展情况、生产线运行状况，达到检验环节的质量可控性。

(3) 构件入库前进行质量检验，合格后通过移动终端扫码存储构件，保障堆场构件质量。

(4) 通过预制构件追踪定位设备，实现运输动态监控，把控构件运输质量。

19.10.2.3 预制构件运输存储智能化

(1) 通过构件编码信息，自动化排布构件产品存储计划、产品类型及数量，通过构件编码及扫描快速确定所需构件的具体位置，对堆场出入库及存储实现智能化管理。

(2) 信息关联现场构件装配计划及需求，排布详细运输计划（具体卡车、运输产品及数量，运输时间，运输人，到达时间等信息）。信息化关联构件装配顺序，确定构件装车次序，整体配送。自动规划装载路线，并能够达到实时定位，精确预测达到时间。

19.10.3 施工管理信息化

(1) 将 BIM 模型与施工进度关联，优化施工工序的穿插，科学编制施工进度计划，不断完善构件时间信息，补充实际施工进度，并形成现场进度与计划进度校核，及时预警和修改计划进度，同时与构件厂保持模型联动，体现生产进度和建造进度之间的位置关系，便于生产计划调整，保证工期。

(2) 移动终端扫码完成构件进场验收，合格后转至现场堆场，通过三维可视化装配指导，实现构件精准安装，并完成安装质量检验。

(3) 通过移动终端，实时查看建筑产品的设计信息、构件深化设计信息，在安装操作过程中保证构件、设备、部品部件等安装的精准性和协同性。节点细部展示和数据信息查询，避免构件装配失误。

(4) 按照 BIM 生成的清单顺序及构件部位实施检查，并进行构件的质量信息采集，将结果填入清单表中，同时采集包括工序进行时间、环境温湿度、施工班组、施工设备、施工方法、检查工具等信息，并及时进行数据录入。

19.11 安全防护措施

19.11.1 构件堆放及运输安全防护

(1) 应制定预制构件的运输与堆放方案，包括运输时间、次序、堆放场地、运输路线、固定要求、堆放支点及成品保护措施等。对于超高、超宽、形状特殊的大型构件的运输和堆放应有专门的质量安全保证措施。

(2) 预制构件的运输车辆应满足构件尺寸和载重的要求，装卸构件时应采取保证车体平衡的措施；构件运输时应采取防止构件移动、倾倒、变形等的固定措施。

（3）预制构件堆放时，构件支点应坚实，垫块在构件下的位置宜与脱模、吊装时的起吊位置一致；重叠堆放构件时，每层构件间的垫块应上下对齐，堆垛层数应根据构件、垫块的承载力确定，并应根据需要采取防止堆垛倾覆的措施。

（4）当采用靠放架堆放或运输构件时，靠放架应具有足够的承载力和刚度，与地面倾斜角度宜大于80°；运输构件时应采取固定措施。当采用插放架直立堆放或运输构件时，宜采取直立运输方式；插放架应有足够的承载力和刚度，并应支垫稳固。

19.11.2 构件吊装作业安全防护

（1）装配式混凝土工程施工前，施工单位应对管理人员及安装人员进行专项培训和相关交底。

（2）工人进场时，必须佩戴安全帽、防滑鞋，高空作业人员还需系安全带。

（3）装配式混凝土工程施工作业使用的专用吊具、吊索、工具式支撑、支架等，应进行安全验算，使用中进行定期、不定期检查，确保其安全状态。

（4）作业人员施工前必须检查身体，对患有不宜高空作业疾病的人员不得安排高空作业。起重机司机、信号工、挂钩工必须经专门安全技术培训，起重司机、信号工考试合格持证上岗。

（5）起重吊装作业前，应根据施工组织设计要求划定危险作业区域，在主要施工部位、作业点、危险区必须设置醒目警示标志，设专人加强安全警戒，严禁无关人员进入。作业前必须检查作业环境、吊索具、防护用品。吊装区域无闲散人员，障碍已排除。吊索具无缺陷，捆绑正确牢固，预制构件与其他物件无连接。确认安全后方可作业。

（6）构件进场后，及时对吊点进行检查，确保吊点满足起吊要求，并在起吊前进行重新检核。

（7）预制构件起吊后，应先将预制构件提升300mm左右后，停稳构件，检查钢丝绳、吊具和预制构件状态，确认吊具安全且构件平稳后，方可缓慢提升构件；

（8）预制构件吊装应采用专用的吊装钢梁进行辅助吊装。吊装时保证吊钩与钢梁之间钢丝绳水平夹角不大于60°且不应小于45°。钢梁与预制构件之间钢丝绳保证竖向垂直。预制构件吊装需要配置牵引绳，利用牵引绳使操作工人在触碰不到预制构件高度的情况下控制预制构件下落的位置。

（9）吊装过程要严格执行"十不吊"的原则。即：被吊物重量超过机械性能允许范围；信号不清；吊物下方有人；吊物上站人；埋在地下物；斜拉斜牵物；散物捆绑不牢；立式构件、大模板等不用卡环；零碎物无容器；吊装物重量不明等。

（10）大雪、大雨、大雾及风力六级以上（含六级）等恶劣天气，必须停止露天起重吊装作业。严禁在带电的高压线下或一侧作业。

19.11.3 临时支撑安全防护

（1）预制构件现场临时支撑安装必须严格按照标准规范执行，每个预制构件的临时支撑不少于2道；对预制柱、墙板的上部斜支撑，其支撑点距板底的距离不宜小于板高的2/3，且不应小于板高的1/2。

(2) 独立支撑立杆底部托盘与地面接触要保持平稳，立杆间距不宜超过 2400mm，三脚架支设应与立杆连接，且独立支撑上部螺栓需扣死；独立支撑使用期间，严禁擅自拆除施工方案设置的连接杆件、配件。

19.12 绿 色 施 工

(1) 预制构件生产过程中，钢筋、混凝土、预埋管线等各类材料应合理下料，减少废料产生。

(2) 生产加工设备应及时关停或降低运行功率，避免空转。

(3) 预制构件厂、施工现场临时堆场，预制构件宜配合支撑架体按照不同构件类型分类码放整齐，减少场地占用面积。

(4) 施工现场道路及预制构件堆场应采用混凝土硬化，对于现场其他裸露土壤，实施覆盖或绿化处理。

(5) 清水混凝土预制构件表面接触的材料均应有包裹无污染塑料薄膜等隔离措施。

(6) 灌浆料现场搅拌时，应采取有效措施，避免粉尘飞扬。

(7) 灌浆施工结束后，应及时清理地表及构件上残留的废弃灌浆料，避免污染环境。

(8) 竖向预制构件阳角、楼梯踏步在安装完成后应及时采用木条包角或其他形式防护措施，防止构件表面损坏及污染。

(9) 所有驶出大门的车辆均需到指定地点进行冲洗，严禁带泥上路，避免构件运输中撒落于道路的渣粒、散落物、轮胎带泥等造成城市道路污染。

(10) 对于生产和施工过程中产生的废弃物应分类集中堆放、分类回收，并遵照当地有关规定及时清运出场，严禁丢弃未经处理的废弃物。

(11) 预制构件厂区、施工现场均应设置污水池和排水沟，生产、施工过程中产生的废水、污水严禁未经处理直接排入市政管道。

(12) 夜间施工时，应采用新型光源、调整灯具方向及施工时间来减少对周围居民的影响。

(13) 施工期间，应严格控制噪声，并应符合现行国家标准《建筑施工场界环境噪声排放标准》GB 12523 的规定。

(14) 装配式建筑混凝土工程项目应按现行国家标准《建筑工程绿色施工规范》GB/T 50905 的相关要求，执行节水、节能、节地等资源节约措施。

装配式建筑宜采用设计、生产、施工一体化的工程总承包建造模式。通过基于项目全过程的项目策划及信息化管理，对建造中各个环节进行全面而有效地协调与整合。当采用施工总承包建造模式时，施工总承包方也应遵循设计、生产、施工一体化的建造原则，推动设计、生产等环节在项目策划及实施过程的融合。

可供参考的施工总承包建造模式与工程总承包建造模式项目管理流程图见图 19-32、图 19-33。

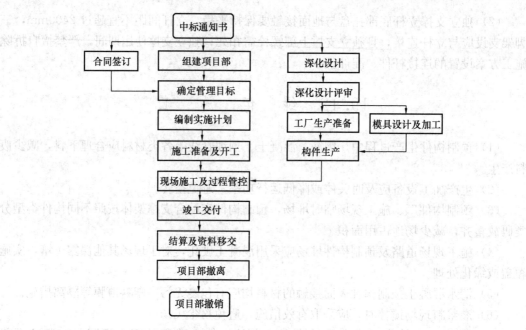

图 19-32 施工总承包项目管理流程图

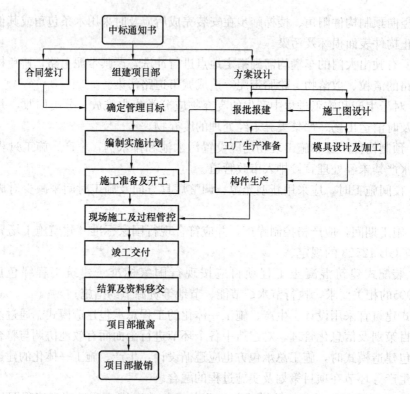

图 19-33 工程总承包项目管理流程图

20 预应力工程

本章适用于工业与民用建筑及构筑物中的现浇后张预应力混凝土及先张法或后张法预应力混凝土预制构件,同时适用于市政、桥梁、高耸构筑物、筒仓等预应力工程。另外,还适用于预应力钢结构、体外预应力及预应力结构的加固工程。

预应力施工应遵循以下规定:

(1) 预应力施工必须由具有预应力专项工程企业能力认定证书的单位进行。

(2) 预应力专业施工单位或预制构件生产企业所进行的深化设计应经原设计单位认可。

(3) 预应力专业施工单位或预制构件的生产企业应根据设计文件,编制专项施工方案。

(4) 预应力混凝土工程应依照设计要求的施工顺序施工,并应考虑各施工阶段偏差累积对结构安全度的影响。必要时应进行施工监测,并采取相应调整措施。

20.1 预应力材料

20.1.1 预应力筋品种与规格

预应力筋按材料类型可分为金属预应力筋和非金属预应力筋。非金属预应力筋,主要有碳纤维增强塑料(CFRP)、玻璃纤维增强塑料(GFRP)等,目前国内外在部分预应力工程中有少量应用。在预应力结构中主要使用的是金属预应力筋。

预应力高强钢筋主要有钢丝、钢绞线、钢筋(钢棒)等。高强度、低松弛预应力筋已成为我国预应力筋的主导产品。

目前,工程中常用的预应力钢材品种有:

(1) 预应力钢绞线。常用直径 12.7mm、15.2mm、17.8mm,标准抗拉强度 1570~1860MPa,作为主导预应力筋品种用于各类预应力结构。

(2) 预应力钢丝。常用直径 4~8mm,标准抗拉强度 1570~1860MPa,一般用于后张预应力结构或先张预应力构件。

(3) 预应力螺纹钢筋及钢拉杆等。预应力螺纹钢筋抗拉强度为 980~1230MPa,主要用于桥梁、边坡支护等,用量较少。预应力钢拉杆直径一般在 20~210mm,抗拉强度为 375~850MPa,目前预应力钢拉杆主要用于大跨度空间钢结构、船坞、码头及坑道等工程对象。

(4) 不锈钢绞线等。

常用预应力钢材弹性模量见表 20-1。

预应力钢材弹性模量（$\times 10^5 \text{N/mm}$） 表 20-1

种类	E_s
消除应力钢丝（光面钢丝、螺旋钢丝、刻痕钢丝）	2.05
钢绞线	1.95
预应力螺纹钢筋	2.00

注：必要时钢绞线可采用实测的弹性模量。

预应力筋应根据结构受力特点、工程结构环境条件、施工工艺及防腐蚀要求等选用，其规格和力学性能应符合相应的国家或行业产品标准的规定。

20.1.1.1 预应力钢丝

预应力钢丝是用优质高碳钢盘条经过表面准备、拉丝及稳定化处理而成的钢丝总称。预应力钢丝根据深加工要求不同和表面形状不同分类如下。

1. 冷拉钢丝

冷拉钢丝是用盘条通过拔丝模拔轧辊经冷加工而成产品，以盘卷供货的钢丝，可用于制造铁路轨枕、压力水管、电杆等预应力混凝土先张法构件。

2. 消除应力钢丝（普通松弛型 WNR）

消除应力钢丝（普通松弛型）是在经过矫直工序后，在适当的温度下进行短时热处理的钢丝。钢丝经矫直回火后，可消除钢丝冷拔中产生的残余应力，提高钢丝的比例极限、屈强比和弹性模量，并改善塑性；同时获得良好的伸直性，施工方便。

3. 消除应力钢丝（低松弛型 WLR）

消除应力钢丝（低松弛型）是在塑性变形下（轴应变）进行的短时热处理的钢丝。这种钢丝，不仅弹性极限和屈服强度提高，而且应力松弛率大大降低，因此特别适用于抗裂要求高的工程，同时钢材用量减少，经济效益显著，这种钢丝已逐步在建筑、桥梁、市政、水利等大型工程中推广应用。

4. 刻痕钢丝

刻痕钢丝是用冷轧或冷拔方法使钢丝表面产生规则间隔的凹痕或凸纹的钢丝，见图 20-1。这种钢丝的性能与矫直回火钢丝基本相同，但由于钢丝表面凹痕或凸纹可增加与混凝土的握裹粘结力，故可用于先张法预应力混凝土构件。

5. 螺旋肋钢丝

螺旋肋钢丝是通过专用拔丝模冷拔方法使钢丝表面沿长度方向上产生规则间隔的肋条的钢丝，见图 20-2。钢丝表面螺旋肋可增加与混凝土的握裹力。这种钢丝可用于先张法预应力混凝土构件。

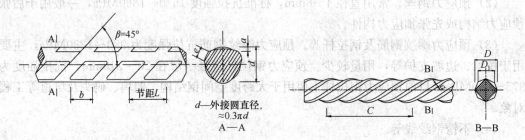

图 20-1 三面刻痕钢丝示意图　　　　图 20-2 螺旋肋钢丝示意图

预应力钢丝的规格与力学性能应符合现行国家标准《预应力混凝土用钢丝》GB/T 5223 的规定，见表 20-2～表 20-7。

光圆钢丝的尺寸及允许偏差、每米参考质量 表 20-2

公称直径 D_n (mm)	直径允许偏差 (mm)	公称横截面面积 S_n (mm²)	每米参考质量 (g/m)
3	±0.04	7.07	55.5
4		12.57	98.6
5	±0.05	20.63	154
6		28.27	222
6.25		30.68	241
7		38.48	302
8		50.26	394
9	±0.06	63.62	499
10		78.54	616
12		113.1	888

螺旋肋钢丝的尺寸及允许偏差 表 20-3

公称直径 D_n (mm)	螺旋肋数量 (条)	基圆尺寸 基圆直径 D_1 (mm)	基圆尺寸 允许偏差 (mm)	外轮廓尺寸 外轮廓直径 D (mm)	外轮廓尺寸 允许偏差 (mm)	单肋尺寸 宽度 a (mm)	螺旋肋导程 C (mm)
4	4	3.85	±0.05	4.25	±0.05	0.9~1.3	24~30
4.8	4	4.6		5.1		1.3~1.7	28~36
5	4	4.8		5.3			28~36
6	4	5.8		6.3		1.6~2	30~38
6.25	4	6		6.7			30~40
7	4	6.73		7.46		1.8~2.2	35~45
8	4	7.75		8.45	±0.1	2~2.4	40~50
9	4	8.75		9.45		2.1~2.7	42~52
10	4	9.75		10.45		2.5~3	45~58

三面刻痕钢丝的尺寸及允许偏差 表 20-4

公称直径 D_n (mm)	刻痕深度 公称深度 a (mm)	刻痕深度 允许偏差 (mm)	刻痕长度 公称长度 b (mm)	刻痕长度 允许偏差 (mm)	节距 公称节距 L (mm)	节距 允许偏差 (mm)
≤5	0.12	±0.05	3.5	±0.05	5.5	±0.05
>5	0.15		5		8	

注：公称直径指横截面面积等同于光圆钢丝横截面面积时所对应的直径。

冷拉钢丝的力学性能　　　　表 20-5

公称直径 D_n (mm)	抗拉强度 σ_b (MPa) 不小于	规定非比例伸长应力 $\sigma_{p0.2}$ (MPa) 不小于	最大力下总伸长率 (L_0=200mm) δ_{gt} (%) 不小于	弯曲次数 (次/180°) 不小于	弯曲半径 R (mm)	断面收缩率 ϕ (%) 不小于	每 210mm 扭矩的扭转次数 n 不小于	初始应力相当于 70%公称抗拉强度时,1000h 后应力松弛率 r (%) 不大于
3	1470	1100		4	7.5	—	—	
	1570	1180						
4	1670	1250		4	10	35	8	
5	1770	1330	1.5	4	15		8	8
6	1470	1100		5	15		7	
	1570	1180						
7	1670	1250		5	20	30	6	
8	1770	1330		5	20		5	

消除应力的刻痕钢丝的力学性能　　　　表 20-6

公称直径 D_n (mm)	抗拉强度 σ_b (MPa) 不小于	规定非比例伸长应力 $\sigma_{p0.2}$ (MPa) 不小于		最大力下总伸长率 (L_0=200mm) δ_{gt} (%) 不小于	弯曲次数 (次/180°) 不小于	弯曲半径 R (mm)	应力松弛性能		
							初始应力相当于公称抗拉强度的百分数 (%)	1000h 后应力松弛率 r (%) 不大于	
		WLR	WNR					WLR	WNR
								对所有规格	
≤5	1470	1290	1250	3.5	3	15	60	1.5	4.5
	1570	1380	1330				70	2.5	8
	1670	1470	1410				80	4.5	12
	1770	1560	1500						
	1860	1640	1580						
>5	1470	1290	1250			20			
	1570	1380	1330						
	1670	1470	1410						
	1770	1560	1500						

消除应力光圆及螺旋肋钢丝的力学性能　　　　表 20-7

公称直径 D_n (mm)	抗拉强度 σ_b (MPa) 不小于	规定非比例伸长应力 $\sigma_{p0.2}$ (MPa) 不小于		最大力下总伸长率 (L_0=200mm) δ_{gt} (%) 不小于	弯曲次数 (次/180°) 不小于	弯曲半径 R (mm)	应力松弛性能		
							初始应力相当于公称抗拉强度的百分数 (%)	1000h 后应力松弛率 r (%) 不大于	
		WLR	WNR					WLR	WNR
								对所有规格	
4	1470	1290	1250		3	10	60	1.0	4.5
	1570	1380	1330				70	2.0	8
4.8	1670	1470	1410		4	15	80	4.5	12
	1770	1560	1500						
5	1860	1640	1580	3.5					
6	1470	1290	1250		4	15			
	1570	1380	1330		4	20			
6.25	1670	1470	1410		4	20			
7	1770	1560	1500		4	20			
8	1470	1290	1250		4	20			

续表

公称直径 D_n (mm)	抗拉强度 σ_b (MPa) 不小于	规定非比例伸长应力 $\sigma_{p0.2}$ (MPa) 不小于		最大力下总伸长率 (L_0=200mm) δ_{gt} (%) 不小于	弯曲次数 (次/180°) 不小于	弯曲半径 R (mm)	应力松弛性能		
							初始应力相当于公称抗拉强度的百分数 (%)	1000h后应力松弛率 r (%) 不大于	
		WLR	WNR					WLR	WNR
							对所有规格		
9	1570	1380	1330		4	25			
10	1470	1290	1250	3.5	4	25	60	1.0	4.5
							70	2.0	8
12					4	30	80	4.5	12

20.1.1.2 预应力钢绞线

预应力钢绞线是由多根冷拉钢丝在绞线机上成螺旋形绞合，并经连续的稳定化处理而成。钢绞线的整根破断力大，柔性好，施工方便，在土木工程中的应用非常广泛。

预应力钢绞线按捻制结构不同可分为：1×2钢绞线、1×3钢绞线、1×7钢绞线、1×19瓦林吞式钢绞线和1×19西鲁式钢绞线等，外形示意见图20-3。其中1×7钢绞线用途最为广泛，既适用先张法，又适用于后张法预应力混凝土结构。它是由6根外层钢丝围绕着一根中心钢丝顺一个方向扭绞而成。1×2钢绞线和1×3钢绞线仅用于先张法预应力混凝土构件。

钢绞线根据加工要求不同又可分为：标准型钢绞线、刻痕钢绞线和模拔钢绞线。

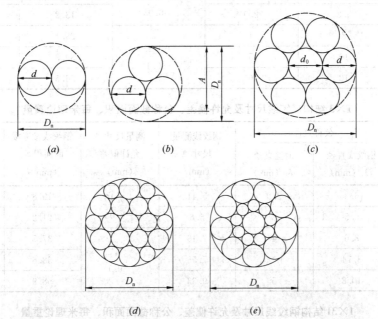

图20-3 预应力钢绞线
(a) 1×2钢绞线；(b) 1×3钢绞线；(c) 1×7钢绞线；
(d) 1×19瓦林吞式钢绞线；(e) 1×19西鲁式钢绞线
d—外层钢丝直径；d_0—中心钢丝直径；D_n—钢绞线公称直径；A—1×3钢绞线测量尺寸

1. 标准型钢绞线

标准型钢绞线即消除应力钢绞线,是由冷拉光圆钢丝捻制成的钢绞线,标准型钢绞线力学性能优异、质量稳定、价格适中,是我国土木建筑工程中用途最广、用量最大的一种预应力筋。

2. 刻痕钢绞线

刻痕钢绞线是由刻痕钢丝捻制成的钢绞线,可增加钢绞线与混凝土的握裹力,其力学性能与标准型钢绞线相同。

3. 模拔钢绞线

模拔钢绞线是在捻制成型后,再经模拔处理制成。这种钢绞线内的各根钢丝为面接触,使钢绞线的密度提高约18%。在相同截面面积时,该钢绞线的外径较小,可减少孔道直径;在相同直径的孔道内,可使钢绞线的数量增加,而且它与锚具的接触面较大,易于锚固。

钢绞线的规格和力学性能应符合现行国家标准《预应力混凝土用钢绞线》GB/T 5224 的规定,见表20-8~表20-17。

1×2 结构钢绞线尺寸及允许偏差、公称横截面面积、每米理论重量　　　　表20-8

钢绞线结构	公称直径		钢绞线直径允许偏差 (mm)	钢绞线参考截面面积 S_n (mm²)	每米钢绞线参考重量 (g/m)
	钢绞线直径 D_n (mm)	钢丝直径 d_0 (mm)			
1×2	5	2.5	+0.15 −0.05	9.82	77.1
	5.8	2.9		13.2	104
	8	4		25.1	197
	10	5	+0.25 −0.1	39.3	309
	12	6		56.5	444

1×3 结构钢绞线尺寸及允许偏差、公称截面面积、每米理论重量　　　　表20-9

钢绞线结构	公称直径		钢绞线测量尺寸 A (mm)	测量尺寸 A 允许偏差 (mm)	钢绞线参考截面面积 S_n (mm²)	每米钢绞线参考重量 (g/m)
	钢绞线直径 D_n (mm)	钢丝直径 d_0 (mm)				
1×3	6.2	2.9	5.41	+0.15 −0.05	19.8	155
	6.5	3	5.6		21.2	166
	8.6	4	7.46	+0.2 −0.1	37.7	296
	8.74	4.05	7.56		38.6	303
	10.8	5	9.33		58.9	462

1×3I 结构钢绞线尺寸及允许偏差、公称截面面积、每米理论重量　　　　表20-10

钢绞线结构	公称直径 D_n (mm)	钢绞线公称横截面面积 S_a (mm²)	每米长度重量	
			公称重量 (g/m)	重量允许偏差 (%)
1×3I	8.70	38.5	302	+4 −2

20.1 预应力材料

1×7结构钢绞线尺寸及允许偏差、公称截面面积、每米理论重量　　表 20-11

钢绞线结构	公称直径 D_n (mm)	直径允许偏差 (mm)	钢绞线参考截面面积 S_n (mm²)	每米钢绞线参考重量 (g/m)	中心钢丝直径 d_0 加大比（%）≥
1×7	9.5	+0.3 −0.15	54.8	430	2.5
	11.1		74.2	582	
	12.7		98.7	775	
	15.2	+0.4 −0.2	140	1101	
	15.7		150	1178	
	17.8		191	1500	
(1×7) C	12.7	+0.4 −0.2	112	890	
	15.2		165	1295	
	18		223	1750	

1×7I、1×7H 结构钢绞线的公称横截面面积、公称重量、重量允许偏差　　表 20-12

钢绞线结构	公称直径 D_n (mm)	钢绞线公称横截面面积 S_n (mm²)	每米长度重量 公称重量 (g/m)	每米长度重量 重量允许偏差 (%)	中心钢丝直径 d_n 加大比（%）≥
1×7I 1×7H	9.50	54.8	430	+4 −2	2.5
	11.10	74.2	582		
	12.70	98.7	775		
	15.20	140	1101		
	15.70	150	1178		
	17.80	191	1500		
	18.90	220	1727		
	21.60	285	2237		

1×19结构钢绞线的尺寸及允许偏差、公称横截面面积、每米理论质量　　表 20-13

钢绞线结构	公称直径 D_n (mm)	直径允许偏差 (mm)	钢绞线公称横截面面积 S_n (mm²)	每米理论重量 (g/m)
1×19S (1+9+9)	17.8	+0.40 −0.15	208	1652
	19.3		244	1931
	20.3		271	2149
	21.8		313	2482
	28.6		532	4229
1×19W (1+6+6/6)	28.6		532	4229

注：1×19 钢绞线的公称直径为钢绞线的外接圆的直径。

1×2 结构钢绞线力学性能 表 20-14

钢绞线结构	钢绞线公称直径 D_n (mm)	公称抗拉强度 R_m (MPa)	整根钢绞线最大力 F_m (kN) ≥	整根钢绞线最大力的最大值 $F_{m,max}$ (kN) ≤	0.2%屈服力 $F_{p0.2}$ (kN) ≥	最大力总延伸率 ($L_0 \geq 400mm$) A_{gt} (%) ≥	初始负荷相当于实际最大力的百分数 (%)	1000h应力松弛率 r (%) ≤
1×2	5.00	1720	16.9	18.9	14.9	对所有直径	对所有直径	对所有直径
	5.80		22.7	25.3	20.0			
	8.00		43.2	48.2	38.0			
	10.00		67.6	75.5	59.5			
	12.00		97.2	108	85.5		70	2.5
	5.00	1860	18.3	20.2	16.1	3.5		
	5.80		24.6	27.2	21.6		80	4.5
	8.00		46.7	51.7	41.1			
	10.00		73.1	81.9	64.3			
	12.00		105	116	62.5			
	5.00	1960	19.2	21.2	16.9			
	5.80		25.9	28.5	22.8			
	8.00		49.8	54.2	43.3			
	10.00		77.0	84.9	67.8			

0.2%屈服力 $F_{p0.2}$ 值应为整根钢绞线实际最大力 F_m 的 88%～95%

1×3 结构钢绞线力学性能 表 20-15

钢绞线结构	钢绞线公称直径 D_n (mm)	公称抗拉强度 R_m (MPa)	整根钢绞线最大力 F_m (kN) ≥	整根钢绞线最大力的最大值 $F_{m,max}$ (kN) ≤	0.2%屈服力 $F_{p0.2}$ (kN) ≥	最大力总延伸率 ($L_0 \geq 400mm$) A_{gt} (%) ≥	初始负荷相当于实际最大力的百分数 (%)	1000h应力松弛率 r (%) ≤
1×3	6.20	1720	34.1	38.0	30.0	对所有直径	对所有直径	对所有直径
	6.50		36.5	40.7	32.1			
	8.60		64.8	72.4	57.0			
	10.80		101	113	88.9		70	2.5
	12.90		146	163	128	3.5		
	6.20	1860	36.8	40.8	32.4		80	4.5
	6.50		39.4	43.7	34.7			
	8.60		70.1	77.7	61.7			
	10.80		110	121	96.8			
	12.90		158	175	139			

续表

钢绞线结构	钢绞线公称直径 D_n (mm)	公称抗拉强度 R_m (MPa)	整根钢绞线最大力 F_m (kN) ≥	整根钢绞线最大力的最大值 $F_{m,max}$ (kN) ≤	0.2%屈服力 $F_{p0.2}$ (kN) ≥	最大力总延伸率 (L_0≥400mm) A_{gt} (%) ≥	应力松弛性能 初始负荷相当于实际最大力的百分数 (%)	1000h应力松弛率 r (%) ≤
1×3	6.20	1960	38.8	42.8	34.1	对所有直径	对所有直径	对所有直径
	6.50		41.6	45.8	36.6			
	8.60		73.9	81.4	65.0		70	2.5
	10.80		115	127	101			
	12.90		166	183	146	3.5		
1×3I	8.70	1720	86.2	73.9	88.3		80	4.5
		1860	71.6	79.3	63.0			

0.2%屈服力 $F_{p0.2}$ 值应为整根钢绞线实际最大力 F_m 的88%～93%

1×7结构钢绞线力学性能 表20-16

钢绞线结构	钢绞线公称直径 D_n (mm)	公称抗拉强度 R_m (MPa)	整根钢绞线最大力 F_m (kN) ≥	整根钢绞线最大力的最大值 $F_{m,max}$ (kN) ≤	0.2%屈服力 $F_{p0.2}$ (kN) ≥	最大力总延伸率 (L_0≥500mm) A_{gt} (%) ≥	应力松弛性能 初始负荷相当于实际最大力的百分数 (%)	1000h应力松弛率 r (%) ≤
1×7 1×7I 1×7H	21.60	1770	504	561	444	对所有直径	对所有直径	对所有直径
	9.50	1860	102	113	89.8			
	11.10		138	153	121			
	12.70		184	203	162			
	15.20		260	288	229			
	15.70		279	309	246		70	2.5
	17.80		355	391	311	3.5		
	18.90		409	453	360		80	4.5
	21.60		530	587	466			
1×7	9.5	1960	107	118	94.2			
	11.10		145	160	128			
	12.70		193	213	170			
	15.20		274	302	241			
	15.70		294	324	259			
	17.80		374	413	329			
	18.90		431	475	379			
	21.60		559	616	492			
	9.50	2160	118	129	104			
	11.10		160	175	141			
	12.70		213	233	187			
	15.20		302	330	266			
	15.70		324	354	285			

续表

钢绞线结构	钢绞线公称直径 D_n (mm)	公称抗拉强度 R_m (MPa)	整根钢绞线最大力 F_m (kN) ≥	整根钢绞线最大力的最大值 $F_{m,max}$ (kN) ≤	0.2%屈服力 $F_{p0.2}$ (kN) ≥	最大力总延伸率 ($L_0 \geq 500mm$) A_{gt} (%) ≥	应力松弛性能 初始负荷相当于实际最大力的百分数 (%)	1000h应力松弛率 r (%) ≤
1×7	9.50	2230	122	133	107	对所有直径	对所有直径	对所有直径
	11.10		165	180	145			
	12.70		220	240	194			
	15.20		312	340	275			
	15.70		335	365	295			
	9.50	2360	129	140	114	3.5	70	2.5
	11.10		175	190	154			
	12.70		233	253	205		80	4.5
	15.20		330	358	290			
(1×7)C	12.70	1860	208	231	183			
	15.20	1820	300	333	264			
	18.00	1720	384	428	338			

0.2%屈服力 $F_{p0.2}$ 值应为整根钢绞线实际最大力 F_m 的88%～95%

1×19 结构钢绞线力学性能　　　　　　　　　　　表 20-17

钢绞线结构	钢绞线公称直径 D_n (mm)	公称抗拉强度 R_m (MPa)	整根钢绞线最大力 F_m (kN) ≥	整根钢绞线最大力的最大值 $F_{m,max}$ (kN) ≤	0.2%屈服力 $F_{p0.2}$ (kN) ≥	最大力总延伸率 ($L_0 \geq 500mm$) A_{gt} (%) ≥	应力松弛性能 初始负荷相当于实际最大力的百分数 (%)	1000h应力松弛率 r (%) ≤
1×19S (1+9+9)	21.8	1770	554	617	488	对所有直径	对所有直径	对所有直径
	28.6		942	1048	829			
	17.8	1860	387	428	341			
	19.3		454	503	400			
	20.3		504	558	444			
	21.8		583	645	513	3.5	70	2.5
	28.6		990	1096	871		80	4.5
	17.8	1960	408	449	359			
	19.3		478	527	421			
	20.3		531	585	467			
	21.8		613	676	539			
	28.6		1043	1149	918			
1×19W (1+6+6/6)	28.6	1770	942	1048	829			
		1860	990	1096	871			
		1960	1043	1149	918			

0.2%屈服力 $F_{p0.2}$ 值应为整根钢绞线实际最大力 F_m 的88%～95%

20.1.1.3 预应力螺纹钢筋

精轧螺纹钢筋是一种用热轧方法在整根钢筋表面上轧出带有不连续的外螺纹、不带纵肋的直条钢筋,见图 20-4。该钢筋用连接器进行接长,端头直接用螺母进行锚固。这种钢筋具有连接可靠、锚固简单、施工方便、无须焊接等优点。

螺纹钢筋的规格和力学性能应符合现行国家标准《预应力混凝土用螺纹钢筋》GB/T 20065 的规定,见表 20-18、表 20-19。

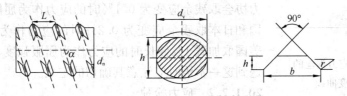

图 20-4 螺纹钢筋外形

d_n—基圆直径;d_v—基圆直径;h—螺纹高;b—螺纹底宽;L—螺距;r—螺纹根弧;α—导角

螺纹钢筋规格 表 20-18

公称直径 (mm)	公称截面面积 (mm²)	有效界面系数	理论截面面积 (mm²)	理论质量 (kg/m)
18	254.5	0.95	267.9	2.11
25	490.9	0.94	522.2	4.10
32	804.2	0.95	846.5	6.65
40	1256.6	0.95	1322.7	10.34
50	1963.5	0.95	2066.8	16.28

螺纹钢筋力学性能 表 20-19

级别	屈服强度 R_{el} (MPa)	抗拉强度 R_m (MPa)	断后伸长率 A (%)	最大力下总伸长率 A_{gt} (%)	应力松弛性能 初始应力	应力松弛性能 1000h 后应力松弛率 V_r(%)
	不小于					
PSB785	785	980	7			
PSB830	830	1030	6	3.5	$0.8 R_{eL}$	≤3
PSB930	930	1080	6			
PSB1080	1080	1230	6			

注:无明显屈服时,用规定非比例延伸强度($R_{p0.2}$)代替。

20.1.2 预应力筋性能

20.1.2.1 应力-应变曲线

钢丝或钢绞线的应力-应变曲线没有明显的屈服点,见图 20-5。钢丝拉伸在比例极限前,σ-ε 关系为直线变化,超过比例极限 σ_p 后,σ-ε 关系变为非线性。由于预应力钢丝或

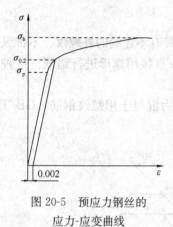

图 20-5 预应力钢丝的应力-应变曲线

钢绞线没有明显的屈服点，一般以残余应变为 0.2% 时的强度定为屈服强度 $\sigma_{0.2}$。当钢丝拉伸超过 $\sigma_{0.2}$ 后，应变 ε 增加较快，当钢丝拉伸至最大应力 σ_b 时，应变继续发展，在 σ-ε 曲线上呈现为一水平段，然后断裂。

比例极限 σ_p，习惯上采用残余应变为 0.01% 时的应力。屈服强度，国际上还没有一个统一标准。例如，国际预应力协会取残余应变为 0.1% 时的应力作为屈服强度 $\sigma_{0.1}$，我国和日本取残余应变为 0.2% 时的应力作为屈服强度 $\sigma_{0.2}$，美国取加载 1% 伸长时的应力作为屈服强度 $\sigma_{1\%}$。所以，当遇到这一术语时应注意其确切的定义。

20.1.2.2 应力松弛

预应力筋的应力松弛是指钢材受到一定的张拉力之后，在长度与温度保持不变的条件下，其应力随时间逐渐降低的现象。此降低值称为应力松弛损失。产生应力松弛的原因主要是由于金属内部位错运动使一部分弹性变形转化为塑性变形引起的。

预应力筋的松弛性能试验应按国家标准《金属材料 拉伸应力松弛试验方法》GB/T 10120—2013 的规定进行。试件的初始应力应按相关产品标准或协议的规定选取，环境温度为 20±1℃，在松弛试验机上分别读取不同时间的松弛损失率，试验应持续 1000h 或持续一个较短的期间推算至 1000h 的松弛率。

应力松弛与钢材品种、时间、温度、初始预应力等多种因素有关。

1. 应力松弛与钢材品种的关系

钢丝和钢绞线的应力松弛率比热处理钢筋和精轧螺纹钢筋大，采用低松弛钢绞线或钢丝，其松弛损失比普通松弛可减少 70%～80%。

2. 应力松弛与时间的关系

应力松弛随时间发展而变化，开始几小时内松弛量较大，24h 内完成约 50% 以上，以后将以递减速率而延续数年乃至数十年才能完成。为此，通常以 1000h 试验确定的松弛损失，乘以放大系数作为结构使用寿命的长期松弛损失。对试验数据进行回归分析得出：钢丝应力松弛损失率 $R_t = A l_{gt} + B$ 与时间 t 有较好的对数线性关系，一年松弛损失率相当于 1000h 的 1.25 倍，50 年松弛损失率为 1000h 的 1.725 倍。

3. 应力松弛与温度的关系

松弛损失随温度的上升而急剧增加，根据国外试验资料，40℃时 1000h 松弛损失率约为 20℃时的 1.5 倍。

4. 应力松弛与初始预应力的关系

初始预应力大，松弛损失也大。当 $\sigma_i > 0.7\sigma_b$ 时，松弛损失率明显增大，呈非线性变化；当 $\sigma_i \leqslant 0.5\sigma_b$ 时，松弛损失率可忽略不计。

采用超张拉工艺，可以减少应力损失。

20.1.2.3 应力腐蚀

预应力筋的应力腐蚀是指预应力筋在拉应力与腐蚀介质同时作用下发生的腐蚀现象。应力腐蚀破裂的特征是钢材在远低于破坏应力的情况下发生断裂，事先无预兆而突然发生，断口与拉力垂直。钢材的冶金成分和晶体结构直接影响抗腐蚀性能。

预应力筋腐蚀的数量级与后果比普通钢筋要严重得多。这不仅因为强度等级高的钢材对腐蚀更灵敏，还因为预应力筋的直径相对较小，这样，即使一层薄薄的锈蚀或一个锈点就能显著减小钢材的横截面面积，引起应力集中，最终导致结构的提前破坏。预应力钢材通常对两种类型的锈蚀是灵敏的，即电化学腐蚀和应力腐蚀。在电化学腐蚀中，必须有水溶液存在，还需要空气（氧）。应力腐蚀是在一定的应力和环境条件下，引起钢材脆化的腐蚀。不同钢材对腐蚀的灵敏度是不同的。

预应力筋的防腐技术有很多种类，如镀锌、涂塑、涂尼龙、阴极保护以及涂环氧有机涂层等，可根据工程实际和环境情况选用。

20.1.3 二次加工预应力筋

20.1.3.1 镀锌钢丝和钢绞线

镀锌钢丝是用热镀方法在钢丝表面镀锌制成。镀锌钢绞线的钢丝应在捻制钢绞线之前进行热镀锌。镀锌钢丝和钢绞线的抗腐蚀能力强，主要用于缆索、体外索及环境条件恶劣的工程结构等。镀锌钢丝应符合现行国家标准《桥梁缆索用热镀锌或锌铝合金钢丝》GB/T 17101的规定，镀锌钢绞线应符合现行行业标准《高强度低松弛预应力热镀锌钢绞线》YB/T 152的规定。

镀锌钢丝和镀锌钢绞线的规格和力学性能，分别列于表20-20、表20-21。钢丝和钢绞线经热镀锌后，其屈服强度稍为降低。

镀锌钢丝的规格和力学性能　　　　　　　　　　　表20-20

公称直径 DN (mm)	公称截面积 S_n (mm²)	每米参考质量 (g/m)	强度级别 R_m (MPa)	规定非比例伸长强度 $R_{p0.2}$ (MPa)		断后伸长率 A (L_0=250mm) (%) 不小于	应力松弛性能		
				无松弛或Ⅰ级松弛要求 不小于	Ⅱ级松弛要求 不小于		初始荷载（公称荷载）(%)	1000h后应力松弛率 r (%) 不大于	
							对所有钢丝	Ⅰ级松弛	Ⅱ级松弛
5	19.6	153	1670 1770 1860	1340 1420 1490	1490 1580 1660	4.0	70	7.5	2.5
7	38.5	301	1670 1770	—	1490 1580	4.0	70	7.5	2.5

注：1. 钢丝的公称直径、公称截面面积、每米参考质量均应包含锌层在内。
　　2. 按钢丝公称面积确定其荷载值，公称面积应包括锌层厚度在内。
　　3. 强度级别为实际允许抗拉强度的最小值。

镀锌钢绞线的规格和力学性能　　　　　　　　　　表20-21

公称直径 DN (mm)	公称截面面积 S_n (mm²)	理论质量 (kg/m)	强度级别 R_m (MPa)	最大负载 F_b (kN)	屈服负载 $F_{p0.2}$ (kN)	伸长率 δ (%)	松弛	
							初载为公称负载 (%)	1000h应力松弛损失 R_{1000} (%)
12.5	93	0.730	1770 1860	164 173	146 154	≥3.5	70	≤2.5

续表

公称直径 DN (mm)	公称截面面积 S_n (mm²)	理论质量 (kg/m)	强度级别 R_m (MPa)	最大负载 F_b (kN)	屈服负载 $F_{p0.2}$ (kN)	伸长率 δ (%)	松弛 初载为公称负载 (%)	松弛 1000h应力松弛损失 R_{1000} (%)
12.9	100	0.785	1770 1860	177 186	158 166	≥3.5	70	≤2.5
15.2	139	1.091	1770 1860	246 259	220 230			
15.7	150	1.178	1770 1860	265 279	236 248			

注：弹性模量为 $(1.95\pm 0.17)\times 10^5$ MPa。

镀锌钢丝和镀锌钢绞线表面应具有连续的锌层，光滑、均匀，不得有局部脱锌、露钢等缺陷，但允许有不影响锌层质量的局部轻微刻痕。

20.1.3.2 环氧涂层钢绞线

环氧涂层钢绞线是通过特殊加工使每根钢丝周围形成一层环氧保护膜制成，见图20-6（a），涂层厚度0.12～0.18mm。该保护膜对各种腐蚀环境具有优良的耐蚀性，同时这种钢绞线具有与母材相同的强度特性和粘结强度，且其柔软性与喷涂前相同。环氧涂层钢绞线应符合现行国家标准《环氧涂层七丝预应力钢绞线》GB/T 21073的规定。

近些年，环氧涂层钢绞线进一步发展成为填充型环氧涂层钢绞线，见图20-6（b），涂层厚度0.4～1.1mm。其特点是中心丝与外围6根边丝间的间隙全部被环氧树脂填充，从而避免了因钢丝间存在毛细现象而导致内部钢丝锈蚀。由于钢丝间隙无相对滑动，提高了抗疲劳性能。填充型环氧涂层钢绞线应符合现行行业标准《填充型环氧涂层钢绞线》JT/T 737的规定。

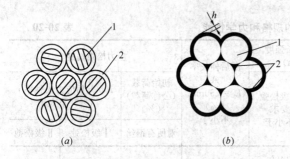

图20-6 环氧涂层钢绞线
（a）环氧涂层钢绞线；（b）填充型环氧涂层钢绞线
1—钢绞线；2—环氧树脂涂层；h—涂层厚度

填充型环氧涂层钢绞线具有良好的耐蚀性和粘附性，适用于腐蚀环境下的先张法或后张法构件、海洋构筑物、斜拉索、吊索等。

20.1.3.3 铝包钢绞线

铝包钢绞线由铝包钢单线组成，具有强度大、耐腐蚀性好、导电率高等优点，广泛用于高压架空电力线路的地线、千米级大跨越的输电线、铁道用承力索及铝包钢芯系列产品的加强单元等。

结构索用铝包钢绞线是在原有电力部门使用的铝包钢绞线基础上开发的新产品。该产品表面发亮、耐蚀性好，已用于一些预应力索网结构等工程。表20-22列出了一种铝包钢绞线的企业标准参数。

铝包钢绞线的结构和近似性能　　　　表 20-22

型号	标称面积 (mm²)	结构根数/直径 (Nos/mm)	外径 D (mm)	计算拉断力 (kN)	计算重量 (kN/km)	弹性模量 (MPa)	线膨胀系数	最小铝层厚度 d (mm)
JLB14	50	7/3	9	70.81	356.8	1.61×10^5	12×10^{-6}	5
	55	7/3.2	9.6	78.54	406			
	65	7/3.5	10.5	93.95	485.7			
	70	7/3.6	10.8	97.47	513.8			
	80	7/3.8	11.4	108.61	572.5			
	90	7/4.16	12.48	130.15	686.1			
	100	19/2.6	13	144.36	730.4			
	120	19/2.85	14.25	173.45	877.6			
	150	19/3.15	15.75	206.56	1072			
	185	19/3.5	17.5	255.01	1323.5			
	210	19/3.75	18.75	287.07	1519.3			
	240	19/4	20	326.62	1728.6			
	300	37/3.2	22.4	415.11	2167.1			
	380	37/3.6	25.2	515.22	2742.8			
	420	37/3.8	26.6	574.07	3056			
	465	37/4	28	636.07	3386.2			
	510	37/4.2	29.4	701.25	3733.2			
JLB20	50	7/3	9	59.67	329.3	1.47×10^5	13×10^{-6}	10
	55	7/3.2	9.6	67.9	374.7			
	65	7/3.5	10.5	76.98	448.3			
	70	7/3.6	10.8	81.44	474.2			
	80	7/3.8	11.4	89.31	528.4			
	90	7/4.16	12.48	101.04	633.2			
	100	19/2.6	13	121.66	674.1			
	120	19/2.85	14.25	146.18	810			
	150	19/3.15	15.75	178.57	989.4			
	185	19/3.5	17.5	208.94	1221.5			
	210	19/3.75	18.75	236.08	1402.3			
	240	19/4	20	260.01	1595.5			
	300	37/3.2	22.4	358.87	2000.2			
	380	37/3.6	25.2	430.48	2531.6			
	420	37/3.8	26.6	472.07	2820.6			
	465	37/4	28	493.79	3125.4			
	510	37/4.2	29.4	544.39	3445.7			

20.1.3.4 无粘结钢绞线

无粘结钢绞线是以专用防腐润滑油脂涂敷在钢绞线表面上作涂料层并用塑料作护套的钢绞线制成，见图 20-7。其是一种在施加预应力后沿全长与周围混凝土不粘结的预应力筋。

无粘结钢绞线主要用于后张预应力混凝土结构中的无粘结预应力筋，也可用于暴露、腐蚀或可更换要求环境中的体外索、拉索等。无粘结钢绞线应符合现行行业标准《无粘结预应力钢绞线》JG/T 161 的规定，见表 20-23。

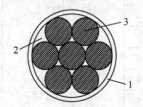 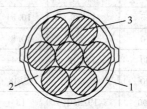

图 20-7 无粘结钢绞线　　　　　　　图 20-8 缓粘结钢绞线
1—塑料护套；2—油脂；3—钢绞线　　1—塑料护套；2—缓粘结胶粘剂；3—钢绞线

无粘结预应力钢绞线规格及性能　　　　　表 20-23

钢绞线			防腐润滑脂质量 W_3 (g/m) 不小于	护套厚度 (mm) 不小于	μ	κ
公称直径 (mm)	公称截面面积 (mm²)	公称强度 (MPa)				
9.5	54.8	1720	32	0.8	0.04~0.1	0.003~0.004
		1860				
		1960				
12.7	98.7	1720	43	1	0.04~0.1	0.003~0.004
		1860				
		1960				
15.2	140	1570	50	1	0.04~0.1	0.003~0.004
		1670				
		1720				
		1860				
		1960				
15.7	150	1770	53	1	0.04~0.1	0.003~0.004
		1860				

注：经供需双方协商，也生产供应其他强度和直径的无粘结预应力钢绞线。

无粘结筋组成材料质量要求，其钢绞线的力学性能应符合现行国家标准《预应力混凝土用钢绞线》GB/T 5224 的规定。并经检验合格后，方可制作无粘结预应力筋。防腐油脂其质量应符合现行行业标准《无粘结预应力筋用防腐润滑脂》JG/T 430 的要求。护套材料应采用高密度聚乙烯树脂，其质量应符合现行国家标准《聚乙烯（PE）树脂》GB/T 11115 的规定。护套颜色宜采用黑色，也可采用其他颜色，但此时添加的色母材料不能降低护套的性能。

20.1.3.5 缓粘结钢绞线

缓粘结纲绞线是用缓慢凝固的特种树脂涂料涂敷在钢绞线表面上,并外包压波的塑料护套制成,见前页图20-8。这种缓粘结钢绞线既有无粘结预应力筋施工工艺简单,不用预埋管和灌浆作业,施工方便、节省工期的优点;同时在性能上又具有粘结预应力筋抗震性能好,极限状态预应力钢筋强度发挥充分,节省钢材的优势,具有很好的结构性能和推广应用前景。

这种缓粘结钢绞线的涂料经过一定时间固化后,伴随着固化剂的化学作用,特种涂料不仅有较好的内聚力,而且和被粘结物表面产生很强的粘结力,由于塑料护套表面压波,又与混凝土产生了较好的粘结力,最终形成有粘结预应力筋的安全性高,并具有较强的防腐蚀性能等优点。国内外均有成功应用的工程,如北京市新少年宫工程等。

缓粘结型涂料采用特种树脂与固化剂配制而成。根据不同工程要求,可选用固化时间3～6个月或更长的涂料,其性能应符合现行行业标准《缓粘结预应力钢绞线》JG/T 369的规定。

20.1.4 质 量 检 验

预应力筋进场时,每一合同批都应附有质量证明书,在每捆(盘)上都应挂有标牌。在质量证明书中应注明供方、预应力筋品种、强度级别、规格、重量和件数、执行标准号、盘号和检验结果、检验日期、技术监督部门印章等。在标牌上应注明供方、预应力筋品种、强度级别、规格、盘号、净重、执行标准号等。

20.1.4.1 钢丝检验

1. 外观检查

预应力钢丝的外观质量应逐盘(卷)检查。钢丝表面不得有油污、氧化铁皮、裂纹或机械损伤,但表面上允许有回火色和轻微浮锈。

2. 力学性能试验

钢丝的力学性能应按批抽样试验,每一检验批应由同一牌号、同一规格、同一生产工艺制成的钢丝组成,质量不应大于60t;从同一批中任意选取10%(不少于6盘),在每盘中任意一端截取2根试件,分别作拉伸试验和弯曲试验,拉伸或弯曲试件每6根为一组,当有一项试验结果不符合现行国家标准《预应力混凝土用钢丝》GB 5223的规定时,则该盘钢丝为不合格品;再从同一批未经试验的钢丝盘中取双倍数量的试件重作试验,如仍有一项试验结果不合格,则该批钢丝判为不合格品,也可逐盘检验取用合格品;在钢丝的拉伸试验中,同时可测定弹性模量,但不作为交货条件。

对设计文件中指定要求的钢丝疲劳性能、可镦性等,在订货合同中注明交货条件和验收要求并再进行抽样试验。

20.1.4.2 钢绞线检验

1. 外观检查

钢绞线的外观质量应逐盘检查,钢绞线表面不得带有油污、锈斑或机械损伤,但允许有轻微浮锈和回火色;钢绞线的捻距应均匀,切断后不松散。

2. 力学性能试验

钢绞线的力学性能应按批抽样试验,每一检验批应由同一牌号、同一规格、同一生产工艺制度的钢绞线组成,质量不应大于60t;从同一批中任意选取3盘,在每盘中任意一端截取1根试件进行拉伸试验;当有一项试验结果不符合现行国家标准《预应力混凝土用钢绞线》GB/T 5224的规定时,则不合格盘报废;再从未试验过的钢绞线中取双倍数量的试件进行复验,如仍有一项不合格,则该批钢绞线判为不合格品。

对设计文件中指定要求的钢绞线疲劳性能、偏斜拉伸性能等,在订货合同中注明交货条件和验收要求并再进行抽样试验。

20.1.4.3 预应力螺纹钢筋检验

1. 外观检查

预应力螺纹钢筋的外观质量应逐根检查,钢筋表面不得有锈蚀、油污、裂纹、起皮或局部缩颈,其螺纹制作面不得有凹凸、擦伤或裂痕,端部应切割平整。

允许有不影响钢筋力学性能、工艺性能以及连接的其他缺陷。

2. 力学性能试验

预应力螺纹钢筋的力学性能应按批抽样试验,每一检验批质量不应大于60t,从同一批中任取2根,每根取2个试件分别进行拉伸和冷弯试验。当有一项试验结果不符合有关标准的规定时,应取双倍数量试件重作试验,如仍有一项复验结果不合格,该批预应力螺纹钢筋判为不合格品。

20.1.4.4 其他预应力钢材检验

1. 外观检查

(1) 镀锌钢丝、镀锌钢绞线和环氧钢绞线的涂层表面应连续完整、均匀光滑、无裂纹、无明显褶皱和机械损伤。

(2) 无粘结钢绞线的外观质量应逐盘检查,其护套表面应光滑、无凹陷、无裂纹、无气孔、无明显褶皱和机械损伤。

2. 力学性能试验

(1) 镀锌钢丝、镀锌钢绞线的力学性能应符合现行国家标准《桥梁缆索用热镀锌或锌铝合金钢丝》GB/T 17101和现行行业标准《高强度低松弛预应力热镀锌钢纹线》YB/T 152的规定。

(2) 涂层预应力筋中所用的钢丝或钢绞线的力学性能必须按本章第20.1.4.1条或20.1.4.2条的要求进行复验。

3. 其他

(1) 镀锌钢丝、镀锌钢绞线和环氧钢绞线的涂层厚度、连续性和粘附力应符合国家现行有关标准的规定。

(2) 无粘结钢绞线的涂包质量、油脂重量和护套厚度应符合现行行业标准《无粘结预应力钢绞线》JG 161的规定。

(3) 缓粘结预应力钢绞线的护套材料、厚度、肋高及肋间距应符合现行行业标准《缓粘结预应力钢绞线》JG/T 369的规定。缓粘结胶粘剂的标准张拉适用期及标准固化时间应满足设计及实际使用的需求。

20.1.5 预应力筋存放

预应力筋对腐蚀作用较为敏感。预应力筋在运输与存放过程中如遭受雨淋、湿气或腐蚀介质的侵蚀，易发生锈蚀，不仅质量降低，而且可能出现腐蚀，严重情况下会造成钢材张拉脆断。因此，预应力材料必须保持清洁，在装运和存放过程中应避免机械损伤和锈蚀。进场后需长期存放时，应定期进行外观检查。

预应力筋运输与储存时，应满足下列要求：

（1）成盘卷的预应力筋，宜在出厂前加防潮纸、麻布等材料包装。应确保其盘径不致过小而影响预应力材料的力学性能。

（2）装卸无轴包装的钢绞线、钢丝时，宜采用C形钩或三根吊索，也可采用叉车。每次吊运一件，避免碰撞而损害钢绞线。涂层预应力筋装卸时，吊索应包橡胶、尼龙等柔性材料并应轻装轻卸，不得摔掷或在地上拖拉，严禁锋利物品损坏涂层和护套。

（3）预应力筋应分类、分规格装运和堆放。在室外存放时，不得直接堆放在地面上，必须采取垫枕木并用防水布覆盖等有效措施，防止雨露和各种腐蚀性气体、介质的影响。

（4）长期存放应设置仓库，仓库应干燥、防潮、通风良好、无腐蚀气体和介质。在潮湿环境中存放，宜采用防锈包装产品、防潮纸内包装、涂敷水溶性防锈材料等。

（5）无粘结预应力筋存放时，严禁放置在受热影响的场所。环氧涂层预应力筋不得存放在阳光直射的场所。缓粘结预应力筋的存放时间和温度应符合相关标准的规定。

（6）如储存时间过长，宜用乳化防锈剂喷涂预应力筋表面。

20.1.6 其 他 材 料

20.1.6.1 成孔用管材

后张预应力结构及构件中成孔用管材有金属波纹管（螺旋管）、薄壁钢管和塑料波纹管等。按照相邻咬口之间的凸出部（即波纹）的数量分为单波纹和多波纹；按照截面形状分为圆形和扁形；按照径向刚度分为标准型和增强型；按照表面处理情况分为镀锌金属波纹管和不镀锌金属波纹管。

梁类构件宜采用圆形金属波纹管，板类构件宜采用扁形金属波纹管，施工周期较长或有腐蚀性介质环境的情况应选用镀锌金属波纹管。塑料波纹管宜用于曲率半径小及抗疲劳要求高的孔道。钢管宜用于竖向分段施工的孔道或钢筋过于密集，波纹管容易被挤扁或损坏的区域。

成孔用管道应具有足够的刚度和良好的密封性，在搬运、安装及混凝土浇筑过程中应不易出现变形，其咬口、接头应严密，且不应漏浆。

成孔用管道应根据结构特点、施工工艺、施工周期及使用部位等合理选用，其规格和性能应符合现行行业标准《预应力混凝土用金属波纹管》JG/T 225 和《预应力混凝土桥梁用塑料波纹管》JT/T 529 的规定。孔道成型用圆形管道的内径应至少比预应力筋或连接器的轮廓直径大 6mm，其内截面面积应不小于预应力筋截面面积的 2.5 倍。钢管的壁厚不应小于其内径的 1/50，且不宜小于 2mm。

1. 金属波纹管

金属波纹管是后张有粘结预应力施工中最常用的预留孔道材料（图 20-9）。金属波纹管具有自重轻、刚度好、弯折方便、连接简单、与混凝土粘结性好等优点，广泛应用于各类直线与曲线孔道。工程中一般常采用镀锌双波金属波纹管。

扁形金属波纹管是由圆形波纹管经过机械装置压制成椭圆形的。扁形波纹管通常和扁形锚具配套使用。常用的扁形波纹管为3~5孔。通常用于市政桥梁的预应力箱梁、横向预应力束、预应力混凝土扁梁、预应力混凝土楼板或预应力薄壁构筑物中。

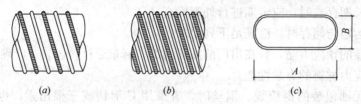

图20-9　波纹管示意图
(a) 圆形单波纹管；(b) 圆形双波纹管；(c) 扁形波纹管

圆形波纹管和扁形波纹管的规格，见表20-24、表20-25。金属波纹管的波纹高度应根据管径及径向刚度要求确定，且不应小于：圆管内径不大于95mm时为2.5mm，圆管内径不小于96mm时为3mm。

圆形波纹管规格（mm）　　　　　表20-24

圆管内径	40	45	50	55	60	65	70	75	80	85	90	95	96	102	108	114	120	126	132
允许偏差	±0.5																		
最小钢带厚度 标准型	0.28				0.3			0.35					0.4						
最小钢带厚度 增强型	0.3				0.35			0.4		0.45		—	0.5				0.6		

注：1. 直径95mm的波纹管仅用作连接用管。
　　2. 当有可靠的工程经验时，钢带厚度可进行适当调整。
　　3. 表中未列尺寸的规格由供需双方协议确定。

扁形波纹管规格（mm）　　　　　表20-25

规格		适用于φ12.7的预应力钢绞线			适用于φ15.2的预应力钢绞线		
短轴方向	长度B	20	20	20	22	22	22
短轴方向	允许偏差	0，+1			0，+1.5		
长轴方向	长度A	52	65	78	60	76	90
长轴方向	允许偏差	±1			±1.5		
最小钢带厚度	标准型	0.3	0.35	0.4	0.35	0.4	0.45
最小钢带厚度	增强型	0.35	0.4	0.45	0.4	0.45	0.5

注：表中未列尺寸的规格由供需双方协议确定。

金属波纹管的长度，由于运输的关系，每根长4~6m，在施工现场采用大一规格的套管连接使用。

由于波纹管重量轻，体积大，长途运输不经济。当工程用量大或没有波纹管供应的边远地区，可以在施工现场生产波纹管。生产厂可将卷管机和钢带运到施工现场加工，这时波纹管的生产长度可根据实际工程需要确定，不仅施工方便而且减少了接头数量。

金属波纹管应具有：在外荷载的作用下具有足够的抵抗变形的能力（径向和环向刚度）和在浇筑混凝土过程中水泥浆不渗入管内两项基本要求。

(1) 径向刚度性能:

金属波纹管径向刚度要求，应符合表 20-26 的规定。

金属波纹管径向刚度要求　　　　　　表 20-26

截面形状			圆形	扁形
集中荷载 (N)	标准型		800	500
	增强型			
均布荷载 (N)	标准型		$F=0.31d^2$	$F=0.15d_e^2$
	增强型			
δ	标准型	$d \leqslant 75$mm	$\leqslant 0.2$	$\leqslant 0.2$
		$d > 75$mm	$\leqslant 0.15$	
	增强型	$d \leqslant 75$mm	$\leqslant 0.1$	$\leqslant 0.15$
		$d > 75$mm	$\leqslant 0.08$	

表中: 圆管内径及扁管短轴长度均为公称尺寸;

F——均布荷载值 (N);

d——圆管直径 (mm);

d_e——扁管等效直径 (mm), $d_e = \dfrac{2(A+B)}{\pi}$;

d_e——内径变化比, $\delta = \dfrac{\Delta d}{d}$ 或 $\delta = \dfrac{\Delta d}{B}$, 式中 Δd 为外径变形值 (mm)。

(2) 抗渗漏性能:

金属波纹管的抗渗漏性能分别有承受集中荷载后抗渗漏和弯曲抗渗漏两种。经规定的集中荷载作用后或在规定的弯曲情况下，金属波纹管允许水泥浆泌水渗出，但不得渗出水泥浆。

承受荷载后的抗渗漏试验是按照集中荷载下径向刚度试验方法，给波纹管施加集中荷载至变形达到圆管内径或扁管短轴尺寸的 20%，制成集中荷载后抗渗漏性能试验试件。将试件竖放（图 20-10），将加荷部位置于下部，下端封严，用水灰比为 0.5、由普通硅酸盐水泥配制的纯水泥浆灌满试件，观察表面渗漏情况 30min；也可用清水灌满试件，如果试件不渗水，可不再用水泥浆进行试验。

弯曲后抗渗漏试验是将波纹管弯成圆弧形，圆管的曲率半径 R 应为圆管公称内径的 30 倍，扁管短轴方向的曲率半径 R 应为 4000mm。试件长度见表 20-27、表 20-28。

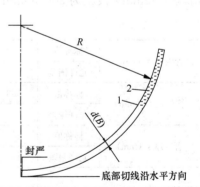

图 20-10 弯曲后抗渗漏性能
试验方法图
1—试件；2—纯水泥浆

圆管试件长度与规格对应表 (mm)　　　　　　表 20-27

圆管内径	<70	70~100	>100
试件长度	2000	2500	3000

扁管试件长度与规格对应表（mm） 表 20-28

扁管规格	短轴	20	20	20	22	22	22
	长轴	52	65	78	60	76	90
试件长度		2000			2500		

金属波纹管应按批进行检验。每批应由同一个钢带生产厂生产的同一批钢带所制造的金属波纹管组成。每半年或累计 50000m 生产量为一批，取产量最多的规格。

全部金属波纹管经外观检查合格后，从每批中取产量最多的规格、长度不小于 5d 且不小于 300mm 的试件 2 组（每组 3 根），先检查波纹管尺寸后，再分别进行集中荷载下径向刚度试验和承受集中荷载下抗渗漏试验。另外，从每批中取产量最多的规格、长度按表 20-25 和表 20-26 规定的试件 3 根，进行弯曲抗渗漏试验。当检验结果有不合格项目时，应取双倍数量的试件对该不合格项目进行复检，复检仍不合格时，该批产品为不合格品，或逐根检验取合格品。

2. 塑料波纹管

塑料波纹管的优点：其耐腐蚀性能优于金属，能有效地保护预应力筋不受外界的腐蚀，使得预应力筋具有更好的耐久性；同等条件下，塑料波纹管的摩擦系数小于金属波纹管，减小了张拉过程中预应力的摩擦损失；塑料波纹管的柔韧性强，易弯曲且不开裂，特别适用于曲率半径较小的预应力筋；密封性能和抗渗漏性能优于金属波纹管，更适用于真空灌浆。

塑料波纹管外表面应呈竹节状，按截面形状可分为圆形和扁形两大类，其规格见表 20-29、表 20-30。圆形塑料波纹管的长度规格一般为 6、8、10m，偏差 0～+10mm。扁形塑料波纹管可成盘供货，每盘长度可根据工程需要和运输情况而定。塑料波纹管的波峰为 4～5mm，波距为 30～60mm。

圆形塑料波纹管规格 表 20-29

管内径 d (mm)	标称值	50	60	75	90	100	115	130
	允许偏差	±1			±2			
管外径 D (mm)	标称值	63	73	88	106	116	131	146
	允许偏差	±1			±2			
管壁厚 s (mm)	标称值	2.5			3			
	允许偏差	+0.5						
不圆度		6%						

扁形塑料波纹管规格 表 20-30

短轴内径 U_2 (mm)	标称值	22			
	允许偏差	+0.5			
长轴内径 U_1 (mm)	标称值	41	55	72	90
	允许偏差	±1			
管壁厚 s (mm)	标称值	2.5		3	
	允许偏差	+0.5			

塑料波纹管应满足不圆度、环刚度、局部横向荷载和柔韧性等基本要求。

所有试件在试验前应按试验环境 23±2℃进行状态调节 24h 以上。

(1) 不圆度

沿塑料波纹管同一截面量测管材的最大外径（d_{max}）和最小外径（d_{min}），按式（20-1）计算管材的不圆度值 Z（%）。取 5 个试样的试验结果的算术平均值作为不圆度。

$$A_{KV} = \frac{d_{max} - d_{min}}{d_{max} + d_{min}} \times 200\% \tag{20-1}$$

(2) 环刚度

从 5 根管材上各取长 300±10mm 的试样一段，两端应与轴线垂直切平。按现行国家标准《热塑性塑料管材 环刚度的测定》GB/T 9647 的规定进行，上压板下降速度为 5±1mm/min，记录当试样垂直方向的内径变形量为原内径的 3% 时的负荷，按式（20-2）计算其环刚度，应不小于 $6kN/m^2$。

$$S = \left(0.0186 + 0.025 \times \frac{\Delta Y}{d_i}\right) \times \frac{F}{\Delta Y \cdot L} \tag{20-2}$$

式中　S——试样的环刚度（$6kN/m^2$）；

　　　ΔY——试样内径垂直方向 3% 变化量（m）；

　　　F——试样内径垂直方向 3% 变形时的负荷（kN）；

　　　d_i——试样内径（m）；

　　　L——试样长度（m）。

(3) 局部横向荷载

取样件长 1100mm，在样件中部位置波谷处取一点，用 $R=6mm$ 的圆柱顶压头施加横向荷载 F，加载图示见图 20-11。要求在 30s 内达到规定荷载值 800kN，持荷 2min 后观察管材表面是否破裂；卸载 5min 后，在加载处测量塑料波纹管外径的变形量。取 5 个样件的平均值不得超过管材外径的 10%。

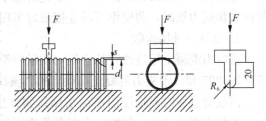

图 20-11　塑料波纹管横向荷载试验图

(4) 柔韧性

将一根长 1100mm 的样件，垂直地固定在测试平台上，按图 20-12 所示位置安装两块弧形模板，其圆弧半径应符合表 20-31 的规定。

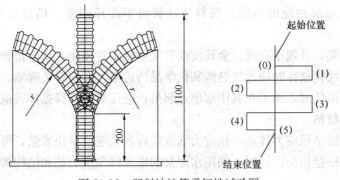

图 20-12　塑料波纹管柔韧性试验图

塑料波纹管柔韧性试验圆弧半径值（mm）　　　　表 20-31

内径 d	曲率半径 r	试验长度 L	内径 d	曲率半径 r	试验长度 L
≤90	1500	1100	>90	1800	1100

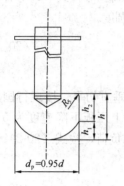

图 20-13　塞规的外形图
d 为圆形塑料波纹管内径；
$h=1.25d_p$，$h_1=0.5d_p$，
$h_2=0.75d_p$

在样件上部 900mm 的范围内，用手向两侧缓慢弯曲样件至弧形模板位置（图 20-12），左右往复弯曲 5 次。按图 20-13 所示做一塞规，当样件弯曲至最终结束位置保持弯曲状态 2min 后，观察塞规能否顺利地从波纹管中通过，如能通过则柔韧性合格。

塑料波纹管应按批进行验收。同一配方、同一生产工艺、同设备稳定连续生产的数量不超过 10000m 的产品为一批。

塑料波纹管经外观质量检验合格后，检验其他指标均合格时则判该批产品为合格品。

若其他指标中有一项不合格，则在该产品中重新抽取双倍样品制作试样，对指标中的不合格项目进行复检，复检全部合格，则判该批产品为合格批；检测结果若仍有一项不合格，则判该批产品为不合格。

3. 薄壁钢管

薄壁钢管由于自身的刚度大，主要应用于竖向布置的预应力管道和钢筋过于密集，波纹管容易挤扁或易破损的区域。薄壁钢管用于竖向布置的预应力孔道时应注意，当薄壁钢管内有预应力筋时，薄壁钢管的连接最好采用套扣连接，避免采用焊接连接。

4. 波纹管进场验收

预应力混凝土用波纹管的性能与质量应符合现行行业标准《预应力混凝土用金属波纹管》JG 225 和《预应力混凝土桥梁用塑料波纹管》JT/T 529 的规定。

波纹管进场时或在使用前应采用目测方法全数进行外观检查，金属波纹管外观应清洁，内外表面无油污、锈蚀、孔洞和不规则的折皱，咬口无开裂、脱扣。塑料波纹管的外观应光泽、色泽均匀，有一定的柔韧性，内外壁不允许有隔体破裂、气泡、裂口、硬块和影响使用的划伤。

波纹管的内径、波高和壁厚等尺寸偏差不应超出允许值。

波纹管进场时每一合同批应附有质量证明书，并作进场复验。当使用单位能提供近期采用的相同品牌和型号波纹管的检验报告或有可靠的工程经验时，金属波纹管可不作径向刚度、抗渗漏性能的检测，塑料波纹管可不作环刚度、局部横向荷载和柔韧性的检测。

波纹管应分类、分规格存放。金属波纹管应垫枕木并用防水毡布覆盖，并应避免变形和损伤。塑料波纹管储存时应远离热源和化学品的污染，并应避免曝晒。

金属波纹管吊装时，不得在其中部单点起吊；搬运时，不得抛摔或拖拉。

20.1.6.2　灌浆材料

对于后张有粘结预应力体系，预应力筋张拉后，孔道应尽快灌浆，可以避免预应力筋锈蚀和减少应力松弛损失。同时，利用水泥浆的强度将预应力筋和结构构件混凝土粘结形成整体共同工作。

(1) 孔道灌浆宜采用普通硅酸盐水泥或硅酸盐水泥配制的水泥浆。水泥的质量应符合现行国家标准《通用硅酸盐水泥》GB 175 的规定。

(2) 灌浆用水泥浆的水灰比不应大于 0.45；3h 自由泌水率宜为 0，且不应大于 1%，泌水应在 24h 内全部被水泥浆吸收。

(3) 为了改善水泥浆体性能，可适量掺入高效外加剂，其掺量应经试验确定，水灰比可减至 0.32～0.38。

(4) 水泥及外加剂中不应含有对预应力筋有害的化学成分，其中氯离子的含量不应超过水泥重量的 0.06%。

(5) 孔道灌浆用外加剂应符合现行国家标准《混凝土外加剂》GB 8076 和《混凝土外加剂应用技术规范》GB 50119 的规定。

(6) 孔道灌浆用水泥和外加剂进场时应附有质量证明书，并作进场复验。

20.1.6.3 防护材料

预应力端头锚具封闭保护宜采用与结构构件同强度等级的细石混凝土，或采用微膨胀混凝土、无收缩砂浆等。无粘结预应力筋锚具封闭前，无粘结筋端头和锚具夹片应涂防腐蚀油脂，并安装配套的塑料防护帽，或采用全封闭锚固体系防护系统。

20.1.7 预应力拉索材料

20.1.7.1 拉索类别与构造要求

(1) 从力学意义上来说，"索"是理想柔性材料，不能抗压、抗弯；从工程意义上来说，"索"是指截面尺寸远小于其长度，可不考虑抗压和抗弯刚度的柔性构件。因此，建筑用索可以归纳为钢丝缆索、钢拉杆和劲性索等。其中钢丝缆索包括钢绞线、钢丝绳和平行钢丝束等。

预应力钢结构中的索按受力要求可选用仅承受拉力的柔性索和可承受拉力和部分弯矩的劲性索。柔性索可采用钢丝缆索线或钢拉杆，劲性索可采用型钢。预应力钢结构中经常使用的拉索如下：钢丝束拉索、锌-5%铝-混合稀土合金镀层钢绞线拉索（高钒拉索）、钢拉杆等。本节着重介绍新型柔性索的构成和工艺以及相关的锚具系统。

(2) 拉索的组成与构造应符合下列要求：

1) 拉索一般由索体、锚固体系及配件等组成。
2) 拉索索体宜采用钢丝束、钢绞线、钢丝绳或钢拉杆。
3) 拉索两端锚固体系的构造应由建筑外观、索体类型、索力、施工安装、索力调整、换索等多种因素确定。
4) 室外长拉索宜考虑风振和雨振影响并应设置适当的阻尼减振装置。
5) 索体与拉杆应采取必要的防腐蚀及防火等防护措施。

(3) 拉索性能和试验要求：

1) 在制索前钢丝绳索应进行初张拉。初张拉力值应为采用材料极限抗拉强度的 40%～55%。初张拉不应少于 2 次，每次持载时间不少于 50min。
2) 拉索制作完毕后进行超张拉试验。其试验力宜为设计荷载的 1.2～1.4 倍，且宜调整到最接近 50kN 的整数倍，试验时可分为 5 级加载。成品拉索在卧式张拉设备上超张拉后，锚具的回缩量不应大于 6mm。

3) 当成品拉索的长度不大于100m时，其长度偏差不应大于20mm；当成品拉索长度大于100m时，其偏差不应大于长度的1/5000。

4) 钢丝束拉索静载破断力不应小于索体标称破断力的95%，钢丝绳拉索的最小破断力不应低于相应产品标准和设计文件规定的最小破断力。

5) 索体的静破断力，包括锚具的抗拉承载力、铸体的锚固力，不应小于标称破断力的95%。锚具的抗拉承载力不应小于索体的抗拉力，锚具与索体间的锚固力不应小于索体抗拉力的95%。

6) 当拉索需要进行疲劳试验时，其试验方法应符合下列要求：

① 采用 2×10^6 次循环脉冲加载。

② 钢丝束拉索的加载应力上限取0.4~0.55极限抗拉应力，对一级耐疲劳拉索，应力幅采用200MPa；对二级耐疲劳拉索，应力幅采用250MPa。

③ 钢丝绳拉索加载应力上限取0.55极限抗拉应力，应力幅采用80MPa。

④ 钢丝拉断数不应大于索中钢丝总数的5%。护层不应有明显损伤，锚具无明显损坏。锚杯与螺母旋合正常。

⑤ 经疲劳试验后静载不应小于索体标称极限抗拉力的95%，拉断时延伸率不应小于2%。

⑥ 拉索的盘绕直径不应小于30倍索的直径。拉索在盘绕弯曲后，截面外形不应有明显变化。

⑦ 设计时索体材料的弹性模量采用厂家提供的数据，也可参照表20-32取值，必要时索体材料的弹性模量由试验确定。

索体材料的弹性模量　　　　　　表20-32

索体类型		弹性模量（N/mm²）
钢丝束		$(1.9\sim2)\times10^5$
钢丝绳	单股钢丝绳	1.4×10^5
	多股钢丝绳	1.1×10^5
钢绞线	镀锌钢绞线	$(1.85\sim1.95)\times10^5$
	高强度低松弛预应力钢绞线	$(1.85\sim1.95)\times10^5$
高钒拉索		1.6×10^5
不锈钢拉索		1.3×10^5
钢拉杆		2.06×10^5

⑧ 设计时索体材料的膨胀系数采用厂家提供的数据，也可参照表20-33取值。

索体材料的膨胀系数　　　　　　表20-33

索材种类	线膨胀系数（/℃）	索材种类	线膨胀系数（/℃）
钢丝束索	1.15×10^{-5}	高钒拉索	1.15×10^{-5}
钢绞线索	1.15×10^{-5}	不锈钢索	1.15×10^{-5}
钢丝绳索	1.15×10^{-5}	钢拉杆	1.2×10^{-5}

注：以上数据主要由拉索加工厂家提供，并参考《预应力钢结构技术标准》JGJ/T 497—2023。

⑨ 当使用条件对拉索有防火要求时应进行防火性能化设计,并采取相应的防护措施。

20.1.7.2 钢丝绳拉索

1. 钢丝绳拉索起源与发展

钢丝绳无论从用途还是制作工艺都是源自于绳索的应用。1835 年,德国的一名采矿工程师,注意到了麻绳的优点就是受力都是沿着纤维方向平行地传递。另外,铁链具有非常高的强度。他有了将两种材料的优点结合到一起的想法,这是钢丝绳诞生的第一个念头。世界上第一根钢丝绳也由此产生,即是一个由三个股构成的直径 18mm 的钢丝绳,每个股由四根直径 3.5mm 的钢丝捻成。整个捻制是由手工完成,如图 20-14 所示。随着技术的发展和需求,钢丝绳逐渐演变成以下结构形式,如图 20-15 所示。

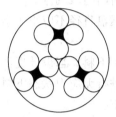

图 20-14 第一根钢丝绳的结构

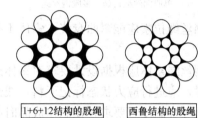

图 20-15 钢丝绳结构发展

2. 钢丝绳拉索特点

常用钢丝绳拉索主要包括以下特点:

(1) 钢丝绳由多股钢绞线围绕一核心绳(芯)捻制而成。

(2) 核心绳的材质分为纤维芯和钢芯。

(3) 结构用索应采用钢芯。

(4) 钢丝绳通常由七股钢绞线捻成,以一股钢绞线为核心,外层的六股钢绞线沿同一方向缠绕。由七股 1×7 的钢绞线捻成的钢丝绳,其标记符号为 7×7。常用的另一种型号为 7×19,即外层 6 股钢绞线,每股有 19 根钢丝。

3. 钢丝绳拉索力学性能

(1) 钢丝绳是由多股钢丝围绕一核心绳芯捻制而成,绳芯可采用纤维芯或金属芯。纤维芯的特点是柔软性好,便于施工,特别适用于需要弯曲且曲率较大的非主要受力构件,但强度较低,受力后直径会缩小,导致索伸长,从而降低索的力学性能和耐久性。

(2) 由于其截面含钢率偏低(仅为 60% 左右),且钢丝的缠绕重复次数较多,捻角也较大,因而强度和弹性模量均低于钢绞线。

(3) 研究表明,钢丝绳的纵向伸长量要比同样的直钢丝束大得多,说明钢丝绳的纵向弹性模量远较钢丝的纵向弹性模量小,并且还不是一个恒定值。钢丝绳的弹性模量比单根钢丝降低 50%~60%,同时单股钢丝绳拉索的弹性模量应不小于 $1.4×10^5$ MPa,多股钢丝绳拉索的弹性模量应不小于 $1.1×10^5$ MPa。

(4) 钢丝绳的质量、性能应符合现行国家标准《钢丝绳通用技术条件》GB/T 20118 的规定,不锈钢钢丝绳的质量、性能应符合现行国家标准《不锈钢丝绳》GB/T 9944 的规定。

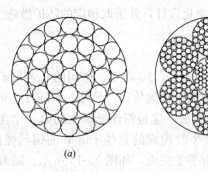

图 20-16 钢丝绳索体界面形式
(a) 单股钢丝绳；(b) 多股钢丝绳

(5) 钢丝绳索体可分别采用图 20-16 所示的单股钢丝绳和多股钢丝绳。钢丝绳索体应由绳芯和钢丝股组成，结构用钢丝绳应采用无油镀锌钢芯钢丝绳。

(6) 钢丝绳的极限抗拉强度可分别采用 1570MPa、1670MPa、1770MPa、1870MPa、1960MPa 等级别。

(7) 钢丝绳拉索的静载破断力应不小于索体公称破断力的 95%，其静载破断延伸率应不小于 2%。

(8) 钢丝绳拉索应能弯曲盘绕，索体不得有明显变形，索盘直径不应小于索体直径的 20 倍。

(9) 钢丝绳索体应根据设计要求对索体进行测长、标记和下料。当设计提供应力状态下的索长时，应进行应力状态标记下料，或经弹性伸长换算进行无应力状态下料。当设计对拉索所处环境温度有要求，在制作成品时必须考虑温度修正。

20.1.7.3 平行钢丝束拉索

1. 钢丝束拉索的制作及特点

(1) 钢丝束拉索是由若干相互平行的钢丝压制集束或外包防腐护套制成，断面呈圆形或正六角形。平行钢丝束通常由 7、19、37 或 61 根直径为 5mm 或 7mm 的高强钢丝组成，钢丝可为光面钢丝或镀锌钢丝，钢丝束截面钢丝呈蜂窝状排列。钢丝束拉索的 HDPE 护套分为单层和双层。双层 HDPE 护套的内层为黑色耐老化的 HDPE 层，厚度为 3~4mm；外层为根据业主需要确定的 HDPE 护套的颜色，厚度为 2~3mm。钢丝束拉索以成盘或成圈方式包装，这种拉索的运输比较方便。

(2) 在预应力结构中最常用的是半平行钢丝束，它由若干根高强度钢丝采用同心绞合方式一次扭绞成型，捻角 2°~4°，扭绞后在钢丝束外缠包高强缠包带，缠包层应齐整致密、无破损；然后热挤高密度聚乙烯（HDPE）护套。这种缆索的运输和施工比平行钢丝束方便，目前已基本替代平行钢丝束。

(3) 这类钢丝束拉索各根钢丝排列紧凑、相互平行、受力均匀，接触应力低，能够充分发挥高强钢丝材料的轴向抗拉强度。

(4) 钢丝束拉索的缺点主要包括以下方面：①抗扭转稳定性较差。②防火性能差。③抗滑移能力差。

2. 钢丝束拉索力学性能

(1) 钢丝的质量应符合现行国家标准《桥梁缆索用热镀锌或锌铝合金钢丝》GB/T 17101 的规定，钢丝束的质量应符合现行国家标准《斜拉桥用热挤聚乙烯高强钢丝拉索》GB/T 18365 的规定。

(2) 半平行钢丝束索体可采用图 20-17 所示的索体截面形式。钢丝直径宜采用 5mm 或 7mm，并宜选用高强度、低松弛、耐腐蚀的钢丝，极限抗拉强度宜采用 1670、1770MPa 等级，索体护套可分别采用单层或双层。

(3) 钢丝束外应以高强缠包带缠包，高强缠包带外应有热挤高密度聚乙烯（HDPE）

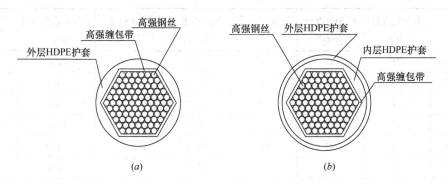

图 20-17 钢丝束索体截面形式
(a) 单层护套索体；(b) 双层护套索体

护套，在高温、高腐蚀环境下护套宜采用双层，高密度聚乙烯技术性能应符合现行行业标准《桥梁缆索用高密度聚乙烯护套料》CJ/T 297 的规定。

(4) 应根据设计要求对钢丝束索体进行测长、标记和下料。当设计提供应力状态下的索长时，应进行应力状态标记下料，或经弹性伸长换算进行无应力状态下料。

(5) 钢丝束应力状态下料时，其张拉应力应考虑钢索自重挠度、环境温度影响、锚固效率等，下料时钢丝束张拉强度可取 200~300N/mm²。同种规格钢丝或钢绞线张拉应力应一致。

常用钢丝束拉索索体参数见表 20-34、表 20-35 所示。

钢丝直径采用 5mm 的钢丝束索体参数表　　　　表 20-34

规格	钢丝束直径 (mm)	单护层直径 (mm)	双护层直径 (mm)	钢丝束单重 (kg/m)	索体单重 (kg/m)	钢丝束截面面积 (mm²)	破断力 (kN)
5×7	15	22	0	1.1	1.3	137	230
5×13	22	30	0	2	2.4	255	426
5×19	25	35	40	2.9	3.7	373	623
5×31	32	40	45	4.8	5.7	609	1017
5×37	35	45	50	5.7	6.9	726	1213
5×55	41	51	55	8.5	9.6	1080	1803
5×61	45	55	59	9.4	10.8	1198	2000
5×73	49	59	63	11.3	12.6	1433	2394
5×85	51	61	65	13.1	14.5	1669	2787
5×91	55	65	69	14	15.7	1787	2984
5×109	58	68	72	16.8	18.3	2140	3574
5×121	61	71	75	18.7	20.3	2376	3968
5×127	65	75	79	19.6	21.6	2494	4164
5×139	66	78	82	21.4	23.4	2729	4558
5×151	68	79	83	23.3	25.2	2965	4951

续表

规格	钢丝束直径(mm)	单护层直径(mm)	双护层直径(mm)	钢丝束单重(kg/m)	索体单重(kg/m)	钢丝束截面面积(mm²)	破断力(kN)
5×163	71	83	88	25.1	27.5	3200	5345
5×187	75	87	92	28.8	31.1	3672	6132
5×199	77	89	94	30.7	33.1	3907	6525
5×211	81	93	98	32.5	35.3	4143	6919
5×223	83	95	100	34.4	37	4379	7312
5×241	85	97	102	37.1	39.7	4732	7902
5×253	87	101	106	39	42.1	4968	8296
5×265	90	105	110	40.8	44.4	5203	8689
5×283	92	107	112	43.6	46.9	5557	9280
5×301	95	111	116	46.4	50.1	5910	9870
5×313	97	113	118	48.2	52.1	6146	10263
5×337	100	117	122	51.9	55.8	6617	11050
5×349	101	118	123	53.8	57.7	6853	11444
5×367	105	121	126	56.6	60.7	7206	12034
5×379	107	123	128	58.4	62.8	7442	12428
5×409	110	128	133	63	67.5	8031	13411
5×421	111	129	134	64.9	69.4	8266	13805
5×439	115	133	138	67.7	72.7	8620	14395
5×451	116	135	140	69.5	74.8	8855	14788
5×475	119	137	142	73.2	78.2	9327	15575
5×499	120	139	148	76.9	82.8	9798	16362
5×511	123	143	152	78.8	85.5	10033	16756
5×547	127	147	156	84.3	90.9	10740	17936
5×583	130	150	159	89.9	96.6	11447	19117
5×595	133	153	162	91.7	99.1	11683	19510
5×649	137	157	166	100	107.1	12743	21281

钢丝直径采用 7mm 的钢丝束索体参数表 表 20-35

规格	钢丝束直径(mm)	单护层直径(mm)	双护层直径(mm)	钢丝束单重(kg/m)	索体单重(kg/m)	钢丝束截面面积(mm²)	破断力(kN)
7×7	21	30	0	2.1	2.5	269	450
7×13	31	40	0	3.9	4.5	500	835
7×19	35	45	50	5.7	6.8	731	1221
7×31	44	55	60	9.4	10.7	1193	1992
7×37	49	60	65	11.2	12.8	1424	2378
7×55	58	68	72	16.6	18.2	2117	3535

续表

规格	钢丝束直径 (mm)	单护层直径 (mm)	双护层直径 (mm)	钢丝束单重 (kg/m)	索体单重 (kg/m)	钢丝束截面面积 (mm²)	破断力 (kN)
7×61	63	73	77	18.4	20.4	2348	3920
7×73	68	78	82	22.1	23.9	2809	4692
7×85	71	83	87	25.7	27.8	3271	5463
7×91	77	89	93	27.5	30.3	3502	5848
7×109	81	93	97	32.9	35.4	4195	7005
7×121	85	99	103	36.6	39.5	4657	7777
7×127	91	105	109	38.4	42.1	4888	8162
7×139	92	107	111	42.0	45.1	5349	8933
7×151	94	109	113	45.6	48.8	5811	9705
7×163	99	114	118	49.2	53	6273	10476
7×187	105	121	125	56.5	60.2	7197	12018
7×199	108	124	128	60.1	64.1	7658	12790
7×211	113	129	133	63.7	68.4	8120	13561
7×223	116	133	137	67.4	71.9	8582	14332
7×241	119	135	139	72.8	77.1	9275	15489
7×253	122	139	143	76.4	81.3	9737	16260
7×265	127	144	148	80.1	85.7	10198	17031
7×283	129	147	151	85.5	90.6	10891	18188
7×301	133	151	155	90.9	96.3	11584	19345
7×313	135	154	158	94.6	100.4	12046	20116
7×337	141	160	164	101.8	107.6	12969	21659
7×349	142	162	166	105.4	111.4	13431	22430
7×367	147	167	171	110.9	117.5	14124	23587
7×379	149	170	174	114.5	121.7	14586	24358
7×409	155	176	180	123.6	130.6	15740	26286
7×421	155	177	181	127.2	134.2	16202	27057
7×439	161	183	187	132.6	140.7	16895	28214
7×451	163	185	189	136.2	144.6	17357	28985
7×475	166	190	194	143.5	151.9	18280	30528
7×499	169	193	202	150.7	160.7	19204	32070
7×511	172	197	206	154.4	165.3	19666	32841
7×547	177	204	213	165.3	176.4	21051	35155
7×583	182	209	218	176.1	187.8	22436	37469
7×595	186	213	222	179.8	192.5	22898	38240
7×649	192	220	229	196.1	208.6	24976	41711

20.1.7.4 钢拉杆

预应力钢拉杆是由优质碳素结构钢、低合金高强度结构钢和合金结构钢等材料经热处理后制成的一种光圆钢棒,钢棒两端装有耳板或叉耳,中间装有调节套筒,其直径一般在20～210mm。预应力钢拉杆按杆体屈服强度分为345、460、550和650四种级别。目前,预应力钢拉杆主要用于大跨度空间钢结构、船坞、码头及坑道等领域。预应力钢拉杆的力学性能应符合现行国家标准《钢拉杆》GB/T 20934 的规定,见表20-36。

钢拉杆力学性能 表20-36

强度级别	杆件直径 d (mm)	屈服强度 R_{eH} (N/mm²)	抗拉强度 R_m (N/mm²)	断后伸长率 A (%)	断面收缩率 Z (%)	冲击吸收功 A_{KV} 温度 (℃)	J
			不小于				
GLG345	20～210	345	470	21	—	0	34
						−20	
						−40	27
GLG460	20～180	460	610	19		0	34
					50	−20	
						−40	27
GLG550	20～150	550	750	17		0	34
						−20	
						−40	27
GLG650	20～120	650	850	15	45	0	34
						−20	
						−40	27

20.1.7.5 锌-5%铝-混合稀土合金镀层钢绞线拉索(高钒拉索)

1. 普通钢绞线高钒拉索特点

钢绞线是由一层或多层钢丝呈螺旋形绞合而成的索体,结构可按1×3、1×7、1×19、1×37等规格选用。截面样式及结构类型如表20-37所示。

钢绞线拉索截面样式及结构分类 表20-37

结构	1×3	1×7	1×19	1×37	1×61	1×91
断面						

钢绞线索体具有破断力大、施工安装方便等特点。钢绞线索体选用应满足下列要求:

(1) 钢绞线的质量应符合现行国家标准《预应力混凝土用钢绞线》GB/T 5224、现行行业标准《高强度低松弛预应力热镀锌钢绞线》YB/T 152、《镀锌钢绞线》YB/T 5004 的规定。

(2) 钢绞线的极限抗拉强度可分别采用 1570MPa、1720MPa、1770MPa、1860MPa、1960MPa 等级别。

(3) 钢绞线的捻制：

钢绞线的捻制方向有左捻和右捻之分。多层钢绞线的最外层钢丝的捻向应与相邻内层钢丝的捻向相反。钢绞线受拉时，中央钢丝应力最大，外层钢丝的应力与其捻角大小有关。钢绞线的抗拉强度比单根钢丝降低 10%～20%，钢绞线弹性模量比钢丝弹性模量降低 15%～35%。

常用国产锌-5%铝-混合稀土合金镀层钢绞线拉索的截面参数与力学性能如表 20-38、表 20-39 所示。

压制索头高钒拉索参数表 表 20-38

钢绞线公称直径 (mm)	钢绞线公称截面面积 (mm^2)	钢绞线结构	破断力（kN）		
			1570MPa	1670MPa	1770MPa
12	93	1×19	118	126	133
14	125	1×19	159	169	179
16	158	1×19	201	214	227
18	182	1×37	226	241	255
20	244	1×37	303	323	342
22	281	1×37	349	372	394
24	352	1×61	438	466	493
26	403	1×61	501	533	565
28	463	1×61	576	612	649
30	525	1×91	653	694	736
32	601	1×91	747	795	843

热铸索头高钒拉索参数表 表 20-39

钢绞线公称直径 (mm)	钢绞线公称截面面积 (mm^2)	钢绞线结构	破断力（kN）		
			1570MPa	1670MPa	1770MPa
12	93	1×19	131	140	148
14	125	1×19	177	188	199
16	158	1×19	223	237	252
18	182	1×37	251	267	283
20	244	1×37	337	359	380
22	281	1×37	388	413	438
24	352	1×61	486	517	548
26	403	1×61	557	592	628
28	463	1×61	640	680	721
30	525	1×91	725	772	818
32	601	1×91	830	883	936

续表

钢绞线公称直径 (mm)	钢绞线公称截面面积 (mm²)	钢绞线结构	破断力 (kN)		
			1570MPa	1670MPa	1770MPa
34	691	1×91	955	1020	1080
36	755	1×91	1040	1110	1180
38	839	1×127	1160	1230	1310
40	965	1×127	1330	1420	1500
42	1050	1×127	1450	1540	1640
44	1140	1×91	1580	1680	1780
46	1260	1×91	1740	1850	1960
48	1380	1×91	1910	2030	2150
50	1450	1×91	2000	2130	2260
52	1600	1×127	2210	2350	2490
56	1840	1×127	2540	2700	2870
59	2020	1×127	2790	2970	3150
60	2120	1×169	2930	3120	3300
63	2340	1×169	3230	3440	3650
65	2450	1×169	3390	3600	3820
68	2690	1×169	3720	3950	4190
71	3010	1×217	4160	4420	4690
73	3150	1×217	4350	4630	4910
75	3300	1×217	4560	4850	5140
77	3450	1×217	4770	5070	5370
80	3750	1×271	5180	5510	5840
82	3940	1×271	5440	5790	6140
84	4120	1×271	5690	6060	6420
86	4310	1×271	5960	6330	6710
88	4590	1×331	6340	6750	7150
90	4810	1×331	6650	7070	7490
92	5030	1×331	6950	7390	7840
95	5260	1×331	7270	7730	8190
97	5500	1×397	7600	8080	8570
99	5770	1×397	7970	8480	8990
101	6040	1×397	8350	8880	9410
104	6310	1×397	8720	9270	9830
105	6500	1×469	8980	9550	10120
108	6810	1×469	9410	10010	10610
110	7130	1×469	9850	10480	11110
113	7460	1×469	10310	10960	11620

续表

钢绞线公称直径 (mm)	钢绞线公称截面面积 (mm^2)	钢绞线结构	破断力 (kN)		
			1570MPa	1670MPa	1770MPa
116	7940	1×547	10970	11670	12370
119	8320	1×547	11500	12230	12960
122	8700	1×547	12020	12790	13550
125	9160	1×631	12370	13160	13940
128	9590	1×631	12950	13770	14600
131	10040	1×631	13560	14420	15280
133	10470	1×721	14140	15040	15940
136	10960	1×721	14800	15740	16680
140	11470	1×721	15490	16470	17460

2. 密封拉索

密封钢绞线拉索（图20-18）与普通钢绞线拉索一样，都是一层或多层钢丝呈螺旋形绞合而成（以下简称密封拉索）。不同的是密封拉索的外层钢丝采用异形钢丝螺旋扣合而成，有效地增加了钢绞线的密实度，从而增加了单位截面面积上的含钢量。与一般的捻制方法相比，尽管这样的做法只能少许提高索的极限承载力，但它仍被应用于工程是因为其以下优势：①防腐蚀性能得到改善；②更佳的美学效果；③可以承受更高的锚固握裹力；④更强的抗磨损性能。

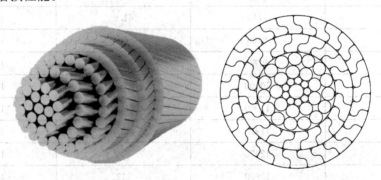

图20-18 密封拉索索体截面

除此以外，密封拉索还具有以下特点：①截面含钢率较高，可达到85％以上（普通钢绞线一般为75％左右），因而张拉刚度（EA）较高。②由于外层异形钢丝的紧密连接作用，使得密封钢绞线的耐腐蚀和耐磨损性能均有所提高。③由于异形钢丝不能冷拔到圆形钢丝的强度，因此密封式钢绞线的破断强度要低于普通钢绞线。④价格也要比普通钢绞线略高。

密封拉索开始是由瑞士法策（FATZER）、英国布顿（BRIDOW）和德国法尔福（PFEIFER）等国外拉索生产厂家生产，最近几年国内的巨力集团索具股份有限公司、广东坚宜佳五金制品有限公司、贵州钢绳股份有限公司等拉索生产厂家，开始研发密封拉索，并应用于工程实践。常用的密封拉索主要有高强度非合金钢丝和高强度不锈钢钢丝两种，国内常用规格型号及力学性能见表 20-40、表 20-41。

密封钢丝绳（FLC）高强度非合金钢丝（高钒镀层）参数表　　表 20-40

公称直径（mm）	有效截面面积（mm^2）	参考质量（kg/m）	最小破断拉力（kN）
30	594	4.77	858
35	808	6.49	1170
40	1090	8.76	1580
45	1390	11.1	2000
50	1710	13.7	2470
55	2090	16.8	3020
60	2490	20	3590
65	2920	23.5	4220
70	3390	27.2	4890
75	3890	31.3	5620
80	4420	35.5	6390
85	5000	40.1	7220
90	5600	45	8090
95	6310	50.7	9120
100	6990	56.2	10100
105	7710	61.9	11100
110	8460	68	12200
115	9280	74.5	13300
120	10100	81.1	14500
125	11000	88.4	15700
130	11900	95.6	16200
135	12920	104	17500
140	13900	112	18700
145	14910	120	20100
150	15900	128	21500
155	16990	136	23000
160	18100	145	24500
165	19250	155	26100
170	20400	164	27600
175	21650	174	29300
180	22900	184	31000

注：参考执行标准：《密封钢丝绳》YB/T 5295—2010 和《《Steel wire ropes-Safety-Part10：Sprial ropes for general structural applications》》EN 12385-10，钢丝公称强度不小于 1570MPa，弹性模量$(1.65\pm0.1)\times10^5\mathrm{N/mm^2}$。

密封钢丝绳 (FLC) 高强度不锈钢丝参数表　　表 20-41

钢索直径 (mm)	公称金属断面面积 (mm²)	最小破断拉力 (kN)	钢索直径 (mm)	公称金属断面面积 (mm²)	最小破断拉力 (kN)
30	549.91	710.6	70	3210.94	3960.55
35	737.4	696	75	3621.01	4472.6
40	968.12	1293.9	80	4066.54	5195.55
45	1268.29	1641.6	85	4611.63	5526.69
50	1578.22	2039.65	90	5163.78	6188.4
55	1928.95	2469.05	95	5729.24	6866.06
60	2264.12	2880.4	100	6339.34	7597.22
65	2703.15	3456.1			

注：参考标准 EN 1993-1-11。

20.1.7.6 不锈钢绞线

不锈钢绞线，也称不锈钢拉索，是由一层或多层多根圆形不锈钢丝绞合而成，适用于玻璃幕墙等结构拉索，也可用于栏杆索等装饰工程。

国产建筑用不锈钢拉索按构造类型，可分为 1×7、1×19、1×37 及 1×61 等。按强度级别，可分为 1330MPa 和 1100MPa。其最小拉断力 $F_b = \sigma_b \times A \times 0.86$（$\sigma_b$ 为不锈钢丝公称抗拉强度），弹性模量为 $(1.2 \pm 0.1) \times 10^5$ MPa。

不锈钢绞线的直径允许偏差：1×7 结构为 ±0.2mm，1×19 结构为 ±0.25mm，1×37 结构为 ±0.3mm，1×61 结构为 ±0.4mm。

不锈钢绞线的结构与性能应符合相关规定，见表 20-42。

不锈钢绞线的结构和性能参数　　表 20-42

绞线公称直径 (mm)	结构	公称金属截面面积 (mm²)	钢丝公称直径 (mm)	绞线计算最小破断拉力 高强度级 (kN)	绞线计算最小破断拉力 中强度级 (kN)	每米理论质量 (g/m)	交货长度 (m)
6	1×7	22	2	28.6	22	173	600
7	1×7	30.4	2.35	39.5	30.4	239	600
8	1×7	38.6	2.65	50.2	38.6	304	600
10	1×7	61.7	3.35	80.2	61.7	486	600
6	1×19	21.5	1.2	28	21.5	170	500
8	1×19	38.2	1.6	49.7	38.2	302	500
10	1×19	59.7	2	77.6	59.7	472	500
12	1×19	86	2.4	112	86	680	500
14	1×19	117	2.8	152	117	925	500
16	1×19	153	3.2	199	153	1209	500
16	1×37	154	2.3	200	154	1223	400
18	1×37	196	2.6	255	196	1563	400

续表

绞线公称直径(mm)	结构	公称金属截面面积(mm²)	钢丝公称直径(mm)	绞线计算最小破断拉力		每米理论质量(g/m)	交货长度(m)
				高强度级(kN)	中强度级(kN)		
20	1×37	236	2.85	307	236	1878	400
22	1×37	288	3.15	375	288	2294	400
24	1×37	336	3.4	437	336	2673	400
26	1×61	403	2.9	524	403	3228	300
28	1×61	460	3.1	598	460	3688	300
30	1×61	538	3.35	699	538	4307	300
32	1×61	604	3.55	785	604	4837	300
34	1×61	692	3.8	899	692	5542	300

20.2 预应力锚固体系

锚固体系是保证预应力混凝土结构的预加应力有效建立的关键装置。锚固系统通常是指锚具、连接器及锚下支撑系统等。锚具用以永久性地保持预应力筋的拉力并将其传递给混凝土，主要用于后张法结构或构件中；夹具是先张法构件施工时为了保持预应力筋拉力，并将其固定在张拉台座（或钢模）上用的临时性锚固装置，后张法夹具是将千斤顶（或其他张拉设备）的张拉力传递到预应力筋的临时性锚固装置，也称工具锚；连接器是预应力筋的连接装置，用于连续结构中，可将多段预应力筋连接成一条完整的长束，是先张法或后张法施工中将预应力从一根预应力筋传递到另一根预应力筋的装置；锚下支撑系统包括锚垫板、喇叭管、螺旋筋或网片等。

预应力筋用锚具、夹具和连接器按锚固方式不同，可分为夹片式（单孔与多孔夹片锚具）、支承式（镦头锚具、螺母锚具）、铸锚式（冷铸锚具、热铸锚具）、锥塞式（钢质锥形锚具）和握裹式（挤压锚具、压接锚具、压花锚具）等。支承式锚具锚固过程中预应力筋的内缩量小，即锚具变形与预应力筋回缩引起的损失小，适用于短束筋，但对预应力筋下料长度的准确性要求严格；夹片式锚具对预应力筋的下料长度精度要求较低，成束方便，但锚固过程中内缩量大，预应力筋在锚固端损失较大，适用于长束筋，当用于锚固短束时应采取专门的措施。

工程设计单位应根据结构要求、产品技术性能、适用性和张拉施工方法等选用匹配的锚固体系。

20.2.1 性能要求

锚具、夹具和连接器应具有可靠的锚固性能、足够的承载能力和良好的适用性，以保证充分发挥预应力筋的强度，并安全地实现预应力张拉作业。锚具、夹具和连接器的性能应符合现行国家标准《预应力筋用锚具、夹具和连接器》GB/T 14370 和现行行业标准《预应力筋用锚具、夹具和连接器应用技术规程》JGJ 85 的规定。

20.2.1.1 锚具的基本性能

1. 锚具静载锚固性能

锚具的静载锚固性能,应由预应力筋-锚具组装件静载试验测定的锚具效率系数 η_a 和组装件中预应力筋受力长度的总伸长率 ε_{Tu} 确定。

锚具效率系数 η_a 应按式(20-3)计算:

$$\eta_a = \frac{F_{Tu}}{n \cdot F_{pm}} \tag{20-3}$$

式中 F_{Tu} ——预应力筋-锚具、夹具和连接器组装件的实测极限拉力(kN);

F_{pm} ——预应力筋单根试件的实测平均极限抗拉力(kN);

n ——预应力筋-锚具或连接器组装件中预应力筋的根数。

预应力筋-锚具组装件的静载锚固性能,应同时满足下列两项要求:

$\eta_a \geqslant 0.95$;$\varepsilon_{Tu} \geqslant 2\%$。

预应力筋-锚具组装件的破坏形式应是由预应力筋的破断,而不应由锚具的失效导致试验终止。

2. 疲劳荷载性能

用于主要承受静、动荷载的预应力混凝土结构。预应力筋-锚具组装件除应满足静载锚固性能要求外,尚需满足循环次数为 200 万次的疲劳性能试验。

当锚固的预应力筋为钢丝、钢绞线或热处理钢筋时,试验应力上限取预应力钢材抗拉强度标准值 f_{ptk} 的 65%,疲劳应力幅度不小于 80MPa。如工程有特殊需要,试验应力上限及疲劳应力幅度取值可以另定。当锚固的预应力筋为有明显屈服台阶的预应力钢材时,试验应力上限取预应力钢材抗拉强度标准值 f_{ptk} 的 80%,疲劳应力幅度取 80MPa。

试件经受 200 万次循环荷载后,锚具零件不应疲劳破坏。预应力筋在锚具夹持区域发生疲劳破坏的截面面积不应大于总截面面积的 5%。

3. 周期荷载性能

用于有抗震要求结构中的锚具应符合《预应力混凝土结构抗震设计标准》JGJ/T 140—2019 中的规定。预应力筋锚具组装件应满足循环次数为 50 次的周期荷载试验。当锚固的预应力筋为钢丝、钢绞线或热处理钢筋时,试验应力上限取预应力钢材抗拉强度标准值 f_{ptk} 的 85%,下限取预应力钢材抗拉强度标准值 f_{ptk} 的 40%;当锚固的预应力筋为有明显屈服台阶的预应力钢材时,试验应力上限取预应力钢材抗拉强度标准值 f_{ptk} 的 90%,下限取预应力钢材抗拉强度标准值 f_{ptk} 的 40%。

试件经 50 次循环荷载后预应力筋在锚具夹持区域不应发生破断。

4. 工艺性能

(1) 锚具应满足分级张拉、补张拉和放松拉力等张拉工艺要求。锚固多根预应力筋用的锚具,除应具有整束张拉的性能外,尚应具有单根张拉的可能性。

(2) 承受低应力或动荷载的夹片式锚具应具有防止松脱的性能。

(3) 当锚具使用环境温度低于 −50℃ 时,锚具尚应符合低温锚固性能要求。

(4) 加片式锚具的锚板应具有足够的刚度和承载力,锚板性能由锚板的加载试验确定,加载至 $0.95f_{ptk}$ 后卸载,测得的锚板中心残余挠度不应大于相应锚垫板上口直径的 1/600;加载至 $1.2f_{ptk}$ 时,锚板不应出现裂纹或破坏。

(5) 与后张预应力筋用锚具（或连接器）配套的锚垫板、锚固区域局部加强钢筋，在规定的混凝土强度和局部承压端块尺寸下，应满足荷载传递性能要求。

20.2.1.2 夹具的基本性能

预应力筋-夹具组装件的静载锚固性能，应由预应力筋-夹具组装件静载试验测定的夹具效率系数 η_g 确定。夹具的效率系数应按式（20-4）计算：

$$\eta_g = \frac{F_{gpu}}{F_{pm}} \tag{20-4}$$

式中　F_{gpu}——预应力筋-夹具组装件的实测极限拉力（kN）；

预应力筋-夹具组装件的静载锚固性能试验结果应满足：$\eta_g \geqslant 0.92$。

当预应力筋-夹具组装件达到实测极限拉力时，应当是由预应力筋的断裂，而不应由夹具的破坏所导致。

夹具应具有良好的自锚性能、松锚性能和安全的重复使用性能。主要锚固零件应具有良好的防锈性能。夹具的可重复使用次数不宜少于 300 次。

20.2.1.3 连接器的基本性能

张拉预应力筋后永久留在混凝土结构或构件中的预应力筋连接器，必须符合锚具的性能要求；如在张拉后还须放张和拆除的连接器，必须符合夹具的性能要求。

20.2.2 钢绞线锚固体系

20.2.2.1 单孔夹片锚固体系

单孔夹片锚固体系见图 20-19。

单孔夹片锚具由锚环与夹片组成，见图 20-20。夹片的种类很多，按片数可分为三片或两片式。两片式夹片的背面上部锯有一条弹性槽，以提高锚固性能，但夹片易沿纵向开裂；也有的通过优化夹片尺寸和改进热处理工艺，取消了弹性槽。按开缝形式可分为直开缝与斜开缝。直开缝夹片最为常用；斜开缝夹片主要用于锚固 7ϕ5mm 平行钢丝束，在 20 世

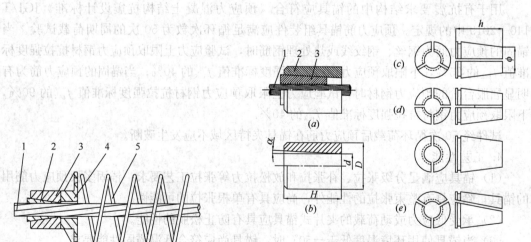

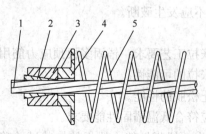

图 20-19　单孔夹片锚固体系示意图
1—预应力筋；2—夹片；3—锚环
4—承压板；5—螺旋筋

图 20-20　单孔夹片锚具
(a) 组装图；(b) 锚环；(c) 三片式夹片；(d) 两片式夹片；
(e) 斜开缝夹片
1—预应力筋；2—夹片；3—锚环

纪 90 年代后张预应力结构工程中有相当数量的应用。国内各厂家的单孔夹片锚具型号与规格略有不同，可选择使用。采用限位自锚张拉工艺时，预应力筋锚固时夹片自动跟进，不需要顶压；采用带顶压器张拉工艺时，锚固时顶压加片以减小回缩损失。

单孔夹片锚具的锚环，也可与承压钢板合一，采用铸钢制成，图 20-21 所示为一种带承压板的锚具。

单孔夹片锚具主要用于锚固 ϕ12.7mm、ϕ15.2mm 钢绞线。

单孔加片锚具的参考尺寸见表 20-43。

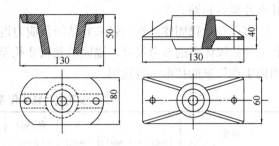

图 20-21 带承压板的锚环示意图

单孔夹片锚具参考尺寸　　　　　　　　　　表 20-43

锚具型号	锚环				夹片		
	D	H	d	a	ϕ	h	形式
QM13-1	40	42	16	6°30′	17	40	两片直开缝（带钢丝圈）
QM15-1	46	48	18		20	45	
QVM13-1	43	13	16	6°00′	17	38	两片直开缝（无弹性槽）
QVM15-1	46	48	18		19	43	

注：D、H、d、a、ϕ、h 含义见图 20-20。

20.2.2.2 多孔夹片锚固体系

多孔夹片锚固体系一般称为群锚，是由多孔夹片锚具、锚垫板（也称铸铁喇叭管、锚座）、螺旋筋等组成，见图 20-22。这种锚具是在一块多孔的锚板上，利用每个锥形孔安

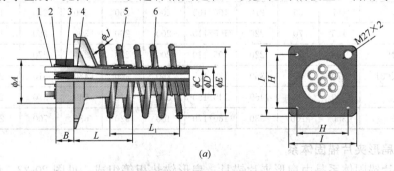

(a)

(b)

图 20-22 多孔夹片锚固体系
(a) 尺寸示意图；(b) 外观图片

1—钢绞线；2—夹片；3—锚环；4—铸造锚垫板；5—螺旋筋；6—波纹管

装一副夹片，夹持一根钢绞线，形成一个独立锚固单元。其优点是任何一根钢绞线锚固失效，都不会引起整体锚固失效。每束钢绞线的根数不受限制。对锚板与夹片的要求，与单孔夹片锚具相同。

多孔夹片锚固体系在后张法有粘结预应力混凝土结构中用途最广。表20-44列出了多孔夹片锚固体系的参考尺寸，锚固单元从2孔至55孔可供选择。工程设计施工时可参考国内生产厂家的技术参数选用。

多孔夹片锚固体系参考尺寸   表20-44

型号	ϕA (mm)	B (mm)	L (mm)	$\phi C/\phi D$ (mm)	H (mm)	I (mm)	L_1 (mm)	ϕE (mm)	ϕJ (mm)	圈数
Z15-2	83	45	—	—	120	150	120	8	4	
Z15-3	83	45	85	50/55	100	130	160	130	10	4
Z15-4	98	45	90	55/60	110	140	200	140	12	4
Z15-5	108	50	110	55/60	120	150	200	150	12	4
Z15-6	125	50	120	70/75	140	180	200	180	12	4
Z15-7	125	55	120	70/75	140	180	200	180	12	4
Z15-8	135	55	140	80/85	160	200	250	200	14	5
Z15-9	147	55	160	80/85	170	210	250	210	14	5
Z15-10	158	55	180	90/95	170	210	300	210	14	5
Z15-11	158	60	180	90/95	170	210	300	210	14	5
Z15-12、13	168	60	190	90/95	180	225	300	225	16	5
Z15-14、15	178	65	200	100/105	190	240	300	240	16	5
Z15-16	187	65	210	100/105	200	250	300	250	18	5
Z15-17	195	70	220	105/110	200	260	300	260	18	5
Z15-18、19	198	70	220	105/110	200	270	360	270	18	6
Z15-25、27、31	270	80	350	130/137	260	360	480	510	20	8
Z15-37	290	90	450	140/150	350	440	540	570	22	9
Z15-55	350	100	530	160/170	400	520	630	700	26	9

20.2.2.3 扁形夹片锚固体系

扁形夹片锚固体系是由扁形夹片锚具、扁形锚垫板等组成，见图20-23。该锚固体系的参考尺寸见表20-45。

扁形夹片锚固体系参考尺寸   表20-45

钢绞线直径-根数	扁形锚垫板 (mm)			扁形锚板 (mm)		
	A	B	C	D	E	F
15-2	150	160	80	80	48	50
15-3	190	200	90	115	48	50
15-4	230	240	90	150	48	50
15-5	270	280	90	185	48	50

注：A、B、C、D、E、F意义见图20-23。

扁锚具有张拉槽口扁小，钢绞线单根张拉，施工方便等优点；主要适用于楼板、扁梁、低高度箱梁等。

20.2.2.4 固定端锚固体系

固定端锚固体系有：挤压锚具、压花锚具、U形锚具等类型。其中，挤压锚具既可埋在混凝土结构内，也可安装在结构之外，对有粘结预应力钢绞线、无粘结预应力钢绞线都适用，是应用范围最广的固定端锚固体系。压花锚具适用于空间较大且有足够的粘结长度的固定端。U形锚具可用于墙板结构、大型构筑物墙、墩等环形结构。

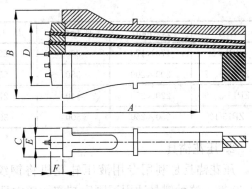

图 20-23 扁形夹片锚固体系

在一些特殊情况下，固定端锚具也可选用夹片锚具，但必须安装在构件外，并需要有可靠的防松脱处理，以免浇筑混凝土时或有外界干扰时夹片松开。

1. 挤压锚具

挤压锚具是在钢绞线一端安装异形钢丝衬圈（或螺纹衬套）和挤压套，利用专用挤压设备将挤压套挤过模孔后，使其产生塑性变形而握紧钢绞线，异形钢丝衬圈（或螺纹衬套）的嵌入，增加了钢套筒与钢绞线之间的摩阻力，挤压套紧紧握住钢绞线，形成可靠的锚固，见图 20-24。

挤压锚具后设钢垫板与螺旋筋，用于单根预应力钢绞线时见表 20-33；用于有粘结预应力钢绞线时见图 20-25。当一束钢绞线钢丝根数较多，设置整块钢垫板有困难时，可采用分块或单根挤压锚具形式，但应散开布置，各个单根钢垫板不能重叠。

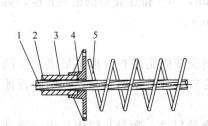 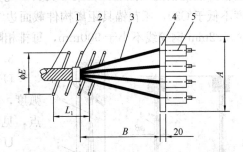

图 20-24 单根挤压锚固体系示意图
1—钢绞线；2—挤压片；3—挤压锚环；
4—挤压锚垫板；5—螺旋筋

图 20-25 多根钢绞线挤压锚固体系示意图
1—波纹管；2—螺旋筋；3—钢绞线；
4—垫板；5—挤压锚具

表 20-46 列出了固定端挤压锚具的参考尺寸。

挤压式固定端锚具参考尺寸　　　　表 20-46

型号	A (mm)	B (mm)	L_1 (mm)	ϕE (mm)	螺旋筋直径 (mm)	圈数
ZP15-2	100×100	180	150	120	8	3
ZP15-3	120×120	180	150	130	10	3
ZP15-4	150×150	240	200	150	12	4

续表

型号	A (mm)	B (mm)	L_1 (mm)	ϕE (mm)	螺旋筋直径 (mm)	圈数
ZP15-5	170×170	300	220	170	12	4
ZP15-6、7	200×200	380	250	200	14	5
ZP15-8、9	220×220	440	270	240	14	5
ZP15-12	250×250	500	300	270	16	6

2. 压花锚具

压花锚具是利用专用液压轧花机将钢绞线端头压成梨形头的一种握裹式锚具,见图20-26。这种锚具适用于固定端空间较大且有足够的粘结长度的有粘结钢绞线。

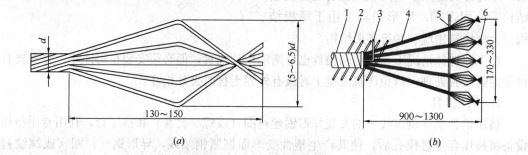

图 20-26 压花锚具示意图
(a) 单根钢绞线压花锚具;(b) 多根钢绞线压花锚具
1—波纹管;2—螺旋筋;3—排气孔;4—钢绞线;5—构造筋;6—压花锚具

如果是多根钢绞线的梨形头应分排埋置在混凝土内。为提高压花锚四周混凝土及散花头根部混凝土抗压强度,在梨形头头部配置构造筋,在梨形头根部配置螺旋筋。混凝土强度不低于C30,压花锚具距离构件截面边缘不小于30mm,第一排压花锚的锚固长度,对 $\phi^s 15.2$ mm 钢绞线不小于 900mm,每排相隔至少为 300mm。

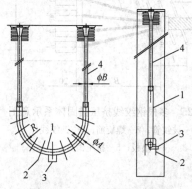

图 20-27 U形锚具示意图
1—ϕA 环形波纹管;2—U形加强筋;
3—灌浆管;4—ϕB 直线波纹管

3. U形锚具

U形锚具,即钢绞线固定端在外形上形成180°的弧度,使钢绞线束的末端可重新回到起始点的附近地点,见图20-27。

U形锚具的加强筋尺寸、数量与锚固长度应通过计算确定。U形锚具的波纹管外径与混凝土表面之间的距离,应不小于波纹管外径尺寸。

因该锚具的形状特殊,预埋管再穿束难度大,因此一般采用预先将钢绞线穿入波纹管内,并置入结构中定位固定后再浇筑混凝土的方法。

20.2.2.5 钢绞线连接器

1. 单根钢绞线连接器

单根钢绞线锚头连接器是由带外螺纹的夹片锚具、挤压锚具与带内螺纹的套筒组成,见图20-28。前段筋采用带外螺纹的夹片锚具锚固,后段筋的挤压锚具穿在带内螺纹的套筒内,利用该套筒的内螺纹拧在夹片锚具锚环的外螺纹上,达到连接作用。

单根钢绞线接长连接器是由2个带内螺纹的夹片锚具和1个带外螺纹的连接头组成,见图20-29。为了防止夹片松脱,在连接头与夹片之间装有弹簧。

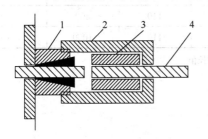 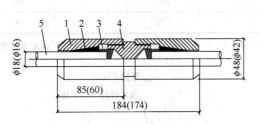

图 20-28　单根钢绞线连接器
1—带外螺纹的锚环;2—带内螺纹的套筒;
3—挤压锚具;4—钢绞线

图 20-29　单根钢绞线接长连接器
1—带内螺纹的加长锚环;2—带外螺纹的连接头;
3—连接器弹簧;4—夹片;5—钢绞线

2. 多根钢绞线连接器

多根钢绞线锚头连接器主要由连接体、夹片、挤压锚具、护套、约束圈等组成,见图20-30。其连接体是一块增大的锚板。锚板中部锥形孔用于锚固前段预应力束,锚板外周边的槽口用于挂后段预应力束的挤压锚具。

多根钢绞线接长连接器设置在孔道的直线区段,用于接长预应力筋。接长连接器与锚头连接器的不同之处是将锚板上的锥形孔改为孔眼,两段钢绞线的端部均用挤压锚具固定。张拉时连接器应有足够的活动空间。接长连接器的构造见图20-31。

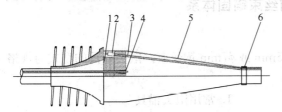 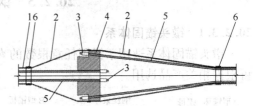

图 20-30　多根钢绞线连接器
1—连接体;2—挤压锚具;3—钢绞线;
4—夹片;5—镀锌板卷制喇叭套;6—约束圈

图 20-31　多根钢绞线接长连接器
1—波纹管;2—镀锌板卷制喇叭套;3—挤压锚具;
4—锚板;5—钢绞线;6—约束圈

20.2.2.6　环锚

环锚,是应用于圆形结构的环状钢绞线束,或使用在两端不能安装普通张拉锚具的钢绞线束。

该锚具的预应力筋首尾锚固在同一块锚板上,见图20-32。张拉时需加变角块在一个方向进行张拉。表20-47列出了环形锚具的参考尺寸。

环形锚具参考尺寸 (mm)　　　　　表 20-47

型号	A	B	C	D	F	H
15-2	160	65	50	50	150	200
15-4	160	80	90	65	800	200
15-6	160	100	130	80	800	200

续表

型号	A	B	C	D	F	H
15-8	210	120	160	100	800	250
15-12	290	120	180	110	800	320
15-14	320	125	180	110	1000	340

注：参数 E、G 应根据工程结构确定，ΔL 为环形锚索张拉伸长值。

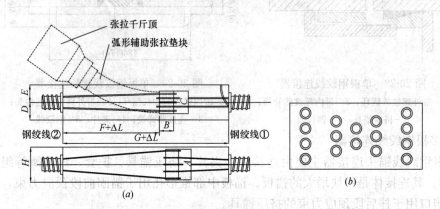

图 20-32 环锚示意图
(a) 环锚有关尺寸；(b) 环锚锥孔

20.2.3 钢丝束锚固体系

20.2.3.1 镦头锚固体系

镦头锚固体系适用于锚固任意根数的 $\phi 5mm$ 或 $\phi 7mm$ 钢丝束。镦头锚具的型式与规格可根据相关产品选用。

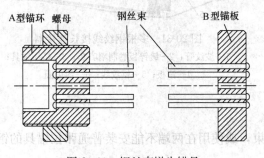

图 20-33 钢丝束镦头锚具

1. 常用镦头锚具

常用的镦头锚具分为 A 型与 B 型。A 型由锚杯与螺母组成，用于张拉端。B 型为锚板，用于固定端，其构造见图 20-33。

镦头锚具的锚杯与锚板一般采用 45 号钢，螺母采用 30 号钢或 45 号钢。

2. 特殊型镦头锚具

（1）锚杆型镦头锚具：由锚杆、螺母和半环形垫片组成，见图 20-34。锚杆直径小，构件端部无须扩孔。

（2）锚板型镦头锚具：由带外螺纹的锚板与垫片组成，见图 20-35。但另一端锚板应由锚板芯与锚板环用螺纹连接，以便锚芯穿过孔道。

（3）钢丝束连接器

当采用镦头锚具时，钢丝束的连接器，可采用带内螺纹的套筒或带外螺纹的连杆，见图 20-36。

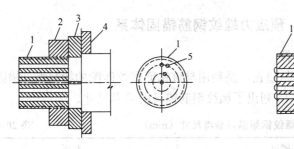
图 20-34　锚杆型镦头锚具
1—锚杆；2—螺母；3—半环形垫片；
4—预埋钢板；5—锚孔

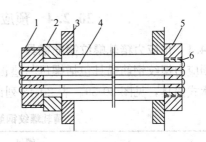
图 20-35　锚板型镦头锚具
1—带外螺纹的锚板；2—半环形垫片；
3—预埋钢板；4—钢丝束；5—锚板环；6—锚芯

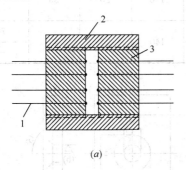

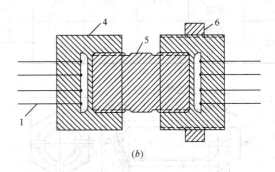

图 20-36　钢丝束连接器
(a) 带螺纹的套筒；(b) 带外螺纹的套筒
1—钢丝；2—套筒；3—锚板；4—锚杆；5—连杆；6—螺母

20.2.3.2　单根钢丝夹具

1. 锥销式夹具

锥销式夹具由套筒与锥塞组成，见图 20-37，适用于夹持单根直径 4~7mm 的冷拉钢丝和消除应力钢丝等。

2. 夹片式夹具

夹片式夹具由套筒和夹片组成，见图 20-38，适用于夹持单根直径 5~7mm 的消除应力钢丝等。套筒内装有弹簧圈，随时将夹片顶紧，以确保成组张拉时夹片不滑脱。

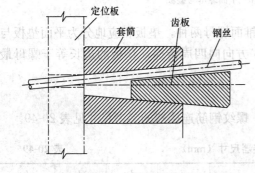
图 20-37　锥销式夹具

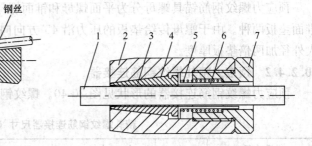
图 20-38　单根钢丝夹片夹具
1—钢丝；2—套筒；3—夹片；4—钢丝圈；
5—弹簧圈；6—顶杆；7—顶盖

20.2.4 预应力螺纹钢筋锚固体系

20.2.4.1 预应力精轧螺纹钢筋锚具

预应力螺纹钢筋锚具包括螺母与垫板,是利用与该钢筋螺纹匹配的特制螺母锚固的一种支承式锚具,见图 20-39。表 20-48 列出了螺纹钢筋锚具的参考尺寸。

精轧螺纹钢筋锚具参考尺寸(mm)　　表 20-48

钢筋直径	螺母分类	螺母				垫板			
		D	S	H	H_1	A	H'	ϕ	ϕ'
25	锥面	57.7	50	54	13	120	20	35	62
	平面				—				
32	锥面	75	65	72	16	140	24	45	76
	平面				—				

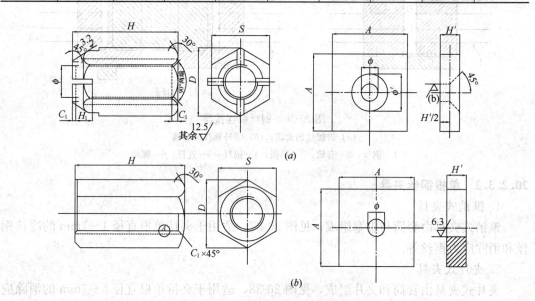

图 20-39 预应力螺纹钢筋锚具
(a) 锥面螺母与垫板;(b) 平面螺母与垫板

预应力螺纹钢筋锚具螺母分为平面螺母和锥面螺母两种,垫板相应地分为平面垫板与锥面垫板两种。由于螺母传给垫板的压力沿 45°方向向四周传递,垫板的边长等于螺母最大外径加两倍垫板厚度。

20.2.4.2 预应力精轧螺纹钢筋连接器

预应力螺纹钢筋连接器的形状见图 20-40。螺纹钢筋连接器的参考尺寸见表 20-49。

精轧螺纹钢筋连接器尺寸(mm)　　表 20-49

公称直径	ϕ	ϕ_1	L	L_1	d	d_1	l	b
25	50	45	126	45	25.5	29.7	12	8
32	60	54	168	60	32.5	37.5	16	9

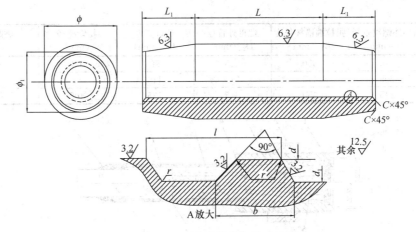

图 20-40 预应力螺纹钢筋连接器

20.2.5 拉索锚固体系

预应力拉索锚固体系主要包括：钢绞线压接锚具、冷（热）铸镦头锚具和钢绞线拉索锚具及钢拉杆等。

20.2.5.1 钢绞线压接锚具

钢绞线压接锚具是利用钢索液压压接机将套筒径向压接在钢绞线端头的一种握裹式锚具，见图 20-41。钢绞线压接锚具的端头分为用于张拉端的螺杆式端头、用于固定端的叉耳及耳板端头。如在叉耳或耳板与压接段之间安装调节螺杆，也可用张拉端。

20.2.5.2 冷铸镦头锚具

冷铸镦头锚具分为张拉端和固定端两种形式，采用环氧树脂、铁砂等冷铸材料进行浇铸和锚固。这种锚具有较高的抗疲劳性能，在大跨度斜拉索中广泛采用。

冷铸镦头锚具的构造，见图 20-42。其筒体内锥形段灌注环氧铁砂。当钢丝受力时，借助于楔形原理，对钢丝产生夹紧力。钢丝穿过锚板后在尾部镦头，形成抵抗拉力的第二道防线。前端延长筒灌注弹性模量较低的环氧岩粉，并用尼龙环控制钢丝的位置。筒体上有梯形外螺纹和圆螺母，便于调整索力和更换新索。张拉端锚具还有梯形内螺纹，以便与张拉杆连接。冷铸镦头锚具技术参数见表 20-50。

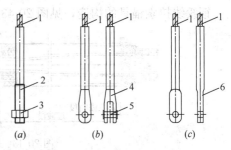

图 20-41 钢绞线压接锚具
(a) 螺杆端头；(b) 叉耳端头；(c) 耳板端头
1—钢绞线；2—螺杆；3—螺母；
4—叉耳；5—轴销；6—耳板

冷铸镦头锚具技术参数 表 20-50

规格	锚杯外螺纹直径 D_1 (mm)	张拉端锚杯长度 L_1 (mm)	螺母外直径 D_2 (mm)	螺母高度 L_2 (mm)	拉索外径 (mm)	破断索力 (kN)
5-55	135	300	185	70	51	1803
5-85	165	335	215	90	61	2787
5-127	185	355	245	90	75	4164

续表

规格	锚杯外螺纹直径 D_1 (mm)	张拉端锚杯长度 L_1 (mm)	螺母外直径 D_2 (mm)	螺母高度 L_2 (mm)	拉索外径 (mm)	破断索力 (kN)
7-55	175	350	225	90	68	3535
7-85	205	410	275	110	83	5463
7-127	245	450	315	135	105	8162

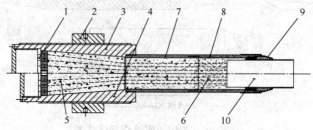

图 20-42 冷铸镦头锚具构造

1—锚头锚板；2—螺母；3—张拉端锚杯；4—固定端锚杯；5—冷铸料；
6—密封料；7—下连接筒；8—上连接筒；9—热收缩套管；10—索体

20.2.5.3 热铸镦头锚具

热铸镦头锚具是用低熔点的合金代替环氧树脂、铁砂浇铸和锚固，且没有延长筒，其尺寸较小，可用于大跨度结构、特种结构等 19～421ϕ5mm、ϕ7mm 钢丝束。热铸镦头锚具的构造与冷铸镦头锚具大体相同。热铸镦头锚具分为叉耳式、单（双）螺杆式、单耳式（耳环式）、单（双）耳内旋式等。

20.2.5.4 钢绞线拉索锚具

钢绞线拉索锚具的构造，见图 20-43。

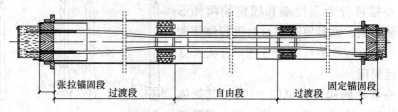

图 20-43 钢绞线拉索锚具构造

1. 张拉端锚具

张拉端锚具构造见图 20-44。对于短索可在锚板外缘加工螺纹，配以螺母承压；对于

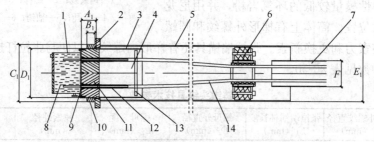

图 20-44 张拉锚固段及过渡段结构示意图

1—防护帽；2—锚垫板；3—过渡管；4—定位浆体；5—导管；6—定位器；7—索套管；8—防腐润滑脂；
9—夹片；10—调整螺母；11—锚板；12—穿线管；13—密封装置；14—钢绞线

长索,由于索长调整量大,而锚板厚度有限,因此需要用带支承筒的锚具,锚板位于支承筒顶面,支承筒依靠外面的螺母支承在锚垫板上。为了防止低应力状态下的夹片松动,设有防松装置。

2. 固定端锚具

固定端锚具构造见图20-45。可省去支承筒与螺母。拉索过渡段由锚垫板、预埋管、索导管、减振装置等组成。减振装置可减轻索的振动对锚具产生的不利影响。

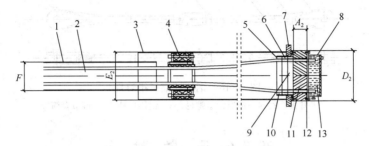

图20-45 固定锚固段及过渡段结构示意图
1—索套管;2—钢绞线;3—导管;4—定位器;5—过渡管;6—密封装置;7—锚垫板;8—防护帽;
9—定位浆体;10—穿线管;11—锚板;12—夹片;13—防腐润滑脂

拉索锚具内一般灌注油脂或石蜡等;对抗疲劳要求高的锚具一般灌注粘结料。钢绞线拉索锚具的抗疲劳性能好,施工适应性强,在体外预应力结构索和大跨度斜拉索中得到日益广泛的应用。常用钢绞线拉索锚具技术参数,见表20-51。

常用钢绞线拉索锚具技术参数(mm) 表20-51

斜拉索规格型号	DR张拉端					DS固定端		
	锚板外径 D_1	锚板厚度 A_1	螺母外径 C_1	螺母厚度 B_1	导管参考尺寸 E_1	锚板外径 D_2	锚板厚度 A_2	导管参考尺寸 E_2
15.2-12	Tr190×6	90	230	50	$\phi219\times6.5$	185	85	$\phi180\times4.5$
15.2-19	Tr235×8	105	285	65	$\phi267\times6.5$	230	100	$\phi219\times6.5$
15.2-22	Tr255×8	115	310	75	$\phi299\times8$	250	100	$\phi219\times6.5$
15.2-31	Tr285×8	135	350	95	$\phi325\times8$	280	125	$\phi245\times6.5$
15.2-37	Tr310×8	145	380	105	$\phi356\times8$	300	150	$\phi273\times6.5$
15.2-43	Tr350×8	150	425	115	$\phi406\times9$	340	155	$\phi325\times8$
15.2-55	Tr385×8	170	470	130	$\phi419\times10$	380	175	$\phi325\times8$
15.2-61	Tr385×8	185	470	145	$\phi419\times10$	380	190	$\phi356\times8$
15.2-73	Tr440×8	185	530	145	$\phi508\times11$	430	190	$\phi406\times9$
15.2-85	Tr440×8	215	540	175	$\phi508\times11$	430	220	$\phi406\times9$
15.2-91	Tr490×8	215	590	160	$\phi559\times13$	480	230	$\phi457\times10$
15.2-109	Tr505×8	220	610	180	$\phi559\times13$	495	240	$\phi457\times10$
15.2-127	Tr560×8	260	670	200	$\phi610\times13$	550	290	$\phi508\times11$

注:1. 本表的锚具尺寸同时适应 ϕ15.7mm钢绞线斜拉索。
  2. 当斜拉索规格与本表不相同时,锚具应选择邻近较大规格,如15.2-58的斜拉索应选配15.2-61斜拉索锚具。
  3. 当所选的斜拉索规格超过本表的范围时,可咨询相关专业厂商。

20.2.5.5 钢拉杆

钢拉杆锚具组装件见图 20-46。它由两端耳板、钢棒拉杆、调节套筒、锥形锁紧螺母等组成。拉杆材料为碳素钢、合金钢制成。两端耳板与结构支承点用轴销连接。钢棒拉杆可由多根接长，端头有螺纹。调节套筒既是连接器，又是锚具，内有正反丝扣螺纹。钢棒张拉时，收紧调节套筒，使钢棒产生预应力。

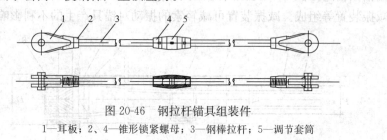

图 20-46 钢拉杆锚具组装件
1—耳板；2、4—锥形锁紧螺母；3—钢棒拉杆；5—调节套筒

20.2.6 质 量 检 验

锚具、夹具和连接器的质量验收，应符合现行国家标准《预应力筋用锚具、夹具和连接器》GB/T 14370、《混凝土结构工程施工质量验收规范》GB 50204 和现行行业标准《预应力筋用锚具、夹具和连接器应用技术规程》JGJ 85 的规定。

锚具、夹具和连接器进场时，应按合同核对锚具的型号、规格、数量及适用的预应力筋品种、规格和强度等。生产厂家应提供产品质量保证书和产品技术手册。产品按合同验收后，应按下列规定进行进场检验，检验合格后方可在工程中应用。

20.2.6.1 检验项目与要求

进场验收时，同一种材料和同一生产工艺条件下生产的产品，同批进场时可视为同一检验批。锚具的每个检验批不宜超过 2000 套，连接器的每个检验批不宜超过 500 套，夹具的每个检验批不宜超过 500 套。获得第三方独立认证的产品，其检验批的批量可扩大 1 倍。验收合格的产品，存放期超过 1 年，重新使用时应进行外观检查。

1. 锚具检验项目

(1) 外观检查：

从每批产品中抽取 2% 且不少于 10 套锚具，检查外形尺寸、表面裂纹及锈蚀情况。其外形尺寸应符合产品质保书所示的尺寸范围，且表面不得有机械损伤、裂纹及锈蚀。当有下列情况之一时，本批产品应逐套检查，合格者方可进入后续检验：

1) 当有 1 个零件不符合产品质保书所示的外形尺寸，则应另取双倍数量的零件重作检查，如仍有 1 件不合格。

2) 当有 1 个零件表面有裂纹或加片、锚孔锥面有锈蚀。

对配套使用的锚垫板和螺旋筋可按以上方法进行外观检查，但允许表面有轻度锈蚀。螺旋筋的钢筋不应采用焊接连接。

(2) 硬度检验：

对硬度有严格要求的锚具零件，应进行硬度检验。从每批产品中抽取 3% 且不少于 5 套样品（多孔夹片式锚具的夹片，每套抽取 6 片）进行检验，硬度值应符合产品质保书的要求。如有 1 个零件硬度不合格时，应另取双倍数量的零件重作检验，如仍有 1 件不合格，则应对本批产品逐个检验，合格者方可进入后续检验。

（3）静载锚固性能试验：

在外观检查和硬度检验都合格的锚具中抽取样品，与相应规格和强度等级的预应力筋组装成3个预应力筋-锚具组装件，进行静载锚固性能试验。每束组装件试件试验结果都必须符合本章第20.2.1.1条的要求。当有1个试件不符合要求时，应取双倍数量的锚具重作试验，如仍有1个试件不符合要求，则该批锚具判为不合格品。

2. 夹具检验项目

夹具进场验收时，应进行外观检查、硬度检验和静载锚固性能试验。检验和试验方法与锚具相同；静载锚固性能试验结果都必须符合本章第20.2.1.2条的要求。

3. 连接器检验

永久留在混凝土结构或构件中的预应力筋连接器，应符合锚具的性能要求；在施工中临时使用并需要拆除的连接器，应符合夹具的性能要求。

另外，用于主要承受动荷载、有抗震要求的重要预应力混凝土结构，当设计提出要求时，应按现行国家标准《预应力筋用锚具、夹具和连接器》GB/T 14370的规定进行疲劳性能、周期荷载性能试验；锚具应用于环境温度低于-50℃的工程时，尚应进行低温锚固性能试验。

国家标准《混凝土结构工程施工质量验收规范》GB 50204—2015第6.2.3条注：对于锚具用量较少的一般工程，如供货方提供有效的试验报告，可不作静载锚固性能试验。为了便于执行，中国工程建设标准化协会标准《建筑工程预应力施工规程》CECS 180—2005第3.3.11条进行了如下补充说明：

（1）对静载锚固性能试验，多孔锚具不应超过1000套（单孔锚具为2000套）、连接器不宜超过500套为一个检验批。

（2）生产厂家提供的由专业检测机构测定的静载锚固性能试验报告，应与供应的锚具为同条件同系列的产品，有效期一年，并以生产厂有严格的质保体系、产品质量稳定为前提。

（3）单孔加片锚具、新产品锚具等仍按正常规定作静载锚固性能试验。

20.2.6.2 锚固性能检验

预应力筋-锚具或夹具组装件应按图20-47的装置进行静载试验；预应力筋-连接器组装件应按图20-48的装置进行静载试验。

1. 一般规定

（1）试验用预应力筋可由检测单位或受检单位提供，与工程用预应力筋一致，同时还应提供该批钢材的质量保证书。试验用预应力筋应先在有代表性的部位至少取6根试件进行母材力学性能试验，试验结果必须符合国家现行标准的规定。其实测抗拉强度平均值f_{pm}应符合本工程选定的强度等级，超过上一等级时不应采用。

（2）试验用预应力筋锚具（夹具或连接器）组装件中，预应力筋的受力长度不宜小于3m。单根钢绞线的组装件试件，不包括夹持部位的受力长度不应小于0.8m。

（3）如预应力筋在锚具夹持部位有偏转角度时，宜在该处安设轴向可移动的偏转装置（如钢环或多孔梳子板等）。

（4）试验用锚固零件应擦拭干净，不得在锚固零件上添加影响锚固性能的介质，如金刚砂、石墨、润滑剂等。

(5) 试验用测力系统，其不确定度不得大于2%；测量总应变的量具，其标距的不确定度不得大于标距的0.2%；其指示应变的不确定度不得大于0.1%。

2. 试验方法

预应力筋-锚具组装件应在专门的装置进行静载锚固性能试验，见图20-47。加载之前应先将各根预应力筋的初应力调匀，初应力可取钢材抗拉强度标准值 f_{ptk} 的 5%～10%。正式加载步骤为：按预应力筋抗拉强度标准值 f_{ptk} 的 20%、40%、60%、80%，分 4 级等速加载，加载速度每分钟宜为 100MPa；达到 80%后，持荷 1h；随后用低于 100MPa/min 的加载速度逐渐加载至完全破坏，直至荷载达到最大值 F_{apu} 或预应力筋破断。

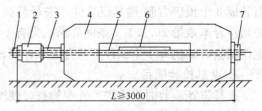

图20-47 预应力筋-锚具组装件静载试验装置
1—张拉端试验锚具；2—加荷载用千斤顶；
3—荷载传感器；4—承力台座；5—预应力筋；
6—测量总应变的装置；7—固定端试验锚具

用试验机进行单根预应力筋-锚具组装件静载试验时，在应力达到 $0.8f_{ptk}$ 时，持荷时间可以缩短，但不应少于 10min。

3. 测量与观察的项目

试验过程中，应选取有代表性的预应力筋和锚具零件，测量其间的相对位移。加载速度不应超过 100MPa/min；在持荷期间，如其相对位移继续增加、不能稳定，表明已失去可靠的锚固能力。

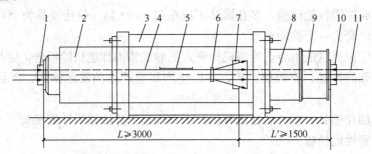

图20-48 预应力筋-连接器组装件静载试验装置
1—张拉端试验锚具；2—加荷载用千斤顶；3—承力台座；4—连续段预应力筋；
5—测量总应变的量具；6—转向约束钢环；7—试验连接器；8—附加承力圆筒或穿心式千斤顶；
9—荷载传感器；10—固定端锚具；11—被接段预应力筋

20.3 张拉设备及配套机具

预应力施工常用的设备和配套机具包括：液压千斤顶及配套油泵，张拉工装、穿束和灌浆机具等。

20.3.1 液压张拉设备

液压张拉设备由液压张拉千斤顶、电动油泵和张拉油管等组成。张拉设备应装有测力仪表，以准确建立预应力值。张拉设备应按规定进行有效标定，其操作和维护人员应经专业培训且合格。

液压张拉千斤顶按结构形式不同可分为穿心式、实心式。穿心式千斤顶可分为前卡式、后卡式和穿心拉杆式；实心式千斤顶可分为顶推式、机械自锁式和实心拉杆式。

以下简单介绍几种工程常用的千斤顶形式。

20.3.1.1 穿心式千斤顶

穿心式千斤顶是一种具有穿心孔，利用双液压缸张拉预应力筋和顶压锚具的双作用千斤顶。这种千斤顶适应性强，既适用于张拉需要顶压的锚具，配上撑脚与拉杆后，也可用于张拉螺杆锚具和镦头锚具。该系列产品有：YC20D、YC60和YC120型千斤顶等。

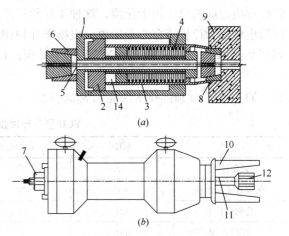

1. YC60型千斤顶

YC60型千斤顶的构造见图20-49 (a)，主要由张拉油缸、顶压油缸、顶压活塞、穿心套、保护套、端盖堵头、连接套、撑套、回程弹簧和动、静密封圈等组成。该千斤顶配上撑杆与拉杆后，见图20-49 (b)。

图20-49 YC60型千斤顶
(a) 夹片式构造简图；(b) 螺杆式加撑脚示意图
1—张拉油缸；2—顶压油缸（即张拉活塞）；
3—顶压活塞；4—弹簧；5—预应力筋；
6—工具锚；7—螺母；8—工作锚；9—混凝土构件；
10—撑脚；11—张拉杆；12—连接器

张拉预应力筋时，A油嘴进油、B油嘴回油，顶压油缸、连接套和撑套连成一体右移顶住锚环；张拉油缸、端盖螺母及堵头和穿心套连成一体带动工具锚左移张拉预应力筋。

顶压锚固时，在保持张拉力稳定的条件下，B油嘴进油，顶压活塞、保护套和顶压头连成一体右移将夹片强力顶入锚环内。

张拉缸采用液压回程，此时A油嘴回油、B油嘴进油。

张拉活塞采用弹簧回程，此时A、B油嘴同时回油，顶压活塞在弹簧力作用下回程复位。

2. YC120型千斤顶

YC120型千斤顶的构造见图20-50，其主要特点是：该千斤顶由张拉千斤顶和顶压千

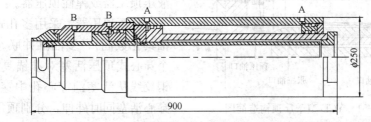

图20-50 YC120型千斤顶构造简图
A—张拉油路；B—顶压油路

斤顶两个独立部件"串联"组成，但需多一根高压输油管和增设附加换向阀。它具有构造简单、制作精度容易保证、装拆修理方便和通用性好等优点，但其轴向长度较大，预留钢绞线较长。

3. 大孔径穿心式千斤顶

大孔径穿心式千斤顶，又称群锚千斤顶，是一种具有一个大口径穿心孔，利用单液缸张拉预应力筋的单作用千斤顶。这种千斤顶广泛用于张拉大吨位钢绞线束；配上撑脚与拉杆后也可作为拉杆式穿心千斤顶。根据千斤顶构造上的差异与生产厂不同，可分为三大系列产品：YCD型、YCQ型、YCW型千斤顶；每一系列产品又有多种规格。

(1) YCD型千斤顶

YCD型千斤顶的技术性能见表20-52。

YCD型千斤顶技术性能　　　　表20-52

项目	单位	YCD120	YCD200	YCD350
额定油压	N/mm²	50	50	50
张拉缸液压面积	cm²	290	490	766
公称张拉力	kN	1450	2450	3830
张拉行程	mm	180	180	250
穿心孔径	mm	128	160	205
回程缸液压面积	cm²	177	263	—
回程油压	N/mm²	20	20	20
n个液压顶压缸面积	cm²	$n \times 5.2$	$n \times 5.2$	$n \times 5.2$
n个顶压缸顶压力	kN	$n \times 26$	$n \times 26$	$n \times 26$
外形尺寸	mm	$\phi 315 \times 550$	$\phi 370 \times 550$	$\phi 480 \times 671$
主机质量	kg	200	250	—
配套油泵	—	ZB4-500	ZB4-500	ZB4-500
适用$\phi 15$mm钢绞线束	根	4～7	8～12	19

注：摘自有关厂家产品资料。

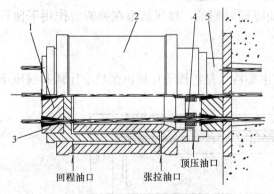

图20-51 YCD型千斤顶构造简图
1—工具锚；2—千斤顶缸体；3—千斤顶活塞；
4—顶压器；5—工作锚

YCD型千斤顶的构造，见图20-51。这类千斤顶具有大口径穿心孔，其前端安装顶压器，后端安装工具锚。张拉时活塞杆带动工具锚与钢绞线向左移锚固时采用液压顶压器或弹性顶压器。

液压顶压器：采用多孔式（其孔数与锚具孔数同），多油缸并联。顶压器的每个穿心式顶压活塞对准锚具的一组夹片。钢绞线从活塞的穿心孔中穿过。锚固时，穿心活塞同时外伸，分别顶压锚具的每组夹片，每组顶压力为25kN。这种顶压器的优点在于能够向外露长度不同的夹片，分别进行等载荷的强力顶压锚固。这种做法，可降低锚具加工的尺寸精度，增加锚固的可靠性，减少夹片滑移回缩损失。

弹性顶压器：采用橡胶制筒形弹性元件，每一弹性元件对准一组夹片，钢绞线从弹性元件的孔中穿过。张拉时，弹性顶压器的壳体把弹性元件顶压在夹片上。由于弹性元件与夹片之间有弹性，钢绞线能正常地拉出来。张拉后无顶锚工序，利用钢绞线内缩将夹片带进锚固。这种做法，可使千斤顶的构造简化、操作方便，但夹片滑移回缩损失较大。

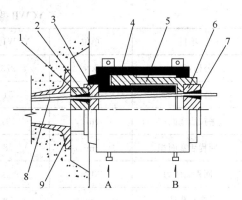

图 20-52 YCQ 型千斤顶构造简图
1—工作锚板；2—夹片；3—限位板；4—缸体；
5—活塞；6—工具锚板；7—工具夹片；
8—钢绞线；9—铸铁整体承压板
A—张拉时进油嘴；B—回缩时进油嘴

(2) YCQ 型千斤顶

YCQ 型千斤顶的构造，见图 20-52。这类千斤顶的特点是不顶锚，用限位板代替顶压器。限位板的作用是在钢绞线束张拉过程中限制工作锚夹片的外伸长度，以保证在锚固时夹片有均匀一致和所期望的内缩值。这类千斤顶的构造简单、造价低、无须顶锚、操作方便，但要求锚具的自锚性能可靠。在每次张拉到控制油压值或需要将钢绞线锚住时，只要打开截止阀，钢绞线即随之被锚固。另外，这类千斤顶配有专门的工具锚，以保证张拉锚固后退楔方便。YCQ 型千斤顶技术性能见表 20-53。

YCQ 型千斤顶技术性能 表 20-53

项目	单位	YCQ100	YCQ200	YCQ350	YCQ500
额定油压	N/mm²	63	63	63	63
张拉缸活塞面积	cm²	219	330	550	783
理论张拉力	kN	1380	2080	3460	4960
张拉行程	mm	150	150	150	200
回程缸活塞面积	cm²	113	185	273	427
回程油压	N/mm²	<30	<30	<30	<30
穿心孔直径	mm	90	130	140	175
外形尺寸	mm	φ258×440	φ340×458	φ420×446	φ490×530
主机质量	kg	110	190	320	550

注：摘自有关厂家产品资料。

(3) YCW 型千斤顶

YCW 型千斤顶是在 YCQ 型千斤顶的基础上发展起来的。而后，又进一步开发出 YCW 型轻量化千斤顶，它不仅体积小、重量轻，而且可靠性高，密封性能好。该系列产品的技术性能，见表 20-54。YCW 型千斤顶加撑脚与拉杆后，可用于镦头锚具和冷铸镦头锚具，见图 20-53。

YCWB型千斤顶技术性能　　　　　　　　　　　　　　　　表20-54

项目	单位	YCW100B	YCW150B	YCW250B	YCW400B
公称张拉力	kN	973	1492	2480	3956
公称油压力	MPa	51	50	54	52
张拉活塞面积	cm^2	191	298	459	761
回程活塞面积	cm^2	78	138	280	459
回程油压力	MPa	<25	<25	<25	<25
穿心孔径	mm	78	120	140	175
张拉行程	mm	200	200	200	200
主机质量	kg	65	108	164	270
外形尺寸 $\phi D \times L$	mm	$\phi 214 \times 370$	$\phi 285 \times 370$	$\phi 344 \times 380$	$\phi 432 \times 400$

注：摘自有关厂家产品资料。

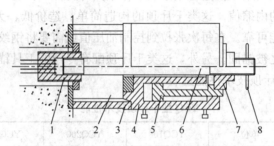

图20-53　带支撑脚YCW型千斤顶构造简图
1—锚具；2—支撑环；3—撑脚；4—油缸；5—活塞；
6—张拉杆；7—张拉杆螺母；8—张拉杆手柄

20.3.1.2　前置内卡式千斤顶

前置内卡式千斤顶是将工具锚安装在千斤顶前部的一种穿心式千斤顶。这种千斤顶的优点是节约预应力筋，使用方便，效率高。

YCN25型前卡式千斤顶由外缸、活塞、内缸、工具锚、顶压头等组成，见图20-54。

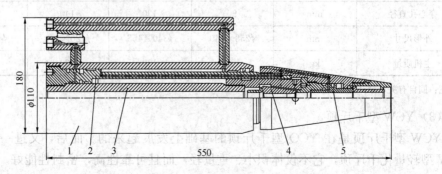

图20-54　YCN25型前卡式千斤顶构造简图
1—外缸；2—活塞；3—内缸；4—工具锚；5—顶压头

张拉时既可自锁锚固,也可顶压锚固。采用顶压锚固时,需在千斤顶端部装顶压器,在油泵路上加装分流阀。

YCN25 型前卡式千斤顶的技术性能:张拉力 250kN、额定压力 50MPa、张拉行程 200mm、穿心孔径 18mm、外形尺寸 $\phi110mm \times 550mm$、主机质量 22kg,适用于单根钢绞线张拉或多孔锚具单根张拉。

20.3.1.3 双缸千斤顶

开口式双缸千斤顶是利用一对倒置的单活塞杆缸体将预应力筋卡在其间开口处的一种千斤顶。这种千斤顶主要用于单根超长钢绞线中间张拉及既有结构中预应力筋截断或松锚等。

开口式双缸千斤顶由活塞支架、油缸支架、活塞体、缸体、缸盖、夹片等组成,见图 20-55。当油缸支架 A 油嘴进油,活塞支架 B 油嘴回油时,液压油分流到两侧缸体内,由于活塞支架不动,缸体支架后退带动预应力筋张拉。反之,B 油嘴进油,A 油嘴回油时,缸体支架复位。

开口式双杠千斤顶的公称张拉力为180kN,张拉行程为150mm,额定压力为40MPa,主机质量为47kg。

20.3.1.4 拉杆式千斤顶

拉杆式千斤顶由主油缸、主缸活塞、回油缸、回油活塞、连接器、传力架、活塞拉杆等组成。图 20-56 所示是用拉杆式千斤顶张拉时的工作示意图。张拉前,先将连接器旋在预应力的螺栓端杆上,相互连接牢固。千斤顶由传力架支承在构件端部的钢板上。张拉时,高压油进入主油缸,推动主缸活塞及拉杆,通过连接器和螺栓端杆,预应力筋被拉伸。千斤顶拉力的大小可由油泵压力表的读数直接显示。当张拉力达到规定值时,拧紧螺栓端杆上的螺母,此时张拉完成的预应力筋被锚固在构件的端部。锚固后回油缸进油,推动回油活塞工作,千斤顶脱离构件,主缸活塞、拉杆和连接器回到原始位置。最后将连接器从螺栓端杆上卸掉,卸下千斤顶,张拉结束。

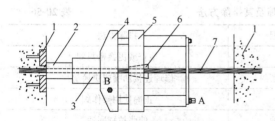

图 20-55　开口式双缸千斤顶构造简图
1—承压板;2—工作锚;3—顶压器;4—活塞支架;
5—油缸支架;6—夹片;7—预应力筋;
A、B—油嘴

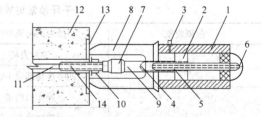

图 20-56　拉杆式千斤顶张拉示意图
1—主油缸;2—主缸活塞;3—进油孔;
4—回油缸;5—回油活塞;6—回油孔;
7—连接器;8—传力架;9—拉杆;10—螺母;
11—预应力筋;12—混凝土构件;
13—承压板;14—螺栓端杆

目前常用的一种千斤顶是 YL60 型拉杆式千斤顶。另外,还生产 YL400 型和 YL500 型千斤顶,其张拉力分别为4000kN 和 5000kN,主要用于大直径钢筋张拉。

20.3.1.5 扁千斤顶

扁千斤顶采取薄型设计,轴向尺寸很小,见图 20-57,常用于狭小的工作空间,如更换桥梁支座。扁千斤顶技术参数见表20-55。

扁千斤顶技术参数　　　　　表 20-55

最大载荷 (kN)	最大行程 (mm)	工作压力 (MPa)	外形尺寸 (mm)
1000	15	50	φ220×50
1600	15	51	φ258×60
2500	18	50	φ310×78
3500	18	49	φ380×107

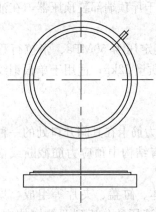

图 20-57　扁千斤顶结构简图

扁千斤顶使用时，需在千斤顶和张顶构件之间放置垫块。

扁千斤顶有临时性使用和永久性使用两种情况。临时性使用是指千斤顶完成张顶后，拆除复原；永久性使用是指千斤顶作为结构的一部分永久保留在结构物中。

20.3.1.6　使用注意事项与维护

1. 千斤顶使用注意事项

（1）千斤顶不允许在超过规定的负荷和行程的情况下使用。

（2）千斤顶在使用时活塞外露部分如果沾上灰尘等杂物，应及时用油擦洗干净。使用完毕后，各油缸应回程到底，保持进、出口的洁净，加覆盖保护，妥善保管。

（3）千斤顶张拉升压时，应观察有无漏油和千斤顶位置是否偏斜，必要时应回油调整。进油升压必须徐缓、均匀、平稳，回油降压时应缓慢松开回油阀，并使各油缸回程到底。

（4）双作用千斤顶在张拉过程中，应使顶压油缸全部回油。在顶压过程中，张拉油缸应予持荷，以保证恒定的张拉力，待顶压锚固完成时，张拉缸再回油。

2. 千斤顶常见故障及其排除方法（表20-56）。

千斤顶常见故障及其排除方法　　　　　表 20-56

故障现象	故障的可能原因	排除方法
漏油	油封失灵	检查或更换密封圈
	油嘴连接部位不密封	修理连接油嘴或更换垫片
千斤顶张拉活塞不动或运动困难	操作阀用错	正确使用操作阀
	回程缸没有回油	使张拉缸回油
	张拉缸漏油	按漏油原因排除
	油量不足	加足油量
	活塞密封圈胀得太紧	检查密封圈规格或更换
千斤顶活塞运行不稳定	油缸中存有空气	空载往复运行几次排除空气
千斤顶缸体或活塞刮伤	密封圈上混有铁屑或砂粒	检验密封圈，清理杂物，修理缸体和活塞
	缸体变形	检验缸体材料、尺寸、硬度，修复或更换
千斤顶连接油管开裂	油管拆卸次数过多、使用过久	注意装拆，避免弯折，不易修复时应更换油管
	压力过高	检查油压表是否失灵，压力是否超过规定压力
	焊接不良	焊接牢固

20.3.2 油　泵

20.3.2.1 通用电动油泵

预应力用电动油泵是使用电动机带动与阀式配流的一种轴向柱塞泵。配套使用的电动油泵的额定压力应等于或大于千斤顶的额定压力。

ZB4-500型电动油泵是目前通用的预应力油泵，主要与额定压力不大于50MPa的中等吨位的预应力千斤顶配套使用，也可供对流量无特殊要求的大吨位千斤顶和对油泵自重无特殊要求的小吨位千斤顶使用，技术性能见表20-57。

ZB4-500型电动油泵技术性能　　　　　表20-57

柱塞	直径	mm	φ10	电动机	功率	kW	3
	行程	mm	6.8		转数	r/min	1420
	个数	个	2×3	用油种类			10号或20号机械油
额定油压		MPa	50	油箱容量		L	42
公称流量		L/min	2×2	外形尺寸		mm	745×494×1052
出油嘴数		个	2	质量		kg	120

ZB4-500型电动油泵由泵体、控制阀、油箱小车和电气设备等组成，见图20-58。

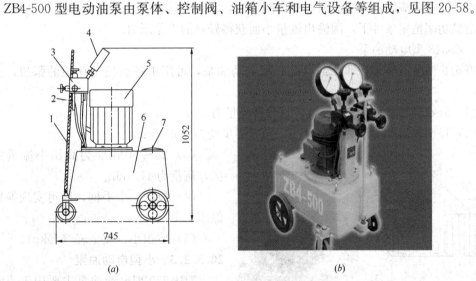

图 20-58　ZB4-500型电动油泵
(a) 电动油泵结构简图；(b) 电动油泵外形图
1—拉手；2—电气开关；3—组合控制阀；4—压力表；5—电动机；6—油箱小车；7—加油口

泵体采用阀式配流的双联式轴向定量泵结构形式，即将同一泵体的柱塞分成两组，共用一台电动机，由公共的油嘴进油，左、右油嘴各自出油，左、右两路的流量和压力互不干扰。

控制阀由节流阀、截止阀、溢流阀、单向阀、压力表和进、出、回油嘴组成。节流阀控制进油速度用，关闭时进油最快。截止阀控制卸荷用，进油时关闭，回油时打开。溢流阀控制最高压力，保护设备用。单向阀控制持荷用。

20.3.2.2 超高压变量油泵

1. ZB10/320-4/800 型电动油泵

ZB10/320-4/800 型电动油泵是一种大流量、超高压的变量油泵，主要与张拉力 1000kN 以上或工作压力在 50MPa 以上的预应力液压千斤顶配套使用。

ZB10/320-4/800 型电动油泵的技术性能如下：

额定油压：一级 32MPa，二级 80MPa。

公称流量：一级 10L/min，二级 4L/min。

电动机功率：7.5kW。

油泵转速：1450r/min。

油箱容量：120L。

外形尺寸：1100mm×590mm×1120mm

空泵质量：270kg。

ZB10/320-4/800 型电动油泵由泵体、变量阀、组合控制阀、油箱小车、电气设备等组成。泵体采用阀式配流的轴向柱塞泵，设有 $3\times\phi12$mm 和 $3\times\phi14$mm 两组柱塞副。由泵体小柱塞输出的油液经变量阀直接到控制阀，大柱塞输出油液经单向阀和小柱塞输出油液汇成一路到控制阀。当工作压力超过 32MPa 时，活塞顶杆右移推开变量阀锥阀，使大柱塞输出油液空载流回油箱。此时，单向阀关闭，小柱塞油液不返流而继续向控制阀供油。在电动机功率恒定条件下，因输出流量小而获得较高的工作压力。

2. ZB618 型电动油泵

ZB618 型电动油泵，即 ZB6/1-800 型电动油泵，可用于各类型千斤顶的张拉，主要特点：

(1) 0~15MPa 为低压大流量，每分钟流量为 6L。

(2) 15~25MPa 为变量区，由 6L/min 逐步变为 0.6L/min。

(3) 25~80MPa 为高压小流量定量区，流量为 1L/min。

(4) 扳动一个手柄，即可实现换向式保压。

(5) 体积小，质量轻（70kg）。

20.3.2.3 小型电动油泵

ZB1-630 型电动油泵主要用于小吨位液压千斤顶和液压镦头器，也可用于中等吨位千斤顶，见图 20-59。该油泵额定油压为 63MPa，流量为 0.63L/min，具有自重轻、操作简单、携带方便的特点，对高空作业、场地狭窄尤为适用，技术性能见表 20-58。

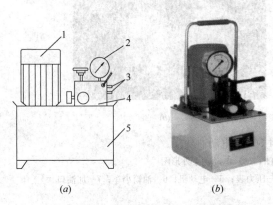

图 20-59 ZB1-630 型电动油泵
(a) 电动油泵结构简图；(b) 电动油泵外形图
1—泵体；2—压力表；3—油嘴；4—组合控制阀；5—油箱

ZB1-630 型电动油泵技术性能　　　　　　　　　　　　表 20-58

柱塞	直径	mm	φ8	电动机	功率	kW	1.1
	行程	mm	5.57		转数	r/min	1400
	个数	个	3		用油种类		10 号或 20 号机械油
额定油压		MPa	63	油箱容量		L	18
公称流量		L/min	1	外形尺寸		mm	501×306×575
出油嘴数		个	2	质量		kg	55

该油泵由泵体、组合控制阀、油箱及电器开关等组成。泵体系自吸式轴向柱塞泵。组合控制阀由单向阀、节流阀、截止阀、换向阀、安全阀、油嘴和压力表组成。换向阀手柄居中，各路通；手柄顺时针旋紧，上油路进油，下油路回油；反时针旋松，则下油路进油，上油路回油。

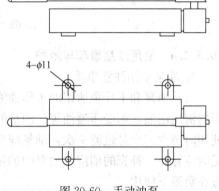

20.3.2.4 手动油泵

手动油泵是将手动的机械能转化为液体的压力能的一种小型液压泵，见图 20-60。加装踏板弹簧复位机构，可改为脚动操作。

图 20-60 手动油泵

手动油泵特点：动力为人工手动施加，高压，超小型，携带方便，操作简单，应用范围广，主机质量根据油箱容量不同一般为 8～20kg。

20.3.2.5 外接油管与接头

1. 钢丝编织胶管及接头组件连接千斤顶和油泵（图 20-61）。

推荐采用钢丝编织胶管。根据千斤顶的实际工作压力，选择钢丝编织胶管与接头组件。但须注意，连接螺母的螺纹应与液压千斤顶定型产品的油嘴螺纹（M16×1.5）一致。

2. 油嘴及垫片

YC60 型千斤顶、LD10 型钢丝镦头器和 ZB4-500 型电动油泵三种定型产品采用的是统一的 M16×1.5 平端油嘴（图 20-62），φ13.5mm×φ7mm×2mm（外径×外径×厚）紫铜垫片（加工后应经退火处理）。

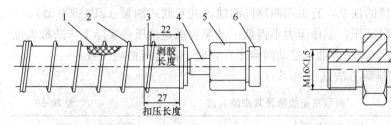
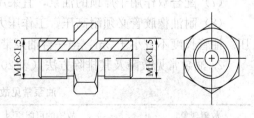

图 20-61　钢丝编织胶管接头组件结构简图
1—钢丝编织胶管；2—保护弹簧；3—接头外套；
4—接头芯子；5—接头螺母；6—防尘堵头

图 20-62　M16×1.5 平端油嘴

3. 自封式快装接头

为了解决接头装卸需用扳手，卸下的接头漏油造成油液损失和环境污染的问题，近年来发展出了一种内径 6mm 的三层钢丝编织胶管和自封式快装接头。该接头完全能承受 $50N/mm^2$ 的油液，而且柔软易弯折，不需工具就能迅速装卸。卸下的管道接头能自动密封，油液不会流失，使用极为方便，结构见图 20-63。

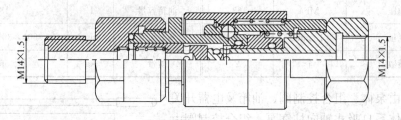

图 20-63 自封式快速接头结构简图

20.3.2.6 使用注意事项与维护

1. 油泵使用注意事项

（1）油泵和千斤顶所用的工作油液，一般为 10 号或 20 号液压油，亦可用其他性质相近的液压用油，如变压器油等。油箱的油液需经滤清，经常使用时每月过滤一次，不经常使用时至少三个月过滤一次，油箱应定期清洗。油箱内一般应保持 85% 左右的油位，不足时应补充，补充的油应与油泵中的油相同。油箱内的油温一般应以 10～40℃ 为宜，不宜在负温下使用。

（2）连接油泵和千斤顶的油管应保持清洁，不使用时用螺栓封堵，防止泥沙进入。油泵和千斤顶外露的油嘴要用螺母封住，防止灰尘、杂物进入机内。每日用完后，应将油泵擦净，清除滤油铜丝布上的油垢。

（3）油泵不宜在超负荷下工作，安全阀须按设备额定油压或使用油压调整压力，严禁任意调整。

（4）接电源时，机壳必须接地线。检查线路绝缘情况后，方可试运转。

（5）油泵运转前，应将各油路调节阀松开，待压力表慢慢退回至零位后，方可卸开千斤顶的油管接头螺母。严禁在负荷下拆换油管或压力表等。

（6）油泵停止工作时，应先将回油阀缓缓松开，待压力表慢慢退回至零位后，方可卸开千斤顶的油管接头螺母。严禁在负荷下拆换油管或压力表等。

（7）配合双作用千斤顶的油泵，宜采用两路同时输油的双联式油泵（ZB4-500 型）。

（8）耐油橡胶管必须耐高压，工作压力不得低于油泵的额定油压或实际工作的最大油压。油管长度不宜小于 3m。当一台油泵带动两台千斤顶时，油管规格应一致。

2. 油泵常见故障及其排除方法（表 20-59）。

油泵常见故障及其排除方法　　　　　表 20-59

故障现象	故障的可能原因	排除方法
不出油、出油不足或波动	泵体内存有空气	旋拧各手柄排除空气
	漏油	查找漏点清除之
	油箱液面太低	添加新油
	油太稀、太黏或太脏	调合适当或更换新油

续表

故障现象	故障的可能原因	排除方法
不出油、出油不足或波动	泵体之油网堵塞	清洗去污
	泵体的柱塞卡住、吸油弹簧失效和柱塞与套筒磨损	清洗柱塞与套筒或更换损坏件
	泵体的进排油阀密封不严、配合不好	清洗阀口或更换阀座、弹簧和密封圈
压力表上不去	泵体内存有空气	旋拧各手柄排除空气
	漏油	查找漏点清除之
	控制阀上的安全阀口损坏或阀失灵	锪平阀口并更换损坏件
	控制阀上的送油阀口损坏或阀杆锥端损坏	锪平接合处阀口和修换阀杆
	泵体的进排油阀密封不严、配合不好	清洗阀口或更换阀座、弹簧和密封圈
	泵体的柱塞套筒过度磨损	更换新件
持压时表针回降	外漏	查找漏点清除之
	控制阀上的持压单向阀失灵	清洗和修刮阀口，敲击钢球或更换新件
	回油阀密封失灵	清洗与修刮回油阀口和阀杆
泄漏	焊缝或油管路破裂	重新焊好或更换损坏件
	螺纹松动	拧紧各丝堵、接头和各有关螺钉
	密封垫片失效	更换新片
	密封圈破裂	更换新件
	泵体的进排油阀口破坏或柱塞与套筒磨损过度	修复阀口或更换阀座、弹簧、柱塞和套筒
噪声	进排油路有局部堵塞	除去堵塞物使油路畅通
	轴承或其他件损坏和松动	换件或拧紧
	吸油管等混入空气	排气

20.3.3 张拉设备标定与张拉空间要求

20.3.3.1 张拉设备标定的基本要求

施加预应力用的机具设备及仪表，应由专人使用和管理，并应定期维护和标定。

张拉设备应配套标定，以确定张拉力与压力表读数的关系曲线。标定张拉设备用的压力检测装置精度等级不应低于 0.4 级，量程应为该项试验最大压力的 120%～200%。标定时，千斤顶活塞的运行方向，应与实际张拉工作状态一致。

张拉设备的标定期限，不宜超过半年。当发生下列情况之一时，应对张拉设备重新标定：

(1) 千斤顶经过拆卸修理。
(2) 千斤顶久置后重新使用。
(3) 压力表受过碰撞或出现失灵现象。
(4) 更换压力表。
(5) 张拉中预应力筋发生多根破断事故或张拉伸长值误差较大。

20.3.3.2 液压千斤顶标定

千斤顶与压力表应配套标定，以减少积累误差，提高测力精度。

1. 用压力试验机标定

穿心式、锥锚式和台座式千斤顶的标定，可在压力试验机上进行。

标定时，将千斤顶放在试验机上并对准中心。开动油泵向千斤顶供油，使活塞运行至全部行程的1/3左右，开动试验机，使压板与千斤顶接触。当试验机处于工作状态时，再开动油泵，使千斤顶张拉或顶压试验机。此时，如同改用测力计标定一样，分级记录试验机吨位和对应的压力表读数，重复三次，求其平均值，即可绘出油压与吨位的标定曲线，供张拉时使用。如果需要测试孔道摩擦损失，则标定时将千斤顶进油嘴关闭，用试验机压千斤顶，得出千斤顶被动工作时油压与吨位的标定曲线。

根据液压千斤顶标定方法的试验研究得出：

(1) 用油膜密封的试验机，其主动与被动工作室的吨位读数基本一致。因此，用千斤顶试验机时，试验机的吨位读数不必修正。

(2) 用密封圈密封的千斤顶，其正向与反向运行时内摩擦力不相等，并随着密封圈的做法、缸壁与活塞的表面状态、液压油的黏度等变化。

(3) 千斤顶立放与卧放运行时的内摩擦力差异小。因此，千斤顶立放标定时的表读数用于卧放张拉时不必修正。

2. 用标准测力计标定

用测力计标定千斤顶是一种简单可靠的方法，准确程度较高。常用的测力计有水银压力计、压力传感器或弹簧测力环等，标定装置如图20-64、图20-65所示。

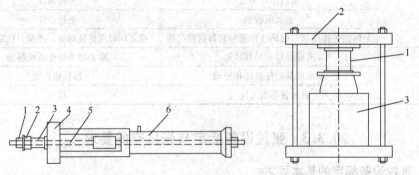

图20-64 用穿心式压力传感器标定千斤顶
1—螺母；2—垫板；3—穿心式压力传感器；
4—横梁；5—拉杆；6—穿心式千斤顶

图20-65 用压力传感器（或水银压力计）标定千斤顶
1—压力传感器（或水银压力计）；
2—框架；3—千斤顶

标定时，千斤顶进油，当测力计达到一定分级载荷读数 N_1 时，读出千斤顶压力表上相应的读数 P_1；同样可得对应读数 N_2、P_2；N_3、P_3……。此时，N_1、N_2、N_3……即为对应于压力表读数 P_1、P_2、P_3……时的实际作用力。重复三次，求其平均值。将测得的各值绘成标定曲线。实际使用时，可由此标定曲线找出与要求的 N 值相对应的 P 值。

此外，也可采用两台千斤顶卧放对顶并在其连接处装标准测力计进行标定。千斤顶A进油，B关闭时，读出两组数据：①N-P_a 主动关系，供张拉预应力筋时确定张力端拉力用；②N-P_b 被动关系，供测试孔道摩擦损失时确定固定端拉力用。反之，可得 N-P_b 主动关系，N-P_a 被动关系。

20.3.3.3 张拉空间要求

施工时应根据所用预应力筋的种类及其张拉锚固工艺情况，选用张拉设备。预应力筋的张拉力不宜大于设备额定张拉力的90%，预应力筋的一次张拉伸长值不应超过设备的最大张拉行程。当一次张拉不足时，可采取分级重复张拉的方法，但所用的锚具与夹具应满足重复张拉的要求。

千斤顶张拉所需空间，见图20-66和表20-60。

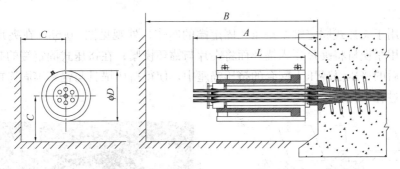

图 20-66　千斤顶张拉空间示意图

千斤顶张拉空间　　　　　　　　　　　　表 20-60

千斤顶型号	千斤顶外径 D (mm)	千斤顶长度 L (mm)	活塞行程 (mm)	最小工作空间		钢绞线预留长度 A (mm)
				B (mm)	C (mm)	
YCW100B	214	370	200	1200	150	570
YCW150B	285	370	200	1250	190	570
YCW250B	344	380	200	1270	220	590
YCW350B	410	400	200	1320	255	620
YCW400B	432	400	200	1320	265	620

20.3.4　配套机具

20.3.4.1　组装机具

1. 挤压机

挤压机是预应力施工重要的配套机具之一，用于预应力钢绞线挤压式固定端的制作，外观见图20-67。

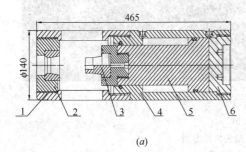

(a)

(b)

图 20-67　挤压机
(a) 挤压机结构简图；(b) 挤压机外形图
1—套筒；2—挤压模；3—挤压顶杆；4—外缸；5—活塞；6—端盖

挤压锚具组装时,挤压机的活塞杆推动套筒通过喇叭形挤压模,使套筒变细,挤压簧或挤压片碎断,一半嵌入外钢套,一半压入钢绞线,从而增加钢套筒与钢绞线之间的摩阻力,形成挤压头。挤压后预应力筋外露长度不应小于1mm。

2. 紧楔机

紧楔机用于夹片式固定端及挤压式固定端的制作,外观见图20-68。在夹片式固定端的制作中,用紧楔机将夹片压入锚环而将夹片与锚环楔紧;在挤压式固定端的制作中,紧楔机将挤压后的挤压锚环压入配套的挤压锚座中,使得挤压锚具与锚座牢固连接,避免在混凝土振捣过程中与锚座分离。

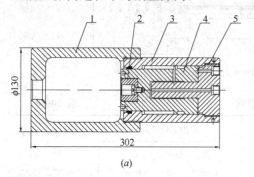 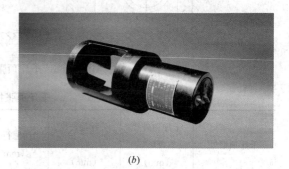

图 20-68 紧楔机
(a) 紧楔机结构简图;(b) 紧楔机外形图
1—套筒;2—限位块;3—外缸;4—活塞;5—端盖

3. 镦头机

对 ϕ7mm、ϕ9mm 的预应力钢丝进行镦头的配套机具,外观见图20-69,常用于先张法构件的施工。在镦头过程中,将钢丝插入镦头机后,镦头机内部的夹具和镦头模即可将钢丝头部压成圆形。镦头锚加工简单,张拉方便,锚固可靠,成本较低,但对钢丝束的等长要求较严。

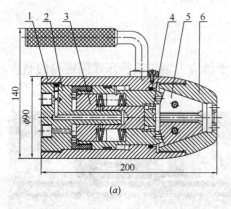 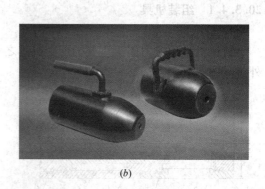

图 20-69 镦头机
(a) 镦头机结构简图;(b) 镦头机外形图
1—外缸;2—端盖;3—活塞;4—镦头模;5—镦头夹片;6—镦头机锚环

镦头要求:头形直径应符合 1.4~1.5 倍钢丝直径,头形圆整,不偏歪,颈部母材不受损伤,钢丝镦头强度不得低于钢丝强度标准值的98%。

4. 液压剪

用于预应力锚具张拉后外露钢绞线的穴内切断,可保证钢绞线端头不露出建筑外立面,外观见图 20-70。

5. 轧花机

轧花机可将钢绞线轧成梨形、H 形锚头,外观见图 20-71。$\phi 15.2 mm$ 预应力钢绞线轧花后梨形头部尺寸应符合有关规范和标准的要求。H 形锚固体系包括含梨形自锚头的一段钢绞线、支托梨形自锚头用的钢筋支架、螺旋筋、约束圈、金属波纹管等。

图 20-70 液压剪

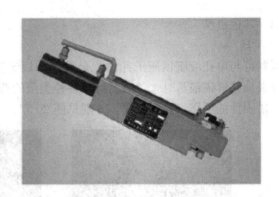

图 20-71 轧花机

20.3.4.2 穿束机

穿束机适用于预应力钢绞线穿束施工(后张法),穿束机通过内部的辊子对钢绞线施加推动力,将钢绞线穿入预留的孔道内,具有操作简单、穿束速度快、施工成本低等优点。施工操作时只需 2~3 人即可,不需用起重机、装载机等大型机械配合。图 20-72 所示为工人正在用穿束机穿预应力筋。

图 20-72 采用穿束机穿束

20.3.4.3 灌浆泵

灌浆泵主要用于后张预应力孔道灌浆工程中,作为腔体灌浆的专用设备,如后张法预应力工程的孔道内灌浆,灌浆后需保证腔体内浆体饱满密实,无空气和水,外观见图 20-73。

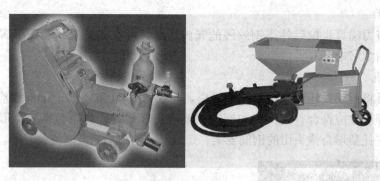

图 20-73 灌浆泵

20.3.4.4 其他机具

1. 顶压器

顶压器可与单孔液压顶压千斤顶配合使用，用于空间无法布置群锚千斤顶位置的张拉，如单根预紧群锚锚具时。顶压器可与各种类型的群锚锚具配合使用，其作用在于限位和顶压，锚固性能可靠，操作方便，外观见图 20-74。

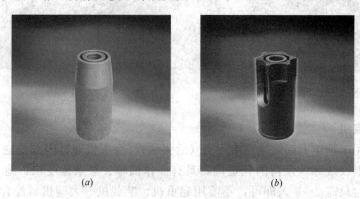

图 20-74 不同形式的顶压器
(a) 单孔顶压器；(b) 群锚顶压器

2. 变角张拉器

用于需要转出张拉的结构，分为单孔变角器和群锚变角器，外观见图 20-75，通过若

图 20-75 单孔变角器和群锚变角器
(a) 单孔变角器；(b) 群锚变角器

干个转角块将原有钢绞线延长线的角度逐步改变至方便张拉的角度。转角张拉器也可附加液压顶压功能。

20.4 预应力混凝土施工计算及构造

20.4.1 预应力筋线形

在预应力混凝土构件和结构中,预应力筋由一系列的正反抛物线或抛物线及直线组合而成。预应力筋的布置应尽可能与外弯矩相一致,并尽量减少孔道摩擦损失及锚具数量。常见的预应力筋布置有以下几种线形,见图 20-76。

1. 单抛物线形

预应力筋单抛物线形(图 20-76a)是最基本的线形布置,一般仅适用于简支梁。其转角计算见式(20-5),抛物线方程见式(20-6)。

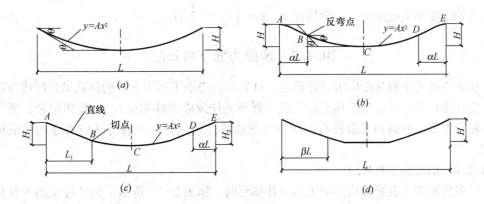

图 20-76 预应力筋线形

$$\theta = \frac{4H}{L} \tag{20-5}$$

$$y = Ax^2, A = \frac{4H}{L^2} \tag{20-6}$$

2. 正反抛物线

预应力筋正、反抛物线形(图 20-76b)布置,其优点是与荷载弯矩图相吻合,通常适用于支座弯矩与跨中弯矩基本相等的单跨框架梁或连续梁的中跨。预应力筋外形从跨中 C 点至支座 A(或 E)点采用两段曲率相反的抛物线,在反弯点 B(或 D)处相接并相切,A(或 E)点与 C 点分别为两抛物线的顶点。反弯点的位置距梁端的距离 aL,一般取为 $(0.1 \sim 0.2)L$。图中抛物线方程见式(20-7)。

$$y = Ax^2 \tag{20-7}$$

式中 跨中区段 $A = \dfrac{2H}{(0.5-a)L^2}$;

梁端区段 $A = \dfrac{2H}{aL^2}$。

3. 直线与抛物线形相切

预应力筋直线与抛物线形（图20-76c）相切布置，其优点是可以减少框架梁跨中及内支座处的摩擦损失，一般适用于双跨框架梁或多跨连续梁的边跨梁外端。预应力筋外形在 AB 段为直线而在其他区段为抛物线，B 点为直线与抛物线的切点，切点至梁端的距离 L_1，可按式（20-8）或式（20-9）计算：

$$L_1 = \frac{L}{2}\sqrt{1 - \frac{H_1}{H_2} + 2a\frac{H_1}{H_2}} \tag{20-8}$$

$$H_1 = H_2 L_1 = 0.5L\sqrt{2a} \tag{20-9}$$

式中 $a = 0.1 \sim 0.2$。

4. 双折线形

预应力筋双折线形（图20-76d）布置，其优点是可使预应力引起的等效荷载直接抵消部分垂直荷载和方便在梁腹中开洞，宜用于集中荷载作用下的框架梁或开洞梁。但是不宜用于三跨以上的框架梁，因为较多的折角使预应力筋铺放施工困难，而且中间跨跨中的预应力筋摩擦损失也较大。一般情况下，$\beta = \left(\frac{1}{4} \sim \frac{1}{3}\right)L$。

20.4.2 预应力筋下料长度

预应力筋的下料长度应由计算确定。计算时应考虑下列因素：构件孔道长度或台座长度、锚（夹）具厚度、千斤顶工作长度（算至夹挂预应力筋部位）、镦头预留量、预应力筋外露长度等。在遇到截面较高的混凝土梁或体外预应力筋下料时还应考虑曲线或折线长度。

20.4.2.1 钢绞线下料长度

后张法预应力混凝土构件中采用夹片锚具时，如图20-77所示。钢绞线束的下料长度 L（mm），按式（20-10）或式（20-11）计算。

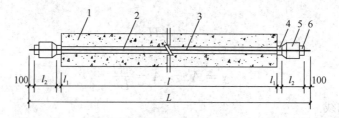

图 20-77　钢绞线下料长度计算简图
1—混凝土构件；2—孔道；3—钢绞线；4—夹片式工作锚；5—穿心式千斤顶；6—夹片式工具锚

(1) 两端张拉：

$$L = l + 2(l_1 + l_2 + 100) \tag{20-10}$$

(2) 一端张拉：

$$L = l + 2(l_1 + 100) + l_2 \tag{20-11}$$

式中　l——构件的孔道长度（mm），对抛物线形孔道长度 L_p，可按 $L_p = \left(1 + \frac{8h^2}{3l^2}\right)l$ 计算；

l_1——夹片式工作锚厚度（mm）；
l_2——张拉用千斤顶长度（含工具锚）（mm），当采用前卡式千斤顶时，仅计算至千斤顶体内工具锚处；
100——外露预应力筋长度（mm）；
h——预应力筋抛物线的矢高（mm）。

20.4.2.2 钢丝束下料长度

后张法混凝土构件中采用钢丝束镦头锚具时，如图 20-78 所示。钢丝的下料长度 L 可按钢丝束张拉后螺母位于锚杯中部计算，见式（20-12）。

$$L = l + 2(h+s) - K(H - H_1) - \Delta L - C \qquad (20-12)$$

式中　l——构件的孔道长度（mm），按实际丈量；
　　　h——锚杯底部厚度或锚板厚度（mm）；
　　　s——钢丝镦头留量，对 $\varphi^P 5$ 取 10mm；
　　　K——系数，一端张拉时取 0.5，两端张拉时取 1；
　　　H——锚杯高度（mm）；
　　　H_1——螺母高度（mm）；
　　　ΔL——钢丝束张拉伸长值（mm）；
　　　C——张拉时构件混凝土的弹性压缩值（mm）。

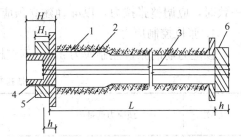

图 20-78　采用镦头锚具时钢丝下料长度计算简图
1—混凝土构件；2—孔道；3—钢丝束；4—锚杯；5—螺母；6—锚板

20.4.2.3 长线台座预应力筋下料长度

先张法长线台座上的预应力筋，见图 20-79，可采用钢丝和钢绞线。根据张拉装置不同，可采取单根张拉方式与整体张拉方式。预应力筋下料长度 L 的基本算法见式（20-13）。

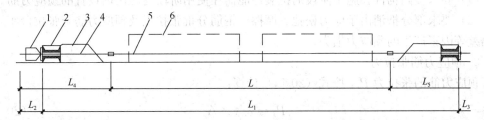

图 20-79　长线台座预应力筋下料长度计算简图
1—张拉千斤顶；2—钢横梁；3—台座；4—工具式拉杆；5—预应力筋；6—待浇混凝土构件

$$L = l_1 + l_2 + l_3 - l_4 - l_5 \qquad (20-13)$$

式中　L_1——长线台座长度（mm）；
　　　L_2——张拉装置长度（含外露预应力筋长度，mm）；
　　　L_3——固定端所需长度（mm）；
　　　L_4——张拉端工具式拉杆长度（mm）；
　　　L_5——固定端工具式拉杆长度（mm）。

如预应力筋直接在钢横梁上张拉与锚固，则可取消 L_4 与 L_5 值。
同时，预应力筋下料长度应满足构件在台座上的排列要求。

20.4.3 预应力筋张拉力

预应力筋的张拉力大小，直接影响预应力效果。一般而言，张拉力越高，建立的预应力值越大，构件的抗裂性能和刚度都可以提高。但是如果取值太高，则易产生脆性破坏，即开裂荷载与破坏荷载接近；构件反拱过大不易恢复；由于钢材不均匀性而使预应力筋拉断等不利后果，对后张法构件还可能在预拉区出现裂缝或产生局压破坏，因此规范规定了张拉控制应力的上限值。

另外，设计人员还要在图纸上标明张拉控制应力的取值，同时尽可能注明所考虑的预应力损失项目与取值。这样，在施工中如遇到实际情况所产生的预应力损失与设计取值不一致时，应调整张拉力，以准确建立预应力值。

1. 张拉控制应力

预应力筋的张拉控制应力 σ_{con}，不宜超过表 20-61 所示的数值。

张拉控制应力限值　　　　　　　　　　　　　表 20-61

项次	预应力筋种类	张拉方法	
		先张法	后张法
1	钢丝、钢绞线	$0.75 f_{ptk}$	$0.75 f_{ptk}$
2	中强度预应力钢丝	$0.7 f_{ptk}$	$0.7 f_{ptk}$
3	预应力螺纹钢筋		$0.85 f_{pyk}$

注：1. 预应力钢筋的强度标准值，应按相应规范采用。
　　2. 消除应力钢丝、钢绞线、中强度预应力钢丝的张拉控制应力不宜小于 $0.4 f_{ptk}$，预应力螺纹钢筋的张拉控制应力不宜小于 $0.5 f_{pyk}$。

当符合下列情况之一时，表 20-57 中的张拉控制应力限值可提高 $0.05 f_{ptk}$：

（1）要求提高构件在施工阶段的抗裂性能而在使用阶段受压区内设置的预应力筋。

（2）要求部分抵消由于应力松弛、摩擦、钢筋分批张拉以及预应力筋与张拉台座之间的温差等因素产生的预应力损失。

2. 预应力筋张拉力

预应力筋的张拉力 P_i，按式 (20-14) 计算：

$$P_i = \sigma_{con} \times A_p \tag{20-14}$$

式中　σ_{con} ——预应力筋的张拉控制应力（MPa）；
　　　A_p ——预应力筋的截面面积（mm²）。

在混凝土结构施工中，当预应力筋需要超张拉时，其最大张拉控制应力 σ_{con}：对消除应力钢丝和钢绞线为 $0.8 f_{ptk}$（f_{ptk} 为预应力筋抗拉强度标准值），对精轧螺纹钢筋为 $0.95 f_{pyk}$（f_{pyk} 为预应力筋屈服强度标准值）。但锚具下口建立的最大预应力值：对预应力钢丝和钢绞线不宜大于 $0.7 f_{ptk}$，对预应力螺纹钢筋不宜大于 $0.85 f_{pyk}$。

3. 预应力筋有效预应力值

预应力筋中建立的有效预应力值 σ_{pe} 可按式 (20-15) 计算：

$$\sigma_{pe} = \sigma_{con} - \sum_{n}^{i=1} \sigma_{li} \tag{20-15}$$

式中 σ_{li}——第 i 项预应力损失值（MPa）。

对预应力钢丝及钢绞线，其有效预应力值 σ_{pe} 不宜大于 $0.6f_{ptk}$，也不宜小于 $0.4f_{ptk}$。

20.4.4 预应力损失

预应力筋应力损失是指预应力筋的张拉应力在构件的施工及使用过程中，由于张拉工艺和材料特性等原因使混凝土中实际预应力筋拉应力值比预应力筋切断（先张法）或预应力筋张拉（后张法）完毕时的拉应力小，这一差值称为预应力的损失值。

预应力筋应力损失一般分为两类：瞬间损失和长期损失。瞬间损失指的是施加预应力时短时间内完成的损失，包括孔道摩擦损失、锚固损失、混凝土弹性压缩损失等。此外，对先张法施工，有热养护损失；对后张法施工，有时还有锚口摩擦损失、变角张拉损失等。长期损失指的是考虑了材料的时间效应所引起的预应力损失，主要包括预应力筋应力松弛损失和混凝土收缩、徐变引起的损失等。

20.4.4.1 锚固损失

张拉端锚固时由于锚具变形和预应力筋内缩引起的预应力损失（简称锚固损失），根据预应力筋的形状不同，分别采取下列算法：

(1) 直线预应力筋的锚固损失 σ_{l1}，可按式（20-16）计算：

$$\sigma_{l1} = \frac{a}{l} E_s \tag{20-16}$$

式中 a——张拉端锚具变形和预应力筋内缩值（mm），按表 20-62 取用；

l——张拉端至固定端之间的距离（mm）；

E_s——预应力筋的弹性模量（N/mm²）。

块体拼成的结构，其预应力损失尚应考虑块体间填缝的预压变形。当采用混凝土或砂浆为填缝材料时，每条填缝的预压变形值为 1mm。

锚具变形和预应力筋内缩值 a（mm） 表 20-62

项次	锚具类别		a
1	支承式锚具（钢丝束镦头锚具等）	螺母缝隙	1
		每块后加垫板的缝隙	1
2	锥塞式锚具		5
3	夹片式锚具	有顶压时	5
		无顶压时	6~8

注：1. 表中的锚具变形和钢筋内缩值也可根据实测数据确定。
    2. 其他类型的锚具变形和钢筋内缩值应根据实测数据确定。

(2) 后张法构件曲线或折线预应力筋的锚固损失 σ_{l1}，应根据预应力筋与孔道壁之间反向摩擦影响长度 L_f 范围内的预应力筋变形值等于锚具变形和钢筋内缩值的条件确定；同时，假定孔道摩擦损失的指数曲线简化为直线（$\theta \leq 30°$），并假定正、反摩擦损失斜率相等，得出基本算式为：

$$a = \frac{\omega}{E_s} \tag{20-17}$$

式中 ω ——锚固损失的应力图形面积（mm^2），
见图 20-80；

E_s ——预应力筋的弹性模量（N/mm^2）。

1) 对单一抛物线形预应力筋的情况，预应力筋的锚固损失可按式（20-18）～式（20-20）计算：

$$\sigma_{l1} = 2mL_f \quad (20\text{-}18)$$

$$L_f = \sqrt{\frac{aE_s}{m}} \quad (20\text{-}19)$$

$$m = \frac{\sigma_{con}(\kappa l/2 + \mu\theta)}{L} \quad (20\text{-}20)$$

式中 m ——孔道摩擦损失的斜率；
L_f ——孔道反向摩擦影响长度（mm）；
k ——考虑孔道每米长度局部偏差的摩擦系数，按表 20-59 取用；
μ ——预应力钢筋与孔道壁之间的摩擦系数，按表 20-59 取用。

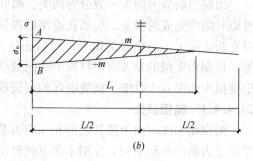

图 20-80 预应力筋锚固损失计算简图
(a) $L_f \leqslant L/2$; (b) $L_f > L/2$

从图 20-80 中可以看出：

① 当 $L_f \leqslant \dfrac{L}{2}$ 时，跨中处的锚固损失等于零；

② 当 $L_f > \dfrac{L}{2}$ 时，跨中处的锚固损失 $\sigma_{l1} = 2m\left(L_f - \dfrac{L}{2}\right)$。

2) 对正反抛物线组成的预应力筋，锚固损失消失在曲线反弯点外的情况（图 20-81），预应力筋的锚固损失可按式（20-21）～式（20-24）计算：

$$\sigma_{l1} = 2m_1(L_1 - c) + 2m_2(L_f - L_1) \quad (20\text{-}21)$$

$$L_f = \sqrt{\frac{aE_s - m_1(L_1^2 - c^2)}{m_2} + L_1^2} \quad (20\text{-}22)$$

$$m_1 = \frac{\sigma_A(\kappa L_1 - \kappa c + \mu\theta)}{L_1 - c} \quad (20\text{-}23)$$

$$m_2 = \frac{\sigma_B(\kappa L_2 + \mu\theta)}{L_2} \quad (20\text{-}24)$$

3) 对折线预应力筋，锚固损失消失在折点外的情况（图 20-82），预应力筋的锚固损失可按式（20-25）、式（20-26）计算：

$$\sigma_{l1} = 2m_1L_1 + 2\sigma_1 + 2m_2(L_f - L_1) \quad (20\text{-}25)$$

$$L_f = \sqrt{\frac{aE_s - m_1L_1^2 - 2\sigma_1 L_1}{m_2} + L_1^2} \quad (20\text{-}26)$$

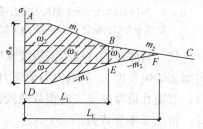

图 20-81 锚固损失消失在曲线反弯点外的计算简图

式中　$m_1 = \sigma_{con} \times \kappa$;
　　　$\sigma_1 = \sigma_{con}(1-\kappa L_1)\mu\theta$;
　　　$m_2 = \sigma_{con}(1-\kappa L_1)(1-\mu\theta) \times \kappa$。

对于多种曲率组成的预应力筋，均可从 (20-26) 基本算式推出 L_f 的计算式，再求 σ_{l1}。

20.4.4.2 摩擦损失

(1) 预应力筋与孔道壁之间的摩擦引起的预应力损失 σ_{l2}（简称孔道摩擦损失），可按式 (20-27) 计算（图 20-83）:

$$\sigma_{l2} = \sigma_{con}\left(1 - \frac{1}{e^{kx+\mu\theta}}\right) \qquad (20\text{-}27)$$

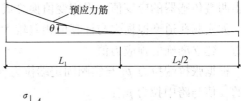

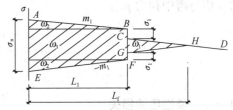

图 20-82　锚固损失消失在折点外的计算简图

式中　k——考虑孔道每米长度局部偏差的摩擦系数，按表 20-62 取用；
　　　x——张拉端至计算截面的孔道长度 (m)，可近似地取该段孔道在纵轴上的投影长度；
　　　μ——预应力钢筋与孔道壁之间的摩擦系数，按表 20-63 取用；
　　　θ——从张拉端至计算截面曲线孔道部分切线的夹角（以弧度计,°)。

摩擦系数　　　　　表 20-63

项次	孔道成型方式	k	μ	
			钢绞线、钢丝束	预应力螺纹钢筋
1	预埋金属波纹管	0.0015	0.25	0.5
2	预埋塑料波纹管	0.0015	0.15	—
3	预埋钢管	0.001	0.3	—
4	无粘结预应力钢绞线	0.004	0.09	—

注：表中系数也可根据实测数据确定。

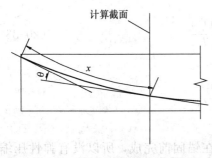

图 20-83　孔道摩擦损失计算简图

当 $kx+\mu\theta \leq 0.3$ 时，σ_{l2} 可按式 (20-28) 近似计算：

$$\sigma_{l2} = (kx+\mu\theta)\sigma_{con} \qquad (20\text{-}28)$$

对多种曲率或直线段与曲线段组成的曲线束，应分段计算孔道摩擦损失。

对空间曲线束，可按平面曲线束计算孔道摩擦损失，但 θ 角应取空间曲线包角，x 应取空间曲线弧长。

(2) 现场实测：对重要的预应力混凝土工程，应在现场测定实际的孔道摩擦损失。其常用的测试方法有：精密压力表法与传感器法。

1) 精密压力表法：在预应力筋的两端各安装一台千斤顶，测试时首先将固定端千斤顶的油缸拉出少许，并将回油阀关死；然后开动千斤顶进行张拉，当张拉端压力表读数达到预定的张拉力时，读出固定端压力表读数并换算成张拉力。两端张拉力差值即为孔道摩擦损失。

2) 传感器法：在预应力筋的两端千斤顶尾部各装一台传感器。测试时用电阻应变仪读出两端传感器的应变值。将应变值换算成张拉力，即可求得孔道摩擦损失。

如实测孔道摩擦损失与计算值相差较大，导致张拉力相差不超过±5%，则应调整张拉力，建立准确的预应力值。

根据张拉端拉力 p_j 与实测固定端拉力 p_a，可按式（20-29）和式（20-30）分别算出实测的 μ 值与跨中拉力 p_m：

$$\mu = \frac{-\ln(\frac{p_a}{p_j}) - \kappa x}{\theta} \tag{20-29}$$

$$p_m = \sqrt{p_a \cdot p_j} \tag{20-30}$$

20.4.4.3 弹性压缩损失

先张法构件放张或后张法构件分批张拉时，由于混凝土受到弹性压缩引起的预应力损失平均值，称为弹性压缩损失。

1. 先张法弹性压缩损失

先张法构件放张时，预应力传递给混凝土使构件缩短，预应力筋随着构件缩短而引起的应力损失 σ_{l3}，可按式（20-31）计算：

$$\sigma_{l3} = E_s \cdot \frac{\sigma_{pc}}{E_c} \tag{20-31}$$

式中　E_s、E_c——分别为预应力筋、混凝土的弹性模量（N/mm²）；

　　　σ_{pc}——预应力筋合力点处的混凝土压应力（MPa）。

(1) 对轴心受预压的构件可按式（20-32）计算：

$$\sigma_{pc} = \frac{P_{y1}}{A} \tag{20-32}$$

式中　P_{y1}——扣除张拉阶段预应力损失后的张拉力（kN），可取 $P_{y1} = 0.9P_j$；

　　　A——混凝土截面面积（mm²），可近似地取毛面积。

(2) 对偏心受预压的构件可按式（20-33）计算：

$$\sigma_{pc} = \frac{P_{y1}}{A} + \frac{P_{y1}e^2}{I} - \frac{M_G e}{I} \tag{20-33}$$

式中　M_G——构件自重引起的弯矩（N·m）；

　　　e——构件重心至预应力筋合力点的距离（m）；

　　　I——毛截面惯性矩（m⁴）。

2. 后张法弹性压缩损失

当全部预应力筋同时张拉时，混凝土弹性压缩在锚固前完成，所以没有弹性压缩损失。

当多根预应力筋依次张拉时，先批张拉的预应力筋，受后批预应力筋张拉所产生的混凝土压缩而引起的平均应力损失 σ_{l3}，可按式（20-34）计算：

$$\sigma_{l3} = 0.5 E_s \cdot \frac{\sigma_{pc}}{E_c} \tag{20-34}$$

式中　σ_{pc}——同式（20-32）与式（20-33），但不包括第一批预应力筋张拉力。

对配置曲线预应力筋的框架梁，可近似地按轴心受压计算 σ_{l3}。

后张法弹性压缩损失在设计中一般没有计算在内，可采取超张拉措施将弹性压缩平均损失值加到张拉力内。

20.4.4.4 松弛损失

预应力筋的应力松弛损失 σ_{l4}，可按式（20-35）～式（20-37）计算。

1. 预应力钢丝、钢绞线、中强度预应力钢丝

普通松弛级
$$\sigma_{l4}=0.4\psi\left(\frac{\sigma_{con}}{f_{ptk}}-0.5\sigma_{con}\right)\sigma_{con} \quad (20\text{-}35)$$

此处，一次张拉 $\psi=1$，超张拉 $\psi=0.9$。

低松弛级，当 $\sigma_{con}\leqslant 0.7f_{ptk}$ 时

$$\sigma_{l4}=0.125\left(\frac{\sigma_{con}}{f_{ptk}}-0.5\sigma_{con}\right)\sigma_{con} \quad (20\text{-}36)$$

当 $0.7f_{ptk}<\sigma_{con}\leqslant 0.8f_{ptk}$ 时

$$\sigma_{l4}=0.2\left(\frac{\sigma_{con}}{f_{ptk}}-0.575\sigma_{con}\right)\sigma_{con} \quad (20\text{-}37)$$

2. 预应力螺纹钢筋

一次张拉程序 $(0\to\sigma_{con})\,0.04\sigma_{con}$

超张拉程序 $(0\to 1.05\sigma_{con}\text{ 持荷 2min}\to\sigma_{con})\,0.03\sigma_{con}$

混凝土收缩、徐变引起的预应力损失 σ_{l5}，可按式（20-38）、式（20-39）计算：

对先张法：

$$\sigma_{l5}=\frac{60+340\dfrac{\sigma_{pc}}{f'_{cu}}}{1+15\rho} \quad (20\text{-}38)$$

对后张法：

$$\sigma_{l5}=\frac{55+300\dfrac{\sigma_{pc}}{f'_{cu}}}{1+15\rho} \quad (20\text{-}39)$$

式中 σ_{pc} ——受拉区或受压区预应力筋在各自合力点处混凝土的法向应力（MPa）；

f'_{cu} ——施加预应力时的混凝土立方强度（MPa）；

ρ ——受拉区或受压区的预应力筋和非预应力筋的配筋率。

计算 σ_{pc} 时，预应力损失值仅考虑混凝土预压前（第一批）的损失，并可根据构件制作情况考虑自重的影响。σ_{pc} 值不得大于 $0.5f'_{cu}$。

施加预应力时的混凝土龄期对徐变损失的影响也较大。对处于高湿度条件的结构，按上式算得的 σ_{l5} 值可降低 50%；对处于干燥环境的结构，σ_{l5} 值应增加 30%。

对现浇后张部分预应力混凝土梁板结构，可近似取 50～80N/mm²，先张法可近似取 60～100N/mm²，当构件自重大、活载小时取小值。

20.4.5 预应力筋张拉伸长值

（1）预应力筋的张拉伸长值 ΔL_p^c，可按下列公式计算：

$$\Delta L_p^c=\frac{P_m L_p}{A_p E_p} \quad (20\text{-}40)$$

$$P_m = P_j \left(\frac{1 + e^{-(kx+u\theta)}}{2} \right) \quad (20\text{-}41)$$

对多曲线段或直线段与曲线段组成的预应力筋,张拉伸长值应分段计算后叠加:

$$\Delta L_p^c = \sum \frac{(\sigma_{i1} + \sigma_{i2}) L_i}{2E_p} \quad (20\text{-}42)$$

式中 P_m——预应力筋的平均张拉力(kN),取张拉端拉力 P_j 与计算截面扣除孔道摩擦损失后的拉力平均值;

E_p——预应力筋弹性模量(N/mm^2);

μ——孔道摩擦系数;

κ——孔道偏摆系数;

L_p——预应力筋有效长度(m);

x——曲线孔道长度(m);

L_i——第 i 线段预应力筋的长度(m);

σ_{i1}、σ_{i2}——分别为第 i 线段两端预应力筋的应力(MPa)。

(2)预应力筋的张拉伸长值,应在建立初拉力后进行测量。实际伸长值 ΔL_p^0 可按下列公式计算:

$$\Delta L_p^0 = \Delta L_{p1}^0 + \Delta L_{p2}^0 - a - b - c \quad (20\text{-}43)$$

式中 ΔL_{p1}^0——从初拉力至最大张拉力之间的实测伸长值(mm);

ΔL_{p2}^0——初拉力以下的推算伸长值(mm),可用图解法或计算法确定;

a——千斤顶体内的预应力筋张拉伸长值(mm);

b——张拉过程中工具锚和固定端工作锚楔紧引起的预应力筋内缩值(mm);

c——张拉阶段构件的弹性压缩值(mm)。

20.4.6 计 算 示 例

【例1】今有21m单跨预应力混凝土大梁的预应力筋布置如图20-84(a)所示。预应力筋采用2束9ϕ15.2钢绞线束,其锚固端采用夹片锚具。预应力筋强度标准值 $f_{ptk} = 1860N/mm^2$,张拉控制应力 $\sigma_{con} = 0.7 \times 1860 = 1302N/mm^2$,弹性模量 $E_s = 1.95 \times 10^5 N/mm^2$。预应力筋孔道采用 $\phi80mm$ 预埋金属波纹管成型,$k = 0.0015$,$\mu = 0.25$,采用夹片锚具锚固时预应力筋内缩值 $a = 5mm$。拟采用一端张拉工艺,是否合适?

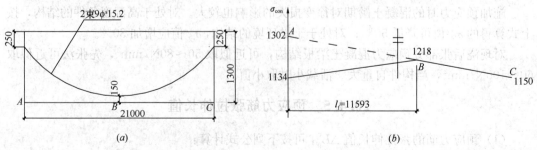

图 20-84 例1预应力混凝土梁
(a)预应力筋布置;(b)预应力筋张拉锚固阶段建立的应力

【解】（1）孔道摩擦损失 σ_{l2}：

$$\theta = \frac{4 \times (1300 - 150 - 250)}{21000} = 0.171 \text{rad}$$

由于 $\mu\theta + kx = 0.25 \times 0.171 \times 2 + 0.0015 \times 21 = 0.117 < 0.3$

则从 A 点至 C 点：$\sigma_{l2} = 1302(\mu\theta + kx) = 152.3 \text{N/mm}^2$

（2）锚固端损失 σ_{l1}：

已知 $m = \dfrac{\sigma_{con}(kx + \mu\theta)}{L} = \dfrac{152.3}{21000} = 0.007254 \text{N/mm}^2$

代入 $L_f = \sqrt{\dfrac{aE_s}{m}} = \sqrt{\dfrac{5 \times 1.95 \times 10^5}{0.007254}} = 11593 \text{mm}$

（3）张拉端损失：$\sigma_{l1} = 2mL_f = 168 \text{N/mm}^2$

预应力筋应力（图 20-84b）：

张拉端 $\sigma_A = 1302 - 168 = 1134 \text{N/mm}^2$

固定端 $\sigma_C = 1302 - 152 = 1150 \text{N/mm}^2$

（4）小结：

锚固端损失影响长度 $L_f > L/2 = 10500 \text{mm}$，$\sigma_A < \sigma_C$，该曲线预应力筋应采用一端张拉工艺。

【例 2】 某工业厂房采用双跨预应力混凝土框架结构体系。其双跨预应力混凝土框架梁的尺寸与预应力筋布置见图 20-85（a）所示。预应力筋采用 2 束 $7\phi^s 15.2$ 钢绞线束，由

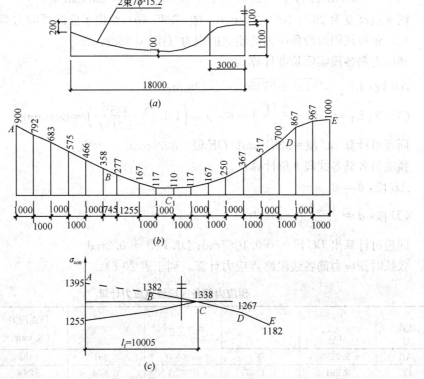

图 20-85 例 2 预应力筋预应力梁
（a）预应力筋布置；（b）曲线预应力筋坐标高度；（c）预应力筋张拉锚固阶段建立的应力

边支座处斜线、跨中处抛物线与内支座处反向抛物线组成，反弯点距内支座的水平距离 $aL = 1/6 \times 18000 = 3000\text{mm}$。预应力筋强度标准值 $f_{ptk} = 1860\text{N/mm}^2$，张拉控制应力 $\sigma_{con} = 0.75 \times 1860 = 1395\text{N/mm}^2$，弹性模量 $E_s = 1.95 \times 10^5 \text{N/mm}^2$。

预应力筋孔道采用 $\phi70\text{mm}$ 预埋金属波纹管成型，$k = 0.0015$，$\mu = 0.25$。

预应力筋两端采用夹片锚固体系，张拉端锚固时预应力筋内缩值 $a = 5\text{mm}$。该工程双跨预应力框架梁采用两端张拉工艺。试求：

(1) 曲线预应力筋各点坐标高度；
(2) 张拉锚固阶段预应力筋建立的应力；
(3) 曲线预应力筋张拉伸长值。

【解】(1) 曲线预应力筋各点坐标高度：

直线段 AB 的投影长度 L_1，按式 $L_1 = \dfrac{L}{2}\sqrt{1 - \dfrac{H_1}{H_2} + 2a\dfrac{H_1}{H_2}}$ 计算得：$L_1 = \dfrac{18000}{2} \times \sqrt{1 - \dfrac{800}{900} + 2 \times \dfrac{1}{6} \times \dfrac{800}{900}} = 5745\text{mm}$

设该抛物线方程：跨中处为 $y = A_1 x^2$，支座处为 $y = A_2 x^2$，

由公式 $A_1 = \dfrac{2H}{(0.5-a)L^2}$ 得 $A_1 = \dfrac{2 \times 900}{(0.5-1/6) \times 18000^2} = 1.67 \times 10^{-5}$

由公式 $A_2 = \dfrac{2H}{aL^2}$ 得 $A_2 = \dfrac{2 \times 900}{1/6 \times 18000^2} = 3.33 \times 10^{-5}$

当 $x = 4000\text{mm}$ 时，$y = 1.67 \times 10^{-5} \times 16 \times 10^6 = 267\text{mm}$

则该点高度为 $267 + 100 = 367\text{mm}$。图 20-85(b) 绘出了曲线预应力筋坐标高度。

(2) 张拉锚固阶段预应力筋建立的应力 (图 20-85c)：

预应力筋各段实际长度计算：

AB 段：$L_T = \sqrt{623^2 + 5745^2} = 5779\text{mm}$

CD 段：$L_T = L\left(1 + \dfrac{8}{3}\dfrac{H^2}{L^2}\right) = 6000 \times \left(1 + \dfrac{8 \times 600^2}{3 \times 12000^2}\right) = 6040\text{mm}$

同理可计算 BC 段 $= 3261\text{mm}$；DE 段 $= 3020\text{mm}$。

预应力各筋各线段 θ 角计算：

AB 段：$\theta = 0$

CD 段：$\theta = \dfrac{4 \times 600}{12000} = 0.2\text{rad}$

同理可计算出 BC 段 $\theta = 0.1087\text{rad}$；$DE$ 段 $\theta = 0.2\text{rad}$

张拉时预应力筋各线段终点应力计算，列于表 20-64。

预应力筋各线段终点应力计算 表 20-64

线段	L_T (m)	θ	$kL_T + \mu\theta$	$e^{-(kL_T+\mu\theta)}$	终点应力 (N/mm²)	张拉伸长值 (mm)
AB	5.779	0	0.00867	0.991	1383	41.1
BC	3.261	0.1087	0.0321	0.968	1263	22.4
CD	6.04	0.2	0.0591	0.943	1339	39.1
DE	3.02	0.2	0.0545	0.947	1196	18.5

线段 AB、BC、CD、DE 的张拉伸长值合计 $121.1mm$。
锚固时预应力筋各线段应力计算：

$$m_1 = \frac{1395-1383}{5745} = 0.0021 \text{N/mm}^3$$

$$m_2 = \frac{1383-1339}{3255} = 0.0135 \text{N/mm}^3$$

由公式 $L_f = \sqrt{\dfrac{aE_s - m_1(L_1^2 - c^2)}{m_2} + L_1^2}$ 代入数据得 $L_f = 10005mm$

A 点锚固损失：由公式 $\sigma_{l1} = 2m_1(L_1-c) + 2m_2(L_f-L_1)$ 代入数据得

$$\sigma_{l1} = 2\times0.0021\times5745 + 2\times0.0135\times(10005-5745) = 139 \text{N/mm}^2$$

B 点锚固损失：由公式 $\sigma_{l1} = 2m_2(L_f-L_1)$ 代入数据得

$$\sigma_{l1} = 2\times0.0135\times(10005-5745) = 115 \text{N/mm}^2$$

(3) 曲线预应力筋张拉伸长值：
该工程双跨曲线预应力筋采取两端张拉方式，按分段简化计算张拉伸长值。

AB 段张拉伸长值 $\Delta L_{AB} = \dfrac{(1395+1383)\times5779}{2\times1.95\times10^5} = 41.1mm$

同理得其他各段张拉伸长值，填在表 20-60 中。
双跨曲线预应力筋张拉伸长值总计为 $(41.1+22.4+39.1+18.5)\times2 = 242.2mm$

20.4.7 预应力混凝土构造规定

20.4.7.1 先张法预应力混凝土构造

(1) 先张法预应力筋的混凝土保护层最小厚度应符合表 20-65 的规定。

先张法预应力筋的混凝土保护层最小厚度 (mm)　　　　表 20-65

环境类别	构件类型	混凝土强度等级	
		C30～C40	≥C50
一类	板	15	15
	梁	25	25
二类	板	25	20
	梁	35	30
三类	板	30	25
	梁	40	35

注：混凝土结构的环境类别，应符合现行国家标准《混凝土结构设计标准》GB/T 50010 的规定。

(2) 当先张法预应力钢丝难以按单根方式配筋时，可采用相同直径钢丝并筋方式配筋。并筋的等效直径，对双并筋应取单筋直径的 1.4 倍，对三并筋应取单筋直径的 1.7 倍。并筋的保护层厚度、锚固长度和预应力传递长度等均应按等效直径考虑。

(3) 先张法预应力钢筋之间的净间距应根据浇筑混凝土、施加预应力及钢筋锚固等要求确定。先张法预应力钢筋的净间距不应小于其公称直径或等效直径的 1.5 倍，且应符合下列规定：对单根钢丝，不应小于 15mm；对 1×3 股钢绞线，不应小于 20mm；对 1×7 股钢绞线，不应小于 25mm。

(4) 对先张法预应力混凝土构件，预应力钢筋端部周围的混凝土应采取下列加强措施：
1) 对单根配置的预应力钢筋，其端部宜设置长度不小于 150mm 且不少于 4 圈的螺旋筋；当有可靠经验时，亦可利用支座垫板上的插筋代替螺旋筋，但插筋数量不应少于4根，其长度不宜小于120mm。

2）对分散布置的多根预应力钢筋，在构件端部$10d$（d为预应力钢筋的公称直径）范围内应设置3～5片与预应力钢筋垂直的钢筋网。

3）对采用预应力钢丝配筋的薄板，在板端100mm范围内应适当加密横向钢筋。

（5）对槽形板类构件，应在构件端部100mm范围内沿构件板面设置附加横向钢筋，其数量不应少于2根。

对预制肋形板，宜设置加强其整体性和横向刚度的横肋。端横肋的受力钢筋应弯入纵肋内。当采用先张长线法生产有端横肋的预应力混凝土肋形板时，应在设计和制作上采取防止放张预应力时端横肋产生裂缝的有效措施。

（6）对预应力钢筋在构件端部全部弯起的受弯构件或直线配筋的先张法构件，当构件端部与下部支承结构焊接时，应考虑混凝土收缩、徐变及温度变化所产生的不利影响，宜在构件端部可能产生裂缝的部位设置足够的非预应力纵向构造钢筋。

20.4.7.2 后张法预应力混凝土构造

1. 后张有粘结预应力混凝土构造

（1）预应力筋孔道的内径宜比预应力筋和需穿过孔道的连接器外径大10～15mm，孔道截面面积宜取预应力筋净面积的3.5～4倍。

（2）后张法预应力筋孔道的净间距和保护层应符合下列规定：

1）对预制构件，孔道之间的水平净间距不宜小于50mm；孔道至构件边缘的净间距不宜小于30mm，且不宜小于孔道直径的一半。

2）在框架梁中，预留孔道在竖直方向的净间距不应小于孔道外径，水平方向的净间距不应小于1.5倍孔道外径；从孔壁算起的混凝土保护层厚度，梁底不宜小于50mm，梁侧不宜小于40mm；板底不应小于30mm。

3）预应力筋孔道的灌浆孔宜设置在孔道端部的锚垫板上；灌浆孔的间距不宜大于30m。竖向构件，灌浆孔应设置在孔道下端；对超高的竖向孔道，宜分段设置灌浆孔。灌浆孔直径不宜小于20mm。

预应力筋孔道的两端应设置排气孔。曲线孔道的高差大于0.5m时，在孔道峰顶处应设置泌水管，泌水管可兼作灌浆孔。

4）后张法预应力混凝土构件中，曲线预应力钢丝束、钢绞线束的曲率半径不宜小于4m；对折线配筋的构件，在预应力钢筋弯折处的曲率半径可适当减小。

曲线预应力筋的端头，应有与曲线段相切的直线段，直线段长度不宜小于300mm。

5）预应力筋张拉端可采用凸出式和凹入式做法，采用凸出式做法时，锚具位于梁端面或柱表面，张拉后用细石混凝土封裹。采用凹入式做法时，锚具位于梁（柱）凹槽内，张拉后用细石混凝土填平。

凸出式锚固端锚具的保护层厚度不应小于50mm，外露预应力筋的混凝土保护层厚度：处于一类环境时，不应小于20mm；处于二、三类易受腐蚀环境时，不应小于50mm。

6）预应力筋张拉端锚具最小间距应满足配套的锚垫板尺寸和张拉用千斤顶的安装要求。锚固区的锚垫板尺寸、混凝土强度、截面尺寸和间接钢筋（网片或螺旋筋）配置等必须满足局部受压承载力要求。锚垫板边缘至构件边缘的距离不宜小于50mm。

当梁端面较窄或钢筋稠密时,可将跨中处同排布置的多束预应力筋转变为张拉端竖向多排布置或采取加腋处理。

7)预应力筋固定端可采取与张拉端相同的做法或采取内埋式做法。内埋式固定端的位置应位于不需要预压力的截面外,且不宜小于100mm。对多束预应力筋的内埋式固定端,宜采取错开布置方式,其间距不宜小于300mm,且距构件边缘不宜小于40mm。

8)多跨超长预应力筋的连接,可采用对接法和搭接法。采用对接法时,混凝土逐段浇筑和张拉后,用连接器接长。采用搭接法时,预应力筋可在中间支座处搭接,分别从柱两侧梁的顶面或加宽梁的梁侧面处伸出张拉,也可从加厚的楼板延伸至次梁处张拉。

2. 后张无粘结预应力混凝土构造

(1)为满足不同耐火等级的要求,无粘结预应力筋的混凝土保护层最小厚度应符合表20-66、表20-67的规定。

板的混凝土保护层最小厚度(mm)　　　　　　　　　　　　　　　　表 20-66

约束条件	耐火极限(h)			
	1	1.5	2	3
简支	25	30	40	55
连续	20	20	25	30

梁的混凝土保护层最小厚度(mm)　　　　　　　　　　　　　　　　表 20-67

约束条件	梁宽 b	耐火极限(h)			
		1	1.5	2	3
简支	200≤b<300	45	50	65	采取特殊措施
	b≥300	40	45	50	65
连续	200≤b<300	40	40	45	50
	b≥300	40	40	40	45

注:当防火等级较高、混凝土保护层厚度不能满足要求时,应使用防火涂料。

(2)板中无粘结预应力筋的间距宜采用200~500mm,最大间距可取板厚的6倍,且不宜大于1m。单根无粘结预应力筋的曲率半径不宜小于2m。

板中无粘结预应力筋采取带状(2~4根)布置时,其最大间距可取板厚的12倍,且不宜大于2.4m。

(3)当板上开洞时,板内被孔洞阻断的无粘结预应力筋可分两侧绕过洞口铺设。无粘结预应力筋至洞口的距离不宜小于150mm,水平偏移的曲率不宜小于6.5m,洞口四周应配置构造钢筋加强。

(4)在现浇板柱节点处,每一方向穿过柱的无粘结预应力筋不应少于2根。

(5)梁中集束布置无粘结预应力筋时,宜在张拉端分散为单根布置,间距不宜小于60mm,合力线的位置应不变。当一块整体式锚垫板上有多排预应力筋时,宜采用钢筋网片。

(6)无粘结预应力筋的张拉端宜采取凹入式做法。锚具下的构造可采取不同体系,但必须满足局部受压承载力要求。无粘结预应力筋和锚具的防护应符合结构耐久性要求。

(7)无粘结预应力筋的固定端宜采取内埋式做法,设置在构件端部的墙内、梁柱节点内或梁、板跨内。当固定端设置在梁、板跨内时,无粘结预应力筋跨过支座处不宜小于1m,且应错开布置,其间距不宜小于300mm。

20.4.7.3 典型节点预应力混凝土构造

(1) 后浇带处预应力筋处理方法。

1) 利用搭接筋,如图 20-86 (a) 所示。

这种做法的优点是:预应力筋在结构混凝土强度达到张拉要求后即可张拉,除预应力缝针筋外,其余预应力筋均不必等后浇带混凝土强度达到要求后才张拉。缺点是预应力筋及锚具用量较大,不经济。

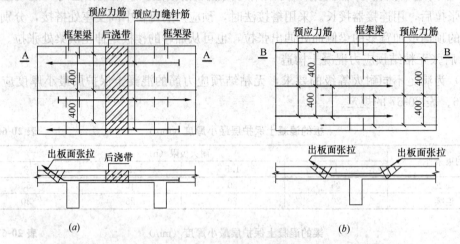

图 20-86 后浇带搭接做法图

2) 不考虑后浇带的预留位置,最大限度地利用规范对筋长的要求(即:单端张拉的预应力筋长度不超过 30m,两端张拉的预应力筋长度不超过 60m),并考虑结构跨度,来布置预应力筋,前后预应力筋在框架梁处搭接,如图 20-86 (b) 所示。

这种做法的缺点是:跨过后浇带的所有预应力筋,都必须等后浇带浇筑混凝土完毕,且其强度达到张拉要求后,才能进行张拉。但它节省了材料,比利用缝针筋的做法要经济。

(2) 有高差的梁或板的连接处预应力筋处理方法,如图 20-87 所示。

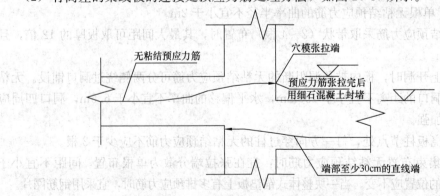

图 20-87 有高差的梁或板的连接处预应力筋处理方法简图

20.4.7.4 其他构造措施

(1) 大面积预应力筋混凝土梁板结构施工时,应考虑多跨梁板施加预应力和混凝土早期收缩受柱或墙约束的不利因素,宜设置后浇带或施工缝。后浇带的间距宜取 50~70m,

应根据结构受力特点、混凝土施工条件和施加预应力方式等确定。

（2）梁板施加预应力的方向有相邻墙或剪力墙时，应使梁板与墙之间暂时隔开，待预应力筋张拉后，再浇筑混凝土。

（3）同一楼层中当预应力梁板周围有多跨钢筋混凝土梁板时，两者宜暂时隔开，待预应力筋张拉后，再浇筑混凝土。

（4）当预应力梁与刚度大的柱或墙刚接时，可将梁柱节点设计成在框架梁施加预应力阶段无约束的滑动支座，张拉后做成刚接。

20.5　预应力混凝土先张法施工

先张法是将张拉的预应力筋临时锚固在台座或钢模上，然后浇筑混凝土，待混凝土达到设计或有关规定的强度（一般不低于设计混凝土强度标准值的75%）后放张预应力筋，并切断构件外的预应力筋，借助混凝土与预应力筋间的握裹力，对混凝土构件施加预应力。先张法适用于预制预应力混凝土构件的工厂化生产。采用台座法生产时，预应力筋的张拉锚固、混凝土构件的浇筑养护和预应力筋的放张等均在台座上进行，台座成为承担预张拉力的设备之一。下面主要介绍台座类型与选用。

20.5.1　台　　座

台座在先张法构件生产中是主要的承力设备，它承受预应力筋的全部张拉力。台座在受力状态下的变形、滑移会引起预应力的损失和构件的变形，因此台座应有足够的强度、刚度和稳定性。

台座的形式有多种，但按构造形式主要可分为墩式台座和槽式台座两类，其他形式的台座也是介于这两者之间。选用时可根据构件种类、张拉吨位和施工条件确定。

20.5.1.1　墩式台座

墩式台座由台墩、台面与横梁三部分组成，见图20-88。目前常用的是台墩与台面共同受力的墩式台座，其长度通常为50~150m，也可根据构件的生产工艺等选定。台座的承载力应满足构件张拉力的要求。

台座长度可按式（20-44）计算：
$$L = l \times n + (n-1) \times 0.5 + 2K \quad (20-44)$$

式中　l——构件长度（m）；

　　　n——一条生产线内生产的构件数；

　　　0.5——两根构件相邻端头间的距离（m）；

　　　K——台座横梁到第一根构件端头的距离（m），一般为1.25~1.5m。

台座的宽度主要取决于构件的布筋

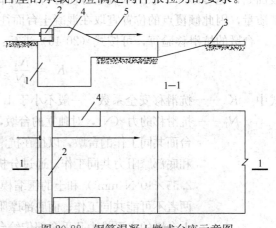

图20-88　钢筋混凝土墩式台座示意图
1—台墩；2—横梁；3—台面；4—牛腿；5—预应力筋

宽度、张拉与浇筑混凝土是否方便，一般不大于 2m。

在台座的端部应留出张拉操作用地和通道，两侧要有构件运输和堆放的场地。

1. 台墩

承力台墩一般由钢筋混凝土现浇而成。台墩应有合适的外伸部分，以增大力臂而减少台墩自重。台墩应具有足够的强度、刚度和稳定性。稳定性验算一般包括抗倾覆验算与抗滑移验算。

台墩的抗倾覆验算，参照图 20-89 按式（20-45）进行：

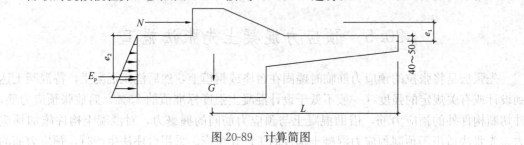

图 20-89 计算简图

$$K = \frac{M_1}{M} = \frac{GL + E_p e_2}{N e_1} \geqslant 1.5 \tag{20-45}$$

式中 K——抗倾覆安全系数，一般不小于 1.5；

M——倾覆力矩（N·m），由预应力筋的张拉力产生；

N——预应力筋的张拉力（N）；

e_1——张拉力合力作用点至倾覆点的力臂（m）；

M_1——抗倾覆力矩（N·m），由台座自重力和主动土压力等产生；

G——台墩的自重（N）；

L——台墩重心至倾覆点的力臂（m）；

E_p——台墩后面的被动土压力合力（N），当台墩埋置深度较浅时，可忽略不计；

e_2——被动土压力合力至倾覆点的力臂（m）。

台墩倾覆点的位置，对与台面共同工作的台墩，按理论计算倾覆点应在混凝土台面的表面处；但考虑到台墩的倾覆趋势使得台面端部顶点出现局部应力集中和混凝土面层的施工质量，因此倾覆点的位置宜取在混凝土台面往下 40~50mm 处。

台墩的抗滑移验算，可按式（20-46）进行：

$$K_c = \frac{N_1}{N} \geqslant 1.3 \tag{20-46}$$

式中 K_c——抗滑移安全系数，一般不小于 1.3；

N_1——抗滑移的力（N），对独立的台墩，由侧壁土压力和底部摩阻力等产生。对与台面共同工作的台墩，以往在抗滑移验算中考虑台面的水平力、侧壁土压力和底部摩阻力共同工作。通过分析认为混凝土的弹性模量（C20 混凝土 $E_c = 2.55 \times 10^4 \text{N/mm}^2$）和土的压缩模量（低压缩土 $E_s = 20\text{N/mm}^2$）相差极大，两者不可能共同工作；而底部摩阻力也较小（约占 5%，可略去不计），实际上台墩的水平推力几乎全部传给台面，不存在滑移问题。因此，台墩与台面共同工作时，可不作抗滑移计算，而应验算台面的承载力。

台墩的牛腿和延伸部分，分别按钢筋混凝土结构的牛腿和偏心受压构件计算。

横梁的挠度不应大于 2mm，并不得产生翘曲。预应力筋的定位板必须安装准确，其挠度不大于 1mm。

2. 台面

台面一般是在夯实的碎石垫层上浇筑一层厚度为 60～100mm 的混凝土而成。其水平承载力 P 可按式（20-47）计算：

$$P = \frac{\phi A f_c}{K_1 K_2} \tag{20-47}$$

式中 ϕ ——轴心受压纵向弯曲系数，取 $\phi = 1$；

A ——台面截面面积（mm²）；

f_c ——混凝土轴心抗压强度设计值（N/mm²）；

K_1 ——超载系数，取 1.25；

K_2 ——考虑台面截面不均匀和其他影响因素的附加安全系数，取 1.5。

台面伸缩缝可根据当地温差和经验设置。一般 10m 左右设置一条，也可采用预应力混凝土滑动台面，不留施工缝。

20.5.1.2 槽式台座

槽式台座由端柱、传力柱、柱垫、上下横梁、砖墙和台面等组成，既可承受张拉力，又可作为蒸汽养护槽，适用于张拉吨位较高的大型构件，如吊车梁、屋架、薄腹梁等。

1. 槽式台座构造（图 20-90）

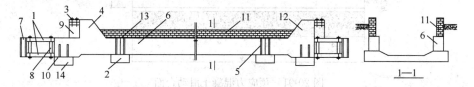

图 20-90 槽式台座构造示意图

1—下横梁；2—基础板；3—上横梁；4—张拉端柱；5—卡环；
6—中间传力柱；7—钢横梁；8、9—垫块；10—连接板；
11—砖墙；12—锚固端柱；13—砂浆嵌缝；14—支座底板

(1) 台座的长度一般选用 50～80m，也可根据工艺要求确定，宽度随构件外形及制作方式而定，一般不小于 1m。

(2) 槽式台座一般与地面相平，以便运送混凝土和蒸汽养护。但需考虑地下水位和排水等问题。

(3) 端柱、传力柱的端面必须平整，对接接头必须紧密；柱与柱垫连接必须牢靠。

2. 槽式台座计算要点

槽式台座亦需进行强度和稳定性计算。端柱和传力柱的强度按钢筋混凝土结构偏心受压构件计算。槽式台座端柱抗倾覆力矩由端柱、横梁自重力及部分张拉力组成。

3. 拼装式台座

拼装式台座是由压柱与横梁组装而成，适用于施工现场临时生产预制构件。

(1) 拼装式钢台座是由格构式钢压柱、箱型钢横梁、横向连系工字钢、张拉端横梁导轨、放张系统等组成。这种台座型钢的线胀系数与受力钢绞线的线胀系数一致，热养护时无预应力损失。

拼装式钢台座的优点：装拆快、效率高、产品质量好、支模振捣方便，适用于施工现场预制工作量较大的情况。

（2）拼装式混凝土台座，根据施工条件和工程进度，因地制宜地利用废旧构件或工程用构件组成。待预应力构件生产任务完成后，组成台座的构件仍可用于工程上。

20.5.1.3 预应力混凝土台面

普通混凝土台面由于受温差的影响，经常会发生开裂，导致台面使用寿命缩短和构件质量下降。为了解决这一问题，预制构件厂采用了预应力混凝土滑动台面。

预应力混凝土滑动台面的做法（图20-91）是在原有的混凝土台面或新浇的混凝土基层上刷隔离剂、张拉预应力钢丝、浇筑混凝土面层，待混凝土达到放张强度后切断钢丝，台面就发生滑动。

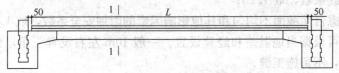

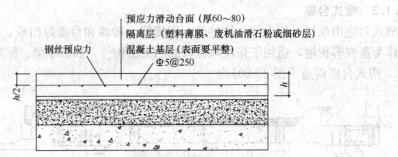

图 20-91　预应力混凝土滑动台面

台面由于温差引起的温度应力 σ_0，可按式（20-48）计算：

$$\sigma_0 = 0.5\mu\gamma\left(1+\frac{h_1}{h}\right)L \tag{20-48}$$

式中　L——台面长度（m）；

r——混凝土重度（kN/m³）；

h——预应力台面厚度（mm）；

h_1——台面上堆积物的折算厚度（mm）；

μ——台面与基层混凝土的摩擦系数，对皂脚废机油或废机油滑石粉隔离剂为0.65。

为了使预应力台面不出现裂缝，台面的预压应力 σ_{pc} 不得低于式（20-49）：

$$\sigma_{pc} > \sigma_0 - 0.5f_{tk} \tag{20-49}$$

式中　f_{tk}——混凝土的抗拉强度标准值（N/mm²）。

预应力台面可选用各种预应力钢丝，居中配置，$\sigma_{con} = 0.7f_{ptk}$。混凝土可选用C30或C40。

预应力台面的基层要平整，隔离层要好，以减少台面的咬合力、粘结力与摩擦力。浇筑混凝土后要加强养护，以免出现收缩裂缝。预应力台面宜在温差较小的季节施工，以减少温差引起的温度应力。

20.5.2 一般先张法工艺

20.5.2.1 工艺流程

一般先张法的施工工艺流程包括：预应力筋的加工、铺设；预应力筋张拉；预应力筋放张；质量检验等。

20.5.2.2 预应力筋的加工与铺设

1. 预应力筋的加工

预应力钢丝和钢绞线下料，应采用砂轮切割机，不得采用电弧切割。

2. 预应力筋的铺设

长线台座台面（或胎模）在铺设预应力筋前应涂隔离剂。隔离剂不应玷污预应力筋，以免影响预应力筋与混凝土的粘结。如果预应力筋遭受污染，应使用适宜的溶剂清洗干净。在生产过程中，应防止雨水冲刷台面上的隔离剂。

预应力筋与工具式螺杆连接时，可采用套筒式连接器（图20-92）。

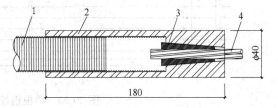

图 20-92 套筒式连接器
1—螺杆或精轧螺纹钢筋；2—套筒；
3—工具式夹片；4—钢绞线

3. 预应力筋夹具

夹具是将预应力筋锚固在台座上并承受预张力的临时锚固装置，夹具应具有良好的锚固性能和重复使用性能，并有安全保障。先张法的夹具可分为用于张拉的张拉端夹具和用于锚固的锚固端夹具，夹具的性能应满足《预应力筋用锚具、夹具和连接器》GB/T 14370—2015 和《预应力筋用锚具、夹具和连接器应用技术规程》JGJ 85—2010 的要求。

夹具可按照所夹持的预应力筋种类分为钢丝夹具和钢绞线夹具。

钢丝夹具：可夹持直径 3~5mm 的钢丝，钢丝夹具包括锥形夹具和镦头夹具。

钢绞线夹具：可采用两片式或三片式夹片锚具，可夹持不同直径的钢绞线。

20.5.2.3 预应力筋张拉

1. 预应力钢丝张拉

（1）单根张拉

张拉单根钢丝，由于张拉力较小，张拉设备可选择小型千斤顶或专用张拉机张拉。

（2）整体张拉

1）在预制厂以机组流水法或传送带法生产预应力多孔板时，还可在钢模上用镦头梳筋板夹具整体张拉。钢丝两端镦头，一端卡在固定梳筋板上，另一端卡在张拉端的活动梳筋板上。用张拉钩钩住活动梳筋板，再通过连接套筒将张拉钩和拉杆式千斤顶连接，即可张拉。

2）在两横梁式长线台座上生产刻痕钢丝配筋的预应力薄板时，钢丝两端采用单孔镦头锚具（工具锚）安装在台座两端钢横梁外的承压钢板上，利用设置在台墩与钢横梁之间的两台台座式千斤顶进行整体张拉。也可采用单根钢丝夹片式夹具代替镦头锚具，便于施工。

当钢丝达到张拉力后，锁定台座式千斤顶，直到混凝土强度达到放张要求后，再放松千斤顶。

(3) 钢丝张拉程序

预应力钢丝由于张拉工作量大，宜采用一次张拉程序。$0 \to (1.03 \sim 1.05) \sigma_{con}$（锚固），其中，1.03～1.05是考虑了测力的误差、温度影响、台座横梁或定位板刚度不足、台座长度不符合设计取值、工人操作影响等。

2. 预应力钢绞线张拉

(1) 单根张拉

在两横梁式台座上，单根钢绞线可采用与钢绞线张拉力配套的小型前卡式千斤顶张拉，单孔夹片工具锚固定。为了节约钢绞线，也可采用工具式拉杆与套筒式连接器。如图20-93所示。

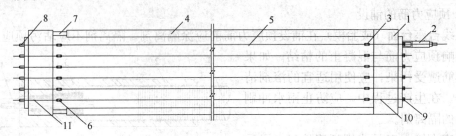

图20-93 单根钢绞线张拉示意图
1—横梁；2—千斤顶；3、6—连接器；4—槽式承力架；5—预应力筋；
7—放张装置；8—固定端锚具；9—张拉端螺母锚具；10、11—钢绞线连接拉杆

预制空心板梁的张拉顺序可先从中间向两侧逐步对称张拉，对预制梁的张拉顺序也要左右对称进行，如梁顶与梁底均配有预应力筋，则也要上下对称张拉，防止构件产生较大的反拱。

(2) 整体张拉

在三横梁式台座上，可采用台座式千斤顶整体张拉预应力钢绞线，见图20-94。台座式千斤顶与活动横梁组装在一起，利用工具式螺杆与连接器将钢绞线挂在活动横梁上。张拉前，宜采用小型千斤顶在固定端逐根调整钢绞线初应力。张拉时，台座式千斤顶推动活动横梁带动钢绞线整体张拉。然后用夹片锚或螺母锚固在固定横梁上。为了节约钢绞线，其两端可再配置工具式螺杆与连接器。对预制构件较少的工程，可取消工具式螺杆，直接将钢绞线用夹片锚锚固在活动横梁上。如利用台座式千斤顶整体放张，则可取消固定端放张装置。在张拉端固定横梁与锚具之间加U形垫片，有利于钢绞线放张。

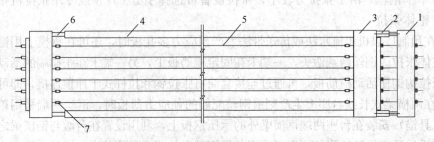

图20-94 三横梁式成组张拉装置
1—活动横梁；2—千斤顶；3—固定横梁；4—槽式台座；5—预应力筋；6—放张装置；7—连接器

(3) 钢绞线张拉程序

采用低松弛钢绞线时，可采取一次张拉程序。

对单根张拉，$0 \to \sigma_{con}$（锚固）

对整体张拉，$0 \to$ 初应力调整 $\to \sigma_{con}$（锚固）

3. 预应力张拉值校核

预应力筋的张拉力，一般采用张拉力控制，伸长值校核，张拉时预应力筋的理论伸长值与实际伸长值的允许偏差为 $\pm 6\%$。

预应力筋张拉锚固后，应采用测力仪检查所建立的预应力值，其偏差不得大于或小于设计规定相应阶段预应力值的 5%。

预应力筋张拉应力值的测定有多种仪器可以选择使用，一般对于测定钢丝的应力值多采用弹簧测力仪、电阻应变式传感仪和弓式测力仪。对于测定钢绞线的应力值，可采用压力传感器、电阻式应变传感器或通过连接在油泵上的液压传感器读数仪直接采集张拉力等。

预应力钢丝内力的检测，一般在张拉锚固后 1h 内进行。此时，锚固损失已完成，钢筋松弛损失也部分产生。检测时预应力设计规定值应在设计图纸上注明。

4. 张拉注意事项

(1) 张拉时，张拉机具与预应力筋应在一条直线上；同时，在台面上每隔一定距离放一根圆钢筋头或相当于保护层厚度的其他垫块，以防预应力筋因自重下垂，破坏隔离剂，玷污预应力筋。

(2) 预应力筋张拉并锚固后，应保证测力表读数始终保持设计所需的张拉力。

(3) 预应力筋张拉完毕后，对设计位置的偏差不得大于 5mm，也不得大于构件截面最短边长的 4%。

(4) 在张拉过程中发生断丝或滑脱钢丝时，应予以更换。

(5) 台座两端应有防护设施。张拉时沿台座长度方向每隔 4~5m 放一个防护架，两端严禁站人，也不准进入台座。

20.5.2.4 预应力筋放张

预应力筋放张时，混凝土的强度应符合设计要求；如设计无规定，不应低于设计的混凝土强度标准值的 75%。

1. 放张顺序

预应力筋放张顺序，应按设计与工艺要求进行。如无相应规定，可按下列要求进行：

(1) 轴心受预压的构件（如拉杆、桩等），所有预应力筋应同时放张。

(2) 偏心受预压的构件（如梁等），应先同时放张预压力较小区域的预应力筋，再同时放张预压力较大区域的预应力筋。

(3) 如不能满足以上两项要求时，应分阶段、对称、交错地放张，防止在放张过程中构件产生弯曲、裂缝和预应力筋断裂。

2. 放张方法

预应力筋的放张，应采取缓慢释放预应力的方法进行，防止对混凝土结构的冲击。常用的放张方法如下。

(1) 千斤顶放张

用千斤顶拉动单根拉杆或螺杆，松开螺母。放张时由于混凝土与预应力筋已结成整体，松开螺母所需的间隙只能是最前端构件外露钢筋的伸长，因此，所施加的应力需要超过原张拉力控制值。

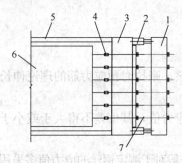

图 20-95　两台千斤顶放张
1—活动横梁；2—千斤顶；3—横梁；
4—钢绞线连接器；5—承力架；
6—构件；7—拉杆

采用两台台座式千斤顶整体缓慢放张（图 20-95），应力均匀，安全可靠。放张用台座式千斤顶可专用或与张拉合用。为防止台座式千斤顶长期受力，可采用垫块顶紧，替换千斤顶承受压力。

（2）机械切割或氧气乙炔焰切割

对先张法板类构件的钢丝或钢绞线，放张时可直接用切割机械或氧炔焰切割。放张工作宜从生产线中间处开始，以减少回弹量且有利于脱模；对每一块板，应从外向内对称放张，以免构件扭转而端部开裂。

3. 放张注意事项

（1）为了检查构件放张时钢丝与混凝土的粘结是否可靠，切断钢丝时应测定钢丝往混凝土内的回缩数值。

钢丝回缩值的简易测试方法是在板端贴玻璃片和在靠近板端的钢丝上贴胶带纸用游标卡尺读数，其精度可达 0.1mm。

钢丝的回缩值不应大于 1mm。如果最多只有 20% 的测试数据超过上述规定值的 20%，则检查结果是令人满意的。如果回缩值大于上述数值，则应加强构件端部区域的分布钢筋，提高放张时混凝土的强度等。

（2）放张前，应拆除侧模，使放张时构件能自由变形，否则将损坏模板或使构件开裂。对有横肋的构件（如大型屋面板），其端横肋内侧面与板面交接处做出一定的坡度或做成大圆弧，以便预应力筋放张时端横肋能沿着坡面滑动。必要时在胎模与台面之间设置滚动支座。这样，在预应力筋放张时，构件与胎模可随着钢筋的回缩一起自由移动。

（3）用氧气乙炔焰切割时，应采取隔热措施，防止烧伤构件端部混凝土。

20.5.2.5　质量检验

先张法预应力施工质量，应按现行国家标准《混凝土结构工程施工质量验收规范》GB 50204 的规定进行验收。

1. 主控项目

（1）预应力筋进场时，应按现行国家标准《预应力混凝土用钢丝》GB/T 5223、《预应力混凝土用钢绞线》GB/T 5224 等的规定抽取试件作力学性能检验，其质量必须符合有关标准的规定。

检查数量：按进场的批次和产品的抽样检验方案确定。

检验方法：检查产品合格证、出厂检验报告和进场复验报告。

（2）预应力筋用夹具的性能应符合现行国家标准《预应力筋用锚具、夹具和连接器》GB/T 14370 和行业标准《预应力筋用锚具、夹具和连接器应用技术规程》JGJ 85 的规定。

检验方法：检查产品合格证和出厂检验报告。

（3）预应力筋铺设时，其品种、级别、规格、数量等必须符合设计要求。

检查数量：隐蔽工程验收时全数检查。

检验方法：观察与钢尺检查。

(4) 先张法预应力施工时,应选用非油类隔离剂,并应避免玷污预应力筋。
　　检查数量:全数检查。
　　检验方法:观察。
(5) 预应力筋放张时,混凝土强度应符合设计要求;如设计无规定,不应低于设计的混凝土强度标准值的 75%。
　　检查数量:全数检查。
　　检验方法:检查同条件养护试件试验报告。
(6) 预应力筋张拉锚固后实际建立的预应力值与工程设计规定检验值的相对允许偏差为 5%。
　　检查数量:每工作班抽查预应力筋总数的 1%,且不少于 3 根。
　　检验方法:检查预应力筋应力检测记录。
(7) 在浇筑混凝土前发生断裂或滑脱的预应力筋必须予以更换。
　　检查数量:全数观察。
　　检验方法:检查张拉记录。
(8) 预应力筋放张时,宜缓慢放松锚固装置,使各根预应力筋同时缓慢放松。
　　检验方法:全数观察检查。

2. 一般项目

(1) 钢丝两端采用镦头夹具时,对短线整体张拉的钢丝,同组钢丝长度的极差不得大于 2mm。钢丝镦头的强度不得低于钢丝强度标准值的 98%。
　　检查数量:每工作班抽查预应力筋总数的 3%,且不少于 3 束。对钢丝镦头强度,每批钢丝检查 6 个镦头试件。
　　检验方法:观察、钢尺检查。检查钢丝镦头试验报告。
(2) 锚固时张拉端预应力筋的内缩量应符合设计要求。
　　检查数量:每工作班抽查预应力筋总数的 3%,且不少于 3 根。
　　检验方法:钢尺检查。
(3) 先张法预应力筋张拉后与设计位置的偏差不得大于 5mm,且不得大于构件截面短边边长的 4%。
　　检查数量:每工作班抽查预应力筋总数的 3%,且不少于 3 束。
　　检验方法:钢尺检查。

20.5.3 折线张拉工艺

桁架式或折线式吊车梁配置折线预应力筋,可充分发挥结构受力性能,节约钢材,减轻自重。折线预应力筋可采用垂直折线张拉(构件竖直浇筑)和水平折线张拉(构件平卧浇筑)两种方法。

20.5.3.1 垂直折线张拉

图 20-96 为预应力筋垂直折线张拉示意图,共 12 个转折点,在上下转折点处设置上下承力架,以支撑竖向力。预应力筋张拉可采用两端同时或分别按 $25\%\sigma_{con}$ 逐级加荷至 $100\%\sigma_{con}$ 的方式进行,以减少预应力损失。

为了减少预应力损失,应尽可能减少转角次数,据实测,一般转折点不宜超过 10 个(故

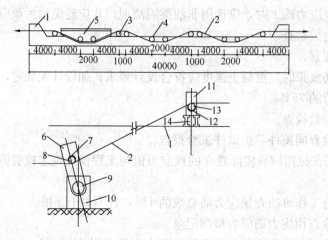

图 20-96 预应力筋垂直折线张拉示意图
1—台座；2—预应力筋；3—上支点（即圆钢管12）；4—下支点（即圆钢管7）；
5—吊车梁；6—下承力架；7、12—钢管；8、13—圆柱轴；9—连销；10—地锚；
11—上承力架；14—工字钢梁

台座也不宜过长）。为了减少摩擦，可将下承力架做成摆动支座，摆动位置用临时拉索控制。上承力架焊在两根工字钢梁上，工字钢梁搁置在台座上，为使应力均匀，还可在工字钢梁下设置千斤顶，将钢梁交及承力架向上顶升一定的距离，以补足预应力（称为横向张拉）。

钢筋张拉完毕后浇筑混凝土。当混凝土达到一定强度后，两端同时放松钢筋，最后抽出转折点的圆柱轴8、13，只剩下支点钢管7、12埋在混凝土构件内（钢管直径 $D \geqslant 2.5$ 倍钢筋直径）。

20.5.3.2 水平折线张拉

图 20-97 为预应力筋水平折线张拉示意图。在预制柱上相应于钢丝弯折点处，套以钢

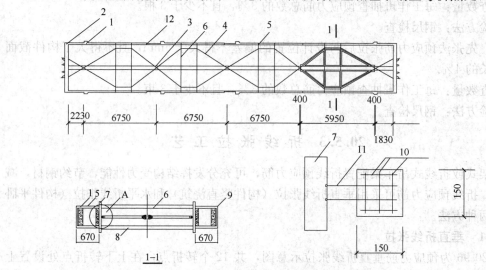

图 20-97 预应力筋水平折线张拉示意图
1—台座；2—横梁；3—直线预应力筋；4—折线预应力筋；5—钢筋抱箍；6、8—木撑；
7—8号槽钢；9—70×70方木；10—3ϕ10钢筋；11—2ϕ18钢筋；12—砂浆填缝

筋抱箍5，并装置短槽钢7，连以焊接钢筋网片，预应力筋通过网片而弯折。为承受张拉时产生的横向水平力，在短槽钢上安置木撑6、8。

两根折线钢筋可用4台千斤顶在两端同时张拉，或采用两台千斤顶同时在一端张拉后，再在另一端补张拉。为减少应力损失，可在转折点处采取横向张拉，以补足预应力。

20.5.4 先张预制构件

先张法主要适用于生产预制预应力混凝土构件。采用先张法生产的预制预应力混凝土构件包括预制预应力混凝土板、梁、桩等众多种类。

20.5.4.1 先张预制板

目前，国内应用的先张预应力混凝土板的种类较多，包括预应力混凝土圆孔板、SP预应力空心板、预应力混凝土叠合板的实心底板、预应力混凝土双T板等。

1. 预应力混凝土圆孔板

预应力混凝土圆孔板是目前最为常见的先张预应力预制构件之一，主要适用于非抗震设计及抗震设防烈度不大于8度的地区。预应力混凝土圆孔板根据其厚度和适用跨度分为两类，一类板厚120mm，适用跨度范围2.1~4.8m；另一类板厚180mm，适用跨度范围4.8~7.2m。预应力钢筋采用消除应力的低松弛螺旋肋钢丝$\phi^H 5$mm，抗拉强度标准值为1570MPa，构造钢筋采用HRB400级。图20-98为0.5m宽、120mm厚的预应力混凝土圆孔板截面示意图。

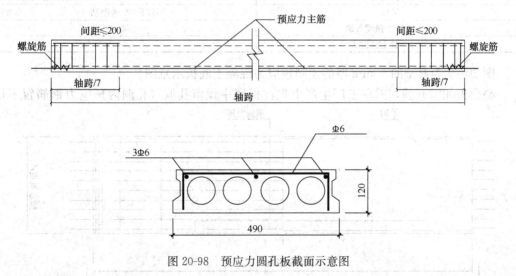

图20-98 预应力圆孔板截面示意图

预应力混凝土圆孔板可采用长线法台座张拉预应力，也可采用短线法钢模模外张拉预应力。设计时应考虑张拉端锚具变形和钢筋内缩引起的预应力损失以及温差引起的预应力损失。

构件堆放运输时，场地应平整压实。每垛堆放层数不宜超过10层。垫木应放在距板端200~300mm处，并做到上下对齐，垫平垫实，不得有一角脱空的现象。堆放、起吊、运输过程中不得将板翻身侧放。

安装时板的混凝土立方体抗压强度应达到设计混凝土强度的100%，板安装后应及时浇筑拼缝混凝土。灌缝前应将拼缝内杂物清理干净，并用清水充分湿润。灌缝应采用强度等级不低于C20的细石混凝土并掺微膨胀剂。混凝土振捣应密实，并注意浇水养护。

施工均布荷载不应大于 $2.5kN/m^2$,荷载不均匀时单板范围内折算均布荷载不宜大于 $2kN/m^2$,施工中应防止构件受到冲击作用。

在有抗震设防要求的地区安装圆孔板时,板支座宜采用硬架支模的方式,并保证板与支座实现可靠的连接。

2. 预应力混凝土叠合板

预应力混凝土叠合板指施工阶段设有可靠支撑的叠合式受弯构件。其采用 50mm 或 60mm 厚实心预制预应力混凝土底板,上浇叠合层混凝土。主要适用于非抗震设计及抗震设防烈度不大于 8 度的地区。

预应力混凝土叠合板的材料和规格详见表 20-68。

预应力混凝土叠合板规格 表 20-68

	底板厚度(mm)/叠合层厚度(mm)	50/60、70、80	
		60/80、90	
底板预应力筋	钢筋种类	螺旋肋钢丝	冷轧带肋钢筋
	直径(mm)	$\phi^H 5$	$\phi^R 5$
	抗拉强度标准值(N/mm^2)	1570	800
	抗拉强度设计值(N/mm^2)	1110	530
	弹性模量(MPa)	2.05×10^5	1.9×10^5
底板构造钢筋种类		冷轧带肋钢筋 CRB550($\phi^R 5$)也可采用 HPB300 或 HRB335 级	
支座负筋种类		HRB335、HRB400、HRB500 级钢筋	
吊钩		HPB300 级钢筋	
底板混凝土强度等级		C40	
叠合层混凝土强度等级		C30	

图 20-99 为典型的 50mm 厚的预制预应力混凝土底板示意图。

叠合板如需开洞,需在工厂生产中先在板底中预留孔洞(孔洞内预应力钢筋暂不切

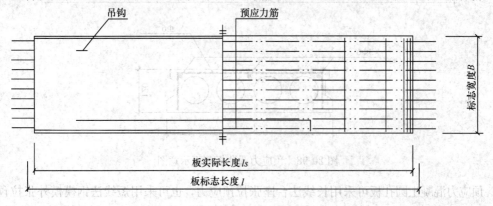

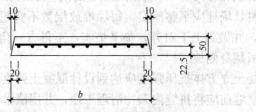

图 20-99 预制预应力混凝土底板示意图

除），叠合层混凝土浇筑时留出孔洞，叠合板达到强度后切除孔洞内预应力钢筋。洞口处加强钢筋及洞板承载能力由设计人员根据实际情况进行设计。

底板上表面应做成凹凸不小于4mm的人工粗糙面，可用网状滚筒等方法成型。

底板吊装时应慢起慢落，并防止与其他物体相撞。

堆放场地应平整夯实，堆放时应使板与地面之间有一定的空隙，并设排水措施。板两端（至板端200mm）及跨中位置均应设置垫木，当板标志长度不大于3.6m时跨中设一条垫木，板标志长度大于3.6m时跨中设两条垫木，垫木应上下对齐。不同板号应分别堆放，堆放高度不宜多于6层，堆放时间不宜超过两个月。

混凝土的强度达到设计要求后方能出厂。运输时板的堆放要求同上，但要设法在支点处绑扎牢固，以防移动或跳动。在板的边部或与绳索接触处的混凝土，应采用衬垫加以保护。

底板就位前应在跨中及紧贴支座部位均设置由柱和横撑等组成的临时支撑。当轴跨$l \leqslant 3.6$m时跨中设一道支承；当轴跨3.6m$< l \leqslant 5.4$m时跨中设两道支承；当轴跨$l > 5.4$m时跨中设三道支承。支撑顶面应严格抄平，以保证底板板面平整。多层建筑中各层支撑应设置在一条竖直线上，以免板受上层立柱的冲切。

临时支撑拆除应根据施工规范规定，一般保持连续两层有支撑。施工均布荷载不应大于1.5kN/mm²，荷载不均匀时单板范围内折算均布荷载不宜大于1kN/mm²，否则应采取加强措施。施工中应防止构件受到冲击作用。

3. 预应力混凝土双T板

预应力混凝土双T板通常采用先张法工艺生产，适用于非抗震设计及抗震设防烈度不大于8度的地区。

预应力混凝土双T板混凝土强度等级为C40、C45、C50。当环境类别为二b类时，双T板的混凝土强度等级均为C50。预应力钢筋采用低松弛的螺旋肋钢丝或1×7钢绞线，双T板板面、肋梁、横肋中钢筋网片采用CRB550级冷轧带肋钢筋及HPB235级钢筋。钢筋网片宜采用电阻点焊，其性能应符合相关标准的规定。预埋件锚板采用HPB300级钢，锚筋采用HPB235级或HRB335级钢筋。预埋件制作及双T板安装焊接采用E43型焊条。吊钩采用未经冷加工的HPB300级钢筋制作。

预应力混凝土双T板标志宽度为3m，实际宽度为2.98m，跨度9~24m，屋面坡度2%。典型的双T板模板见图20-100。

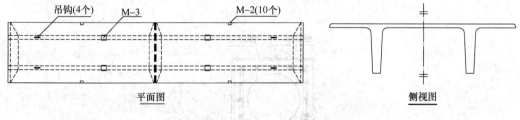

图20-100 双T板模板

放张时双T板混凝土强度一般应达到设计混凝土强度等级的100%。

当肋梁与支座混凝土梁采用螺栓连接时，应在肋梁端部预埋$\phi 20$mm（内径）钢管。预埋钢管应避开预应力筋。对于标志宽度小于3m的非标准双T板，应在构件制作时去掉部分翼板，但不应伤及肋梁。

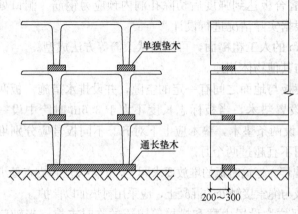

图 20-101 双 T 板堆放示意图

双 T 板吊装时应保证所有吊钩均匀受力,并宜采用专用吊具。双 T 板堆放场地应平整压实。堆放时,除最下层构件采用通长垫木外,上层的垫木宜采用单独垫木。垫木应放在距板端 200～300mm 处,并做到上下对齐,垫平垫实。构件堆放层数不宜超过 5 层,见图 20-101。

双 T 板运输时应有可靠的锚固措施,运输时垫木的摆放要求与堆放时相同。运输时构件层数不宜超过 3 层。

安装过程中双 T 板承受的荷载(包括双 T 板自重)不应大于该构件的标准组合荷载限值。安装过程中应防止双 T 板遭受冲击作用。安装完毕后,外露铁件应作防腐、防锈处理。

20.5.4.2 先张预制桩

1. 预应力混凝土空心方桩

预应力混凝土空心方桩一般采用离心成型方法制作,预应力通过先张法施加。作为一种新型的预制混凝土桩,预应力混凝土空心方桩具有承载力高、生产周期短、节约材料等优点。目前,我国的预应力混凝土空心方桩适用于非抗震区及抗震设防烈度不超过 8 度的地区,因此可在我国大部分地区应用。常见预应力混凝土空心方桩的截面如图 20-102 所示。

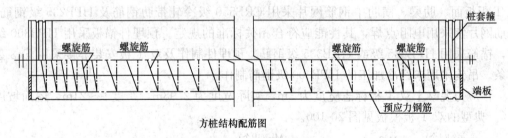

方桩结构配筋图

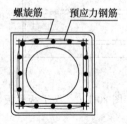

图 20-102 空心方桩截面示意

预应力钢筋镦头应采用热镦工艺,镦头强度不得低于该材料标准强度的 90%。采用先张法施加预应力工艺,张拉力应计算后确定,并采用应力和伸长值双重控制来确保张拉力的控制。

成品放置应标明合格印章及制造厂、产品商标、标记、生产日期或编号等内容。堆放场地与堆放层数应符合现行行业标准《预应力混凝土空心方桩》JG/T 197 的规定。

空心方桩吊装宜采用两支点法，支点位置距桩端 $0.21L$（L 为桩长）。若采用其他吊法，应进行吊装验算。

预应力混凝土空心方桩可采用锤击法和静压法进行施工。采用锤击法时，应根据不同的工程地质条件以及桩的规格等，并结合各地区的经验，合理选择锤重和落距。采用静压法时，可根据具体工程地质情况合理选择配重，压桩设备应有加载反力读数系统。

蒸汽养护后的空心方桩应在常温下静停 3d 后方可沉桩施工。空心方桩接桩可采用钢端板焊接法，焊缝应连续饱满。桩帽和送桩器应与方桩外形相匹配，并应有足够的强度、刚度和耐打性。桩帽和送桩器的下端面应开孔，使桩内腔与外界相通。

在沉桩过程中不得任意调整和校正桩的垂直度。沉桩时，出现贯入度、桩身位移等异常情况时，应停止沉桩，待查明原因并进行必要的处理后方可继续施工。桩穿越硬土层或进入持力层的过程中除机械故障外，不得随意停止施工。空心方桩一般不宜截桩，如遇特殊情况确需截桩时，应采用机械法截桩。

2. 预应力混凝土管桩

预应力混凝土管桩包括预应力高强混凝土管桩（PHC）、预应力混凝土管桩（PC）、预应力混凝土薄壁管桩（PTC）。预应力均通过先张法施加。PHC、PC 桩适用于非抗震和抗震设防烈度不超过 7 度的地区，PTC 桩适用于非抗震和抗震设防烈度不超过 6 度的地区。常见预应力混凝土管桩的截面如图 20-103 所示。

制作管桩的混凝土质量应符合国家现行标准《混凝土质量控制标准》GB 50164、《先张法预应力混凝土管桩》GB/T 13476、《先张法预应力混凝土薄壁管桩》JC/T 888 的规

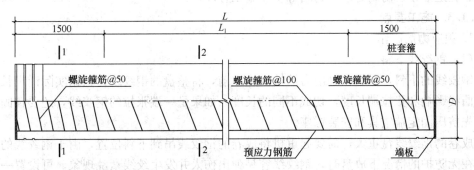

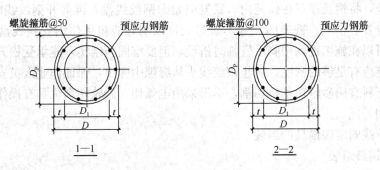

图 20-103 预应力混凝土管桩截面示意

定，并应按上述标准的要求进行检验。

20.6 预应力混凝土后张法施工

后张法是指结构或构件成型之后，待混凝土达到要求的强度后，在结构或构件中进行预应力筋的张拉，并建立预压应力的方法。

由于后张法预应力施工不需要台座，比先张法预应力施工灵活便利，目前现浇预应力混凝土结构和大型预制构件均采用后张法施工。后张法预应力施工按粘结方式可以分为有粘结预应力、无粘结预应力和缓粘结预应力三种形式。

后张法施工所用的成孔材料，通常是金属波纹管和塑料波纹管等。

后张法施工所用的预应力筋主要是预应力钢绞线、预应力钢丝及精轧螺纹钢，也有在高腐蚀环境中采用非金属材料制成的预应力筋等。

20.6.1 有粘结预应力施工

20.6.1.1 特点

后张有粘结预应力是应用最普遍的一种预应力形式，有粘结预应力施工既可以用于现浇混凝土构件中，也可以用于预制构件中，两者施工顺序基本相同。有粘结预应力施工最主要的特点是在预应力筋张拉后要进行孔道灌浆，使预应力筋包裹在水泥浆中，灌注的水泥浆既起到保护预应力筋的作用，又起到传递预应力的效果。

20.6.1.2 施工工艺

后张法有粘结预应力施工通常包括铺设预应力筋管道、预应力筋穿束、预应力筋张拉锚固、孔道灌浆、防腐处理和封堵等主要施工程序。

20.6.1.3 施工要点

1. 预应力筋制作

（1）钢绞线下料

钢绞线的下料，是指在预应力筋铺设施工前，将整盘的钢绞线，根据实际铺设长度并考虑曲线影响和张拉端长度，切成不同的长度。如果是一端张拉的钢绞线，还要在固定端处预先挤压固定端锚具和安装锚座。

成卷的钢绞线盘重大，需要起重机将成卷的钢绞线吊到下料位置，由于钢绞线的弹力大，在无防护的情况下放盘时，钢绞线容易弹出伤人并发生绞线紊乱现象。可设置一个简易牢固的铁笼，将钢绞线罩在铁笼内，铁笼应紧贴钢绞线盘，再剪开钢绞线的包装钢带。将绞线头从盘卷心抽出。铁笼的尺寸不宜过大，以刚好能包裹住钢绞线线盘的外径为合适。铁笼也可以在施工现场用脚手管临时搭设，但要牢固、结实，能承受松开钢绞线产生的推力；铁笼应有足够的密度，防止钢绞线头从缝隙中弹出，保证作业人员安全操作。

钢绞线下料宜用砂轮切割机切割，不得采用电弧切。砂轮切割机具有操作方便、效率高、切口规则等优点。

（2）钢绞线固定端锚具的组装

1）挤压锚具组装

挤压组装通常是在下料时进行，然后再运到施工现场铺放，也可以将挤压机运至铺放施工现场进行挤压组装。

2）压花锚具成型

压花锚具是通过纵向挤压钢绞线，使其局部散开，形成梨状。梨形头和其后一段直线粘结，与混凝土握裹而形成对钢绞线的锚固。

3）质量要求

挤压锚具制作时，压力表读数应符合操作说明书的规定，挤压后预应力筋外端应露出挤压套筒 1～5mm。

钢绞线压花锚成型时，表面应清洁、无油污，梨形头尺寸和直线段长度应符合设计要求。

（3）预应力钢丝下料

1）钢丝下料

消除应力钢丝开盘后，可直接下料。钢丝下料时如发现钢丝表面有电接头或机械损伤，应随时剔除。

采用镦头锚具时，钢丝的长度偏差允许值要求较严。为了达到规定要求，钢丝下料可用钢管限位法或用牵引索在拉紧状态下进行。钢管固定在木板上，钢管内径比钢丝直径大 3～5mm，钢丝穿过钢管至另一端角铁限位器时，用切断装置切断。限位器与切断器切口间的距离，即为钢丝的下料长度。

2）钢丝编束

为保证钢丝束两端钢丝的排列顺序一致，穿束与张拉时不致紊乱，每束钢丝都须进行编束。

采用镦头锚具时，根据钢丝分圈布置的特点，首先将内圈和外圈钢丝分别用钢丝按顺序编扎，然后将内圈钢丝放在外圈钢丝内扎牢。为了简化钢丝编束，钢丝的一端可直接穿入锚杯，另一端距端部约 20cm 处编束，以便穿锚板时钢丝不紊乱。钢丝束的中间部分可根据长度适当编扎几道。

3）钢丝镦头

钢丝镦粗的头形，通常有蘑菇形和平台形两种。前者受锚板的硬度影响大，如锚板较软，镦头易陷入锚孔而断于镦头处；后者由于有平台，受力性能较好。

钢丝束两端采用镦头锚具时，同束钢丝下料长度的极差应不大于钢丝长度的 1/5000，且不得大于 5mm；对长度小于 10m 的钢丝束极差可取 2mm。

钢丝镦头尺寸应不小于规定值，头形应圆整端正；钢丝镦头的圆弧形周边如出现纵向微小裂纹尚可允许，如裂纹长度已延伸至钢丝母材或出现斜裂纹或水平裂纹，则不允许。

2. 预留孔道

预应力预留孔道的形状和位置通常要根据结构设计图纸的要求而定。最常见的有直线形、曲线形、折线形和 U 形等形状。

预留孔道的直径，应根据孔道内预应力筋的数量、曲线孔道形状和长度、穿筋难易程度等因素确定。对于孔道曲率较大或孔道长度较长的预应力构件，应适当选择孔径较大的波纹管，否则在同一孔道中，先穿入的预应力筋比较容易而后穿入的预应力筋会非常困难。孔道面积宜为预应力筋净面积的 4 倍左右。表 20-69 列出了常用钢绞线数量与波纹管直径的关系参考值。

常用 φ15.2mm 钢绞线数量与波纹管直径的关系（参考值）　　表 20-69

锚具型号	钢绞线（根数）	波纹管外径（mm）	接头管外径（mm）	孔道、绞线面积比
15-3	3	50	55	4.7
15-4	4	55	60	4.2
15-5	5	60	65	4
15-6/7	6/7	70	75	3.9
15-8/9	8/9	80	85	4
15-12	12	95	100	4.2
15-15	15	100	105	3.7
15-19	19	115	120	3.9
15-22	22	130	140	4.3
15-27	27	140	150	4.1
15-31	31	150	160	4.1

注：表中 15-3 代表可锚固直径 15.2mm，3 根钢绞线。

（1）预应力孔道的间距与保护层应符合下列规定：

1）对预制构件，孔道的水平净间距不宜小于 30mm，且不应小于粗骨料直径的 1.25 倍；孔道至构件边缘的净间距不应小于 30mm，且不应小于孔道半径。

2）对现浇构件，预留孔道在竖直方向的净间距不应小于孔道外径，水平方向的净间距不宜小于孔道直径的 1.5 倍。从孔壁算起的混凝土最小保护层厚度，梁底不宜小于 50mm，梁侧不宜小于 40mm。

（2）预留孔道方法：预留孔道通常为预埋管法。

（3）预埋管法是在结构或构件绑扎骨架钢筋时先放入金属波纹管、塑料波纹管或钢管，形成预应力筋的孔道。埋在混凝土中的孔道材料一次性永久地留在结构或构件中。

（4）常用的后张预埋管材料主要有：金属波纹管、塑料波纹管、普通薄壁钢管（厚度通常为 2mm）等。

（5）预留孔道铺设施工：

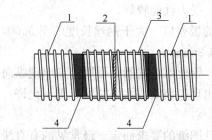

图 20-104　波纹管连接构造图
1—波纹管；2—接口处；
3—接头管；4—封口胶带

1）金属波纹管的连接：

金属波纹管的连接，通常采用对接的方法，用大一号同型的波纹管做接头管，旋转波纹管连接。接头管的长度宜为管径的 3~4 倍，两端旋入长度应大致相等。普通波纹管通常为 200~400mm，其两端采用密封胶带缠绕包裹，见图 20-104。

2）塑料波纹管的连接：

塑料波纹管的波纹分直肋和螺旋肋两种，螺旋肋塑料波纹管的连接方式与金属波纹管相同，即采用直径大一号的塑料接头管套在塑料波纹管上，旋转到波纹管对接处，用塑料封口胶带缠裹严密；对于直肋塑料波纹管，一般有专用接头管，通常也是直径大一号的塑料波纹管，分成两半，在接口处对接并用细镀锌钢丝绑扎后再用塑料防水胶带缠裹严密。对大口径的塑料波纹管也可采用专用的塑料焊接机热熔焊接。塑料接头套管的长度不小于 300mm。

3) 波纹管的铺设安装：

金属波纹管或塑料波纹管铺设安装前，应按设计要求在箍筋上标出预应力筋的曲线坐标位置，点焊或绑扎钢筋马凳。马凳间距：对圆形金属波纹管宜为 1~1.5m，对扁波纹管和塑料波纹管宜为 0.8~1m。波纹管安装后，应与一字形或井字形钢筋马凳用钢丝绑扎固定。

钢筋马凳应与钢筋骨架中的箍筋电焊或牢固绑扎。为防止钢筋马凳在穿预应力筋过程中受压变形，钢筋马凳材料应考虑波纹管和钢绞线的重量，可选择直径 10mm 以上的钢筋制成。

波纹管安装就位过程中，应避免大曲率弯管和反复弯曲，以防波纹管管壁开裂。同时，还应防止电焊施工烧破管壁或钢筋施工中扎破波纹管。浇筑混凝土时，在有波纹管的部位也应严禁用钢筋捣混凝土，防止损坏波纹管。

在合梁的侧模板前，应对波纹管的密封情况进行检查，如发现有破裂的地方要用防水胶带缠裹好，在确定没有破洞或裂缝后方可合梁的侧模板。

竖向预应力结构采用薄壁钢管成孔时应采用定位支架固定，每段钢管的长度应根据施工分层浇筑的高度确定。钢管接头处宜高于混凝土浇筑面 500~800mm，并用堵头临时封口，防止杂物或灰浆进入孔道内。薄壁钢管宜采用带丝扣套管连接，也可采用焊接连接，接口处应对齐，焊口应均匀连续。

(6) 波纹管的铺设绑扎质量要求：

1) 预留孔道及端部埋件的规格、数量、位置和形状应符合设计要求。
2) 预留孔道的定位应准确，绑扎牢固，浇筑混凝土时不应出现位移和变形。
3) 孔道应平顺，不能有死弯，弯曲处不能开裂，端部的预埋喇叭管或锚垫板应垂直于孔道的中心线。
4) 接口处，波纹管口要相接，接头管长度应满足要求，绑扎要密封牢固。
5) 波纹管控制点的设计偏差应符合表 20-70 的规定。

预应力筋束形（孔道）控制点设计位置允许偏差（mm） 表 20-70

构件截面高（厚）度	$h \leqslant 300$	$300 < h \leqslant 1500$	$h > 1500$
偏差限值	±5	±10	±15

(7) 灌浆孔、出浆排气管和泌水管：

在预应力筋孔道两端，应设置灌浆孔和出浆孔。灌浆孔通常位于张拉端的喇叭管处，灌浆时需要在灌浆口处外接一根金属灌浆管；如果在没有喇叭管处（如锚固端），可设置在波纹管端部附近，利用灌浆管引至构件外。为保证浆液畅通，灌浆孔的内孔径一般不宜小于 20mm。

曲线预应力筋孔道的波峰和波谷处，可间隔设置排气管，排气管实际上起到排气、出浆和泌水的作用，在特殊情况下还可作为灌浆孔用。波峰处的排气管伸出梁面的高度不宜小于 500mm，波底处的排气管应从波纹管侧面开口接出伸至梁上或伸到模板外侧。对于多跨连续梁，由于波纹管较长，如果从最初的灌浆孔到最后的出浆孔距离很长，则排气管也可兼作灌浆孔用于连续接力式灌浆。其间距对于预埋波纹管孔道不宜大于 30m。为防止排气管被混凝土挤扁，排气管通常由增强硬塑料管制成，管的壁厚应大于 2mm。

金属波纹管留灌浆孔（排气孔、泌水孔）的做法是在波纹管上开孔，直径在20～30mm，用带嘴的塑料弧形盖板与海绵垫覆盖，并用钢丝扎牢，塑料盖板的嘴口与塑料管用专业卡子卡紧（图20-105）。

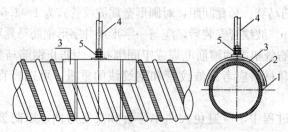

图20-105 灌浆孔的设置示意图
1—波纹管；2—海绵垫；3—塑料盖板；4—塑料管；5—固定卡子

在波谷处设置泌水管，应使塑料管朝两侧放置，然后从梁上伸出来。不能朝上放置，否则张拉预应力筋后可能造成预应力筋堵住排气孔的现象出现（图20-106）。

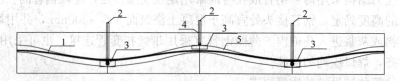

图20-106 预应力筋在波纹管中位置图
1—预应力筋；2—排气孔；3—塑料弧形盖板；4—塑料管；5—波纹管孔道

钢绞线在波峰与波谷位置及排气管的安装位置见图20-107。

3. 张拉端、锚固端铺设

（1）张拉端的布置

张拉端的布置，应考虑构件尺寸、局部承压、锚固体系合理布置等，同时满足张拉施工设备空间要求。通常承压板的间隔设置在20～50mm为宜（图20-108）。

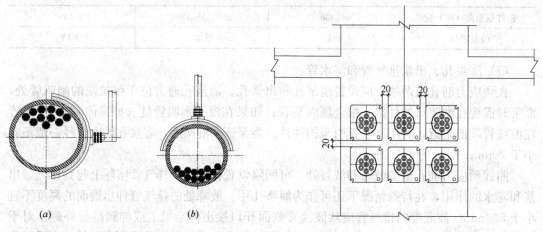

图20-107 钢绞线在波峰与波谷位置及排气管的安装位置图
(a) 波谷；(b) 波峰

图20-108 柱端预应力锚固图

有粘结预应力筋设在梁柱节点的张拉端上，如图 20-109 所示。

(2) 锚固端的布置

有粘结预应力钢绞线的锚固端通常采用挤压锚具，在梁柱节点处，锚固端的挤压锚具应均匀散开放在混凝土支座内，波纹管应伸入混凝土支座内（图 20-110）。

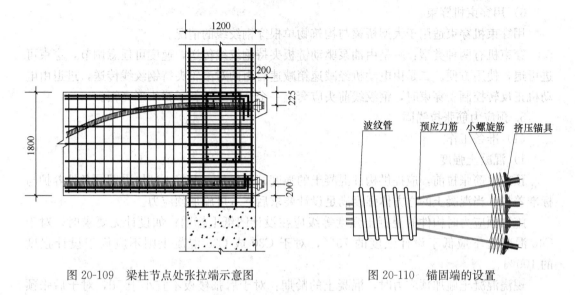

图 20-109　梁柱节点处张拉端示意图　　　　图 20-110　锚固端的设置

4. 预应力筋穿束

(1) 根据穿束时间，可分为先穿束法和后穿束法两种。

1) 先穿束法：在浇筑混凝土之前穿束。先穿束法省时省力，能够保证预应力筋顺利放入孔道内。但是如果波纹管绑扎不牢固，预应力筋的自重会引起波纹管变位，会影响到矢高的控制；如果穿入的钢绞线不能及时张拉和灌浆，钢绞线易生锈。

2) 后穿束法：即在浇筑混凝土之后穿束。此法可在混凝土养护期内进行，穿束不占工期。穿束后即行张拉，预应力筋易于防锈。对于金属波纹管孔道，在穿预应力筋时，预应力筋的端部应套有保护帽，防止预应力筋损坏波纹管。

(2) 根据一次穿入预应力筋的数量，可分为整束穿束、多根穿束和单根穿束。钢丝束应整束穿；钢绞线宜采用整束穿，也可用多根或单根穿。穿束工作可采用人工、卷扬机或穿束机进行。

1) 人工穿束：

对曲率不是很大，且长度不大于 30m 的曲线束，适宜人工穿束。

人工穿束可利用起重设备将预应力筋吊放到脚手架上，工人站在脚手架上逐步穿入孔内。预应力筋的前端应安装保护帽或用塑料胶带将端头缠绕牢固形成一个厚厚的圆头，防止预应力筋（主要是钢绞线）的端部损坏波纹管壁，以便顺利通过孔道。对多波曲线束且长度超过 80m 的孔道，宜采用特制的牵引头（钢丝网套套住要牵引的预应力筋端部），工人在前头牵引，后头推送，用对讲机沟通，保持前后两端同时出现。

钢绞线编束宜用 20 号钢丝绑扎，间距 2～3m。编束时应先将钢绞线理顺，并尽量使各根钢绞线松紧一致。如钢绞线单根穿入孔道，则不编束。

2) 用卷扬机穿束：

对多波曲率较大，孔道直径偏小且束长大于80m的预应力筋，也可采用卷扬机穿束。钢绞线与钢丝绳间用特制的牵引头连接。每次牵引一组2～3根钢绞线，穿束速度快。

卷扬机宜采用慢速，每分钟约10m，电动机功率为1.5～2kW。

3) 用穿束机穿束：

用穿束机穿束适用于大型桥梁与构筑物单根穿钢绞线的情况。

穿束机有两种类型：一是由油泵驱动链板夹持钢绞线传送，速度可任意调节，穿束可进可退，使用方便。二是由电动机经减速箱减速后由两对滚轮夹持钢绞线传送，进退由电动机正反转控制。穿束时，钢绞线前头应套上一个金属或塑料子弹头形壳帽。

5. 预应力筋张拉锚固

（1）准备工作

1) 混凝土强度

预应力筋张拉前，应提供构件混凝土的强度试压报告。混凝土试块采用同条件养护与标准养护。当混凝土的立方体强度满足设计要求后，方可施加预应力。

施加预应力时构件的混凝土强度等级应在设计图纸上标明；如设计无要求时，对于C40混凝土不应低于设计强度的75%，对于C30或C35混凝土则不应低于设计强度的100%。

现浇混凝土施加预应力时，混凝土的龄期：对于后张楼板不宜小于5d，对于后张预应力大梁不宜小于7d。

对于有通过后浇带的预应力构件，应使后浇带的混凝土强度也达到上述要求后再进行张拉。

后张法构件为了搬运等需要，可提前施加一部分预应力，以承受自重等荷载。张拉时混凝土的立方体强度不应低于设计强度等级的60%。必要时进行张拉端的局部承压计算，防止混凝土因强度不足而产生裂缝。

2) 构件张拉端部位清理

锚具安装前，应清理锚垫板端面的混凝土残渣和喇叭管口内的封堵与杂物。应检查喇叭管或锚垫板后面的混凝土是否密实，如发现有空洞，应剔凿补实后，再开始张拉。

应仔细清理喇叭口外露的钢绞线上的混凝土残渣和水泥浆，如果锚具安装处的钢绞线上留有混凝土残渣或水泥浆，将严重影响夹片锚具的锚固性能，张拉后可能发生钢绞线回缩的现象。

3) 张拉操作平台搭设

高空张拉预应力筋时，应搭设安全可靠的操作平台。张拉操作台应能承受操作人员与张拉设备的重量，并装有防护栏杆。一般情况下平台可站3～5人，操作面积为3～5m²。为了减轻操作平台的负荷，张拉设备应尽量移至靠近的楼板上，无关人员不得停留在操作平台上。

4) 锚具与张拉设备准备

① 锚具

锚具应有产品合格报告，进场后应经检验合格方可使用。锚具外观应干净整洁，允许锚具带有少量的浮锈，但不能锈蚀严重。

(a) 钢绞线束夹片锚固体系：安装锚具时应注意工作锚环或锚板对中，夹片必须安装橡胶圈或钢丝圈，均匀打紧并外露一致。

(b) 钢丝束锥形锚固体系：由于钢丝沿锚环周边排列且紧靠孔壁，因此安装钢质锥形锚具时必须严格对中，钢丝在锚环周边应分布均匀。

(c) 钢丝束镦头锚固体系：由于穿束关系，其中一端锚具要后装，并进行镦头。配套的工具式拉杆与连接套筒应事先准备好，此外还应检查千斤顶的撑脚是否适用。

② 张拉设备准备

预应力筋应采用相应吨位的千斤顶整束张拉。对直线形或平行排放的预应力钢绞线束，在各根钢绞线互不叠压时也可采用小型千斤顶逐根张拉。

张拉设备应进场前进行配套标定，配套使用。标定过的张拉设备在使用 6 个月后要再次进行标定才能继续使用。在使用中张拉设备出现不正常现象或千斤顶检修后，应重新标定。

预应力筋张拉设备和仪表应根据预应力筋的种类、锚具类型和张拉力合理选用。张拉设备的正常使用范围为 25%～90% 的额定张拉力。

张拉用压力表的精度不低于 0.4 级。标定张拉设备的试验机或测力精度不应低于 ±0.5%。

安装张拉设备时，对直线预应力筋，应使张拉力的作用线与预应力筋的中心线重合；对曲线预应力筋，应使张拉力的作用线与预应力筋中心线末端的切线重合。

安装多孔群锚千斤顶时，千斤顶上的工具锚孔位与构件端部工作锚的孔位排列要一致，以防钢绞线在千斤顶穿心孔内错位或交叉。

③ 资料准备

预应力筋张拉前，应提供设备标定证书并计算所需张拉力、压力读数表、张拉伸长值，并说明张拉顺序和方法，填写张拉申请单。

(2) 预应力筋张拉

1) 预应力筋张拉顺序

预应力构件的张拉顺序，应根据结构受力特点、施工方便性、操作安全等因素确定。

对现浇预应力混凝土框架结构，宜先张拉楼板、次梁，后张拉主梁。

对预制屋架等平卧叠浇构件，应从上而下逐榀张拉。预应力构件中预应力筋的张拉顺序，应遵循对称张拉原则，应使混凝土不产生超应力、构件不扭转与侧弯、结构不变位等。同时，还应考虑到尽量减少张拉设备的移动次数。

后张法预应力混凝土屋架等构件，一般在施工现场平卧重叠制作，重叠层数为 3～4 层。其张拉顺序宜先上后下逐层进行。为了减少上下层之间因摩擦引起的预应力损失，可逐层加大张拉力。

2) 预应力筋张拉方式

预应力筋的张拉方法，应根据设计和施工计算要求采取一端张拉或两端张拉。

① 一端张拉方式：预应力筋只在一端张拉，而另一端作为固定端不进行张拉。由于受摩擦的影响，一端张拉会使预应力筋的两端应力值不同，当预应力筋的长度超过一定值（曲线配筋约为 30m）时锚固端与张拉端的应力值的差别将明显加大，因此采用一端张拉的预应力筋，不宜超过 30m。如设计人员根据计算或实际条件认为可以放宽以上限制的

话,也可采用一端张拉。

② 两端张拉方式:对预应力筋的两端进行张拉和锚固,通常一端先张拉,另一端补张拉。

两端张拉通常是在一端张拉到设计值后,再移至另一端张拉,补足张拉力后锚固。如果预应力筋较长,先张拉一端的预应力筋伸长值较长,通常要张拉两个缸程以上,才能到设计值,而另一端则伸长值很小。

③ 分批张拉方式:对配有多束预应力筋的同一构件或结构,分批进行预应力筋的张拉。由于后批预应力筋张拉所产生的混凝土弹性压缩变形会对先批张拉的预应力筋造成预应力损失,所以先批张拉的预应力筋张拉力应加上该弹性压缩损失值或将弹性压缩损失平均值统一增加到每根预应力筋的张拉力内。

现浇混凝土结构或构件自身的刚度较大时,一般情况下后批张拉对先批张拉造成的损失并不大,通常不计算后批张拉对先批张拉造成的预应力损失,并调整张拉力,而是在张拉时,将张拉力提高 1.03 倍,来消除这种损失。这样做也使得预应力筋的张拉变得简单快捷。

④ 分段张拉方式:在多跨连续梁板分段施工时,通长的预应力筋需要采取逐段进行张拉的方式。对大跨度多跨连续梁,在第一段混凝土浇筑与预应力筋张拉锚固后,第二段预应力筋利用锚头连接器接长,以形成通长的预应力筋。

当预应力结构中设置后浇带时,为减少梁下支撑体系的占用时间,可先张拉后浇带两侧预应力筋,用搭接的预应力筋将两侧预应力连接起来。

⑤ 阶段张拉方式:在后张预应力转换梁等结构中,因为荷载是分阶段逐步加到梁上的,预应力筋通常不允许一次张拉完成。为了平衡各阶段的荷载,需要采取分阶段逐步施加预应力。分阶段施加预应力有两种方法:一种是对全部的预应力筋分阶段进行如 30%、70%、100%的多次张拉。另一种是分阶段对如 30%、70%、100%的预应力筋进行张拉。第一种张拉方式需要对锚具进行多次张拉。

分阶段所加荷载不仅是外载(如楼层重量),也包括由内部体积变化(如弹性缩短、收缩与徐变)产生的荷载。梁的跨中处下部与上部纤维应力应控制在容许范围内。这种张拉方式具有应力、挠度与反拱容易控制,省材料等优点。

⑥ 补偿张拉方式:在早期预应力损失基本完成后,再进行张拉的方式。采用这种补偿张拉方式,可克服弹性压缩损失、减少钢材应力松弛损失、混凝土收缩徐变损失等,以达到预期的预应力效果。

3) 张拉操作顺序

预应力筋的张拉操作顺序,主要根据构件类型、张拉锚固体系、松弛损失等因素确定。

① 采用低松弛钢丝和钢绞线时,张拉操作程序为 $0 \rightarrow \sigma_{con}$(锚固)。

② 采用普通松弛预应力筋时,按下列超张拉程序进行操作:

对镦头锚具等可卸载锚具 $0 \rightarrow 1.05\sigma_{con}$ ——持荷 2min $\rightarrow \sigma_{con}$(锚固)。

对夹片锚具等不可卸载夹片式锚具 $0 \rightarrow 1.03\sigma_{con}$(锚固)。

以上各种张拉操作程序,均可分级加载,对曲线预应力束,一般以 $0.2\sigma_{con} \sim 0.25\sigma_{con}$ 为量测伸长伸起点,分 3 级加载($0.2\sigma_{con}$、$0.6\sigma_{con}$ 及 $1\sigma_{con}$)或 4 级加载($0.25\sigma_{con}$、

$0.5\sigma_{con}$、$0.75\sigma_{con}$ 及 $1\sigma_{con}$），每级加载均应量测张拉伸长值。

当预应力筋长度较大，千斤顶张拉行程不够时，应采取分级张拉、分级锚固。第二级初始油压为第一级最终油压。

预应力筋张拉到规定力值后，持荷复验伸长值，合格后进行锚固。

4) 张拉伸长值校核

关于张拉伸长值的计算，详见20.4.5节。预应力筋张拉伸长值的量测，应在建立初应力之后进行。其实际伸长值可按公式20-43计算。

关于推算伸长值，初应力的推算伸长值 ΔL_2，可根据弹性范围内张拉力与伸长值成正比的关系，用计算法或图解法确定。

采用图解法时，图20-111 中以伸长值为横坐标，张拉力为纵坐标，将各级张拉力的实测伸长值标在图上，绘成张拉力与伸长值关系线 CAB，然后延长此线与横坐标交于 O' 点，则 OO' 段即为推算伸长值。

此外，在锚固时应检查张拉端预应力筋的内缩值，以免由于锚固引起的预应力损失超过设计值。如实测的预应力筋内缩量大于规定值，则应改善操作工艺，更换限位板或采取超张拉等方法弥补。

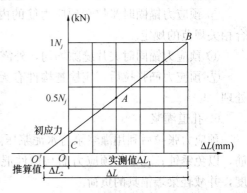

图 20-111 图解法计算伸长值

5) 张拉安全要求与注意事项

① 在预应力作业中，必须特别注意安全。因为预应力持有很大的能量，如果预应力筋被拉断或锚具与张拉千斤顶失效，巨大能量急剧释放，有可能造成很大危害。因此，在任何情况下作业人员不得站在预应力筋的两端，同时在张拉千斤顶的后面应设立防护装置。

② 操作千斤顶和测量伸长值的人员，应站在千斤顶侧面操作，严格遵守操作规程。油泵开动过程中，不得擅自离开岗位。如需离开，必须把油阀门全部松开或切断电路。

③ 钢丝束镦头锚固体系在张拉过程中应随时拧上螺母，以保证安全；锚固时如遇钢丝束偏长或偏短，应增加螺母或用连接器解决。

④ 工具锚夹片，应注意保持清洁和良好的润滑状态。工具锚夹片第一次使用前，应在夹片背面涂上润滑脂。以后每使用 5～10 次，应将工具锚上的夹片卸下，向工具锚板的锥形孔中重新涂上一层润滑剂，以防夹片在退锚时卡住。润滑剂可采用石墨、二硫化钼、石蜡或专用退锚润滑剂等。

⑤ 多根钢绞线束夹片锚固体系如遇到个别钢绞线滑移，可更换夹片，用小型千斤顶单根张拉。

6) 张拉质量要求

在预应力张拉通知单中，应写明张拉结构与构件名称、张拉力、张拉伸长值、张拉千斤顶与压力表编号、各级张拉力的压力表读数，以及张拉顺序与方法等说明，以保证张拉质量。

① 施加预应力时混凝土强度应满足设计要求，且不低于现浇结构混凝土最小龄期：

对后张楼板不宜小于 5d，对后张大梁不宜小于 7d。另外，预应力筋张拉时的环境温度不宜低于－15℃。

② 张拉顺序应符合设计要求，当设计无具体要求时，应遵循均匀、对称的张拉原则，并应使构件或结构的受力均匀。

③ 预应力筋张拉伸长实测值与计算值的偏差应不大于±6%。

④ 预应力筋张拉时，发生断裂或滑脱的数量严禁超过同一截面预应力筋总根数的 3%，且每束钢丝不得超过一根；对多跨双向连续板和密肋板，其同一截面应按每跨计算。

⑤ 预应力锚固时张拉端预应力筋的内缩量，应符合设计要求；如设计无要求，应符合相关规范的规定。

⑥ 预应力锚固时夹片缝隙均匀，外露一致（一般为 2～3mm），且不应大于 4mm。

⑦ 预应力筋张拉后，应检查构件有无开裂现象。如出现有害裂缝，应会同设计单位处理。

6. 孔道灌浆

预应力张拉后利用灌浆泵将水泥浆压灌到预应力孔道中去，其作用：一是保护预应力筋，以免锈蚀；二是使预应力筋与构件混凝土有效粘结，以控制超载时裂缝的间距与宽度，并减轻梁端锚具的负荷。

预应力筋张拉完成并经检验合格后，应尽早进行孔道灌浆。

(1) 灌浆前准备工作

灌浆前应全面检查预应力筋孔道、灌浆孔、排气孔、泌水管等是否通畅。对抽芯成孔的混凝土孔道宜用水冲洗后灌浆；对预埋管成型的孔道不得用水冲洗孔道，必要时可采用压缩空气清孔。

灌浆设备的配备必须确保连续工作的条件，根据灌浆高度、长度、束形等条件选用合适的灌浆泵。灌浆泵应配备计量校验合格的压力表。灌浆前应检查配备设备、灌浆管和阀门的可靠性。在锚垫板上灌浆孔处宜安装单向阀门。注入泵体的水泥浆应经筛滤，滤网孔径不宜大于 2mm。与灌浆管连接的出浆孔孔径不宜小于 10mm。

灌浆前，对可能漏浆处采用高强度等级水泥浆或结构胶等封堵，待封堵材料达到一定强度后方可灌浆。

(2) 灌浆材料

1) 孔道灌浆采用普通硅酸盐水泥和水拌制。水泥的质量应符合《通用硅酸盐水泥》GB 175—2007 的规定。

孔道灌浆用水泥的质量是确保孔道灌浆质量的关键。根据《混凝土结构工程施工质量验收规范》GB 50204—2015 中的有关规定，灌浆用水泥标准养护 28d 抗压强度不应小于 $30N/mm^2$ 的规定，选用品质优良的 32.5MPa 的普通硅酸盐水泥配制的水泥浆，可满足抗压强度要求。如果设计要求水泥浆的抗压强度大于 $30N/mm^2$，宜选用 42.5MPa 的普通硅酸盐水泥配制。

2) 灌浆用水泥浆的水灰比一般不大于 0.4；搅拌后泌水率不宜大于 1%，泌水应能在 24h 内全部重新被水泥浆吸收，泌水率试验可采用 1000mL 的玻璃量筒（带刻度）；自由膨胀率不应大于 10%。

3) 水泥浆中宜掺入高性能外加剂。严禁掺入各种含氯盐或对预应力筋有腐蚀作用的外加剂。掺入外加剂后，水泥浆的水灰比可降为 0.35～0.38。

所采购的外加剂应与水泥作适应性试验并确定掺量后，方可使用。

4）所购买的合成灌浆料应有产品使用说明书、产品合格证书，并在规定的期限内使用。

5）水泥浆试块用边长 70.7mm 的立方体制作。

6）水泥浆应采用机械搅拌，应确保灌浆材料搅拌均匀。灌浆过程中应不断搅拌，以防泌水沉淀。水泥浆停留时间过长发生沉淀离析时，应进行二次灌浆。

7）水泥浆的可灌性以流动度控制：采用流淌法测定时直径不应小于 150mm，采用流锥法测定时应为 12～18s。

(3) 水泥浆流动度检测方法

水泥浆流动度可采用流锥法或流淌法测定。采用流锥法测定时，流动度为 12～18s；采用流淌法测定时不小于 150mm，即可满足灌浆要求。

1）流锥法

① 指标控制

水泥浆流动度是通过测量一定体积的水泥浆从一个标准尺寸的流锥仪中流出的时间确定。水泥浆的流出时间控制在 12～18s（根据水泥性能、气温、孔道曲线长度等因素试验确定），即可满足灌浆要求。

② 测试用具

流锥仪：图 20-112 示出了流锥仪的尺寸，用不锈钢薄板或塑料制成。水泥浆总容积为 $1725\pm50\text{mm}^3$，漏斗内径为 12.7mm。

秒表：最小读数不大于 0.5s。

铁支架：保持流锥体垂直稳定，锥斗下口与容量杯上口距离 100～150mm。

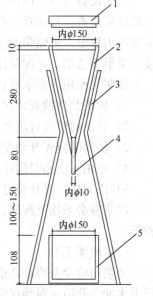

图 20-112 流锥仪示意图
1—滤网；2—漏斗；3—支架；
4—漏斗口；5—容量杯

③ 测试方法

流锥仪安放稳定后，先用湿布湿润流锥仪内壁，向流锥仪内注入水泥浆，任其流出部分浆体排出空气后，用手指按住出料口，并将容量杯放置在流锥仪出料口下方，继续向锥体内注浆至规定刻度。打开秒表，同时松开手指；当从出料口连续不断流出水泥浆注满量杯时停止秒表。秒表指示的时间即水泥浆流出时间（流动度值）。测量中，如果水泥浆流局部中断，应重作试验。

④ 测量结果

用流锥法连续测 3 次流动度，取其平均值。

2）流淌法

① 指标控制

水泥浆流动度是通过测量一定体积的水泥浆从一个标准尺寸的流淌仪提起后，在一定时间内流淌的直径确定。水泥浆的流淌直径不小于 150mm，即可满足灌浆要求。

② 测试用具

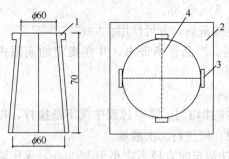

图 20-113 流淌仪示意图
1—流淌仪；2—玻璃板；3—手柄；4—测量直径

流淌仪：应符合图 20-113 所示的尺寸要求。
玻璃板：平面尺寸为 250mm×250mm。
直钢尺：长度 250mm，最小刻度 1mm。

③ 测试方法

预先将流淌仪放在玻璃板上，再将拌好的水泥浆注入流淌器内，抹平后双手迅速将流淌仪竖直提起，在水泥浆自然流淌 30s 后，量垂直两个方向的流淌直径，取平均值。

④ 测试结果

用流淌仪测定水泥浆流动度，连续作三次试验，取其平均值。

(4) 灌浆设备

灌浆设备包括：搅拌机、灌浆泵、贮浆桶、过滤网、橡胶管和灌浆嘴等。目前常用的电动灌浆泵有：柱塞式、挤压式和螺旋式。柱塞式又分为带隔膜和不带隔膜两种形式。螺旋泵压力稳定。带隔膜的柱塞泵的活塞不易磨损，比较耐用。灌浆泵应根据浆液高度、长度、束形等选用，并配备计量校验合格的压力表。

灌浆泵使用注意事项：

1) 使用前应检查球阀是否损坏或存有干水泥浆等。
2) 启动时应进行清水试车，检查各管道接头和泵体盘根是否漏水。
3) 使用时应先开动灌浆泵，然后再放入水泥浆。
4) 使用时应随时搅拌浆斗内水泥浆，防止沉淀。
5) 用完后，泵和管道必须清理干净，不得留有余浆。

灌浆嘴必须接上阀门，以保安全和节省水泥浆。橡胶管宜用带 5~7 层帆布夹层的厚胶管。

(5) 灌浆工艺

灌浆前应全面检查孔道及灌浆孔、泌水孔、排气孔是否畅通。对抽拔管成孔，可采用压力水冲洗孔道。对预埋管成孔，必要时可采用压缩空气清孔。

灌浆顺序宜先灌下层孔道后浇上层孔道。灌浆工作应缓慢均匀地进行，不得中断，并应排气通顺。在灌满孔道封闭排气孔后，应再继续加压至 0.5~0.7MPa，稳压 1~2min 后封闭灌浆孔。

当发生孔道阻塞、串孔或中断灌浆时应及时冲洗孔道或采取其他措施重新灌浆。

当孔道直径较大，采用不掺微膨胀减水剂的水泥浆灌浆时，可采用下列措施：

1) 二次压浆法：二次压浆的时间间隔为 30~45min。
2) 重力补浆法：在孔道最高点处 400mm 以上，连续不断补浆，直至浆体不下沉为止。
3) 采用连接器连接的多跨连续预应力筋的孔道灌浆，应在连接器分段的预应力筋张拉后随即进行，不得在各分段全部张拉完毕后一次连续灌浆。
4) 竖向孔道灌浆应自下而上进行，并应设置阀门，阻止水泥浆回流。为确保其灌浆的密实性，除掺微膨胀剂外，还应采用重力补浆。
5) 对超长、超高的预应力筋孔道，宜采用多台灌浆泵接力灌浆，从前置灌浆孔灌浆至后置灌浆孔冒浆，后置灌浆孔方可继续灌浆。

6) 灌浆孔内的水泥浆凝固后，可将泌水管切割至构件表面；如管内有空隙，局部应仔细补浆。

7) 当室外温度低于5℃时，孔道灌浆应采取抗冻保温措施。当室外温度高于35℃时，宜在夜间进行灌浆。水泥浆灌入前的浆体温度不应超过35℃。

8) 孔道灌浆应填写施工记录，标明灌浆日期、水泥品种、强度等级、配合比、灌浆压力和灌浆情况。

(6) 冬期灌浆

在北方地区冬期进行有粘结预应力施工时，由于不能满足平均气温高于5℃的基本要求，因此在北方地区冬期进行预应力的灌浆施工，需要对预应力混凝土构件采取升温保温措施，必须保证预应力构件的温度达到5℃以上时才可以灌浆。

冬期灌浆时，应在温度较高的中午进行灌浆作业，灌浆用水可以采用电加热的方法，将水温加热到50℃以上，趁热搅拌，连续灌浆，防止在灌浆过程中出现浆体温度低于5℃。应保证灌浆作业不停顿，一次顺利完成。

灌浆结束仍需要对结构或构件采取必要的保温措施，直至浆体达到规定强度。

(7) 真空辅助灌浆

真空辅助压浆是在预应力筋孔道的一端采用真空泵抽吸孔道中的空气，使孔道内形成负压0.1MPa的真空度，然后在孔道的另一端采用灌浆泵进行灌浆。真空辅助灌浆的优点是：

① 在真空状态下，孔道内的空气、水分以及混在水泥浆中的气泡大部分可排除，增强了浆体的密实度。

② 孔道在真空状态下，减小了由于孔道高低弯曲而使浆体自身形成的压头差，便于浆体充盈整个孔道，尤其是一些异形关键部位。

③ 真空辅助灌浆的过程是一个连续且迅速的过程，缩短了灌浆时间。

真空辅助灌浆尤其对超长孔道、大曲率孔道、扁管孔道、腐蚀环境的孔道等有明显效果。真空辅助灌浆用真空泵，可选择气泵型真空泵或水循环型真空泵。为保证孔道有良好的密封性，宜采用塑料波纹管留孔。采用真空辅助灌浆工艺时，应重视水泥浆的配合比，可掺入专门研制的孔道灌浆外加剂，能显著提高浆体的密实度。根据不同的水泥浆强度等级要求，其水灰比可为0.3~0.35。高速搅拌浆机有助于水泥颗粒分散，增加浆体的流动度。为达到封锚闭气的要求，可采用专用灌浆罩封闭、增加封锚细石混凝土厚度等闭气措施。孔道内适当的真空度有助于增加浆体的密实性。锚头灌浆罩内应设置排气阀，既可排除少量余气，又可观察锚头浆体的密实性。

预应力筋孔道灌浆前，应切除外露的多余钢绞线并进行封锚。

孔道灌浆时，在灌浆端先将灌浆阀、排气阀全部关闭。在排浆端启动真空泵，使孔道真空度达到−0.08~−0.1MPa并保持稳定，然后启动灌浆泵开始灌浆。在灌浆过程中，真空泵应保持连续工作，待抽真空端有浆体经过时关闭通向真空泵的阀门，同时打开位于排浆端上方的排浆阀门，排出少许浆体后关闭。灌浆工作继续按常规方法完成。

1) 真空灌浆施工设备

除了传统的压浆施工设备外，还需要配备真空泵、空气滤清器及配件等，见

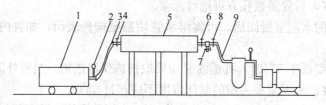

图 20-114 真空辅助压浆设备
1—灌浆泵；2—压力表；3—高压橡胶管；4—阀门；5—预应力构件；
6—透明管；7—空气滤清器；8—真空表；9—真空泵

图 20-114。抽气速率为 $2m^3/min$，极限真空为 4000Pa，功率为 4kW，重量为 80kg。

2) 真空灌浆施工工艺

① 在预应力筋孔道灌浆之前，应切除外露的钢绞线，进行封锚。封锚方式有两种：用保护罩封锚或用无收缩水泥砂浆封锚。前者应严格做到密封要求，排气口朝正上方，在灌浆后 3h 内拆除，周转使用；后者覆盖层厚度应大于 15mm，封锚后 24～36h，方可灌浆。

② 将灌浆阀、排气阀全部关闭，启动真空泵抽真空，使真空度达到 -0.06～-0.1MPa 并保持稳定。

③ 启动灌浆泵，当灌浆泵输出的浆体达到要求的稠度时，将泵上的输送管接到锚垫板上的引出管上，开始灌浆。

④ 灌浆过程中，真空泵保持连续工作。

⑤ 待抽真空端的空气滤清器有浆体经过时，关闭空气滤清器前端的阀门，稍后打开排气阀，当水泥浆从排气阀顺畅流出，且稠度与灌入的浆体相当时，关闭构件端阀门。

⑥ 灌浆泵继续工作，压力达到 0.6MPa 左右时，持压 1～2min，关闭灌浆泵及灌浆端阀门，完成灌浆。

(8) 灌浆质量要求

① 灌浆用水泥浆的配合比应通过试验确定，施工中不得随意变更。每次灌浆作业至少测试 2 次水泥浆的流动度，并应在规定的范围内。

② 灌浆试块采用边长 70.7mm 的立方体试件。其标养 28d 的抗压强度不应低于 $30N/mm^2$。移动构件或拆除底模时，水泥浆试块强度不应低于 $15N/mm^2$。

③ 孔道灌浆后，应检查孔道上凸部位灌浆密实性；如有空隙，应采取人工补浆措施。

④ 对孔道阻塞或孔道灌浆密实情况有怀疑时，可局部凿开或钻孔检查；但应以不损坏结构为前提。

⑤ 灌浆后的孔道泌水孔、灌浆孔、排气孔等均应切平，并用砂浆填实补平。

⑥ 锚具封闭后与周边混凝土之间不得有裂纹。

(9) 张拉端锚具的防腐处理和封堵

预应力筋张拉完成后应尽早进行锚具的防腐处理和封堵工作。

1) 锚具端部外露预应力筋的切断

预应力筋在张拉完成后，应采用砂轮锯或液压剪等机械方法切除锚具处外露的预应力筋头。

2）锚具表面的防腐蚀处理

为防止锚具的锈蚀，宜先刷一遍防锈漆或涂一层环氧树脂保护。

3）锚具的封堵

预应力筋张拉端可采用凸出式和凹入式做法。采取凸出式做法时，锚具位于梁端面或柱表面，张拉后用细石混凝土将锚具封堵严密。采取凹入式做法时，锚具位于梁（柱）凹槽内，张拉后用细石混凝土填平。

在锚具封堵部位应预埋钢筋，锚具封闭前应将周围混凝土清理干净、凿毛或封堵前涂刷界面剂，对凸出式锚具应配置钢筋网片，使封堵混凝土与原混凝土结合牢固。

20.6.1.4 质量验收

后张有粘结预应力施工质量，应按现行国家标准《混凝土结构工程施工质量验收规范》GB 50204 等有关规范及标准的规定进行验收。

1. 原材料

（1）主控项目

① 预应力筋进场时，应按国家现行相关标准的规定抽取试件作抗拉强度、伸长率检验，其检验结果应符合相关标准的规定。

检查数量：按进场的批次和产品的抽样检验方案确定。

检验方法：检查质量证明文件和抽样检验报告。

② 无粘结预应力钢绞线进场时，应进行防腐油脂量和保护套厚度的检验，检验结果应符合现行行业标准《无粘结预应力钢绞线》JG/T 161 的规定。

经观察认为涂包质量有保证时，无粘结预应力筋可不作油脂量和护套厚度的抽样检验。

检查数量：按现行行业标准《无粘结预应力钢绞线》JG/T 161 的规定确定。

检验方法：观察，检查质量证明文件和抽样检验报告。

③ 预应力筋用锚具应和锚垫板、局部加强钢筋配套使用，锚具、夹具和连接器进场时，应按现行行业标准《预应力筋用锚具、夹具和连接器应用技术规程》JGJ 85 的相关规定对其性能进行检验，检验结果应符合该标准的规定。

锚具、夹具和连接器用量不符合检验批规定数量的 50%，且供货方提供有效的检验报告时，可不作静载锚固性能检验。

检查数量：按现行行业标准《预应力筋用锚具、夹具和连接器应用技术规程》JGJ 85 的规定确定。

检验方法：检查质量证明文件、锚固区传力性能试验报告和抽样检验报告。

④ 处于三 a、三 b 类环境条件下的无粘结预应力筋用锚具系统，应按现行行业标准《无粘结预应力混凝土结构技术规程》JGJ 92 的相关规定检验其防水性能，检验结果应符合该标准的规定。

检查数量：同一品种、同一规格的锚具系统为一批，每批抽取 3 套。

检验方法：检查质量证明文件和抽样检验报告。

⑤ 孔道灌浆用水泥应采用硅酸盐水泥或普通硅酸盐水泥，水泥、外加剂的质量应分别符合《通用硅酸盐水泥》GB 175、《混凝土外加剂》GB 8076 和《混凝土外加剂应用技术规范》GB 50119 等的规定；成品灌浆材料的质量应符合现行国家标准《水泥基灌浆材

料应用技术规范》GB/T 50448 的规定。

检查数量：按进场批次和产品的抽样检验方案确定。

检验方法：检查质量证明文件和抽样检验报告。

(2) 一般项目

① 预应力筋进场时，应进行外观检查，其外观质量应符合下列规定：

a. 有粘结预应力筋的表面不应有裂纹、小刺、机械损伤、氧化铁皮和油污等，展开后应顺平，不应有弯折。

b. 无粘结预应力钢绞线护套应光滑，无裂缝，无明显褶皱；轻微破损处应外包防水塑料胶带修补，严重破损者不得使用。

检查数量：全数检查。

检验方法：观察。

② 预应力筋用锚具、夹具和连接器进场时，应进行外观检查，其表面应无污物、锈蚀、机械损伤和裂纹。

检查数量：全数检查。

检验方法：观察。

③ 预应力成孔管道进场时，应进行管道外观质量检查、径向刚度和抗渗性能检验，其检验结果应符合下列规定：

a. 金属管道外观应清洁，内外表面应无锈蚀、油污、附着物、孔洞；金属波纹管不应有不规则褶皱，咬口应无开裂、脱扣；钢管焊接应连续。

b. 塑料波纹管的外观应光滑、色泽均匀，内外壁不应有气泡、裂口、硬块、油污、附着物、孔洞及影响使用的划伤。

c. 径向刚度和抗渗漏性能应符合现行行业规范《预应力混凝土桥梁用塑料波纹管》JT/T 529 或《预应力混凝土用金属波纹管》JG/T 225 的规定。

检查数量：外观应全数检查；径向刚度和抗渗漏性能的检查数量应按进场的批次和产品的抽样检验方案确定。

检验方法：观察，检查质量证明文件和抽样检验报告。

2. 制作与安装

(1) 主控项目

① 预应力筋安装时，其品种、级别、规格、数量必须符合设计要求。

检查数量：全数检查。

检验方法：观察，尺量。

② 预应力筋的安装位置应符合设计要求。

检查数量：全数检查。

检验方法：观察，尺量。

(2) 一般项目

① 预应力筋端部锚具的制作质量应符合下列规定：

a. 钢绞线挤压锚具挤压完成后，预应力筋外露出挤压套筒的长度不应小于1mm。

b. 钢绞线压花锚具的梨形头尺寸和直线锚固段长度不应小于设计值。

c. 钢丝镦头不应出现横向裂纹，镦头的强度不得低于钢丝强度标准值的98%。

检查数量:对挤压锚,每工作班抽查 5%,且不应少于 5 件;对压花锚,每工作班抽查 3 件;对钢丝镦头强度,每批钢丝检查 6 个镦头试件。

检验方法:观察,尺量,检查镦头强度试验报告。

② 预应力筋或成孔管道的安装质量应符合下列规定:

a. 成孔管道的连接应密封。

b. 预应力筋或成孔管道应平顺,并应与定位支撑钢筋绑扎牢固。

c. 当后张有粘结预应力筋曲线孔道波峰和波谷的高差大于 300mm,且采用普通灌浆工艺时,应在孔道波峰设置排气孔。

d. 锚垫板的承压面应与预应力筋或孔道曲线末端垂直,预应力筋或孔道曲线末端直线段长度应符合表 20-71 的规定。

预应力筋曲线起始点与张拉锚固点之间直线段最小长度　　　表 20-71

预应力筋张拉控制力 N(kN)	$N<1500$	$1500 \leqslant N \leqslant 6000$	$N>6000$
直线段最小长度(mm)	400	500	600

检查数量:第 a~c 款应全数检查;第 d 款应抽查预应力束总数的 10%,且不少于 5 束。

检验方法:观察,尺量。

③ 预应力筋或孔道定位控制点的竖向位置偏差应符合表 20-69 的规定,其合格点率应达到 90% 及以上,且不得有超过表中数值 1.5 倍的尺寸偏差。

检查数量:在同一检验批内,应抽查各类型构件总数的 10%,且不少于 3 个构件,每个构件不应少于 5 处。

检验方法:尺量。

3. 张拉和放张

(1) 主控项目

① 预应力筋张拉或放张前,应对构件混凝土强度进行检验。同条件养护的混凝土立方体试件抗压强度应符合设计要求,当设计无具体要求时应符合下列规定:

a. 应达到配套锚固产品技术要求的混凝土最低强度且不应低于设计混凝土强度等级值的 75%。

b. 对采用消除应力钢丝或钢绞线作为预应力筋的先张法构件,不应低于 30MPa。

检查数量:全数检查。

检验方法:检查同条件养护试件抗压强度试验报告。

② 对后张法预应力结构构件,钢绞线出现断裂或滑脱的数量不应超过同一截面钢绞线总根数的 3%,且每根断裂的钢绞线断丝不得超过一丝;对多跨双向连续板,其同一截面应按每跨计算。

检查数量:全数检查。

检验方法:观察,检查张拉记录。

③ 先张法预应力筋张拉锚固后,实际建立的预应力值与工程设计规定检验值的相对允许偏差为 5%。

检查数量:每工作班抽查预应力筋总数的 1%,且不应小于 3 根。

检验方法：检查预应力筋应力检测记录。

(2) 一般项目

① 预应力筋张拉质量应符合下列规定：

a. 采用应力控制方法张拉时，张拉力下预应力筋的实测伸长值与计算伸长值的相对允许偏差为±6%。

b. 最大张拉应力应符合现行国家标准《混凝土结构工程施工规范》GB 50666 的规定。

检查数量：全数检查。

检验方法：检查张拉记录。

② 先张法预应力构件，应检查预应力筋张拉后的位置偏差，张拉后预应力筋的位置与设计位置的偏差不应大于 5mm，且不应大于构件截面短边边长的 4%。

检查数量：每工作班抽查预应力筋总数的 3%，且不应少于 3 束。

检验方法：尺量。

③ 锚固阶段张拉端预应力筋的内缩量应符合设计要求；当设计无具体要求时，应符合表 20-60 的规定。

检查数量：每工作班抽查预应力筋总数的 3%，且不少于 3 束。

检验方法：尺量。

4. 灌浆及封锚

(1) 主控项目

① 预留孔道灌浆后，孔道内水泥浆应饱满、密实。

检查数量：全数检查。

检验方法：观察，检查灌浆记录。

② 灌浆用水泥浆的性能应符合下列规定：

a. 3h 自由泌水率宜为 0，且不应大于 1%，泌水应在 24h 内全部被水泥浆吸收。

b. 水泥浆中氯离子含量不应超过水泥重量的 0.06%。

c. 当采用普通灌浆工艺时，24h 自由膨胀率不应大于 6%；当采用真空灌浆工艺时，24h 自由膨胀率不应大于 3%。

检查数量：同一配合比检查一次。

检验方法：检查水泥浆性能试验报告。

③ 现场留置的灌浆用水泥浆试件的抗压强度不应低于 30MPa。

试件抗压强度检验应符合下列规定：

a. 每组应留取 6 个边长为 70.7mm 的立方体试件，并按标准养护 28d。

b. 试件抗压强度应取 6 个试件的平均值；当一组试件中抗压强度最大值或最小值与平均值相差超过 20%时，应取中间 4 个试件强度的平均值。

检查数量：每工作班留置一组。

检验方法：检查试件强度试验报告。

④ 锚具的封闭保护应符合设计要求；当设计无具体要求时，外露锚具和预力筋的保护层厚度不应小于：一类环境时 20mm，二 a、二 b 类环境时 50mm，三 a、三 b 类环境时 80mm。

检查数量：在同一检验批内，抽查预应力筋总数的 5%，且不少于 5 处。

检验方法：观察，尺量。

(2) 一般项目

后张法预应力筋锚固后，锚具外预应力筋的外露长度不应小于其直径的 1.5 倍，且不应小于 30mm。

检查数量：在同一检验批内，抽查预应力筋总数的 3%，且不少于 5 束。

检验方法：观察，尺量。

20.6.2 无粘结预应力施工

20.6.2.1 特点

(1) 无粘结预应力施工工艺简便：

1) 无粘结预应力筋可以直接铺放在混凝土构件中，不需要铺设波纹管和灌浆施工，施工工艺比有粘结预应力施工要简便。

2) 无粘结预应力筋都是单根筋锚固，它的张拉端做法比有粘结预应力张拉端（带喇叭管）的做法所占用的空间要小很多，在梁柱节点钢筋密集区域容易通过，组装张拉端比较容易。

3) 无粘结预应力筋的张拉都是逐根进行的，单根预应力筋的张拉力比群锚的张拉力要小，因此张拉设备要轻便。

(2) 无粘结预应力筋耐腐蚀性优良：无粘结预应力筋由于有较厚的高密度聚乙烯包裹层和里面的防腐润滑油脂保护，因此它的抗腐蚀能力优良。

(3) 无粘结预应力适合楼盖体系：通常单根无粘结预应力筋直径较小，在板、扁梁结构构件中容易形成二次抛物线形状，能够更好地发挥预应力筋矢高的作用。

20.6.2.2 施工工艺

无粘结预应力主要施工工艺包括：无粘结预应力筋铺放、混凝土浇筑养护、预应力筋张拉、张拉端的切筋和封堵处理等。

20.6.2.3 施工要点

1. 无粘结预应力筋的下料与搬运

无粘结预应力筋下料应依据施工图纸，同时考虑预应力筋的曲线长度、张拉设备操作时张拉端的预留长度等。

楼板中的预应力筋下料时，通常不需要考虑预应力筋的曲线长度影响。当梁的高度大于 1000mm 或多跨连续梁下料时则需要考虑预应力曲线对下料长度的影响。

无粘结预应力筋下料切断应用砂轮锯切割，严禁使用电气焊切割。

无粘结预应力筋应整盘包装吊装搬运，搬运过程中要防止无粘结预应力筋外皮出现破损。为防止在吊装过程中将预应力筋勒出死弯，吊装搬运过程中严禁采用钢丝绳或其他坚硬吊具直接钩吊无粘结预应力筋，宜采用吊装带或尼龙绳钩吊预应力筋。

无粘结预应力筋、锚具及配件运到工地，应妥善保存，放在干燥平整的地方，夏季施工时应尽量避免阳光的曝晒。预应力筋堆放时下边要放垫木，防止泥水污染预应力筋，并避免外皮破损和锚具锈蚀。

2. 无粘结预应力筋矢高控制

为保证无粘结预应力筋的矢高准确、曲线顺滑，要求结构中支承间隔不超过 2m。支承件要与下铁绑扎牢固,防止浇筑和振捣混凝土时,位置发生偏移。

梁中预应力筋矢高控制,通常是采用直径12mm的螺纹钢筋,按照规定的高度要求点焊或绑扎在梁的箍筋位置。

3. 无粘结预应力端模和支撑体系

张拉端处的端模需要穿过无粘结筋、安装穴模,因此张拉端处的端模通常要采用木模板或竹塑板,以便于开孔。

根据预应力筋的平、剖面位置在端模板上放线开孔,对于采用直径15.2mm钢绞线的无粘结预应力筋,开孔的孔径在25～30mm。

为加快楼板模板的周转,支撑体系采用早拆模板体系。

4. 无粘结预应力张拉端和固定端节点构造

(1) 张拉端节点构造(图20-115、图20-116)

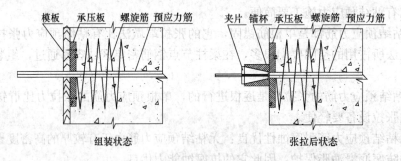

图20-115 外露式无粘结张拉端锚具组装图

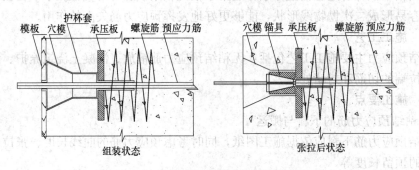

图20-116 穴模式无粘结张拉端锚具组装图

(2) 固定端节点构造(图20-117)

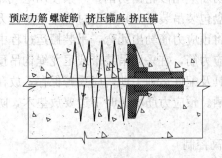

图20-117 无粘结锚固端锚具组装图

(3) 出板面张拉端布置（图 20-118）

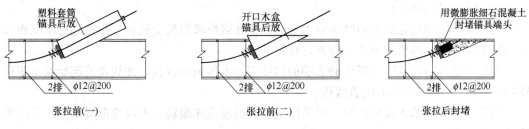

图 20-118　出板面张拉端

(4) 节点安装要求

① 要求无粘结预应力筋伸出承压板长度不小于 300mm。

② 张拉端承压板应可靠固定在端模上。

③ 螺旋筋应固定在张拉端及固定端的承压板后面。

④ 无粘结预应力筋必须与承压板面垂直，并在承压板后保证有不小于 400mm 的直线段。

(5) 无粘结预应力筋的铺放

1) 板中无粘结预应力筋的铺放

① 单向板

单向预应力楼板的矢高控制是施工时的关键点。一般每跨板中预应力筋矢高控制点设置 5 处，最高点 2 处、最低点 1 处、反弯点（2 处）。预应力筋在板中最高点的支座处通常与上层（上铁）钢筋绑扎在一起，在跨中最低点处与底层（底铁）钢筋绑扎在一起。其他部位由支承件控制。

施工时当电管、设备管线和消防管线与预应力筋位置发生冲突时，应首先保证预应力筋的位置与曲线正确。

② 双向板

双向无粘结筋铺放需要相互穿插，必须先编出无粘结筋的铺设顺序。其方法是在施工放样图上将双向无粘结筋各交叉点的两个标高标出，对交叉点处的两个标高进行比较，标高低的预应力筋应从交叉点下面穿过。按此规律找出无粘结筋的铺设顺序。

2) 梁无粘结预应力筋铺放

① 设置架立筋

为保证预应力钢筋的矢高准确、曲线顺滑，按照施工图要求位置，将架立筋就位并固定。架立筋的设置间距应不大于 1.5m。

② 铺放预应力筋

梁中的无粘结预应力筋成束设计，无粘结预应力筋在铺设过程中应防止绞扭在一起，保持预应力筋的顺直。无粘结预应力筋应绑扎固定，防止在浇筑混凝土过程中预应力筋移位。

③ 梁柱节点张拉端设置

无粘结预应力筋通过梁柱节点处，张拉端设置在柱子上。根据柱子配筋情况可采用凹入式或凸出式节点构造。

(6) 张拉端与固定端节点安装

1) 张拉端组装固定

应按施工图中规定的无粘结预应力筋的位置在张拉端模板上钻孔。张拉端的承压板可采用钉子固定在端模板上或用点焊固定在钢筋上。

无粘结预应力曲线筋或折线筋末端的切线应与承压板相垂直,曲线段的起始点至张拉锚固点应有不小于300mm的直线段。

当张拉端采用凹入式做法时,可采用塑料穴模或泡沫塑料、木块等形成凹槽。具体做法见张拉端图。

2) 固定端安装

锚固端挤压锚具应放置在梁支座内。如果是成束的预应力筋,锚固端应顺直散开放置。螺旋筋应紧贴锚固端承压板位置放置并绑扎牢固。

3) 节点安装要求

① 要求预应力筋伸出承压板长度(预留张拉长度)不小于300mm。

② 张拉端承压板应固定在端模上,各部位之间不应有缝隙。

③ 张拉端和锚固端预应力筋必须与承压板面垂直,其在承压板后应有不小于300mm的直线段。

(7) 无粘结预应力筋铺放注意事项

① 运到工地的预应力筋均应带有编号标牌,预应力筋的铺放要与施工图所示的编号相对应。

② 预应力筋铺放应满足设计矢高的控制要求。

③ 预应力筋铺放要保持顺直,防止互相扭绞,各束间保持平行走向。节点组装件安装牢固,不得留有间隙。

④ 张拉端的承压板应安装牢固,防止振捣混凝土时移位,并须保持张拉作用线与承压板垂直(绑扎时应保持预应力筋与锚板轴线重合);穴模组装应保证密闭,防止浇筑时有混凝土进入。

⑤ 在张拉端和固定端处,螺旋筋要紧靠承压板,并绑扎牢固,防止因浇筑或振捣时跑开。

⑥ 无粘结筋外包塑料皮若有破损要用水密性胶带缠补好。

⑦ 施工中,在预应力筋周围使用电气焊,要有防护措施。

(8) 混凝土的浇筑及振捣

预应力筋铺放完成后,应由施工单位、质量检查部门、监理进行隐检验收,确认合格后,方可浇筑混凝土。

浇筑混凝土时应认真振捣,保证混凝土的密实。尤其是承压板、锚板周围的混凝土严禁漏振,不得有蜂窝或孔洞,保证密实。

应制作同条件养护的混凝土试块2~3组,作为张拉前的混凝土强度依据。

在混凝土初凝之后(浇筑后2~3d内),可以开始拆除张拉端部模板,清理张拉端,为张拉作准备。

(9) 无粘结预应力筋张拉

同条件养护的混凝土试块达到设计要求强度后(如无设计要求,不应低于设计强度的

75%）方可进行预应力筋的张拉。

1）张拉设备及机具

单根无粘结预应力筋通常采用200～250kN前卡液压式千斤顶和油泵。千斤顶应带有顶压装置。

2）张拉前准备

① 在张拉端要准备操作平台，张拉操作平台可以利用原有的脚手架，如果没有则要单独搭设。操作平台要有可靠的安全防护措施。

② 应清理锚垫板表面，并检查锚垫板后面的混凝土质量。如有空鼓现象，应在无粘结预应力筋张拉前修补。张拉端清理干净后，将无粘结筋外露部分的塑料皮沿承压板根部割掉，测量并记录预应力筋初始外露长度。

③ 与承压板面不垂直的预应力筋，可在端部进行垫片处理，保证承压板面与锚具和张拉作用力线垂直。

④ 根据设计要求确定单束预应力筋控制张拉力值，计算出其理论伸长值。

⑤ 张拉用千斤顶和油泵应由专业检测单位标定，并配套使用。

⑥ 如果张拉部位距离电源较远，应事先准备380V，15～20A带有漏电保护器的电源箱连接至张拉位置。

3）张拉过程

无粘结预应力筋的张拉顺序应符合设计要求，如设计无要求时，可采用分批、分阶段对称张拉或依次张拉。无粘结预应力混凝土楼盖结构的张拉顺序，宜先张拉楼板，后张拉楼面梁。板中的无粘结筋，可依次顺序张拉。梁中的无粘结筋宜对称张拉。

当施工需要超张拉时，无粘结预应力筋的张拉程序宜为：从应力为零开始张拉至1.03倍预应力筋的张拉控制应力σ_{con}锚固。此时，最大张拉应力不应大于钢绞线抗拉强度标准值的80%。

4）张拉注意事项

① 当采用应力控制方法张拉时，应校核无粘结预应力筋的伸长值，当实际伸长值与设计计算伸长值相对偏差超过±6%时，应暂停张拉，查明原因并采取措施予以调整后，方可继续张拉。

② 预应力筋张拉前严禁拆除梁板下的支撑，待该梁板预应力筋全部张拉后方可拆除（如果在超长结构中，无粘结预应力筋是为降低温度应力而设置的，设计时未考虑承担竖向荷载的作用，则下部支撑的拆除与预应力筋张拉与否无关）。

③ 对于两端张拉的预应力筋，两个张拉端应分别按程序张拉。

④ 无粘结曲线预应力筋的长度超过30m时，宜采取两端张拉。当筋长超过60m时宜采取分段张拉。如遇到摩擦损失较大，宜先预张拉一次再张拉。

⑤ 在梁板顶面或墙壁侧面的斜槽内张拉无粘结预应力筋时，宜采用变角张拉装置。

(10) 无粘结锚固区防腐处理

无粘结预应力筋的锚固区，必须有严格的密封防护措施。

无粘结预应力筋锚固后的外露长度不小于30mm，多余部分用砂轮锯或液压剪等机械切割，但不得采用电弧切割。

在外露锚具与锚垫板表面涂以防锈漆或环氧涂料。为了使无粘结筋端头全封闭，可在锚具端头涂防腐润滑油脂后，罩上封端塑料盖帽。对凹入式锚固区，锚具表面经上述处理后，再用微膨胀混凝土或低收缩防水砂浆密封。对凸出式锚固区，可采用外包钢筋混凝土圈梁封闭。对留有后浇带的锚固区，可采取二次浇筑混凝土的方法封锚，见图20-119。

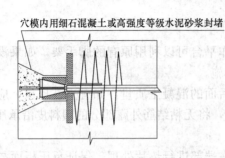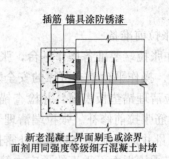

图 20-119　锚具封堵示意图

20.6.2.4　质量验收

无粘结预应力施工质量，应按现行国家标准《混凝土结构工程施工质量验收规范》GB 50204 和现行行业标准《无粘结预应力混凝土结构技术规程》JGJ 92 等有关规范及标准的规定进行验收。

1. 原材料

（1）主控项目

① 预应力筋进场时，应按现行国家标准《预应力混凝土用钢绞线》GB/T 5224 等的规定抽取试件作力学性能检验，其质量必须符合有关标准的规定。

检查数量：按进场的批次和产品的抽样检验方案确定。

检验方法：检查产品合格证、出厂检验报告和进场复验报告。

② 无粘结预应力筋的涂包质量应符合现行行业标准《无粘结预应力钢绞线》JG/T 161 的规定。

检查数量：每 60t 为一批，每批抽取一组试件。

检验方法：观察，检查产品合格证、出厂检验报告和进场复验报告。

注：当有工程经验，并经观察认为质量有保证时，可不作油脂用量和护套厚度的进场复验。

③ 预应力筋用锚具、夹具和连接器应按设计要求采用，其性能应符合现行国家标准《预应力筋用锚具、夹具和连接器》GB/T 14370 和现行行业标准《预应力筋用锚具、夹具和连接器应用技术规程》JGJ 85 的规定。

检查数量：按进场批次和产品的抽样检验方案确定。

检验方法：检查产品合格证、出厂检验报告和进场复验报告。

注：对锚具用量较少的一般工程，如供货方提供有效的试验报告，可不作静载锚固性能试验。

（2）一般项目

1）无粘结预应力筋使用前应进行外观检查，其质量应符合下列要求：

① 无粘结预应力筋展开后应平顺，不得有弯折，表面不得有裂纹、小刺、机械损伤、氧化铁皮和油污等。

② 无粘结预应力筋护套应光滑，无裂缝，无明显褶皱。

检查数量：全数检查。

检验方法：观察。

注：无粘结预应力筋护套轻微破损者应外包防水塑料胶带修补；严重破损者不得使用。

③ 润滑油脂用量：对 $\phi^s 12.7mm$ 钢绞线不应小于 $43g/m$，对 $\phi^s 15.2mm$ 钢绞线不应小于 $50g/m$，对 $\phi^s 15.7mm$ 钢绞线不应小于 $53g/m$。

④ 护套厚度：对于一、二类环境不应小于 1mm，对于三类环境应按设计要求确定。

2) 预应力筋用锚具、夹具和连接器使用前应进行外观检查，其表面应无污物、锈蚀、机械损伤和裂纹。

检查数量：全数检查。

检验方法：观察。

2. 制作与安装

(1) 主控项目

① 预应力筋安装时，其品种、级别、规格、数量必须符合设计要求。

检查数量：全数检查。

检验方法：观察，钢尺检查。

② 施工过程中应避免电火花损伤预应力筋；受损伤的预应力筋应予以更换。

检查数量：全数检查。

检验方法：观察。

(2) 一般项目

1) 预应力筋下料应符合下列要求：

预应力筋应采用砂轮锯或切断机切断，不得采用电弧切割。

检查数量：全数检查。

检验方法：观察。

2) 预应力筋端部锚具的制作质量应符合下列要求：

挤压锚具制作时压力表油压应符合操作说明书的规定，挤压后预应力筋外端应露出挤压套筒 1～5mm。

检查数量：对挤压锚，每工作班抽查 5%，且不应少于 5 件。

检验方法：观察，钢尺检查。

3) 预应力筋束形控制点的竖向位置偏差应符合预应力筋束形（孔道）控制点竖向位置允许偏差表 20-66 的规定。

检查数量：在同一检验批内，抽查各类型构件中预应力筋总数的 5%，且对各类型构件均不少于 5 束，每束不应少于 5 处。

检验方法：钢尺检查。

注：束形控制点的竖向位置偏差合格点率应达到 90% 以上，且不得有超过表 20-66 中数值 1.5 倍的尺寸偏差。

4) 无粘结预应力筋的铺设尚应符合下列要求：

① 无粘结预应力筋的定位应牢固，浇筑混凝土时不应出现移位和变形。

② 端部的预埋锚垫板应垂直于预应力筋。

③ 内埋式固定端垫板不应重叠，锚具与垫板应贴紧。

④ 无粘结预应力筋成束布置时应能保证混凝土密实并能裹住预应力筋。

⑤ 无粘结预应力筋的护套应完整，局部破损处应采用防水胶带缠绕紧密。

检查数量：全数检查。

检验方法：观察。

3. 张拉和放张

(1) 主控项目

1) 预应力筋张拉或放张时，混凝土强度应符合设计要求；当设计无具体要求时，不应低于设计的混凝土立方体抗压强度标准值的75%。

检查数量：全数检查。

检验方法：检查同条件养护试件试验报告。

2) 预应力筋的张拉力、张拉或放张顺序及张拉工艺应符合设计及施工技术方案的要求，并应符合下列规定：

① 当施工需要超张拉时，最大张拉应力不应大于现行国家标准《混凝土结构设计标准》GB/T 50010 的规定。

② 张拉工艺应能保证同一束中各根预应力筋的应力均匀一致。

③ 当预应力筋是逐根或逐束张拉时，应保证各阶段不出现对结构不利的应力状态；同时宜考虑后批张拉预应力筋所产生的结构构件的弹性压缩对先批张拉预应力筋的影响，确定张拉力。

④ 当采用应力控制方法张拉时，应校核预应力筋的伸长值。实际伸长值与设计计算理论伸长值的相对允许偏差为±6%。

检查数量：全数检查。

检验方法：检查张拉记录。

3) 预应力筋张拉锚固后实际建立的预应力值与工程设计规定检验值的相对允许偏差为±5%。

检查数量：在同一检验批内，抽查预应力筋总数的3%，且不少于5束。

检验方法：检查张拉记录。

4) 张拉过程中应避免预应力筋断裂或滑脱；当发生断裂或滑脱时，必须符合下列规定：

对后张法预应力结构构件，断裂或滑脱的数量严禁超过同一截面预应力筋总根数的3%，且每束钢丝不得超过一根；对多跨双向连续板，其同一截面应按每跨计算。

检查数量：全数检查。

检验方法：观察，检查张拉记录。

(2) 一般项目

锚固阶段张拉端预应力筋的内缩量应符合设计要求；当设计无具体要求时，应符合张拉端预应力筋的内缩量限值表20-58的规定。

检查数量：每工作班抽查预应力筋总数的3%，且不少于3束。

检验方法：钢尺检查。

4. 封锚

(1) 主控项目

锚具的封闭保护应符合设计要求；当设计无具体要求时，应符合下列规定：

1) 应采取防止锚具腐蚀和遭受机械损伤的有效措施。
2) 凸出式锚固端锚具的保护层厚度不应小于50mm。
3) 外露预应力筋的保护层厚度：处于正常环境时，不应小于20mm；处于易受腐蚀的环境时，不应小于50mm。

检查数量：在同一检验批内，抽查预应力筋总数的5%，且不少于5处。

检验方法：观察，钢尺检查。

(2) 一般项目

无粘结预应力筋锚固后的外露部分宜采用机械方法切割，其外露长度不宜小于预应力筋直径的1.5倍，且不宜小于30mm。

检查数量：在同一检验批内，抽查预应力筋总数的3%，且不少于5束。

检验方法：观察，钢尺检查。

无粘结预应力混凝土工程的验收，除检查有关文件、记录外，尚应进行外观抽查。

20.6.3 缓粘结预应力施工

20.6.3.1 特点

缓粘结钢绞线既有无粘结预应力筋施工工艺简单，克服有粘结预应力技术施工工艺复杂、节点使用条件受限的弊端，不用预埋管和灌浆作业，施工方便、节省工期的优点；同时又消除了有粘结预应力孔道灌浆有可能不密实而造成的安全隐患和耐久性问题，并具有较强的防腐蚀性能等优点。具有很好的性能和推广应用前景。

20.6.3.2 施工工艺

缓粘结钢绞线与无粘结钢绞线相比，只是其中的涂料层不同，因此其施工工艺及顺序与无粘结钢绞线基本相同。

20.6.3.3 施工要点

缓粘结钢绞线的施工要点可参考无粘结钢绞线的施工要点，但要注意缓粘结钢绞线的张拉时间不能超过缓粘结钢绞线生产厂家给出的缓粘结涂料开始固化的时间。

20.6.3.4 质量验收

缓粘结钢绞线的施工质量验收，可按照设计要求并参考现行行业标准《缓粘结预应力混凝土结构技术规程》JGJ 387的相关规定进行。

20.6.4 体外预应力

20.6.4.1 概述

体外预应力是后张预应力体系的重要组成部分和分支之一，是与传统的布置于混凝土结构构件体内的有粘结或无粘结预应力相对应的预应力类型。体外预应力可以定义为：由布置于承载结构主体截面之外的后张预应力束产生的预应力，预应力束仅在锚固区及转向块处与构件相连接。

体外预应力束的锚固体系必须与束体的类型和组成相匹配，可采用常规后张锚固体系或体外预应力束专用锚固体系。对于有整体调束要求的钢绞线夹片锚固体系，可采用锚具外螺母支撑承力方式。对低应力状态下的体外预应力束，其锚具夹片应装配防松装置。

体外预应力锚具应满足分级张拉及调索补张拉预应力筋的要求；对于有更换要求的体

外预应力束，体外束、锚固体系及转向器均应考虑便于更换束的可行性要求。

对于有灌浆要求的体外预应力体系，体外预应力锚具或其附件上宜设置灌浆孔或排气孔。灌浆孔的孔位及孔径应符合灌浆工艺要求，且应有与灌浆管连接的构造。

体外预应力锚具应有完善的防腐蚀构造措施，且能满足结构工程的耐久性要求。

20.6.4.2　一般要求

体外预应力束仅在锚固区及转向块处与钢筋混凝土梁相连接，应满足以下要求：

(1) 体外束锚固区和转向块的设置应根据体外束的设计线型确定，对多折线体外束，转向块宜布置在距梁端1/4～1/3跨度的范围内，必要时可增设中间定位用转向块，对多跨连续梁采用多折线体外束时，可在中间支座或其他部位增设锚固块。

(2) 体外束的锚固区与转向块之间或两个转向块之间的自由段长度不宜大于8m，超过该长度应设置防振动装置。

(3) 体外束在每个转向块处的弯折角度不应大于15°，其与转向块的接触长度由设计计算确定，用于制作体外束的钢绞线，应按偏斜拉伸试验方法确定其力学性能。转向块的最小曲率半径按表20-72采用。

转向块处最小曲率半径　　　　　　　　　　表20-72

钢绞线束（根数与规格，mm）	最小曲率半径（m）	钢绞线束（根数与规格，mm）	最小曲率半径（m）
7ϕ^s15.2（12ϕ^s12.7）	2.5	27ϕ^s15.2（37ϕ^s12.7）	3.5
12ϕ^s15.2（19ϕ^s12.7）	2.5	37ϕ^s15.2（55ϕ^s12.7）	4.5
19ϕ^s15.2（31ϕ^s12.7）	3		

(4) 体外预应力束与转向块之间的摩擦系数μ，可按表20-73取值。

转向块处摩擦系数μ　　　　　　　　　　表20-73

体外束的类型/套管材料	μ值	体外束的类型/套管材料	μ值
光面钢绞线/镀锌钢管	0.2～0.25	热挤聚乙烯成品束/钢套管	0.1～0.15
光面钢绞线/HDPE塑料管	0.12～0.2	无粘结平行带状束/钢套管	0.04～0.06
无粘结预应力筋/钢套管	0.08～0.12		

(5) 体外束的锚固区除进行局部受压承载力计算外，尚应对牛腿、钢托件等进行抗剪设计与验算。

(6) 转向块应根据体外束产生的垂直分力和水平分力进行设计，并应考虑转向块处的集中力对结构整体及局部受力的影响，以保证将预应力可靠地传递至梁体。

(7) 体外束的锚固区宜设置在梁端混凝土端块、牛腿或钢托件处，应保证传力可靠且变形符合设计要求。

在混凝土矩形、工字形或箱形截面梁中，转向块可设在结构体外或箱形梁的箱体内。转向块处的钢套管鞍座应预先弯曲成形，埋入混凝土中。体外束的弯折也可采用隔梁、肋梁等形式。

(8) 对可更换的体外束，在锚固端和转向块处，与结构相连接的鞍座套管应与体外束的外套管分离，以方便更换体外束。

20.6.4.3 施工工艺

新建体外预应力结构工程中,体外束的锚固区和转向块应与主体结构同步施工。预埋锚固件、锚下构造、转向导管及转向器的定位坐标、方向和安装精度应符合设计要求,节点区域混凝土必须精心振捣,保证密实。

体外束的制作应保证满足束体在所使用环境的耐久性防护等级要求,并能抵抗施工和使用中的各种外力作用。当有防火要求时,应涂刷防火涂料或采取其他可靠的防火措施。

体外束外套管的安装应保证连接平滑和完全密闭。体外束体的线形和安装误差应符合设计和施工限值要求。在穿束过程中应防止束体护套受机械损伤。

体外束的张拉应保证构件对称均匀受力,必要时可采取分级循环张拉方式;对于超长体外预应力束,为了防止反复张拉使夹片锚固效率降低或失效,采用"双撑脚与双工具锚"张拉施工工艺;对可更换或需在使用过程中调整束力的体外束应保留必要的预应力筋外露长度。

体外束在使用过程中完全暴露于空气中时,应保证其耐久性。对刚性外套管,应具有可靠的防腐蚀性能,在使用一定时期后应能重新涂刷防腐蚀涂层;对高密度聚乙烯等塑料外套管,应保证长期使用的耐老化性能,必要时应可更换。体外束的防护完成后,按要求安装固定减振装置。

体外束的锚具应设置全密封防护罩,对不更换的体外束,可在防护罩内灌注水泥浆体或其他防腐蚀材料;对可更换的束在防护罩内灌注油脂或其他可清洗的防腐蚀材料。

20.6.4.4 施工要点

1. 体外预应力施工要点

(1) 施工准备

施工准备包括体外预应力束的制作、验收、运输、现场临时存放;锚固体系和转向器、减振器的验收与存放;体外预应力束安装设备的准备;张拉设备标定与准备;灌浆材料与设备准备等。

(2) 体外预应力束锚固与转向节点施工

新建体外预应力结构锚固区的锚下构造和转向块的固定套管均需与建筑或桥梁的主体结构同步施工。锚下构造和转向块部件必须保证定位准确,安装与固定牢固可靠,此施工工艺过程是束形建立的关键性工艺环节。

(3) 体外预应力束的安装与定位

对于有双层套筒的体外预应力体系,需在固定套管内先安装锚固区内层套管、转向器内层套管或转向器的分体式分丝器等,并根据设计或体系的要求,将双层间的间隙封闭并灌浆。随后进行体外束下料并安装体外预应力束主体,成品束可一次完成穿束;使用分丝器的单根独立体系,需逐根穿入单根钢绞线或无粘结钢绞线。安装锚固体系之前,实测并精确计算张拉端需剥除外层 HDPE 护套长度,如采用水泥基浆体防护,则需用适当方法清除表面油脂。

(4) 张拉与束力调整

体外预应力束穿束过程中,可同时安装体外束锚固体系,对于双层套筒体系需先安装内层密封套筒,同时安装和连接锚固区锚下套筒与体外束主体的密封连接装置,以保证锚固系统与体外束的整体密闭性。锚固体系(包括锚板和夹片)安装就位后,即可单根预紧或整体预张。确认预紧后的体外束主体、转向器及锚固系统定位正确无误之后，按张拉程序进行张拉作业，张拉采取以张拉力控制为主，张拉伸长值校核的双控法。

对于超长体外预应力束，为了防止反复张拉锚固使夹片锚固效率降低或失效，采用"双撑脚与双工具锚"张拉施工工艺，该工艺原理系在大吨位张拉千斤顶后部或前部增加一套过渡撑脚及过渡工具锚，在工作锚板之后设特制张拉限位装置，以保证在整个张拉过程中工作锚夹片始终处于放松状态。在完成每个行程回油之后均由过渡工具锚夹片锁紧钢绞线，多次张拉直至设计张拉力值。由于特制限位装置的作用，在张拉过程中，工作锚夹片不至于退出锚孔，在回油倒顶时，工作锚夹片不会咬住钢绞线，工作锚夹片始终处于"自由"状态，在张拉到位后，旋紧特制限位装置的螺母，压紧工作锚夹片，随后千斤顶回油放张，使工作锚夹片锚固钢绞线。图 20-120（a）所示为千斤顶前置张拉超长体外束方案，图 20-120（b）所示为千斤顶后置张拉超长体外束方案。

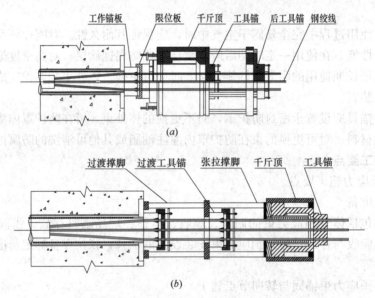

图 20-120　体外预应力超长束张拉千斤顶布置简图
(a) 超长体外束千斤顶前置；(b) 超长体外束千斤顶后置

张拉过程中，构件截面内对称布置的体外预应力束要保证对称张拉，两套张拉油泵的张拉力值需控制同步；按张拉程序进行分级张拉并校核伸长值，实际测量伸长值与理论计算伸长值之间的偏差应控制在±6%之内。图 20-121 所示为体外预应力超长束张拉工艺流程简图。

体外预应力束的张拉力需要调整的情形：①设计与施工工艺要求分级张拉或单根张拉之后进行整体调束；②结构工程在经过一定使用期之后补偿预应力损失；③其他需调整束张拉力的情况。

2. 体外预应力束锚固系统防护与减振器安装施工

张拉施工完成并检测与验收合格后，对锚固系统和转向器内部各空隙部分进行防腐蚀防护工艺处理，根据不同的体外预应力系统，防护主要可选择工艺包括：①灌注高性能水泥基浆体或聚合物砂浆浆体；②灌注专用防腐油脂或石蜡等；③其他种类的防腐处理方

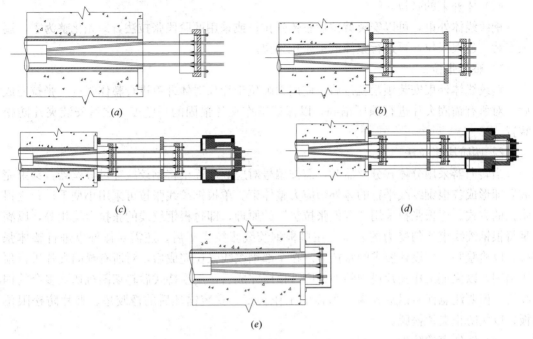

图 20-121 体外预应力超长束张拉工艺流程简图
(a) 安装体外束、锚具与特制限位板；(b) 安装过渡撑脚和过渡工具箱；
(c) 安装张拉撑脚和张拉设备；(d) 体外束张拉；(e) 锚固并防护

法。灌注防护材料之前，按设计规定，锚固体系导管及转向器导管等之间的间隙内要求填入橡胶板条或其他弹性材料对各连接部位进行密封，锚具采用防护罩封闭。

体外预应力束体防护完成后，按工程设计要求的预定位置安装体外束主体减振器，安装固定减振器的支架并与主体结构之间进行固定，以保证减振器发挥作用。

3. 无粘结钢绞线逐根穿束体外索施工

(1) 体外束的安装与定位

1) 设置牵引系统

牵引系统由卷扬机和循环钢丝绳、牵引绳（ϕ^5 高强钢丝）和连接器、放束钢支架、工作平台等组成。

2) 安装梁端锚具

钢绞线锚具为夹片式群锚，为体外预应力束专用锚具，利用定位孔固定于锚垫板上。

3) 安装外套管

体外束的外套管可采用 HDPE 套管或钢管等。HDPE 套管的优点是重量轻，防腐性能好，成本低，现场施工与安装简便。

4) 钢绞线的安装

采用卷扬机等牵引设备将无粘结钢绞线逐根牵引入 HDPE 外套管内并穿过锚具后锚固就位，使用单根张拉千斤顶按设计要求张拉预紧至规定初始应力。

注意：当钢绞线拉出锚环面后，调整钢绞线两端长度，检查单根钢绞线外层聚乙烯塑料防护套剥除长度是否准确，然后在张拉端和固定端对应的钢绞线锚孔内安装夹片。

(2) 体外束的张拉

钢绞线体外束，可以安装就位后整体张拉；或采用两阶段张拉法，即先化整为零，逐根安装、逐根张拉，再进行整体调束张拉到位。

1) 整体张拉

钢绞线体外束安装预紧就位后，使用大吨位千斤顶对体外束进行整体张拉。张拉完成后，对所有锚固夹片进行顶压锚固，以保证工作夹片锚固的平整度，之后安装夹片防松装置。

2) 两阶段张拉法

当转向器采用分体式分丝器时，需按编号对应顺序逐根将钢绞线穿过分丝器，穿束完成后即形成各根钢绞线平行的体外预应力整体束。单根钢绞线张拉可采用小型千斤顶逐根张拉的方式。逐根张拉采用"等值张拉法"的原理，即每根钢绞线的张拉力均相等，以满足每根钢绞线束均匀受力的要求。在单根钢绞线张拉完毕后，还需对体外束进行整体张拉，以检验并达到设计要求的张拉力。在全部钢绞线张拉完成后，对所有锚固夹片进行顶压锚固，以保证工作夹片锚固的平整度。顶压完成后，用手持式砂轮切割机切除多余的钢绞线，但要注意保留以后换束时所需的工作长度。安装锚环后的橡胶垫、夹片防松限位板，以便防止夹片松脱。

(3) 体外束的防护

无粘结钢绞线多层防护束可选择如下防护工艺与材料：①高性能水泥基浆体或聚合物砂浆浆体；②专用防腐油脂或石蜡；③采用无粘结涂环氧树脂钢绞线，束主体亦可不灌浆。锚具采用防护罩封闭，防护罩内灌入专用防腐材料。

4. 钢与混凝土组合箱梁桥体外预应力施工

体外束在钢箱梁中的锚固区和转向节点处需采取加强措施，以避免体外预应力作用下钢结构局部失稳或过大变形；锚固区锚下构造和转向节点钢套管一般在钢结构加工厂与钢箱梁整体制作，以保证体外束的束形准确；钢箱梁端部锚固区段常采用灌注补偿收缩混凝土的做法，以提高局部抗压承载力；体外束在穿过非转向节点钢梁横隔板时，必须设置过渡钢套管，过渡钢套管定位应准确，两端为喇叭口形状并作倒角圆滑处理；体外束可选用成品束，以简化施工过程并保证耐久性。

钢与混凝土组合箱梁桥体外预应力施工工艺流程包括：

钢箱梁制作与现场组装→施工机具准备→钢套管内安装转向器，安装钢套管与转向器之间的橡胶密封条→体外束穿束→灌注钢套管与转向器之间的浆体→张拉体外束→安装转向器与体外束之间的橡胶密封条→灌注束体与转向器之间及锚固端延长筒内的浆体→安装锚具防松装置及锚固系统防护罩→安装减振器。

1) 钢箱梁制作与现场组装：钢箱梁一般在工厂分段加工制作，运输至现场后组装为整体，其中锚固区锚下构造和转向节点钢套管在钢结构加工厂与箱梁整体制作并安装完成。

2) 施工机具准备：张拉机具与设备配套的标定，辅助机具的调试。各种机具设备进入施工工地现场后，使用之前均应进行试运行，以确保处于正常状态，然后即可在工作台面就位。穿束时将牵引设备以及滑轮组布置在适当的位置。

3) 钢套管内安装转向器，安装钢套管与转向器之间的橡胶密封条：将转向器安装于钢套管内，并且临时固定，转向器两端外露长度相同。钢套管与转向器之间的密封使用20mm左右厚的纯橡胶板割成适当宽度的橡胶条，将橡胶密封条塞满套管与转向器之间的空隙，也可采用其他弹性密封材料封堵二者之间的空隙。

4) 体外束穿束：为了方便施工时放束，成品束的端头均设有便于与钢丝绳连接的连接装置"牵引头"，在工厂内制作完成的成品束卷制成盘运抵工地就位，利用牵引设备牵引成品束缓慢放束并穿过对应的预留孔。牵引过程中，采用可靠的保护措施防止束体表面的HDPE护套受到损伤。在体外束进入钢箱梁的锚固端延长钢套管前，根据精确测量的钢梁两端锚固点之间的实际距离，准确剥除体外束成品束两端的HDPE护套层，确保在张拉后束体HDPE层进入预埋管的长度不小于300mm，随后用清洗剂清除裸露的钢绞线的防腐油脂并安装锚具及夹片。

5) 第一次灌浆（灌注钢套管与转向器之间的浆体）：钢套管与转向器之间的孔道两端，留设灌浆管和排气管，从低点灌浆，高点排气。灌浆均采用无收缩灌浆料，按灌浆施工有关规范和设计要求进行灌浆施工。

6) 张拉体外束：安装体外预应力锚具及夹片，各根钢绞线孔位要对齐，锚具紧贴垫板，并注意保护各组装件不受污染。成品束采用大吨位千斤顶进行整体张拉，张拉控制程序为：$0 \rightarrow 10\%\sigma_{con} \rightarrow 100\%\sigma_{con}$（持荷2min）→锚固，或采用规范与设计许可的其他张拉控制程序。当体外束长度大于80m时，为防止反复张拉使夹片锚固效率降低或失效，采用"双撑脚与双工具锚"张拉施工工艺。钢箱梁体外束张拉应保证对称进行，张拉时采取同步控制措施，每完成一个张拉行程，测量伸长值并进行校核。

7) 安装转向器与体外束之间的橡胶密封条：施工方法与安装钢套管与转向器之间的橡胶板相同。

8) 第二次灌浆（灌注束体与转向器之间及锚固端延长筒内的浆体）：施工方法与第一次灌浆相同。

9) 安装锚具防松装置及锚固系统防护罩：使用机械方法整齐地切除锚头两端的多余钢绞线，钢绞线在锚板端面外的保留长度为30~50mm。安装防松装置并拧紧螺母，保证有效地防止夹片松脱。对于有换束和补张拉要求的工程，钢绞线在锚板端面外的保留长度应符合放张工艺要求。随后在锚头上安装上保护罩，保护罩内灌注专用防腐油脂、石蜡或其他防腐材料。

10) 安装减振器：按设计位置安装减振器并可靠固定就位。

5. 预制混凝土节段箱梁桥体外预应力施工要点

体外束在预制节段箱梁中的锚固区和转向节点处的设计配筋构造需在各预制节段制作过程中加以保证；预制箱梁节段在短线法台座或长线法台座上使用"匹配浇筑"方法制作，节段箱梁运至施工现场后，采用架桥机械或支撑大梁整跨拼装施工；锚固区导管和转向节点钢套管或转向器在预制加工厂与箱梁整体制作，从而保证体外束的束形准确；采用环氧树脂胶结缝的各预制节段之间的施工拼装间隙，使用临时预应力来压紧与消除。体外束可选用成品束或无粘结钢绞线多层防护束体系。

预制混凝土节段箱梁桥体外预应力施工工艺流程包括：

预制混凝土节段箱梁制作与施工现场拼装→施工机具准备→转向器（如分体式转向器）的安装，安装钢套管与转向器之间的橡胶密封条→转向器与钢套管之间灌注浆体→预应力筋下料与穿束→安装体外预应力锚具及张拉体外束→锚固系统预埋管内灌浆→安装锚具防松装置和锚固系统防护罩→安装减振装置。

1) 预制混凝土节段箱梁制作与施工现场拼装：在预制工厂内或现场制作预制混凝土箱梁节段，节段梁间可用环氧树脂胶涂抹粘结或采用干接缝。采用架桥机安装预制节段箱梁。

2) 施工机具准备：张拉千斤顶与油泵配套进行标定，调试辅助机具。有关机具设备进入施工工地现场后，使用之前均应进行试运行，以保证处于正常状态。

3) 转向器（如分体式转向器）的安装：根据设计位置将转向器分丝管按编号对应放置，清理分丝管与孔道之间的杂物。调节分丝管位置，确保其与设计曲线位置相符。

4) 安装钢套管与转向器之间的橡胶密封条：用20mm左右厚的纯橡胶板割成适当宽度的橡胶条，用橡胶条塞满套管与转向器两端之间的空隙，也可采用其他弹性密封材料封堵二者间的空隙。

5) 转向器与钢套管之间灌注浆体：灌浆前先对预埋管进行清洁处理，灌浆时从最低点的灌浆孔灌入，由最高点的排气孔排气和排浆，并由下层往上层灌浆。灌浆应缓慢、均匀地进行且不得中断，当排气孔冒出与进浆孔相同浓度的浆体时停止灌浆，持压1min后封堵灌浆管。

灌浆时应制备浆体强度试块，张拉前浆体强度试块的强度需要达到设计要求。

6) 预应力筋下料与穿束：体外预应力材料进场验收应对其质量证明书、包装、标志和规格等进行全面检查。无粘结预应力筋成品盘运抵工地就位，在梁端头放置放线架固定束盘，采用人工或机械牵引。牵引过程中，采用可靠的保护措施防止无粘结预应力筋外包的HDPE护套受到机械损伤。在无粘结预应力筋进入锚固端的预埋管之前，根据精确测量的两端锚固的实际距离，剥除两端的HDPE外套层，确保在张拉后无粘结预应力筋的HDPE层进入预埋管的长度不小于300mm，清除裸露钢绞线的防腐油脂，以保证钢绞线与浆体之间的握裹力。穿束完成后，检查无粘结预应力筋外包HDPE有无破损。

7) 安装体外预应力锚具及张拉体外束：张拉机具设备应与锚具配套使用，根据体外束的类型选用相应的千斤顶及相配套的电动油泵。安装预埋端部的密封装置及锚头内密封筒，锚垫板，分别在体外束两端装上工作锚板及夹片，先用小型千斤顶进行单根预紧，预紧应力为$5\%\sigma_{con}$。预紧完毕后安装大吨位千斤顶进行体外束整体张拉。张拉达到设计控制应力后，锚固并退出千斤顶，旋紧专用压板的螺母压紧夹片。①体外束的张拉控制应力应符合设计要求，并考虑锚口预应力损失；②体外束张拉采用应力控制为主，测量伸长值进行校核，实测伸长值与理论计算伸长值的偏差值应控制在±6%以内。

8) 锚固系统预埋管内灌浆：与工序5) 要求相同。

9) 安装锚具防松装置和锚固系统防护罩：采用机械方法切除锚具夹片外多余钢绞线，保留长度为30~50mm。安装防松装置并拧紧螺母，防止夹片松脱。对于有调束和换束要求的工程，钢绞线在锚板端面外的保留长度应符合二次张拉工艺要求。锚具上安装上保护罩并灌注专用防腐油脂或其他防腐材料。

10) 安装减振装置：安装减振橡胶块装置并与钢支架固定。

20.6.4.5 质量验收

体外预应力结构质量验收除应符合现行有关规范与标准要求外，建筑结构体外预应力验收还应符合现行团体标准《建筑结构体外预应力加固技术规程》T/CECS 1111 的规定，尚应考虑其特殊性要求。根据工程设计与使用需求，可以安排施工期间和结构使用期内的各种检测项目，如体外预应力束的应力精确测试和长期监测、转向器摩擦系数测试与转向器处预应力筋横向挤压试验及工艺试验等。

20.7 特种预应力混凝土结构施工

本节主要介绍了预应力混凝土高耸塔式结构、储罐和筒仓、超长结构、预应力结构开洞以及体外预应力加固等特种预应力施工技术。

20.7.1 预应力混凝土高耸结构

20.7.1.1 技术特点

电视塔、水塔、烟囱等属于高耸结构，一般在塔壁中布置竖向预应力筋。竖向预应力筋的长度随塔式结构的高度不同而不同，最长可达 300m。国内目前建成的竖向超长预应力塔式结构中，一般采用大吨位钢绞线束夹片锚固体系，后张有粘结预应力法施工。

塔式结构一般由一个或多个筒体结构组合而成，如中央电视塔是单圆筒形高耸结构，塔高 405m，塔身的竖向预应力筋束布置见图 20-122，第一组从 −14.3m 至 +112m，共 20 束 7ϕ^s15.2mm 钢绞线；第二组从 −14.3m 至 +257.5m，共 64 束 7ϕ^s15.2mm 钢绞线；第三组和第四组预应力筋布置在桅杆中，分别为 24 束和 16 束 7ϕ^s15.2mm 钢绞线，所有预应力筋采用 7 孔群锚锚固。南京电视塔是肢腿式高耸结构，塔高 302m；上海东方明珠电视塔是一座带三个球形仓的柱肢式高耸结构，塔高 450m。

由于塔式结构在受力特点上类似于悬臂结构，其内力呈下大上小的分布特点。因此，塔身的竖向预应力筋布置通常也按下大上小的原则布置，预应力筋的数量随高度减小，一般可根据高度分为几个阶梯。

20.7.1.2 施工要点

1. 竖向预应力孔道铺设

超高预应力竖向孔道铺设，主要考虑施工期较长，孔道铺设受塔身混凝土施工的其他工序影响，易发生堵塞和过大的垂直偏差，一般采用镀锌钢管以提高可靠性。

镀锌钢管应考虑塔身模板体系施工的工艺分段连接，上下节钢管可采用螺纹套管加

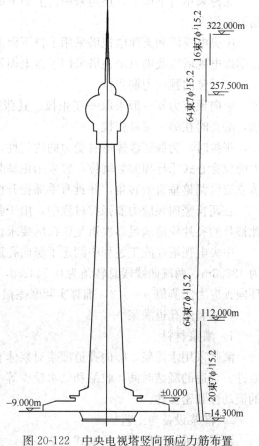

图 20-122 中央电视塔竖向预应力筋布置

电焊的方法连接。每根孔道上口均加盖，以防异物掉入堵塞孔道。此外，随塔体的逐步升高，应采取定期检查并通孔的措施，严格检查钢管连接部位及灌浆孔与孔道的连接部位，保证无漏浆。孔道铺设应采用定位支架，每隔2.5m设一道，必须固定牢靠，以保证其位置准确。竖管每段的垂直度应控制在5‰以内。灌浆孔的间距应根据灌浆方式与灌浆泵压力确定，一般介于20～60m之间。

2. 竖向预应力筋穿束

竖向预应力筋穿入孔道包括"自下而上"和"自上而下"两种工艺。每种工艺中又有单根穿入和整束穿入两种方法，应根据工程的实际情况采用。

(1) 自下而上的穿束方式

自下而上的穿束工艺的主要设备包括提升系统、放线系统、牵引钢丝绳与预应力筋束的连接器以及临时卡具等。提升系统以及连接器的设计必须考虑预应力筋束的自重以及提升过程中的摩阻力。由于穿束的摩阻力较大，可达预应力筋自重的2～3倍，应采用穿束专用连接头，以保证穿束过程中不会滑脱。

(2) 自上而下的穿束方式

自上而下的穿束需要在地面上将钢绞线编束后盘入专用的放线盘，吊上高空施工平台，同时使放线盘与动力及控制装置连接，然后将整束慢慢放出，送入孔道。预应力筋开盘后要求完全伸直，否则易卡在孔道内，因此，放线盘的体积相对较大，控制系统也相对复杂。

无论采用自下而上，还是采用自上而下的穿束方式，均应特别注意安全，防止预应力筋滑脱伤人。

中央电视塔和天津电视塔采用了自下而上的穿束方式，加拿大多伦多电视塔、上海东方明珠电视塔以及南京电视塔采用了自上而下的穿束方式。

(3) 竖向预应力筋张拉

竖向预应力筋一般采取一端张拉。其张拉端根据工程的实际情况可设置在下端或上端，必要时在另一端补张拉。

张拉时，为保证整体塔身受力的均匀性，一般应分组沿塔身截面对称张拉。为了便于大吨位穿心式千斤顶安装就位，宜采用机械装置升降千斤顶，机械装置设计时应考虑其主体支架可调整垂直偏转角，并具有手摇提升机构等。

在超长竖向预应力筋张拉过程中，由于张拉伸长值很大，需要多次倒换张拉行程，因此锚具的夹片应能满足多次重复张拉的要求。

中央电视塔在施工过程中测定了竖向孔道的摩擦损失。其第一段竖向预应力筋的长度为126.3m，两端曲线段总转角为0.544rad，实测孔道摩擦损失为15.3%～18.5%，参照环向预应力实测值$\mu=0.2$，推算实际摩擦损失为0.0004～0.0006。

(4) 竖向孔道灌浆

1) 灌浆材料

灌浆采用水泥浆，竖向孔道灌浆对浆体有一定的特殊要求，如要求浆体具有良好的可泵性、合适的凝结时间、收缩和泌水量少等。一般应掺入适量减水剂和膨胀剂以保证浆体的流动性和密实性。

2) 灌浆设备与工艺

灌浆可采用挤压式、活塞式灰浆泵等。采用垂直运输机械将搅拌机和灌浆泵运至各个灌浆孔部位的平台处，现场搅拌灌浆，灌浆时所有水平伸出的灌浆孔外均应加截门，以防止灌浆后浆液外流。

竖向孔道内的浆体，由于泌水和垂直压力的作用，水分汇集于顶端而产生孔隙，特别是在顶端锚具之下的部位，该孔隙易导致预应力筋的锈蚀。因此，顶端锚具之下和底端锚具之上的孔隙，必须采取可靠的填充措施，如采用手压泵在顶部灌浆孔局部二次压浆或采用重力补浆的方法，保证浆体填充密实。

20.7.1.3 质量验收

高耸结构竖向有粘结预应力工程的质量验收除了应符合现行有关规范与标准要求外，尚应考虑其特殊性要求。

根据材料类别，划分为预应力筋、镀锌钢管、灌浆水泥等检验批和锚具检验批。原材料的批量划分、质量标准和检验方法应符合国家现行有关产品标准的规定。

根据施工工艺流程，划分为制作、安装、张拉、灌浆及封锚等检验批。各检验批的范围可按塔式结构的施工段划分。

20.7.2 预应力混凝土储仓结构

20.7.2.1 技术特点

混凝土的储罐、筒仓、水池等结构，由于体积庞大、池壁或仓壁较薄，在内部储料压力或水压力、土压力及温度作用下，池壁或仓壁易产生裂缝，加之抗渗性和耐久性要求高，一般设计为预应力混凝土结构，以提高其抗裂能力和使用性能。对于平面为圆形的储罐、筒仓和水池等，通常沿其圆周方向布置预应力筋。环向预应力筋一般通过设置的扶壁柱进行锚固和张拉。预应力筋可以采用有粘结预应力筋或无粘结预应力筋。

1. 环向有粘结预应力

环向有粘结预应力筋根据不同结构布置，绕筒壁形成一定的包角，并锚固在扶壁柱上。上下束预应力筋的锚固位置应错开。图20-123所示为四扶壁环形储仓的预应力筋布置图，其内径为25m，壁厚为400mm。筒壁外侧有四根扶壁柱。筒壁内的环向预应力筋采用$9\phi^s15.2mm$钢绞线束，间距为0.3~0.6m，包角为180°，锚固在相对的两根扶壁柱上。其锚固区构造见图20-124。

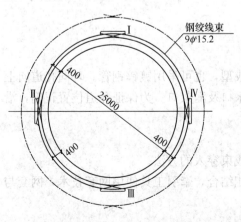

图20-123 四扶壁环形储仓环向
预应力筋布置

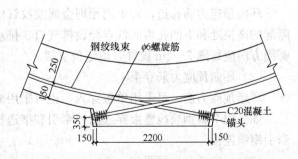

图20-124 扶壁柱锚固区构造

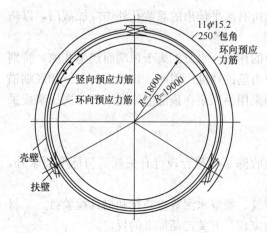

图20-125 所示为三扶壁环形结构环向预应力筋布置。其内径为36m,壁厚为1m,外侧有三根扶壁柱,总高度为73m。筒壁内的环向预应力筋采用$11\phi^s15.7mm$钢绞线束,双排布置,竖向间距为350mm,包角为250°,锚固在壁柱侧面,相邻束错开120°。

2. 环向无粘结预应力

环向无粘结预应力筋在筒壁内成束布置,在张拉端改为分散布置,单根或采用群锚整体张拉。根据筒(池)壁张拉端的构造不同,可分为有扶壁柱形式和无扶壁柱形式。

图 20-125 三扶壁环形结构预应力筋环向布置

图20-126 所示环向结构设有四个扶壁柱,环向预应力筋按180°包角设置。池壁中无粘结预应力筋采用多根钢绞线并束布置的方式,端部采用多孔群锚锚固,见图20-127。

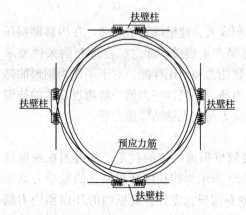

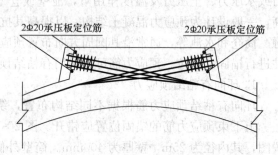

图 20-126 四扶壁柱结构环向无粘结筋布置　　图 20-127 预应力筋张拉端构造

20.7.2.2 施工要点

1. 环向有粘结预应力

(1) 环向孔道留设

环向预应力筋孔道,宜采用预埋金属波纹管成型,也可采用镀锌钢管。环向孔道向上隆起的高位处和下凹孔道的低点处设排气口、排水口及灌浆口。为保证孔道位置正确,沿圆周方向应每隔2~4m设置管道定位支架。

(2) 环向预应力筋穿束

环形预应力筋,可采用单根穿入,也可采用成束穿入的方法。

如采用7根钢绞线整束穿入法,牵引和推送相结合,牵引工具使用网套技术,网套与牵引钢缆连接。

(3) 环向预应力筋张拉

环向预应力筋张拉应遵循对称同步的原则,即每根钢绞线的两端同时张拉,组成每圈的各束也同时张拉。这样,每次张拉可建立一圈封闭的整体预应力。沿高度方向,环向预应力筋可由下向上进行张拉,但遇到洞口的预应力筋加密区时,自洞口中心向上、下两侧交替进行。

(4) 环向孔道灌浆

环向孔道,一般由一端进浆,另一端排气排浆,但当孔道较长时,应适当增加排气孔和灌浆孔。如环向孔道有下凹段或上隆段,可在低处进浆,高处排气排浆。对较大的上隆段顶部,还可采用重力补浆。

2. 环向无粘结预应力

环向无粘结预应力筋成束绑扎在钢筋骨架上(图20-128),应顺环向铺设,不得交叉扭绞。

环向预应力筋张拉顺序自下而上,循环对称交圈张拉。

对于多孔群锚单根张拉(包括环向及径向)应采取"逐根逐级循环张拉"工艺,即张拉应力 $0 \rightarrow 0.5\sigma_{con} \rightarrow 1.03\sigma_{con} \rightarrow$ 锚固。

两端张拉环向预应力筋时,宜采取"两端循环分级张拉"工艺,使伸长值在两端较均匀分布,两端相差不超过总伸长值的20%。张拉工序为:

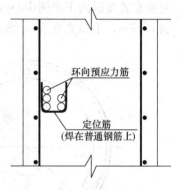

图20-128 无粘结筋架立构造示意图

1) A端: $0 \rightarrow 0.5\sigma_{con}$;
2) B端: $0 \rightarrow 0.5\sigma_{con}$;
3) A端: $0.5\sigma_{con} \rightarrow 1.03\sigma_{con} \rightarrow$ 锚固;
4) B端: $0.5\sigma_{con} \rightarrow 1.03\sigma_{con} \rightarrow$ 锚固。

为了保证环形结构对称受力,每个储仓配备四台千斤顶,在相对应的扶壁柱两端交错张拉作业,同一扶壁两侧应同步张拉,以形成环向整体预应力效应。

3. 环锚张拉法

环锚张拉法是利用环锚将环向预应力筋连接起来用千斤顶变角张拉的方法。

蛋形消化池结构为三维变曲面蛋形壳体,见图20-129。壳壁中,沿竖向和环向均布置了后张有粘结预应力钢绞线,壳体外部曲线包角为120°。每圈张拉凹槽有三个,相邻圈张拉凹槽错开30°。通过弧形垫块变角将钢绞线束引出张拉(图20-130)。张拉后用混凝土封闭张拉凹槽,使池外表保持光滑曲面。

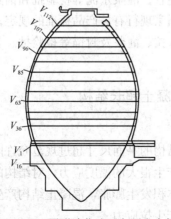

图20-129 蛋形消化池环向预应力筋

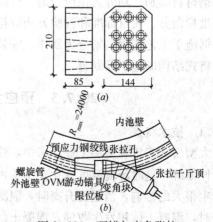

图20-130 环锚与变角张拉

环向束张拉采用三台千斤顶同步进行。张拉时分层进行，张拉一层后，旋转30°，再张拉上一层。为了使环向预应力筋张拉时初应力一致，采用单根张拉至20%σ_{con}，然后整束张拉。

环形结构内径为6.5m，混凝土衬砌厚度为0.65m，采用双圈环锚无粘结预应力技术，见图20-131。每束预应力筋由8ϕ^s15.7mm无粘结钢绞线分内外两层绕两圈布置，两层钢绞线间距为130mm，钢绞线包角为2×360°。沿洞轴线每米布置2束预应力筋。环锚凹槽交错布置在洞内下半圆中心线两侧各45°的位置。预留内部凹槽长度为1.54m，中心深度为0.25m，上口宽度为0.28m，下口宽度为0.3m。

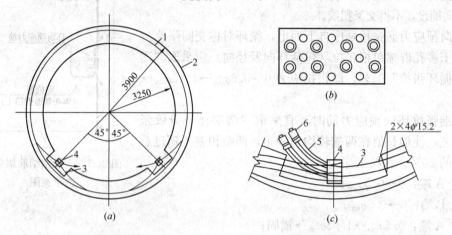

图20-131　无粘结预应力筋布置

采用钢板盒外贴塑料泡沫板形成内部凹槽。预应力筋张拉通过2套变角器直接支撑于锚具上进行变角张拉锚固。张拉锚固后，因锚具安装和张拉操作需要而割除防护套管的外露部分钢绞线，重新穿套高密度聚乙烯防护套管并注入防腐油进行防腐处理，然后用无收缩混凝土回填。

20.7.2.3　质量验收

储仓结构有粘结预应力工程和无粘结预应力工程的质量验收除应符合现行有关规范与标准要求外，尚应考虑其特殊性要求。

根据材料类别，划分为预应力筋、金属螺旋管、灌浆水泥等检验批和锚具检验批。原材料的批量划分、质量标准和检验方法应符合国家现行有关产品标准的规定。

根据施工工艺流程，划分为制作、安装、张拉、灌浆及封锚等检验批。各检验批的范围可按塔式结构的施工段划分。

20.7.3　预应力混凝土超长结构

20.7.3.1　技术特点

在大型公共建筑和多层工业厂房中，建筑结构的平面尺寸超过规范允许限值，且不设或少设伸缩缝，这时环境温度变化在结构内部产生很大的温度应力，对结构的施工和使用都会产生很大的影响，当温度升高时，混凝土体积发生膨胀，混凝土结构产生压应力，温度下降时，混凝土体积发生收缩，混凝土结构产生拉应力。

由于混凝土的抗压强度远大于其抗拉强度，因此，在超长结构中要考虑温度降低时对混凝土结构引起的拉应力的影响，在混凝土结构中配置预应力筋，对混凝土施加预压应力以抵抗温度拉应力的影响，是超长结构克服混凝土温度应力的有效措施之一。

20.7.3.2 预应力混凝土超长结构的要求与构造

由于大面积混凝土板内温度应力的分布很复杂，很多超长超大结构的温度配筋都是根据设计者的经验沿结构长向施加一定数值的预应力（平均压应力一般在 1~3MPa）。

预应力筋多数情况下为无粘结筋，也可采用有粘结筋。

(1) 温度应力经验计算公式：

混凝土在弹性状态下温度应力 σ_t 的大小与混凝土的温度变化 ΔT 成正比，与混凝土的弹性模量有关，与竖向构件对超长结构的约束程度有关，即式（20-50）。

$$\sigma_t = \beta \alpha_c \Delta T E_c \tag{20-50}$$

式中 β 为约束影响系数，线膨胀系数可采用 $\alpha_c = 1 \times 10^{-5} / ℃$。

混凝土抗压模量 E_c 取值可折减 50%。

(2) 温度场与闭合温度：

参考建筑物所在地的气候年温度变化的最低温度，以闭合温度为基准，再综合考虑计算楼板所在的位置以及其使用功能等因素后，确定混凝土结构的温度变化 ΔT。

如施工条件允许，混凝土后浇带闭合温度定为 10℃。

楼板受温度变化影响产生拉应力的大小取决于温度变化的绝对值。有边界约束时，以闭合时的温度为基准，温度升高，混凝土构件膨胀，混凝土受压；温度降低，混凝土构件收缩，混凝土受拉。

(3) 竖向构件约束影响：

混凝土收缩或温度下降引起的拉应力使每段板向着自己的重心处收缩，若不考虑竖向构件（筒、墙、柱等）的刚度，这种变形将是自由的（不产生内力）；若竖向构件的刚度为无穷大，则板内的温度变形几乎完全得不到释放，故在板内产生的拉应力最大（大小约为 $\alpha_c \Delta T E_c$）。通常竖向构件的刚度对温度变形起到约束作用，约束程度影响系数设为 β，$0 \leqslant \beta \leqslant 1$。

(4) 当结构形式为梁板结构时，梁板共同受温度变化的影响，因此应考虑梁板共同受温度拉力，故须将梁端面折算为板厚。

(5) 预应力筋为温度构造筋，束形主要为在板中的直线预应力筋，也可为曲线配筋。设计时，沿结构长方向连续布置预应力筋。布筋以单束预应力筋张拉损失不大于 25% 为原则，即单端张拉时长度不超过 30m，双端张拉时长度不超过 60m。

(6) 预应力筋分段铺设时，应考虑搭接长度，图 20-132 所示为一种构造方式。

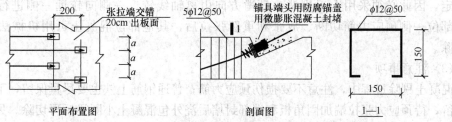

图 20-132　无粘结预应力筋搭接构造布置

a—无粘结筋间距（mm）

20.7.3.3 施工要点

1. 预应力筋铺放

预应力筋需根据顺序铺放,按照流水施工段,要求保证预应力筋的设计位置。

2. 节点安装

符合设计构造措施图示的要求,并满足有粘结或无粘结预应力施工对节点的各项要求。

3. 预应力张拉

混凝土达到设计要求的强度后方可进行预应力筋张拉;混凝土后浇带闭合温度一般可取后浇带封闭时的月平均气温,达到设计强度后进行后浇带的预应力筋张拉;预应力筋张拉完后,应立即测量校核伸长值。

4. 预应力张拉端处理

预应力筋张拉完毕及孔道灌浆完成后,采用机械方法,将外露预应力筋切断,且保留在锚具外侧的外露预应力筋长度不应小于30mm,将张拉端及其周围清理干净,用细石混凝土或无收缩砂浆浇筑填实并振捣密实。

20.7.3.4 质量验收

预应力混凝土超长结构的质量验收除应符合现行有关规范与标准要求外,尚应考虑其特殊性要求。

20.7.4 预应力结构的开洞及加固

20.7.4.1 预应力结构开洞施工要点

1. 板底支撑系统的搭设

在开洞剔凿混凝土板前,需在开洞处及相关板(同一束预应力筋所延伸的板)底搭设支撑系统。开洞洞口所在处的板底及周边相关板底可采用满堂红支搭方案,也可采用十字双排架木支搭方法。

2. 预应力混凝土板开洞混凝土的剔除

(1) 剔除顺序

剔除要严格按既定的顺序进行,待先开洞部位一侧预应力筋切断、放张和重新张拉后,再将其余部位混凝土剔除,然后再将另一侧的预应力筋切断、放张和重新张拉。

(2) 技术要求

混凝土的剔除采用人工剔凿和机械钻孔两种方法。先开洞时,由于预应力筋的位置不确定,因此必须采用人工剔凿,剔凿方向由离轴线较近一侧向较远一侧进行,待先开洞部位一侧预应力筋切断、放张和重新张拉后,其他部位混凝土可用机械法整块破碎剔除。

(3) 注意事项

混凝土剔除过程中,注意不要损伤预应力筋;普通钢筋上铁也要尽量保留,下铁需全部保留,待预应力张拉端加固角板和端部封堵后浇外包混凝土小圈梁后再切除。另外,混凝土剔除后应确保预应力张拉端处余留混凝土板断面表面平整,必要时可用高强度等级水泥砂浆抹平以保证预应力筋切割、放张和重新张拉的顺利进行。

3. 预应力筋的切断

(1) 准备工作

切除剔露出的预应力筋的塑料外包皮,安装工具式开口垫板及开口式双缸千斤顶,为防止放张时预应力筋回缩造成千斤顶难以拆卸回缸,双缸千斤顶的活塞出缸尺寸不得大于180mm,且放张时千斤顶处于出缸状态。另外,在预应力筋切断位置左右各100mm处,用镀锌钢丝缠绕并绑牢以避免断筋时由于回缩造成钢绞线各丝松散开。

(2) 技术要求

切断预应力筋时,用气焊熔断预应力筋。切断位置应考虑预应力筋放张后回缩尺寸,保证预应力筋重新张拉时的外露长度。

(3) 注意事项

预应力筋的切断顺序应与混凝土的剔凿顺序相同;切断前,应先检查该筋原张拉端、锚固端混凝土是否开裂和其他质量问题,并注意端部封挡熔断预应力筋时,严禁在该筋对面及原张拉端、锚固端处站人。

(4) 放张

预应力筋切断后,油泵回油并拆除双缸千斤顶及工具式开口垫板。

(5) 重新张拉

1) 预应力筋张拉端端面处理

张拉端端面要保持平整,由于预应力筋张拉端出板端面时位置不能保证,为了避免张拉时因保护层不够而使板较薄一侧混凝土被压碎而有必要进行张拉端面加固,加固可以用结构胶粘角形钢板或角形钢板与余留普通钢筋焊牢。

2) 张拉预应力筋

补张预应力筋同原设计要求一致。张拉完毕并按设计加固后方可拆梁板底的支撑。

3) 浇筑外包混凝土圈梁

预应力筋张拉完成后,锚具外余留300mm,并将筋头拆散以埋在外包圈梁里,浇筑外包圈梁即可。

20.7.4.2 体外预应力加固施工要点

1. 锚固节点和转向节点的加工制作

建筑或桥梁采用体外预应力加固,首先应进行结构加固可行性分析,确定体外预应力束布置和节点施工的可操作性,确认在原结构上开洞、植筋及新增混凝土与钢结构等施工对原结构的损伤在受力允许的程度之内。体外预应力束与被加固结构之间通过锚固节点和转向节点相连接,因此锚固节点和转向节点设计是能否实现加固效果的关键。锚固节点和转向节点块可采用混凝土结构或钢结构,新增结构与原结构常采用植筋及横向短预应力筋加强连接。新增混凝土锚固节点和转向节点块结构在原结构相应部位施工;新增钢结构锚固节点和转向节点块采用钢板和钢管焊接而成,应保证焊缝质量与与原结构连接的可靠性。

2. 锚固节点和转向节点的安装

根据体外预应力束布置要求在原结构相应位置上开洞,以穿过体外预应力束;按设计位置后植钢筋或后植锚栓等,以安装锚固钢件、支座及跨中转向节点钢件,钢件与原结构混凝土连接的界面应打磨清扫干净,然后用结构胶粘结和锚栓固定,钢件与混凝土之间的空隙用无收缩砂浆封堵密实。新增混凝土锚固节点和转向节点施工，首先植筋和绑扎普通钢筋，安装锚固节点锚下组件和转向节点体外束导管等，支模板并浇筑混凝土，混凝土必须充分振捣密实。

3. 体外预应力束的下料与安装

体外成品束或无粘结筋在工厂内加工制作，成盘运输到工地现场，根据实际需要切割下料。根据体外预应力束在预埋管或密封筒内的长度要求、钢绞线张拉伸长量及工作长度计算总下料长度及需要剥除体外预应力束两端HDPE护层的长度。对于局部灌水泥基浆体的体外预应力束，要求将剥除HDPE段的钢绞线表面油脂清除，以保证钢绞线与灌浆浆体的粘结力。体外束下料完成后，成品束可一次完成穿束；使用分丝器的单根独立体系，需逐根穿入单根钢绞线或无粘结钢绞线，安装可依据束自重与现场条件使用机械牵引或人工牵引穿束。

4. 体外预应力束的张拉

体外预应力束张拉应遵循分级对称的原则，张拉时梁两侧或箱形梁内的对称体外预应力束应同步张拉，以避免出现平面外弯曲。体外预应力成品束宜采用大吨位千斤顶进行整体张拉，张拉控制程序为：$0 \rightarrow 10\%\sigma_{con} \rightarrow 100\%\sigma_{con}$（持荷2min）$\rightarrow$锚固，或采用规范与设计许可的张拉控制程序。钢结构梁体外束张拉应计算结构局部承压能力，防止局部失稳，同时采取对称同步控制措施，每完成一个张拉行程，测量伸长值并进行校核。张拉过程中需要对被加固结构进行同步监测，以保证加固效果实现。

5. 体外预应力束与节点的防护

体外预应力束张拉完成后，根据体外预应力锚固体系更换或调束力对锚具外保留钢绞线长度的要求，用机械切割方法切除锚具外伸多余的钢绞线，采用防护罩或设计体系提供的防护组件进行体外预应力束耐久性防护。建筑结构工程中，对转向节点钢件和锚固钢件、锚具等涂防锈漆，锚具也可采用防护罩防护，采用混凝土将楼板上的孔洞进行封堵，对柱端的张拉节点采用混凝土将整个钢件和张拉锚具封闭。对外露的体外预应力束及节点进行防火处理。

20.8 预应力钢结构施工

20.8.1 预应力钢结构分类

预应力钢结构是包括索结构或以索为主要手段与其他钢结构体系组合的平面或空间杂交结构。即在静定结构中，通过对索施加预应力，增加高强度索体赘余预应力，使其结构变为超静定结构体系，有效建立杂交结构的刚度，显著改善结构受力状态，减小结构挠度，对结构受力性能实行有效控制。此结构体系既充分发挥高强度预应力索体的作用，又提高了普通钢结构构件的利用率，取得了节约钢材的显著经济效益，又达到了跨越大跨度的目的。

预应力钢结构的组成元素为：高强拉索，主要为高强度金属或非金属拉索，目前国内普遍采用的是强度超过1450MPa的不锈钢拉索和强度超过1670MPa的镀锌拉索；钢结构，包括各种类别的钢结构形式，如钢网架、钢网壳、平面钢桁架、空间钢桁架、钢拱架等。

预应力钢结构的主要技术内容包括：拉索材料及制作技术；设计技术；拉索节点、锚固技术；拉索安装、张拉；拉索端头防护；施工监测、维护及观测等。

预应力钢结构一般分为如下几类。

1. 张弦梁结构

张弦梁结构是由弦、撑杆和梁组合而成的新型自平衡体系，如图 20-133、图 20-134 所示。

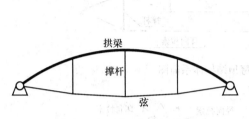

图 20-133 平面张弦梁结构

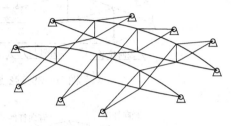

图 20-134 空间张弦梁结构

张弦梁结构总体上可分为平面和空间两种结构。平面张弦梁结构是指其结构构件位于同一平面内，且以平面内受力为主的张弦梁结构。平面张弦梁结构根据上弦构件的形状可分为三种基本形状：直线形张弦梁、拱形张弦梁、人字形张弦梁。空间张弦梁结构是以平面张弦梁结构为基本组成单元，通过不同形式的空间布置索形成的以空间受力为主的张弦梁结构。目前分为四类：单向张弦梁结构（图 20-135），双向张弦梁结构（图 20-136），多向张弦梁结构（图 20-137），辐射式张弦梁结构（图 20-138）。

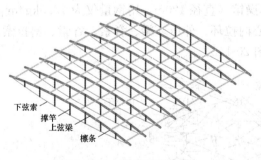

图 20-135 单向张弦梁结构

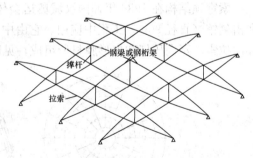

图 20-136 双向张弦梁结构

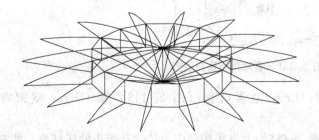

图 20-137 多向张弦梁结构

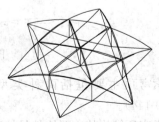

图 20-138 辐射式张弦梁结构

2. 弦支穹顶结构

弦支穹顶结构体系是由单层网壳和下端的撑杆、索组成的体系（图 20-139～图 20-141）。其中，各层撑杆的上端与单层网壳相对应的各层节点径向铰接，下端由径向拉索与单层网壳的下一层节点连接，同一层的撑杆下端由环向箍索连接在一起，使整个结构形成一个完整的结构体系。

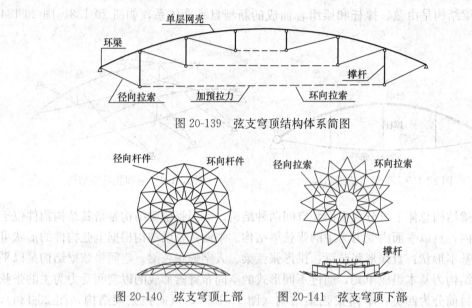

图 20-139 弦支穹顶结构体系简图

图 20-140 弦支穹顶上部　　图 20-141 弦支穹顶下部

3. 索穹顶结构

索穹顶结构在 1988 年韩国汉城奥运会体操馆（直径 120m，用钢量仅为 13.5kg/m²）和击剑馆（直径 90m）工程中应用。它由中心内拉环、外压环梁、脊索、谷索、斜拉索、环向拉索、竖向压杆和扇形膜材所组成，见图 20-142。

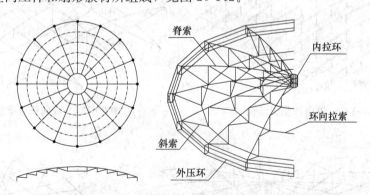

图 20-142 索穹顶结构布置图

索穹顶主要包括两种类型：Levy 型索穹顶（图 20-143）和 Geiger 型索穹顶（图 20-144）。

索穹顶结构的主要构件是拉索，该结构大量采用预应力拉索及短小的压杆群，能充分利用拉索的抗拉强度，并使用薄膜材料做屋面，所以结构自重很轻，且结构单位面积的平均重量和平均造价不会随结构跨度的增加而明显增大，因此该结构形式非常适合超大跨度建筑的屋盖设计。

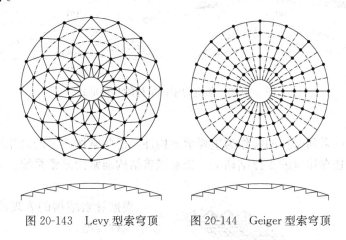

图 20-143　Levy 型索穹顶　　图 20-144　Geiger 型索穹顶

4. 吊挂结构

吊挂结构由支撑结构、屋盖结构及吊索三部分组成。支撑结构主要形式有立柱、钢架、拱架或悬索。吊索分斜向与直向两类，索段内不直接承受荷载，故呈直线或折线状。吊索一端挂于支撑结构上，另一端与屋盖结构相连，形成弹性支点，减小其跨度及挠度。被吊挂的屋盖结构常有网架、网壳、立体桁架、折板结构及索网等，形式多样。

预应力吊挂结构体系主要有以下两种类型：平面吊挂结构和空间吊挂结构。按吊索的几何形状可分为斜向吊挂结构（图 20-145a）和竖向吊挂结构（图 20-145b）两种。吊索的形式可分为放射式（图 20-145c）、竖琴式（图 20-145d）、扇式（图 20-145e）和星式（图 20-145f）。

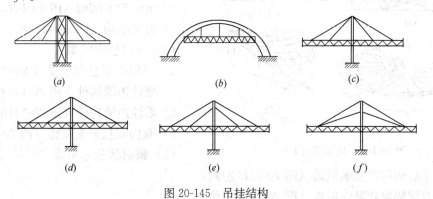

图 20-145　吊挂结构

5. 拉索拱结构

拱脚相连，结构形式为拉索与钢拱架组合，称为"预应力拉索拱结构"。其特点如下：

预应力拉索拱结构由拉索与钢拱架组合而成，达到调整拱架内力，减小侧推力，提高其结构刚度和稳定性的目的。

拉索拱结构是一种新型的预应力钢结构体系，应用前景广阔，其主要形式见图 20-146。

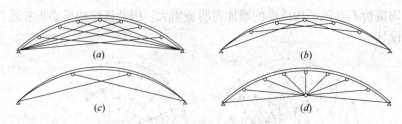

图 20-146 预应力索拱结构的几种形式

6. 悬索结构

悬索结构以一系列受拉的索作为主要承重构件，这些索按一定的规律组成各种不同形式的体系，并悬挂在相应的支撑结构上。悬索屋盖结构通常由悬索系统、屋面系统和支撑系统三部分构成。

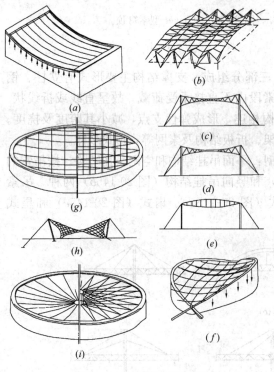

图 20-147 悬索结构类型

根据悬索结构的表现形状，可以分为以下几种类型。

(1) 单向悬索屋盖

1) 单向单层悬索屋盖结构：由一群平行走向的承重索组成，见图 20-147 (a)。

2) 单向双层悬索屋盖结构：由一群平行走向的承重索（负高斯曲面）和一层稳定索（正高斯曲线）组成，该结构按承重索和稳定索的支承形式不同分为以下三种结构：

① 柱支撑索结构（图 20-147b）。

② 索桁架索结构（图 20-147c、d）。

③ 索梁结构（图 20-147e）。

(2) 双向悬索屋盖

1) 双向单层悬索屋盖（索网结构）：

① 刚性边缘构件（图 20-147f、g）。

② 柔性边缘构件（图 20-147h）。

2) 双向双层悬索屋盖（图 20-147i）。

(3) 辐射状悬索屋盖

1) 单层辐射状悬索屋盖（图 20-147i 左侧）。

2) 双层辐射状悬索屋盖（图 20-147i 右侧）。

20.8.2　预应力索布置与施工仿真计算分析

20.8.2.1　预应力索的布置形式

预应力拉索在钢结构中的布置形式主要有两类，一类是体内布索，一类是体外布索。体内布索主要是考虑建筑空间限制，为了改善钢结构的受力性能，在钢结构内部进行布索，布索形式可以选择在下弦直线布置，也可以选择在钢结构内部进行折线布置。体外布索主要是指钢结构与拉索相互独立，钢索位于钢结构外部。

按照索体本身的布置形式进行分类，分成：单向布置、双向布置、多向布置、环向布置。单向布置是指各个拉索间接近平行，按照一定的间距布置。双向布置拉索主要用于结构长宽相差不大，拉索布置成双向，对结构共同作用，有时也有一个方向拉索主要起稳定作用。多向布置一般用于圆形或者椭圆形结构中，根据建筑要求布置成多向张拉结构，如多向张弦梁等。环向布置主要是在穹顶结构中，包括弦支穹顶和索穹顶等，拉索的穹顶下方布置成圆形。

20.8.2.2 施工仿真计算分析

预应力钢结构的张拉力由设计给定，按照设计数值进行张拉。但设计中经常给定的都是施工完成状态的张拉力，这就需要施工单位根据设计要求及现场钢结构的施工方案确定拉索的张拉顺序和分级。然后根据拟定的张拉顺序和分级进行施工仿真计算，根据施工仿真计算结果来判断确定张拉顺序和分级是否满足结构设计要求以及施工过程中结构的安全性，是否会出现部分杆件变形和应力较大，造成结构安全性有问题。经过施工仿真计算分析，确定了最终的张拉顺序和合理的分级后，则根据施工仿真计算结果给出每一步的张拉力，并报设计和监理审批，作为最终的施工张拉力。施工仿真计算结果还可以为工装设计和施工监测提供理论依据。

20.8.3 预应力钢结构设计基本要求

(1) 在预应力钢结构的计算中，对于布置有悬索或折线型索时必须考虑悬索的几何非线性影响。对于斜拉索，则当索长较长时应考虑由于索自重影响而引起斜拉索刚度的折减，通过公式反映对于弹性模量的折减。斜拉索一般希望其作用点与水平夹角大于30°，当接近或小于30°时，必须考虑斜拉索的几何非线性影响。

(2) 对于预应力网架等已配置悬索组合的预应力钢结构的计算时，应注意索与其他结构的位移协调问题，即索在预应力张拉时的荷载作用下，其索力是沿索长连续的，在这种情况下应对索建立独立的位移参数，并在竖向与其他结构协调。

(3) 对于预应力结构设计时必须认真考虑结构的预应力索的各项要求，在预应力成形状态时，应达到预应力和结构自重作用组合下处于平衡状态。

(4) 由于预应力钢结构跨度大，因此必须考虑地震作用的影响，如何使索不发生应力松弛而至结构失效是关键，其地震作用分为竖向作用（对跨中受力杆件影响大）与水平作用（对下部结构与支座杆件有影响），进行抗震分析可采用振型分解反应谱法与时程分析法。结构构件的地震作用效应和其他荷载效应的基本组合应按现行国家标准《建筑抗震设计标准》GB/T 50011 的有关规定执行。

(5) 由于大跨度屋盖自重较轻，特别当用于体育场挑篷结构时，其风荷载作用影响较大，应对各风向角下最大正风压、负风压进行分析，并需认真考虑其屋盖的体形系数与风振系数。

(6) 温度影响也应在设计计算中详细考虑。对于温度影响，当结构条件许可时可考虑放的方式，即允许屋盖结构可实现一定程度的温度变形，这就要求支座处理或下部结构允许一定的变形。当屋盖结构与下部结构均需整体考虑时，应验算温度应力。

(7) 预应力索的设计控制应力：预应力索的设计强度一般取索标准强度的 0.4 倍，即 $f=0.4f_{ptk}$，索的最小控制应力不宜小于 $f=0.2f_{ptk}$。索是预应力钢结构中最关键的因素，必须有比普通钢结构更大的安全储备,最小控制应力要求除保证索材在弹性设计状态下受力外,在各种工况下皆需保证索力大于零,同时也应确保索的线形与端部锚具的有效作用。此外,预应力锚固损失、松弛损失和摩擦损失应在实际张拉中予以补偿。

(8) 预应力索的用材宜选用高强材料,如高强钢绞线或高强钢丝或高强钢棒,采用高强材料可有效减轻结构耗钢量并减小预应力索或预应力拉杆在锚固与连接节点的尺寸。对于预应力索(拉杆)可选用成品索(拉杆),这些成品索(拉杆)已在工程里完成整索的制作(包括索的外防护与两端锚固节点);也可采用带防护的单根钢绞线的集合索。对于内力不大的预应力索(拉杆)可采用耳板式节点(这时索应严格控制长度公差),对于内力较大的拉杆不宜采用带正反螺纹的可调式拉杆,对于大内力的拉索与悬索的成品宜采用铸锚节点。

(9) 预应力索锚固节点,特别是对于大吨位预应力斜拉索或悬索锚固节点应进行周密空间三维有限元分析,同时也必须仔细考虑锚头的布置空间与施工张拉要求。

(10) 设计和计算应满足国家现行规范《钢结构设计标准》GB 50017、《预应力钢结构技术标准》JGJ/T 497、《索结构技术规程》JGJ 257。

20.8.4 预应力钢结构拉索与节点深化设计

20.8.4.1 深化设计内容

对于预应力钢结构来说,除钢结构本身的深化设计外,关键的深化设计内容主要包括:节点深化设计和拉索下料长度设计两个方面。

拉索下料是保证整体预应力钢结构成型的关键一步,只有将拉索长度确定准确才能够保证最终成型能够满足设计图纸和规范的要求。

节点设计又是深化设计中最重要的内容。对于常见的预应力钢结构,一般采用组合结构体系,即上部为预应力钢结构体系,下部支承体系则采用钢筋混凝土体系。两种体系的刚度和受力性能均有比较大的差别,因而两种体系的连接节点是结构传力的关键,也是节点设计中需要重点考虑的部位。对于上部的预应力钢结构来说,一般情况下至少包含两种不同材料的构件,即普通钢构件和高强拉索,或者是普通钢构件和高强钢拉杆的组合,在某些情况下则三种构件均有。因而,节点设计中另外一个需要重点关注的内容就是普通钢构件和高强拉索以及高强钢拉杆之间的连接。

20.8.4.2 节点深化设计原则

1. 一般规定

(1) 根据预应力钢结构的特点和拉索节点的连接功能,节点可分为张拉节点、锚固节点、转折节点、索杆连接节点和拉索交叉节点等主要类型。各类节点的设计与构造应符合现行国家标准《钢结构设计标准》GB 50017 等相关规范的规定。

(2) 节点设计是预应力钢结构设计中非常重要的一环。一般情况下,节点设计需经历前期设计和深化设计两个阶段。在前期设计阶段,根据设计计算模型及受力大小,初步确定节点连接的基本形式和要求。在深化设计阶段,综合考虑拉索产品构造、节点加工条件、施工安装方法等,并结合必要的有限元分析计算,最终确定节点的具体构造和尺寸。

(3) 预应力钢结构节点的构造通常较复杂,一般需采用三维建模软件对节点建立实体模型,在虚拟空间中对实际结构进行模拟观察。这不仅方便于节点的加工制作,同时也是拉索精确下料、拉索安装及张拉空间模拟所必需的。此外，对于构造和受力均比较复杂的节点，其应力分布不易直观判断，手工简化计算可能造成比较大的误差，建立三维模型后可利用有限元软件对节点受力进行模拟计算。预应力钢结构节点的钢材及节点连接材料应按现行国家标准《钢结构设计标准》GB 50017 的规定选用。节点采用轧制钢材时，其材质应符合现行国家标准《低合金高强度结构钢》GB/T 1591 和《碳素结构钢》GB/T 700 的有关规定；所用的铸钢件材质应符合《焊接结构用铸钢件》GB/T 7659 的规定。

（4）预应力钢结构节点的承载力和刚度应按国家现行标准《钢结构设计标准》GB 50017、《预应力钢结构技术标准》JGJ/T 497、《铸钢节点应用技术规程》CECS 235 等规定进行验算。根据节点的重要性、受力大小和复杂程度，节点计算应满足其承载力设计值不小于拉索内力设计值 1.25～1.5 倍的要求。

（5）在张拉节点、锚固节点和转折节点的局部承压区，应验算其局部承压强度并采取可靠的加强措施满足设计要求。对构造、受力复杂的节点大量采用铸钢节点时，宜经技术经济论证。

（6）节点的构造设计应考虑预应力施加的方式、结构安装偏差、进行二次张拉及使用过程索力调整的可能性，以及夹具、锚具在张拉时预应力损失的调整取值。对于张拉节点，应保证节点张拉区有足够的施工空间，便于施工操作。对于多根拉索和结构构件的连接节点，在构造上应使拉索轴线汇交于一点，避免连接板偏心受力。

（7）预应力拉索全长及其节点应采取可靠的防腐措施，且便于施工和修复。拉索节点构造尽量不要隐蔽，要便于检查与维护。如采用外包材料防腐，外包材料应连续、封闭和防水；除拉索和锚具本身应采用耐锈蚀材料外包外，节点锚固区亦应采用外包膨胀混凝土、低收缩水泥砂浆、环氧砂浆密封或具有可靠防腐和耐火性能的外层保护套结合防腐油脂等材料将锚具密封。

（8）当拉索受力较大、节点形状复杂或采用新型节点时，应对节点进行有限元分析，全面了解节点的应力分布状况。对重要、复杂的节点，根据设计需要，宜进行足尺或缩尺模型的承载力试验，且节点模型试验的荷载工况应尽量与节点的实际受力状态一致。施工及使用过程中亦应辅以必要的监测手段。

2. 基本原则

节点是结构发挥其功能的关键所在，预应力钢结构体系最大的特点是高强度预应力拉索的引入及多类型构件的汇交，因此在进行节点设计时，建议遵循以下原则：

（1）预应力钢结构节点的设计构造应保证有足够的强度与刚度，能有效传递各种内力，传力路径明确；节点构造应符合计算假定，尽量减小偏心传力、应力集中、次应力和焊接残余应力；应避免材料多向受拉，防止出现脆性破坏，同时便于制作、安装和维护。半刚性节点在结构分析时应考虑节点刚度的影响。除满足以上力学和功能上的要求外，还宜在选形及外形构造上尽量满足建筑设计的美观要求。

（2）预应力高强拉索的张拉节点应保证节点张拉区有足够的施工空间，便于施工操作，且锚固可靠。预应力索张拉节点与主体结构的连接应考虑施工过程中超张拉和使用荷载阶段拉索的实际受力大小，确保连接安全。

（3）预应力拉索锚固节点应采用传力可靠、预应力损失低且施工便利的锚具，应保证锚固区的局部承压强度和刚度。应对锚固节点区域的主要受力杆件、板域进行应力分析和连接计算。节点区应避免焊缝重叠。

(4) 预应力拉索转折节点应设置滑槽或孔道，滑槽或孔道内可涂润滑剂或加衬垫，或采用抗滑移系数低的材料；应验算转折节点处的局部承压强度，并采取加强措施。

20.8.4.3 预应力拉索下料方法

预应力钢结构通常的拉索下料要求较高，通常情况下设计图纸给定的是结构成型或正常使用荷载下的拉索内力，因此，在进行拉索下料时，要考虑是结构在何种状态下的拉索长度和对应拉索内力。具体方法如下：首先，确定设计图纸给定的拉索索力是在何种状态下的索力；其次，要保证图纸测量的拉索长度与拉索内力是在同一个受力状态下；最后，根据拉索长度与内力，绘制拉索下料图纸，并在图纸上标出钢结构与拉索或拉索与拉索之间的连接点位置，即标记点。图纸中通常包括：拉索长度、标记力、标记点、拉索调节量、拉索调节端和固定端、长度偏差及拉索材质要求等。在拉索加工厂时要严格控制拉索加工精度，安装过程中保证按照标记位置安装节点，同时根据实际情况进行局部调整。

20.8.4.4 节点深化设计方法

节点需综合考虑各种因素精心设计，并反复对节点设计进行优化。一般应按照以下流程展开：

(1) 在前期设计阶段，根据节点所处位置和设计要求实现的功能，确定节点基本形式与构造，选用合适的材质，并就加工工艺、施工安装工艺方面征询加工单位及施工单位的意见与建议。对于某些复杂节点，采用铸钢节点时，因铸钢材质不如轧制钢材，且价格昂贵，故宜进行技术经济论证后选用。

(2) 深化设计阶段，根据节点受力大小、拉索型号、锚具形式等条件初估节点板厚度等主要尺寸。

(3) 在设计提供的三维轴线模型基础上，借助CAD或BIM三维绘图工具，按实际角度和尺寸绘制节点三维模型图。

(4) 三维模型图绘制完成后，置于整体结构三维图中，检查节点在施工安装阶段及使用阶段与周边构件如拉索锚具、连接螺栓、其他钢结构构件等是否会发生冲突，外观形式是否满足建筑要求等。对于张拉端节点还需要检验安装张拉时是否有足够操作空间。通过反复调整形成满足以上要求的节点设计。

(5) 采用有限元软件对设计完成的三维节点进行力学分析，模拟各种不利工况下的受力状态，检验其是否满足节点强度和刚度要求。在安全性得到保证的情况下可继续对某些构造尺寸进行优化和调整。

(6) 编制节点设计计算书，绘制节点加工图纸。对于特别重要的节点，还需要进行设计评审，甚至开展节点模型试验对理论分析结果进行验证。

20.8.5 预应力钢结构常用节点

20.8.5.1 一般规定

根据预应力钢结构的特点和拉索节点的连接功能，其节点类型可分为张拉节点、锚固节点、转折节点、索杆连接节点和交叉节点等主要类型。

20.8.5.2 张拉节点

(1) 高强拉索的张拉节点应保证节点张拉区有足够的施工空间,便于施工操作,锚固可靠。

(2) 张拉节点与主体结构的连接应考虑超张拉和使用荷载阶段拉索的实际受力大小,确保连接安全。常用的平面空间受力的张拉节点构造示意图,见图 20-148。

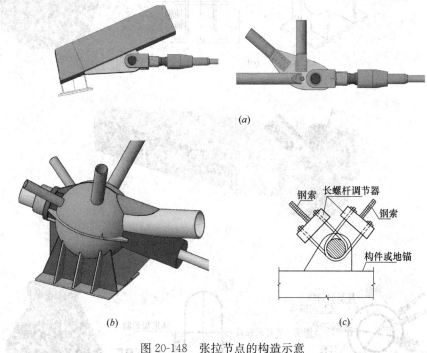

图 20-148 张拉节点的构造示意
(a) 叉耳锚具张拉端节点;(b) 冷铸锚具张拉端节点;(c) 螺杆调节式张拉端节点

(3) 通过张拉节点施加拉索预应力时,应根据设计需要和节点强度,采用专门的拉索测力装置监控实际张拉力值,确保节点和结构安全。

20.8.5.3 锚固节点

(1) 锚固节点应采用传力可靠、预应力损失低和施工便利的锚具,尤其应注意锚固区的局部承压强度和刚度的保证。

(2) 锚固节点区域受力状态复杂、应力水平较高,设计人员应特别重视主要受力杆件、板域的应力分析及连接计算,采取的构造措施应可靠、有效,避免出现节点区域因焊缝重叠、开孔等易导致严重残余应力和应力集中的情况。常用的拉索锚固节点构造示意图见图 20-149。

20.8.5.4 转折节点

转折节点是使拉索改变角度并顺滑传力的一种节点,一般与主体结构连接。转折节点应设置滑槽或孔道供拉索准确定位和改变角度,滑槽或孔道内摩擦阻力宜小,可采用润滑剂或衬垫等低摩擦系数材料;转折节点沿拉索夹角平分线方向对主体结构施加集中力,应注意验算该处的局部承压强度和该集中力对主体结构的影响,并采取加强措施。拉索转折节点处于多向应力状态,其强度降低应在设计中考虑。图 20-150 是转折节点的构造示意图。

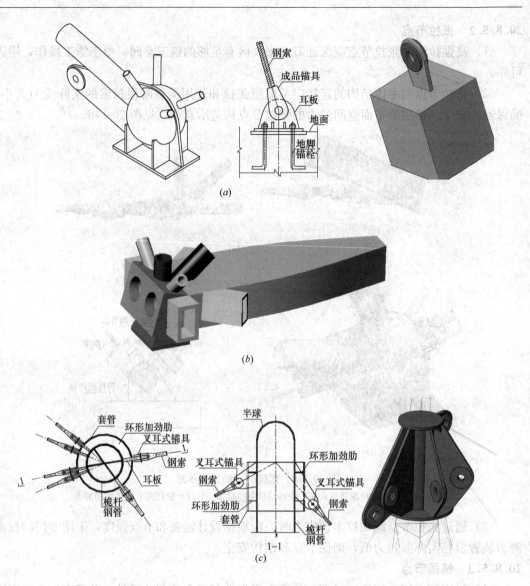

图 20-149 锚固节点构造示意

(a) 叉耳锚具锚固节点；(b) 冷铸锚具锚固节点；(c) 桅杆结构节点；(d) 张弦桁架节点

20.8.5.5 拉索交叉节点

拉索交叉节点是将多根平面或空间相交的拉索集中连接的一种节点，多个方向的拉力在交叉节点汇交、平衡。拉索交叉节点应根据拉索交叉的角度优化连接节点板的外形，避免因拉索夹角过小而相撞，同时应采取必要措施避免节点板由于开孔和造型切角等因素引

20.8 预应力钢结构施工 821

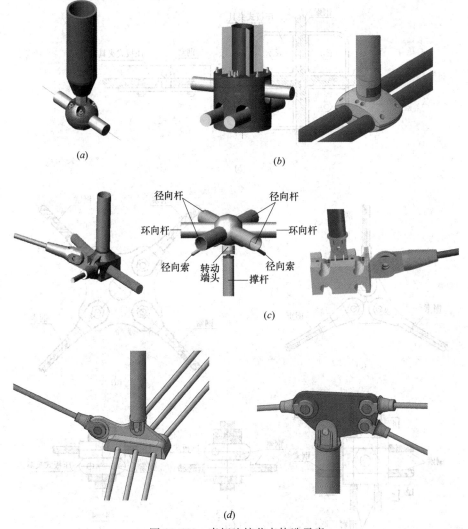

图 20-150 索杆连接节点构造示意
(a) 张弦梁单索转折节点；(b) 张弦梁双索转折节点；(c) 弦支穹顶环索节点；(d) 索穹顶环索节点

起应力集中区，必要时，应进行平面或空间的有限元分析。交叉节点构造示意图见图 20-151。

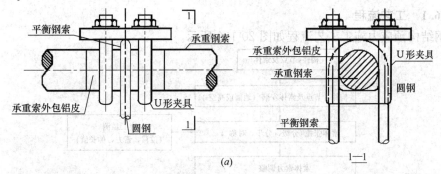

图 20-151 拉索交叉节点构造示意（一）
(a) U形夹具式节点

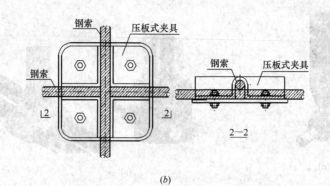

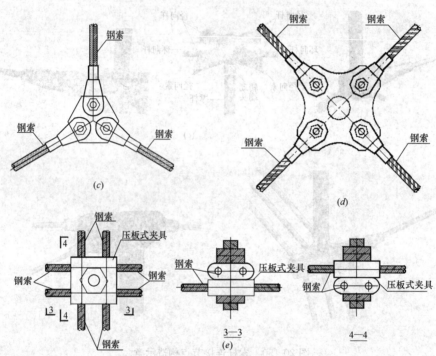

图 20-151 拉索交叉节点构造示意（二）

(b) 单层压板式夹具节点；(c) 销接式三向节点；(d) 销接式四向节点；(e) 双层压板式夹具节点

20.8.6 钢结构预应力施工

20.8.6.1 工艺流程

钢结构预应力施工工艺流程如图 20-152 所示。

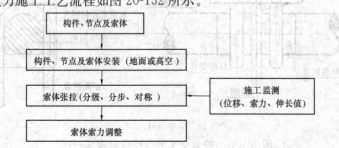

图 20-152 钢结构预应力施工工艺流程

20.8.6.2 施工要点

1. 施工准备（深化设计与施工仿真计算）

根据设计及预应力施工工艺要求，计算出索体的下料长度、索体各节点的安装位置及加工图。针对具体工程建立结构整体模型，进行施工仿真计算，对结构各阶段预应力施工中的各工况进行复核，并模拟预应力张拉施工全过程。

预应力钢结构施工仿真计算一般采用有限元方法，施工过程中应严格按结构要求施工操作，确保结构施工及结构使用期内的安全。

拉索的下料长度应是无应力长度。首先应计算每根拉索的长度基数，再对这一长度基数进行若干项修正，即可得出下料长度。修正内容为：

（1）初拉力作用下拉索弹性伸长值。
（2）初拉力作用下拉索的垂度修正。
（3）张拉端锚具位置修正。
（4）固定端锚具位置修正。
（5）下料的温度与设计中采用的温度不一致时，应考虑温度修正。
（6）为应力下料时，应考虑应力下料的修正。
（7）采用冷铸锚时，应计入钢丝镦头所需的长度，一般取 $1.5d$，其中 d 为钢丝直径。采用张拉式锚具时，应计入张拉千斤顶工作所需的长度。

2. 索体制作

（1）钢丝拉索的钢丝通常为镀锌钢丝，其强度级别为 1570、1670MPa 等。钢丝拉索的外层分为单层与双层。双层 PE 套的内层为黑色耐老化的 PE 层，厚度为 3~4mm；外层为根据业主需要确定 PE 层的颜色，厚度为 2~3mm。锚头分为冷铸锚和热铸锚两种，冷铸锚为锚头内灌入环氧钢砂，其加热固化温度低于 180℃，不影响索头的抗疲劳性能。热铸锚为锚头内灌入锌铜合金，浇铸温度小于 480℃，试验表明也不影响其抗疲劳性能。对用于室内，有一定防火要求的小规格拉索，建议采用热铸锚。

钢绞线拉索的钢绞线可采用镀锌或环氧涂层钢绞线，其强度等级为 1670、1770MPa。由于索结构规范规定索力不超过 $0.5f_{ptk}$，与普通预应力张拉相比处于低应力状态，为防止滑索，故采用带有压板的夹片锚具。

在大型空间钢结构中作剪刀撑或施加大吨位预应力的钢棒拉索，通常采用延性达 16%~19% 的优质碳素合金钢制作。

（2）拉索制作方式可分为工厂预制和现场制造。扭绞型平行钢丝拉索应采用工厂预制，其制作应符合相关产品技术标准的要求。钢绞线拉索和钢棒拉索可以预制，也可以在现场组装，其索体材料和锚具应符合相关标准的规定。

（3）拉索进场前应进行验收，验收内容包括外观质量检查和力学性能检验，检验指标按相应的钢索和锚具标准执行。对用于承受疲劳荷载的拉索，应提供抗疲劳性能检测结果。

（4）工厂预制拉索的供货长度为无应力长度。计算无应力长度时，应扣除张拉工况下索体的弹性伸长值。对索膜结构、空间钢结构的拉索，应将拉索与周边承力结构作整体计算，既考虑边缘承力结构的变形，又考虑拉索的张拉伸长后，确定拉索供货长度。拉索在工厂制作后，一般卷盘出厂，卷盘的盘径与运输方式有关。

采用钢丝拉索时，成品拉索在出厂前应按规定作预张拉等检查，钢绞线拉索主要检查预应力钢材本身的性能以及外包层的质量。

(5) 工厂制索时，应根据上部结构的几何尺寸及索头形式确定拉索的初始长度。工厂组装拉索，应采取相应的措施，保证拉索内各股预应力筋平行分布；且应特别注意各索股防护涂层的保护，并采取必要的技术措施，保证各索股受力均匀。

(6) 钢索制作下料长度应满足深化设计在自重作用下的计算长度进行下料，制作完成后，应进行预张拉，预张拉力为设计索力的 1.2～1.4 倍，并在预张拉力等于规定的索力的情况下，在索体上标记出每个连接点的安装位置。为方便施工，索体宜单独成盘出厂。

(7) 拉索在整个制造和安装过程中，应预防腐蚀、受热、磨损和避免其他有害的影响。

(8) 拉索安装前，对拉索或其他组装件的所有损伤都应进行鉴定和补救。损坏的钢绞线、钢棒或钢丝均应更换。受损的非承载部件应加以修补。

3. 索体安装

预应力钢结构刚性件的安装方法有高空散装、分块（榀）安装、高空滑移（上滑移-单榀、逐榀和累积滑移，下移法-地面分块（榀）拼装滑移后空中整体拼装）、整体提升（地面整体拼装后，整体吊装、柱顶提升、顶升）等。其索体安装时，可根据钢结构构件的安装选择合理的安装方法，与其平行作业，充分利用安装设备及脚手架，达到缩短工期、节约设备投资的目标。

索体的安装方法还应根据拉索的构造特点、空间受力状态和施工技术条件，在满足工程质量要求的前提下综合确定，常用的安装方法有三种（整体张拉法、部分张拉法、分散张拉法），是与索体张拉方法相对应的，施工要点如下：

(1) 施工脚手架搭设：拉索安装前，应根据定位轴线的标高基准点复核预埋件和连接点的空间位置及相关配合尺寸。应根据拉索受力特点、空间状态以及施工技术条件，在满足工程质量的前提下综合确定拉索的安装方法。安装方法确定后，施工单位应会同设计单位和其他相关单位，依据施工方案对拉索张拉时支撑结构的内力和位移进行验算，必要时采取加固措施。张拉施工脚手架搭设时，应避让索体节点安装位置或提供可临时拆除的条件。

(2) 索体安装平台搭设：为确保拼装精度和满足质量要求，安装胎架必须具有足够的支承刚度。特别是，当预应力钢结构张拉后，结构支座反力可能有变化，支座处的胎架在设计、制作和吊装时应采取有针对性的措施。安装胎架搭设应确保索体各连接节点标高位置和安装、张拉操作空间的设计要求。

(3) 室外存放拉索：应置于遮棚中防潮、防雨。成圈的产品应水平堆放；重叠堆放时应逐层加垫木，以避免锚具压损拉索的护层。应特别注意保护拉索的护层和锚具的连接部位，防止雨水侵入。当除拉索外其他金属材料需要焊接和切削时，其施工点与拉索应保持移动距离或采取保护措施。

(4) 放索：为了便于索体的提升、安装，应在索体安装前，在地面利用放线盘、牵引及转向等装置将索体放开，并提升就位。索体在移动过程中，应采取防止与地面接触造成索头和索体损伤的有效措施。

(5) 索体安装时的结构防护：拉索安装过程中应注意保护已经做好的防锈、防火涂层的构件，避免涂层损坏。若构件涂层和拉索护层被损坏，必须及时修补或采取措施保护。

(6) 索体安装：应根据设计图纸及整体结构施工安装方案要求，安装各向索体，同时要严格按索体上的标记位置、张拉方式和张拉伸长值进行索具节点安装。

(7) 为保证拉索吊装时不使 PE 护套损伤，可随运输车附带纤维软带。在雨期进行拉索安装时，应注意不损伤索头的密封层，以免索头进水。

(8) 传力索夹的安装，要考虑拉索张拉后直径变小对索夹夹持力的影响。索夹间固定螺栓一般分为初拧、中拧和终拧三个过程，也可根据具体使用条件将后两个过程合为一个过程。在拉索张拉前可对索夹螺栓进行初拧，拉索张拉后应对索夹进行中拧，结构承受全部恒载后可对索夹作进一步拧紧检查并终拧。拧紧程度可用扭力扳手控制。

4. 索体张拉及监测

(1) 张拉设备标定：

张拉用设备和仪器应按有关规定进行计量标定。施加索力和其他预应力必须采用专用设备。

(2) 施工中，应根据设备标定有效期内数据进行张拉，确保预应力施加的准确性。

(3) 张拉控制原则：根据设计和施工仿真计算确定优化的张拉顺序和程序，以及其他张拉控制技术参数。在张拉操作中，应遵循以索力控制为主或结构变形控制为主的规定，并牢记每根索体索力的允许偏差。

(4) 张拉方法。施加预应力的方法有三种：整体张拉法、分部张拉法和分散张拉法。

1) 整体张拉法：有效的拉索张拉方式之一。张拉机具可采用计算机控制的液压千斤顶集群，同时同步张拉，以便最大限度地符合设计索力要求。

2) 分部张拉法：采用分部张拉法时应对空间结构进行整体受力分析，建立模型并采取合理的计算方法，充分考虑多根索张拉的相互影响。根据分析结果，可采用分级张拉、桁架位移监控与千斤顶拉力双控的张拉工艺。施工过程中的应力应变控制值可由施工仿真计算得到。

3) 分散张拉法：即各根索单独张拉，适用于各种索的力值建立相互影响较少的结构。

(5) 张拉监测及索力调整：

1) 预应力索的张拉必须严格按照设计要求的顺序进行。当设计无规定时，应考虑结构受力特点、施工方便、操作安全等因素，且以对称张拉为原则，由施工单位编制张拉方案，经相关单位审批后执行。

2) 张拉前，应设置支承结构，将索就位并调整到规定的初始位置。安装锚具并初步固定，然后按设计规定的顺序进行预应力张拉。宜设置预应力调节装置。张拉预应力宜采用油压千斤顶。张拉过程中应监测索体的位置变化，并对索力、结构关键节点的位移进行监控。

3) 对直线索可采取一端张拉，对折线索宜采取两端张拉。几个千斤顶同时工作时，应同步加载。索体张拉后应保持顺直状态。

4) 拉索应按相关技术文件和规定分级张拉，且在张拉过程中复核张拉力。

5) 拉索可根据布置在结构中的不同形式、不同作用和不同位置采取不同的方式进行张拉。对拉索施加预应力可采用液压千斤顶直接张拉方法，也可采用结构局部下沉或抬高、支座位移等方式对拉索施加预应力，还可沿与索正交的横向牵拉或顶推对拉索施加预应力。

6) 预应力索拱结构的拉索张拉应验算张拉过程中结构平面外的稳定性，平面索拱结构宜在单元结构安装到位和单元间联系杆件安装形成具有一定空间刚度的整体结构后，将拉索张拉至设计索力。倒三角形拱截面等空间索拱结构的拉索可在制作拼装台座上直接对索拱结构单元进行张拉。张拉中应监控索拱结构的变形。

7) 预应力索桁和索网结构的拉索张拉，应综合考虑边缘支承构件、索力和索结构刚度间的相互影响和相互作用，对承重索和稳定索宜分阶段、分批、分级、对称、均匀、循环施加张拉力。必要时选择对称区间，在索头处安装拉压传感器，监控循环张拉索的相互影响，并作为调整索力的依据。

8) 空间钢网架和网壳结构的拉索张拉，应考虑多索分批张拉相互间的影响。单层网壳和厚度较小的双层网壳拉索张拉时，应注意防止整体或局部网壳失稳。

9) 吊挂结构的拉索张拉，应考虑塔、柱、钢架和拱架等支撑结构与被吊挂结构的变形协调和结构变形对索力的影响。必要时应作整体结构分析，决定索的张拉顺序和程序，每根索应施加不同的张拉力，并计算结构关键点的变形量，以此作为主要监控对象。

10) 其他新结构的拉索张拉，应考虑预应力拉索与新结构共同作用的整体结构有限元分析计算模型，采用模拟索张拉的虚拟拉索张拉技术，进行各种施工阶段和施工荷载条件下的组合工况分析，确定优化的拉索张拉顺序和程序，以及其他张拉控制的技术参数。

11) 拉索张拉时应计算各次张拉作业的拉力。在张拉中，应遵循以索力控制为主或结构变形控制为主的规定。对拉索的张拉，应牢记索力的允许偏差或结构变形的允许偏差。

12) 拉索张拉时可直接用千斤顶与配套校验的压力表监控拉索的张拉力。必要时，另用安装在索头处的拉压传感器或其他测力装置同步监控拉索的张拉力。结构变形测试位置通常设置在对结构变形较敏感的部位，如结构跨中、支撑端部等，测试仪器根据精度和要求而定，通常采用百分表、全站仪等。通过施工分析，确定在施工中变形较大的节点，作为张拉控制中结构变形控制的监测点。

13) 每根拉索张拉时都应做好详细记录。记录应包括：测量记录；日期、时间和环境温度、索力和结构变形的测量值。

14) 索力调整、位移标高或结构变形的调整应采用整索调整方法。

15) 索力、位移调整后，对钢绞线拉索夹片锚具应采取防止松脱的措施，使夹片在低应力动载下不松动。对钢丝拉索索端的铸锚连接螺纹、钢棒拉索索端的锚固螺纹应检查螺纹咬合丝扣数量和螺母外侧丝扣长度是否满足设计要求，并应在螺纹上加防止松脱装置。

20.8.6.3 安全措施

(1) 现场成盘拉索放开时，应防止索体弹出伤人，尤其原包装放索时宜用放索盘约束，近距离内不得有其他人员。

(2) 施工脚手架、索体安装平台及通道应搭设可靠，其周边应设置护栏、安全网，施工人员应佩戴安全带，严防高空坠落。

(3) 索体安装时，应采取放索约束措施，防止拉索甩出或滑脱伤人。

(4) 预应力施工作业处的竖向上、下位置严禁其他人员同时作业，必要时应设置安全护栏和安全警示标志。

(5) 张拉设备使用前，应清洗工具锚夹片，检查有无损坏，保证足够的夹持力。

(6) 拉索张拉时，两端正前方严禁站人或穿越，操作人员应位于千斤顶侧面，张拉操作过程中严禁手摸千斤顶缸体，并不得擅自离开岗位。

20.8.7 质量验收及监测

20.8.7.1 质量验收

1. 索体材料

索体材料质量应符合国家现行产品标准和设计要求。

检查数量：全数检查。

检验方法：检查产品的质量合格证明文件、标志及检验报告等。

2. 索体制作

索体制作的允许偏差、检查数量和检验方法见表20-74。

索体制作的允许偏差、检查数量和检验方法　　　　　表20-74

项次	检查项目	规定值或允许偏差	检查数量	检验方法
1	索体长度 L（m）	$L \leq 50$m，允许偏差±15mm 50m$< L \leq 100$m，允许偏差±20mm $L > 100$m，允许偏差±0.0002L	全数	标定钢卷尺
2	PE防护层厚度（mm）	+1 −0.5	10%且≥3	卡尺测量
3	锚板孔眼直径 D（mm）	$d \leq D \leq 1.1d$	全数	量规测量
4	镦头尺寸（mm）	镦头直径≥1.4d 镦头高度≥d	每种规格10%且≥3 每批产品3/1000	游标卡尺测量
5	冷铸填料强度（环氧铁砂）	≥147MPa	3件/批	试件边长31.62mm
6	锚具附近密封处理	符合设计要求	全数	目测
7	锚具回缩量	≤6mm	全数	卧式张拉设备

注：d为索体钢丝直径。

3. 拉索拼装

拉索安装中，其拼装的允许偏差、检查数量和检验方法见表20-75。

索体拼装的允许偏差、检查数量和检验方法　　　　　表20-75

	项次	检查项目	规定值或允许偏差	检查数量	检验方法
索体	1	跨度最外两端安装孔或两端支承面最外侧距离	+5mm， −10mm	按拼装单元全数检查	用钢卷尺量
撑杆	1	跨中高度	±10mm	10%且≥3	用钢卷尺量
	2	长度	±4mm	10%且≥3	用钢卷尺量
	3	两端最外侧安装孔距离	±3mm	10%且≥3	用钢卷尺量
	4	弯曲矢高	$L/1000$且≤10mm	10%且≥3	拉线和用钢尺量
	5	撑杆垂直度	$L/100$	要求	拉线和用钢尺量

续表

	项次	检查项目	规定值或允许偏差	检查数量	检验方法
构件平面总体拼装	1	任意两对角线差	$\leqslant H/2000$ 且 $\leqslant 8mm$	按拼装单元全数检查	用钢卷尺量
	2	相邻构件对角线差	$\leqslant H/2000$ 且 $\leqslant 5mm$	按拼装单元全数检查	用钢卷尺量
	3	构件跨度	$\pm 4mm$	按拼装单元全数检查	用钢卷尺量

注：L 为撑杆长度，H 为构件拼装高度。

4. 拉索张拉施工

拉索张拉允许偏差、检查数量和检验方法见表 20-76。

索体张拉允许偏差、检查数量和检验方法　　　表 20-76

	项次	检查项目	规定值或允许偏差	检查数量	检验方法
索体	1	实际张拉力	$\pm 5\%$	全数	标定传感器
撑杆	1	垂直度	$L/100$	设计要求	拉线和用钢尺量
钢结构	1	应力值	设计要求	设计要求	传感器
	2	起拱值	设计要求起拱$\pm L/5000$，设计未要求起拱$\pm L/2000$	设计要求	用全站仪测
	3	支座水平位移值	$+5$ -10	设计要求	用位移计测

注：撑杆项目的 L 为撑杆长度，钢结构起拱值的 L 为结构跨度。

5. 质量保证措施

（1）由于预应力拉索的可调节量不大，因此施工中要严格控制钢结构的安装精度在相关规范要求范围以内。钢结构安装过程中必须进行钢结构尺寸的检查与复核，根据复核后的实际尺寸对施工仿真模拟的计算模型进行调整、重新计算，用计算出的新数据指导预应力张拉施工，并作为张拉施工监测的理论依据。

（2）撑杆的上节点安装要严格按全站仪打点确定的位置进行，下节点安装要严格按拉索在工厂预张拉时做好标记的位置进行，以保证撑杆的安装位置符合设计要求。若撑杆上节点的安装位置由于钢结构拼装的精度有所调整，则撑杆下节点在纵、横向索上的位置要重新调整确定。

（3）拉索应置于防潮防雨的遮棚中存放，成圈产品应水平堆放，重叠堆放时逐层间应加垫木，避免锚具压伤拉索护层；拉索安装过程中应注意保护层，避免护层损坏。如出现损坏，必须及时修补或采取措施。

（4）为了消除索的非弹性变形，保证在使用时的弹性工作，应在工厂内进行预张拉，一般选取钢丝极限强度的 40%～55% 为预张力，持荷时间为 0.5～2h。

（5）拉力采用油压传感器及振弦应变计或锚索计测试，油压传感器安装于液压千斤顶油泵上，通过专用传感器显示仪器可随时监测到预应力钢索的拉力，以保证预应力钢索施工完成后的应力与设计单位要求的应力吻合。同时在每个分区具有代表性的预应力钢索上安装振弦式应变计或锚索计监测实际的索力，以保证预应力钢索施工完成后的应力与设计单位要求的应力吻合。张拉力按标定的数值进行，用变形值和压力传感器数值进行校核。

（6）张拉严格按照操作规程进行，张拉设备形心应与预应力钢索在同一轴线上；张拉时应控制给油速度，给油时间不应低于0.5min；当压力达到钢索设计拉力时，超张拉5%左右，然后停止加压，完成预应力钢索张拉；实测变形值与计算变形值相差超过允许误差时，应停止张拉，报告工程师进行处理。

（7）钢结构的位移和应力与预应力钢索的张拉力是高度相关的，即可以通过钢结构的变形计算出预应力钢索的应力。在预应力钢索张拉的过程中，结合施工仿真计算结果，对钢结构可采用全站仪及百分表或静力水准测量设备进行结构变形监测；可安装振弦式应变计监测实际的钢结构内力；可安装锚索计监测实际的索力。

20.8.7.2 预应力钢结构施工监测

预应力钢结构监测主要有预应力拉索力、钢结构变形及钢结构应力等。

1. 预应力索索力监测

拉索索力的监测主要有两部分内容：一是在每根拉索张拉时实时监测张拉索的索力；二是由于很多钢结构并非单向结构，索力在分批张拉时后张拉的拉索对前期张拉的拉索索力会产生影响，在实际施工时要对这些影响进行监测。第一种索力监测主要采用位于液压张拉设备上的高精度油压表或者油压传感器随着张拉而进行，油压传感器如图20-153（a）和图20-153（b）所示。第二种索力监测方法，除了采用第一种用张拉工装加液压设备一同进行测量外，为了提高工作效率，通常还采用如下方法进行测试：①动力测试方法；②压力传感器测试方法；③磁通量传感器测试方法；④弓式测力仪测量。测量仪器如图20-153（c）～图20-153（f）所示。

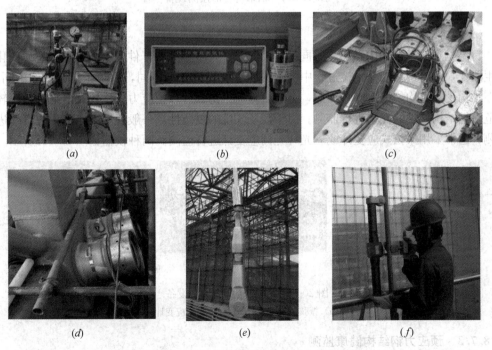

图20-153 拉索索力监测设备
(a) 高精度油压表；(b) 油压传感器；(c) 索力动测仪；
(d) 压力传感器；(e) 磁通量传感器；(f) 弓式测力仪

2. 钢结构变形监测

钢结构变形监测主要是在施工过程中，尤其是在张拉时进行，由于预应力钢结构为柔性结构，张拉过程中结构位形随时在改变，尤其是在张拉力平衡完钢结构自重后，很小的索力就会引起很大的结构变形，因此要实时监测整个钢结构的变形，包括跨中起拱和支座位移，以确保钢结构施工安全和与设计状态相符。测量仪器如图 20-154 所示。

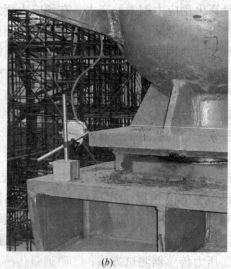

图 20-154　钢结构变形监测设备
(a) 全站仪；(b) 百分表

3. 钢结构应力监测

钢结构在张拉过程中经历着不同的受力状态，每根钢结构杆件的应力也随张拉力变化而发生改变，同时钢结构在张拉过程中的受力状态与设计状态不同，由于张拉起拱的不同步，存在结构受力不均匀的特点。因此，有必要对施工仿真计算中应力变化较大，绝对数值较大的危险钢结构杆件的应力进行监测。由于现场环境的复杂性，一般现场不能采用应变片进行监测，通常采用振弦式应变计或者光纤光栅应变计进行监测。两种仪器如图 20-155 所示。

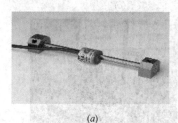

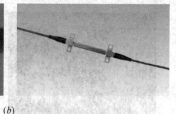

图 20-155　钢结构应力监测设备
(a) 振弦式应变计；(b) 光纤光栅应变计

20.8.7.3　预应力钢结构健康监测

应定期测量预应力钢结构中拉索的内力，并作记录。与初始值对比，如发现异常应及时报告。当量测内力与设计值相差大于 10% 时，应及时调整或补偿索力。

应定期检测钢丝索是否有断丝、磨损、腐蚀情况，若出现严重问题，及时更换索体。

应定期检查索体是否有渗水等异常情况，防护涂层是否完好；对出现损伤的索和防护涂层应及时修复。

应定期对预应力施加装置、可调节头、螺栓螺母等进行检查，发现问题应及时处理。

应定期监测结构体系中的预应力索状态，包括索的力值、变化情况。

在大风、暴雨、大雪等恶劣天气过程中及过程后，使用单位应及时检查预应力钢结构体系有无异常，并采取必要的措施。

20.9 预应力工程施工组织管理

20.9.1 施工内容与管理

预应力分项工程施工应遵循现行国家标准《混凝土结构工程施工质量验收规范》GB 50204等规定，严格遵守工程图纸和施工方案进行施工，并具有健全的质量管理体系、施工质量控制和质量检验制度。预应力钢结构工程施工组织管理可参照本节要求编制。

20.9.1.1 预应力专项施工内容

（1）会同设计单位、总包单位和监理单位对预应力工程图纸进行会审，了解设计意图和掌握技术难点，进行预应力图纸的深化设计。预应力混凝土的深化设计中，除应明确采用的材料、工艺体系外，尚应明确预应力筋束形定位坐标图、预应力筋分段张拉锚固方案、张拉端及固定端的局部加强构造大样、锚具封闭大样、孔道摩擦系数取值等内容。

（2）编制预应力专项技术的实施方案。

（3）提供合格的预应力施工用钢绞线、锚夹具、波纹管和其他配件等材料，并负责进场报验。

（4）负责预应力筋铺放、节点安装、预应力张拉和灌浆、张拉后预应力张拉端的处理。

（5）提供工程验收资料及整套工程竣工资料。

20.9.1.2 预应力专项施工管理组织机构

预应力专项施工单位应具备相应资质，符合建设行政主管部门发布的资质标准的要求。施工单位应建立质量管理体系，组建项目管理机构，制定现场管理制度，明确工程质量管理目标，落实岗位责任制，配备合适的管理人员和施工操作人员（图20-156）。

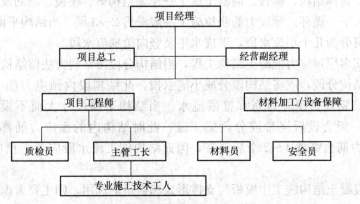

图20-156 预应力专项施工管理组织机构

20.9.2 施 工 方 案

与钢筋混凝土相比预应力混凝土的材料种类多，质量要求高，其施工顺序与所采用的张拉锚固体系及设计假定密切相关，因此，在施工前，有必要根据设计意图，制订详细的施工方案，应根据设计图，明确相关工艺材料及本规范所规定的相应适用内容。

预应力专项工程施工方案应包括下列内容：工程概况，施工顺序，工艺流程；预应力施工方法，包括预应力筋制作、孔道预留、预应力筋安装、预应力筋张拉、孔道灌浆和封锚等；材料采购和检验、机械配备和张拉设备标定；施工进度和劳动力安排，材料供应计划；有关工序（模板、钢筋、混凝土等）的配合要求；施工质量要求和质量保证措施；施工安全要求和安全保证措施；施工现场管理机构等。

20.9.2.1 工程概况

工程结构概况和特点，采用预应力体系的部位、特点，专项技术的重点和难点等。

20.9.2.2 预应力专项施工准备

（1）预应力材料采购、试验和进场报验，材料加工、组装和标识，机械配备和张拉设备标定。

（2）施工进度和劳动力安排，材料供应计划。

（3）预应力专项技术施工交底等。

20.9.2.3 预应力专项施工工艺及流水施工方式

预应力混凝土工程专项施工有如下特点：

（1）预应力筋张拉端、锚固端位置与后浇混凝土或施工缝等有时不吻合，可能造成施工时模板、钢筋流水段划分不清，应在预应力施工技术方案中确定。

（2）预应力结构张拉前不允许拆除承重支撑，张拉后的结构尚应保证施工荷载满足设计要求。

（3）施工工艺应综合考虑预应力筋分段、结构分段、结构后浇带或施工缝间的合理关系，尽量减少交叉影响，以利提高施工速度。在编制施工组织设计时，应根据预应力工艺特点，采取合理的施工流水段，以保证模板工程、钢筋及预应力工程等主要工序合理流水施工。

对于高层预应力混凝土结构施工，一般按结构分层竖向流水施工，主要施工部位或工序为：柱、墙、筒体结构，模板、混凝土施工→楼盖结构梁、模板、钢筋及预应力筋、混凝土施工→进入下一循环。预应力筋张拉施工一般滞后 2～3 层。当结构平面尺寸较大时，每一标准层又可分为几个小流水段，形成水平及竖向阶梯流水段。

对于大面积多层预应力混凝土结构工程，当结构分段按常规方法留结构缝断开时，施工流水段可按结构分段，或将结构段分成小流水段，此结构段内预应力筋一般是连续配置，因而模板、钢筋及预应力筋宜整段流水。当结构平面尺寸大而不设置结构缝时，在结构设计时一般会设后浇带或分段施工缝，此时结构内的预应力筋都是连续配置，有时一束预应力筋会穿越 1～2 个后浇带，因而结构施工流水段应考虑预应力筋的特点综合划分。

对预应力混凝土结构施工中模板与支撑形式和数量的选用，则主要考虑下述因素：

（1）混凝土强度增长速度与设计要求的张拉时的混凝土强度。

(2) 施工荷载大小。
(3) 总体施工进度及工期要求。

20.9.2.4 主要工序技术要点、质量要求

1. 预应力材料进场控制项目
(1) 钢绞线、挤压锚具：须提供合格证及检测报告，并依据监理公司要求进行见证取样。
(2) 预应力专业资质证书、营业执照、施工安全许可证。
(3) 预应力专业操作人员施工上岗证。
(4) 预应力施工方案、技术交底。

2. 预应力筋的铺设要求
(1) 使用电气焊应远离预应力筋、波纹管及其他相关材料。
(2) 严禁踩踏预应力筋、波纹管等。
(3) 如有普通钢筋与预应力筋、波纹管及其张拉端有冲突，应避让，以保证预应力筋及相应部件位置。
(4) 预应力筋张拉前严禁拆除结构下部支撑。
(5) 预应力筋数量及间距应符合设计要求。
(6) 预应力筋矢高、相应控制点矢高误差应满足规范要求。
(7) 无粘结筋外皮破损处应用塑料胶带包裹处理。
(8) 有粘结预应力筋波纹管应严防破损，如有破损，应用胶带包扎好。
(9) 有粘结波纹管接头及端头应封堵结实，避免浇筑混凝土时向波纹管内漏水泥浆。
(10) 应在有粘结预应力锚固端及设计规定处设置出气孔。
(11) 预应力筋张拉端应固定牢固，预应力筋应垂直于承压板或喇叭口端面。

3. 预应力筋的张拉要求
(1) 张拉前应提供相应部位混凝土同条件试块报告，强度不得低于设计要求强度。
(2) 张拉设备应经国家检测部门标定，并提供标定书。
(3) 预应力筋张拉力应符合设计及行业规范要求。
(4) 预应力张拉应采用张拉应力控制，采用伸长值校核方法张拉时应作张拉记录。
(5) 张拉完后将锚具外部预应力筋切除时不得用电弧割，应采用砂轮锯等机械方法。夹片外至少保留 30mm 或 1.5 倍预应力筋直径长度。

4. 预应力孔道灌浆
(1) 灌浆应在张拉后尽快进行，冬期气温在 5℃以下不宜进行灌浆施工。
(2) 灌浆采用普通硅酸盐水泥，水灰比不应大于 0.4。
(3) 灌浆时，每一工作班应留取不少于三组 70.7mm 边长的立方体试件，标准养护 28d 的抗压强度不应大于 30MPa；孔道灌浆应填写施工记录。

20.9.2.5 施工组织机构

预应力分项施工组织机构将由项目经理、技术负责人、项目工程师、施工工长、质检员、安全员、材料员及施工作业人员等组成。

20.9.2.6 安全、质量、进度目标及保证措施

1. 安全管理措施
(1) 与总包单位安全生产管理体系挂钩，同时建立自身的安全保障体系，由项目负责

人全面管理，每个班组设安全员一名，具体负责预应力施工的安全。

(2) 在进行技术交底时，同时进行安全施工交底。

(3) 张拉操作人员必须持证上岗。

(4) 张拉作业时，在任何情况下严禁站在预应力筋端部正后方位置。操作人员严禁站在千斤顶后部。在张拉过程中，不得擅自离开岗位。

(5) 油泵与千斤顶的操作者必须紧密配合，只有在千斤顶就位妥当后方可开动油泵。油泵操作人员必须精神集中，平稳给油回油，应密切注视油压表读数，张拉到位或回缸到底时需及时将控制手柄置于中位，以免回油压力瞬间迅速加大。

(6) 张拉过程中，锚具和其他机具严防高空坠落伤人。油管接头处和张拉油缸端部严禁手触、站人，应站在油缸两侧。

(7) 预应力施工人员进入现场应遵守工地各项安全措施要求。

2. 质量保证措施

(1) 加强技术管理，认真贯彻国家规定、规范、操作规程及各项管理制度。

(2) 建立完整的质量管理体系，项目管理部设置质量管理领导小组，由项目负责人和总工程师全权负责，选择精干、有丰富经验的专业质量检查员，对各工序进行质量检查监督和技术指导。

(3) 预应力张拉操作人员，必须经过培训，持证上岗。

(4) 应加强施工全过程中的质量预控，密切配合建设、监理、总包三方人员的检查与验收，按时做好隐蔽工程记录。

(5) 加强原材料的管理工作，严格执行各种材料的检验制度，对进场的材料和设备必须认真检验，并及时向总包单位和监理方提供材质证明、试验报告和设备报验单。

(6) 优化施工方案，认真做好图纸会审和技术交底。每层、段都要有明确和详细的技术交底。施工中随时检查施工措施的执行情况，做好施工记录。按时进行施工质量检查，掌握施工情况。

3. 进度保证体系

(1) 工期保证体系构成

预应力施工工期由项目部全面负责协调各职能部门，组成工期保证体系。

(2) 工程进度计划

预应力筋下料组装及配件均在加工厂提前完成，现场铺筋按段占用相应工作日。而其他工作能按土建结构施工整体部署及工期，穿插或平行进行预应力施工。

(3) 计划管理保证

在总包工期的宏观控制下，预应力分项工程每段的施工进度计划同总包进度，以确保工期。

(4) 劳动力安排保证

根据总包工期要求，适时调整劳动力，并保证作业人员按时进场，做到不窝工，不延误工期。

(5) 物资设备保证

保证材料供应，确保各种机械设备的正常运转，不因材料机械耽误施工，有足够的各类机械以保证生产的需求。

(6) 技术措施保证

根据总包确定的施工流水段，组织切合实际的交叉作业，编制可行而又高效的施工方案和技术措施，采用合理的工艺流程，及时做好具有针对性的技术交底。

(7) 强化中控手段

强化自检、互检、专业检，发挥中控手段的作用，缩短工序时间，提高一次合格率，使施工进入良性循环。

20.9.3 施工质量控制

20.9.3.1 专项施工质量保证体系人员职责

(1) 项目经理：全面负责预应力分项工程的质量、进度和安全。

(2) 项目总工程师：审核所有技术方案。

(3) 项目工程师：负责编制施工方案，指导对施工人员的技术交底，负责各种施工措施的落实，负责施工技术资料的管理。

(4) 质检员：负责工程质量的检查，按图纸、规范及合同的要求对工程的进度和质量落实进行检查、把关，对施工人员进行质量意识教育，按规范操作，确保质量。

(5) 现场工长：负责施工现场全面管理，组织施工，协调各单位的关系，确保工程质量、工程进度及工程安全的落实、实施。

(6) 材料员：负责工程物资的供应，做到材料供应及时，材证齐全，不合格材料不准进场，负责质量设备的标定管理、检验检查。

20.9.3.2 专项施工质量计划

由项目经理主持编制施工质量计划。根据承包合同、设计文件、有关专项施工质量验收规范及相关法规等编制出体现预应力专项施工全过程控制的质量计划。

作为对外质量保证和对内质量控制的依据文件，质量计划应包括质量目标、管理职责、资源提供、材料采购控制、机械设备控制、施工工艺过程控制、不合格品控制等多方面的内容。

20.9.3.3 专项施工质量控制

(1) 预应力分项工程应严格按照设计图纸和施工方案进行施工。因特殊情况需要变更的，应经监理单位批准后方可实施。

(2) 预应力分项工程施工前应由项目技术负责人向有关施工人员进行技术交底，并在施工过程中检查执行情况。

(3) 预应力分项工程项目负责人、施工人员和技术工人，应持证上岗。

(4) 预应力分项工程施工应遵循有关规范的规定，并具有健全的质量管理体系、施工质量控制和质量检验制度。

(5) 预应力分项工程施工质量应由施工班组自检、施工单位质量检查员抽查及监理工程师监控三级把关；对后张预应力筋的张拉质量，应做到见证记录。

20.9.4 安 全 管 理

20.9.4.1 专项施工安全保证体系

预应力施工安全由安全部门全面负责协调各职能组，组成安全保证体系。

20.9.4.2　专项施工安全保证计划及实施

认真贯彻"安全第一""预防为主"的安全生产制度，落实"管生产必须管安全""安全生产、人人有责"的原则，明确各级领导、工程技术人员、相关管理人员的安全职责，增强各级管理人员的安全责任心，真正把安全生产工作落实到实处。

20.9.4.3　专项施工安全控制措施

（1）认真贯彻、落实国家"重点防范，预防为主"的方针，严格执行国家、地方及企业安全技术规范、规章、制度。

（2）建立落实安全生产责任制，与各施工组签订安全生产责任书。

（3）认真做好进场安全教育及进场后的经常性的安全教育和安全生产宣传工作。

（4）建立、落实安全技术交底制度，各级交底必须履行签字手续。

（5）预应力作业人员必须持证上岗，且所持证件必须是有效证件。

（6）认真做好安全检查，做到有制度有记录。根据国家规范、施工方案要求内容，对现场发现的安全隐患进行整改。

（7）施工用电严格执行《施工现场临时用电安全技术规范》JGJ 46，且应有专项临电施工组织设计，强调突出线缆架设及线路保护，严格采用三级配电二级保护的三相五线制，每台设备和电动工具都应安装漏电保护装置，漏电保护装置必须灵敏可靠。

（8）现场防火制订专门的消防措施。按规定配备有效的消防器材，指定专人负责，实行动火审批制度，权限交由副经理。对广大劳务工进行防火安全教育，努力提高其防火意识。

（9）对所有可能坠落物体的防范要求。

20.9.5　绿 色 施 工

（1）认真贯彻落实《中华人民共和国环境保护法》等有关法律法规。

（2）应设立专职或兼职环保员，负责本施工区域内的日常环保工作的实施与检查，对存在的问题及时进行整改。

（3）当施工材料运到工地后，在使用前应根据不同标识码放整齐，不准乱堆乱放，影响环境卫生。

（4）张拉灌浆及其他预应力设备表面应保持清洁，没有油污。对漏油的设备应及时查明原因并封堵好，对于无法封堵的设备应及时更换。漏在地上的油污用棉布擦干净。

（5）对于施工中的固体废弃物应放入回收桶并到指定地点倾倒。

（6）灌浆浆体搅拌时，应避免粉尘散落、飘散污染环境。

20.9.6　技 术 文 件

（1）预应力分项工程的设计及变更文件。

（2）预应力施工方案及有关变更记录。

（3）预应力筋（孔道）设计竖向坐标、预应力筋锚固端构造等详图。

（4）预应力材料（预应力筋、锚具、波纹管、灌浆水泥等）质量证明书。

（5）预应力筋和锚具等进场复检报告。

（6）张拉设备配套标定报告。

(7) 预应力筋铺设实际坐标检查记录。

(8) 预应力筋张拉记录。

(9) 孔道灌浆及封锚记录,水泥浆试块强度试验报告。

(10) 检验批质量验收记录。

参 考 文 献

[1] 建筑施工手册(第五版)编委会. 建筑施工手册[M]. 5版. 北京:中国建筑工业出版社,2012.

[2] 周黎光,刘占省,王泽强. 大跨度预应力钢结构施工技术[M]. 北京:中国电力出版社,2017.

[3] 钟善桐. 预应力钢结构[M]. 哈尔滨:哈尔滨工业大学出版社,1986.

[4] 陆赐麟,尹思明,刘锡良. 现代预应力钢结构[M]. 北京:人民交通出版社,2007.

[5] 郭彦林,田广宇. 索结构体系、设计原理与施工控制[M]. 北京:科学出版社,2014.

[6] 沈世钊,徐崇宝,赵臣,等. 悬索结构设计[M]. 北京:中国建筑工业出版社,2006.

[7] 张毅刚,秦杰,郭正兴,等. 索结构典型工程集[M]. 北京:中国建筑工业出版社,2013.

[8] 丁洁民,张峥. 大跨度建筑钢屋盖结构选型与设计[M]. 上海:同济大学出版社,2013.

[9] 张其林. 新型建筑索结构设计与监测[M]. 北京:中国电力出版社,2012.

[10] 黄明鑫. 大型张弦梁结构的设计与施工[M]. 济南:山东科学技术出版社,2005.

[11] 张毅刚,薛素铎,杨庆山,等. 大跨度空间结构[M]. 北京:机械工业出版社,2013.

[12] 董军,唐柏鉴. 预应力钢结构[M]. 北京:中国建筑工业出版社,2008.

[13] 陈志华. 弦支穹顶结构[M]. 北京:科学出版社,2010.

[14] 董石麟. 预应力大跨度空间钢结构的应用与展望[J]. 空间结构,2001,7(4):3-12.

[15] 张毅刚. 建筑索结构的类型及其应用[J]. 施工技术,2010,39(8):8-12.

[16] 沈雁彬,郑君华,罗尧治. 北京北站张弦桁架结构模型试验研究[J]. 建筑结构学报. 2010,31(11):51-56.

[17] 王泽强,秦杰,李开国. 山西寺河矿体育馆预应力钢结构施工技术[J]. 施工技术,2008,37(3):23-25.

[18] 秦杰,徐亚柯,覃阳. 国家体育馆钢屋盖工程设计、施工、科研一体化实践[J]. 建筑结构,2009,39(增刊):162-167.

[19] 李国立,王泽强,秦杰,等. 双椭形弦支穹顶张拉成型试验研究[J]. 建筑技术,2007,38(5):348-351.

[20] 王泽强,秦杰,徐瑞龙,等. 环形椭圆平面弦支穹顶的环索和支承条件处理方式及静力试验研究[J]. 空间结构,2006,12(3):12-17.

[21] 王泽强,秦杰,李国立,等. 两种布索方式对双椭型弦支穹顶静力性能影响的试验研究[J]. 工业建筑,2006,36(增刊):477-480.

[22] 张国军,葛家琪,秦杰,等. 2008奥运会羽毛球馆弦支穹顶预应力张拉模拟施工过程分析研究[J]. 建筑结构学报,2007,28(6):31-38.

[23] 秦杰,王泽强,张然,等. 2008奥运会羽毛球馆预应力施工监测研究[J]. 建筑结构学报,2007,28(6):83-91.

[24] 王泽强,秦杰,徐瑞龙,等. 2008奥运会羽毛球馆弦支穹顶结构预应力施工技术[J]. 施工技术,2007,36(11):9-11.

[25] 王泽强,秦杰,李国立,等. 金沙遗址采光顶预应力悬索结构设计与施工[J]. 工业建筑,2008,38(12):26-29.

[26] 袁英占,苏浩,苏国柱,等.扬州体育公园游泳跳水馆预应力双层索网结构设计与施工[J].施工技术,2010,39(10):36-39.

[27] 王泽强,张迎凯,付琰,等.重庆市渝北体育馆弦支穹顶结构预应力施工技术研究[J].空间结构,2012,18(3):60-67.

[28] 葛家琪,徐瑞龙,李国立,等.索穹顶结构整体张拉成型模型试验研究[J].建筑结构学报,2012,33(4):23-30.

[29] 王泽强,程书华,尤德清,等.索穹顶结构施工技术研究[J].建筑结构学报,2012,33(4):67-76.

[30] 王泽强,王丰,尤德清,等.大跨度非对称马鞍形索网结构关键施工技术研究与应用[J].广西科技大学学报,2016,27:86-94.

[31] 张翠翠,王泽强,徐瑞龙,等.盘锦体育场索网成型过程模型试验研究[J].建筑结构,2017,47(4):87-90.

[32] 王泽强,秦杰,李国立,等.印度尼西亚全运会主体育场预应力钢结构施工技术[J].工业建筑,2008,38(12):8-11.

21 钢结构工程

21.1 材　料

21.1.1 钢结构材料

21.1.1.1 建筑钢材的牌号

1. 常用建筑钢材分类

钢结构工程中使用的建筑钢材的类型见图21-1。

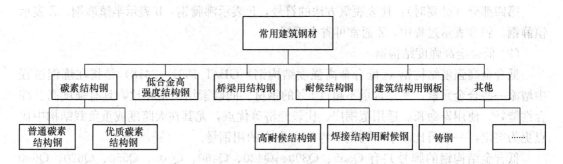

图21-1 建筑钢材类型

2. 常用钢材牌号表示方法

《钢铁产品牌号表示方法》GB/T 221—2008 中规定了上述主要建筑钢材牌号的表示原则。钢材牌号可集中表明钢材的主要力学性能、冶炼工艺及内在质量等。下面对钢结构工程中常用的建筑钢材牌号表示方法加以说明。

(1) 碳素结构钢

碳素结构钢为碳素钢的一种，含碳量约 0.05%～0.70%，个别可高达 0.90%，有普通碳素结构钢与优质碳素结构钢两类。为保证其塑性、韧性及冷弯性能等，建筑钢结构工程中，主要采用低碳钢，其含碳量一般为 0.03%～0.25%。

1) 普通碳素结构钢（《碳素结构钢》GB/T 700—2006）

普通碳素结构钢又称碳素结构钢。钢结构工程常用的普通碳素结构钢牌号通常由四部分按顺序组成：

第一部分：代表屈服强度的拼音字母"Q"；

第二部分：屈服强度数值（N/mm^2 或 MPa）；

第三部分（必要时）：代表质量等级的符号，用字母 A、B、C、D…表示，A 为最低等级，随字母顺序级别依次升高；

第四部分（必要时）：代表脱氧方法的符号，F 表示沸腾钢，Z 表示镇静钢，TZ 表示特殊镇静钢。在牌号表示方法中，Z 及 TZ 通常可省略。

《碳素结构钢》GB/T 700—2006 规定的普通碳素钢牌号有 Q195、Q215、Q235、Q275 等，其中 Q195 钢不设质量等级，Q215 钢设 A、B 两等级，Q235 及 Q275 钢设 A、B、C、D 四等级。工程中应用最广泛的是 Q235 钢。

2) 优质碳素结构钢

优质碳素钢（《优质碳素结构钢》GB/T 699—2015）是以满足不同的加工要求，而赋予相应性能的碳素钢。其钢质纯净，杂质少，力学性能好。根据含锰量分为普通含锰量（小于 0.80%）和较高含锰量（0.80%~1.20%）两组。

优质碳素结构钢牌号通常由四部分按顺序组成：

第一部分：代表钢材中的平均碳含量（以万分之几计），以两位阿拉伯数字表示；

第二部分（必要时）：当钢材的含锰量较高时，加锰元素符号 Mn；

第三部分（必要时）：代表优质钢的冶金质量等级，优质钢不加字母，高级优质钢、特级优质钢分别以字母 A、E 表示；

第四部分（必要时）：代表脱氧方法的符号，F 表示沸腾钢，b 表示半镇静钢，Z 表示镇静钢。牌号表示过程中，Z 通常可省去不标。

(2) 低合金高强度结构钢

低合金高强度结构钢（《低合金高强度结构钢》GB/T 1591—2018）是指在炼钢过程中增添一些合金元素，其总含量不超过 5% 的钢材。同碳素结构钢相比，具有强度高、综合性能好、使用寿命长、适用范围广、比较经济等优点，尤其在大跨度或重负载结构中优点更为突出，一般可比碳素结构钢节约 20% 左右的用钢量。

低合金结构钢的牌号共有 Q355、Q390、Q420、Q460、Q500、Q550、Q620、Q690 八种，其中 Q355 设置 B、C、D、E、F 五种质量等级，Q390、Q420 设置 B、C、D、E 四种质量等级，其余牌号钢仅设置 C、D、E 三种质量等级，体现了对高强钢质量上的高要求。

(3) 桥梁用结构钢

《桥梁用结构钢》GB/T 714—2015 为桥梁建筑行业的专用标准，其规定的内容和技术要求一般都严于建筑钢结构。

桥梁用结构钢牌号的表示方法也与普通碳素结构钢基本一致，即由代表屈服强度的拼音字母（Q）、屈服强度数值、桥梁用结构钢的拼音字母 q、质量等级符号（C、D、E、F）等按顺序组成。

桥梁用钢结构的牌号有 Q355q、Q370q、Q420q、Q500q、Q550q、Q620q、Q690q 七种，其中 Q355q、Q370q 设置了 C、D、E 三种质量等级，Q420q、Q500q、Q550q、Q620q、Q690q 均设置 D、E、F 三种质量等级。

(4) 耐候结构钢

耐候钢（《耐候结构钢》GB/T 4171—2008）为冶炼过程中加入少量特定合金元素（一般指 Cu、P、Cr、Ni 等），使之在金属基体表面上形成保护层，以提高钢材的耐腐蚀性能的钢种。包括高耐候结构钢和焊接用耐候钢两种。

耐候结构钢的牌号由代表屈服强度的拼音字母（Q）、屈服强度数值、"高耐候"或"耐候"的拼音字母"GNH"或"NH"、质量等级符号（A、B、C、D、E）等按顺序组成。

高耐候钢牌号有：Q295GNH、Q355GNH、Q265GNH、Q310GNH 等。用于车辆、集装箱、建筑、塔架或其他结构件等结构用，与焊接耐候钢相比，具有较好的耐大气腐蚀性能。

焊接用耐候钢牌号有：Q235NH、Q295NH、Q355NH、Q415NH、Q460NH、Q500NH、Q550NH 等。用于车辆、集装箱、建筑、塔架或其他结构件，与高耐候钢相比，具有较好的焊接性能。

(5) 建筑结构用钢板

建筑结构用钢板（《建筑结构用钢板》GB/T 19879—2015）主要适用于高层建筑结构、大跨度结构及其他重要建筑结构。除此以外的一般建筑结构形式，由于对钢材性能要求并不突出，钢铁产品的通用标准一般已能满足要求。

建筑结构用钢板由代表屈服强度的拼音字母（Q）、屈服强度数值、代表高性能建筑结构用钢的拼音字母（GJ）、质量等级符号（B、C、D、E）等按顺序组成。对于具有厚度方向性能要求的钢板，则在上述规定牌号后加上代表厚度方向（Z 向）性能级别的符号。

建筑结构用钢板牌号有 Q235GJ、Q355GJ、Q390GJ、Q420GJ、Q460GJ、Q500GJ、Q550GJ、Q620GJ、Q690GJ 九种，其中 Q235GJ、Q355GJ、Q390GJ、Q420GJ、Q460GJ 钢设有 B、C、D、E 四种质量等级，Q500GJ、Q550GJ、Q620GJ、Q690GJ 钢设 C、D、E 三种等级。

(6) 铸钢

建筑钢结构尤其在大跨度情况下，支座及构造复杂的节点，有时会采用铸钢。

铸钢（《一般工程用铸造碳钢件》GB/T 11352—2009、《焊接结构用铸钢件》GB/T 7659—2010 以及 EN 10293—2008）牌号由代表铸钢的拼音字母（ZG）、该牌号铸钢的屈服强度最低值、该牌号铸钢的抗拉强度最低值三部分按顺序组成，并在两数值之间用"-"隔开。

一般工程用铸钢牌号有：ZG200-400、ZG230-450、ZG270-500、ZG310-570、ZG340-640 等。

21.1.1.2 建筑钢材的选择与代用

1. 结构钢材的选择

为保证结构的承载能力和防止在一定条件下出现脆性破坏，结构钢材的选用应根据结构的重要性、荷载特性、结构形式、应力状态、连接方法、钢材厚度和工作环境等因素综合考虑，选用合适的钢材牌号和材性。表 21-1 为结构钢材的一般选用原则。

2. 对钢材性能的要求

《钢结构设计标准》GB 50017—2017 规定：

承重结构的钢材宜采用 Q235 钢、Q355 钢、Q390 钢、Q420 钢，其质量应分别符合《碳素结构钢》GB/T 700—2006 和《低合金高强度结构钢》GB/T 1591—2018 的规定。采用其他牌号钢材时，尚应符合相关标准的规定和要求。

结构钢材的选用　　　　表 21-1

结构受力情况		结构类型	工作温度 T	选用钢材 焊接结构		选用钢材 非焊接结构	
直接承受动力荷载或振动荷载的结构	需要计算疲劳的结构	特重级和重级工作制吊车梁，重级和中级工作制吊车桁架，工作繁重且扰力较大的动力设备的支承结构或其他类似结构等需要验算疲劳者，以及吊车起重量 $Q \geqslant 50t$ 的中级工作制吊车梁	$T \leqslant -20℃$	Q235-D Q390-E	Q355-D Q420-E	Q235-C Q390-D	Q355-C Q420-D
			$-20℃ < T < 0℃$	Q235-C Q390-D	Q355-C Q420-D	Q235-B、F Q355-B Q390-B Q420-B	
			$T \geqslant 0℃$	Q235-B Q390-B	Q355-B Q420-B		
	不需要计算疲劳的结构	吊车起重量 $Q>50t$ 的轻级工作制吊车桁架，跨度 $L \geqslant 24m$、$Q<50t$ 的中级工作制吊车梁（或轻级工作制吊车桁架）以及其他跨度较大的类似结构	$T \leqslant -20℃$	Q235-C Q390-D	Q355-C Q420-D	Q235-B、F Q390-B	Q355-D Q420-B
			$-20℃ < T < 0℃$	Q235-B Q390-C	Q355-B Q420-C	Q235-B、F Q355-B Q390-B Q420-B	
			$T > 0℃$	Q235-B、F Q390-B	Q355-B Q420-B		
		$L<24m$、$Q<50t$ 的中级工作制吊车梁（或轻级工作制吊车桁架）、轻级工作制吊车梁，单轨吊车梁。悬挂式吊车梁或其他跨度较小的类似结构	$T \leqslant -20℃$	Q235-B Q390-C	Q355-B Q420-C	Q235-B、F Q355-B Q390-B Q420-B	
			$T > -20℃$	Q235-B、F Q390-B	Q355-B Q420-B		
承受静载或间接承受动力荷载的结构	厚度大 16mm 的重要的受拉和受弯杆件	张拉结构的拉杆、大跨度屋盖结构、塔桅结构、高烟囱、跨度 $L \geqslant 30m$ 的屋架（屋面梁）、桁架和 $L \geqslant 24m$ 的托架（托梁），高层建筑的框架结构和柱间支撑、及耗能梁或其他类似结构	$T \leqslant -20℃$	Q235-B Q235-C Q390-B Q390-C	Q355-B Q355-C Q420-B Q420-C	Q235-B、F Q355-B Q390-B Q420-B	
			$T > -20℃$	Q235-B Q390-B	Q355-B Q420-B	Q235-B、F Q390-B	Q355-B Q420-B
	主要的或工作条件较差的承重结构	大、中型单层厂房、多层建筑的框架结构、高大的支架、跨度不大的桁架，楼、屋盖梁，重型平台梁、贮仓、漏斗、贮罐以及柱间支撑等	$T \leqslant -30℃$	Q235-B Q390-B	Q355-B Q420-B	Q235-B、F Q355-B Q390-B Q420-B	
			$T > -30℃$	Q235-B、F Q390-B	Q355-B Q420-B		
	一般承重结构	小型建筑的承重骨架、大窗、檩条、柱间支撑、支柱、一般支架等	$T \leqslant -30℃$	Q235-B Q355-B		Q235-B、F Q355-B	
			$T > -30℃$	Q235-B、F Q355B			
	辅助结构	辅助结构，如墙架结构、一般工作平台、过道平台、楼梯、栏杆、支撑以及由构造决定的其他次要构件	$T \leqslant -30℃$	Q235-B		Q235-B、F	
			$T > -30℃$	Q235-B、F			

注：1. 在 $T \leqslant -20℃$ 的寒冷地区，为提高抗脆能力，表中对某些构件适当提高了钢材的质量等级；如不需要验算疲劳的跨度较大的非焊接吊车梁和受静载的主要与一般承重结构中的低合金高强度结构钢；
2. 表中钢号标有两个质量等级处表示当有条件时宜采用较高的质量等级；
3. 对 A8 级吊车的吊车梁可采用桥梁用结构钢；
4. 在高烈度地震区的钢结构或类似结构可视具体情况适当提高钢材的质量等级。

承重结构采用的钢材应具有抗拉强度、伸长率、屈服强度和硫、磷含量的合格证明，对于焊接结构尚应具有碳含量的合格保证。焊接承重结构以及重要的非焊接承重结构采用的钢材应具有冷弯试验的合格保证。

对于需要验算疲劳的焊接结构钢材，应具有常温冲击韧性的合格保证。当结构工作温度不高于0℃但高于-20℃时，Q235钢和Q355钢应具有0℃冲击韧性的合格保证；对Q390钢和Q420钢应具有-20℃的冲击韧性的合格保证。当结构工作温度不高于-20℃时，对Q235钢和Q355钢应具有-20℃冲击韧性的合格保证；对Q390钢和Q420钢应具有-40℃的冲击韧性的合格保证。

对于需要验算疲劳的非焊接结构的钢材亦应具有常温冲击韧性的合格保证。当结构工作温度不高于-20℃时，对Q235钢和Q355钢应具有0℃冲击韧性的合格保证；对Q390钢和Q420钢应具有-20℃的冲击韧性的合格保证。

钢铸件采用的铸钢材质应符合《一般工程用铸造碳钢件》GB/T 11352—2009的规定。

当焊接承重结构为防止钢材的层状撕裂而采用Z向钢时，其材质应符合《厚度方向性能钢板》GB/T 5313—2010的规定。

对采用外露环境，且对耐腐蚀有特殊要求的或在腐蚀性气态和固态介质作用下的承重结构，宜采用耐候钢，其质量要求应符合《焊接结构用耐候钢》GB/T 4171—2008的规定。

《高层民用建筑钢结构技术规程》JGJ 99—2015规定：

高层建筑钢结构的钢材，宜采用Q235等级B、C、D的碳素结构钢，以及Q355等级B、C、D、E的低合金高强度结构钢。其质量标准应分别符合《碳素结构钢》GB/T 700—2006和《低合金高强度结构钢》GB/T 1591—2018的规定。当有可靠根据时，可采用其他牌号的钢材。

承重结构的钢材应保证抗拉强度、伸长率、屈服点、冷弯试验、冲击韧性合格和硫、磷含量符合限值。对焊接结构尚应保证碳含量符合限值。

抗震结构钢材的强屈比不应小于1.2；应有明显的屈服台阶；伸长率应大于20%；应有良好的可焊性。

承重结构处于外露情况和低温环境时，其钢材性能尚应符合耐大气腐蚀和避免低温冷脆的要求。

采用焊接连接的节点，当板厚等于或大于50mm，并承受沿板厚方向的拉力作用时，应按现行国家标准《厚度方向性能钢板》GB 5313—2010的规定，附加板厚方向的断面收缩率，并不得小于该标准Z15级规定的允许值。

高层建筑钢结构采用的钢材强度设计值，按《高层民用建筑钢结构技术规程》JGJ 99—2015的规定采用。

钢材的物理性能，应按《钢结构设计标准》GB 50017—2017的规定采用。高层建筑钢结构的设计和钢材订货文件中，应注明所采用钢材的牌号、等级和对Z向性能的附加保证要求。

3. 钢材的代用和变通办法

钢结构应按照上述1及2款的要求选择钢材的牌号，并提出对钢材的性能要求，施工单位不可随意更改或代用。因钢材规格供应短缺或其他原因必须代用时，必须与设计单位共同研究确定，并办理书面代用手续后方可实施代用，以下为钢材代用的一般原则。

（1）以高强度钢代替低强度钢时，应力求经济合理，并应综合考察代用钢材的性能，如塑性、韧性、可焊性等，是否满足要求。

（2）低强度钢原则上不可代替高强度钢。必须代用时，需重新计算确定钢材的材质和规格，并需经原设计单位同意。

（3）钢材机械性能所需的保证项目仅有一项不合格者，可按以下原则处理：

1）A级普通碳素结构钢当冷弯性能合格时，抗拉强度的上限值可以不作为交货条件。

2）普通碳素结构钢、低合金高强结构钢及建筑结构用钢板冲击功值按一组3个试样单值的算术平均值计算，允许其中1个试样单值低于规定值，但不得低于规定值的70%。否则，可以从同一抽样产品上再取3个试样进行试验，先后6个试样的平均值不得低于规定值，允许有2个试样低于规定值，但其中低于规定值70%的试样只允许1个。

3）耐候结构钢冲击功值按一组3个试样单值的算术平均值计算，允许其中1个试样单值低于规定值，但不得低于规定值的70%。

21.1.1.3 钢材的验收与堆放

1. 钢材的验收

为实现从源头上控制钢结构工程的质量，必须严格执行钢材的验收制度，以下为钢材验收的主要内容：

（1）核对钢材的名称、规格、型号、材质、钢材的制造标准、数量等是否与采购单、合同等相符。

（2）核对钢材的质量保证书是否与钢材上打印的记号相符。根据《碳素结构钢》GB/T 700—2006、《低合金高强度结构钢》GB/T 1591—2018、《建筑结构用钢板》GB/T 19879—2015核查钢材的炉号、钢号、化学成分及机械性能等。关于钢材的化学成分，《钢的成品化学成分允许偏差》GB/T 222—2006规定允许与规定的标准数值有一定偏差，见表21-2。

钢材化学成分允许偏差　　　　　　　表21-2

元素	规定化学成分上限值（%）	允许偏差（%）	
		上偏差	下偏差
C	≤0.25	0.02	0.02
	>0.25~0.55	0.03	0.03
	>0.55	0.04	0.04
Mn	≤0.80	0.03	0.03
	>0.80~1.70	0.06	0.06
Si	≤0.37	0.03	0.03
	>0.37	0.05	0.05
S	≤0.05	0.005	—
	>0.05~0.35	0.02	0.01

续表

元素	规定化学成分上限值（%）	允许偏差（%）	
		上偏差	下偏差
P	≤0.06	0.005	—
	≥0.06～0.15	0.01	0.01
V	≤0.20	0.02	0.01
Ti	≤0.20	0.02	0.01
Nb	0.015～0.060	0.005	0.005
Cu	≤0.55	0.05	0.05
Cr	≤1.50	0.05	0.05
Ni	≤1.00	0.05	0.05
Pb	0.15～0.35	0.03	0.03
Al	≥0.015	0.003	0.003
N	0.010～0.020	0.005	0.005
Ca	0.002～0.006	0.002	0.0005

（3）钢材复验

1）对属于下列情况之一的钢材，应进行抽样复验：①结构安全等级为一级的重要建筑主体结构用钢材；②结构安全等级为二级的一般建筑，当其结构跨度大于60m或高度大于100m时或承受动力荷载需要验算疲劳的主体结构用钢材；③板厚不小于40mm，且设计有Z向性能要求的厚板；④强度等级大于或等于420MPa高强度钢材；⑤进口钢材、混批钢材或质量证明文件不齐全的钢材；⑥设计文件或合同文件要求复验的钢材。

2）钢材复验内容应包括力学性能试验和化学成分分析，其取样、制样及试验方法可按表21-3中所列的现行国家标准或其他现行国家标准执行。

钢材的化学成分分析和力学性能试验标准　　　　表21-3

序号	标准号	标准名称
1	GB/T 20066—2006	《钢和铁　化学成分测定用试样的取样和制样方法》
2	GB/T 222—2006	《钢的成品化学成分允许偏差》
3	GB（GB/T）223（全系列）	《钢铁及合金化学分析方法》
4	GB/T 4336—2016	《碳素钢和中低合金钢　多元素含量的测定　火花放电原子发射光谱法》
5	GB/T 2975—2018	《钢及钢产品　力学性能试验取样位置及试样制备》
6	GB/T 228（全系列）	《金属材料　拉伸试验》
7	GB/T 229—2020	《金属材料　夏比摆锤冲击试验方法》
8	GB/T 232—2024	《金属材料　弯曲试验方法》

3）当设计文件无特殊要求时，钢材抽样复验的检验批宜按下列规定执行。

① 牌号为Q235、Q355且板厚小于40mm的钢材，应按同一生产厂家、同一牌号、

同一质量等级的钢材组成检验批,每批重量不应大于 150t;同一生产厂家、同一牌号的钢材供货重量超过 600t 且全部复验合格时,每批的组批重量可扩大至 400t。

② 牌号为 Q235、Q355 且板厚大于或等于 40mm 的钢材,应按同一生产厂家、同一牌号、同一质量等级的钢材组成检验批,每批重量不应大于 60t;同一生产厂家、同一牌号的钢材供货重量超过 600t 且全部复验合格时,每批的组批重量可扩大至 400t。

③ 牌号为 Q390 的钢材,应按同一生产厂家、同一质量等级的钢材组成检验批,每批重量不应大于 60t;同一生产厂家的供货重量超过 600t 且全部复验合格时,每批的组批重量可扩大至 300t。

④ 牌号为 Q235GJ、Q355GJ、Q390GJ 的钢板,应按同一生产厂家、同一牌号、同一质量等级的钢材组成检验批,每批重量不应大于 60t;同一生产厂家、同一牌号的钢材供货重量超过 600t 且全部复验合格时,每批的组批重量可扩大至 300t。

⑤ 牌号为 Q420、Q460、Q420GJ、Q460GJ 的钢材,每个检验批应由同一牌号、同一质量等级、同一炉号、同一厚度、同一交货状态的钢材组成,每批重量不应大于 60t。

⑥ 有厚度方向要求的钢板,宜附加逐张超声波无损探伤复验。

(4) 单轧钢板(《热轧钢板和钢带的尺寸、外形、重量及允许偏差》GB/T 709—2019)的厚度允许偏差见表 21-4。

单轧钢板的厚度允许偏差(mm) 表 21-4

公称厚度	下列公称宽度的厚度允许偏差			
	≤1500	>1500~2500	>2500~4000	>4000~5300
3.00~5.00	±0.45	±0.55	±0.65	—
>5.00~8.00	±0.50	±0.60	±0.75	—
>8.00~15.0	±0.55	±0.65	±0.80	±0.90
>15.0~25.0	±0.65	±0.75	±0.90	±1.10
>25.0~40.0	±0.70	±0.80	±1.00	±1.20
>40.0~60.0	±0.80	±0.90	±1.10	±1.30
>60.0~100	±0.90	±1.10	±1.30	±1.50
>100~150	±1.20	±1.40	±1.60	±1.80
>150~200	±1.40	±1.60	±1.80	±1.90
>200~250	±1.60	±1.80	±2.00	±2.20
>250~300	±1.80	±2.00	±2.20	±2.40
>300~400	±2.00	±2.20	±2.40	±2.60

注:1. 本表为 N 类(正偏差与负偏差相等)单轧钢板厚度允许偏差表;
2. A、B、C 类单轧钢板厚度、宽度、长度及不平度等允许偏差,见现行国家标准 GB/T 709—2019。

(5) 角钢尺寸、外形允许偏差(符号释义见《热轧型钢》GB/T 706—2016)见表 21-5。

角钢尺寸、外形允许偏差（mm） 表 21-5

项目		允许偏差		图示
		等边角钢	不等边角钢	
边宽度 (B，b)	边宽度a≤56	±0.8	±0.8	
	>56～90	±1.2	±1.8	
	>9～140	±1.8	±2.0	
	>140～200	±2.5	±2.5	
	>200	±3.5	±3.5	
边厚度 (d)	边宽度a≤56	±0.4		
	>56～90	±0.6		
	>9～140	±0.7		
	>140～200	±1.0		
	>200	±1.4		
长度 (L)	≤8000mm	+50 0		
	>8000mm	+80 0		
顶端直角		$\alpha \leqslant 50'$		
弯曲度		每米弯曲度≤3mm 总弯曲度≤总长度的0.30%		适用于上下、左右大弯曲

注：a 不等边角钢按长边宽度 B。

（6）工字钢及槽钢尺寸、外形允许偏差（符号释义见《热轧型钢》GB/T 706—2016）见表 21-6。

工字钢及槽钢尺寸、外形允许偏差（mm） 表 21-6

	高度	允许偏差	图示
高度 (h)	<100	±1.5	
	100～<200	±2.0	
	100～<200	±3.0	
	≥100	±4.0	
宽度 (b)	<100	±1.5	
	100～<150	±2.0	
	150～<200	±2.5	
	200～<300	±3.0	
	300～<400	±3.5	
	≥400	±4.0	
腹板厚度 (d)	<100	±0.4	
	100～<200	±0.5	
	200～<300	±0.7	
	300～<400	±0.8	
	≥400	±0.9	

续表

	高度	允许偏差	图示
长度 (L)	≤8000	+50 0	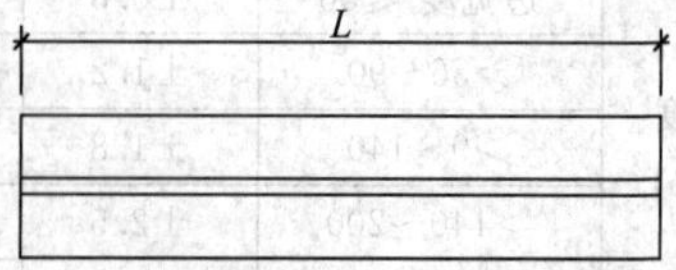
	>8000	+80 0	
外缘斜度 (T)		$T \leqslant 1.5\%b$ $2T \leqslant 2.5\%b$	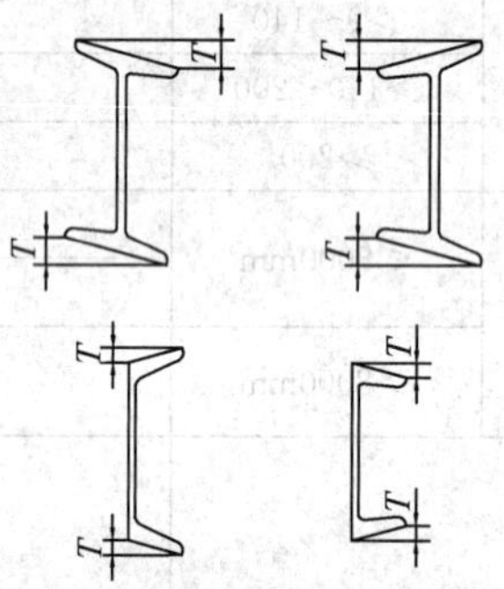
腹板挠度 (δ)		$\delta \leqslant 0.15d$	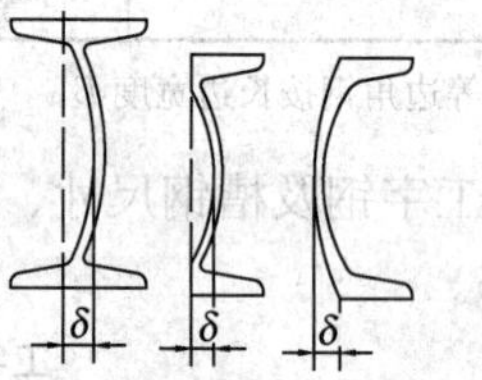
弯曲度	工字钢	每米弯曲度≤2mm 总弯曲≤总长度的0.20%	适用于上下、左右大弯曲
	槽钢	每米弯曲度≤3mm 总弯曲≤总长度的0.30%	

(7) 热轧 H 型钢（宽、中、窄翼缘）尺寸、外形允许偏差（符号释义见《热轧 H 型钢和剖分 T 型钢》GB/T 11263—2017）见表 21-7。

(8) 结构用钢管。

结构用钢管有热轧无缝钢管和焊接用钢管两大类，焊接钢管一般由钢带或钢板卷焊而成。《结构用无缝钢管》GB/T 8162—2018 规定了一般工程结构用无缝钢管的外形、尺寸允许偏差，见表 21-8。

热轧 H 型钢（宽、中、窄翼缘）尺寸、外形允许偏差（mm） 表 21-7

项目		允许偏差	图示
高度 H（按型号）	<400	± 2.0	
	$\geqslant 400\sim 600$	± 3.0	
	$\geqslant 600$	± 4.0	
宽度 B（按型号）	<100	± 2.0	
	$\geqslant 100\sim 200$	± 2.5	
	$\geqslant 200$	± 3.0	
厚度	t_1 <5	± 0.5	
	t_1 $\geqslant 5\sim <16$	± 0.7	
	t_1 $\geqslant 16\sim <25$	± 1.0	
	t_1 $\geqslant 25\sim <40$	± 1.5	
	t_1 $\geqslant 40$	± 2.0	
	t_2 <5	± 0.7	
	t_2 $\geqslant 5\sim <16$	± 1.0	
	t_2 $\geqslant 16\sim <25$	± 1.5	
	t_2 $\geqslant 25\sim <40$	± 1.7	
	t_2 $\geqslant 40$	± 2.0	
长度	$\leqslant 7\mathrm{m}$	$+60$ 0	
	$>7\mathrm{m}$	长度每增加 1m 或不足 1m 时，正偏差在上述基础上加 5mm	
翼缘斜度 T	高度（型号）$\leqslant 300$	$T\leqslant 1.0\%B$。但允许偏差的最小值为 1.5mm	
	高度（型号）>300	$T\leqslant 1.2\%B$。但允许偏差的最小值为 1.5mm	
弯曲度	高度（型号）$\leqslant 300$	$\leqslant$长度的 0.15%	适用于上下、左右大弯曲
	高度（型号）>300	$\leqslant$长度的 0.15%	
中心偏差 S	高度(型号)$\leqslant 300$ 且宽度(型号)$\leqslant 200$	± 2.5	$S=(b_1-b_2)/2$
	高度(型号)>300 或宽度(型号)>200	± 3.5	
腹板弯曲度 W	高度(型号)<400	$\leqslant 2.0$	
	$\geqslant 400\sim <600$	$\leqslant 2.5$	
	$\geqslant 600$	$\leqslant 3.0$	

续表

项目	允许偏差	图示
端面斜度 e	$e \leqslant 1.6\%B$，但允许偏差的最小值为 3.0mm	

一般工程结构用无缝钢管的外形、尺寸允许偏差　　　表 21-8

项目	钢管种类	钢管公称外径	S/D	允许偏差	
外径	热轧（挤压、扩）钢管	—	—	$\pm 1\%D$ 或 ± 0.50，取其中较大者	
	冷拔（轧）钢管	—	—	$\pm 1\%D$ 或 ± 0.30，取其中较大者	
壁厚	热轧（挤压）钢管	$\leqslant 102$	—	$\pm 12.5\%S$ 或 ± 0.40，取其中较大者	
		>102	$\leqslant 0.05$	$\pm 15\%S$ 或 ± 0.40，取其中较大者	
			$>0.05 \sim 0.10$	$\pm 12.5\%S$ 或 ± 0.40，取其中较大者	
			>0.10	$+12.5\%S$ $-10\%S$	
	热扩钢管	—	—	$\pm 15\%S$	
		钢管公称壁厚		允许偏差	
	冷拔（轧）钢管	$\leqslant 3$		$+12.5\%S$ $-10\%S$	或 ± 0.15，取其中较大者
		>3		$+12.5\%S$ $-10\%S$	

注：表中 D 指钢管的直径；S 为钢管的壁厚。

2. 钢材的堆放

(1) 堆放原则

钢材的堆放要以减少钢材的变形和锈蚀、节约用地、钢材提取和运转的方便为原则，同时为便于查找及管理，钢材堆放时宜按品种、规格分别堆放。

(2) 室外堆放

1) 堆放场地应平整、坚固，避免因场地较软而导致钢材变形；堆放在结构物上，宜进行结构物的受力验算。

2) 堆放场一般应高于四周地面或具备较好的排水能力，堆顶面宜略有倾斜并尽量使钢材截面的背面向上或向外（图 21-2），以便雨水及时排走。

图 21-2　钢材露天堆放

3) 构件下面须有木垫或条石，以免钢材与地面接触而受潮锈蚀。

4) 构件堆场附近不应存放对钢材有腐蚀作用的物品。

(3) 室内堆放

1) 在保证室内地面不返潮的情况下，可直接将钢材堆放在地面上，否则需采取防潮措施或在下方设置木垫或条石，堆与堆之间应留出走道（图21-3）。

2) 保证地面坚硬，满足钢材堆放的要求。

3) 应根据钢材的使用情况合理布置各种规格钢材在堆场的堆放位置，近期需使用的钢材应布置在堆场外侧，便于提取。

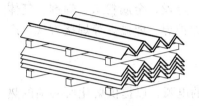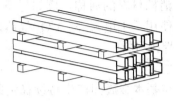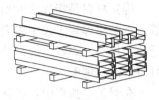

图21-3 钢材在仓库内堆放

(4) 堆放注意事项

1) 堆放时每隔5～6层放置楞木，其间距以不引起钢材明显的弯曲变形为宜。楞木要上下对齐，在同一垂直平面内。

2) 为增加堆放钢材的稳定性，可使钢材互相勾连，或采取其他措施。这样，钢材的堆放高度可达到所堆宽度的两倍；否则，钢材堆放的高度不应大于其宽度。一般应一端对齐，在前面立标牌写清工程名称、牌号、规格、长度、数量和材质验收证明书编号等。钢材端部根据其钢号涂以不同颜色的油漆，油漆的颜色可按表21-9选用。

钢材牌号与色漆对照　　　　表21-9

名称		涂色标记	名称		涂色标记
普通碳素钢	Q195（1号钢）	蓝色	合金结构钢	锰钒钢	蓝色＋绿色
	Q215（2号钢）	黄色		钼钢	紫色
	Q235（3号钢）	红色		钼铬钢	紫色＋绿色
	Q255（4号钢）	黑色		钼铬锰钢	紫色＋白色
	Q275（5号钢）	绿色		硼钢	紫色＋蓝色
	6号钢	白色＋黑色		铬钢	绿色＋黄色
	7号钢	红色＋棕色		铬硅钢	蓝色＋红色
	特种钢	加涂铝白色一条		铬锰钢	蓝色＋黑色
优质碳素钢	5～15号	白色		铬铝钢	铝白色
	20～25号	棕色＋绿色		铬钼铝钢	黄色＋紫色
	30～40号	白色＋蓝色		铬锰硅钢	红色＋紫色
	45～85号	白色＋棕色		铬钒钢	绿色＋黑色
	15Mn～40Mn	白色两条		铬锰钛钢	黄色＋黑色
	45Mn～70Mn	绿色三条		铬钨钒钢	棕色＋黑色
合金结构钢	锰钢	黄色＋蓝色		铬硅钼钒钢	紫色＋棕色
	硅锰钢	红色＋黑色		—	—

3) 钢材的标牌应定期检查。选用钢材时，要顺序寻找，不准乱翻。余料退库时要检查有无标识，当退料无标识时，要及时核查清楚，重新标识后再入库。

4) 考虑材料堆放时便于搬运，要在料堆之间留有一定宽度的通道以便运输。

5) 角钢、槽钢、工字钢等型钢的堆放可按图 21-2、图 21-3 的方式进行。

21.1.2 焊 接 材 料

焊接材料是指焊接时所消耗材料的通称，例如焊条、焊丝、金属粉末、焊剂、气体等。钢结构焊接工程中主要使用手工电弧焊、CO_2 气体保护焊、埋弧焊等焊接方式，广泛使用焊条、焊丝、焊剂等焊接材料。

21.1.2.1 焊条

在焊条电弧焊中，焊条与基本金属间产生持续稳定的电弧，以提供熔化所必须的热量；同时，焊条又作为填充金属加到焊缝中去。因此，焊条对于焊接过程的稳定和焊缝力学性能等的好坏，都有较大的影响。

1. 焊条的组成及作用

涂有药皮的供手工电弧焊用的熔化电极称为焊条。它由焊芯和药皮两部分组成。

通常焊条引弧端有倒角，药皮被除去一部分，露出焊芯端头。有的焊条引弧端涂有黑色引弧剂，引弧更容易。在靠近夹持端的药皮上印有焊条型号。

(1) 焊芯

焊条中被药皮包覆的金属称为焊芯。

1) 焊芯的作用：作为电极产生电弧；焊芯在电弧的作用下熔化后，作为填充金属与熔化了的母材混合形成焊缝。

2) 焊芯分类及牌号

① 焊芯分类：根据《熔化焊用钢丝》GB/T 14957—1994 规定，专门用于制造焊芯和焊丝的钢丝的钢材可分为碳素结构钢和合金结构钢两类；

② 焊芯牌号编制：焊芯牌号一律用汉语拼音字母 H 作字首，其后紧跟钢号，表示方法与优质结构钢、合金结构钢相同。若钢号末尾注有字母 A，则为高级优质焊丝，硫、磷含量较低，其质量分数≤0.030%；若末尾注有字母 E 或 C 为特级焊条钢，硫、磷含量更低，E 级硫、磷质量分数≤0.020%，C 级硫、碳质量分数≤0.015%。

(2) 药皮

常用焊芯表面的有效成分称为药皮。

① 稳弧作用：焊条药皮中含有稳弧物质，可保证电弧容易引燃和燃烧稳定；

② 保护作用：焊条药皮熔化后产生大量的气体笼罩着电弧区和溶池，基本把熔化金属与空气隔绝开，保护熔融金属；熔渣冷却后，在高温焊缝表面上形成渣壳，可防止焊缝表面金属氧化并减缓焊缝的冷却速度，改善焊缝金属的缺陷，使焊缝金属获得符合要求的力学性能；

③ 渗合金：由于电弧的高温作用，焊缝金属中所含的某些合金元素被烧损（氧化或氮化），这样会使焊缝的力学性能降低，通过在焊条药皮中加入铁合金或纯合金元素，使之随药皮的熔化而过渡到焊缝金属中去，以弥补合金元素烧损和提高焊缝金属的力学性能；

④ 改善焊接的工艺性能：通过调整药皮成分，可改变药皮的熔点和凝固温度，使焊条末端形成套筒，产生定向气流，有利于熔滴过渡，可适应各种焊接位置的需要。

2. 焊条的型号

(1) 焊条的分类

焊条型号根据熔敷金属的力学性能、药皮类型、焊接位置和使用电流种类进行划分。

根据不同情况，电焊条主要有三种分类方法：按焊条用途分类、按药皮的主要化学成分分类、按药皮熔化后熔渣的特性分类。按照焊条的用途，主要分为非合金钢焊条、热强钢焊条、不锈钢焊条等。如果按照焊条药皮的主要化学成分来分类，可以将电焊条分为氧化钛型焊条、氧化钛钙型焊条、钛铁矿型焊条、氧化铁型焊条、纤维素型焊条、低氢型焊条、石墨型焊条及盐基型焊条。如果按照焊条药皮熔化后，熔渣的特性来分类，可将电焊条分为酸性焊条和碱性焊条。

(2) 焊条型号的表示方法

1) 非合金钢及细晶粒钢焊条，其型号表示方法如下（具体可参照《非合金钢及细晶粒钢焊条》GB/T 5117—2012）：

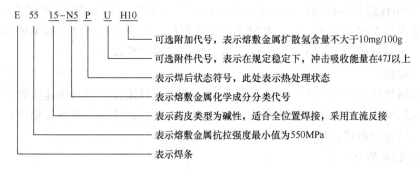

2) 热强钢焊条，其型号表示方法如下（具体可参照《热强钢焊条》GB/T 5118—2012）：

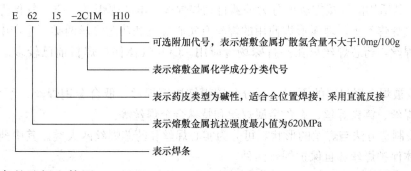

3. 焊条的选择和使用

焊条的种类繁多，每种焊条均有一定的特性和用途。选用焊条是焊接准备工作中很重要的一个环节。在实际工作中，除了要认真了解各种焊条的成分、性能及用途外，还应根据被焊焊件的状况、施工条件及焊接工艺等综合考虑。具体选择原则介绍如下。

1) 考虑焊件的力学性能和化学成分

① 对于普通结构钢，通常对焊缝金属与母材有强度要求，应选用抗拉强度等于或稍高于母材的焊条；

② 对于合金结构钢，通常要求焊缝金属的主要合金成分与母材金属相同或相近；

③ 在被焊结构刚性大、接头应力高和焊缝容易产生裂纹的情况下，可以考虑选用比母材强低一级的焊条；

④ 母材中碳、硫及磷等元素含量偏高时，焊缝容易产生裂纹，应选用抗裂性能好的低氢型焊条。

2) 考虑焊件使用性能和工作条件

① 对承受动载和冲击载荷的焊件，除满足强度要求外，还要保证焊缝具有较高的塑性和韧性，应选用韧性和塑性指标较高的低氢型焊条；

② 接触腐蚀介质的焊条，应根据介质的性能及腐蚀特征，选用相应的不锈钢焊条或其他耐腐蚀条；

③ 在高温或低温条件下工作的焊件，应选用相应的耐热钢或低温钢焊条。

3) 考虑简化工艺、提高生产率和降低成本

① 薄板焊接或点焊宜采用"E4313"，焊件不易烧穿且易引弧；

② 在满足焊件使用性能和焊条操作性能的前提下，应选用规格大、效率高的焊条；

③ 在使用性能基本相同时，应尽量选择价格低的焊条，降低焊接生产成本。

焊条除根据上述原则选用外，有时为了保证焊件的质量还需通过试验来最后确定，又为了保障焊工的身体健康，在允许的情况下应尽量采用酸性焊条。

21.1.2.2 焊丝

随着焊接机械化和技术水平的不断提高，自动化的焊接方法得到迅速发展，促使焊接材料的产品结构和品种发生了很大变化。近年来，焊丝的数量和品种增长很快，尤其是药芯焊丝的发展速度最快，使用量也逐年扩大。

1. 焊丝的分类及特点

焊丝的分类方法很多，可分别按其适用的焊接方法、被焊材料、制造方法与焊丝的形状等从不同角度对焊丝进行分类。

(1) 按其适用的焊接方法可分为埋弧自动焊焊丝、电渣焊焊丝、CO_2 气保焊焊丝、堆焊焊丝、气焊焊丝等。埋弧形焊使用的焊丝有实心焊丝和药芯焊丝两类，生产中普遍使用的是实心焊丝，药芯焊丝只在些特殊场合应用。CO_2 气体保护焊目前已较多地采用了药芯焊丝。

(2) 按被焊金属材料的不同，可分为碳素结构钢焊丝、低合金钢焊丝、不锈钢焊丝、镍基合金焊丝、铸铁焊丝、有色金属焊丝和特殊合金焊丝等。

(3) 按制造方法与焊丝的形状，可分为实心焊丝和药芯焊丝两大类。其中药芯焊丝又可分为气体保护焊丝和自保护焊丝两种。

1) 实心焊丝

实心焊丝是目前最常用的焊丝，由热轧线材经拉拔加工而成，为了防止焊丝生锈，须对焊丝（除不锈钢焊丝）表面进行特殊处理，目前主要是镀铜处理，包括电镀、浸铜及化学镀铜处理。

实心焊丝包括埋弧焊、电渣焊、CO_2 气保焊、氩弧焊、气焊堆焊用的焊丝。其分类及特点见表 21-10。

实心焊丝分类及特点 表 21-10

分类	第二层次分类	特点
埋弧焊、电渣焊焊丝	低碳钢用焊丝	埋弧焊、电渣焊时电流大,要采用粗焊丝,焊丝直径 3.2~6.4mm
	低合金高强钢用焊丝	
	Cr-Mo 耐热钢用焊丝	
	低温钢用焊丝	
	不锈钢用焊丝	
	表面堆焊用焊丝	焊丝因含碳或合金元素较多,难于加工制造,目前主要采用液态连铸拉丝方法进行小批量生产
气体保护焊用焊丝	TIG 焊用焊丝	一般不加填充焊丝,有时加填充焊丝;手工填丝为切成一定长度的焊丝,自动填丝时采用盘式焊丝
	MIG、MAG 焊用焊丝	主要用于焊接低合金钢、不锈钢等
	CO_2 焊用焊丝	焊丝成分中应有足够数量的脱氧剂,如 Si、Mn、Ti 等。如果合金含量不足,脱氧不充分,将导致焊缝中产生气孔;焊缝力学性能(特别是韧性)将明显下降
	自保护焊用焊丝	除了提高焊丝中的 C、Si、Mn 的含量外,还有加入强脱氧元素元素 Ti、Zr、Al、Ce 等

2) 药芯焊丝

药芯焊丝是将药粉包在薄钢带内卷成不同的截面形状经轧拔加工制成的焊丝。药芯焊丝也称为粉芯焊丝、管状焊丝或折叠焊丝,用于气体保护焊、埋弧焊和自保护焊,是一种很有发展前途的焊接材料。药芯焊丝粉剂的作用与焊条药皮相似,区别在于焊条的药皮涂敷在焊芯的外层,而药芯焊丝的粉剂被钢带包裹在芯部。药芯焊丝可以制成盘状供应,易于实现机械化焊接。

药芯焊丝的分类较复杂,根据焊丝结构,药芯焊丝可分为有缝焊丝和无缝焊丝两种。无缝焊丝可以镀铜,性能好、成本低,已成为今后发展的方向。

① 按是否使用外加保护气体分类,药芯焊丝可分为气体保护焊丝(有外加保护气)和自保护焊丝(无外加保护气)。气保护药芯焊丝的工艺性能和熔数金属冲击性能比自保护的好,但自保护药芯焊丝具有抗风性,更适合室外或高层结构现场使用。

② 按药芯焊丝的横截面结构分类,可分为简单断面的 O 形和复杂断面的折叠形两类,折叠形可分为梅花形、T 形、E 形和中间填丝形等。

药芯焊丝的截面形状对焊接工艺性能与冶金性能有很大影响。一般地说,药焊的截面形状越复杂越对称,电弧越稳定,药芯的冶金反应和保护作用越充分。但是随着焊丝直径的减小,这种差别逐渐缩小。

③ 按药芯中有无造渣剂分类,可分成熔渣型(有造渣剂)和金属粉型(无造渣剂)两类。在熔渣型药芯焊焊丝中加入粉剂,主要是为了改善焊缝金属的力学性能、抗裂性及焊接工艺性能。这些粉剂有脱氧剂(铁、锰铁)、造渣剂(金红石、石英等)、稳弧剂(钾、钠等)、合金剂(Ni、Cr、Mo 等)及铁粉等,按照造渣剂的种类及渣的碱度可分为钛型(又称金红石型、酸性渣)、钛钙型(又称金红石碱型、中性或朝碱性渣)、钙型(碱

性渣)。

目前我国药芯焊丝产品品种主要有钛型气保焊、碱性气保焊和耐磨堆焊(主要是埋弧堆焊类)三大系列,适用于碳钢、低合金高强钢、不锈钢等,大体可满足一般工程结构的焊接要求。

④ 药芯焊丝与实心焊丝相比,具有比实心焊丝更高的熔敷速度,特别是在全位置焊接场合,可使用大电流,提高了焊接效率,工艺性好、飞溅小;其焊道外观平坦、美观,但烟尘发生量较多;当产生焊渣时,必须清除。

2. 埋弧焊和电渣焊用焊丝

埋弧焊和电渣焊时焊剂对焊缝金属起保护和冶金处理作用,焊丝主要作为填充金属,同时向焊缝添加合金元素,二者直接参与焊接过程中的冶金反应,焊缝成分和性能是由焊丝和焊剂共同决定的。

根据被焊材料的不同,埋弧焊焊丝又分为低碳钢焊丝、低合金钢焊丝、低合金高强钢焊丝、Cr-Mo 耐热钢焊丝、低温钢焊丝、不锈钢焊丝、表面堆焊焊丝等。

埋弧焊用焊丝的表示方法如下:

(1) 实心焊丝表示如下:

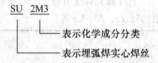

(2) 焊丝-焊剂组合分类:

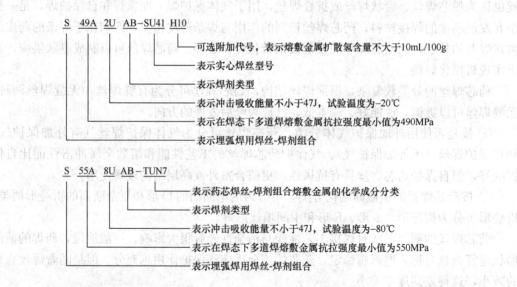

3. 气体保护焊用丝

气体保护焊分为惰性气体保护焊(TIG、MIG)和活性气体保护焊(MAG)。惰性气体主要采用 Ar 气,活性气体主要采用 CO_2 气体。

根据焊接方法的不同,气体保护焊用焊丝分为 TIG 焊接用焊丝、MIG 和 MAG 焊接用焊丝、CO_2 焊接用焊丝等,建筑钢结构中广泛采用 CO_2 气体保护焊。

气保焊焊丝的表示方法：

（1）实心焊丝的表示方法如下：

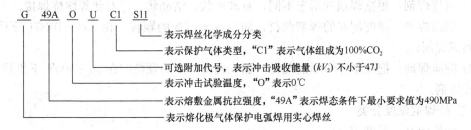

（2）药芯焊丝的表示方法如下：

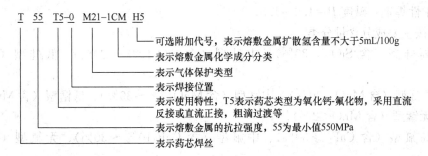

4. 焊丝选用原则

（1）根据被焊构件的钢材种类：对于碳钢及低合金钢，主要是根据"等强匹配"原则，选择满足力学性能要求的焊丝；对于耐热钢和耐候钢，主要侧重考虑焊缝金属与母材化学成分的一致或相似，以满足对耐热性和耐腐蚀性方面的要求。

（2）根据被焊部件的质量要求（特别是冲击韧性）选择焊丝：与坡口形状、焊接条件、保护气体混合比等工艺条件有关，在确保焊接接头性能的前提下，选择达到最大焊接效率和降低焊接成本的焊接材料。

（3）根据现场焊接位置：对应于被焊工件的板厚选择所使用的焊丝直径，确定所使用的电流值，参考各生产厂的产品介绍资料及使用经验，选择适合于焊接位置及使用电流的焊丝牌号。

（4）焊接工艺性能包括电弧稳定性、飞溅颗粒大小及数量、脱渣性、焊缝外观与形状等。对于碳钢及低合金钢的焊接（特别是半自动焊），主要是根据焊接工艺性能来选择焊接方法及焊接材料。

21.1.2.3 焊剂

焊剂是指焊接时，能够熔化形成焊渣和气体，对熔化金属起保护作用的一种颗粒状物质。焊剂的作用与电焊条药皮相类似，主要应用于埋弧焊。

1. 焊剂的基本要求

（1）具有良好的工艺性能：焊剂应有良好的稳弧、造渣、成形和脱渣性，在焊接过程中，生成的有害气体要尽量少；

（2）具有良好的冶金性能：通过适当的焊接工艺，配合相应的焊丝，焊缝能获得所需要的化学成分和力学性能，焊接成形良好。

2. 埋弧焊剂的分类

(1) 按照制造方法分类

1) 熔炼焊剂：根据焊剂的形态不同，有玻璃状、结晶状、浮石状等熔炼焊接；

2) 烧结焊剂：把配制好的焊剂湿料，加工成所需要的颗粒，在750～1000℃下烘焙，干燥制成焊剂；

3) 陶质焊剂：把配制好的焊剂湿料，加工成所需要的颗粒，在30～500℃下烘焙，干燥制成焊剂。

(2) 按焊剂碱度分类

1) 碱性焊剂：碱度 $B>1.5$；

2) 酸性焊剂：碱度 $B<1$；

3) 中性焊剂：碱度 $B=1.0～1.5$。

(3) 按主要成分含量分类

1) 高硅型（含 $SiO_2>30\%$）、中硅型（含 SiO_2 10%～30%）、低硅型（含 $SiO_2<10\%$）；

2) 高锰型（含 $MnO>30\%$）、中锰型（含 MnO 15%～30%）、低锰型（含 MnO 2%～15%）、无锰型（含 $MnO<2\%$）；

3) 高氟型（含 $CaF_2>30\%$）、中氟型（含 CaF_2 10%～30%）、无氟型（含 $CaF_2<10\%$）。

3. 埋弧焊剂的型号

(1) 焊丝-焊剂组合分类，其型号表示如下：

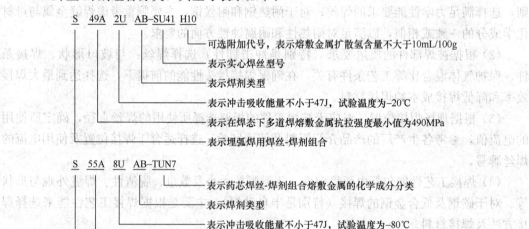

(2) 埋弧焊剂的力学性能，具体详见《埋弧焊用非合金钢及细晶粒钢实心焊丝、药芯焊丝和焊丝-焊剂组合分类要求》GB/T 5293—2018、《埋弧焊用热强钢实心焊丝、药芯焊丝和焊丝-焊剂组合分类要求》GB/T 12470—2018。

4. 常用国产焊剂牌号的表示方法

(1) 熔炼焊剂

熔炼焊剂的牌号含义如下：

1) 牌号用"HJ"表示熔炼焊剂；
2) 第一位数字表示焊剂中氧化锰含量；
3) 第二位数字表示二氧化硅及氟化钙含量；
4) 第三位数字表示同一类型焊剂的不同牌号。

具体的化学成分见表21-11、表21-12：

熔炼焊剂化学成分一　　　　　　　　　　　　　　　表 21-11

牌号	焊剂种类	二氧化硅及氟化钙含量（%）	
		SiO_2	CaF_2
HJ×1×	低硅低氟	≤10	≤10
HJ×2×	中硅低氟	10～30	≤10
HJ×3×	高硅低氟	≥30	≤10
HJ×4×	低硅中氟	≤10	10～30
HJ×5×	中硅中氟	10～30	10～30
HJ×6×	高硅中氟	≥30	10～30
HJ×7×	低硅高氟	≤10	≥30
HJ×8×	中硅高氟	10～30	≥30
HJ×9×		其他	

熔炼焊剂化学成分二　　　　　　　　　　　　　　　表 21-12

牌号	焊剂种类	氧化锰含量（%）	牌号	焊剂种类	氧化锰含量（%）
HJ1××	无锰	<2	HJ3××	中锰	10～30
HJ2××	低锰	2～15	HJ4××	高锰	>30

(2) 烧结焊剂

烧结焊剂的牌号含义如下：

1) 牌号用"SJ"表示烧结焊剂；
2) 第一位数字表示型号规定的渣系类型；
3) 第二、三位数字表示不同渣系类型焊剂的不同牌号。

常用烧结焊剂的牌号及用途见表21-13：

常用烧结焊剂的牌号及用途　　　　　　　　　　　　表 21-13

牌号	焊剂类型	主要用途
SJ101	氟碱型	用于埋弧焊、焊接多种低合金结构钢，如压力容器、管道、锅炉等
SJ301	硅钙型	
SJ401	硅锰型	配合 H08MnA 焊丝，焊接低碳钢及低合金钢
SJ501	铝钛型	用于埋弧焊、配合 H08MnA、H10Mn2 等焊丝，焊接低碳钢、低合金钢，如 16MnR、16MnV 等
SJ502	铝钛型	

(3) 各种常用埋弧焊剂用途（表21-14）。

常用埋弧焊剂的用途　　　　　　　表 21-14

牌号	焊剂粒度（mm）	配合焊丝	适用电源种类	主要用途
HJ130	0.4～3	H10Mn2	交、直流	焊接优质碳素结构钢
HJ131	0.25～1.6	Ni 基	交、直流	Ni 基合金钢
HJ150	0.25～3	2Cr13、3Cr2W8	直流	轧辊堆焊
HJ172	0.25～2	相应钢焊丝	直流	焊接高铬铁素体钢
HJ173	0.25～2.5	相应钢焊丝	直流	Mn-Al 高合金钢
HJ230	0.4～3	H10Mn2、H08MnA	交、直流	焊接优质碳素结构钢
HJ250	0.4～3	低合金高强度钢	直流	低合金高强度钢
HJ251	0.4～3	CrMo 钢	直流	焊接珠光体耐热钢
HJ260	0.25～2	不锈钢	直流	不锈钢、轧辊堆焊等
HJ330	0.4～3	H10Mn2、H08MnA	交、直流	焊接优质碳素结构钢
HJ350	0.4～3	MnMo、MnSi 高强度焊丝	交、直流	重要结构高强度钢
HJ430	0.14～3	H08Mn	交、直流	优质碳素结构钢
HJ431	0.25～1.6	H10MnA、H08MnA	交、直流	优质碳素结构钢
HJ433	0.25～3	H08A	交、直流	普通碳素钢
SJ101	0.3～2	H08MnA、H08MnMoA	交、直流	低合金结构钢
SJ301	0.3～2	H08Mn2、H08CrMnA	交、直流	普通结构钢
SJ401	0.3～2	H08A	交、直流	低碳钢、第合金钢
SJ501	0.3～2	H08A、H08MnA	交、直流	低碳钢、第合金钢
SJ502	0.3～2	H08A	交、直流	重要低碳钢及低合金钢

21.1.3 连接紧固件

连接紧固件是将两个或两个以上零件（或构件）紧固连接成为一件整体所采用的一类机械零件。因其施工简单、安拆方便等优点而被广泛应用。

螺栓作为钢结构主要连接紧固件，按性能分类分为普通螺栓和高强度螺栓两种。

21.1.3.1 普通螺栓连接

钢结构普通螺栓连接即将普通螺栓、螺母、垫圈机械地和连接件连接在一起形成的一种连接形式。

建筑钢结构中常用的普通螺栓牌号为 Q235，很少采用其他牌号的钢材制作，建筑钢结构使用的普通螺栓，一般为六角头螺栓。螺栓的标记通常为 $Md \times z$，其中 d 为螺栓规格（即直径），z 为螺栓公称长度。普通螺栓通用规格分为 M18、M10、M12、M16、M20、M24、M30、M36、M42、M48、M56 和 M64 等。普通螺栓按照形式可分为六角头螺栓、双头螺栓和沉头螺栓等，按精度可分为 A、B、C 三个等级。钢结构连接所用螺栓，除非有特殊注明以外，一般都用普通粗制 C 级螺栓。

(1) 普通螺栓的材性

螺栓按照性能等级分 3.6、4.6、4.8、5.6、5.8、6.8、8.8、9.8、10.9、12.9 等十个等级，其中 8.8 级以上螺栓材质为低碳合金钢或中碳钢并经热处理（淬火、回火），通称为高强度螺栓，8.8 级以下（不含 8.8 级）通称普通螺栓。

螺栓性能等级标号由两部分数字组成，分别表示螺栓的公称抗拉强度和材质的屈强比。例如性能等级 4.6 级的螺栓含意为：

第一部分数字（4.6 中的"4"）为螺栓材质公称抗拉强度（N/mm^2）的 1/100；第二部分数字（4.6 中的"6"）为螺栓材质屈强比的 10 倍；两部分数字的乘积（4×6="24"）为螺栓材质公称屈服点（N/mm^2）的 1/10。

(2) 普通螺栓的规格

普通螺栓按照形式可分为六角头螺栓、双头螺栓、沉头螺栓等；按制作精度可分为 A、B、C 级三个等级，一般采用符合《碳素结构钢》GB/T 700—2006 规定的 Q235 钢制成；A、B 级为精制螺栓，C 级为粗制螺栓。钢结构用连接螺栓，除特殊注明外，一般即为普通粗制 C 级螺栓。

21.1.3.2 高强度螺栓连接

高强度螺栓连接按其受力状况，可分为摩擦型连接、摩擦-承压型连接、承压型连接和张拉型连接等几种类型，其中摩擦型连接是目前广泛采用的基本连接形式。

高强度螺栓是用优质碳素钢或低合金钢制成的一种特殊螺栓。8.8 级高强度螺栓采用 35 号钢、45 号钢，经热处理后制成，高强度螺栓连接具有安装简便、迅速、承载力高、受力性能好、安全可靠等优点。高强度螺栓的连接已成为继铆接之后发展起来的一种新型结构连接形式，目前已经发展为当今钢构件连接主要手段之一。高强度螺栓从外形上可分为大六角头和扭剪型两种，目前我国使用的大六角高强度螺栓连接副由一个螺栓、一个螺母、两个垫圈（螺头和螺母两侧各一个垫圈）组成，扭剪型高强度螺栓连接副由一个螺栓、一个螺母、一个垫圈组成。螺栓、螺母、垫圈在组成连接副时，其性能等级要相互匹配。

高强度螺栓按性能等级可分为 8.8 级、10.9 级、12.9 级等，目前我国使用的大六角头高强度螺栓有 8.8 级和 10.9 级两种，扭剪型高强度螺栓只有 10.9 级一种。

性能等级为 8.8 级的高强度螺栓宜采用符合《优质碳素结构钢》GB/T 699—2015 规定的 45 号钢或 35 号钢制成。

性能等级为 10.9 级的高强度螺栓宜采用符合《合金结构钢》GB/T 3077—2015 规定的 20MnTiB、40B 钢或 35VB 钢制成，或采用符合《钢结构用高强度大六角头螺栓、大六角头螺母、垫圈与技术条件》GB/T 1228～1231 规定的 35VB 钢制成。

高强度螺母和垫圈宜采用 45 号钢、35 号钢或 Q355 钢制成。

根据《钢结构用高强度大六角头螺栓、大六角头螺母、垫圈与技术条件》GB/T 1228～1231 和《钢结构用扭剪型高强度螺栓连接副》GB/T 3632—2008，高强度螺栓、螺母、垫圈所采用的钢材及其标准、适用规格、螺栓与螺母垫圈的使用组合，可参照表 21-15 采用。

高强度螺栓、螺母、垫圈的性能等级、采用钢材牌号和钢号、使用规格及使用组合　　表 21-15

类别		性能等级	采用钢号	钢材标准	适用规格	使用组合	
						螺母	垫圈
高强度大六角头螺栓连接副	螺栓	8.8级	45号钢 35号钢	GB 699—2015	≤M22 ≤M16	8H	HRC35~45
		10.9级	20MnTiB钢 40Cr钢 35VB钢	GB 3077—2015 GB 3077—2015	≤M24 M27~M36	10H	HRC35~45
	螺母	8H	35CrMo钢 40Cr钢	GB 699—2015			
		10H	45号钢 35号钢 Q355钢	GB 699—2015 GB 3077—2015			
	垫圈	硬度 HRC35~45	45号钢 35号钢	GB 699—2015			
扭剪型高强度螺栓连接副	螺栓	10.9级	20MnTiB钢	GB 3077—2015	≤M24	10H	HRB98~HRC28 HV30 221~274
	螺母	10H	35号钢 15MnVB钢	GB 699—2015 GB 3077—2015			
	垫圈	硬度 HRB98~HRC28 HV30 221~274	45号钢	GB 699—2015			

高强度螺栓的机械性能指标如表 21-16 所示：

高强度螺栓用钢材经热处理后的力学性能　　表 21-16

类别	性能等级	抗拉强度（MPa）	屈服强度（MPa）	伸长率δ（%）	收缩率ψ（%）	冲击韧性 α_k（J/mm²）	硬度
高强度大六角头螺栓连接副	10.9级	1040~1240	≥940	≥10	≥42	≥59	HRC35~45
	8.8级	830~1030	≥660	≥12	≥45	≥78	HRC35~45
扭剪型	10.9级	1040~1240	≥940	≥10	≥42	≥59	HRC35~45

我国与某些国家采用的高强度螺栓性能对比情况如表 21-17 所示：

各国高强度螺栓性能对比　　表 21-17

国别	标准	性能等级	螺栓类别	抗拉强度（MPa）	延伸率（%）	硬度（HRC）
中国	GB 1231	8.8级，10.9级	大六角头	830，1040	12，10	35~45
	GB 3633	10.9级	扭剪型	1040	10	35~45

续表

国别	标准	性能等级	螺栓类别	抗拉强度（MPa）	延伸率（%）	硬度（HRC）
美国	A 325	8.8S	大六角头	844	14	23～32
美国	A 490	10.9S	大六角头	1055	14	32～38
日本	JIS 1311B6	F8T, F10T	大六角头	800～1000	16	18～31
日本	JIS 1109	F10T	扭剪型	1000～1200	14	27～38
德国	DIN 267	10K	大六角头	1000～1200	8	—

21.1.3.3 铆接

铆接是利用铆钉将两个或两个以上的元件（一般为板材或型材）连接在一起的一种不可拆卸的静连接，简称铆接。铆钉有空心和实心两大类，最常用的铆接是实心铆接。实心铆接多用于受力大的金属零件的连接，空心铆接用于受力较小的薄板或非金属零件的连接。

铆接分冷铆和热铆两种。热铆紧密性较好，但铆杆与钉孔间有间隙，不能参与传力。冷铆时钉杆镦粗，胀满钉孔，钉杆与钉孔间无间隙。直径大于 10mm 的钢铆钉加热到 1000～1100℃进行热铆，钉杆上的单位面积锤击力为 650～800MPa。直径小于 10mm 的钢铆钉和塑性较好的有色金属、轻金属及合金制造的铆钉，常用冷铆。铆接在建筑、锅炉制造、铁路桥梁和金属结构等方面均有应用。

铆接的主要特点是：工艺简单、连接可靠、抗震、耐冲击。与焊接相比，其缺点是：结构笨重，铆孔削弱被连接件截面强度 15%～20%，操作劳动强度大、噪声大，生产效率低。因此，铆接经济性和紧密性不如焊接。

相对螺栓连接而言，铆接更为经济、重量更轻，适于自动化安装。但铆接不适于太厚的材料、材料越厚铆接越困难，一般的铆接不适于承受拉力，因为其抗拉强度比抗剪强度低得多。

由于焊接和高强度螺栓连接的发展，铆接的应用已经逐渐减少，只是在承受严重冲击或剧烈振动载荷的金属结构上或焊接技术受到限制的场合，如起重机机架、铁路桥梁、造船、重型机械等方面尚有应用，但航空和航天飞行器仍以铆接为主。此外，在非金属元件的连接（如制动闸中的摩擦片与闸靴或闸带的连接）中有时也采用铆接。

铆钉的材料必须具有良好的塑性和无淬硬性。为避免膨胀系数的不同而影响铆缝的强度或与腐蚀介质接触时产生电化学反应，一般铆钉材料应与被铆件的材料相同或相近。

常用的铆钉材料有：钢铆钉、铜铆钉和铝铆钉。

(1) 铆接厚度一般不超过铆钉直径的 5 倍。
(2) 冲孔铆接的承载能力要比钻孔铆接的承载能力降低 20% 左右。
(3) 平行于载荷方向上的铆钉数量最多不超过 6 个，但不应小于 2 个，同一结构中的铆钉直径尽量统一，最多不超过两种。
(4) 梁用多排铆钉时，尽量使铆钉交错布置，以提高铆接的强度因子。
(5) 工地制成的铆钉，其许用应力应当适当降低。
(6) 多层板铆合时，需将各层板的接口错开。

(7) 板厚大于 4mm 时才进行敛边；板厚小于 4mm，且对紧密性要求较高时，可以把涂有铅丹的亚麻布放在钢板之间以获得紧密性。

21.1.3.4 销轴连接

销轴是一类标准化的紧固件，既可静态固定连接，亦可与被连接件做相对运动，主要用于两零件的铰接处，构成铰链连接。销轴通常用开口销锁定，工作可靠，拆卸方便。销轴的国家标准为《销轴》GB/T 882—2008。

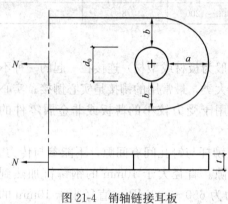

图 21-4 销轴链接耳板

销轴连接适用于铰接柱脚或拱脚以及拉索、拉杆端部的连接，销轴与耳板宜采用 Q355、Q390 与 Q420，也可采用 45 号钢、35CrMo 或 40Cr 等钢材。当销孔和销轴表面要求机加工时，其质量要求应符合相应的机械零件加工标准的规定。当销轴直径大于 120mm 时，宜采用锻造加工工艺制作。

销轴连接的构造应符合下列规定（图 21-4）：

(1) 销轴孔中心应位于耳板的中心线上，其孔径与直径相差不应大于 1mm。

(2) 耳板两侧宽厚比 b/t 不宜大于 4，几何尺寸应符合下列公式规定：

$$a \geqslant \frac{4}{3} b_e \tag{21-1}$$

$$b_e = 2t + 16 \leqslant b \tag{21-2}$$

式中　b——连接耳板两侧边缘与销轴孔边缘净距（mm）；
　　　t——耳板厚度（mm）；
　　　a——顺受力方向，销轴孔边距板边缘最小距离（mm）。

(3) 销轴表面与耳板孔周表面宜进行机加工。

21.1.3.5 圆柱头栓钉

栓钉属于一种高强度刚度连接的紧固件，用于各种钢结构工程中，在不同连接件中起刚性组合连接作用。栓钉是电弧螺柱焊用圆柱头焊钉（Cheese head studs for arc stud welding）的简称，栓钉的规格为公称直径 10~25mm，焊接前总长度 40~300mm。栓钉规格有：$\phi 8$、$\phi 10$、$\phi 13$、$\phi 16$、$\phi 19$、$\phi 22$、$\phi 25$、$\phi 28$ 等 8 种，常用直径为 $\phi 16$~$\phi 22$，一般为 $\phi 19$，栓钉长度不应小于 4 倍直径。

圆柱头栓钉如图 21-5 所示，为带圆柱头的实心钢杆，所有工程上使用的栓钉均应该符合《电弧螺柱焊用圆柱头焊钉》GB/T 10433—2002 的规定，其抗拉强度≥400kPa，屈服强度≥320kPa，并应该拿到手栓钉厂家出具的质量检验单等质量证明书，常用的圆柱头栓钉的规格及尺寸如表 21-18 所示。

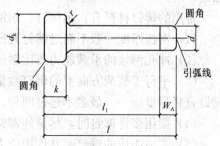

图 21-5 圆柱头栓钉外形尺寸

圆柱头栓钉的规格及尺寸（mm） 表 21-18

公称直径	10	13	16	19	22	25
栓钉头部直径 d_{kmax}	18.35	22.42	29.42	32.5	35.5	40.5
栓钉头部直径 d_{kmin}	17.65	21.58	28.58	31.5	34.5	39.5
栓钉焊后焊接部直径 d_1	13	17	21	23	29	31
栓钉焊后焊接部高度 h	2.5	3	4.5	6	6	7
栓钉的熔化长度 W_A	4	5	5	6	6	6
栓钉焊后焊钉长度设计值 l_1	40～180	40～200	50～250	60～300	80～300	80～300

栓钉材料宜采用硅镇静钢、铝镇静钢或 DL 钢制作，其钢材机械性能应符合表 21-19 的要求：

栓钉产品型号、规格、选用材料和机械性能 表 21-19

型号	直径规格 （mm）	选用材料	抗拉力强度 （MPa）	屈服强度 （MPa）	伸长率 （%）
GB/T 10433—2002	10～25	SWRCH15A、ML15Al 或 ML15	400～550	≥320	≥14

21.1.3.6 其他连接

锚栓一般用作钢柱柱脚与钢筋混凝土基础之间的锚固连接件，主要承受柱脚的拉力。锚栓直径一般较大，常用未经加工的圆钢制成，锚栓采用的钢材宜为《碳素结构钢》GB/T 700—2006 规定的 Q235 钢或《低合金高强度结构钢》GB/T 1591—2018 规定的 Q355 钢。

21.1.4 压型金属板

压型金属板是金属板经辊压冷弯，沿板宽方向形成连续波形或其他截面的成型金属板。压型金属板采用的板材包括镀锌钢板、镀铝锌钢板、铝合金板、铝镁锰板、彩色涂层钢板和彩色涂层铝合金板。

21.1.4.1 压型钢板材料

压型钢板应符合《连续热镀锌和锌合金镀层钢板及钢带》GB/T 2518—2019、《彩色涂层钢板及钢带》GB/T 12754—2019 和《建筑用压型钢板》GB/T 12755—2008 的有关规定。压型钢板常用材料的化学成分、力学性能及加工尺寸允许偏差应符合以下规定：

（1）热镀锌、铝锌钢板基板的化学成分（熔炼分析）应符合表 21-20 的规定。

热镀锌、镀铝锌钢板基板的化学成分 表 21-20

结构钢强度 级别（MPa）	化学成分（熔炼分析）（质量分数）（%）				
	C	Si	Mn	P	S
250	≤0.20	≤0.60	≤1.70	≤0.10	≤0.045
280					
300					
320					
350					
550					

(2) 热镀锌、铝锌钢板基板的力学性能应符合表 21-21 的规定。

热镀锌、镀铝锌钢板基板的力学性能[a]　　表 21-21

结构钢强度级别（MPa）	屈服强度[b] R_{eH} 或 $R_{P0.2}$ （MPa）	抗拉强度 R_m （MPa）	断后伸长率 ($L_0=80mm$, $b=20mm$)（%） 公称厚度（mm）	
			≤0.7	>0.7
250	≥250	≥330	≥17	≥19
280	≥280	≥360	≥16	≥18
300[c]	≥300	≥380	≥16	≥18
320	≥320	≥390	≥15	≥17
350	≥350	≥420	≥14	≥16
550	≥550	≥560	—	—

注：[a] 拉伸试验样的方向为纵向（沿轧制方向）；
　　[b] 屈服现象不明显时采用 $R_{P0.2}$，否则采用 R_{eH}；
　　[c] 结构钢强度级别 300MPa 仅限于热镀铝锌钢板。

(3) 压型钢板加工尺寸允许偏差应符合表 21-22 的规定。

压型钢板加工尺寸允许偏差表　　表 21-22

项目		允许偏差值（mm）
板长		+9.0 -0.0
波距		±2.0
波高	截面高度≤70mm	±1.5
	截面高度>70mm	±2.0
覆盖宽度	截面高度≤70mm	+10.0 -2.0
	截面高度>70mm	+6.0 -2.0
横向剪切偏差（沿截面全宽）		6.0
侧向弯曲	在测量长度 L_1 范围内	20.0

注：1. L_1 为测量长度，指板长扣除两端各 0.5m 后的实际长度（小于 10m）或扣除后任选的 10m 长度。
　　2. 压型钢板用钢材按屈服强度级别宜选用 250MPa 与 350MPa 结构用钢。
　　3. 屋面及墙面压型钢板，重要建筑宜采用彩色涂层钢板，一般建筑可采用热镀铝锌合金或热镀锌镀层钢板。压型钢板厚度应通过设计计算确定，工程中墙面压型钢板基板的公称厚度不宜小于 0.5mm，屋面压型钢板基板的公称厚度不宜小于 0.6mm，楼盖压型钢板基板的公称厚度不宜小于 0.8mm。
　　4. 压型钢板板型展开宽度（基板宽度）宜符合 600mm、1000mm 或 1200mm 系列基本尺寸的要求。

21.1.4.2　压型铝合金板材料

压型铝合金板应符合《变形铝及铝合金化学成分》GB/T 3190—2020、《一般工业用铝及铝合金板、带材》GB/T 3880—2012 和《铝及铝合金彩色涂层板、带材》YS/T 431—2009 的有关规定。压型铝合金板常用材料的化学成分、力学性能及加工尺寸允许偏差应符合以下规定：

（1）常用铝合金板的化学成分应符合表 21-23 的规定。

常用铝合金板化学成分表　　　　　　　　　　表 21-23

牌号	化学成分（质量分数）（%）									
	Si	Fe	Cu	Mn	Mg	Cr	Zn	指定的其他元素	Ti	其他
										单个　合计
3003	0.6	0.7	0.05~0.20	1.0~1.5	—	—	0.10	—	—	0.05　0.15
3004	0.3	0.7	0.25	1.0~1.5	0.8~1.3	—	0.25	—	—	0.05　0.15
3005	0.6	0.7	0.3	1.0~1.5	0.2~0.6	0.10	0.25	—	0.10	0.05　0.15
3104	0.6	0.8	0.05~0.25	0.8~1.4	0.8~1.3	—	0.25	0.05Ga, 0.05V	0.10	0.05　0.15
3105	0.6	0.7	0.30	0.3~0.8	0.2~0.8	0.20	0.40	—	0.10	0.05　0.15
5005	0.3	0.7	0.20	0.20	0.5~1.1	0.10	0.25	—	—	0.05　0.15
6061	0.4~0.8	0.7	0.15~0.4	0.15	0.8~1.2	0.04~0.35	0.25	—	0.15	0.05　0.15

（2）常用铝合金板的力学性能应符合表 21-24 的规定。

常用铝合金板力学性能表[a]　　　　　　　　　　表 21-24

牌号	状态	抗拉强度 R_m（MPa）	规定非比例延伸强度 $R_{P0.2}$（MPa）	断后伸长率 A_{50mm}（%）	弯曲半径[b]
3003	H14	145~185	125	2	1.0t
	H24	145~185	115	4	1.0t
	H16	170~210	150	2	1.5t
	H26	170~210	140	3	1.5t
3004	H14	220~265	180	2	1.0t
	H24	220~265	170	4	1.0t
	H16	240~285	200	1	1.5t
	H26	240~285	190	3	1.5t
3005	H16	195~240	175	2	1.5t
	H26	195~240	160	3	1.5t
	H14	220~265	180	2	1.0t
	H24	220~265	170	4	1.0t
3104	H16	240~285	200	1	1.5t
	H26	240~285	190	3	1.5t
	H14	150~200	130	2	2.5t
	H24	150~200	120	4	2.5t

续表

牌号	状态	抗拉强度 R_m (MPa)	规定非比例延伸强度 $R_{P0.2}$ (MPa)	断后伸长率 A_{50mm} (%)	弯曲半径[b]
3105	H16	175~225	160	2	—
	H26	175~225	150	3	—
	H14	148~185	120	2	1.0t
	H24	148~185	110	4	1.0t
5005	H16	165~205	145	2	1.5t
	H26	165~205	135	3	1.5t
	O	≤145	≤85	≥14	1.0t
	O	≤145	≤85	≥14	1.0t
6061	O	≤145	≤85	≥14	1.0t

注：[a] 本表铝合金板厚为 0.5~1.5mm；
[b] 3105 板、带材弯曲180°，其他板、带材弯曲90°。t 为板或带材的厚度。

(3) 铝合金压型板加工尺寸允许偏差应符合表 21-25 的规定。

铝合金压型板加工尺寸允许偏差表　　　表 21-25

项目		允许偏差值 (mm)
板长		+15.0 -5.0
板宽		+20.0 -5.0
波高		±3.0
波距		±3.0
压型板边缘波高	每米长度内	≤5.0
压型板纵向弯曲	每米长度内（距端部 250mm 内除外）	≤5.0
压型板侧向弯曲	每米长度内	≤4.0
	任意 10m 长度内	≤20.0
压型板对角线长度		≤20.0

压型铝合金板的板材宜采用牌号为 3××× 系列的铝合金板。屋面及墙面用压型铝合金板的厚度应通过计算确定。重要建筑的外层板公称厚度不应小于 1.0mm，一般建筑的外层板公称厚度不宜小于 0.9mm，内层板公称厚度不宜小于 0.9mm。

21.1.5　涂　装　材　料

21.1.5.1　防腐涂料的组成和作用

防腐涂料一般由不挥发组分和挥发组分（稀释剂）两部分组成。涂刷在物件表面后，挥发组分逐渐挥发逸出，留下不挥发组分干结成膜，所以不挥发组分的成膜物质叫作涂料的固体组分。成膜物质又分为主要、次要和辅助成膜物质三种。主要成膜物质可以单独成膜，也可以粘结颜料等物质共同成膜，它是涂料的基础，也常称基料、添料或漆基。

涂料经涂敷施工形成漆膜后，具有保护作用、装饰作用、标志作用和特殊作用，如专用船底防污漆，可以杀死或驱散海生物等等。

21.1.5.2 防腐涂料的分类

1. 可逆型涂料

这类涂料依靠溶剂挥发干燥成膜，除此之外没有发生其他任何形式的变化，即此过程是可逆的，涂膜随时都可以在原来的溶剂中溶解。

这类涂料的基料示例有：氯化橡胶（CR）；氯乙烯共聚物（也称为 PVC）；丙烯酸聚合物（AY）。

此外，干燥时间与空气流动和温度因素有关。尽管在低温时干燥速度相当慢，但在温度低至 0℃ 时也能干燥。

2. 不可逆型涂料

(1) 总则

涂膜干燥最初依靠溶剂挥发（如果涂料中含有溶剂），随后依靠化学反应或聚结（某些水性涂料）固化成膜。这个过程是不可逆的，即固化后的涂膜不能溶解于原有的溶剂中。如果是无溶剂涂料，也不能溶解于这类涂料专用的特定溶剂中。

(2) 气干性涂料（氧化固化）

这类涂料的漆膜首先依靠溶剂挥发初步硬化，随后依靠基料与空气中的氧反应固化。

典型基料有：醇酸；氨基甲酸酯改性醇酸；环氧酯。

此外，干燥时间与温度因素有关。尽管在低温时干燥速度相当慢，但与氧气的反应在温度低至 0℃ 时也能发生。

(3) 水性涂料（单组分）

这类涂料的基料分散在水中。涂膜硬化依靠水的挥发和分散在水中的基料聚结成膜。这个过程是不可逆的，即干燥后的涂膜不能重新分散在水中。

能够被水分散的典型基料有：丙烯酸聚合物（AY）；乙烯基聚合物（PVC）；聚氨酯树脂（PUR）。

此外，干燥时间与空气流动、相对湿度和温度因素有关。尽管在低温时干燥速度相当慢，但在温度低至 3℃ 时也能干燥成膜。较高的相对湿度（>80%）也会阻碍干燥过程。

(4) 化学固化型涂料

1) 总则

这类涂料通常由一个漆料组分和一个固化剂组分组成。漆料和固化剂的混合物具有适用期。这类涂膜依靠溶剂挥发干燥（如果含有溶剂），随后依靠漆料和固化剂之间的化学反应固化。

下面给出了最常用的涂料类型。

2) 双组分环氧涂料

① 漆料组分

漆料组分中的基料是含有能够与合适固化剂反应的环氧基团的聚合物。

典型的基料有：环氧树脂；环氧乙烯树脂/环氧丙烯酸树脂；环氧组合物（例如，环氧碳氢树脂）。

配方可以是溶剂型、水性或无溶剂型的。

大多数环氧涂层暴露在阳光下容易粉化。如果要求较高的保色性和保光性，面漆应采用脂肪族聚氨酯面漆或者合适的物理干燥型涂料和水性涂料。

② 固化剂组分

多氨基胺（聚胺）、多氨基酰胺（聚酰胺）或它们的加成物是最常用的环氧固化剂。

聚酰胺固化剂具有良好的润湿性能，更适用于底漆。聚胶固化的环氧涂料通常具有更好的耐化学品性能。

此外，干燥时间与空气流动和温度因素有关。固化反应在温度低至 5 ℃时也能发生，而一些特殊的产品能适用于更低的温度。

3）双组分聚氨酯涂料

① 漆料组分

基料是含有可与合适的异氰酸酯固化剂反应的自由羟基的聚合物。

典型的基料有：聚酯树脂；丙烯酸树脂；环氧树脂；聚醚树脂；氟树脂；聚氨酯组合物（例如，聚氨酯碳氢树脂）（PURC）。

② 固化剂组分

芳香族或脂肪族多异氰酸酯是最常用的固化剂。

脂肪族多异氰酸酯固化产品（PUR，脂肪族）如果与合适的漆料配合使用，具有优异的保光、保色性。

芳香族多异氰酸酯固化产品（PUR，芳香族）具有更快的固化速度。但由于它们在阳光下容易粉化变色，不适于暴露在户外。

此外，干燥时间与空气流动和温度因素有关。固化反应能够在 0 ℃或更低温度下发生，但是相对湿度应该控制在涂料生产商建议的范围内，以保证涂膜不出现气泡和针孔。

（5）湿气固化涂料

涂膜靠溶剂挥发干燥/成膜。涂膜与空气中的湿气反应固化。

典型的基料有：聚氨酯（单组分）；硅酸乙酯（双组分）；硅酸乙酯（单组分）。

此外，干燥时间与温度、空气流动、湿度和涂膜厚度因素有关。只要空气中含有足够的湿气，固化反应可以在 0 ℃或更低温度下发生。相对湿度越低，固化越慢。

为了避免涂膜出现气泡、针孔或其他缺陷，必须遵照涂料生产商说明书中关于相对湿度和湿膜、干膜厚度的规定，这一点很重要。

3. 不同类型涂料的基本性能

表 21-26 仅为选择涂料提供帮助，实际选用应结合（《色漆和清漆 防护涂料体系对钢结构的防腐蚀保护 第 5 部分：防护涂料体系》GB/T 30790.5—2014）表 A.1～A.8，以及生产商的数据手册和工程实践经验。

不同类型涂料的基本性能   表 21-26

性能	聚氯乙烯（PVC）	氯化橡胶（CR）	丙烯酸（AY）	醇酸（AK）	聚氨酯、芳香族（PUR）	聚氨酯、脂肪族（PUR）	硅酸乙酯（ESI）	环氧（EP）	环氧组合物（EPC）
保光性	▲	▲	▲	▲	●	■	—	●	●
保色性	▲	▲	■	▲	●	■	—	●	●
耐化学品性：									
水浸泡	▲	■	▲	●	■	■	●	■	■
雨/凝露	■	■	■	▲	■	■	●	■	■
溶剂	●	●	●	●	■	■	■	■	■
溶剂（飞溅）	●	●	●	●	▲	▲	■	■	■
酸	■	■	▲	●	▲	▲	●	■	■
酸（飞溅）	▲	■	●	●	▲	▲	●	■	■
碱	■	■	▲	●	▲	▲	●	■	■
碱（飞溅）	▲	■	●	●	▲	▲	●	■	▲
耐干热温度：									
70℃以下	●	●	▲	■	■	■	■	■	■
70~120℃	—	—	▲	■	▲	▲	■	■	■
120~150℃	—	—	—	▲	●	●	■	▲	▲
>150℃,≤400℃	—	—	—	—	—	—	■	—	—
物理性能：									
耐磨性	●	●	▲	■	■	■	●	■	■
耐冲击性	▲	▲	▲	■	■	■	●	■	■
柔韧性	■	■	▲	■	■	■	●	■	■
硬度	▲	▲	▲	▲	▲	▲	●	■	▲

注：■为好；▲为一般；●为差；—为不相关；

表中给出的信息是汇总各方面大量的数据而得出的，旨在尽可能地对常见类型涂料的性能提供一般性指导。树脂基团可能存在多种变化，有些产品是专为耐某种化学品或适应某种条件设计的。当为特定条件选择某种涂料时应当咨询涂料生产商。

21.1.6 其他材料

21.1.6.1 结构支座

钢结构工程用支座的品种、规格、性能等应符合现行国家产品标准和设计要求。

21.1.6.2 其他

钢结构工程所涉及的其他特殊材料，其品种、规格、性能等应符合现行国家产品标准和设计要求。

21.2 深化设计与工艺设计

21.2.1 概述

建筑钢结构工程在施工前，必须进行钢结构深化设计与工艺设计工作，深化设计与工艺设计是钢结构工程施工能否顺利开展的关键。中国工程建设标准化协会标准发布了《钢结构工程深化设计标准》T/CECS 606—2019，可作为钢结构工程施工前钢结构深化设计与工艺设计的依据。

钢结构深化设计是钢结构工程施工的第一道工序，也是至关重要的一步，深化设计与整个工程的进度控制、质量控制、成本控制、安全与信息管理都息息相关，其工作是根据设计文件和施工工艺技术要求，对钢结构进行细化设计。钢结构深化设计按交付标准和设计深度不同分为施工图深化设计和施工详图设计两个阶段。施工图深化设计是指对设计施工图进行细化设计，形成可用于深化设计报审和指导施工详图设计的技术文件；施工详图设计是指对施工图深化设计文件进行细化设计，形成可直接用于钢结构制造和安装的技术文件。对于简单的钢结构工程，设计施工图深度满足施工详图设计时，可不进行施工图深化设计。

钢结构工艺设计是指根据钢结构设计图纸和深化设计图纸，在施工前，结合企业的设备及施工技术水平，对图纸进行工艺审查，编写工艺方案设计，编制材料采购计划、工艺放样文件、排版文件以及开展工艺技术交底的过程。

21.2.2 深 化 设 计

21.2.2.1 钢结构深化设计依据及流程

钢结构深化设计依据应包括下列内容：
（1）国家现行规范、标准；
（2）设计文件（设计施工图、设计技术要求、设计变更文件等）和工程合同文件；
（3）相关专业配合的技术文件，包括：
1）构件分段划分、起重设备方案、安装临时措施、吊装方案等；
2）制作工艺技术要求；
3）混凝土工程钢筋开孔、套筒和搭筋板等技术要求，混凝土浇注孔、流淌孔等技术要求；
4）机电设备的预留孔洞技术要求；
5）幕墙及擦窗机的连接技术要求；
6）其他专业的相关技术要求。

钢结构深化设计的编制必须符合《钢结构设计标准》GB 50017—2017、《钢结构工程施工质量验收标准》GB 50205—2020、《钢结构焊接规范》GB 50661—2011、《钢结构工程施工规范》GB 50755—2012 及其他现行规范、标准的规定。

钢结构深化设计图编制采用的图线、字体、比例、符号、定位轴线、图样画法、尺寸标注及常用建筑材料图例等应符合《房屋建筑制图统一标准》GB/T 50001—2017、《建筑制图标准》GB/T 50104—2010 和《建筑结构制图标准》GB/T 50105—2010 的规定。

钢结构深化设计应满足设计文件和相关技术文件的要求，并与相关专业协调，若需对设计文件和相关技术文件进行修改或优化，必须经设计单位对相应内容进行正式的书面确认。对设计文件存在疑问时，可采用技术疑问单（RFI）的形式进行书面协调，经相关单位确认后执行。

钢结构深化设计应满足设计构造、制造和安装工艺、构件运输及与相关专业协同等技术要求，并以便于施工和降低工程成本为原则。

施工图深化设计成果应由设计单位确认；施工详图设计成果应由深化设计负责人确认。

21.2.2.2 深化设计管理流程

钢结构深化设计工作应按下列流程开展：

1. 钢结构工程深化设计流程，见图21-6。
2. 施工图深化设计流程，见图21-7。

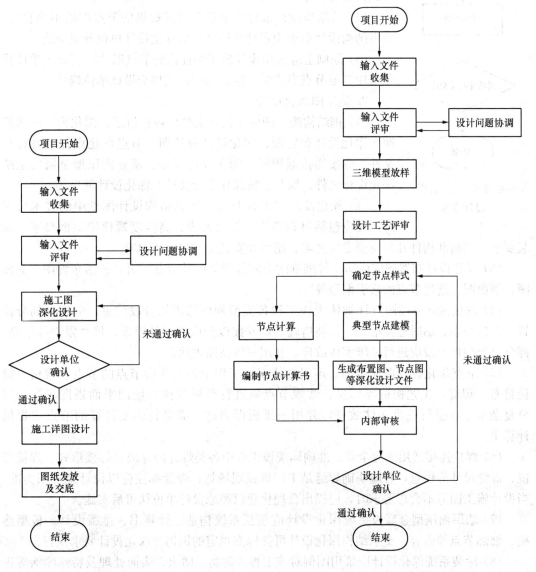

图21-6 钢结构深化设计流程　　　图21-7 施工图深化设计流程

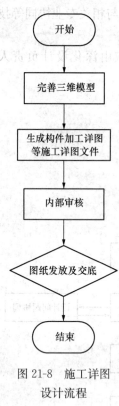

图 21-8 施工详图设计流程

3. 施工详图设计流程，见图 21-8。

21.2.2.3 深化设计的内容

1. 连接节点深化设计

(1) 连接节点深化设计应符合设计施工图的节点形式和受力要求。

(2) 连接节点深化设计应考虑便于制作、运输、安装、维护，防止积水、积尘，且便于防腐和防火涂装。

(3) 应完成设计施工图中所有钢结构节点的深化设计，以书面形式提交设计单位确认。

(4) 若结构设计未提供节点图纸或提供的节点图纸不完整时，应由结构设计单位确定计算原则后由深化设计单位补充完成。

(5) 原则上应采用设计施工图提供的节点形式，若施工单位优化采用其他节点形式时，应以书面形式提交设计单位确认。

2. 施工图深化设计

(1) 钢结构施工图深化设计文件应包括目录、深化设计技术说明、深化设计布置图、深化设计分段图、节点深化设计图及计算文件、焊接连接通用图、深化设计模型、墙屋面压型金属板系统深化设计文件、涂装系统深化设计文件、深化设计清单等。

(2) 深化设计技术说明除应包括结构设计图纸中的技术要求外，还应包括材料要求、焊接要求、高强度螺栓摩擦面要求、涂装要求、结构和构件几何模型定位要求、制作和安装工艺要求等内容。

(3) 深化设计布置图应标明构件准确的空间位置关系及节点索引，包括布置图、立面图、剖面图、连接节点的索引编号等。

(4) 深化设计分段图应详细体现该工程各类型构件的现场分段信息，应包含划分位置、连接关系、临时连接措施、吊装措施等，并配以分段的构件限重、尺寸限制等信息。部分复杂构件分段应进行三维实体放样，并用三维视图表达。

(5) 节点深化设计图应全面、准确的体现该工程中各类连接节点的节点板规格、螺栓排布、焊缝、工艺构造等信息。常规节点应进行平面放样并使用平面视图表达，部分复杂节点应进行三维实体放样，并用三维视图表达。需进行强度计算的节点应提供计算书。

(6) 焊接连接通用图应全面、准确体现该工程中各类焊缝的等级、焊接形式、焊接部位、焊缝尺寸等信息，且应明确焊缝是工厂焊或现场焊；焊缝标注应以设计施工图为准，当设计施工图有不合理要求时，应提出合理化建议经原设计单位认可后实施。

(7) 墙屋面压型金属板系统深化设计应包括系统构造、计算书、排版设计、板型连接、细部节点等内容。支承结构深化设计可按标准规定的钢构件深化设计要求执行。

(8) 涂装系统深化设计应采用图例对该工程的防腐、防火、表面处理及特殊喷涂等进行准确的范围区分和描述。

(9) 深化设计清单宜包含初步的材料清单、螺栓（栓钉）清单等。

3. 施工详图设计

(1) 钢结构施工详图设计文件应包括目录、施工详图设计技术说明、构件加工详图、零部件详图、工厂预拼装图、安装详图、施工详图设计清单等。

(2) 施工详图设计说明除包括施工图深化设计的技术说明外，还应包括深化设计所采用的软件及版本、构件和零部件编号原则、图纸视图方向原则、图例和符号说明等。

(3) 构件加工详图应清晰表达构件的详细信息，包括零件号、尺寸标注、焊缝标注、制孔标注、标高标注等，空间复杂构件宜采用三维坐标辅助定位和三维轴测图表示。

(4) 零件图用于工艺放样与排版使用，应包括零件编号与规格、零件尺寸、开孔标注等基本信息，折弯、弯扭等复杂零件还应包括展开图。

(5) 若设计文件或合同文件中有预拼装要求，应绘制工厂预拼装图，分段制作的大型复杂构件、空间结构构件宜进行预拼装，预拼装图宜按照实际拼装的姿态进行绘制。

(6) 安装详图用于指导现场安装，包括构件布置图、现场连接节点图等，空间结构宜采用三维坐标辅助标注。

(7) 施工详图设计清单包含材料清单、构件清单、零件清单、螺栓（栓钉）清单等。

21.2.2.4 施工工艺考虑

(1) 钢结构深化设计应充分考虑施工工艺，包括材料采购、构件制作、运输和安装等技术要求。

(2) 深化设计前，施工单位应组织深化设计、材料采购、制作、安装、商务等相关人员进行工艺评审，对设计施工图进行核查，从项目实施的可行性角度提出合理化建议，并形成书面记录。

(3) 设计文件中材料核查的主要内容应包括：

1) 结构材料的截面、材质、厚度方向性能、交货状态、探伤等级等要求是否明确，螺栓、栓钉、销轴等材料的等级、规格是否明确；

2) 特殊规格和材质的材料能否便于采购；

3) 组合截面的构件截面尺寸是否满足焊接空间的要求；

4) 若材料需要替代时，应征得设计单位同意。

(4) 钢构件分段划分应综合考虑制作工艺、运输和安装方面的要求，并符合下列原则：

1) 构件的长度和宽度应符合运输车辆或船舶的要求，构件的高度应符合运输线路上的桥涵、高架等的限高要求；

2) 构件的单体重量应满足车间及现场的起重能力、运输限重的要求；

3) 分段分节位置宜选在杆件内力较小处；

4) 应充分考虑现场的焊接，包括尽量减少现场的焊接工作量、尽量避免仰焊、确保现场有足够的施焊空间；

5) 钢板墙、桁架、多腔体巨型柱、网架等构件应考虑分段后的构件具有足够的刚度，利于制作、运输、堆放、吊装过程中的变形控制。

(5) 深化设计时应考虑焊接工艺，包括：

1) 应考虑现场焊接位置的衬垫板,衬垫板的加设应符合《钢结构焊接规范》GB 50661—2011 中第 7.9 节的规定;

2) 在焊缝交叉、衬垫板通过处应合理开设过焊孔,对于封闭空间外侧壁板的过焊孔应在焊接完成后进行封堵;

3) 焊接连接构造的要求应符合《钢结构设计标准》GB 50017—2017 中第 11.3 节的规定;

4) 当厚钢板向薄钢板 T 形或角形全熔透焊接时,薄钢板与厚钢板的厚度比不宜小于 0.7,且宜采用双面 K 形坡口。

(6) 深化设计应结合安装工艺设置相应的措施,包括:

1) 现场高空操作平台连接件、安全网挂钩、临时爬梯、防护栏杆等安全防护措施;

2) 钢柱宜在现场拼接处设置临时固定耳板兼做吊耳,钢梁根据翼缘板厚度、翼缘板宽度及钢梁重量设置吊装孔或吊耳,异形构件及超重构件的吊装措施及翻身措施应进行专项设计,吊耳应在构件重心两侧对称设置;

3) 对于封闭钢构件,需要作业人员在构件内部进行操作时,应预留临时人孔或手孔,作业完成后进行等强嵌补。

(7) 深化设计对土建专业的考虑包括:

1) 十字形钢柱、箱形钢柱、圆管柱及巨型钢柱浇注混凝土时,其内隔板应开设混凝土浇注孔,混凝土浇注孔直径不应小于 200mm;当浇注孔开设在柱壁上时,开孔尺寸及位置应与设计单位共同确定,混凝土浇筑完成后应对浇注孔进行等强嵌补;

2) 钢板混凝土剪力墙、封闭多腔体组合构件、劲性箱形组合构件等浇筑混凝土时,构件内部壁板应设置混凝土流淌孔,流淌孔的设置原则应与设计单位、土建施工单位共同确定,如有需要应对流淌孔进行补强;

3) 封闭腔体钢构件内灌混凝土时,应在柱壁和内隔板上开设排气孔;

4) 应根据土建施工单位的提供的钢筋放样图对钢筋与型钢构件连接处进行放样,充分考虑钢筋与型钢构件的连接,通常采用型钢穿孔、钢筋搭接板、钢筋套筒 3 种连接形式。

(8) 钢结构深化设计应考虑机电、幕墙等其他专业的技术要求。

21.2.2.5 常用软件

钢结构深化设计软件目前常用的主要有 Tekla Structures、AutoCAD、Rhino 等。

1. Tekla Structures 软件

Tekla Structures 是目前主流的深化设计软件,它的功能包括 3D 实体结构模型与结构分析完全整合、3D 钢结构细部设计、3D 钢筋混凝土设计、项目管理、自动生成加工详图、自动生成工程报表等。

它的优点有:建模操作简单直观,并有丰富的建模模块,建模效率高;具有完善的材质库、截面库;图纸、清单等数据均与模型关联,当修改模型时其他信息可自动更新;模型信息丰富,可满足设计、制造、安装全过程的信息需求;支持与其他主流设计计算软件、BIM 软件的接口;可利用 Tekla Open API 接口进行二次开发。缺点是对于空间弯扭结构的模型放样和图纸表达较为困难,精度不高,随着软件的不断升级和用户的二次开发,该软件也可以进行弯扭结构的深化设计。

2. AutoCAD 软件

AutoCAD 是现在较为流行、使用很广的计算机辅助设计和图形处理软件。虽然使用广泛，但并非专业的深化设计软件，其智能化水平远不如 Tekla Structures 软件，一般用于桥梁等弯扭结构的深化设计或作为 Tekla Structures 的辅助深化软件。

3. Rhino 软件

Rhino 是具有强大的曲线建模能力，能够利用曲线快速建立高精度的三维曲面，Rhino 配合 Grasshopper 参数化建模插件，可以进行空间三维结构的快速建模，可以利用其这一特性对空间弯扭结构或曲面结构进行放样。

21.2.2.6 深化设计与信息化技术应用

钢结构深化设计宜应用 BIM 技术。钢结构深化设计 BIM 模型应在施工图设计模型基础上逐步细化完成，也可单独建立 BIM 模型。深化设计 BIM 模型的建立应符合以下要求：

（1）深化设计建模软件应有与工程 BIM 平台软件进行数据交换的接口；

（2）深化设计建模前应建立统一的编码体系（构件编号、零件编号），深化设计模型应按构件的结构属性进行信息编码，确保一个零构件号只对应一种零构件；

（3）应根据国家钢材标准建立统一的材质和截面命名规则，模型零件的截面、材质标识应与国家标准中的截面代号、钢材牌号统一。

深化设计 BIM 模型信息与物联网信息技术相结合，可极大地提高物联网信息采集的效率，为钢结构项目全生命周期的材料采购、生产管理、质量管理、成本管理等业务的工作提供数据支撑。

21.2.3 工 艺 设 计

21.2.3.1 工艺设计基本要求

钢结构工艺设计必须符合《钢结构设计标准》GB 50017—2017、《钢结构工程施工质量验收标准》GB 50205—2020、《钢结构工程施工规范》GB 50755—2012、《钢结构焊接规范》GB 50661—2011 及其他现行规范、标准的规定。

工艺设计应在深化设计阶段对深化设计方案提出优化措施，确保产品满足工艺性要求、制造要求以及运输要求等。施工前，工艺设计应对深化图纸进行工艺审查，对设计不合理内容提出合理化建议，所做修改意见须经设计单位书面认可后方可实施。

工艺设计包含编制施工组织设计、加工制作方案、专项作业指导书、工艺放样文件和排版文件等，根据项目要求，相关文件需经施工单位审批，并报请监理单位批准后方可下发，施工前工艺部门需对车间开展工艺技术交底和工艺执行检查。

工艺设计应根据设计提供的零件清单、零件图、深化图编制材料采购计划、工艺放样文件和排版文件。

工艺文件作为直接指导施工的技术文件，其内容必须表达清晰明了、简单易懂，且具有可操作性。

21.2.3.2 工艺设计管理流程

工艺设计一般由总工程师负责具体安排工艺设计工作，综合协调和控制，以确保设计的完整、优质、对接良好等。钢结构工艺设计工作应按图 21-9 所示流程开展。

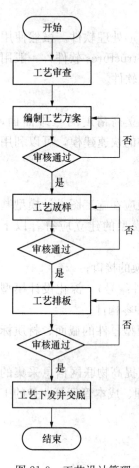

图 21-9 工艺设计管理流程

21.2.3.3 工艺设计的内容

1. 工艺性审查

工艺性审查应贯穿工程项目的整个过程，在深化设计阶段、工艺处置阶段、生产制作阶段均可对发现的问题进行工艺性审查。通过工艺性审查，及时发现、提出和解决工艺性方面的问题，改善工艺环境，保证质量的同时降低制作难度，缩短准备周期。工艺性审查应至少包括以下内容：

（1）图面表达审核

检查深化设计详图是否符合国家制图标准中的有关规定，尺寸、焊接形式等标识以及装配图、部件图、零件图是否表达清楚，绘图比例是否统一等。

（2）查看技术要求

结合施工单位加工能力、设备和场地等条件，从材料采购、下料、成型、装配、焊接、制孔及涂装等方面了解技术要求，深入分析制造工艺是否可行，并对材料采购、产品加工和运输等方面提出合理化建议。

2. 工艺方案编制

工艺方案必须符合国家法规、技术政策以及国家、行业、地方和企业规范标准，编制制作方案应积极采用新技术、新工艺、新材料、新设备。

工艺方案主要包括施工组织设计及作业指导书。施工组织设计体现加工制造的总体组织规划与制造方法，经施工单位内部评审后应报建设单位或监理单位。作业指导书主要体现关键构件与工序的操作要领，具体指导施工过程。

（1）施工组织设计编制要求

1）依据投标方案和合同规定的技术要求，严格按规范要求和施工单位现有生产条件进行编制。

2）需要将图纸深化、节点合理化建议反映出来。

3）对工程概况、重点难点分析、制作部署、关键制作方案、焊接方案、防腐及运输、质量与安全控制措施等进行重点阐述。

4）编制完成并经评审批准后，报送监理或建设单位。

（2）作业指导书编制要求

1）根据技术要求和施工单位生产能力对关键（复杂）构件或工序的制作工艺和操作要领进行具体阐述。

2）主要对构件特征、材料选用、下料加工、装配与焊接、过程检测、涂装与标识、预拼装、出厂验收等进行阐述。

3）编制完成后，经过审核批准后，下发、执行。

3. 材料采购计划编制

材料采购计划编制应根据深化设计图纸、深化设计总说明和相关规范标准进行编制。工艺设计应根据生产计划将钢材、焊材、油漆和栓钉按照用料清单编制采购计划。材料采购计划编制完成后，必须经过校对、审核、批准后方能进行采购招标。

(1) 材料采购计划编制应确保编制依据、技术要求、工程名称、使用部位、材质、规格、理论重量、采购重量、单位、定尺、交货状态等信息齐全、正确。

(2) 编制采购计划时应遵循节约的原则，严格按照以下要求控制计划损耗量：

1) 钢材板幅应通过统计分析，进行直条宽度与零件尺寸搭配组合，按照常用标准板宽进行确定，要考虑切割缝和边缘损失量。

2) 除卷管和部分满足双定尺的零件（一般板厚>30mm）需采用双定尺外，其余应尽量避免采用双定尺。

3) 当某些材料规格有热轧型钢或接近热轧型钢时宜建议深化设计改为热轧型钢。

4) 一般情况下，非双定尺钢板定宽可按3%计损耗，常规板按5%计损耗，型钢按长度2%~3%损耗，栓钉按0.5%计损耗，油漆按25%~40%计损耗（管结构按50%~70%计）。

(3) 材料采购计划的审核，包括但不限于以下内容：

1) 检查钢材的技术要求，包括理化性能、力学性能、检验要求、厂家要求、交货状态等信息。

2) 检查采购板材的厚度、材质、重量，与深化设计下发的用料清单进行核实。

3) 检查定制板幅要求：一般情况下，板厚 $t \leqslant 10$mm，优先考虑采购常规板（6mm、8mm、10mm 板厚均采购 1800mm×10000mm 的板幅，板厚 10mm$< t \leqslant 30$mm 采购 2500mm×12000mm 的板幅）。对于构件本体，同一规格采购量超过 10 张，可采用双定尺钢板。板厚 $t > 30$mm，非本体零件可统一采购板幅 1800mm×8000mm，本体零件按照双定尺采购。

4) 检查钢板采购计划是否按深化设计下发的用料清单进行详细分层、分节编制。

5) 检查整体采购损耗及各规格钢板的采购损耗是否异常。

6) 检查采购计划中是否给出取样信息。

4. 工艺放样

工艺放样是指根据技术要求将深化设计下发的零件图进行1:1的余量加设、尺寸修改、坡口标注等过程，放样处理后的零件图作为零件下料的最终文件。

(1) 放样流程：处理构件零件清单→编制工艺清单→1:1 导入零件图→圆管、椎管或折弯零件展开图→加设余量或修改零件尺寸→标注坡口信息→处理排版数据→工艺放样图审核→发放工艺文件。

(2) 工艺放样的审核，包括但不限于以下内容：

1) 工艺清单，与设计下发的构件零件清单对比，检查重量是否存在异常；

2) 零件是否为1:1尺寸，尺寸标注是否准确，是否按要求加设余量；

3) 坡口标注是否符合图纸焊缝要求，坡口形式、大小、方向是否正确。

5. 工艺排版

工艺排版是指将经过工艺放样的零件图在钢材上合理排布，以期达到最大钢材利用率的过程。钢材排版需由专业工艺人员利用专业软件在指定的钢材上套料、编程，最终形成排版图和程序文件，经审核后下发车间。

(1) 排版流程：导入零件信息→排版参数设置→导入钢板信息→自动排版→人工调整排版→标识余料信息→生成切割程序及代码→生成排版报表→排版图、程序审核→发放工艺文件。

(2) 工艺排版的审核，包括但不限于以下内容：

1) 排版程序的切割顺序设置是否合理。

2) 排版程序的切割方向是否最后脱离母材。

3) 排版图是否清晰，零件号是否显示清楚。

4) 取样钢板是否预留取样尺寸。

5) 排版损耗是否异常。

6. 工艺技术交底

(1) 钢结构构件的生产从投料开始，经过下料、加工、装配、焊接等一系列的工序过程，最后成为成品。在这样一个综合性的加工生产过程中，要执行设计部门提出的技术要求，要贯彻国家标准和技术规范，要确保工程质量，这就要求工艺设计在投产前必须组织技术交底的专题讨论会。

(2) 工艺技术交底会的目的是对某一项钢结构工程中的技术要求进行全面的交底，同时亦可对制作中的难题进行研究讨论和协商，以求达到意见统一，解决生产过程中的具体问题，确保工程质量。

(3) 技术交底会按工程的实施阶段可分为两个层次。

1) 第一个层次是工程开工前总体的技术交底会。技术交底的主要内容由以下几个方面组成：①工程概况；②工程结构件的类型和数量；③图纸中关键部位的说明和要求；④设计图纸的节点情况介绍；⑤对钢材、辅料的要求和原材料对接的质量要求；⑥工程验收的技术标准说明；⑦交货期限、交货方式的说明；⑧构件包装和运输要求；⑨涂层质量要求；⑩其他需要说明的技术要求。

2) 第二层次的技术交底会是各个分部工程在加工前进行的技术交底会，技术交底的主要内容为工艺方案、工艺规程、施工要点、主要工序的控制方法、检查方法等与实际施工相关的内容。这种层次的技术交底会在贯彻设计意图、落实工艺措施方面起着不可替代的作用，同时也为确保工程质量创造了良好的条件。

21.2.3.4 常用软件

钢结构工艺设计目前常用软件主要有 Tekla Structures、AutoCAD、SinoCAM 等。

1. Tekla Structures 软件

Tekla Structures 软件在工艺设计阶段的应用，主要目的是作为辅助手段，直观查阅模型，帮助工艺人员更好地制定工艺方案及编制工艺放样文件。

2. AutoCAD 软件

AutoCAD 是工艺设计阶段的主要软件，用于工艺放样过程中的图形处理。虽然使用广泛，但并非专业的工艺设计软件。施工单位可基于 AutoCAD 开发更加专业和适用的工艺辅助插件。

3. SinoCAM 软件

SinoCAM 是一款适用于各种数控切割机（火焰、等离子、激光等）的放样、套料、数控编程的排版软件，可满足板材自动套料、型材自动套料、无纸化下料和材料管理等需求。

21.2.3.5 工艺设计与信息化技术应用

钢结构制造加工宜应用 BIM 技术进行钢构件全生命周期管理，工艺设计阶段主要采用 BIM 技术，生成构件工位路线，生成加工条码。具体要求如下：

(1) 根据构件类型，选择需要的加工工序，生成工位路线；

(2) 根据工位路线生成 BIM 条码，一个生产分班生成车间标签、成品条码、构件标签汇总表、构件工位路线报表四个条码。

工艺设计阶段的材料管理宜与物联网信息技术相结合，通过智能化数据采集方法和计算机分析处理，使相应管理环节信息流准备的传输，管理数据及时准确获取。系统提供多维度材料查询功能，用户可以根据需求按照不同项目、材质、规格、材料状态等条件进行分类汇总查询。

21.3 钢结构加工制作

21.3.1 加工制作工艺流程

钢结构构件加工制作的工序较多，主要包括原材料进厂、放样、号料、零部件加工、组装、焊接、检测、除锈、涂装、包装直至发运等，所以对加工顺序要合理安排，尽可能避免或减少工件倒流，减少来回吊运时间。大流水作业是有效防止工序倒流的方法之一，由于制造厂设备能力和构件制作要求各有不同，制定的工艺流程也不完全一样，一般的大流水作业工艺流程见图 21-10。

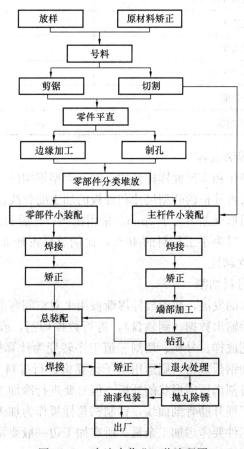

图 21-10 大流水作业工艺流程图

21.3.2 零部件加工

21.3.2.1 放样

放样是钢结构制作的首道工序,设计图纸上不可知的尺寸或近似尺寸可以在放样时得到。放样以设计图纸为准,发现问题则应及时反馈给设计师,以便及时改进并完善设计。放样方法有以下几种:

1. 手工放样

在样台上以1∶1实尺放样,俗称放大样。放样后经过技术部门或质检员认可,再制作样板。在样板上写明如下内容和符号:部件名称、零件编号、钢材牌号、规格、数量,标出中心线(⊕)、对合线(✕)、接缝线($)、断线($)、折变线(φ)以及其他加工符号。对于对称的零部件,可以制作半块样板,其对称中心线用(⊠)符号表示,称为反中线,作为基准线或检验线。样板一般用0.50mm的白铁皮或马粪纸制作。样杆一般用扁铁或木杆尺制作。样板、样杆的精度要求,见表21-27。

样板、样杆制作尺寸的允许偏差 表21-27

项目	允许偏差
平行线距离和分段尺寸	±0.5mm
样板长度	±0.5mm
样板宽度	±0.5mm
样板对角线差	1.0mm
样杆长度	±1.0mm
样板的角度	±20′

2. 比例放样与光学投影放样

由于钢结构构件大型化和实尺放样样台的限制,大型钢构件可采用比例放样,光学投影号料,号料过程能一次将外板的外型尺寸和外板的加工肋骨线位置通过1∶10比例放样展开放大到号料机上,图形误差不大于2mm。采用比例放样后的工时为实尺放样的60%,采用光学投影号料后的工时为手工号料的40%,比例放样占地面积为实尺放样与手工号料的20%,由此可见其优越性。

3. 数学放样与数控号料切割

随着电子计算机技术的发展,数学放样逐渐被用来对空间弯曲、表面平滑构件进行结构排列和结构展开,然后输出数据(到软盘),进行数控切割,或输入肋骨冷弯机,进行肋骨的加工。数学放样把放样、号料、切割三道工序转变为计算机数据处理、数控号料、切割这三道工序。若已知钢板规格,则运用电子计算机进行排料(套料),然后将软盘数据输入数控切割机,就可割出所需形状的外板。但对要进行冷加工及火工热加工的双向曲度外板,则仍然需要手工展开肋骨剖面线,钉制三角样板作为加工外板用。

放样时,铣、刨的工件要考虑加工余量,所有加工边一般要留加工余量3~5mm。焊接构件要按工艺要求放出焊接收缩量(表21-28)。

各种钢材焊接接头的预放收缩量（手工焊或半自动焊）（mm） 表 21-28

名称	接头式样	预放收缩量（一个接头处）		注释
		$\delta=8\sim16$	$\delta=20\sim40$	
钢板对接	V形单面坡口 / X形双面坡口	1.5～2	2.5～3	无坡口对接预放收缩比较小些
槽钢对接		1～1.5		大规格型钢的预放收缩量比较小些
工字钢对接		1～1.5		

如果图纸要求桁架起拱，放样时上、下弦应同时起拱，起拱时，一般规定垂直杆的方向仍然垂直于水平方向线，而不与下弦杆垂直。

21.3.2.2 号料

号料也称划线，是利用样板、样杆或根据图纸，在板料及型钢上画出孔的位置和零件形状的加工界线。号料的一般工作内容包括：检查核对材料；在材料上划出切割、铣、刨、弯曲、钻孔等加工位置；打冲孔；标注出零件的编号等。常用的号料方法：

（1）集中号料法。由于钢材的规格多种多样，为减少原材料的浪费，提高生产效率，应把同厚度的钢板零件和相同规格的型钢零件，集中在一起进行号料，称为集中号料法。

（2）套料法。在号料时，要精心安排板料零件的形状位置，把同厚度的各种不同形状的零件和同一形状的零件，进行套料，称为套料法。

（3）统计计算法。是在型钢下料时采用的一种方法。号料时应将所有同规格型钢零件的长度归纳在一起，先把较长的排出来，再算出余料的长度，然后把和余料长度相同或略短的零件排上，直至整根料被充分利用为止。这种先进行统计安排再号料的方法称为统计计算法。

（4）余料统一号料法。将号料后剩下的余料按厚度、规格与形状基本相同的集中在一起，把较小的零件放在余料上进行号料，称为余料统一号料法。

号料应以有利于切割和保证零件质量为原则。号料所画的实笔线条粗细以及粉线在弹线时的粗细均不得超过 1mm；号料敲凿子印间距，直线为 40～60mm，圆弧为 20～30mm。号料允许偏差见表 21-29。

号料允许偏差 表 21-29

项目	允许偏差（mm）
零件外形尺寸	±1.0
孔距	±0.5

21.3.2.3 切割

号料以后的钢材,须按其所需的形状和尺寸进行切割下料。常用的切割方法有:机械切割、气割、等离子切割,其使用设备、特点及使用范围见表 21-30。

各种切削方法分类比较 表 21-30

类别	使用设备	特点及适用范围
机械切割	剪板机 型钢冲剪机 联合冲剪机	切割速度快、切口整齐、效率高,适用于薄钢板、冷弯檩条的切割
	无齿锯	切割速度快,可切割不同形状、不同类别的各类型钢、钢管和钢板,切口不光洁、噪声大,适于锯切精度要求较低的构件或下料留有余量,最后尚需精加工的构件
	砂轮锯	切口光滑、生刺较薄宜清除、噪声大,粉尘多,适于切割薄壁型钢及小型钢管,切割材料的厚度不宜超过 4mm
	锯床	切割精度高,适于切割各类型钢及梁、柱等型钢构件
气割	自动切割	切割精度高、速度快,在其数控精度时可省去放样、划线等工序而直接切割,适于钢板切割
	手工切割	设备简单,操作方便,费用低、切口精度较差,能够切割各种厚度的钢材
等离子切割	等离子切割机	切割温度高,冲刷力大,切割边质量好,变形小,可以切割任何高熔点金属,特别是不锈钢、铝、铜及其合金等,厚度可达 150~200mm

机械剪切的零件厚度不宜大于 12.0mm,剪切面应平整。碳素结构钢在环境温度低于 −20℃、低合金结构钢在环境温度低于 −15℃时,不得进行剪切、冲孔。

气割前钢材切割区域表面应清理干净。切割时,应根据设备类型、钢材厚度、切割气体等因素选择适合的工艺参数。

钢网架(桁架)用钢管杆件宜用管子车床或数控相贯线切割机下料,下料时应预放加工余量和焊接收缩量,焊接收缩量可由工艺试验确定。

机械剪切、气割及钢管杆件切割允许偏差见表 21-31。

机械剪切、气割及钢管杆件切割允许偏差 表 21-31

项目		允许偏差(mm)
机械剪切	零件宽度、长度	±3.0
	切割面平面度	$0.05t$,且不应大于 2.0
	割纹深度	0.3
	局部缺口深度	1.0
气割	零件宽度、长度	±3.0
	边缘缺棱	1.0
	型钢端部垂直度	2.0
钢管杆件加工	长度	±1.0
	端面对管轴的垂直度	$0.005r$
	管口曲线	1.0

注:t 为切割面厚度;r 为钢管半径。

21.3.2.4 矫正

钢结构矫正是指利用钢材的塑性、热胀冷缩特性,通过外力或加热作用,使钢材反变形,以使材料或构件达到平直及一定几何形状要求,并符合技术标准的工艺方法。

1. 钢材矫正的形式

(1) 矫直:消除材料或构件的弯曲;

(2) 矫平:消除材料或构件的翘曲或凹凸不平;

(3) 矫形:对构件的一定几何形状进行整形。

2. 钢材矫正的常用方法

(1) 机械矫正

机械矫正是在专用机械或专用矫正机上进行的。常用的矫正机械有滚板机、型钢矫正机、H 型钢矫正机、管材(圆钢)调直机等。

(2) 加热矫正

当钢材型号超过矫正机负荷能力或构件形式不适于采用机械矫正时,采用加热矫正(通常采用火焰矫正)。加热矫正不但可以用于钢材的矫正,还可以用于矫正构件制造过程中和焊接工序产生的变形,其操作方便灵活,因而应用非常广泛。

(3) 加热和机械联合矫正

实际工程中往往综合采用加热矫正和机械矫正法。

3. 钢材矫正的工艺要求

(1) 碳素结构钢在环境温度低于 -16℃、低合金结构钢在环境温度低于 -12℃时,不应进行冷矫正和冷弯曲。碳素结构钢和低合金结构钢在加热矫正时,加热温度不应超过 900℃。低合金结构钢在加热矫正后应自然冷却。钢材温度的辨别见表 21-32。

钢材温度的辨别 表 21-32

火色	温度(℃)
亮白	1300
白微黄	1200
淡黄	1100
黄色	1000
淡橘色	950
橘黄	900
橘黄微红	850
淡樱红	800
樱红	750
暗樱红	700
暗赤	650
赤褐	600

(2) 矫正后的钢材表面,不应有明显的凹面或损伤,划痕深度不得大于 0.5mm,且

不应大于该钢材厚度负允许偏差的1/2。

（3）冷矫正和冷弯曲的最小曲率半径和最大弯曲矢高应符合表21-33的要求。

（4）钢材矫正后的允许偏差，应符合表21-34的要求。

冷矫正和冷弯曲的最小曲率半径和最大弯曲矢高（mm）　　　表21-33

钢材类别	图例	对应轴	矫正		弯曲	
			r	f	r	f
钢板扁钢		$x-x$	$50t$	$\dfrac{l^2}{400t}$	$25t$	$\dfrac{l^2}{200t}$
		$y-y$（仅对扁钢轴线）	$100b$	$\dfrac{l^2}{800b}$	$50b$	$\dfrac{l^2}{400b}$
角钢		$x-x$	$90b$	$\dfrac{l^2}{720b}$	$45b$	$\dfrac{l^2}{360b}$
槽钢		$x-x$	$50h$	$\dfrac{l^2}{400h}$	$25h$	$\dfrac{l^2}{200h}$
		$y-y$	$90b$	$\dfrac{l^2}{720b}$	$45b$	$\dfrac{l^2}{360b}$
工字钢		$x-x$	$50h$	$\dfrac{l^2}{400h}$	$25h$	$\dfrac{l^2}{200h}$
		$y-y$	$50b$	$\dfrac{l^2}{400b}$	$25b$	$\dfrac{l^2}{200b}$

注：r 为曲率半径；f 为弯曲矢高；l 为弯曲弦长；t 为板厚；b 为宽度。

钢材矫正后的允许偏差（mm）　　　表21-34

项目		允许偏差	图例
钢板的局部平面度	$t \leqslant 14$	1.5	
	$t > 14$	1.0	
型钢弯曲矢高		$l/1000$ 且不应大于5.0	

续表

项目	允许偏差	图例
角钢肢的垂直度	$b/100$ 双肢栓接角钢的角度不得大于 $90°$	
槽钢翼缘对腹板的垂直度	$b/80$	
工字钢、H 型钢翼缘对腹板的垂直度	$b/100$ 且不大于 2.0	

21.3.2.5 边缘加工

边缘加工系指板件的外露边缘、焊接边缘、直接传力的边缘,需要进行铲、刨、铣等的加工。常用的边缘加工方法主要有:铲边、刨边、铣边、碳弧气刨、气割和坡口机加工等。加工的允许偏差见表 21-35。

焊缝坡口一般可采用气割、铲削、刨边机加工等方法;对某些零部件精度要求较高时,可采用铣床进行边缘铣削加工,加工后的允许偏差应符合表 21-36 的规定。

边缘加工的允许偏差   表 21-35

项目	允许偏差
零件宽度、长度	$±1.0$mm
加工边直线度	$L/3000$,且不应大于 2.0mm
相邻两边夹角	$±6'$
加工面垂直度	$0.025t$,且不应大于 0.5mm
加工面表面粗糙度	$Ra \leqslant 50\mu m$

零部件铣削加工后的允许偏差   表 21-36

项目	允许偏差(mm)
两端铣平时零件长度、宽度	$±0.5$
铣平面的平面度	0.3
铣平面的垂直度	$L/1500$

21.3.2.6 滚圆

滚圆也称卷板,是指在外力的作用下,使钢板的外层纤维伸长,内层纤维缩短而产生弯曲变形(中层纤维不变)。当圆筒半径较大时,可在常温状态下卷圆,如半径较小和钢板较厚时,应将钢板加热后卷圆。滚圆是在卷板机(又叫滚板机、轧圆机)上进行的,它主要用于滚圆各种容器、大直径焊接管道、锅炉汽包和高炉等壁板之用。在滚圆机上滚圆筒,板材的弯曲是由上滚轴向下移动时所产生的压力来达到的。

21.3.2.7 撼弯

在钢结构的制造过程中弯曲、弯扭等形式的构件一般采用撼弯的工艺进行加工制作。

根据加工方法的不同,撼弯分为压弯、滚弯和拉弯:

压弯是用压力机压弯钢板,此种方法适用于一般直角弯曲(V形件)、双直角弯曲(U形件),以及其他适宜弯曲的构件。

滚弯是用滚圆机滚弯钢板,此种方法适用于滚制圆筒形构件及其他弧形构件。

拉弯是用转臂拉弯机和转盘拉弯机拉弯钢材,它主要用于将长条型材拉制成不同曲率的弧形构件。

根据加热程度的不同,撼弯又可分为冷弯和热弯:

冷弯是在常温下进行弯制加工,此法适用于一般薄板、型钢等的加工。

热弯是将钢材加热至950~1100℃,在模具上进行弯制加工,它适用于厚板及较复杂形状构件、型钢等的加工。

钢管弯曲成型的允许偏差见表21-37。

钢管弯曲成型的允许偏差　　　　表 21-37

项目	允许偏差(mm)
直径(d)	$\pm d/200$ 且 $\leqslant \pm 5.0$
构件长度	± 3.0
管口圆度	$d/200$ 且 $\leqslant 5.0$
管中间圆度	$d/100$ 且 $\leqslant 8.0$
弯曲矢高	$L/1500$ 且 $\leqslant 5.0$

21.3.2.8 制孔

孔加工在钢结构制造中占有一定的比重,尤其是高强度螺栓的采用,使孔加工不仅在数量上,而且在精度要求上都有了很大的提高。制孔可采用钻孔、冲孔、铣孔、铰孔、镗孔和锪孔等方法。制孔应符合下列规定:

(1)采用钻孔制孔时,应符合以下规定:

1)钻孔前宜进行定位划线和打样冲控制点(数控钻床可由数控程序控制直接进行钻孔),采用成叠钻孔时,应保持零件边缘对齐;

2)钻孔后若需扩孔、镗孔或铰孔,钻孔时宜按表21-38留出合理的切削余量。

扩孔、镗孔、铰孔切削余量（mm） 表21-38

序号	孔直径	扩孔或镗孔	粗铰孔	精铰孔
1	6~10	0.8~1.0	0.1~0.15	0.04
2	10~18	1.0~1.5	0.1~0.15	0.05
3	18~30	1.5~2.0	0.15~0.2	0.05
4	30~50	1.5~2.0	0.2~0.3	0.06

(2) 采用冲孔制孔时，应符合以下规定：

1) 冲孔孔径不得小于钢材的厚度，且当环境温度低于-20℃时，禁止冲孔；

2) 在工字钢和槽钢翼缘上冲孔时，应用斜面冲模，其斜表面应和翼缘的斜面相一致；

3) 冲孔上、下模的间隙宜为板厚的10%~15%，冲模硬度一般为HRC40~50；

4) 一般情况下在需要所冲的孔上再钻大时，则冲孔宜比指定的直径小3mm。

(3) 制成的螺栓孔，应垂直于所在位置的钢材表面，倾斜度应小于1/20，其孔周边应无毛刺、破裂、喇叭口或凹凸的痕迹，切屑应清除干净。

(4) 制成孔眼的边缘不应有裂纹、飞刺和大于1.0mm的缺棱，由于清除飞刺而产生的缺棱不得大于1.5mm。

(5) 高强度螺栓连接件当采用大圆孔或槽孔时，只可在同一个摩擦面中的盖板或芯板按相应的扩大孔型制孔，其余仍按标准圆孔制孔。

21.3.2.9 组装

组装，亦可称拼装、装配、组立。组装工序是把制备完成的半成品和零件按图纸规定的运输单元，装配成构件或者部件，然后将其连接成为整体的过程。

1. 钢结构构件常用组装方法

钢结构构件宜在工作平台和组装胎架上组装，常用的方法有地样法、仿形复制装配法、立装、卧装、胎模装配法等，具体见表21-39。

钢结构构件组装的方法及适用范围 表21-39

序号	方法名称	方法内容	适用范围
1	地样法	用1:1的比例在装配平台上放出构件实样，然后根据零件在实样上的位置，分别组装起来成为构件	桁架、构架等小批量结构的组装
2	仿形复制装配法	先用地样法组装成单面（单片）的结构，然后定位点焊牢固，将其翻身，作为复制胎模，在其上面装配另一单面的结构，往返两次组装	横断面互为对称的桁架结构
3	立装	根据构件的特点，及其零件的稳定位置，选择自上而下或自下而上地装配	放置平稳，高度不大的结构或者大直径的圆筒
4	卧装	将构件放置卧的位置进行的装配	断面不大，但长度较大的细长的构件
5	胎模装配法	将构件的零件用胎模定位在其装配位置上的组装方法	制造构件批量大、精度高的产品

2. 组装的一般要求

(1) 组装前必须熟悉图纸,仔细核对零件的几何尺寸和零件之间的连接尺寸;核对零件的编号、材质、数量等,熟悉相应的制造工艺和焊接工艺,以便明确各构件的加工精度和焊接要求。

(2) 装配用的工具(卷尺,角尺等)必须事先检验合格,样板和样条在使用前也应仔细核对;装配用的平台和胎架应符合构件装配的精度要求,并具有足够的强度和刚度,经检查验收合格后才能使用。

(3) 构件组装要按照工艺流程进行,零件连接处的焊缝两侧各30～50mm范围以内的轧屑、水份、毛刺、氧化皮、油污等应清理干净。

(4) 不等宽、厚的钢材(按表21-40厚度差执行),超过厚度偏差值时在拼接前必须按1:2.5或图纸上标明的斜率进行过渡,具体见表21-40。

不同厚度钢材对接的允许厚度差(mm) 表21-40

较薄板钢材厚度 t_2	$5 \leqslant t_2 \leqslant 9$	$9 < t_2 \leqslant 12$	$t_2 > 12$
允许厚度偏差 $t_1 - t_2$	2	3	4

(5) 顶紧接触面应有75%以上的面积紧贴,用0.3mm塞尺检查,其塞入面积应小于25%,边缘间隙不应大于0.8mm。

(6) 构件钻孔后应进行自检和互检,准确无误后再提交专检人员验收,若在检验中发现问题,应及时向上反映,待处理方法确定后进行修理和矫正。

(7) 组装时定位焊缝长度不小于40mm,间距易为500～600mm,定位焊的高度不得超过设计焊缝高度的2/3且不小于3mm。

(8) 当采用夹具组装时,拆除夹具时不得损伤母材;对残留的焊疤应修磨平整。

21.3.3 典型钢结构构件加工

21.3.3.1 H型钢结构加工

1. 加工工艺流程

H型钢结构的加工工艺方框流程见图21-11。

2. 加工工艺及操作要点

(1) 放样、下料

零件放样采用计算机放样,放样时根据零件加工、焊接等要求加放一定加工余量及焊接收缩量;钢板下料切割前需保证钢板平直,必要时采用矫平机进行矫平并进行表面清理。腹板、翼板等主件主要采用火焰多头直条切割机下料,为保证零件直线度,翼板、腹板两侧需同时进行下料切割;加劲板、牛腿翼、腹板等小件采用数控火焰、数控等离子切割机或半自动切割机进行切割下料。

(2) 零件加工

坡口加工采用半自动切割机、铣边机或火焰坡口机器人;切割完成后,应检查切割位置是否存在氧化皮、马牙等缺陷;如有缺陷,必须先清除缺陷,才能流入下道工序。

(3) H型钢的组立

H型钢的翼板下料后应标出腹板组装的定位线,翼板标出宽度方向中心线,以此为

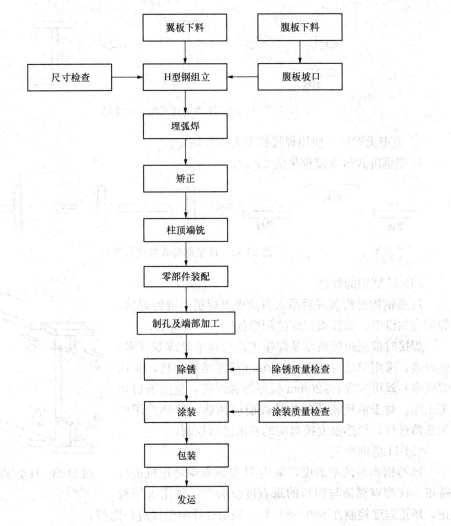

图 21-11 H 型钢结构加工流程

基准进行 H 型钢的组装。构件规格满足机械组立时优先采用 H 型钢组立机上或卧式组立机进行组装，并严格遵守组立机操作要求；对超大构件应采用人工组装，人工组装需设置工装胎架。组装定位焊所采用的焊接材料须与正式焊缝的要求相同。为防止在焊接时产生过大的变形，拼装可适当用斜撑进行加强处理，斜撑间隔视 H 型钢的腹板厚度进行设置。

1) 立式组立：使用 H 型钢组立机进行组立，流程如下：
① 在 H 型钢组立机上平铺一块翼板，并进行预定位对中；
② 在翼板上垂直放上腹板，并夹紧对中，检查无误后点焊固定，形成 T 形；
③ 再将另一块翼缘板与 T 形顶紧对中，检查无误后点焊固定，形成 H 形。
H 型钢立式组立流程见图 21-12。

2) 卧式组立：即使用卧式组立机进行组立，流程如下：
① 在设备平台上分别平放翼腹板，并自动对齐；
② 操控设备使翼腹板自动限位，顶升腹板，翻转机构使翼板翻转 90°夹紧腹板，H 形一次组立完成；

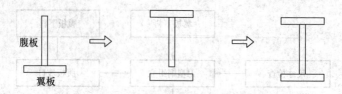

图 21-12　H 型钢立式组立示意图

③ 检查无误后，使用焊接机器人点焊固定。

H 型钢卧式组立流程见图 21-13。

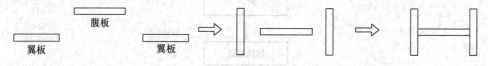

图 21-13　H 型钢卧式组立示意图

(4) H 型钢的焊接

H 型钢构件组装好后吊入自动埋弧焊机上进行焊接，焊前应加设引、熄弧板，焊接顺序如图 21-14 所示。

焊接时根据腹板板厚及焊接规范选择单丝或双（多）丝焊接，采用单丝可实现 $t \leqslant 12mm$ 板厚熔透焊接，采用双（多）丝可实现 $t \leqslant 20mm$ 板厚熔透焊接，免除坡口加工工序。对于钢板较厚的构件焊前应预热，预热采用电加热器进行，预热温度按对应的要求进行控制。

(5) H 型钢矫正

H 型钢翼板的平面度，采用 H 型钢翼缘矫正机进行矫正。H 型钢翼板与腹板的垂直度及旁弯，采用火焰校正，矫正温度控制在 600~800℃，采用红外测温仪进行温控。

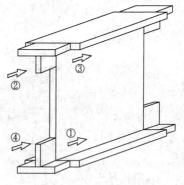

图 21-14　H 型钢的焊接顺序

21.3.3.2　十字结构加工

十字柱多用于高层建筑劲性柱内钢骨。柱本体由一个 H 型钢和两个 T 型钢焊接而成；柱上一般有牛腿、加劲板、栓钉等零部件。

构件制作基本思路为：将十字柱本体拆分为一个 H 型钢和两个 T 型钢分别制作后焊接成十字型钢；牛腿组焊成部件；最后进行总装、焊接。

1. 加工工艺流程

十字柱加工工艺流程见图 21-15。

2. 加工工艺及操作要点

(1) H 型钢及 T 型钢组焊

按 H 型钢及通用制作工艺制作 H 型钢及 T 型钢，但有以下几点需注意：

1) 下料时，腹板宽度方向放取 0~+2mm 公差，加劲板取 0~-2mm 公差；长度方向按焊接形式不同放出足够焊接收缩量。

2) 在组立时应按不同的主焊缝形式，将 H 型钢和 T 型钢截面尺寸放出焊接收缩量。

3) H 型钢及 T 型钢焊接完毕后必须经过矫正，符合《钢结构工程施工质量验收标

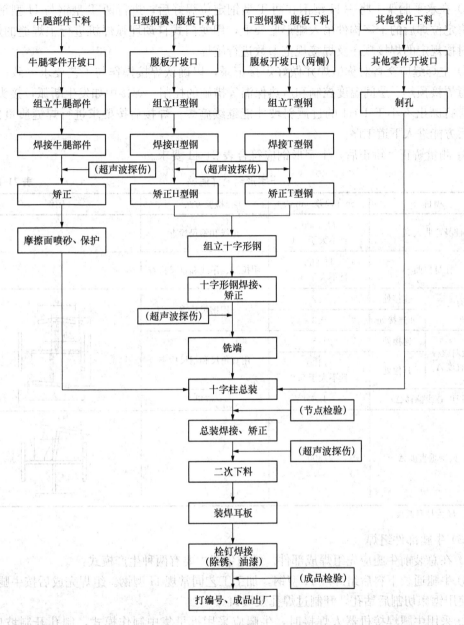

图 21-15 十字柱加工工艺流程图

准》GB 50205—2020 要求后方可进入下道工序，相应检验标准参见 H 型钢生产工艺。

4) 半成品 H 型钢及 T 型钢截面高度应为正公差，不得有负公差。

5) 柱本体上的穿筋孔可在组立十字前制孔，按选定的基准面为基准，进行划线制孔。

(2) 十字组焊、矫正

1) 装配平台应确保水平，以防止构件扭曲变形。划线前，应清除翼板与腹板焊缝区域及两侧每侧 30~50mm 范围内的铁锈、毛刺、油污等；在翼板上弹出腹板的组立定位线，并在定位线处标注板厚度方向，划线允许偏差不大于 0.5mm。组立、点焊后隔 1m 左右打上支撑。

2) 在水平胎架上将一H型钢和两T型钢定位焊好后,进行两T型钢与H型钢的焊接。将定位焊后的十字构件吊入船形胎架上,用龙门式自动埋弧焊机进行主焊缝的焊接,焊接时按规定的焊接顺序及焊接规范参数进行施焊。

3) 主焊缝应交替对称施焊并做好焊接记录,以确认焊接操作与工艺要求一致;厚板需注意焊接预热、层间温度控制和后热保温等措施的控制。焊接中如发生断弧,接头部位焊缝应打磨出不小于1:4的过渡斜坡才能继续施焊;焊接后按要求进行焊缝质量检测,合格后方能进入下道工序。

4) 测量矫正。矫正后,十字形钢应符合表21-41要求。

十字形钢允许偏差　　　　　　表21-41

项目		允许偏差(mm)	检验方法	图例
柱身弯曲矢高		$H/1500$ 且不大于5.0	拉线和钢尺检查	
柱身扭曲		$H/250$ 且不大于5.0	用拉线、吊线和钢尺检查	
柱截面高度 h	连接处	±2	用钢尺检查	
	非连接处	±3		
翼缘板对腹板的垂直度 Δ	连接处	1.5	用直角尺和钢尺检查	
	其他处	$b/100$ 且不大于5.0		
腹板中心线偏移 Δb		1.5	钢尺	
T型钢垂直度 Δ		$l/300$	靠尺	

注:H为柱身高度。

(3) 牛腿部件组焊

1) 在总装前牛腿应先组焊成部件。常规牛腿主要有两种生产模式:

① 牛腿通长下料后组焊成H型钢,加工工艺同常规H型钢。组焊完成后按牛腿实际长度使用锯床切割后钻孔,开制过焊孔及坡口。

② 采用牛腿焊接机器人焊接时,牛腿应采用批量集中制作模式,制孔开制坡口后,使用专用装配平台组立,使用牛腿焊接机器人进行自动焊接。

2) 焊接引起的变形应矫平,摩擦面鼓曲不应超过1mm。

3) 柱上牛腿有高强度螺栓摩擦面要求时应先进行喷砂处理,以达到规定的摩擦系数。在后续工序中,要注意摩擦面的保护。严禁在摩擦面上点焊、引弧及挂钢板夹起重等。

(4) 十字柱总装、铣端、二次下料

1) 打出标高线。标高线位置约在柱底向上500~1000mm处,以便安装时测量标高。标高线应以基准面为准拉尺。

2) 所有牛腿安装应以标高线或基准面为基准拉尺。牛腿上应打上方向标记。

3) 优先采用焊接机器人进行总装焊接。使用机器人焊接时,装配精度,坡口允许偏差应符合机器人要求,当偏差过大时,应根据实际装配情况重新调整机器人焊接工艺参数。

4) 焊接时应注意焊接顺序,尽量减小焊接变形。焊接完毕后进行矫正。

5) 铣端应铣去柱余长,并保证端部垂直度。

6) 腹板上的锁口应优先采用锁口机加工,采用手工气割时必须使用样板划线和仿形工具;坡口、锁口的表面要光滑平整,割纹深度符合要求,表面毛刺应打磨干净。

7) 装焊耳板关系到柱安装定位,应引起足够重视。安装位置应严格按图纸施工。

(5) 栓钉焊接、清渣、除锈、油漆、编号等工序按通用工艺执行。

21.3.3.3 箱形结构加工

1. 加工工艺流程

箱形柱加工工艺流程见图 21-16。

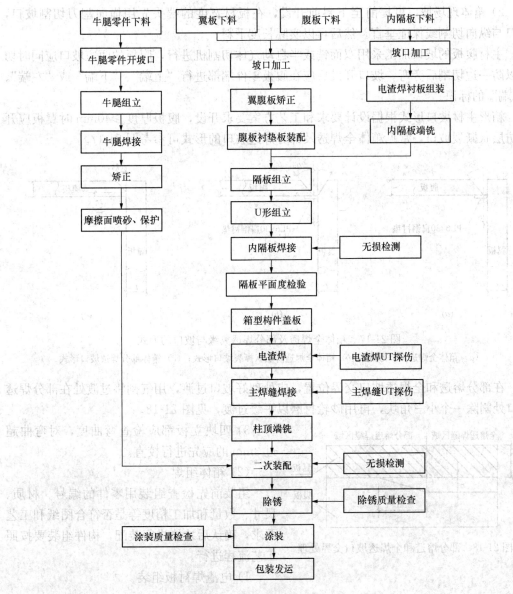

图 21-16 箱形柱制作工艺流程图

2. 加工工艺及操作要点

(1) 零件下料与加工

1) 钢板下料切割前需保证钢板平直,必要时采用矫平机进行矫平并进行表面清理。腹板、翼板等主件主要采用火焰多头直条切割机下料,为保证零件直线度,翼板、腹板两侧需同时进行下料切割;内隔板、牛腿翼、腹板等小件采用数控火焰、数控等离子切割机或半自动切割机进行切割下料,过焊孔、人孔、浇筑孔等数控下料时直接切割。

零件放样采用计算机放样,放样时根据零件加工、焊接等要求加放一定加工余量及焊接收缩量。主件实际下料长度可参考以下计算:

实际下料长度=柱长+割缝补偿量(2mm)+隔板焊接收缩量(每道隔板0.5mm)+柱本身焊接收缩量(一般取3mm)+上端头铣削量(一般取5mm)

2) 箱体现场坡口可提前至下料前开设,在板材宽度的端头先用横向割刀切割坡口,坡口与纵向切割线保证垂直,然后再以实际长度下料。

主材腹板的坡口加工采用双面铣或半自动气体切割机进行,腹板的两边坡口应同时切割以防一边切割后旁弯。坡口开设后应在腹板零件端部进行"上端"、"下端"或"左端"、"右端"的标识。

箱形主材坡口形式根据设计要求和工艺方案要求开设,腹板厚度≥40mm时翼板应开设防层状撕裂坡口,常见箱体全焊透及部分焊透坡口的形式可参考图21-17。

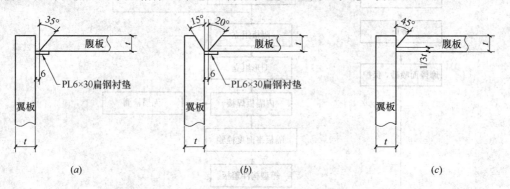

图21-17 箱体全焊透及部分焊透翼缘与坡口的形式
(a) 箱体全焊透坡口形式;(b) 箱体全焊透防层状撕裂坡口形式;(c) 箱体部分焊透坡口形式

在部分熔透和全焊透坡口交界位置,应处理好坡口过渡,用气割将过渡处在部分焊透坡口处割除一个小三角块,再用砂轮打磨以平缓过渡,见图21-18。

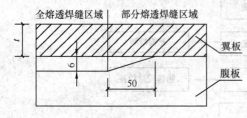

图21-18 部分熔透和全焊透坡口交界处理

3) 四块立板都应检查弯曲度,对弯曲超过3mm的应先进行校直。

(2) 箱体组焊

组装前先检查组装用零件的编号、材质、尺寸、数量和加工精度等是否符合图纸和工艺要求,确认后才能进行装配,构件组装要按照工艺流程进行。

1) 电渣焊衬板组装

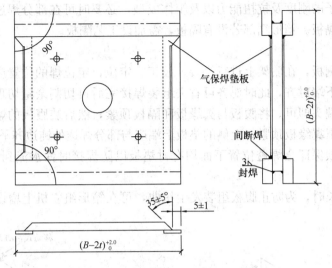

图 21-19 内隔板与电渣焊衬板装配

为保证箱形柱的截面尺寸在 $B\pm2.0$ 范围内，采取用内加劲隔板组件（图 21-19）的几何尺寸和正确形状来保证。在柱本体装配前，先进行内隔板和电渣焊衬板的组装，并进行焊接，保证其几何尺寸在允许范围内。

2）下翼板划线

将一块翼缘板上胎架，从下端坡口处（包含预留现场对接的间隙）开始划线，按每个隔板收缩 0.5mm、主焊缝收缩 3mm 均匀分摊到每个间距，然后划隔板组装线的位置，隔板中心线延长到两侧并在两侧的翼板厚度方向中心打上样冲点（后续钻电渣焊孔划线的基准），见图 21-20。

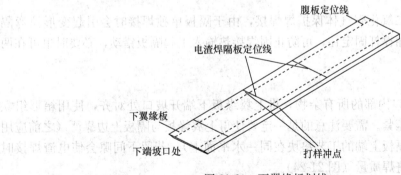

图 21-20 下翼缘板划线

3）内隔板组装

将隔板按已划好的定位线装在下翼缘板上，并按通用工艺要求点焊固定。内隔板装配后，应拉线检查上部电渣焊衬板端面是否在同一条直线上，同一隔板的电渣焊衬板高差不大于 0.5mm，相邻隔板间的衬板高差不大于 1.0mm，精度控制见图 21-21。

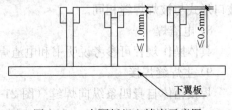

图 21-21 内隔板组立精度示意图

为了提高柱子的刚度及抗扭能力以及箱体成型，必要时可在部分焊透的区域每1.5m处设置一块工艺隔板。箱形端部若没有隔板，需加设工艺隔板。

4）U形组立

再组装两块侧板，在胎架上进行拼装、校正、定位，定位焊的位置应在焊缝的反面。将腹板与翼缘板下端对齐，此时对齐可省去组装焊接完后再切割余量切现场坡口的工序，之后只需铣削上端头即可。将腹板与翼缘板和隔板顶紧，然后装腹板的熔透焊处衬垫板，下侧的垫板应与下翼缘板顶紧，上侧的垫板上端应与部分焊透处钝边齐平。垫板的长度可以任意切割，但须保证全焊透位置下面均有衬垫板以防焊接时铁水流到箱体空间内，如图21-22所示。

当柱本身较长时，为防止腹板组装发生扭曲，可在箱形组立机上增设一些定位夹具，如图21-23所示。

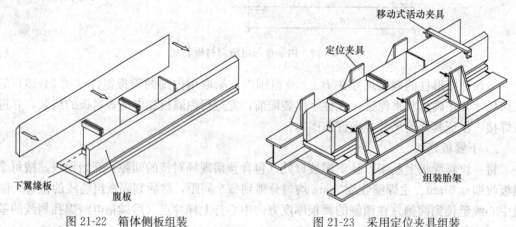

图21-22 箱体侧板组装　　　图21-23 采用定位夹具组装

5）内隔板焊接

隔板与侧板采用二氧化碳气体保护焊焊接，由于隔板单独焊接时会引起变形拉弯隔板，须在两隔板中间加撑杆固定住，可防止因焊接热输入引起隔板错动，必要时也可在两腹板之间加撑杆。

6）装上翼缘板

组装前清理U形口内部的所有杂物，将上翼缘板下端开坡口处对齐，使用箱形组立机压缸使其与两腹板压紧。需要注意的是一定要使得上翼缘板与隔板上边靠严（之前应用角尺测平面度以调节隔板上端的工艺垫块在同一水平面上），若留下间隙会使电渣焊接时铁水泄漏从而影响电渣焊质量（图21-24）。

7）加设引熄弧板

将坡口内点焊固定，在组装好的箱体两端加设引熄弧板，引熄弧板长度应≥100mm，坡口形式与被焊焊缝相同。

8）电渣焊

具体操作规程可参考说明书和电渣焊通用工艺规程，并作UT探伤。

9）主焊缝焊接

焊接箱体自身四条纵向焊缝（图21-25）。焊接前在焊缝范围内和焊缝外侧面处单边30mm范围内须清除氧化皮、铁锈、油污等。

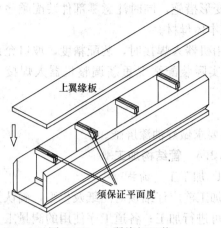
图 21-24　上翼缘板组装

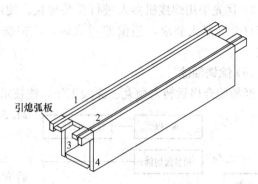
图 21-25　箱体纵向焊缝焊接

先用打底机器人或人工气体保护焊焊接全焊透坡口处打底，然后当焊透部分的焊缝与部分焊透的根部齐平时再纵向埋弧自动焊，主角焊缝同向对称焊接，以减少扭曲变形。

若坡口填充量较大，如单面全部焊接完会引起箱体变形，这时可采用先焊 1、2 焊缝，焊缝深度达到填充量的一半时，翻过来焊 3、4 焊缝，待全部焊满后再翻过来将 1、2 焊缝焊满。这样可使构件受热均匀，焊接变形可抵消，一旦发生扭曲变形，矫正变形很困难，因此采用合理的焊接顺序对减少焊接变形至关重要。

10）箱体矫正

按箱体精度要求进行校正。因箱形构件的刚性比较强，矫正时需加外力配合局部加热的方法。

（3）牛腿部件组焊

1）在总装前牛腿应先组焊成部件。常规牛腿主要有两种生产模式：

① 牛腿通长下料后组焊成 H 型钢，加工工艺同常规 H 型钢。组焊完成后按牛腿实际长度使用锯床切割后钻孔，开制过焊孔及坡口。

② 采用牛腿焊接机器人焊接时，牛腿应采用批量集中制作模式，制孔开制坡口后，使用专用装配平台组立，使用牛腿焊接机器人进行自动焊接。

2）焊接引起的变形应矫平，摩擦面鼓曲不应超过 1mm。

3）柱上牛腿有高强度螺栓摩擦面要求时应先进行喷砂处理，以达到规定的摩擦系数。在后续工序中，要注意摩擦面的保护。严禁在摩擦面上点焊、引弧及挂钢板夹起重等。

（4）柱顶铣端

以下端为基准，柱顶端面四面划出加工线，在端铣机上铣平顶部，并注意控制进刀量。

（5）二次装配、总焊

1）根据工艺文件要求和各零部件在图纸上的位置尺寸，确定箱形本体的长度和宽度方向的装配基准线；在规定的位置做好轴线、标高的永久标识；对各零部件的位置进行划线，牛腿以牛腿中心线为定位基准，螺栓连接节点板和吊装耳板在长度方向以柱顶端铣面为定位基准，并与图纸核对。

2) 零部件装配时，应采取必要的加固与反变形措施，同时注意零部件装配顺序是否利于焊接操作，不得随意在本体上点焊避免伤及本体母材。

3) 优先采用焊接机器人进行总装焊接。使用机器人焊接时，装配精度，坡口允许偏差应符合机器人要求，当偏差过大时，应根据实际装配情况重新调整机器人焊接工艺参数。

(6) 除锈油漆

经检验合格后转入抛丸、涂漆工序，按技术要求做好油漆屏蔽。

21.3.3.4 管结构加工

1. 加工工艺流程

加工前应仔细核对图纸及模型，确认无误后方可进行加工；各道工序使用的测量工具必须通过检测且统一，避免因测量工具引起质量纠纷；认真阅读工艺文件，了解工件的尺寸公差要求和其他技术要求；对所用的机械进行试运转，检查机械各部位工作是否正常，防护装置控制结构是否安全可靠。按要求做好准备工作后按如下的工艺流程进行加工：

(1) 管桁架加工工艺流程（图 21-26）
(2) 钢管柱加工工艺流程（图 21-27）

2. 加工工艺及操作要点

(1) 钢管桁架加工工艺

1) 编程：根据设计模型运用相贯线切割程序编制软件编制相应的切割下料程序。编制的程序中包含以下信息：管件长度，坡口角度，焊接间隙等。管件相贯顺序应遵循以下原则：较小管径的钢管贯于较大管径的钢管上；相同管径壁厚较小的钢管贯于壁厚较大的钢管上；同时，在加工前确定各区域连接部位间的相贯顺序，并严格执行，防止贯口切割重复。

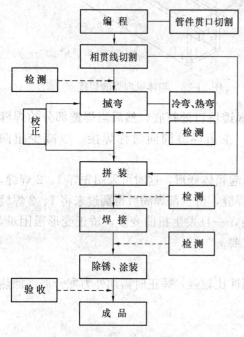

图 21-26 管桁架加工工艺流程图

2) 相贯线切割下料：相贯线切割过程中应及时做好构件标识及其保护工作。钢管的标识必须清晰明了，按照构件分类堆放，同时做好加工、交接记录，防止生产混乱。

3) 撅弯：若钢管件是直管零件，不需要弯制成型，检验合格后可直接进行下一工序拼装的制作。管件若需要弯曲，按照弯制成型加热程度可以分为热弯成型和冷弯成型。

4) 弯管检测：管件弯制完成后，需要对其撅弯的弧度进行检验，是否达到精度要求。

5) 拼装：管桁架需要进行预拼装时，应根据本手册 21.3.4 节的相关拼装步骤和条款进行。

(2) 圆管柱加工工艺

1) 下料

零件放样应以圆管中径展开，作为绘制下料图及数控编程的依据；单节筒体板幅一般

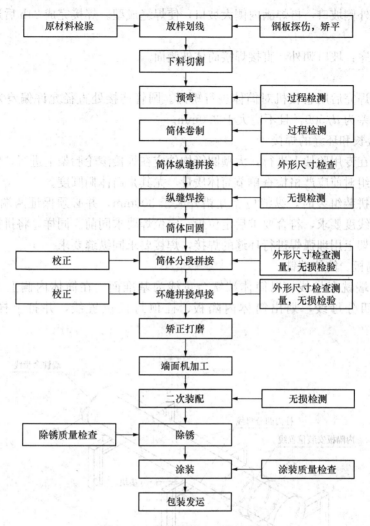

图 21-27 钢管柱加工工艺流程图

采用双定尺切边处理,筒体长度为钢板宽度方向,加工余量根据一根构件的长度,通长考虑;坡口按照工艺文件要求开设。

2) 筒体卷制

采用大型油压机进行钢板两端部压头,用专用模具压制直边端的预弯段,其弯曲半径应小于实际弯曲半径。钢板端部的压制次数至少压三次,先在钢板端部150mm范围内压一次,然后在300mm范围内重压二次,以减小钢板的弹性,防止头部失圆,压制后用不小于500mm的样板检查。

卷管时采用渐进式卷管,不得强制成型。

3) 筒体纵缝焊接

管体焊接采用在管体自动焊接中心或在专用自动焊接胎架上进行,管体内外侧均采用自动埋弧焊进行焊接,焊接时应注意板边错变量和焊缝间隙。纵缝焊接分单面焊和双面焊两种。

清根焊接顺序:先焊内侧,后焊外侧面。内侧焊满2/3坡口深度后进行外侧碳弧气刨清根，并焊满外侧坡口，再焊满内侧大坡口，使焊缝成型。焊接完成24h后进行焊缝无损检测。

垫板焊顺序：坡口朝外，直接焊接筒体外侧面。

4）回圆

纵向焊缝焊完后用卷板机对筒体进行矫圆。圆管连接处直径允许偏差为±3mm，管口圆度允许偏差为$d/500$，且不应大于3.0mm。

5）钢管接长和环缝的焊接

筒体组对在专用胎架上进行，大型圆管构件应在焊接滚轮胎架上进行，应确保胎架的精度和牢固，组对前应严格检查单节筒体质量，尤其是筒体椭圆度。

相邻管节拼装组装时，纵缝应相互错开大于300mm，并必须保证两端口的椭圆度、垂直度以及直线度要求，符合要求后定位焊，定位焊要求同前。同样，将拼接好的管体吊入滚轮焊接胎架上用埋弧焊进行环缝的焊接，焊接要求同纵缝要求。

6）装内隔板、筒体端铣

首先划出端铣余量线，以筒体端铣余量线为基准面，在筒体内侧上弹出0°、90°、180°、270°的四分母线，划出筒体内隔板、柱顶封板位置线，并打上样冲标记，见图21-28。

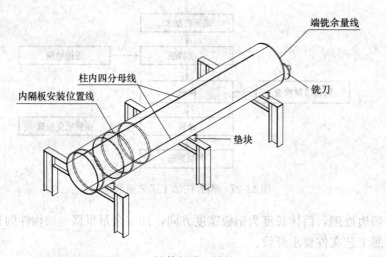

图 21-28　筒体划线、端铣示意图

在与筒体装配前，分段下料的内隔板、牛腿需进行小单元拼焊且先探伤。内隔板装焊时从内到外进行退装。

柱顶隔板装焊完成后，在端铣机上进行柱顶铣端，端铣量为3~5mm，端铣面粗糙度$Ra25\mu m$；端铣面尺寸较大时，应设置专用滚轮装置，便于端铣覆盖。

7）二次装配焊接

内隔板与筒体的焊缝焊接完成，并经UT检查合格后，装牛腿及牛腿间劲板等；柱端的吊装连接耳板、连接耳板待余量切割后才能安装。

零部件装配时，应采取必要的加固与反变形措施，同时注意零部件装配顺序是否利于焊接操作。总装焊接完成后，焊接圆管柱外形尺寸、外观质量精度要求需满足表21-42。

圆管柱精度控制表 表 21-42

项目		允许偏差（mm）	图例
圆管柱连接处直径		±3.0	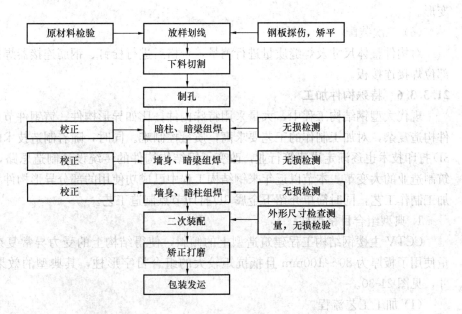
管口圆度		$d/500$ 且 $\leqslant 3.0$	
钢柱高度 H		±3.0	
管面对管轴的垂直度		±1.5	
柱身弯曲矢高 f		$H/1500$ 且 $\leqslant 5.0$	
柱底到牛腿上表面距离 L_1		±2.0	
两牛腿上表面之间距离 L_4		±2.0	
牛腿端孔到柱轴线距离 L_2		±3.0	
牛腿长度偏差		±3.0	
牛腿的翘曲、扭曲、侧面偏差 Δ	$L_2 \leqslant 1000$	2.0	
	$L_2 > 1000$	3.0	
斜交牛腿的夹角偏差		2.0	
柱脚底板平面度		5.0	
柱脚螺栓孔对柱轴线的距离		2.0	

21.3.3.5 钢板墙加工

1. 加工工艺流程

钢板墙加工工艺流程见图 21-29。

图 21-29 钢板墙加工工艺流程图

2. 加工工艺及操作要点

(1) 下料

钢板切割前对钢板进行矫正，对存在局部翘曲、弯曲等变形的钢材，切割前采用机械冷矫正。为避免二次下料及保证装配精度，各部分钢板墙片体应按位置不同加设合适的焊接收缩余量。钢板切割，结合工厂设备，采用数控火焰切割设备或半自动切割设备。

暗柱下料如需端铣，还需考虑端铣余量。

(2) 制孔

一般钢板墙体制孔数量比较多，包括高强度螺栓孔、穿筋孔、对拉螺杆孔、箍筋孔等多种类型，如何保证孔位精度和加工效率是加工重点。

钢板墙片体上的穿筋孔、对拉螺杆孔、箍筋孔可在下料时采用数控切割或者下料后采用数控高速龙门钻制孔。高强度螺栓孔由于安装精度要求高，应在最后二次装配前校正后再采用数控高速龙门钻或磁力钻进行钻孔，使用磁力钻钻孔时需采用专用钻模进行套钻。

(3) 暗柱、暗梁组焊

暗柱、暗梁均需提前组焊完成，按照H型钢加工工艺进行制作。

(4) 墙身、暗梁组焊

按构件特点设计专用的组装胎架，胎架使用前必须检查。将钢板墙部件置于水平胎架上，确保钢板墙不会产生下挠；按图纸要求定位加劲板、暗梁等零件。

注意焊接顺序首先焊接墙体和暗梁主焊缝，其次再焊接加劲板，探伤合格后需进行校正。

(5) 墙身、暗柱组焊

将H型钢钢骨柱与钢板墙组合构件进行拼装焊接。焊接长焊缝的时候采用从中间往两边分段退焊法及二氧化碳气体保护焊、多层多道焊、加设防变形措施板等减小剪力墙变形。

(6) 二次装配

对构件整体尺寸及焊缝质量进行测量，合格后进行栓钉、钢筋连接器焊接，构件连接部位焊接连接板。

21.3.3.6 特殊构件加工

现代大型钢结构工程中，大量采用特殊构件，比如异形构件、铸钢件节点等，该类构件构造复杂，对加工制作的工艺要求高，质量控制难。同时，随着制造技术的发展，金属3D打印技术也逐渐走进建筑行业，改变了钢结构构件的传统设计制造思路，有望掀起建筑制造业的大变革。本节以近年来钢结构工程中已成功使用的部分异形构件为例，介绍其加工制作工艺，同时简单介绍下金属3D打印节点制造工艺。

1. 典型组合目字形柱

CCTV主楼钢结构工程建筑造型上的倾斜，使得结构上的受力异常复杂，设计中大量使用了板厚为80~100mm且抵抗矩较大的组合目字形柱，其典型的效果图及截面尺寸，见图21-30。

(1) 加工工艺流程

典型组合目字形柱加工工艺流程见图21-31。

21.3 钢结构加工制作 905

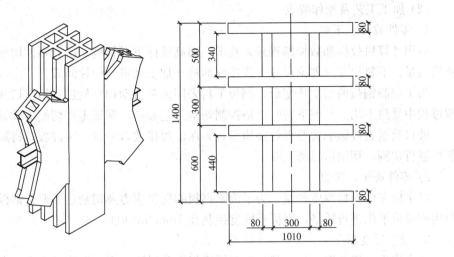

图 21-30 组合目字形柱

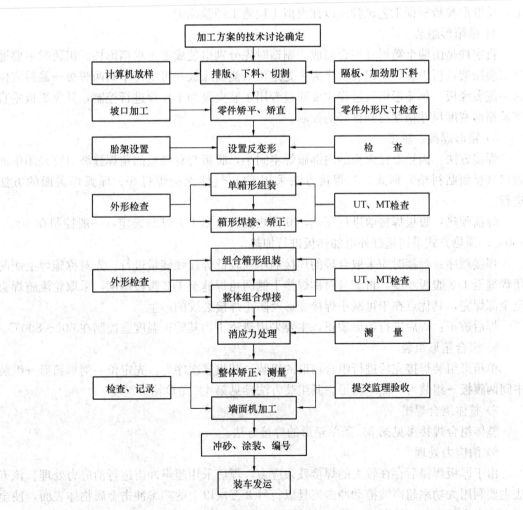

图 21-31 组合目字形柱的加工流程

(2) 加工工艺及操作要点

1) 零件放样、下料

应用计算机放样和数控编程录入技术,提高放样下料精度。所有零件均预置焊接收缩补偿余量。下料尺寸＝理论尺寸＋焊接收缩量＋加工余量－焊接间隙。

为了控制钢板的切割热变形,钢板下料采用多头自动切割机进行精密切割,以控制切割过程中受热不均。另外下料时严格控制切割工艺参数,保证零件切割面质量。

坡口质量直接影响着厚板焊接质量,为保证焊接坡口质量,零件坡口将采用半自动切割机进行切割,切割后打磨光顺。

2) 零件矫平、矫直

目字柱零件板材厚度较厚,为了消除钢板的轧制应力及切割热变形,钢板下料后采用专用钢板矫平机进行矫平,钢板平整度控制在 $1mm/m^2$ 以内。

3) 设置反变形

目字柱为一组合箱形柱,其外侧两翼缘板为非对称施焊,焊后易产生较大的焊接角变形,且难于矫正。施工中为减少厚板的焊接变形,组装前采用大功率油压机进行预设反变形。反变形参数根据工艺试验或以往类似工程施工经验确定。

4) 单箱形组装

目字柱是由两个箱形柱组合而成,制造时先分别组装成 2 个单箱形柱。组装时主要通过工装胎架进行组装,其组装次序为:先定位一侧翼缘板→再定位中间两腹板→最后定位另一侧翼缘板。单箱形组装过程主要通过专用工装夹具和千斤顶进行控制,其翼缘板垂直度及箱形宽度尺寸精度得到良好的控制。

5) 箱形焊接、矫正

焊接方法:因箱形柱腹板的内部施焊空间小,腹板与翼缘板的角焊缝坡口宜采用单面坡口(反面贴衬垫)形式。其焊接方法采用 CO_2 气体保护焊打底、埋弧焊盖面的方法进行。

焊前预热:腹板焊接前进行预热,其预热温度根据工艺试验确定,一般控制在 100～150℃;预热方式采用远红外电加热板进行加热。

焊接顺序:焊接时应采取合理的焊接顺序及较低焊接线能量进行。先对称施焊上侧两角焊缝至 1/3 腹板厚度,再翻身对称焊接下侧两角焊缝至 1/3 腹板厚度,采取轮流施焊直至全部焊完,其优点在于可减小焊接变形及防止焊接裂纹的产生。

焊后矫正:焊后进行箱形矫正,主要采用热矫正,其矫正温度宜控制在 600～800℃。

6) 组合箱形组装

单箱形组装焊接完后进行组合箱形的组装。其组装次序为:先定位一侧单箱形→组装中间两腹板→组装另一侧单箱形。其组装方法参见第 4) 条单箱形组装。

7) 整体组合焊接

整体组合焊接参见第 5) 条单箱形的焊接方法。

8) 消应力处理

由于厚板焊接后存在较大的焊接残余应力,焊后采用超声冲击进行消应力处理。该方法主要利用大功率超声波推动冲击工具以每秒 2 万次以上的频率冲击金属物体表面,使金属表面产生较大的压缩塑性变形,从而达到消除应力的良好效果。

9）整体矫正、测量

组装焊接完后要求进行完工测量，对于尺寸超差的应进行矫正，矫正方法主要采用热矫法进行。

10）端面机加工

为了控制箱形柱的整体尺寸精度及其端面的垂直度要求，整体组装后进行端面铣削加工。

11）组装牛腿、焊接及矫正

① 目字柱制作完后进行牛腿的组装和焊接，组装前先在专用钳工平台上划出牛腿结构安装线，装配时严格按线装配，并保证满足牛腿垂直度要求。

② 牛腿组装前还应设置组装胎架，其技术要点如下：

a. 按图纸理论尺寸，进行胎架地面划线放样，划出钢柱中心线、端面企口线、各牛腿中心角度线、楼层标高等水平投影线，用小铁板与地面固定牢固，敲上样冲印，作为钢柱定位、牛腿安装的基准线，并提交专职检查员验收。

b. 设立胎架，胎架模板上口水平度必须保证±0.5mm，且不得有明显的晃动状，胎架须用斜撑。

③ 组装胎架设置完毕后进行牛腿组装工作，组装要求如下：

a. 将钢柱本体吊上胎架，必须严格按胎架底线进行定位，定位时必须保证定对端面企口线、两端中心线，特别是钢柱左右两侧中心线要保证水平。

b. 按牛腿节点地面中心线进行安装牛腿，定对胎架地面角度中心线和左右两侧的水平度、端面垂直度以及端面企口线，然后与钢柱本体进行定位焊接，交专职检查员验收合格后即可进行牛腿节点的焊接。

c. 牛腿的焊接采用双数焊工进行对称施焊，焊接方法采用 CO_2 气体保护焊。牛腿组装焊接完后采用热矫法进行矫正。

12）冲砂、涂装、编号

构件涂装前要求进行冲砂除锈处理，构件的涂装严格按照设计要求及涂料的施工要求执行。构件涂装完后要求在醒目位置采用油漆做好构件编号标识。

13）装车发运

构件装车时应捆扎牢固，其下部应采用枕木进行支垫，以防止构件的油漆因损坏而脱落。

2. 空间弯扭箱形构件

深圳湾体育中心（春茧）钢结构屋盖中大量采用空间弯扭箱形构件。其截面规格繁多，囊括了从口 300mm×300mm 到口 700mm×450mm 八种不同的截面规格；板厚从 10mm 到 60mm 不等；材质普遍采用 Q355C，应力较大处局部用到了 Q460D。

(1) 加工工艺流程

典型空间弯扭箱形构件加工工艺流程见图 21-32。

(2) 加工工艺及操作要点

1）零件展开放样、划线

扭曲箱形四块壁板均为空间弯扭形状，为控制放样下料精度，壁板的展开尤其重要。为提高放样速度及精度，采用计算机精确放样。

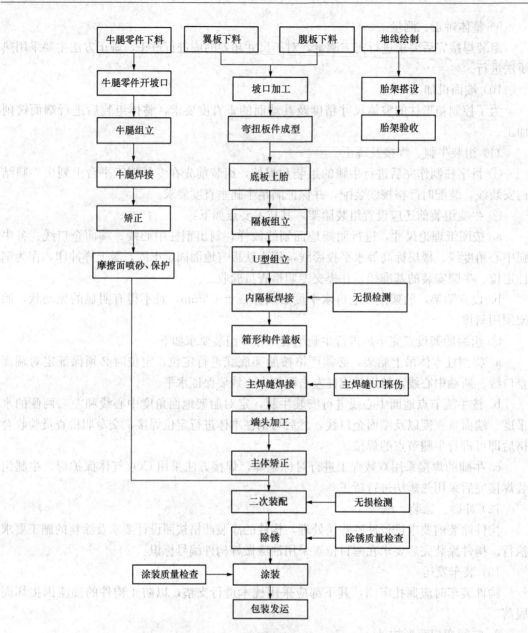

图 21-32 弯扭箱形构件加工工艺流程

根据箱形弯扭构件的成型特点，在 3D3S 基础上研制开发出空间任意扭曲箱形构件自动生成软件，可较好地满足扭曲壁板的展开。该软件采用三次样条函数拟合弯扭构件的四条棱线，再输入箱体壁厚，就可自动生成扭曲箱形实体模型，从而可以得到壁板上任意点的空间坐标，让程序进行自动对壁板的展开，将计算机生成的展开线型数据输入数控切割机，就可进行壁板的下料切割。

2) 组装胎架搭设

在平台上划出相关的投影线，如主体端口、牛腿、下翼板等重要控制部位的轮廓线或投影线，并对重要的控制点打上样冲眼。

根据施工图纸提供的各关键控制点的坐标,先在平台上确定 XY 坐标系中的各点位置,放置胎架,并标记 Z 轴高度。胎架的高度采用水准仪找平,误差控制在 1mm 以内。在保证装配和焊接操作性前提下,尽量降低胎架设计高度。

3) 弯扭箱体的组装

将下翼板吊装至胎架上,用线坠使板边与地样线平齐,利用火工和千斤顶调整下翼板,使其完全贴合在胎架横梁坐标点上,检查合格后,将下翼板点焊固定于胎架上并在下翼板上画出腹板和隔板定位线。

U 形组立时先装配内隔板,保证隔板与底板垂直度。检查无误后点焊固定装配腹板。利用火工和千斤顶将腹板与下翼板、隔板贴紧,检查腹板扭曲度。检查坐标和组立尺寸,合格后点焊固定。

21.3.4 钢结构预拼装

当合同文件或设计文件有要求或结构复杂有需要时,应进行钢构件预拼装。预拼装的目的主要是检验制作的精度及整体性,以便及时调整、消除误差,从而确保构件现场顺利吊装,减少现场特别是高空安装过程中构件的安装调整时间,有力保障工程的顺利实施。

钢构件预拼装可采用实体预拼装或计算机模拟预拼装。当同一类型构件较多时,可选择一定数量的代表性构件进行预拼装。通过对构件的预拼装,及时掌握构件的制作装配精度,对某些超标项目进行调整,并分析产生原因,在以后的加工过程中及时加以控制。

21.3.4.1 工厂预拼装

1. 加工工艺流程

工厂预拼装的主要工艺流程见图 21-33:

2. 加工工艺及操作要点

(1) 预拼装方案制定

预拼装前一般需制定预拼装的方案,主要包括预拼装方式(整体预拼装、分段预拼装和分层预拼装)选择、预拼装的流程及预拼装注意事项等内容。预拼装的方法很多,包括平面拼装法、立面拼装法、模具拼装法等,需根据构件的结构特点、场地条件,结合工厂的加工能力、机械设备等情况,选择能有效控制组装精度、耗工少、效率高的方法,优先选用平面拼装法。

(2) 施工准备

构件预拼装要有较宽阔、平整、坚固的场地,在预拼装过程中不积水、不下沉,并应设置在起重设备的工作范围内,以便于拼装作业。

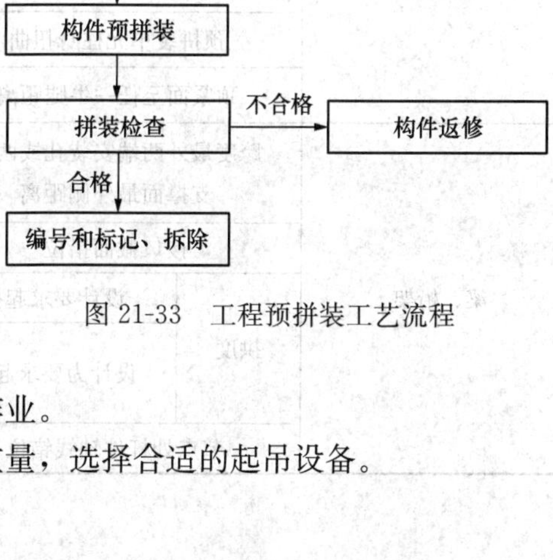

图 21-33 工程预拼装工艺流程

应根据预拼装工程的外形尺寸及构件最大重量,选择合适的起吊设备。

应根据预拼装工程的类型,选定支垫形式,如枕木、型钢、支凳、钢平台等,支凳应找平,平面度≤1/1000。

所有需进行预拼装的构件,制作完毕后必须验收并符合质量标准。相同构件宜能替换,而不影响整体几何尺寸。

(3) 平台铺设、测量放线

在预拼装前应按1:1比例在平台上放样划线,在操作平台上放出预拼装单元的轴线、中心线、标高控制线和各构件的位置线,并复验其相互关系和尺寸等是否符合图纸要求。在此基准上制作组装胎具,胎具制作时要标出杆件的控制边线;组装胎具必须经检查确认无误后方可使用。

(4) 构件预拼装

在操作平台上点焊临时支撑、垫铁、定位器等。预拼装顺序及拼装单元应根据设计要求和结构形式确定,一般先主构件后次构件。按轴线、中心线、标高控制线依次将各构件吊装就位,然后用拼装螺栓将整个拼装单元拼装成整体,其连接部位的所有连接板均应装上。

高强度螺栓连接件预拼装时,可采用冲钉定位和临时螺栓紧固。试装螺栓在一组孔内不得少于螺栓孔的30%,且不少于2只,冲钉数不得多于临时螺栓的1/3。

安装过程中严禁对各构件进行敲砸,损坏构件或使构件产生变形,只能用撬棍使其预拼就位。

各杆件的重心线应交会于节点中心,并完全处于自由状态,不允许有外力强制固定。单构件支承点不论柱、梁、支撑,应不少于两个支承点。

(5) 拼装检查

在进行尺寸检查时,构件应处于自由状态。使用螺栓紧固后,要拆除卡具、夹具、点焊、拉紧装置等临时固定,进行各部位尺寸的检查。钢结构预拼装的允许偏差见表21-43。

钢构件预拼装的允许偏差 (mm) 表 21-43

构件类型	项目		允许偏差	检验方法
多节柱	预拼装单元总长		±5.0	用钢尺检查
	预拼装单元弯曲矢高		$L/1500$,且≤1.0	用拉线和钢尺检查
	接口错边		2.0	用焊缝量规检查
	预拼装单元柱身扭曲		$h/200$,且≤5.0	用拉线、吊线和钢尺检查
	顶紧面至任一牛腿距离		±2.0	
梁、桁架	跨度最外两端安装孔或两端支撑面最外侧距离		+5.0 −10.0	用钢尺检查
	接口截面错位		2.0	用焊缝量规检查
	拱度	设计要求起拱	±$L/5000$	用拉线和钢尺检查
		设计为要求起拱	$L/2000$ 0	
	节点处杆件轴线错位		4.0	划线后用钢尺检查

续表

构件类型	项目	允许偏差	检验方法
管构件	预拼装单元总长	±5.0	用钢尺检查
	预拼装单元弯曲矢高	$L/1500$,且$\leqslant 10.0$	用拉线和钢尺检查
	对口错边	$t/10$,且$\leqslant 3.0$	用焊缝量规检查
	坡口间隙	$+2.0$ -1.0	
构件平面总体预拼装	各楼层柱距	±4.0	用钢尺检查
	相邻楼层梁与梁之间距离	±3.0	
	各层间框架梁对角线之差	$H/2000$,且$\leqslant 5.0$	
	任意梁对角线之差	$\Sigma H/2000$,且$\leqslant 8.0$	

螺栓孔应采用试孔器进行检查,并符合质量验收规定。拼装过程中若发现尺寸有误、栓孔错位等情况,应及时查清原因,认真处理。预拼装中错孔在 3mm 以内时,一般都用铰刀铣孔,孔径扩大不得超过原孔径的 1.2 倍。检查不能通过的孔,允许修孔。修孔后如超规范,允许焊补后重新制孔,但不允许在预拼装胎架上进行。

预拼装完后,经自检合格后,应请监理单位进行验收,并做好质量记录。

(6)编号、标记和拆除

预拼装后,经检验合格,应在构件上标注上下定位中心线、标高基准线、交线中心点等。同时在构件上编注顺序号,做出必要的标记。必要时焊上临时支撑和定位器等,以便按预拼装的结果进行安装。按照与拼装相反的顺序依次拆除各构件。

在预拼装下一单元拼前,应对平台或支承凳重新进行检查,并对轴线、中心线、标高控制线进行复验,以便进行下一单元的预拼装。

21.3.4.2 模拟预拼装

1. 模拟预拼装流程

"模拟预拼装"即"计算机仿真模拟预拼装"。一般采用三维设计软件,将钢结构分段构建控制点的实测三维坐标,在计算机中模拟拼装形成分段构件的轮廓模型,与深化设计的理论模型拟合比对,检查分析加工拼装精度,得到所需修改的调整信息。经过必要的反复加工修改与模拟拼装,直至满足精度要求。模拟预拼装的检查项目、检查数量、允许偏差与实体预拼装完全一致。模拟预拼装的检查方法是计算仿真模拟比对。模拟预拼装的主要流程见图 21-34:

2. 操作要点

(1)搭建三维模型

根据设计图文资料和加工安装方案等技术文

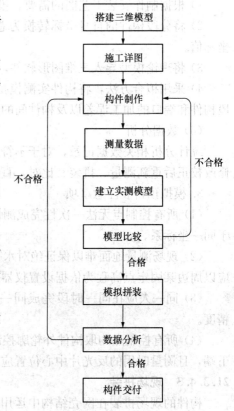

图 21-34 模拟预拼装工艺流程

件，在构件分段与胎架设置等安装措施可保证自重受力变形不致影响安装精度的前提下，建立设计、制造、安装全部信息的拼装工艺三维几何模型，完全整合形成一致的输入文件，通过模型导出分段构件和相关零件的加工制作详图。

(2) 测量数据

构件制作验收后，利用全站仪实测外轮廓控制点三维坐标。

1) 设置相对于坐标原点的全站仪测站点坐标，仪器自动转换和显示位置点（棱镜点）在坐标系中的坐标。

2) 设置仪器高和棱镜高，获得目标点的坐标值。

3) 设置已知点的方向角，照准棱镜测量，记录确认坐标数据。

(3) 建立实测模型

1) 将全站仪与计算机连接，导出测得的控制点坐标数据，导入到 EXCEL 表格，换成 (x, y, z) 格式。收集构件的各控制点三维坐标数据、整理汇总。

2) 选择复制全部数据，输入三维图形软件。以整体模型为基准，根据分段构件的特点，建立各自的坐标系，绘出分段构件的实测三维模型。

(4) 构件模型比较

导入构件理论模型，将实测模型与理论模型进行比对，检验构件是否合格。合格后进入模拟拼装。

(5) 模拟拼装

1) 根据制作安装工艺图的需要，模拟设置胎架及其标高和各控制点坐标。

2) 将分段构件的自身坐标转换为总体坐标后，模拟吊上胎架定位，检测各控制点的坐标值。

3) 将理论模型导入三维图形软件，合理地插入实测整体预拼装坐标系。

4) 采用拟合方法，将构件实测模拟拼装模型与拼装工艺图的理论模型比对，得到分段构件和端口的加工误差以及构件间的连接误差。

(6) 数据分析

统计分析相关数据记录，对于不符规范允许公差和现场安装精度的分段构件或零件，修改校正后重新测量、拼装、比对，直至符合精度要求。

3. 模拟预拼装注意事项

(1) 所有控制点无法一次性完成测量时可设多次转换测站点，且所有测站点坐标应处于同一坐标系。

(2) 现场测量地面难以保证绝对水平，每次转换测站点可能导致仪器高度不一致，故应以周边某固定点高程为依据设置仪器高度。

(3) 同一人应在同一时段完成同一构件上的控制点坐标测量，以保证测量准确性和精度。

(4) 所有控制点均取构件外轮廓控制点，如遇到端部有坡口的构件，控制点取坡口的下端，且测量时用的反光片中心位置应对准构件控制点。

21.3.4.3 现场拼装

构件的现场拼装在网壳结构中运用较为广泛，一般有桁架分段单元的拼装和网架分块单位的拼装两种，在此仅以桁架现场拼装为例加以叙述。

1. 现场拼装准备工作

(1) 技术准备

1) 编制现场拼装作业指导书。
2) 验算拼装胎架的稳定性与安全性。
3) 预先做好测量校正的内业计算工作。

(2) 材料准备

1) 构件进场必须根据工程实施的进度编制详细的进场计划,并根据计划的要求进行。
2) 进场构件必须具备:原材质量证明书、原材复检报告、钢构件产品质量合格证、焊接工艺评定报告、焊接施焊记录、焊缝外观检查报告、焊缝无损检测报告、构件尺寸检验报告、干漆涂膜厚度检测报告、摩擦面抗滑移系数检测报告。
3) 严格遵守工程所在地有关建筑施工的各项规定及现场监理公司对安装前施工资料的要求。

(3) 设备与人员准备

根据编写的拼装作业指导书,组织人员与设备到位。

(4) 构件进场和卸货

1) 构件进场根据现场安装分区(分节)有计划、有顺序地配套搬入现场,严防顺序颠倒和不配套的构件搬入而造成现场混乱。
2) 卸车时构件要放在适当的支架或枕木上,注意不要使构件变形和扭曲。
3) 运送、装卸构件时,轻拿轻放,不可拖拉,以避免将表面划伤。
4) 对构件在运输过程中发生的变形,与有关人员协商采取措施在安装前加以修复。

2. 拼装整体流程(图 21-35、图 21-36)

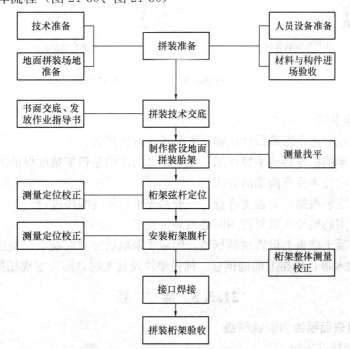

图 21-35 桁架分段单元地面拼装流程图

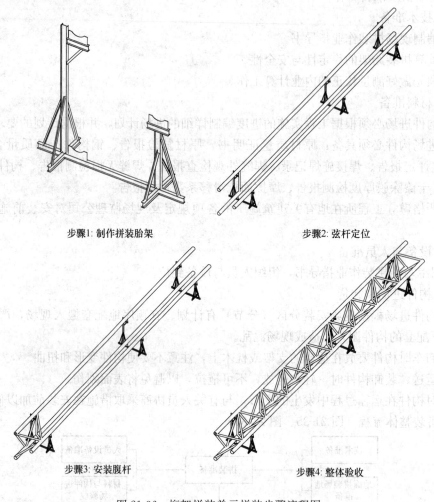

图 21-36 桁架拼装单元拼装步骤流程图

3. 拼装注意事项

(1) 拼装场地宜选在安装设计位置下方附近,方便吊装。
(2) 拼装胎架的搭设必须平稳可靠。胎架尺寸的准确是桁架精度保证的前提。
(3) 弦杆的定位要注意两端的方向。
(4) 腹杆的安装根据难易程度进行,一般是先难后易的顺序进行。
(5) 周转使用的胎架在重新使用时必须测量找平。
(6) 如在混凝土楼板上设置拼装场地,则需要采取措施对混凝土楼板进行保护,在楼板上铺垫块、枕木等,再在上面铺钢板。铺设垫块及枕木时,需考虑现场排水畅通。

21.3.5 除 锈

21.3.5.1 钢材表面锈蚀和除锈等级

1. 钢材表面锈蚀等级

《涂覆涂料前钢材表面处理表面清洁度的目视评定 第1部分:未涂覆过的钢材表面

和全面清除原有涂层后的钢材表面的锈蚀等级和处理等级》GB/T 8923.1—2011 对钢材表面分成 A、B、C、D 四个锈蚀等级：

A 等级：全面地覆盖着氧化皮，而几乎没有铁锈；
B 等级：已发生锈蚀，并有部分氧化皮剥落；
C 等级：氧化皮因锈蚀而剥落，或者可以刮除，并有少量点蚀；
D 等级：氧化皮因锈蚀而全面剥落，并普遍发生点蚀。

2. 钢材除锈等级

除锈等级分成喷射或抛射除锈、手工和动力工具除锈、火焰除锈三种类型：

(1) 喷射或抛射除锈，用字母"Sa"表示，分四个等级：

Sa1 等级：轻度的喷射或抛射除锈。钢材表面应无可见的油脂或污垢，没有附着不牢的氧化皮、铁锈和油漆涂层等附着物。参见《涂覆涂料前钢材表面处理表面清洁度的目视评定　第 1 部分：未涂覆过的钢材表面和全面清除原有涂层后的钢材表面的锈蚀等级和处理等级》GB/T 8923.1—2011 的典型样本照片（以下同）B Sa1、C Sa1 和 D Sa1。

Sa2 等级：彻底地喷射或抛射除锈。钢材表面无可见的油脂和污垢，氧化皮、铁锈等附着物已基本清除，其残留物应是牢固附着的。参见 B Sa2、C Sa2 和 D Sa2。

Sa2½ 等级：非常彻底地喷射或抛射除锈。钢材表面无可见的油脂、污垢、氧化皮、铁锈和油漆涂层等附着物，任何残留的痕迹应仅是点状或条状的轻微色斑。参见 A Sa2½、B Sa2½、C Sa2½ 和 D Sa2½。

Sa3 等级：使钢材表观洁净的喷射或抛射除锈。钢材表面无可见的油脂、污垢、氧化皮、铁锈和油漆等附着物，该表面应显示均匀的金属光泽。参见 A Sa3、B Sa3、C Sa3、D Sa3。

(2) 手工和动力工具除锈，以字母"St"表示，只有两个等级：

St2 等级：彻底手工和动力工具除锈。钢材表面无可见的油脂和污垢，没有附着不牢的氧化皮、铁锈和油漆涂层等附着物。参见 B St2、C St2 和 D St2。

St3 等级：非常彻底地手工和动力工具除锈。钢材表面应无可见的油脂和污垢，并且没有附着不牢的氧化皮、铁锈和油漆涂层等附着物。除锈应比 St2 更为彻底，底材显露部分的表面应具有金属光泽。参见 B St3、C St3、D St3。

(3) 火焰除锈，以字母"Fl"表示，它包括在火焰加热作业后，以动力钢丝刷清除加热后附着在钢材表面的产物。只有一个等级——Fl 等级：钢材表面应无氧化皮、铁锈和油漆层等附着物，任何残留的痕迹应仅为表面变色（不同颜色的暗影），参见 A Fl、B Fl、C Fl 和 D Fl。

21.3.5.2 常见钢结构除锈工艺

1. 手工和动力工具除锈

(1) 手工除锈工具有砂布、钢丝刷、铲刀、尖锤、平面砂轮机、动力钢丝刷等。

(2) 手工除锈一般只能除掉疏松的氧化皮、较厚的锈和鳞片状的旧涂层，且生产效率低，劳动强度大。工厂除锈不宜采用此法，一般在不能采用其他方法除锈时可采用此法。

(3) 动力工具除锈是利用压缩空气或电能为动力，使除锈工具产生圆周式或往复式的运动，当与钢材表面接触时利用其摩擦力和冲击力来清除锈和氧化皮等污物。动力工具除锈比手工工具除锈效率高、质量好,是目前一般涂装工程除锈常用的方法。其常用工具:气动端型平面砂磨机、气动角向平面砂磨机、电动角向平面砂磨机、直柄砂轮机、风动钢丝刷、风动打锈锤、风动齿形旋转式除锈器、风动气铲等。

2. 喷射或抛射除锈

(1) 除锈的一般规定

1) 钢材表面进行喷射除锈时,必须使用除去油污和水分的压缩空气。否则油污和水分在喷射过程中附着在钢材表面,影响涂层的附着力和耐久性。检查油污和水分是否分离干净的简易方法:将白布或白漆靶板,用压缩空气吹 1min,用肉眼观察其表面,应无油污、水珠和黑点。

2) 喷射或抛射所使用的磨料必须符合质量标准和工艺要求。对允许重复使用的磨料,必须根据规定的质量标准进行检验,合格的才能重复使用。

3) 喷射或抛射的施工环境,其相对湿度不应大于 85%,或控制钢材表面温度高于空气露点 3℃以上。湿度过大,钢材表面和金属磨料易生锈。

4) 除锈后的钢材表面,必须用压缩空气或毛刷等工具将锈尘和残余磨料清除干净,方可进行下道工序。

5) 除锈验收合格的钢材,在厂房内存放的应于 24h 内涂完底漆;在厂房外存放的应于当班涂完底漆。

(2) 喷射除锈

分干喷射法和湿喷射法两种。其原理是利用经过油、水分离处理过的压缩空气将磨料带入并通过喷嘴以高速喷向钢材表面,靠磨料的冲击和摩擦力将氧化铁皮、铁锈及污物等除掉,同时使表面获得一定的粗糙度。喷射除锈效率高、质量好,但要有一定的设备和喷射用磨料,费用较高。目前世界上工业发达国家,为保证涂装质量,普遍采用喷射除锈法。

(3) 抛射除锈

抛射除锈是利用抛射机叶轮中心吸入磨料和叶尖抛射磨料的作用,使磨料在抛射机的叶轮内,由于自重,经漏斗进入分料轮,同叶轮一起高速旋转的分料轮使磨料分散,并从定向套口飞出。从定向套口飞出的磨料被叶轮再次加速后,射向物件表面,以高速的冲击和摩擦除去钢材表面的锈和氧化铁皮等污物。

3. 酸洗除锈

酸洗除锈亦称化学除锈,其原理是利用酸洗液中的酸与金属氧化物进行化学反应,使金属氧化物溶解,生成金属盐并溶于酸液中,而除去钢材表面上的氧化物及锈。酸洗除锈质量比手工和动力机械除锈的好,与喷射除锈质量相当。但酸洗后钢材表面不能造成喷射除锈那样的粗糙度。在酸洗过程中产生的酸雾对人和建筑物有害。酸洗除锈一次性投资较大,工业过程也较多,最后一道清洗工序不彻底,将对涂层质量有严重的影响。

21.3.5.3 除锈方法的选择

钢材表面处理是涂装工程中重要的一环,其质量好坏严重影响涂装工程的质量。欧美一些国家认为除锈质量要影响涂装效果的 60%以上。钢材表面除锈方法有:手工工具除锈、手工机械除锈、喷射或抛射除锈、酸洗除锈和火焰除锈等。各种除锈方法的特点见表 21-44。

各种除锈方法的特点　　　　　　　　　　　　　　　　　　　　　表 21-44

除锈方法	设备工具	优点	缺点
手工、机械	砂布、钢丝刷、铲刀、尖锤、平面砂轮机、动力钢丝刷等	工具简单、操作方便、费用低	劳动强度大、效率低、质量差、只能满足一般的涂装要求
喷射	空气压缩机、喷射机、油水分离器等	能控制质量、获得不同要求的表面粗糙度	设备复杂、需要一定操作技术、劳动强度较高、费用高、污染环境
酸洗	酸洗槽、化学药品、厂房等	效率高、适用大批件、质量较高、费用较低	污染环境，废液不易处理，工艺要求较严，表面粗糙度不足

选择除锈方法时，除要根据各种方法的特点和防护效果外，还要根据涂装的对象、目的、钢材表面的原始状态、要求达到的除锈等级、现有的施工设备和条件、施工费用等，进行综合比较，最后才能确定。

21.3.6 工 厂 涂 装

21.3.6.1 防腐涂料施工工艺

随着涂料工业和涂装技术的发展，新的涂料施工方法和施工机具不断出现。每一种方法和机具均有其各自的特点和适用范围，所以正确选择施工方法是涂装施工管理工作的主要组成部分。合理的施工方法，对保证涂装质量、施工进度、节约材料和降低成本有很大的作用。常用涂料的施工方法见表 21-45。各种涂料与相适应的施工方法见表 21-46。

常用涂料的施工方法　　　　　　　　　　　　　　　　　　　　　表 21-45

施工方法	适用涂料的特性			被涂物	使用工具或设备	主要优缺点
	干燥速度	黏度	品种			
刷涂法	干性较慢	塑性小	油性漆酚醛漆醇酸漆等	一般构件及建筑物，各种设备和管道等	各种毛刷	投资少，施工方法简单，适于各种形状及大小面的涂装；缺点是装饰性较差，施工效率低
手上滚涂法	干性较慢	塑性小	油性漆酚醛漆醇酸漆等	一般大型平面的构件和管道等	滚子	投资少，施工方法简单，适用大面积物的涂装；缺点同刷涂法
浸涂法	干性适当，流平性好，干燥速度适中	触变性好	各种合成树脂涂料	小型零件、设备和机械部件	浸漆槽、离心及真空设备	设备投资较少，施工方法简单，涂料损失少，适用于构造复杂构件；缺点是流平性不太好，有流挂现象，溶剂易挥发

续表

施工方法	适用涂料的特性			被涂物	使用工具或设备	主要优缺点
	干燥速度	黏度	品种			
空气喷涂法	挥发快和干燥宜	黏度小	各种硝基漆、橡胶漆、建筑乙漆、聚氨酯漆等	各种大型构件及设备和管道	喷枪、空气压缩机、油水分离器等	设备投资较小,施工方法较复杂,施工效率较刷涂法高;缺点是消耗溶剂量大,污染现场,易引起火灾
无气喷涂法	具有高沸点溶剂的涂料	高不挥发分,有触变性	厚浆型涂料和高不挥发分涂料	各种大型钢结构、桥梁、管道、车辆和船舶等	高压无气喷枪、空气压缩机等	设备投资较多,施工方法较复杂效率比空气喷涂法高,能获得厚涂层;缺点是也要损失部分涂料,装饰性较差

各种涂料与相适应的施工方法 表 21-46

施工方法	涂料种类												
	酯胶漆	油性调和漆	醇酸调和漆	酚醛漆	醇酸漆	沥青基漆	硝基漆	聚氨酯漆	丙烯酸漆	环氧树脂漆	过氯乙烯漆	氯化橡胶漆	氯磺化聚乙烯漆	聚酯漆	乳胶漆
刷涂	1	1	1	1	2	2	4	4	4	3	4	3	2	2	1
滚涂	2	1	1	2	3	5	3	3	3	5	3	3	3	2	2
浸涂	3	4	3	2	3	3	3	3	3	3	3	3	3	1	2
空气喷涂	2	3	2	2	1	2	1	1	1	1	1	1	1	2	2
无气喷涂	2	3	2	2	1	3	1	1	1	1	1	1	1	2	2

注:1—优、2—良、3—中、4—差、5—劣。

1. 刷涂

(1) 对干燥较慢的涂料,应按涂敷、抹平和修饰三道工序操作。

(2) 对干燥较快的涂料,应从被涂物的一边按一定顺序,快速、连续地刷平和修饰,不宜反复刷涂。

(3) 漆膜的涂刷厚度应适中,防止流挂、起皱和漏涂。

(4) 刷涂的顺序宜按自上而下、从左到右、先里后外、先斜后直、先难后易的原则,最后用漆刷轻轻地抹边缘和棱角,使漆膜均匀、致密和平滑。

(5) 刷涂的走向为刷涂垂直表面时,最后一道应由上向下进行;刷涂水平表面时,最后一道应按光线照射的方向进行。

2. 滚涂

(1) 滚涂前涂料应倒入装有滚涂板的容器中,将滚子的一半浸入涂料,然后提起,在滚涂板上来回滚几次,使滚子全部均匀地浸透涂料,并把多余的涂料滚压掉。

(2) 把滚子按 W 形轻轻地滚动，将涂料大致地涂布于钢材表面上，接着把滚子作上下密集滚动，将涂料均匀地分布开，最后使滚涂按一定的方向滚动，滚平并修饰表面。

(3) 在滚动时初始用力要轻，以防流淌，随后逐渐用力，致使涂层均匀。

3. 空气喷涂

(1) 喷涂时，应根据喷枪的产品技术文件调整空气压力、喷出量和喷雾幅度并经试喷确定。

(2) 喷涂的距离应根据喷涂压力和喷嘴的大小确定，使用大口径喷枪时宜为 200～300mm，使用小口径喷枪时宜为 150～250mm。

(3) 喷涂过程中，应保持喷枪与被涂表面呈直角状态并平行运行，喷枪的运行速度宜为 300～600mm/s，且应保持稳定。

(4) 喷幅搭接的宽度宜为有效喷幅宽度的 1/4～1/3，并应保持一致。

(5) 多层施工时，各层应纵横交叉施工。

(6) 喷枪使用后，应立即用溶剂清洗干净。

4. 高压无气喷涂

(1) 喷嘴与被喷涂表面的距离宜为 300～500mm。

(2) 喷嘴与被喷面成 30°～80°角。

(3) 喷幅的搭接宜为幅宽的 1/6～1/4，并应保持一致。

(4) 喷枪的运行速度宜为 600～1000mm/s，并应保持稳定。

(5) 喷涂完毕后，立即用溶剂清洗设备，同时排出喷枪内的剩余涂料，吸入溶剂作彻底的清洗，拆下高压软管，用压缩空气吹净管内溶剂。

21.3.6.2 防腐涂装施工注意事项

(1) 防腐涂装应注意原料性能、配方设计、制造工艺、贮存保管、表面处理、施工技术以及环境气候等，以免涂料在贮存、施工过程中以及成膜后，都有可能出现某些异常现象。如清漆产生浑浊、施工中产生针孔、涂装后施工过程中产生失光、起泡、龟裂等。

(2) 硝基漆类使用过量的苯类溶剂稀释、环氧醋漆类用汽油稀释、过氯乙烯漆类用含醇类较多的稀释剂稀释，常导致涂装施工出现析出现象。硝基漆类通过添加脂类溶剂，环氧醋漆类通过采用苯、甲苯、二甲苯或丁醇与二甲苯稀释，过氯乙烯漆类避免使用含有醇类稀释剂，可以避免析出。

(3) 防腐涂装施工过程中，由于施工环境及施工器具不清洁、漆皮混入等原因，常导致涂料起粒（粗粒）。因此施工前应打扫现场，并保证施工器具清洁干净。

(4) 防腐涂料施工现场或车间不允许堆放易燃物品，并应远离易燃物品仓库。

(5) 防腐涂料施工中使用擦过溶剂和涂料的棉纱、棉布等物品应存放在带盖的铁桶内，并定期处理掉。

(6) 严禁向下水道倾倒涂料和溶剂。

(7) 防腐涂料使用前需要加热时，采用热载体、电感加热等方法，并远离涂装施工现场。

(8) 防腐涂料涂装施工时，严禁使用铁棒等金属物品敲击金属物体和漆桶，如需敲击应使用木制工具，防止因此产生摩擦或撞击火花。

(9) 在涂料仓库和涂装施工现场使用的照明灯应有防爆装置，临时电气设备应使用防爆型的，并定期检查电路及设备的绝缘情况。在使用溶剂的场所，应禁止使用闸刀开关，要使用三线插头。防止产生电气火花。

(10) 对于接触性侵害，施工人员应穿工作服、戴手套和防护眼镜等，尽量不与溶剂接触。施工现场应做好通风排气装置，减少有毒气体的浓度。

21.3.7 包装和标记

21.3.7.1 钢结构包装和标记原则

(1) 包装应根据产品的性能要求、结构形状、尺寸及重量、刚度和路程、运输方式（铁路、公路、水路）及地区气候条件等具体情况进行。也应符合国家有关车、船运输法规规定。

(2) 产品包装应经产品检验合格、随车文件齐全、漆膜完全干燥方可进行。

(3) 产品包装应具有足够强度；保证产品能经受多次装卸；运输无损坏、变形、降低精度、锈蚀、残失；能安全可靠地运抵目的地。

(4) 带螺纹的产品应对螺纹部分涂上防锈剂，并加包裹，或用塑料套管护套。经刨铣加工的平面、法兰盘连接平面、销轴和销轴孔、管类端部内壁等宜加以保护。

(5) 对特长、特宽、特重、特殊结构形状及高精度要求产品应作专用设计包装装置。

(6) 包装标志：大型包装的重心点、起吊位置、防雨防潮标记、工程项目号、供货号、货号、品名、规格、数量、重量、生产厂号、体积（长×宽×高）、收发地点、单位、运输号码等。

(7) 标志应正确、清晰、整齐、美观、色泽鲜明、不易褪色剥落，一般用油漆与构件色泽不同，在规定部位进行手刷或喷刷。标志文字、图案规格大小，应视所包装构件而定。

(8) 包装同样需经检验合格，方可发运出厂。包装清单应与实物相一致，以便接货、检查、验收。

21.3.7.2 产品包装方法

(1) 散件出厂的杆件，应采用钢带打捆，钢带应用专用打包机打紧，若杆件较长，应多设置几个捆扎点。要保证在运输时，构件无窜动且坚固可靠。

(2) 对于大构件的钢柱和横梁，采取单独包装，在构件的上下配有木块采用双头螺栓将木块固定在构件上，每个构件至少配置两处，但应注明吊点位置，以正确指导构件的装卸。

(3) 高强度螺栓和连接螺栓按成套的形式进行供货，采用木箱单独包装。成箱包装的构件和标准件，要保证箱内构件在运输过程中无窜动，且箱体坚固可靠。

(4) 同一构件的散件应尽量包装在一起，打包时应注意保护涂装油漆，且每一包构件均应有相应的清单，以便于现场核查、装配。

21.3.7.3 包装注意事项

(1) 油漆干燥，零部件的标记书写正确，方可进行打包；包装时应保护构件涂层不受伤害。

(2) 包装时应保证构件不变形、不损坏、不散失，需水平放置，以防变形。

(3) 待运物堆放需平整、稳妥、垫实，搁置干燥、无积水处，防止锈蚀；构件应按种类、安装顺序分区存放，以便于查找。

(4) 相同、相似的钢构件叠放时，各层钢构件的支点应在同一垂直线上，防止钢构件被压坏或变形。底层垫枕应有足够的支承面，防止支点下沉。

21.3.8 运输和堆放

21.3.8.1 构件运输

1. 常用运输方式

(1) 公路运输

由于公路运输网一般比铁路、水路网的密度要大十几倍，分布面也广；公路运输在时间方面的机动性也比较大，车辆可随时调度、装运，各环节之间的衔接时间较短，因此，公路运输在钢结构运输中占了很大部分比重。

(2) 铁路运输

铁路运输具有安全程度高、运输速度快、运输距离长、运输能力大、运输成本低等优点，且具有污染小、潜能大、不受天气条件影响的优势，但是由于铁路运输网还不够密集，一般只能到大、中城市，而且货运方面往往供不应求，现在铁路运输在钢结构运输中占得比例小于公路运输。

(3) 水上运输

水上运输可分为海洋运输和内河运输，具有载运量大、运输成本低、投资省、运行速度较慢、灵活性和连续性较差等特点。

1) 海洋运输：一般用于钢结构出口时的运输，成本小，但周期长。

2) 内河运输：由于我国的内河运输不够发达，水路运输网不够密集，且运输周期长，在当前的钢结构运输中几乎占不到多少比重。

2. 技术参数

(1) 公路运输

装车尺寸应考虑沿途路面、桥、隧道等的净空尺寸。一般情况公路运输装运的高度极限为 4.5m，如需通过隧道时，则高度极限为 4m，构件长出车身不得超过 2m。对于超限运输的情景，见表 21-47，应当依法办理有关许可手续。

货物运输车辆超限运输的情形　　表 21-47

车辆类别	车货总质量	车货总宽度	车货总长度	车货总高度
二轴货车	≥18t			
三轴货车	≥25t			
三轴汽车列车	≥27t			
四轴货车	≥31t	>2.55m	>18.1m	>4m
四轴汽车列车	≥36t			（从地面算起）
五轴汽车列车	≥43t			
六轴及六轴以上汽车列车	>49t，>46t（牵引车驱动轴为单轴）			

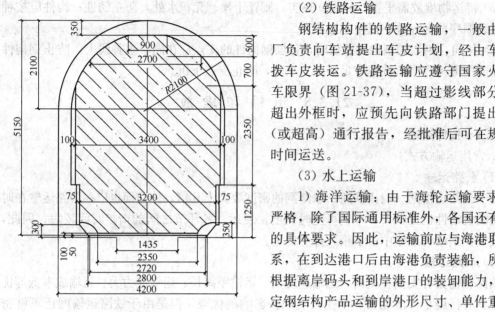

图 21-37 铁路运输装车界限尺寸

(2) 铁路运输

钢结构构件的铁路运输，一般由生产厂负责向车站提出车皮计划，经由车间调拨车皮装运。铁路运输应遵守国家火车装车限界（图 21-37），当超过影线部分而未超出外框时，应预先向铁路部门提出超宽（或超高）通行报告，经批准后可在规定的时间运送。

(3) 水上运输

1) 海洋运输：由于海轮运输要求比较严格，除了国际通用标准外，各国还有不同的具体要求。因此，运输前应与海港取得联系，在到达港口后由海港负责装船，所以要根据离岸码头和到岸港口的装卸能力，来确定钢结构产品运输的外形尺寸、单件重量—即每夹或每箱的总重。

2) 内河运输：应根据我国的水路运输标准、船形大小、载重量及港口码头的起重能力，确定构件运输单元的尺寸，使其不超过当地的起重能力和船体尺寸。

3. 运输前准备工作

(1) 技术准备

1) 编制运输方案

编制运输方案应根据构件的形状尺寸，结合道路条件、现场起重设备、运输方式、构件运输时间要求等主要因素，制订切实可行且经济实用的运输方案。

2) 运输架设计及制作

根据构件的外形尺寸、重量及有关成品保护要求设计制作各种类型构件的运输架（支承架）。运输架要构造简单、受力合理、满足要求、经济实用及装拆方便。

3) 运输时构件的受力验算

根据构件运输时的支承布置、考虑运输时可能产生的碰撞冲击等，验算构件的强度、稳定、变形。如不满足要求，应进行加固措施。

(2) 运输工具准备

现在钢构件的运输一般多用汽车，这里以汽车为例。钢结构制作单位应按照编制好的运输方案，组织运输车辆、起重机及相关配套设施等，并及时追踪动态，反馈信息，建立车辆调配台账，保证钢结构的运输安全按时到达，满足客户的需求。

(3) 运输条件准备

1) 现场运输道路的修筑

一般应按照车辆类型、形状尺寸、总体重量等，确定修筑临时道路的标准等级、路面宽度及路基路面结构要求。

2) 运输线路的实地考察

钢结构制作单位应在构件正式发运前，组织专业人士对运输线路进行实地考察和复核，确保运输方案的可行性和实用性。

3) 构件运输试运行

将装运最大尺寸的构件的运输架安装在车辆上，模拟构件尺寸，沿运输道路试运行。

4. 构件运输的基本要求

实际情况下，影响构件运输的因素有很多，一般来说，构件运输应满足的基本要求有：

(1) 钢构件的垫点和装卸车时的吊点，不论上车运输或卸车堆放，都应按要求进行。叠放在车上或堆放在现场上的构件，构件之间的垫木要在同一条垂直线上，且厚度相等。

(2) 构件在运输时要固定牢靠，以防在运输中途倾倒，或在道路转弯时车速过高被甩出。对于屋架等重心较高、支承面较窄的构件，应用支架固定。

(3) 根据工期、运距、构件重量、尺寸和类型以及工地具体情况，选择合适的运输车辆和装卸机械。

(4) 根据吊装顺序，先吊先运，保证配套供应。

(5) 对于不容易调头和又重又长的构件，应根据其安装方向确定装车方向，以利于卸车就位。必要时，在加工场地生产时，就应进行合理安排。

(6) 若采用铁路或水路运输时，须设置中间堆场临时堆放，再用载重汽车或拖车向吊装现场转运。

(7) 根据路面、天气情况好坏掌握行车速度，行车必须平稳，禁止超速行驶。

21.3.8.2 构件堆放

1. 构件堆放场

构件堆放场有分布在建筑物的周围，也有分布在其他地方。一般来说，构件的堆放应遵循以下几点原则：

(1) 构件堆放场的大小和形状一般根据现场条件、构件分段分节、塔式起重机位置及工期等划定，且应符合工程建设总承包的总平面布置。

(2) 构件应尽量堆放在吊装设备的取吊范围之内，以减少现场二次倒运。

(3) 构件堆放场地的地基要坚实，地面平整干燥，排水良好。

(4) 堆放场地内应备有足够的垫木、垫块，使构件得以放平、放稳，以防构件因堆放方法不正确而产生变形。

2. 构件堆放面积计算

钢结构的堆场面积，可按经验公式 (21-3) 计算：

$$F = f \cdot g \cdot t \tag{21-3}$$

钢结构构件堆场面积，也可按经验公式 (21-4) 计算：

$$F = Q_{max} \cdot \alpha \cdot K_1 \tag{21-4}$$

钢结构构件堆场面积亦可根据场地允许的单位荷载按式 (21-5) 进行估算：

$$F = \frac{Q}{q_0} \cdot K_2 \tag{21-5}$$

式中 F——钢结构构件堆放场地总面积（m^2）；
  f——每根钢构件占用的面积；
  g——每天吊装构件的数量；
  t——构件的储存天数；
  Q_{max}——构件的月最大储存量（t），根据构件进场时间和数量按月计算储存量，取最大值；
  α——经验用地指标（m^2/t），一般为 $7\sim8m^2/t$；叠堆构件时取 $7m^2/t$，不叠堆构件时取 $8m^2/t$；
  K_1——综合系数，取 $1.0\sim1.3$，按辅助用地情况取用；
  Q——同时堆放的钢结构构件重力（kN）；
  K_2——考虑装卸等因素的面积计算系数，一般取 $1.1\sim1.2$；
  q_0——包括通道在内的每平方米堆放场地面积上的平均单位负荷（kN/m^2），按表21-48取用。根据不同钢结构构件的重量 $Q_1+Q_2+\cdots+Q_n$（$Q_1+Q_2+\cdots+Q_n=Q_n$）和不同钢结构构件在每平方米堆放场地面积上的单位荷载 q_1、$q_2\cdots\cdots q_n$ 按式（21-6）计算：

$$q_0 = \frac{Q_1 q_1 + Q_2 q_2 + \cdots + Q_n q_n}{Q_1 + Q_2 + \cdots + Q_n} \tag{21-6}$$

钢结构构件堆放场地的单位荷载　　　　　表21-48

类别	钢结构构件及对方方式	计入通道的单位负载（kN/m^2）
钢柱	5t 以内的轻型实体柱	6.00
	15t 以内的中型格构柱	3.25
	15t 以上重型柱	6.50
钢吊车梁	10t 以内的（竖放）	5.00
	10t 以上的（竖放）	10.00
钢桁架	3t 以内的（竖放）	1.00
	3t 以内的（平放）	0.60
	3t 以上的（竖放）	1.30
	3t 以上的（平放）	0.70
其他构件	檩条、构架、连接杆件（实体）	5.00
	格构式檩条等	1.70
	池罐钢板	10.00
	池罐节段	3.00

计算实例1：某地下室钢结构工程，每根巨型钢柱占用面积 $72m^2$，每天吊装构件 10 根，现场需储备 3 天的吊装量，试求需用钢结构构件堆放场地的面积。

解：$F = f \cdot g \cdot t = 72 \times 10 \times 3 = 2160 m^2$

故知,该工程的钢柱堆放场地面积为 2160m²。

计算实例 2:某厂房钢结构工程,月最大需用量为 600t,试求需用钢结构构件堆放场地面积。

解:取 $\alpha=7.5\text{m}^2/\text{t}$,$K_1=1.2$,

$$F = Q_{\max} \cdot \alpha \cdot K_1 = 600 \times 7.5 \times 1.2 = 5400 \text{m}^2$$

故知,需用钢结构构件堆场面积为 5400m²。

3. 构件堆放方法

(1) 单层堆放

在规划好的堆放场地内,根据构件的尺寸大小安置好垫块或枕木,同时注意留有足够的间隙用作构件的预检及装卸操作,将构件按编号放置好。对于场地较为宽松,且堆放大、异形构件时,可以直接安置枕木放置,亦可放置在制作专门的胎架上。

(2) 多层堆放

多层堆放是在下层构件上再行叠放构件,底层构件的堆放跟单层堆放相同,上一层构件堆放时必须在下层构件上安置垫块或枕木。注意将先吊装的构件放在最上面一层,同时支撑点应放置在同一竖直高度。

21.4 钢结构连接

21.4.1 一般规定

21.4.1.1 钢结构主要连接方式

(1) 钢结构连接的主要连接方式有焊接、紧固件连接(包括普通紧固件连接、高强度螺栓连接)等。

(2) 钢结构焊接连接主要采用焊接方法中的熔焊方法,以高温集中热源加热待连接接头的局部金属,通过添加或不添加填充金属,接头形成过程中加压或不加压的方式,使连接接头之局部金属熔化,冷却后形成牢固连接的一种焊接方法。焊接连接是一种热连接方式。

(3) 钢结构紧固件连接主要采用紧固件(螺栓、螺母、垫片)和连接件的组合,通过对紧固件施加紧固力的方式使构件或部件之间的连接接头形成一个整体的连接方法。紧固件连接是一种机械连接方式,也称为冷连接方式。

(4) 钢结构的焊接连接是金属连接接头局部受热熔化和凝固形成一个连续承载整体的过程,焊接连接操作简易、快捷、高效,但焊接接头的性能存在不均匀性,接头容易产生焊接变形和焊接残余应力,焊接接头焊接过程中有时因焊接工艺使用和焊接操作不当,容易产生焊接缺陷(裂纹、气孔、未熔合、夹渣等)。焊接接头的检验和检测是保证焊接连接可靠性的重要措施。

(5) 钢结构的紧固连接是通过对连接接头的局部及连接件进行机械制孔,通过连接件和紧固件(螺栓、螺母、垫片)将接头连接一起,再通过对紧固件施加或不施加紧固轴力,使连接接头紧密连接成一个承载整体的过程。连接接头和连接件制孔加工程序复杂、制孔精度和紧固件加工精度要求高，但连接施工过程操作便捷，接头连接承载性能均匀可靠，连接过程不易产生构件变形和应力，接头检测方便。

（6）在工厂制作时零件和部件之间的连接主要采用焊接连接；钢结构在施工现场安装时构件与构件之间的连接主要采用螺栓连接，也可采用焊接连接。

（7）钢结构主要连接方法的优缺点和适用范围见表21-49。

钢结构主要连接方式的优缺点和适用范围　　表21-49

连接方式		优缺点	适用范围
焊接		1. 对构件几何形体适应性强，构造简单，易于自动化 2. 不削弱构件截面，节约钢材 3. 焊接程序严格，宜产生焊接变形、残余应力、微裂纹等焊接缺陷，质检工作量大 4. 对疲劳敏感性强	除少数直接承受动力荷载的结构的连接（如重级工作制吊车梁）与有关构件的连接在目前不宜使用焊接外，其他可广泛用于工业与民用建筑钢结构中
普通紧固件	A、B级	1. 栓径与孔径间空隙小，制造与安装较复杂，费工费料 2. 能承受拉力及剪力	用于有较大剪力的安装连接
	C级	1. 栓径与孔径间有较大空隙，结构拆装方便 2. 只能承受拉力 3. 费料	1. 适用于安装连接和需要装拆的结构 2. 用于承受拉力的连接，如有剪力作用，需另设支托
高强度螺栓		1. 连接紧密，受力好，耐疲劳 2. 安装简单迅速，施工方便，可拆换，便于养护与加固 3. 摩擦面处理略微复杂，造价略高	广泛用于工业与民用建筑钢结构中，也可用于直接承受动力荷载的钢结构

21.4.1.2 焊接位置的一般规定

焊接位置是指在焊接过程中焊缝熔池、焊接接头构件与焊接电弧（热源）之间的位置关系。有平焊位置、横焊位置、立焊位置、仰焊位置，以及各种位置的组合焊接位置。焊接位置的不同，焊接操作难易不同，焊接工艺的要求也不同。

1. 焊接位置的分类（表21-50）

施焊位置分类　　表21-50

焊接位置		代号	焊接位置		代号
板材	平	F	管材	水平转动平焊	1G
	横	H		竖立固定横焊	2G
				水平固定全位置焊	5G
	立	V		倾斜固定全位置焊	6G
	仰	O		倾斜固定加挡板全位置焊	6GR

2. 焊接位置的定义图示（图 21-38～图 21-41）

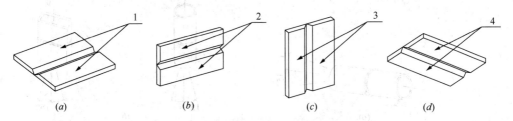

图 21-38　板材对接试件焊接位置
(a) 平焊位置 F；(b) 横焊位置 H；(c) 立焊位置 V；(d) 仰焊位置 O
1—板平放，焊缝轴水平；2—板横立，焊缝轴水平；3—板 90°放置，
焊缝轴垂直；4—板平放，焊缝轴水平

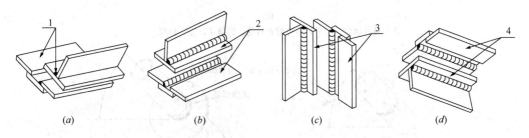

图 21-39　板材角接试件焊接位置
(a) 平焊位置 F；(b) 横焊位置 H；(c) 立焊位置 V；(d) 仰焊位置 O
1～4 注释同图 21-38

21.4.1.3　钢结构焊接工程难易程度划分规定

钢结构工程焊接难度可按表 21-51 分为 A、B、C、D 四个等级。钢材碳当量（CEV）应采用公式（21-7）进行计算。

$$CEV(\%) = C + \frac{Mn}{6} + \frac{Cr + Mo + V}{5} + \frac{Cu + Ni}{15} (\%) \tag{21-7}$$

钢结构工程焊接难度等级　　　　　　　　　　表 21-51

焊接难度等级	影响因素[a]			
	板厚 t (mm)	钢材分类[b]	受力状态	钢材碳当量 CEV (%)
A（易）	$t \leqslant 30$	Ⅰ	一般静载拉、压	$CEV \leqslant 0.38$
B（一般）	$30 < t \leqslant 60$	Ⅱ	静载且板厚方向受拉或间接动载	$0.38 < CEV \leqslant 0.45$
C（较难）	$60 < t \leqslant 100$	Ⅲ	直接动载、抗震设防烈度等于 7 度	$0.45 < CEV \leqslant 0.50$
D（难）	$t > 100$	Ⅳ	直接动载、抗震设防烈度大于等于 8 度	$CEV > 0.50$

注：[a] 根据表中影响因素所处最难等级确定整体焊接难度；
　　[b] 钢材分类应符合《钢结构焊接规范》GB 50661—2011 表 4.0.5 的规定。

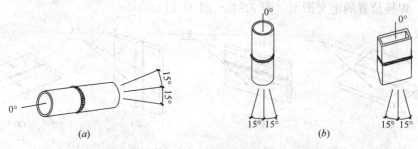

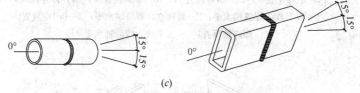

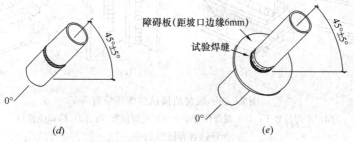

图 21-40　管材对接试件焊接位置

(a) 焊接位置 1G（转动）；(b) 焊接位置 2G；(c) 焊接位置 5G；
(d) 焊接位置 6G；(e) 焊接位置 6GR（T、K 或 Y 形连接）

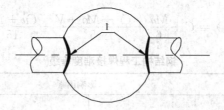

图 21-41　管-球接头试件

1—焊接位置分类按管材对接接头

21.4.1.4　钢结构焊接相关人员资格与能力要求

钢结构接头焊缝产生过程是一种特殊的冶炼作业过程，同时又是一种复杂的隐蔽作业过程。焊接接头的力学性能需要焊接技术人员制定合理的焊接材料、焊接工艺、焊接程序来保证；焊接接头（焊缝和热影响区）的连续性通过焊工或焊接操作工的焊接技能来实现；焊接接头的完整性（无缺陷性）需要焊接质检人员和无损检测人员在焊接过程中和焊接完成后的检验与检测来验证。上述人员的资质、资格能力直接影响焊接接头的最终质量。对钢结构工程焊接相关人员的能力做出规定是非常必要的。

1. 焊接技术人员

(1) 焊接技术人员应接受过专门的焊接技术培训,且有一年以上焊接生产或施工实践经验;

(2) 焊接技术人员应能够负责组织进行焊接工艺评定,编制焊接工艺方案及技术措施和焊接作业指导书或焊接工艺卡,处理施工过程中的焊接技术问题;

(3) 焊接技术负责人除应满足本条(1)款规定外,还应具有中级以上技术职称。承担焊接难度等级为C级和D级焊接工程的施工单位,其焊接技术负责人应具有高级技术职称。

2. 焊接检验与检测人员

(1) 焊接质检人员应接受过专门的技术培训,有一定的焊接实践经验和技术水平,并具有质检人员上岗资质证;

(2) 焊接检验人员负责对焊接作业进行全过程的检查和控制,出具检查报告;

(3) 无损检测人员必须由专业机构考核合格,其资格证应在有效期内,并按考核合格项目及权限从事无损检测和审核工作;承担焊接难度等级为C级和D级焊接工程的无损检测审核人员应具备3级资格;

(4) 无损检测人员应按设计文件或相应规范规定的探伤方法及标准,对受检部位进行探伤,出具检测报告。

3. 焊工和焊接操作工

(1) 焊工和焊接操作工应按所从事钢结构的钢材种类、焊接节点形式、焊接方法、焊接位置等要求进行技术资格考试,并取得相应的资格证书,其施焊范围不得超越资格证的规定;

(2) 焊工和焊接操作工应能够按照焊接工艺文件的要求施焊。

4. 焊接热处理人员

(1) 焊接热处理人员应具备相应的专业技术知识。用电加热设备加热时,其操作人员应经过专业培训。

(2) 焊接热处理人员应按照热处理作业指导书及相应的操作规程进行作业。

21.4.2 焊接工艺评定

1. 焊接工艺评定的定义和目的

(1) 焊接工艺评定的定义

是验证焊接施工单位所拟定的产品接头焊接工艺(焊接方法、材料、工艺技术条件)能否获得规范规定的接头完整性和机械性能要求而进行的试验过程和结果评价。

(2) 焊接工艺评定的目的

1) 评定焊接施工单位是否有能力焊接出符合工程所使用的规范规定的或设计文件规定要求的产品焊接接头;

2) 在正式产品接头焊接前,验证拟采用的焊接工艺是否正确;

3) 焊接工艺评定记录作为编制类似接头条件(规范规定的限制范围内)的焊接焊工艺编制的指导或依据;

4) 由于产品焊接接头不能进行接头机械性能破坏性测试,所以焊接工艺评定记录资料是焊接工程焊接质量的重要保证依据和验收依据。

（3）焊接工艺评定的分类

焊接工艺评定分为免除评定的焊接工艺和需要进行评定的焊接工艺两种。

1）免除评定的焊接工艺

由于我国钢结构技术发展，焊接整体技术水平能力的提升，《钢结构焊接规范》GB 50661—2011中对满足规范规定条件限制范围的焊接工艺（如焊接方法、钢材分类与厚度、焊材、工艺技术条件与焊接参数等），不需要再做工艺评定试验测试，直接按规范规定的限制条件编制焊接工艺，采用该工艺指导产品接头焊接，确保能焊接出符合规范要求性能的焊接接头。

2）需要进行工艺评定的焊接工艺

拟采用的焊接工艺中所规定的母材分类与厚度、焊接方法、焊材分类、焊接接头尺寸、焊接工艺技术与焊接参数等超出"免除评定焊接工艺"限制范围，以及首次使用的钢材、焊接方法、焊接接头型式、焊接材料等，在进行正式产品焊接前，需对采用的焊接工艺进行焊接工艺评定试验，验证焊工工艺的正确性。

3）已经鉴定合格的焊接工艺评定

焊接施工单位在以前已经通过试验测试鉴定合格的焊接工艺评定，事先鉴定合格工艺评定记录可作为编制新的接头焊接工艺的依据，如果新的焊接工艺所采用的焊接工艺条件和参数满足规范规定的范围限制，新的焊接工艺可不需要进行焊接工艺评定，直接用于指导产品接头焊接。

《钢结构焊接规范》GB 50661—2011规定，已经鉴定合格的焊接工艺评定的有效期为5年，超过有效期，焊接工艺评定记录内容不能作为编制新的焊接工艺依据。

在复杂施工现场环境下，对于重要的焊接接头形式和厚板需要在现场环境下进行焊接工艺评定。

2. 免除工艺评定（焊接工艺不需进行工艺评定）

（1）免除评定的焊接方法及施焊位置规定（表21-52）

免除评定的焊接方法及施焊位置　　　　　　　表21-52

焊接方法类别号	焊接方法	代号	施焊位置
1	焊条电弧焊	SMAW	平、横、立焊、平角焊
2-1	半自动实心焊丝二氧化碳气体保护焊（短路过渡除外）	GMAW-CO_2	平、横、立焊、平角焊
2-2	半自动实心焊丝80%氩+20%二氧化碳气体保护焊	GMAW-Ar	平、横、立焊、平角焊
2-3	半自动药芯焊丝二氧化碳气体保护焊	FCAW-G	平、横、立焊、平角焊
5-1	单丝自动埋弧焊	SAW（单丝）	平焊及平角焊
9-2	非穿透栓钉焊	SW	平焊

（2）免除评定的母材和焊缝金属组合规定

1）母材和焊缝金属匹配规定（表21-53）

免予评定的母材和匹配的焊缝金属要求 表 21-53

钢材类别	母材最小标称屈服强度（MPa）	母材			符合国家现行标准的焊条（丝）和焊剂-焊丝组合分类等级			
		GB/T 700 和 GB/T 1591 标准钢材	GB/T 19879 标准钢材	GB/T 699 标准钢材	焊条电弧焊 SMAW	实心焊丝气体保护焊 GMAW	药芯焊丝气体保护焊 FCAW-G	埋弧焊 SAW（单丝）
Ⅰ	<235	Q195 Q215	—	—	GB/T 5117：E43XX	GB/T 8110：ER49-X	GB/T 10045：E43XT-X	GB/T 5293：F4AX-H08A
Ⅰ	≥235 且 <300	Q235 Q275	Q235GJ	20	GB/T 5117：E43XX E50XX	GB/T 8110：ER49-X ER50-X	GB/T 10045：E43XT-X E50XT-X	GB/T 5293：F4AX-H08A GB/T 12470：F48AX-H08MnA
Ⅱ	≥300 且 ≤355	Q355	Q345GJ	—	GB/T 5117：E50XX GB/T 5118：E5015 E5016-X	GB/T 8110：ER50-X	GB/T 17493：E50XT-X	GB/T 5293：F5AX-H08MnA GB/T 12470：F48AX-H08MnA F48AX-H10Mn2 F48AX-H10Mn2A

2）母材厚度和质量等级规定

免除评定的母材厚度不应大于 40mm，钢材的质量等级应为 A、B 级。

(3) 免除评定的最低预热温度和层间温度规定（表 21-54）

免除评定的最低预热/道间温度的规定 表 21-54

钢材类别	钢材牌号	设计对焊材要求	接头最厚部件的板厚 t（mm）	
			$t \leq 20$	$20 < t \leq 40$
Ⅰ	Q195、Q215、Q235、Q235GJ Q275、20	非低氢型	5℃	20℃
		低氢型		5℃
Ⅱ	Q355、Q345GJ	非低氢型		40℃
		低氢型		20℃

(4) 免除评定的焊缝尺寸规定

焊缝尺寸应符合设计要求，最小焊脚尺寸应符合表 21-55 的规定；最大单道焊焊缝尺寸应符合表 21-56 的规定。

角焊缝最小焊脚尺寸（mm） 表 21-55

母材厚度 t	角焊缝最小焊脚尺寸 h_f
$t \leq 6$	3
$6 < t \leq 12$	5
$12 < t \leq 20$	6
$t > 20$	8

单道焊最大焊缝尺寸（mm）　　　　　　　表 21-56

焊道类型	焊接位置	焊缝类型	焊接方法		
			焊条电弧焊	气体保护焊和药芯焊丝自保护焊	单丝埋弧焊
根部焊道最大厚度	平焊	全部	10	10	
	横焊		8	8	
	立焊		12	12	
	仰焊		8	8	
填充焊道最大厚度	全部	全部	5	6	6
单道角焊缝最大焊脚尺寸	平焊	角焊缝	10	12	12
	横焊		8	10	8
	立焊		12	12	
	仰焊		8	8	

（5）免除评定的焊接工艺参数规定（表 21-57～表 21-58）

各种焊接方法免除评定的焊接工艺参数范围　　　　　　　表 21-57

焊接方法代号	焊条或焊丝型号	焊条或焊丝直径(mm)	电流(A)	极性	电压(V)	焊接速度(cm/min)
SMAW	EXX15 [EXX16] (EXX03)	3.2	80～140	直流反接 [交、直流] (交流)	18～26	8～18
		4.0	110～210		20～27	10～20
		5.0	160～230		20～27	10～20
GMAW	ER-XX	1.2	180～320 打底 180～260 填充 220～320 盖面 220～280	直流反接	25～38	25～45
FCAW	EXX1T1	1.2	160～320 打底 160～260 填充 220～320 盖面 220～280	直流反接	25～38	30～55
SAW	HXXX	3.2	400～600	直流反接或交流	24～40	25～65
		4.0	450～700		24～40	
		5.0	500～800		34～40	

拉弧式栓钉焊接方法免除评定的焊接工艺参数范围　　　　　　　表 21-58

焊接方法代号	栓钉直径(mm)	焊条或焊丝直径(mm)	电流(A)	极性	时间(s)	提升高度(mm)	伸出长度(mm)
SW	13	—	900～1000	直流正接	0.7	1～3	3～4
	16		1200～1300		0.8		4～5

(6) 免除评定的各类焊接节点构造形式、焊接坡口的形式和尺寸规定

1) 免除评定的各类焊接节点构造形式、焊接坡口的形式和尺寸应符合《钢结构焊接规范》GB 50661—2011 中要求；

2) K 形、T 形、Y 形斜交接头和相贯线接头并应符合下列规定：

① 斜角角焊缝两面角 ψ>30°；

② 管材相贯接头局部两面角 ψ>30°。

(7) 免除评定的焊接工艺应用的结构范围

免除评定的焊接工艺仅适用于荷载特性应为静载的结构，结构荷载类型为动荷载或疲劳荷载的结构焊接接头的焊接工艺不属于免除评定范围，需要按规范规定进行焊接工艺评定。

3. 焊接工艺评定（焊接工艺需要进行评定）

(1) 一般规定要求

1) 除符合规定的免除评定外，焊接施工单位首次采用的钢材、焊接材料、焊接方法、接头形式、焊接位置、焊后热处理制度以及焊接工艺参数、预热和后热措施等各种参数的组合条件，应在钢结构构件制作及安装施工之前进行焊接工艺评定。

2) 焊接施工单位根据所承担钢结构的设计节点形式，钢材类型、规格，采用的焊接方法、焊接位置等，制订焊接工艺评定方案，拟定相应的焊接工艺评定指导书，按《钢结构焊接规范》GB 50661—2011 规定施焊试件、切取试样并由具有相应资质的检测单位进行检测试验，测定焊接接头是否具有所要求的使用性能，并出具检测报告；由相关机构对施工单位的焊接工艺评定施焊过程进行见证，由具有相应资质的检查单位根据检测结果，并出具焊接工艺评定报告。

3) 焊接工艺评定的环境应反映工程施工现场的条件。

4) 焊接工艺评定中的焊接热输入、预热、后热制度等施焊参数，应根据被焊材料的焊接性制定。

5) 焊接工艺评定所用设备、仪表的性能应处于正常工作状态，焊接工艺评定所用的钢材、栓钉、焊接材料必须能覆盖实际工程所用材料并应符合相关标准要求、具有生产厂出具的质量证明文件。

6) 焊接工艺评定试件应由该工程施工企业中持有相应资格证书的焊接人员施焊。

7) 焊接工艺评定所用的焊接方法应符合表 21-59 要求。

焊接方法分类 表 21-59

焊接方法类别号	焊接方法	代号
1	焊条电弧焊	SMAW
2-1	半自动实心焊丝二氧化碳气体保护焊	GMAW-CO_2
2-2	半自动实心焊丝富氩+二氧化碳气体保护焊	GMAW-Ar
2-3	半自动药芯焊丝二氧化碳气体保护焊	FCAW-G
3	半自动药芯焊丝自保护焊	FCAW-SS
4	非熔化极气体保护焊	GTAW
5-1	单丝自动埋弧焊	SAW-S

续表

焊接方法类别号	焊接方法	代号
5-2	多丝自动埋弧焊	SAW-M
5-3	单电双丝自动埋弧焊	SAW-T
6-1	熔嘴电渣焊	ESW-N
6-2	丝极电渣焊	ESW-W
6-3	板极电渣焊	ESW-P
7-1	单丝气电立焊	EGW-S
7-2	多丝气电立焊	EGW-M
8-1	自动实心焊丝二氧化碳气体保护焊	GMAW-CO_2A
8-2	自动实心焊丝80%氩+20%二氧化碳气体保护焊	GMAW-ArA
8-3	自动药芯焊丝二氧化碳气体保护焊	FCAW-GA
8-4	自动药芯焊丝自保护焊	FCAW-SA
9-1	非穿透栓钉焊	SW
9-2	穿透栓钉焊	SW-P
10	机器人焊接	RW

8) 焊接工艺评定文件包括焊接工艺评定报告、焊接工艺评定指导书、焊接工艺评定记录表、焊接工艺评定检验结果表及检验报告,应报相关单位审查备案。焊接工艺评定报告可参照《钢结构焊接规范》GB 50661—2011 附录 B 的格式内容编制。

(2) 焊接工艺评定替代原则

1) 不同焊接方法的评定结果不得互相替代。不同焊接方法组合焊接可用相应板厚的单种焊接方法评定结果替代,也可用不同焊接方法组合焊接评定,但弯曲及冲击试样切取位置应包含不同的焊接方法;同种牌号钢材中,质量等级高的钢材可替代质量等级低的钢材,质量等级低的钢材不可替代质量等级高的钢材。

2) 承受疲劳载荷的结构,不同钢材的焊接工艺评定结果不得互相替代。

3) 承受静载的结构,除栓钉焊外,不同钢材焊接工艺评定的替代规则应符合下列规定:

① 不同类别钢材的焊接工艺评定结果不得互相替代;

② Ⅰ、Ⅱ类同类别钢材中当强度和质量等级发生变化时,在相同供货状态下,高级别钢材的焊接工艺评定结果可替代低级别钢材;Ⅲ、Ⅳ类同类别钢材中的焊接工艺评定结果不得相互替代;除Ⅰ、Ⅱ类别钢材外,不同类别的钢材组合焊接时应重新评定,不得用单类钢材的评定结果替代;

③ 同类别钢材中轧制钢材与铸钢、耐候钢与非耐候钢的焊接工艺评定结果不得互相替代,控轧控冷(TMCP)钢、调质钢与其他供货状态的钢材焊接工艺评定结果不得互相替代;

④ 国内与国外钢材的焊接工艺评定结果不得互相替代;

⑤ 接头和坡口形式变化时应重新评定,但十字形接头评定结果可替代 T 形接头评定结果,全焊透或部分焊透的 T 形或十字形接头对接与角接组合焊缝评定结果可替代角焊

缝评定结果。

(3) 焊接工艺评定厚度覆盖范围

① 承受静载的结构,评定合格的试件厚度在工程中适用的厚度范围应符合表 21-60 的规定。

静载结构评定合格的试件厚度与工程适用厚度范围 表 21-60

焊接方法类别号	评定合格试件厚度 t (mm)	工程适用厚度范围	
		板厚最小值	板厚最大值
1、2、3、4、5、8	≤25	3mm	$2t$
	25<t≤70	$0.75t$	$2t$
	>70	$0.75t$	不限
6	≥18	$0.75t$,最小 18mm	$1.1t$
7	≥10	$0.75t$,最小 10mm	$1.1t$
9	$1/3\phi$≤t<12	t	$2t$,且不大于 16mm
	12≤t<25	$0.75t$	$2t$
	t≥25	$0.75t$	$1.5t$

注:ϕ 为栓钉直径。

② 评定合格的管材接头,壁厚的覆盖范围应符合表 21-95 的规定,直径的覆盖原则应符合下列规定:

a. 外径小于 600mm 的管材,其直径覆盖范围不应小于工艺评定试验管材的外径;

b. 外径不小于 600mm 的管材,其直径覆盖范围不应小于 600mm。

③ 板材对接与外径不小于 600mm 的相应位置管材对接的焊接工艺评定可互相替代。

④ 除栓钉焊外,横焊位置评定结果可替代平焊位置,平焊位置评定结果不可替代横焊位置。立、仰焊位置与其他焊接位置之间不可互相替代。

⑤ 有衬垫与无衬垫的单面焊全焊透接头不可互相替代;有衬垫单面焊全焊透接头和反面清根的双面焊全焊透接头可互相替代;不同材质的衬垫不可互相替代。

⑥ 当栓钉材质不变时,栓钉焊被焊钢材应符合下列替代规则:

a. Ⅲ、Ⅳ类钢材的栓钉焊接工艺评定试验可替代Ⅰ、Ⅱ类钢材的焊接工艺评定试验;

b. Ⅰ、Ⅱ类钢材的栓钉焊接工艺评定试验可互相替代;

c. Ⅲ、Ⅳ类钢材的栓钉焊接工艺评定试验不可互相替代。

(4) 焊接工艺评定试件

1) 试件制备应符合下列要求:

① 选择试件厚度应考虑评定试件厚度对工程构件接头厚度的有效适用范围;

② 试件的母材材质、焊接材料、坡口形式、尺寸和焊接必须符合焊接工艺评定指导书的要求;

③ 试件的尺寸应满足所制备试样的取样要求。各种接头形式的试件尺寸、试样取样位置应符合图 21-42~图 21-49 的要求。

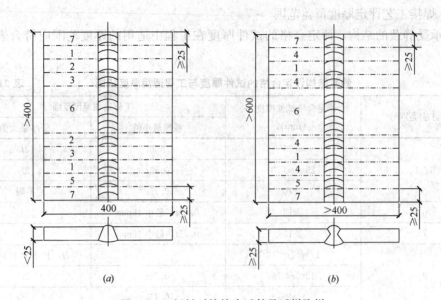

图 21-42 板材对接接头试件及试样取样
(a) 不取侧弯试样时；(b) 取侧弯试样时
1—拉伸试样；2—背弯试样；3—面弯试样；4—侧弯试样；
5—冲击试样；6—备用；7—舍弃

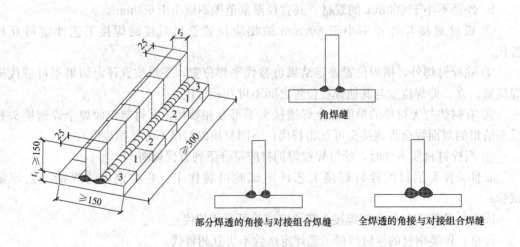

图 21-43 板材角焊缝和 T 形对接与角接组合
焊缝接头试件及宏观试样的取样
1—宏观酸蚀试样；2—备用；3—舍弃

21.4 钢结构连接　937

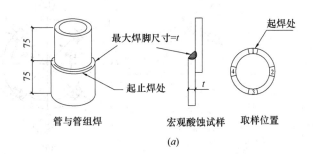

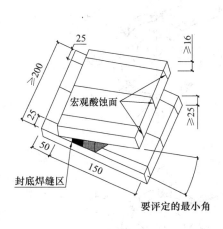

图 21-44　斜 T 形接头（锐角根部）

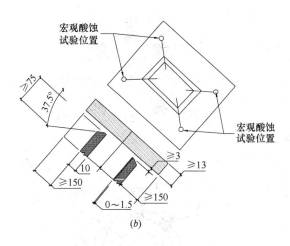

图 21-45　管材角焊缝致密性检验取样位置
(a) 圆管套管接头与宏观试样；(b) 矩形管 T 形
角接和对接与角接组合焊缝接头及宏观试样

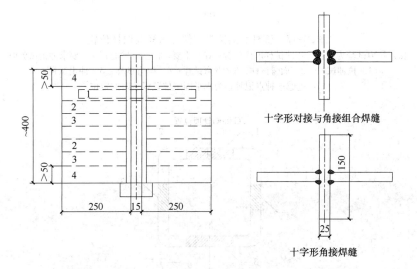

图 21-46　板材十字形角接（斜角接）及对接与角接组合焊缝接头试件及试样取样
1—宏观酸蚀试样；2—拉伸试样；3—冲击试样（要求时）；4—舍弃

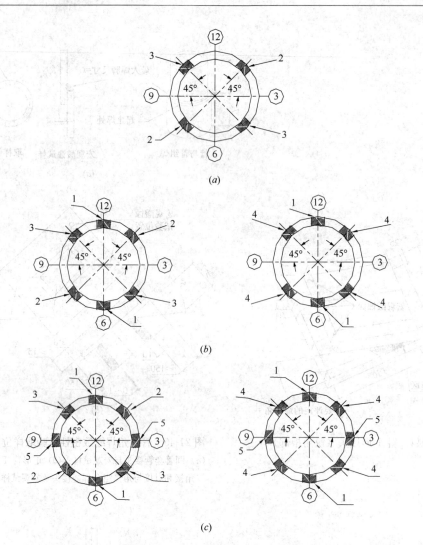

图 21-47 管材对接接头试件、试样及取样位置
(a) 拉力试验为整管时弯曲试样取样位置；(b) 不要求冲击试验时；(c) 要求冲击试验时
1—拉伸试样；2—面弯试样；3—背弯试样；4—侧弯试样；5—冲击试样；
③⑥⑨⑫—钟点记号，为水平固定位置焊接时的定位

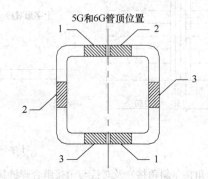

图 21-48 矩形管材对接接头试样取样位置
1—拉伸试样；2—面弯或侧弯试样、冲击试样（要求时）；3—背弯或侧弯试样、冲击试样（要求时）

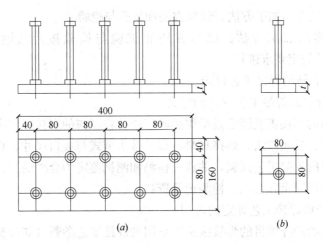

图 21-49 栓钉焊焊接试件及试样
(a) 试件的形状及尺寸；(b) 试样的形状及尺寸

2）检验试样种类和数量（表 21-61）

检验试样种类和数量[a]　　　　表 21-61

母材形式	试件形式	试件厚度(mm)	无损探伤	全断面拉伸	拉伸	面弯	背弯	侧弯	30°弯曲	冲击[d] 焊缝中心	冲击[d] 热影响区	宏观酸蚀及硬度[e,f]
板、管	对接接头	<14	要	管 2[b]	2	2	2	—	—	3	3	—
		≥14	要	—	2	—	—	4	—	3	3	—
板、管	板T形、斜T形和管T、K、Y形角接接头	任意	要	—	—	—	—	—	—	—	—	板 2、管 4
板	十字形接头	任意	要	—	2	—	—	—	—	3	3	2
管-管	十字形接头	任意	要	2[c]	—	—	—	—	—	—	—	4
管-球	—											2
板-焊钉	栓钉焊接头	底板≥12	—	5	—	—	—	—	5	—	—	—

注：[a]当相应标准对母材某项力学性能无要求时，可免做焊接接头的该项力学性能试验；
[b]管材对接全截面拉伸试样适用于外径不大于 76mm 的圆管对接试件，当管径超过该规定时，应按图 21-45 截取拉伸试件；
[c]管-管、管-球接头全截面拉伸试样适用的管径和壁厚由试验机的能力决定；
[d]是否进行冲击试验以及试验条件应按设计选用钢材的要求确定；
[e]硬度试验根据工程实际情况确定是否需要进行；
[f]圆管 T、K、Y 形和十字形相贯接头试件的宏观酸蚀试样应在接头的趾部、侧面及跟部各取一件；矩形管接头全焊透 T、K、Y 形接头试件的宏观酸蚀试样应在接头的角部各取一个，详见图 21-48。

(5) 工艺评定试样的加工方法、试验方法和试验与检验

工艺评定试样的加工方法、试验方法和试验与检验按照《钢结构焊接规范》GB 50661—2011 的规定要求进行。

(6) 已经鉴定合格的焊接工艺评定

① 已经鉴定合格的焊接工艺评定的定义

已经鉴定合格的焊接工艺评定是指焊接施工单位在以前的焊接施工中，根据以前的施工项目条件如母材、焊接方法、焊接材料、焊接接头型式与坡口尺寸、焊接工艺技术条件与焊接参数等进行的焊接工艺试验，并通过检测和测试鉴定为合格的工艺评定。该评定有完整的焊接试验过程记录和检验、检测记录资料。

② 已经鉴定合格焊接工艺评定的使用

焊接施工企业的新开项目的焊接接头所采用的焊接工艺参数（如母材等级与厚度、焊接方法、焊接接头型式与坡口尺寸、焊接工艺技术条件与参数等）完全在已经鉴定合格工艺评定覆盖范围内，可以使用已经鉴定合格的工艺评定记录资料作为支撑依据，编制新开项目接头的焊接工艺文件，用以指导新项目的接头焊接。

当新项目焊接接头拟采用的焊接工艺条件超出已经鉴定合格焊接工艺评定的下述限制条件时，已经鉴定合格的焊接工艺评定资料不能作为支撑依据，需要重新进行焊接工艺评定试验：

③ 手工焊条电弧焊，下列条件之一发生变化时，应重新进行工艺评定：

a. 焊条熔敷金属抗拉强度级别变化；

b. 由低氢型焊条改为非低氢型焊条；

c. 焊条规格改变；

d. 直流焊条的电流极性改变；

e. 多道焊和单道焊的改变；

f. 清焊根改为不清焊根；

g. 立焊方向改变；

h. 焊接实际采用的电流值、电压值的变化超出焊条产品说明书的推荐范围。

④ 熔化极气体保护焊，下列条件之一发生变化时，应重新进行工艺评定：

a. 实心焊丝与药芯焊丝的变换；

b. 单一保护气体种类的变化；混合保护气体的气体种类和混合比例的变化；

c. 保护气体流量增加 25% 以上，或减少 10% 以上；

d. 焊炬摆动幅度超过评定合格值的 ±20%；

e. 焊接实际采用的电流值、电压值和焊接速度的变化分别超过评定合格值的 10%、7% 和 10%；

f. 实心焊丝气体保护焊时熔滴颗粒过渡与短路过渡的变化；

g. 焊丝型号改变；

h. 焊丝直径改变；

i. 多道焊和单道焊的改变；

j. 清焊根改为不清焊根。

⑤ 埋弧焊,下列条件之一发生变化时,应重新进行工艺评定:

a. 焊丝规格改变;焊丝与焊剂型号改变;

b. 多丝焊与单丝焊的改变;

c. 添加与不添加冷丝的改变;

d. 焊接电流种类和极性的改变;

e. 焊接实际采用的电流值、电压值和焊接速度变化分别超过评定合格值的10%、7%和15%;

f. 清焊根改为不清焊根。

⑥ 电渣焊,下列条件之一发生变化时,应重新进行工艺评定:

a. 单丝与多丝的改变;板极与丝极的改变;有、无熔嘴的改变;

b. 熔嘴截面积变化大于30%,熔嘴牌号改变;焊丝直径改变;单、多熔嘴的改变;焊剂型号改变;

c. 单侧坡口与双侧坡口的改变;

d. 焊接电流种类和极性的改变;

e. 焊接电源伏安特性为恒压或恒流的改变;

f. 焊接实际采用的电流值、电压值、送丝速度、垂直提升速度变化分别超过评定合格值的20%、10%、40%、20%;

g. 偏离垂直位置超过10°;

h. 成形水冷滑块与挡板的变换;

i. 焊剂装入量变化超过30%。

⑦ 栓钉焊,下列条件之一发生变化时,应重新进行工艺评定:

a. 栓钉材质改变;

b. 栓钉标称直径改变;

c. 瓷环材料改变;

d. 非穿透焊与穿透焊的改变;

e. 穿透焊中被穿透板材厚度、镀层量增加与种类的改变;

f. 栓钉焊接位置偏离平焊位置25°以上的变化或平焊、横焊、仰焊位置的改变;

g. 栓钉焊接方法改变;

h. 预热温度比评定合格的焊接工艺降低20℃或高出50℃以上;

i. 焊接实际采用的提升高度、伸出长度、焊接时间、电流值、电压值的变化超过评定合格值的±5%。

21.4.3 焊 接 工 艺

21.4.3.1 焊接接头准备

(1) 焊接接头坡口形状和尺寸

坡口形状及尺寸是影响焊缝质量的重要因素,其基本要求是能得到致密的焊缝。《钢结构焊接规范》GB 50661—2011的规定各种焊接方法及接头坡口形状和尺寸标记应符合以下要求:

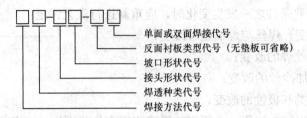

焊接方法、坡口形式、垫板种类及焊接位置等的代号说明，见表21-62～表21-65。

焊接方法及焊透种类的代号 表21-62

代号	焊接方法	焊透的种类
MC	焊条电弧焊接	完全焊透焊接
MP		部分焊透焊接
GC	气体保护电弧焊接	完全焊透焊接
GP	自保护电弧焊接	部分焊透焊接
SC	埋弧焊接	完全焊透焊接
SP		部分焊透焊接
SL	电渣焊	完全焊透

接头型式及坡口形状的代号 表21-63

接头型式			坡口形状	
代号		名称	代号	名称
			I	I形坡口
板接头	B	对接接头	V	V形坡口
	T	T形接头	X	X形坡口
	X	十字接头	L	单边V形坡口
	C	角接头	K	K形坡口
	F	搭接接头	U及双U[a]	单U形坡口、双U形坡口
管接头	T	T形接头	J及双J[a]	单边U形坡口
	Y	Y形接头		

注：[a] 当钢板厚度≥80mm时，可采用单U形、单J形、双U形及双J形坡口。

焊接面及垫板种类的代号 表21-64

焊接面		反面衬垫种类	
代号	焊接面规定	代号	使用材料
1	单面焊接	B_S	钢衬垫
2	双面焊接	B_F	其他材料衬垫

坡口各部分的尺寸代号 表21-65

代号	坡口各部分的尺寸
t	接缝部分的板厚（mm）
b	坡口根部间隙或部件间隙（mm）

续表

代号	坡口各部分的尺寸
H	坡口深度（mm）
P	坡口钝边（mm）
α	坡口角度（°）

示例：MC—BI—Bs1 代表单面焊接、钢衬垫、I形坡口、对接焊缝、药皮焊条手工电弧焊的完全焊透焊接。

(2) 接头的检查与清理

1) 施焊前应仔细检查母材，保证母材待焊接表面和两侧均匀、光洁，且无毛刺、裂纹和其他对焊缝质量有不利影响的缺陷；母材上待焊接表面及距焊缝位置 50mm 范围内不得有影响正常焊接和焊缝质量的氧化皮、锈蚀、油脂、水等杂质。

2) 检查母材坡口成型质量：采用机械方法加工坡口时，加工表面不应有台阶；采用热切割方法加工的坡口表面质量应符合《热切割、气割质量和尺寸偏差》JB/T 10045.3—1999 的相应规定；材料厚度小于或等于 100mm 时，割纹深度最大为 0.2mm；材料厚度大于 100mm 时，割纹深度最大为 0.3mm。割纹不满足要求时，应采用机械加工、打磨清除。

3) 结构钢材坡口表面切割缺陷需要进行焊接修补时，可根据《钢结构焊接规范》GB 50661—2011 的规定制定修补焊接工艺，并记录存档；调质钢及承受周期性荷载的结构钢材坡口表面切割缺陷的修补应制定专项方案经技术负责人批准后方可进行。

4) 接头处钢材轧制缺陷的检测和修复应符合下列要求：

① 焊接坡口边缘上钢材的夹层缺陷长度超过 25mm 时，应采用无损检测方法检测其深度，如深度不大于 6mm，应用机械方法清除；如深度大于 6mm 时，应用机械方法清除后焊接填满；若缺陷深度大于 25mm 时，应采用超声波测定其尺寸，当单个缺陷面积 ($a \times d$) 或聚集缺陷的总面积不超过被切割钢材总面积 ($B \times L$) 的 4% 时为合格，否则该板不宜使用。

② 钢材内部的夹层缺陷，其尺寸不超过第1) 款的规定且位置离母材坡口表面距离 (b) 大于或等于 25mm 时不需要修理；如该距离小于 25mm 则应进行修补，修补方法满足本节下文"返修焊"的要求。

③ 夹层缺陷是裂纹时（图 21-50），如裂纹长度 (a) 和深度 (d) 均不大于 50mm，

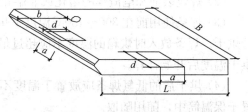

图 21-50 夹层缺陷示意

其修补方法应符合本节下文"返修焊"的规定；如裂纹深度超过 50mm 或累计长度超过板宽的 20% 时，该钢板不宜使用。

(3) 焊接接头组装精度要求：

1) 施焊前应检查焊接部位的组装质量是否满足表 21-66 的要求。如坡口组装间隙超过表中允许偏差但不大于较薄板厚度 2 倍或 20mm（取其较小值）时，可在坡口单侧或两侧堆焊，使其达到规定的坡口尺寸要求。禁止用在过大间隙中堵塞焊条头、铁块等物，仅在表面覆盖焊缝的做法。

坡口尺寸组装允许偏差　　　　　　　　　表 21-66

序号	项目	背面不清根接头	背面清根接头
1	接头钝边	±2mm	不限制
2	无钢衬垫接头根部间隙	±2mm	+2mm -3mm
3	带钢衬垫接头根部间隙	+6mm -2mm	不适用
4	接头坡口角度	+10° -5°	+10° -5°
5	根部半径	+3mm -0mm	不限制

2) 对接接头的错边量严禁超过接头中较薄件厚度的 1/10，且不超过 3mm。当不等厚部件对接接头的错边量超过 3mm 时，较厚部件应按不大于 1∶2.5 坡度平缓过渡。

3) T 形接头的角焊缝及部分焊透焊缝连接的部件应尽可能密贴，两部件间根部间隙不应超过 5mm；当间隙超过 5mm 时，应在板端表面堆焊并修磨平整使其间隙符合要求。

4) T 形接头的角焊缝连接部件的根部间隙大于 1.5mm，且小于 5mm 时，角焊缝的焊脚尺寸应按根部间隙值而增加。

5) 对于搭接接头及塞焊、槽焊以及钢衬垫与母材间的连接接头，接触面之间的间隙不应超过 1.5mm。

21.4.3.2　焊接材料的保管与烘干

(1) 焊接材料应储存在干燥、通风良好的地方，由专人保管、烘干、发放和回收，并有详细记录。

(2) 焊丝表面和电渣焊的熔化或非熔化导管应无油污、锈蚀。

(3) 焊条使用前在 300～430℃ 温度下烘干 1～2h，或按厂家提供的焊条使用说明书进行烘干。焊条放入时烘箱的温度不应超过最终烘干温度的一半，烘干时间以烘箱到达最终烘干温度后开始计算。

(4) 烘干后的低氢焊条应放置于温度不低于 120℃ 的保温箱中存放、待用，使用时应置于保温筒中，随用随取。

(5) 焊条烘干后放置时间不应超过 4h，用于屈服强度大于 370MPa 的高强钢的焊条，烘干后放置时间不应超过 2h。重新烘干次数不应超过 2 次。

(6) 焊剂使用前应按制造厂家推荐的温度进行烘焙，已潮湿或结块的焊剂严禁使用。用于屈服强度大于 370MPa 的高强钢的焊剂，烘焙后在大气中放置时间不应超过 4h。

(7) 栓钉焊瓷环保存时应有防潮措施。受潮的焊接瓷环使用前应在 120～150℃ 烘干 2h。

21.4.3.3　垫板、引弧板和熄弧板

(1) 引弧板、引出板和钢衬垫板的屈服强度应不大于被焊钢材标称强度，且焊接性相

近。焊条电弧焊和气体保护电弧焊焊缝引弧板、熄弧板长度应大于 25mm，埋弧焊引弧板、引出板长度应大于 80mm。焊接完成后，引弧板和熄弧板宜采用火焰切割、碳弧气刨或机械等方法去除，不得伤及母材并将割口处修磨焊缝端部平整，严禁锤击去除引弧板和熄弧板。

（2）衬垫可采用金属、陶瓷等，当使用钢衬垫时，应符合下述要求：
1）保证钢衬垫与焊缝金属熔合良好，且钢衬垫在整个焊缝长度内应连续；
2）钢衬垫应有足够的厚度以防止烧穿。用于焊条电弧焊、气体保护电弧焊和药芯焊丝电弧焊焊接方法，衬垫板厚度应不小于 4mm；用于埋弧焊方法的衬垫板厚度应不小于 6mm；用于电渣焊方法的衬垫板厚度应不小于 25mm；
3）钢衬垫应与接头母材金属贴合良好，其间隙不应大于 1.5mm。

21.4.3.4　定位焊

（1）定位焊必须由持焊工合格证的人施焊，使用焊材与正式施焊用的焊材相当。
（2）定位焊焊缝厚度应不小于 3mm，对于厚度大于 6mm 的正式焊缝，其定位焊缝厚度不宜超过正式焊缝厚度的 2/3；定位焊缝的长度应不小于 40mm，间距宜为 300～600mm。
（3）钢衬垫焊接接头的定位焊宜在接头坡口内焊接；定位焊焊接时预热温度应高于正式施焊预热温度 20～50℃；定位焊缝与正式焊缝应具有相同的焊接工艺和焊接质量要求；定位焊焊缝若存在裂纹、气孔、夹渣等缺陷，要完全清除。
（4）对于要求疲劳验算的动荷载结构，应制定专门的定位焊焊接工艺文件。

21.4.3.5　焊接作业区域环境要求

（1）焊条电弧焊和自保护药芯焊丝电弧焊，其焊接作业区最大风速不宜超过 8m/s、气体保护电弧焊不宜超过 2m/s，否则应设防风棚或采取其他防风措施。
（2）当焊接作业处于下列情况下应严禁焊接：
1）焊接作业区的相对湿度不得大于 90%；
2）焊件表面潮湿或暴露于雨、冰、雪中；
3）焊接作业条件不符合《焊接安全作业技术规程》规定要求时。
（3）焊接环境温度不低于－10℃，但低于 0℃时，应采取加热或防护措施，确保焊接接头和焊接表面各方向大于或等于 2 倍钢板厚度且不小于 100mm 范围内的母材温度不低于 20℃，且在焊接过程中均不应低于这一温度；当焊接环境温度低于－10℃时，必须进行相应焊接环境下的工艺评定试验，评定合格后方可进行焊接，否则严禁焊接。

21.4.3.6　预热及层间温度控制

（1）预热温度和层间温度应根据钢材的化学成分、接头的拘束状态、热输入大小、熔敷金属含氢量水平及所采用的焊接方法等因素综合考虑确定或进行焊接试验以确定实际工程结构施焊时的最低预热温度。屈服强度大于 370MPa 的高强钢及调质钢的预热温度、层间温度的确定尚应符合钢厂提供的指导性参数要求。电渣焊和气电立焊在环境温度为 0℃以上施焊时可不进行预热，但板厚大于 60mm 时，宜对引弧区域的母材预热且不低于 50℃。常用结构钢材采用中等热输入焊接时，最低预热温度宜符合表 21-67 的规定。

常用结构钢材最低预热温度要求　　　　　　　表 21-67

常用钢材牌号	接头最厚部件的板厚 t（mm）				
	$t<20$	$20 \leqslant t \leqslant 40$	$40<t \leqslant 60$	$60<t \leqslant 80$	$t>80$
Q235、Q295	/	/	40	50	80
Q355	/	40	60	80	100
Q390、Q420	20	60	80	100	120
Q460	20	80	100	120	150

注：1. "/" 表示可不进行预热；
　　2. 当采用非低氢焊接材料或焊接方法焊接时，预热温度应比该表规定的温度提高20℃；
　　3. 当母材施焊处温度低于0℃时，应将表中母材预热温度增加20℃，且应在焊接过程中保持这一最低道间温度；
　　4. 中等热输入指焊接热输入约为 15~25kJ/cm，热输入每增大 5kJ/cm，预热温度可降低20℃；
　　5. 焊接接头板厚不同时，应按接头中较厚板的板厚选择最低预热温度和道间温度；
　　6. 焊接接头材质不同时，应按接头中较高强度、较高碳当量的钢材选择最低预热温度；
　　7. 本表各值不适用于供货状态为调质处理的钢材；控轧控冷（热机械轧制）钢材最低预热温度可下降的数值由试验确定。

　　（2）对焊前预热及层间温度的检测和控制，工厂焊接时宜用电加热、大号气焊、割枪或专用喷枪加热；工地安装焊接宜火焰加热器加热。测温器宜采用表面测温仪。

　　（3）预热时的加热区域应在焊接坡口两侧，宽度各为焊件施焊处厚度的 1.5 倍以上，且不小于 100mm。测温时间应在火焰加热器移开以后。测温点应在离电弧经过前的焊接点处各方向至少 75mm 处。必要时应在焊件反面测温。

　　（4）采用氧气和乙炔气体中性焰加热方法，焊缝焊接的层间温度控制在 90~100℃，焊接过程中使用温度测温仪进行监控，当焊缝焊接温度低于要求时，立即加热到规定要求之后在进行焊接；单节点焊缝应连续焊接完成，不得无故停焊，如遇特殊情况立即采取措施；达到施焊条件后，重新对焊缝进行加热，加热温度比焊前预热温度相应提高 20~30℃。

21.4.3.7　焊后消除应力处理

　　（1）设计或合同文件对焊后消除应力有要求时，需经疲劳验算的结构中承受拉应力的对接接头或焊缝密集的节点或构件，宜采用电加热器局部退火和加热炉整体退火等方法进行消除应力处理；如仅为稳定结构尺寸，可选用振动法消除应力。

　　（2）焊后热处理应符合国家现行相关标准的规定。当采用电加热器对焊接构件进行局部消除应力热处理时，尚应符合下列要求：

　　1）使用配有温度自动控制仪的加热设备，其加热、测温、控温性能应符合使用要求；

　　2）构件焊缝每侧面加热板（带）的宽度至少为钢板厚度的 3 倍，且应不小于200mm；

　　3）加热板（带）以外构件两侧宜用保温材料适当覆盖。

　　（3）用锤击法消除中间焊层应力时，应使用圆头手锤或小型振动工具进行，不应对根部焊缝、盖面焊缝或焊缝坡口边缘的母材进行锤击。

21.4.3.8　焊接工艺技术要求

　　（1）对于焊条手工电弧焊、半自动实心焊丝气体保护焊、半自动药芯焊丝气体保护或自保护焊和自动埋弧焊焊接方法，最大根部焊道厚度、最大填充焊道厚度、最大单道角焊缝尺寸和最大单道焊焊层宽度宜符合表 21-68 的规定。经焊接工艺评定合格验证除外。

最大单道焊焊缝尺寸推荐表　　　　　　　　　表 21-68

焊道类型	焊接位置	焊缝类型	焊接方法				
			SMAW	GMAW/FCAW	SAW		
					单丝	串联双丝	多丝
根部焊道最大厚度	平焊	全部	10mm	10mm	无限制		
	横焊		8mm	8mm			
	立焊		12mm	12mm	不适用		
	仰焊		8mm	8mm			
填充焊道最大厚度	全部	全部	5mm	6mm	6mm	无限制	
单道焊最大宽度							
单道角焊缝最大焊脚尺寸	平焊	角焊缝	10mm	12mm	无限制		
	横焊		8mm	10mm	8mm	8mm	12mm
	立焊		12mm	12mm	不适用		
	仰焊		8mm	8mm			
单道焊最大焊层宽度	所有（立焊除外）（用于 SMAW、GMAW 和 FCAW）	坡口焊缝	如坡口根部间隙>12mm 或焊层宽度>16mm，采用分道焊技术		不适用		
	平焊和横焊（用于 SAW）	坡口焊缝	不适用		焊层宽度>16mm，采用分道焊技术	焊层宽度>25mm，采用分道焊技术	

注：SMAW—焊条手工电弧焊；GMAW—半自动实心焊丝气体保护焊；FCAW—药芯焊丝气体保护或自保护焊；SAW—自动埋弧焊。

(2) 多层焊时应连续施焊，每一焊道焊接完成后应及时清理焊渣及表面飞溅物，发现影响焊接质量的缺陷时，应清除后方可再焊。遇有中断施焊的情况，应采取适当的后热、保温措施，再次焊接时重新预热温度应高于初始预热温度。

(3) 塞焊和槽焊可采用焊条手工电弧焊、气体保护电弧焊及自保护电弧焊等焊接方法。平焊时，应分层熔敷焊缝，每层熔渣冷却凝固后，必须清除方可重新焊接；立焊和仰焊时，每道焊缝焊完后，应待熔渣冷却并清除后方可施焊后续焊道。

(4) 严禁在调质钢上采用塞焊和槽焊焊缝。

21.4.3.9 焊接变形控制

(1) 在进行构件或组合构件的装配和部件间连接时，以及将部件焊接到构件上时，采用的工艺和顺序应使最终构件的变形和收缩最小。

(2) 根据构件上焊缝的布置，可按下列要求采用合理的焊接顺序控制变形：

1) 对接接头、T 形接头和十字接头，在工件放置条件允许或易于翻身的情况下，宜双面对称焊接；有对称截面的构件，宜对称于构件中和轴焊接；有对称连接杆件的节点，宜对称于节点轴线同时对称焊接；

2) 非对称双面坡口焊缝，宜先焊部分深坡口侧、然后焊满浅坡口侧、最后完成深坡口侧焊缝，特厚板宜增加轮流对称焊接的循环次数；

3) 对长焊缝宜采用分段退焊法或与多人对称焊接法同时运用；

4) 宜采用跳焊法，避免工件局部热量集中。

(3) 构件装配焊接时，应先焊预计有较大收缩量的接头，后焊预计收缩量较小的接头，接头应在尽可能小的拘束状态下焊接。对于预计有较大收缩或角变形的接头，可通过计算预估焊接收缩和角变形量的数值，在正式焊接前采用预留焊接收缩余量或预置反变形方法控制收缩和变形。

(4) 对于组合构件的每一组件，应在该组件焊到其他组件以前完成拼接；多组件构成的复合构件应采取分部组装焊接，分别矫正变形后再进行总装焊接的方法降低构件的变形。

(5) 对于焊缝分布相对于构件的中和轴明显不对称的异形截面的构件，在满足设计计算要求的情况下，可采用增加或减少填充焊缝面积的方法或采用补偿加热的方法使构件的受热平衡，以降低构件的变形。

21.4.3.10 返修焊

(1) 焊缝金属或母材的缺陷超过相应的质量验收标准时，可采用砂轮打磨、碳弧气刨、铲凿或机械等方法彻底清除。返修焊接之前，应清洁修复区域的表面。对于焊缝尺寸不足、咬边、弧坑未填满等缺陷应进行焊补。返修或重焊的焊缝应按原检测方法和质量标准进行检测验收。

(2) 对焊缝进行返修，宜按下述要求进行：

1) 焊瘤、凸起或余高过大：采用砂轮或碳弧气刨清除过量的焊缝金属。

2) 焊缝凹陷或弧坑、焊缝尺寸不足、咬边、未熔合、焊缝气孔或夹渣等应在完全清除缺陷后进行补焊。

3) 焊缝或母材的裂纹应采用磁粉、渗透或其他无损检测方法确定裂纹的范围及深度，用砂轮打磨或碳弧气刨清除裂纹及其两端各 50mm 长的完好焊缝或母材，修整表面或磨除气刨渗碳层后，并用渗透或磁粉探伤方法确定裂纹是否彻底清除，再重新进行补焊。对于拘束度较大的焊接接头上焊缝或母材上裂纹的返修，碳弧气刨清除裂纹前，宜在裂纹两端钻止裂孔后再清除裂纹缺陷。

4) 焊接返修的预热温度应比相同条件下正常焊接的预热温度提高 30~50℃，并采用低氢焊接方法和焊接材料进行焊接。

5) 返修部位应连续焊成。如中断焊接时，应采取后热、保温措施，防止产生裂纹。厚板返修焊宜采用消氢处理。

6) 焊接裂纹的返修，应通知专业焊接工程师对裂纹产生的原因进行调查和分析，制定专门的返修工艺方案后按工艺要求进行。

7) 承受动荷载结构的裂纹返修以及静载结构同一部位的两次返修后仍不合格时，应对返修焊接工艺进行工艺评定，并经业主或监理工程师认可后方可实施。

8) 裂纹返修焊接应填报返修施工记录及返修前后的无损检测报告，作为工程验收及存档资料。

21.4.3.11 焊件矫正

因焊接而变形超标的构件应采用机械方法或局部加热的方法进行矫正。采用加热矫正时，调质钢的矫正温度严禁超过最高回火温度，其他钢材严禁超过800℃。加热矫正后宜采用自然冷却，低合金钢在矫正温度高于650℃时严禁急冷。

21.4.3.12 焊接质量检查要求

（1）焊接质量检查内容

焊接质量检查是钢结构质量保证体系中的关键环节，包括焊接前检查、焊接中的检查和焊接后的检查，各阶段检查内容如下：

1）焊前检验主要包括：检验技术文件（图纸、标准、工艺规范等）是否齐全；焊接材料（焊条、焊丝、焊剂、气体等）和基本金属原材料的检验；毛坯装配与焊接件边缘质量检验；焊接设备（焊机和专用胎、模具等）是否完善以及焊工操作水平的鉴定等。

2）焊中检验主要包括：焊接工艺参数（电流、电压、焊接速度、预热温度、层间温度及后热温度和时间等）；多层多道焊焊道缺陷的处理；采用双面焊清根的焊缝，应在清根后进行外观检查及规定的无损检测；多层多道焊中焊层、焊道的布置及焊接顺序等。

3）焊后检验主要包括：焊缝的外观质量与外形尺寸检测；焊缝的无损检测；焊接工艺规程记录及检验报告的确认。

（2）焊接质量常用检验方法

1）焊缝检验包括外观检查和焊缝内部缺陷的检查。

2）外观检查主要采用目视检查（VT）（借助直尺、焊缝检测尺、放大镜等），辅以磁粉探伤（MT）、渗透探伤（PT）检查表面和近表面缺陷。

3）内部缺陷的检测一般可采用超声波探伤（UT）和射线探伤（RT），宜首选超声波探伤，当要求采用射线探伤等其他探伤方法时，应在设计文件或供货合同中指明。

（3）焊缝质量抽样方法

根据《钢结构焊接规范》GB 50661—2011 的规定，抽样检查除设计指定焊缝外应采用随机取样方式取样，同时尚应满足以下要求：

1）焊缝处数的计数方法：工厂制作焊缝长度小于等于1000mm时，每条焊缝为1处；长度大于1000mm时，将其划分为每300mm为1处；现场安装焊缝每条焊缝为1处。

2）可按下列方法确定检查批：

① 制作焊缝可以同一工区（车间）按一定的焊缝数量组成批；多层框架结构可以每节柱的所有构件组成批；

② 安装焊缝可以区段组成批，多层框架结构可以每层（节）的焊缝组成批。

3）批的大小宜为300～600处。

4）抽样检查的焊缝数如不合格率小于2%时，该批验收应定为合格；不合格率大于5%时，该批验收应定为不合格；不合格率为2%～5%时，应加倍抽检，且必须在原不合格部位两侧的焊缝延长线各增加一处，如在所有抽检焊缝中不合格率不大于3%时，该批验收应定为合格，大于3%时，该批验收应定为不合格。当批量验收不合格时，应对该批余下焊缝的全数进行检查。当检查出一处裂纹缺陷时，应加倍抽查，如在加倍抽检焊缝中未检查出其他裂纹缺陷时，该批验收应定为合格，当检查出多处裂纹缺陷或加倍抽查又发现裂纹缺陷时，应对该批余下焊缝的全数进行检查。

(4) 焊缝外观检查要求

1) 焊缝缺陷检查

焊缝外观缺陷检查应在所有焊缝冷却到环境温度后方可进行；焊缝外观缺陷质量应符合表21-69的要求。

焊缝外观质量检查标准 表21-69

项目	一级	二级	三级
裂纹	不允许		
未焊满	不允许	≤0.2+0.02t 且≤1mm，每100mm长度焊缝内未焊满累积长度≤25mm	≤0.2+0.04t 且≤2mm，每100mm长度焊缝内未焊满累积长度≤25mm
根部收缩	不允许	≤0.2+0.02t 且≤1mm，长度不限	≤0.2+0.04t 且≤2mm，长度不限
咬边	不允许	≤0.05t 且≤0.5mm，连续长度≤100mm，且焊缝两侧咬边总长≤10%焊缝全长	≤0.1t 且≤1mm，长度不限
电弧擦伤	不允许		允许存在个别电弧擦伤
接头不良	不允许	缺口深度≤0.05t 且≤0.5mm，每1000mm长度焊缝内不得超过1处	缺口深度≤0.1t 且≤1mm，每1000mm长度焊缝内不得超过1处
表面气孔	不允许		每50mm长度焊缝内允许存在直径<0.4t 且≤3mm的气孔2个；孔距应≥6倍孔径
表面夹渣	不允许		深≤0.2t，长≤0.5t 且≤20mm

注：1. 外观检测采用目测方式，裂纹的检查应辅以5倍放大镜并在合适的光照条件下进行，必要时可采用磁粉探伤或渗透探伤，尺寸的测量应用量具、卡规。
    2. 栓钉焊接接头的外观质量应符合《钢结构焊接规范》GB 50661—2011 的要求。外观质量检验合格后进行打弯抽样检查，合格标准：当栓钉打弯至30°时，焊缝和热影响区不得有肉眼可见的裂纹，检查数量应不小于栓钉总数的1%并不少于10个。
    3. 电渣焊、气电立焊接头的焊缝外观成形应光滑，不得有未熔合、裂纹等缺陷；当板厚小于30mm时，压痕、咬边深度不得大于0.5mm；板厚大于或等于30mm时，压痕、咬边深度不得大于1.0mm。

2) 焊缝焊脚尺寸检查要求

焊缝尺寸应符合表21-70的规定；焊缝余高及错边应符合表21-71的规定。

角焊缝焊脚尺寸允许偏差 表21-70

序号	项目	示意图	允许偏差（mm）
1	一般全焊透的角接与对接组合焊缝		$h_\mathrm{f} \geqslant \left(\dfrac{t}{4}\right)_0^{+4}$ 且≤10
2	需经疲劳验算的全焊透角接与对接组合焊缝		$h_\mathrm{f} \geqslant \left(\dfrac{t}{2}\right)_0^{+4}$ 且≤10

续表

序号	项目	示意图	允许偏差（mm）	
3	角焊缝及部分焊透的角接与对接组合焊缝		$h_f \leq 6$ 时 0~1.5	$h_f > 6$ 时 0~3.0

注：1. $h_f > 8.0$mm 的角焊缝其局部焊脚尺寸允许低于设计要求值 1.0mm，但总长度不得超过焊缝长度的 10%；
2. 焊接 H 形梁腹板与翼缘板的焊缝两端在其两倍翼缘板宽度范围内，焊缝的焊脚尺寸不得低于设计要求值。

焊缝余高和错边允许偏差　　　　　　　　表 21-71

序号	项目	示意图	允许偏差（mm）	
			一、二级	三级
1	对接焊缝余高（C）		$B<20$ 时，C 为 0~3；$B \geq 20$ 时，C 为 0~4	$B<20$ 时，C 为 0~3.5；$B \geq 20$ 时，C 为 0~5
2	对接焊缝错边（d）		$d<0.1t$ 且 ≤ 2.0	$d<0.15t$ 且 ≤ 3.0
3	角焊缝余高（C）		$h_f \leq 6$ 时 C 为 0~1.5；$h_f > 6$ 时 C 为 0~3.0	

（5）焊缝无损检测要求

1）无损检测时间规定

低碳钢焊接接头焊接后，冷却到室温，可进行外观缺陷检查和无损检测；低合金钢应在焊后 24h 进行外观缺陷检查和无损检测；对于标称屈服强度大于 690MPa（调质状态）的钢材，应在焊后 48h 进行焊缝的外观检验和无损检测。

2）焊缝的质量等级和缺陷分级

《钢结构工程施工质量验收标准》GB 50205—2020 规定：设计要求全焊透的一、二级焊缝应做超声波探伤，探伤方法及缺陷分级应符合《焊缝无损检测　超声检测　技术、检测等级和评定》GB/T 11345—2013 或《焊缝无损检测　射线检测》GB/T 3323—2019 的规定。焊接球节点网架焊缝、螺栓球节点网架焊缝及圆管 T、K、Y 形节点相关线焊缝，其内部缺陷分级及探伤方法应符合《钢结构焊接规范》GB 50661—2011 的规定。

一、二级焊缝的质量等级及缺陷分级应符合表 21-72 的要求。

一、二级焊缝的质量等级及缺陷分级　　　　表 21-72

焊缝质量等级		一级	二级
内部缺陷超声波探伤	评定等级	Ⅱ	Ⅲ
	检验等级	B 级	B 级
	探伤比例	100%	20%
内部缺陷射线探伤	评定等级	Ⅱ	Ⅲ
	检验等级	AB 级	AB 级
	探伤比例	100%	20%

注：探伤比例的计数方法按以下原则确定：对工厂制作焊缝，应按每条焊缝计算百分比，且探伤长度应不小于 200mm，当焊缝长度不足 200mm 时，应对整条焊缝探伤；对现场安装焊缝，应按同一类型、同一施焊条件的焊缝条数计算百分比，探伤长度应不小于 200mm，并应不少于 1 条焊缝。

21.4.3.13 常见缺陷原因及其处理方法

焊缝常见缺陷产生原因及其处理方法，见表 21-73。

焊缝常见缺陷产生原因及其处理方法　　　　表 21-73

缺陷名称	特征	产生原因	检验方法	排除方法
焊缝形状不符合要求	由于焊接变形导致的焊缝形状翘曲或尺寸超差	1. 焊接顺序不正确 2. 焊前准备不当，如坡口间隙过大或过小，未留收缩余量等 3. 焊接夹具结构不良	1. 目视检验 2. 用量具测量	外部变形可用机械方法或加热方法矫正
咬边	沿焊缝的母材部位产生的沟槽或凹陷	1. 焊接工艺参数选择不当，如电流过大、电弧过长 2. 操作技术不正确，如焊枪角度不对，运条不适当 3. 焊条药皮端部的电弧偏吹 4. 焊接零件的位置安放不当	1. 目视检验 2. 宏观金相检验	轻微的、浅的咬边可用机械方法修挫，使其平滑过渡；严重的、深的咬边应进行焊补
焊瘤	熔化金属流淌到焊缝之外未熔化的母材上所形成的金属瘤	1. 焊接工艺参数选择不正确 2. 操作技术不正确，如运条不适当，立焊时尤其容易产生 3. 焊条位置安放不当	1. 目视检验 2. 宏观金相检验	可用铲、挫、磨等手工或机械方法除去多余的堆积金属
烧穿	熔化金属自坡口背面流出、形成烧穿的缺陷	1. 焊条装配不当，如坡口尺寸不合要求，间隙过大 2. 焊接电流太大 3. 焊接速度太慢 4. 操作技术不佳	1. 目视检验 2. X 射线探伤	消除烧穿孔洞边缘的多余金属，用补焊方法填平孔洞后，再继续焊接

续表

缺陷名称	特征	产生原因	检验方法	排除方法
焊漏	母材熔化过深，导致熔融金属从焊缝背面漏出	1. 接电流太大 2. 接速度太慢 3. 接头坡口角度、间隙太大	1. 目视检验 2. 宏观金相检验 3. X射线探伤	可用铲、挫、磨等手工或机械方法除去漏出的多余金属
气孔	熔池中的气泡在凝固时未能逸出而残留下来形成空穴，有密集气孔和条虫状气孔等	1. 焊件与焊接材料有油污、锈及其他氧化物 2. 焊接区域保护不好 3. 焊接电流过小，弧长过长，焊接速度太快	1. X射线探伤 2. 金相检验 3. 目视检验	铲除气孔处的焊缝金属，然后补焊
夹渣	焊后残留在焊缝中的熔渣	1. 焊接材料质量不好 2. 焊接电流过小，焊速过快 3. 熔渣密度太大，阻碍熔渣上浮 4. 多层焊时熔渣未清除干净	1. X射线探伤 2. 金相检验 3. 超声探伤	铲除夹渣处的焊缝金属，然后补焊
裂纹 — 热裂纹	沿晶界面出现，裂纹断口处有氧化色。一般出现在焊缝上，呈锯齿状	1. 母材抗裂性能较差 2. 焊接材料质量不好 3. 焊接工艺参数选择不当 4. 焊缝内拉应力大	1. 目视检验 2. X射线探伤 3. 超声波探伤 4. 磁粉探伤 5. 金相检验 6. 着色探伤或荧光探伤	在裂纹两端钻止裂孔或铲除裂纹处的焊缝金属，而后进行补焊
裂纹 — 冷裂纹	断口无明显的氧化色，有金属光泽。产生在热影响区的过热区中	1. 焊接结构设计不合理 2. 焊缝布置不当 3. 焊接工艺措施不周全，如未预热或焊后冷却快		
裂纹 — 再热裂纹	沿晶间且局限于热影响区的粗晶区内	1. 焊后所选择的热处理规范不正确 2. 母材性能尚未完全掌握		
裂纹 — 层状撕裂	沿平行于板面分层分布的非金属夹杂物方向扩展的阶梯状裂纹	1. 材质本身存在层状夹杂物 2. 钢板的Z向应力较大 3. 焊接接头含氧量太大	1. 金相检验 2. 超声波检验	1. 严格控制钢板的硫含量 2. 设计的接头减少Z向应力 3. 降低焊缝金属的含氢量
未焊透	母材与焊缝金属之间未熔化而留下的空隙，常在单面焊根部和双面焊中间	1. 焊接电流过小 2. 焊接速度过快 3. 坡口角度间隙过小 4. 操作技术不佳	1. 目视探伤 2. X射线探伤 3. 超声波探伤 4. 金相检验	1. 对开敞性好的结构的单面未焊透，可在焊缝背面直接补焊 2. 对于不能直接焊补的重要焊件，应铲除未焊透的焊缝金属，重新焊接
未熔合	母材与焊缝金属间，焊缝金属与焊缝金属间未完全熔合在一起			

续表

缺陷名称	特征	产生原因	检验方法	排除方法
夹钨	钨极进入到焊缝中的钨粒	氩弧焊时钨极与熔池金属接触	1. 目视检验 2. X射线探伤	挖去夹钨处缺陷金属，重新焊接
弧坑	焊缝熄弧处的低洼部分	操作时熄弧太快，未反复向熄弧处补充填充金属	目视检验	在弧坑处焊补
凹坑	焊缝表面或焊缝背面形成的低于母材表面的局部低洼部分。弧坑也是凹坑的一种	焊接电流太大且焊接速度太快	目视检验	1. 对于对接焊缝，铲去焊缝金属重新焊接（指封闭结构） 2. 对于T形接头和开敞性好的对接焊缝，可在其背面直接焊补
晶间腐蚀	焊接不锈钢时，焊缝或热影响区金属晶界上出现的细小裂纹	1. 焊接时母材中合金元素烧损过多 2. 焊接方法选择不当 3. 焊接材料选择不当	微观金相检验	铲去有缺陷的焊缝，重新焊接

21.4.4　工　厂　焊　接

21.4.4.1　钢板对接

在工厂板制构件加工时，常常会因为构件的长度和宽度的需要，在构件装配前进行钢板的长度和宽度方向上的对接拼接。

1. 焊接方法的选用

(1) 当对接钢板厚度小于6mm时，采用气体保护焊或手工焊条电弧焊进行焊接；

(2) 当对接钢板厚度不小于6mm时，一般采用埋弧自动焊进行焊接。

2. 焊接接头坡口的选择（表21-74）

焊接接头坡口的选择　　　　　　　　表21-74

板厚（mm）	坡口型式	焊接方法	根部处理方式
≤6	I	GMAW 或 SMAW	碳刨清根处理或反面深弧穿透焊
6～20	V	SAW	碳刨清根处理或反面深弧穿透焊
20～60	X	SAW	碳刨清根处理或反面深弧穿透焊
≥60	双U	SAW	碳刨清根处理或反面深弧穿透焊

3. 不等厚或不等宽钢板对接过渡处理

(1) 不同厚度的板材对接接头受拉时，其允许厚度差值（t_1-t_2）按表21-75的规定。当一面的厚度差值超过表21-75的规定时应将焊缝焊成斜坡状，其坡度最大允许值为1∶2.5，或将较厚板的一面或两面在焊前加工成斜坡，其坡度最大允许值应为1∶2.5；

不同厚度钢材对接的允许厚度差（mm）　　　表 21-75

较薄钢材厚度 t_2	$5 \leqslant t_2 \leqslant 9$	$9 < t_2 \leqslant 12$	$t_2 > 12$
允许厚度差（单面厚度差值）	2	3	4

（2）不同宽度的板材对接时，应根据施工条件采用热切割、机械加工或砂轮打磨的方法使之平缓过渡，其连接处最大允许坡度值应为 1:2.5，如图 21-51。

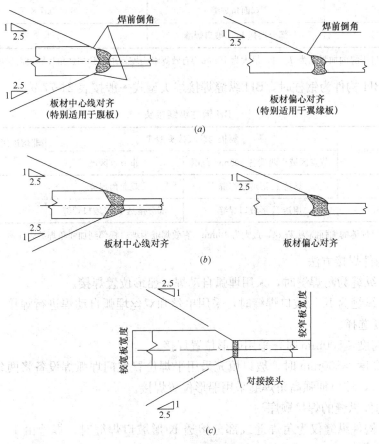

图 21-51　对接接头部件厚度、宽度不同时的平缓过渡
(a) 板材厚度不同加工成斜坡状；(b) 板材厚度不同焊接成斜坡状；(c) 板材宽度不同

4. 钢板对接拼缝焊接顺序原则

钢板的长度和宽度由多块钢板对接焊组成时，焊接顺序为 1—2—3—4—5（图 21-52）。

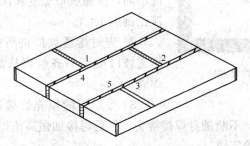

图 21-52　钢板对接拼缝焊接顺序

21.4.4.2 BH构件焊接

1. BH构件翼板与腹板接头纵缝接头形式

(1) 当BH构件为钢梁、支撑时,BH纵缝焊接接头型式一般按表21-76选择。

BH钢梁或支撑纵缝接头 表21-76

腹板厚度 T_f (mm)	翼板与腹板接头型式	最大焊脚尺寸或有效焊喉尺寸
$T_f \leqslant 25$	双面角焊缝	$0.7 \times T_f$
$T_f > 25$	部分熔透K形坡口焊缝	T_f

注:K形坡口焊缝的加强高为 $T_f/4$,最大为10mm,有效焊喉为坡口根部到加强角焊缝表面最短距离。

(2) 当BH构件为钢柱时,BH纵缝焊接接头型式一般按表21-77选择。

BH钢柱纵缝接头 表21-77

腹板厚度 T_f (mm)	翼板与腹板接头型式		非熔透接头最大焊脚尺寸或有效焊喉尺寸
	节点区域+两端各500mm范围	非节点区域	
$T_f \leqslant 25$	熔透K形坡口焊缝	双面角焊缝	$0.7 \times T_f$
$T_f > 25$	熔透K形坡口焊缝	部分熔透K形坡口焊缝	T_f

注:K形坡口焊缝的加强高为 $T_f/4$,最大为10mm,有效焊喉为坡口根部到加强角焊缝表面最短距离。

2. BH构件焊接方法

(1) BH纵缝为角焊缝时,采用埋弧自动焊,船形位置焊接。

(2) BH纵缝为K形坡口焊缝时,采用单丝和双丝埋弧自动焊进行焊接,焊接位置根据BH的高度选择。

1) BH高度≤800mm时,采用船形位置焊接。

2) BH高度>800mm时,坡口填充采用平焊位置龙门埋弧焊设备将两条纵缝同时焊接(图21-54),坡口加强高角焊缝采用船形位置焊接。

3. BH构件纵缝的焊接顺序

(1) BH构件纵缝仅为角焊缝或部分熔透K形坡口焊缝时,焊缝由1~3道完成时,焊接顺序为1—2—3—4,如图21-53所示。

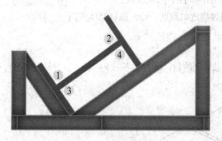

图21-53 BH纵缝焊接顺序

(2) BH纵缝为部分熔透K形坡口焊缝和熔透K形坡口焊缝组合纵缝时:

1) 部分熔透坡口与熔透坡口因坡口宽度和深度不同,应做坡口宽度和深度的斜坡过渡处理,过渡比例为1:4。

2) 先对熔透坡口进行打底焊接,焊缝与部分熔透坡口根部平齐后再从端头开始连续焊接坡口焊缝。

3) 坡口焊缝填充焊接过程中,观察BH构件翼板角变形的大小情况,不断翻身焊接接头,最后焊接加强高角焊缝。不可将坡口填充缝和加强角焊缝一次焊接完成。

图 21-54 龙门埋弧焊设备焊接 BH 纵缝

21.4.4.3 十字形构件的焊接

1. 十字形构件的构成

(1) 十字形构件由两根 BH 构件构成,其中一根 BH 焊接矫正后,按十字构件截面高度要求,沿腹板间断切开成两个 T 字部件,再按设计位置在另一 BH 构件腹板上装配 T 字部件,组成十字形构件(图 21-55),建筑钢结构中,十字形构件多用作为劲性钢骨柱。

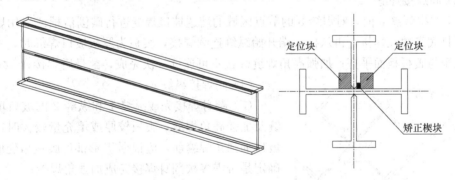

图 21-55 十字形构件的构成

(2) 十字形构件中 BH 构件的焊接参照"BH 构件焊接"章节内容进行焊接

2. 十字形构件纵缝接头形式

十字形构件在建筑结构中一般用作劲性钢柱,其 BH 部件与 T 形部件腹板间纵缝的焊接接头要求与 BH 钢柱纵缝要求相同,在节点区域要求进行全焊缝,非节点区域为角焊缝或部分熔透焊缝,见表 21-78。

十字形钢柱腹板纵缝接头 表 21-78

腹板厚度 T_f (mm)	腹板与腹板接头型式		非熔透接头最大焊脚尺寸或有效焊喉尺寸
	节点区域+两端各 500mm 范围	非节点区域	
$T_f \leqslant 25$	熔透 K 形坡口焊缝	双面角焊缝	设计要求或 $0.7 \times T_f$
$T_f > 25$	熔透 K 形坡口焊缝	部分熔透 K 形坡口焊缝	设计要求或 T_f

注:K 形坡口焊缝的加强高为 $T_f/4$,最大为 10mm,有效焊喉为坡口根部到加强角焊缝表面最短距离。

3. 十字形构件纵缝焊接方法

十字形（柱）焊接采用埋弧自动焊船形位置进行焊接，根据十字柱截面的高度大小，必要时需对埋弧焊接头上的送丝导管进行加长。焊接位置如图 21-56 所示。

4. 十字形（柱）构件纵缝焊接顺序（图 21-57）

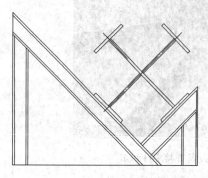 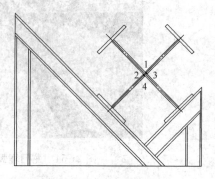

图 21-56 十字形构件埋弧焊焊接位置　　图 21-57 一般十字形构件纵缝焊接顺序

（1）采用埋弧焊焊接焊缝 1 的节点区域的熔透坡口焊缝，焊缝填充焊接至与部分熔透坡口纵缝根部平齐或角焊缝腹板面平齐，再从一端端部开始纵缝连续焊接，十字柱腹板为厚板坡口时，纵缝一次焊接不应超过 3 道，随时观测 T 形部件腹板角变形的大小；

（2）同焊接焊缝 2；

（3）焊接焊缝 3 前，对焊缝 3 的节点区域的熔透坡口焊缝进行碳刨清根或采用熔透电弧进行打底和填充焊接，再从柱一端开始纵缝连续焊接，腹板为厚板坡口焊缝时，一般焊接填充至与腹板板面平齐；加强高角焊缝焊接不可连续一次完成，翻身后焊接；

（4）同焊接纵缝 4；

（5）翻身焊接完成纵缝 1 和纵缝 2 的坡口填充焊缝及加强高角焊缝，腹板较厚或填充量较大时，焊接坡口加强角焊缝前，应根据 T 形部件腹板角变形大小确定是否需多次翻身焊接完成加强角焊缝；

（6）腹板为厚板坡口焊缝时，翻身焊接完成纵缝 3 和纵缝 4 的加强角焊缝。腹板板厚较厚时，十字形柱纵缝焊接顺序如图 21-58 所示。

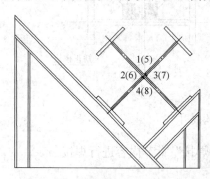

图 21-58 腹板板厚较厚时十字形构件纵缝焊接顺序

21.4.4.4 箱形构件的焊接

1. 箱形构件主要焊接接头坡口型式

（1）箱形构件为一般钢梁、支撑时，箱形构件纵缝和内隔板与面板焊接接头型式可采用表 21-79。

箱形构件为钢梁或支撑时焊接接头坡口型式　　表 21-79

接头类型	接头坡口型式		坡口焊缝最小有效焊喉尺寸（mm）
	构件最小内截面尺寸≥800mm	构件最小内截面尺寸≤800mm	
箱形构件面板纵缝接头	T_f＜40mm，部分熔透单边 V 形坡口；T_f≥40mm，部分熔透带钝边 V 形坡口		$0.5 \times T_f$

续表

接头类型	接头坡口型式		坡口焊缝最小有效焊喉尺寸（mm）
	构件最小内截面尺寸>800mm	构件最小内截面尺寸≤800mm	
隔板与面板T形接头	T_g≤25mm，角焊缝；T_g>25mm，部分熔透K形坡口	二条焊缝为角焊缝或部分熔透K形坡口；二条为电渣焊I形熔透坡口	设计规定值或T_g

注：T_f 为箱形构件腹板厚度，T_g 为箱形构件内隔板板厚。

（2）当箱形构件为钢柱或桁架弦杆等重要受力构件时，箱形构件焊接接头坡口型式一般按表21-80选择。

箱形构件为钢柱或桁架弦杆时焊接接头坡口型式 表21-80

接头类型	非节点区域接头坡口型式		节点区接头坡口型式	
	构件最小内截面尺寸>800mm	构件最小内截面尺寸≤800mm	构件最小内截面尺寸>800mm	构件最小内截面尺寸≤800mm
箱形构件面板纵缝接头	1. T_f<40mm，部分熔透单边V形坡口；2. T_f≥40mm，部分熔透V形坡口		1. T_f<40mm，单边V形衬垫坡口；2. T_f≥40mm，V形衬垫坡口或反单边V形衬垫坡口	
隔板与面板T形接头	T_g≤25mm，角焊缝；T_g>25mm，部分熔透K形坡口	二条焊缝为角焊缝或部分熔透K形坡口；二条为电渣焊I形熔透坡口	T_g≤40mm，单边V形衬垫坡口；T_g>40mm，熔透K形坡口	1. 二条熔透焊衬垫或K形坡口，二条电渣焊I形坡口；2. 四条均为电渣焊I形熔透坡口

注：T_f 为箱形构件腹板厚度，T_g 为箱形构件内隔板板厚；箱形构件内隔板开孔尺寸不小于直径500mm。

（3）箱形构件主要焊接接头坡口型式示例（图21-59）

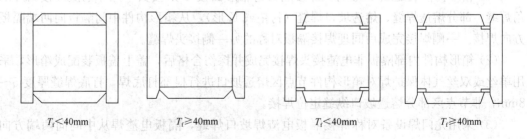

图21-59 箱形构件纵缝部分熔透坡口型式

（T_f<40mm　　　T_f≥40mm　　　T_f<40mm　　　T_f≥40mm）

2. 箱形构件主要焊接方法

（1）隔板角焊缝、部分熔透坡口焊缝、衬垫坡口焊缝，在U形装配后，口形装配前，

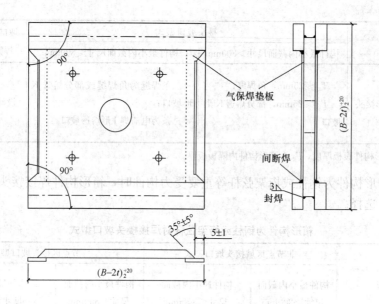

图 21-60 箱形构件纵缝衬垫熔透坡口型式

一般采用半自动 CO_2 气体保护焊方法进行隔板焊接（图 21-60），目前国内一些智能机器人使用程度较高的钢结构企业，采用智能机器人进行焊接。

(2) 厚隔板 K 形坡口熔透焊缝，采用熔化极气体保护焊，一面焊接后反面清根焊接；一些企业采用熔化极气体保护焊深弧焊焊接电源，K 形坡口根部采用深弧焊技术直接熔透焊接，避免碳刨清根。

(3) 隔板电渣焊坡口焊缝，隔板对称两条电渣焊接头同时进行焊接，采用熔化极或非熔化极填丝电渣焊专用焊接设备进行焊接；隔板较厚时采用双丝电渣焊进行焊接。

(4) 箱形柱纵缝气体保护焊打底焊接，单丝或多丝埋弧自动焊进行纵缝部分熔透坡口和熔透坡口的填充和盖面焊接，一般采用龙门式埋弧焊设备两两纵缝同时同向进行焊接。

3. 箱形构件焊接顺序

(1) 箱形构件装配成 U 形后，焊接隔板与箱形面板 T 形接头中除非电渣焊接头外的角焊缝、部分熔透焊缝、熔透坡口焊缝（衬垫或 K 形），从箱形构件中间隔板向两端隔板方向焊接。一侧焊接完成后同理焊接隔板对称的另一侧接头焊缝。

(2) 箱形构件内部隔板非电渣接头焊接完成并探伤合格后，盖上盖板装配成箱形，采用单丝或双丝气体保护焊对箱形构件节点区熔透坡口进行根部打底焊，打底焊缝厚度 5~8mm，非节点区部分熔透坡口纵缝定位焊接。

(3) 采用龙门焊设备对称焊接隔板电渣焊坡口焊缝，隔板电渣焊从中间向两端方向焊接。

(4) 采用龙门机架单丝或多丝埋弧焊设备，对箱形构件的纵缝两两对称同时同向进行坡口填充和盖面焊接（图 21-61、图 21-62）。

图 21-61　龙门式双丝埋弧焊焊接
厚板箱形柱纵缝坡口焊缝

图 21-62　龙门式箱形柱电渣焊缝焊接

21.4.4.5　焊接变形的计算与预防

1. 对接和 T 接焊缝横向收缩变形值 Δ 经验计算公式（图 21-63）

$$\Delta = \frac{0.1 \times A}{t} \tag{21-8}$$

2. T 接接头焊接后翼板角变形值经验计算公式（图 21-64）

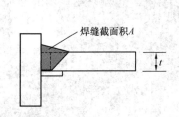
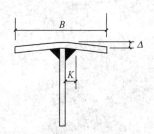

图 21-63　对接和 T 接焊缝示意图　　图 21-64　T 接接头焊接后翼板角
变形示意图

$$\Delta = \frac{0.2 \times B \times K^{1.3}}{T^2} \tag{21-9}$$

注：B—翼板宽度；T—翼板厚度；K—焊脚尺寸。

3. 中性轴不对称构件焊接后挠曲变形值经验计算公式（图 21-65）

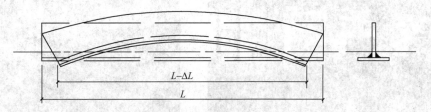

图 21-65　中性轴不对称构件焊接后挠曲变形值

$$\Delta = \frac{0.005 \times A \times D_u \times L^2}{I} \tag{21-10}$$

注：L—构件的长度；I—构件惯性矩大小；A—焊缝截面积；D_u—焊缝相对于中性轴的距离。

4. 焊接变形的主要防止措施

(1) 通过强制拘束措施防止变形：焊缝存在较大残余应力；

(2) 通过事先预置反变形：通过变形计算预设反变形，焊后正好抵消；

(3) 通过焊接顺序和焊接坡口焊缝填充量平衡设置：焊缝尽可能对称分布于构件或部件中性轴；

(4) 通过热输入平衡（收缩平衡）消除焊接变形：火焰矫正法采用局部加热收缩消除变形；

(5) 机械矫正消除焊接变形：通过消耗材料的塑性，增加结构内应力消除焊接变形；

(6) 整体退火处理：通过改变金属组织的晶粒大小和排列，消除内应力，稳定结构尺寸，用于防止特殊构件变形。

21.4.4.6 焊接机器人在钢结构焊接中应用

国内钢结构行业的一些企业在钢结构领域不断进行智能焊接机器人的应用研究与探索，并取得应用突破，如图21-66～图21-73所示。

(1) 编程＋变位机式焊接机器人在工厂焊接中应用

图 21-66　H形钢梁、柱机器人焊接系统

图 21-67　箱形柱打底机器人焊接系统

图 21-68　箱形柱打底机器人焊接系统

图 21-69　桥面U肋机器人焊接系统

(2) 自动寻位跟踪焊接机器人在工厂焊接中应用

21.4 钢结构连接

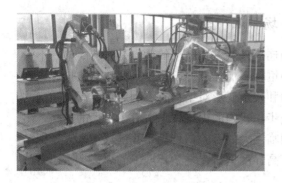

图 21-70　自动跟踪寻位机器人焊接 H 型钢劲板焊缝

图 21-71　三维数模输入机器人焊接劲板焊缝

(3) Mini 型弧焊机器人在工厂焊接中应用

图 21-72　Mini 柔性弧焊机器人焊接弧形构件纵缝

图 21-73　Mini 弧焊机器人焊接立焊/横焊坡口焊缝

21.4.5 现 场 焊 接

一直以来，焊接连接都是钢结构最主要的连接方法。其突出的优点是构造简单、不受构件外形尺寸的限制、不削弱构件截面、节约钢材、加工方便、易于采用自动化操作、连接的密封性好、刚度大；缺点有焊接残余应力和残余变形对结构有不利影响，焊接结构的低温冷脆问题也比较突出。随着科学技术的进步，我国的焊接技术也有了很大的提高，出现了许多新式的焊接工艺和设备，但同时也面临巨大的考验，特别是我国近年来大型钢结构建筑（如超高层、大跨结构等）发展迅速，高强度钢材在复杂环境下的焊接技术还有待提高。

21.4.5.1 常用建筑钢结构焊接方法和设备

金属焊接方法的主要种类为熔焊、压焊和钎焊。目前，建筑钢结构焊接都采用熔焊。熔焊是以高温集中热源加热待连接金属，使之局部熔化，冷却后形成牢固连接的一种焊接方法。按加热能源的不同，熔焊可以分为：电弧焊、电渣焊、气焊、等离子焊、电子束焊、激光焊等。限于成本、应用条件等原因，在建筑钢结构领域中，广泛使用的是电弧焊。一般地，电弧焊可分为熔化电极与不熔化电极电弧焊、气体保护与自保护电弧焊、栓焊；以焊接过程的自动进行程度不同还可分为手工焊和半自动、自动焊。在电弧焊中，以药皮焊条手工电弧焊、自动和半自动埋弧焊、CO_2 气体保护焊在建筑钢结构工程中应用最为广泛。另外，在某些特殊应用场合，则必须使用电渣焊和栓焊。

1. 药皮焊条手工电弧焊（SMAW）

(1) 适用范围

药皮焊条手工电弧焊是一种适应性很强的焊接方法。它在钢结构中使用十分广泛，一般可在室内、室外及高空中平、横、立、仰的位置进行施焊，目前应用现场焊接作业较多。

(2) 焊接原理

在涂有药皮的金属电极与焊件之间施加一定电压时，由于电极的强烈放电而使气体电离产生焊接电弧。电弧高温足以使焊条和工件局部熔化，形成气体、熔渣和熔池，气体和熔渣对熔池起保护作用，同时，熔渣在与熔池金属起冶金反应后凝固成为焊渣，熔池凝固后成为焊缝，固态焊渣则覆盖于焊缝金属表面。图 21-74 所示即为药皮焊条手工电弧焊的基本原理图。

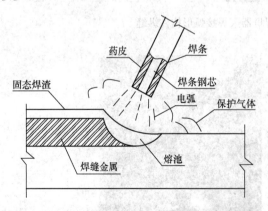

图 21-74 药皮焊条手工电弧焊原理

药皮焊条手工电弧焊依靠人工移动焊条实现电弧前移完成连续的焊接，因此焊接的必要条件为焊条和焊接电源及其附件如电缆、电焊钳。

(3) 焊接设备

按电源类型的不同，药皮焊条手工电弧焊的焊接设备可分为交流电弧焊机、直流电弧焊机及交直流两用电弧焊机。常见的交流弧焊机又可分为动铁式（BX1 系列）、动圈式

(BX3 系列）和抽头式（BX6 系列）。

(4) 焊缝缺陷产生原因及防止措施

焊缝易产生的缺陷种类为：气孔、夹渣、咬边、熔宽过大、未焊透、焊瘤、表面成形不良如凸起太高、波纹粗等，见表 21-81。

焊缝缺陷产生原因及防止措施　　　　　表 21-81

缺陷种类	可能的原因	防止措施
气孔	焊条未烘干或烘干温度、时间不足；焊口潮湿、有锈、油污等；弧长太大、电压过高	按焊条使用说明的要求烘干；用钢丝刷和布清理干净，必要时用火焰烤；减少弧长
夹渣	电流太小、熔池温度不够，渣不易浮出	加大电流
咬边	电流太大	减少电流
熔宽太大	电压过高	减少电压
未焊透	电流太小	加大电流
焊瘤	电流太小	加大电流
焊缝表面凸起太大	电流太大，焊速度太慢	加快焊速
表面波纹粗	焊速太快	减慢焊速

2. 埋弧焊（SAW）

(1) 适用范围

埋弧焊由于其突出的优点，已成为大型构件制作中应用最广的高效焊接方法，且特别适用于梁柱板等的大批量拼装、制作焊缝。不过，由于其焊接设备及条件的限制，埋弧焊一般用于钢结构加工制作厂中，现场焊接应用较少。

(2) 焊接原理

埋弧焊与药皮焊条电弧焊一样是利用电弧热作为熔化金属的热源，但与药皮焊条电弧焊不同的是焊丝外表没有药皮，熔渣是由覆盖在焊接坡口区的焊剂形成的。当焊丝与母材之间施加电压并互相接触引燃电弧后，电弧热将焊丝端部及电弧区周围的焊剂及母材熔化，形成金属熔滴、熔池及熔渣。金属熔池受到浮于表面的熔渣和焊剂蒸汽的保护而不与空气接触，避免氮、氢、氧有害气体的侵入。随着焊丝向焊接坡口前方移动，熔池冷却凝固后形成焊缝，熔渣冷却后成渣壳。与药皮焊条电弧焊一样，熔渣与熔化金属发生冶金反应，从而影响并改善焊缝的化学成分和力学性能（图 21-75）。

(3) 焊接设备

埋弧焊设备可分为半自动埋弧焊和自动埋弧焊两种。自动埋弧焊机按用途可分为专用焊机和通用焊机；按使用功能可分

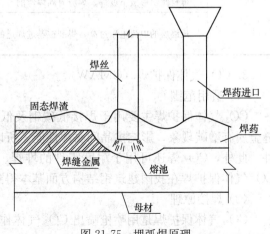

图 21-75　埋弧焊原理

为单丝或多丝；按机头行走方式可分为独立小车式、门架式或悬臂式。

（4）埋弧焊焊缝缺陷产生的原因及防止措施（表 21-82）

埋弧焊焊缝缺陷产生的原因及防止措施　　　　　表 21-82

缺陷种类	可能的原因	防止措施
气孔	接头的锈、氧化皮、有机物（油脂、木屑）	接头打磨、火焰烧烤、清理
	焊剂吸湿	约 300℃ 烘干
	污染的焊剂（混入刷子毛等）	收集焊剂不要用毛刷、只用钢丝刷
	焊速过大（角焊缝超过 650mm/min）	降低焊接速度
	焊剂堆高不够	升高焊剂漏斗
	焊剂堆高过大，气体逸出不充分	降低焊剂漏斗，全自动时适合高度为 30～40mm
	焊丝有锈、油	清洁或更换焊丝
	极性不适当	焊丝接正极性
焊缝裂纹	焊丝焊剂的组配对母材不适合（母材含碳量过高，焊缝金属含锰量过低）	使用含锰量高的焊丝，母材含碳量高时预热
	焊丝的含碳量和含硫量过高	更换焊丝
	多层焊接时第一层产生的焊缝不足以承受收缩变形引起的拉应力	增大打底焊道厚度
	角焊缝焊接时，特别在沸腾钢中由于熔深大和偏析产生裂纹	减少电流和焊接速度
	焊道形状不当，熔深过大，熔宽过窄	使熔深和熔宽之比大于 1.2，减少焊接电流增大电压
夹渣	多层焊接时焊丝和坡口某一侧面过近	坡口侧面和焊丝的距离至少要等于焊丝的直径
	电流过小，层间残留有夹渣	提高电流，以便残留焊剂熔化
	焊接速度过低渣流到焊丝之前	增加电流和焊接速度
	母材倾斜形成下坡焊、焊渣流到焊丝前	方向焊接，尽可能将母材水平放置
	最终层的电弧电压过高，焊剂被卷进焊道的另一端	必要时用熔宽的二道焊代替熔宽大的一道焊熔敷最终层

3. CO_2 气体保护焊（GMAW）

（1）适用范围

CO_2 气体保护焊主要用于焊接低碳钢及低合金钢等黑色金属。对于不锈钢，由于焊缝金属有增碳现象，影响抗晶间腐蚀性能。所以只能用于对焊缝性能要求不高的不锈钢焊件。此外，CO_2 焊还可用于耐磨零件的堆焊、铸钢件的焊补以及电铆焊等方面。目前，CO_2 气体保护焊在我国建筑钢结构方面基本得到了普及。

（2）焊接原理

CO_2 气体保护焊是用喷枪喷出 CO_2 气体作为电弧焊的保护介质，使熔化金属与空气隔绝，以保持焊接过程的稳定。由于焊接时没有焊剂产生的熔渣，故便于观察焊缝的成型过程，但操作时需在室内避风处，在工地则需搭设防风棚（图21-76）。

(3) 焊接设备

熔化极气体保护焊设备由焊接电源、送丝机两大部分和气瓶飞流量计及预热器、焊枪、电缆等附件组成。

国内企业生产的CO_2气体保护焊机经过十几年自主开发和引进国外技术的吸收和国产化，已经在钢结构制造厂和施工工地条件下得到了广泛地应用，表21-83所示为具有代表性的产品型号及技术参数。

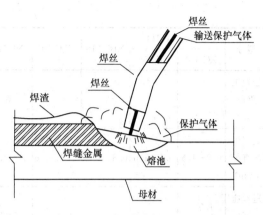

图21-76 CO_2气体保护电弧焊原理

国产各种CO_2气体保护焊焊机技术参数实例　　表21-83

型号	DYNAAUTO		NBC-315	NBC-500	NB-500	NB-630	NBC-500R	NBC-600R	NBC-500-1	NZ-630 自动焊
	XC-350	XC-500								
电源	三相380V/50Hz									
输入容量 (kVA)	18	30.8	12.7	26.9	17.9	22	32	45	18.8	36
空载电压 (V)			18.5～41.5	～51.5					21～49	
额定电流 (A)	350	500	315	500	500	630	500	600	400	630
负载持续率 (%)	50	60	60	60	60	60	60	80	60	60
电流调整范围 (A)	50～350	50～500	60～315	100～500	50～500	50～630	50～500	50～600	80～400	110～630
电压调整范围 (V)	15～36	15～45			14～44	20～35	15～42	15～48	18～34	20～44
电压调整级数 (级)			40	40						
电源重量 (kg)	96	146	132	230	280	280	222	315	166	179
电源外形尺寸 (mm)	348×592×642	400×607×850	790×520×645	890×560×670	600×400×800	600×400×800	465×665×890	565×720×920	434×685×1005	600×770×1000

续表

型号	DYNAAUTO		NBC-315	NBC-500	NB-500	NB-630	NBC-500R	NBC-600R	NBC-500-1	NZ-630自动焊
	XC-350	XC-500								
送丝机重量(kg)					8	15				焊车重量19
适用焊丝直径(mm)	0.8~1.6	0.8~1.6	0.8、1.0、1.2、1.6		1~1.6	1.2~3.2	1.2、1.6	1.2、1.6	1.0、1.2、1.6	1.2~2.0
送丝速度(m/min)	1.5~15	1.5~15			0.5~7.1	0.8~4.6			3~16	1~12

(4) CO_2 气体保护焊常见缺陷产生原因及其防止措施（表21-84）

CO_2 气体保护焊常见缺陷产生原因及其防止措施　　　表21-84

缺陷种类	可能的原因	防止措施
凹坑气孔	未供给 CO_2 气体	检查送气阀门是否打开，气瓶是否有气，气管是否堵塞或破断
	风大，保护效果不充分	挡风
	焊嘴内有大量粘附飞溅物，气流混乱	除去粘在焊嘴内的飞溅
	使用的提起纯度太差	使用焊接专用气体
	焊接区污垢（油、锈、漆）严重	将焊接处清理干净
	电弧太长或保护罩与工件距离太大或严重堵塞	降低电弧电压，降低保护罩或清理、更换保护罩
	焊丝生锈	使用正常焊丝
咬边	电弧长度太长	减少电弧长度
	焊接速度太快	降低焊接速度
	指向位置不当（角焊缝）	改变指向位置
焊瘤	对焊接电流来说电弧电压太低	提高电弧电压
	焊接速度太慢	提高焊接速度
	指向位置不当（角焊缝）	改变指向位置
裂纹	电流大、电压低，焊接速度慢	提高电压，降低焊接速度
	坡口角度小	加大坡口角度
	母材含碳量及其他合金元素含量高	采取有效预热
	使用气体纯度差（水分多）	用焊接专用气体

(5) 栓钉焊

栓钉焊是在栓钉与母材之间通以电流，局部加热熔化栓钉端头和局部母材，并同时施加压力挤出液态金属，使栓钉整个截面与母材形成牢固结合的焊接方法。栓钉焊一般可分为电弧栓钉焊和储能栓钉焊。目前，栓钉焊主要用于栓钉与钢构件的连接，现场焊接应用较多。

栓钉焊工艺参数主要为电流、通电时间、栓钉伸出长度及提升高度。根据栓钉的直径不同以及被焊钢材表面状况、镀层材料选定相应的工艺参数，一般栓钉的直径增大或母材上有镀锌层时，所需的电流、时间等各项工艺参数相应增大。被焊钢构件上铺有镀锌钢板时（如钢混凝土组合楼板中钢梁上的压型板）要求栓钉穿透镀锌板与母材牢固焊接，由于压型钢板厚度和镀锌层导电分流的影响，电流值必须相应提高。为确保接头强度，电弧高温下形成的氧化锌必须从焊接熔池中充分挤出，其他各项焊接参数也需要相应提高。

21.4.5.2 焊接材料

一般来说，药皮焊条手工电弧焊的焊接材料主要是药皮焊条；埋弧焊的焊接材料主要是焊丝和焊剂；CO_2 气体保护焊的焊接材料主要是焊丝和 $Ar+CO_2$ 的混合气体。

1. 焊条

（1）焊条的型号

焊条型号根据熔敷金属的力学性能、药皮类型、焊接位置和使用电流种类划分。其型号表示方法标记如下：

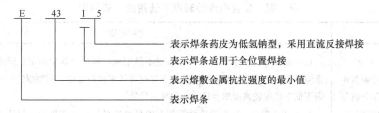

按用途的不同，焊条可分为结构钢焊条、不锈钢焊条、低温钢焊条、铸铁焊条和特殊用途焊条等；按熔渣的碱度不同，焊条又可分为酸性焊条和碱性焊条。目前，钢结构工程上主要使用结构钢焊条，即碳钢焊条和低合金钢焊条，用于焊接碳钢和低合金高强钢。

（2）焊条的选用

同种钢焊接时焊条选用的一般原则见表 21-85，异种钢、复合钢焊接时焊条选用的一般原则见表 21-86。

同种钢焊接时焊条选用的一般原则		表 21-85

类别	选用原则
焊接材料的力学性能和化学成分	1. 对于普通结构钢，应选用抗拉强度等于或稍高于母材的焊条 2. 对于合金结构钢，通常要求焊缝金属的主要合金成分与母材金属相同或相近 3. 在被焊结构刚性大、接头应力高、焊缝容易产生裂纹的情况下，可以考虑选用比母材强度低一级的焊条 4. 当母材中碳及硫、磷等元素含量偏高时，应选用抗裂性能好的低氢型焊条
焊件的使用性能和工作条件	1. 对承受动载荷和冲击载荷的焊件，应选用塑性和韧性指标较高的低氢型焊条 2. 接触腐蚀介质的焊件，应选用相应的不锈钢焊条或其他耐腐蚀焊条 3. 在高温或低温条件下工作地焊件，应选用相应的耐热钢或低温钢焊条
焊件的结构特点和受力状态	1. 对结构形状复杂、刚性大及大厚度焊件，应选用抗裂性能好的低氢型焊条 2. 对焊接部位难以清理干净的焊件，应选用氧化性强，对铁锈、氧化皮、油污不敏感的酸性焊条 3. 对受条件限制不能翻转的焊件，有些焊缝处于非平焊位置时，应选用全位置焊接的焊条

续表

类别	选用原则
施工条件及设备	1. 在没有直流电源而焊接结构又要求必须使用低氢型焊条的场合，应选用交、直流两用低氢型焊条 2. 在狭小或通风条件差的场所，应选用酸性焊条或低尘焊条
改善操作工艺性能	在满足产品性能要求的条件下，尽量选用电弧稳定、飞溅少、焊缝成形均匀整齐、容易脱渣的工艺性能好的酸性焊条。焊条工艺性能要满足施焊操作需要。如在非水平位置施焊时，应选用适于各种位置焊接的焊条；在向下立焊、管道焊接、底层焊接、盖面焊、重力焊时，可选用相应的专用焊条
合理的经济效益	1. 在满足使用性能和操作工艺性的条件下，尽量选用成本低、效率高的焊条 2. 焊接工作量大的结构，应尽量采用高效率焊条，或选用封底焊条、立向下焊条等专用焊条，以提高焊接生产率

异种钢、复合钢焊接时焊条选用的一般原则 表 21-86

类别	选用原则
强度级别不同的碳钢和低合金钢，低合金钢和低合金钢的焊接	1. 一般要求焊缝金属及接头的强度不低于两种被焊金属中的最低强度，因此选用焊条应能保证焊缝及接头的强度不低于强度较低钢材的强度，同时焊缝的塑性和冲击韧性应不低于强度较高而塑性较差的钢材的性能 2. 为防止裂纹，应按焊接性能较差的母材选择焊接工艺措施，包括工艺参数、预热温度及焊后处理等
低合金钢和奥氏体型不锈钢的焊接	1. 通常按照对熔敷金属化学成分限定的数值来选用焊条，建议使用铬镍含量高于母材，塑性、抗裂性较好的不锈钢焊条 2. 非重要结构的焊接，可选用与不锈钢成分相应的焊条
不锈钢复合钢板的焊接	为了防止基体碳素钢对不锈钢熔敷金属产生的稀释作用，建议对基层、过渡层、覆层的焊接选用三种不同性能的焊条： 1. 对基层（碳钢或低合金钢）的焊接，选用相应强度等级的结构钢焊条 2. 对过渡层（即覆层和基体交界面）的焊接，选用铬、镍含量比不锈钢板高的塑性、抗裂性较好的奥氏体不锈钢焊条 3. 覆层直接与腐蚀介质接触，应使用相应成分的奥氏体不锈钢焊条

2. 焊丝、焊剂

（1）埋弧焊用焊丝

结构钢埋弧焊用焊丝有碳锰钢、锰硅钢、锰钼钢和锰钼钒钢。其化学成分等技术要求应符合《埋弧焊用非合金钢及细晶粒钢实心焊丝、药芯焊丝和焊丝—焊剂组合分类要求》GB/T 5293—2018。埋弧焊常用的焊丝牌号有：SU08A、SU26、SU28、SUM3 和 SU31 等。

（2）埋弧焊用焊剂

埋弧焊焊剂在焊接过程中起隔离空气、保护焊缝金属不受空气侵害和参与熔池金属冶金反应的作用。按制造方法的不同，焊剂可分为熔炼焊剂和非熔炼焊剂。对于非熔炼焊剂，根据焊剂烘焙温度的不同，又分为黏结焊剂和烧结焊剂。

1) 埋弧焊焊剂的型号

埋弧焊所用的焊接材料焊丝和焊剂，当两者的组配方式不同所产生的焊缝性能完全不同，因此设计和施工时要根据焊缝要求的化学成分和力学性能合理选择焊剂和焊丝的匹配。

按照《埋弧焊用非合金钢及细晶粒钢实心焊丝、药芯焊丝和焊丝—焊剂组合分类要求》GB/T 5293—2018 的规定，焊丝—焊剂组合分类由五部分组成：

第一部分：用字母"S"表示埋弧焊焊丝—焊剂组合；

第二部分：表示多道焊在焊态或焊后热处理条件下，熔敷金属的抗拉强度代号；或者表示用于双面单道焊时焊接接头的抗拉强度代号；

第三部分：表示冲击吸收能量（KV_2）不小于27J时的试验温度代号；

第四部分：表示焊剂类型代号；

第五部分：表示实心焊丝型号；或者药芯焊丝—焊剂组合的熔敷金属化学成分分类。

焊丝—焊剂组合分类示例如下：

示例1：

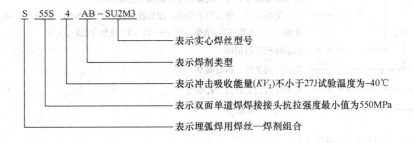

示例2：

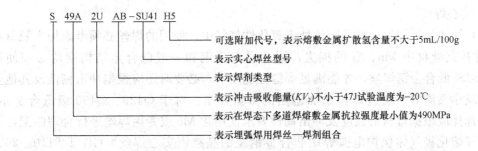

示例3：

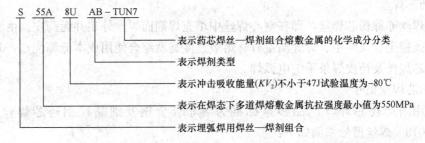

2）埋弧焊焊剂系列产品牌号

埋弧焊焊剂有熔炼焊剂、烧结焊剂两种，焊剂系列产品牌号表示方法如下：

示例1：

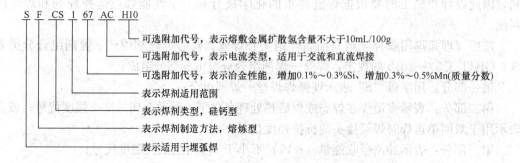

示例2：

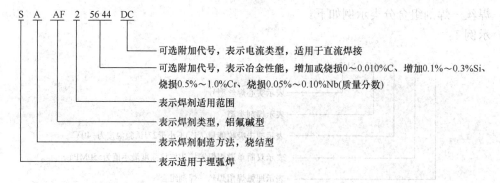

(3) CO_2 气体保护焊用焊丝

CO_2 气体保护焊用焊丝可分为实心焊丝和药芯焊丝两大类。

1）实心焊丝

CO_2 气体保护焊的电弧及熔池处于氧化性气氛中，使用的焊丝必须考虑加入脱氧成分 Si 并补充母材中 Mn、Si 的损失，因此对于碳钢和一般低合金结构钢均必须使用 H08Mn2Si 低合金钢焊丝，才能满足焊缝性能要求，必要时还应根据冲击韧性及其他要求（如减小飞溅等）通过焊丝添加适当的微量元素。对于 Q420、Q460 级低合金钢，焊丝的选择应根据母材的强度及冲击韧性要求使用含 Mo 或专用焊丝进行合理匹配，并须符合《熔化极气体保护电弧焊用非合金钢及细晶粒钢实心焊丝》GB/T 8110—2020 规定。

2）药芯焊丝

药芯焊丝亦称粉芯焊丝，即在空心焊丝中填充焊剂而焊丝外表并无药皮。由于药芯焊丝具有电弧稳定、飞溅小、焊缝质量好、熔敷速度高及综合使用成本低等优点，其综合成本低于实芯焊丝及药皮焊条手工电弧焊。

3）药芯焊丝型号

结构用国产药芯焊丝产品国家标准为《非合金钢及细晶粒钢药芯焊丝》GB/T 10045—2018，焊丝型号举例如下：

示例 1：

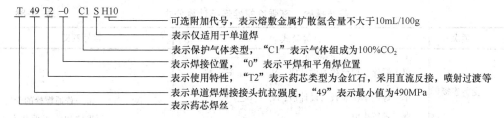

示例 2：

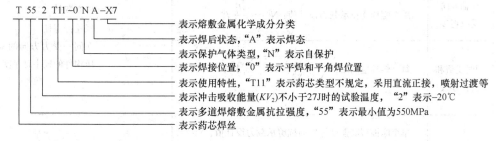

3. 保护气体

气体保护焊所用的保护气体有：纯 CO_2 气体及 CO_2 气体和其他惰性气体混合的混合气体，最常用的混合气体是 $Ar+CO_2$ 的混合气体。

CO_2 气体的纯度对焊缝的质量有一定的影响（表 21-87）。

CO_2 的技术条件 表 21-87

项目	组分含量		
	优等品	一等品	合格品
CO_2，V/V，10^{-2}	≥99.9	≥99.7	≥99.5
液态水	不得检出	不得检出	不得检出
油			
水蒸气+乙醇含量，m/m，10^{-2}	≥0.005	≥0.02	≥0.05
气味	无异味	无异味	无异味

优等品用于大型钢结构工程中的低合金高强度结构钢，特别是厚钢板以及约束力大的节点的焊接；一等品用于碳素结构钢的厚板焊接；合格品用于轻钢结构的中薄钢板焊接。

21.4.6 螺 栓 连 接

螺栓作为钢结构主要连接紧固件，通常用于钢结构中构件间的连接、固定、定位等，钢结构中使用的连接螺栓一般分普通螺栓和高强度螺栓两种。

21.4.6.1 螺栓承载力与布置

1. 螺栓承载力计算

钢结构工程普通螺栓、高强度螺栓连接计算公式，见表 21-88；摩擦面的抗滑移系数，见表 21-89；单个高强度螺栓的预拉力，见表 21-90。

普通螺栓、高强度螺栓连接计算公式 表 21-88

类别	项次	计算公式	符号意义
普通螺栓	受剪连接	单个螺栓受剪承载力设计值：$N_v^b = n_v \dfrac{\pi d^2}{4} f_v^b$ 单个螺栓承压承载力设计值：$N_c^b = d \sum t f_c^b$ 取二者较小值	N_v^b、N_t^b、N_c^b——每一普通螺栓的受剪、受拉和承压承载力设计值 n_v——剪面数量 d——螺栓杆直径 $\sum t$——在同一受力方向的承压构件的较小总厚度
普通螺栓	杆轴方向受拉连接	单个螺栓受拉承载力设计值：$N_t^b = \dfrac{\pi d_e^2}{4} f_t^b$	
普通螺栓	同时受剪和受拉连接	每一螺栓应满足：$\sqrt{\left(\dfrac{N_v}{N_v^b}\right)^2 + \left(\dfrac{N_t}{N_t^b}\right)^2} \leqslant 1$ 且 $N_v \leqslant N_c^b$	
高强度螺栓	抗剪连接	单个摩擦型高强度螺栓的抗剪承载力设计值：$N_v^b = 0.9 k n_f \mu P$ 单个承压型高强度螺栓的抗剪承载力设计值与普通螺栓相同，但剪切面在螺纹处时，应按螺纹处的有效面积计算	N_v^b、N_t^b、N_c^b——单个摩擦型和承压性高强度螺栓的受剪、受拉和承压承载力设计值 n_f——传力摩擦面数量 k——孔型系数，标准孔取 1.0；大圆孔取 0.85；内力与槽孔长向垂直时取 0.7；内力与槽孔长向平行时取 0.6 μ——摩擦面的抗滑移系数 P——单个高强度螺栓的预拉力 N_v、N_t——单个高强度螺栓承受的剪力、拉力
高强度螺栓	抗拉连接	单个摩擦型高强度螺栓在杆轴方向受拉的承载力设计值：$N_t^b = 0.8P$ 单个承压型高强度螺栓在杆轴方向受拉的承载力设计值：$N_t^b = \dfrac{\pi d_e^2}{4} f_t^b$	
高强度螺栓	同时受剪和受拉连接	每一摩擦型高强度螺栓应满足：$\dfrac{N_v}{N_v^b} + \dfrac{N_t}{N_t^b} \leqslant 1$ 每一承压性高强度螺栓应满足：$\sqrt{\left(\dfrac{N_v}{N_v^b}\right)^2 + \left(\dfrac{N_t}{N_t^b}\right)^2} \leqslant 1$ 且 $N_v \leqslant N_c^b/1.2$	

摩擦面的抗滑移系数 表 21-89

连接处构件接触面的处理方法	构件的钢号		
	Q235 钢	Q355 钢、Q390 钢	Q420 钢
喷砂（丸）	0.45	0.50	0.50
喷砂（丸）后涂无机富锌漆	0.35	0.40	0.40
喷砂（丸）后生赤锈	0.45	0.50	0.50
钢丝刷清除浮锈或未经处理的干净轧制表面	0.30	0.35	0.40

单个高强度螺栓的预拉力（kN） 表21-90

螺栓的性能等级	螺栓规格					
	M16	M20	M22	M24	M27	M30
8.8级	80	125	150	175	230	280
10.9级	100	155	190	225	290	355

2. 螺栓的布置

螺栓连接接头中螺栓的排列布置主要有并列和交错排列两种形式，螺栓间的间距确定既要考虑连接效果（连接强度和变形），同时要考虑螺栓的施工，通常情况下螺栓的最大、最小容许距离见表21-91。

螺栓的最大、最小容许距离 表21-91

名称	位置和方向			最大容许距离（取两者的较小值）	最小容许距离
中心间距	外排（垂直内力方向或顺内力方向）			$8d_0$ 或 $12t$	$3d_0$
	中间排	垂直内力方向		$16d_0$ 或 $24t$	
		顺内力方向	构件受压力	$12d_0$ 或 $18t$	
			构件受拉力	$16d_0$ 或 $24t$	
	沿对角线方向			—	
中心至构件边缘距离	顺内力方向			$4d_0$ 或 $8t$	$2d_0$
	垂直内力方向	剪切边或手工气割边			$1.5d_0$
		轧制边、自动气割或锯割边	高强度螺栓		$1.5d_0$
			其他螺栓或铆钉		$1.2d_0$

注：1. 为螺栓或铆钉的孔径，为外层较薄板件的厚度；
    2. 钢板边缘与刚性构件（如角钢、槽钢）相连的螺栓或铆钉的最大间距，可按中间排的数值采用。

21.4.6.2 普通紧固件连接

钢结构普通螺栓连接即将普通螺栓、螺母、垫圈机械地和连接件连接在一起形成的一种连接形式。

1. 普通螺栓种类

（1）普通螺栓的材性

螺栓按照性能等级分 3.6、4.6、4.8、5.6、5.8、6.8、8.8、9.8、10.9、12.9 十个等级，其中 8.8 级以上螺栓材质为低碳合金钢或中碳钢并经热处理（淬火、回火），通称为高强度螺栓，8.8 级以下（不含 8.8 级）通称普通螺栓。

螺栓性能等级标号由两部分数字组成，分别表示螺栓的公称抗拉强度和材质的屈强比。例如性能等级 4.6 级的螺栓含意为：第一部分数字（4.6 中的"4"）为螺栓材质公称抗拉强度（N/mm²）的 1/100；第二部分数字（4.6 中的"6"）为螺栓材质屈强比的 10 倍；两部分数字的乘积（4×6="24"）为螺栓材质公称屈服点（N/mm²）的 1/10。

（2）普通螺栓的规格

普通螺栓按照形式可分为六角头螺栓、双头螺栓、沉头螺栓等；按制作精度可分为

A、B、C级三个等级，A、B级为精制螺栓。C级为粗制螺栓。钢结构用连接螺栓，除特殊注明外，一般即为普通粗制C级螺栓。

2. 普通螺栓施工

(1) 一般要求

1) 普通螺栓可采用普通扳手紧固，螺栓紧固应满足被连接件接触面、螺栓头和螺母与构件表面密贴。普通螺栓紧固应从中间开始，对称向两边进行，大型接头宜采用复拧。

2) 普通螺栓作为永久性连接螺栓时，应符合下列要求：

① 对一般的螺栓连接，螺栓头和螺母下面应放置平垫圈，以增大承压面积。

② 螺栓头下面放置的垫圈一般不应多于2个，螺母头下的垫圈一般不应多于1个。

③ 对于设计有要求防松动的螺栓、锚固螺栓应采用有防松装置的螺母或弹簧垫圈或用人工方法采取防松措施。

④ 对于承受动荷载或重要部位的螺栓连接，应按设计要求放置弹簧垫圈，弹簧垫圈必须设置在螺母一侧。

⑤ 对于工字钢、槽钢类型钢应尽量使用斜垫圈，使螺母和螺栓头部的支承面垂直于螺杆。

⑥ 螺栓紧固外露丝扣应不少于2扣，紧固质量检验可采用锤敲或力矩扳手检验，要求螺栓不颤头和偏移。

(2) 螺栓直径及长度的选择

1) 螺栓直径。螺栓直径的确定原则上应由设计人员按等强原则通过计算确定，但对某一个工程来讲，螺栓直径规格应尽可能少，有的还需要适当归类，便于施工和管理；一般情况螺栓直径应与被连接件的厚度相匹配，表21-92为不同的连接厚度所推荐选用的螺栓直径。

不同的连接厚度所推荐选用的螺栓直径 (mm)　　　　表 21-92

连接件厚度	4～6	5～8	7～11	10～14	13～20
推荐螺栓直径	12	16	20	24	27

2) 螺栓长度。螺栓的长度通常是指螺栓螺头内侧面到螺杆端头的长度，一般都是5mm进制（长度超长的螺栓，采用10mm、20mm进制），影响螺栓长度的因素主要有：被连接件的厚度、螺母高度、垫圈的数量及厚度等。一般可按下列公式计算：

$$L = \delta + H + nh + C \qquad (21\text{-}11)$$

式中　δ——被连接件总厚度 (mm)；

　　　H——螺母高度 (mm)；

　　　n——垫圈个数；

　　　h——垫圈厚度 (mm)；

　　　C——螺纹外露部分长度 (mm)（2～3扣为宜，一般为5mm）。

(3) 常用螺栓连接形式

钢板、槽钢、工字钢、角钢等常用螺栓连接形式见表21-93。

钢板、型钢常用螺栓连接形式　　　　　　　　　　表 21-93

材料种类	连接形式		说明
钢板	平接连接		用双面拼接板，力的传递不产生偏心作用
			用单面拼接板，力的传递具有偏心作用，受力后连接部发生弯曲
			板件厚度不同的拼接，须设置填板并将填板伸出拼接板以外；用焊件或螺栓固定
	搭接连接		传力偏心只有在受力不大时采用
	T形连接		
槽钢			应符合等强度原则，拼接板的总面积不能小于被拼接的杆件截面积，且各支面积分布与材料面积大致相等
工字钢			同槽钢
角钢	角钢与钢板		使用角钢与钢板连接受力较大的部位
			适用一般受力的接长或连接
	角钢与角钢		适用于小角钢等截面连接
			适用大角钢等同面连接

21.4.6.3 高强度螺栓连接

高强度螺栓连接按其受力状况，可分为摩擦型连接、摩擦—承压型连接、承压型连接和张拉型连接等几种类型，其中摩擦型连接是目前广泛采用的基本连接形式。

1. 高强度螺栓种类

高强度螺栓从外形上可分为大六角头和扭剪型两种；按性能等级可分为 8.8 级、10.9

级、12.9级等，目前我国使用的大六角头高强度螺栓有8.8级和10.9级两种，扭剪型高强度螺栓只有10.9级一种。

2. 高强度螺栓长度

高强度螺栓长度应以螺栓连接副终拧后外露2~3扣丝为标准计算，可按式（21-12）计算。

$$l = l' + \Delta l \tag{21-12}$$

式中　l'——连接板层总厚度；

Δl——附加长度 $\Delta l = m + ns + 3p$，或按表21-94选取；

m——高强度螺母公称厚度；

n——垫圈个数，扭剪型高强度螺栓为1，高强度大六角头螺栓为2；

s——高强度垫圈公称厚度（当采用大圆孔或槽孔时，高强度垫圈公称厚度按实际厚度取值）；

p——螺纹的螺距。

高强度螺栓附加长度 Δl（mm）　　　　表21-94

高强度螺栓种类	螺栓规格						
	M12	M16	M20	M22	M24	M27	M30
高强度大六角头螺栓	23	30	35.5	39.5	43	46	50.5
扭剪型高强度螺栓	—	26	31.5	34.5	38	41	45.5

注：本表附加长度 Δl 由标准圆孔垫圈公称厚计算确定。

选用的高强度螺栓公称长度应取修约后的长度，根据计算出的螺栓长度按修约间隔5mm进行修约。

3. 高强度螺栓摩擦面处理

（1）高强度螺栓连接处的摩擦面可根据设计抗滑移系数的要求选用喷砂（丸）、喷砂后生赤锈、喷砂后涂无机富锌漆、手工打磨等处理方法：

1）采用喷砂（丸）法时，一般要求砂（丸）粒径为1.2~1.4mm，喷射时间为1~2min，喷射风压为0.5MPa，表面呈银灰色，表面粗糙度达到45~50μm。

2）采用喷砂后生赤锈法时，应将喷砂处理后的表面放置露天自然生锈，理想生锈时间为60~90d。

3）采用喷砂后涂无机富锌漆时，涂层厚度一般可取为0.6~0.8μm。

4）采用手工砂轮打磨时，打磨方向应与受力方向垂直，且打磨范围不小于螺栓孔径的4倍。

（2）高强度螺栓连接摩擦面应符合以下规定：

1）连接处钢板表面应平整、无焊接飞溅、无毛刺和飞边、无油污等；

2）经处理后的摩擦面应按《钢结构工程施工质量验收标准》GB 50205—2020的规定进行抗滑移系数试验，试验结果满足设计文件的要求；

3）经处理后的摩擦面应采取保护措施，不得在摩擦面上作标记；

4）若摩擦面采用生锈处理方法时，安装前应以细钢丝垂直于构件受力方向刷除去摩擦面上的浮锈。

4. 高强度螺栓连接施工

(1) 一般规定

1) 对于制作厂已处理好的钢构件摩擦面,安装前应按《钢结构工程施工质量验收标准》GB 50205—2020 的规定进行高强度螺栓连接摩擦面的抗滑移系数复验,现场处理的钢构件摩擦面应单独进行摩擦面抗滑移系数试验,其结果应符合相关设计文件要求。

2) 高强度螺栓施工前宜按《钢结构工程施工质量验收标准》GB 50205—2020 的相关规定检查螺栓孔的精度、孔壁表面粗糙度、孔径及孔距的允许偏差等。孔距超出允许偏差时,应采用与母材相匹配的焊条补焊后重新制孔,每组孔中经补焊重新钻孔的数量不得超过该组螺栓数量的 20%。

3) 高强度螺栓连接的板叠接触面应平整。对因板厚公差、制造偏差或安装偏差等产生的接触面间隙,应按表 21-95 规定进行处理。

接触面间隙处理 表 21-95

项目	示意图	处理方法
1		$t<1.0$mm 时不予以处理
2		$t=1\sim3$mm 时将厚板一侧磨成 1:10 的缓坡,使间隙小于 1.0mm
3		$t>3.0$mm 时加垫板,垫板厚度不小于 3mm,最多不超过三层,垫板材质和摩擦面处理方法应与构件相同

4) 对每一个连接接头,应先用临时螺栓或冲钉定位,为防止损伤螺纹引起扭矩系数的变化,严禁把高强度螺栓作为临时螺栓使用。对一个接头来说,临时螺栓和冲钉的数量原则上应根据该接头可能承担的荷载计算确定,并应符合下列规定:

① 不得少于安装螺栓总数的 1/3;

② 不得少于两个临时螺栓;

③ 冲钉穿入数量不宜多于临时螺栓的 30%。

5) 高强度螺栓的穿入,应在结构中心位置调整后进行,其穿入方向应以施工方便为准,力求一致;安装时要注意垫圈的正反面,即:螺母带圆台面的一侧应朝向垫圈有倒角的一侧;对于大六角头高强度螺栓连接副靠近螺头一侧的垫圈,其有倒角的一侧朝向螺栓头。

6) 高强度螺栓的安装应能自由穿入孔,严禁强行穿入,如不能自由穿入时,该孔应用铰刀进行修整,修整后孔的最大直径应小于 1.2 倍螺栓直径。修孔时,为了防止铁屑落入板迭缝中,铰孔前应将四周螺栓全部拧紧,使板迭密贴后再进行,严禁气割扩孔。

7) 高强度螺栓安装应采用合理顺序施拧。典型节点宜采用下列顺序施拧:

① 一般节点从中心向两端,见图 21-77;

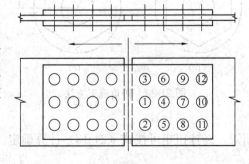

图 21-77 一般节点施拧顺序

② 箱形节点按图 21-78 中 A、C、B、D 顺序;
③ 工字梁节点螺栓群按图 21-79 中顺序;

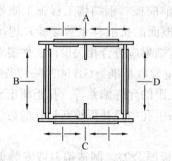

图 21-78 箱形节点施拧顺序

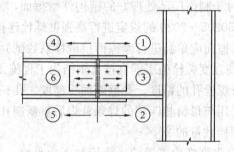

图 21-79 工字梁节点施拧顺序

④ H 形截面柱对接节点按先翼缘后腹板顺序;
⑤ 两个节点组成的螺栓群,按先主要构件节点,后次要构件节点顺序;
⑥ 高强度螺栓和焊接并用的连接节点,当设计文件无特殊规定时,宜按先螺栓紧固后焊接的施工顺序。
8)高强度螺栓连接副的初拧、复拧、终拧宜在 1d 内完成。
9)当高强度螺栓连接副保管时间超过 6 个月后使用时,必须按《钢结构工程施工质量验收标准》GB 50205—2020 的要求重新进行扭矩系数或紧固轴力试验,检验合格后,方可使用。

(2)大六角头高强度螺栓连接施工

1)高强度大六角头螺栓连接副,施拧可采用扭矩法或转角法:
① 扭矩法施工。根据扭矩系数 K、螺栓预拉力 P(一般考虑施工过程中预拉力损失 10%,即螺栓施工预拉力 P 按 1.1 倍的设计预拉力取值)计算确定施工扭矩值,使用扭矩扳手(手动、电动、风动)按施工扭矩值进行终拧。
② 转角法施工。转角法施工次序:初拧→初拧检查→划线→终拧→终拧检查→作标记(图 21-80)。

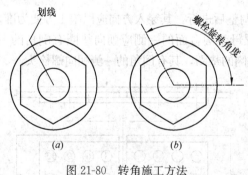

图 21-80 转角施工方法

2)高强度大六角头螺栓连接副施工应符合下列规定:
① 施工用的扭矩扳手使用前应进行校正,其扭矩相对误差不得大于±5%;校正用的扭矩扳手,其扭矩相对误差不得大于±3%。
② 施拧时,应在螺母上施加扭矩。
③ 施拧应分为初拧和终拧,大型节点应在初拧和终拧之间增加复拧。初拧扭矩可取施工终拧扭矩的 50%,复拧扭矩应等于初拧扭矩。终拧扭矩可按式(21-13)计算确定:

$$T_c = kP_c d \qquad (21-13)$$

式中 T_c——施工终拧扭矩(N·m);

k——高强度螺栓连接副的扭矩系数平均值,取 0.110~0.150;
P_c——高强度螺栓施工预拉力(kN),可按单个螺栓设计预拉力的 1.1 倍取用;
d——高强度螺栓公称直径(mm)。

④ 采用转角法施工时,初拧(复拧)后连接副的终拧角度应满足表 21-96 的要求。

⑤ 初拧或复拧后应对螺母涂画颜色标记,终拧后对螺母涂画另一种颜色标记。

初拧(复拧)后连接副的终拧转角　　表 21-96

螺栓长度 L	螺母转角	连接状态
L≤4d	1/3 圈(120°)	连接型式为一层芯板加两层盖板
4d<L≤8d 或 200mm 及以下	1/2 圈(180°)	
8d<L≤12d 或 200mm 以上	2/3 圈(240°)	

注:1. d 为螺栓公称直径;
　　2. 螺母的转角为螺母与螺栓杆之间的相对转角;
　　3. 当螺栓长度 L 超过 12 倍螺栓公称直径 d 时,螺母的终拧角度应由试验确定。

3)高强大六角头螺栓终拧完成 1h 后,48h 内进行终拧扭矩检查、按节点数抽查 10%,且不少于 10 个;每个被抽节点按螺栓数抽查 10%,且不少于 2 个。

扭矩检查方法有扭矩法和转角法两种:

① 扭矩法检查时,在螺尾端头和螺母相对位置划线,将螺母退后 60°左右,用扭矩扳手测定拧回至原来位置处的扭矩值。该扭矩值与施工扭矩值的偏差在 10%以内为合格。

② 转角法检查时,a)检查初拧后在螺母与相对位置所画的终拧起始线和终止线所夹的角度是否满足要求。b)在螺尾端头和螺母相对位置划线,然后全部卸松螺母,在按规定的初拧扭矩和终拧角度重新拧紧螺栓,观察与原划线是否重合。终拧转角偏差在 10°范围内为合格。

(3)扭剪型高强度螺栓连接施工

1)扭剪型高强度螺栓连接副宜采用专用电动扳手施拧,施工时应符合下列规定:

① 施拧应分为初拧和终拧,大型节点应在初拧和终拧之间增加复拧;

② 初拧扭矩值取式(21-13)中 T_c 计算值的 50%,其中 k 取 0.13,也可按表 21-97 选用;矩等于初拧扭矩;

扭剪型高强度螺栓初拧(复拧)扭矩值(N·m)　　表 21-97

螺栓规格	M16	M20	M22	M24	M27	M30
初拧(复拧)扭矩	115	220	300	390	560	760

③ 终拧应以拧掉螺栓尾部梅花头为准,对于个别不能用专用扳手进行终拧的螺栓,可按参考大六角头高强度螺栓的施工方法进行终拧,扭矩系数 k 取 0.13;

④ 初拧或复拧后应对螺母作标记。

2)扭剪型高强度螺栓,除因构造原因无法使用专用扳手终拧掉梅花头者外,未在终拧中拧掉梅花头的螺栓数不应大于该节点螺栓数的 5%。扭矩检查按节点数抽查 10%,但不少于 10 个节点,被抽查节点中梅花头未拧掉的螺栓全数进行终拧扭矩检查。检查方法亦可采用扭矩法和转角法,试验方法同大六角头高强度螺栓。

21.4.7 其他连接

钢结构工程中有时会采用铆钉、抽芯铆钉（拉铆钉）、焊钉和自攻螺钉等。

1. 铆钉

(1) 铆接种类

铆接可分为强固铆接、密固铆接和紧固铆接三种：

1) 强固铆接。该类铆接可承受足够的压力和剪力，但对铆接处的密封性要求差；

2) 密固铆接。该类铆接可承受足够的压力和剪力，且对铆接处的密封性要求高；

3) 紧固铆接。该类铆接承受压力和剪力的性能差，但对铆接处有高度的密封性要求。

(2) 铆钉常用技术标准（表 21-98）

铆钉常用技术标准　　　　　　　　表 21-98

序号	标准号	标准名称
1	GB/T 863.1—1986	半圆头铆钉（粗制）
2	GB/T 863.2—1986	小半圆头铆钉（粗制）
3	GB/T 865—1986	沉头铆钉（粗制）
4	GB/T 866—1986	半沉头铆钉（粗制）
5	GB/T 116—1986	铆钉技术条件

2. 抽芯铆钉（拉铆钉）

抽芯铆钉是一类单面铆接用的铆钉，但须使用专用工具——拉铆枪（手动或电动）进行铆接。铆接时，铆钉钉芯由专用铆枪拉动，使铆体膨胀，起到铆接作用。这类铆钉特别适用于不便采用普通铆钉（须从两面进行铆接）的铆接场合，其中以开口型平圆头抽芯铆钉应用最广，沉头抽芯铆钉适用于表现需要平滑的铆接场合，封闭型抽芯铆钉适用于要求随较高载荷和具有一定密封性能的铆接场合。以开口型平圆头抽芯铆钉为例，通常规格有 2.4mm、3.2mm、4mm、4.8mm、6.4mm 五个系列。

3. 自攻螺钉

自攻螺钉多用于薄的金属板（钢板、锯板等）之间的连接。连接时，先对被连接件制出螺纹底孔，再将自攻螺钉拧入被连接件的螺纹底孔中。由于自攻螺钉的螺纹表面具有较高的硬度（≥HRC45），可在被连接件的螺纹底孔中攻出内螺纹，从而形成连接。

4. 焊钉（栓钉）

由光杆和钉头（或无钉头）构成的一类紧固件，用焊接方法把它固定连接在一个零件（或构件）上面，以便再与其他零件进行连接。

21.5 钢结构安装

21.5.1 单层钢结构安装

21.5.1.1 适用范围

用于单层钢结构安装工程的主体结构、地下钢结构、檩条及墙架等次要构件、标准样板间、钢平台、钢梯、护栏等的施工。

21.5.1.2 结构安装特点

1. 构件吊装顺序

(1) 最佳的施工方法是先吊装竖向构件,后吊装平面构件,这样施工的目的是减少建筑物的纵向长度安装累积误差,保证工程质量。

(2) 竖向构件吊装顺序:柱(混凝土、钢)—连系梁(混凝土、钢)—柱间钢支撑—吊车梁(混凝土、钢)—制动桁架—托架(混凝土、钢)等,单种构件吊装流水作业,既保证体系纵列形成排架,稳定性好,又能提高生产效率。

(3) 平面构件吊装顺序:主要以形成空间结构稳定体系为原则,一般选择有支撑的柱间为起始安装单元,其工艺流程见图 21-81。

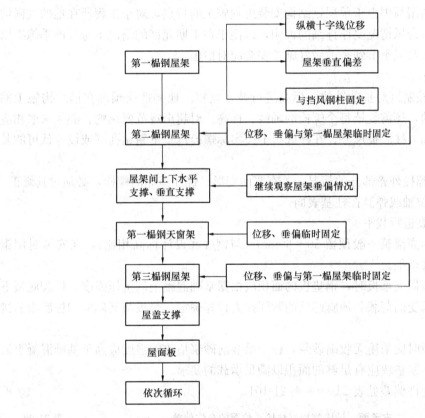

图 21-81 平面构件吊装顺序工艺流程图

2. 标准样板间安装

选择有柱间支撑的钢柱,柱与柱形成排架,将屋盖系统安装完毕形成空间结构稳定体系,各项安装误差都在允许之内或更小,依次安装,要控制有关间距尺寸,相隔几间,复核屋架垂偏即可。

3. 几种情况说明

(1) 并列高低跨吊装,考虑屋架下弦伸长后柱子向两侧偏移问题,先吊高跨后吊低跨,凭经验可预留柱的垂偏值。

(2) 并列大跨度与小跨度:先吊装大跨度后吊装小跨度。

(3) 并列间数多的与间数少的屋盖吊装：先吊间数多的，后吊间数少的。

(4) 并列有屋架跨与露天跨吊装：先吊有屋架跨后吊露天跨。

(5) 以上几种情况也适用于门式刚架轻型钢结构屋盖施工。

21.5.1.3 钢结构安装准备

1. 技术准备

技术准备工作主要包含：编制施工组织设计、现场基础准备。

(1) 编制单层钢结构安装施工组织设计

主要内容包括：工程概况与特点；施工组织与部署；施工准备工作计划；施工进度计划；施工现场平面布置图；劳动力、机械设备、材料和构件供应计划；质量保证措施和安全措施；环境保护措施等。

在工程概况的编写中由于单层钢结构安装工程施工的特点，对于工程所在地的气候情况，尤其是雨水、台风情况要作详细的说明，以便于在工期允许的情况下避开雨季施工以保证工程质量，在台风季节到来前做好施工安全应对措施。

(2) 基础准备

1) 根据测量控制网对基础轴线、标高进行技术复核。地脚螺栓预埋在钢结构施工前由土建单位完成的，还需复核每个螺栓的轴线、标高。对超出规范要求的，必须采取相应的补救措施，如加大柱底板尺寸、在柱底板上按实际螺栓位置重新钻孔（或设计认可的其他措施）。

2) 检查地脚螺栓外露部分的情况，若有弯曲变形、螺牙损坏的螺栓，必须对其修正。

3) 将柱子就位轴线弹测在柱基表面。

4) 对柱基标高进行找平。

混凝土柱基标高浇筑一般预留 50～60mm（与钢柱底设计标高相比），在安装时用钢垫板，校正后灌浆坐平。

当采用钢垫板做支承板时，钢垫板的面积应根据基础混凝土的抗压强度、柱脚底板下二次灌浆前柱底承受的荷载和地脚螺栓的紧固拉力计算确定。垫板与基础面和柱底面的接触应平整、紧密。

采用坐浆承板时应采用无收缩砂浆，柱子吊装前砂浆垫块的强度应高于基础混凝土强度一个等级，且砂浆垫块应有足够的面积以满足承载的要求。

基础的各种允许偏差见表 21-99～表 21-101。

支承面、地脚螺栓（锚栓）位置的允许偏差（mm） 表 21-99

项目		允许偏差
支承面	标高	±3.0
	水平度	$L/1000$
地脚螺栓（锚栓）	螺栓中心偏移	5.0
	螺栓露出长度	+30.0 0.0
	螺纹长度	+30.0 0.0
	预留孔中心偏移	10.0

坐浆垫板的允许偏差（mm） 表 21-100

项目	允许偏差
顶面标高	0.0 −3.0
水平度	L/1000
位置	20.0

杯口尺寸的允许偏差（mm） 表 21-101

项目	允许偏差
底面标高	0.0 −5.0
杯口深度 H	±5.0
杯口垂直度	$H/100$，且不应大于 10.0
位置	10.0

2. 机具设备准备

(1) 起重设备选择

1) 一般单层钢结构安装的起重设备宜按履带起重机、汽车起重机、塔式起重机的顺序选用。由于单层钢结构普遍存在面积大、跨度大的特点，应优先考虑使用起重量大、移动方便的履带和汽车起重机；对于跨度大、高度高的重型工业厂房主体结构的吊装，宜选用塔式起重机。

2) 缺乏起重设备或吊装工作量不大、厂房不高时，可考虑采用独角桅杆、人字桅杆、悬臂桅杆及回转式桅杆等吊装。

3) 位于狭窄地段或采用敞开式施工方案（厂房内设备基础先施工）的单层厂房，宜采用双机台吊法吊装厂房的屋面结构，亦可采用单机在设备基础上铺设枕木垫道吊装。

(2) 其他机具设备

单层钢结构安装工程其他常用的施工机具有电焊机、栓钉机、卷扬机、空压机、捯链、滑车、千斤顶等。

3. 材料准备

材料准备包括钢构件的准备、普通螺栓和高强度螺栓的准备、焊接材料的准备等。

(1) 钢构件的准备

钢构件的准备包括钢构件堆放场的准备；钢构件验收。

1) 钢构件堆放场的准备

钢构件通常在专门的钢结构加工厂制作，然后运至现场直接吊装或经过组拼装后进行吊装。钢构件力求在吊装现场就近堆放，并遵循"重近轻远"（即重构件摆放的位置离吊机近一些，反之可远一些）的原则。对规模较大的工程需另设立钢构件堆放场，以满足钢构件进场堆放、检验、组装和配套供应的要求。

钢构件在吊装现场堆放时一般沿吊车开行路线两侧按轴线就近堆放。其中钢柱和钢屋架等大件放置，应依据吊装工艺作平面布置设计，避免现场二次倒运困难。钢梁、支撑等可按吊装顺序配套供应堆放，为保证安全，堆垛高度一般不超过2m和3层。

钢构件堆放应以不产生超出规范要求的变形为原则。

2) 钢构件验收

在钢结构安装前应对钢结构构件进行检查，其项目包含钢结构构件的变形、钢结构构件的标记、钢结构构件的制作精度和孔眼位置等。在钢结构构件的变形和缺陷超出允许偏差时应进行处理。

(2) 高强度螺栓的准备

钢结构设计用高强度螺栓连接时应根据图纸要求分规格统计所需高强度螺栓的数量并配套供应至现场。应检查其出厂合格证、扭矩系数或紧固轴力（预拉力）的检验报告是否齐全，并按规定作紧固轴力或扭矩系数复验。对钢结构连接件摩擦面的抗滑移系数进行复验。

(3) 焊接材料的准备

钢结构焊接施工之前应对焊接材料的品种、规格、性能进行检查，各项指标应符合现行国家标准和设计要求。检查焊接材料的质量合格证明文件、检验报告及中文标志等。对重要钢结构采用的焊接材料应进行抽样复验。

21.5.1.4 施工工艺

1. 吊装方法及顺序

单层钢结构安装工程施工时对于柱子、柱间支撑和吊车梁一般采用单件流水法吊装。可一次性将柱子安装并校正后再安装柱间支撑、吊车梁等构件。此种方法尤其适合移动较方便的履带起重机。对于采用汽车起重机时，考虑到移动的不方便可以以2～3个轴线为一个单元进行节间构件安装。

屋盖系统吊装通常采用"节间综合法"（即吊车一次吊完一个节间的全部屋盖构件后再吊装下一个节间的屋盖构件）。

2. 工艺流程图（图21-82）

3. 单层钢结构安装工艺

单层钢结构安装主要有钢柱安装、吊车梁安装、钢屋架安装等。

(1) 钢柱的安装

一般钢柱弹性和刚性都很好，吊装时为了便于校正一般采用一点吊装法，常用的钢柱吊装法有旋转法、递送法和滑行法。对于重型钢柱可采用双机抬吊。杯口柱吊装方法：

1) 在吊装前先将杯底清理干净；对杯口底部标高进行复测，并垫平至设计高程；

2) 操作人员在钢柱吊至杯口上方后，各自站好位置，稳住柱脚并将其插入杯口；

3) 在柱子降至杯底时停止落钩，用撬棍撬柱子，使其中线对准杯底中线，然后缓慢将柱子落至底部；

4) 拧紧柱脚螺栓。对于柱脚螺栓的杯口基础，调整轴线与垂直度后，用楔铁将四边固定，并用缆风绳固定，校正完后，杯口内浇筑混凝土并振捣密实。

钢柱安装的允许偏差见表21-102。

21.5 钢结构安装

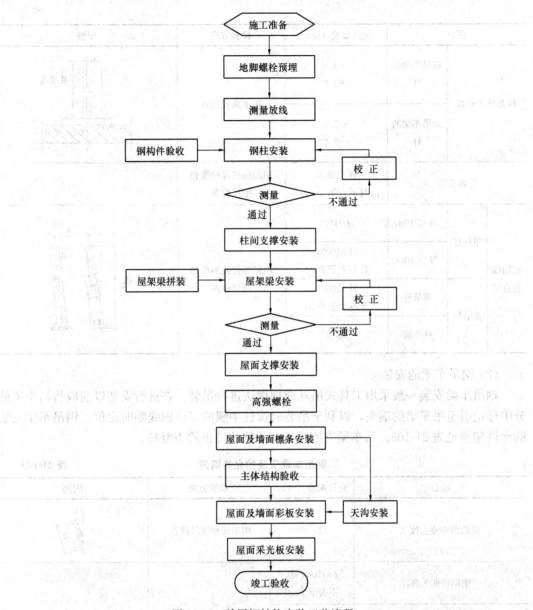

图 21-82 单层钢结构安装工艺流程

单层钢结构中柱子安装允许偏差　　　　表 21-102

项目	允许偏差（mm）	检验方法	图例
柱脚底座中心线对定位轴线的偏移	5.0	用吊线和钢尺检查	

续表

项目		允许偏差（mm）	检验方法	图例
柱基准点标高	有吊车梁的柱	+3.0 −5.0	用水准仪检查	
	无吊车梁的柱	+5.0 −8.0		
弯曲矢高		$H/1200$，且不大于 15.0	用经纬仪或拉线和钢尺检查	
柱轴线垂直度	单层柱 $H\leqslant 10m$	$H/1000$	用经纬仪或吊线和钢尺检查	
	单层柱 $H>10m$	$H/1000$，且不大于 25.0		
	多节柱 单节柱	$H/1000$，且不大于 10.0		
	多节柱 柱全高	35.0		

(2) 钢吊车梁的安装

钢吊车梁安装一般采用工具式吊耳或捆绑法进行吊装。在进行安装以前应将吊车梁的分中标记引至吊车梁的端头，以利于吊装时按柱牛腿的定位轴线临时定位。钢吊车梁安装的允许偏差见表 21-103。吊车梁支座构造应严格按图纸检查复核。

钢吊车梁安装的允许偏差　　　　　表 21-103

项目		允许偏差（mm）	检验方法	图例
梁的跨中垂直度 Δ		$H/500$	用吊线和钢尺检查	
侧向弯曲矢高		$l/1500$，且不大于 10.0		
垂直上拱矢高		10.0		
两端支座中心位移 Δ	安装在钢柱上时，对牛腿中心的偏移	5.0	用拉线和钢尺检查	
	安装在混凝土柱上时，对定位轴线的偏移	5.0		
吊车梁支座加劲板中心与柱子承压加劲板中心的偏移 Δ_1		$t/2$	用吊线和钢尺检查	

续表

项目		允许偏差（mm）	检验方法	图例
同跨间内同一横截面吊车梁顶面高差 Δ	支座处	10.0	用经纬仪、水准仪和钢尺检查	
	其他处	15.0		
同跨间内同一横截面下挂式吊车梁底面高差 Δ		10.0		
同列相邻两柱间吊车梁顶面高差 Δ		$l/1500$，且不大于 10.0	用水准仪和钢尺检查	
相邻两吊车梁接头部位 Δ	中心错位	3.0	用钢尺检查	
	上承式顶面高差	1.0		
	下承式底面高差	1.0		
同跨间任一截面的吊车梁中心跨距 Δ		±10.0	用经纬仪和光电距仪检查；跨度小时可用钢尺检查	
轨道中心对吊车梁腹板轴线的偏移 Δ		$t/2$	用吊线和钢尺检查	

(3) 钢屋架的安装

1) 一般钢屋架安装

钢屋架在安装前应进行强度、稳定性等验算，不满足要求时应采取加固措施，一般可通过在屋架上、下弦杆绑扎固定加固杆件的方式予以加强。

钢屋架吊装时的注意事项如下：

① 绑扎时必须绑扎在屋架节点上，以防止钢屋架在吊点处发生变形。绑扎节点的选择应符合钢屋架标准图要求或经设计计算确定。

② 屋架吊装就位时应以屋架下弦两端的定位标记和柱顶的轴线标记严格定位并点焊加以临时固定。

③ 第一榀屋架吊装就位后，应在屋架上弦两侧对称设缆风固定（图 21-83），第二榀屋架就位后，每坡用一个屋架间调整器，进行屋架垂直度校正，再固定两端支座处并安装屋架间水平及垂直支撑。

钢屋架安装允许偏差见表 21-104。

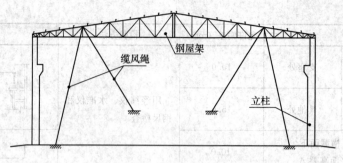

图 21-83 第一榀屋架吊装就位示意

钢屋（托）架、桁架、梁及受压杆件垂直度和侧向弯曲矢高的允许偏差（mm）　表 21-104

项目	允许偏差（mm）		图例
跨中的垂直度	$h/250$，且不应大于 15.0		
侧向弯曲矢高 f	$l \leqslant 30\text{m}$	$l/1000$，且不应大于 10.0	
	$30 < l \leqslant 60\text{m}$	$l/1000$，且不应大于 30.0	
	$l > 60\text{m}$	$l/1000$，且不应大于 50.0	

2）预应力钢屋架安装

预应力钢屋架是一种刚柔并济的新型结构形式，由于其承载力高、结构变形小、稳定性好、对下部结构要求低和适用跨度大等优点在钢结构工程中运用越来越多。其常用的结构形式有：张弦梁、弦支穹顶、索穹顶、拉索拱等。典型施工工艺流程见图 21-84。

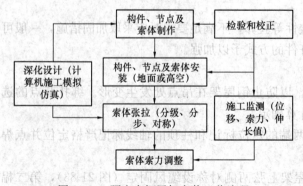

图 21-84　预应力钢屋架安装工艺流程

预应力钢屋架安装工艺的重点在于索体的安装、张拉施工及施工过程中的检测和索力调整等，其技术要点如下：

① 索体安装

a. 索体安装前应根据拉索构造特点、空间受力状态和施工条件等综合确定拉索安装方法（整体张拉法、分布张拉法和分散张拉法），并搭设施工胎架及索体安装平台（应确保索体各连接节点标高位置和安装、张拉操作空间的要求）。

b. 索体室外存放时，应注意防潮、防雨。构件焊接、切割施工时，其施工点应与拉索保持一定距离或采取保护措施。

c. 索体安装前应在地面利用放线盘、牵引及转向等装置将索体放开,并提升就位。

d. 当风力大于三级、气温低于4℃时,不宜进行拉索安装。

e. 传力索夹安装需考虑拉索张拉后直径变小对索夹夹具持力的影响。索夹间螺栓一般分为初拧(拉索张拉前)、中拧(拉索张拉后)和终拧(结构承受全部恒载后)等过程。

② 张拉施工及检测

a. 根据设计和施工仿真计算确定优化张拉顺序和程序。张拉操作中应建立以索力控制为主或结构变形控制为主的规定,并提供每根索体规定索力和伸长值的偏差。

b. 张拉预应力宜采用油压千斤顶,张拉过程中应监测索体位置变化,并对索力、结构关键节点的位置进行监控。

c. 预制拉索应进行整体张拉,由单根钢绞线组成的群锚拉索可逐根张拉。

d. 对直线索可采用一端张拉,对折线索宜采用两端张拉。多个千斤顶同时工作时,应同步加载。索体张拉后应保持顺直状态。

e. 索力调整、位移标高或结构变形的调整应采用整索调整方法。

f. 索力、位置调整后,对钢绞线拉索夹片锚具应采取放松措施,使夹片在低应力动载下不松动。

(4) 平面钢桁架的安装

一般来说钢桁架的侧向稳定性较差(可参照屋架进行强度、稳定性验算),在条件允许的情况下最好经扩大拼装后进行组合吊装,即在地面上将两榀桁架及其上的天窗架、檩条、支撑等拼装成整体,一次进行吊装,这样不但提高工作效率,也有利于提高吊装稳定性。

桁架临时固定如需用临时螺栓和冲钉,则每个节点应穿入的数量必须经过计算确定,并应符合下列规定:1) 不得少于安装孔总数的1/3;2) 至少应穿两个临时螺栓;3) 冲钉穿入数量不宜多于临时螺栓的30%;4) 扩钻后的螺栓的孔不得使用冲钉。

钢桁架的校正方式同钢屋架的校正方式。

随着技术的进步,预应力钢桁架的应用越来越广泛,预应力钢桁架的安装分为以下几个步骤:1) 钢桁架现场拼装;2) 在钢桁架下弦安装张拉锚固点;3) 对钢桁架进行张拉;4) 对钢桁架进行吊装。

在预应力钢桁架安装时应注意事项:1) 受施工条件限制,预应力筋不可能紧贴桁架下弦,但应尽量靠近桁架下弦;2) 在张拉时为防止桁架下弦失稳,应经过计算后按实际情况在桁架下弦加设固定隔板;3) 在吊装时应注意不得碰撞张拉筋。

钢桁架安装的允许偏差见表21-104。

(5) 门式刚架安装

门式刚架的特点一般是跨度大,侧向刚度很小。安装程序必须保证结构形成稳定的空间体系,并不导致结构永久变形。应根据场地和起重设备条件最大限度地将扩大拼装工作在地面完成。

安装顺序宜先从靠近山墙的有柱间支撑的两榀刚架开始,在刚架安装完毕后应将其间的檩条、支撑、隅撑、系杆、拉条等全部装好,并检查其铅垂度,然后以这两榀刚架为起点,向房屋另一端顺序安装。

除最初安装的两榀刚架外,所有其余刚架间的檩条、墙梁和檐檩的螺栓均应在校准后再行拧紧。

刚架安装宜先立柱子,然后将在地面组装好的斜梁吊起就位,并与柱连接。构件吊装应选择好吊点,大跨度构件的吊点须经计算确定,对于侧向刚度小、腹板宽厚比大的构件,应采取防止构件扭曲和损坏的措施。构件的捆绑部位,应采取防止构件局部变形和损坏的措施。

21.5.1.5 测量校正

1. 钢柱的校正

(1) 柱基标高调整。根据钢柱实际长度、柱底平整度、钢牛腿顶部距柱底部距离,来控制基础找平标高,以此来保证钢牛腿顶部标高值。

(2) 平面位置校正。在起重机不脱钩的情况下将柱底定位线与基础定位轴线对准缓慢落至标高位置。

(3) 钢柱校正。优先采用缆风绳校正(同时柱脚底板与基础间间隙垫上垫铁),对于不便采用缆风绳校正的钢柱可采用可调撑杆校正。

2. 吊车梁的校正

钢吊车梁的校正包括标高调整、纵横轴线和垂直度的调整。注意钢吊车梁的校正必须在结构形成刚度单元以后才能进行。

(1) 用经纬仪将柱子轴线投到吊车梁牛腿面等高处,据图纸计算出吊车梁中心线到该轴线的理论长度 L。

(2) 每根吊车梁测出两点,用钢尺和弹簧秤校核这两点到柱子轴线的距离 $L_实$,看 $L_实$ 是否等于 $L_理$ 以此对吊车梁纵轴进行校正。

(3) 当吊车梁纵横轴线误差符合要求后,复查吊车梁跨度。

(4) 吊车梁的标高和垂直度的校正可通过对钢垫板的调整来实现。

(5) 吊车梁跨度误差用相邻吊车梁间不同厚度的垫板进行调整。

注意吊车梁的垂直度的校正应和吊车梁轴线的校正同时进行。

3. 钢屋架的校正

钢屋架的垂直度的校正方法如下:在屋架下弦一侧拉一根通长钢丝(与屋架下弦轴线平行),同时在屋架上弦中心线反出一个同等距离的标尺,用线坠校正。也可用一台经纬仪,放在柱顶一侧,与轴线平移 a 距离,在对面柱子上同样有一距离为 a 的点,从屋架中线处用标尺挑出 a 距离,三点在一个垂面上即可使屋架垂直。

钢屋架全站仪测量法(图 21-85):

(1) 在构件跨中上、下弦侧面各选定一特定点,将激光反射贴片贴在该点上。

(2) 根据场地的通视条件,测放出架设全站仪的最佳位置。

(3) 内业计算构件上所标示的该特征观测点与全站仪架设点位之间的坐标关系,并做好参数记录,以备屋架校正时用。

(4) 架设全站仪于选定的测量观测点上,根据内业计算成果。结合当日气象值设置好坐标参数及气象改正,准确无误后分别照准仪器于构件上激光反射贴片,得出构件空间位置的实测三维坐标,通过捯链调节屋架跨中的直线度和垂直度至规范允许范围内。

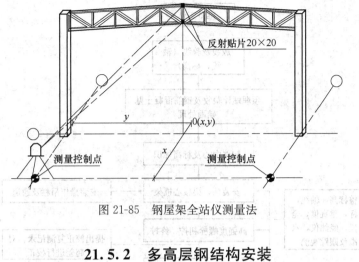

图 21-85　钢屋架全站仪测量法

21.5.2　多高层钢结构安装

21.5.2.1　适用范围

用于指导多层与高层钢结构工程安装及验收工作。主要针对框架结构、框架剪力墙结构、框架支撑结构、框架核心筒结构、筒体结构，以及型钢混凝土组合结构和钢管混凝土中的钢结构、屋顶特殊节框架构筑物等多高层钢结构体系编写。

21.5.2.2　高层钢结构安装施工工艺

1. 施工工艺流程（图 21-86）
2. 吊装方案的确定

根据现场情况，多层与高层钢结构工程结构特点、平面布置及钢结构重量等，钢构件吊装一般选择采用塔式起重机。在地下部分如果钢构件较重的，也可选择采用汽车起重机或履带起重机完成。

对于汽车起重机直接进场即可进行吊装作业；对于履带起重机需要组装好后才能进行钢构件的吊装；塔式起重机的安装和爬升较为复杂，而且要设置固定基础或行走式轨道基础。当工程需要设置几台吊装机具时，要注意机具不要相互影响。

塔式起重机的选择应注意以下内容：

（1）起重机性能：塔式起重机根据吊装范围的最重构件、位置及高度，选择相应塔式起重机最大起重力矩（或双机起重力矩的 80%）所具有的起重量、回转半径、起重高度。除此之外，还应考虑塔式起重机高空使用的抗风性能，起重卷扬机滚筒对钢丝绳的容绳量，吊钩的升降速度。

（2）起重机数量：根据建筑物平面、施工现场条件、施工进度、塔式起重机性能等，布置 1 台、2 台或多台。在满足起重性能情况下，尽量做到就地取材。

（3）起重机类型选择：在多层与高层钢结构施工中，主要吊装机械一般都选用自升式塔式起重机，包括内爬和外附两种。

3. 安装流水段划分

高层钢结构安装需按照建筑物平面形式、结构形式、安装机械数量和位置、工期及现场施工条件等划分流水段。

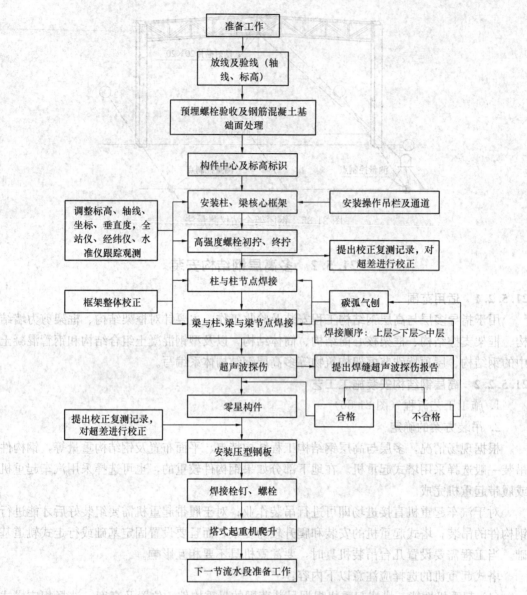

图 21-86 多层与高层钢结构安装工艺流程

多高层钢结构吊装,在分片分区的基础上,多采用综合吊装法,其吊装程序一般是:

(1) 平面从中间或某一对称节间开始,以一个节间的柱网为一个吊装单元,按钢柱—钢梁—支撑顺序吊装,并向四周扩展,以减少焊接误差。图 21-87 为深圳证券交易所营运中心钢结构标准层平面流水段划分。

(2) 垂直方向由下至上组成稳定结构后,分层安装次要结构,一节间一节间钢构件、一层楼一层楼安装完。采取对称安装,对称固定的工艺,有利于消除安装误差积累和节点焊接变形,使误差减低到最小限度。

钢结构安装的垂向施工流程主要是在钢结构施工的楼层不能与土建施工的楼层相差太大,一般相差 5~6 层为宜。上面 2 层在钢结构安装,中部 2 层在压型钢板的铺设,最下

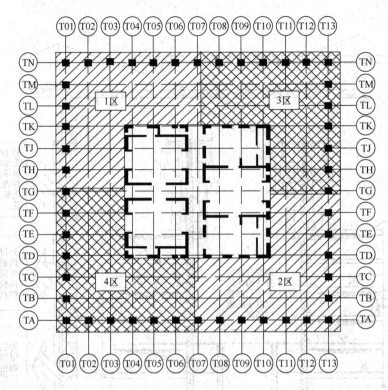

图 21-87 深圳证券交易所营运中心钢结构标准层平面流水段划分

面 2 层在绑扎钢筋，浇注混凝土。混凝土核心筒结构施工一般领先钢结构安装 6 层以上，以满足内外筒间钢梁的连接的及时性。图 21-88 为某多高层施工顺序。

4. 预埋件、钢柱及钢梁的安装工艺

(1) 地脚螺栓的预埋

地脚螺栓安装精度直接关系到整个钢结构安装的精度，是钢结构安装工程的第一步。埋设整体思路：为了保证预埋螺栓的埋设精度，将每一根柱下的所有螺杆用角钢或钢模板联系制作为一个整体框架，在基础底板钢筋绑扎完、基础梁钢筋绑扎前将整个框架进行整体就位并临时定位，然后绑扎基础梁钢筋的钢筋，待基础梁钢筋绑扎完后对预埋螺栓进行第二次校正定位，交付验收，合格后浇注混凝土。施工顺序如下：

测量放线：首先根据原始轴线控制点及标高控制点对现场进行轴线和标高控制点的加密，然后根据控制线测放出的轴线再测放出每一个埋件的中心十字交叉线和至少两个标高控制点。

螺栓套架的制作：螺栓定位套架的制作采用的角钢等型钢将预埋螺栓固定为一个整体。预埋螺栓的制作精度：预埋螺栓中到中的间距不大于 2mm，预埋螺栓顶端的相对高差不大于 2mm（图 21-89）。

预埋螺栓的埋设：在底板钢筋绑扎完成之后，地板梁钢筋绑扎之前，预埋件的埋设工作即可插入。根据测量工所测放出的轴线，将预埋螺栓整体就位，首先找准埋件上边 4 根固定角钢的纵横向中心线（预先量定并刻画好），并使其与测量定位的基准线吻合；然后

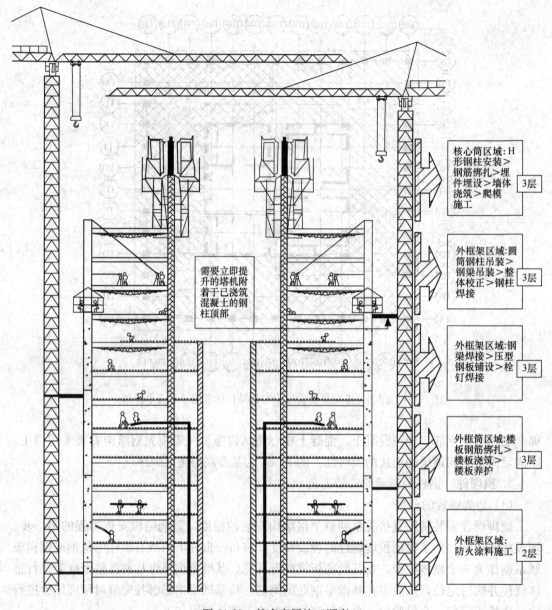

图 21-88 某多高层施工顺序

用水准仪测出埋件4个角上螺栓顶面的标高,高度不够时在埋件下边4根固定角钢的4个角下用钢筋或者角钢抄平。

地脚螺栓预埋时,预埋螺栓埋设质量不仅要保证埋件埋设位置准确,更重要的是固定支架牢固,因此,为了防止在浇注混凝土时埋件产生位移和变形,除了保证该埋件整体框架有一定的强度以外,还必须采取相应的加固措施:

先把支架底部与底板钢筋焊牢固定,4边加设刚性支撑,一端连接整体框架,另一端固定在地基底板的钢筋上;待基础梁的钢筋绑扎完毕,再把预埋件与基础梁的钢筋焊接为一个整体,在螺栓固定前后应注意对埋件的位置及标高进行复测。加固示意见图 21-90。

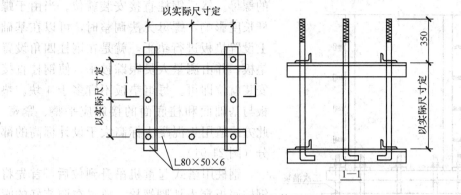

图 21-89　预埋件整体预埋示意图

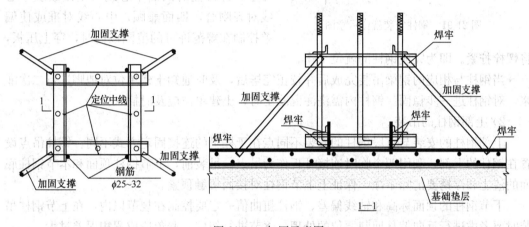

图 21-90　加固示意图

地脚螺栓在浇注前应再次复核，确认其位置及标高准确、固定牢靠后方可进入浇注工序；混凝土浇注前，螺纹上要涂黄油并包上油纸，外面再装上套管，浇注过程中，要对其进行监控，便于出现移位时可尽快纠正。

地脚螺栓的埋设精度，直接影响到结构的安装质量，所以埋设前后必须对预埋螺栓的轴线、标高及螺栓的伸出长度进行认真的核查、验收。标高以及水平度的调整一定要精益求精，确保钢柱就位。

对已安装就位的地脚螺栓，严禁碰撞和损坏，钢柱安装前要将螺纹清理干净，对已损伤的螺牙要进行修复。

整个支架应在钢筋绑扎之前进行埋设，固定完后，土建再进行绑扎，绑扎钢筋时不得随意移动固定支架及地脚螺栓。

土建施工时一定要注意成品保护，避免使安装好的地脚螺栓松动，移位。

(2) 钢柱的安装

钢柱安装顺序：先内筒的安装，后外筒的安装，先中部后四周，先下后上的安装顺序进行安装。钢柱吊点设置在钢柱的顶部，直接用临时连接板（连接板至少4块）。

1) 第一段钢柱的吊装

安装前要对预埋件进行复测，并在基础上进行放线。根据钢柱的底标高调整好螺杆上

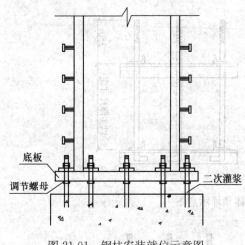

图 21-91 钢柱安装就位示意图

的螺母。然后钢柱直接安装就位。当由于螺杆长度影响，螺母无法调整时，可以在基础上设置垫板进行垫平，就是在钢柱四角设置垫板，并由测量人员跟踪抄平，使钢柱直接安装就位即可。每组垫板不宜多于4块。垫板与基础面和柱底面的接触应平整、紧密。此方法适用于混凝土标高大于设计标高的部分（图21-91）。

钢柱用塔式起重机吊升到位后，首先将钢柱底板穿入地脚螺栓，放置在调节好的螺母上，并将柱的四面中心线与基础放线中心线对齐吻合，四面兼顾，中心线对准或使偏差控制在规范许可的范围以内时，穿上压板，将螺栓拧紧。即为完成钢柱的就位工作。

当钢柱与相应的钢梁吊装完成后并校正完毕后，及时通知土建单位对地脚进行二次灌浆，对钢柱进一步稳固。钢柱内需浇注混凝土时，土建单位应及时插入。

2）上部钢柱的吊装

上部钢柱的安装与首段钢柱的安装不同点在于柱脚的连接固定方式不同。钢柱吊点设置在钢柱的上部，利用四个临时连接耳板作为吊点。吊装前，下节钢柱顶面和本节钢柱底面的渣土和浮锈要清除干净，保证上下节钢柱对接面接触顶紧。

下节钢柱的顶面标高和轴线偏差、钢柱扭曲值一定要控制在规范以内，在上节钢柱吊装时要考虑进行反向偏移回归原位的处理，逐节进行纠偏，避免造成累积误差过大。

钢柱吊装到位后，钢柱的中心线应与下面一段钢柱的中心线吻合，并四面兼顾，活动双夹板平稳插入下节柱对应的安装耳板上，穿好连接螺栓，连接好临时连接夹板，并及时拉设缆风绳对钢柱进一步进行稳固。钢柱安装完成后，即可进行初校，以便钢柱及斜撑的安装。

钢柱吊装示意见图21-92～图21-94。

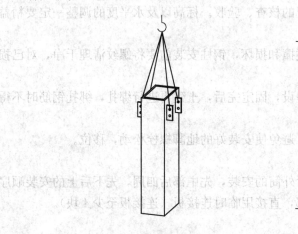

图 21-92 钢柱吊装示意

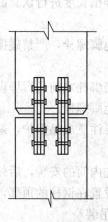

图 21-93 钢柱拼接示意

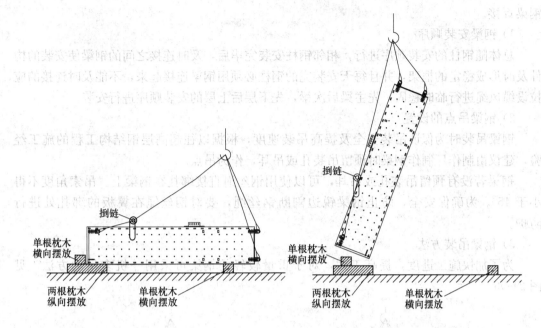

图 21-94　倾斜钢柱吊装示意

3) 巨型组合钢柱的安装

超高层钢结构中存在的巨型组合钢柱的安装一般采用分片吊装的方法，现场组合焊接成整体，组合柱的分解以满足吊装设备起重能力、便于现场安装焊接为原则。图 21-95 为某高层组合钢柱分解示意。

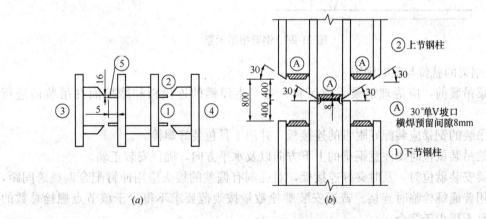

图 21-95　组合钢柱分解示意

(3) 钢梁的安装

安装钢梁的数量很多，是钢柱的几倍，起重吊钩每次上下的时间随着建筑物的升高越来越长，所以绑扎、提升、卸钩的方法直接影响吊装效率。钢梁吊装就位时必须用普通螺栓进行临时连接。可在塔式起重机的起重性能内对钢梁进行串吊。钢梁的连接形式有栓接和栓焊连接。钢梁安装时可先将腹板的连接板用临时螺栓进行临时固定即可，待调校完毕后，更换为高强度螺栓并按设计和规范要求进行高强度螺栓的初拧及终拧以及钢梁焊接。

1) 钢梁安装顺序

总体随钢柱的安装顺序进行，相邻钢柱安装完毕后，及时连接之间的钢梁使安装的构件及时形成稳定的框架，并且每天安装完的钢柱必须用钢梁连接起来，不能及时连接的应拉设缆风绳进行临时稳固。先主梁后次梁，先下层后上层的安装顺序进行安装。

2) 钢梁吊点的设置

钢梁吊装时为保证吊装安全及提高吊装速度，根据以往超高层钢结构工程的施工经验，建议由制作厂制作钢梁时预留吊装孔或吊耳，作为吊点。

钢梁若没有预留吊装孔或吊耳，可以使用钢丝绳直接绑扎在钢梁上。吊索角度不得小于45°。为确保安全，防止钢梁锐边割断钢丝绳，要对钢丝绳在翼板的绑扎处进行防护。

3) 钢梁吊装方法

为了加快施工进度，提高工效，对于重量较轻的钢梁可采用一机多吊的方法，见图21-96。

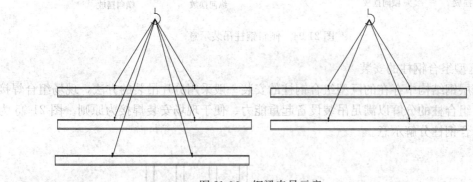

图21-96 钢梁串吊示意

4) 钢梁的就位与临时固定

钢梁吊装前，应清理钢梁表面污物；对产生浮锈的连接板和摩擦面在吊装前进行除锈。

待吊装的钢梁应装配好附带的连接板，并用工具包装好螺栓。

钢梁吊装就位时要注意钢梁的上下方向以及水平方向，确保安装正确。

钢梁安装就位时，及时夹好连接板，对孔洞有偏差的接头应用冲钉配合调整跨间距，然后再用普通螺栓临时连接。普通安装螺栓数量按规范要求不得少于该节点螺栓总数的30%，且不得少于2个。

为了保证结构稳定、便于校正和精确安装，对于多楼层的结构层，应首先固定顶层梁，再固定下层梁，最后固定中间梁。当一个框架内的钢柱钢梁安装完毕后，及时对此进行测量校正。

(4) 斜撑安装

斜撑的安装为嵌入式安装，两侧相连接的钢柱、钢梁安装完成后，再安装斜撑。为了确保斜撑的准确就位，斜撑吊装时应使用捯链进行配合，将斜撑调节至就位角度，确保快速就位连接，见图21-97。

(5) 桁架安装

桁架是结构的主要受力和传力结构,一般截面较大,板材较厚,施工中应尽量不分段整体吊装,若必须要分段,也应在起重设备允许的范围内尽量少分段,以减少焊缝收缩对精度的影响。分段后桁架段与段之间的焊接应按照正确的流程和顺序进行施焊,先上下弦,再中间腹杆,由中间向两边对称进行施焊。散件高空组装顺序应按照先上弦、再下弦和竖向直腹杆,最后嵌入中间斜腹杆,然后进行整体校正焊接。同时,应根据桁架跨度和结构特点的不同设置胎架支撑,并按设计要求进行预起拱。图 21-98 为桁架吊装示意。

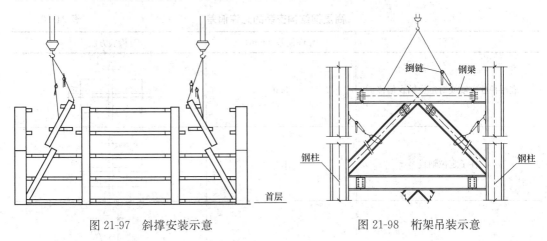

图 21-97　斜撑安装示意　　　　图 21-98　桁架吊装示意

5. 钢结构构件的校正

钢构件安装完成并形成稳定框架后,应及时进行校正,钢构件校正应先进行局部构件校正,再进行整体校正,主要使用捯链、楔铁、千斤顶进行调整,应有全站仪、经纬仪、水准仪进行数据观测。同时标高控制常采用相对标高进行控制,控制相对高度。

钢柱吊装就位后,应先调整钢柱柱顶标高,再调整钢柱轴线位移,最后调整钢柱垂直度;钢梁吊装前应检查校正柱牛腿处标高和柱间距离,吊装过程中监测钢柱垂直度变化情况,并及时校正。

(1) 钢柱顶标高检查及误差调整

每节钢柱的长度制造允许误差 Δh 和接头焊缝的收缩值 Δw,通过柱顶标高测量,可在上一节钢柱吊装的接头间隙中及时调整。但对于每节柱子长度受荷载后的压缩值 Δz,由于荷载的不断增加,下部已安装的各节柱的压缩值也不断增加,难于通过制作长度的预先加长来精确控制压缩值,因此,根据设计提供每层钢柱在主体结构吊装封顶时的荷载压缩值,在吊装时,每节钢柱的柱顶标高控制都从 +1.00m 的标高基准线引测,使每次吊装的柱顶标高达到设计标高,利用接头间隙及时调整 $\Delta h + \Delta w + \Delta z$ 的综合误差。

具体方法:首先在柱顶架设水准仪,测量各柱顶标高,根据标高偏差进行调整。可切割上节柱的衬垫板(3mm 内)或加高垫板(5mm 内),进行上节柱的标高偏差调整。若标高误差太大,超过了可调节的范围,则将误差分解至后几节柱中调节。

(2) 钢柱轴线调整

上下柱连接保证柱中心线重合。如有偏差,采用反向纠偏回归原位的处理方法,在柱与柱的连接耳板的不同侧面加入垫板(垫板厚度为 0.5~1.0mm),拧紧螺栓。另一个方向的轴线偏差通过旋转、位移钢柱,同时进行调整。钢柱中心线偏差调整每次3mm以内,如偏差过大分2~3次调整。上节钢柱的定位轴线不允许使用下一节钢柱的定位轴线,应从控制网轴线引至高空,保证每节钢柱的安装标准,避免过大的积累误差。

（3）钢柱垂直度调整

在钢柱偏斜方向的一侧顶升千斤顶。在保证单节柱垂直度不超过规范的前提下,将柱顶偏移控制到零,最后拧紧临时连接耳板的高强度螺栓。临时连接板的螺栓孔可在吊装前进行预处理,比螺栓直径扩大约4mm。高层钢结构安装的允许偏差,见表21-105。

高层钢结构安装的允许偏差 表21-105

项目	允许偏差（mm）	检验方法
底层柱柱底轴线对定位轴线偏移	3.0	
柱子定位轴线	1.0	
单节柱的垂直度	$h/1000$,且不大于10.0	
上、下柱连接处的错口 Δ	3.0	
同一层柱的各柱顶高度差 Δ	5.0	
同一根梁两端顶面的高差 Δ	$l/1000$,且不大于10.0	
主梁与次梁表面的高差 Δ	±2.0	

21.5.3 大跨度结构安装

大跨度结构体系大体上可分为三大分支,即刚性体系、柔性体系和杂交体系。本章所述大跨度结构既包括网架、网壳、桁架等刚性体系,亦涵盖拉索-网架、拉索-网壳、拱-索、索-桁架等部分杂交体系。

21.5.3.1 一般安装方法及适用范围

安装方法及适用范围见表21-106。

安装方法及适用范围　　　　　　　　　表21-106

安装方法	内容	适用范围
高空散装法	单杆件拼装	全支架拼装的各种网格结构,也可根据结构特点采用少支架的悬挑拼装施工方法
	小拼单元拼装	
分条(分块)吊装法	条状单元组装	分割后结构的刚度和受力状况改变较小的空间网格结构
	块状单元组装	
滑移施工法	单条滑移法	能设置平行滑轨的各种空间网格结构,尤其适用于跨越施工(待安装的屋盖结构下部不允许搭设支架或行走起重机)或场地狭窄、起重运输不便等情况
	逐条积累滑移法	
单元或整体提升法	利用拔杆提升	周边支承及多点支承空间网格结构
	利用结构提升	
单元或整体顶升法	利用网架支撑柱顶升	支点较少的空间网格结构
	设置临时顶升架顶升	
整体吊装法	单机、多机吊装	中小型空间网格结构,吊装时可在高空平移或旋转就位
	单根、多根拔杆吊装	
折叠展开式整体提升法	地面折叠拼装,整体提升,补杆件	柱面网壳结构,在地面或接近地面的工作平台上折叠起来拼装,然后将折叠的机构用提升设备提升到设计标高,最后在高空补足原先去掉的杆件,使机构变成结构

21.5.3.2 高空拼装法

高空拼装是指搭设支撑胎架(脚手架或型钢支架)将构(杆)件直接在设计位置进行拼装的一种施工方法,又称为高空原位拼装法。根据结构形式的不同,高空拼装法又可以分为高空散装法和高空分条(分块)吊装法。

1. 高空散装法

高空散装是指搭设满堂支撑胎架,将小拼单元或散件(单根杆件及单个节点)直接在设计位置进行总拼的方法。适用于网架、网壳等空间结构的安装。该施工方法可以有效降低构件的起重要求,但需要搭设大量的拼装支撑体系,需要大量的材料,支撑的搭设时间较长,工期较长,并且需要结构下方有合适的场地。

(1) 确定合理的高空拼装顺序

安装顺序应根据网架形式、支承类型、结构受力特征、杆件小拼单元，临时稳定的边界条件、施工机械设备的性能和施工场地情况等诸多因素综合确定。高空拼装顺序应能保证拼装的精度、减少积累误差。

1) 平面呈矩形的周边支承两向正交斜放网架。

① 总的安装顺序由建筑物的一端向另一端呈三角形推进。

② 因考虑网片安装中，为防止累积的误差，应由屋脊网线分别向两边安装。

2) 平面呈矩形的三边支承两向正交斜放网架（或网壳）。

① 总的安装顺序在纵向应由建筑物的一端向另一端呈平行四边形推进，在横向应由三边框架内侧逐渐向大门方向（外侧）逐条安装。

② 网片安装顺序可先由短跨方向按起重机作业半径性能把网架（或网壳）划分为若干个安装长条区（如图21-99中的A、B、C、D四个安装长条区），各长条区按顺序依次流水安装网架（或网壳）。

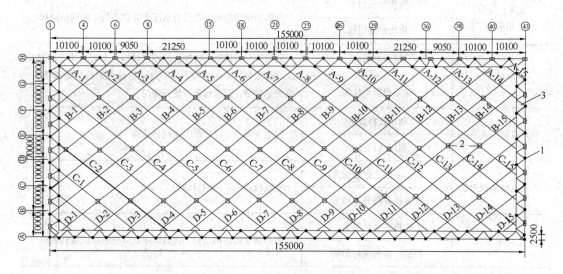

图 21-99 三边支撑网架安装顺序
1—柱子；2—临时支点；3—网架

3) 平面呈方形由两向正交正放桁架和两向正交斜放拱索桁架组成的周边支承网架（或网壳）。

总的安装顺序应先安装拱桁架；再安装索桁架；在拱索桁架已固定，且以形成能够承受自重的结构体系后，再对称安装周边四角、三角形网架（或网壳），见图21-100。

4) 平面呈椭圆形悬挑式钢罩棚网架（或网壳）

先安装在接近支承柱部分，因与看台较接近仍用高空散装法在脚手架上完成；再安装悬挑段，因悬挑段与看台段较远，故先在地面上拼成块体，（吊装单元）吊到高处通过拼装段与根部散装段组成完整的网架（或网壳），见图21-101。

(2) 严格控制基准轴线位置，标高及垂直偏差，并及时纠正

1) 网架（或网壳）安装应对建筑物的定位轴线（即基准轴线）、支座轴线和支承的标高，预埋螺栓（锚栓）位置进行检查，作出检查记录，办理交接验收手续。支承面、预埋

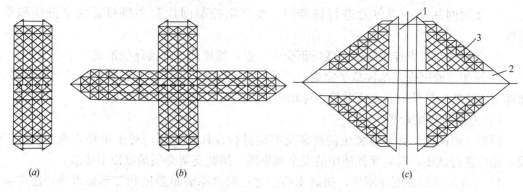

图 21-100 拱索支撑网架安装顺序
(a) 拱区域安装；(b) 索区域安装；(c) 三角区安装
1—拱桁架；2—索桁架；3—三角区网架

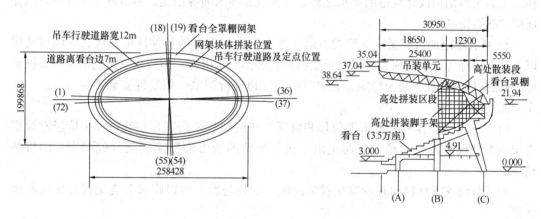

图 21-101 悬挑式钢罩棚网架安装顺序

螺栓（锚栓）的允许偏差，见表 21-107。

支承面、预埋螺栓（锚栓）的允许偏差　　　　　表 21-107

项目		允许偏差（mm）
支承面	标高	0 −30
	水平度	L/1000（L—短边长度）
预埋螺栓（锚栓）	螺栓中心偏移	5.0
	螺栓露出长度	±30.0 0
	螺纹长度	±30.0 0
	预留孔中心偏移	10.0
检查数量		按柱基数抽查10%，且不少于3个

2）网架（或网壳）安装过程中，应对网架（或网壳）支座轴线、支承面标高（或网架）下弦标高，网架（或网壳）屋脊线、檐口线位置和标高进行跟踪控制。发现误差积累应及时纠正。

3) 采用网片和小拼单元进行拼装时。要严格控制网片和小拼单元的定位线和垂直度。

4) 各杆件与节点连接时中心线应汇交于一点，螺栓球、焊接球应汇交于球心。

5) 网架（或网壳）结构总拼完成后纵横向长度偏差、支座中心偏移、相邻支座偏移、相邻支座高差、最低最高支座差等指标均应符合网架（或网壳）规程要求。

(3) 拼装支架的设置

网架（或网壳）高空散装法的拼装支架应进行设计和验算，对于重要的或大型的工程，还应进行试压，以确保其使用的安全可靠性。拼装支架必须满足以下要求：

1) 具有足够的强度和刚度，拼装支架应通过验算除满足强度和变形要求外，还应满足单肢及整体稳定要求，符合现行国家标准《钢结构设计标准》GB 50017—2017 的规定。一般情况下荷载工况考虑构件恒载、胎架自重、施工活荷载和风荷载。拼装支架的水平位移除了满足钢结构设计规范的要求之外，还要设置缆风绳等措施，尽量减小位移量，以保证构件拼装精度要求。

2) 具有稳定的沉降量，支架的沉降往往由于支架本身的弹性压缩、接头的压缩变形以及地基沉降等因素造成。支架在承受荷载后必然产生沉降，但要求支架的沉降量在网架（或网壳）拼装过程中趋于稳定。必要时用千斤顶进行调整。如发现支架不稳定下沉，应立即研究解决。

由于拼装支架容易产生水平位移和沉降，在网架（或网壳）拼装过程中应经常观察支架变形情况并及时调整。应避免由于拼装支架的变形而影响网架（或网壳）的拼装精度。

为了节约支撑材料和减少支架拼装时间，加快进度，可以将拼装支架设置成可移动支架。

(4) 支撑点的拆除

1) 拼装支撑点（临时支座）拆除必须遵循"变形协调，卸载均衡"的原则，否则临时支座超载失稳，或者网架（或网壳）结构局部甚至整体受损。

2) 临时支座拆除顺序和方法：由中间向四周、中心对称进行，防止个别支撑点集中受力，宜根据各支撑点的结构自重挠度值，采用分区分阶段按比例下降或用每步不大于 10mm 等步下降法拆除临时支撑点。

3) 拆除临时支撑点应注意事项：检查千斤顶行程满足支撑点下降高度，关键支撑点要增设备用千斤顶。降落过程中，统一指挥责任到人，遇有问题由总指挥处理解决。

2. 高空分条（分块）吊装法

高空分条（分块）吊装法是指搭设点式型钢支撑（体系）或条形脚手架支撑，将结构进行合理分条（分块），然后由起重机械吊装至安装位置，高空拼接，并将次桁架（或次结构）随后补装上的安装方法。

对网架（或网壳）结构来说，一般采用分块或分条的方法，其中块状分割指沿网架（或网壳）纵横方向分割后的矩形或正方形，条状是指沿网架长跨方向分割为几段，每段的长度可以是一个至三个网格，其长度方向为网架短跨的方向。

对大跨度空间桁架来说，一般采用分段拼装法，对于双向交叉空间桁架，把弦杆截面稍大的桁架作为主桁架分段拼装，另一方向桁架作为次桁架分单元或散件安装。

(1) 网架（或网壳）分块拼装的工艺特点和技术要点

1) 网架分条分块单元的划分，主要根据起重机的负荷能力和网架的结构特点而定。由于条（块）装单元是在地面进行拼装，和高空散件拼装法相比，高空作业大量减少，支撑支架用料也大量减少，比较经济。这种安装方法适用于分割后刚度和受力状况改变较小的中小型网架（或网壳）。图 21-102 所示为某斜放四角锥网架块状单元划分方法工程实例，图中虚线部分为临时加固的杆件。

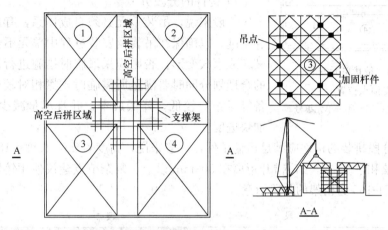

图 21-102　斜放四角锥网架块状单元划分方法示例
注：①-④为块状单元

2) 分条（块）单元自身应是几何不变体系，同时还应有足够的刚度，否则应该加固。对于正放类网架而言，在分割成条（块）状单元后，自身在自重作用下能够形成几何不变体系，并且具有一定的刚度，一般不需要进行加固。但对于斜放类网架，在分割成条（块）状单元后，由于上弦为菱形结构可变体系，因而必须加固之后才能吊装。图 21-103 所示为斜放四角锥网架划分成条状单元后几种上弦加固方法。

3) 网架（或网壳）挠度控制。网架条状单元在吊装就位过程中为平面受力体系，而网架结构是按空间结构进行设计的，因而条状单元在总拼前的挠度要比网架形成整体后该处的挠度大，因此在总拼前须在合拢处用支撑顶起，调整挠度使与整体网架挠度符合。但当设计已考虑了分条吊装法而加大了网架高度时可另当别论。块状单元在地面拼装后，应模拟高空支撑条件，拆除全部地面支墩后观察施工挠度，必要时也要调整其挠度。

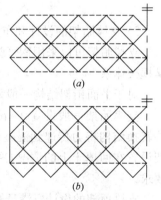

图 21-103　斜放四角锥网架上弦加固方案
注：图中虚线部分为临时加固杆件

图 21-104 为某工程分 4 个条状单元，在各单元中部设一个支顶点，共设 6 个点（每点用一根钢管和一个千斤顶）。

4) 网架（或网壳）尺寸控制。条（块）状单元尺寸必须准确，以保证高空总拼时节点吻合或减少积累误差，一般可以采用预拼装或现场临时配杆来解决。

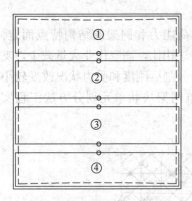

图 21-104　条状单元安装后
支顶点位置
o—支顶点；①~④—单元编号

5) 安装顺序和焊接顺序。分条块安装顺序应由中间向两端安装，或由中间向四周发展。高空总拼应采取合理的焊接顺序以减少焊接应力和焊接变形。总拼时的施焊顺序也是由中间向两端安装，或由中间向四周发展。

(2) 大跨度空间桁架分段高空拼装的工艺特点和技术要点

1) 构件的分段分节

一般来说，吊装单元必须自成体系，有足够的强度和刚度，以确保在吊装及安装过程中单元不会产生局部破坏或永久变形，否则应采取临时措施进行加固。单元的合理划分同时要满足所需临时支撑相对较少，起重设备等级相对较低，降低成本，并且尽量减少高空作业，加快进度。

在工厂分段拼装的构件应满足运输条件，一般来说，高度<4m，长度<18m。

桁架上弦和下弦的分段口错开距离在 500mm 以上。复杂节点建议使用铸钢件或在工厂制作。图 21-105 为桁架的分段示意。

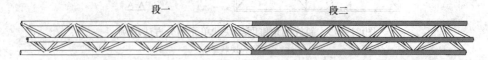

图 21-105　桁架的分段分节

2) 支撑胎架的设计和布置

支撑胎架可以采用钢管脚手架，也可以采用型钢支架；支撑胎架可以是点式，也可以是框架体系。

对于平面桁架结构一般采用点式支撑，对于空间桁架体系一般采用框架支撑体系。

支撑胎架一般设置在桁架分段处附近，支撑柱最好布置在混凝土柱头上，或通过一些转换结构将力传递到混凝土基础上，并对混凝土基础承载力进行计算复核。对支撑胎架设置在回填土上的情况，要进行混凝土基础设计，甚至要设置桩基，以满足支撑受力要求。

支撑顶部的设计要满足桁架的校正和支撑卸载的要求。

对支撑胎架要进行复核计算，其强度、刚度和整体稳定性均要满足《钢结构设计标准》GB 50017—2017 的规定。一般情况下荷载工况考虑构件恒载、胎架自重、施工活荷载和风荷载。拼装支架的水平位移除了满足钢结构设计规范的要求之外，还要设置缆风绳等措施，尽量减小位移量，以保证构件拼装精度要求。

在安装过程中要适时对支撑垂直度、位移、支座沉降以及节点焊缝进行实时监测，发现问题及时解决。

3) 高空拼装

① 拼装顺序：拼装顺序的设计宜考虑对称施工，减少累计误差，控制焊接、温差等造成的结构内应力。对环向闭合结构或超长结构体系，考虑设置合拢缝。但尽量考虑可以

流水施工，方便机械设备和材料的组织。

② 拼装措施：为了提高构件高空拼装精度和速度，可设置一些临时连接板。连接板尺寸及布置方式见图 21-106。连接板孔径 18mm，连接选用 8.8 级 M16 螺栓。

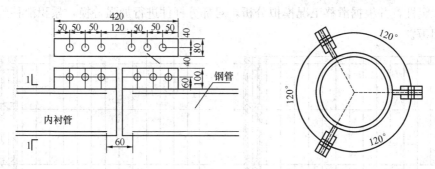

图 21-106 拼装临时连接耳板

21.5.3.3 滑移施工法

滑移施工法是指利用在事先设置的滑轨上滑移分条的单元或者胎架来完成屋盖整体安装的方法。根据滑移对象和方法可分为累积滑移法、胎架滑移施工法、主结构滑移法。

1. 滑移施工法特点

（1）滑移施工法在土建完成框架、圈梁以后进行，而且主结构是架空作业的，因此对建筑物内部施工没有影响，与下部土建施工可以平行立体作业，大大加快了工期。

（2）高空滑移法对起重设备、牵引设备要求不高，可用小型起重机或卷扬机。而且只需搭设局部的拼装支架，若建筑物端部有平台可利用，可不搭设拼装支架。

（3）采用单条滑移法时，摩擦阻力较小，再加上滚轮，小跨度时用人力撬棍即可撬动前进。采用累积滑移法时，牵引力逐渐加大，即使为滑动摩擦方式，也只需用小型卷扬机即可。因为结构滑移时速度受限（≤1m/min），一般均需通过滑轮组变速。

2. 滑移施工法适用范围

（1）滑移法可用于建筑平面为矩形、梯形或多边形等平面。

（2）支承情况可为周边简支、或点支承与周边支承相结合等情况。

（3）当建筑平面为矩形时滑轨可设在两边圈梁上，实行 2 点牵引。

（4）当跨度较大时，可在中间增设滑轨，实行 3 点或 4 点牵引，这时结构不会因分条后加大挠度，或者当跨度较大时，也可采取加反梁办法解决。

（5）滑移法适用于现场狭窄、山区等地区施工；也适用于跨越施工，例如车间屋盖的更换、轧钢、机械等厂房内设备基础、设备与屋面结构平行施工。

3. 施工方法

（1）累积滑移法

累积滑移法指先将条状单元滑移一段距离后（能连接上第二单元的宽度即可），连接好第二条单元后，两条一起再滑移一段距离（宽度同上），再连接第三条，三条又一起滑移一段距离，如此循环操作直至接上最后一条单元为止。以桁架为例，先以两榀桁架为一个单元，将桁架分段吊装至高空拼装胎架上，一次拼装二榀桁架；通过柱帽杆檩条的连接使之成为一个单元，之后落放到仅作施工用的滑移轨道上，利用卷扬机等设备牵拉进行等标高滑移,滑移二个柱距,再组装第三榀;同法安装第四榀,将完成的四榀桁架作为一个整体长距离滑移到位;同法完成剩余大单元的累积滑移,剩余二榀桁架直接落放就位,完成整个屋盖的安装;具体拼装、滑移过程中,各榀桁架之间应通过临时杆件连接固定,增强整体稳定性,并根据滑移工况模拟分析,对部分杆件进行加强替换,累积滑移施工示意见图 21-107。

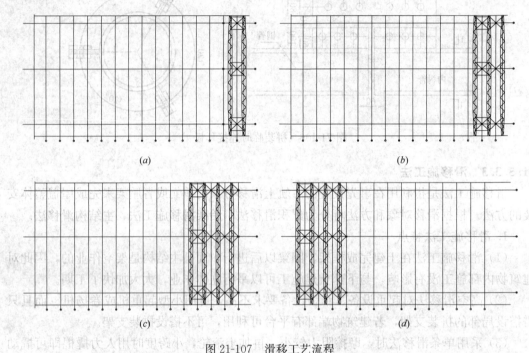

图 21-107 滑移工艺流程
(a) 在拼装胎架上组装二榀桁架形成稳定单元;(b) 滑移两个柱距,组装第三榀桁架;
(c) 三榀滑移后组装第四榀桁架;(d) 四榀桁架长距离滑移到位

(2) 胎架滑移施工法

大跨度结构两端支座间没有连系梁,而是单根柱支点承重,滑轨就无法安装,为此在拼装胎架的下面设滑轨,滑动拼装胎架,利用有限的措施材料完成整体结构安装。

按结构刚度定出分条单元在拼装胎架上,按设计位置拼装好,降落拼装支点,将拼装胎架往前滑移一个分条单元,再与已拼装好的结构拼接连接成整体的方法。

(3) 主结构滑移法

主结构滑移法是指单个结构独立滑移,当大跨度结构下部无法搭设胎架并无法行走吊机时,可选择此滑移方法。主结构滑移法是将单个结构(如一榀桁架)一次滑移到位,然后再滑移后续单个结构,直至整个大跨度结构施工完成。此滑移方法对滑移轨道要求较高,而且单个结构必须加设加固措施,但是此滑移法,对桁架上部结构(如屋面)施工影响较小,前几个单个结构滑移完成后即可插入桁架上部结构的施工。

4. 滑移施工法相关技术要求

(1) 材料的关键要求

1) 拼装承重支架一般用扣件式钢管脚手架,若采用已建的建筑物作操作平台,用槽钢等型钢做胎具即可。

2) 滑道设置：根据网架大小，可用圆钢、钢板、角钢、槽钢、钢轨、四氟板，加滚轮等，一般为 Q235 钢。

3) 牵引用的钢丝绳的质量和安全系数应符合有关规定，以免出现安全事故。

(2) 同步控制

网架滑移时同步控制的精度是滑移技术的主要指标之一。当网架采用两点牵引滑移时，如不设导向轮，滑移要求同步主要是为了不使网架滑出轨道。当设置导向轮，牵引速度差（不同步值）应不使导向轮顶住导轨为准。当 3 点牵引时，除应满足上述要求外，还要求不使网架增加太大的附加内力，允许不同步值应通过验算确定。两点或两点以上牵引时必须设置同步监测设施。

当采用逐条积累滑移法并设有导向轮时，2 点牵引时，其允许不同步值与导向轮间隙、网架积累长度等有关，网架积累越长，允许不同步值就越小，其几何关系见图 21-108。设当 B、D 点正好碰上导轨时为 A、B 两牵引点允许不同步的极限值，如 A 点继续领先，则 B、D 点愈易压紧，即产生 R_1 及 R_2 的顶力，网架就产生施工应力，这在同步控制上是不允许的。故当 B、D 两点正好碰上导轨时，A、B 两牵引点允许不同步值为 AE，其计算公式见 (21-14)。

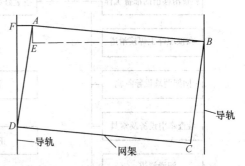

图 21-108　网架滑移时不同步值的几何关系

$$AE = \frac{AB \cdot AF}{AD} \tag{21-14}$$

式中　　AF ——两倍导向轮间隙；
　　　　AB ——网架跨度；
　　　　AD ——网架滑移单元长度。

式中 AB、AF 是已定值，而 AE 与 AD 成反比，因此对积累滑移法，AE 值是个变数，随着网架的接长，AE 逐渐变小，同步要求就越高。

网架规程规定网架滑移时两端不同步值不大于 50mm，只是作为一般情况而言。各工程在滑移时应根据情况，经验算后再自行确定具体值，2 点牵引时应小于上述规定值，3 点牵引时经验算后应更小。

控制同步最简单的方法是在网架两侧的梁面上标出尺寸，牵引时同时报滑移距离，但这种方法精度较差。特别 3 点以上牵引时不适用。自整角机同步指示装置是一种较可靠的测量装置。这种装置可以集中于指挥台随时观察牵引点移动情况，读数精度为 1mm。

(3) 曲线滑移同步控制

胎架曲线滑移同步控制，首先要保证 4 条滑移轨道的准确铺设，圆弧轨道轴线定位点位误差不超过 ±3mm，间距误差不超过 ±5mm。

胎架曲线滑移要同步，要求按同一角速度移动。在 4 条轴线上放置铝合金标尺，不同轴线标尺面刻度按圆弧半径成比例刻画，并进行编号。胎架滑移时，当最大半径的轴线刻度滑动一根标尺时，四根标尺同时向前移动一整尺，胎架滑移一个跨度轴线后，每次以楼面定位轴线标志线为标尺0点,以减小标尺放置误差。这样通过焊接在胎架上的指标杆所指示的标尺即时刻度,了解不同轴线同步滑移情况。当刻度反映不同步时,可先停止整体滑移,对滑移滞后的部位单独进行卷扬机牵引,直至同步为止,同步滑移控制目标为≤5cm。

5. 滑移施工法工艺流程(图21-109)

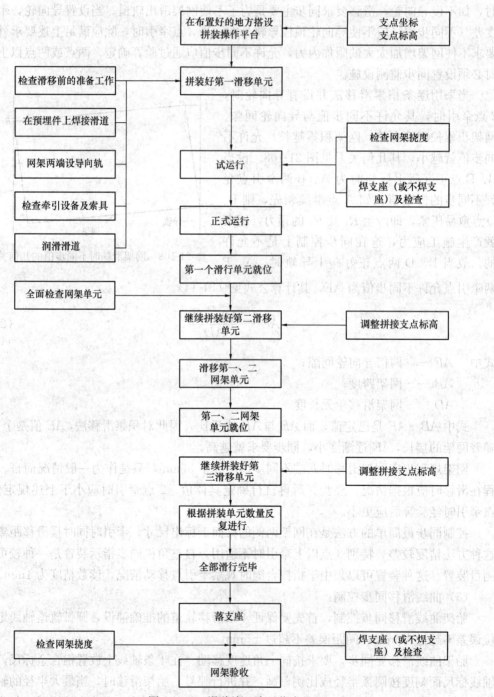

图21-109 滑移施工法工艺流程

21.5.3.4 单元或整体提升法

提升施工法是利用提升装置将在地面或楼面拼装的结构逐步提升至既定位置的施工方法。采用这种施工方法，无需大的吊车，设备投入少，施工安全可靠，具有较好的综合效益。有原位整体提升、局部提升两种形式。安装方法有滑模提升、桅杆提升、升板机提升等。

1. 提升系统的组成

根据场地条件和提升装置的类型，提升结构主要有以下 3 类：利用主体结构（柱）的方式；设置临时支架的方式；主体结构（柱）、临时支架组合的方式。提升的动力一般有卷扬机+滑轮组、液压千斤顶，但目前以液压千斤顶运用为主。

液压提升体系主要分为两类，一类是固定液压千斤顶的方式，即液压千斤顶布置在结构柱或临时支架上提升结构，称之为"提升"；另一类是移动液压千斤顶的方式，即液压千斤顶布置在结构上随着结构的提升和结构一起向上移动，称之为"爬升"。

2. 提升法施工基本条件

（1）被提升的结构应有很好的刚度，不会出现因为提升中结构过大变形而损坏的情况。

（2）下部结构要有很好的支承条件，整个提升设备可设置于土建结构的柱等竖向承重结构上，以这些竖向结构为支点，通过群体布置的提升设备将整个结构缓步提升到位。

3. 提升法施工

（1）滑模提升法

网架滑模提升法安装，是指先在地面一定高度正位拼装网架，然后利用框架柱或墙的滑模装置将网架随滑模顶升到设计位置，见图 21-110。

该方法可利用网架作滑模操作平台，节省设备和支撑胎架投入，施工简单安全，但需整套滑膜设备且网架随滑膜上升安装速度较慢。适用于安装 30~40m 的中小型网架屋盖。

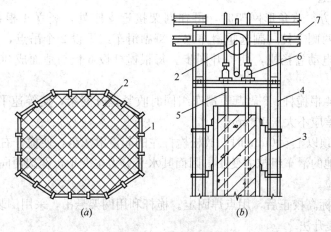

图 21-110 滑模提升法
(a) 网架平面；(b) 滑模装置
1—柱；2—网架；3—滑动模板；4—提升架；5—支承杆；6—液压千斤顶；7—操作台

1) 提升前，先将网架拼装在 1.2m 高的枕木垫上，使网架支座位于滑模提升架所在的柱（或墙）截面内。每根柱安 4 根 2φ8 钢筋支承杆，安设 4 台千斤顶，每根柱一条油路，直接由网架上操作台控制，滑膜装置同常规方法。

2) 滑升时，利用网架结构当作滑模操作平台随同滑升到柱顶就位，网架每提升一节，用水平仪、经纬仪检查一次水平度和垂直度，以控制同步正位上升。

3) 网架提升到柱顶后，将钢筋混凝土连系梁与柱头一起浇筑混凝土，以增强稳定性。

(2) 桅杆提升法

网架桅杆提升法安装，是指将网架在地面错位拼装，用多根独脚桅杆将其整体提升到柱顶以上，然后进行空中旋转和移位，落下就位安装，见图21-111。

该方法所需设备投入大，准备工作及投入均较复杂，费时费工。适于安装高、重、大（跨度80～110m）的大型网架屋盖。

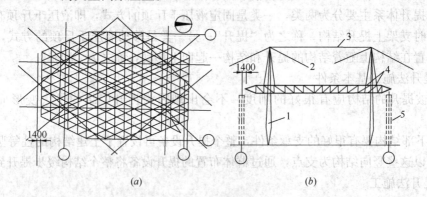

图 21-111 用 4 根独脚桅杆抬吊网架
(a) 网架平面布置；(b) 网架吊装
1—独脚桅杆；2—吊索；3—缆风绳；4—吊点（每根桅杆8个）；5—柱子

1) 柱和桅杆应在网架拼装前竖立。桅杆可自行制造，起重量可达 1000～2000kN，桅杆高可达 50～60m。

2) 当安装长方、八角形网架时，可在网架接近支座处，竖立4根钢制格构独脚桅杆。每根桅杆的两侧个挂一副起重滑车组，每副滑车组下设2个吊点，并配一台卷筒直径、转速相同的电动卷扬机，使提升同步。每根桅杆设6根与地面成30°～40°夹角的缆风绳。

3) 提升时，4根桅杆、8副起重滑车组同时收紧提升网架，使等速平稳上升，相邻2桅杆处的网架高差应不大于100mm。

4) 当提到柱顶以上500mm时，放松桅杆左的起重滑车组，使桅杆右侧的起重滑车组保持不动，则松弛的滑车组拉力变小，因而其水平分力也变小，网架便向左移动，进行高空移位或旋转就位。

5) 经轴线、标高校正后，用点焊固定。桅杆利用网架悬吊，采用倒装法拆除。

(3) 升板机提升法

升板机提升法是指网架结构在地面上就位拼装成整体后，用安装在柱顶横梁上的升板机，将网架垂直提升到设计标高以上，安装支承托梁后，落位固定。

该方法不需大型吊装设备、机具和安装工艺简单，提升平稳，提升差异小，同步性好，劳动强度低，功效高，施工安全，但需较多提升机和临时支撑短立柱，准备工作量大。适于跨度50～70m，高度4m以上，重量较大的大、中型周边支撑网架屋盖。

1) 提升设备布置

图 21-112 为某工程的升板机提升法提升设备布置情况。提升点设在网架 4 边，每边 7～8 个。

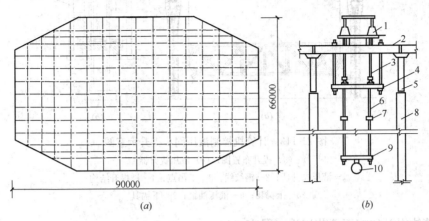

图 21-112 升板机提升法示意图
(a) 平面布置图；(b) 提升装置
1—提升机；2—上横梁；3—螺杆；4—下横梁；5—短钢柱；6—吊杆；
7—接头；8—柱；9—横吊梁；10—支座钢球

2) 提升操作

提升机每提升一节吊杆，用 U 形卡板塞入下横梁上部和吊杆上端的支承法兰之间，卡住吊杆。卸去上节吊杆，将提升螺杆下降，与下一节吊杆接好，再继续上升，如此循环往复，直到网架升至托梁以上。然后把预先放在柱顶牛腿的托梁移至中间就位，再将网架下降于托梁上，提升完成。

网架提升时应同步，每上升 600～900mm 观测一次，控制相邻两个提升点高差不大于 25mm。

(4) 计算机控制液压同步提升

计算机控制液压同步系统由液压提升器、液压泵源系统、同步控制系统、计算机控制系统组成。液压同步提升采用液压提升器作为提升机具，柔性钢绞线作为承重索具。液压提升器为穿芯式结构，以钢绞线作为提升索具，有着安全、可靠、承重件自身重量轻、运输安装方便、中间不必镶接等一系列独特优点；同时采用行程及位移传感监测和计算机控制，通过数据反馈和控制指令传递，可全自动实现一定的同步动作、负载均衡、姿态矫正、应力控制、操作闭锁、过程显示和故障报警等多种功能。

1) 提升原理

液压提升器两端的楔形锚具具有单向自锁作用。当锚具工作（紧）时，会自动锁紧钢绞线；锚具不工作（松）时，放开钢绞线，钢绞线可上下活动。计算机控制液压同步提升示意见图 21-113。

2) 提升操作

提升时在提升支承结构上设置提升操作平台，放置液压提升器，在被提升结构上安装下吊点，承重钢绞线连接提升器和下吊点，通过液压提升器的重复伸缸和缩缸过程将主桁架提升至设计位置。

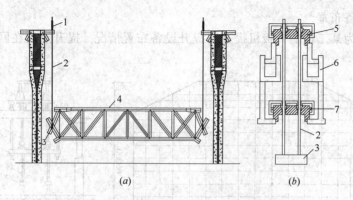

图 21-113 计算机控制液压同步提升示意图
(a) 提升布置图；(b) 液压提升器
1—液压提升器；2—钢绞线；3—下吊点；4—被提升结构；
5—上锚具；6—液压油缸；7—下锚具

4. 整体提升法施工工艺流程（图 21-114）

5. 提升注意事项

(1) 液压提升支承结构可以是原结构或者是临时支承结构，支承系统及基础应经过设计计算，确保在提升过程中支承结构的稳定性和强度满足要求；

(2) 提升前对被提升结构进行施工模拟计算，确定被提升结构在提升过程中的稳定性和杆件应力状态是否满足要求，如不满足要求，应对结构进行加固处理；

(3) 当提升高重心结构时，应进行抗倾覆验算。当抗倾覆力矩小于倾覆力矩的 1.2 倍时，应增加配重、降低重心或设置附加约束；

(4) 顶升油缸和插销油缸试验应按《液压缸试验方法》GB/T 15622—2005 的规定进行厂内试验；

(5) 各吊点提升能力不应小于对应吊点荷载标准值的 1.25 倍，总体提升能力不应小于总提升荷载标准值的 1.25 倍，且不大于 2.5 倍；

(6) 被提升结构提升点的位置应与提升点在同一铅垂线上，水平偏差不应大于提升高度的 1/1000，且不应大于 50mm；

(7) 以主体结构理论载荷为依据，各提升吊点处的提升设备进行分级加载，依次为 20%、50%、80%，在确认各部分无异常的情况下，可继续加载到 100%，直至被提升结构全部离地（胎架）；被提升结构离地后，停留 8～12h 作全面检查（包括吊点结构、承重结构体系和提升设备等）；

(8) 提升卸载采用分级卸载方式，卸载值依次为 80%、50%、20%。

21.5.3.5 综合施工法

综合施工法就是同一结构采用两种及以上安装方法进行施工。事实上，当今大跨度结构有两个明显的发展特点，一是跨度规模不断增大，一是结构越趋新颖复杂。对于这种类型的大型大跨度及空间钢结构仅用一种施工方法是难以完成整个工程的施工的，一般都会采用多种施工方法同时进行。

针对不同工程的结构特点，其施工方法的综合选择也是不同的。一般来说，航站楼、车站等屋顶网架常用机械吊装、高空滑移为主，高空散件拼装为辅的综合施工法；场馆类

21.5 钢结构安装

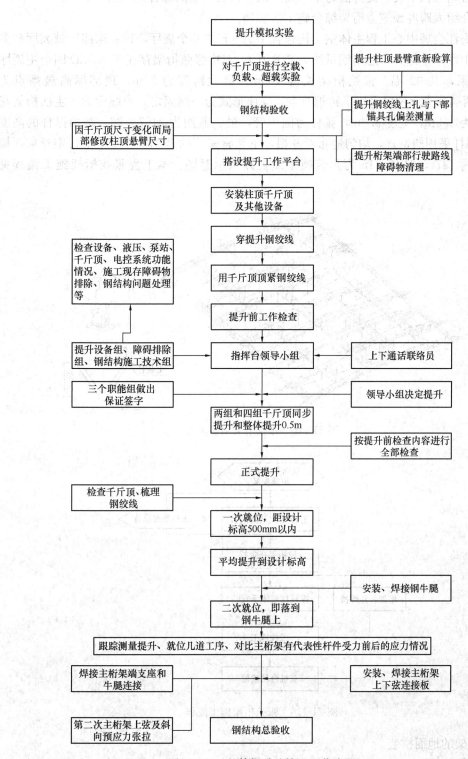

图 21-114 整体提升法施工工艺流程

大跨度则常用机械吊装、提升法为主,高空散件拼装为辅的综合施工法。

下面介绍大跨度预应力桁架综合施工法实例。

天津梅江会展中心工程主体钢结构包含了 A~F 共 6 个展厅,以及东部登录大厅和多功能厅和中厅 9 个部分,总用钢量约为 2.8 万 t,其中张弦桁架存在于 ABCD 四个主展厅的屋盖体系,共 32 榀。张弦桁架长度 103m,最大跨度为 89m,顶部标高最高点为 35.6m,两端在支座位置采用了铸钢节点,支座形式为一端固定,一端滑动,主次桁架高度相同均为 2.5m,宽度 3.0m,弦杆为圆钢管,最大截面为 $\phi457\times26$。跨中撑杆的高度为 8m,撑杆采用圆钢管,均匀地布置 9 根,下弦索采用的是 $\phi7\times265$ 半平行钢丝束,拉索张拉力为 137t。图 21-115 为张弦桁架屋盖体系示意图。本工程张弦桁架施工流程见图 21-116。

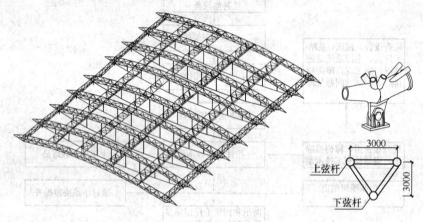

图 21-115　张弦桁架屋盖体系

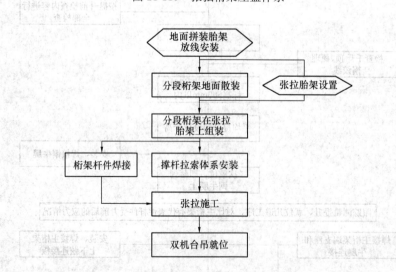

图 21-116　张弦桁架施工流程

1. 桁架的地面拼装

本工程张弦桁架分 6 段进行散件制作,主弦杆长度控制在 18m 以内,在地面组装成 3 个大分段,拼装完成后分段长度在 30m 左右。分段桁架采用散件卧拼的方法,每个大分段设置5个支撑点，胎架选用型钢材料，经过结构计算控制拼装过程中的胎架自身变形，见图21-117。

图21-117 张弦桁架地面散拼

桁架拼装尺寸按照设计要求进行设置，拼装时实时监测桁架节点位置坐标，及时调整避免累积误差，并在构件焊前焊后做好变形监测。

2. 分段桁架在张拉胎架上组拼

由于桁架下弦撑杆及拉索安装后高度将达到11m，为了便于桁架张拉体系的安装，施工中设置了一组高空张拉胎架（图21-118），胎架高度最高为11m，一组共设置4个独立胎架用来支撑桁架的3个分段，胎架选用圆管、工字钢等材料。张拉胎架的外形设计在计算机模型中进行，根据张弦桁架模型对胎架的细部尺寸进行计算，对碰撞位置进行调整，最终得到胎架的精确布置及细部节点尺寸。分段桁架就位后利用千斤顶调节节点标高，桁架分段安装顺序为先中间后两边，组对完成后安装撑杆及拉索。图21-119为现场高空组装实况。

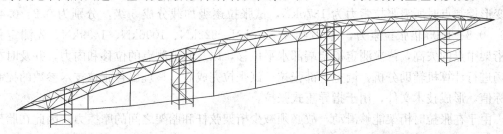

图21-118 张拉胎架的设计模型

3. 拉索的安装

索在地面开盘，借助捯链牵引放索。为防止索体在移动过程中与地面接触，损坏拉索防护层或损伤索股，在地面沿放索方向间距2.5m左右设置滑动小车，以保证索体不与地面接触，同时减少了与地面的摩擦力。由于索的长度要长于跨度，索展开后应与轴线倾斜一定角度才能放下，因此牵引方向要与轴线倾斜一定角度，并牵引时使索基本保

图21-119 现场高空组拼实况

持直线状移动。索头安装,先将牵引端的索头安装就位,再安装另一端,在索体未进节点孔时用一只2t捯链将索头位置吊起,微调至节点孔内,同时用另一只5t牵引捯链进行牵引就位。图21-120为放索及索头安装的现场实况。

图21-120 放索及索头安装

4. 张拉施工

按照理想模型在地面拼装完单榀张弦梁后,一次张拉到位,然后把张弦梁吊装到柱顶就位,此时桁架支座允许滑移,安装完次桁架和屋面结构后,固定桁架支座,并对张弦梁的上弦变形进行监测。

拉索采用单端张拉,张拉时对位移和材料应力进行双控。经计算,索的张拉力为1400kN左右,单端张拉,选用4台2500kN千斤顶。预应力钢索张拉前根据设计和预应力工艺要求的实际张拉力对千斤顶、油泵进行标定。实际使用时,由此标定曲线上找到控制张拉力值相对应的值,并将其打在相应的泵顶标牌上,以方便操作和查验。

施工前仿真模拟张拉工况,以此作为指导第一榀桁架试张拉的依据。计算表明索拱达到变形控制点时所需张拉索力为1370kN,试张拉逐级加载分成5级,分别为0.2、0.4、0.6、0.8、1.05倍张拉索力,即274kN、548kN、822kN、1096kN、1439kN。先测定张弦桁架中点的矢高,依次测定桁架端部水平位移,以及其他测点的位移和内力,并及时在现场进行计算机辅助分析,调整下部张拉。试张拉完成后,整理出各张拉技术参数的控制指标值,形成技术文件,用于指导正式张拉。

由于在张拉时桁架能够滑动,故必须减少桁架弦杆和胎架之间的摩擦力,因此在胎架和桁架之间设置滑动措施,减小张拉过程中对胎架的水平力,施工安全性更容易保证。

5. 双机抬吊施工

吊装参数计算

主桁架长103m、宽3m、高约2.5m、总重约950kN(包括吊钩及吊绳的重量),吊装选择2台3000kN汽车起重机作为屋面桁架吊装的主吊机。根据有规范规定:

每台汽车起重机的额定起重量×80%>双机抬吊分配吊重

双机总额定负荷×75%>双机抬吊构件重量

则每台汽车起重机的起重能力为:640kN×80%=512kN>950kN/2

则二台汽车起重机的起重能力为:640kN+640kN=1280kN,则1280kN×75%=960kN>950kN

综上所述,所选2台3000kN汽车起重机进行双机抬吊主桁架方案可行。

双机抬吊时为充分发挥 3000kN 汽车起重机的起重性能，在选择吊点时尽可能缩短吊点间距从而减少汽车起重机吊装时的臂长，针对张弦桁架的吊装进行相应的施工模拟计算，对吊装过程中索应力及杆件应力的变化进行验算。图 21-121 为双机台吊现场实况。

图 21-121 双机抬吊现场实况

21.5.4 高耸结构安装

21.5.4.1 高耸结构安装的特点

(1) 高度大。高耸结构属高耸的工程构筑物，其建筑高度大。

(2) 断面小。高耸结构包括输电塔、无线电杆、电视桅杆、电视塔等，因功能设计要求，其建筑断面一般较小。

(3) 施工难度大。高耸结构是以自重及风荷载（有时为地震荷载等）等水平荷载为结构设计主要依据的结构，施工时容易受到外部环境因素的影响，应选择专门的机械设备和吊装方法进行安装。

21.5.4.2 高耸结构安装与校正

高耸结构常用的安装方法有：高空散件（单元）法、整体起扳法和整体提升（顶升）法等。

1. 高空散件（单元）法

利用起重机械将每个安装单元或构件进行逐件吊运并安装，整个结构的安装过程为从下至上流水作业。上部构件或安装单元在安装前，下部所有构件均应根据设计布置和要求安装到位，并保证已安装的下部结构的稳定和安全。

(1) 高空散件法

对于截面宽度较大的桅杆（难以分段吊装）和塔架结构，一般宜采用高空散装法。常用的吊装设备有爬行抱杆（亦称悬浮抱杆）；对于大型高耸结构（如电视塔），条件许可时，亦可采用塔式起重机吊装。

1) 爬行抱杆吊装

工程中常用的是一种旋转式多臂悬浮抱杆。由于塔架的塔柱通常是倾斜的，塔架宽度上下不一致，因此塔架构件吊装用的爬行抱杆一般设置在塔身内部。

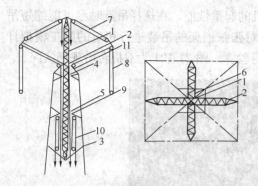

图 21-122 旋转式多臂悬浮抱杆的构造
1—中心抱杆；2—摇臂抱杆；3—中心抱杆底部支承钢索；4—侧向支承中腰箍；5—侧向支承下腰箍；6—侧向支承上腰箍；7—摇臂调幅滑轮组；8—摇臂吊装滑轮组；9—抱杆提升支架；10—抱杆提升滑轮组；11—抱杆在塔内的拉索

① 抱杆的构造。抱杆主要由中心抱杆、摇臂抱杆、支承腰箍、摇臂调幅和吊装滑轮组、抱杆提升支架及部分拉索等组成。图 21-122 为某种旋转式多臂悬浮抱杆构造示意。

② 中心抱杆组装。利用吊车进行组装，先将抱杆下部两节和抱杆底部吊放到铁塔地面中心位置，用临时拉索临时固定，再将中、下腰箍套在中心抱杆上，然后继续吊装中心抱杆的上部各节，直至吊好上部各节之后，再套上上腰箍，再安装中心抱杆的吊装用调幅滑轮组，最后用调幅滑轮组吊装摇臂抱杆。

③ 悬浮抱杆提升。旋转式多臂悬浮抱杆提升前，应先将 4 个摇臂拔杆竖直，使起吊和调幅滑轮组的动滑轮、定滑轮碰头，然后将上腰箍提升到最高位置，将下腰箍和提升吊架提升到中腰箍下部，将中腰箍悬挂在摇臂支座下部。固定各道腰箍，使上、下两道腰箍的中心线与中心抱杆轴线重合（用两台经纬仪在两个方向观测校正）。松开抱杆上所有不受力的拉索和钢丝绳。

抱杆提升分两阶段：第一阶段以上腰箍及下腰箍作为中心抱杆提升时的侧向支承点，利用人推绞磨作为牵引力使中心抱杆和中腰箍升高。当中心抱杆上的摇臂抱杆支座即将碰到上腰箍时第一阶段结束，然后将中腰箍支承拉索联于铁塔主肢上，送去上腰箍并搁放在摇臂抱杆支座上部，即可进行第二阶段提升，直升到施工设计规定的吊装高度。

对于电视塔有时可以利用其本身的天线杆作为爬行抱杆进行塔架的吊装。施工时，先用汽车起重机在塔架中心架设好天线杆，并用临时拉线固定，同时安装最下 2 层塔架。此后就利用天线杆上附设的起重设备，安装第 3 层以上的塔架，随着安装高度的增加，天线杆也逐节上升，同时在下面装好爬梯井道，待安装到顶端，天线就进行就位。

2) 塔式起重机吊装

如采用塔式起重机吊装，可将起重机附着在主结构上，对于有内筒的高耸结构，亦可将塔式起重机设置为内附式。下部主结构稳定后，方可进行塔式起重机的附着，用以完成上部结构的安装。

河南广播电视发射塔是一个具有内筒的全钢结构发射塔，塔身结构由内筒、外筒和底部五个"叶片"形斜向网架构成，外筒为格构式巨型空间钢架，内筒为竖向井道空间桁架构成的巨型筒。其塔身采用附着在内筒内的塔式起重机高空散件吊装，见图 21-123。

(2) 高空单元法

对于吊装截面宽度较小的桅杆，一般宜采用分节分段的高空单元法安装。根据使用吊装机具的不同，可分为爬行起重机吊装和爬行抱杆吊装两种。

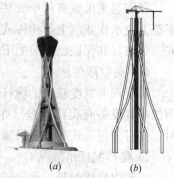

图 21-123 塔式起重机内附施工

1) 爬行起重机吊装

① 桅杆吊装前，先在地面上进行扩大拼装。拼装后的节段应符合吊升要求。

② 桅杆吊装作业时，应先利用辅助桅杆将在地面上组装好的爬行起重机竖立起来（图 21-124a），并用缆风绳将其固定。

③ 爬行起重机固定好后，应先吊装最下面的两节钢桅杆（图 21-124b）。当最下面的两节桅杆吊装完毕并用缆风绳固定后，就使爬行起重机爬上桅杆（图 21-124c），将套管吊起并将其钢箍扣在桅杆第二节上。

④ 去掉固定起重机的缆风绳，使起重杆上升，并将起重杆下端横杆上的钢箍扣在桅杆上。此后，以上各节的桅杆即可用爬行起重机进行吊装。

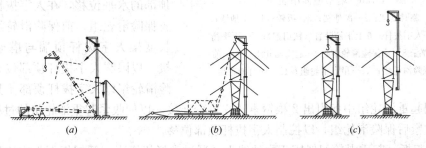

图 21-124　爬行起重机的竖立与爬升

2) 爬行抱杆吊装

① 截面较小的钢桅杆亦可采用爬行抱杆安装，见图 21-125。爬行抱杆由起重抱杆和缆风绳两部分组成。

② 起重抱杆底部有铰链支座，安装固定在钢桅杆上的悬臂支架上，起重抱杆可在一定范围内绕铰链转动。

③ 起重用卷扬机设在地面上，起重抱杆的四根缆风绳都通过地锚上的滑轮而固定手动卷扬机上。

④ 截面较小桅杆采用爬行抱杆施工时，当把钢桅杆吊到其所能及的高度后，将吊钩绕过桅杆底部的滑轮，再固定于已安装桅杆的顶部。

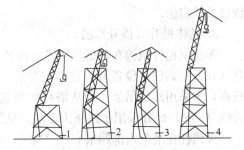

图 21-125　爬行抱杆吊装桅杆
（图中 1、2、3、4 表示工作顺序）

⑤ 桅杆顶部固定后，即可开动起重卷扬机，同时等速放松固定抱杆缆风绳的 4 个手动卷扬机，便可将就爬行抱杆上升至新的位置。

⑥ 在新的位置上固定起重桅杆，再还原吊钩的位置，即可继续向上吊装钢桅杆。

2. 整体起扳法

先将塔身结构在地面上进行平面拼装（卧拼），待地面上拼装完成后，再利用整体起扳系统（如，拔杆或人字拔杆），以临时铰支座为支点，将结构整体起扳就位，并进行固定安装。上海某电视塔（总高 209.35m）底部 154m 高的塔身段采用了该方法，见图 21-126。

(1) 塔架拼装。将塔架构件在支架上进行永久拼装，所有构件的尺寸必须测量校正，

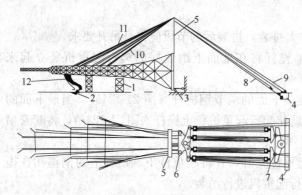

图 21-126 塔架整体吊装布置图
1—临时支架;2—副地锚;3—扳铰;4—主地锚;5—人字拔杆;6 上平衡装置(铁扁担);7—下平衡装置;8—后保险滑轮组;9—起重滑轮组;10—前保险滑轮组;11—吊点滑轮组;12—回直滑轮组

所有螺栓和焊缝必须按要求拧紧或施焊完毕。

(2) 竖立人字拔杆。人字拔杆用于以倒杆翻转法整体吊装塔架。人字拔杆自身稳定性较好,其作用在于架高滑轮组,增大起扳的作用力矩。起扳用人字拔杆的高度不应小于起扳塔架高度的三分之一。

为控制塔架起扳过程中人字拔杆顶部的水平位移,在人字拔杆前后设置保险滑轮组。前保险滑轮组以固定长度架人字拔杆顶端与塔架进行连接,以限制人字拔杆顶部位移;后保险滑轮组以人字拔杆顶部 4 只单门滑轮从 4 副起重滑轮组中各引出 2 根钢索建立可变连接,以便收紧起重滑轮组的过程中,可以同时收紧后保险滑轮组,以控制人字拔杆顶部位移。

(3) 起扳。起重滑轮组锚固于主地锚上,通过卷扬机牵引,缓缓扳倒人字拔杆而使塔架整体竖立。当塔架起扳到一定角度(80°左右),为防止塔架因惯性和自身重力作用而突然自动立直而倾覆,在塔架的背面设置回直滑轮组,通过反向收紧回直滑轮组,保证起扳过程的平滑可控。

起扳过程中各滑轮组需保证同步性,除采用同步卷扬机外,还专门设置了 6、7 两组铰接的铁扁担。

3. 整体提升(顶升)法

先将钢桅杆结构在较低位置进行拼装,然后利用整体提升(顶升)系统将结构整体提升(顶升)到设计位置就位且固定安装。天线杆处于塔身之上,位置较高,多采用此法吊装,即从塔身内部整体进行提升。上海某电视塔天线(53m)部分采用了该施工方法,见图 21-127 所示。

天线杆在塔架内部组装,在塔架中心横隔孔道内提升,其间隙约为 300mm。由于天线杆的重心较高,在提升过程中易产生摇摆,因此应增设辅助钢架和滑道。辅助钢架接在天线杆的下端,其主要作用是:固定吊点,使天线杆能全部升出塔架;降低天线杆重心,使天线杆提升稳定。为平稳提升天线杆和辅助钢架,在塔架的横隔孔道内设置了 4 条滑道,使天线杆整个的提升过程限制在滑道内。

通过设置在塔架顶部的 4 副起重滑轮组整体提升天线杆和辅助钢架,达到设计位置后固定安装。天线部位的构件、设备,能事先安装而不影响天线杆提升者,应事先安装好与天线一起提升。其余者可以事先放在天线顶部,在天线杆上升过程中逐个安装,也可在天线安装完毕后,再用滑轮逐个吊升后进行安装。

高耸结构的整体提升亦可采用液压整体提升(爬升)技术,以便

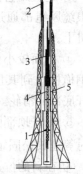

图 21-127 整体提升天线杆
1—滑轮支座;2—提升滑轮组;3—天线杆;4—辅助钢架;5—滑道

更好实现提升过程的平稳可控。

4. 高耸结构校正

高耸结构各项施工质量执行国家标准《高耸结构工程施工验收规范》GB 51203—2016。

(1) 控制高耸结构的塔心定位中心点、垂直度、双向观测基准点、标高基准点与土建定位轴线和标高一致，其偏差不得大于表21-108中数值。

观测基准点、塔的定位中心点和标高的允许偏差（mm） 表21-108

项目	允许偏差	备注
观测基准点水平位置偏离轴线距离	$\pm l/3000$，且不大于20	l—塔心到观测基准点的距离
塔的定位中心	±20	
标高	±20	

(2) 安装前根据基础验收资料复核各项数据，并标注在基础面上。安装过程中控制塔脚锚栓位置的偏差等，使其符合设计文件规定。当设计文件未作明确规定时，应按表21-109控制。

混凝土基础施工相关项目的允许偏差及检验方法（mm） 表21-109

项次	项目		允许偏差	检验方法
1	基础底标高	抗拔类基础	$-100\sim0$	水准仪测量
		一般基础	$-100\sim+50$	水准仪测量
2	混凝土基础外形尺寸		$\pm1\%B_1$，且$-20\sim+40$	钢尺测量
3	柱墩支承面	标高	±3	水准仪、经纬仪测量
		水平度	$B/500$，且不大于3	
4	锚栓	相邻塔基及对角塔基中心线	$L/1500$，且±7	经纬仪及钢尺测量
		出混凝土基础面长度	0，+30	钢尺测量
		螺栓中心对基础轴线距离	5	经纬仪及钢尺测量
		位置扭转（任意截面处）	5	钢尺测量
		螺栓倾角	1%	钢尺测量

(3) 高耸结构安装过程中应逐层进行校正，逐层安装允许偏差不得大于表21-110。

层安装允许偏差（mm） 表21-110

项次	项目		允许偏差
1	塔体节段垂直度		$h/750$
2	电梯井道垂直度	整体垂直度	$H'/2500$，当H'大于75000时，且不应大于$30+(H'-75000)/6000$
		节段垂直度	$h'/1000$
3	塔柱顶面中心相对水平度		4

续表

项次	项目		允许偏差
4	塔体截面对角线长度	D≤4m	3
		D>4m	4
5	塔体截面对角线长度	B≤5m	3
		B>5m	4

注：H'为电梯井道全高度，D为塔体截面对角线长度，B为塔体截面宽度，h为塔体节段高度，h'为井道节段高度。

21.5.4.3 高耸结构安装的注意事项

(1) 高耸结构安装时必须确保结构达到设计的强度、稳定要求，不出现永久性变形，并确保施工安全。

(2) 安装前，应按照构件明细表和安装排列图（或编号图）核对进场的构件，检查质量证明书和设计更改文件。工厂预拼装的结构在现场安装时，应根据预拼装的合格记录进行。

(3) 结构安装应具备下列条件：

1) 设计文件齐备；
2) 基础和地脚螺栓（锚栓）、地锚（桩杆）已验收通过；
3) 构件齐全，质量合格，并有明细表、产品质量证明书和必要的预拼装记录；
4) 施工组织设计或施工方案已经批准，必要的技术培训已经完成；
5) 材料、劳动组织和安全措施齐备；
6) 机具设备满足施工组织设计或施工方案要求，且运行良好；
7) 施工场地符合施工组织设计或施工方案的要求；
8) 水、电、道路满足需要并能保证连续施工。

(4) 垂直度测定应在小于 2 级风、阴天或阳光未照射到结构上时进行。

(5) 在 6 级风以上、雨、雪天和低温下（-10℃以下），不得进行高空作业。在雷雨季节应采取可靠的防雷措施方可施工。

(6) 在有高压线等不良环境条件下，安装时应编制专项安全方案。

(7) 高耸结构安装前表面不应有污渍。安装完毕后表面应清除油渍和污渍。

21.5.5 模块化施工

21.5.5.1 模块化钢结构的特点

(1) 模块化钢结构建筑根据其设计方案和结构特点，将建筑进行二维和三维模块划分，模块在施工现场采用装配式拼接，同种部品的连接件进行标准化设计，使设计、施工、装修一体化，避免传统建筑在后期施工中的开槽布线等湿作业施工。

(2) 除部品之间的拼缝需现场处理外，所有构件和部品均是工厂预制、现场装配，建筑安装流程更加快捷，质量更易控制，降低现场环境污染，减少现场施工时间。

(3) 与传统建筑工艺相比，减少现场作业量及配套设施（脚手架、模板）的使用，工艺流程简单，对施工人员的作业水平要求相对较低，减少人工成本。

21.5.5.2 模块化钢结构部品介绍

二维模块化装配式钢结构体系仍是钢结构住宅的主流选择，三维模块装配式建筑集成度高，但目前成本较高、节点处理复杂且室内空间局限性较大，故而未大面积推广开来，本章主要介绍二维模块化装配式钢结构体系。钢结构二维模块预制装配式体系是采用钢框架作为主体承重结构，模块化装配式楼板、模块化装配式墙板和模块化装配式屋面作为围护结构的建筑体系。

1. 模块化装配式楼板

模块化装配式楼板是指安装在主体结构上，在钢结构桁架（或型钢等）内部和上部填充保温和隔声材料，同时安装水电等管线，上侧铺设承重面层，下侧安装装饰材料，承受楼面荷载，起隔断、装饰作用的集成装配式楼板。

楼板部品选用钢结构、水泥纤维板、发泡混凝土板及镀锌铁丝等绿色材料制造，从上至下主要分成五层：地板面层、主体框架层、水电管线层、发泡混凝土隔声层、吊顶面层。一种地面面层采用水泥纤维板，一种地面面层采用浇筑钢筋混凝土。楼板部品通过高强度螺栓内嵌于钢梁内，见图 21-128。

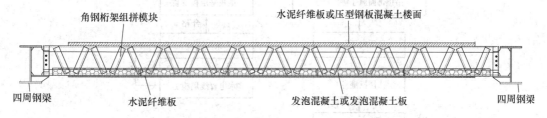

图 21-128 模块化装配式楼板示意图

2. 模块化装配式外墙板

模块化装配式墙板是指安装在主体结构上，在墙板的轻钢龙骨之间填充保温和隔声材料，同时安装水电等管线，轻钢龙骨两侧安装装饰材料，起围护、隔断、装饰作用的非承重集成装配式外墙板。集成装配式内外墙板构造样式，见图 21-119。

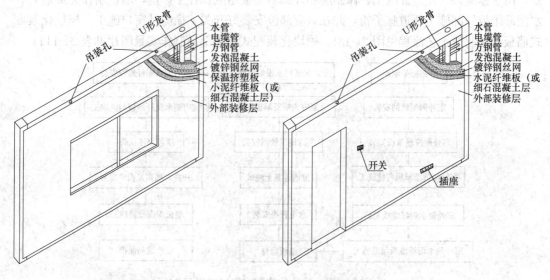

图 21-129 模块化装配式内外墙板示意图

3. 模块化装配式屋面

模块化装配式屋面是一种保温、隔热、隔声复合轻质屋面板体系，一般屋面板构造按照花纹钢板、岩棉、防水透气膜、保温棉、防水卷材的顺序从下至上依次进行铺设，各层之间采用自攻螺钉进行连接。

21.5.5.3 模块化钢结构部品工厂制作

1. 模块化装配式楼板部品工厂制作

模块化装配式楼板部品全部在工厂加工制造，装配式楼板制作前应对工厂施工人员进行桁架制造技术交底，对楼板装配劳务人员进行针对性技术交底。模块化装配式楼板部品制造工艺流程，见图21-130。

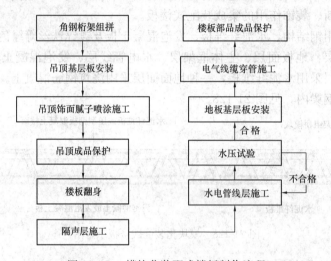

图 21-130 模块化装配式楼板制作流程

2. 模块化装配式墙板部品工厂制作

内墙板部品由主体框架、发泡混凝土及外部墙面板组成，外墙板部品为内外双保温体系，由主体框架、发泡混凝土、保温层和外部墙面板组成。在工厂里，墙板制作完成后，在水泥纤维板外部施工两道腻子粉，并在对应部位安装好开关、插座及窗户施工。模块化装配式墙板部品制造工艺流程见图21-131。模块化装配式墙板部品制作实景图片见表21-111。

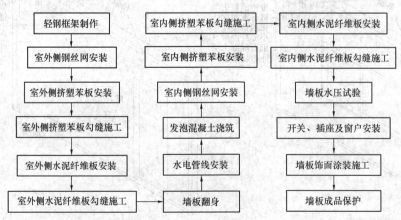

图 21-131 模块化装配式墙制作流程

模块化装配式墙板部品制作实景　　　　　　　　表 21-111

轻钢框架制作	钢丝网铺设

墙面板安装	墙板翻身

水电管线集成施工	发泡混凝土安装

墙板转场装修车间	墙板水压试验

21.5.5.4 模块化钢结构安装

模块化钢结构安装采用现场装配式施工，全部采用汽车起重机或塔式起重机等机械化设备吊装施工，装配率达到95%以上。干作业的施工方法使施工用水大量减少，节水将达70%以上。全螺栓的连接形式提高了建造效率，与钢筋混凝土结构及砌体相比，可大幅缩短工期。表21-112为某模块化钢结构住宅现场安装流程图。

模块化钢结构安装现场实景　　　　表 21-112

模块化装配式楼板安装

模块化装配式墙板安装

模块化装配式墙板安装

模块化装配式屋面安装

21.5.5.5 模块化钢结构安装优点

1. 集成度高

模块化装配式楼板部品在工厂集成保温隔热层、水电管线层及吊顶层，部品吊顶面上预留灯具接口，且部品出厂前楼板面层和吊顶面层亦集成基层装饰装修。

模块化装配式墙板部品在工厂生产制造，内部集成水电管线，面板上集成开关、插座，并在主体框架上提前预埋电视机、空调、太阳能、晾衣架等连接板，部品在工厂完成窗户安装及墙板装饰装修工作。模块化装配式楼板和墙板部品集成度大大提高。

2. 得房率高

墙板部品比传统墙板薄，钢柱比混凝土柱截面小，外墙板外挂于钢框架外部，使每户使用面积较传统面积增加，为业主提供更加宽阔的居住空间。

3. 现场施工成本低

墙板部品采用发泡混凝土、挤塑板等国家推广绿色建材，同等建筑功能的情况下，相对于PC墙板及现有装配式墙板重量轻、厚度薄。采用小型运输载具即可解决运输问题，现场施工只需配备小型汽车起重机或小型塔式起重机施工即可。

楼板部品与钢梁采用高强度螺栓连接,内墙板部品与框架间预留的缝隙,采用 L 形角件和平头燕尾钉固定;外墙板部品通过高强度螺栓和 L 形件与钢柱连接,且部品模块间预留缝隙,采用柔性材料填充。现场就位快捷,施工工期短。

21.5.6 金属楼面板施工

21.5.6.1 压型钢板与混凝土组合楼板

压型钢板与混凝土组合板:在带有凹凸肋和槽纹的压型钢板上浇筑混凝土而制成的组合板,依靠凹凸肋和槽纹使混凝土与钢板紧密地结合在一起,是建筑工程中常用的楼板形式。根据压型钢板是否与混凝土共同工作可分为组合楼板和非组合楼板。压型钢板上可焊接附加钢筋或栓钉,以保证钢板与混凝土的紧密结合,形成一个整体,见图 21-132。组合楼板中采用的压型钢板的形式有开口型板、缩口型板、闭口型板,见图 21-133。

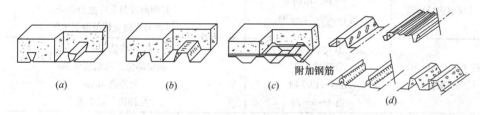

图 21-132 压型钢板与混凝土板的连接

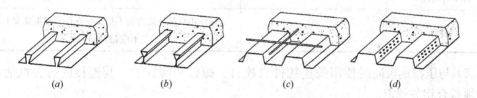

图 21-133 压型钢板与混凝土组合板的基本形式
(a) 缩口型板;(b) 闭口型板;(c) 光面开口型板;(d) 带压痕开口型板

1. 压型钢板与钢筋混凝土组合楼板的构造

(1) 压型钢板材质应符合《碳素结构钢》GB/T 700 以及《低合金高强度结构钢》GB/T 1591—2018 的规定。压型钢板应采用热镀锌钢板,镀锌钢板分为合金化镀锌薄钢板和镀锌薄钢板两种,应符合《连续热镀锌和锌合金镀层钢板及钢带》GB/T 2518—2019 的要求。压型钢板双面镀锌层总含量应满足在使用期间不致锈蚀的要求,建议采用 $120\sim275 g/m^2$,当为非组合板时,镀锌层含量可采用较低值;当为组合板时,镀锌层含量不宜小于 $150 g/m^2$;当为组合板且使用环境条件恶劣时,镀锌层含量应采用上限值或更高值。基板厚度为 0.5~2.0mm。

(2) 压型钢板板型要符合《建筑用压型钢板》GB/T 12755—2008 要求。

(3) 组合楼板用压型钢板净厚度不应小于 0.75mm(不包括镀层),非组合楼板用压型钢板净厚度不应小于 0.5mm(不包括镀层)。

(4) 组合楼板用压型钢板的波高、波距应满足承重强度、稳定与刚度的要求。其板宽宜有较大的覆盖宽度并符合建筑模数的要求;屋面及墙面用压型钢板板型设计应满足防水、承载、抗风及整体连接等功能要求。其浇筑混凝土平均槽宽不小于 50mm;开口式压型钢板以板中和轴位置计，缩口板、闭口板以上槽口计；当槽内放置栓钉时，压型钢板总高 h_a（包括压痕）不应超过 80mm。在使用压型钢板时，还应符合表 21-113 的要求。

压型钢板使用要求 表 21-113

波高和波距		波高不大于 75mm，波高允许偏差为±1.0mm 波高大于 75mm，波高允许偏差为±2.0mm 以上两者波距允许偏差为±2.0mm
覆盖宽度	当覆盖宽度不大于 75m 时	允许偏差为±5.0mm
板长 l	当 $l<10m$ 时 当 $l \geq 10m$ 时	允许偏差：+5mm，-0mm 允许偏差：+8mm，-0mm
侧向弯曲（任意测量 10m 长压型钢板）	波高不大于 80mm 时， 当 $l<8m$ 时 当 $8m<l<10m$ 时	其侧向弯曲允许值为 10mm 测量部位：离端部 0.5m 其侧向弯曲允许值为 8mm 其侧向弯曲允许值取表中值
翘曲（任意测量 5m 长压型钢板）	波高不大于 80mm 时， 若测量长度 在 4m 以下时 当 4~5m 时	允许值 5mm 测量部位：离端部 0.5m 允许值 4mm 允许值取表中值
扭曲（任意测量 10m 长压型钢板）		两端扭转角应小于 10°，若波数大于 2 时， 可任取一波测量
垂直度		端部相对最外棱边的不垂直度在压型钢板宽度上， 不应超过 5mm

(5) 与压型钢板同时使用的连接件有栓钉、螺钉和铆钉等。其连接的有关性能和要求，须符合相关规定。

(6) 压型钢板不宜用于会受到强烈侵蚀性作用的建筑物。否则应进行有针对性的防腐处理。

(7) 组合楼板总厚度 h 不小于 90mm，压型钢板板肋顶部以上混凝土 h_c 不小于 50mm，混凝土强度等级不小于 C25。

(8) 组合楼板受力钢筋的保护层厚度见表 21-114。

组合楼板受力钢筋保护层厚度 表 21-114

环境等级	保护层厚度（mm）	
	受力钢筋	非受力钢筋
一类环境	15	10
二 a 类环境	20	10

(9) 受力钢筋的锚固，搭接长度等应遵守《混凝土结构设计标准》GB/T 50010—2010 中的规定。

(10) 压型钢板在钢梁、混凝土剪力墙或混凝土梁上的支撑长度不小于 50mm，在砌体上的支撑长度则不小于 75mm。

(11) 组合楼板端部应设置栓钉锚固件，栓钉应设置在端支座的压型钢板凹肋处，穿透压型钢板并将栓钉、压型钢板均焊牢于钢梁（预埋钢板）上。

（12）焊后栓钉高度应大于压型钢板波高加 30mm，栓钉顶面混凝土保护层厚度不小于 15mm。

（13）组合楼板开孔大于 50mm 时应符合设计要求或《钢与混凝土组合楼（屋）盖结构构造》05SG522 的要求。

2. 压型钢板与混凝土组合楼板的施工流程

（1）压型钢板与混凝土组合楼板施工流程

在铺板区复测梁标高、弹出钢梁中心线→铺设压型钢板→焊接栓钉→（搭设支撑）→绑扎钢筋→浇筑混凝土

（2）压型钢板与混凝土组合楼板施工要点

1）压型钢板进场检验及堆放

压型钢板进场后，应检查出厂合格证和质量证明文件，并对压型钢板的外观质量和界面尺寸进行检查。压型钢板堆放场地应基本平整，叠堆不宜过高，以每堆不超过 40 张为宜。

2）施工放样

放样时需先检查钢构件尺寸，以避免钢构件安装误差导致放样错误。压型钢板安装时，于楼承板两端部弹设基准线，距钢梁翼缘边至少 50mm 处。

3）压型钢板吊装铺设

① 吊装前应先核对压型钢板捆号及吊装位置。由下往上的顺序进行吊装，避免因先行吊放上层材料而阻碍下一层楼板吊放作业。

② 需确认钢结构已完成校正、焊接、检测后方可进行压型钢板的铺设。

③ 铺放完压型钢板后，采用点焊临时固定。再将梁的中心线，弹到压型钢板上，同时弹出各梁上翼缘边线，保证栓钉焊接位置的正确。

④ 压型钢板铺放要保证板端搭接在梁上的长度。根据弹好的基准线，进行铺板，保证板侧边尺寸、平整、顺直，位置正确，使压型钢板槽形开口贯通、整齐、不错位。

⑤ 压型钢板铺设顺序应为由上而下，组合楼板施工顺序为由下而上。

⑥ 压型钢板端头封堵要严密，避免出现漏浆。端头封堵后，要保证压型钢板端部在梁上搭接长度≥50mm，并满足设计要求。

⑦ 梁柱接头处所需楼承板切口要用等离子切割机切割。

⑧ 压型钢板铺设完成后，要及时采用点焊的方式与钢梁固定。

4）混凝土的浇筑

① 混凝土浇筑前，必须把压型钢板上的杂物、油脂等清除干净。

② 混凝土浇筑前，压型钢板面上应铺设垫板，作为临时通道，避免压型钢板受损及变形过大。

③ 浇筑混凝土时，不得在压型钢板上集中堆放混凝土，混凝土浇筑点应设置在梁上。

3. 施工阶段压型钢板及组合楼板的设计

组合楼板设计应遵守现行《混凝土结构设计标准》GB/T 50010、《建筑结构荷载规范》GB 50009、《建筑抗震设计标准》GB/T 50011、《高层民用建筑钢结构技术规程》JGJ 99 的规定。

(1) 组合楼板设计中次梁间距可根据经验和建筑要求等确定，一般以 3.0m 为宜。无支撑次梁间距一般由压型钢板供应厂商提供，当次梁间距大于无支撑次梁间距时，应进行验算。

(2) 压型钢板的选择应根据建筑的功能及建筑要求选用，尽可能的选择施工时不使用临时支撑或少用临时支撑，施工荷载按实际可能的施工荷载计算或规范荷载取值。

(3) 压型钢板板型：《建筑用压型钢板》GB/T 12755—2008 给出的板型有开口型压型钢板、闭口型压型钢板和缩口型压型钢板三种（图 21-134~图 21-136）。

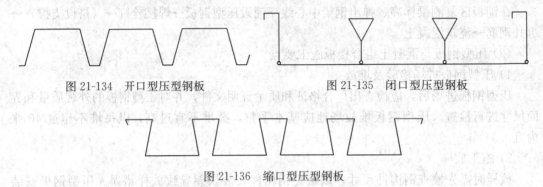

图 21-134 开口型压型钢板　　　图 21-135 闭口型压型钢板

图 21-136 缩口型压型钢板

21.5.6.2 钢筋桁架组合楼板

钢筋桁架板是由钢筋桁架和底模（波高很小的压型钢板）组成的楼承板（图 21-137）楼承板仅承受施工阶段的混凝土、钢筋自重及施工荷载。使用阶段由板内配置的钢筋和混凝土承担使用阶段荷载。

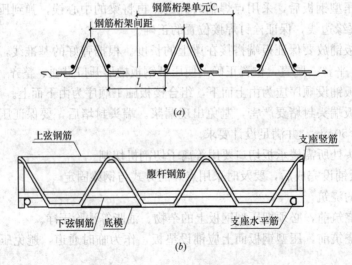

图 21-137 钢筋桁架板
(a) 钢筋桁架板横剖面；(b) 钢筋桁架板纵剖面

1. 钢筋桁架组合楼板构造要求

(1) 一般规定

钢筋桁架板底模，施工完成后需永久保留的，底模钢板厚度不应小于 0.5mm，底模施工完成后需拆除的,可采用非镀锌板材,其净厚度不宜小于0.4mm。

(2) 端部构造

桁架下弦钢筋伸入梁边的锚固长度不应小于5倍的下弦钢筋直径,且不应小于50mm。组合楼板与梁之间应设有抗剪连接件。一般可采用栓钉连接,栓钉焊接应符合《钢结构焊接规范》GB 50661—2011的规定。组合楼板在与钢柱相交处被切断,柱边板底应设支承件,板内应布置附加钢筋(图21-138)。

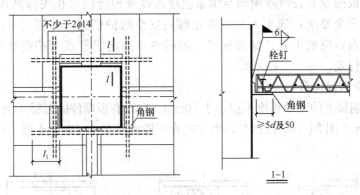

图 21-138 柱边板底构造

(3) 楼板开洞

组合楼板开洞,孔洞切断桁架上下弦钢筋时(图21-139),孔洞边应设加强钢筋。当孔洞边有较大的集中荷载或洞边长大于1000mm时,应在孔洞周边设置边梁。

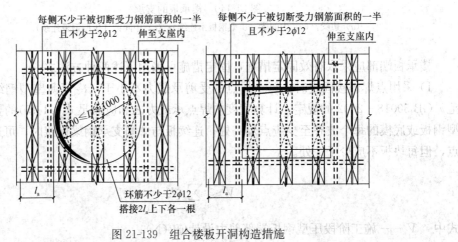

图 21-139 组合楼板开洞构造措施

2. 钢筋桁架组合楼板施工工艺

(1) 吊装及堆放

楼承板制作、储存、运输应避免损害与污染。运输时宜在楼承板下部用方木垫起,卸车时应先抬高再移动,避免板面之间互相摩擦,并确保板的边缘和端部不损坏。楼承板堆放场地应基本平整,堆放高度不宜超过2.0m。吊装应采用专用吊装带,吊装前应先核对板捆号及吊装位置是否准确。

(2) 放样

放样前应测量构件定位尺寸。安装楼承板时,宜在支承梁上弹设基准线。

(3) 铺设

钢结构及必要的支承构件验收合格,方可进行楼承板铺设。在楼承板铺设之前,必须将梁顶面杂物清扫干净,并对有弯曲或扭曲的楼承板进行矫正。封口板、边模、边模补强收尾工程应在浇筑混凝土前及时完成。楼承板铺设,宜按楼层顺序由下往上逐层进行。楼承板铺设安装时除须满足国家法律法规及现行国家相关标准规范的要求外,尚应符合下列安全要求:施工人员应有足够的安全防护措施,必要时采用安全网等安全措施。施工人员应戴手套、穿胶底鞋。不得在未固定牢靠或未按设计要求设临时支撑的楼承板上行走。

(4) 楼承板端部构造

楼承板在钢梁上的支承长度不应小于50mm,在设有预埋件的混凝土梁上的支承长度不应小于75mm (图21-140)(括号内数字适合于楼承板支承在混凝土梁上)。

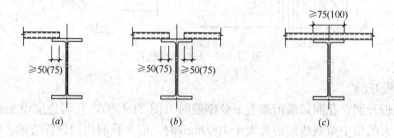

图 21-140 楼承板的支承
(a) 边梁;(b) 中间梁(压型钢板不连续);(c) 中间梁(压型钢板连续)

楼承板端部应采取有效固定措施,固定措施可采用下述两种方法之一:

1) 采用点焊焊接固定时,每个焊点的受剪承载力不小于《冷弯薄壁型钢结构技术规范》GB 50018—2002 的规定,计算宽度内焊点承载力之和应满足式(21-15)的要求;且压型钢板或底模的每个波谷至少应点焊一处;连续板与中间支承钢梁连接时,可适当减少焊点,但每块板不应少于2处。

$$V \leqslant \sum_{1}^{n} N_v^s \tag{21-15}$$

式中 V——施工阶段压型钢板端部剪力设计值 (N);

N_v^s——单个焊点的抗剪承载力设计值 (N),按《冷弯薄壁型钢结构技术规范》GB 50018—2002 取值;

n——压型钢板单边焊点个数。

2) 采用栓钉固定时,栓钉应设置在支座的压型钢板凹槽处,每槽不少于1个,并应穿透压型钢板或底模与钢梁焊牢,栓钉中心到压型钢板或底模自由边距离不应小于 $2d$(d 为栓钉直径),栓钉中心至钢梁上翼缘或预埋件侧边的距离不应小于35mm。栓钉直径可按表21-115采用。

固定压型钢板的栓钉直径　　　　　　表 21-115

板跨 l（m）	栓钉直径（mm）
l＜3	13
3≤l≤6	16，19
l＞6	19

楼承板侧向在钢梁上的搭接长度不应小于 25mm，在设有预埋件的混凝土梁上的搭接长度不应小于 50mm（图 21-141a）；楼承板铺设末端距钢梁上翼缘或预埋件边不大于 200mm 时，可用收边板收头（图 21-141b）（括号内数字适合于楼承板侧向与混凝土梁搭接）。

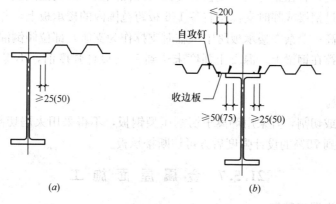

图 21-141　楼承板侧向搭接
(a) 楼承板与钢梁侧向搭接；(b) 收边板构造

楼承板侧向与梁搭接应采取有效规定措施，固定措施应满足下列要求。
3）采用点焊焊接固定时，点焊间距不宜大于 400mm。
4）采用栓钉固定时，栓钉间距不宜大于 400mm。
钢筋桁架板底模侧向可采用扣接方式，板侧边应设连接拉钩，搭接宽度 l_d 不应小于 10mm（图 21-142）。

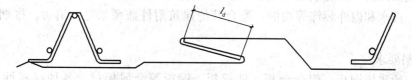

图 21-142　钢筋桁架板侧连接拉钩构造

(5) 封口板、收边构造和临时支撑

混凝土浇筑前应采用封口板对楼承板进行封堵。可采用通用 Z 形封口板，也可采用专用封堵件。采用金属封口板，封口板应于压型钢板波峰、波谷处点焊连接。楼承板边缘端部宜采用收边板，收边板应与钢梁点焊，其高度应为楼板总厚度。

当设计要求施工阶段设置临时支撑时，应按设计要求在相应位置设置临时支撑。临时支撑可根据具体工程的特点采用设置临时梁或从下层楼面支顶等方式。临时支撑不得采用孤立的点支撑，应设置木材或钢板等带状水平支撑，带状水平支撑与楼承板接触面宽度不应小于100mm。临时支撑的上表面应与钢梁上表面在同一标高，并应考虑受施工阶段永久荷载作用产生的挠度。临时支撑的承载力和稳定性应满足有关现行国家标准的要求。当临时支撑采用从下层楼面支顶方式时，应保证下一层楼板或楼承板的承载能力和挠度满足有关现行国家标准要求。当组合楼板的混凝土未达到设计强度75%前，不得拆除临时支撑，对裂缝控制严格的，组合楼板或悬挑部位，临时支撑应在混凝土达到设计强度100%后方可拆除。

(6) 混凝土浇筑

浇筑混凝土前，必须清除楼承板上的杂物（包括栓钉上的瓷环）及灰尘、油脂等。在人员、小车走动较频繁的楼承板区域应铺设脚手板。浇筑混凝土时，不得对楼承板造成冲击。倾倒混凝土时，宜在正对钢梁或临时支撑的部位倾倒，倾倒范围或倾倒混凝土造成的临时堆积不得超过钢梁或临时支撑左右各1/6板跨范围内的楼承板上，并应迅速向四周摊开，避免堆积过高；严禁在楼承板跨中（临时支撑作为支座）部位倾倒混凝土。泵送混凝土管道支架应支撑在钢梁上。混凝土强度未达到75%设计强度前，不得在楼层面上附加任何其他荷载。

(7) 现场切割

楼承板开洞或切割，宜采用等离子切割压型钢板，不得采用火焰切割。楼板开洞时，必须待混凝土达到75%的设计强度后方可切断楼承板。

21.5.7 金属屋面施工

21.5.7.1 压型金属板屋面

1. 基本规定

金属板材屋面是指用金属板材（钢板、铝合金板、钛锌板、铜板、不锈钢板等）按设计要求经工厂（现场）加工成的屋面板，用各种紧固件和各种泛水配件组装成的屋面围护结构。

金属屋面系统是以金属材料作为屋面层，通过合理的方式，借助现代屋面施工机具和屋面接口技术，将符合建筑物功能要求的各屋面层体有机组合而成，建成后的屋面系统，可以同时或根据需要部分满足建筑物的屋面的结构支撑、吸声、降噪、隔热、保温、防潮、防水、排水和内外装饰等功能，配合其他建筑附件兼顾采光、消防、排烟、防雷等功能。

2. 材料要求

屋面一般采用钢板、铝合金板、钛锌板、铜板等金属板材，各种材料性能参数如表21-116所示。

金属板材材料性能参数　　　　　表21-116

材料名称	密度 ρ (t/m³)	膨胀系数 α (10^{-6}/℃)	屈服强度 σ_s (MPa)	弹性模量 E (GPa)	伸长率 δ_5 (%)
钢板	7.85	10~18	205~300	206	12~30
铝合金板	2.6~2.8	23	35~500	70~79	45
钛锌板	7.18	2.2	156	150	15~18

续表

材料名称	密度 ρ (t/m³)	膨胀系数 α (10^{-6}/℃)	屈服强度 σ_s (MPa)	弹性模量 E (GPa)	伸长率 δ_5 (%)
铜板	8.39	19.1	70~760	96~110	60
不锈钢板	7.93	17	205	190~210	40
钛合金板	4.5	8.1~11	760~1000	100~120	10

金属屋面特点：制作工艺简单、自重轻、安装方便、防火性能好。

(1) 金属板材的构造形式、规格及性能

金属板立边咬合屋面、平锁扣金属瓦屋面、金属板饰面屋面。

金属板立边咬合屋面又分直立锁边点支撑系统、直立锁边面支撑系统。

1) 直立锁边点支撑系统

立边高度 65mm，板的宽度 250mm、305mm、333mm、400mm、500mm、600mm，板形截面形式如图 21-143 所示，点支撑系统连接形式如图 21-144 所示。

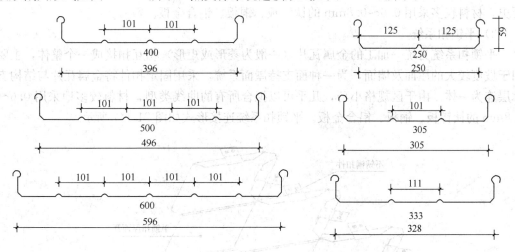

图 21-143 点支撑系统板形截面形式

此种屋面板用于直立锁边点支撑屋面系统，主要针对大跨度支撑式安装体系，在屋面上看不到任何穿孔，支撑方式采用与之相配合使用的铝合金支座，隐藏在面板之下，板块与板块的立边由机械咬合形成密合的连接，咬合边与支座形成的连接方式可以产生相对滑动，解决因热胀冷缩产生的板块应力，可制作纵向超长尺寸的板块，屋面板采用的材料一般为 0.9~1.0mm 的铝合金板、0.5~0.7mm 的钢板。

图 21-144 点支撑系统连接形式

2) 直立锁边面支撑系统。

立边高度 25~35mm，采用自动机械咬合设备，将两块板条沿长度方向将立边通过双重锁定从而使屋面连接成为一个整体,此种系统在面板下面一般设置结构支撑层,由于立边较低,此种屋面连接方式对复杂造型的屋面有很高的适应性。面支撑系统的板形截面形式如图21-145所示,其连接形式如图21-146所示。

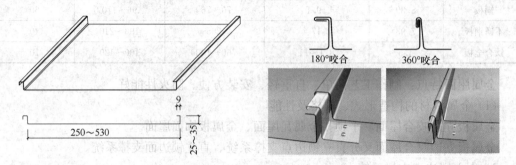

图21-145 面支撑系统板形截面形式　　　　图21-146 面支撑系统连接形式

此种屋面连接方式在欧美已经非常成熟,其技术与材料在建筑领域已有超过200年的历史,材料较多采用0.6~0.8mm的钛锌板、铜板、铝合金板。

3) 平锁扣系统

平锁扣系统为统一加工的金属瓦片（一般为菱形或矩形）相互扣接成一个整体,主要用于坡度较大的屋面及墙面,为一种面支持屋面系统,采用固定扣件将金属瓦片与结构支撑层连为一体。由于区规格小巧,几乎可以拟合所有的曲线类型,材料较多地采用0.6~0.8mm的钛锌板、铜板、铝合金板。平锁扣系统连接形式如图21-147所示。

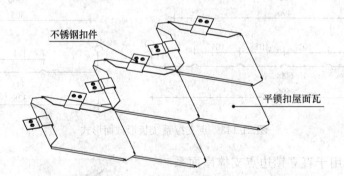

图21-147 平锁扣系统连接形式示意

方形、菱形的平锁扣系统板块具有向前折的上边和向后折的下边,折边由人工或特定的机械进行加工,大尺寸的矩形板块通常采用到600mm的宽度,长度则可达到3000mm。平锁扣板块的内折下边勾住下部固定的板块的前向折边,上部折边则通过平金属扣件固定在檩条或满铺的基层上。具体的单位扣件数则依据建筑规范的风压值、板块大小、厚度、基层状况等相应设计决定。

4) 金属板饰面屋面

金属板饰面屋面是在点支撑屋面系统上,采用锁夹、龙骨等作为饰面的支撑层,采用不锈钢板、钛合金板、钛锌复合板、铝单板等作为饰面层,饰面层一般无防水功能,屋面的防排水为饰面层下的支撑屋面系统。

(2) 金属板材保管运输的要求

1) 构件运输时应注意便于堆放和拼装,在装卸时严禁损坏。

2) 构件运输时宜在下部用木方垫起,板材搬运时宜先抬高再移动,板面之间不得相互摩擦。构件吊起时防止变形。

3) 重心高的构件立放时应设置临时支撑或立柱,并绑扎牢固。

4) 板材堆放应设在安装点的相近点,避免长距离运输,可设在建筑的周围和建筑内的场地中。

5) 板材宜随进度运到堆放点,避免在工地堆放时间过长,造成板材不可挽回的损坏。

6) 堆放板材的场地旁应有二次加工的场地。

7) 堆放场地应平整,不易受到工程运输施工过程中的外物冲击、污染、磨损、雨水的浸泡。

8) 按施工顺序堆放板材,同一种板材应放在一叠内,避免不同种类的叠压和翻倒板材。

9) 堆放板材应设垫木或其他承垫材料,并应使板材纵向成一倾角放置,以便雨水排出。

10) 当板材长期不能施工时,现场应在板材干燥时用防雨材料覆盖。

11) 金属板材应在避雨处或有防雨措施下堆放。

12) 现场组装用作保温屋面的玻璃棉应堆放在避雨处。

3. 施工准备工作

(1) 材料准备

1) 常用的板材:压型金属板、平锁扣金属板、饰面金属板等。

2) 檩条:卷边槽形冷弯薄壁型钢檩条、卷边Z形及斜卷边Z形冷弯薄壁型钢檩条。

3) 密封材料:耐候密封胶、结构密封胶、密封棒、密封带、聚氨酯发泡胶等。

4) 紧固件:自攻螺钉、钩头螺栓、拉铆钉、不锈钢螺栓、螺钉等。

对小型工程,材料需一次性准备完毕。对大型工程,材料准备需按施工组织计划分步进行,并向供应商提出分步供应清单,清单中需注明每批板材的规格、型号、数量、连接件、配件的规格数量等,并应规定好到货时间和指定堆放位置。材料到货后应立即清点数量、规格,并核对送货清单与实际数量是否相符合。当发现质量问题时,需及时处理,更换、代用或其他方法,并应将问题及时反映到供货厂家。

(2) 机具准备

金属屋面因其体轻,一般不需大型机具。机具准备应按施工组织计划的要求准备齐全,基本有以下几种。

1) 提升设备:有汽车起重机、卷扬机、滑轮、拔杆、吊盘等,按不同工程面积、高度,选用不同的方法和吊具。

2) 手提工具:按安装队伍分组数量配套,电钻、自攻枪、拉铆枪、手提圆盘锯、钳子、螺丝刀、铁剪、手提工具袋等。

3) 电源连接器具:总用电的配电柜、按班组数量配线、分线插座、电线等,各种配电器具必须考虑防雨条件。

4) 脚手架准备:按施工组织计划要求准备脚手架、跳板、安全防护网。

5)要准备临时机具库房,放置小型施工机具和零配件。

(3)技术准备

1)认真审读施工详图设计,排版图、节点构造及施工组织设计要求。

2)组织施工人员,学习以上的内容,并由技术人员讲解施工要求和规定。

3)编制施工操作条例,下达开竣工时期和安全操作规定。

4)准备下达的施工详图资料。

5)检查安装前的结构安装是否满足围护结构安装条件。

(4)场地准备

1)按施工组织设计要求,对堆放场地装卸条件、设备行走路线、提升位置、马道设置、施工道路,临时设施的位置等进行全面检查,以保证运输畅通,材料不受损坏和施工安全。

2)堆放场地要求平整,不积水、不妨碍交通,材料不易受到损坏的地方。

3)施工道路要雨季可使用,允许大型车辆通过和回转。

(5)组织和临时设施准备

1)施工现场应配备项目经理、技术负责人、安全负责人、质量负责人、材料负责人等管理人员。

2)按施工组织设计要求,分为若干工作组,每组应设组长、安装工人、板材提升、板材准备的工人。

3)工地应配有上岗证的电工、焊工等专业人员。

4)施工临时设施应配备现场办公室、工具库、小件材料库和工人休息和准备的房间。

21.5.7.2 金属板材屋面施工

1. 板材现场加工

(1)对使用大于12m长的单层压型板的项目,使用面积较大时多采用现场加工的方案。

(2)现场加工的场地应选在屋面板的起吊处。设备的纵轴方向应与屋面板的板长方向相一致。加工后的板材位置靠近起吊点。

(3)加工的原材料(金属板卷材)应放置在设备附近,以利更换板卷。板卷上应设防雨措施,堆放地不得放在低洼地上,板卷下应设垫木。

(4)设备宜放在平整的水泥地面上,并应有防雨设施。

(5)金属材料温度应控制在最低10℃。挤压成型或者在低温下操作时,应该事先加热以避免锌在低温下因脆性而断裂。设备就位后需作调试,并作试生产,产品合格后方可成批生产。

2. 放线

在已完成的施工作业面上放出檩条位置、天沟、天窗位置,用红油漆标记好,并通过水平控制按图纸确定好屋面的坡度,用角钢或钢筋做出临时坡度控制点。

3. 安装檩条(楼承板)及天沟、天窗龙骨

应将屋面的檩条(楼承板)、天沟龙骨、天窗龙骨按着顺序安装上并固定好。同时应检查檩条(楼承板)位置、屋面坡度是否符合设计要求,檩条(楼承板)与天沟龙骨、天

窗龙骨之间的相对位置是否符合实际要求，确保铺贴金属屋面的质量。

4. 板材吊装

（1）金属压型板的吊装方法很多，如汽车起重机、塔式起重机吊升、卷扬机吊升和人工提升等方法。

（2）塔式起重机、汽车起重机的提升方法，多使用吊装钢梁多点提升。这种吊装法一次可提升多块板，但往往在大面积工程中，提升的板材不易送到安装点，增大了屋面的长距离人工搬运，屋面上行走困难，易破坏已安装好的金属屋面板，不能发挥大型提升吊车其大吨位提升能力的特长，使用率低，机械费用高。但是提升方便，被提升的板材不易损坏。

（3）使用卷扬机提升的方法，由于不用大型机械，设备可灵活移动到需要安装的地点，故而方便又价低。这种方法每次提升数量少，但是屋面运距短，是一种被经常采用的方法。

（4）使用人工提升的方法也常用于板材不长的工程中，这种方法最为方便和低价，但必须谨慎从事，否则易损伤板材，同时使用的人力较多，劳动强度较大。

5. 安装金属屋面系统

当檩条安装完后，可以在其上安装金属屋面系统。常见的金属屋面系统有直立锁边点支撑屋面系统和立边咬合面支撑屋面系统。

直立锁边点支撑主要针对大跨度自支承式密合安装体系，因支承的方式是隐藏在面板之下而在屋面上看不到任何穿孔。板块的连接方式是采用其特有的铝合金支座，板块与板块的立边咬合形成密合的连接，这种板块的咬合过程无需人力，完全由机械自动完成，而咬合边与支座形成的连接方式可解决因热胀冷缩所产生的板块应力。该优势反映在可制作纵向超长尺寸的板块而不因应力影响变形。

立边咬合面支撑使用专门的立边和自动咬合设备，将两块沿板条长度方向整体向上立边的预制型板块，通过双重折边锁定而使屋面连接成为一个整体。金属屋面板块的咬合方式为立边单向双重折边并依靠机械力量自动咬合，板块吻合紧密，水密性强，能有效防止毛细雨入侵。

根据不同系统的金属屋面构造方式，有以下几种安装方式。

（1）直立锁边点支撑屋面系统

1）钢丝网的安装

在钢结构上搭设移动吊架施工平台或搭设可移动的脚手架平台，高度以工人方便操作为宜。

将镀锌钢丝网通过人工搬运到操作平台。

将钢丝网沿主檩垂直方向铺设，对准定位线，先用螺钉临时固定一端，再用拉紧器将另一端用力拉紧，确保无下垂现象后再用压条通过螺钉固定。

2）T码铝质支架安装

T码即直立锁边点支撑屋面系统的T形固定座。T码是将屋面风载传递到副檩的受力配件，它的安装质量直接影响到屋面板的抗风性能；T码的安装误差还会影响到屋面板的纵向自由伸缩，因此，T码安装为关键工序。

T码安装主要有以下几个施工步骤：

① 放线

用经纬仪将轴线引测到檩条上,作为"T"码安装的纵向控制线。第一列"T"码位置要多次复核,以后的"T"码位置用特殊标尺确定。"T"码沿板长方向的位置要保证在檩条顶面中心,"T"码的数量决定屋面板的抗风能力,"T"码沿板长方向的排数按建筑物的高度、屋面坡度、不同位置和迎风方向、最不利荷载(屋顶转角和边缘区域)等因素而定,尤其是转角和边缘部位更是重点。

② 钻孔

"T"码用自攻钉固定,为了操作方便,减少现场钻孔,需要先在工厂预冲孔。钻孔直径应根据不锈钢螺钉的规格确定,一般应比螺钉直径略小,这样才能保证自攻钉的抗拔能力。

③ 安装"T"码(图 21-148、图 21-149)

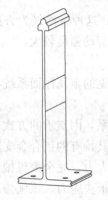
图 21-148 铝合金支座

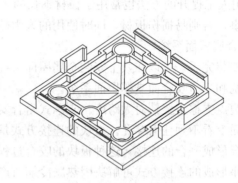
图 21-149 支座下隔热垫

将钻好孔后的"T"码,按放线位置置于檩条之上,再用电钻将"T"码与檩条通过自攻钉固定好,要求自攻钉松紧适度,不出现歪斜。安装"T"码时,其下面的隔热垫必须同时安装,本工程中每个"T"码需要对称打 4 颗自攻钉。

④ 复查"T"码位置

用目测及钢丝拉线的方法检查每一列"T"码是否在一条直线上,如发现有较大偏差时,在屋面板安装前一定要纠正,直至满足板材安装的要求。"T"码如出现较大偏差,屋面板安装咬边后,会影响屋面板的自由伸缩,严重时板肋将在温度反复作用下磨穿。

3) 保温层安装

保温材料吊至合适高度后,直接铺盖在气密层上,要求完全覆盖并贴紧,棉与棉之间不能有间隙,此道工序特别要注意防潮防雨。

保温棉安装一般分 2 层,上下错缝铺放在铺有铝塑加筋膜的底板上,缝隙处应挤压密,上下错缝搭接宽度≥250mm。

安装保温板时,应挤密板间缝隙;当就位准确,仍有缝隙时,应用保温材料填充。

保温棉的铺设速度应与屋面板的安装速度相适应,便于施工中途遇雨时能及时覆盖避免雨淋影响保温棉质量。保温层铺设后表面应平整,厚度符合设计要求。

4) 屋面板安装

① 放线

在"T"码安装合格后,只需设面板端定位线,一般以面板出天沟的距离为控制线,板块伸入天沟的长度以略大于设计为宜,以便于修剪。

② 就位

施工人员将板抬到安装位置,就位时先对准板端控制线,然后将搭接边用力压入前一块板的搭接边,最后检查搭接边是否紧密接合。

③ 咬边

面板位置调整好后,安装端部面板下的泡沫塑料封条,然后用专用咬边机进行咬边。要求咬过的边连续、平整,不能出现扭曲和裂口。在咬边机咬合爬行的过程中,其前方1m范围内必须用力卡紧使搭接边接合紧密,这也是机械咬边的质量关键所在。当天就位的面板必须完成咬边,以免来风时板块被吹坏或刮走。

④ 板边修剪

檐口和天沟处的板边需要修剪,保证屋面板伸入天沟的长度与设计的尺寸一致,以防止雨水在风的作用下吹入屋面夹层中。

⑤ 折边

屋面板在水流入天沟处的下端折边向下,屋脊处的上端折边向上。折边时不可用力过猛,应均匀用力,折边的角度应保持一致。

(2) 立边咬合面支撑系统(平锁扣屋面系统)

面支撑系统一般安装在已具有混凝土结构的屋顶或檩条下方已安装底板和保温层的屋面结构中,在檩条上方直接安装面支撑系统屋面结构。

1) 底板支撑层

底板支撑层一般为彩钢板或镀锌钢板,厚度及板型根据檩条跨度、荷载等计算选用。安装方式同一般彩钢板安装。

① 安装放线前应对安装面上的已有建筑成品进行测量,对达不到安装要求的部分提出修改。对施工偏差作出记录,并针对偏差提出相应的安装措施。

② 根据排版设计确定排版起始线的位置。屋面施工中,先在檩条上标定出起点,即沿跨度方向在每个檩条上标出排版起始点,各个点的连线应与建筑物的纵轴线相垂直,而后在板的宽度方向每隔几块板继续标注一次,以限制和检查板的宽度安装偏差积累。不按规定放线将出现锯齿现象和超宽现象。

③ 屋面板安装完毕后应对配件安装作二次放线,以保证檐口线、屋脊线、洞口和转角线等的水平直度和垂直度。忽视这种步骤,仅用目测和经验的方法,是达不到安装质量要求的。

④ 实测安装板材的实际长度,按实测长度核对对应板号的板材长度,需要时对该板材进行剪裁。将提升到屋面的板材按排版起始线放置,并使板材的宽度覆盖标志线对准起始线,并在板长方向两端排出设计的构造长度。用紧固件紧固两端后,再安装后续板,其安装顺序为先自左(右)至右(左),后自下而上。

⑤ 安装到下一放线标志点处,复查板材安装的偏差,当满足设计要求后进行板材的全面紧固。不能满足要求时,应在下一标志段内调正,当在本标志段内可调正时,可调整

本标志段后再全面紧固，依次全面展开安装。

2) 找平钢板安装

镀锌找平板采用0.8~1.0mm镀锌钢板，找平板与压型底板最后在屋面檩条之上通过拉钉构造成一种强有力的蜂窝支承结构，形成整个屋面板支承基层。

镀锌找平板的安装与压型钢板相同，其具体安装步骤如下：① 由下往上安装找平板；② 镀锌找平钢板用拉钉固定在压型钢板之上；③ 镀锌找平板之间搭接30~50mm；镀锌找平板安装之前需按图放线加工，并标识出板块区域位置。

3) 防水层安装

① 准备工作：去除灰尘，泥土和所有锋利的凸出物。

② 铺设过程：打开卷材，沿屋面边缘放好，展开，撕去不粘纸并且均匀按压。卷边部位必须用手动滚筒压实。所有端部和边缘至少搭接100mm，钛锌板屋面的防水层必须铺设整个屋面，确保防水层连续地契合到系统中。

4) 保温层安装

① 保温材料吊至合适高度后，直接铺盖在气密层上，要求完全覆盖并贴紧，棉与棉之间不能有间隙，此道工序特别要注意防潮防雨。

② 保温棉安装一般分2层，上下错缝铺放在铺有铝塑加筋膜的底板上，缝隙处应挤压密，上下错缝搭接宽度≥250mm。

③ 安装保温板时，应挤密板间缝隙，当就位准确，仍有缝隙时，应用保温材料填充。

④ 保温棉的铺设速度应与屋面板的安装速度相适应，便于施工中途遇雨时能及时覆盖避免雨淋影响保温棉质量。

5) 通风降噪丝网的安装

① 是三维网状结构，其通风空隙至少为95%，作用为在屋面板下层形成空腔构造，兼有干燥屋面板下层、排除冷凝水和降低屋面敲击噪声的作用。

② 将已验收合格的待安装区域清理干净，将通风降噪丝网吊至屋面操作平台。将丝网沿副檩垂直方向铺开。将丝网适度拉紧后通过拉钉固定在基层结构上。

6) 不锈钢扣件的安装

不锈钢扣件是屋面系统的固定座，是将屋面风载传递到副檩的受力配件，它的安装质量直接影响到屋面板的抗风性能；不锈钢扣件的安装还会影响到屋面板块的纵向自由伸缩，因此，不锈钢扣件安装成为本工程的关键工序。

不锈钢扣件安装主要有以下几个施工步骤：

① 放线

用经纬仪将轴线引测到待安装工作面，作为不锈钢扣件安装的纵向控制线。屋面板为纵向安装，扣件的放线位置亦为纵向，应根据设计图从中间位置开始往两侧平行放线，间距为屋面板安装宽度。

不锈钢扣件数量决定屋面板的抗风能力，沿板长方向的排数按建筑物的高度、屋面坡度、不同位置和迎风方向、最不利荷载（屋顶转角和边缘区域）等因素而定，尤其是转角和边缘部位更是重点。

② 固定扣与滑动扣相结合

根据建筑物的高度、屋面坡度、不同位置和迎风方向、最不利荷载（屋顶转角和边缘区域）等因素首先确定固定扣件，再沿板长方向布置滑动扣件。

③ 安装不锈钢扣件

定好位后，用拉钉将扣件固定于基层结构上，固定扣打2个钉，滑动扣打3个拉铆钉，注意滑动扣件的滑动扣应处于扣座的可移动空间的中间部位，以利于板块热胀冷缩时沿纵向可自已移动。

④ 复查不锈钢扣件安装

发现安装不牢靠的不锈钢扣件要取出来，移动位置后再打。扣件之间的纵向间距根据设计计算，扣件间距一般为250～300mm。

7）立边咬合屋面板安装

① 安装工作应由经过厂家培训的员工操作，依据厂家规范并且严格按图施工。

② 屋面板的纹路应保持同一方向，屋面安装须从下到上，先由屋面中间向两边安装，所有异形调节板应最后确定尺寸后才加工安装。

③ 屋面板位置固定调整好后，用屋面系统专用咬边机进行咬边锁扣，咬边根据扣件定向、扣边机的走向均为从顶端往下扣边；要求咬过的边连续、平整，不能出现扭曲和裂口。在咬边机咬合爬行的过程中，当天就位的面板必须完成咬边，以免来风时板块被吹坏或刮走。

8）平锁扣屋面板安装

① 屋面板的纹路应保持同一方向，屋面安装须从下到上，先由屋面中间向两边安装，所有异形调节板应最后确定尺寸后才加工安装。

② 平锁扣板块根据设计要求，用不锈钢扣件固定在屋面基层结构上。

③ 安装时根据排版图在安装面上测量弹线，控制安装精度，以免产生误差积累。

④ 收边用专用工具弯折咬合固定牢靠。

（3）装饰板屋面

金属板装饰板屋面一般安装在直立锁边点支撑系统屋面结构上，做法类同于金属板幕墙。

1）按照面层装饰板的分格龙骨布置，在龙骨与直立锁边屋面板的立边上，安装铝合金锁夹，铝合金锁夹为主副钩合构件，且主构件为完整的带钩合口的支撑面，副件带钩合口，与主构件合并安装钩合后，不得在支撑组合构件上有结合面，以避免安装结构的不稳定性。

2）先测量放线，确定好安装位置，然后将主构件夹住屋面立边的一侧，又将副件夹住屋面立边的另一侧并与主构件钩合，再将不锈钢螺栓穿过主副构件的螺孔，套上螺母，检查平齐后拧紧。

3）将面层龙骨固定在铝合金锁夹上。

4）最后铺设金属面层装饰板，用不锈钢螺栓与龙骨固定牢靠，装饰板安装中要注意光学方向的考虑，以免产生反光不均匀的色差。

（4）泛水件安装

1）在金属板泛水件安装前应在泛水件的安装处放出准线，如屋脊线、檐口线、洞口线等。

2）安装前检查泛水件的端头尺寸，挑选搭接口处的合适搭接头。

3）安装泛水件的搭接口时应在被搭接处涂上密封胶或设置双面胶条，搭接后立即紧固。

4）安装泛水件至拐角处时，应按交接处的泛水件断面形状加工拐折处的接头，以保证拐点处有良好的防水效果和外观效果。

5）应特别注意门窗洞的泛水件转角处搭接防水口的相互构造方法，以保证建筑的立面外观效果。

6. 质量控制

（1）屋面板安装时楼承板或檩条应保持平直。

（2）面板的接缝方向应避开主要视角。当主风向明显时，应将面板搭接边朝向下风方向。

（3）纵向搭接长度应能防止漏水和腐蚀，按规范要求采用200～250mm。

（4）屋面板搭接处均应设置胶条，纵横方向搭接边设置的胶条应连续，胶条本身应拼接，檐口的搭接边除胶条外尚应设置与压型钢板剖面相应的堵头。

7. 质量控制要点

（1）金属屋面安装完毕后立即为最终成品，保证安装全过程中不损坏金属板表面是十分重要的环节，因此注意以下几点：

现场搬运屋面板应轻抬轻放，不得拖拉。不得在上面随意走动。

现场切割过程中，切割机械的底面不宜与屋面板面直接接触，最好垫以薄三合板材。

吊装中不要将屋面板与脚手架、柱子、砖墙等碰撞和摩擦。

在屋面上施工的工人应穿胶底不带钉子的鞋。

操作工作携带的工具等应放在工具袋中，如放在屋面上应放在专用的布或其他片材上。

不得将其他材料散落在屋面上，或污染板材。

（2）金属屋面板是以不到1mm的金属板材制成。屋面的施工荷载不能过大，因此保证结构安全和施工安全是十分重要的。

当天吊至屋面上的板材应安装完毕，如果有未安装完的板材应做临时固定，以免被风刮下，造成事故。早上屋面易有露水，坡屋面上金属板面滑，应特别注意防护措施。

21.5.7.3 金属面绝热夹芯板屋面

1. 材料要求

（1）金属面材

彩色涂层钢板应符合《彩色涂层钢板及钢带》GB/T 12754—2019 的要求，其中基板公称厚度不得小于 0.5mm。压型钢板应符合《建筑用压型钢板》GB/T 12755—2008 的要求，其中板的公称厚度不得小于 0.5mm。其他金属面材应符合相关标准的规定。

（2）芯材

模塑聚苯乙烯泡沫塑料（EPS）应符合《绝热用模塑聚苯乙烯泡沫塑料（EPS）》GB/T 10801.1—2021 的规定，其中 EPS 为阻燃型，并且密度不得小于 $18kg/m^3$，导热系数不得大于 $0.038W/(m·K)$；挤塑聚苯乙烯泡沫塑料（XPS）应符合《绝热用挤塑聚苯乙烯泡沫塑料（XPS）》GB/T 10801.2—2018 的规定。硬质聚氨酯泡沫塑料应符合《建筑绝热用硬质聚氨酯泡沫塑料》GB/T 21558—2008 的规定，其中物理力学性能应符合类型

Ⅱ的规定，并且密度不得小于 38 kg/m³。岩棉、矿渣棉除热荷重收缩温度外，应符合《绝热用岩棉、矿渣棉及其制品》GB/T 11835—2016 的规定，密度应大于等于 100kg/m³。玻璃棉除热荷重收缩温度外，应符合《绝热用玻璃棉及其制品》GB/T 13350—2017 的规定，密度不得小于 64kg/m³。粘接剂应符合相关标准的规定。

（3）要求

1）外观质量应符合表 21-117 的规定。

外观质量要求 表 21-117

项目	要求
板面	板面平整；无明显凹凸、翘曲、变形；表面清洁、色泽均匀；无胶痕、油污；无明显划痕、磕碰、伤痕等
切口	切口平直、切面整齐、无毛刺、面材与芯板之间粘结牢固、芯材密实
芯板	芯板切面应整齐，无大块剥落，块与块之间接缝无明显间隙

2）规格尺寸和允许偏差

① 产品主要规格尺寸见表 21-118。

产品主要规格尺寸（mm） 表 21-118

项目	聚苯乙烯夹芯板		硬质聚氨酯夹芯板	岩棉、矿渣棉夹芯板	玻璃棉夹芯板
	EPS	XPS			
厚度	50	50	50	50	50
	75	75	75	80	80
	100	100	100	100	100
	150			120	120
	200			150	150
宽度	900～1200				
长度	≤12000				

注：其他规格由供需双方商定。

② 尺寸允许偏差应符合表 21-119 的规定。

尺寸允许偏差范围 表 21-119

项目		尺寸（mm）	允许偏差
厚度		≤100	±2mm
		>100	±2%
宽度		900～1200	±2mm
长度		≤3000	±5mm
		>3000	±10mm
对角线差	长度	≤3000	≤4mm
	长度	>3000	≤6mm

3) 物理性能
① 传热系数应符合表 21-120 的规定。

传热系数物理性能　　　　　　表 21-120

名称		标称厚度（mm）	传热系数 U [W/(m²·K)] $\leqslant$
聚苯乙烯夹芯板	EPS	50	0.68
		75	0.47
		100	0.36
		150	0.24
		200	0.18
	XPS	50	0.63
		75	0.44
		100	0.33
硬质聚氨酯夹芯板	PU	50	0.45
		75	0.30
		100	0.23
岩棉、矿渣棉夹芯板	RW/SW	50	0.85
		80	0.56
		100	0.46
		120	0.38
		150	0.31
玻璃棉夹芯板	GW	50	0.90
		80	0.59
		100	0.48
		120	0.41
		150	0.33

注：其他规格可由供需双方商定，其传热系数指标按标称厚度以内差法确定。

② 粘结性能
a. 粘结强度应符合表 21-121 规定。

粘结强度（MPa）　　　　　　表 21-121

类别	聚苯乙烯夹芯板		硬质聚氨酯夹芯板	岩棉、矿渣棉夹芯板	玻璃夹芯板
	EPS	XPS			
粘结强度 $\geqslant$	0.10	0.10	0.10	0.06	0.03

b. 剥离性能
粘结在金属面材上的芯板应均匀分布，并且每个剥离面的粘结面积应不小于 85%。

③ 抗弯承载力

夹芯板为屋面板时，夹芯板挠度为 $L_0/200$（L_0 为 3500mm）时，均布荷载应不小于 $0.5kN/m^2$。当有下列情况之一者时，应符合相关结构设计规范的规定：

a. L_0 大于 3500mm；

b. 屋面坡度小于 1/20；

c. 夹芯板作为承重结构件使用时。

4) 防火性能

① 燃烧性能按照《建筑材料及制品燃烧性能分级》GB 8624—2012 分级。

② 耐火极限：岩棉、矿渣棉夹芯板，当夹芯板厚度小于等于 80mm 时，耐火极限应大于等于 30min，当夹芯板厚度大于 80mm 时，耐火极限应大于等于 60min。

2. 标志、包装、运输与贮存

(1) 标志应包括以下内容：

产品名称、商标；生产企业名称、地址、邮编、电话；生产日期或批号；产品标记；彩色涂层钢板厚度、芯材密度；"注意防潮"、"防火"指示标记。

(2) 包装

散装按板长分类，角铁护边，用绳固定；箱装用型钢及金属薄板或木板等材料作包装箱；包装箱高度不宜超过 2.0m；夹芯板之间宜衬垫聚乙烯膜或牛皮纸隔离，外表面宜覆保护膜。

(3) 运输

产品可用汽车、火车、船舶或集装箱运输，汽车可以散装运输，其他运输工具应箱装或捆装运输；运输过程中，应注意防水，避免受压或机械损伤，严禁烟火。

(4) 贮存

应在干燥、通风的仓库内贮存。露天贮存，须采取防雨措施；贮存场地应坚实、平整、散装堆放高度不宜超过 2.0m。堆底应用垫木或泡沫板铺垫，垫木间距不大于 2.0m；贮存时远离热源、火源，不得与化学药品接触。

3. 施工工艺

(1) 一般规定

夹芯板的现场加工和安装应符合施工图设计要求。当需要修改设计时，应征得设计单位同意，并签署相应的设计变更文件。夹芯板安装前，施工单位应按施工图纸和该项目的施工组织设计要求，编写具体详细的施工方案。夹芯板的安装，应根据施工组织设计和施工方案进行。下道工序在上道工序验收合格后方可施工。需要密封的部位，密封前应清洁金属板表面的灰尘、油污等杂质。吊装或垂直运输夹芯板时，应采取相应防护措施，防止板材磕碰或坠落。安装人员应接受岗前培训，特种作业人员必须持证上岗。

(2) 施工准备

夹芯板运抵现场后，应设专人验收，并及时报验，供方应提供出厂合格证、检测报告；工程有要求时还需提供复测报告报验。施工现场存放的夹芯板，堆码高度不宜超过 1.5m，可采用高度 150mm 的垫木将夹芯板垫好，垫材的间距不宜超过 2m，且两端部不宜悬空。现场存放的夹芯板应有防火、防风、防水措施，并远离热源、火源。芯材为岩棉、矿渣棉、玻璃棉的夹芯板必须采取防雨措施。主要机具和工具应完备，测量工具应经检定合格。夹芯板安装前应明确施工范围，相关工作面应符合施工图和夹芯板安装的技术要求。

(3) 屋面工程

屋面材料吊装至屋面结构上应分散码放，并采取相应的防风固定措施。不穿透屋面板的紧固件不宜设于波谷内，穿透屋面板的紧固件不得设于波谷内，且必须采取防水措施。

屋面板安装施工时，屋面板长度方向搭接时应顺坡长方向搭接，搭接点必须落在檩条或支撑件上。当屋面坡度小于或等于10%时，搭接长度不应小于250mm；当屋面坡度大于10%时，搭接长度不应小于200mm。搭接部位应使用紧固件连接，间距不得大于300mm。所有搭接缝必须密封，紧固件外露部位应采取防水措施。屋面板的侧向搭接应与主导风向一致，搭接部位应采用防水密封材料处理。辅件的搭接应按顺水流方向压接，其压接长度不应小于60mm，可用拉铆接，其间距不应大于200mm，安装时应注意边缝平直。

夹芯板屋面应按设计要求开设孔洞，并根据孔洞的大小和部位采取相应的加强措施。屋面施工需要临时开孔、开洞时，必须做好所开孔、洞的防水处理。

天沟排水坡度和排水口布置，应满足设计要求。天沟支座应均匀布置，不得出现明显挠度。天沟安装完毕时，应将里面的杂物清理干净，并顺通雨水管。

有采光要求的屋面，采光窗、采光带面材及形状应按设计要求制作。通长设置的采光带应由檐口向屋脊方向铺设，采光带如需搭接，搭接缝应满涂密封材料。采光带接缝处与辅件间应做密封处理。采光带固定前应先扩孔，孔径应大于固定螺栓直径10mm。

屋面上安装的其他任何设备、装置，应和主体结构相连接，不得与夹芯板的上下层金属板固定。设备、装置与夹芯板应留出一定的距离，并应做好设备、装置周边的防水处理。屋面避雷针或避雷带的安装施工应符合《建筑物防雷设计规范》GB 50057—2010的规定及工程设计要求。

(4) 施工安全

施工需要采用明火时，应向工程负责人或工地安全生产部门申报，经批准后方可实施。施工时必须采取有效的防火措施，动火现场应有专人监护。施工前应检查电动工具漏电保护装置。使用时应采取相应的保护措施。高处作业应按《建筑施工高处作业安全技术规范》JGJ 80—2016执行。屋面施工时，应采取防滑、防风、防坠落措施。预留孔洞应有防护措施和警示标志。施工现场应设置明显的防火标志。

(5) 施工中成品保护

夹芯板工程在安装过程中及工程验收前，应采取防风及其他防护措施，避免损坏。在夹芯板成品上钻孔、切割等作业时，应对夹芯板表面进行保护。遗留的金属屑、铆钉、铆钉芯、铁钉、螺钉和废板、泡沫等，应随时清除。

安装人员作业时，应穿软底胶鞋，不得穿金属底鞋或钉有铁钉的鞋。施工时不得拖行夹芯板。禁止在夹芯板上拖行工具、配件、辅件等。进行切割、电焊（或气焊）作业时，应采取措施防止切割、电焊（或气焊）火花烧伤或烫伤夹芯板。立体交叉作业时，严禁碰撞已施工好的夹芯板屋面。严禁将脚手架顶压在成品屋面上。钢板涂层在施工中如有划伤，应进行涂层修补。

(6) 工程验收

夹芯板工程安装质量应符合《钢结构工程施工质量验收标准》GB 50205—2020 及《建筑装饰装修工程质量验收标准》GB 50210—2018 的有关规定。夹芯板的检验批以同一品种的工程每 500m² 划分为一个检验批，不足 500m² 也应划分为一个检验批。

夹芯板屋面安装工程检验批划分方案应按表 21-122 的规定执行。

夹芯板墙体、屋面安装工程检验批划分方案表　　　表 21-122

工程量范围 (m²)	单位样本面积 (m²)	单位样本抽检面积 (m²/处)	最低抽检总量	
			数量（处）	面积（m²）
100~500	100	10	5	5×10=50
501~2000	300	30		5×30=150
2001~5000	500	50		5×50=250
5001~10000	800	80		5×80=400
>10000	1000	100		5×100=500

夹芯板屋面工程安装允许偏差标准和检验方法应按表 21-123 的规定执行。

夹芯板屋面工程安装允许偏差标准和检验方法表　　　表 21-123

序号	项目	允许偏差（mm）	检验方法
1	夹芯板与檐口垂直度，每 3m	3	尺量、拉线、经纬仪测量
2	屋脊线的直线度，每 5m	5	
3	封檐板的直线度，每 5m	5	
4	檐口板的直线度，每 5m	5	

21.6 钢结构测量

21.6.1 一般规定

钢结构施工测量前，应收集有关测量资料，熟悉施工设计图纸，明确施工要求，制定施工测量方案。主要准备工作有：

1. 测量资料

钢结构施工前应具备下列资料：(1) 总平面图；(2) 建筑物的设计与说明；(3) 建筑物的轴线平面图；(4) 建筑物的基础平面图；(5) 建筑物的结构图；(6) 钢结构深化设计详图；(7) 场区控制点坐标、高程及点位分布图。

2. 测量控制点移交与复验

钢结构施工单位进场，业主或者总包应提供测绘院现场设置的坐标、高程控制点。

钢结构施工前，应对建筑物施工平面控制网和高程控制点进行复测，复测方法根据建筑物平面不同采用不同的方法：

(1) 矩形建筑物的验线宜选用直角坐标法；

(2) 任意形状建筑物的验线宜采用极坐标法；

(3) 平面控制点距欲测点位距离较长，量距困难或不便量距时，宜选用角度（方向）交会法；

(4) 平面控制点距欲测点位距离不超过所用钢尺全长，且场地量距条件较好时，宜选用距离交会法；

(5) 使用全站仪验线时，宜选用极坐标法，全站仪的精度应不低于±(2mm，2mm/km×D)，D 为被测距离（km）。

3. 测量仪器的准备

钢结构施工测量前，应选择满足工程需要的测量仪器设备，并经计量部门鉴定合格后投入使用。为达到符合精度要求的测量成果，除按规定周期进行检定外，在周期内的全站仪、经纬仪、铅直仪等主要有关仪器，还宜每 2~3 个月定期检校。各测量仪器的具体要求如下：

(1) 全站仪：在多层与高层钢结构工程中，宜采用精度为 2S、(2mm+2ppm×D) 级全站仪，如瑞士 WILD、日本 TOPCON、SOKKIA 等厂生产的高精度全站仪。

(2) 经纬仪：采用精度为 2S 级的光学经纬仪。

(3) 激光铅垂仪：精度宜在 1/200000 以内。

(4) 水准仪：按国家三、四等水准测量及工程水准测量的精度要求，其精度为 ±3mm/km。

(5) 钢卷尺：土建、钢结构制作、钢结构安装、监理等单位的钢卷尺，应统一购买通过标准计量部门校准的钢卷尺。使用钢卷尺时，应注意检定时的尺长改正数，如温度、拉力等，进行尺长改正。

4. 配备能够胜任该项目测量工作的专职测量人员

5. 编制针对该项目的专项安装测量方案

6. 熟悉图纸并整理有关测量数据，为现场安装提供测量依据

21.6.2 平 面 控 制

1. 平面控制网的布设原则

(1) 平面控制应先从整体考虑，遵循"先整体、后局部，高精度控制低精度"的原则。

(2) 首级控制网的布设，应因地制宜，控制网点位，应选在通视良好、土质坚实、便于施测、利于长期保存的地点，必要时还应增加强制对中装置，且适当考虑发展。

(3) 首级控制网的等级，应根据工程规模、控制网的用途和精度要求合理确定。

(4) 加密控制网，可越级布设或同等级扩展，平面控制应先从整体考虑，遵循先整体、后局部，高精度控制低精度的原则。

(5) 轴线控制网的布设要根据总平面定位图、现场施工平面布置图、基础、首层及上部施工平面图进行。

(6) 针对钢结构施工的特殊性，宜采用建筑坐标系统。对于不规则图形或者不易采用建筑坐标系统的建筑物可沿用原有的坐标系统。

(7) 各阶段钢结构安装与其他相关单位所引用的平面控制基准必须统一。

2. 平面控制网建立的规定

(1) 平面控制网,可按场区地形条件和建筑物的设计形式和特点布设,布设十字轴线或矩形控制网,平面布置异形的建筑可根据建筑物形状布设多边形控制网,且应满足以下规定:

1) 矩形网应按平差结果进行实地修正,调整到设计位置。当增设轴线时,可采用现场改点法进行配赋调整;点位修正后,应进行矩形网角度的检测。

2) 矩形网的角度闭合差,不应大于测角中误差的4倍。

3) 多边形控制网,其测量精度应符合一级或者二级控制网的精度要求。

(2) 首级控制网点,应根据设计总平面图和施工总布置图布设,并满足建筑物施工测设的需要。

(3) 大中型的施工项目,应先建立场区控制网,再分别建立建筑物施工控制网;小规模或精度高的独立施工项目,可直接布设建筑物施工控制网,且应满足以下规定:

1) 建筑物施工控制网,应根据场区控制网进行定位、定向和起算;控制网的坐标轴,应与工程设计所采用的主副轴线一致;施工控制网对于提高钢结构测校速度和准确度有很大提高。

2) 场区平面控制网,应根据工程规模和工程需要分级布设。基础或者地下室施工阶段应建立一级或一级以上精度等级的平面控制网;首层施工完毕,作为上部施工测量基准的内控制网应满足二级精度的要求。建筑物施工平面控制网的主要技术要求,见表 21-124。

建筑物施工平面控制网的主要技术要求　　　　　　　表 21-124

等级	边长相对中误差	测角中误差
一级	≤1/30000	$7''\sqrt{n}$
二级	≤1/15000	$15''\sqrt{n}$

注:n 为建筑物结构的跨数。

(4) 建筑物的轴线控制桩应根据建筑物的平面控制网测定,定位放线方法可选择直角坐标法、极坐标法、角度(方向)交会法、距离交会法等。

(5) 建筑物的围护结构封闭前,应根据施工需要将建筑物外部控制转移至内部。内部的控制点,宜设置在浇筑完成的预埋件上或预埋的测量标板上。引测的投点误差,一级不应超过 2mm,二级不应超过 3mm。

(6) 上部楼层平面控制网,应以建筑物底层控制网为基础,通过仪器竖向垂直接力投测。竖向投测宜以每 50~80m 设一转点,控制点竖向投测的允许误差应符合表 21-125 的规定。

轴线竖向传递投测的测量允许误差　　　　　　　表 21-125

项目		测量允许误差 (mm)
每层		3
总高 H	H≤30m	5
	30m<H≤60m	8

续表

项目		测量允许误差（mm）
总高 H	60m<H≤90m	13
	90m<H≤120m	18
	120m<H≤150m	20

(7) 轴线控制基准点投测至中间施工层后，应组成闭合图形复测并将闭合差调整。调整后的点位精度应满足边长相对误差达到 1/20000 和相应的测角中误差±10″的要求。设计有特殊要求的工程项目应根据限差确定其放样精度。

21.6.3 高程控制

1. 高程控制网的布设原则

(1) 首级高程控制网的等级，应根据工程规模、控制网的用途和精度要求合理选择。首级网应布设成环形网，加密网宜布设成附合路线或结点网。

(2) 为保证建筑物竖向施工的精度要求，在场区内建立高程控制网，以此作为保证施工竖向精度的首要条件。

(3) 一个测区及周围宜至少有3个高程控制点。

(4) 建筑物的±0.000高程面，应根据场区水准点测设。

(5) 引测的水准控制点，需经复测合格后方可使用。

(6) 各阶段钢结构安装与其他相关单位所引用的高程基准必须统一。

2. 建筑物高程控制规定

(1) 一般建筑物高程控制网，应布设成闭合环线、附合路线或结点网形。宜采用水准测量，附合路线闭合差不应低于四等水准的要求。大中型施工项目的场区高程测量精度，不应低于三等水准。水准测量的主要技术要求，见表21-126。

(2) 水准点可设置在平面控制网的标桩或外围的固定地物上，也可单独埋设。水准点的个数，不宜少于3个。

(3) 施工中，当少数高程控制点标识不能保存时，应将其高程引测至稳固的建（构）筑物上，引测的精度不应低于原高程点的精度等级。

水准测量的主要技术要求　　表21-126

等级	二等	三等	四等	五等
路线长度（km）	—	≤50	≤16	—
M_Δ (mm)	≤±1	±3	±5	±10
M_W (mm)	2	6	10	15
仪器型号	DS1	DS1	DS3	DS3	DS3
视线长度（m）	50	100	75	100	100
前后视较差（m）	1	3	5	大致相等
前后视累积差（m）	3	6	10	—
视线离地面高度（m）	0.5	0.3	0.2	—

续表

等级		二等	三等	四等	五等
基辅分划或黑红面读数较差（mm）		0.5	1.0	2.0	3.0	—
基辅分划或黑红面所测高差较差（mm）		0.7	1.5	3.0	5.0
水准尺		因瓦	因瓦、双面	双面	单面
观测次数	与已知点联测	往返	往返	往返	往返
	环线或附合	往返	往返	往	往
往返较差、环线或附合线路闭合差（mm）	平丘地	$\pm 4\sqrt{L}$	$\pm 12\sqrt{L}$	$\pm 20\sqrt{L}$	$\pm 30\sqrt{L}$
	山地	—	$\pm 4''\sqrt{N}$	$\pm 4''\sqrt{N}$	—

注：1. N 为水准路线单程测站数，每公里多于 16 站，按山地计算闭合差限差；
2. M_W 为每 km 高程测量高差中数的全中误差；
3. M_Δ 为每 km 高程测量高差中数的偶然中误差。二等水准视线长度小于 20m 时，其视线高度不应低于 0.3m。

（4）上部楼层标高的传递，宜采用悬挂钢尺测量方法进行，并应对钢尺读数进行温度、尺长和拉力改正。传递时一般宜从 2 处分别传递，对于面积较大和高层结构宜从 3 处分别向上传递。传递的标高误差小于 3mm 时，可取其平均值作为施工层的标高基准，若不满足则应重新传递。标高的测量允许误差应符合表 21-127 的规定。

标高竖向传递投测的测量允许误差 表 21-127

项目		测量允许误差（mm）
每层		±3
总高 H	$H \leqslant 30\text{m}$	±5
	$30\text{m} < H \leqslant 60\text{m}$	±10
	$60\text{m} < H \leqslant 90\text{m}$	±15
	$90\text{m} < H \leqslant 120\text{m}$	±20
	$120\text{m} < H \leqslant 150\text{m}$	±25
	$150\text{m} < H$	±30

注：不包括沉降和压缩引起的变形值。

（5）对于矩形钢网架测量周边支承点或支承柱的间距和对角线；对于圆形钢网架的周边测量多边形的边及其对角线，然后进行简易平差，其边长测量值与设计值之差应小于 10mm。网架周边支承柱的实测高程与设计高程之差应小于 5mm。

21.6.4 单层及大跨钢结构测量

1. 单层及大跨钢结构测量特点及要求

单层及大跨钢结构，主要包括单层工业厂房、大跨空间结构（如体育馆、火车站等）

等，其测量特点及要求如下：

（1）鉴于单层及大跨钢结构的结构特点，一般仅需在地面建立平面测量控制网，而无需将控制点向上引测。

（2）钢柱安装前，应检查柱底支承埋件的平面、标高位置和地脚螺栓的偏差情况，并应在柱身四面分别画出中线或安装线，弹线允许误差为1mm。

（3）钢柱安装时一般采用全站仪进行三维坐标结合垂直度校测。竖直钢柱安装时，也应采用经纬仪在相互垂直的两轴线方向上，同时校测钢柱垂直度。当观测面为不等截面时，经纬仪应安置在轴线上；当观测面为等截面时，经纬仪中心与轴线间的水平夹角不得大于15°。倾斜钢柱安装时，可采用水准仪和全站仪进行三维坐标校测。

（4）工业厂房中吊车梁与轨道安装测量应符合下列规定：

1）根据厂房平面控制网，用平行借线法测定吊车梁的中心线。吊车梁中心线投测允许误差为±3mm，梁面垫板标高允许偏差为±2mm。

2）吊车梁上轨道中心线投测的允许误差为±2mm，中间加密点的间距不得超过柱距的两倍，并将各点平行引测与牛腿顶部靠近柱子的侧面，作为轨道安装的依据。

3）在柱子牛腿面架设水准仪按三等水准精度要求测设轨道安装标高。标高控制点的允许误差为±2mm，轨道跨距允许误差为±2mm，轨道中心线（加密点）投测允许误差为±2mm，轨道标高点允许误差为±2mm。

（5）钢屋架安装后应有垂直度、直线度、标高、挠度（起拱）等实测记录。

2. 单层及大跨钢结构测量实例（武汉新火车站）

（1）钢结构测量工作内容及特点

钢结构测量工作内容包括：钢柱、夹层梁安装精度测量，大跨度超高拱结构、桁架的拼装曲线度控制，拱结构、网壳结构安装轴线、标高、垂直度控制，变形观测等。

钢结构测量具有以下特点：

1）钢结构柱脚设置在混凝土桥墩上，由于受到沉降、收缩等影响，设置的测量点位会发生变化影响测量精度。

2）自然条件的影响：施工场地大，永久参照物少，控制轴线标识困难。日照、风雨也影响测量精度。

3）人为因素的影响：由于参建专业工种多而且各专业间对测量精度、误差要求不同，容易在不同工种的工作面交接中造成误差积累。作业队伍多工作面互相交叉，不仅对测量作业干扰很大而且对测量标识的保护工作也提出更高的要求。

（2）测量前的准备工作

主要包括测量前的资料准备，测量基准点的交接、复验与测放、仪器设备工具的准备等，具体要求可参见本章节"一般规定"。

（3）平面控制网测设

该工程南北长为600m，东西宽为320m。根据结构的布局特点，采用直角坐标法建立方格网，进行测控。根据总平面布置图及设计院提供的坐标，作出相应的控制轴线，并把各轴线点引测到场地外，做好标记及编号。

控制桩设置在安全、易保护位置，相邻点间通视良好，并利用护栏加以妥善保护，定期检查。每次放线时，将经纬仪架设在控制点上，后视另一相应的控制点，这样依次投出全部主控轴线，然后依据主控轴线。

控制网测精度距离为 $L/30000$（L 为距离），测角中误差为 $7''\sqrt{n}$（n 为建筑物结构的跨数）。根据已经布设好的轴线控制网引测各轴线，并据此测放拱结构、网壳结构定位轴线和定位标高。测量结束后在混凝土桥墩上弹出柱脚十字轴线并进行标识。

为了减少尺寸误差及提高测量精度，主轴线采用激光全站仪精确布设，控制轴线及控制点用钢筋混凝土标桩标识并严格保护。标桩的埋深不得浅于 0.5m，桩顶标高以高于地面设计高程 0.3m 为宜，间距以 50~100m 为宜。为防止其他专业施工致使控制网变形，要定期对轴线控制网进行校核。

不同的施工阶段设置不同的平面轴线控制网，分为主体施工阶段轴线控制网和夹层施工阶段轴线控制网。夹层控制网先在地面作出定位轴线然后利用激光铅直仪引测到 18.800m 标高和 25.000m 标高。施工中分别在 18.800m 标高和 25.000m 标高预留 200mm×200mm 测量孔并加以保护。

主体施工阶段轴线控制网平面布置图见图 21-150。夹层施工阶段轴线控制网平面布置图见图 21-151。

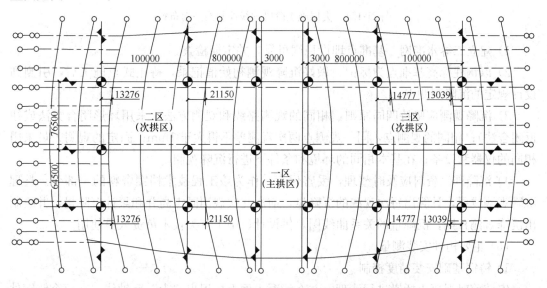

图 21-150 主体施工阶段轴线控制网平面布置

(4) 高程控制

根据原始控制点的标高，用水准仪引测水准点到混凝土桥墩上，并用红油漆做好标记。根据钢结构安装进度的要求加密水准点，标高控制点的引测采用往返观测的方法，其闭合误差小于 $\pm 4\sqrt{N}$（N 为测站数）。对于布设的水准点应定期进行检测，以免地基沉降，引起高程控制点的异常变化。

(5) 沉降观测

沉降观测分为施工期间观测和施工后观测。每次进行沉降观测时，对观测时间、建筑物的荷载变化、气象情况与施工条件的变化进行详细记录。建筑施工期间观测次数按设计要求。沉降观测注意事项：

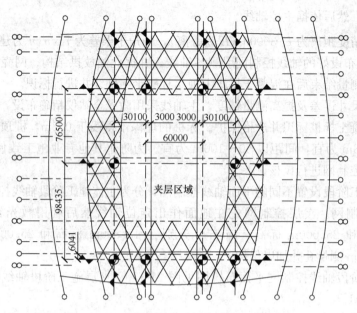

图 21-151 夹层施工阶段轴线控制网平面布置

1) 建立二等水准网，基准点埋设稳固可靠，并定期检查。

2) 以钢柱标高基准点为标记，做好沉降观测初始值记录，待正式点施工后，引测到设计规定的沉降观测点。

3) 沉降观测应坚持四同原则：相同的观测路线和观测方法（采用环形闭合方法或往返闭合法）；相同的观测点，同一观测点两次观测差不得大于 1mm；固定的观测人员采用相同的仪器和设备；在基本相同的环境和条件下进行沉降观测。

4) 沉降观测资料应及时整理，妥善保存，作为该工程技术档案资料的一部分。整理沉降观测成果，计算出每次观测的沉降量，前后几次观测同点高并和累计沉降量，并绘制出沉降观测日期，沉降量的关系曲线图，供设计、施工有关技术负责人员使用。

（6）主要构件安装测量

1) 铸钢基础安装精度控制

安装前对混凝土桥墩进行清理，并在混凝土面上标识出"十"字轴线。在每个铸钢件侧面找出十字中心线并进行标记。根据设计的底标高调整好预埋螺杆上的螺母，放置好垫块。当铸钢吊到螺杆上方 200mm 时，停机稳定，对准螺栓孔和十字线后缓慢下落。

检查铸钢件四边中心线与基础十字轴线的对准情况，要求铸钢件中线与基础面纵、横轴线重合。初步调整铸钢件底板的就位偏差在 3mm 以内后使之落实，再利用千斤顶进行精确调整。将千斤顶放置在两条正交的轴线上，利用千斤顶推动铸钢件保证中心线的就位精度。

2) 拱结构安装测量

主拱分四部分安装，拱的轴线和标高校正采用两台全站仪进行。拼装后吊装前，在每段拱的端部设置测量控制点，并计算出此点的三维设计值。测量时，两台全站仪分别置于正交的轴线控制线上，精确对中整平后，固定照准部，然后纵转望远镜，照准拱结构头上的标识点并读数，与设计控制值相比后，判断校正方向并指挥吊装人员对拱进行校正，直到两个正交方向上均校正到正确位置。

主拱上部分两端分别在地面拼装，然后搭设安装胎架在高空进行拼接。次拱采用地面整体拼装，整体吊装。拱结构的安装精度的控制，关键在于拼装质量的控制。

3）网壳桁架的测量控制

① 下弦节点的测量

下弦控制节点的投测：先将顺轨下弦控制点引测到10.25m层楼面上，并做好点位标记，然后架设全站仪进行角度和距离闭合，将边长误差控制在1/15000范围内，角度误差控制在6″范围内。

② 桁架标高测量

由于桁架为折线形，桁架上各点标高在相对变化，因此，正确地控制其标高至关重要。施测时根据桁架分段，注意选定距分段点最近的下弦与腹杆汇交节点作为标高控制点，通过高精度水准仪将后视标高逐个引测至胎架上的某一点，做好标记。以此作为后视依据。根据引测各标高后视点，分别测出平台上相应下弦控制节点标记点位之实际标高，然后和相应控制节点设计标高相比较，即得出高差值，明确标注在胎架相应节点标记点，以此作为屋架分段组装标高的依据，标高控制目标为±5mm。

③ 桁架直线度测量

以脊轴控制点为核心，根据桁架下弦杆中心线在水平面上投影为一直线，桁架外边投影线对称于下弦中心线，所以桁架直线度的控制以控制下弦投影线的方法进行。桁架轴线测投是一项精密细致的工作，需要高精度的经纬仪（2″以上）配合50m钢尺（经过鉴定，并作温度修正），以标准拉力施测，在桁架的四个面标出实际的轴线，为下一榀桁架的安装校正提供依据。

中央网壳采用全站仪测量为主要手段进行精确的控制和监测，使中央网壳部分沿脊轴南北各3片层状杆件和下行各8纵列的主拱下弦杆、纵横杆件均牢固连接后方可安装半拱部分桁架，半拱部分桁架采用距离控制为主要控制手段。

④ 桁架垂直度测量

桁架标高，直线度调校完毕后，由于桁架都是垂地布设的，采用线坠直线法直接进行桁架垂直度尺量控制。

4）桁架拼装测量

拼装测量：在钢构件进入拼装现场之前，首先进行拼装场地平整度测量，使场地满足拼装要求；根据拼装要求设置校准拼装工作平台。根据设计图，在拼装工作台上测定出待拼装钢结构在拼装状态下的水平投影，主要包括：轴线、外廓线、节点大样及待拼装体的平面挠度。在确定钢结构长度时要考虑温度变形及其他因素产生变形的影响，并对长度值进行相应的修正。拼装测量主要采用常规测量仪器，以极坐标、直角坐标及距离交会等常规测量方法进行。在用钢尺量距时要采用标准拉力、进行尺长修正和温度修正。待拼装体的平整度、高度及竖向挠度采用水准测量进行控制。拼装测量的精度要求很高，尤其是纵向长度和与其他钢结构连接处的细部节点。对于关键部位，要求任意点的点位测量误差不大于±0.5mm；其余部位，要求任意点的点位测量误差不大于±1.0mm。为保证测量精度，对于关键部位要采用规化法进行测设；为提高划线精度，采用钢针划线，划线宽度小于 0.1mm。拼装结束后，要对拼装体的几何尺寸进行验收测量，为最终安装提供依据。

21.6.5 多高层钢结构施工测量

1. 多高层钢结构测量特点

(1) 多高层钢结构因为楼层多、高度高，结构竖向偏差直接影响结构的受力状况，因此施工测量中要求竖向投点精度高，测量方法、仪器等的选择应综合考虑结构类型、施工方法、场地条件、气候条件等因素。

(2) 随着楼层高度的增加，结构高处受到风、日照、温差、现场施工塔式起重机的运转等影响引起晃摆，将会对测量精度造成影响，因此需根据实际情况，合理选择控制点引测时间和分段传递的高度，建立一套稳定可靠的测量控制网。

(3) 由于钢结构工程中大量使用焊接且构件的形式往往较为复杂，钢板厚度超厚，因此焊缝引起的焊接变形较大，测量施工中应重点关注，反复测量。

(4) 高层钢结构的钢柱一般连接多层钢梁，并且主梁刚度较大，因此钢梁安装时易导致钢柱变动，甚至可能波及相邻的钢柱。鉴于此，钢梁安装时，不仅应测量该钢梁两端钢柱的垂直度变化，还应监测邻近各钢柱的垂直度变化，且应待一区域整体完成后进行整体测量校正，才能保证整体结构的测量精度。

(5) 高层钢结构安装时，应考虑对日照、焊接等可能引起构件伸缩或弯曲变形的因素，采取相应措施，以便总结环境、时段、焊接等对结构的影响，测量时根据实际情况进行预偏，保证构件的安装精度满足要求。安装过程中，一般应作下列项目的试验观测与记录：

1) 柱、梁焊缝收缩引起柱身垂直度偏差值的测定；
2) 柱受日照温差、风力影响的变形测定；
3) 塔式起重机附着或爬升对结构垂直度的影响测定；
4) (差异) 沉降和压缩变形对建筑物整体变形影响值的测定。

(6) 高层钢结构工程中，常存在部分空间复杂构件（如空间异形桁架、倾斜钢柱等），一般的测量方法不便施测。该类构件的定位可由全站仪直接架设在控制点上进行三维坐标测定，或由水准仪进行标高测设、全站仪进行平面坐标测定，共同测控。

2. 多高层钢结构测量实例（京基金融中心）

(1) 工程概况

京基金融中心总建筑面积为 584642m²，地下室建筑面积 112283m²。其主塔楼（A座）共98层，高439m，地下4层，底标高−18.7m。大楼平面南北为弧形，东西面为一直线的垂直立面，顶部98层以上为拱结构。该工程测量的重点和难点在于主楼外筒钢柱在超高情况下精确控制及内外筒连接钢梁的准确定位。

(2) 测量准备

1) 测量总体流程见图 21-152。

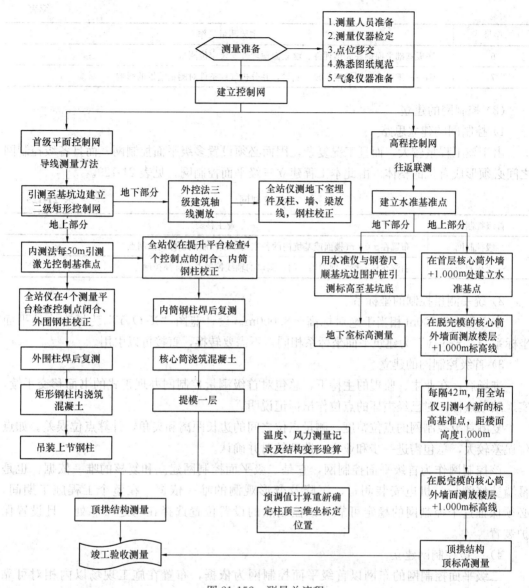

图 21-152 测量总流程

2) 测量仪器设备准备。
3) 测量内容的拟定见表 21-128。

测量内容的拟定 表 21-128

序号	主要测量工作
1	城市大地坐标与建筑坐标转换统一
2	首级控制网的移交与复测
3	平面和高程二级控制网"外控法"布置
4	平面和高程二级控制网"内控法"垂直引测,同步控制内外筒轴线、标高
5	平面和高程三级控制网测量,控制柱、梁、剪力墙、门、洞口的轴线、标高

续表

序号	主要测量工作
6	底板基础平面钢柱底预埋件、墙立面预埋件安装定位测量
7	钢柱三维坐标位置的定位校正测量,并分析气候条件对测量结果的影响

(3) 控制网的建立

1) 控制网的建立思路

由于该工程量较大,而且工况复杂,因而必须设置多级平面控制网,而且各级控制网之间必须形成有机的整体。由此本工程建立三级平面控制网,见表21-129。

三级控制网 表21-129

首级控制网	业主移交
二级控制网	布置在±0.0m楼面或基坑内的各主要轴线控制点、标高控制点
三级控制网	引测在柱、梁、剪力墙、门、洞口的轴线控制点、标高控制点

2) 统一测量控制的坐标系

本工程±0.000m相当于绝对标高+8.000m。设计蓝图"$X\text{-}O\text{-}Y$"为城市大地平面坐标系与"$x\text{-}o\text{-}y$"为建筑平面坐标系相同,不需要转换,直接可以引用。

3) 首级控制网的建立

进场后,在业主、监理的主持下,总包对首级测量控制网办理正式的书面移交手续,实地踏勘点位,对已经损坏的点位作出标记说明。

复测首级控制网的点位精度,测量点位之间的边长距离和夹角,计算点位误差。如点位误差较大,总包需进一步和业主、监理核对并确认。

该控制网作为首级平面控制网,它是二级平面控制网建立和复核的唯一依据,也是幕墙装修测量、机电安装测量、沉降及变形观测的唯一依据,在整个工程施工期间,必须保证这个控制网的稳定可靠。该控制点的设置位置选择在稳定可靠处,且设置保护装置。

4) 二级控制网建立

二级平面控制网的布网以首级平面控制网为依据,布置在施工现场以内相对可靠处,用于为受破坏可能性较大的下一级平面控制网的恢复提供基准,同时也可直接引用该级平面控制网中的控制点测量。二级平面控制网应包括建筑物的主要轴线,并组成封闭图形。由于布设在基坑附近,每次使用时要复测二级控制点的坐标,确保二级控制点的准确性。

① 地下室二级控制网

地下室4层(-4~1层),基坑深度最深22.3m,周边作了基坑围护桩和锚固拉结。首级控制网的点位精度经复核无误后,在基坑周边布设首级控制网,采用"外控法"引测基坑内二级控制网。地下室二级控制网布置,见图21-153。

② 主楼1~55层、56~76层、77~94层二级控制网

主楼核心筒1~55层平面结构形式相似,采用平面轴线控制网。56~76层以上的核心筒墙体内缩,若取同一控制点,势必会导致控制点设置困难,需采取更多的措施,且精

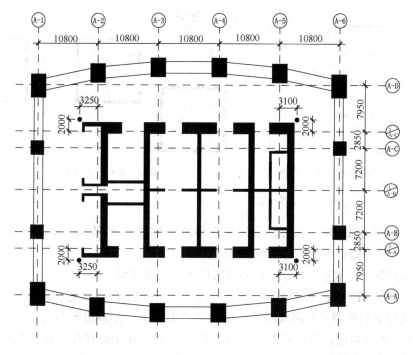

图 21-153 地下室二级控制网布置

度不高。因此，56 层以上的平面轴线控制点需要在 56 层做位置转换。

平面轴线控制点的位置转换方法，首先应以图纸设计的轴线点理论坐标为根据，用原控制点坐标为起算进行测设；然后布网测量并平差，与理论值比较，当误差在允许范围内时才可以继续上投。

主楼核心筒 56～76 层平面结构形式相似，采用的平面轴线控制网。77～顶层核心筒墙体内缩，因此，76 层以上的平面轴线控制点需要在 76 层做位置转换，转换方法同 56 层。

(4) 控制点的向上引测

1) 平面轴线控制点的引测方法及要求

① 地下室施工阶段的各结构部位定位放线，其平面轴线控制点的引测采用将基坑周边的首级测量控制点引测到基坑中，布置二级控制点，用极坐标法或直角坐标法进行细部放样。

② 当楼板施工至±0.000m 时，在基坑周边的二级测量控制点上架设全站仪，用极坐标法或直角坐标法放样测设激光控制点。由于±0.000m 层人员走动频繁，激光点测放到楼面后需进行特殊的保护，因此需在±0.000m 层混凝土楼面预埋铁件，楼板混凝土浇筑完成且具有强度后，再次放样测设激光控制点并进行多边形闭合复测，调整点位误差，打上样冲眼十字中心点标示，示意见图 21-154。

③ 上部楼层平面轴线控制点的引测，首次在±0.000m 层混凝土楼面激光控制点上架设激光铅直仪，垂直向上投递平面轴线控制点，以后每隔 42m 中转一次激光控制点。为提高激光点位捕捉的精度，减少分段引测误差的积累，制作激光捕捉靶，见图 21-155。

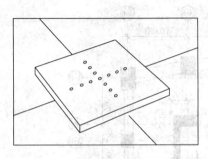

图 21-154 ±0.000m 楼面激光控制点点位做法

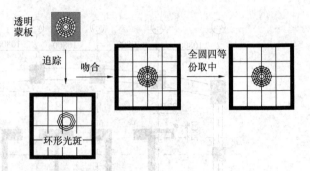

图 21-155 激光点位捕捉方法示意

④ 激光点穿过楼层时，需在组合楼板上预留 200×200 的孔洞，浇筑楼板混凝土后，将点位通过空洞引测到各楼层上。预留洞应满足以下规定。

a. 浇筑混凝土后木盒不拆除，以防楼面垃圾物堵塞孔洞。

b. 麻线绷在铁钉上便于仪器找准中心点，用完后将麻线拆除，以免下次阻挡激光投点。

⑤ 激光控制点投测到上部楼层后，组成多边形图形。在多边形的各个点上架设全站仪，复测多边形的角度、边长误差，进行点位误差调整并做好点位标记。如点位误差较大，应重新投测激光控制点。

⑥ 由于钢结构施工在前，上部楼层的激光点位置未浇筑混凝土楼板，需在主楼核心墙侧面焊接测量控制点的悬挑钢平台，把激光控制点投测到钢平台上并做好标记。

2) 平面控制轴线测放方法

任意架设仪器于钢柱上的 M 点，后视垂直引测上来的两通视基准点 A、B，校核两通视点位 A、B 的投测精度至规范允许的范围内，计算通视边、A、B 与建筑轴线的相对坐标关系，即可测放出该楼层所有的轴线。

3) 主楼标高控制点的引测方法

地下室施工阶段的高程点位要求尽量布置在基础沉降区及大型施工机械行走影响的区域之外。确保点位之间通视条件良好，便于联测。

主要方法如下：

① 布设高程基点：根据总包提供的高程控制点，将其高程引测至 2♯M900D 塔式起重机的下方，再将其转移到南面裙楼−4 层混凝土柱上，做好标记，即为地下室高程控制点。此点每月与 S1 控制点进行闭合一次。

② 标高控制网的垂直引测：在高程传递的过程中，有两种常规的方法可供选择，比较见表 21-130。

高程传递方法比较　　表 21-130

引测方法 比较项目	钢尺	全站仪
综合改正	温度、拉力、尺长改正	仪器自身温度气压改正
引测原理	钢尺精密量距	三角高程测量

续表

引测方法 比较项目	钢尺	全站仪
数据处理	人工计算	程式化自动处理
误差分析	系统误差（客观因素） 偶然误差（人为因素） 累积误差（人为因素）	系统误差（客观因素）
示意图	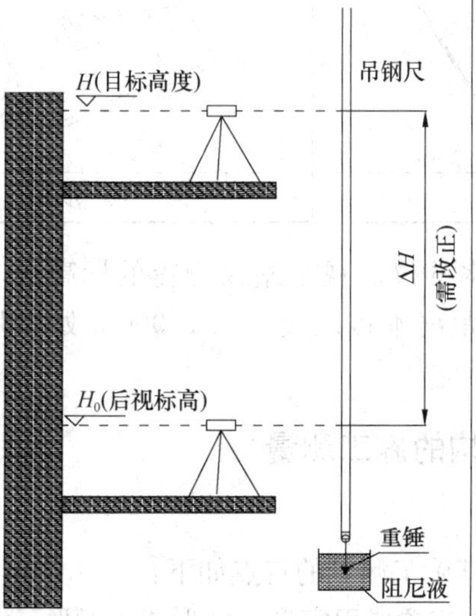 （图）	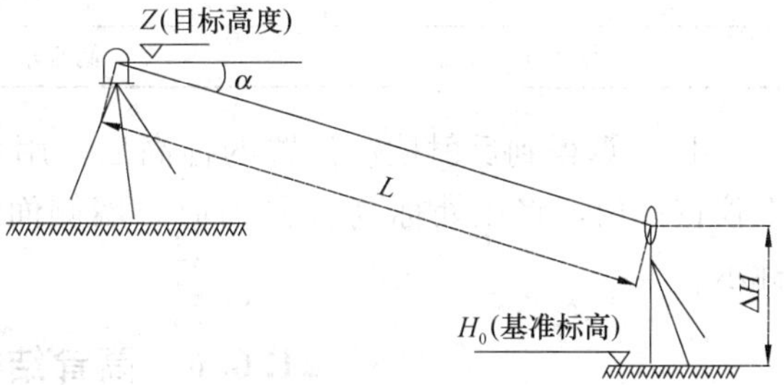 （图）
计算式	$H = H_0 + \Delta H$	$Z = H_0 + \Delta H + L\sin\alpha$
比较结论	过程繁琐、累积误差大	简便、快捷

4）控制点的引测施工

① 地下室基准标高点引测

选择 3~4 个标高点组成闭合回路，用水准仪配合塔尺和钢卷尺顺着基坑围护桩往下量测至地下室基础。到基坑复测水准环路闭合差，当闭合差较大时重新引测标高基准点。

② 首层＋1.000m 标高基准点测量引测

用水准仪引测首层＋1.000m 标高线至剪力墙外墙面，各点之间复测闭合后弹墨线标示。

③ 地上各层＋1.000m 标高基准点测量引测

地上楼层基准标高点首次由全站仪从首层楼面竖向引测，每升高 42m 引测中转一次，42m 之间各楼层的标高用钢卷尺顺主楼核心筒外墙面往上量测。全站仪引测标高基准点的方法如下：

a. 在±0.000m 层的混凝土楼面架设全站仪，输入当时的气温、气压数据，对全站仪进行气象改正设置。

b. 全站仪后视核心筒墙面＋1.000m 标高基准线，测得仪器高度值。对仪器内 Z 向坐标进行设置，包括反射棱镜的常数设置。

c. 全站仪望远镜垂直向上，顺着激光控制点的预留洞口垂直往上测量距离，顶部反射棱镜放在土建提模架或需要测量标高的楼层位置，镜头向下对准全站仪。由于全息反射贴片配合远距离测距时反射信号较弱，影响测距的精度，故本工程用反射棱镜配合全站仪进行距离测量。反射棱镜放置示意见表21-131。

反射棱镜放置示意 表21-131

第1步	第2步	第3步

d. 计算得到反射棱镜位置的标高后，用水准仪后视全站仪测得的标高点，计算水准仪仪高值，将该处标高转移到剪力墙侧面距离本楼层高度+1.000m处，并弹墨线标示。

21.6.6 高耸结构的施工测量

1. 高耸结构施工测量特点及要求

高耸结构主要包括烟囱、电视塔等结构，其施工测量的特点如下：

(1) 高耸结构的施工控制网一般宜在地面上布置成田字形、圆形或辐射形。

(2) 鉴于高耸结构塔身截面较小、高度较高的特点，平面控制点向上引测时，相邻两点的距离较近，需要采取多种不同测法进行校核，其测量允许偏差不宜超过4mm。

(3) 高耸结构测量时，±0.000以上塔身铅垂度的测设宜使用激光铅垂仪，100m高处激光仪旋转360°划出的激光点轨迹圆直径应小于10mm。

(4) 低于100m的高耸建（构）筑物，宜在塔身的中心位置上设置铅垂仪；100~200m的高耸建（构）筑物，宜设置4台铅垂仪；200m以上者，宜设置包括塔身中心点的5台铅垂仪。其设置铅垂仪的点位必须从塔的轴线点上直接测定，并用不同的测设方法进行校核。

(5) 高耸结构测量时，激光铅垂仪投测到接收靶的测量允许误差应符合表21-132的要求。对于有特殊要求的塔形建筑，其允许误差还应由设计、施工、测量单位共同商讨确定。

高耸中心线铅垂度的测量允许误差 表21-132

塔高 (m)	50	100	150	200	250	300	350
钢筋混凝土塔验收允许偏差 (mm)	57	85	110	127	143	165	—
测量允许误差 (mm)	10	15	20	25	30	35	40

(6) 由于高耸结构的特点，其垂直度对日照的敏感性较高层建筑结构更加明显。一般塔身施工到100m后，要进行日照变形观测。根据日照观测记录与计算，绘制出日照变形

曲线，并列出最小日照变形区间，以指导施工测量。

2. 高耸结构施工测量实例

(1) 工程概况

河南广播电视发射塔，总高度388m，地下1层，地上48层。整体造型如五瓣盛开的梅花在空中绽放，结构形式采用了巨型钢结构体系，分为塔座、塔身、塔楼及天线桅杆四部分。其中塔身结构由内筒、外筒和底部五个"叶片"形斜向网架构成，外筒为格构式巨型空间钢架，内筒为竖向井道空间桁架构成的巨型柱。

(2) 钢结构施工测量概述

塔体钢结构测量工作内容包括：大地坐标与建筑坐标转换、平面和高程控制网引测、井道安装、桉叶糖柱安装、塔楼安装等部位的测量放线及校正，超高塔桅钢结构安装轴线、标高、垂直度控制，变形观测等。

测量工作的重点在于同步控制井道与桉叶糖柱标高、垂直引测平面和高程控制网、桉叶糖柱的三维坐标放样、分析总结恶劣天气条件对测量作业的影响及应对措施。

自然条件的影响：施工场地可操作区域狭小，永久参照物少，通视条件不佳，控制轴线标识困难。日照、风力、温差等因素对钢结构测量精度影响较大。

(3) 测量前准备工作

准备工作可参见本节其他相关内容。

(4) 测量控制网建立

1) 平面控制网的布设

根据电视塔的施工特点，采用外控+内控相结合的方法来控制钢构件的轴线位置和整体垂直度，外控点设在塔体中心300m以外的地方。由于受到通视条件的影响，本工程采用GPS接收机来完成平面外围控制网的布设。

① 选点

GPS的选点不受空间的制约。GPS控制点位置选择与常规控制网不同之处是不需要每个方向都通视，但因为电视塔工程的特殊性，选择的点位必须保证相邻两个点位可以通视。现场选择塔中心点O，TM1，TM2，TM3，TM4，TM5（注：TM1～TM5与塔体中心点距120m的方向点，由全站仪直接放样所得），KZ1，KZ2，KZ3，KZ4（注：K1～K4分别在塔体东、南、西、北四个角点，距塔体中心300m左右的位置）具体点位如图21-156所示。

② 平差计算

a. GPS基线向量网的平差采用联合平差。

b. 联合平差是解决GPS网成果转换的有效手段，因此GPS网要联测总包给定的B1，B2两个已知点。

c. GPS基线向量成果的精度分析：根据无约束平差成果分析，主要考察基线向量观测值改正数、各点坐标中误差、点位中误差、GPS基线向量边的方位和边长相对精度，若发现粗差，则要在联合平差前剔除。

d. 联合平差分析：主要考察各类观测值的改正数的分布是否有粗差，平差坐标、点位误差、转换参数、单位权中误差是否通过统计检验，边长相对精度是否满足设计的精度要求。

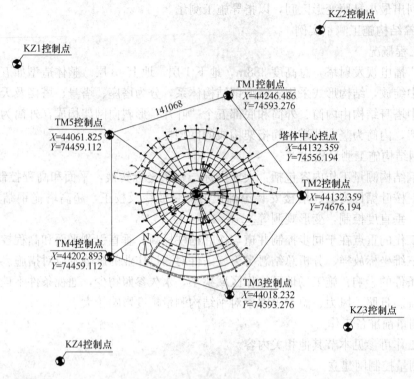

图 21-156 控制点位布置示意

2) 中心点 O 向上传递

当每安装完成一个结构楼层,塔体的中心点就要向上传递,通过测量塔中心与每一根井道柱的中心距离,就可以分析出塔体安装完成部分的整体垂直度偏差。通过整体垂直度偏差数据,及时对下一层钢柱进行调整,从而保证塔体整体垂直度始终在受控状态下。由于塔体中心有一道梁使塔体中心不能通视,在塔座楼层选择两个与塔体中心点成直线相交并且向上投测通视的引点。向上透测激光点通过距离交会即可得出塔体中心点,具体做法如图 21-157 所示。

两台激光铅垂仪同时架设在 2 个引点,按常规的方法向上投测激光,交会中心点。

塔体在激光铅垂+距离交会的方法引出中心点的同时,用激光经纬仪的前方交会的方法来检查中心点是否有偏差(图 21-158),具体的方法如下:

① 同时在 TM1、TM2(或当结构安装到+120m 以上的时候,在 KZ1、KZ2)点架设 2 台激光经纬仪,两台激光经纬仪相互后视并水平度盘归零。同时照向 15 与 11 轴线间的点 P1(P1 点与待测中心点同一平面,并且与中心点间无障碍物)记录下角度。

② 用同样的方法在 TM4、TM5 点(或当结构安装到+120m 的时候,在 KZ3、KZ4)架设激光经纬仪测量出 P2 点。

③ 通过下列公式计算出 P1、P2 点坐标

$$\begin{aligned}x_p &= \{x_a \cdot \text{ctg}b + x_b \cdot \text{ctg}a + (y_b - y_a)\}/(\text{ctg}a + \text{ctg}b) \\ y_p &= \{y_a \cdot \text{ctg}b + y_b \cdot \text{ctg}a + (x_a - x_b)\}/(\text{ctg}a + \text{ctg}b)\end{aligned} \quad (21\text{-}16)$$

通过 P1、P2 点位坐标即用距离交会的方法检查出中心点的偏差。

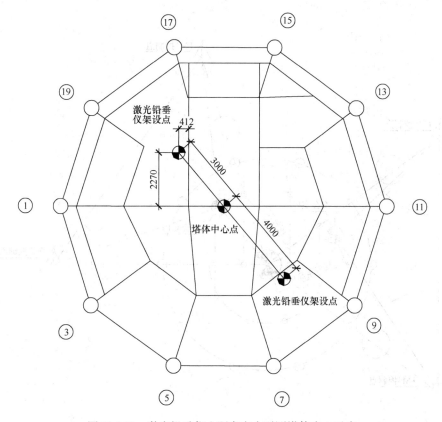

图 21-157 激光铅垂仪+距离交会引测塔体中心示意

激光铅准投测中心和经纬仪复核都应同步进行,并且尽量安排在早晨完成,这样可以避开日照和施工机械对测量的影响。

3) 高程控制网的布设

根据工程的实际情况,把业主或总包移交的原始控制点的标高,用水准仪引测水准点到塔体钢柱上,并用红油漆做好标记。

根据钢结构安装进度的要求加密水准点、标高控制点的引测采用往返观测的方法,其闭合误差小于 $\pm 4\sqrt{N}$(N 为测站数)。对于布设的水准点应定期进行检测,以地基沉降,引起高程控制点的异常变化。

井道高程传递方法。如图 21-159 所示,利用水准仪、塔尺和 50m 钢尺依次将标高由预留洞口传递至待测楼层,并用公式(21-17)进行计算,得该楼层的仪器的视线标高,同时依此制作本楼层统一的标高基准点。

$$H_2 = H_1 + b_1 + a_2 - a_1 - b_2 \tag{21-17}$$

式中 H_1——首层基准点标高值;

H_2——待测楼层基准点标高值;

a_1——S_1 水准仪在钢尺读数;

a_2——S_2 水准仪在钢尺读数;

b_1——S_1 水准仪在塔尺读数;

b_2——S_2 水准仪在塔尺读数。

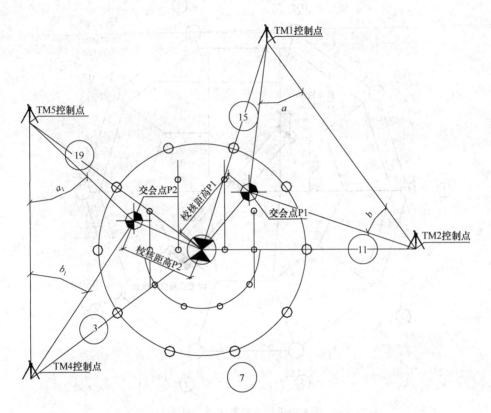

图 21-158 交会法复核塔体中心点示意

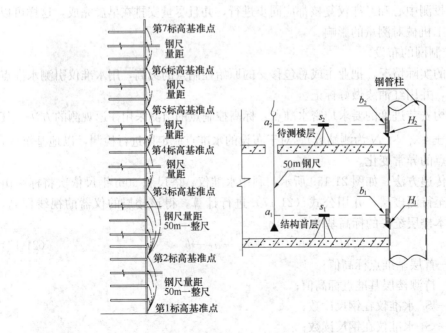

图 21-159 井道高程传递方法

标高的竖向传递要求。应从首层起始标高线竖直量取，且每一次应由3处分别向上传递。当3个点的标高差值小于3mm时，应取其平均值；否则应重新引测。

21.7 钢结构涂装工程

21.7.1 防腐涂装工程

21.7.1.1 一般规定

（1）防腐涂装施工前，钢材应按项目的设计文件要求进行表面处理。当设计文件未提出要求时，可根据涂料产品对钢材表面的要求，采用适当的处理方法。

（2）防腐涂装主要有油漆防腐、金属热喷涂防腐、热浸镀锌防腐。其中油漆类防腐涂料涂装工程和防火涂料涂装工程应按《钢结构工程施工质量验收标准》GB 50205—2020的要求进行质量验收。金属热喷涂防腐和热浸镀锌防腐工程可按《热喷涂 金属和其他无机覆盖层 锌、铝及其合金》GB/T 9793—2012 和《热喷涂 金属零部件表面的预处理》GB/T 11373—2017以及其他相关要求进行质量验收。

（3）钢构件表面的涂装系统应相互兼容。整个涂装体系的产品尽量来自于同一厂家，以保证涂装质量的可追溯性。

（4）涂装施工时，应采取相应的环境保护和劳动保护措施。可采用相应的移动脚手架设置措施，通过加配重、安全绳等方式保证平台稳定。施工平台使用之前必须报总包、监理单位安监人员验收，验收合格同意使用后方可正式使用。

21.7.1.2 油漆防腐施工工艺

1. 前期准备

（1）操作者必须经过系统的专业培训，熟悉设备性能及操作规程，经考试合格后方可上岗操作。

（2）熟悉工艺文件和图纸，了解构件涂装的工艺、质量要求。

（3）作业环境：

1）涂装时的环境温度和相对湿度应符合涂料产品说明书的要求，当产品说明书无要求时，环境温度宜在5~38℃之间，相对湿度不应大于85%。钢材表面温度应高于露点温度3℃，且钢材表面温度不超过40℃。

2）涂装时构件表面不应有结露。

3）遇雨、雾、雪、强风天气应停止露天涂装，尽量避免在强烈阳光照射下施工。

4）风力超过5级不宜采用喷涂。

（4）设备检查：检查高压系统各固定螺母，以及管路接头是否拧紧，若松动，要拧紧；检查喷涂机、喷枪是否正常，如有异常要及时送机修工修理；检查气管是否漏气，是否有滴漏油漆现象，以免造成浪费。

（5）油漆检查：核对涂料的牌号、批号、颜色、生产日期、合格证、禁止使用过期、不合格的产品替代。不同生产厂家、不同品牌及不同类型的油漆，不可混用。

2. 施工流程

(1) 构件卸车：构件运输及吊装过程中，钢丝绳绑扎的部位用保护垫保护。构件运输和堆放时，用马凳和枕木垫放，防止钢构件表面油漆的损坏。

(2) 地面补涂准备：钢构件进场后，运输过程中碰撞破损油漆在地面进行补涂。地面拼装的构件焊接部位及时涂装。

(3) 补涂部位打磨：对钢构件表面油漆起壳、破损的部位用角向磨光机打磨。

(4) 滚刷补涂：打磨并清除干净后，用滚刷补涂。

(5) 吊装完毕后节点补涂：钢结构现场焊接的节点完成后，采用挂吊篮的方式，对各个节点及碰伤部位进行打磨及补漆。

3. 工艺要求

(1) 油漆防腐涂装可采用涂刷法、手工滚涂法、空气喷涂法和高压无气喷涂法。其中构件首次涂装以喷涂法为主，补涂返锈处理以涂刷法和滚涂法为主。

(2) 补涂原则：立面结构从上至下涂装，平面结构从峰到谷，由外向内进行涂装。

(3) 破损油漆补涂：钢构件进场后，运输过程中碰撞破损油漆在地面进行补涂。同时在地面拼装的构件焊接部位及时涂装。

对零星的小构件、支架、支撑、护栏等构件采用刷涂。同道漆涂刷方向应一致，接头整齐。下道漆应在上道漆干燥后涂刷，且涂装方向上与上道漆刷方向垂直。

对于常规构件，采取喷涂。喷涂时调整好喷嘴口径，喷枪离涂漆表面必须保持适当距离，喷枪与基面角度垂直或略为上斜，当风力超过5级不宜采用喷涂。

(4) 节点部位返锈处理：补涂施工前先将基层面按照设计要求做除锈处理，处理好的钢材表面不应有焊渣、毛刺、油污水等。

对构件节点制作预留的现场涂装区域，现场高强度螺栓、焊接施工完毕后需对返锈区域重新进行打磨除锈，除锈效果应达到设计要求的除锈等级方可进行油漆补涂。

(5) 节点油漆补涂：底漆、中间漆、面漆应按照配比要求进行配比，现场补涂可采用喷涂、滚涂或者刷涂的方法。底漆、中间漆应分多遍补涂，间隔时间参考涂料性能及现场环境综合考虑。涂装遍数、涂装厚度应符合设计要求。涂装不应存在误涂、漏涂、针眼、流坠、脱层、返锈的情况。涂装后4h内应采取保护措施，避免淋雨和沙尘侵袭。

21.7.1.3 金属热喷防腐施工工艺

(1) 钢结构金属热喷涂方法可采用气喷涂或电喷涂，并按照《热喷涂 金属和其他无机覆盖层 锌、铝及其合金》GB/T 9793—2012执行。

(2) 钢结构表面处理与热喷涂施工的间隔时间，晴天或湿度不大的气候条件下应在12h以内，雨天、潮湿、有盐雾的气候条件下不超过2h。

(3) 金属热喷涂施工应符合下列规定：

1) 采用的压缩空气应干燥、洁净；

2) 喷枪与表面宜成直角，喷枪的移动速度应均匀，各喷涂层之间的喷枪方向应相互垂直，交叉覆盖；

3) 一次喷涂厚度宜为25~80μm，同一层内各喷涂带之间应有1/3的重叠宽度；

4) 当大气温度低于5℃或钢结构表面温度低于露点3℃时，应停止热喷涂操作。

(4) 金属热喷涂层的封闭剂或首道封闭油漆施工宜采用涂刷方式施工。

(5) 钢构件的现场焊缝两侧应预留 100～150mm 宽度涂刷车间底漆临时保护，当工地拼装焊接后，对预留部分应按相同的技术要求重新进行表面清理和喷涂施工。施工过程中，应随时检查喷铝涂层的厚度。

21.7.1.4 热浸镀锌防腐施工工艺

钢构件表面单位面积的热浸镀锌质量应符合设计文件规定的要求。

钢构件热浸镀锌应符合《金属覆盖层 钢铁制件热浸镀锌技术要求及试验方法》GB/T 13912—2020 的规定，并采取措施防止热变形：(1) 构件最大尺寸宜一次放入镀锌池；(2) 封闭截面构件在两端开孔；(3) 在构件角部应设置工艺孔，半径大于 40mm；(4) 构件的板厚应大于 3.2mm。

热浸镀锌造成构件的弯曲或扭曲变形，应采取延压、滚轧或千斤顶等机械方式进行矫正。矫正时，应采取垫木方等措施保护表面镀锌层；不得采用加热矫正。

21.7.2 防火涂装工程

21.7.2.1 一般规定

(1) 钢结构防火涂料是施涂于建（构）筑物钢结构表面，能形成耐火隔热保护层以提高钢结构耐火极限的涂料。

钢结构防火涂料应能采用规定的分散介质进行调和、稀释。

钢结构防火涂料应能采用喷涂、抹涂、刷涂、辊涂、刮涂等方法中的一种或多种方法施工，并能在正常的自然环境条件下干燥固化，涂层实干后不应有刺激性气味。

(2) 防火涂料施工质量的好坏，直接影响结构的防火性能和使用要求。根据国内外的经验，钢结构防火涂料施工应由经过培训合格的专业施工队施工，或者由研制该防火涂料的工程技术人员指导下施工，以确保工程质量。

(3) 施工现场应具有健全的质量管理体系、相应的施工技术标准和施工质量检验制度。

钢结构防火涂料涂装分项工程的施工承包合同、工程技术文件对施工质量的要求不得低于《建筑钢结构防火技术规范》GB 51249—2017 的规定。

防火涂料涂装施工应按照批准的工程设计文件及相应的施工技术标准进行。

当需要变更设计、材料代用或采用新材料时，必须征得设计部门的同意、出具设计变更文件。

(4) 通常情况下，应在钢结构安装就位，与其相连的吊杆、马道、管架及其在相关联的构件安装完毕，钢结构安装工程检验批质量检验合格之后，才能进行涂装施工。如若提前对钢构件实施防火涂装后再进行吊装施工时，不应影响钢结构安装工程检验批质量检验，安装完成验收合格后，应对损坏的涂层及钢结构的接点进行补涂。

(5) 涂装前，钢结构表面应除锈，并根据设计要求确定防锈处理方案。除锈和防锈处理应符合《钢结构工程施工质量验收标准》GB 50205—2020 中有关规定。复层涂料应互相配套，底层涂料应能同防锈漆配合使用，或者底层涂料自身具有防腐、防锈性能，且当防火涂层同时充当防锈涂层时，还应满足有关防腐、防锈标准的规定。

(6) 涂装前，钢结构表面的灰尘、油污、泥沙等污垢应清理干净。钢构件连接处4～12mm宽的缝隙应采用防火涂料或其他防火材料，如硅酸铝纤维棉、防火堵料等填补堵平后方可施工。当构件表面已涂防锈面漆、涂层硬而发光、会明显影响防火涂料粘结力时，应采用砂纸适当打磨再涂。

(7) 施工钢结构防火涂料应在室内装饰之前和不被后期工程所损坏的条件下进行。施工时，对不需作防火保护的墙面、门窗、机器设备和其他构件应采用塑料布遮挡保护。刚施工的涂层，应防止雨淋、污物污染和机械撞击。

(8) 对大多数防火涂料而言，施工过程中和涂层干燥固化前，环境温度宜保持在5～38℃，相对湿度不应大于85%，空气应流动。当风速大于5m/s，或雨后和构件表面结露时，不宜作业。化学固化干燥的涂料，施工温度、湿度范围可放宽。

(9) 防火涂料中的底层和面层涂料应互相配套，底层涂料不得锈蚀钢材。在同一工程中，每使用100t膨胀型钢结构防火涂料应抽样检测一次粘接强度；每使用500t非膨胀型钢结构防火涂料应抽样检测一次粘接强度和抗压强度。

(10) 预应力钢结构、跨度大于或者等于60m的大跨度钢结构、高度大于或者等于100m的高层建筑钢结构所采用的防火涂料，在材料进场后应对其隔热性进行见证检验。

21.7.2.2 防火涂料的分类及选用

(1) 按火灾防护对象分为

1) 普通钢结构防火涂料：用于普通工业与民用建（构）筑物钢结构表面的防火涂料；

2) 特种钢结构防火涂料：用于特殊建（构）筑物（如石油化工设施、变配电站）钢结构表面的防火涂料。

(2) 按使用场所分为

1) 室内钢结构防火涂料（代号N）：用于建筑物室内或隐蔽工程的钢结构表面的防火涂料；

2) 室外钢结构防火涂料（代号W）：用于建筑物室外或露天工程的钢结构表面的防火涂料。

(3) 按分散介质分为

1) 水基性钢结构防火涂料（代号S）：以水作为分散介质的钢结构防火涂料；

2) 溶剂性钢结构防火涂料（代号R）：以有机溶剂作为分散介质的钢结构防火涂料。

(4) 按防火机理分为

1) 膨胀型钢结构防火涂料（代号P又称为超薄型、薄型防火涂料）：涂层在高温时膨胀发泡，形成耐火隔热保护层的钢结构防火涂料；（其涂层厚度不应小于1.5mm）

2) 非膨胀型钢结构防火涂料（代号F又称为厚型防火涂料）：涂层在高温时不膨胀发泡，其自身成为耐火隔热保护层的钢结构防火涂料。（其涂层厚度不应小于15mm）

钢结构工程常见防火涂料的类别及适用范围，见表21-133。钢结构工程中常用的几种防火涂料技术性能，见表21-134～表21-135。

钢结构工程常见防火涂料的类别及适用范围   表21-133

类别	对应类别说明	组成	特点	厚度(mm)	耐火时限(h)	适用范围
膨胀型（代号P）	薄型防火涂料（B）	粘结剂有机树脂或有机与无机复合物10%~30%；有机和无机绝热材料30%~60%；颜料和化学助剂5%~15%；溶剂和稀释剂10%~25%	附着力强，可以配色，一般不需外保护层，耐老化问题较为突出	大于3mm，小于或等于7mm	2.0	宜用于设计耐火极限低于1.5h的钢构件和要求外观好、有装饰要求的外露钢结构
膨胀型（代号P）	超薄型防火涂料（CB）	基料（酚醛、氨基酸、环氧等树脂）15%~35%；聚磷酸铵等膨胀阻燃材料35~50%；钛白粉等颜料与化学助剂10%~25%；溶剂和稀释剂10%~30%	附着力强，干燥快，可配色，有装饰效果，不需外保护层，耐老化问题较为突出	大于1.5mm，小于或等于3mm	0.5~1.0	
非膨胀型（代号F）	厚型防火涂料（H）	胶结料10%~40%；骨料30%~50%；化学助剂1%~10%；自来水10%~30%，根据不同的胶结料可分为石膏基型和水泥基型两种	喷涂施工，密度小，物理强度及附着力低，外观效果较差	大于15mm，小于等于50mm	1.5~3.0	耐久性好、防火保护效果好适用于永久性建筑钢结构防火

室内钢结构防火涂料的理化性能   表21-134

序号	理化性能项目	技术指标		缺陷类别
		膨胀型	非膨胀型	
1	在容器中的状态	经搅拌后呈均匀细腻状态或者稠厚流体状态，无结块	经搅拌后呈均匀稠厚流体状态，无结块	C
2	干燥时间（表干）（h）	≤12	≤24	C
3	初期干燥抗裂性	不应出现裂纹	允许出现1~3条裂纹，其宽度应≤0.5mm	C
4	粘接强度（MPa）	≥0.15	≥0.04	A
5	抗压强度（MPa）	—	≥0.3	C
6	干密度（kg/m³）		≤500	
7	隔热效率偏差	±15%	±15%	—
8	pH值	≥7	≥7	C
9	耐水性	24h试验后，涂层应无起层、发泡、脱落现象。且隔热效率衰减量应≤35%	24h试验后，涂层应无起层、发泡、脱落现象。且隔热效率衰减量应≤35%	A

续表

序号	理化性能项目	技术指标 膨胀型	技术指标 非膨胀型	缺陷类别
10	耐冷热循环性	15次试验后,涂层应无开裂、剥落、起泡现象,且隔热效率衰减应≤35%	15次试验后,涂层应无开裂、剥落、起泡现象,且隔热效率衰减应≤35%	B

注：1. A为致命缺陷，B为严重缺陷，C为轻缺陷；"—"表示无要求。
2. 隔热效率偏差只作为出厂检验项目。
3. pH值只适用于水基性钢结构防火涂料。

室外钢结构防火涂料的理化性能 表21-135

序号	理化性能项目	技术指标 膨胀型	技术指标 非膨胀型	缺陷类别
1	在容器中的状态	经搅拌后呈均匀细腻状态或者稠厚流体状态，无结块	经搅拌后呈均匀稠厚流体状态，无结块	C
2	干燥时间（表干）(h)	≤12	≤24	C
3	初期干燥抗裂性	不应出现裂纹	允许出现1～3条裂纹，其宽度应≤0.5mm	C
4	粘接强度（MPa）	≥0.15	≥0.04	A
5	抗压强度（MPa）	—	≥0.3	C
6	干密度（kg/m³）	—	≤500	C
7	隔热效率偏差	±15%	±15%	—
8	pH值	≥7	≥7	C
9	耐曝热性	720h试验后,涂层应无起层、脱落、空鼓、开裂现象,且隔热效率衰减量应≤35%	720h试验后,涂层应无起层、脱落、空鼓、开裂现象,且隔热效率衰减应≤35%	B
10	耐湿热性	504h试验后,涂层应无起层、脱落现象,且隔热效率衰减量应≤35%	504h试验后,涂层应无起层、脱落现象,且隔热效率衰减量应≤35%	B
11	耐冻融循环性	15次试验后,涂层应无开裂、脱落、起泡现象,且隔热效率衰减量应≤35%	15次试验后,涂层应无开裂、脱落、起泡现象,且隔热效率衰减量应≤35%	B
12	耐酸性	360h试验后,涂层应无起层、脱落、开裂现象,且隔热效率衰减量应≤35%	360h试验后,涂层应无起层、脱落、开裂现象,且隔热效率衰减量应≤35%	B
13	耐碱性	360h试验后,涂层应无起层、脱落、开裂现象,且隔热效率衰减量应≤35%	360h试验后,涂层应无起层、脱落、开裂现象,且隔热效率衰减量应≤35%	B

续表

序号	理化性能项目	技术指标		缺陷类别
		膨胀型	非膨胀型	
14	耐盐酸腐蚀性	30次试验后，涂层应无起泡、明显的变质、软化现象，且隔热效率衰减量应≤35%	30次试验后，涂层应无起泡、明显的变质、软化现象，且隔热效率衰减量应≤35%	B
15	耐紫外线辐照性	60次试验后，涂层应无起层、开裂、粉化现象，且隔热效率衰减应≤35%	60次试验后，涂层应无起层、开裂、粉化现象，且隔热效率衰减应≤35%	B

注：1. A为致命缺陷，B为严重缺陷，C为轻缺陷；"—"表示无要求。
    2. 隔热效率偏差只作为出厂检验项目。
    3. pH值只适用于水基性钢结构防火涂料。

(5) 防火涂料的选用

钢结构防火涂料必须持有国家检测机构出具的耐火性能检测报告和理化性能检测报告，必须有消防监督机关核发的生产许可证和生产厂家的产品合格证，方可选用。选用的防火涂料质量应符合国家有关标准的规定，并应附有涂料品名、技术性能、制造批号、贮存期限和使用说明、国家权威质量监督检验机构出具的检验合格报告和型式认可证书。

1) 室内隐蔽构件，宜选用非膨胀型防火涂料；设计耐火极限大于1.5h的构件，不宜选用膨胀型防火涂料；室外、半室外钢结构采用膨胀型防火涂料时，应选用符合环境对其性能要求的产品；防火涂料与防腐涂料应相容、匹配。

2) 室内裸露钢结构，轻型屋盖钢结构及有装饰要求的钢结构，当规定其耐火极限在1.5h及以下时，宜选用膨胀型钢结构防火涂料。

3) 高层全钢结构及多层厂房钢结构，当规定其耐火极限在2.0h及以上时，应选用非膨胀型钢结构防火涂料；建筑高度大于200m的民用建筑中承重钢结构，应选用非膨胀型防火涂料。

4) 露天钢结构，如石油化工企业、油（汽）罐支撑、石油钻井平台等钢结构，应选用符合室外钢结构防火涂料产品规定的钢结构防火涂料。

5) 对不同厂家的同类产品进行比较选择时，宜查看近两年内产品的耐火性能和理化性能检测报告、产品型式认可报告、产品在工程中应用情况和典型实例，并了解厂方技术力量、生产能力及质量保证条件等。

6) 非膨胀型防火涂料隔热性能、黏结性良好且物理化学性能稳定、使用寿命长，具有较好的耐久性，应优先选用。单非膨胀型防火涂料的涂层强度较低、表面外观较差，更适宜用于隐蔽构件。

7) 选用涂料时，应注意下列几点：

① 不要将饰面型防火涂料用于钢结构防火保护，饰面型防火涂料是保护木结构等可燃基材的阻燃涂料，较薄的涂膜达不到提高钢结构耐火极限的目的。

② 采用膨胀型防火涂料时，应特别注意防腐涂料、防火涂料相容性问题。

③ 膨胀型防火涂料在一定程度上可起到防腐中间漆的作用，可在外面直接做防腐面漆，能达到很好的外观效果（在外观要求不是特别高的情况下，某些产品可兼做面漆使用）。

膨胀型防火涂料在设计耐火极限不高于 1.5h 时，有较好的经济性。

④ 不应把膨胀型钢结构防火涂料用于保护耐火极限在 2h 以上的钢结构。膨胀型防火涂料之所以耐火极限不太长，是由自身的原材料和防火原理决定的。这类涂料含较多有机高分子成分，遇火后自身会发泡膨胀形成比原涂层厚度大数倍到数十倍的多空炭质层，多空炭质层可阻挡外部热源对基材的传导，如同绝热屏障。但膨胀炭质泡膜强度有限，易开裂、脱落，炭质在 1000℃ 高温下会逐渐灰化掉。要求耐火极限达 2h 以上的钢结构，必须选用非膨胀型钢结构防火涂料。

⑤ 不得将室内钢结构防火涂料，未加改进和采用有效的防水措施，直接用于喷涂保护室外的钢结构。露天钢结构环境条件比室内苛刻得多，完全暴露于阳光与大气之中，日晒雨淋，风吹雪盖。露天钢结构必须选用耐水、耐冻融循环、耐老化，并能经受酸、碱、盐等化学腐蚀的室外钢结构防火涂料进行喷涂保护。

⑥ 在一般情况下，为了确保室外钢结构防火涂料优异的性能，其原材料要求严格，并需应用一些特殊材料，因而其价格要比室内钢结构防火涂料贵得多。从经济性角度考虑室内钢结构防火保护不要选择室外钢结构防火涂料，但对于半露天或某些潮湿环境的钢结构，则宜选用室外钢结构防火涂料保护。

⑦ 非膨胀型防火涂料主要成分为无机绝热材料，遇火不膨胀，其防火机理是利用涂层固有的良好的绝热性以及高温下部分成分的蒸发和分解等烧蚀反应而产生的吸热作用来阻隔和消耗火灾热量向基材的传递，延缓钢构件的升温。其涂层稳定，老化速度慢，只要涂层不脱落，防火性能就有保障。从耐久性和可靠性考虑，宜选用非膨胀型防火涂料。

21.7.2.3　防火涂料施工工艺

1. 膨胀型防火涂料施工工艺

（1）超薄型防火涂料施工工艺

1）施工工具与方法

① 喷涂底层（包括主涂层，以下相同）涂料，宜采用重力（或喷斗）式喷枪，配合能够自动调压的 $0.6\sim0.9\text{m}^3/\text{min}$ 的空压机。喷嘴直径为 $4\sim6\text{mm}$，空气压力为 $0.4\sim0.6\text{MPa}$。

② 面层装饰涂料，可以刷涂、喷涂或辊涂，一般采用喷涂施工。喷底层涂料的喷枪，将喷嘴直径换为 $1\sim2\text{mm}$，空气压力调为 0.4MPa 左右，即可用于喷涂面层装饰涂料。

③ 局部修补或小面积施工，或者机器设备已安装好的厂房，不具备喷涂条件时，可用辊筒、毛刷等工具进行手工辊涂或刷涂。

2）涂料的搅拌与调配

① 运送到施工现场的钢结构防火涂料，应采用便携式电动搅拌器予以适当搅拌，使均匀一致，方可用于喷涂。

② 双组分包装的涂料，应按说明书规定的配比进行现场调配，随配随用。

③ 搅拌和调配好的涂料，应稠度适宜，喷涂后不发生流淌和下坠现象。

3) 底层施工操作与质量

① 底涂层一般应喷涂2~3遍，每遍间隔4~24h，待涂层基本干燥后再喷后一遍。头遍喷涂以盖住基底面70%即可，二、三遍喷涂每遍厚度不超过2.5mm为宜。每喷涂1mm厚的涂层，约消耗湿涂料1.2~1.5kg/m²。

② 喷涂时手握喷枪要稳，喷嘴与钢基材面垂直或成70°角，喷嘴到喷涂面间距为40~60mm。要求来回旋转喷涂，注意搭接处颜色一致，厚薄均匀，要防止漏喷、流淌。确保涂层完全闭合，轮廓清晰。

③ 喷涂过程中待涂料干燥后，操作人员要携带测厚计检测涂层厚度，确保各部位涂层达到设计规定的厚度要求。

④ 喷涂形成的涂层是粒状表面，当设计要求涂层表面要平整光滑时，待喷完最后一遍应采用抹灰刀或其他适用的工具作抹平处理，使外表面均匀平整。

4) 面层施工操作与质量

① 当底层厚度符合设计规定，并基本干燥后，方可施工面层。

② 面层一般喷涂1~2遍。如头遍是从左至右喷，二遍则应从右至左喷，以确保全部覆盖住底层。面涂用料为0.5~1.0kg/m²。

③ 对于露天钢结构的防火保护，喷好防火的底涂层后，也可选用适合建筑外墙用的面层涂料作为防水装饰层，用量为1.0kg/m²即可。

④ 面层施工应确保各部分颜色均匀一致，接槎平整。

(2) 薄型防火涂料施工工艺

薄型防火涂料施工工艺与超薄型防火涂料的施工工艺基本一致（只是每遍的涂装厚度要求不同，薄型防火涂料每遍喷涂厚度不超过2.5mm即可），可参照执行。

2. 非膨胀型防火涂料施工工艺

(1) 施工方法与机具

一般是采用喷涂施工，机具可为压送式喷涂机或挤压泵，配合能自动调压的0.6~0.9m³/min的空压机，喷枪口径为6~12mm，空气压力为0.4~0.6MPa。局部修补可采用抹灰刀等工具手工抹涂。

(2) 涂料的搅拌与配置

1) 由工厂制造好的单组分湿涂料，现场应采用便携式搅拌器搅拌均匀。

2) 由工厂提供的干粉料，现场加水或其他稀释剂调配，应按涂料说明书规定配比混合搅拌，随配随用。

3) 由工厂提供的双组分涂料，按配制涂料说明书规定的配比混合搅拌（多数为1h以内，有界面剂的必须是在界面剂发粘的状态下施工），随配随用，特别是化学固化干燥的涂料，配制的涂料必须在规定的时间内用完。

4) 搅拌和调配涂料，使稠度适宜，即能在输送管道中畅通流动。喷涂后不会流淌和下坠。

(3) 施工操作

1) 喷涂应分若干层完成，第一层喷涂以基本盖住钢基材面即可，以后每层喷涂厚度为5~10mm，一般以7mm左右为宜（某些品牌涂料第一层喷涂时需加入专门的界面剂，且必须采用砂浆喷枪喷涂施工）。某些品牌涂料第二层施工必须等待第一层足够硬化后方可施工（等待时间应大于 48h），后续涂层必须在前一层涂层基本干燥或固化后再接着喷涂，通常情况下，每天喷一层即可。

2) 喷涂保护方式，喷涂层数与涂层厚度应根据防火设计要确定。耐火极限 1～3h，涂层厚度 15～40mm，水泥基非膨胀型防火涂料一般需喷 2～5 层；石膏基非膨胀型防火涂料可在第一层基层喷涂施工完成后，第二层直接喷涂至耐火极限设计要求厚度值。

3) 喷涂时，持枪手紧握喷枪，注意移动速度，不能在同一位置久留，造成涂料堆积流淌；输送涂料的管道长而笨重，应配备一名辅工帮助移动和托起管道；配料及往挤压泵加料均要连续进行，不得停顿。

4) 施工过程中，操作者应采用测厚针检测涂层厚度，直到符合设计规定的厚度，方可停止喷涂。

5) 喷涂后的涂层要适当维修，对明显的乳突，应采用抹灰刀等工具剔除，以确保涂层表面均匀。

(4) 质量要求

1) 涂层应在规定时间内干燥固化，各层间粘结牢固，不出现粉化、空鼓、脱落和明显裂纹。

2) 钢结构的接头、转角处的涂层均匀一致，无漏涂出现。

3) 涂层厚度应达到设计要求。如某些部位的涂层厚度未达到规定厚度值的 85%以上，或者虽达到规定厚度值的 85%以上，但未达规定厚度部位的连续面积的长度超过 1m 时，应补喷，使之符合规定厚度。

21.7.2.4 防火涂料施工注意事项

(1) 合理选择防火涂料品种，一般室内与室外钢结构的防火涂料宜选择相适用的涂料产品；搅拌非溶剂性涂料所用的水应确保洁净，不含有铁、硫、有机物等物质。

(2) 防火涂料的储运温度应按产品说明执行，不可在室外储存和在太阳下暴晒。

(3) 涂装前，需要涂装的钢构件表面应进行除锈，做好防锈、防腐处理，并将灰尘、油脂、水分等清理干净，严禁在潮湿的表面进行涂装作业。

(4) 防火涂料一般不得与其他涂料、油漆混用，以免破坏其性能。

(5) 施工时，每层涂装厚度应按产品说明技术文件要求进行，不得出现漏涂的情况，按要求进行涂装直到达到规定要求的厚度。

(6) 施工时，根据外部环境因素做好防护措施。如夏季高温期，为防止涂层中水分挥发过快，必要时要采取临时养护措施；冬季寒冷期，则应采取保暖措施，必要时应停止施工。

(7) 非膨胀型防火涂料在钢结构的顶面，立面以及有振动和变形的特殊部位，建议采用不锈钢钢丝网进行加固增强。

(8) 水性防火涂料施工时，无需防火措施；溶剂型防火涂料施工时，必须在现场配备灭火器材等防火设施，施工现场严禁明火、吸烟。

(9) 施工人员应戴安全帽、口罩、手套和防尘眼镜。

(10) 施工后，应做好养护措施，保证涂层避免雨淋、浸泡及长期受潮，养护后才能达到其性能要求。

21.8 钢结构监测

21.8.1 一般规定

(1) 钢结构监测应分为施工期间监测和使用期间监测。

(2) 施工期间监测宜与量测、观测、检测及工程控制相结合，使用期间监测宜采用具备数据自动采集功能的监测系统进行。

(3) 施工期间监测应为保障施工安全，控制结构施工过程，优化施工工艺及实现结构设计要求提供技术支持。

(4) 使用期间监测应为结构在使用期间的安全使用性、结构设计验证、结构模型检验与修正、结构损伤识别、结构养护与维修以及新方法新技术的发展与应用提供技术支持。

(5) 监测前应根据各方的监测要求与设计文件明确监测目的，结合工程结构特点、现场及周边环境条件等因素，制定监测方案。

(6) 下列钢结构工程的监测方案应进行专门论证：
1) 甲类或复杂的乙类抗震设防类别的高层与高耸钢结构、大跨度空间钢结构；
2) 特大及结构形式复杂的桥梁钢结构；
3) 发生严重事故，经检测、处理与评估后恢复施工或使用的钢结构工程；
4) 监测方案复杂或其他需要论证的钢结构工程。

(7) 采用的监测仪器和设备应满足数据精度要求，且应保证数据稳定和准确，宜采用灵敏度高、抗腐蚀性好、抗电磁波干扰强、体积小、重量轻的传感器。

(8) 所使用的监测系统宜具有完整的传感、调理、采集、传输、存储、数据处理及控制、预警及状态评估功能。

(9) 监测系统应按规定的方法或流程进行参数设置和调试，并应符合下列规定：
1) 监测前，宜对传感器进行校准；
2) 应对干扰信号进行来源检查，并应采取有效措施进行处理；
3) 使用期间的监测系统宜继承施工期间监测的数据，并宜进行对比分析与鉴别。

(10) 监测点的布置应根据现场安装条件和施工交叉作业情况，采取可靠的保护措施。测点或传感器的布置应符合下列规定：
1) 测点的位置、数量宜根据结构类型、设计要求、施工过程、监测项目及结构结果确定；
2) 测点的数量和布置范围应有冗余量，重要部位应增加测点；
3) 应力传感器应根据设计要求和工况需要布置于结构受力最不利部位、结构受力复杂构件以及施工过程中内力变化较大构件等；
4) 变形传感器或测点宜布置于结构变形较大部位以及结构重要部位，例如位形控制点、钢柱变形或易失稳的位置等；
5) 温度传感器宜布置于结构特征断面，例如温度梯度变化较大位置、结构构件应力及变形受环境温度影响大的区域等。宜沿四面和高程均匀分布；

6）可合理利用结构的对称性原则，达到减少传感器的目的；

7）测点布置范围宜便于监测设备的安装、测读、维护和替换，测点布置不应妨碍监测对象的施工和正常使用；

8）在满足上述要求的基础上，宜缩短信号的传输距离。

（11）钢结构监测应设定监测预警值，监测预警值应满足工程设计及被监测对象的控制要求。

（12）施工期间的监测预警应根据安全控制与质量控制的不同目标，宜按"分区、分级、分阶段"的原则，结合施工过程结构分析结果，对监测的构件或节点，提出相应的限值要求和不同危急程度的预警值，预警值应满足相关现行施工质量验收规范的要求。

（13）使用期间的监测预警应根据结构性能，并结合长期数据积累提出与结构安全性、适用性和耐久性相应的限值要求和不同的预警值，预警值应满足国家现行相关结构设计标准的要求。

（14）监测期间应进行巡视检查和系统维护，应对监测设施采取保护和维护措施。

（15）监测期间，监测结果应与结构分析结果进行实时对比，当监测数据异常时，应及时对监测对象与监测系统进行核查，当监测值超过预警值时应立即报警。

（16）监测记录应在监测现场或监测系统中完成，记录的数据、文字及图表应真实、准确、清晰、完整，不得随意涂改。对漏测、误测或异常数据应及时补测或复测、确认或更正。

21.8.2 钢结构监测的类别

钢结构监测的项目宜包括应变及应力监测、变形监测、温湿度监测、振动监测、索力检测、风及风致响应监测等。监测参数可分为静态参数与动态参数，监测参数的选择应满足对结构状态进行监控、预警及评价的要求。

1. 应变及应力监测

应变监测可选用电阻应变计、振弦式应变计、光纤类应变计等应变监测元件进行监测；应力监测可采用应力计、应力仪等传感器进行监测。应变传感器的选取应符合下列规定：

（1）量程应与量测范围相适应，应变量测的精度应为满量程的0.5%，监测值宜控制为满量程的30%~80%；

（2）电阻应变计的测量片和补偿片应选用同一规格产品，并进行屏蔽绝缘保护；

（3）振弦式应变计应与匹配的频率仪配套校准，频率仪的分辨率不应大于0.5Hz；

（4）光纤解调系统各项指标应符合被监测对象对待测参数的规定。

2. 变形监测

钢结构的变形监测可分为水平位移监测、垂直位移监测、三维位移监测和其他位移监测。钢结构工程变形监测的等级划分及精度要求，应符合表21-136的规定。

3. 湿温度监测

钢结构湿温度监测可包括环境及构件温度监测和环境湿度监测，其中，温度监测精度宜为±0.5℃，湿度监测精度宜为±2%RH。

钢结构工程变形监测的等级划分及精度要求 表 21-136

等级	垂直位移监测		水平位移监测	适用范围
	变形观测点的高程中误差（mm）	相邻变形观测点的高差（mm）	变形观测点的点位中误差（mm）	
一等	0.3	0.1	1.5	变形特别敏感的高层建筑、空间结构、高耸构筑物、工业建筑等
二等	0.5	0.3	3.0	变形比较敏感的高层建筑、空间结构、高耸构筑物、工业建筑等
三等	1.0	0.5	6.0	一般性的高层建筑、空间结构、高耸构筑物、工业建筑等

注：1. 变形观测点的高程中误差和点位中误差，指相对于邻近基准的中误差；
  2. 特定方向的位移中误差，可取表中相应点位中误差的 $1/\sqrt{2}$ 作为限值；
  3. 垂直位移监测，可根据变形观测点的高程中误差或相邻变形观测点的高差中误差，确定监测精度等级。

4. 振动监测

钢结构振动监测应包括振动响应监测和振动激励监测，监测参数可为加速度、速度、位移以及应变。通过结构振动监测数据，获取结构自振频率、振型、阻尼比。

5. 索力监测

具有拉索或钢拉杆的钢结构宜进行索力监测，索力监测有多种方法，通过测量拉索的某种参数，根据计算公式推算索力大小。监测参数可为拉索振动频率、拉索张拉力、锚头压力、磁通量等，索力测量精度宜为 1.0%F.S。

6. 风及风致响应监测

对风敏感的结构宜进行风及风致响应监测，监测参数应包括风压、风速、风向及风致振动响应。

21.8.3 钢结构监测的方法

1. 应变及应力监测

监测的测点应布置在特征位置构件、转换部位构件、受力复杂构件、施工过程中内力及变形变化较大构件以及关键受力等部位。传感器的安装应符合下列规定：

（1）安装前应逐个确认传感器的有效性，确保能正常工作；

（2）安装位置各方向偏离监测截面位置不应大于 30mm，安装角度偏差不应大于 2°；

（3）安装中，不同类型传感器的导线或电缆宜分别集中引出及保护，无电子识别编号的传感器应在缆线上标注传感器编号；

（4）安装应牢固，长期监测时，宜采用焊接或栓接方式安装；

（5）安装后应及时对设备进行检查，满足要求后方能使用，发现问题应及时处理或更换；

（6）安装稳定后，应进行调试并测定静态初始值。

2. 变形监测

根据监测仪器的种类，监测方法可分为机械式测试仪器法、电测仪器法、光学仪器法及卫星定位系统法。根据监测位置的不同，变形监测方法可按表 21-137 选用。

变形监测方法的选择 表 21-137

类别	监测方法
水平变形监测	三角形网、极坐标法、交会法、GPS 测量、正倒垂线法、视准线法、引张线法、激光准直法、精密测（量）距、伸缩仪法、多点位移法、倾斜仪等
垂直变形监测	水准测量、液体静力水准测量、电磁波测距三角高程测量等
三维位移监测	全站仪自动跟踪测量法、卫星实时定位测量法等
主体倾斜	经纬仪投点法、差异沉降法、激光准直法、垂线法、倾斜仪、电垂直梁法等
挠度观测	垂线法、差异沉降法、位移计、挠度计等

3. 湿温度监测

环境及构件温度监测应符合下列规定：

（1）温度监测的测点应布置在温度梯度变化较大位置，宜对称、均匀，应反映结构竖向及水平向温度场变化规律；

（2）监测整个结构的温度场分布和不同部位结构温度与环境温度对应关系时，测点宜覆盖整个结构区域；

（3）温度传感器宜选用监测范围大、精度高、线性化及稳定性好的传感器；

（4）大气温度仪可安装在结构表面，并应直接置于大气中以获得有代表性的温度值；

（5）监测频次宜与结构应力监测和变形监测保持一致；

（6）长期温度监测时，监测结果应包括日平均温度、日最高温度和日最低温度；结构温度分布监测时，宜绘制结构温度分布等温线图。

环境湿度监测应符合下列规定：

（1）湿度宜采用相对湿度表示，湿度计监测范围应为 12%RH～99%RH；

（2）湿度传感器要求响应时间短、温度系数小，稳定性好以及湿滞后作用低；

（3）长期湿度监测时，监测结果应包括日平均湿度、日最高湿度和日最低湿度。

4. 振动监测

在振动监测前，宜进行结构动力特性测试。动态响应监测时，测点应选在工程结构振动敏感处；当进行动力特性分析时，振动测点宜布置在需识别的振型关键点上，且宜覆盖结构整体，也可根据需求对结构局部增加测点。获取的结构动力特性参数，可为结构模型修正及损伤识别提供基础数据。

振动监测的方法可分为相对测量法和绝对测量法。相对测量法监测结构振动位移应符合下列规定：

（1）监测中应设置有一个相对于被测钢结构的固定参考点；

（2）测量仪器可自动跟踪的全站仪、激光测振仪、图像识别仪；

（3）被监测对象上应设置测点标志。

绝对测量法宜采用惯性式传感器，以空间不动点为参考坐标，可测量工程结构的绝对振动位移、速度和加速度，并应符合下列规定：

（1）加速度量测可选用力平衡加速度传感器、电动速度摆加速度传感器、ICP 型压电加速度传感器、压阻加速度传感器；

(2) 速度量测可选用电动位移摆速度传感器,也可通过加速度传感器输出于信号放大器中进行积分获得速度值;

(3) 位移量测可选用电动位移摆速度传感器输出于信号放大器中进行积分获得位移值;

(4) 结构在振动荷载作用下产生的振动位移、速度和加速度,应测定一定时间段内的时间历程。

5. 索力监测

索力监测方法可包括压力表测定千斤顶油压法、压力传感器测定法、振动频率法、磁通量测定法。索力监测应符合以下规定:

(1) 索力测点应具有代表性且均匀分布;

(2) 单根拉索或钢拉杆的不同位置一般应设有对比性测点,可监测同一根钢索不同位置的索力变化;

(3) 采用压力传感器测定法时,应确保锚索计的安装呈同心状态;

(4) 采用振动频率法监测时,传感器安装位置应在远离拉索下锚点而接近拉索中点,量测索力的加速度传感器布设位置距索端距离应大于 0.17 倍索长;采用实测频率推算索力时,应将拉索及拉索两端弹性支承结构整体建模共同分析;

(5) 磁通量传感器穿过索体安装完成后,应与索体可靠连接,防止其滑动移位;

(6) 日常监测时宜避开不良天气影响,且宜在一天中日照温差最小的时刻进行量测,并记录当时的温度与风速。

6. 风及风致响应监测

风及风致响应监测包括风压、风速、风致响应监测,应满足以下规定:

(1) 风压测点宜根据风洞试验的数据和结构分析的结果确定;若无风洞试验数据时,可根据风荷载分布特征及结构分析结果布置测点;

(2) 当需要监测风压在结构表面的分布时,在结构表面上设风压盒进行监测,宜绘制监测表面的风压分布图;

(3) 风压传感器的安装应避免对工程结构外立面的影响,并采取有效保护措施,相应的数据采集设备应具备实时补偿功能;

(4) 施工期间监测时,宜将风速仪安装在结构顶面的专设支架上,应避免将风速仪安装在工程结构绕流影响区域中;

(5) 当获取平均风速和风向,且施工过程中结构顶层不易安装监测桅杆时,可将风速仪安装在高于结构顶面的施工塔式起重机顶部;

(6) 风致响应应对不同方向的风致响应进行量测,现场实测时应根据监测目的和内容布置传感器;

(7) 应变传感器应根据分析结果,布置在应力或应变较大及刚度突变能反映结构风致响应特征的位置;

(8) 风致响应监测中,对位移有限制要求的结构部位宜布置位移传感器,位移传感器记录结果应与位移限值进行对比。

21.9 钢结构工程质量控制

21.9.1 钢结构检验批的划分

根据《建筑工程施工质量验收统一标准》GB 50300—2013 中对建筑工程的分部工程、分项工程划分，钢结构工程分别属于地基与基础分部工程中的分项工程和主体结构分部工程中的子分部工程（地基与基础分部工程中未单独列出钢结构子分部工程，而将钢结构基础、钢管混凝土结构基础和型钢混凝土结构基础以分项工程归为基础子分部工程；主体结构分部工程中将钢管混凝土结构工程、型钢混凝土工程单独划分为子分部工程，但在实际操作中，钢管混凝土结构工程、型钢混凝土工程中的钢结构施工内容检验批划分仍按钢结构工程检验批划分，便于与《钢结构工程施工质量验收标准》GB 50205—2020 对应检验批统一）；在建筑屋面分部工程中，常用于钢结构工程中的金属板屋面则属于屋面分部工程、瓦面与板面子分部工程中的一个分项工程。表 21-138 为钢结构工程检验批划分对应表。

钢结构工程检验批划分对应表 表 21-138

分部工程	子分部工程	分项工程	检验批	对应检验批号
地基与基础	基础	钢结构基础	钢结构制作（安装）焊接工程检验批	010204×××（Ⅰ）
			焊钉（栓钉）焊接工程检验批	010204×××（Ⅱ）
		钢管混凝土组合结构基础	钢结构制作（安装）焊接工程检验批	010205×××（Ⅰ）
			焊钉（栓钉）焊接工程检验批	010205×××（Ⅱ）
		型钢混凝土组合结构基础	钢结构制作（安装）焊接工程检验批	010206×××（Ⅰ）
			焊钉（栓钉）焊接工程检验批	010206×××（Ⅱ）
主体结构	钢结构	钢结构焊接	钢结构制作（安装）焊接工程检验批	020301×××（Ⅰ）
			焊钉（栓钉）焊接工程检验批	020301×××（Ⅱ）
		紧固件连接	普通紧固件连接工程检验批	020302×××（Ⅰ）
			高强度螺栓连接工程检验批	020302×××（Ⅱ）
		钢零部件加工	钢结构零、部件加工工程检验批	020303×××
		钢结构组装及预拼装	钢构件组装工程检验批	020304×××（Ⅰ）
			钢构件预拼装工程检验批	020304×××（Ⅱ）
		单层钢结构安装	单层钢构件安装工程检验批	020305×××
		多层及高层钢结构安装	多、高层钢构件安装工程检验批	020306×××
		钢管结构安装	钢结构制作（安装）焊接工程检验批	020307×××
		预应力钢索和膜结构	预应力钢索和膜结构工程检验批	020308×××
		压型金属板	压型金属板工程检验批	020309×××
		防腐涂料涂装	防腐涂料涂装工程检验批	020310×××
		防火涂料涂装	防火涂料涂装工程检验批	020311×××

续表

分部工程	子分部工程	分项工程	检验批	对应检验批号
主体结构	钢管混凝土组合结构	构件现场拼装	钢管混凝土构件现场预拼装检验批	020401×××
		构件安装	钢管混凝土构件安装检验批	020402×××
		钢管焊接	焊接材料检验批	020403×××
		构件连接	钢管混凝土柱钢筋混凝土梁连接检验批	020404×××（Ⅰ）
			标准紧固件检验批	020404×××（Ⅱ）
		钢管内钢筋骨架	钢管内钢筋骨架检验批	020405×××
	型钢混凝土组合结构	型钢焊接	钢结构制作（安装）焊接工程检验批	020501×××（Ⅰ）
			焊钉（栓钉）焊接工程检验批	020501×××（Ⅱ）
		紧固件连接	标准紧固件检验批	020502×××
		型钢与钢筋连接	钢管混凝土柱钢筋混凝土梁连接检验批	020503×××
		型钢构件组装及预拼装	钢构件组装工程检验批	020504×××（Ⅰ）
			钢构件预拼装工程检验批	020504×××（Ⅱ）
		型钢安装	钢结构制作（安装）焊接工程检验批	020505×××
屋面	瓦面与板面	金属板铺装	金属板材屋面工程检验批	040403×××

注：1. 表中所列检验批应根据钢结构工程结构形式、工程量、施工区域、施工顺序等再次进行划分。如高层钢结构的主体结构分部工程中高强度螺栓连接工程检验批应根据钢柱分段每2层或每3层一个子检验批。

2. 对应检验批中的后3位编号为子检验批编号。

3. 相同检验批的不同分项工程应按照最大分项工程原则进行归类划分，以便于具体实施。如高层钢结构中地下室结构有钢管混凝土结构或型钢混凝土结构，地上部分结构为钢管混凝土结构或型钢混凝土结构与钢框架结构，其中钢管混凝土结构或型钢混凝土结构中的钢构件数量相对钢结构工程整体数量较少，则应将钢管混凝土结构或型钢混凝土结构子分部、分项、检验批工程划分到钢结构子分部、分项、检验批工程中。而且，按照《钢结构工程施工质量验收标准》GB 50205—2020 的适用总则，对建筑工程的单层、多层、高层以及网架、压金属板等钢结构工程施工质量的验收均适用。组合结构、地下结构中的钢结构可参照《钢结构工程施工质量验收标准》GB 50205—2020 进行施工质量验收。

21.9.2 原材料及成品验收

进场验收的检验批原则上应与各分项工程检验批一致，也可以根据工程规模及进料实际情况划分检验批。原材料及成品进场质量验收，见表 21-139。

原材料及成品进场质量验收　　表 21-139

项目	类型	质量要求	检验数量	检验方法
钢材	主控项目	钢材、钢铸件的品种、规格、性能等应符合现行国家标准和设计要求，进口钢材应符合设计和合同规定标准的要求	全数检查	检查质量合格证明文件、中文标志及检验报告等

续表

项目	类型	质量要求	检验数量	检验方法
钢材	主控项目	对属于下列情况之一的钢材,应进行抽样复验,其复验结果应符合现行国家产品标准和设计要求。1. 国外进口钢材;2. 钢材混批;3. 板厚等于或大于40mm,且设计有Z向性能要求的厚板;4. 建筑结构安全等级为一级,大跨度钢结构中主要受力构件所采用的钢材;5. 设计有复验要求的钢材;6. 对质量有疑义的钢材	全数检查	检查复验报告
	一般项目	钢板厚度及允许偏差应符合其产品标准的要求	每一品种、规格钢板抽查5处	用游标卡尺量测
		型钢规格尺寸及允许偏差符合其产品标准的要求	每一品种、规格型钢抽查5处	用钢尺、游标卡尺量测
		钢材表面外观质量除应符合国家现行有关标准的规定外,尚应符合下列规定:1. 当钢材的表面有锈蚀、麻点或划痕等缺陷时,其深度不得大于该钢材厚度负允许偏差值的1/2;2. 钢材表面的锈蚀等级应符合《涂覆涂料前钢材表面处理 表面清洁度的目视评定 第1部分:未涂覆过的钢材表面和全面清除原有涂层后的钢材表面的锈蚀等级和处理等级》GB 8923.1—2011规定的C级及C级以上;3. 钢材端边或断口处不应有分层、夹渣等缺陷	全数检查	观察检查
焊接材料	主控项目	焊接材料的品种、规格、性能等应符合现行国家产品标准和设计要求	全数检查	检查质量合格证明文件、中文标志及检验报告等
		重要钢结构采用的焊接材料应进行抽样复验,复验结果应符合现行国家产品标准和设计要求	全数检查	检查复验报告
	一般项目	焊钉及焊接瓷环的规格、尺寸及偏差应符合《电弧螺柱焊用圆柱头焊钉》GB 10433—2002中的规定	按量抽查1%,且≥10套	用钢尺、游标卡尺量测
		焊条外观不应有药皮脱落、焊芯生锈等缺陷;焊剂不应受潮结块	按量抽查1%,且≥10包	观察检查
连接用紧固标准件	主控项目	钢结构连接用高强度大六角头螺栓连接副、扭剪型高强度螺栓连接副、钢网架用高强度螺栓、普通螺栓、铆钉、自攻钉、拉铆钉、射钉、锚栓(机械型和化学试剂型)、地脚锚栓等紧固标准件及螺母、垫圈等标准配件,其品种、规格、性能等应符合现行国家产品标准和设计要求。高强度大六角头螺栓连接副和扭剪型高强度螺栓连接副出厂时应分别随箱带有扭矩系数和紧固轴力(预拉力)的检验报告	全数检查	检查质量合格证明文件、中文标志及检验报告等

续表

项目	类型	质量要求	检验数量	检验方法
连接用紧固标准件	主控项目	高强度大六角头螺栓连接副应按 GB 50205 附录 B 的规定检验其扭矩系数,其检验结果应符合规定	见 GB 50205 附录 B	检查复验报告
		扭剪型高强度螺栓连接副应按 GB 50205 附录 B 的规定检验预拉力,其检验结果应符合规定	见 GB 50205 附录 B	检查复验报告
	一般项目	高强度螺栓连接副,应按包装箱配套供货,包装箱上应标明批号、规格、数量及生产日期。螺栓、螺母、垫圈外观表面应涂油保护,不应出现生锈和沾染脏物,螺纹不应损伤	按包装箱数量抽查 5%,且≥3 箱	观察检查
		对建筑结构安全等级为一级,跨度 40m 及以上的螺栓球节点钢网架结构,其连接高强度螺栓应进行表面硬度试验,对 8.8 级的高强度螺栓其硬度应为 HRC21～29;10.9 级高强度螺栓其硬度应力 HRC32～36,且不得有裂纹或损伤	按规格抽查 8 只	硬度计、10 倍放大镜或磁粉探伤
焊接球	主控项目	焊接球及制作焊接球所采用的原材料,其品种、规格、性能等应符合现行国家产品标准和设计要求	全数检查	检查质量合格证明文件、中文标志及检验报告等
		焊接球焊缝应进行无损检验,其质量应符合设计要求,当设计无要求时应符合 GB 50205 中规定的二级质量标准	每规格抽查 5%,且≥3 个	超声波探伤或检查检验报告
	一般项目	焊接球直径、圆度、壁厚减薄量等尺寸及允许偏差应符合 GB 50205 的规定	每规格抽查 5%,且≥3 个	用卡尺和测厚仪检查
		焊接球表面应无明显波纹及局部凹凸不平不大于 1.5m	每规格抽查 5%,且≥3 个	用弧形套模、卡尺和观察检查
螺栓球	主控项目	螺栓球及制作螺栓球节点所采用的原材料,其品种、规格、性能应符合现行国家产品标准和设计要求	全数检查	检查质量合格证明文件、中文标志及检验报告等
		螺栓球不得有过烧、裂纹及褶皱	每规格抽查 5%,且≥5 只	10 倍放大镜观察和表面探伤
	一般项目	螺栓球螺纹尺寸应符合《普通螺纹 基本尺寸》GB 196—2003 中粗牙螺纹的规定,螺纹公差必须符合《普通螺纹 公差》GB 197—2018 中 6H 级精度的规定	每规格抽查 5%,且≥5 只	标准螺纹规检查
		螺栓球直径、圆度、相邻两螺栓孔中心线夹角等尺寸及允许偏差应符合 GB 50205 的规定	每规格抽查 5%,且≥3 个	卡尺和分度头仪检查

续表

项目	类型	质量要求	检验数量	检验方法
封板锥头及套筒	主控项目	封板、锥头和套筒与制作封板、锥头和套筒所采用的原材料,其品种、规格、性能等应符合现行国家产品标准和设计要求	全数检查	检查质量合格证明文件、中文标志及检验报告等
		封板、锥头、套筒外观不得有裂纹、过烧及氧化皮	每种抽查5%,且≥10只	放大镜观察和表面探伤
金属压型板	主控项目	金属压型板及制造金属压型板所采用的原材料,其品种、规格、性能等应符合现行国家产品标准和设计要求	全数检查	检查质量合格证明文件、中文标志及检验报告等
		压型金属泛水板、包角板和零配件的品种、规格以及防水密封材料的性能应符合现行国家产品标准和设计要求	全数检查	检查质量合格证明文件、中文标志及检验报告等
	一般项目	压型金属板的规格尺寸及允许偏差、表面质量、涂层质量等应符合设计要求和 GB 50205 的规定	每种抽查5%,且≥3件	观察和用10倍放大镜检查及尺量
涂装材料	主控项目	钢结构防腐涂料、稀释剂和固化剂等材料的品种、规格、性能等应符合现行国家产品标准和设计要求	全数检查	检查质量合格证明文件、中文标志及检验报告等
		钢结构防火涂料的品种和技术性能应符合设计要求,并应经过具有资质的检测机构检测符合国家现行有关标准的规定	全数检查	检查质量合格证明文件、中文标志及检验报告等
	一般项目	防腐涂料和防火涂型号、名称、颜色及有效期应与其质量证明文件相符。开启后,不应存在结皮、结块、凝胶等现象	按桶数抽查5%,且≥3桶	观察检查
其他	主控项目	钢结构用橡胶垫的品种、规格、性能等应符合现行国家产品标准和设计要求	全数检查	检查质量合格证明文件、中文标志及检验报告等
		钢结构工程所涉及的其他特殊材料,其品种、规格、性能等应符合现行国家产品标准和设计要求	全数检查	检查质量合格证明文件、中文标志及检验报告等

注:表中 GB 50205 表示《钢结构工程施工质量验收标准》GB 50205—2020。

21.9.3 工厂加工质量控制

21.9.3.1 加工制作质量控制流程（图21-160）

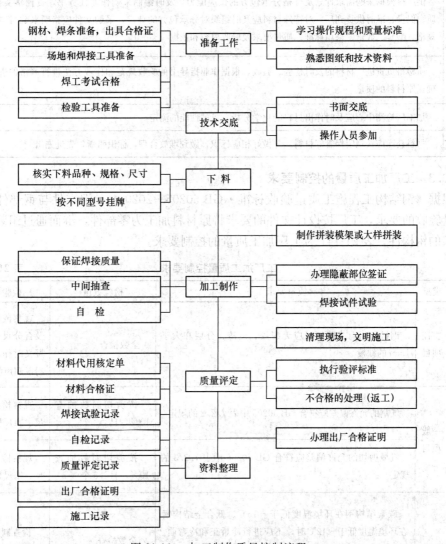

图21-160 加工制作质量控制流程

21.9.3.2 原材料采购过程质量控制（表21-140）

原材料采购过程中质量控制措施　　　　　表21-140

序号	原材料采购过程中质量控制措施
1	计划科材料预算员根据标准及设计图及时算出所需原辅材料和外购零部配件的规格、品种、型号、数量、质量要求以及设计或甲方指定的产品
2	计划科预算根据工厂库存情况，及时排定原材料及零配件的采购需求计划，并具体说明材料品种、规格、型号、数量、质量要求、产地及分批次到货日期，送交供应科

续表

序号	原材料采购过程中质量控制措施
3	供应科根据采购需求计划及合格分承包方的供应能力,及时编制采购作业任务书,责任落实到人,保质、保量、准时供货到厂。对特殊材料应及时组织对分承包方的评定,采购文件应指明采购材料的名称、规格、型号、数量、采用标准、质量要求及验收内容和依据
4	质检科负责进厂材料的及时检验、验收,根据作业指导书的验收规范和作业方法进行严格的进货检验,确保原材料的质量
5	加工厂检测中心应及时作出材料的化学分析、机械性能的测定
6	材料仓库应按规定保管好材料,并做好相应标识,做到堆放合理,标识明晰,先进先出

21.9.3.3 工厂加工质量的控制要求

根据《钢结构工程施工质量验收标准》GB 50205—2020 中对钢零件与钢部件加工工程质量验收的要求,工厂按设计文件的要求将原材料加工为零部件,继而通过组装形成设计要求的钢构件。表 21-141 为工厂加工质量的控制要求。

工厂加工质量控制要求　　　　　　　　表 21-141

项目	类型	质量要求	检验数量	检验方法
切割	主控项目	钢材切割面或剪切面应无裂纹、夹渣、分层和大于1mm的缺棱	全数检查	观察或用放大镜及百分尺检查,有疑义时作渗透、磁粉或超声波检查
	一般项目	气割的允许偏差应符合 GB 50205 中表 7.2.2 的规定	按剪切面数抽查10%,且≥3个	观察检查或用钢尺、塞尺检查
	一般项目	机械剪切的允许偏差应符合 GB 50205 中表 7.2.3 的规定	按剪切面数抽查10%,且≥3个	观察检查或用钢尺、塞尺检查
矫正和成型	主控项目	碳素结构钢在环境温度低于-16℃、低合金结构钢在环境温度低于-12℃时,不应进行冷矫正和冷弯曲。碳素结构钢和低合金结构在加热矫正时,加热温度不应超过900℃。低合金结构钢在加热矫正后应自然冷却	全数检查	检查制作工艺报告和施工记录
	主控项目	当零件采用热加工成型时,加热温度应控制在900~1000℃;碳素结构钢和低合金结构钢在温度分别下降到700℃和800℃之前,应结束加工;低合金结构钢应自然冷却	全数检查	检查制作工艺报告和施工记录
	一般项目	矫正后的钢材表面,不应有明显的凹陷或损伤,划痕深度不得大于 0.5mm,且不应大于该钢材厚度负允许偏差的 1/2	全数检查	观察检查和实测检查

续表

项目	类型	质量要求	检验数量	检验方法
矫正和成型	一般项目	冷矫正和冷弯曲的最小曲率半径和最大弯曲矢高应符合 GB 50205 中表 7.3.4 的规定	按件数抽查 10%，且≥3 件	观察检查和实测检查
		钢材矫正后的允许偏差应符合 GB 50205 中表 7.3.5 的规定	按件数抽查 10%，且≥3 件	观察检查和实测检查
边缘加工	主控项目	气割或机械剪切的零件，需要进行边缘加工时，其刨削量不应小于 2.0mm	全数检查	检查制作工艺报告和施工记录
	一般项目	边缘加工允许偏差应符合 GB 50205 中表 7.4.2 的规定	按加工面数抽查 10%，且≥3 件	观察检查和实测检查
制孔	主控项目	A、B 级螺栓孔（Ⅰ类孔）应具有 H12 的精度，孔壁表面粗糙度 Ra 不应大于 12.5μm。其孔径的允许偏差应符合 GB 50205 中表 7.6.1-1 的规定 C 级螺栓孔（Ⅱ类孔），孔壁表面粗糙度 Ra 不应大于 25μm，其允许偏差应符合 GB 50205 中表 7.6.1-2 的规定	按构件数抽查 10%，且≥3 件	游标卡尺、孔径量规检查
	一般项目	螺栓孔孔距的允许偏差应符合 GB 50205 中表 7.6.2 的规定	按构件数抽查 10%，且≥3 件	钢尺检查
		螺栓孔孔距的允许偏差超过规范规定的允许偏差时，应采用与母材材质相匹配的焊条补焊后重新制孔	全数检查	观察检查
端部铣平及安装焊缝坡口	主控项目	端部铣平的允许偏差应符合 GB 50205 中表 8.4.1 的规定	按铣平面数抽查 10%，且≥3 个	钢尺、角尺、塞尺检查
	一般项目	安装焊缝坡口的允许偏差应符合 GB 50205 中表 8.4.2 的规定	按坡口数抽查 10%，且≥3 个	焊缝量规检查
		外露铣平面应防锈保护	全数检查	观察检查

注：表中 GB 50205 表示《钢结构工程施工质量验收标准》GB 50205—2020。

21.9.4 现场安装质量控制

21.9.4.1 现场安装质量管理

(1) 质量管理程序（图 21-161）

(2) 质量管理流程（图 21-162）

21.9.4.2 现场安装质量控制

(1) 钢结构施工总体质量控制流程（图 21-163）

21 钢结构工程

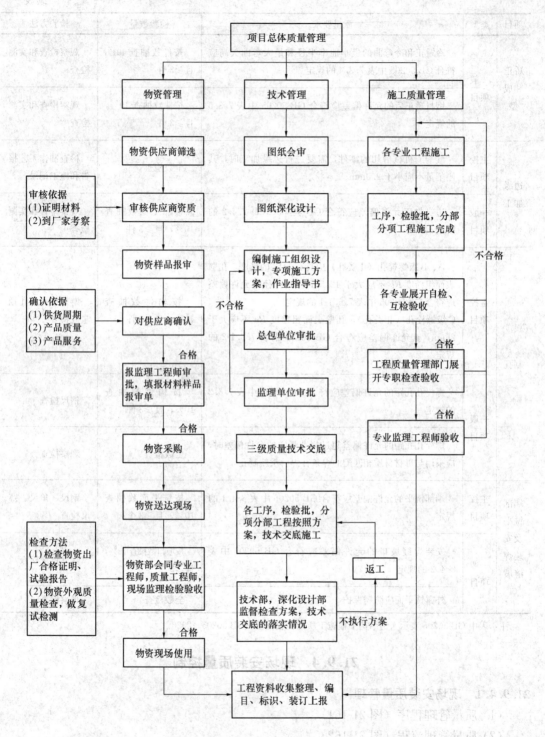

图 21-161 质量管理程序

21.9 钢结构工程质量控制

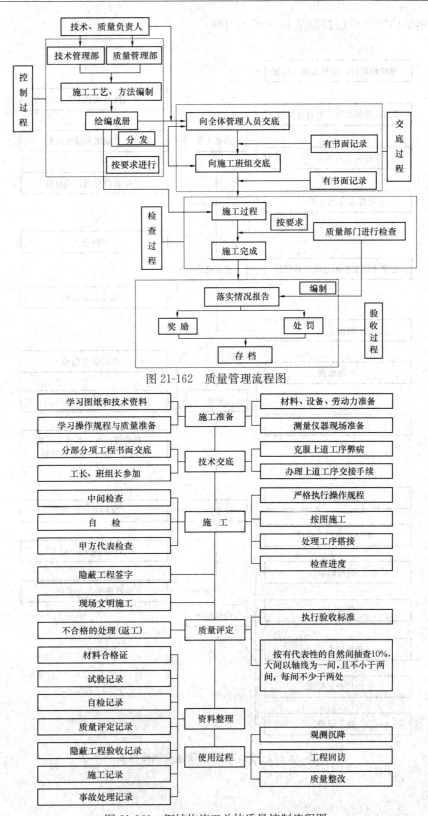

图 21-162 质量管理流程图

图 21-163 钢结构施工总体质量控制流程图

(2) 钢结构安装质量控制流程 (图 21-164)

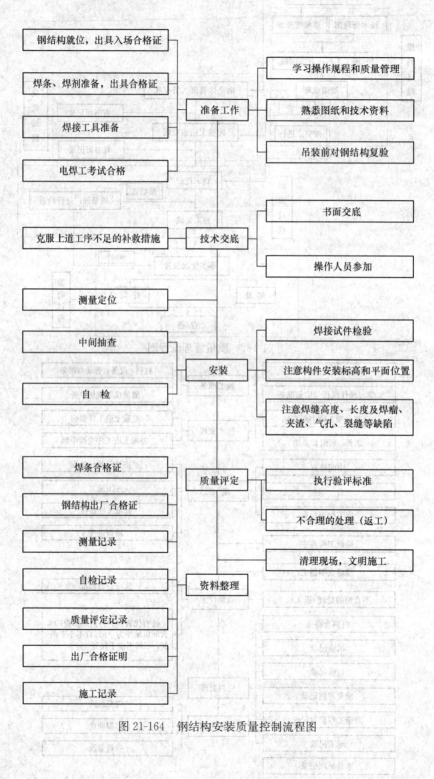

图 21-164 钢结构安装质量控制流程图

(3) 钢结构高强度螺栓连接质量控制流程（图 21-165）

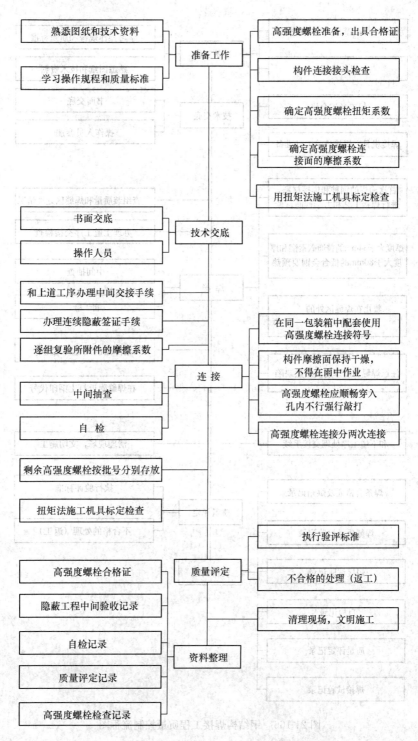

图 21-165 钢结构高强度螺栓连接质量控制流程图

(4) 钢结构焊接工程质量控制流程（图 21-166）

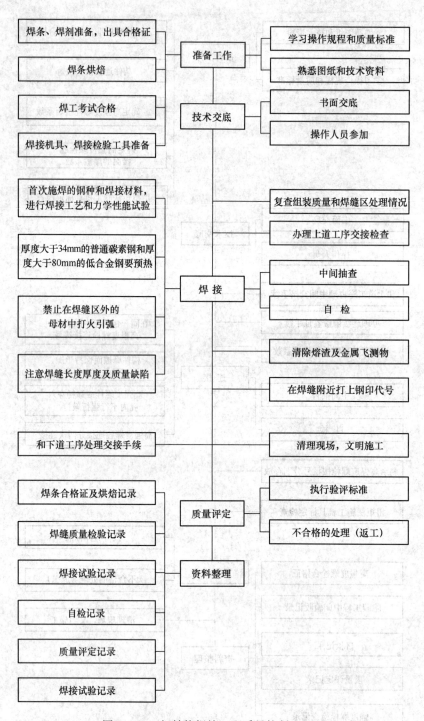

图 21-166 钢结构焊接工程质量控制流程图

(5) 钢结构防腐涂装工程质量控制流程（图 21-167）

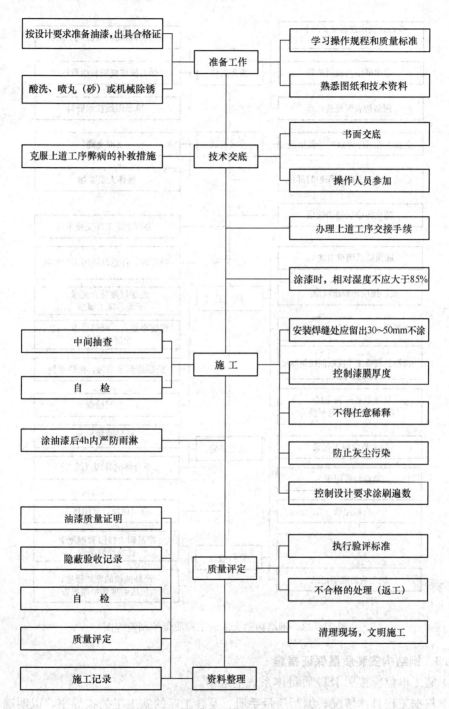

图 21-167 钢结构防腐涂装工程质量控制流程图

（6）钢结构防火涂装工程质量控制流程（图21-168）

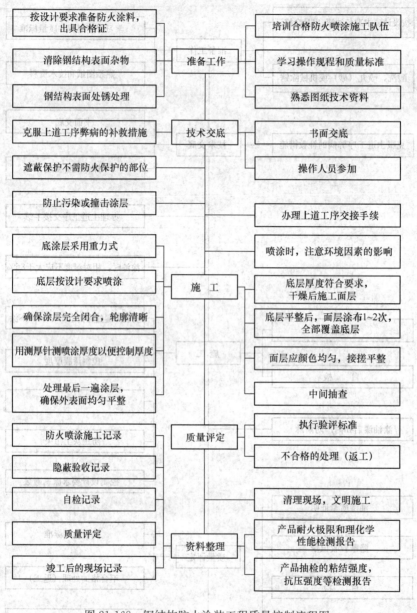

图21-168 钢结构防火涂装工程质量控制流程图

21.9.4.3 钢结构安装质量保证措施

（1）施工单位应按照ISO质量体系规范运作。

（2）根据工程具体情况，编写质量手册、及各工序的施工工艺指导书，以明确具体的运作方式，对施工中的各个环节，进行全过程控制。

（3）建立由项目经理直接负责，质量总监中间控制，专职检验员作业检查，班组质检员自检、互检的质量保证组织系统。

（4）严格按照钢结构施工规范和各项工艺实施细则。

(5) 认真学习掌握施工规范和实施细则，施工前认真熟悉图纸，逐级进行技术交底，施工中健全原始记录，各工序严格进行自检、互检、重点是专业检测人员的检查，严格执行上道工序不合格、下道工序不交接的制度，坚决不留质量隐患。

(6) 针对工程实际认真制定各项质量管理制度，保证工程的整体质量。

(7) 把好原材料质量关，所有进场材料，必须有符合工程规范的质量说明书，材料进场后，要按产品说明书和安装规范的规定，妥善保管和使用，防止变质损坏。按规程应进行检验的，坚决取样检验，杜绝不合格产品进入本工程，影响安装质量。

(8) 所有特殊工种上岗人员，必须持证上岗，持证应真实、有效、并检验审定，从人员素质上保证质量得以保证。

(9) 配齐、配全施工中需要的机具、量具、仪器和其他检测设备，并始终保持其完善、准确、可靠。仪器、检测设备均应经过有关权威方面检测认证。

(10) 特殊工序应建立分项的质保小组，如安装工序、焊接工序等。定期评定近期施工质量及时采取提高质量的有效措施，全员参与确保高质量的完成施工任务。

(11) 根据工程结构特点，采取合理、科学的施工方法和工艺，使质量提高建立在科学可行的基础上。

(12) 对于一些工程，在需要的情况下可委派驻厂工程师，对构件的制作进行源头控制，不合格的产品严禁出厂。

(13) 设置专门的验收班对进场构件进行严格的检查验收，特别是影响钢结构安装的构件外形尺寸偏差以及连接方式等进行检查，对于超过设计及有关规范的构件必须处理后再予以安装，保证顺利安装，并保证安装质量。

(14) 测量校正采用高精度的全站仪、激光铅直仪、激光水准仪等先进仪器进行测量，确保安装精度。所有仪器均通过有关检测部门进行检测鉴定，合格后才能够投入使用。所有量具都与制作厂进行核对，确保制作安装的一致性。

(15) 测量钢柱垂直度时，充分考虑日照、焊接等温度变化引起的热影响对构件的伸缩和弯曲引起的变化，事先对测量结果进行预控。焊接时应根据测量成果，编制合理的焊接顺序对钢柱的垂直度偏差进一步进行校正，提高安装精度。

(16) 在焊接部位搭设防护棚，确保优良焊接环境。

(17) 尽量减少在成品钢构件上焊接临时设施，避免伤害母材。

(18) 焊接钢梁时，根据钢柱的测量成果确定合理的焊接顺序，利用焊接变形对钢柱的垂直度进一步纠偏，使钢柱的垂直度的偏差值进一步缩小。

(19) 减少构件分段，尽量在工厂进行加工制作。

21.10 钢结构安全保障

21.10.1 一般规定

(1) 钢结构施工前，应编制施工安全、环境保护专项方案和安全应急预案。

(2) 作业人员应进行安全生产教育和培训。

(3) 新上岗的作业人员应经过三级安全教育。变换工种时，作业人员应先进行操作技能及安全操作知识的培训,未经安全生产教育和培训合格的作业人员不得上岗作业。

(4) 施工时,应为作业人员提供符合国家现行有关标准规定的合格劳动保护用品,并应培训和监督作业人员正确使用。

(5) 对易发生职业病的作业,应对作业人员采取专项保护措施。

(6) 当高空作业的各项安全措施经检查不合格时,严禁高空作业。

21.10.2 安全通道

1. 一般规定

(1) 钢结构施工安全通道的布置应以人员进出方便、危险因素低及搭设成本小等为原则进行。

(2) 高空安全通道一般采用钢管(脚手架管)搭设通道骨架,固定在结构的稳定单元上(一般固定在钢梁的上翼缘),并在钢管架上铺设钢跳板的形式。部分采用型钢架上铺设钢格板的形式。通道宽度一般为900~1200mm。

(3) 施工安全通道上存在高空坠物危险时,应在安全通道上设置防护棚。建筑物坠落半径应按照《高处作业分级》GB/T 3608—2008 相关规定取值。防护棚顶部宜设置为双层结构(上层为柔性、下层为刚性),以便出现高空落物时,第一道柔性防护起缓冲作用,防止落物弹起引发二次落物打击,第一道防护被穿透后,第二道防护则起隔离作用,防止落物穿透整个防护棚。

(4) 安全通道(包括防护棚)的搭设应编制专项方案,并进行结构计算,保证其安全性满足要求。

(5) 高层及超高层钢结构施工作业面,宜沿内筒结构周边设置环通通道。通道下方必须挂设安全平网。

(6) 用于安全通道搭设的钢管上严禁打孔,扣件必须符合《钢管脚手架扣件》GB 15831—2006 的规定,旧扣件使用前应先进行质量检查,存在裂纹、变形、螺栓滑丝等现象的扣件严禁使用。

2. 常用安全通道

(1) 垂直通道

1) 脚手管搭设垂直通道

施工现场用脚手管搭设或型钢制作定型钢楼梯作为垂直通道,应注意便于周转和重复使用,文明施工,减少安全隐患。楼梯的顶部、底部与结构间连接必须安全、可靠,通道口必须悬挂警示牌,并做好周边及楼梯底部安全防护。

2) 钢斜梯

① 钢斜梯用于为楼层间人员及小型机具转移提供通道。

② 钢斜梯由梯梁、踏板、立杆、横杆及转换平台等组成。

③ 钢斜梯垂直高度不应大于6m,水平跨度不应大于3m,钢斜梯与水平面之间的夹角 α 宜在30°~75°范围内。

④ 梯梁采用[12.6槽钢,喷涂橘黄色防腐油漆,通过夹具固定在钢梁上。

⑤ 踏板采用4mm厚花纹钢板,宽度为120mm,踏板垂直间距为250mm,斜体内侧净宽度单向通行的净宽度宜为600mm,经常性单向通行及偶尔双向通行净宽度宜为

800mm，经常性双向通行净宽度宜为 1000mm。

⑥ 斜梯设置双侧护栏，喷涂红白相间防腐油漆，油漆每段长度以 300mm 为宜。中间栏杆垂直于梯梁，护栏的立柱、扶手、中间栏杆均采用 $\phi 30\times 2.5$ 钢管，套管连接件为 $\phi 38\times 2.5$ 钢管，扶手、中间栏杆的高度分别为 1.2m 和 0.6m，立杆间距不大于 2m。

⑦ 立杆与连接板三面角焊缝焊接形成整体，栓接于梯梁上。

⑧ 转换平台采用 4mm 厚花纹钢板，平台底部侧面设置高度为 200mm 的 1mm 厚钢板作为踢脚板。

(2) 水平通道

1) 钢制组装通道

① 钢制组装通道主要用于设置楼层内通道以供人员、小型机具转移，单元长度内的组装通道同时通过人数应控制在 3 人以内。

② 组装通道单元长度宜 3m 为宜，宽度以 800mm 为宜，横向受力横杆间距不宜大于 1m，通道长度可根据钢梁间距做小幅调整，但不应超过 4m。

③ 钢丝网片网眼直径不应大于 50mm，通过焊接与通道横向受力横杆连接。

④ 防护栏杆应由横杆、立杆及不低于 180mm 高的挡脚板组成，防护栏杆应为 2 道横杆，上杆距底高度应为 1.2m，下杆应设在上杆和挡脚板中间位置，当防护栏杆高度大于 1.2m 时，应增设横杆，横杆间距不应大于 600mm。防护栏杆立杆间距不应大于 2m。

⑤ 组装通道两端纵向受力杆伸出 200mm，采用连接板螺栓连接固定，伸出部分上覆盖过渡板。

⑥ 防护栏杆立杆与通道纵向受力杆之间双面角焊缝连接。

⑦ 踢脚板上设有挂槽，与防护栏杆立杆上的挂钩连接，从而达到可拆卸的效果。

2) 定型钢跳板通道

① 定型钢跳板用于为楼层内人员、小型机具转移提供通道。

② 通道由脚手钢管、定型钢跳板、钢丝绳及其他附件组成。

③ 定型钢跳板通道通道宽度不应小于 750mm；脚手钢管规格为 $\phi 48.3\times 3.6$，定型钢跳板尺寸为 $3000\times 250\times 50$。

④ 定型钢跳板应优先选择翻边圆孔的钢跳板，其线荷载不应超过 1.75kN/m，集中荷载不应超过 2kN。

⑤ 定型钢跳板与脚手管支架之间通过铁丝进行固定，两段钢跳板的交接处与结构梁的距离要尽量短，钢跳板存在搭接时，搭接长度不应小于 500mm。

⑥ 两道钢丝绳距离通道面的距离分别 1200mm、600mm。

⑦ 通道临边防护应采用 $\phi 9.3$ 的镀锌钢丝绳，通过绳卡与花篮螺栓连接，绳卡不应少于 3 个，间距以 100mm 为宜，最后一个绳卡距绳头的长度不应小于 140mm，花篮螺栓应紧固拧紧。

⑧ 脚手钢管支座接头处应有相应的横杆支撑，纵向杆搭接时，搭接长度不应小于 1000mm，扣件不少于 3 个。

⑨ 定型钢跳板通道垂直搭接时，搭接长度不宜大于 1500mm，并且搭接部位必须保证安全防护的封闭性，搭接部位下方要有稳定的支撑结构。

⑩ 钢跳板出现严重变形、开焊、严重生锈等现象时，应及时更换。

定型钢跳板通道大样见图 21-169。

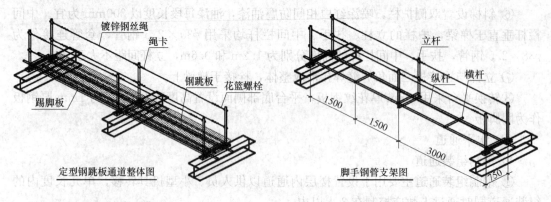

图 21-169 定型钢跳板通道大样图

(3) 立杆式双道安全绳

1) 立杆式双道安全绳适用于工字型钢梁安装过程中的临时临边防护。
2) 立杆由规格为 $\phi48.3 \times 3.6$ 的钢管、直径为 6mm 的圆钢拉结件及底座组成。
3) 立杆与底座之间除焊接固定以外,还应有相应的加强措施。
4) 立杆间距最大跨度不应大于 8m。
5) 立杆底座夹具采用 M12 螺栓与钢梁上翼缘连接。
6) 安全绳采用直径不应小于 $\phi9.3$ 的镀锌钢丝绳,上、下两道钢丝绳距离梁面分别为 1200mm 及 600mm。
7) 端部钢丝绳使用绳卡进行固定,绳卡数量不得少于 3 个,绳卡间距保持在 100mm 为宜,最后一个绳卡距绳头的长度不应小于 140mm。
8) 安全绳左端应用规格为 M8 的花篮螺栓调节钢丝绳的松弛度。
9) 立杆及底部夹具节点制作可参考定型钢跳板通道部分节点大样图。
10) 钢梁立杆式双道安全绳应在钢梁吊装前安装就位。

立杆式双道安全绳大样见图 21-170。

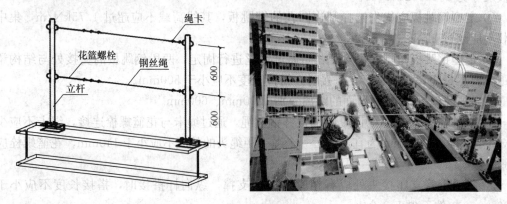

图 21-170 立杆式双道安全绳大样图/实物图

(4) 塔式起重机的行走通道:出入塔式起重机的行走通道应进行专项设计并进行安全验算,可利用塔式起重机附着杆件搭设行走通道。通道的一端必须与塔式起重机牢固连接,另一端搁置在楼面上,搁置长度应不小于1m,并做好限位措施,防止架体脱离结构面。通道宽度以 0.9～1.2m 为宜,底部应满铺脚手板并牢固绑扎,防滑条间距以 450mm 为宜,见图 21-171。

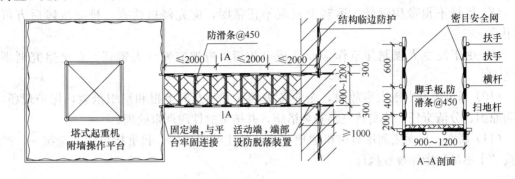

图 21-171 出入塔式起重机平台的安全通道

21.10.3 高处作业平台

(1) 钢构件吊装前,宜在钢柱柱端设置稳固的操作平台,可采用钢管脚手架搭设。也可采用定型化平台,提高操作平台的安全性和重复使用率。

(2) 作业环境常遇大风时,在高处焊接前,通常沿焊缝位置搭设焊接防风棚,并在下方放置接火盆)或垫设石棉布来防止焊接火花四溅。

(3) 上下平台应设置垂直通行措施,宜设置钢爬梯,爬梯与钢柱间应设置支承点,间距以 120mm 为宜,爬梯顶部挂件应挂靠在牢固的位置并保持稳固。钢爬梯可分为带护笼和不带护笼两种形式。

(4) 人员在钢梁等不适于上述作业平台操作作业时,应设置吊篮,吊篮由挂件和操作平台两部分组成。可采用角钢或直径不小于 14mm 的圆钢制作而成,操作平台栏杆高度不应小于 1.2m。

21.10.4 施工机械和设备

(1) 操作人员应体检合格,无妨碍作业的疾病和生理缺陷,并应经过专业培训、考核合格取得建设行政主管部门颁发的操作证或公安部门颁发的机动车驾驶执照后,方可持证上岗。学员应在专人指导下进行工作。

(2) 操作人员在作业过程中,应集中精力正确操作,注意机械工况,不得擅自离开工作岗位或将机械交给其他无证人员操作。严禁无关人员进入作业区或操作室内。

(3) 操作人员应遵守机械有关保养规定,认真及时做好各级保养工作,经常保持机械的完好状态。

(4) 实行多班作业的机械,应执行交接班制度,认真填写交接班记录;接班人员经检查确认无误后,方可进行工作。

(5) 机械进入作业地点后,施工技术人员应向操作人员进行施工任务和安全技术措施交底。操作人员应熟悉作业环境和施工条件,听从指挥,遵守现场安全规则。

(6) 机械必须按照出厂使用说明书规定的技术性能、承载能力和使用条件,正确操作,合理使用,严禁超载作业或任意扩大使用范围。

(7) 机械上的各种安全防护装置及监测、指示、仪表、报警等自动报警、信号装置应完好齐全,有缺损时应及时修复。安全防护装置不完整或已失效的机械不得使用。

(8) 机械不得带病运转。运转中发现不正常时,应先停机检查,排除故障后方可使用。

(9) 由于发令人强制违章作业而造成事故者,应追究发令人责任,直至追究刑事责任。

(10) 当机械发生重大事故时,企业各级领导必须及时上报和组织抢救,保护现场,查明原因、分清责任、落实及完善安全措施,并按事故性质严肃处理。

(11) 高空、地面之间用对讲机通信联络,禁止喊叫指挥。起重指令应明确统一,严格按"十不吊"操作规程执行。

21.10.5 洞口和临边防护

1. 一般规定

(1) 用于钢结构工程洞口、临边作业防护的安全防护绳以直径 9~11mm 的钢丝绳为宜,与结构或固定在结构上的钢管立柱捆绑连接;防护用的钢管栏杆及立柱应采用 $\phi 48 \times (3.0 \sim 3.50)$mm 的管材,以扣件、夹具、套管、焊接或螺栓连接固定。

(2) 用于钢结构工程的洞口或临边防护栏杆采用钢管扣件搭设,也可采用配装式栏杆。防护栏杆由扫地杆、横杆、扶手及立柱组成,扫地杆离地 200mm,栏杆离地高度为 0.5~0.6m,扶手离地高度为 1.2m,立柱按不大于 2m 设置,距离结构或基坑边不得小于 100mm,与结构用扣件、夹具、套管、焊接或螺栓连接固定。

(3) 防护栏杆内侧应满挂密目安全网,或在栏杆下边设置 200mm 高踢脚板,踢脚板必须与立柱牢固连接。踢脚板上如有孔眼,直径不应大于 25mm。踢脚板下边距离底面的空隙不应大于 10mm。

(4) 防护栏杆立柱的固定及其与横杆的连接,其整体构造应使防护栏杆在上杆任何处,能经受任何方向的 1000N 外力。安全防护绳应能在任意位置经受 1000N 外力而不至断裂、滑动和脱落。

(5) 水平兜网、外挑网及用于钢结构工程的所有大孔、小孔安全网均应具有一定的阻燃性能。

(6) 搭拆临边脚手架、操作平台、安全挑网等时必须将安全带拴根在临边防护钢丝绳上或其他可靠的结构上。

2. 洞口防护

(1) 高层钢结构工程的洞口,必须铺设竹木模板或安全平网覆盖防护。平网周边应与钢结构的栓钉绑扎牢固。洞口周边栓钉尚未施工或没有栓钉的,应设置略大于洞口的钢管框架作为安全网连接处,水平网与钢管绑扎连接,绑扎点最大间距不应大于 0.2m,单边最少绑扎点不应少于 3 处,钢管框架应采取可靠措施防止水平滑动。

(2) 钢梁跨间空洞,水平向应满挂安全平网,立面间隔应按钢柱每节设置一道,重点部位(高度超高、结构转换层部位等存在重大危险源的部位)应层层挂设。安全网与钢梁间可用钢筋绑扎连接或用焊接在钢梁上的钢挂钩连接,钢筋和钢挂钩的直径不应小于 12mm。

(3) 不能覆盖到钢梁边缘，无法采取挂钩、钢筋绑扎连接时，可将安全网间相互连接起来，直至能覆盖到钢梁边缘并可以采取挂钩、钢筋绑扎连接为止，但最多相连接张数不应大于 5 张。

(4) 边长或直径为 20～40cm 的洞口可用盖板固定防护（盖板必须可靠，不能碎裂）。需对 40～150cm 的洞口架设脚手钢管、满铺竹芭做固定防护。边长或直径 150cm 以上的洞口下应张设密目安全网。

(5) "四口"安全防护，四口防护指的是楼梯口、电梯井口、通道口、预留洞口的安全防护。钢结构工程施工中，必须使用脚手架管和安全网对"四口"及压型钢板洞口进行防护。

(6) 因吊装时拆开的水平网，而造成的预留口，使用时要设临边防护，暂时停用时要用水平防护网进行封闭。

(7) 1.5m×1.5m 以下的孔洞，应加固定盖板，1.5m×1.5m 以上的孔洞，四周必须设 2 道防护栏杆（1.2m 高），中间张挂水平安全网。

(8) 施工中的钢楼梯，应在楼梯口设置明显警示牌，并在 1.2m 高处拉设安全绳和警戒绳，严禁非施工人员进入施工中的钢楼梯行走。

(9) 尚未安装永久防护栏杆的钢楼梯，应在楼梯两侧 1.2m 高处分别拉设安全绳，安全绳与搭设或焊接在休息平台处的钢管立柱拉接，也可直接绑扎在两端的钢构件上。

(10) 钢楼梯口或中间踏步处应设照明设施，确保通行所需的光线照度。

3. 楼层临边安全防护

(1) 钢结构工程施工现场所有临边，均须设置安全防护绳，外围框架及其他重要危险部位还须设置安全防护栏杆。

(2) 高层及超高层钢结构施工楼层周边必须设置安全防护栏杆和外挑网，顶层结构可不设置外挑网。

(3) 外周防护栏杆应在地面钢梁吊装前安装完毕，高度以不小于 2m 为宜，扫地杆离地高度为 200mm，其余横杆竖向间距不应大于 1m，立杆间距不应大于 1.8m。

(4) 防护栏杆应在内侧设置斜向支撑，支撑间距同立杆间距，支撑与外周防护栏杆互相倾斜，并通过底部水平连接杆形成稳定三角形。

(5) 外挑网应设置在结构四周（施工电梯位置除外），外挑脚手架长度以不小于 6m 为宜，与结构平面间夹角以 30°为宜。

(6) 外挑网应分片设置，每片应使用钢管焊接成长 6m、宽 3m 的框架，底层绑扎安全平网，大横杆以内再覆盖一层密目安全网。外挑网单片框架应分别与安全防护栏杆立柱通过旋转扣件连接固定，远端通过斜拉钢丝绳与上一楼层构件连接，每个框架之间相互独立，其间距不应大于 50mm。外挑网竖向两道为一个单元，每道间距为一节，循环向上翻转提升。

(7) 楼层临边应采用钢管栏杆防护，栏杆上横杆为 1.2m，下栏杆为 0.6m，立杆间距不得大于 2m。

(8) 当楼层高度超过 9m 时，临边应设置外挑网防护，外挑网应按双层网防护进行设计。

（9）钢梁吊装就位后，应在钢梁上部1.2m处设置安全防护绳，安全绳拉设不宜太紧，应捆绑在钢梁两端的钢构件上或设置于钢梁两端的拉杆上。拉杆与钢梁间可采取夹具、栓接、焊接等方式连接。

（10）当通行钢梁两侧临边不具备张挂安全平网条件时，必须在一侧上部1.2m处拉设安全绳。

（11）高层及超高层钢结构施工作业面，应沿内筒结构周边设置环绕通道。通道采用钢管及脚手板搭设，宽度应不小于1m，脚手板之间应使用钢丝绑扎固定。通道下方必须挂设安全平网。

21.10.6 个人安全防护

1. 一般规定

（1）从事钢结构施工作业人员必须配备符合国家现行有关标准的劳动防护用品，并应按规定正确使用。

（2）劳动防护用品的配备，应按照"谁用工，谁负责"的原则，由用人单位为作业人员按作业工种配备。

（3）进入施工现场人员必须佩戴安全帽。作业人员必须戴安全帽、穿工作鞋和工作服；应按作业要求正确使用劳动防护用品。在2m及以上的无可靠安全防护设施的高处、悬崖和陡坡作业时，必须系挂安全带。

（4）从事机械作业的女工及长发者应配备工作帽等个人防护用品。

（5）从事登高架设作业、起重吊装作业的施工人员应配备防止滑落的劳动防护用品，应为从事自然强光环境下作业的施工人员配备防止强光伤害的劳动防护用品。

（6）从事施工现场临时用电工程作业的施工人员应配备防止触电的劳动防护用品。

（7）从事焊接作业的施工人员应配备防止触电、灼伤、强光伤害的劳动防护用品。

（8）从事防水、防腐和油漆作业的施工人员应配备防止触电、中毒、灼伤的劳动防护用品。

（9）从事基础施工、主体结构、屋面施工、装饰装修作业人员应配备防止身体、手足、眼部等受到伤害的劳动防护用品。

（10）冬期施工期间或作业环境温度较低的，应为作业人员配备防寒类防护用品。

（11）雨期施工期间应为室外作业人员配备雨衣、雨鞋等个人防护用品。对环境潮湿及水中作业的人员应配备相应的劳动防护用品。

（12）建筑施工企业应选定劳动防护用品的合格供货方，为作业人员配备符合国家有关规定的劳动防护用品，且应具备生产许可证、产品合格证等相关资料，经本单位安全生产管理部门审查合格后方可使用。施工企业不得采购和使用无厂家名称、无产品合格证、无安全标志的劳动防护产品。

（13）劳动防护用品的使用年限应按国家现行相关标准执行。劳动防护用品达到使用年限或报废标准的应由建筑施工企业统一收回报废，并应为作业人员配备新的劳动防护用品。劳动防护用品有定期检测要求的应按照其产品的检测周期进行检测。

（14）建筑施工企业应建立健全劳动防护用品购买、验收、保管、发放、使用、更换和报废管理制度。在劳动防护用品使用前，应对其防护功能进行必要的检查。

(15) 建筑施工企业应教育从业人员按照劳动防护用品使用规定和防护要求,正确使用劳动防护产品。

(16) 建设单位应按国家有关法律和行政法规的规定,支付建筑工程的施工安全措施费用。建筑施工企业应严格执行国家有关法规和标准,使用合格的劳动防护用品。

(17) 建筑施工企业应对危险性较大的施工作业场所、具有尘毒危害的作业环境设置安全警示标识及应使用的安全防护用品标识牌。

2. 个人防护措施

(1) 安全帽

1) 所有人员进入施工现场必须按以下要求佩戴安全帽:

① 安全帽在佩戴前,应调整好松紧大小,以帽子不能在头部自由活动、自身又未感觉不适为宜。

② 安全帽由帽衬和帽壳两部分组成,帽衬必须与帽壳连接良好,同时帽衬与帽壳不能紧贴,应有一定间隙,该间隙一般为2~4cm(视材质情况);当有物体坠落到安全帽壳上时,帽衬可起到缓冲作用,不使颈椎受到伤害。

③ 必须拴紧下颚带,当人体发生坠落或二次击打时,不至于脱落。

2) 安全帽应满足《头部防护 安全帽》GB 2811—2019的要求。

3) 安全帽主要由帽壳、帽衬、系带、帽箍等部件组成,使用前应对帽壳、附件进行检查确认完整后方可使用。

4) 各企业可按企业标准来区分管理人员、施工人员的安全帽,如无企业标准可参考本图示。

(2) 安全带

1) 在2m及以上的无可靠安全防护设施的高处、悬崖和陡坡作业时,必须系挂安全带,安全带的使用应遵从"高挂低用"的原则。

2) 施工现场安全带应符合《坠落防护 安全带》GB 6095—2021的要求,且有产品合格证及检验报告。

3) 双大钩安全带必须挂设在不同位置的安全防护设施上,确保至少有一个挂钩处于正常使用状态。

(3) 其他劳保用品

1) 用于劳动保护的工作鞋主要用于防止人员意外触电、防止足部被尖锐硬物刺伤或者被重物砸伤。

2) 工作鞋按照使用用途可以分为防砸、防刺穿、防滑及电绝缘等类型系带防滑鞋、绝缘鞋、保护足趾安全鞋、高腰工作鞋等类型。

3) 工作鞋的质量必须符合《足部防护 安全鞋》GB 21148—2020要求,并有产品合格证及检测证明。

4) 所有进入施工现场的作业人员必须根据工种不同,选择合适的工作鞋。

5) 电焊工在作业过程中应配备电焊面罩、护目镜、电焊手套、焊工脚盖等防护用品。

6) 打磨人员在作业过程中应配备棉质防护手套、护目镜以及防尘口罩等防护用品。

7) 电工在作业过程中应佩戴胶质绝缘手套、绝缘鞋和防护眼镜。

8) 进入施工现场的所有人员都必须穿戴反光背心。

3. 个人防护示例

(1) 架子工、起重吊装工、信号指挥工的劳动防护用品配备应符合下列规定：

1) 架子工、塔式起重机操作人员、起重吊装工应配备灵便紧口的工作服，系带防滑鞋和工作手套。

2) 信号指挥工应配备专用标志服装。在自然强光环境条件作业时，应配备有色防护眼镜。

(2) 电工的劳动防护用品配备应符合下列规定：

1) 维修电工应配备绝缘鞋、绝缘手套和灵便紧口工作服。

2) 安装电工应配备手套和防护眼镜。

3) 高压电气作业时，应配备相应等级的绝缘鞋、绝缘手套和有色防护眼镜。

(3) 电焊工、气割工的劳动防护品配备应符合下列规定：

1) 电焊工、气割工应配备阻燃防护服、绝缘鞋、鞋盖、电焊手套和焊接防护面罩。在高处作业时，应配备安全帽与面罩连接式焊接防护面罩和阻燃安全带。

2) 从事清除焊接作业时，应配备防护眼镜。

3) 从事磨削钨极作业时，应配备手套、防尘口罩和防护眼镜。

4) 在密闭环境中或通风不良的环境下，应配备送风式防护面罩。

(4) 油漆工在从事涂刷、喷漆作业时，应配备防静电工作服、防静电鞋、防静电手套、防毒口罩和防护眼镜；从事砂纸打磨作业时，应配备防尘口罩和密闭式防护眼镜。

(5) 起重机械安装拆卸工从事安装、拆卸和维修作业时，应配备紧口工作服，保护足趾安全鞋和手套。

(6) 其他人员的劳动防护用品配备应符合下列规定：

1) 从事电钻、砂轮等手持电动工具作业时，应配备绝缘鞋、绝缘手套和防护眼镜。

2) 从事可能飞溅渣屑的机械设备作业时，应配备防护眼镜。

21.10.7 结构安全防护

(1) 钢结构安装过程中，应保证整体结构是可靠的。安装构件后，必要时应及时进行整体的防护，防止出现整体倒塌或变形，从而造成安全事故。

(2) 钢构件在吊装过程中，应及时就位固定，防止构件掉落，引发安全事故。

21.10.8 施工临时用电安全

(1) 施工现场临时用电设备在5台及以上或设备总容量在50kW及以上者，应编制临时用电组织设计。

(2) 临时用电组织设计应由电气工程技术人员组织编制，并经相关部门审核及具有法人资格企业的技术负责人批准后实施。

(3) 施工临时用电必须采取 TN-S 系统，符合"三级配电两级保护"，达到"一机一闸一漏一箱"的要求；三级配电是指总配电箱、分配电箱、开关箱三级控制，实行分级配电；两级保护是指在总配电箱和开关箱中必须分别装设漏电保护器，实行至少两级保护。

(4) 临时用电工程必须经编制、审核、批准部门和使用单位共同验收，合格后方可投入使用。

(5) 电工必须按国家现行标准考核后，持证上岗。安装、巡查、维修或拆除临时用电设备和线路必须由电工完成。

(6) 在建工程不得在外电架空线路正下方施工、搭设作业棚、建造生活设施或堆放构件、器具、材料及其他杂物。起重机严禁越过无防护设施的外电架空线路作业。

(7) 配电柜或配电线路停电维修时，应挂接地线，并应悬挂"禁止合闸、有人工作"停电标志牌。停送电必须由专人负责。

(8) 施工现场临电必须建立安全技术档案，临时用电应定期检查，应履行复查验收手续，保存相关记录，并符合地方标准。

(9) 施工现场临时用电必须符合现行国家、地方安全标准、规范的要求。

21.10.9 消防安全措施

(1) 钢结构施工前，应有相应的消防安全管理制度。
(2) 现场施工作业用火应经相关部门批准。
(3) 施工现场应设置安全消防设施及安全疏散设施，并应定期进行防火巡查。
(4) 气体切割和高空焊接作业时，应清除作业区危险易燃物，并应采取防火措施。
(5) 现场油漆涂装和防火涂料施工时，应按产品说明书的要求进行产品存放和防火保护。

21.10.10 环境保护措施

(1) 施工期间应控制噪声，应合理安排施工时间，并应减少对周边环境的影响。
(2) 施工区域应保持清洁。
(3) 夜间施工灯光应向场内照射；焊接电弧应采取防护措施。
(4) 夜间施工应做好申报手续，应按政府相关部门批准的要求施工。
(5) 现场油漆涂装和防火涂料施工时，应采取防污染措施。
(6) 钢结构安装现场剩下的废料和余料应妥善分类收集，并应统一处理和回收利用，不得随意搁置、堆放。

21.11 钢结构绿色施工

21.11.1 绿色施工的施工管理

1. 绿色施工的概念

绿色施工是指工程建设中，在保证质量、安全等基本要求的前提下，通过科学管理和技术进步，最大限度地节约资源与减少对环境负面影响的施工活动，实现四节一环保（节能、节地、节水、节材和环境保护）。

2. 绿色施工总体原则

(1) 绿色施工是建筑全寿命周期中的一个重要阶段。实施绿色施工，应进行总体方案优化。在规划、设计阶段，应充分考虑绿色施工的总体要求，为绿色施工提供基础条件。

(2) 实施绿色施工，应对施工策划、材料采购、现场施工、工程验收等各阶段进行控制，加强对整个施工过程的管理和监督。

3. 绿色施工组织管理

绿色施工管理主要包括组织管理、规划管理、实施管理、评价管理和人员安全与健康管理五个方面。

(1) 组织管理

1) 建设单位应执行绿色施工管理标准，组织建设工程参建各方开展绿色施工管理。监理单位应对建设工程的绿色施工管理承担监理责任。施工单位是绿色施工责任主体，负责建立绿色施工管理体系，制定相应的管理制度与目标。

2) 实施施工总承包的建设工程，总承包单位应对施工现场的绿色施工负总责。分包单位应服从总承包单位的绿色施工管理，并对所承包工程的绿色施工负责。

3) 项目经理为绿色施工管理第一责任人，负责组织实施及目标实现。

4) 按照建设单位提供的设计资料，施工单位应统筹规划，合理组织一体化施工。

(2) 规划管理

1) 施工单位应编制绿色施工管理方案，并在施工组织设计中独立成章。

2) 绿色施工方案应包括以下内容：

① 环境保护措施，制定环境管理计划及应急救援预案，采取有效措施，降低环境负荷，保护地下设施和文物等资源。

② 节材措施，在保证工程安全与质量的前提下，制定节材措施。如进行施工方案的节材优化，建筑垃圾减量化和资源化利用，尽量利用可循环材料等。

③ 节水措施，根据工程所在地的水资源状况，制定节水措施。节能措施，进行施工节能策划，确定目标，制定节能措施。

④ 节地与施工用地保护措施，制定临时用地指标、施工总平面布置规划及临时用地节地措施等。

⑤ 人员安全与健康施工措施，从施工场地布置、劳动防护、生活环境和条件、医疗防疫、健康检查与治疗等方面，制定保障施工人员安全与健康的施工措施。

(3) 实施管理

1) 应对整个施工过程绿色施工实施动态管理，加强对施工策划、施工准备、材料采购、现场施工、工程验收等各阶段的管理和监督。

2) 应结合工程项目的特点，有针对性地对绿色施工做相应的宣传，通过宣传营造绿色施工的氛围。

3) 督促施工单位定期对职工进行绿色施工知识培训，增强职工绿色施工意识。

(4) 评价管理

1) 对照《绿色施工导则》的指标体系，结合工程特点，对绿色施工的效果及采用的新技术、新设备、新材料与新工艺，进行评估。

2) 根据要求，成立专家评估小组，对绿色施工方案、实施过程至项目竣工，进行综合评估。

(5) 人员安全与健康管理

1) 督促施工单位制订施工防尘、防毒、防辐射等职业危害的措施，保障施工人员的长期职业健康。

2) 督促施工单位合理布置施工场地，保护生活及办公区不受施工活动的有害影响。施工现场建立卫生急救、保健防疫制度，在安全事故和疾病疫情出现时提供及时救助。

3) 督促施工单位提供卫生、健康的工作与生活环境，加强对施工人员的住宿、膳食、饮用水等生活与环境卫生等管理，明显改善施工人员的生活条件。

21.11.2 环境保护技术要点

1. 施工扬尘控制

(1) 运送土方、垃圾、设备及建筑材料等，不污损场外道路。运输容易散落、飞扬、流漏的物料的车辆，必须采取措施封闭严密，保证车辆清洁。施工现场出口应设置洗车槽。

(2) 土方作业阶段，采取洒水、覆盖等措施，达到作业区目测扬尘高度小于1.5m，不扩散到场区外。

(3) 结构施工、安装装饰装修阶段，作业区目测扬尘高度小于0.5m。对易产生扬尘的堆放材料应采取覆盖措施；对粉末状材料应封闭存放；场区内可能引起扬尘的材料及建筑垃圾搬运应有降尘措施，如覆盖、洒水等；浇筑混凝土前清理灰尘和垃圾时尽量使用吸尘器，避免使用吹风器等易产生扬尘的设备；机械剔凿作业时可用局部遮挡、掩盖、水淋等防护措施；高层或多层建筑清理垃圾应搭设封闭性临时专用道或采用容器吊运。

(4) 施工现场非作业区达到目测无扬尘的要求。对现场易飞扬物质应采取有效措施，如洒水、地面硬化、围挡、密网覆盖、封闭等，防止扬尘产生。

(5) 构筑物机械拆除前，应做好扬尘控制计划。可采取清理积尘、拆除体洒水、设置隔挡等措施。

(6) 构筑物爆破拆除前，应做好扬尘控制计划。可采用清理积尘、淋湿地面、预湿墙体、屋面敷水袋、楼面蓄水、建筑外设高压喷雾状水系统、搭设防尘排栅。选择风力小的天气进行爆破作业。

(7) 扬尘控制指标应符合《建筑工程绿色施工规范》GB/T 50905—2014 中的相关要求。

2. 水污染控制

(1) 在施工现场应针对不同的污水，设置相应的处理设施，如沉淀池、隔油池、化粪池等。

(2) 应采用隔水性能好的边坡支护技术。在缺水地区或地下水位持续下降的地区，基坑降水尽可能少地抽取地下水；当基坑开挖抽水量大于50万 m^3 时，应进行地下水回灌，并避免地下水被污染。

(3) 对于化学品等有毒材料、油料的储存地，应有严格的隔水层设计，做好渗漏液收集和处理。

3. 建筑垃圾控制

(1) 制定建筑垃圾减量化和资源化利用计划，如住宅建筑，每万 m^2 的建筑垃圾不宜超过400t。

(2) 加强建筑垃圾的回收再利用，力争建筑垃圾的再利用和回收率达到30%，建筑物拆除产生的废弃物的再利用和回收率大于40%。对于碎石类、土石方类建筑垃圾，可采用地基填埋、铺路等方式提高再利用率，力争再利用率大于50%。

(3) 施工现场生活区设置封闭式垃圾容器，施工场地生活垃圾实行袋装化，及时清运。对建筑垃圾进行分类，并收集到现场封闭式垃圾站，集中运出。

4. 噪声、振动、光污染控制

(1) 施工现场噪声应符合《建筑施工场界环境噪声排放标准》GB 12523—2011 的规定，昼间≤70dB(A)，夜间≤55dB(A)。

(2) 使用低噪声、低振动的机具，应采取隔声与隔振措施。

(3) 尽量避免或减少施工过程中的光污染。夜间室外照明灯加设灯罩，透光方向集中在施工范围。

(4) 施工现场临时照明，如路灯、加工棚照明、办公区廊灯、食堂照明、卫生间照明等尽量采用施工现场太阳能光伏发电照明技术。

(5) 电焊作业应采取遮挡措施。

21.11.3 绿色施工在钢结构工程中的应用

1. 规划设计

(1) 优化结构方案，通过有效控制构件的最大壁厚、合理设置坡口形式、合理分段分节、选择最优的焊接工艺参数、减小焊接工作量等手段，使连接构造比较合理，节约成本。

(2) 连接板、临时支撑等临时结构应设计为可重复使用的形式，避免损耗，节约成本。

2. 施工组织设计

(1) 优化施工方案，选择最合适的起重设备，在满足施工的条件下，尽量使用功率较小的设备，以节约能源，保护环境。

(2) 综合考虑工期与经济因素，合理选择钢构件运输渠道，节约资源，控制成本。

3. 加工制作

(1) 保持制作车间整洁干净，成品、半成品、零件、余料等材料要分别堆放，并有标识以便识别。

(2) 库房材料成堆、成型、成色进库，整洁干净。钢材必须按规格品种堆放整齐；油漆材料、焊材等辅助材料要存放在通风库房，并堆放整齐。

4. 构件及设备贮存

(1) 施工现场材料、机具、构件应堆放整齐，禁止乱堆乱放。

(2) 对施工现场的螺栓、电焊条等的包装纸、包装袋应及时分类回收，避免环境污染。

5. 安装施工

(1) 在多层与高层钢结构工程施工中，虽无泥浆污物产生，但也会产生烟尘等。因此在施工中，也要注意加强环保措施。

(2) 在压型钢板施工中，钢梁、钢柱连接处一定要连接紧密，防止混凝土漏浆现象的发生。

(3) 当进行射线检测时，应在检测区域内划定隔离防范警戒线，并远距离控制操作。

(4) 废料要及时清理，并在指定地点堆放，保证施工场地的清洁和施工道路的畅通。

(5) 切实加强火源管理，车间禁止吸烟，电、气焊及焊接作业时应清理周围的易燃物，消防工具要齐全，动火区域要安放灭火器，并定期检查。

(6) 雨天及钢结构表面有凝露时，不宜进行普通紧固件连接施工；拧下来的扭剪型高强度螺栓梅花头要集中堆放，统一处理。

(7) 合理安排作业时间，用电动工具拧紧普通螺栓紧固件时，在居民区施工时，要避免夜间施工，以免施工扰民。

(8) 选择合理的计算公式，正确估算用电量；合理确定变压器台数，尽量选择新型节电变压器；减少负载取用的无功功率，提高供电线路功率因数；推广使用节能用电设备，提高用电效率，保持三相负载平衡，消除中性线电耗；在施工过程中，降低供电线路接触电阻；加强用电管理，禁止擅自在供电线路上乱拉接电源等情况，使施工现场电力浪费降到最低。

6. 钢材表面处理及涂装施工

(1) 采用酸洗方式对钢材除锈时，洗液禁止倒入下水道，应收集到固定容器中，统一处理。

(2) 钢材表面打磨除锈之后应及时补涂油漆，防止二次除锈情况的发生。

(3) 防腐涂料施工现场或车间不允许堆放易燃物品，并应远离易燃物品仓库；防腐涂料施工现场或车间，严禁烟火，并有明显的禁止烟火的宣传标志，同时备有消防水源或消防器材。

(4) 防腐涂料施工中使用擦过溶剂和涂料的棉纱、棉布等物品应存放在带盖的铁桶内，并定期处理掉，严禁向下水道倾倒涂料和溶剂。

(5) 防腐涂料使用前需要加热时，采用热载体、电感加热等方法，并远离涂装施工现场。

(6) 防腐涂料涂装施工时，严禁使用铁棒等金属物品敲击金属物体和漆桶，如需敲击应使用木制工具，防止因此产生摩擦或撞击火花。

(7) 对于接触性侵害，施工人员应穿工作服、戴手套和防护眼镜等，尽量不与溶剂、毒气接触。

(8) 施工现场尤其是焊接操作应做好通风排气装置，减少有毒气体的浓度。

(9) 涂装施工前，做好对周围环境和其他半成品的遮蔽保护工作，防止污染环境。

(10) 遵照国家或行业的各工种劳动保护条例规定实施环境保护。

参 考 文 献

[1] 朱宏平, 翁顺, 王丹生, 等. 大型复杂结构健康精准体检方法[J]. 建筑结构学报, 2019.
[2] 高飞, 陈潘, 翁顺, 等. 非均匀日照条件下结构的三维温度场分析[J]. 土木工程与管理学报, 2018.
[3] 朱宏平, 翁顺. 运用小波分析方法进行结构模态参数识别[J]. 振动与冲击, 2007.
[4] 罗永峰, 叶智武, 陈晓明, 等. 空间钢结构施工过程监测关键参数及测点布置研究[J]. 建筑结构学报, 2014.
[5] 罗永峰, 叶智武, 王磊. 大型复杂钢结构施工过程监测系统研究现状[J]. 施工技术, 2015.
[6] 段向胜, 周锡元. 土木工程监测与健康诊断：原理、方法及工程实例[M]. 北京：中国建筑工业出版社, 2010.